国家电网有限公司
STATE GRID
CORPORATION OF CHINA

国家电网有限公司
技术标准体系表

U0261415

2021版

国家电网有限公司科技部　组编

中国电力出版社
CHINA ELECTRIC POWER PRESS

内 容 提 要

企业标准体系表是指导企业标准化工作的重要文件，是标准化科学管理的重要基础，是企业制修订标准年度计划和中长期标准规划的主要依据，是促进企业积极规范采用国际、国内先进标准的重要措施。技术标准体系是企业标准体系的重要组成，是企业标准化建设的核心。“十一五”期间，国家电网研究建立了公司系统统一的技术标准体系并逐年滚动修订，为推进国家电网标准化建设发挥了重要支撑作用。为进一步加强国家电网有限公司技术标准体系的适应性，使技术标准体系更加科学合理、完整有序，依据 DL/T 485—2018《电力企业标准体系表编制导则》，国家电网有限公司科技部组织对 2020 年所发布的公司企业标准、团体标准、行业标准、国家标准和国际标准信息进行了选择、梳理和分类，并对部分标准进行调整，形成了《国家电网有限公司技术标准体系表（2021 版）》。

本技术标准体系表可供国家电网有限公司规划、建设、生产、营销等各环节技术及管理人员阅读使用，也可供电力系统相关人员查询参考。

图书在版编目（CIP）数据

国家电网有限公司技术标准体系表：2021 版 / 国家电网有限公司科技部组编. —北京：中国电力出版社，2021.6

ISBN 978-7-5198-5432-4

Ⅰ. ①国… Ⅱ. ①国… Ⅲ. ①电力工程–技术标准–中国–2021 Ⅳ. ①TM7–65

中国版本图书馆 CIP 数据核字（2021）第 037775 号

国家电网有限公司技术标准体系表（2021 版）

出版发行：中国电力出版社
地　　址：北京市东城区北京站西街 19 号
邮政编码：100005
网　　址：http://www.cepp.sgcc.com.cn
责任编辑：张　瑶（010–63412503）
责任校对：黄　蓓　朱丽芳　马　宁　常燕昆
装帧设计：张俊霞
责任印制：石　雷

印　　刷：三河市百盛印装有限公司
版　　次：2021 年 6 月第一版
印　　次：2021 年 6 月北京第一次印刷
开　　本：880 毫米×1230 毫米　横 16 开本
印　　张：36.5
字　　数：1297 千字
印　　数：0001—2000 册
定　　价：198.00 元（含 1DVD 光盘）

编委会成员

主　　编　吕运强

副 主 编　陈　梅　王晓刚　赵海翔　李　刚

编写组成员　惠　娜　吴立远　钟　珉　冯自霞　张　翼　苏朝晖

周　济　赵瑞娜　徐玲铃　金　焱　周　晖　曾　楠

荆岫岩　董力通　程永锋　李　强　阎春雨　林繁涛

朱朝阳　李敬如　朱宽军　郭　晗

编 制 说 明

为全面提升国家电网有限公司（简称公司）技术标准管理水平，公司科技部充分结合公司技术标准化管理的实际情况，按照突出重点、分步实施的原则，组织研究建立了公司技术标准体系并颁布《国家电网有限公司技术标准体系表》。技术标准体系表不仅广泛传播了技术标准信息，而且作为公司制定中长期技术标准规划以及在生产、经营、管理中实施技术标准的主要依据，以及促进各单位积极规范采用国内、国外先进标准的重要措施，在公司电网发展中具有非常重要的作用。

为不断适应公司业务发展和技术标准工作新要求，持续健全公司技术标准体系，支撑公司坚强智能电网建设，公司组织对《国家电网有限公司技术标准体系表（2020 版）》进行修订。

此次修订，主要根据 DL/T 485—2018《电力企业标准体系表编制导则》相关要求，结合电力生产实际需要，对体系架构进行了优化，对 2020 年所发布的公司企业标准、团体标准、行业标准、国家标准、国际标准和国外先进标准进行筛选、梳理和分类，对技术标准体系表内作废标准信息进行更新代替，最终形成《国家电网有限公司技术标准体系表（2021 版）》。

《国家电网有限公司技术标准体系表（2021 版）》收录了企业标准 2312 项、团体标准 166 项、行业标准 3691 项、国家标准 3937 项、国际标准 555 项。

一、编制思路与原则

（一）编制思路

（1）企业技术标准体系表是指导企业技术标准化工作的重要文件，是技术标准化科学管理的重要基础，是企业制定、修订技术标准年度计划和中长期标准规划的主要依据，是促进企业积极规范采用国际、国内先进标准的重要措施。为适应公司、电网转型发展，满足重大工程建设、电网运营和技术改造的需要，公司科技部组织对《国家电网有限公司技术标准体系表（2020 版）》进行修订，编写完成了本体系表。

（2）严格遵循国家有关规定。编制公司技术标准体系依据及参考的主要标准有：GB/T 15496—2017《企业标准体系 要求》、GB/T 15497—2017《企业标准体系 产品实现》和 DL/T 485—2018《电力企业标准体系表编制导则》。根据这些标准的要求，在编制企业技术标准体系中需要考虑：

1）正确处理企业内部各环节在技术标准体系中的地位和相互关系。依据 DL/T 485—2018《电力企业标准体系表编制导则》，企业技术标准体系的专业分类应按照企业的生产流程设置，各专业标准应协调一致，共同组成技术标准体系。

2）正确处理企业技术标准体系表中的法律、法规和其他要求文件。根据 DL/T 485—2018《电力企业标准体系表编制导则》的要求，“企业适用的法律、法规和其他要求”将作为电力企业标准体系的重要内容，但不纳入技术标准体系中。《国家电网有限公司技术标准体系表（2021 版）》中不包含法律、法规和相关文件。

（二）主要原则

（1）统一性、完整性、层次性、协调性、明确性和可扩展性原则。

统一性：公司技术标准坚持统一规划、归口管理、分工负责、统一审定、统一发布。技术标准体系应体现统一性的要求，技术标准体系表应成为实现统一性的措施和平台。

完整性：根据对电网规划、建设、生产运行等生产全过程的综合分析，力求形成门类齐全、系统、成套的技术标准体系。

层次性：重点考虑技术标准的适用范围。

协调性：重点考虑电网运行各环节之间的协调配合。

明确性：按照技术标准本身的特点来划分类目，避免技术标准的重复制定。

可扩展性：考虑公司的业务范围和科技发展的趋势，设计的技术标准体系表应使其具有可扩展性。

（2）技术专业分类法和生产流程分类法相结合的原则。

公司技术标准体系表的编制是在充分吸收国际、国家、行业和地方标准、规范与规程的基础上，结合自身实际需求，以生产流程为基础建立的企业技术标准体系。技术专业标准的分类方法重点参考 IEC 和行业技术标准的分类方法，生产流程重点考虑电网企业生产特点。

（3）结合公司发展的现状和趋势，突出电网的特点和需求，提出具有自身特点的技术标准体系。

（4）体现公司的管理思想，与公司管理体系相适应。

（5）侧重电网、兼顾电源。公司虽然以电网业务为主营业务，但同时承担着电力规划研究、电源接入系统和并网以及调度等业务。因此，发电侧有关业务的技术标准仍然是公司技术标准的组成部分。

二、国家电网有限公司技术标准体系表的说明

按照上述思路与原则，设计了公司技术标准体系表。

（一）总体框架

技术标准体系采用了分层结构。主要由两个层次组成（公司技术标准体系框图见图1)。第一层是技术基础标准，第二层是以生产过程为排列顺序的企业技术标准。

第一层为技术基础标准。技术基础标准在一定范围内是其他标准的基础，并普遍使用，具有广泛的指导意义。包括7个分支：

（1）标准化工作导则；

（2）通用技术语言标准（术语、符号、代号、代码、标志、技术制图)；

（3）量和单位；

（4）数值与数据；

（5）互换性与精度标准及实现系列化标准；

（6）环境保护、安全通用标准；

（7）各专业的技术指导通则或导则。

第二层为技术专业标准，包括11个分支：

（1）规划设计，包括基础综合、系统规划、变电站规划设计、换流站规划设计、线路规划设计、配电网规划设计、通信规划设计、火电、水电、核电等分支；

（2）工程建设，包括基础综合、变电站、换流站、架空线路、电缆、火电、水电、通信工程实施、技术经济等分支；

（3）设备、材料，包括基础综合，特高压电力设备、高压电力设备、中压电力设备、低压电力设备、架空线路、电缆、继电保护及安自装置、电力电子、监测装置及仪表、机械及零部件、电气材料、火电、水电、通信设备材料、验收等分支；

（4）调度与交易，包括基础综合、稳定及方式、调度计划、无功控制、网源协调、水电及新能源调度、调度运行及设备监控、继电保护、调度自动化、配网运行、电力交易、通信等分支；

（5）运行检修，包括基础综合、变电站、换流站、架空线路、电缆、火电、水电、工器具等分支；

（6）试验与计量，包括基础综合、高压电力设备、中低压电力设备、架空线路、电缆、保护与自动化、电力电子、监测装置及仪表、电测计量、化学检测、火电、水电、信息通信等分支；

（7）安全与环保，包括基础综合、作业安全、劳动保护、职业卫生、环境保护、应急机制、消防等分支；

（8）技术监督，包括基础综合、电能质量、电气设备性能、电测技术、热工技术、金属技术、化学技术、节能与环保技术、保护与控制系统、信息通信及自动化等分支；

（9）互联网技术，包括基础综合、网络、计算机、信息安全、信息资源、信息应用技术、信息运行等分支；

（10）售电市场与营销，包括基础综合、电能计量、营业管理、节能、售电市场、需求侧管理、用电安全等分支；

（11）新能源，包括并网设计、工程建设、新能源设备、运行控制、试验检测等分支。

（二）技术标准体系表的信息内容

在技术标准体系表中，每一个标准都含有以下信息：

（1）在技术标准体系表中的序号；

（2）国际标准分类号（ICS分类)：国际标准分类代码；

（3）中国标准文献分类号（GB分类)：国家标准分类代码；

（4）标准号：标准本身的编号，即按照国家关于企业标准编号的规定确定的流水编号，如Q/GDW 11968—2019；

（5）中文名称：标准中文名称；

（6）代替标准：已作废标准；

（7）采用关系：采用国际标准情况，其中代号IDT表示等同采用，MOD表示修改采用，NEQ表示非等效；

（8）发布日期；

（9）实施日期。

（三）技术标准体系表的编排方式说明

按照上述技术标准总体框架结构和信息内容，本体系表收集了公司正在执行的10 661余项技术标准，并进行了初步分类，形成技术标准体系表。体系表中各表名按图1中所示顺序编排。

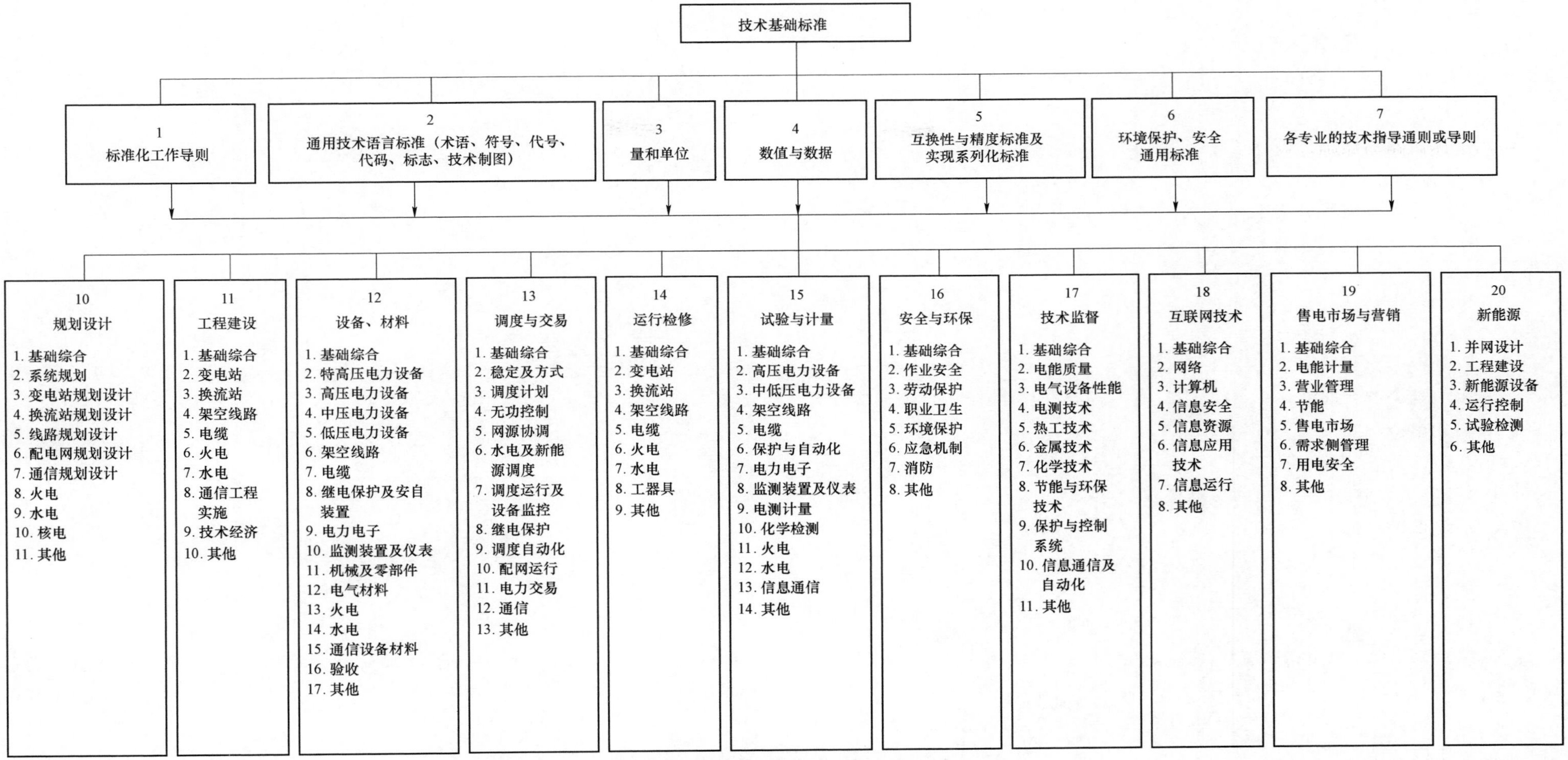

图1　国家电网有限公司技术标准体系框图

三、分支技术标准体系表的编制原则

为了便于各职能部门和所属各单位使用、管理标准，从用户角度出发可以参照国家电网有限公司技术标准体系表建立以部门职能、专业、主题等为主线的分支技术标准体系表。分支技术标准体系应与公司技术标准体系有效衔接，在层级结构、分类方式等方面保持协调、一致。

目　录

国家电网有限公司 STATE GRID CORPORATION OF CHINA

国家电网有限公司技术标准体系表层次图

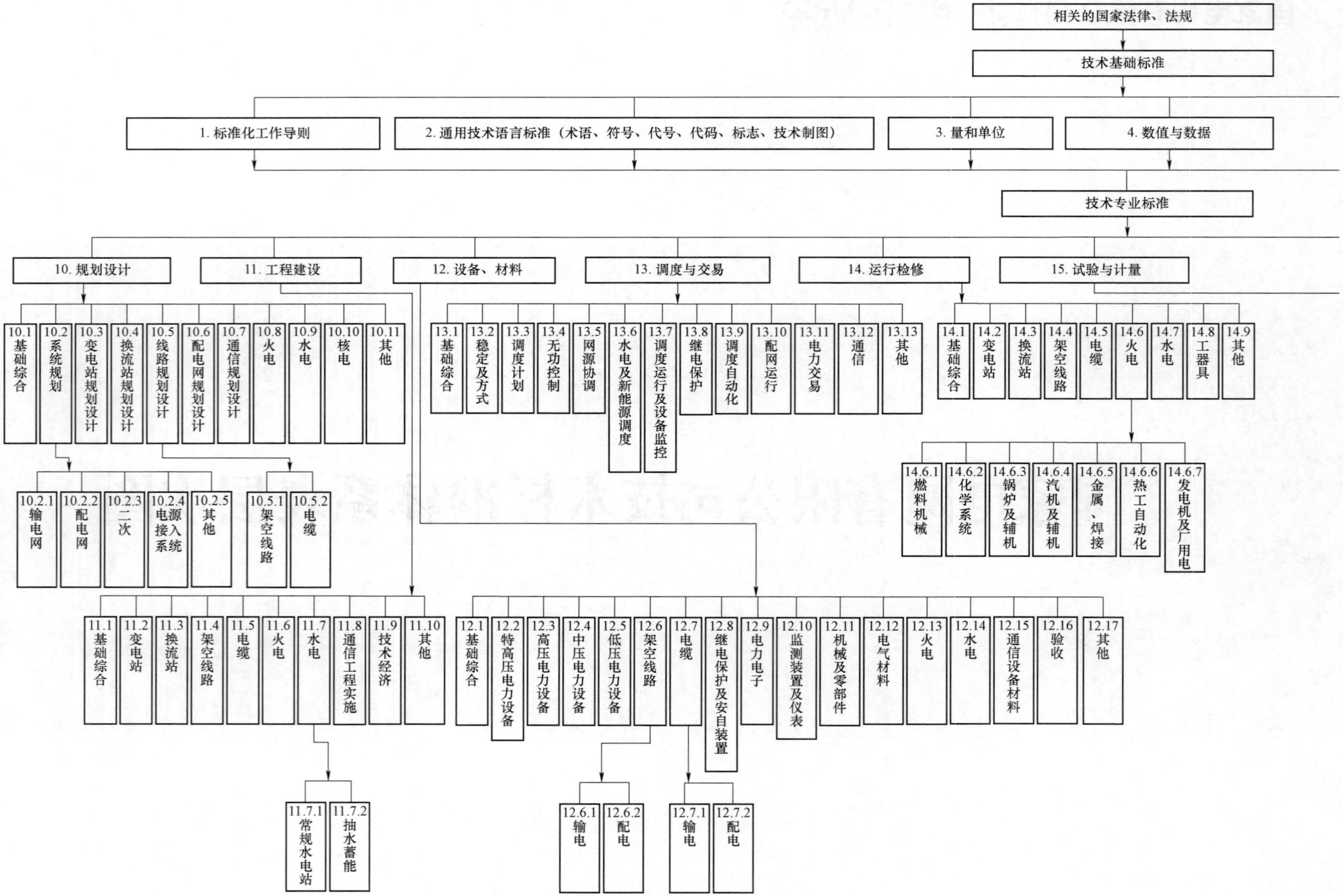
相关的国家法律、法规
技术基础标准
1. 标准化工作导则
2. 通用技术语言标准（术语、符号、代号、代码、标志、技术制图）
3. 量和单位
4. 数值与数据
技术专业标准
10. 规划设计
11. 工程建设
12. 设备、材料
13. 调度与交易
14. 运行检修
15. 试验与计量
10.1 基础综合
10.2 系统规划
10.3 变电站规划设计
10.4 换流站规划设计
10.5 线路规划设计
10.6 配电网规划设计
10.7 通信规划设计
10.8 火电
10.9 水电
10.10 核电
10.11 其他
10.2.1 输电网
10.2.2 配电网
10.2.3 二次
10.2.4 电源接入系统
10.2.5 其他
10.5.1 架空线路
10.5.2 电缆
13.1 基础综合
13.2 稳定及方式
13.3 调度计划
13.4 无功控制
13.5 网源协调
13.6 水电及新能源调度
13.7 调度运行及设备监控
13.8 继电保护
13.9 调度自动化
13.10 配网运行
13.11 电力交易
13.12 通信
13.13 其他
14.1 基础综合
14.2 变电站
14.3 换流站
14.4 架空线路
14.5 电缆
14.6 火电
14.7 水电
14.8 工器具
14.9 其他
14.6.1 燃料机械
14.6.2 化学系统
14.6.3 锅炉及辅机
14.6.4 汽机及辅机
14.6.5 金属、焊接
14.6.6 热工自动化
14.6.7 发电机及厂用电
11.1 基础综合
11.2 变电站
11.3 换流站
11.4 架空线路
11.5 电缆
11.6 火电
11.7 水电
11.8 通信工程实施
11.9 技术经济
11.10 其他
11.7.1 常规水电站
11.7.2 抽水蓄能
12.1 基础综合
12.2 特高压电力设备
12.3 高压电力设备
12.4 中压电力设备
12.5 低压电力设备
12.6 架空线路
12.7 电缆
12.8 继电保护及安自装置
12.9 电力电子
12.10 监测装置及仪表
12.11 机械及零部件
12.12 电气材料
12.13 火电
12.14 水电
12.15 通信设备材料
12.16 验收
12.17 其他
12.6.1 输电
12.6.2 配电
12.7.1 输电
12.7.2 配电

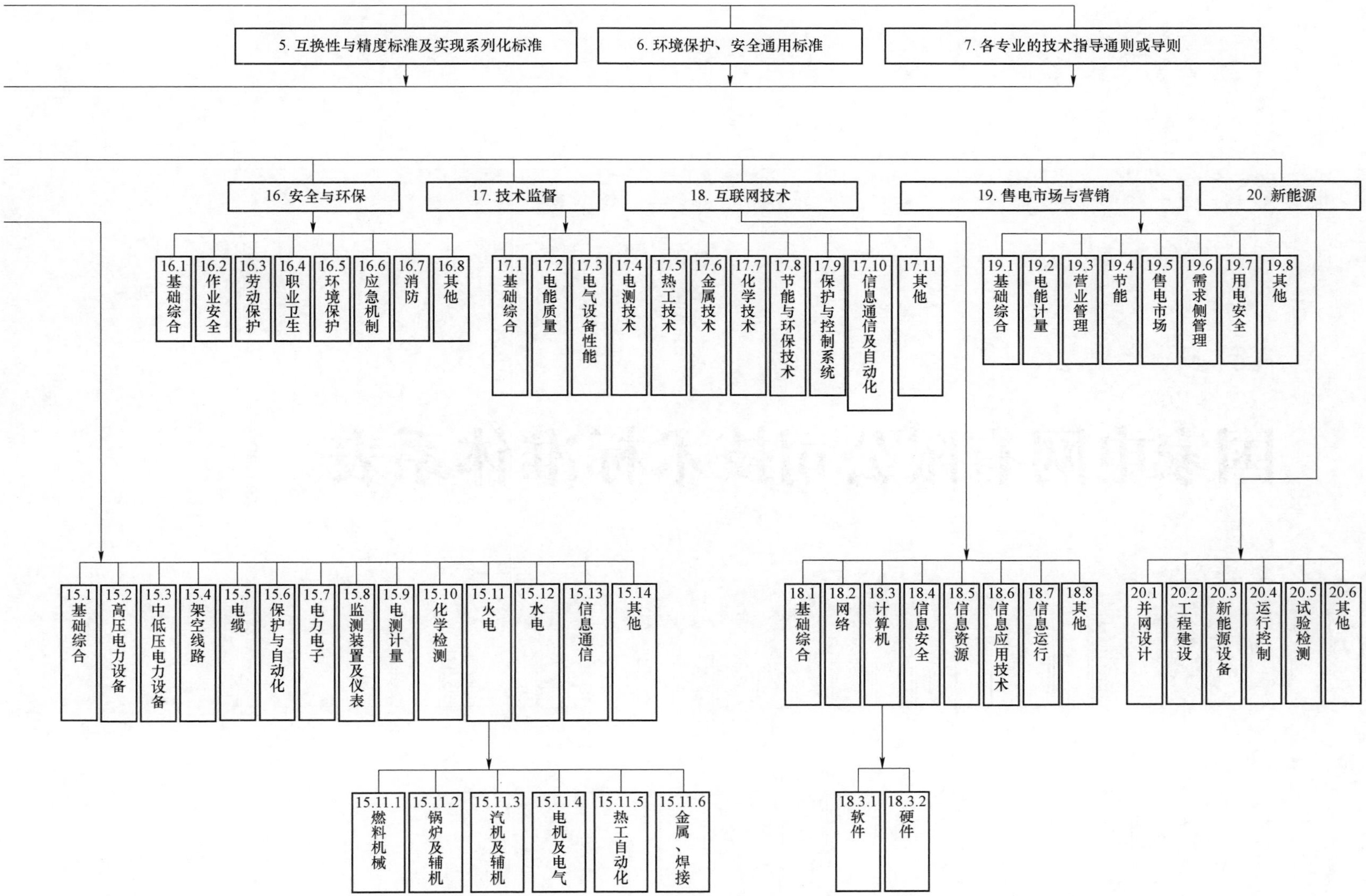

5. 互换性与精度标准及实现系列化标准
6. 环境保护、安全通用标准
7. 各专业的技术指导通则或导则
16. 安全与环保
17. 技术监督
18. 互联网技术
19. 售电市场与营销
20. 新能源
16.1 基础综合
16.2 作业安全
16.3 劳动保护
16.4 职业卫生
16.5 环境保护
16.6 应急机制
16.7 消防
16.8 其他
17.1 基础综合
17.2 电能质量
17.3 电气设备性能
17.4 电测技术
17.5 热工技术
17.6 金属技术
17.7 化学技术
17.8 节能与环保技术
17.9 保护与控制系统
17.10 信息通信及自动化
17.11 其他
19.1 基础综合
19.2 电能计量
19.3 营业管理
19.4 节能
19.5 售电市场
19.6 需求侧管理
19.7 用电安全
19.8 其他
15.1 基础综合
15.2 高压电力设备
15.3 中低压电力设备
15.4 架空线路
15.5 电缆
15.6 保护与自动化
15.7 电力电子
15.8 监测装置及仪表
15.9 电测计量
15.10 化学检测
15.11 火电
15.12 水电
15.13 信息通信
15.14 其他
18.1 基础综合
18.2 网络
18.3 计算机
18.4 信息安全
18.5 信息资源
18.6 信息应用技术
18.7 信息运行
18.8 其他
20.1 并网设计
20.2 工程建设
20.3 新能源设备
20.4 运行控制
20.5 试验检测
20.6 其他
15.11.1 燃料机械
15.11.2 锅炉及辅机
15.11.3 汽机及辅机
15.11.4 电机及电气
15.11.5 热工自动化
15.11.6 金属、焊接
18.3.1 软件
18.3.2 硬件

国家电网有限公司 STATE GRID CORPORATION OF CHINA

国家电网有限公司技术标准体系表

技 术 基 础 标 准

1 标准化工作导则

序号	GW 分类	ICS 分类	GB 分类	标准号	中 文 名 称	代替标准	采用关系	发布日期	实施日期
1-3-1	1	01.120	A00	GB/T 1.1—2020	标准化工作导则　第 1 部分：标准的结构和编写	GB/T 1.1—2009		2020/3/31	2020/10/1
1-3-2	1	01.120	A00	GB/T 1.2—2020	标准化工作导则　第 2 部分：以 ISO/IEC 标准化文件为基础的标准化文件起草规则	GB/T 20000.2—2009；GB/T 20000.9—2014		2020/11/19	2021/6/1
1-3-3	1	01.020	A22	GB/T 10112—2019	术语工作　原则与方法	GB/T 10112—1999		2019/8/30	2020/3/1
1-3-4	1	01.120	A00	GB/T 12366—2009	综合标准化工作指南	GB/T 12366.1—1990；GB/T 12366.2—1990；GB/T 12366.3—1990；GB/T 12366.4—1991		2009/5/6	2009/11/1
1-3-5	1	01.120	A00	GB/T 13016—2018	标准体系构建原则和要求	GB/T 13016—2009		2018/2/6	2018/9/1
1-3-6	1	01.120	A00	GB/T 13017—2018	企业标准体系表编制指南	GB/T 13017—2008		2018/2/6	2018/9/1
1-3-7	1	01.120	A00	GB/T 15496—2017	企业标准体系　要求	GB/T 15496—2003		2017/12/29	2018/7/1
1-3-8	1	01.120	A00	GB/T 15497—2017	企业标准体系　产品实现	GB/T 15497—2003		2017/12/29	2018/7/1
1-3-9	1	01.120	A00	GB/T 15498—2017	企业标准体系　基础保障	GB/T 15498—2003		2017/12/29	2018/7/1
1-3-10	1	01.040.03	A00	GB/T 15624—2011	服务标准化工作指南	GB/T 15624.1—2003		2011/12/30	2012/4/1
1-3-11	1	01.040.03	A13	GB/T 16832—2012	国际贸易单证用格式设计基本样式	GB/T 16832—1997		2012/7/31	2012/11/1
1-3-12	1	01.120	A01	GB/T 19273—2017	企业标准化工作　评价与改进	GB/T 19273—2003		2017/12/29	2018/7/1
1-3-13	1	01.120	A00	GB/T 20000.1—2014	标准化工作指南　第 1 部分：标准化和相关活动的通用术语	GB/T 20000.1—2002		2014/12/31	2015/6/1
1-3-14	1	01.120	A00	GB/T 20000.2—2009	标准化工作指南　第 2 部分：采用国际标准	GB/T 20000.2—2001	ISO/IEC Guide 21—1：2005 MOD	2009/6/17	2010/1/1
1-3-15	1	01.120	A00	GB/T 20000.3—2014	标准化工作指南　第 3 部分：引用文件	GB/T 20000.3—2003		2014/12/31	2015/6/1
1-3-16	1	01.120	A00	GB/T 20000.6—2006	标准化工作指南　第 6 部分：标准化良好行为规范		ISO/IEC Guide 59：1994 MOD	2006/9/4	2006/12/1
1-3-17	1	01.120	A00	GB/T 20000.7—2006	标准化工作指南　第 7 部分：管理体系标准的论证和制定		ISO Guide 72：2001 MOD	2006/9/4	2006/12/1
1-3-18	1	01.120	A00	GB/T 20000.8—2014	标准化工作指南　第 8 部分：阶段代码系统的使用原则和指南		ISO Guide 69：1999 MOD	2014/12/31	2015/6/1

续表

序号	GW 分类	ICS 分类	GB 分类	标准号	中 文 名 称	代替标准	采用关系	发布日期	实施日期
1-3-19	1	01.040	A00	GB/T 20000.10—2016	标准化工作指南　第 10 部分：国家标准的英文译本翻译通则			2016/8/29	2017/3/1
1-3-20	1	01.040	A00	GB/T 20000.11—2016	标准化工作指南　第 11 部分：国家标准的英文译本通用表述			2016/8/29	2017/3/1
1-3-21	1	01.120	A00	GB/T 20001.1—2001	标准编写规则　第 1 部分：术语	GB/T 1.6—1997	ISO 10241—1992 NEQ	2001/11/5	2002/3/1
1-3-22	1	01.120	A00	GB/T 20001.2—2015	标准编写规则　第 2 部分：符号标准	GB/T 20001.2—2001		2015/9/11	2016/1/1
1-3-23	1	01.120	A00	GB/T 20001.3—2015	标准编写规则　第 3 部分：分类标准	GB/T 20001.3—2001		2015/9/11	2016/1/1
1-3-24	1	01.120	A00	GB/T 20001.4—2015	标准编写规则　第 4 部分：试验方法标准	GB/T 20001.4—2001		2015/9/11	2016/1/1
1-3-25	1	01.120	A00	GB/T 20001.5—2017	标准编写规则　第 5 部分：规范标准			2017/12/29	2018/4/1
1-3-26	1	01.120	A00	GB/T 20001.6—2017	标准编写规则　第 6 部分：规程标准			2017/12/29	2018/4/1
1-3-27	1	01.120	A00	GB/T 20001.7—2017	标准编写规则　第 7 部分：指南标准			2017/12/29	2018/4/1
1-3-28	1	01.120	A00	GB/T 20001.10—2014	标准编写规则　第 10 部分：产品标准			2014/12/31	2015/6/1
1-3-29	1	01.120	A00	GB/T 20002.3—2014	标准中特定内容的起草　第 3 部分：产品标准中涉及环境的内容	GB/T 20000.5—2004	ISO Guide 64：2008 MOD	2014/12/31	2015/6/1
1-3-30	1	01.120	A00	GB/T 20002.4—2015	标准中特定内容的起草　第 4 部分：标准中涉及安全的内容	GB/T 20000.4—2003		2015/9/11	2016/1/1
1-3-31	1	01.120	A00	GB/T 20003.1—2014	标准制定的特殊程序　第 1 部分：涉及专利的标准			2014/4/28	2014/5/1
1-3-32	1	01.120	A00	GB/T 20004.2—2018	团体标准化　第 2 部分：良好行为评价指南			2018/7/13	2019/2/1
1-3-33	1	35.240.20	L76	GB/T 26162.1—2010	信息与文献　文件管理　第 1 部分：通则		ISO 15489—1：2001 IDT	2011/1/14	2011/6/1
1-3-34	1	03.100.01	A102	GB/T 26317—2010	公司治理风险管理指南			2011/1/14	2011/5/1
1-3-35	1	03.120.20	A00	GB/T 27021.2—2017	合格评定　管理体系审核认证机构要求　第 2 部分：环境管理体系审核认证能力要求		ISO/IEC TS 17021—2：2012 IDT	2017/12/29	2018/7/1
1-3-36	1	03.120.20	A00	GB/T 27067—2017	合格评定　产品认证基础和产品认证方案指南	GB/T 27067—2006	ISO/IEC 17067：2013 IDT	2017/12/29	2018/7/1
1-3-37	1	35.110	L79	GB/Z 33750—2017	物联网　标准化工作指南			2017/5/12	2017/12/1

续表

序号	GW 分类	ICS 分类	GB 分类	标准号	中　文　名　称	代替标准	采用关系	发布日期	实施日期
1-3-38	1	01.120	A00	GB/T 34654—2017	电工术语　标准编写规则		（ISO/IEC Directives supplement-Procedures specific to IEC：2 01 2-05，Annex SK：Implementation of the ISO/IEC Directives for the work on the IEC 60050 series 一 I nt ernational Electrotechnical Vocabulary，NEQ）	2017/9/29	2018/4/1
1-3-39	1	01.120	A00	GB/T 3533.1—2017	标准化效益评价　第 1 部分：经济效益评价通则	GB/T 3533.1—2009		2017/5/12	2017/12/1
1-3-40	1	01.120	A00	GB/T 3533.3—1984	评价和计算标准化经济效果数据资料的收集和处理方法			1984/11/20	1985/10/1
1-3-41	1	01.120	A00	GB/T 35778—2017	企业标准化工作　指南			2017/12/29	2018/7/1
1-4-42	1	27.010	F00	DL/T 485—2018	电力企业标准体系表编制导则	DL/T 485—2012		2018/4/3	2018/7/1
1-4-43	1	27.010	F00	DL/T 800—2018	电力企业标准编写导则	DL/T 800—2012		2018/4/3	2018/7/1
1-4-44	1			JJF 1002—2010	国家计量检定规程编写规则	JJF 1002—1998		2010/9/6	2011/3/6
1-4-45	1		A14	ZC 0006—2003	专利申请号标准			2003/7/14	2003/10/1

2 通用技术语言标准（术语、符号、代号、代码、标志、技术制图）

序号	GW 分类	ICS 分类	GB 分类	标准号	中 文 名 称	代替标准	采用关系	发布日期	实施日期
2-2-1	2	29.240		Q/GDW 10727—2016	智能电网知识描述语言规范	Q/GDW 727—2012		2016/12/28	2016/12/28
2-2-2	2	29.020		Q/GDW 11705—2017	国家电网公司科技项目成果分类与代码			2018/2/12	2018/2/12
2-2-3	2	35.040		Q/GDW 215—2008	电力系统数据标记语—E 语言规范			2008/12/31	2008/12/31
2-2-4	2	29.240		Q/GDW 624—2011	电力系统图形描述规范			2011/7/27	2011/7/27
2-3-5	2	01.080.10	A22	GB/T 10001.1—2012	标志用公共信息图形符号 第 1 部分：通用符号	GB/T 10001.1—2006；GB/T 10001.10—2007；部分代替：GB/T 17695—2006		2012/12/31	2013/6/1
2-3-6	2	01.080.10	A22	GB/T 10001.2—2021	标志用公共信息图形符号 第 2 部分：旅游休闲符号	GB/T 10001.2—2006		2021/3/9	2021/10/1
2-3-7	2	35.040	A24	GB/T 10113—2003	分类与编码通用术语	GB 10113—1988		2003/7/25	2003/12/1
2-3-8	2	35.040	A24	GB/T 10114—2003	县级以下行政区划代码编制规则	GB 10114—1988		2003/7/25	2003/12/1
2-3-9	2	77.060	H25	GB/T 10123—2001	金属和合金的腐蚀基本术语和定义	GB/T 10123—1988	ISO 8044：1999 EQV	2001/12/17	2002/5/1
2-3-10	2	35.240.60	S07	GB/T 10302—2010	中华人民共和国铁路车站代码	GB/T 10302—1988		2010/9/2	2010/12/1
2-3-11	2	01.100.01	J04	GB/T 10609.1—2008	技术制图 标题栏	GB/T 10609.1—1989		2008/6/26	2009/1/1
2-3-12	2	01.100.01	J04	GB/T 10609.2—2009	技术制图 明细栏	GB/T 10609.2—1989	ISO 7573：1983 IDT	2009/11/30	2010/9/1
2-3-13	2	01.100.01	J04	GB/T 10609.3—2009	技术制图 复制图的折叠方法	GB/T 10609.3—1989		2009/11/30	2010/9/1
2-3-14	2	01.100.01	J04	GB/T 10609.4—2009	技术制图 对缩微复制原件的要求	GB/T 10609.4—1989	ISO 6428：1982 IDT	2009/11/30	2010/9/1
2-3-15	2	77.040.10	H22	GB/T 10623—2008	金属材料 力学性能试验术语	GB/T 10623—1989	ISO 23718：2007 MOD	2008/5/13	2008/11/1
2-3-16	2	35.040	L71	GB/T 11383—1989	信息处理信息交换用八位代码结构和编码规则			1989/6/12	1990/1/1
2-3-17	2	35.080	L77	GB/T 11457—2006	信息技术 软件工程术语	GB/T 11457—1995		2006/3/14	2006/7/1
2-3-18	2	17.220	L85	GB/T 11464—2013	电子测量仪器术语	GB/T 11464—1989		2013/12/31	2014/7/15
2-3-19	2	35.040	A24	GB 11643—1999	公民身份号码	GB 11643—1989		1999/1/19	1999/7/1
2-3-20	2	35.040	A24	GB 11714—1997	全国组织机构代码编制规则	GB 11714—1995		1997/12/29	1998/1/1
2-3-21	2	19.040	K04	GB/T 11804—2005	电工电子产品环境条件一术语	GB/T 11804—1989		2005/3/3	2005/8/1
2-3-22	2	27.060；01.100	J98	GB/T 11943—2008	锅炉制图	GB/T 11943—1989		2008/1/31	2008/7/1
2-3-23	2	01.100	J04	GB/T 12212—2012	技术制图焊缝符号的尺寸、比例及简化表示法	GB/T 12212—1990		2012/5/11	2012/12/1

续表

序号	GW 分类	ICS 分类	GB 分类	标准号	中 文 名 称	代替标准	采用关系	发布日期	实施日期
2-3-24	2	23.060.01	J16	GB/T 12250—2005	蒸汽疏水阀术语、标志、结构长度	GB/T 12248—1989；GB/T 12249—1989；GB/T 12250—1989	ISO 6552：1980 NEQ	2005/7/11	2006/1/1
2-3-25	2	35.040	A24	GB/T 12402—2000	经济类型分类与代码	GB 12402—1990		2000/7/14	2001/3/1
2-3-26	2	35.040	A24	GB/T 12403—1990	干部职务名称代码			1990/7/5	1991/5/1
2-3-27	2	35.040	A24	GB/T 12404—1997	单位隶属关系代码	GB 12404—1990		1997/5/26	1998/3/1
2-3-28	2	35.040	A24	GB/T 12405—2008	单位增员减员代码	GB/T 12405—1990		2008/8/19	2009/1/1
2-3-29	2	03.060	A11	GB/T 12406—2008	表示货币和资金的代码	GB/T 12406—1996	ISO 4217：2001 IDT	2008/7/1	2008/12/1
2-3-30	2	35.040	A24	GB/T 12407—2008	职务级别代码	GB/T 12407—1990		2008/8/6	2009/1/1
2-3-31	2	35.040	A24	GB/T 12408—1990	社会兼职代码			1990/7/5	1991/5/1
2-3-32	2	13.340.01	C73	GB/T 12903—2008	个体防护装备术语	GB/T 12903—1991		2008/12/11	2009/10/1
2-3-33	2	35.040	A24	GB/T 12905—2019	条码术语	GB/T 12905—2000		2019/3/25	2019/10/1
2-3-34	2	27.160	F12	GB/T 12936—2007	太阳能热利用术语	GB/T 12936.1—1991；GB/T 12936.2—1991	ISO 9488：1999 NEQ	2007/4/16	2007/10/1
2-3-35	2	17.040.20	J04	GB/T 131—2006	产品几何技术规范（GPS）技术产品文件中表面结构的表示法	GB/T 131—1993	ISO 1302：2002 IDT	2006/7/19	2007/2/1
2-3-36	2	21.010	J29	GB/T 13306—2011	标牌	GB/T 13306—1991		2011/5/12	2011/10/1
2-3-37	2	01.100	J04	GB/T 13361—2012	技术制图通用术语	GB/T 13361—1992		2012/5/11	2012/12/1
2-3-38	2	07.020	A41	GB/T 13400.1—2012	网络计划技术　第 1 部分：常用术语	GB/T 13400.1—1992		2012/12/31	2013/6/1
2-3-39	2	29.100	K46	GB/T 13498—2017	高压直流输电术语	GB/T 13498—2007	IEC 60633：2015 MOD	2017/12/29	2018/7/1
2-3-40	2	29.020	K04	GB/T 13534—2009	颜色标志的代码	GB/T 13534—1992	IEC 60757：1983 IDT	2009/5/6	2009/11/1
2-3-41	2	33.060.01	M04	GB/T 13622—2012	无线电管理术语	GB/T 13622—1992		2012/6/29	2012/10/1
2-3-42	2	13.300	A80	GB 13690—2009	化学品分类和危险性公示通则	GB 13690—1992	ST/SG/AC.10/30/Rev.2 NEQ	2009/6/21	2010/5/1
2-3-43	2	35.040	A24	GB/T 13745—2009	学科分类与代码	GB/T 13745—1992		2009/5/6	2009/11/1
2-3-44	2	35.040	A24	GB/T 13861—2009	生产过程危险和有害因素分类与代码	GB/T 13861—1992		2009/10/15	2009/12/1

续表

序号	GW 分类	ICS 分类	GB 分类	标准号	中 文 名 称	代替标准	采用关系	发布日期	实施日期
2-3-45	2	35.040	A75	GB/T 13923—2006	基础地理信息要素分类与代码	GB/T 13923—1992；GB 14804—1993；GB/T 15660—1995		2006/5/24	2006/10/1
2-3-46	2	17.020	N05	GB/T 13965—2010	仪表元器件术语	GB/T 13965—1992		2010/12/1	2011/5/1
2-3-47	2	17.020	N04	GB/T 13983—1992	仪器仪表基本术语			1992/12/17	1993/7/1
2-3-48	2	03.100.30	A02	GB/T 14002—2008	劳动定员定额术语	GB/T 14002—1992		2008/4/23	2008/7/1
2-3-49	2	67.060	D10	GB/T 14157—1993	水文地质术语			1993/2/12	1993/11/1
2-3-50	2	03.100.30	C76	GB/T 14163—2009	工时消耗分类、代号和标准工时构成	GB/T 14163—1993		2009/3/9	2009/9/1
2-3-51	2	33.020	M30	GB/T 1418—1995	电信设备通用文字符号	GB 1418—1978		1995/4/6	1995/12/1
2-3-52	2	01.040.29	K09	GB/T 14286—2008	带电作业工具设备术语	GB/T 14286—2002	IEC 60743：2001 MOD	2008/9/24	2009/8/1
2-3-53	2	29.240	F21	GB/Z 14429—2005	远动设备及系统　第1～3 部分：总则术语	GB/T 14429—1993	IEC TR3 60870-1-3：1997 IDT	2005/2/6	2005/12/1
2-3-54	2	07.060	D04	GB/T 14498—1993	工程地质术语			1993/6/19	1994/3/1
2-3-55	2	01.100.30	J04	GB/T 14665—2012	机械工程 CAD 制图规则	GB/T 14665—1998		2012/5/1	2012/12/1
2-3-56	2	71.040.01	G40	GB/T 14666—2003	分析化学术语	GB/T 14666—1993		2003/10/11	2004/5/1
2-3-57	2	91.100.50	Q24	GB/T 14682—2006	建筑密封材料术语	GB/T 14682—1993	ISO 6927:1981 NEQ	2006/7/19	2006/12/1
2-3-58	2	01.100.01	J04	GB/T 14689—2008	技术制图图纸幅面和格式	GB/T 14689—1993	ISO 5457：1999 MOD	2008/6/26	2009/1/1
2-3-59	2	01.100	J04	GB/T 14690—1993	技术制图比例	GB 4457.2—1984	ISO 5455—1979 EQV	1993/11/9	1994/7/1
2-3-60	2	01.100	J04	GB/T 14691—1993	技术制图字体	GB 4457.3—1984	ISO 3098/1—1974 ISO 3098/2—1984 EQV	1993/11/9	1994/7/1
2-3-61	2	19.100	J04	GB/T 14693—2008	无损检测符号表示法	GB/T 14693—1993		2008/2/28	2008/7/1
2-3-62	2	33.020	M04	GB/T 14733.1—1993	电信术语　电信、信道和网		IEV 701 IDT	1993/12/5	1994/8/1
2-3-63	2	33.020	M04	GB/T 14733.6—2005	电信术语　空间无线电通信	GB/T 14733.6—1993	IEC 60050—725：1994，IDT	2005/10/10	2006/6/1
2-3-64	2	33.040.01	M10	GB/T 14733.11—2008	电信术语　传输	GB/T 14733.11—1993	IEC 60050（704）：1993 IDT	2008/8/6	2009/3/1

续表

序号	GW 分类	ICS 分类	GB 分类	标准号	中 文 名 称	代替标准	采用关系	发布日期	实施日期
2-3-65	2	33.120.01	M30	GB/T 14733.12—2008	电信术语　光纤通信	GB/T 14733.12—1993	IEC 60050（731）：1991 IDT	2008/8/6	2009/3/1
2-3-66	2	13.060	J98	GB/T 14792—1993	锅炉水处理设备术语			1993/12/28	1994/10/1
2-3-67	2	27.060.30	J75	GB/T 14811—2008	热管术语	GB/T 14811—1993		2008/6/26	2009/1/1
2-3-68	2	35.040	A24	GB/T 14885—2010	固定资产分类与代码	GB/T 14885—1994		2011/1/10	2011/5/1
2-3-69	2	29.120.50	K43	GB/T 15166.1—2019	高压交流熔断器　第 1 部分：术语	GB/T 15166.1—1994	IEC 60050-441：1984+A1：2000 MOD	2019/6/4	2020/1/1
2-3-70	2	13.100	C65	GB/T 15236—2008	职业安全卫生术语	GB/T 15236—1994		2008/12/15	2009/10/1
2-3-71	2	01.020	C65	GB/T 15463—2018	静电安全术语	GB/T 15463—2008		2018/6/7	2019/1/1
2-3-72	2	01.080.01	A22	GB/T 15565—2020	图形符号术语	GB/T 15565.1—2008；GB/T 15565.2—2008		2020/3/31	2020/10/01
2-3-73	2	01.080.01	A22	GB/T 15566.1—2020	公共信息导向系统设置原则与要求　第 1 部分：总则	GB/T 15566.1—2007		2007/11/14	2008/4/1
2-3-74	2	01.100.20	J04	GB/T 15754—1995	技术制图圆锥的尺寸和公差注法	GB/T 4458.4—1984	ISO 3040-1990 EQV	1995/11/23	1996/7/1
2-3-75	2	01.140.20	A22	GB/T 15834—2011	标点符号用法	GB/T 15834—1995		2011/12/30	2012/6/1
2-3-76	2	01.080.20	A22	GB/T 16273.1—2008	设备用图形符号　第 1 部分：通用符号	GB/T 16273.1—1996	ISO 7000：2004 NEQ	2008/7/16	2009/1/1
2-3-77	2	01.080	A22	GB/T 16273.2—1996	设备用图形符号　第 2 部分：机床通用符号		ISO 7000 IDT	1996/4/10	1996/10/1
2-3-78	2	01.080	A22	GB/T 16273.3—1999	设备用图形符号　第 3 部分：电焊设备通用符号		ISO 7000-89 IDT	1999/5/8	1999/9/1
2-3-79	2	01.080.20	A22	GB/T 16273.4—2010	设备用图形符号　第 4 部分：带有箭头的符号	GB/T 16273.4—2001		2011/1/10	2011/10/1
2-3-80	2	01.080.20	A22	GB/T 16273.5—2002	设备用图形符号　第 5 部分：塑料机械通用符号		ISO 7000：1989 NEQ	2002/8/5	2003/4/1
2-3-81	2	01.080.20	A22	GB/T 16273.6—2003	设备用图形符号　第 6 部分：运输、车辆检测及装载机械通用符号		ISO 7000：1989 NEQ	2003/5/26	2003/9/1
2-3-82	2	01.080.20	A22	GB/T 16273.8—2010	设备用图形符号　第 8 部分：办公设备通用符号			2011/1/10	2011/10/1

序号	GW 分类	ICS 分类	GB 分类	标准号	中文名称	代替标准	采用关系	发布日期	实施日期
2-3-83	2	35.040	A24	GB/T 16502—2009	用人单位用人形式分类与代码	GB/T 16502—1996		2009/5/6	2009/11/1
2-3-84	2	01.100	J04	GB/T 16675.1—2012	技术制图简化表示法　第 1 部分：图样画法	GB/T 16675.1—1996		2012/5/11	2012/12/1
2-3-85	2	01.100	J04	GB/T 16675.2—2012	技术制图简化表示法　第 2 部分：尺寸注法	GB/T 16675.2—1996		2012/5/11	2012/12/1
2-3-86	2	35.040	Z04	GB/T 16705—1996	环境污染类别代码			1996/12/20	1997/7/1
2-3-87	2	35.040	Z04	GB/T 16706—1996	环境污染源类别代码			1996/12/20	1997/7/1
2-3-88	2	01.120	A00	GB/T 16733—1997	国家标准制定程序的阶段划分及代码			1997/1/27	1997/4/1
2-3-89	2	35.040	D21	GB/T 16772—1997	中国煤炭编码系统		ISO 2950-74 AS 2096-87 NEQ	1997/4/17	1997/10/1
2-3-90	2	01.020	A22	GB/T 16785—2012	术语工作概念和术语的协调	GB/T 16785—1997		2012/12/31	2013/6/1
2-3-91	2	91.140.01	P45	GB/T 16803—1997	采暖、通风、空调、净化设备术语	GB/T 16803—1997		1997/5/28	1997/12/1
2-3-92	2	35.040	A24	GB/T 16835—1997	高等学校本科、专科专业名称代码			1997/5/26	1998/3/1
2-3-93	2	13.030.40	J88	GB/T 16845—2017	除尘器　术语	GB/T 16845—2008		2017/5/12	2017/12/1
2-3-94	2	01.080.01	A22	GB/T 16900—2008	图形符号表示规则总则	GB/T 16900—1997		2008/7/16	2009/1/1
2-3-95	2	01.080.01	A22	GB/T 16901.1—2008	技术文件用图形符号表示规则　第 1 部分：基本规则	GB/T 16901.1—1997	ISO 81714-1：1999 MOD	2008/7/16	2009/1/1
2-3-96	2	01.080.01	A22	GB/T 16901.2—2013	技术文件用图形符号表示规则　第 2 部分：图形符号（包括基准符号库中的图形符号）的计算机电子文件格式规范及其交换要求	GB/T 16901.2—2000	IEC 81714-2：2006 MOD	2013/12/17	2014/4/9
2-3-97	2	01.080.01	A22	GB/T 16902.1—2017	设备用图形符号表示规则　第 1 部分：符号原图的设计原则	GB/T 16902.1—2004		2017/7/31	2018/2/1
2-3-98	2	01.080.01	A22	GB/T 16902.2—2008	设备用图形符号表示规则　第 2 部分：箭头的形式和使用	GB/T 1252—1989	ISO 80416-2：2001 IDT	2008/7/16	2009/1/1
2-3-99	2	01.080.01	A22	GB/T 16902.4—2017	设备用图形符号表示规则　第 4 部分：图形符号用作图标的重绘指南	GB/T 16902.4—2010		2017/7/31	2018/2/1
2-3-100	2	01.080.01	A22	GB/T 16903.1—2008	标志用图形符号表示规则　第 1 部分：公共信息图形符号的设计原则	GB/T 14543—1993； GB/T 16903.1—1997	ISO 22727：2007 NEQ	2008/7/16	2009/1/1
2-3-101	2	01.040.21	J04	GB/T 16948—1997	技术产品文件词汇投影法术语	GB 14692　部分—1993	ISO 10209-2：1993 EQV	1997/8/26	1998/5/1

序号	GW 分类	ICS 分类	GB 分类	标准号	中文名称	代替标准	采用关系	发布日期	实施日期
2-3-102	2	35.240.60	A24	GB/T 16963—2010	国际贸易合同代码编制规则	GB/T 16963—1997		2010/12/1	2011/5/1
2-3-103	2	25.040.01	N10	GB/T 17212—1998	工业过程测量和控制术语和定义	ZB Y 247—1984	IEC 902：1987 IDT	1998/1/21	1998/10/1
2-3-104	2	17.220.20	N22	GB/T 17215.101—2010	电测量抄表、费率和负荷控制的数据交换术语 第 1 部分：与使用 DLMS/COSEM 的测量设备交换数据相关的术语		IEC TR 62051-1：2004 IDT	2011/1/14	2011/6/1
2-3-105	2	35.040	A24	GB/T 17295—2008	国际贸易计量单位代码	GB/T 17295—1998	CEFACT/ICG/2006/IC001 NEQ	2008/6/18	2008/11/1
2-3-106	2	35.040	A24	GB/T 17296—2009	中国土壤分类与代码	GB/T 17296—2000		2009/5/6	2009/11/1
2-3-107	2	35.040	A24	GB/T 17297—1998	中国气候区划名称与代码气候带和气候大区	GB/T 17296-2000		1998/3/27	1998/10/1
2-3-108	2	01.100.20	J04	GB/T 17450—1998	技术制图图线		ISO 128-20：1996 IDT	1998/8/12	1999/7/1
2-3-109	2	01.100.20	J04	GB/T 17451—1998	技术制图图样画法视图		ISO/DIS 11947-1-95 NEQ	1998/8/12	1999/7/1
2-3-110	2	01.100.20	J04	GB/T 17452—1998	技术制图图样画法剖视图和断面图		ISO/DIS 11947-2-95 EQV	1998/8/12	1999/7/1
2-3-111	2	01.100.01	J04	GB/T 17453—2005	技术制图图样画法剖面域的表示法	GB/T 17453—1998	ISO 128-50：2001 IDT	2005/7/1	2005/12/1
2-3-112	2	01.040.01	A22	GB/T 17532—2005	术语工作计算机应用词汇	GB/T 17532—1998	ISO 1087-2-2000 MOD	2005/7/15	2005/12/1
2-3-113	2	33.100	L06	GB/T 17624.1—1998	电磁兼容综述电磁兼容基本术语和定义的应用与解释		IEC 61000-1-1：1992 IDT	1998/12/14	1999/12/1
2-3-114	2	03.100.20	A10	GB/T 17629—2010	国际贸易用电子数据交换协议样本	GB/T 17629—1998	UN/CEFACT Recommendation No.26 MOD	2010/12/1	2011/5/1
2-3-115	2	01.040.35；35.07.040	A75	GB/T 17694—2009	地理信息术语	GB/T 17694—1999	ISO/TS 19104：2008 IDT	2009/5/6	2009/10/1
2-3-116	2	01.080.10	A22	GB/T 17695—2006	印刷品用公共信息图形标志	GB/T 17695—1999		2006/8/4	2006/11/1
2-3-117	2	01.020	A22	GB/T 17933—2012	电子出版物术语	GB/T 17933—1999		2012/12/31	2013/6/1
2-3-118	2	35.020	L04	GB/T 18811—2012	电子商务基本术语	GB/T 18811—2002	UN/CEFACT Core Component Technical Specification Version 3.0 IDT	2012/7/31	2012/11/1
2-3-119	2	13.300	A80	GB 190—2009	危险货物包装标志	GB 190—1990		2009/6/21	2010/5/1

序号	GW 分类	ICS 分类	GB 分类	标准号	中 文 名 称	代替标准	采用关系	发布日期	实施日期
2-3-120	2	01.020	A22	GB/T 19099—2003	术语标准化项目管理指南		ISO 15188：2001 MOD	2003/5/14	2003/12/1
2-3-121	2	55.020	A80	GB/T 191—2008	包装储运图示标志	GB 191—2000		2008/4/1	2008/10/1
2-3-122	2	43.020	T04	GB/T 19596—2017	电动汽车术语	GB/T 19596—2004		2017/10/14	2018/5/1
2-3-123	2	01.080	J04	GB/T 20063.1—2006	简图用图形符号 第 1 部分：通用信息与索引		ISO 14617-1：2002 IDT	2006/2/5	2006/9/1
2-3-124	2	01.080	J04	GB/T 20063.2—2006	简图用图形符号 第 2 部分：符号的一般应用		ISO14617-2：2002 IDT	2006/2/5	2006/9/1
2-3-125	2	01.080	J04	GB/T 20063.3—2006	简图用图形符号 第 3 部分：连接件与有关装置		ISO 14617-3：2002 IDT	2006/2/5	2006/9/1
2-3-126	2	01.080	J04	GB/T 20063.4—2006	简图用图形符号 第 4 部分：调节器及其相关设备		ISO 14617-4：2002 IDT	2006/2/5	2006/9/1
2-3-127	2	01.080	J04	GB/T 20063.5—2006	简图用图形符号 第 5 部分：测量与控制装置		ISO 14617-5：2002 IDT	2006/2/5	2006/9/1
2-3-128	2	01.080	J04	GB/T 20063.6—2006	简图用图形符号 第 6 部分：测量与控制功能		ISO 14617-6：2002 IDT	2006/2/5	2006/9/1
2-3-129	2	01.080	J04	GB/T 20063.7—2006	简图用图形符号 第 7 部分：基本机械构件		ISO 14617-7：2002 IDT	2006/2/5	2006/9/1
2-3-130	2	01.080	J04	GB/T 20063.8—2006	简图用图形符号 第 8 部分：阀与阻尼器		ISO 14617-8：2002 IDT	2006/2/5	2006/9/1
2-3-131	2	01.080	J04	GB/T 20063.9—2006	简图用图形符号 第 9 部分：泵、压缩机与鼓风机		ISO 14617-9：2002 IDT	2006/2/5	2006/9/1
2-3-132	2	01.080	J04	GB/T 20063.10—2006	简图用图形符号 第 10 部分：流动功率转换器		ISO 14617-10:2002 IDT	2006/2/5	2006/9/1
2-3-133	2	01.080	J04	GB/T 20063.11—2006	简图用图形符号 第 11 部分：热交换器和热发动机器件		ISO14617-11：2002 IDT	2006/2/5	2006/9/1
2-3-134	2	13.020	P57	GB/T 20465—2006	水土保持术语			2006/8/15	2006/11/1
2-3-135	2	01.040.29	K04	GB/T 20625—2006	特殊环境条件 术语			2006/11/9	2007/4/1
2-3-136	2	25.040.40	L74	GB/T 20719.13—2010	工业自动化系统与集成过程规范语言 第 13 部分：时序理论		ISO 18629-13:2006 IDT	2010/9/2	2010/12/1
2-3-137	2	25.040.40	L67	GB/T 20719.44—2010	工业自动化系统与集成过程规范语言 第 44 部分：定义性扩展资源扩展		ISO 18629-44:2006 IDT	2010/9/2	2010/12/1
2-3-138	2	03.220.20	R04	GB/T 20839—2007	智能运输系统通用术语			2007/3/19	2007/5/1
2-3-139	2	29.020	K09	GB/T 21654—2008	顺序功能表图用 GRAFCET 规范语言	GB/T 6988.6—1993		2008/3/24	2008/11/1

续表

序号	GW 分类	ICS 分类	GB 分类	标准号	中 文 名 称	代替标准	采用关系	发布日期	实施日期
2-3-140	2	35.20	L70	GB/T 22033—2017	信息技术　嵌入式系统术语	GB/T 22033—2008		2017/5/31	2017/12/1
2-3-141	2	35.040	A24	GB/T 2260—2007	中华人民共和国行政区划代码	GB/T 2260—2002		2007/11/14	2008/2/1
2-3-142	2	35.040	A24	GB/T 2261.1—2003	个人基本信息分类与代码　第 1 部分：人的性别代码	GB 2261—1980		2003/7/25	2003/12/1
2-3-143	2	35.040	A24	GB/T 2261.2—2003	个人基本信息分类与代码　第 2 部分：婚姻状况代码	GB 4766—1984		2003/7/25	2003/12/1
2-3-144	2	35.040	A24	GB/T 2261.3—2003	个人基本信息分类与代码　第 3 部分：健康状况代码	GB 4767—1984		2003/7/25	2003/12/1
2-3-145	2	35.040	A24	GB/T 2261.4—2003	个人基本信息分类与代码　第 4 部分：从业状况（个人身份）代码			2003/7/25	2003/12/1
2-3-146	2	35.040	A24	GB/T 2261.5—2003	个人基本信息分类与代码　第 5 部分：港澳台侨属代码			2003/7/25	2003/12/1
2-3-147	2	35.040	A24	GB/T 2261.6—2003	个人基本信息分类与代码　第 6 部分：人大代表、政协委员代码			2003/7/25	2003/12/1
2-3-148	2	35.040	A24	GB/T 2261.7—2003	个人基本信息分类与代码　第 7 部分：院士代码			2003/7/25	2003/12/1
2-3-149	2	17.160	J04	GB/T 2298—2010	机械振动、冲击与状态监测词汇	GB/T 2298—1991	ISO 2041：2009 IDT	2010/12/23	2011/6/1
2-3-150	2	35.040	L71	GB/T 2311—2000	信息处理字符代码结构与扩充技术	GB 2311—1990	ISO/IEC 2022-1994 IDT	2000/7/14	2001/3/1
2-3-151	2	01.080.30	K04	GB/T 23371.1—2013	电气设备用图形符号基本规则　第 1 部分：注册用图形符号的生成	GB/T 5465.11—2007	IEC 80416-1：2008 IDT	2013/12/17	2014/4/9
2-3-152	2	01.080	K04	GB/T 23371.3—2009	电气设备用图形符号基本规则　第 3 部分：应用导则		IEC 80416-3：2002 IDT	2009/3/13	2009/11/1
2-3-153	2	13.020.01	Z00	GB/T 23384—2009	产品及零部件可回收利用标识			2009/4/8	2009/12/1
2-3-154	2	01.040.03	A22	GB/T 23694—2013	风险管理术语	GB/T 23694—2009	ISO Guide 73：2009 IDT	2013/12/31	2014/7/1
2-3-155	2	01.140.20	A14	GB/T 23732—2009	中国标准文本编码			2009/5/6	2009/11/1
2-3-156	2	01.040.13	Z00	GB/T 24050—2004	环境管理术语	GB/T 24050—2000	ISO 14050：2002 IDT	2004/4/30	2004/10/1
2-3-157	2	19.020	A21	GB/T 2422—2012	环境试验试验方法编写导则术语和定义	GB/T 2422—1995	IEC 60068-5-2：1990 IDT	2012/11/5	2013/2/1

序号	GW 分类	ICS 分类	GB 分类	标准号	中　文　名　称	代替标准	采用关系	发布日期	实施日期
2-3-158	2	29.020	J04	GB/T 24340—2009	工业机械电气图用图形符号			2009/9/30	2010/2/1
2-3-159	2	01.100.25	J04	GB/T 24341—2009	工业机械电气设备电气图、图解和表的绘制			2009/9/30	2010/2/1
2-3-160	2	43.020	T04	GB/T 24548—2009	燃料电池电动汽车术语			2009/10/30	2010/7/1
2-3-161	2	J04	17.040.10	GB/Z 24636.1—2009	产品几何技术规范（GPS）统计公差　第 1 部分：术语、定义和基本概念		ISO 16792：2006 NEQ	2009/11/15	2010/9/1
2-3-162	2	01.100.01	J04	GB/T 24734.1—2009	技术产品文件数字化产品定义数据通则　第 1 部分：术语和定义		ISO 16792：2006 NEQ	2009/11/30	2010/9/1
2-3-163	2	25.060.20	J40	GB/T 24736.1—2009	工艺装备设计管理导则　第 1 部分：术语			2009/11/30	2010/9/1
2-3-164	2	01.100.01	J04	GB/T 24744—2009	产品几何规范（GPS）技术产品文件（TPD）中模制件的表示法		ISO 10135：2007 IDT	2009/11/30	2010/9/1
2-3-165	2	01.100.01	J04	GB/T 24745—2009	技术产品文件词汇图样注语			2009/11/30	2010/9/1
2-3-166	2	25.040.40	N10	GB/T 2625—1981	过程检测和控制流程图用图形符号和文字代号			1981/4/15	1981/4/15
2-3-167	2	01.040.03	A24	GB/T 2659—2000	世界各国和地区名称代码	GB 2659—1994	ISO 3166-1：1997 EQV	2000/7/31	2001/3/1
2-3-168	2	29.020	K04	GB/T 26853.1—2011	成套设备、系统和设备文件的分类和代号　第 1 部分：规则和分类表		IEC 61355-1：2008 IDT	2011/7/29	2011/12/1
2-3-169	2	01.040.29	F22	GB/T 26863—2011	火电站监控系统术语			2011/7/29	2011/12/1
2-3-170	2	03.080	A16	GB/T 28921—2012	自然灾害分类与代码			2012/10/12	2013/2/1
2-3-171	2	01.040.29	K04	GB/T 2900.1—2008	电工术语　基本术语	GB/T 2900.1—1992		2008/6/18	2009/5/1
2-3-172	2	29.120.99	K14	GB/T 2900.4—2008	电工术语　电工合金	GB/T 2900.4—1994		2008/6/18	2009/5/1
2-3-173	2	01.040.29	K04	GB/T 2900.5—2013	电工术语　绝缘固体、液体和气体	GB/T 2900.5—2002	IEC 60050-212：2010 IDT	2013/12/17	2014/4/9
2-3-174	2	01.040.29；29.080.10	K04	GB/T 2900.8—2009	电工术语　绝缘子	GB/T 2900.8—1995	IEC 60050-471：2007 IDT	2009/3/13	2009/11/1
2-3-175	2	01.040.29	K04	GB/T 2900.9—1994	电工术语　火花塞	GB 2900.9—1983		1994/5/19	1995/1/1
2-3-176	2	01.040.29	K04	GB/T 2900.10—2013	电工术语　电缆	GB/T 2900.10—2001		2013/12/17	2014/4/9
2-3-177	2	29.080.99	K49	GB/T 2900.12—2008	电工术语　避雷器、低压电涌保护器及元件	GB/T 2900.12—1989		2008/1/22	2008/9/1

续表

序号	GW 分类	ICS 分类	GB 分类	标准号	中 文 名 称	代替标准	采用关系	发布日期	实施日期
2-3-178	2	29.020	K04	GB/T 2900.16—1996	电工术语 电力电容器	GB 2900.16—1983	IEC 50(436)：1990 EQV	1996/6/17	1997/7/1
2-3-179	2	29.120.70；01.040.29	K04	GB/T 2900.17—2009	电工术语 量度继电器	GB/T 2900.17—1994		2009/3/13	2009/11/1
2-3-180	2	29.020；29.120.50	K30	GB/T 2900.18—2008	电工术语 低压电器	GB/T 2900.18—1992		2008/5/20	2009/1/1
2-3-181	2	01.040.29	K04	GB/T 2900.19—1994	电工术语 高电压试验技术和绝缘配合	GB 2900.19—1982	IEC 71 IEC 60 IEC 50 EQV	1994/5/19	1995/1/1
2-3-182	2	29.130.10	K43	GB/T 2900.20—2016	电工术语 高压开关设备和控制设备	GB/T 2900.20—1994	IEC 60050（441）:1984	2016/2/24	2016/9/1
2-3-183	2	29.020	K04	GB/T 2900.22—2005	电工术语 电焊机	GB/T 2900.22—1985		2005/8/26	2006/4/1
2-3-184	2	01.040.29；25.180.10	K61	GB/T 2900.23—2008	电工术语 工业电热装置	GB/T 2900.23—1995		2008/6/18	2009/5/1
2-3-185	2	29.160.01	K20	GB/T 2900.25—2008	电工术语 旋转电机	GB/T 2900.25—1994		2008/5/28	2009/1/1
2-3-186	2	29.160.30	K24	GB/T 2900.26—2008	电工术语 控制电机	GB/T 2900.26—1994		2008/6/30	2009/4/1
2-3-187	2	01.040.29	K04	GB/T 2900.27—2008	电工术语 小功率电动机	GB/T 2900.27—1995		2008/5/20	2009/1/1
2-3-188	2	01.040.29	K04	GB/T 2900.28—2007	电工术语 电动工具	GB/T 2900.28—1994		2007/1/7	2007/9/1
2-3-189	2	01.040.29	K04	GB/T 2900.32—1994	电工术语 电力半导体器件	GB 2900.32—1982		1994/5/16	1995/1/1
2-3-190	2	29.020	K04	GB/T 2900.33—2004	电工术语 电力电子技术	GB/T 2900.33—1993		2004/5/10	2004/12/1
2-3-191	2	01.040.29；29.020；29.260.20	K04	GB/T 2900.35—2008	电工术语 爆炸性环境用设备	GB/T 2900.35—1998		2008/6/18	2009/5/1
2-3-192	2	29.020	K63	GB/T 2900.36—2003	电工术语 电力牵引	GB/T 3367.10—1984；GB/T 3367.9—1984；GB/T 2900.36—1996		2003/5/26	2003/10/1
2-3-193	2	29.100.01	K04	GB/T 2900.39—2009	电工术语 电机、变压器专用设备	GB/T 2900.39—1994		2009/3/13	2009/11/1
2-3-194	2	01.040.29	K04	GB/T 2900.40—1985	电工术语 电线电缆专用设备			1985/5/9	1986/2/1
2-3-195	2	01.040.29；29.220.10；29.220.20	K04	GB/T 2900.41—2008	电工术语 原电池和蓄电池	GB/T 2900.11—1988；GB/T 2900.62—2003		2008/6/18	2009/5/1

续表

序号	GW 分类	ICS 分类	GB 分类	标准号	中 文 名 称	代替标准	采用关系	发布日期	实施日期
2-3-196	2	27.140	K55	GB/T 2900.45—2006	电工术语　水电站水力机械设备	GB/T 2900.45—1996		2006/11/8	2007/5/1
2-3-197	2	01.040.29	K04	GB/T 2900.46—1983	电工术语　汽轮机及其附属装置			1983/10/28	1984/6/1
2-3-198	2	27.060.30	J98	GB/T 2900.48—2008	电工术语　锅炉	GB/T 2900.48—1983		2008/1/31	2008/7/1
2-3-199	2	29.120.50; 01.040.29	K04	GB/T 2900.49—2004	电工术语　电力系统保护	GB/T 2900.49—1994		2004/5/10	2004/12/1
2-3-200	2	01.040.29	K04	GB/T 2900.50—2008	电工术语　发电、输电及配电通用术语	GB/T 2900.50—1998		2008/6/18	2009/5/1
2-3-201	2	01.040.29	K47	GB/T 2900.51—1998	电工术语　架空线路			1998/8/13	1999/6/1
2-3-202	2	01.040.29	K04	GB/T 2900.52—2008	电工术语　发电、输电及配电发电	GB/T 2900.52—2000		2008/6/18	2009/5/1
2-3-203	2	27.180	F11	GB/T 2900.53—2001	电工术语　风力发电机组			2001/9/15	2002/4/1
2-3-204	2	01.040.29	F20	GB/T 2900.55—2016	电工术语　带电作业	GB/T 2900.55—2002		2016/4/25	2016/11/1
2-3-205	2	01.040.25; 25.040.40	K04	GB/T 2900.56—2008	电工术语　控制技术	GB/T 2900.56—2002		2008/6/18	2009/5/1
2-3-206	2	01.040.29	K04	GB/T 2900.57—2008	电工术语　发电、输电及配电运行	GB/T 2900.57—2002		2008/6/18	2009/5/1
2-3-207	2	01.040.29	K04	GB/T 2900.58—2008	电工术语　发电、输电及配电电力系统规划和管理	GB/T 2900.58—2002		2008/6/18	2009/5/1
2-3-208	2	01.040.29	K04	GB/T 2900.59—2008	电工术语　发电、输电及配电变电站	GB/T 2900.59—2002		2008/6/18	2009/5/1
2-3-209	2	01.040.29	K04	GB/T 2900.61—2008	电工术语　物理和化学	GB/T 2900.61—2002		2008/5/28	2009/1/1
2-3-210	2	01.040.29	K04	GB/T 2900.63—2003	电工术语　基础继电器			2003/1/17	2003/6/1
2-3-211	2	01.040.29	K04	GB/T 2900.64—2013	电工术语　时间继电器	GB/T 2900.64—2003	IEC 60050-445：2010 IDT	2013/12/17	2014/4/9
2-3-212	2	91.160	M71	GB/T 2900.67—2004	电工术语　非广播用摄像机			2004/5/13	2004/12/1
2-3-213	2	01.040.33	M04	GB/T 2900.68—2005	电工术语　电信网、电信业务和运行			2005/10/10	2006/6/1
2-3-214	2	33.080	M04	GB/T 2900.69—2005	电工术语　综合业务数字网（ISDN）　第 1 部分：总则			2005/10/10	2006/6/1
2-3-215	2	29.120.01; 01.040.29	K04	GB/T 2900.70—2008	电工术语　电器附件			2008/1/22	2008/9/1
2-3-216	2	01.040.29	K04	GB/T 2900.71—2008	电工术语　电气装置			2008/3/25	2008/10/1

续表

序号	GW 分类	ICS 分类	GB 分类	标准号	中 文 名 称	代替标准	采用关系	发布日期	实施日期
2-3-217	2	01.040.29	K04	GB/T 2900.72—2008	电工术语　多相系统与多相电路			2008/5/28	2009/1/1
2-3-218	2	01.040.29	K04	GB/T 2900.73—2008	电工术语　接地与电击防护			2008/5/28	2009/1/1
2-3-219	2	01.040.29	K04	GB/T 2900.74—2008	电工术语　电路理论			2008/5/28	2009/1/1
2-3-220	2	01.040.33；33.160.01	M70	GB/T 2900.75—2008	电工术语　数字录音和录像	GB/T 4013—1995		2008/6/18	2009/5/1
2-3-221	2	01.040.17；17.220.20	L85	GB/T 2900.77—2008	电工术语　电工电子测量和仪器仪表　第 1 部分：测量的通用术语			2008/6/18	2009/5/1
2-3-222	2	01.040.17；17.220.20	L85	GB/T 2900.79—2008	电工术语　电工电子测量和仪器仪表　第 3 部分：电测量仪器仪表的类型			2008/6/18	2009/5/1
2-3-223	2	01.040.29；29.020；29.100	K04	GB/T 2900.83—2008	电工术语　电的和磁的器件			2008/6/18	2009/5/1
2-3-224	2	01.040.29	K04	GB/T 2900.84—2009	电工术语　电价			2009/3/13	2009/11/1
2-3-225	2	01.040.07；07.020	K04	GB/T 2900.85—2009	电工术语　数学一般概念和线性代数			2009/3/13	2009/11/1
2-3-226	2	01.040.17	K04	GB/T 2900.86—2009	电工术语　声学和电声学			2009/3/13	2009/11/1
2-3-227	2	01.040.029	K04	GB/T 2900.87—2011	电工术语　电力市场			2011/7/29	2011/12/1
2-3-228	2	01.040.17	K04	GB/T 2900.88—2011	电工术语　超声学		IEC 60050-802：2010 IDT	2011/7/29	2011/12/1
2-3-229	2	01.040.17	L85	GB/T 2900.89—2012	电工术语　电工电子测量和仪器仪表　第 2 部分：电测量的通用术语		IEC 60050（300）：2001 IDT	2012/6/29	2012/9/1
2-3-230	2	01.040.17	L85	GB/T 2900.90—2012	电工术语　电工电子测量和仪器仪表　第 4 部分：各类仪表的特殊术语		IEC 60050（300-314）：2001 IDT	2012/6/29	2012/9/1
2-3-231	2	01.040.07	K04	GB/T 2900.91—2015	电工术语　量和单位		IEC 60050-112：2010 IDT	2015/9/11	2016/4/1
2-3-232	2	01.040.07	K04	GB/T 2900.92—2015	电工术语　数学函数		IEC 60050-103：2009 IDT	2015/9/11	2016/4/1
2-3-233	2	01.040.07	K04	GB/T 2900.93—2015	电工术语　电物理学		IEC 60050-113：2011 IDT	2015/9/11	2016/4/1

序号	GW 分类	ICS 分类	GB 分类	标准号	中　文　名　称	代替标准	采用关系	发布日期	实施日期
2-3-234	2	01.040.31	K41	GB/T 2900.94—2015	电工术语　互感器	部分代替 GB/T 2900.15-1997	IEC 60050-321：1986 NEQ	2015/9/11	2016/4/1
2-3-235	2	01.040.31	K41	GB/T 2900.95—2015	电工术语　变压器、调压器和电抗器	部分代替 GB/T 2900.15-1997	IEC 60050-421：1990 NEQ	2015/9/11	2016/4/1
2-3-236	2	01.040.35	M07	GB/T 2900.96—2015	电工术语　计算机网络技术		IEC 60050-732：2010 IDT	2015/9/11	2016/4/1
2-3-237	2	01.040.029	K04	GB/T 2900.98—2016	电工术语　电化学			2016/4/25	2016/11/1
2-3-238	2	01.040.17；21.020	K04	GB/T 2900.99—2016	电工术语　可信性	部分代替 GB/T 2900.13—2008	IEC 60050-192：2015 IDT	2016/12/13	2017/7/1
2-3-239	2	01.040.029	K04	GB/T 2900.100—2017	电工术语　超导电性	GB/T 13811—2003	IEC 60050-815：2015 IDT	2017/11/1	2018/5/1
2-3-240	2	01.040.029	K04	GB/T 2900.101—2017	电工术语　风险评估			2017/11/1	2018/5/1
2-3-241	2	01.040.029	K04	GB/T 2900.103—2020	电工术语　发电、输电及配电　电力系统可信性及服务质量		IEC 60050-692：2017 IDT	2020/6/2	2020/12/1
2-3-242	2	01.020	A22	GB/T 29181—2012	术语工作计算机应用术语信息置标框架			2012/12/31	2013/6/1
2-3-243	2	35.100.05	L79	GB/T 29262—2012	信息技术　面向服务的体系结构（SOA）术语			2012/12/31	2013/6/1
2-3-244	2	35.040.27.010	A24	GB/T 29870—2013	能源分类与代码			2013/11/12	2014/4/15
2-3-245	2	01.080.20	N61	GB/T 30096—2013	实验室仪器和设备常用文字符号			2013/12/17	2014/5/1
2-3-246	2	35.240.30	A14	GB/T 30534—2014	科技报告保密等级代码与标识			2014/5/6	2014/11/1
2-3-247	2	21.060.10	J13	GB/T 3099.1—2008	紧固件术语螺纹紧固件、销及垫圈	GB/T 3099—1982		2008/8/25	2009/2/1
2-3-248	2	27.140	P55	GB/T 31066—2014	电工术语　水轮机控制系统			2014/12/22	2015/6/1
2-3-249	2	07.060	A47	GB/T 31163—2014	太阳能资源术语			2014/9/3	2015/1/1
2-3-250	2	23.160	J78	GB/T 3164—2007	真空技术图形符号	GB/T 3164—1993		2007/12/20	2008/6/1
2-3-251	2	07.060	A47	GB/T 31724—2015	风能资源术语			2015/6/2	2016/1/1
2-3-252	2	03.080；35.240	A00	GB/T 31779—2015	科技服务产品数据描述规范			2015/7/3	2016/2/1

续表

序号	GW 分类	ICS 分类	GB 分类	标准号	中 文 名 称	代替标准	采用关系	发布日期	实施日期
2-3-253	2	01.140.20	A14	GB/Z 32002—2015	信息与文献文件管理工作过程分析		ISO/TR 26122：2008 IDT	2015/9/11	2016/4/1
2-3-254	2	35.100.05	L79	GB/T 32400—2015	信息技术　云计算概览与词汇		ISO/IEC 17788：2014 IDT	2015/12/31	2017/1/1
2-3-255	2	01.040.35，35.020	L70	GB/T 32410—2015	信息技术　维吾尔文常用术语			2015/12/31	2016/8/1
2-3-256	2	25.160.01	J33	GB/T 324—2008	焊缝符号表示法	GB/T 324—1988		2008/6/26	2009/1/1
2-3-257	2	29.020	K04	GB/T 32507—2016	电能质量术语			2016/2/24	2016/9/1
2-3-258	2	01.140.10	A24	GB/T 3304—1991	中国各民族名称的罗马字母拼写法和代码	GB 3304—1982		1991/8/30	1992/4/1
2-3-259	2	25.220.99	A29	GB/T 33373—2016	防腐蚀电化学保护术语			2016/12/30	2017/7/1
2-3-260	2	01.020	A20	GB/T 33450—2016	科技成果转化为标准指南			2016/12/30	2017/7/1
2-3-261	2	35.110	L79	GB/T 33745—2017	物联网　术语			2017/5/12	2017/12/1
2-3-262	2	25.160	J33	GB/T 3375—1994	焊接术语	GB 3375—1982		1994/6/20	1995/5/1
2-3-263	2	29.200	K46	GB/T 33984—2017	电动机软起动装置　术语			2017/7/12	2018/2/1
2-3-264	2	35.240.60	A10	GB/T 33992—2017	电子商务产品质量信息规范			2017/7/12	2018/2/1
2-3-265	2	35.040	A24	GB/T 33993—2017	商品二维码			2017/7/12	2018/2/1
2-3-266	2	35.240.30	A14	GB/T 33994—2017	信息和文献　WARC 文件格式		ISO 28500：2009	2017/7/12	2018/2/1
2-3-267	2	35.240.60	A10	GB/T 33995—2017	电子商务交易产品信息描述　家居产品			2017/7/12	2018/2/1
2-3-268	2	35.060	L71	GB/T 34043—2017	物联网智能家居　图形符号			2017/7/31	2018/2/1
2-3-269	2	35.040	A90	GB/T 34062—2017	防伪溯源编码技术条件			2017/7/31	2018/2/1
2-3-270	2	25.040.40	N10	GB/T 34064—2017	通用自动化设备　行规导则			2017/7/31	2018/2/1
2-3-271	2	35.040	A14	GB/T 34110—2017	信息与文献　文件管理体系　基础与术语		ISO 30300：2011	2017/7/31	2017/11/1
2-3-272	2	35.040	A14	GB/T 34112—2017	信息与文献　文件管理体系　要求		ISO 30301：2011	2017/7/31	2017/11/1
2-3-273	2	77.040.10	H20	GB/T 34558—2017	金属基复合材料术语			2017/10/14	2018/9/1
2-3-274	2	35.020	L72	GB/T 35304—2017	统一内容标签格式规范			2017/12/29	2018/4/1

序号	GW 分类	ICS 分类	GB 分类	标准号	中　文　名　称	代替标准	采用关系	发布日期	实施日期
2-3-275	2	01.040.01	A00	GB/T 35415—2017	产品标准技术指标索引分类与代码			2017/12/29	2018/4/1
2-3-276	2	35.040	A24	GB/T 35416—2017	无形资产分类与代码			2017/12/29	2018/4/1
2-3-277	2	01.080.01	A22	GB/T 35417—2017	设备用图形符号　计算机用图标			2017/12/29	2018/4/1
2-3-278	2	35.240.01	A24	GB/T 35429—2017	质量技术服务分类与代码			2017/12/29	2018/4/1
2-3-279	2	01.140.20	A14	GB/T 35430—2017	信息与文献　期刊描述型元数据元素集			2017/12/29	2018/4/1
2-3-280	2	03.080.99	A20	GB/T 35431—2017	信用标准体系总体架构			2017/12/29	2018/4/1
2-3-281	2	35.240.01	A24	GB/T 35432—2017	检测技术服务分类与代码			2017/12/29	2018/4/1
2-3-282	2	07.040	A79	GB/T 35631—2017	地图符号 XML 描述规范			2017/12/29	2018/7/1
2-3-283	2	07.040	A76	GB/T 35632—2017	测绘地理信息数据数字版权标识			2017/12/29	2018/7/1
2-3-284	2	07.040	A75	GB/T 35634—2017	公共服务电子地图瓦片数据规范			2017/12/29	2018/7/1
2-3-285	2	07.040	A77	GB/T 35636—2017	城市地下空间测绘规范			2017/12/29	2018/7/1
2-3-286	2	07.040	A77	GB/T 35637—2017	城市测绘基本技术要求			2017/12/29	2018/7/1
2-3-287	2	01.040.35；07.040；35.240.70	A75；A22	GB/T 35638—2017	地理信息　位置服务　术语			2017/12/29	2018/7/1
2-3-288	2	07.040；35.240.70	A75	GB/T 35639—2017	地址模型			2017/12/29	2018/7/1
2-3-289	2	07.040	A75	GB/T 35641—2017	工程测绘基本技术要求			2017/12/29	2018/7/1
2-3-290	2	07.040	A77	GB/T 35642—2017	1:25 000 1:50 000 光学遥感测绘卫星影像产品			2017/12/29	2018/7/1
2-3-291	2	07.040	A75	GB/T 35644—2017	地下管线数据获取规程			2017/12/29	2018/7/1
2-3-292	2	07.040	A76	GB/T 35645—2017	导航电子地图框架数据交换格式			2017/12/29	2018/7/1
2-3-293	2	07.040	A76	GB/T 35646—2017	导航电子地图增量更新基本要求			2017/12/29	2018/7/1
2-3-294	2	07.040；35.240.70	A75	GB/T 35647—2017	地理信息　概念模式语言			2017/12/29	2018/7/1
2-3-295	2	07.040；35.240.70	A75	GB/T 35648—2017	地理信息兴趣点分类与编码			2017/12/29	2018/7/1

序号	GW 分类	ICS 分类	GB 分类	标准号	中 文 名 称	代替标准	采用关系	发布日期	实施日期
2-3-296	2	07.040	A75	GB 35650—2017	国家基本比例尺地图测绘基本技术规定			2017/12/29	2018/7/1
2-3-297	2	07.040	A75	GB/T 35652—2017	瓦片地图服务			2017/12/29	2018/7/1
2-3-298	2	07.060	A47	GB/T 35663—2017	天气预报基本术语			2017/12/29	2018/7/1
2-3-299	2	27.140	P55	GB/T 36550—2018	抽水蓄能电站基本名词术语			2018/7/13	2019/2/1
2-3-300	2	73.040	D20	GB/T 3715—2007	煤质及煤分析有关术语	GB/T 3715—1996		2007/12/21	2008/6/1
2-3-301	2	19.080	A59	GB/T 3769—2010	电声学绘制频率特性图和极坐标图的标度和尺寸	GB/T 3769—1983		2010/12/1	2011/5/1
2-3-302	2	35.040	L70	GB/T 38776—2020	电子商务软件构件分类与代码		IEC 60445：2017	2020/4/28	2020/11/1
2-3-303	2	21.120.20	J19	GB/T 3931—2010	联轴器术语	GB/T 3931—1997； GB 3931—1997		2011/1/10	2011/10/1
2-3-304	2	17.180.20	A26	GB/T 3977—2008	颜色的表示方法	GB/T 3977—1997		2008/5/26	2008/11/1
2-3-305	2	29.020	K09	GB/T 4026—2019	人机界面标志标识的基本和安全规则 设备端子、导体终端和导体的标识	GB/T 4026—2010； GB/T 7947—2010		2019/6/4	2020/1/1
2-3-306	2	03.120.30	A41	GB/T 4091—2001	常规控制图	GB/T 4091.1—1983； GB/T 4091.2—1983； GB/T 4091.3—1983； GB/T 4091.4—1983； GB/T 4091.5—1983； GB/T 4091.6—1983		2001/3/7	2001/12/1
2-3-307	2	13.260	K09	GB/T 4208—2017	外壳防护等级（IP 代码）	GB/T 4208—2008	IEC 60529：2013	2017/7/31	2018/2/1
2-3-308	2	01.040.31	L04	GB/T 4210—2015	电工术语 电子设备用机电元件	GB/T 4210—2001	IEC 60050-581：2008 IDT	2015/9/11	2016/4/1
2-3-309	2	01.080.20	F04	GB/T 4270—1999	技术文件用热工图形符号与文字代号	GB 4270—1984		1999/11/23	2000/5/1
2-3-310	2	13.220.10	C80	GB/T 4327—2008	消防技术文件用消防设备图形符号	GB/T 4327—1993		2008/10/8	2009/5/1
2-3-311	2	33.100	K05	GB/T 4365—2003	电工术语 电磁兼容	GB/T 4365—1995		2003/1/17	2003/5/1
2-3-312	2	31.020	L15	GB/T 4475—1995	敏感元器件术语	GB 4475—1984		1995/7/24	1996/4/1
2-3-313	2	35.040	A24	GB/T 4657—2009	中央党政机关、人民团体及其他机构代码	GB/T 4657—2002		2009/5/6	2009/11/1
2-3-314	2	35.040	A24	GB/T 4658—2006	学历代码	GB 4658—1984		2006/10/9	2007/3/1

序号	GW 分类	ICS 分类	GB 分类	标准号	中　文　名　称	代替标准	采用关系	发布日期	实施日期
2-3-315	2	29.020	K04	GB/T 4728.6—2008	电气简图用图形符号　第 6 部分：电能的发生与转换	GB/T 4728.6—2000		2008/5/28	2009/1/1
2-3-316	2	29.020	K04	GB/T 4728.7—2008	电气简图用图形符号　第 7 部分：开关、控制和保护器件	GB/T 4728.7—2000		2008/5/28	2009/1/1
2-3-317	2	29.020	K04	GB/T 4728.8—2008	电气简图用图形符号　第 8 部分：测量仪表、灯和信号器件	GB/T 4728.8—2000		2008/5/28	2009/1/1
2-3-318	2	29.020	K04	GB/T 4728.9—2008	电气简图用图形符号　第 9 部分：电信交换和外围设备	GB/T 4728.9—1999		2008/5/28	2009/1/1
2-3-319	2	29.020	K04	GB/T 4728.10—2008	电气简图用图形符号　第 10 部分：电信传输	GB/T 4728.10—1999		2008/5/28	2009/1/1
2-3-320	2	29.020	K04	GB/T 4728.11—2008	电气简图用图形符号　第 11 部分：建筑安装平面布置图	GB/T 4728.11—2000		2008/5/28	2009/1/1
2-3-321	2	29.020	K04	GB/T 4728.12—2008	电气简图用图形符号　第 12 部分：二进制逻辑元件	GB/T 4728.12—1996		2008/5/28	2009/1/1
2-3-322	2	29.020	K04	GB/T 4728.13—2008	电气简图用图形符号　第 13 部分：模拟元件	GB/T 4728.13—1996		2008/5/28	2009/1/1
2-3-323	2	35.040	A24	GB/T 4754—2017	国民经济行业分类	GB/T 4754—2011		2017/6/30	2017/10/1
2-3-324	2	35.040	A24	GB/T 4762—1984	政治面貌代码			1984/11/26	1985/10/1
2-3-325	2	35.040	A24	GB/T 4763—2008	党、派代码	GB 4763—1984		2008/8/6	2009/1/1
2-3-326	2	01.020	K04	GB/T 4776—2017	电气安全术语	GB/T 4776—2008		2017/7/31	2018/2/1
2-3-327	2	01.140.20	A24	GB/T 4880.1—2005	语种名称代码　第 1 部分：2 字母代码	GB/T 4880—1991		2005/7/15	2005/12/1
2-3-328	2	01.140.20	K64	GB/T 4880.2—2000	语种名称代码　第 2 部分：3 字母代码			2000/10/17	2001/5/1
2-3-329	2	01.140.20	A24	GB/T 4881—1985	中国语种代码			1985/1/29	1985/10/1
2-3-330	2	29.060.10	K12	GB/T 4884—1985	绝缘导线的标记			1985/2/24	1985/9/1
2-3-331	2	03.120.30	A41	GB/T 4888—2009	故障树名词术语和符号	GB 4888—1985		2009/10/15	2009/12/1
2-3-332	2	01.140.20	A14	GB/T 4894—2009	信息与文献　术语	GB 4894—1985；GB 13143—1991		2009/9/30	2010/2/1
2-3-333	2		P04	GB/T 50001—2017	房屋建筑制图统一标准	GB/T 50001—2010		2017/9/27	2018/5/1

续表

序号	GW 分类	ICS 分类	GB 分类	标准号	中 文 名 称	代替标准	采用关系	发布日期	实施日期
2-3-334	2			GB/T 50083—2014	工程结构设计基本术语标准	GB/T 50083—1997		2014/7/13	2015/5/1
2-3-335	2		P04	GB/T 50103—2010	总图制图标准	GB/T 50103 E—2001；GB/T 50103—2001		2010/8/18	2011/3/1
2-3-336	2		P04	GB/T 50104—2010	建筑制图标准	GB/T 50104 E—2001；GB/T 50104—2001		2010/8/18	2011/3/1
2-3-337	2		P04	GB/T 50105—2010	建筑结构制图标准	GB/T 50105 E—2001；GB/T 50105—2001		2010/8/18	2011/3/1
2-3-338	2		P04	GB/T 50106—2010	建筑给水排水制图标准	GB/T 50106—2001		2010/8/18	2011/3/1
2-3-339	2		P04	GB/T 50114—2010	暖通空调制图标准	GB/T 50114—2001		2010/8/18	2011/3/1
2-3-340	2		P40	GB/T 50125—2010	给水排水工程基本术语标准	GBJ 125—1989		2010/5/31	2010/12/1
2-3-341	2	93.080.01	P04	GB 50162—1992	道路工程制图标准			1992/9/19	1993/5/1
2-3-342	2		P30	GB/T 50228—2011	工程测量基本术语标准	GB/T 50228—1996；GB/T 50228 T—1996		2011/7/26	2012/6/1
2-3-343	2			GB/T 50279—2014	岩土工程基本术语标准			2014/12/2	2015/8/1
2-3-344	2			GB/T 50549—2010	电厂标识系统编码标准			2010/5/31	2010/12/1
2-3-345	2		P93	GB/T 50670—2011	机械设备安装工程术语标准			2011/2/18	2011/10/1
2-3-346	2	29.240.20	K47	GB/T 5075—2016	电力金具名词术语	GB/T 5075—2001		2016/4/25	2016/11/1
2-3-347	2			GB/T 50878—2013	绿色工业建筑评价标准			2013/8/8	2014/3/1
2-3-348	2			GB/T 50908—2013	绿色办公建筑评价标准			2013/9/6	2014/5/1
2-3-349	2	01.080；29.020	K04	GB/T 5094.1—2018	工业系统、装置与设备以及工业产品结构原则与参照代号　第 1 部分：基本规则	GB/T 5094.1—2002	IEC 81346-1：2009 IDT	2002/8/5	2003/1/1
2-3-350	2			GB/T 51061—2014	电网工程标识系统编码规范			2014/12/11	2015/8/1
2-3-351	2			GB/T 51140—2015	建筑节能基本术语标准			2015/12/3	2016/8/1
2-3-352	2	25.160.10	J33	GB/T 5185—2005	焊接及相关工艺方法代号	GB/T 5185—1985		2005/8/10	2006/4/1
2-3-353	2	01.080	K04	GB/T 5465.1—2009	电气设备用图形符号　第 1 部分：概述与分类	GB/T 5465.1—1996		2009/3/13	2009/11/1

序号	GW 分类	ICS 分类	GB 分类	标准号	中　文　名　称	代替标准	采用关系	发布日期	实施日期
2-3-354	2	01.080.20	K04	GB/T 5465.2—2008	电气设备用图形符号　第 2 部分：图形符号	GB/T 5465.2—1996		2008/5/20	2009/1/1
2-3-355	2	17.180.20	A26	GB/T 5698—2001	颜色术语	GB 5698—1985		2001/6/12	2001/12/1
2-3-356	2	73.040	D20	GB/T 5751—2009	中国煤炭分类	GB 5751—1986		2009/6/1	2010/1/1
2-3-357	2	01.140.20	A14	GB/T 5795—2006	中国标准书号	GB/T 5795—2002		2006/10/18	2007/1/1
2-3-358	2	13.220.01	C80	GB/T 5907.2—2015	消防词汇　第 2 部分：火灾预防			2015/5/15	2015/8/1
2-3-359	2	13.220.01	C80	GB/T 5907.4—2015	消防词汇　第 4 部分：火灾调查			2015/5/15	2015/8/1
2-3-360	2	13.220.01	C80	GB/T 5907.5—2015	消防词汇　第 5 部分：消防产品	GB/T 16283—1996； GB/T 4718—2006		2015/5/15	2015/8/1
2-3-361	2	55.020	A80	GB/T 6388—1986	运输包装收发货标志			1986/5/14	1987/4/1
2-3-362	2	01.100.01	J04	GB/T 6567.1—2008	技术制图管路系统的图形符号基本原则	GB/T 6567.1—1986		2008/6/26	2009/1/1
2-3-363	2	01.100.01	J04	GB/T 6567.2—2008	技术制图管路系统的图形符号管路	GB/T 6567.2—1986		2008/6/26	2009/1/1
2-3-364	2	01.100.01	J04	GB/T 6567.3—2008	技术制图管路系统的图形符号管件	GB/T 6567.3—1986		2008/6/26	2009/1/1
2-3-365	2	01.100.01	J04	GB/T 6567.4—2008	技术制图管路系统的图形符号阀门和控制元件	GB/T 6567.4—1986		2008/6/26	2009/1/1
2-3-366	2	01.100.01	J04	GB/T 6567.5—2008	技术制图管路系统的图形符号管路、管件和阀门等图形符号的轴测图画法	GB/T 6567.5—2003		2008/6/26	2009/1/1
2-3-367	2	77.120.50	H64	GB/T 6611—2008	钛及钛合金术语和金相图谱	GB 6611—1986； GB 8755—1988		2008/6/9	2008/12/1
2-3-368	2	35.040	A24	GB/T 6864—2003	中华人民共和国学位代码	GB/T 6864—1986		2003/7/25	2003/12/1
2-3-369	2	35.040	A24	GB/T 6865—2009	语种熟练程度和外语考试等级代码	GB 6865—1986		2009/10/15	2009/12/1
2-3-370	2	29.020	K09	GB/T 6988.1—2008	电气技术用文件的编制　第 1 部分：规则	GB 6988.1—1997； GB 6988.2—1997； GB 6988.3—1997； GB 6988.4—2002		2008/3/24	2008/11/1
2-3-371	2	29.060.20	K13	GB/T 6995.1—2008	电线电缆识别标志方法　第 1 部分：一般规定	GB 6995.1—1986		2008/6/18	2009/3/1
2-3-372	2	29.060.20	K13	GB/T 6995.2—2008	电线电缆识别标志方法　第 2 部分：标准颜色	GB 6995.2—1986		2008/6/18	2009/3/1
2-3-373	2	29.060.20	K13	GB/T 6995.3—2008	电线电缆识别标志方法　第 3 部分：电线电缆识别标志	GB 6995.3—1986		2008/6/18	2009/3/1
2-3-374	2	29.060.20	K13	GB/T 6995.4—2008	电线电缆识别标志方法　第 4 部分：电气装备电线电缆绝缘线芯识别标志	GB 6995.4—1986		2008/6/18	2009/3/1

序号	GW 分类	ICS 分类	GB 分类	标准号	中 文 名 称	代替标准	采用关系	发布日期	实施日期
2-3-375	2	29.060.20	K13	GB/T 6995.5—2008	电线电缆识别标志方法　第 5 部分：电力电缆绝缘线芯识别标志	GB 6995.5—1986		2008/6/18	2009/3/1
2-3-376	2	23.080	J71	GB/T 7021—1986	离心泵名词术语			1986/11/17	1987/8/1
2-3-377	2	35.040	A24	GB/T 7156—2003	文献保密等级代码与标识	GB/T 7156—1987		2003/7/25	2003/12/1
2-3-378	2	13.100	C65	GB 7231—2003	工业管道的基本识别色、识别符号和安全标识	GB 7231—1987		2003/3/13	2003/10/1
2-3-379	2	25.200	J36	GB/T 7232—2012	金属热处理工艺术语	GB/T 7232—1999		2012/9/3	2013/3/1
2-3-380	2	35.040	A24	GB/T 7635.1—2002	全国主要产品分类与代码　第 1 部分：可运输产品			2002/8/9	2003/4/1
2-3-381	2	01.140.20	A14	GB/T 7714—2015	信息与文献　参考文献著录规则	GB/T 7714—2005		2015/5/15	2015/12/1
2-3-382	2	23.100.01；01.080.30	J20	GB/T 786.1—2009	流体传动系统及元件图形符号和回路图　第 1 部分：用于常规用途和数据处理的图形符号	GB/T 786.1—1993		2009/3/16	2009/11/1
2-3-383	2	01.040.91；91.220	P97	GB/T 7920.4—2016	混凝土机械术语	GB/T 7920.4—2005		2016/2/24	2016/7/1
2-3-384	2	01.040.53	P97	GB/T 7920.6—2005	建筑施工机械与设备打桩设备术语和商业规格部分	GB 7920.6 部分—1987		2005/7/1	2005/12/1
2-3-385	2	91.100.30	Q12	GB/T 8075—2017	混凝土外加剂术语	GB/T 8075—2005		2017/12/29	2018/11/1
2-3-386	2	25.200	J36	GB/T 8121—2012	热处理工艺材料术语	GB/T 8121—2002		2012/9/3	2013/3/1
2-3-387	2	13.180	A26	GB/T 8417—2003	灯光信号颜色	GB 8417—1987		2003/1/10	2003/6/1
2-3-388	2	35.040	A24	GB/T 8561—2001	专业技术职务代码	GB/T 8561—1988		2001/4/9	2001/10/1
2-3-389	2	35.040	A24	GB/T 8563.1—2005	奖励、纪律处分信息分类与代码　第 1 部分：奖励代码	GB 8563—1988		2005/3/28	2005/10/1
2-3-390	2	35.040	A24	GB/T 8563.2—2005	奖励、纪律处分信息分类与代码　第 2 部分：荣誉称号和荣誉奖章代码	GB/T 8560—1988		2005/3/28	2005/10/1
2-3-391	2	35.040	A24	GB/T 8563.3—2005	奖励、纪律处分信息分类与代码　第 3 部分：纪律处分代码	GB 8562—1988		2005/3/28	2005/10/1
2-3-392	2	31.240	K05	GB/T 8582—2008	电工电子设备机械结构术语	GB/T 8582—2000		2008/6/19	2009/4/1
2-3-393	2	77.040.65	H49	GB/T 8706—2017	钢丝绳　术语、标记和分类	GB/T 8706—2006	ISO 17893:2004	2017/12/29	2018/9/1

序号	GW 分类	ICS 分类	GB 分类	标准号	中 文 名 称	代替标准	采用关系	发布日期	实施日期
2-3-394	2	33.160.01	M70	GB/T 9002—2017	音频、视频和视听设备及系统词汇	GB/T 9002—1996		2017/5/31	2017/12/1
2-3-395	2	29.020	K04	GB/T 9089.1—2008	户外严酷条件下的电气设施 第 1 部分：范围和定义	GB/T 9089.1—1988		2008/6/18	2009/3/1
2-3-396	2	31.200	L55	GB/T 9178—1988	集成电路术语			1988/5/19	1988/10/1
2-3-397	2	01.040.29	K04	GB/T 9637—2001	电工术语 磁性材料与元件	GB/T 9637—1988		2001/11/16	2002/8/1
2-3-398	2	01.110	A12	GB/T 9969—2008	工业产品使用说明书总则	GB 9969.1—1998		2008/11/13	2009/5/1
2-4-399	2			CJJ/T 55—2011	供热术语标准	CJJ 55—1993		2011/7/13	2012/3/1
2-4-400	2	29.020	K04	DL/T 1033.1—2016	电力行业词汇 第 1 部分：动力工程	DL/T 1033.1—2006		2016/8/16	2016/12/1
2-4-401	2	01.120	F00	DL/T 1033.2—2006	电力行业词汇 第 2 部分：电力系统			2006/12/17	2007/5/1
2-4-402	2	29.020	K01	DL/T 1033.3—2014	电力行业词汇 第 3 部分：发电厂、水力发电	DL/T 1033.3—2006		2014/10/15	2015/3/1
2-4-403	2	29.020	K04	DL/T 1033.4—2016	电力行业词汇 第 4 部分：火力发电	DL/T 1033.4—2006		2016/8/16	2016/12/1
2-4-404	2	29.020	K01	DL/T 1033.5—2014	电力行业词汇 第 5 部分：核能发电	DL/T 1033.5—2006		2014/10/15	2015/3/1
2-4-405	2	29.020	K01	DL/T 1033.6—2014	电力行业词汇 第 6 部分：新能源发电	DL/T 1033.6—2006		2014/10/15	2015/3/1
2-4-406	2	01.120	F00	DL/T 1033.7—2006	电力行业词汇 第 7 部分：输电系统			2006/12/17	2007/5/1
2-4-407	2	01.120	F00	DL/T 1033.8—2006	电力行业词汇 第 8 部分：供电和用电			2006/12/17	2007/5/1
2-4-408	2	01.120	F00	DL/T 1033.9—2006	电力行业词汇 第 9 部分：电网调度			2006/12/17	2007/5/1
2-4-409	2	29.020	K04	DL/T 1033.10—2016	电力行业词汇 第 10 部分：电力设备	DL/T 1033.10—2006		2016/8/16	2016/12/1
2-4-410	2	29.020	K01	DL/T 1033.11—2014	电力行业词汇 第 11 部分：事故、保护、安全和可靠性	DL/T 1033.11—2006		2014/10/15	2015/3/1
2-4-411	2	01.120	F00	DL/T 1033.12—2006	电力行业词汇 第 12 部分：电力市场			2006/12/17	2007/5/1
2-4-412	2	29.020	K04	DL/T 1193—2012	柔性输电术语			2012/8/23	2012/12/1
2-4-413	2	29.020	F21	DL/T 1230—2016	电力系统图形描述规范	DL/T 1230—2013		2016/12/5	2017/5/1
2-4-414	2	29.020	F24	DL/T 1232—2013	电力系统动态消息编码规范			2013/3/7	2013/8/1
2-4-415	2	27.100	F24	DL/T 1252—2013	输电杆塔命名规则			2013/11/28	2014/4/1

续表

序号	GW 分类	ICS 分类	GB 分类	标准号	中 文 名 称	代替标准	采用关系	发布日期	实施日期
2-4-416	2	27.100	F20	DL/T 1365—2014	名词术语电力节能			2014/10/15	2015/3/1
2-4-417	2	29.020	K01	DL/T 1382—2014	电力企业信用评价指标体系分类及代码			2014/10/15	2015/3/1
2-4-418	2	29.020	K01	DL/T 1384—2014	电力行业供应商信用评价指标体系分类及代码			2014/10/15	2015/3/1
2-4-419	2	29.020	K04	DL/T 396—2010	电压等级代码			2010/5/1	2010/10/1
2-4-420	2	01.080.10	A22	DL/T 397—2010	电力地理信息系统图形符号分类与代码			2010/5/24	2010/10/1
2-4-421	2	01.040.27	A22	DL/T 419—2015	电力用油名词术语	DL/T 419—1991	IEEE 637—1985（R2007） MOD	2015/4/2	2015/9/1
2-4-422	2	03.100.01	F02	DL/T 495—2012	电力行业单位类别代码	DL 495—1992		2012/1/4	2012/3/1
2-4-423	2	27.100	P60	DL/T 5028.1—2015	电力工程制图标准　第 1 部分：一般规则部分	DL 5028—1993		2015/7/1	2015/12/1
2-4-424	2	27.100	P60	DL/T 5028.2—2015	电力工程制图标准　第 2 部分：机械部分	DL 5028—1993		2015/7/1	2015/12/1
2-4-425	2	27.100	P60	DL/T 5028.3—2015	电力工程制图标准　第 3 部分：电气、仪表与控制部分	DL 5028—1993		2015/7/1	2015/12/1
2-4-426	2	27.100	P60	DL/T 5028.4—2015	电力工程制图标准　第 4 部分：土建部分	DL 5028—1993		2015/7/1	2015/12/1
2-4-427	2	27.010	A24	DL/T 503—2009	电力工程项目分类代码	DL 503—1992		2009/7/22	2009/12/1
2-4-428	2	03.100.50	F01	DL/T 510—2010	全国电网名称代码	DL 510—1993		2010/5/24	2010/10/1
2-4-429	2	27.140	P59	DL/T 5127—2001	水力发电工程 CAD 制图技术规定			2001/2/12	2001/7/1
2-4-430	2	93.020	P11	DL/T 5156.1—2015	电力工程勘测制图标准　第 1 部分：测量	DL/T 5156.1—2002		2015/4/2	2015/9/1
2-4-431	2	93.020	P13	DL/T 5156.2—2015	电力工程勘测制图标准　第 2 部分：岩土工程	DL/T 5156.2—2002		2015/4/2	2015/9/1
2-4-432	2	93.020	P12	DL/T 5156.3—2015	电力工程勘测制图标准　第 3 部分：水文气象	DL/T 5156.3—2002		2015/4/2	2015/9/1
2-4-433	2	93.020	P13	DL/T 5156.4—2015	电力工程勘测制图标准　第 4 部分：水文地质	DL/T 5156.4—2002		2015/4/2	2015/9/1
2-4-434	2	93.020	P14	DL/T 5156.5—2015	电力工程勘测制图标准　第 5 部分：物探	DL/T 5156.5—2002		2015/4/2	2015/9/1
2-4-435	2	13.100	K09	DL/T 518.3—1993	电力生产人身事故触电分类与代码			1993/7/30	1994/1/10
2-4-436	2	13.100	F25	DL/T 518.4—1993	电力生产设备事故性质分类与代码			1993/7/30	1994/1/10
2-4-437	2	13.100	C75	DL/T 518.5—1993	特大和重大设备事故分类与代码			1993/7/30	1994/1/10

序号	GW 分类	ICS 分类	GB 分类	标准号	中　文　名　称	代替标准	采用关系	发布日期	实施日期
2-4-438	2	13.180	A25	DL/T 575.1—1999	控制中心人机工程设计导则　第 1 部分：术语及定义	DL 575.1 部分—1995		2000/2/24	2000/7/1
2-4-439	2	27.100	K47	DL/T 683—2010	电力金具产品型号命名方法	DL 683—1999		2011/1/9	2011/5/1
2-4-440	2	01.040.27	P60；F20	DL/T 701—2012	火力发电厂热工自动化术语	DL 701—1999		2012/4/6	2012/7/1
2-4-441	2	27.100	F20	DL/T 861—2004	电力可靠性基本名词术语			2004/3/9	2004/6/1
2-4-442	2	01.040.27	F20	DL/T 882—2004	火力发电厂金属专业名词术语			2004/3/9	2004/6/1
2-4-443	2	01.040.01	F20	DL/T 893—2004	电站汽轮机名词术语			2004/10/20	2005/4/1
2-4-444	2	27.100	F20	DL/T 958—2014	名词术语电力燃料	DL/T 958—2005		2014/3/18	2014/8/1
2-4-445	2		P62	DLGJ 136—1997	送电线路铁塔制图和构造规定			1997/9/4	1997/11/1
2-4-446	2	35.040	A90	GA/T 517—2004	常用证件代码			2004/9/16	2004/9/16
2-4-447	2	13.310	A91	GA/T 74—2000	安全防范系统通用图形符号	GA 74—1994		2000/10/24	2000/12/1
2-4-448	2	29.080.10	K48	JB/T 10587—2006	电工名词术语电瓷专用设备	GB 2900.37—1983		2006/7/27	2006/10/11
2-4-449	2	29.240.30	K45	JB/T 2626—2004	电力系统继电器、保护及自动化装置常用电气技术的文字符号	JB 2626—1992		2004/10/20	2005/4/1
2-4-450	2	23.120	J72	JB/T 2977—2005	工业通风机、鼓风机和压缩机名词术语	JB 2977—1992		2005/5/18	2005/11/1
2-4-451	2	27.040	K54	JB/T 3077—1991	汽轮机图形符号	JB 3077—1982		1991/7/1	1992/7/1
2-4-452	2	29.120.99	K40	JB/T 5872—1991	高压开关设备电气图形符号及文字符号			1991/10/24	1992/10/1
2-4-453	2		K48	JB/T 5896—1991	常用绝缘子：术语			1991/10/24	1992/10/1
2-4-454	2	29.160.01	K20	JB/T 7073—2006	电机和水轮机图样简化规定	JB 7073—1993		2006/9/14	2007/3/1
2-4-455	2	27.140	K55	JB/T 8191—2008	电工术语　水轮机控制系统	JB 8191—1995		2008/2/1	2008/7/1
2-4-456	2	27.100	K52	JB/T 8194—2020	内燃机电站　术语	JB/T 8194—2001		2020/4/24	2021/1/1
2-4-457	2	25.240.30	J28	JB/T 8430—2014	机器人分类及型号编制方法	JB/T 8430—1996		2014/7/9	2014/11/1
2-4-458	2			JGJ/T 97—2011	工程抗震术语标准	JGJ/T 97—1995		2011/1/28	2011/8/1
2-4-459	2			JJF 1001—2011	通用计量术语及定义	JJF 1001—1998		2011/11/30	2012/3/1
2-4-460	2	17.200.10	A54	JJF 1007—2007	温度计量名词术语及定义	JJF 1007—1987		2007/11/21	2008/5/21

续表

序号	GW 分类	ICS 分类	GB 分类	标准号	中 文 名 称	代替标准	采用关系	发布日期	实施日期
2-4-461	2	17.100	A53	JJF 1008—2008	压力计量名词术语及定义	JJF 1008—1987		2008/3/25	2008/9/25
2-4-462	2	17.060	A53	JJF 1009—2006	容量计量术语及定义	JJF 1009—1987		2006/12/8	2007/3/8
2-4-463	2	17.100	A53	JJF 1011—2006	力值与硬度计量术语及定义	JJF 1011—1987		2006/12/8	2007/3/8
2-4-464	2		A50	JJG 1023—1991	常用电学计量名词术语（试行）			1991/3/4	1991/12/1
2-4-465	2	43.04	T35	NB/T 33028—2018	电动汽车充放电设施术语			2018/4/3	2018/7/1
2-4-466	2	31.020	L10	SJ/T 11468—2014	电子电气产品有害物质限制使用术语			2014/10/14	2015/4/1
2-4-467	2	27.140	P55	SL 213—2012	水利工程代码编制规范	SL 213—1998		2012/1/19	2012/4/19
2-4-468	2	27.140	P55	SL 26—2012	水利水电工程技术术语	SL 26—1992		2012/1/20	2012/4/20
2-4-469	2	35.040	L71	SL 330—2011	水情信息编码	SL 330—2005		2011/4/12	2011/7/12
2-4-470	2	01.040.03	A13	SL/Z 347—2006	水利公文主题词表			2006/10/23	2006/12/1
2-4-471	2		A01	SL 73.1—2013	水利水电工程制图标准　基础制图	SL 73.1—1995		2013/1/14	2013/4/14
2-4-472	2	01.100	A01	SL 73.2—2013	水利水电工程制图标准　水工建筑图	SL 73.2—1995		2013/1/14	2013/4/14
2-4-473	2	01.100	A01	SL 73.3—2013	水利水电工程制图标准　勘测图	SL 73.3—1995		2013/1/14	2013/4/14
2-4-474	2	01.100	A01	SL 73.4—2013	水利水电工程制图标准　水力机械图	SL 73.4—1995		2013/1/14	2013/4/14
2-4-475	2	01.100	A01	SL 73.5—2013	水利水电工程制图标准　电气图	SL 73.5—1995		2013/1/14	2013/4/14
2-4-476	2	01.100	A01	SL 73.6—2001	水利水电工程制图标准　水土保持图			2001/2/1	2001/3/1
2-4-477	2	01.040.33	M04	YD/T 2258—2011	移动通信网安全术语集			2011/5/18	2011/6/1
2-4-478	2	33.040	M16	YD/T 2673—2013	面向舆情分析的互联网数据采集与交换格式定义			2013/10/17	2014/1/1
2-4-479	2	33	P76	YD/T 5015—2015	通信工程制图与图形符号规定	YD/T 5015—2007		2015/10/10	2016/1/1
2-5-480	2	13.260	C73	ASTM F 819—2010	工人用电气防护装备相关标准术语	ASTM F 819—2006		2010/1/1	2010/1/1
2-5-481	2	01.060；01.075；27.010；29.020	K04	IEC 60027-7：2010	电气技术用文字符号　第 7 部分：发电、传输和分配	IEC 25/391/CDV：2008		2010/5/1	2010/5/1
2-5-482	2			IEC 60050 AMD 1:2014	国际电工词汇表（IEV）　第 161 部分：电磁兼容性　第 732 部分：计算机网络技术　第 851 部分：电焊			2014/2/1	2014/2/1

序号	GW 分类	ICS 分类	GB 分类	标准号	中文名称	代替标准	采用关系	发布日期	实施日期
2-5-483	2	01.040.01; 01.040.29; 01.060; 29.020	K04	IEC 60050-112：2010	国际电工词汇表（IEV） 第 112 部分：量和单位	IEC 60050-111：1996; IEC 1/2080/FDIS: 2008		2010/1/1	2010/1/1
2-5-484	2			IEC 60050-113 AMD 1：2014	国际电工词汇表（IEV） 第 113 部分：电工学用物理现象 第一次修订			2014/8/1	2014/8/1
2-5-485	2			IEC 60050-114：2014	国际电工词汇表（IEV） 第 114 部分：电化学			2014/3/1	2014/3/1
2-5-486	2			IEC 60050-151 AMD 1：2013	国际电工词汇表（IEV） 第 151 部分：电气和磁性器件 第一次修订			2013/8/1	2013/8/1
2-5-487	2			IEC 60050-151 AMD 2：2014	国际电工词汇表（IEV） 第 151 部分：电气和磁性器件 第二次修订			2014/8/1	2014/8/1
2-5-488	2			IEC 60050-161 AMD 1：2014	国际电工词汇表（IEV） 第 161 部分：电磁兼容性 第一次修订	IEC 60050-161 AMD 1：1997		2014/2/1	2014/2/1
2-5-489	2			IEC 60050-161 AMD 3：2014	国际电工词汇表（IEV） 第 161 部分：电磁兼容性 第三次修订			2014/2/1	2014/2/1
2-5-490	2			IEC 60050-161 AMD 4：2014	国际电工词汇表（IEV） 第 161 部分：电磁兼容性 第四次修订			2014/8/1	2014/8/1
2-5-491	2			IEC 60050-161 AMD 5：2015	国际电工词汇表（IEV） 第 161 部分：电磁兼容性 第五次修订			2015/2/1	2015/2/1
2-5-492	2			IEC 60050-192：2015	国际电工词汇表（IEV） 第 192 部分：可靠性			2015/2/1	2015/2/1
2-5-493	2			IEC 60050-212 AMD 1：2015	国际电工词汇表（IEV） 第 212 部分：电绝缘固体、液体和气体 第一次修订			2015/2/1	2015/2/1
2-5-494	2	01.040.29; 29.035.01; 29.040.01	K15；K04	IEC 60050-212：2010	国际电工词汇表（IEV） 第 212 部分：电绝缘固体、液体和气体	IEC 60050-212：1990; IEC 1/2094/FDIS: 2009		2010/6/1	2010/6/1
2-5-495	2			IEC 60050-300 AMD 1：2015	国际电工词汇表（IEV） 第 312 部分：电气和电子测量及测量仪器 第一次修订			2015/2/1	2015/2/1
2-5-496	2			IEC 60050-351：2013	国际电工词汇表（IEV） 第 351 部分：控制技术			2013/11/1	2013/11/1
2-5-497	2			IEC 60050-442 AMD 1：2015	国际电工词汇表（IEV） 第 442 部分：电气附件 第一次修订			2015/2/1	2015/2/1

续表

序号	GW 分类	ICS 分类	GB 分类	标准号	中　文　名　称	代替标准	采用关系	发布日期	实施日期
2-5-498	2	01.040.29；29.120.70	K04	IEC 60050-445：2010	国际电工词汇表（IEV） 第 445 部分：时间继电器	IEC 60050-445：2002；IEC 1/2106/FDIS：2010		2010/10/1	2010/10/1
2-5-499	2	01.040.29；29.120.70	K04；L25	IEC 60050-447：2010	国际电工词汇表（IEV） 第 447 部分：测量继电器	IEC 60050-446：1983；IEC 1/2086/FDIS：2009		2010/6/1	2010/6/1
2-5-500	2	01.040.29；29.060.20	K04；K13	IEC 60050-461：2008	国际电工词汇表（IEV） 第 461 部分：电缆	IEC 60050-461：1984；IEC 60050-461 AMD 1：1993；IEC 60050-461 AMD 2：1999；IEC 1/2020/FDIS：2007		2008/6/1	2008/6/1
2-5-501	2			IEC 60050-471 AMD 1：2015	国际电工词汇表（IEV） 第 471 部分：绝缘子 第一次修订			2015/2/1	2015/2/1
2-5-502	2	01.040.31；29.020；31.140		IEC 60050-561：2014	国际电工词汇表（IEV） 第 561 部分：频率控制、选择和检测用压电、电介质和静电设备以及相关材料			2014/11/1	2014/11/1
2-5-503	2			IEC 60050-604 AMD 2：2015	国际电工词汇表（IEV） 第 604 部分：发电，输电和配电-运行-版本 1.0 第二次修订			2015/8/1	2015/8/1
2-5-504	2	01.040.27；01.040.29；27.020；29.020	K04	IEC 60050-617：2009	国际电工词汇表（IEV） 第 617 部分：电力机构/电力市场	IEC 1/2063/FDIS：2008		2009/3/1	2009/3/1
2-5-505	2	01.040.29；13.260；29.020		IEC 60050-651：2014	国际电工词汇表（IEV） 第 651 部分：带电作业			2014/4/1	2014/4/1
2-5-506	2	01.040.29；29.020		IEC 60050-705 AMD 1：2015	国际电工词汇表（IEV） 第 705 章：无线电波传播			2015/2/1	2015/2/1
2-5-507	2	01.040.01；35.020		IEC 60050-732 AMD 1：2014	国际电工词汇表（IEV） 第 732 部分：计算机网络技术 第一次修订			2014/2/14	2014/2/14
2-5-508	2	01.040.29；01.040.35；29.020；35.110	K04	IEC 60050-732：2010	国际电工词汇表（IEV） 第 732 部分：计算机网络技术	IEC PAS 60050-732：2007；IEC 1/2087/FDIS：2009		2010/6/1	2010/6/1

序号	GW 分类	ICS 分类	GB 分类	标准号	中 文 名 称	代替标准	采用关系	发布日期	实施日期
2-5-509	2	01.040.01; 01.040.17; 01.040.29; 17.140.50; 29.020; 35.020	K04	IEC 60050-802：2011	国际电工词汇表（IEV） 第 802 部分：超声波学	IEC 1/2108/FDIS：2010		2011/1/1	2011/11/1
2-5-510	2	01.040.01; 33.100; 33.040		IEC 60050-851 AMD 1：2014	国际电工词汇表(IEV) 第 851 部分：电焊 第一次修订			2014/2/1	2014/2/1
2-5-511	2	01.040.01; 01.120		IEC 60050-901：2013	国际电工词汇表（IEV） 第 901 部分：标准化			2013/11/1	2013/11/1
2-5-512	2	01.040.29; 03.120.20		IEC 60050-902：2013	国际电工词汇表（IEV） 第 902 部分：合格评定			2013/11/1	2013/11/1
2-5-513	2	01.040.29; 29.020		IEC 60050-903 AMD 1：2014	国际电工词汇表（IEV） 第 903 部分：风险评估 第一次修订			2014/8/1	2014/8/1
2-5-514	2			IEC 60529 AMD 2：2013	外壳防护等级（IP 代码）			2013/8/1	2013/8/1
2-5-515	2			IEC 60529 CORRI 1：2013	附件提供的防护度（IP 代码） 勘误表 1			2013/10/1	2013/10/1
2-5-516	2	01.040.29; 29.200	K04	IEC 60633 AMD 1：2009	高电压直流输电（HVDC）术语 第一次修订	IEC 22 F/153/CDV：2007		2009/5/1	2009/5/1
2-5-517	2	29.200		IEC 60633：2019/COR1：2020	术语高压直流输电（HVDC）输电 版 2.2 合并转载	IEC 60633：1998 / AMD2：2015		2020/2/26	2020/2/26
2-5-518	2	29.020	L74	IEC 60848：2013	顺序功能表图用 GRAFCET 规范语言	IEC 60848：2002; IEC 3/1135/FDIS：2012		2013/2/1	2013/2/1
2-5-519	2	29.120.01		IEC/TR 61916：2017	电工器件 一般规则的协调			2017/4/30	2017/4/30
2-5-520	2	27.070	K82	IEC/TS 62282-1：2013	燃料电池技术 第 1 部分：术语	IEC TS 62282-1：2010; IEC 105/450/DTS：2013		2013/11/1	2013/11/1
2-5-521	2	01.080.20; 29.020	K04；J04	IEC 80416-3：2011 ED 1.1	设备所用图形符号的基本原则 第 3 部分：图形符号应用指南	IEC 80416-3：2002		2011/10/1	2011/10/1
2-6-522	2			T/CEC 303—2020	架空输电线路基础基本术语			2020/6/30	2020/10/1

3 量和单位

序号	GW 分类	ICS 分类	GB 分类	标准号	中 文 名 称	代替标准	采用关系	发布日期	实施日期
3-3-1	3	53.081	A51	GB/T 14559—1993	变化量的符号和单位			1993/8/19	1994/2/1
3-3-2	3	53.081	A51	GB 3100—1993	国际单位制及其应用	GB 3100—1986		1993/12/27	1994/7/1
3-3-3	3	53.081	A51	GB/T 3101—1993	有关量、单位和符号的一般原则	GB 3101—1986		1993/12/27	1994/7/1
3-3-4	3	53.081	A51	GB/T 3102.1—1993	空间和时间的量和单位	GB 3102.1—1986		1993/12/27	1994/7/1
3-3-5	3	53.081	A51	GB/T 3102.3—1993	力学的量和单位	GB 3102.3—1986		1993/12/27	1994/7/1
3-3-6	3	53.081	A51	GB/T 3102.4—1993	热学的量和单位	GB 3102.4—1986		1993/12/27	1994/7/1
3-3-7	3	53.081	A51	GB/T 3102.5—1993	电学和磁学的量和单位	GB 3102.5—1986		1993/12/27	1994/7/1
3-3-8	3	53.081	A51	GB/T 3102.6—1993	光及有关电磁辐射的量和单位	GB 3102.6—1986		1993/12/27	1994/7/1
3-3-9	3	53.081	A51	GB/T 3102.7—1993	声学的量和单位	GB 3102.7—1986		1993/12/27	1994/7/1
3-3-10	3	53.081	A51	GB/T 3102.8—1993	物理化学和分子物理学的量和单位	GB 3102.8—1986		1993/12/27	1994/7/1
3-3-11	3	53.081	A51	GB/T 3102.9—1993	原子物理学和核物理学的量和单位	GB 3102.9—1986		1993/12/27	1994/7/1
3-3-12	3	53.081	A51	GB/T 3102.10—1993	核反应和电离辐射的量和单位	GB 3102.10—1986		1993/12/27	1994/7/1
3-3-13	3	29.020	K04	GB/T 3926—2007	中频设备额定电压	GB/T 3926—1983		2007/4/30	2008/3/1
3-3-14	3	29.020	K04	GB/T 762—2002	标准电流等级	GB/T 762—1996	IEC 60059：1999 EQV	2002/3/26	2002/12/1
3-4-15	3	03.120.01	A00	SL 2—2014	水利水电量和单位	SL 2.1～2.3—1998		2014/10/30	2015/1/30

4　数值与数据

序号	GW 分类	ICS 分类	GB 分类	标准号	中 文 名 称	代替标准	采用关系	发布日期	实施日期
4-3-1	4	03.120.30	A41	GB/T 10092—2009	数据的统计处理和解释测试结果的多重比较	GB/T 10092—1988		2009/10/15	2009/12/1
4-3-2	4	29.020	K04	GB/T 156—2017	标准电压	GB/T 156—2007		2017/11/1	2018/5/1
4-3-3	4	35.240.50	L67	GB/T 18784.2—2005	CAD/CAM 数据质量保证方法			2005/9/9	2006/4/1
4-3-4	4	17.020	A20	GB/T 2822—2005	标准尺寸	GB/T 2822—1981		2005/5/16	2005/12/1
4-3-5	4	03.120.30	A22	GB/T 3359—2009	数据的统计处理和解释统计容忍区间的确定	GB/T 3359—1982		2009/10/15	2009/12/1
4-3-6	4	03.120.30	A41	GB/T 4087—2009	数据的统计处理和解释二项分布可靠度单侧置信下限	GB/T 4087.3—1985		2009/10/15	2009/12/1
4-3-7	4	03.120.30	A41	GB/T 8055—2009	数据的统计处理和解释Γ分布（皮尔逊Ⅲ型分布）的参数估计	GB 8055—1987		2009/10/15	2009/12/1
4-3-8	4	03.120.30	A41	GB/T 8170—2008	数值修约规则与极限数值的表示和判定	GB 8170—1987；GB 1250—1989		2008/7/16	2009/1/1
4-4-9	4			CJJ/T 186—2012	城市地理编码技术规范			2012/11/2	2013/3/1
4-5-10	4	29.020	K04	IEC 60038：2009	IEC 标准电压	IEC 60038：1983；IEC 60038 AMD 1：1994；IEC 60038 AMD 2：1997；IEC 60038：2002；IEC 8/1260/FDIS：2009		2009/6/17	2009/6/17
4-5-11	4	17.220.01；29.020	K04	IEC 60059 AMD 1:2009	IEC 标准电流额定值　补充件 1	IEC 8/1261/FDIS：2009		2009/6/16	2009/6/16
4-5-12	4	17.220.01	K04	IEC 60059：1999	IEC 标准电流额定值	IEC 60059：1938；IEC 8/1171/CDV：1998		1999/6/1	1999/6/1

5

5 互换性与精度标准及实现系列化标准

序号	GW 分类	ICS 分类	GB 分类	标准号	中 文 名 称	代替标准	采用关系	发布日期	实施日期
5-3-1	5	17.040.10	J04	GB/T 1031—2009	产品几何技术规范（GPS）表面结构轮廓法表面粗糙度参数及其数值	GB/T 1031—1995		2009/3/16	2009/11/1
5-3-2	5	17.040.10	J04	GB/T 1800.1—2009	产品几何技术规范（GPS）极限与配合 第 1 部分：公差、偏差和配合的基础	GB/T 1800.1—1997； GB/T 1800.2—1998； GB/T 1800.3—1998		2009/3/16	2009/11/1
5-3-3	5	17.040.10	J04	GB/T 1800.2—2009	产品几何技术规范（GPS）极限与配合 第 2 部分：标准公差等级和孔、轴极限偏差表	GB/T 1800.4—1999		2009/3/16	2009/11/1
5-3-4	5	17.040.10	J04	GB/T 1801—2009	产品几何技术规范（GPS）极限与配合公差带和配合的选择	GB/T 1801—1999		2009/3/16	2009/11/1
5-3-5	5	03.120.30	A41	GB/T 2828.1—2012	计数抽样检验程序 第 1 部分：按接收质量限（AQL）检索的逐批检验抽样计划	GB/T 2828.1—2003		2012/11/5	2013/2/15
5-3-6	5	03.120.30	A41	GB/T 2828.2—2008	计数抽样检验程序 第 2 部分：按极限质量 LQ 检索的孤立批检验抽样方案	GB/T 15239—1994		2008/7/28	2009/1/1
5-3-7	5	03.120.30	A41	GB/T 2828.10—2010	计数抽样检验程序 第 10 部分：GB/T 2828 计数抽样检验系列标准导则			2010/9/2	2011/4/1
5-3-8	5	17.020	A20	GB/T 321—2005	优先数和优先数系	GB/T 321—1980		2005/5/16	2005/12/1
5-3-9	5	25.040.40	N10	GB/T 32855.1—2016	先进自动化技术及其应用制造业企业过程互操作性建立要求 第 1 部分：企业互操作性框架		ISO 11354-1：2011 IDT	2016/8/29	2017/3/1
5-4-10	5			JJF 1059.1—2012	测量不确定度评定与表示	JJF 1059—1999		2012/12/3	2013/6/3

6 环境保护、安全通用标准

序号	GW 分类	ICS 分类	GB 分类	标准号	中 文 名 称	代替标准	采用关系	发布日期	实施日期
6-2-1	6	29.240		Q/GDW 11444—2015	输变电工程环境监理规范			2016/6/5	2016/6/5
6-3-2	6	13.160	Z52	GB 10070—1988	城市区域环境振动标准			1988/12/10	1989/7/1
6-3-3	6		Z67	GB 12348—2008	工业企业厂界环境噪声排放标准	GB 12348—1990； GB 12349—1990		2008/8/19	2008/10/1
6-3-4	6	13.320	C69	GB 12358—2006	作业场所环境气体检测报警仪通用技术要求	GB 12358—1990； GB 12358 E—1990		2006/6/22	2006/12/1
6-3-5	6	13.100	C65	GB/T 12801—2008	生产过程安全卫生要求总则	GB 12801—1991		2008/12/15	2009/10/1
6-3-6	6	29.020	K09	GB/T 13869—2017	用电安全导则	GB/T 13869—2008		2017/12/29	2018/7/1
6-3-7	6	13.060	Z50	GB/T 14848—2017	地下水质量标准	GB/T 14848—1993		2017/10/14	2018/5/1
6-3-8	6	13.040.20	Z15	GB/T 15264—1994	环境空气铅的测定火焰原子吸收分光光度法			1994/10/26	1995/6/1
6-3-9	6	13.040.20	Z15	GB/T 15265—1994	环境空气降尘的测定重量法			1994/10/26	1995/6/1
6-3-10	6		Z15	GB/T 15432—1995	环境空气总悬浮颗粒物的测定重量法			1995/3/25	1995/8/1
6-3-11	6	13.100	C75	GB/T 15499—1995	事故伤害损失工作日标准			1995/3/10	1995/10/1
6-3-12	6	13.030	Z11	GB/T 16157—1996	固定污染源排气中颗粒物测定与气态污染物采样方法	GB 9078—1988		1996/3/6	1996/3/6
6-3-13	6	29.020	K00	GB/T 16499—2017	电工电子安全出版物的编写及基础安全出版物和多专业共用安全出版物的应用导则	GB/T 16499—2008	IEC Guide 104：2010 EQV	2017/7/12	2018/2/1
6-3-14	6	33.100.20	L06	GB/Z 17799.6—2017	电磁兼容　通用标准　发电厂和变电站环境中的抗扰度		IEC/TS 61000-6-5：2001 EQV	2017/7/12	2018/2/1
6-3-15	6	13.200	C65	GB 18218—2009	危险化学品重大危险源辨识	GB 18218—2000		2009/3/31	2009/12/1
6-3-16	6	13.040.01	Z50	GB/T 18883—2002	室内空气质量标准			2002/11/19	2003/3/1
6-3-17	6	29.020	K09	GB 19517—2009	国家电气设备安全技术规范	GB/T 19517—2004		2009/11/15	2010/10/1
6-3-18	6	13.030.20	Z60	GB 20426—2006	煤炭工业污染物排放标准	GB 16297—1996； GB 8978 部分—1996		2006/9/1	2006/10/1

续表

序号	GW 分类	ICS 分类	GB 分类	标准号	中文名称	代替标准	采用关系	发布日期	实施日期
6-3-19	6	29.020	K04	GB/T 20877—2016	电子电气产品标准中引入环境因素的指南	GB/T 20877—2007	IEC Guide 109：2012 MOD	2016/8/29	2017/3/1
6-3-20	6	13.020	Z00	GB/T 24001—2016	环境管理体系要求及使用指南	GB/T 24001—2004	ISO 14001：2015	2016/10/13	2017/5/1
6-3-21	6	13.020	Z00	GB/T 24004—2017	环境管理体系　通用实施指南	GB/T 24004—2004	ISO 14004：2016 IDT	2017/12/29	2018/7/1
6-3-22	6	13.020	Z01	GB/T 24020—2000	环境管理环境标志和声明通用原则			2000/2/1	2000/10/1
6-3-23	6	01.040.01	A22	GB/T 26376—2010	自然灾害管理基本术语			2011/1/14	2011/6/1
6-3-24	6	01.080.10	A22	GB/T 2893.1—2013	图形符号安全色和安全标志　第 1 部分：安全标志和安全标记的设计原则	GB/T 2893.1—2004	ISO 3864-1：2011 MOD	2013/7/19	2013/11/30
6-3-25	6	01.080.10	A22	GB/T 2893.3—2010	图形符号安全色和安全标志　第 3 部分：安全标志用图形符号设计原则		ISO 3864-3：2006 MOD	2011/1/10	2011/7/1
6-3-26	6	01.080.10	A22	GB/T 2893.4—2013	图形符号安全色和安全标志　第 4 部分：安全标志材料的色度属性和光度属性		ISO 3864-4：2011 MOD	2013/7/19	2013/11/30
6-3-27	6	01.080.01	A26	GB 2893—2008	安全色	GB 2893—2001		2008/12/11	2009/10/1
6-3-28	6	13.020	C65	GB 2894—2008	安全标志及其使用导则	GB 16179—1996；GB 2894—1996；GB 18217—2000		2008/12/11	2009/10/1
6-3-29	6	29.020	K09	GB/T 29481—2013	电气安全标志			2013/2/7	2013/12/1
6-3-30	6	13.140	Z52	GB 3096—2008	声环境质量标准	GB/T 14623—1993；GB 3096—1993		2008/8/19	2008/10/1
6-3-31	6	17.140	A59	GB/T 3222.1—2006	声学环境噪声的描述、测量与评价　第 1 部分：基本参量与评价方法	GB/T 3222—1994		2006/7/25	2006/12/1
6-3-32	6	29.020	K09	GB/T 33980—2017	电工产品使用说明书中包含电气安全信息的导则			2017/7/12	2018/2/1
6-3-33	6	29.020	K09	GB/T 33985—2017	电工产品标准中包括安全方面的导则　引入风险评估的因素			2017/7/12	2018/2/1
6-3-34	6	71.100.20	G86	GB/T 34525—2017	气瓶搬运、装卸、储存和使用安全规定			2017/10/14	2018/5/1
6-3-35	6	13.110	J09	GB/T 35076—2018	机械安全　生产设备安全通则			2018/5/14	2018/12/1
6-3-36	6	13.110	J09	GB/T 35077—2018	机械安全　局部排气通风系统　安全要求			2018/5/14	2018/12/1

序号	GW 分类	ICS 分类	GB 分类	标准号	中　文　名　称	代替标准	采用关系	发布日期	实施日期
6-3-37	6	13.200	A90	GB/T 35561—2017	突发事件分类与编码			2017/12/29	2018/7/1
6-3-38	6	13.100	C75	GB/T 3608—2008	高处作业分级	GB/T 3608—1993		2008/10/30	2009/6/1
6-3-39	6	13.060	Z50	GB 3838—2002	地表水环境质量标准	GB 3838—1988； GB 3838—88 GHZB 1—1999		2002/4/28	2002/6/1
6-3-40	6	13.060.30	Z05	GB/T 3839—1983	制订地方水污染物排放标准的技术原则与方法			1983/9/14	1984/4/1
6-3-41	6	13.040.20	Z04	GB/T 3840—1991	制定地方大气污染物排放标准的技术方法	GB 3840—1983		1991/8/31	1992/6/1
6-3-42	6	13.100	C71	GB/T 4200—2008	高温作业分级	GB 935—1989； GB 4200—1997		2008/10/30	2009/6/1
6-3-43	6	91.120.20	P31	GB/T 50121—2005	建筑隔声评价标准	GBJ 121—1988		2005/7/15	2005/10/1
6-3-44	6	91.140.50	P09	GB 50194—2014	建设工程施工现场供用电安全规范			2014/4/15	2015/1/1
6-3-45	6	27.140	P58	GB 50201—2014	防洪标准			2014/6/23	2015/5/1
6-3-46	6	13.100	C68	GB 5083—1999	生产设备安全卫生设计总则	GB 5083—1985		1999/5/14	1999/12/1
6-3-47	6	13.100	C73	GB 5725—2009	安全网	GB 16909—1997； GB 5725—1997		2009/4/1	2009/12/1
6-3-48	6	13.060	C51	GB 5749—2006	生活饮用水卫生标准	GB 5749—1985； GB 5749 E—1985		2006/12/29	2007/7/1
6-3-49	6	13.340.99	C73	GB 6095—2009	安全带	GB 6095—1985		2009/4/13	2009/12/1
6-3-50	6	13.200	C75	GB/T 6721—1986	企业职工伤亡事故经济损失统计标准			1986/8/22	1987/5/1
6-3-51	6	19.040	K04	GB/T 6999—2010	环境试验用相对湿度查算表	GB/T 6999—1986		2010/11/10	2011/5/1
6-3-52	6	27.040	K54	GB/T 7441—2008	汽轮机及被驱动机械发出的空间噪声的测量	GB/T 7441—1987		2008/7/16	2009/4/1
6-3-53	6	13.100	C71	GB/T 934—2008	高温作业环境气象条件测定方法	GB/T 934—1989		2008/10/30	2009/6/1
6-3-54	6	13.040.20	Z15	GB/T 9801—1988	空气质量一氧化碳的测定非分散红外法			1988/8/16	1988/12/1
6-3-55	6	17.140.01	P31	GBJ 122—1988	工业企业噪声测量规范			1988/4/13	1988/12/1
6-3-56	6			HJ 675—2013	固定污染源排气　氮氧化物的测定　酸碱滴定法	GB/T 13906—1992		2013/11/21	2014/2/1

序号	GW 分类	ICS 分类	GB 分类	标准号	中 文 名 称	代替标准	采用关系	发布日期	实施日期
6-4-57	6	27.180	E11	DL/T 1084—2008	风电场噪声限值及测量方法			2008/6/4	2008/11/1
6-4-58	6	27.100	F20	DL/T 692—2018	电力行业紧急救护技术规范	DL/T 692—2008		2018/4/3	2018/7/1
6-4-59	6	27.100	Z00	HJ/T 13—1996	火电厂建设项目环境影响报告书编制规范	SD 208—1987		1996/4/2	1996/6/1
6-4-60	6		Z00	HJ 2.1—2011	环境影响评价技术导则总纲	HJ 2.1—1993		2011/9/1	2012/1/1
6-4-61	6	13.020.01	Z00	HJ/T 2.3—1993	环境影响评价技术导则地面水环境			1993/9/18	1994/4/1
6-4-62	6		Z00	HJ 2.4—2009	环境影响评价技术导则声环境	HJ 2.4—1995		2009/12/23	2010/4/1
6-4-63	6	13.040.20	Z15	HJ 479—2009	环境空气　氮氧化物（一氧化氮和二氧化氮）的测定　盐酸萘乙二胺分光光度法	GB 8969—1988；GB 15436—1995		2009/9/27	2009/11/1
6-4-64	6	13.040.20	Z15	HJ 482—2009	环境空气　二氧化硫的测定　甲醛吸收-副玫瑰苯胺分光光度法	GB 15262—1994		2009/9/27	2009/11/1
6-4-65	6	13.040.20	Z15	HJ 483—2009	环境空气　二氧化硫的测定　四氯汞盐吸收-副玫瑰苯胺分光光度法	GB 8970—1988		2009/9/27	2009/11/1
6-4-66	6	13.040.20	Z50	HJ 492—2009	空气质量　词汇	GB 6919—1986		2009/9/27	2009/11/1
6-4-67	6	13.060	Z12	HJ 495—2009	水质　采样方案设计技术指导	GB 12997—1991		2009/9/27	2009/11/1
6-4-68	6	13.040.20	Z50	HJ 618—2011	环境空气 PM10 和 PM2.5 的测定重量法	GB 6921—1986		2011/9/8	2011/11/1
6-4-69	6	91.040.01	P09	JGJ 146—2013	建设工程施工现场环境与卫生标准	JGJ 146—2004		2013/11/8	2014/6/1
6-4-70	6	91.010.01；13.100	P09	JGJ/T 77—2010	施工企业安全生产评价标准	JGJ/T 77—2003		2010/5/18	2010/11/1
6-4-71	6	13.100	C71	LD 80—1995	噪声作业分级			1995/7/13	1996/6/1
6-4-72	6	13.020.40	Z25	SDGJ 95—1990	火力发电厂污染气象测试技术规定（试行）编制说明（内部发行）	DLJ 23—1980		1990/5/1	1990/7/1
6-4-73	6	27.140	P59	SDJ 302—1988	水利水电工程环境影响评价规范（试行）			1988/12/12	1989/7/1
6-4-74	6		P57	SL 204—1998	开发建设项目水土保持方案技术规范			1998/2/5	1998/5/1
6-4-75	6			SL 214—2015	水闸安全评价导则	SL 214—1998		2015/1/21	2015/4/21
6-4-76	6			SL 219—2013	水环境监测规范	SL 219—1998		2013/12/16	2014/3/16
6-4-77	6		P13	SL 63—1994	地表水资源质量标准			1994/3/28	1994/5/1

7 各专业的技术指导通则或导则

序号	GW 分类	ICS 分类	GB 分类	标准号	中 文 名 称	代替标准	采用关系	发布日期	实施日期
7-2-1	7	35.040		Q/GDW 11014—2013	人力资源基础信息分类与代码			2013/12/19	2013/12/19
7-2-2	7	29.240		Q/GDW 11023.1—2017	直属单位劳动定员　第 1 部分：科研教培单位	Q/GDW 11023.1—2013		2017/8/4	2017/8/4
7-2-3	7	29.240		Q/GDW 11023.2—2017	直属单位劳动定员　第 2 部分：专业公司	Q/GDW 11023.2—2013		2017/8/4	2017/8/4
7-2-4	7	29.240		Q/GDW 11023.3—2017	直属单位劳动定员　第 3 部分：产业公司	Q/GDW 11023.3—2013		2017/8/4	2017/8/4
7-2-5	7	29.240		Q/GDW 11023.4—2017	直属单位劳动定员　第 4 部分：金融企业	Q/GDW 11023.4—2013		2017/8/4	2017/8/4
7-2-6	7	29.240		Q/GDW 11070—2013	国家电网公司供电企业组织机构规范标准			2014/3/1	2014/3/1
7-2-7	7	29.240		Q/GDW 11180—2014	国家电网公司统一统计指标体系规范			2014/7/1	2014/7/1
7-2-8	7	29.240		Q/GDW 11270—2014	国家电网公司直属单位组织机构规范			2014/12/31	2014/12/31
7-2-9	7	29.240		Q/GDW 11295—2014	水电厂智能化技术规范			2015/3/12	2015/3/12
7-2-10	7	29.240		Q/GDW 11372.1—2015	国家电网公司技能人员岗位能力培训规范　第 1 部分：调控运行值班（市公司）			2015/7/27	2015/7/27
7-2-11	7	29.240		Q/GDW 11372.2—2015	国家电网公司技能人员岗位能力培训规范　第 2 部分：调控运行值班（县公司）			2015/7/27	2015/7/27
7-2-12	7	29.240		Q/GDW 11372.3—2015	国家电网公司技能人员岗位能力培训规范　第 3 部分：自动化运维			2015/7/27	2015/7/27
7-2-13	7	29.240		Q/GDW 11372.4—2015	国家电网公司技能人员岗位能力培训规范　第 4 部分：输电线路运检（330kV 及以上）			2015/7/27	2015/7/27
7-2-14	7	29.240		Q/GDW 11372.5—2015	国家电网公司技能人员岗位能力培训规范　第 5 部分：输电线路运检（220kV 及以下）			2015/7/27	2015/7/27
7-2-15	7	29.240		Q/GDW 11372.6—2015	国家电网公司技能人员岗位能力培训规范　第 6 部分：输电电缆运检			2015/7/27	2015/7/27
7-2-16	7	29.240		Q/GDW 11372.7—2015	国家电网公司技能人员岗位能力培训规范　第 7 部分：输电带电作业			2015/7/27	2015/7/27

续表

序号	GW 分类	ICS 分类	GB 分类	标准号	中 文 名 称	代替标准	采用关系	发布日期	实施日期
7-2-17	7	29.240		Q/GDW 11372.8—2015	国家电网公司技能人员岗位能力培训规范 第8部分：变电运维（330kV及以上）			2015/7/27	2015/7/27
7-2-18	7	29.240		Q/GDW 11372.9—2015	国家电网公司技能人员岗位能力培训规范 第9部分：变电运维（220kV及以下）			2015/7/27	2015/7/27
7-2-19	7	29.240		Q/GDW 11372.10—2015	国家电网公司技能人员岗位能力培训规范 第10部分换流站运维			2015/7/27	2015/7/27
7-2-20	7	29.240		Q/GDW 11372.11—2015	国家电网公司技能人员岗位能力培训规范 第11部分：继电保护及自控装置运维（330kV及以上）			2015/7/27	2015/7/27
7-2-21	7	29.240		Q/GDW 11372.12—2015	国家电网公司技能人员岗位能力培训规范 第12部分：继电保护及自控装置运维（220kV及以下）			2015/7/27	2015/7/27
7-2-22	7	29.240		Q/GDW 11372.13—2015	国家电网公司技能人员岗位能力培训规范 第13部分：电气试验/化验			2015/7/27	2015/7/27
7-2-23	7	29.240		Q/GDW 11372.14—2015	国家电网公司技能人员岗位能力培训规范 第14部分：变电设备检修（330kV及以上）			2015/7/27	2015/7/27
7-2-24	7	29.240		Q/GDW 11372.15—2015	国家电网公司技能人员岗位能力培训规范 第15部分：变电设备检修（220kV及以下）			2015/7/27	2015/7/27
7-2-25	7	29.240		Q/GDW 11372.16—2015	国家电网公司技能人员岗位能力培训规范 第16部分：换流站直流设备检修			2015/7/27	2015/7/27
7-2-26	7	29.240		Q/GDW 11372.17—2015	国家电网公司技能人员岗位能力培训规范 第17部分：配电线路及设备运检			2015/7/27	2015/7/27
7-2-27	7	29.240		Q/GDW 11372.18—2015	国家电网公司技能人员岗位能力培训规范 第18部分：配网自动化运维			2015/7/27	2015/7/27
7-2-28	7	29.240		Q/GDW 11372.19—2015	国家电网公司技能人员岗位能力培训规范 第19部分：配电电缆运检			2015/7/27	2015/7/27
7-2-29	7	29.240		Q/GDW 11372.20—2015	国家电网公司技能人员岗位能力培训规范 第20部分：市场开拓与业扩报装			2015/7/27	2015/7/27
7-2-30	7	29.240		Q/GDW 11372.21—2015	国家电网公司技能人员岗位能力培训规范 第21部分：客户代表			2015/7/27	2015/7/27

续表

序号	GW 分类	ICS 分类	GB 分类	标准号	中 文 名 称	代替标准	采用关系	发布日期	实施日期
7-2-31	7	29.240		Q/GDW 11372.22—2015	国家电网公司技能人员岗位能力培训规范　第22部分：95598服务			2015/7/27	2015/7/27
7-2-32	7	29.240		Q/GDW 11372.23—2015	国家电网公司技能人员岗位能力培训规范　第23部分：智能用电运营			2015/7/27	2015/7/27
7-2-33	7	29.240		Q/GDW 11372.24—2015	国家电网公司技能人员岗位能力培训规范　第24部分：用电检查			2015/7/27	2015/7/27
7-2-34	7	29.240		Q/GDW 11372.25—2015	国家电网公司技能人员岗位能力培训规范　第25部分：抄表催费			2015/7/27	2015/7/27
7-2-35	7	29.240		Q/GDW 11372.26—2015	国家电网公司技能人员岗位能力培训规范　第26部分：电费核算与账务			2015/7/27	2015/7/27
7-2-36	7	29.240		Q/GDW 11372.27—2015	国家电网公司技能人员岗位能力培训规范　第27部分：装表接电			2015/7/27	2015/7/27
7-2-37	7	29.240		Q/GDW 11372.28—2015	国家电网公司技能人员岗位能力培训规范　第28部分：计量检验检测			2015/7/27	2015/7/27
7-2-38	7	29.240		Q/GDW 11372.29—2015	国家电网公司技能人员岗位能力培训规范　第29部分：电能信息采集与监控			2015/7/27	2015/7/27
7-2-39	7	29.240		Q/GDW 11372.30—2015	国家电网公司技能人员岗位能力培训规范　第30部分：稽查业务与监控分析			2015/7/27	2015/7/27
7-2-40	7	29.240		Q/GDW 11372.31—2015	国家电网公司技能人员岗位能力培训规范　第31部分：电动汽车服务			2015/7/27	2015/7/27
7-2-41	7	29.240		Q/GDW 11372.32—2015	国家电网公司技能人员岗位能力培训规范　第32部分：节能服务			2015/7/27	2015/7/27
7-2-42	7	29.240		Q/GDW 11372.33—2015	国家电网公司技能人员岗位能力培训规范　第33部分：农网运行维护与检修			2015/7/27	2015/7/27
7-2-43	7	29.240		Q/GDW 11372.34—2015	国家电网公司技能人员岗位能力培训规范　第34部分：农网营销服务			2015/7/27	2015/7/27
7-2-44	7	29.240		Q/GDW 11372.35—2015	国家电网公司技能人员岗位能力培训规范　第35部分：农网电费核算与账务			2015/7/27	2015/7/27
7-2-45	7	29.240		Q/GDW 11372.36—2015	国家电网公司技能人员岗位能力培训规范　第36部分：供电所综合业务			2015/7/27	2015/7/27

序号	GW 分类	ICS 分类	GB 分类	标准号	中　文　名　称	代替标准	采用关系	发布日期	实施日期
7-2-46	7	29.240		Q/GDW 11372.37—2015	国家电网公司技能人员岗位能力培训规范　第37部分：通信运维检修			2015/7/27	2015/7/27
7-2-47	7	29.240		Q/GDW 11372.38—2015	国家电网公司技能人员岗位能力培训规范　第38部分：信息通信工程建设			2015/7/27	2015/7/27
7-2-48	7	29.240		Q/GDW 11372.39—2015	国家电网公司技能人员岗位能力培训规范　第39部分：信息系统检修维护			2015/7/27	2015/7/27
7-2-49	7	29.240		Q/GDW 11372.40—2015	国家电网公司技能人员岗位能力培训规范　第40部分：信息通信监控调度			2015/7/27	2015/7/27
7-2-50	7	29.240		Q/GDW 11372.41—2015	国家电网公司技能人员岗位能力培训规范　第41部分：送电线路架设			2015/7/27	2015/7/27
7-2-51	7	29.240		Q/GDW 11372.42—2015	国家电网公司技能人员岗位能力培训规范　第42部分：变电一次安装			2015/7/27	2015/7/27
7-2-52	7	29.240		Q/GDW 11372.43—2015	国家电网公司技能人员岗位能力培训规范　第43部分：设备调试			2015/7/27	2015/7/27
7-2-53	7	29.240		Q/GDW 11372.44—2015	国家电网公司技能人员岗位能力培训规范　第44部分：土建施工			2015/7/27	2015/7/27
7-2-54	7	29.240		Q/GDW 11372.45—2015	国家电网公司技能人员岗位能力培训规范　第45部分：机具修理			2015/7/27	2015/7/27
7-2-55	7	29.240		Q/GDW 11372.46—2015	国家电网公司技能人员岗位能力培训规范　第46部分：变电二次安装			2015/7/27	2015/7/27
7-2-56	7	29.240		Q/GDW 11372.47—2015	国家电网公司技能人员岗位能力培训规范　第47部分：起重设备操作			2015/7/27	2015/7/27
7-2-57	7	29.240		Q/GDW 11372.48—2015	国家电网公司技能人员岗位能力培训规范　第48部分：牵张机操作			2015/7/27	2015/7/27
7-2-58	7	29.240		Q/GDW 11372.49—2015	国家电网公司技能人员岗位能力培训规范　第49部分：水轮发电机组运行			2015/7/27	2015/7/27
7-2-59	7	29.240		Q/GDW 11372.50—2015	国家电网公司技能人员岗位能力培训规范　第50部分：水轮发电机机械检修			2015/7/27	2015/7/27
7-2-60	7	29.240		Q/GDW 11372.51—2015	国家电网公司技能人员岗位能力培训规范　第51部分：水轮机检修			2015/7/27	2015/7/27

续表

序号	GW 分类	ICS 分类	GB 分类	标准号	中　文　名　称	代替标准	采用关系	发布日期	实施日期
7-2-61	7	29.240		Q/GDW 11372.52—2015	国家电网公司技能人员岗位能力培训规范　第52部分：水轮机调速器机械检修			2015/7/27	2015/7/27
7-2-62	7	29.240		Q/GDW 11372.53—2015	国家电网公司技能人员岗位能力培训规范　第53部分：水电自动装置检修			2015/7/27	2015/7/27
7-2-63	7	29.240		Q/GDW 11372.54—2015	国家电网公司技能人员岗位能力培训规范　第54部分：水电厂继电保护			2015/7/27	2015/7/27
7-2-64	7	29.240		Q/GDW 11372.55—2015	国家电网公司技能人员岗位能力培训规范　第55部分：水电起重工			2015/7/27	2015/7/27
7-2-65	7	29.240		Q/GDW 11372.56—2015	国家电网公司技能人员岗位能力培训规范　第56部分：水工监测			2015/7/27	2015/7/27
7-2-66	7	29.240		Q/GDW 11372.57—2015	国家电网公司技能人员岗位能力培训规范　第57部分：水库调度			2015/7/27	2015/7/27
7-2-67	7	29.240		Q/GDW 11372.58—2015	国家电网公司技能人员岗位能力培训规范　第58部分：配电带电作业			2015/7/27	2015/7/27
7-2-68	7	29.240		Q/GDW 11424.1—2015	国家电网公司供电企业内控劳动定员标准　第1部分：规划	Q/GDW 2247.1—2013		2016/4/15	2016/4/15
7-2-69	7	29.240		Q/GDW 11424.2—2015	国家电网公司供电企业内控劳动定员标准　第2部分：建设	Q/GDW 2247.2—2013		2016/4/15	2016/4/15
7-2-70	7	29.240		Q/GDW 11424.3—2015	国家电网公司供电企业内控劳动定员标准　第3部分：运行	Q/GDW 2247.3—2013		2016/4/15	2016/4/15
7-2-71	7	29.240		Q/GDW 11424.4—2015	国家电网公司供电企业内控劳动定员标准　第4部分：运维检修	Q/GDW 2247.4—2013		2016/4/15	2016/4/15
7-2-72	7	29.240		Q/GDW 11424.5—2015	国家电网公司供电企业内控劳动定员标准　第5部分：营销	Q/GDW 2247.5—2013		2016/4/15	2016/4/15
7-2-73	7	29.240		Q/GDW 11424.6—2015	国家电网公司供电企业内控劳动定员标准　第6部分：信息通信	Q/GDW 2247.7—2013		2016/4/15	2016/4/15
7-2-74	7	29.240		Q/GDW 11424.7—2015	国家电网公司供电企业内控劳动定员标准　第7部分：物资	Q/GDW 2247.8—2013		2016/4/15	2016/4/15
7-2-75	7	29.240		Q/GDW 11424.8—2015	国家电网公司供电企业内控劳动定员标准　第8部分：培训教育	Q/GDW 2247.9—2013		2016/4/15	2016/4/15

续表

序号	GW 分类	ICS 分类	GB 分类	标准号	中文名称	代替标准	采用关系	发布日期	实施日期
7-2-76	7	29.240		Q/GDW 11424.9—2015	国家电网公司供电企业内控劳动定员标准 第9部分：经营管理	Q/GDW 2247.10—2013		2016/4/15	2016/4/15
7-2-77	7			Q/GDW 11450—2020	重要输电通道风险评估导则			2020/12/31	2020/12/31
7-2-78	7	03.100		Q/GDW 11562—2016	国家电网公司非生产性技改项目技术规范			2017/10/30	2017/10/30
7-2-79	7	03.100		Q/GDW 11563—2016	国家电网公司非生产性大修项目技术规范			2017/10/30	2017/10/30
7-2-80	7			Q/GDW 11769—2017	电网投资项目协同管理数据维护规范			2018/8/15	2018/8/15
7-2-81	7			Q/GDW 11770—2017	项目可研设计、评审及批复文件编制规范			2018/8/15	2018/8/15
7-2-82	7			Q/GDW 11771—2017	项目命名及编码规范			2018/8/15	2018/8/15
7-2-83	7			Q/GDW 11855—2020	国家电网有限公司录音录像档案数字化技术规范			2020/12/31	2020/12/31
7-2-84	7	29.240		Q/GDW 1247.1—2015	国家电网公司供电企业劳动定员标准 第1部分：规划	Q/GDW 2247.1—2013		2015/7/13	2015/7/13
7-2-85	7	29.240		Q/GDW 1247.2—2015	国家电网公司供电企业劳动定员标准 第2部分：建设	Q/GDW 2247.2—2013		2015/7/13	2015/7/13
7-2-86	7	29.240		Q/GDW 1247.3—2015	国家电网公司供电企业劳动定员标准 第3部分：运行	Q/GDW 2247.3—2013		2015/7/13	2015/7/13
7-2-87	7	29.240		Q/GDW 1247.4—2015	国家电网公司供电企业劳动定员标准 第4部分：运维检修	Q/GDW 2247.4—2013；Q/GDW 2247.6—2013		2015/7/13	2015/7/13
7-2-88	7	29.240		Q/GDW 1247.5—2015	国家电网公司供电企业劳动定员标准 第5部分：营销	Q/GDW 2247.5—2013；Q/GDW 2247.6—2013		2015/7/13	2015/7/13
7-2-89	7	29.240		Q/GDW 1247.6—2015	国家电网公司供电企业劳动定员标准 第6部分：信息通信	Q/GDW 2247.7—2013		2015/7/13	2015/7/13
7-2-90	7	29.240		Q/GDW 1247.7—2015	国家电网公司供电企业劳动定员标准 第7部分：物资	Q/GDW 2247.8—2013		2015/7/13	2015/7/13
7-2-91	7	29.240		Q/GDW 1247.8—2015	国家电网公司供电企业劳动定员标准 第8部分：培训教育	Q/GDW 2247.9—2013		2015/7/13	2015/7/13

序号	GW 分类	ICS 分类	GB 分类	标准号	中文名称	代替标准	采用关系	发布日期	实施日期
7-2-92	7	29.240		Q/GDW 1247.9—2015	国家电网公司供电企业劳动定员标准　第 9 部分：经营管理	Q/GDW 2247.10—2013		2015/7/13	2015/7/13
7-2-93	7			Q/GDW 372—2009	国家电网公司抽水蓄能电站劳动定员标准			2009/11/23	2009/11/23
7-3-94	7	17.120.01	F04	GB/T 12452—2008	企业水平衡测试通则	GB/T 12452—1990		2008/4/1	2008/10/1
7-3-95	7	01.140.20	A14	GB/T 13417—2009	期刊目次表	GB/T 13417—1992		2009/9/30	2010/2/1
7-3-96	7	29.280	S80	GB/T 1402—2010	轨道交通牵引供电系统电压	GB 1402—1998		2011/1/10	2011/6/1
7-3-97	7	27.010	F01	GB/T 15587—2008	工业企业能源管理导则	GB/T 15587—1995		2008/9/18	2009/5/1
7-3-98	7	01.080.20	L01	GB/T 16679—2009	工业系统、装置与设备以及工业产品信号代号	GB/T 16679—1996		2009/3/13	2009/11/1
7-3-99	7	27.010	F01	GB/T 17166—2019	能源审计技术通则	GB/T 17166—1997		2019/10/18	2020/5/1
7-3-100	7	03.120.10	J00	GB/T 19011—2013	管理体系审核指南	GB/T 19011—2003		2013/12/17	2014/4/1
7-3-101	7	13.260	K09	GB/T 21714.1—2015	雷电防护　第 1 部分：总则	GB/T 21714.1—2008		2015/9/11	2016/4/1
7-3-102	7	13.260	K09	GB/T 21714.3—2015	雷电防护　第 3 部分：建筑物的物理损坏和生命危险	GB/T 21714.3—2008		2015/9/11	2016/4/1
7-3-103	7	13.260	K09	GB/T 21714.4—2015	雷电防护　第 4 部分：建筑物内电气和电子系统			2015/9/11	2016/4/1
7-3-104	7	35.240.50	A10	GB/T 25109.4—2010	企业资源计划　第 4 部分：ERP 系统体系结构			2011/1/14	2011/6/1
7-3-105	7	03.080.99	A20	GB/T 25124—2010	高级人才寻访服务规范			2010/9/2	2011/1/1
7-3-106	7	13.040.35	C70	GB/T 25915.1—2010	洁净室及相关受控环境　第 1 部分：空气洁净度等级			2011/1/14	2011/5/1
7-3-107	7	13.040.35	C70	GB/T 25915.2—2010	洁净室及相关受控环境　第 2 部分：证明持续符合 GB/T25915 1 的检测与监测技术条件			2011/1/14	2011/6/1
7-3-108	7	13.040.35	C70	GB/T 25915.3—2010	洁净室及相关受控环境　第 3 部分：检测方法			2011/1/14	2011/5/1
7-3-109	7	13.040.35	C70	GB/T 25915.4—2010	洁净室及相关受控环境　第 4 部分：设计、建造、启动			2011/1/14	2011/6/1
7-3-110	7	13.040.35	C70	GB/T 25915.5—2010	洁净室及相关受控环境　第 5 部分：运行			2011/1/14	2011/5/1
7-3-111	7	13.040.35	C70	GB/T 25915.6—2010	洁净室及相关受控环境　第 6 部分：词汇			2011/1/14	2011/5/1

续表

序号	GW 分类	ICS 分类	GB 分类	标准号	中 文 名 称	代替标准	采用关系	发布日期	实施日期
7-3-112	7	13.040.35	C70	GB/T 25915.7—2010	洁净室及相关受控环境 第 7 部分：隔离装置（洁净风罩、手套箱、隔离器、微环境）			2011/1/14	2011/6/1
7-3-113	7	13.040.35	C70	GB/T 25915.8—2010	洁净室及相关受控环境 第 8 部分：空气分子污染分级			2011/1/14	2011/6/1
7-3-114	7	35.240.50	L67	GB/Z 26337.1—2010	供应链管理 第 1 部分：综述与基本原理			2011/1/14	2011/6/1
7-3-115	7	35.240.50	L67	GB/T 26789—2011	产品生命周期管理服务规范		OMGdtc/07-05-01 MOD	2011/7/29	2011/12/1
7-3-116	7	29.020	K04	GB/Z 26854—2011	电特性的标准化		IEC/TR 62510：2008 IDT	2011/7/29	2011/12/1
7-3-117	7	03.180	A12	GB/T 26997—2011	非正规教育与培训的学习服务术语			2011/7/19	2011/11/1
7-3-118	7	03.120.20	A00	GB/T 27021.1—2017	合格评定 管理体系审核认证机构要求 第 1 部分：要求	GB/T 27021—2007	ISO/IEC 17021-1：2015 IDT	2017/11/1	2018/5/1
7-3-119	7	03.120.20	A00	GB/T 27022—2017	合格评定 管理体系第三方审核报告内容要求和建议		ISO/IEC TS 17022：2012	2017/9/29	2018/4/1
7-3-120	7	03.120.20	A00	GB/T 27068—2006	合格评定 结果的承认和接受协议		ISO/IEC GUIDE68-2002 IDT	2006/12/20	2007/6/1
7-3-121	7	03.120.20	A00	GB/T 27204—2017	合格评定 确定管理体系认证审核时间指南		ISO/IEC TS 17023：2013 IDT	2017/11/1	2018/5/1
7-3-122	7	03.120.20	A00	GB/T 27417—2017	合格评定 化学分析方法确认和验证指南			2017/9/7	2018/4/1
7-3-123	7	27.010	F01	GB/T 30260—2013	公共机构能源资源管理绩效评价导则			2013/12/18	2014/7/1
7-3-124	7	29.020	K40	GB/T 311.1—2012	绝缘配合 第 1 部分：定义、原则和规则	GB 311.1—1997		2012/6/29	2013/5/1
7-3-125	7	29.020	K40	GB/T 311.2—2013	绝缘配合 第 2 部分：使用导则	GB/T 311.2—2002	IEC 60071-2：1996 MOD	2013/2/7	2013/7/1
7-3-126	7	27.100	F22	GB/T 31461—2015	火力发电机组快速减负荷控制技术导则			2015/5/15	2015/12/1
7-3-127	7	01.140.10	A14	GB/T 3179—2009	期刊编排格式	GB/T 3179—1992		2009/9/30	2010/2/1
7-3-128	7	01.140.20	A14	GB/T 32003—2015	科技查新技术规范			2015/9/11	2016/4/1
7-3-129	7	29.240.20	P62	GB/T 32673—2016	架空输电线路故障巡视技术导则			2016/4/25	2016/11/1
7-3-130	7	27.160	F12	GB/T 32826—2016	光伏发电系统建模导则			2016/8/29	2017/3/1
7-3-131	7	03.100.01		GB/T 33455—2016	公共事务活动风险管理指南			2016/12/30	2017/7/1

序号	GW 分类	ICS 分类	GB 分类	标准号	中 文 名 称	代替标准	采用关系	发布日期	实施日期
7-3-132	7	71.040.10	N53	GB/T 34042—2017	在线分析仪器系统通用规范			2017/9/7	2018/4/1
7-3-133	7	03.080	A12	GB/T 34416—2017	技术产权交易信息披露规范			2017/10/14	2018/5/1
7-3-134	7	03.080	A12	GB/T 34417—2017	服务信息公开规范			2017/10/14	2018/5/1
7-3-135	7	03.080	A16	GB/T 34670—2017	技术转移服务规范			2017/9/29	2018/1/1
7-3-136	7			GB/T 50297—2018	电力工程基本术语标准	GB/T 50297—2006		2018/12/26	2019/6/1
7-3-137	7			GB/T 50562—2010	煤炭矿井工程基本术语标准			2010/5/31	2010/12/1
7-3-138	7			GB 50722—2011	城市轨道交通建设项目管理规范			2011/8/26	2012/6/1
7-3-139	7	35.240.30	A14	GB/T 7713.1—2006	学位论文编写规则	GB 7713 部分—1987		2006/12/5	2007/5/1
7-4-140	7	29.020	K02	DL/T 1320—2014	电力企业能源管理体系实施指南			2014/3/18	2014/8/1
7-4-141	7	29.020	K01	DL/T 1381—2014	电力企业信用评价规范			2014/10/15	2015/3/1
7-4-142	7	29.020	K01	DL/T 1383—2014	电力行业供应商信用评价规范			2014/10/15	2015/3/1
7-4-143	7		P01	DLGJ 120—1997	电力勘测设计技术标准体系表	DLGJ 120—1994			1997/3/12
7-4-144	7		P00	DLGJ 133—1997	电力勘测设计管理标准体系表				1997/3/19
7-4-145	7		Z04	HJ 2000—2010	大气污染治理工程技术导则			2010/12/17	2011/3/1
7-4-146	7		P61	HJ 2001—2010	火电厂烟气脱硫工程技术规范氨法			2010/12/17	2011/3/1
7-4-147	7		P61	HJ 562—2010	火电厂烟气脱硝工程技术规范选择性催化还原法			2010/2/3	2010/4/1
7-4-148	7		P61	HJ 563—2010	火电厂烟气脱硝工程技术规范选择性非催化还原法			2010/2/3	2010/4/1
7-4-149	7	35.080	L77	SJ/T 11623—2016	信息技术服务从业人员能力规范			2016/1/15	2016/6/1
7-4-150	7	33.040.01	M10	YD/T 2219—2011	通信网络运行维护企业一般要求			2011/5/18	2011/6/1
7-5-151	7	91.140.01		ANSI/NFPA 900—2010	建筑物能源法规	ANSI NFPA 900—2004		2009/10/27	2009/12/5
7-5-152	7	01.040.29；29.080.30	K04	IEC 60071-1：2011	绝缘配合　第 1 部分：定义、原理和规则			2011/3/1	2011/3/1
7-5-153	7	29.020；91.120.40	K49	IEC 62305-1：2010	雷电防护　第 1 部分：一般原则	IEC 62305-1：2006；IEC 81/370/FDIS：2010		2010/12/1	2010/12/1

续表

序号	GW 分类	ICS 分类	GB 分类	标准号	中　文　名　称	代替标准	采用关系	发布日期	实施日期
7-5-154	7	29.020； 91.120.40	K49	IEC 62305-2：2010	雷电防护　第 2 部分：风险管理	IEC 62305-2：2006； IEC 81/371/FDIS：2010		2010/12/1	2010/12/1
7-5-155	7	29.020； 91.120.40	K49	IEC 62305-3：2010	雷电防护　第 3 部分：建筑物的物理损害和生命危险	IEC 62305-3：2006； IEC 81/372/FDIS：2010		2010/12/1	2010/12/1
7-5-156	7	29.020； 91.120.40	K49	IEC 62305-4：2010	雷电防护　第 4 部分：建筑物中电气和电子系统	IEC 62305-4：2006； IEC 81/373/FDIS：2010		2010/12/1	2010/12/1
7-5-157	7	03.100.01	A10	ISO/IEC 31010：2009	风险管理风险评估技术			2009/11/1	2009/11/1
7-6-158	7	35.240.60	L73	T/CEC 101.1—2016	能源互联网　第 1 部分：总则			2016/10/21	2017/1/1
7-6-159	7	27.010	F04	T/CEC 104—2016	电力企业能源管理系统设计导则			2016/10/21	2017/1/1
7-6-160	7	27.010	F04	T/CEC 105—2016	电力企业能源管理系统验收规范			2016/10/21	2017/1/1

技术专业标准

10 规划设计

10.1 规划设计-基础综合

序号	GW 分类	ICS 分类	GB 分类	标准号	中 文 名 称	代替标准	采用关系	发布日期	实施日期
10.1-2-1	10.1	29.240		Q/GDW 10248.2—2016	输变电工程建设标准强制性条文实施管理规程 第 2 部分：变电（换流）站建筑工程设计	Q/GDW 248.2—2008		2016/12/22	2016/12/22
10.1-2-2	10.1	29.240		Q/GDW 10248.4—2016	输变电工程建设标准强制性条文实施管理规程 第 4 部分：变电（换流）站电气工程设计	Q/GDW 248.4—2008		2016/12/22	2016/12/22
10.1-2-3	10.1	29.240		Q/GDW 1152.1—2014	电力系统污区分级与外绝缘选择　第 1 部分：交流系统	Q/GDW 152—2006		2015/2/26	2015/2/26
10.1-2-4	10.1	29.240		Q/GDW 1152.2—2014	电力系统污区分级与外绝缘选择　第 2 部分：直流系统	Q/GDW 152—2006		2015/2/26	2015/2/26
10.1-2-5	10.1	29.240		Q/GDW 11721—2017	国家电网有限公司差异化规划设计导则			2018/6/27	2018/6/27
10.1-2-6	10.1			Q/GDW 11796—2017	智能架空输电线路技术导则			2018/10/25	2018/10/25
10.1-2-7	10.1	29.240		Q/GDW 11809—2018	输变电工程三维设计模型交互规范			2019/2/15	2019/2/15
10.1-2-8	10.1	29.240		Q/GDW 11811—2018	输变电工程三维设计软件基本功能规范			2019/2/15	2019/2/15
10.1-2-9	10.1	29.240		Q/GDW 11858—2018	特高压交流输变电工程后评价内容深度规定			2020/1/6	2020/1/6
10.1-2-10	10.1	29.240		Q/GDW 11859—2018	国家电网有限公司生产统计规范			2020/1/6	2020/1/6
10.1-2-11	10.1	27.140		Q/GDW 11860—2018	抽水蓄能电站项目后评价技术标准			2020/1/6	2020/1/6
10.1-2-12	10.1	35.040		Q/GDW 1934—2016	国家电网公司项目 WBS 架构编码规范	Q/GDW 1934—2013		2016/11/9	2016/11/9
10.1-2-13	10.1	29.240		Q/GDW/Z 11904—2018	培训项目方案设计分类及共性流程			2020/1/6	2020/1/6
10.1-3-14	10.1	29.240.20	F20	GB/T 15544.1—2013	三相交流系统短路电流计算　第 1 部分：电流计算	GB/T 15544—1995		2013/12/17	2014/8/1
10.1-3-15	10.1	29.240.20	F20	GB/T 15544.2—2017	三相交流系统短路电流计算　第 2 部分：短路电流计算应用的系数			2017/12/29	2018/7/1
10.1-3-16	10.1	29.240.20	F20	GB/T 15544.3—2017	三相交流系统短路电流计算　第 3 部分：电气设备数据			2017/12/29	2018/7/1
10.1-3-17	10.1	29.240.20	F20	GB/T 15544.4—2017	三相交流系统短路电流计算　第 4 部分：同时发生两个独立单相接地故障时的电流以及流过大地的电流			2017/12/29	2018/7/1

续表

序号	GW 分类	ICS 分类	GB 分类	标准号	中 文 名 称	代替标准	采用关系	发布日期	实施日期
10.1-3-18	10.1	29.240.20	F20	GB/T 15544.5—2017	三相交流系统短路电流计算　第 5 部分：算例			2017/12/29	2018/7/1
10.1-3-19	10.1	29.020	K09	GB/T 18891—2009	三相电力系统相导体的钟时序数标识	GB/T 18891—2002		2009/5/6	2009/11/1
10.1-3-20	10.1	29.020	K30	GB/T 24975.1—2010	低压电器环境设计导则　第 1 部分：总则			2010/8/9	2011/2/1
10.1-3-21	10.1	29.240.10	F20	GB/T 30155—2013	智能变电站技术导则			2013/12/17	2014/8/1
10.1-3-22	10.1	29.080.01	K48	GB/T 311.4—2010	绝缘配合　第 4 部分：电网绝缘配合及其模拟的计算导则	GB 311.4—1983		2010/11/10	2011/5/1
10.1-3-23	10.1	17.220.01	F20	GB/T 35698.2—2019	短路电流效应计算　第 2 部分：算例			2019/6/4	2020/1/1
10.1-3-24	10.1	33.100	L06	GB/Z 35733—2017	对构成及接入智能电网设备的电磁兼容要求导则			2017/12/29	2018/7/1
10.1-3-25	10.1	29.240.01	F21	GB/T 37015.1—2018	柔性直流输电系统性能　第 1 部分：稳态			2018/12/28	2019/7/1
10.1-3-26	10.1	29.240.01	F21	GB/T 37015.2—2018	柔性直流输电系统性能　第 2 部分：暂态			2018/12/28	2019/7/1
10.1-3-27	10.1	29.020	K04	GB/T 4728.1—2018	电气简图用图形符号　第 1 部分：一般要求	GB/T 4728.1—2005		2018/7/13	2019/2/1
10.1-3-28	10.1	29.020	K04	GB/T 4728.2—2018	电气简图用图形符号　第 2 部分：符号要素、限定符号和其他常用符号	GB/T 4728.2—2005		2018/7/13	2019/2/1
10.1-3-29	10.1	29.020	K04	GB/T 4728.3—2018	电气简图用图形符号　第 3 部分：导体和连接件	GB/T 4728.3—2005		2018/7/13	2019/2/1
10.1-3-30	10.1	29.020	K04	GB/T 4728.4—2018	电气简图用图形符号　第 4 部分：基本无源元件	GB/T 4728.4—2005		2018/7/13	2019/2/1
10.1-3-31	10.1	29.020	K04	GB/T 4728.5—2018	电气简图用图形符号　第 5 部分：半导体管和电子管	GB/T 4728.5—2005		2018/7/13	2019/2/1
10.1-3-32	10.1			GB 50017—2017	钢结构设计标准	GB 50017—2003		2017/12/12	2018/7/1
10.1-3-33	10.1			GB 50019—2015	工业建筑供暖通风与空气调节设计规范	GB 50019—2003		2015/5/11	2016/2/1
10.1-3-34	10.1		P21	GB 50021—2009	岩土工程勘察规范（2009 年版）	GB 50021—1994		2009/7/1	2009/7/1
10.1-3-35	10.1			GB/T 50050—2017	工业循环冷却水处理设计规范	GB 50050—2007		2017/5/27	2018/1/1
10.1-3-36	10.1			GB 50189—2015	公共建筑节能设计标准			2015/2/2	2015/10/1
10.1-3-37	10.1			GB/T 50293—2014	城市电力规划规范	GB 50293—1999		2014/8/27	2015/5/1

续表

序号	GW 分类	ICS 分类	GB 分类	标准号	中 文 名 称	代替标准	采用关系	发布日期	实施日期
10.1-3-38	10.1		P33	GB/T 50314—2015	智能建筑设计标准	GB/T 50314—2006		2015/3/8	2015/11/1
10.1-3-39	10.1			GB 50367—2013	混凝土结构加固设计规范	GB 50367—2006		2013/11/1	2014/6/1
10.1-3-40	10.1			GB/T 50476—2019	混凝土结构耐久性设计标准	GB/T 50476—2008		2019/6/19	2019/12/1
10.1-3-41	10.1		P15	GB 50981—2014	建筑机电工程抗震设计规范			2014/10/9	2015/8/1
10.1-3-42	10.1		P32	GB/T 51082—2015	工业建筑涂装设计规范			2015/1/21	2015/9/1
10.1-3-43	10.1			GB/T 51235—2017	建筑信息模型施工应用标准			2017/5/4	2018/1/1
10.1-3-44	10.1			GB 51245—2017	工业建筑节能设计统一标准			2017/5/27	2018/1/1
10.1-3-45	10.1			GB/T 51358—2019	城市地下空间规划标准			2019/3/13	2019/10/1
10.1-4-46	10.1	91.140.80	P42	CJJ 142—2014	建筑屋面雨水排水系统技术规程			2014/3/27	2014/9/1
10.1-4-47	10.1	27.140	F00	DL/T 1108—2009	电力工程项目编号及产品文件管理规定	DLGJ 28—1992； DLGJ 123—1995		2009/7/22	2009/12/1
10.1-4-48	10.1	29.020	K04	DL/T 1533—2016	电力系统雷区分布图绘制方法			2016/1/7	2016/6/1
10.1-4-49	10.1	27.100	F20	DL/T 1868—2018	电力资产全寿命周期管理体系规范			2018/6/6	2018/10/1
10.1-4-50	10.1	29.240	F20	DL/T 2044—2019	输电系统谐波引发谐振过电压计算导则			2019/6/4	2019/10/1
10.1-4-51	10.1			DL/T 2127—2020	多能互补分布式能源系统能效评估技术导则			2020/10/23	2021/2/1
10.1-4-52	10.1	29.160.20	K21	DL/T 331—2010	发电机与电网规划设计关键参数配合导则			2011/1/9	2011/5/1
10.1-4-53	10.1	29.240	K49	DL/T 381—2010	电子设备防雷技术导则			2010/5/1	2010/10/1
10.1-4-54	10.1	29.240.01	P62	DL/T 390—2016	县域配电自动化技术导则	DL/T 390—2010		2016/1/7	2016/6/1
10.1-4-55	10.1	93.020	P10	DL/T 5093—2016	电力岩土工程勘测资料整编技术规程	DL/T 5104—1999； DL/T 5093—1999		2016/1/7	2016/6/1
10.1-4-56	10.1	29.020	F24	DL/T 5104—2016	电力工程工程地质测绘技术规程	DL/T 5104—1999		2016/1/7	2016/6/1
10.1-4-57	10.1	29.240.01	F24	DL/T 5131—2015	农村电网建设与改造技术导则	DL/T 5131—2001		2015/4/2	2015/9/1
10.1-4-58	10.1	93.020	P10	DL/T 5158—2012	电力工程气象勘测技术规程	DL 5158—2002		2012/1/4	2012/3/1
10.1-4-59	10.1	27.100	P60	DL/T 5159—2012	电力工程物探技术规程	DL/T 5159—2002		2012/8/23	2012/12/1

续表

序号	GW 分类	ICS 分类	GB 分类	标准号	中　文　名　称	代替标准	采用关系	发布日期	实施日期
10.1-4-60	10.1	27.100	P62	DL/T 5222—2005	导体和电器选择设计技术规定	SDGJ 14—1986		2005/2/14	2005/6/1
10.1-4-61	10.1	27.100	F25	DL/T 5334—2016	电力工程勘测安全规程	DL 5334—2006		2016/8/16	2016/12/1
10.1-4-62	10.1	27.100	F21	DL/T 5429—2009	电力系统设计技术规程	SDJ 161—1985		2009/7/22	2009/12/1
10.1-4-63	10.1	29.240	P62	DL/T 5438—2019	输变电经济评价导则	DL/T 5438—2009		2019/6/4	2019/10/1
10.1-4-64	10.1	27.100	P60	DL/T 5444—2010	电力系统设计内容深度规定			2010/8/27	2010/12/15
10.1-4-65	10.1	27.100	P62	DL/T 5448—2012	输变电工程可行性研究内容深度规定			2012/1/4	2012/3/1
10.1-4-66	10.1	27.100	P62	DL/T 5523—2017	输变电工程项目后评价导则			2017/3/28	2017/8/1
10.1-4-67	10.1	93.020	P11	DL/T 5533—2017	电力工程测量精度标准			2017/8/2	2017/12/1
10.1-4-68	10.1	29.24	P62	DL/T 5534—2017	配电网可行性研究报告内容深度规定			2017/11/15	2018/3/1
10.1-4-69	10.1	27.1	F21	DL/T 5538—2017	电力系统安全稳定控制工程建设预算项目划分导则			2017/11/15	2018/3/1
10.1-4-70	10.1	29.240	P62	DL/T 5543—2018	特高压输变电工程环境影响评价内容深度规定			2018/6/6	2018/10/1
10.1-4-71	10.1	29.240	F21	DL/T 5553—2019	电力系统电气计算设计规程			2019/6/4	2019/10/1
10.1-4-72	10.1	29.240	F21	DL/T 5554—2019	电力系统无功补偿及调压设计技术导则			2019/6/4	2019/10/1
10.1-4-73	10.1	29.240	F21	DL/T 5567—2019	电力规划研究报告内容深度规定			2019/11/4	2020/5/1
10.1-4-74	10.1			DL/T 2128—2020	配电网电线电缆节能评价技术规范			2020/10/23	2021/2/1
10.1-4-75	10.1	35.040	A24	NB/T 33030—2018	国民经济行业用电分类			2018/6/6	2018/10/1
10.1-5-76	10.1	03.100.40；29.020	K04	IEC 61160：2006	设计评审	IEC 61160：1992；IEC 61160 AMD 1：1994；IEC 61160：2005；IEC 56/1044/FDIS：2005		2006/2/1	2006/2/1
10.1-5-77	10.1			IEC/TR 62511：2014	互联电力系统的设计指南			2014/9/1	2014/9/1
10.1-5-78	10.1			ISO 14084-1：2015	流程图电厂　第 1 部分：规范图　第一版（通信）			2015/6/1	2015/6/1
10.1-5-79	10.1			ISO 14084-2：2015	流程图电厂　第 2 部分：图形符号　第一版（通信）			2015/4/1	2015/4/1

10

序号	GW 分类	ICS 分类	GB 分类	标准号	中 文 名 称	代替标准	采用关系	发布日期	实施日期
10.1-6-80	10.1	29.240.01	F10	T/CEC 107—2016	直流配电电压			2016/10/21	2017/1/1

10.2 规划设计-系统规划

序号	GW 分类	ICS 分类	GB 分类	标准号	中 文 名 称	代替标准	采用关系	发布日期	实施日期
10.2-2-1	10.2			Q/GDW 11986—2019	大型风电基地输电系统规划设计内容深度规定			2020/8/24	2020/8/24
10.2-2-2	10.2			Q/GDW 11987—2019	大型光伏发电基地输电系统规划设计内容深度规定			2020/8/24	2020/8/24
10.2-2-3	10.2			Q/GDW 11998—2019	330 千伏及以上输变电工程预可行性研究内容深度规定			2020/8/24	2020/8/24
10.2-2-4	10.2	29.240		Q/GDW 1404—2015	国家电网安全稳定计算技术规范	Q/GDW 404—2010		2016/11/15	2016/11/15
10.2-3-5	10.2	17.220.01	F20	GB/T 35698.1—2017	短路电流效应计算　第 1 部分：定义和计算方法		IEC TR 60865-2：2015 IED	2017/12/29	2018/7/1
10.2-3-6	10.2	29.020	K04	GB/Z 35728—2017	互联电力系统设计导则		IEC TR 62511：2014 MOD	2017/12/29	2018/7/1
10.2-3-7	10.2	29.020	F21	GB/T 38969—2020	电力系统技术导则			2020/6/2	2020/7/1
10.2-4-8	10.2	29.240	F20	DL/T 1957—2018	电网直流偏磁风险评估与防御导则			2018/12/25	2019/5/1
10.2-4-9	10.2	29.240	K44	DL/T 5426—2009	±800kV 高压直流输电系统成套设计规程			2009/7/22	2009/12/1
10.2-4-10	10.2	29.240	P62	DL/T 5564—2019	输变电工程接入系统设计规程			2019/6/4	2019/10/1

10.2.1 规划设计-系统规划-输电网

序号	GW 分类	ICS 分类	GB 分类	标准号	中 文 名 称	代替标准	采用关系	发布日期	实施日期
10.2.1-2-1	10.2.1			Q/GDW 10268—2018	输电网规划设计内容深度规定	Q/GDW 268—2009		2020/1/6	2020/1/6
10.2.1-2-2	10.2.1			Q/GDW 10269—2017	330 千伏及以上输变电工程可行性研究内容深度规定	Q/GDW 269—2009		2018/6/27	2018/6/27
10.2.1-2-3	10.2.1			Q/GDW 10270—2017	220kV 及 110（66）kV 输变电工程可行性研究内容深度规定	Q/GDW 270—2009		2018/6/27	2018/6/27
10.2.1-2-4	10.2.1			Q/GDW 10272—2018	大型电厂接入系统设计内容深度规定	Q/GDW 272—2009		2020/1/6	2020/1/6
10.2.1-2-5	10.2.1			Q/GDW 11622—2017	110（66）kV～750kV 交流输变电工程后评价内容深度规定			2018/6/27	2018/6/27

续表

序号	GW 分类	ICS 分类	GB 分类	标准号	中文名称	代替标准	采用关系	发布日期	实施日期
10.2.1-2-6	10.2.1	29.240		Q/GDW 1271—2014	大型电源项目输电系统规划设计内容深度规定	Q/GDW 271—2009		2015/5/22	2015/5/22
10.2.1-4-7	10.2.1	27.100	F29	DL/T 989—2013	直流输电系统可靠性评价规程	DL/T 989—2005		2013/11/28	2014/4/1

10.2.2 规划设计-系统规划-配电网

序号	GW 分类	ICS 分类	GB 分类	标准号	中文名称	代替标准	采用关系	发布日期	实施日期
10.2.2-2-1	10.2.2	29.240		Q/GDW 10865—2017	国家电网公司配电网规划内容深度规定	Q/GDW 1865—2012		2018/1/2	2018/1/2
10.2.2-2-2	10.2.2	29.240		Q/GDW 11375—2015	配电网规划计算分析数据规范			2016/3/31	2016/3/31
10.2.2-2-3	10.2.2	29.240		Q/GDW 11431—2016	配电网规划基础信息与数据集成技术导则			2017/3/22	2017/3/22
10.2.2-2-4	10.2.2	29.240		Q/GDW 11542—2016	配电网规划计算分析功能规范			2016/12/28	2016/12/28
10.2.2-2-5	10.2.2	29.240		Q/GDW 11615—2017	配电网发展规划评价技术规范			2018/6/27	2018/6/27
10.2.2-2-6	10.2.2	29.240		Q/GDW 11616—2017	配电网规划标准化图纸绘制规范			2018/6/27	2018/6/27
10.2.2-2-7	10.2.2	29.240		Q/GDW 11617—2017	配电网规划项目技术经济比选导则			2018/6/27	2018/6/27
10.2.2-2-8	10.2.2	29.240		Q/GDW 11620—2017	微电网规划设计评价导则			2018/6/27	2018/6/27
10.2.2-2-9	10.2.2	29.240		Q/GDW 11621—2017	线损基础信息与数据集成技术导则			2018/6/27	2018/6/27
10.2.2-2-10	10.2.2	29.240		Q/GDW 11722—2017	交直流混合配电网规划设计指导原则			2018/6/27	2018/6/27
10.2.2-2-11	10.2.2	29.240		Q/GDW 11723—2017	交直流混合配电网综合评价指导原则			2018/6/27	2018/6/27
10.2.2-2-12	10.2.2	29.240		Q/GDW 11724—2017	配电网规划后评价技术导则			2018/6/27	2018/6/27
10.2.2-2-13	10.2.2			Q/GDW 11786—2017	配电网多元化负荷消纳能力评估导则			2018/9/7	2018/9/7
10.2.2-2-14	10.2.2	29.240		Q/GDW 11857—2018	配电网接纳分布式电源能力评估导则			2020/1/6	2020/1/6
10.2.2-3-15	10.2.2			GB 50613—2010	城市配电网规划设计规范			2010/7/15	2011/2/1
10.2.2-4-16	10.2.2	27.010	F09	DL/T 256—2012	城市电网供电安全标准			2012/4/6	2012/7/1
10.2.2-4-17	10.2.2	29.24	P62	DL/T 5542—2018	配电网规划设计规程			2018/4/3	2018/7/1
10.2.2-4-18	10.2.2	29.240	P62	DL/T 5552—2018	配电网规划研究报告内容深度规定			2018/12/25	2019/5/1

续表

序号	GW 分类	ICS 分类	GB 分类	标准号	中文名称	代替标准	采用关系	发布日期	实施日期
10.2.2-4-19	10.2.2	27.240.30	K51	DL/T 5729—2016	配电网规划设计技术导则			2016/1/7	2016/6/1
10.2.2-6-20	10.2.2			T/CEC 103—2016	新型城镇化配电网发展评估规范			2016/10/21	2017/1/1
10.2.2-6-21	10.2.2	29.240.01	F20	T/CEC 106—2016	微电网规划设计评价导则			2016/10/21	2017/1/1
10.2.2-6-22	10.2.2	29.240.01	F20	T/CEC 132—2017	新型城镇化配电网建设改造成效评价技术规范			2017/5/15	2017/8/1
10.2.2-6-23	10.2.2	29.240.01	F21	T/CEC 166—2018	中压直流配电网典型网架结构及供电方案技术导则			2018/1/24	2018/4/1
10.2.2-6-24	10.2.2			T/CEC 274—2019	配电网供电能力计算导则			2019/11/21	2020/1/1
10.2.2-6-25	10.2.2			T/CEC 300—2020	配电网发展水平综合评价导则			2020/6/30	2020/10/1
10.2.2-6-26	10.2.2	27.180	F19	T/CEC 5005—2018	微电网工程设计规范			2018/1/24	2018/4/1
10.2.2-6-27	10.2.2	27.180	P19	T/CEC 5006—2018	微电网接入系统设计规范			2018/1/24	2018/4/1
10.2.2-6-28	10.2.2			T/CEC 5014—2019	园区电力专项规划内容深度规定			2019/11/21	2020/1/1
10.2.2-6-29	10.2.2			T/CEC 5015—2019	配电网网格化规划设计技术导则			2019/11/21	2020/1/1
10.2.2-6-30	10.2.2			T/CEC 5027—2020	智能园区配电网规划设计技术导则			2020/6/30	2020/10/1
10.2.2-6-31	10.2.2			T/CEC 5028—2020	配电网规划图纸绘制规范			2020/6/30	2020/10/1

10.2.3 规划设计-系统规划-二次

序号	GW 分类	ICS 分类	GB 分类	标准号	中文名称	代替标准	采用关系	发布日期	实施日期
10.2.3-2-1	10.2.3	29.240		Q/GDW 11184—2014	配电自动化规划设计技术导则			2014/7/1	2014/7/1
10.2.3-2-2	10.2.3	29.240		Q/GDW 11185—2014	配电自动化规划内容深度规定			2014/7/1	2014/7/1
10.2.3-2-3	10.2.3	29.240		Q/GDW 11359—2014	电力通信网规划设计内容深度规定			2015/3/12	2015/3/12
10.2.3-2-4	10.2.3	29.240		Q/GDW 11360—2014	调度自动化规划设计技术导则			2015/3/12	2015/3/12
10.2.3-2-5	10.2.3	29.240		Q/GDW 11435.1—2016	电网独立二次项目可行性研究 内容深度规定 第 1 部分：光缆通信工程			2017/7/31	2017/7/31
10.2.3-2-6	10.2.3	29.240		Q/GDW 11435.2—2016	电网独立二次项目可行性研究 内容深度规定 第 2 部分：SDH 光通信系统			2017/7/31	2017/7/31

续表

序号	GW 分类	ICS 分类	GB 分类	标准号	中 文 名 称	代替标准	采用关系	发布日期	实施日期
10.2.3-2-7	10.2.3	29.240		Q/GDW 11435.3—2016	电网独立二次项目可行性研究　内容深度规定　第 3 部分：OTN 光通信系统			2017/7/31	2017/7/31
10.2.3-2-8	10.2.3	29.240		Q/GDW 11435.4—2016	电网独立二次项目可行性研究　内容深度规定　第 4 部分：电力数据通信网工程			2017/7/31	2017/7/31
10.2.3-2-9	10.2.3	29.240		Q/GDW 11435.5—2016	电网独立二次项目可行性研究　内容深度规定　第 5 部分：电力调度交换网工程			2017/7/31	2017/7/31
10.2.3-2-10	10.2.3	29.240		Q/GDW 11435.6—2016	电网独立二次项目可行性研究　内容深度规定　第 6 部分：电力调度数据网工程			2017/7/31	2017/7/31
10.2.3-2-11	10.2.3	29.240		Q/GDW 11435.7—2016	电网独立二次项目可行性研究　内容深度规定　第 7 部分：省级及以上电网调度控制系统			2017/7/31	2017/7/31
10.2.3-2-12	10.2.3	29.240		Q/GDW 11435.8—2016	电网独立二次项目可行性研究　内容深度规定　第 8 部分：地区级及以下电网调度控制系统			2017/7/31	2017/7/31
10.2.3-2-13	10.2.3	29.240		Q/GDW 11435.9—2016	电网独立二次项目可行性研究　内容深度规定　第 9 部分：配电自动化项目			2017/7/31	2017/7/31
10.2.3-2-14	10.2.3			Q/GDW 11794—2017	智能变电站二次光纤回路及虚回路设计软件技术规范			2018/10/25	2018/10/25
10.2.3-4-15	10.2.3			DL/T 2193—2020	电力系统安全稳定控制系统设计及应用技术规范			2020/10/23	2021/2/1
10.2.3-4-16	10.2.3	29.240	F20	DL/T 395—2010	低压电力线通信宽带接入系统技术要求			2010/5/1	2010/10/1
10.2.3-4-17	10.2.3	29.240.30	F21	DL/T 5002—2005	地区电网调度自动化设计技术规程	DL 5002—1991		2005/11/28	2006/6/1
10.2.3-4-18	10.2.3	27.100	P62	DL/T 5506—2015	电力系统继电保护设计技术规范			2015/7/1	2015/12/1
10.2.3-4-19	10.2.3			DL/T 5558—2019	电力系统调度自动化工程初步设计文件内容深度规定			2019/6/4	2019/10/1
10.2.3-4-20	10.2.3	27.100	F20	DL/T 5709—2014	配电自动化规划设计导则			2014/10/15	2015/3/1

10.2.4　规划设计-系统规划-电源接入系统

序号	GW 分类	ICS 分类	GB 分类	标准号	中 文 名 称	代替标准	采用关系	发布日期	实施日期
10.2.4-2-1	10.2.4			Q/GDW 11147—2017	分布式电源接入配电网设计规范	Q/GDW 11147—2013		2018/6/27	2018/6/27

续表

序号	GW 分类	ICS 分类	GB 分类	标准号	中 文 名 称	代替标准	采用关系	发布日期	实施日期
10.2.4-2-2	10.2.4	29.240		Q/GDW 11148—2013	分布式电源接入系统设计内容深度规定			2014/2/20	2014/2/20
10.2.4-2-3	10.2.4	29.240		Q/GDW 11149—2017	分布式电源接入配电网经济评估导则	Q/GDW 11149—2013		2018/6/27	2018/6/27
10.2.4-2-4	10.2.4	29.240		Q/GDW 11198—2014	分布式电源涉网保护技术规范			2014/10/1	2014/10/1
10.2.4-2-5	10.2.4	29.240		Q/GDW 11619—2017	分布式电源接入电网评价导则			2018/6/27	2018/6/27
10.2.4-2-6	10.2.4	29.240		Q/GDW 1867—2012	小型户用光伏发电系统并网技术规定			2014/2/25	2014/2/25
10.2.4-3-7	10.2.4	29.020	F12	GB/T 33589—2017	微电网接入电力系统技术规定			2017/5/12	2017/12/1
10.2.4-4-8	10.2.4	27.100	F60	DL/T 5439—2009	大型水、火电厂接入系统设计内容深度规定	SDGJ 84—1988		2009/7/22	2009/12/1
10.2.4-4-9	10.2.4			DL/T 5810—2020	电化学储能电站接入电网设计规范			2020/10/23	2021/2/1
10.2.4-4-10	10.2.4			DL/T 5816—2020	分布式电化学储能系统接入配电网设计规范			2020/10/23	2021/2/1
10.2.4-6-11	10.2.4	29.240	F20	T/CEC 173—2018	分布式储能系统接入配电网设计规范			2018/1/24	2018/4/1

10.2.5 规划设计-系统规划-其他

序号	GW 分类	ICS 分类	GB 分类	标准号	中 文 名 称	代替标准	采用关系	发布日期	实施日期
10.2.5-2-1	10.2.5	29.240		Q/GDW 11178—2013	电动汽车充换电设施接入电网技术规范			2014/3/1	2014/3/1
10.2.5-2-2	10.2.5	29.240		Q/GDW 11618—2017	光伏发电站接入系统设计内容深度规定			2018/6/27	2018/6/27
10.2.5-2-3	10.2.5	29.240		Q/GDW 11623—2017	电气化铁路牵引站接入电网导则			2018/6/27	2018/6/27
10.2.5-2-4	10.2.5	29.240		Q/GDW 11725—2017	储能系统接入配电网设计内容深度规定			2018/6/27	2018/6/27
10.2.5-2-5	10.2.5	29.240		Q/GDW 11726—2017	电动汽车充换电设施接入配电网评价导则			2018/6/27	2018/6/27
10.2.5-2-6	10.2.5	29.240		Q/GDW 11856—2018	电动汽车充换电设施接入配电网设计规范			2020/1/6	2020/1/6
10.2.5-2-7	10.2.5	29.240		Q/GDW 1564—2014	储能系统接入配电网技术规定	Q/GDW 564—2010		2015/3/12	2015/3/12
10.2.5-2-8	10.2.5			Q/GDW 1850—2012	±800kV 高压直流输电系统成套设计规程			2013/6/28	2013/6/28
10.2.5-3-9	10.2.5	91.140.50	P63	GB/T 36040—2018	居民住宅小区电力配置规范			2018/3/15	2018/10/1
10.2.5-3-10	10.2.5	29.240.01	F20	GB/T 36278—2018	电动汽车充换电设施接入配电网技术规范			2018/6/7	2019/1/1
10.2.5-4-11	10.2.5	29.240.10	F21	DL/T 5118—2010	农村电力网规划设计导则	DL 5118—2000		2011/1/9	2011/5/1

序号	GW 分类	ICS 分类	GB 分类	标准号	中文名称	代替标准	采用关系	发布日期	实施日期
10.2.5-4-12	10.2.5	29.200	K81	NB/T 33023—2015	电动汽车充换电设施规划导则			2015/4/2	2015/9/1
10.2.5-4-13	10.2.5	27.100	P60	SL 22—2011	农村水电供电区电力发展规划导则	SL 22—1992		2011/7/7	2011/10/7
10.2.5-6-14	10.2.5			T/CEC 390—2020	能源互联网　系统评估			2020/10/28	2021/2/1

10.3　规划设计-变电站规划设计

序号	GW 分类	ICS 分类	GB 分类	标准号	中文名称	代替标准	采用关系	发布日期	实施日期
10.3-2-1	10.3			Q/GDW 10166.2—2017	国家电网有限公司输变电工程初步设计内容深度规定　第 2 部分：110（66）kV 智能变电站	Q/GDW 1166.2—2013		2018/7/11	2018/7/11
10.3-2-2	10.3			Q/GDW 10166.8—2017	国家电网有限公司输变电工程初步设计内容深度规定　第 8 部分：220kV 智能变电站	Q/GDW 1166.8—2013		2018/7/11	2018/7/11
10.3-2-3	10.3			Q/GDW 10166.9—2017	国家电网有限公司输变电工程初步设计内容深度规定　第 9 部分：330kV～750kV 智能变电站	Q/GDW 1166.9—2013		2018/7/11	2018/7/11
10.3-2-4	10.3	29.240		Q/GDW 10231—2016	无人值守变电站技术导则	Q/GDW 231—2008		2017/3/24	2017/3/24
10.3-2-5	10.3	29.240		Q/GDW 10318—2016	1000kV 特高压交流输变电工程过电压和绝缘配合	Q/GDW 318—2009；Q/GDW 319—2009		2016/12/22	2016/12/22
10.3-2-6	10.3			Q/GDW 10381.1—2017	国家电网有限公司输变电工程施工图设计内容深度规定　第 1 部分：110（66）kV 智能变电站	Q/GDW 1381.1—2013		2018/7/11	2018/7/11
10.3-2-7	10.3			Q/GDW 10381.5—2017	国家电网有限公司输变电工程施工图设计内容深度规定　第 5 部分：220kV 智能变电站	Q/GDW 1381.5—2013		2018/7/11	2018/7/11
10.3-2-8	10.3	29.240		Q/GDW 10393—2016	110（66）kV～220kV 智能变电站设计规范			2016/12/22	2016/12/22
10.3-2-9	10.3	29.240		Q/GDW 10394—2016	330kV～750kV 智能变电站设计规范			2016/12/22	2016/12/22
10.3-2-10	10.3	29.240		Q/GDW 11125—2013	220kV～750kV 变电站噪声控制设计技术导则			2014/4/15	2014/4/15
10.3-2-11	10.3	29.240		Q/GDW 11126—2013	500kV～1000kV 变电站站用电源配置导则			2014/4/15	2014/4/15
10.3-2-12	10.3	29.240		Q/GDW 11216—2014	1000kV 变电站初步设计内容深度规定			2014/10/15	2014/10/15
10.3-2-13	10.3	29.240		Q/GDW 11217—2014	1000kV 变电站施工图设计内容深度规定			2014/10/15	2014/10/15
10.3-2-14	10.3	29.240		Q/GDW 11267—2014	互连高压电气设备抗震设计技术规程			2014/12/31	2014/12/31
10.3-2-15	10.3	29.240		Q/GDW 11276—2014	220kV～500kV 城市户内变电站设计规程			2015/2/6	2015/2/6

续表

序号	GW分类	ICS分类	GB分类	标准号	中文名称	代替标准	采用关系	发布日期	实施日期
10.3-2-16	10.3	29.240		Q/GDW 11406—2015	严寒地区变电站建筑节能设计技术导则			2016/11/15	2016/11/15
10.3-2-17	10.3	29.240		Q/GDW 11496—2016	模块化二次设备设计技术导则			2016/12/22	2016/12/22
10.3-2-18	10.3	29.240		Q/GDW 11502.1—2016	特高压输变电工程设计成果数字化移交技术导则　第1部分：变电部分			2016/12/22	2016/12/22
10.3-2-19	10.3	29.240		Q/GDW 11595—2016	电气设备隔震设计技术规程			2017/6/16	2017/6/16
10.3-2-20	10.3	29.240		Q/GDW 11600.1—2016	输变电工程数字化设计编码应用导则　第1部分：变电工程			2017/6/16	2017/6/16
10.3-2-21	10.3	29.240		Q/GDW 11603—2016	35kV智能变电站设计规范			2017/6/16	2017/6/16
10.3-2-22	10.3	29.240		Q/GDW 11604—2016	35kV智能变电站初步设计内容深度规定			2017/6/16	2017/6/16
10.3-2-23	10.3	29.240		Q/GDW 11605—2016	35kV智能变电站施工图设计内容深度规定			2017/6/16	2017/6/16
10.3-2-24	10.3	29.240.30		Q/GDW 1161—2014	线路保护及辅助装置标准化设计规范	Q/GDW 161—2007		2014/4/1	2014/4/1
10.3-2-25	10.3			Q/GDW 11687—2017	变电站装配式钢结构建筑设计规范			2018/2/12	2018/2/12
10.3-2-26	10.3			Q/GDW 11736—2017	城市变电站降噪模块化设计规范			2018/7/11	2018/7/11
10.3-2-27	10.3			Q/GDW 11737—2017	户内变电站防汛防涝设计技术规程			2018/7/11	2018/7/11
10.3-2-28	10.3			Q/GDW 11765—2017	智能变电站光纤回路建模及编码技术规范			2018/9/26	2018/9/26
10.3-2-29	10.3	29.240		Q/GDW 11798.1—2017	输变电工程三维设计技术导则　第1部分：变电站（换流站）			2018/12/14	2018/12/14
10.3-2-30	10.3	29.240		Q/GDW 11810.1—2018	输变电工程三维设计建模规范　第1部分：变电站（换流站）			2019/2/15	2019/2/15
10.3-2-31	10.3	29.240		Q/GDW 11812.1—2018	输变电工程数字化移交技术导则　第1部分：变电站（换流站）			2019/2/15	2019/2/15
10.3-2-32	10.3	13.020		Q/GDW 11974—2019	110kV～750kV变电站环境保护设计技术规范			2020/8/24	2020/8/24
10.3-2-33	10.3	29.240		Q/GDW 11991.1—2019	中压柔性变电站　第1部分：总则（试行）			2020/8/24	2020/8/24
10.3-2-34	10.3			Q/GDW 1782—2013	地下变电站初步设计内容深度规定			2013/4/12	2013/4/12
10.3-2-35	10.3			Q/GDW 1783—2013	城市地下变电站设计技术规范			2013/4/12	2013/4/12

续表

序号	GW 分类	ICS 分类	GB 分类	标准号	中 文 名 称	代替标准	采用关系	发布日期	实施日期
10.3-2-36	10.3			Q/GDW 1786—2013	1000kV 变电站设计技术规范	Q/GDW 294—2009		2013/4/12	2013/4/12
10.3-2-37	10.3			Q/GDW 1917—2013	220kV～1000kV 串补站设计技术规定			2014/5/1	2014/5/1
10.3-2-38	10.3	29.240		Q/GDW 414—2011	变电站智能化改造技术规范	Q/GDW/Z 414—2010		2011/8/4	2011/8/4
10.3-3-39	10.3	29.130.10	K40	GB/T 13540—2009	高压开关设备和控制设备的抗震要求	GB/T 13540—1992		2009/11/15	2010/4/1
10.3-3-40	10.3	29.240	F20	GB/T 24842—2018	1000kV 特高压交流输变电工程过电压和绝缘配合	GB/Z 24842—2009		2018/7/13	2019/2/1
10.3-3-41	10.3	29.240	K45	GB/T 36273—2018	智能变电站继电保护和安全自动装置数字化接口技术规范			2018/6/7	2019/1/1
10.3-3-42	10.3	29.240	K45	GB/T 36283—2018	智能变电站二次舱通用技术条件			2018/6/7	2019/1/1
10.3-3-43	10.3		P62	GB 50059—2011	35kV～110kV 变电站设计规范	GB 50059 E—1992； GB 50059 T—1992； GB 50059—1992		2011/9/16	2012/8/1
10.3-3-44	10.3		P62	GB/T 50062—2008	电力装置的继电保护和自动装置设计规范	GB 50062 E—1992； GB 50062 T—1992； GB 50062—1992		2008/12/15	2009/6/1
10.3-3-45	10.3			GB/T 50064—2014	交流电气装置的过电压保护和绝缘配合设计规范	GBJ 64—1983		2014/3/31	2014/12/1
10.3-3-46	10.3		P63	GB/T 50065—2011	交流电气装置的接地设计规范	GBJ 65—1983		2011/12/5	2012/6/1
10.3-3-47	10.3			GB 50227—2017	并联电容器装置设计规范	GB 50227—2008		2017/3/3	2017/11/1
10.3-3-48	10.3			GB/T 50479—2011	电力系统继电保护及自动化设备柜（屏）工程技术规范			2011/7/26	2012/6/1
10.3-3-49	10.3		P62	GB 50697—2011	1000kV 变电站设计规范			2011/2/18	2012/3/1
10.3-3-50	10.3			GB/T 50703—2011	电力系统安全自动装置设计规范			2011/7/26	2012/6/1
10.3-3-51	10.3			GB/T 51071—2014	330kV～750kV 智能变电站设计规范			2014/12/2	2015/8/1
10.3-3-52	10.3			GB/T 51072—2014	110（66）kV～220kV 智能变电站设计规范			2014/12/2	2015/8/1
10.3-4-53	10.3			CJJ 194—2013	城市道路路基设计规范			2013/5/13	2013/12/1
10.3-4-54	10.3	29.020	F21	DL/T 1661—2016	智能变电站监控数据与接口技术规范			2016/12/5	2017/5/1

续表

序号	GW 分类	ICS 分类	GB 分类	标准号	中　文　名　称	代替标准	采用关系	发布日期	实施日期
10.3-4-55	10.3	29.24	F20	DL/T 1848—2018	220kV 和 110kV 变压器中性点过电压保护技术规范			2018/4/3	2018/7/1
10.3-4-56	10.3	29.240.01	F21	DL/T 1907.1—2018	变电站视频监控图像质量评价　第 1 部分：技术要求			2018/12/25	2019/5/1
10.3-4-57	10.3			DL/T 2049—2019	电力工程接地装置选材导则			2019/11/4	2020/5/1
10.3-4-58	10.3	27.100	P62	DL/T 5014—2010	330kV～750kV 变电站无功补偿装置设计技术规定	DL 5014—1992		2010/8/27	2010/12/15
10.3-4-59	10.3	27.100	P60	DL/T 5044—2014	电力工程直流电源系统设计技术规程	DL/T 5044—2004		2014/10/15	2015/3/1
10.3-4-60	10.3	29.240.10	P62	DL/T 5056—2007	变电站总布置设计技术规程	DL 5056—1996		2007/12/3	2008/6/1
10.3-4-61	10.3	29.240	P62	DL/T 5103—2012	35kV～220kV 无人值班变电站设计规程	DL 5103—1999		2012/1/4	2012/3/1
10.3-4-62	10.3	29.240.01	P62	DL/T 5136—2012	火力发电厂、变电站二次接线设计技术规程	DL/T 5136—2001		2012/11/9	2013/3/1
10.3-4-63	10.3	27.100	P62	DL/T 5155—2016	220kV～1000kV 变电站站用电设计技术规程	DL/T 5155—2002		2016/8/16	2016/12/1
10.3-4-64	10.3	27.140	P62	DL/T 5170—2015	变电所岩土工程勘测技术规程			2002/9/16	2002/12/1
10.3-4-65	10.3	27.1	P62	DL/T 5216—2017	35kV～220kV 城市地下变电站设计规程	DL/T 5216—2005		2017/11/15	2018/3/1
10.3-4-66	10.3	27.100	P62	DL/T 5218—2012	220kV～750kV 变电站设计技术规程	DL/T 5218—2005		2012/8/23	2012/12/1
10.3-4-67	10.3	29.140.10	K44	DL/T 5242—2010	35kV～220kV 变电站无功补偿装置设计技术规定			2010/5/1	2010/10/1
10.3-4-68	10.3	27.100	P62	DL/T 5452—2012	变电工程初步设计内容深度规定			2012/1/4	2012/3/1
10.3-4-69	10.3	27.100	P62	DL/T 5453—2012	串补站设计技术规程			2012/1/4	2012/3/1
10.3-4-70	10.3	91.080	P20	DL/T 5457—2012	变电站建筑结构设计技术规程			2012/8/23	2012/12/1
10.3-4-71	10.3		P62	DL/T 5458—2012	变电工程施工图设计内容深度规定			2012/11/9	2013/3/1
10.3-4-72	10.3	27.100	P60	DL/T 5491—2014	电力工程交流不间断电源系统设计技术规程			2014/10/15	2015/3/1
10.3-4-73	10.3	27.100	P62	DL/T 5502—2015	串补站初步设计内容深度规定			2015/7/1	2015/12/1
10.3-4-74	10.3			DL/T 5510—2016	智能变电站设计技术规定			2016/1/7	2016/6/1
10.3-4-75	10.3	27.100	P62	DL/T 5517—2016	串补站施工图设计文件内容深度规定			2016/8/16	2016/12/1

续表

序号	GW 分类	ICS 分类	GB 分类	标准号	中 文 名 称	代替标准	采用关系	发布日期	实施日期
10.3-4-76	10.3	27.100	F21	DL/T 5529—2017	电力系统串联电容补偿系统设计规程			2017/8/2	2017/12/1
10.3-4-77	10.3	27.1	P62	DL/T 5548—2018	变电工程技术经济指标编制导则			2018/6/6	2018/10/1
10.3-4-78	10.3	29.240.01	F21	DL/T 5780—2018	智能变电站监控系统建设规范			2018/12/25	2019/5/1
10.3-4-79	10.3	27.100	F24	DL/T 728—2013	气体绝缘金属封闭开关设备选用导则	DL/T 728—2000		2013/11/28	2014/4/1
10.3-4-80	10.3	27.14	P59	NB/T 35108—2018	气体绝缘金属封闭开关设备配电装置设计规范	DL/T 5139—2001		2018/4/3	2018/7/1
10.3-4-81	10.3	29.02	K04	NB/T 42155—2018	高原用交流 40.5kV 金属封闭开关设备最小安全距离			2018/6/6	2018/10/1

10.4 规划设计-换流站规划设计

序号	GW 分类	ICS 分类	GB 分类	标准号	中 文 名 称	代替标准	采用关系	发布日期	实施日期
10.4-2-1	10.4	29.240		Q/GDW 10166.13—2017	输变电工程初步设计内容深度规定 第 13 部分：高压直流换流站	Q/GDW 166.13—2011		2018/2/12	2018/2/12
10.4-2-2	10.4			Q/GDW 10381.9—2017	国家电网有限公司输变电工程施工图设计内容深度规定 第 9 部分：高压直流换流站	Q/GDW 381.9—2011		2018/10/25	2018/10/25
10.4-2-3	10.4	29.240		Q/GDW 11403—2015	±800kV 及以上特高压直流工程换流站消防设计导则			2016/11/15	2016/11/15
10.4-2-4	10.4	29.240		Q/GDW 11408—2015	±800kV 及以上特高压直流工程阀厅设计导则			2016/11/15	2016/11/15
10.4-2-5	10.4	29.240		Q/GDW 11502.3—2016	特高压输变电工程设计成果数字化移交技术导则 第 3 部分：换流站			2017/6/16	2017/6/16
10.4-2-6	10.4	29.240		Q/GDW 11602—2016	柔性直流换流站设计技术规定			2017/6/16	2017/6/16
10.4-2-7	10.4	29.240		Q/GDW 11674—2017	±1100kV 特高压直流输电系统成套设计规程			2018/1/18	2018/1/18
10.4-2-8	10.4	29.240		Q/GDW 11678—2017	±1100kV 直流换流站设计规范			2018/1/18	2018/1/18
10.4-2-9	10.4	29.240		Q/GDW 11727—2017	特高压直流输电工程后评价内容深度规定			2018/6/27	2018/6/27
10.4-2-10	10.4			Q/GDW 11756—2017	高压直流滤波器设计导则			2018/9/12	2018/9/12
10.4-2-11	10.4	29.240		Q/GDW 1293—2014	±800kV 直流换流站设计技术规定	Q/GDW 293—2009		2015/2/6	2015/2/6
10.4-2-12	10.4	29.240		Q/GDW 1391—2015	输电线路钢管塔构造设计规定	Q/GDW 391—2009		2016/11/15	2016/11/15

序号	GW 分类	ICS 分类	GB 分类	标准号	中 文 名 称	代替标准	采用关系	发布日期	实施日期
10.4-3-13	10.4	29.240.01	F21	GB/T 31460—2015	高压直流换流站无功补偿与配置技术导则			2015/5/15	2015/12/1
10.4-3-14	10.4	29.240.01	F21	GB/T 35692—2017	高压直流输电工程系统规划导则			2017/12/29	2018/7/1
10.4-3-15	10.4	29.200	K46	GB/T 35703—2017	柔性直流输电系统成套设计规范			2017/12/29	2018/7/1
10.4-3-16	10.4	29.240.01	K40	GB/T 36498—2018	柔性直流换流站绝缘配合导则			2018/9/17	2019/4/1
10.4-3-17	10.4			GB/T 50102—2014	工业循环水冷却设计规范	GB/T 50102—2003		2014/12/2	2015/8/1
10.4-3-18	10.4			GB/T 50109—2014	工业用水软化除盐设计规范	GB/T 50109—2006		2014/12/2	2015/8/1
10.4-3-19	10.4		P62	GB/T 50789—2012	±800kV 直流换流站设计规范			2012/10/11	2012/12/1
10.4-3-20	10.4	27.100	P62	GB/T 51200—2016	高压直流换流站设计技术规定			2016/10/25	2017/7/1
10.4-4-21	10.4	29.240	K45	DL/T 1945—2018	高压直流输电系统换流变压器标准化接口规范			2018/12/25	2019/5/1
10.4-4-22	10.4	27.100	P62	DL/T 5043—2010	高压直流换流站初步设计内容深度规定	DL 5043—1995		2010/8/27	2010/12/15
10.4-4-23	10.4	29.240.01	F21	DL/T 5393—2007	高压直流换流站接入系统设计内容深度规定			2007/7/20	2007/12/1
10.4-4-24	10.4	29.240	P62	DL/T 5459—2012	换流站建筑结构设计技术规程			2012/11/9	2013/3/1
10.4-4-25	10.4	29.240	P62	DL/T 5460—2012	换流站站用电设计技术规定			2012/11/9	2013/3/1
10.4-4-26	10.4	27.100	P62	DL/T 5503—2015	直流换流站施工图设计内容深度规定			2015/7/1	2015/12/1
10.4-4-27	10.4	29.240	P62	DL/T 5526—2017	换流站噪声控制设计规程			2017/3/28	2017/8/1
10.4-4-28	10.4	27.1	P62	DL/T 5541—2018	换流站接地极工程建设预算项目划分导则			2018/4/3	2018/7/1
10.4-4-29	10.4	29.240	P62	DL/T 5561—2019	换流站接地极设计文件内容深度规定			2019/6/4	2019/10/1
10.4-4-30	10.4	29.240	P62	DL/T 5562—2019	换流站阀冷系统设计技术规程			2019/6/4	2019/10/1
10.4-4-31	10.4			DL/T 5563—2019	换流站监控系统设计规程			2019/6/4	2019/10/1

10.5 规划设计-线路规划设计

序号	GW 分类	ICS 分类	GB 分类	标准号	中 文 名 称	代替标准	采用关系	发布日期	实施日期
10.5-2-1	10.5	29.240		Q/GDW 10248.6—2016	输变电工程建设标准强制性条文实施管理规程 第 6 部分：输电线路工程设计	Q/GDW 248.6—2008		2016/12/22	2016/12/22

续表

序号	GW 分类	ICS 分类	GB 分类	标准号	中 文 名 称	代替标准	采用关系	发布日期	实施日期
10.5-2-2	10.5	29.240		Q/GDW 1110—2015	500kV 紧凑型架空输电线路设计技术规定	Q/GDW 110—2003		2016/11/15	2016/11/15
10.5-2-3	10.5	29.240		Q/GDW 11407—2015	±800kV 直流架空输电线路勘测技术规程			2016/11/15	2016/11/15
10.5-2-4	10.5	29.240		Q/GDW 11502.2—2016	特高压输变电工程设计成果数字化移交技术导则　第 2 部分：线路部分			2016/12/22	2016/12/22
10.5-2-5	10.5	29.240		Q/GDW 11526—2016	架空输电线路在线监测设计技术导则			2016/12/22	2016/12/22
10.5-2-6	10.5	29.240		Q/GDW 11597—2016	多年冻土地区输电工程勘察导则			2017/6/16	2017/6/16
10.5-2-7	10.5	29.240		Q/GDW 11600.2—2016	输变电工程数字化设计编码应用导则　第 2 部分：线路工程			2017/6/16	2017/6/16
10.5-2-8	10.5	29.240		Q/GDW 11654—2017	架空输电线路杆塔结构设计及试验技术规定			2018/2/13	2018/2/13
10.5-2-9	10.5	29.240		Q/GDW 11961—2019	架空输电线路耐候钢杆塔设计和施工验收规范			2020/7/31	2020/7/31
10.5-2-10	10.5	01.040.27		Q/GDW 11996—2019	10（20）kV～500kV 电缆线路工程可行性　研究内容深度规定			2020/8/24	2020/8/24
10.5-2-11	10.5	29.240		Q/GDW 1296—2015	±800kV 架空输电线路设计技术规程	Q/GDW 296—2009		2016/11/15	2016/11/15
10.5-3-12	10.5	29.240.01	F21	GB/T 35711—2017	高压直流输电系统直流侧谐波分析、抑制与测量导则			2017/12/29	2018/7/1
10.5-3-13	10.5			GB 50741—2012	1000kV 架空输电线路勘测规范			2012/6/11	2013/1/1
10.5-3-14	10.5			GB 51302—2018	架空绝缘配电线路设计标准			2018/11/8	2019/5/1
10.5-4-15	10.5	29.240.01	K40	DL/T 1519—2016	交流输电线路架空地线接地技术导则			2016/1/7	2016/6/1
10.5-4-16	10.5	29.080.10	K48	DL/T 1580—2016	交、直流棒形悬式复合绝缘子用芯棒技术规范			2016/2/5	2016/7/1
10.5-4-17	10.5	27.100	F29	DL/T 1583—2016	交流输电线路工频电气参数测量导则			2016/2/5	2016/7/1
10.5-4-18	10.5	29.240.99	K49	DL/T 1676—2016	交流输电线路用避雷器选用导则			2016/12/5	2017/5/1
10.5-4-19	10.5	29.240.99	F24	DL/T 1682—2016	交流变电站接地安全导则			2016/12/5	2017/5/1
10.5-4-20	10.5	29.24	F20	DL/T 1840—2018	交流高压架空输电线路对短波无线电测向台（站）保护间距要求			2018/4/3	2018/7/1
10.5-4-21	10.5	29.24	F20	DL/T 1841—2018	交流高压架空输电线路与对空情报雷达站防护距离要求			2018/4/3	2018/7/1

续表

序号	GW 分类	ICS 分类	GB 分类	标准号	中文名称	代替标准	采用关系	发布日期	实施日期
10.5-4-22	10.5	29.240	P62	DL 5497—2015	高压直流架空输电线路设计技术规程			2015/4/2	2015/9/1
10.5-4-23	10.5	29.240	P62	DL/T 5501—2015	冻土地区架空输电线路基础设计技术规程			2015/4/2	2015/9/1
10.5-4-24	10.5	29.24	P62	DL/T 5536—2017	直流架空输电线路对无线电台影响防护设计规范			2017/11/15	2018/3/1
10.5-4-25	10.5	27.1	P60	DL/T 5539—2018	采动影响区架空输电线路设计规范			2018/4/3	2018/7/1
10.5-4-26	10.5	29.24	P62	DL/T 5544—2018	架空输电线路锚杆基础设计规程			2018/6/6	2018/10/1
10.5-4-27	10.5	29.24	P62	DL/T 5549—2018	输电工程（架空线路）技术经济指标编制导则			2018/6/6	2018/10/1
10.5-4-28	10.5	29.240	P62	DL/T 5551—2018	架空输电线路荷载规范			2018/12/25	2019/5/1
10.5-4-29	10.5	29.130.10	K43	DL/T 978—2018	气体绝缘金属封闭输电线路技术条件	DL/T 978—2005		2018/12/25	2019/5/1
10.5-4-30	10.5	29.020	K04	JB/T 12066—2014	高海拔污秽地区盘型悬式绝缘子片数选择导则			2014/7/9	2014/11/1
10.5-6-31	10.5			T/CEC 5013—2019	直流输电线路设计规范			2019/11/21	2020/1/1

10.5.1 规划设计-线路规划设计-架空线路

序号	GW 分类	ICS 分类	GB 分类	标准号	中文名称	代替标准	采用关系	发布日期	实施日期
10.5.1-2-1	10.5.1	29.240		Q/GDW 10166.1—2017	输变电工程初步设计内容深度规定　第 1 部分：110（66）kV 架空输电线路	Q/GDW 166.1—2010		2018/2/12	2018/2/12
10.5.1-2-2	10.5.1	29.240		Q/GDW 10166.6—2016	输变电工程初步设计内容深度规定　第 6 部分：220kV 架空输电线路	Q/GDW 166.6—2010		2017/6/16	2017/6/16
10.5.1-2-3	10.5.1	29.240		Q/GDW 10166.7—2016	输变电工程初步设计内容深度规定　第 7 部分：330kV～1100kV 交直流架空输电线路	Q/GDW 166.7—2010		2017/6/16	2017/6/16
10.5.1-2-4	10.5.1	29.240		Q/GDW 10178—2017	1000kV 交流架空输电线路设计技术规定	Q/GDW 178—2008		2018/2/12	2018/2/12
10.5.1-2-5	10.5.1	29.240		Q/GDW 10179—2017	110kV～750kV 架空输电线路设计技术规定	Q/GDW 179—2008		2018/2/12	2018/2/12
10.5.1-2-6	10.5.1	29.240		Q/GDW 10180—2017	66kV 及以下架空电力线路设计技术规定	Q/GDW 180—2008		2018/2/13	2018/2/13
10.5.1-2-7	10.5.1	29.240		Q/GDW 10181—2017	±500kV、±660kV 直流架空输电线路设计技术规定	Q/GDW 181—2008		2018/2/12	2018/2/12
10.5.1-2-8	10.5.1	29.240		Q/GDW 10182—2017	中重冰区架空输电线路设计技术规定	Q/GDW 182—2008		2018/2/12	2018/2/12

序号	GW 分类	ICS 分类	GB 分类	标准号	中文名称	代替标准	采用关系	发布日期	实施日期
10.5.1-2-9	10.5.1	29.240		Q/GDW 10381.3—2017	国家电网公司输变电工程施工图设计内容深度规定　第 3 部分：电力系统光纤通信	Q/GDW 381.3—2010		2018/2/13	2018/2/13
10.5.1-2-10	10.5.1	29.240		Q/GDW 10381.4—2017	输变电工程施工图设计内容深度规定　第 4 部分：110（66）kV 架空输电线路	Q/GDW 381.4—2010		2018/2/12	2018/2/12
10.5.1-2-11	10.5.1	29.240		Q/GDW 10381.7—2017	输变电工程施工图设计内容深度规定　第 7 部分：220kV 架空输电线路	Q/GDW 381.7—2010		2018/2/12	2018/2/12
10.5.1-2-12	10.5.1	29.240		Q/GDW 10381.8—2017	输变电工程施工图设计内容深度规定　第 8 部分：330kV～1100kV 交直流架空输电线路	Q/GDW 381.8—2010		2018/2/12	2018/2/12
10.5.1-2-13	10.5.1	29.240		Q/GDW 11133—2013	输电线路桩板基础技术导则			2014/4/15	2014/4/15
10.5.1-2-14	10.5.1	29.240		Q/GDW 11134—2013	输变电工程螺杆桩基础设计技术规定			2014/4/15	2014/4/15
10.5.1-2-15	10.5.1	29.240		Q/GDW 11135—2013	风积沙地区架空输电线路基础设计规定			2014/4/15	2014/4/15
10.5.1-2-16	10.5.1	29.240		Q/GDW 11266—2014	架空输电线路黄土地基杆塔基础技术规定			2014/12/31	2014/12/31
10.5.1-2-17	10.5.1	29.240		Q/GDW 11452—2015	架空输电线路防雷导则			2016/7/29	2016/7/29
10.5.1-2-18	10.5.1	33.180		Q/GDW 11590—2016	电力架空光缆缆路设计技术规定			2017/5/25	2017/5/25
10.5.1-2-19	10.5.1	29.240		Q/GDW 11592—2016	架空输电线路钢骨钢管混凝土设计技术规定			2017/5/25	2017/5/25
10.5.1-2-20	10.5.1	29.240		Q/GDW 11667—2017	高压直流输电大地返回运行系统　设计技术规程			2018/1/18	2018/1/18
10.5.1-2-21	10.5.1	29.240		Q/GDW 11675—2017	±1100kV 直流架空输电线路设计规范			2018/1/18	2018/1/18
10.5.1-2-22	10.5.1	29.240		Q/GDW 11798.2—2018	输变电工程三维设计技术导则　第 2 部分：架空输电线路			2019/2/15	2019/2/15
10.5.1-2-23	10.5.1	29.240		Q/GDW 11810.2—2018	输变电工程三维设计建模规范　第 2 部分：架空输电线路			2019/2/15	2019/2/15
10.5.1-2-24	10.5.1	29.240		Q/GDW 11812.2—2018	输变电工程数字化移交技术导则　第 2 部分：架空输电线路			2019/2/15	2019/2/15
10.5.1-2-25	10.5.1	29.240		Q/GDW 1298—2015	1000kV 交流架空输电线路勘测技术规程	Q/GDW 298—2009		2016/11/15	2016/11/15
10.5.1-2-26	10.5.1	29.020		Q/GDW 166.4—2010	国家电网公司输变电工程初步设计内容深度规定　第 4 部分：电力系统光纤通信	Q/GDW 166.4—2007		2011/1/4	2011/1/4

续表

序号	GW 分类	ICS 分类	GB 分类	标准号	中 文 名 称	代替标准	采用关系	发布日期	实施日期
10.5.1-2-27	10.5.1			Q/GDW 1788—2013	特高压架空输电线路大跨越设计技术规定			2013/4/12	2013/4/12
10.5.1-2-28	10.5.1			Q/GDW 1791—2013	盐渍土地区输电线路岩土工程勘察规定			2013/4/12	2013/4/12
10.5.1-2-29	10.5.1			Q/GDW 1792—2013	盐渍土地区输电线路工程基础防腐设计规定			2013/4/12	2013/4/12
10.5.1-2-30	10.5.1			Q/GDW 1793—2013	高原架空输电线路工程施工防雷技术规定			2013/4/12	2013/4/12
10.5.1-2-31	10.5.1	29.240		Q/GDW 1829—2012	架空输电线路防舞设计规范			2013/6/28	2013/6/28
10.5.1-2-32	10.5.1			Q/GDW 1841—2012	架空输电线路杆塔基础设计规范			2013/6/28	2013/6/28
10.5.1-2-33	10.5.1			Q/GDW 1862—2012	架空输电线路采动影响区杆塔及基础设计导则			2013/6/28	2013/6/28
10.5.1-2-34	10.5.1			Q/GDW 1863—2012	输电线路微型桩基础技术规定			2013/6/28	2013/6/28
10.5.1-2-35	10.5.1			Q/GDW 1949—2013	输电线路跨越（钻越）高速铁路设计技术导则			2013/11/12	2013/11/12
10.5.1-3-36	10.5.1	91.100.30	Q14	GB/T 13476—2009	先张法预应力混凝土管桩			2019/3/25	2010/3/1
10.5.1-3-37	10.5.1			GB 50061—2010	66kV 及以下架空电力线路设计规范	GB 50061—1997		2010/1/18	2010/7/1
10.5.1-3-38	10.5.1		P62	GB 50545—2010	110kV～750kV 架空输电线路设计规范			2010/1/18	2010/7/1
10.5.1-3-39	10.5.1			GB 50665—2011	1000kV 架空输电线路设计规范			2011/4/2	2012/5/1
10.5.1-3-40	10.5.1	27.100		GB 50790—2013	±800kV 直流架空输电线路设计规范			2012/12/25	2013/5/1
10.5.1-4-41	10.5.1	33.100	L06	DL/T 1088—2008	±800kV 特高压直流线路电磁环境参数限值			2008/6/4	2008/11/1
10.5.1-4-42	10.5.1	29.240.20	F21	DL/T 1481—2015	架空输电线路故障风险计算导则			2015/7/1	2015/12/1
10.5.1-4-43	10.5.1	29.240.20	K47	DL/T 1508—2016	架空输电线路导地线覆冰监测装置			2016/1/7	2016/6/1
10.5.1-4-44	10.5.1	29.240.20	F24	DL/T 1570—2016	架空输电线路涉鸟故障风险分级及分布图绘制			2016/2/5	2016/7/1
10.5.1-4-45	10.5.1	29.080.10	K48	DL/T 368—2010	输电线路用绝缘子污秽外绝缘的高海拔修正			2010/5/1	2010/10/1
10.5.1-4-46	10.5.1	29.24	F23	DL/T 436—2005	高压直流架空送电线路技术导则	DL 436—1991		2005/11/28	2006/6/1
10.5.1-4-47	10.5.1	29.240	F21	DL/T 437—2012	高压直流接地极技术导则	DL 437—1991		2012/1/4	2012/3/1
10.5.1-4-48	10.5.1	29.020	P62	DL/T 5033—2006	输电线路对电信线路危险和干扰影响防护设计规程	DL 5033—1994； DL 5063—1996		2006/5/6	2006/10/1
10.5.1-4-49	10.5.1	29.240	P62	DL/T 5040—2017	交流架空输电线路对无线电台影响防护设计规范	DL/T 5040—2006		2017/8/2	2017/12/1
10.5.1-4-50	10.5.1	93.020	P10	DL/T 5049—2016	架空输电线路大跨越工程勘测技术规程	DL/T 5049—2006		2016/12/5	2017/5/1
10.5.1-4-51	10.5.1	29.240	D14	DL/T 5076—2008	220kV 及以下架空送电线路勘测技术规范	DL 5076—1997； DL 5146—2001		2008/6/4	2008/11/1

续表

序号	GW 分类	ICS 分类	GB 分类	标准号	中 文 名 称	代替标准	采用关系	发布日期	实施日期
10.5.1-4-52	10.5.1	29.240.10	P62	DL/T 5122—2000	500kV 架空送电线路勘测技术规程	SDGJ 68—1987		2000/11/3	2001/1/1
10.5.1-4-53	10.5.1	27.100	P62	DL/T 5130—2001	架空送电线路钢管杆设计技术规定			2001/10/8	2002/1/1
10.5.1-4-54	10.5.1	27.100	K40；P62	DL/T 5154—2012	架空输电线路杆塔结构设计技术规定	DL/T 5154—2002		2012/11/9	2013/3/1
10.5.1-4-55	10.5.1	29.240	P62	DL/T 5217—2013	220kV～500kV 紧凑型架空输电线路设计技术规程	DL/T 5217—2005		2013/11/28	2014/4/1
10.5.1-4-56	10.5.1	29.240	P62	DL/T 5219—2014	架空输电线路基础设计技术规程	DL/T 5219—2005		2014/10/15	2015/3/1
10.5.1-4-57	10.5.1	29.240	P62	DL/T 5224—2014	高压直流输电大地返回系统设计技术规范	DL/T 5224—2005		2014/6/29	2014/11/1
10.5.1-4-58	10.5.1	27.100	P62	DL/T 5254—2010	架空输电线路钢管塔设计技术规定			2011/1/9	2011/5/1
10.5.1-4-59	10.5.1	29.240	P62	DL/T 5340—2015	直流架空输电线路对电信线路危险和干扰影响防护设计技术规程	DL/T 5340—2006		2015/7/1	2015/12/1
10.5.1-4-60	10.5.1	29.240.20	K20	DL/T 5440—2009	重覆冰架空输电线路设计技术规程			2009/7/22	2009/12/1
10.5.1-4-61	10.5.1	27.100	P62	DL/T 5442—2010	输电线路铁塔制图和构造规定			2010/8/27	2010/12/15
10.5.1-4-62	10.5.1	27.100	P62	DL/T 5451—2012	架空输电线路工程初步设计内容深度规定			2012/1/4	2012/3/1
10.5.1-4-63	10.5.1	29.240	P62	DL/T 5463—2012	110kV～750kV 架空输电线路施工图设计内容深度规定			2012/11/9	2013/3/1
10.5.1-4-64	10.5.1	29.240	P62	DL/T 5485—2013	110kV～750kV 架空输电线路大跨越设计技术规程			2013/11/28	2014/4/1
10.5.1-4-65	10.5.1	29.240	P62	DL/T 5486—2013	特高压架空输电线路杆塔结构设计技术规程			2013/11/28	2014/4/1
10.5.1-4-66	10.5.1	29.240	P62	DL/T 5504—2015	特高压架空输电线路大跨越设计技术规定			2015/7/1	2015/12/1
10.5.1-4-67	10.5.1	29.240	P62	DL/T 5555—2019	海上架空输电线路设计技术规程			2019/6/4	2019/10/1
10.5.1-4-68	10.5.1	29.240.20	F22	DL/T 5732—2016	架空输电线路大跨越工程施工质量检验及评定规程			2016/2/5	2016/7/1
10.5.1-4-69	10.5.1	29.240.20	P62	DL/T 5733—2016	架空输电线路接地模块施工工艺导则			2016/2/5	2016/7/1
10.5.1-4-70	10.5.1	29.240	F20	DL/T 691—2019	高压架空输电线路无线电干扰计算方法	DL/T 691—1999		2019/6/4	2019/10/1
10.5.1-4-71	10.5.1			DL/T 2108—2020	高压直流输电系统主回路参数计算导则			2020/10/23	2021/2/1

续表

序号	GW 分类	ICS 分类	GB 分类	标准号	中　文　名　称	代替标准	采用关系	发布日期	实施日期
10.5.1-4-72	10.5.1	29.020	K04	JB/T 12065—2014	高海拔覆冰地区盘型悬式绝缘子片数选择导则			2014/7/9	2014/11/1
10.5.1-4-73	10.5.1	29.060.20	K13	JB/T 13795—2020	额定电压 20 kV 及以下中强度铝合金导体架空绝缘电缆			2020/4/16	2021/1/1
10.5.1-4-74	10.5.1			JGJ/T 402—2017	现浇 X 形桩复合地基技术规程			2017/2/20	2017/9/1

10.5.2　规划设计-线路规划设计-电缆

序号	GW 分类	ICS 分类	GB 分类	标准号	中　文　名　称	代替标准	采用关系	发布日期	实施日期
10.5.2-2-1	10.5.2	29.240		Q/GDW 10166.3—2016	输变电工程初步设计内容深度规定　第 3 部分：电力电缆线路	Q/GDW 166.3—2010		2017/6/16	2017/6/16
10.5.2-2-2	10.5.2	29.240		Q/GDW 10381.2—2016	输变电工程施工图设计内容深度规定　第 2 部分：电力电缆线路	Q/GDW 381.2—2010		2017/6/16	2017/6/16
10.5.2-2-3	10.5.2	29.240		Q/GDW 11186—2014	暗挖电缆隧道设计导则			2014/7/1	2014/7/1
10.5.2-2-4	10.5.2	29.240		Q/GDW 11187—2014	明挖电缆隧道设计导则			2014/7/1	2014/7/1
10.5.2-2-5	10.5.2	29.240		Q/GDW 11686—2017	海底电力电缆输电工程勘测技术规程			2018/2/12	2018/2/12
10.5.2-2-6	10.5.2			Q/GDW 11790—2017	电力电缆及通道标志技术规范			2018/9/30	2018/9/30
10.5.2-2-7	10.5.2	29.240		Q/GDW 11798.3—2018	输变电工程三维设计技术导则　第 3 部分：电缆线路			2019/10/23	2019/10/23
10.5.2-2-8	10.5.2	29.240		Q/GDW 11810.3—2018	输变电工程三维设计建模规范　第 3 部分：电缆线路			2019/10/23	2019/10/23
10.5.2-2-9	10.5.2	29.240		Q/GDW 11812.3—2018	输变电工程数字化移交技术导则　第 3 部分：电缆线路			2019/10/23	2019/10/23
10.5.2-2-10	10.5.2			Q/GDW 1864—2012	电缆通道设计导则			2013/6/28	2013/6/28
10.5.2-3-11	10.5.2			GB/T 51190—2016	海底电力电缆输电工程设计规范			2016/10/25	2017/7/1
10.5.2-4-12	10.5.2			CJJ/T 269—2017	城市综合地下管线信息系统技术规范			2017/2/20	2017/9/1
10.5.2-4-13	10.5.2	27.100		DL/T 5221—2016	城市电力电缆线路设计技术规定	DL/T 5221—2005		2016/8/16	2016/12/1
10.5.2-4-14	10.5.2	29.240	P62	DL/T 5484—2013	电力电缆隧道设计规程			2013/11/28	2014/4/1
10.5.2-4-15	10.5.2	29.240	P62	DL/T 5490—2014	500kV 交流海底电缆线路设计技术规程			2014/6/29	2014/11/1

序号	GW 分类	ICS 分类	GB 分类	标准号	中 文 名 称	代替标准	采用关系	发布日期	实施日期
10.5.2-4-16	10.5.2	27.100	P62	DL/T 5514—2016	城市电力电缆线路施工图设计文件内容深度规定			2016/8/16	2016/12/1
10.5.2-4-17	10.5.2	29.060.20	K13	DL/T5405—2008	城市电力电缆线路初步设计内容深度规程			2008/6/4	2008/11/1
10.5.2-4-18	10.5.2	29.060.20	K13	JB/T 10181.11—2014	电缆载流量计算 第 11 部分：载流量公式（100%负荷因数）和损耗计算一般规定	JB/T 10181.1—2000		2014/5/6	2014/10/1
10.5.2-4-19	10.5.2	29.060.20	K13	JB/T 10181.12—2014	电缆载流量计算 第 12 部分：载流量公式（100%负荷因数）和损耗计算双回路平面排列电缆金属套涡流损耗因数	JB/T 10181.2—2000		2014/5/6	2014/10/1
10.5.2-4-20	10.5.2	29.060.20	K13	JB/T 10181.21—2014	电缆载流量计算 第 21 部分：热阻热阻的计算	JB/T 10181.3—2000		2014/5/6	2014/10/1
10.5.2-4-21	10.5.2	29.060.20	K13	JB/T 10181.22—2014	电缆载流量计算 第 22 部分：热阻自由空气中不受到日光直接照射的电缆群载流量降低因数的计算	JB/T 10181.4—2000		2014/5/6	2014/10/1
10.5.2-4-22	10.5.2	29.060.20	K13	JB/T 10181.31—2014	电缆载流量计算 第 31 部分：运行条件相关基准运行条件和电缆选型	JB/T 10181.5—2000		2014/5/6	2014/10/1
10.5.2-4-23	10.5.2	29.060.20	K13	JB/T 10181.32—2014	电缆载流量计算 第 32 部分：运行条件相关电力电缆截面的经济优化选择	JB/T 10181.6—2000		2014/5/6	2014/10/1
10.5.2-4-24	10.5.2	29.060.20	K13	JB/T 8996—2014	高压电缆选择导则	JB/T 8996—1999		2014/5/6	2014/10/1
10.5.2-4-25	10.5.2			SZDB/Z174—2016	市政电缆隧道消防与安全防范系统设计规范			2016/2/15	2016/3/1
10.5.2-5-26	10.5.2			IEC 60287-1-1 AMD 1：2014	电缆额定电流的计算 第 1-1 部分：额定电流方程（100%负载因数）和损耗计算 总则 第一次修订			2014/11/1	2014/11/1
10.5.2-5-27	10.5.2			IEC 60287-1-1：2014	电缆额定电流的计算 第 1-1 部分：额定电流方程（100%负载因数）和损耗计算 总则			2014/11/1	2014/11/1
10.5.2-5-28	10.5.2			IEC 60287-2-1：2015	电缆额定电流的计算 第 2-1 部分：热阻 热阻计算			2015/4/1	2015/4/1

10.6 规划设计-配电网规划设计

序号	GW 分类	ICS 分类	GB 分类	标准号	中 文 名 称	代替标准	采用关系	发布日期	实施日期
10.6-2-1	10.6	29.240		Q/GDW 10176—2017	架空平行集束绝缘导线低压配电线路设计规程	Q/GDW 176—2008		2018/3/10	2018/3/10
10.6-2-2	10.6	29.240		Q/GDW 10370—2016	配电网技术导则	Q/GDW 370—2009		2017/3/24	2017/3/24

续表

序号	GW 分类	ICS 分类	GB 分类	标准号	中 文 名 称	代替标准	采用关系	发布日期	实施日期
10.6-2-3	10.6	29.240		Q/GDW 10731—2016	10kV 有载调容配电变压器选型技术原则和检测技术规范	Q/GDW 731—2012；Q/GDW 200—2008		2017/10/9	2017/10/9
10.6-2-4	10.6	29.240.30		Q/GDW 10738—2020	配电网规划设计技术导则			2020/12/31	2020/12/31
10.6-2-5	10.6	29.240		Q/GDW 10784.1—2017	配电网工程初步设计内容深度规定 第 1 部分：配电	Q/GDW 1784.1—2013		2018/3/10	2018/3/10
10.6-2-6	10.6	29.240		Q/GDW 10784.2—2017	配电网工程初步设计内容深度规定 第 2 部分：配网电缆线路	Q/GDW 1784.2—2013		2018/3/10	2018/3/10
10.6-2-7	10.6	29.240		Q/GDW 10784.3—2017	配电网工程初步设计内容深度规定第 3 部分：配网架空线路	Q/GDW 1784.3—2013		2018/3/10	2018/3/10
10.6-2-8	10.6	29.240		Q/GDW 10785.1—2017	配电网工程施工图设计内容深度规定 第 1 部分：配电	Q/GDW 1785.1—2013		2018/3/10	2018/3/10
10.6-2-9	10.6	29.240		Q/GDW 10785.2—2017	配电网工程施工图设计内容深度规定 第 2 部分：配网电缆线路	Q/GDW 1785.2—2013		2018/3/10	2018/3/10
10.6-2-10	10.6	29.240		Q/GDW 10785.3—2017	配电网工程施工图设计内容深度规定 第 3 部分：配网架空线路	Q/GDW 1785.3—2013		2018/3/10	2018/3/10
10.6-2-11	10.6	29.240		Q/GDW 11019—2013	农网 35kV 配电化技术导则			2014/3/1	2014/3/1
10.6-2-12	10.6	29.240		Q/GDW 11020—2013	农村低电压网剩余电流动作保护器配置导则			2014/3/1	2014/3/1
10.6-2-13	10.6	29.240.01		Q/GDW 11635—2016	电力用户有序用电价值评估技术规范			2017/8/4	2017/8/4
10.6-2-14	10.6	29.240		Q/GDW 11658—2016	智能配电台区技术规范			2017/10/9	2017/10/9
10.6-2-15	10.6	29.240		Q/GDW 11720—2017	城市居民区 10kV 配电室噪声控制技术规范			2018/4/13	2018/4/13
10.6-2-16	10.6	29.240		Q/GDW 11728—2017	配电网项目后评价内容深度规定			2018/6/27	2018/6/27
10.6-2-17	10.6	29.240.01		Q/GDW 11990—2019	配电网规划电力负荷预测技术规范			2020/8/24	2020/8/24
10.6-2-18	10.6	29.240.01		Q/GDW 11992—2019	配电网网格化规划内容深度规定			2020/8/24	2020/8/24
10.6-2-19	10.6	29.240.01		Q/GDW 11993—2019	增量配电试点项目可行性研究报告内容深度规定			2020/8/24	2020/8/24
10.6-2-20	10.6	29.240		Q/GDW 1625—2013	配电自动化建设与改造标准化设计技术规定	Q/GDW 625—2011		2014/9/1	2014/9/1
10.6-2-21	10.6	29.240		Q/GDW 338—2009	农村配网自动化典型设计规范			2010/1/27	2010/1/27

续表

序号	GW 分类	ICS 分类	GB 分类	标准号	中 文 名 称	代替标准	采用关系	发布日期	实施日期
10.6-2-22	10.6	29.240		Q/GDW 339—2009	农村配网自动化典型应用模式			2010/1/27	2010/1/27
10.6-2-23	10.6	29.020		Q/GDW 741—2012	配电网技术改造设备选型和配置原则			2012/6/21	2012/6/21
10.6-3-24	10.6	29.020	K30	GB/T 24975.2—2010	低压电器环境设计导则　第 2 部分：隔离器			2010/8/9	2011/2/1
10.6-3-25	10.6	29.020	K30	GB/T 24975.3—2010	低压电器环境设计导则　第 3 部分：断路器			2010/8/9	2011/2/1
10.6-3-26	10.6	29.020	K30	GB/T 24975.4—2010	低压电器环境设计导则　第 4 部分：接触器			2010/8/9	2011/2/1
10.6-3-27	10.6	29.020	K30	GB/T 24975.5—2010	低压电器环境设计导则　第 5 部分：熔断器			2010/8/9	2011/2/1
10.6-3-28	10.6	29.020	K30	GB/T 24975.6—2010	低压电器环境设计导则　第 6 部分：按钮信号灯			2010/8/9	2011/2/1
10.6-3-29	10.6	29.020	K30	GB/T 24975.7—2010	低压电器环境设计导则　第 7 部分：接线端子			2010/8/9	2011/2/1
10.6-3-30	10.6	29.020	K30	GB/T 24976.1—2010	电器附件环境设计导则　第 1 部分：总则			2010/8/9	2011/2/1
10.6-3-31	10.6	29.020	K30	GB/T 24976.2—2010	电器附件环境设计导则　第 2 部分：电缆管理用导管系统和槽管系统			2010/8/9	2011/2/1
10.6-3-32	10.6	29.020	K30	GB/T 24976.4—2010	电器附件环境设计导则　第 4 部分：工业用插头插座和耦合器			2010/8/9	2011/2/1
10.6-3-33	10.6	29.020	K04	GB/T 35727—2017	中低压直流配电电压导则			2017/12/29	2018/7/1
10.6-3-34	10.6	91.100.30	Q14	GB/T 4623—2014	环形混凝土电杆			2014/12/5	2015/12/1
10.6-3-35	10.6		P63	GB 50052—2009	供配电系统设计规范	GB 50052—1995		2009/11/11	2010/7/1
10.6-3-36	10.6			GB 50053—2013	20kV 及以下变电所设计规范	GB 50053—1994		2013/12/19	2014/7/1
10.6-3-37	10.6		P63	GB 50054—2011	低压配电设计规范	GB 50054 E—1995； GB 50054 T—1995； GB 50054—1995		2011/7/26	2012/6/1
10.6-3-38	10.6		P63	GB 50055—2011	通用用电设备配电设计规范	GB 50055 E—1993； GB 50055 T—1993； GB 50055—1993		2011/7/26	2012/6/1
10.6-3-39	10.6		P63	GB 50060—2008	3～110kV 高压配电装置设计规范	GB 50060 E—1992； GB 50060 T—1992； GB 50060—1992		2008/12/15	2009/6/1
10.6-4-40	10.6			DL/T 1531—2016	20kV 配电网过电压保护与绝缘配合			2016/1/7	2016/6/1

续表

序号	GW 分类	ICS 分类	GB 分类	标准号	中 文 名 称	代替标准	采用关系	发布日期	实施日期
10.6-4-41	10.6			DL/T 1910—2018	配电网分布式馈线自动化技术规范			2018/12/25	2019/5/1
10.6-4-42	10.6	27.100	P62	DL/T 5220—2005	10kV 及以下架空配电线路设计技术规程	SDJ 206—1987		2005/2/14	2005/7/1
10.6-4-43	10.6			DL/T 5352—2018	高压配电装置设计规范	DL/T 5352—2006		2018/4/3	2018/7/1
10.6-4-44	10.6	27.240	P62	DL 5449—2012	20kV 配电设计技术规定			2012/1/4	2012/3/1
10.6-4-45	10.6			DL/T 5771—2018	农村电网 35kV 配电化技术导则			2018/6/6	2018/10/1
10.6-4-46	10.6	29.240	P62	DL/T 5782—2018	20kV 及以下配电网工程后评价导则			2018/12/25	2019/5/1
10.6-4-47	10.6	29.24	P63	DL/T 599—2016	中低压配电网改造技术导则	DL/T 599—2005		2016/1/7	2016/6/1
10.6-4-48	10.6	27.100	P60	JGJ 16—2008	民用建筑电气设计规范	JGJ 16—1992		2007/12/11	2008/7/1
10.6-4-49	10.6	27.160	F12	NB/T 32015—2013	分布式电源接入配电网技术规定			2013/11/28	2014/4/1
10.6-6-50	10.6			T/CEC 248—2019	直流配电系统保护技术导则			2019/11/21	2020/1/1
10.6-6-51	10.6			T/CEC 333—2020	户用光伏发电系统并网技术要求			2020/6/30	2020/10/1

10.7 规划设计-通信规划设计

序号	GW 分类	ICS 分类	GB 分类	标准号	中 文 名 称	代替标准	采用关系	发布日期	实施日期
10.7-2-1	10.7	29.240		Q/GDW 11049—2013	县域电力通信网建设技术导则			2014/3/1	2014/3/1
10.7-2-2	10.7	29.240		Q/GDW 11344—2014	电力通信设备及业务统计规范			2015/5/29	2015/5/29
10.7-2-3	10.7	29.240		Q/GDW 11358—2019	电力通信网规划设计技术导则	Q/GDW 11358—2014		2020/1/6	2020/1/6
10.7-2-4	10.7	29.240		Q/GDW 11373—2015	光传送网（OTN）设计规范			2015/9/7	2015/9/7
10.7-2-5	10.7	29.240		Q/GDW/Z 11394.1—2015	国家电网公司频率同步网技术基础 第 1 部分：总体技术要求			2015/8/5	2015/8/5
10.7-2-6	10.7	29.240		Q/GDW 11395.1—2015	IMS 行政交换网系统规范 第 1 部分：总体技术要求			2015/8/5	2015/8/5
10.7-2-7	10.7	29.240		Q/GDW 11439—2015	IMS 行政交换网工程设计深度要求			2016/7/26	2016/7/27
10.7-2-8	10.7	29.240		Q/GDW 11638—2016	独立通信机房设计与验收规范			2017/7/12	2017/7/12
10.7-2-9	10.7	29.240		Q/GDW 11639—2016	国家电网公司数据通信网专业网管系统功能设计规范			2017/7/12	2017/7/12

续表

序号	GW 分类	ICS 分类	GB 分类	标准号	中文名称	代替标准	采用关系	发布日期	实施日期
10.7-2-10	10.7	29.240		Q/GDW 11640—2016	频率同步网网络设计及验收要求			2017/7/12	2017/7/12
10.7-2-11	10.7	29.240		Q/GDW 11664—2017	电力无线专网规划设计技术导则			2017/11/22	2017/11/22
10.7-2-12	10.7	29.240		Q/GDW 11665—2017	电力无线专网可行性研究内容深度规定			2017/11/22	2017/11/22
10.7-2-13	10.7	29.240		Q/GDW 11949.1—2018	终端通信接入网设备网管北向接口及检测 规范 第 1 部分：PON 部分	Q/GDW 1872.9—2015		2020/4/8	2020/4/8
10.7-2-14	10.7	29.240		Q/GDW 11949.2—2018	终端通信接入网设备网管北向接口及检测 规范 第 2 部分：无线专网部分			2020/4/8	2020/4/8
10.7-2-15	10.7	29.240		Q/GDW 11949.3—2018	终端通信接入网设备网管北向接口及检测 规范 第 3 部分：工业以太网部分			2020/4/8	2020/4/8
10.7-2-16	10.7	29.240		Q/GDW 11949.4—2018	终端通信接入网设备网管北向接口及检测 规范 第 4 部分：电力线载波部分			2020/4/8	2020/4/8
10.7-2-17	10.7	29.240		Q/GDW 1553.1—2014	电力以太网无源光网络（EPON）系统 第 1 部分：技术条件	Q/GDW 553.1—2010		2015/5/29	2015/5/29
10.7-2-18	10.7	29.240		Q/GDW 1553.3—2014	电力以太网无源光网络（EPON）系统 第 3 部分：互联互通技术要求与测试方法	Q/GDW 583—2011		2015/5/29	2015/5/29
10.7-2-19	10.7	29.240		Q/GDW 1807—2012	终端通信接入网工程典型设计			2014/1/15	2014/1/15
10.7-2-20	10.7	29.240		Q/GDW 1872.1—2013	国家电网通信管理系统规划设计 第 1 部分：数据互联			2014/2/10	2014/2/10
10.7-2-21	10.7	29.240		Q/GDW 1872.2—2013	国家电网通信管理系统规划设计 第 2 部分：功能规范			2014/2/10	2014/2/10
10.7-2-22	10.7	29.240		Q/GDW 1872.4—2014	国家电网通信管理系统规划设计 第 4 部分：告警标准化及处理			2014/9/1	2014/9/1
10.7-2-23	10.7	29.240		Q/GDW 1872.5—2013	国家电网通信管理系统规划设计 第 5 部分：平台规范			2014/2/10	2014/2/10
10.7-2-24	10.7	29.240		Q/GDW 1872.6—2013	国家电网通信管理系统规划设计 第 6 部分：设备网管北向接口—SDH 部分			2014/2/10	2014/2/10
10.7-2-25	10.7	29.240		Q/GDW 1872.7—2014	国家电网通信管理系统规划设计 第 7 部分：设备网管北向接口—OTN 部分			2014/9/1	2014/9/1
10.7-2-26	10.7	29.240		Q/GDW 1872.10—2013	国家电网通信管理系统规划设计 第 10 部分：终端通信接入网			2014/2/10	2014/2/10

续表

序号	GW 分类	ICS 分类	GB 分类	标准号	中 文 名 称	代替标准	采用关系	发布日期	实施日期
10.7-2-27	10.7	29.240		Q/GDW 1872.11—2013	国家电网通信管理系统规划设计　第 11 部分：动力环境监控			2014/2/10	2014/2/10
10.7-2-28	10.7	29.240		Q/GDW 1872.13—2014	国家电网通信管理系统规划设计　第 13 部分：互联接口—OMS			2014/9/1	2014/9/1
10.7-2-29	10.7	29.240		Q/GDW 1872.15—2014	国家电网通信管理系统规划设计　第 15 部分：设备网管北向接口—数据网			2015/5/29	2015/5/29
10.7-2-30	10.7	29.240		Q/GDW 1872.16—2015	国家电网通信管理系统规划设计　第 16 部分：通信设备接入规范			2016/3/31	2016/3/31
10.7-2-31	10.7	29.020		Q/GDW 523—2010	吉比特无源光网络（GPON）技术条件			2011/3/31	2011/3/31
10.7-2-32	10.7	29.020		Q/GDW 728—2012	10Gbit/s 以太网无源光网络（10G-EPON）系统技术条件			2012/10/16	2012/10/16
10.7-3-33	10.7	33.040.40	M33	GB/T 15941—2008	同步数字体系（SDH）光缆线路系统进网要求	GB/T 15941—1995		2008/4/10	2008/11/1
10.7-3-34	10.7	33.040.50	M42	GB/T 19856.1—2005	雷电防护通信线路　第 1 部分：光缆			2005/7/29	2006/4/1
10.7-3-35	10.7	33.040.50	M42	GB/T 19856.2—2005	雷电防护通信线路　第 2 部分：金属导线			2005/7/29	2006/4/1
10.7-3-36	10.7	33.040	M33	GB/T 21639—2008	基于 IP 网络的视讯会议系统总技术要求			2008/4/10	2008/11/1
10.7-3-37	10.7	31.240	K05	GB/T 28571.1—2012	电信设备机柜　第 1 部分：总规范			2012/6/29	2012/11/1
10.7-3-38	10.7	33.040.50	M42	GB/T 37173—2018	接入网技术要求　GPON 系统互通性			2018/12/28	2019/4/1
10.7-3-39	10.7			GB 50174—2017	数据中心设计规范	GB 50174—2008		2017/5/4	2018/1/1
10.7-3-40	10.7			GB 51158—2015	通信线路工程设计规范			2015/11/12	2016/6/1
10.7-3-41	10.7			GB 51194—2016	通信电源设备安装工程设计规范			2016/8/26	2017/4/1
10.7-3-42	10.7			GB 51215—2017	通信高压直流电源设备工程设计规范			2017/1/21	2017/7/1
10.7-3-43	10.7			GB/T 51242—2017	同步数字体系（SDH）光纤传输系统工程设计规范			2017/5/27	2018/1/1
10.7-4-44	10.7	27.100	F29	DL/T 1306—2013	电力调度数据网技术规范			2013/11/28	2014/4/1
10.7-4-45	10.7			DL/T 2014—2019	电力信息化项目后评价			2019/6/4	2019/10/1
10.7-4-46	10.7			DL/T 2053—2019	电力系统 IP 多媒体子系统行政交换网组网技术规范			2019/11/4	2020/5/1

序号	GW 分类	ICS 分类	GB 分类	标准号	中 文 名 称	代替标准	采用关系	发布日期	实施日期
10.7-4-47	10.7			DL/T 364—2019	光纤通道传输保护信息通用技术条件	DL/T 364—2010		2019/6/4	2019/10/1
10.7-4-48	10.7	29.100	P61	DL/T 5041—2012	火力发电厂厂内通信设计技术规定	DL 5041—1995		2012/1/4	2012/3/1
10.7-4-49	10.7	29.240.10	P62	DL/T 5157—2012	电力系统调度通信交换网设计技术规程	DL/T 5157—2002		2012/11/9	2013/3/1
10.7-4-50	10.7			DL/T 5225—2016	220kV～1000kV 变电站通信设计规程	DL/T 5225—2005		2016/12/5	2017/5/1
10.7-4-51	10.7			DL/T 5365—2018	电力数据通信网络工程初步设计文件内容深度规定	DL/T 5365—2006		2018/12/25	2019/5/1
10.7-4-52	10.7	29.240.30	F21	DL/T 5392—2007	电力系统数字同步网工程设计规范			2007/7/20	2007/12/1
10.7-4-53	10.7	29.240.30	F21	DL/T 5404—2007	电力系统同步数字系列（SDH）光缆通信工程设计技术规定			2007/12/3	2008/6/1
10.7-4-54	10.7	27.100	P60	DL/T 5447—2012	电力系统通信系统设计内容深度规定			2012/1/4	2012/3/1
10.7-4-55	10.7	33.020	F21	DL/T 548—2012	电力系统通信站过电压防护规程	DL/T 548—1994		2012/1/4	2012/3/1
10.7-4-56	10.7			DL/T 5505—2015	电力应急通信设计技术规程			2015/7/1	2015/12/1
10.7-4-57	10.7			DL/T 5518—2016	电力工程厂站内通信光缆设计规程			2016/12/5	2017/5/1
10.7-4-58	10.7			DL/T 5524—2017	电力系统光传送网（OTN）设计规程			2017/3/28	2017/8/1
10.7-4-59	10.7			DL/T 5557—2019	电力系统会议电视系统设计规程			2019/6/4	2019/10/1
10.7-4-60	10.7			DL/T 5560—2019	电力调度数据网络工程设计规程			2019/6/4	2019/10/1
10.7-4-61	10.7	29.240.20	P62	DL/T 5734—2016	电力通信超长站距光传输工程设计技术规程			2016/2/5	2016/7/1
10.7-4-62	10.7	33.040.30	F21	DL/T 598—2010	电力系统自动交换电话网技术规范	DL 598—1996		2011/1/9	2011/5/1
10.7-4-63	10.7	33.040.01	F21	DL/T 888—2004	电力调度交换机电力 DTMF 信令规范			2004/10/20	2005/4/1
10.7-4-64	10.7	33.040.99	M40	YD/T 1082—2011	接入网设备过电压过电流防护及基本环境适应性技术要求和试验方法	YD 1082—2000		2011/5/18	2011/6/1
10.7-4-65	10.7		M11	YD/T 1125—2001	国内 No.7 信令方式技术规范——2Mbit/s 高速信令链路			2001/5/25	2001/11/1
10.7-4-66	10.7	29.200	M41	YD/T 1363.1—2014	通信局（站）电源、空调及环境集中监控管理系统　第 1 部分：系统技术要求	YD/T 1363.1—2005		2014/10/14	2014/10/14

续表

序号	GW 分类	ICS 分类	GB 分类	标准号	中文名称	代替标准	采用关系	发布日期	实施日期
10.7-4-67	10.7	29.200	M41	YD/T 1363.2—2014	通信局（站）电源、空调及环境集中监控管理系统　第 2 部分：互联协议	YD/T 1363.2—2005		2014/10/14	2014/10/14
10.7-4-68	10.7	29.200	M41	YD/T 1363.3—2014	通信局（站）电源、空调及环境集中监控管理系统　第 3 部分：前端智能设备协议	YD/T 1363.3—2005		2014/10/14	2014/10/14
10.7-4-69	10.7	29.200	M41	YD/T 1363.4—2014	通信局（站）电源、空调及环境集中监控管理系统　第 4 部分：测试方法	YD/T 1363.4—2005		2014/10/14	2014/10/14
10.7-4-70	10.7	29.200	M41	YD/T 1363.5—2014	通信局（站）电源、空调及环境集中监控管理系统　第 5 部分：门禁集中监控系统	YD/T 1622—2007		2014/10/14	2014/10/14
10.7-4-71	10.7			YD/T 1624.1—2015	通信系统用户外机房　第 1 部分：固定独立式机房	YD/T 1624—2007		2015/10/10	2016/1/1
10.7-4-72	10.7			YD/T 1624.2—2015	通信系统用户外机房　第 2 部分：一体式固定塔房			2015/10/10	2016/1/1
10.7-4-73	10.7	33.040	M11	YD/T 1631—2007	同步数字体系（SDH）虚级联及链路容量调整方案技术要求			2007/4/16	2007/10/1
10.7-4-74	10.7	33.040.40	M33	YD/T 1668—2007	STM-64 光缆线路系统技术要求			2007/7/20	2007/12/1
10.7-4-75	10.7	33.040	M15	YD/T 1703—2007	电信级 IPQoS 体系架构			2007/9/29	2008/1/1
10.7-4-76	10.7	33.070.01	M37	YD/T 1802—2008	基于 IP 多媒体子系统(IMS)的呈现(Presence)业务技术要求（第一阶段）			2008/7/28	2008/11/1
10.7-4-77	10.7	33.040.01	M10	YD/T 1929—2009	统一 IMS 的需求（第一阶段）			2009/6/15	2009/9/1
10.7-4-78	10.7	33.040.01	M10	YD/T 1930—2009	统一 IMS 组网总体技术要求（第一阶段）			2009/6/15	2009/9/1
10.7-4-79	10.7	33.040.20	M33	YD/T 1948.3—2010	传送网承载以太网（EoT）技术要求　第 3 部分：以太网业务框架			2010/12/29	2011/1/1
10.7-4-80	10.7	33.040.20	M33	YD/T 1948.5—2011	传送网承载以太网（EoT）技术要求　第 5 部分：以太网专线（EPL）业务和以太网虚拟专线（EVPL）业务			2011/5/18	2011/8/1
10.7-4-81	10.7	33.080.99	M36	YD/T 2007—2009	统一 IMS 的功能体系架构（第一阶段）	YD 2007—1993		2009/12/11	2010/1/1
10.7-4-82	10.7	33.030	M21	YD/T 2014—2009	统一通信业务需求			2009/12/11	2010/1/1
10.7-4-83	10.7	33.040.33	M04	YD/T 2188—2010	以太网线性保护倒换技术要求			2010/12/29	2011/1/1
10.7-4-84	10.7	33.040.30	M12	YD/T 2290—2011	统一 IMS 网络与软交换网络互通信令流程技术要求			2011/5/18	2011/6/1

续表

序号	GW 分类	ICS 分类	GB 分类	标准号	中 文 名 称	代替标准	采用关系	发布日期	实施日期
10.7-4-85	10.7			YD/T 2324—2011	无线基站防雷技术要求和测试方法			2011/5/18	2011/6/1
10.7-4-86	10.7			YD/T 2831—2015	通信用风/光供电系统防雷技术条件			2015/4/30	2015/7/1
10.7-4-87	10.7	29.020	M04	YD/T 3004—2016	模块化通信机房技术要求			2016/1/15	2016/4/1
10.7-4-88	10.7	33.040.99	M40	YD/T 3006—2016	通信铁塔临近区域的防雷技术要求			2016/1/15	2016/4/1
10.7-4-89	10.7			YD 5003—2014	通信建筑工程设计规范	YD/T 5003—2005		2014/5/6	2014/7/1
10.7-4-90	10.7			YD/T 5054—2019	通信建筑抗震设防分类标准	YD 5054—2010		2019/11/11	2020/1/1
10.7-4-91	10.7			YD/T 5066—2017	光缆线路自动监测系统工程设计规范	YD/T 5066—2005		2017/11/7	2018/1/1
10.7-4-92	10.7			YD 5076—2014	固定电话交换网工程设计规范	YD/T 5076—2005；YD 5153—2007；YD/T 5155—2007		2014/5/6	2014/7/1
10.7-4-93	10.7			YD 5092—2014	波分复用（WDM）光纤传输系统工程设计规范	YD/T 5092—2005；YD/T 5166—2009		2014/5/6	2014/7/1
10.7-4-94	10.7			YD 5095—2014	同步数字体系（SDH）光纤传输系统工程设计规范	YD/T 5095—2005；YD/T 5024—2005；YD/T 5119—2005		2014/5/6	2014/7/1
10.7-4-95	10.7			YD/T 5114—2015	移动通信应急车载系统工程设计规范	YD/T 5114—2005		2015/10/10	2016/1/1
10.7-4-96	10.7			YD/T 5120—2015	无线通信室内覆盖系统工程设计规范	YD/T 5120—2005		2015/10/10	2016/1/1
10.7-4-97	10.7			YD 5125—2014	通信设备安装工程施工监理规范	YD/T 5125—2005		2014/5/6	2014/7/1
10.7-4-98	10.7			YD 5148—2007	架空光（电）缆通信杆路工程设计规范			2007/10/25	2007/12/1
10.7-4-99	10.7			YD/T 5151—2007	光缆进线室设计规定			2007/10/25	2007/12/1
10.7-4-100	10.7		P76	YD/T 5186—2010	通信系统用室外机柜安装设计规定			2010/5/14	2010/10/1
10.7-4-101	10.7			YD/T 5211—2014	通信工程设计文件编制规定			2014/5/6	2014/7/1
10.7-4-102	10.7	33.020	M40	YD/T 950—2008	电信中心内通信设备的过电压过电流抗力要求及试验方法	YD/T 950—1998		2008/3/13	2008/7/1
10.7-4-103	10.7	33.040.01	M10	YDC 045—2007	基于软交换的网络组网总体技术要求			2007/3/16	2007/3/16
10.7-5-104	10.7	33.040；33.160；35.100.10		IEC 60728-7-1：2015	电视信号、声音信号和交互信号设备用电缆网络 第 7-1 部分：混合光纤同轴电缆外部线缆状况监测 物理层规范			2015/4/1	2015/4/1

续表

序号	GW 分类	ICS 分类	GB 分类	标准号	中 文 名 称	代替标准	采用关系	发布日期	实施日期
10.7-5-105	10.7	33.180.01	M33	IEC/TR 61282-10 CORR 1：2013	光纤通信系统的设计指南 第 10 部分：光矢量调制信号的误差矢量幅度的质量表征 版本 1.0			2013/4/1	2013/4/1

10.8 规划设计-火电

序号	GW 分类	ICS 分类	GB 分类	标准号	中 文 名 称	代替标准	采用关系	发布日期	实施日期
10.8-4-1	10.8	27.100	P60	DL/T 5226—2013	发电厂电力网络计算机监控系统设计技术规程	DL/T 5226—2005		2013/11/28	2014/4/1
10.8-4-2	10.8	27.100	P60	DL/T 5427—2009	火力发电厂初步设计文件内容深度规定	DLGJ 9—1992		2009/7/22	2009/12/1

10.9 规划设计-水电

序号	GW 分类	ICS 分类	GB 分类	标准号	中 文 名 称	代替标准	采用关系	发布日期	实施日期
10.9-2-1	10.9	29.240		Q/GDW 11427—2015	抽水蓄能电站总平面布置设计导则			2016/3/1	2016/3/1
10.9-2-2	10.9	29.240		Q/GDW 11428—2015	抽水蓄能电站交通道路工程设计导则			2016/3/1	2016/3/1
10.9-2-3	10.9	29.240		Q/GDW 11429—2015	抽水蓄能电站施工供电设计导则			2016/3/1	2016/3/1
10.9-2-4	10.9	29.240		Q/GDW 11430—2015	抽水蓄能电站工程施工供水设计导则			2016/3/1	2016/3/1
10.9-2-5	10.9	27.140		Q/GDW 11582—2016	抽水蓄能电站工程工艺设计导则			2017/5/18	2017/5/18
10.9-2-6	10.9	27.140		Q/GDW 11696—2017	水轮发电机组振摆保护配置与整定规范			2018/2/12	2018/2/12
10.9-2-7	10.9	29.240		Q/GDW 11965—2019	水电厂物防技防配置导则			2020/7/31	2020/7/31
10.9-3-8	10.9	27.140	P55	GB/T 32510—2016	抽水蓄能电厂标识系统（KKS）编码导则			2016/2/24	2016/9/1
10.9-3-9	10.9	91.140.50	P63	GB/T 32594—2016	抽水蓄能电站保安电源技术导则			2016/4/25	2016/11/1
10.9-3-10	10.9	27.140	P59	GB 50287—2016	水利发电工程地质勘察规范	GB 50287—1999；GB 50287 T—1999		2016/8/18	2017/4/1
10.9-3-11	10.9	91.040.10	P33	GB 50396—2007	出入口控制系统工程设计规范			2007/3/21	2007/8/1
10.9-3-12	10.9	27.140	P55	GB 50487—2008	水利水电工程地质勘察规范			2008/12/15	2009/8/1
10.9-3-13	10.9		P12	GB/T 50587—2010	水库调度设计规范			2010/5/31	2010/12/1
10.9-3-14	10.9		P55	GB/T 50649—2011	水利水电工程节能设计规范			2010/12/24	2011/12/1
10.9-3-15	10.9		P55	GB/T 50662—2011	水工建筑物抗冰冻设计规范			2011/2/18	2012/3/1

序号	GW 分类	ICS 分类	GB 分类	标准号	中　文　名　称	代替标准	采用关系	发布日期	实施日期
10.9-3-16	10.9			GB 50706—2011	水利水电工程劳动安全与工业卫生设计规范			2011/7/26	2012/6/1
10.9-3-17	10.9		P16	GB 50872—2014	水电工程设计防火规范			2014/1/9	2014/8/1
10.9-4-18	10.9	07.040	P11	DL/T 5034—2006	电力工程水文地质勘测技术规程	DL 5034—1994		2006/5/6	2006/10/1
10.9-4-19	10.9			NB/T 10073—2018	抽水蓄能电站工程地质勘察规程			2018/10/29	2019/3/1
10.9-4-20	10.9			NB/T 10076—2018	水电工程项目档案验收工作导则			2018/10/29	2019/3/1
10.9-4-21	10.9			NB/T 10108—2018	水电工程阶段性蓄水移民安置实施方案专题报告编制规程			2018/12/25	2019/5/1
10.9-4-22	10.9			NB/T 10131—2019	水电工程水库区工程地质勘察规程	DL/T 5336—2006		2019/6/4	2019/10/1
10.9-4-23	10.9			NB/T 10132—2019	水电工程通信设计内容和深度规定	DL/T 5184—2004		2019/6/4	2019/10/1
10.9-4-24	10.9			NB/T 10224—2019	水电工程电法勘探技术规程			2019/11/4	2020/5/1
10.9-4-25	10.9			NB/T 10232—2019	梯级水电站集中控制通信设计规范			2019/11/4	2020/5/1
10.9-4-26	10.9		P59	NB/T 10333-2019	水电工程场内交通道路设计规范	DL/T 5134-2001		2019/12/30	2020/7/1
10.9-4-27	10.9			NB/T 10336—2019	中小型水力发电工程地质勘察规范	DL/T 5410—2009		2019/12/30	2020/7/1
10.9-4-28	10.9			NB/T 10337—2019	水电工程预可行性研究报告编制规程	DL/T 5206—2005		2019/12/30	2020/7/1
10.9-4-29	10.9			NB/T 10338—2019	水电工程建设征地处理范围界定规范	DL/T 5376—2007		2019/12/30	2020/7/1
10.9-4-30	10.9			NB/T 10339—2019	水电工程坝址工程地质勘察规程	DL/T 5414—2009		2019/12/30	2020/7/1
10.9-4-31	10.9			NB/T 10340—2019	水电工程坑探规程	DL/T 5050—2010		2019/12/30	2020/7/1
10.9-4-32	10.9			NB/T 10341.1—2019	水电工程启闭机设计规范　第 1 部分：固定卷扬式启闭机设计规范	DL/T 5167—2002		2019/12/30	2020/7/1
10.9-4-33	10.9			NB/T 10341.2—2019	水电工程启闭机设计规范　第 2 部分：移动式启闭机设计规范	DL/T 5167—2002		2019/12/30	2020/7/1
10.9-4-34	10.9			NB/T 10341.3—2019	水电工程启闭机设计规范　第 3 部分：螺杆式启闭机设计规范	DL/T 5167—2002；SD 297—88；SD 298—88		2019/12/30	2020/7/1
10.9-4-35	10.9			NB/T 10342—2019	水电站调节保证设计导则			2019/12/30	2020/7/1
10.9-4-36	10.9			NB/T 10343—2019	水电工程软弱土地基处理技术规范			2019/12/30	2020/7/1

序号	GW 分类	ICS 分类	GB 分类	标准号	中　文　名　称	代替标准	采用关系	发布日期	实施日期
10.9-4-37	10.9			NB/T 10344—2019	水电工程水土保持设计规范			2019/12/30	2020/7/1
10.9-4-38	10.9			NB/T 10345—2019	水力发电厂高压电气设备选择及布置设计规范	DL/T 5396—2007		2019/12/30	2020/7/1
10.9-4-39	10.9	27.140	P59	NB/T 35004—2013	水力发电厂自动化设计技术规范	DL/T 5081—1997		2013/6/8	2013/10/1
10.9-4-40	10.9	27.140	P59	NB/T 35009—2013	抽水蓄能电站选点规划编制规范	DL/T 5172—2003		2013/6/8	2013/10/1
10.9-4-41	10.9	27.140	P61	NB/T 35010—2013	水力发电厂继电保护设计规范	DL/T 5177—2003		2013/6/8	2013/10/1
10.9-4-42	10.9	27.140	P59	NB/T 35040—2014	水力发电厂供暖通风与空气调节设计规范	DL/T 5165—2002		2014/10/15	2015/3/1
10.9-4-43	10.9			NB/T 35042—2014	水力发电厂通信设计规范	DL/T 5080—1997		2014/10/15	2015/3/1
10.9-4-44	10.9			NB/T 35043—2014	水电工程三相交流系统短路电流计算导则	DL/T 5163—2002		2014/10/15	2015/3/1
10.9-4-45	10.9	27.140	P59	NB/T 35067—2015	水力发电厂过电压保护和绝缘配合设计技术导则	DL/T 5090—1999		2015/10/27	2016/3/1
10.9-4-46	10.9	27.140	P59	NB/T 35071—2015	抽水蓄能电站水能规划设计规范			2015/10/27	2016/3/1
10.9-4-47	10.9	27.140	P59	NB/T 35076—2016	水力发电厂二次接线设计规范	DL/T 5132—2001		2016/1/7	2016/6/1
10.9-4-48	10.9	27.140	P02	NB/T 35106—2017	水电工程分标概算编制规定			2017/11/15	2018/3/1
10.9-4-49	10.9	27.140	P02	NB/T 35107—2017	水电工程招标设计概算编制规定			2017/11/15	2018/3/1
10.9-4-50	10.9	27.140	K55	NB/T 42034—2014	孤网运行的小水电机组设计导则			2014/6/29	2014/11/1
10.9-4-51	10.9	93.160	P55	SL 438—2008	水利水电工程二次接线设计规范			2008/12/16	2009/3/16
10.9-4-52	10.9	27.140	P59	SL 455—2010	水利水电工程继电保护设计规范			2010/3/1	2010/6/1
10.9-4-53	10.9	27.140	P55	SL 585—2012	水利水电工程三相交流系统短路电流计算导则			2012/9/19	2012/12/19
10.9-4-54	10.9	27.140	P55	SL 587—2012	水利水电工程接地设计规范			2012/9/19	2012/12/19

10.10　规划设计-核电

序号	GW 分类	ICS 分类	GB 分类	标准号	中　文　名　称	代替标准	采用关系	发布日期	实施日期
10.10-3-1	10.10	27.120.20	F83	GB/T 12727—2017	核电厂安全级电气设备鉴定	GB/T 12727—2002		2017/5/12	2017/12/1
10.10-3-2	10.10	27.120.20	F83	GB/T 12788—2008	核电厂安全级电力系统准则	GB/T 12788—2000		2008/7/2	2009/4/1
10.10-4-3	10.10	27.120.10	F60	NB/T 20033—2010	核电厂初步可行性研究报告内容深度规定			2010/5/1	2010/10/1

序号	GW 分类	ICS 分类	GB 分类	标准号	中文名称	代替标准	采用关系	发布日期	实施日期
10.10-4-4	10.10	27.120.10	F60	NB/T 20034—2010	核电厂可行性研究报告内容深度规定			2010/5/1	2010/10/1
10.10-4-5	10.10	27.120.20	F65	NB/T 20263—2014	核电厂通信设计规范	EJ/T 637—1992		2014/6/29	2014/11/1

10.11 规划设计-其他

序号	GW 分类	ICS 分类	GB 分类	标准号	中文名称	代替标准	采用关系	发布日期	实施日期
10.11-2-1	10.11	29.240		Q/GDW 10166.5—2017	输变电工程初步设计内容深度规定 第5部分：征地拆迁及重要跨越补充规定	Q/GDW 166.5—2009		2018/2/13	2018/2/13
10.11-2-2	10.11			Q/GDW 10672—2017	雷区分级标准和雷区分布图绘制规则	Q/GDW 672—2011		2018/9/30	2018/9/30
10.11-2-3	10.11	29.240		Q/GDW 11374—2015	10kV 及以下电网工程可行性研究内容深度规定			2016/3/31	2016/3/31
10.11-2-4	10.11	29.240		Q/GDW 11396—2015	电网设施布局规划内容深度规定			2016/3/31	2016/3/31
10.11-2-5	10.11	29.240		Q/GDW 11546—2016	统一潮流控制器工程可行性研究内容深度规定			2017/2/28	2017/2/28
10.11-2-6	10.11	29.240		Q/GDW 11690—2017	综合管廊电力舱设计技术导则			2018/2/12	2018/2/12
10.11-2-7	10.11			Q/GDW 11735—2017	输变电工程物探技术规程			2018/7/11	2018/7/11
10.11-2-8	10.11	29.240		Q/GDW 11972—2019	生态脆弱区输变电工程 环境保护设计导则			2020/8/24	2020/8/24
10.11-2-9	10.11	29.240		Q/GDW 11978—2018	数据中心模块化设计规范			2020/9/28	2020/9/28
10.11-2-10	10.11	27.180		Q/GDW 11994—2019	电化学储能规划技术导则			2020/8/24	2020/8/24
10.11-2-11	10.11	29.240.01		Q/GDW 11995—2019	电化学储能电站接入系统设计内容深度规定			2020/8/24	2020/8/24
10.11-2-12	10.11	29.240		Q/GDW 166.10—2011	国家电网公司输变电工程初步设计内容深度规定 第10部分：电动汽车电池更换站			2011/12/16	2011/12/16
10.11-2-13	10.11	29.240		Q/GDW 166.11—2011	国家电网公司输变电工程初步设计内容深度规定 第11部分：电动汽车电池配送中心			2011/12/16	2011/12/16
10.11-2-14	10.11	29.240		Q/GDW 166.12—2011	国家电网公司输变电工程初步设计内容深度规定 第12部分：电动汽车电池配送站			2011/12/16	2011/12/16
10.11-2-15	10.11	29.240		Q/GDW 286—2009	1000kV 系统电压及无功电力技术导则			2009/5/25	2009/5/25
10.11-2-16	10.11	29.240		Q/GDW 323—2009	1000kV 环境污区分级标准			2009/5/25	2009/5/25

续表

序号	GW 分类	ICS 分类	GB 分类	标准号	中　文　名　称	代替标准	采用关系	发布日期	实施日期
10.11-2-17	10.11	29.020		Q/GDW 378.1—2009	电力用户用电信息采集系统设计导则　第 1 部分：主站软件设计导则			2009/12/7	2009/12/7
10.11-2-18	10.11	29.020		Q/GDW 378.2—2009	电力用户用电信息采集系统设计导则　第 2 部分：终端应用软件设计导则			2009/12/7	2009/12/7
10.11-2-19	10.11	29.020		Q/GDW 378.3—2009	电力用户用电信息采集系统设计导则　第 3 部分：技术方案设计导则			2009/12/7	2009/12/7
10.11-2-20	10.11	29.020		Q/GDW 381.11—2011	国家电网公司输变电工程施工图设计内容深度规定　第 11 部分：电动汽车电池配送中心			2012/7/25	2012/7/25
10.11-2-21	10.11	29.020		Q/GDW 435—2010	农村电网无功补偿技术导则			2010/3/18	2010/3/18
10.11-2-22	10.11	29.240		Q/GDW/Z 726—2012	智能园区建设导则			2012/5/4	2012/5/4
10.11-2-23	10.11	29.240		Q/GDW 757—2012	电力通信超长站距光传输工程设计技术规范			2012/8/28	2012/8/28
10.11-3-24	10.11	07.060	A45	GB/T 17502—2009	海底电缆管道路由勘察规范	GB 17502—1998		2009/10/30	2010/4/1
10.11-3-25	10.11	27180	F15	GB/T 19962—2016	地热电站接入电力系统技术规定	GB/T 19962—2005		2016/8/29	2017/3/1
10.11-3-26	10.11	07.040	A77	GB/T 23236—2009	数字航空摄影测量空中三角测量规范			2009/2/6	2009/6/1
10.11-3-27	10.11	91.120.25	P15	GB/T 24335—2009	建（构）筑物地震破坏等级划分			2009/9/30	2009/12/1
10.11-3-28	10.11	25.060.20	J40	GB/T 24736.2—2009	工艺装备设计管理导则　第 2 部分：工艺装备设计选择规则			2009/11/30	2010/9/1
10.11-3-29	10.11	27.010	F01	GB/T 25329—2010	企业节能规划编制通则			2010/11/10	2011/2/1
10.11-3-30	10.11	35.24.01	L67	GB/T 34678—2017	智慧城市技术参考模型			2017/10/14	2018/5/1
10.11-3-31	10.11	35.24.01	L70	GB/T 34680.1—2017	智慧城市评价模型及基础评价指标体系　第 1 部分：总体框架及分项评价指标制定的要求			2017/10/14	2018/5/1
10.11-3-32	10.11	35.24.01	L70	GB/T 34680.3—2017	智慧城市评价模型及基础评价指标体系　第 3 部分：信息资源			2017/10/14	2018/5/1
10.11-3-33	10.11	91.120.40	M04	GB/T 36963—2018	光伏建筑一体化系统防雷技术规范			2018/12/28	2019/7/1
10.11-3-34	10.11	07.060	A47	GB/T 38957—2020	海上风电场热带气旋影响评估技术规范			2020/7/21	2020/7/21
10.11-3-35	10.11			GB 50003—2011	砌体结构设计规范	GB 50003 E—2001；GB 50003—2001		2011/7/26	2012/8/1

续表

序号	GW 分类	ICS 分类	GB 分类	标准号	中 文 名 称	代替标准	采用关系	发布日期	实施日期
10.11-3-36	10.11		P30	GB 50007—2011	建筑地基基础设计规范	GB 50007—2002; GB 50007 E—2002		2011/7/26	2012/8/1
10.11-3-37	10.11		P25	GB 50010—2010	混凝土结构设计规范（2015 年版）	GB 50010 E—2002; GB 50010—2002		2010/8/18	2011/7/1
10.11-3-38	10.11		P15	GB 50011—2010	建筑抗震设计规范（2016 年版）	GB 50011—2008; GB 50011 E—2008		2010/5/31	2010/12/1
10.11-3-39	10.11		P31	GB 50034—2013	建筑照明设计标准			2013/11/29	2014/6/1
10.11-3-40	10.11		P31	GB 50057—2010	建筑物防雷设计规范	GB 50057—1994; GB 50057—2000; GB 50057 E—2000		2010/11/3	2011/10/1
10.11-3-41	10.11			GB 50116—2013	火灾自动报警系统设计规范	GB 50116—1998		2013/9/6	2014/5/1
10.11-3-42	10.11	91.020	P50	GB 50188—2007	村镇规划标准	GB 50188—1993; GB 50188—2006		2007/1/16	2007/5/1
10.11-3-43	10.11		P15	GB 50191—2012	构筑物抗震设计规范	GB 50191 T—1993; GB 50191 E—1993; GB 50191—1993		2012/5/28	2012/10/1
10.11-3-44	10.11		P15	GB 50260—2013	电力设施抗震设计规范			2013/1/28	2013/9/1
10.11-3-45	10.11		P94	GB 50264—2013	工业设备及管道绝热工程设计规范			2013/3/14	2013/10/1
10.11-3-46	10.11			GB 50324—2014	冻土工程地质勘察规范			2014/12/2	2015/8/1
10.11-3-47	10.11			GB 50330—2013	建筑边坡工程技术规范			2013/11/1	2014/6/1
10.11-3-48	10.11		P33	GB 50352—2005	民用建筑设计通则	JGJ 37—1987		2005/5/9	2005/7/1
10.11-3-49	10.11		P76	GB 50373—2006	通信管道与通道工程设计规范			2006/12/11	2007/5/1
10.11-3-50	10.11	91.040.10	P33	GB 50394—2007	入侵报警系统工程设计规范			2007/2/27	2007/8/1
10.11-3-51	10.11	91.040.10	P33	GB 50395—2007	视频安防监控系统工程设计规范			2007/2/27	2007/8/1
10.11-3-52	10.11	91.020	P50	GB 50413—2007	城市抗震防灾规划标准			2007/4/13	2007/11/1
10.11-3-53	10.11			GB 50463—2008	隔振设计规范			2008/11/27	2009/6/1
10.11-3-54	10.11			GB/T 50502—2009	建筑施工组织设计规范			2009/5/13	2009/10/1

序号	GW 分类	ICS 分类	GB 分类	标准号	中 文 名 称	代替标准	采用关系	发布日期	实施日期
10.11-3-55	10.11			GB 50515—2010	导（防）静电地面设计规范			2010/5/31	2010/12/1
10.11-3-56	10.11			GB/T 50531—2009	建设工程计价设备材料划分标准			2009/9/3	2009/12/1
10.11-3-57	10.11		P15	GB 50556—2010	工业企业电气设备抗震设计规范			2010/5/31	2010/12/1
10.11-3-58	10.11		P32	GB 50611—2010	电子工程防静电设计规范			2010/7/15	2011/2/1
10.11-3-59	10.11		P76	GB 50635—2010	会议电视会场系统工程设计规范			2010/11/3	2011/10/1
10.11-3-60	10.11			GB 50688—2011	城市道路交通设施设计规范			2011/5/12	2012/5/1
10.11-3-61	10.11			GB 50689—2011	通信局（站）防雷与接地工程设计规范			2011/4/2	2012/5/1
10.11-3-62	10.11			GB 50702—2011	砌体结构加固设计规范			2011/7/26	2012/8/1
10.11-3-63	10.11			GB/T 50719—2011	电磁屏蔽室工程技术规范			2011/7/26	2012/6/1
10.11-3-64	10.11		P46	GB 50736—2012	民用建筑供暖通风与空气调节设计规范	GB 50187—1993； GB 50019—2003		2012/1/21	2012/10/1
10.11-3-65	10.11			GB 50762—2012	秸秆发电厂设计规范			2012/6/29	2012/10/1
10.11-3-66	10.11			GB/T 50786—2012	建筑电气制图标准			2012/5/28	2012/10/1
10.11-3-67	10.11			GB 50966—2014	电动汽车充电站设计规范			2014/1/29	2014/10/1
10.11-3-68	10.11		P60	GB/T 50980—2014	电力调度通信中心工程设计规范			2014/3/31	2014/12/1
10.11-3-69	10.11			GB 51018—2014	水土保持工程设计规范			2014/12/2	2015/8/1
10.11-3-70	10.11			GB/T 51308—2019	海上风力发电场设计标准			2019/2/13	2019/10/1
10.11-3-71	10.11			GB 8702—2014	电磁环境控制限值	GB 8702—1988； GB 9175—1988		2014/9/23	2015/1/1
10.11-4-72	10.11			CJJ/T 199—2013	城市规划数据标准			2013/10/11	2014/4/1
10.11-4-73	10.11	29.020	K01	DL/T 1344—2014	干扰性用户接入电力系统技术规范			2014/10/15	2015/3/1
10.11-4-74	10.11	65.020.01	B08	DL/T 2080—2020	电力储能用超级电容器			2020/10/23	2021/2/1
10.11-4-75	10.11	93.020	P11	DL/T 5138—2014	电力工程数字摄影测量规程	DL/T 5138—2001		2014/10/15	2015/3/1
10.11-4-76	10.11	27.100	P60	DL/T 5390—2014	发电厂和变电站照明设计技术规定	DL/T 5390—2007		2014/10/15	2015/3/1

续表

序号	GW 分类	ICS 分类	GB 分类	标准号	中 文 名 称	代替标准	采用关系	发布日期	实施日期
10.11-4-77	10.11	93.020	P14	DL/T 5492—2014	电力工程遥感调查技术规程			2014/10/15	2015/3/1
10.11-4-78	10.11	60.606	Y78	DL/T 5522—2017	特高压输变电工程压覆矿产资源调查内容深度规定			2017/3/28	2017/8/1
10.11-4-79	10.11	29.240	P62	DL/T 5530—2017	特高压输变电工程水土保持方案内容深度规定			2017/8/2	2017/12/1
10.11-4-80	10.11	29.240	F20	DL/T 686—2018	电力网电能损耗计算导则	DL/T 686—1999		2018/12/25	2019/5/1
10.11-4-81	10.11	27.140	F20	DL/T 1981.2—2020	统一潮流控制器　第 2 部分：系统设计导则			2020/10/23	2021/2/1
10.11-4-82	10.11	03.080.30	A16	JGJ/T 67—2019	办公建筑设计标准	JGJ 67—2006		2019/11/8	2020/3/1
10.11-4-83	10.11			JGJ/T 84—2015	岩土工程勘察术语标准			2015/1/9	2015/9/1
10.11-4-84	10.11	27.18	P61	NB/T 10101—2018	风电场工程等级划分及设计安全标准			2018/12/25	2019/5/1
10.11-4-85	10.11			NB/T 10240—2019	生物质成型燃料锅炉房设计规范			2019/11/4	2020/5/1
10.11-4-86	10.11			NB/T 51079—2017	气膜钢筋混凝土结构设计规范			2017/12/27	2018/6/1
10.11-4-87	10.11			YD/T 5185—2010	IP 多媒体子系统（IMS）核心网工程设计暂行规定			2010/5/14	2010/10/1
10.11-5-88	10.11	33.180.01	M33	IEC/TR 61282-9：2006	光纤通信系统设计指南　第 9 部分：偏振模式离差测量和理论指南			2006/7/1	2006/7/1
10.11-5-89	10.11		B97	IEEE 1127—2013	安全防范视频监控摄像机通用技术要求	LY/T 1127—1993		2013/12/20	2014/1/1
10.11-5-90	10.11	27.100	F21	IEEE 1547.4—2011	带电力系统的分布式资源孤岛系统的设计、操作和集成指南			2011/7/20	2011/7/20
10.11-6-91	10.11	65.020.30	B43	T/CEC 331—2020	电力储能用飞轮储能系统			2020/6/30	2020/10/1
10.11-6-92	10.11			T/CEC 5024—2020	电化学储能电站施工图设计内容深度规定			2020/6/30	2020/10/1
10.11-6-93	10.11			T/CEC 5025—2020	电化学储能电站可行性研究报告内容深度规定			2020/6/30	2020/10/1
10.11-6-94	10.11			T/CEC 5026—2020	电化学储能电站初步设计内容深度规定			2020/6/30	2020/10/1

11 工程建设

11.1 工程建设-基础综合

序号	GW 分类	ICS 分类	GB 分类	标准号	中 文 名 称	代替标准	采用关系	发布日期	实施日期
11.1-2-1	11.1	29.240		Q/GDW 10248.1—2016	输变电工程建设标准强制性条文实施管理规程 第 1 部分：通则	Q/GDW 248.1—2008		2016/12/22	2016/12/22
11.1-2-2	11.1	29.240		Q/GDW 10248.3—2016	输变电工程建设标准强制性条文实施管理规程 第 3 部分：变电（换流）站建筑工程施工	Q/GDW 248.3—2008		2016/12/22	2016/12/22
11.1-2-3	11.1	29.240		Q/GDW 10248.5—2016	输变电工程建设标准强制性条文实施管理规程 第 5 部分：变电（换流）站电气工程施工	Q/GDW 248.5—2008		2016/12/22	2016/12/22
11.1-2-4	11.1	29.240		Q/GDW 10248.7—2016	输变电工程建设标准强制性条文实施管理规程 第 7 部分：输电线路工程施工	Q/GDW 248.7—2008		2016/12/22	2016/12/22
11.1-2-5	11.1	29.240		Q/GDW 10742—2016	配电网施工检修工艺规范	Q/GDW 742—2012		2017/10/9	2017/10/9
11.1-2-6	11.1	29.240		Q/GDW 11382.1—2015	国家电网公司小型基建项目建设标准 第 1 部分：调度生产管理用房			2015/7/13	2015/7/13
11.1-2-7	11.1	29.240		Q/GDW 11382.2—2015	国家电网公司小型基建项目建设标准 第 2 部分：乡镇供电所生产营业用房			2015/7/13	2015/7/13
11.1-2-8	11.1	29.240		Q/GDW 11382.3—2015	国家电网公司小型基建项目建设标准 第 3 部分：运维检修生产用房			2015/7/13	2015/7/13
11.1-2-9	11.1	29.240		Q/GDW 11382.4—2015	国家电网公司小型基建项目建设标准 第 4 部分：营销服务用房			2015/7/13	2015/7/13
11.1-2-10	11.1	29.240		Q/GDW 11382.5—2015	国家电网公司小型基建项目建设标准 第 5 部分：物资仓库			2015/7/13	2015/7/13
11.1-2-11	11.1	29.240		Q/GDW 11390—2015	清水混凝土防火墙组合大钢模板技术导则			2015/7/17	2015/7/17
11.1-2-12	11.1	29.240		Q/GDW 11527—2016	输变电工程地质灾害防治技术导则			2016/12/22	2016/12/22
11.1-2-13	11.1	29.240		Q/GDW 11653—2017	输变电工程地基基础检测规范			2018/2/13	2018/2/13
11.1-2-14	11.1			Q/GDW 11738—2017	500kV 及以上输变电工程基建停电施工工期管理导则			2018/7/11	2018/7/11
11.1-2-15	11.1	29.240.20		Q/GDW 11842—2018	输变电工程选址选线卫星遥感影像应用技术导则			2019/8/30	2019/8/30
11.1-2-16	11.1	29.050		Q/GDW 12015—2019	电力工程接地材料防腐技术规范	Q/GDW 1738—2012		2020/12/31	2020/12/31
11.1-2-17	11.1			Q/GDW 125—2005	县城电网建设与改造技术导则			2005/8/20	2005/11/20
11.1-2-18	11.1			Q/GDW 1781—2013	交流电力工程接地防腐技术规范			2013/4/12	2013/4/12

续表

序号	GW 分类	ICS 分类	GB 分类	标准号	中 文 名 称	代替标准	采用关系	发布日期	实施日期
11.1-2-19	11.1			Q/GDW 1798—2013	直流输电工程启动及竣工验收规程			2013/4/12	2013/4/12
11.1-2-20	11.1			Q/GDW 1944—2013	输变电工程激光雷达测量技术应用导则			2013/11/12	2013/11/12
11.1-2-21	11.1			Q/GDW 1945—2013	输变电工程无人机航空摄影测量技术应用导则			2013/11/12	2013/11/12
11.1-2-22	11.1			Q/GDW 1946—2013	输变电工程卫星影像应用导则			2013/11/12	2013/11/12
11.1-2-23	11.1	29.020		Q/GDW 567—2010	配电自动化系统验收技术规范			2010/12/30	2010/12/30
11.1-2-24	11.1	29.020		Q/GDW 737—2012	绝缘子用常温固化硅橡胶防污闪涂料现场施工技术规范			2012/5/24	2012/5/24
11.1-3-25	11.1	21.060.10	J13	GB/T 1228—2006	钢结构用高强度大六角头螺栓	GB/T 1228—1991	ISO 7412：1984 NEQ	2006/3/27	2006/11/1
11.1-3-26	11.1	25.160.01	J33	GB/T 12467.1—2009	金属材料 熔焊质量要求 第 1 部分：质量要求相应等级的选择准则	GB/T 12467.1—1998	ISO 3834-1：2005 IDT	2009/10/30	2010/4/1
11.1-3-27	11.1	25.160.01	J33	GB/T 12467.2—2009	金属材料 熔焊质量要求 第 2 部分：完整质量要求	GB/T 12467.2—1998	ISO 3834-2：2005 IDT	2009/10/30	2010/4/1
11.1-3-28	11.1	25.160.01	J33	GB/T 12467.3—2009	金属材料 熔焊质量要求 第 3 部分：一般质量要求	GB/T 12467.3—1998	ISO 3834-3：2005 IDT	2009/10/30	2010/4/1
11.1-3-29	11.1	25.160.01	J33	GB/T 12467.4—2009	金属材料 熔焊质量要求 第 4 部分：基本质量要求	GB/T 12467.4—1998	ISO 3834-4：2005 IDT	2009/10/30	2010/4/1
11.1-3-30	11.1	91.100.10	Q11	GB/T 12573—2008	水泥取样方法	GB 12573—1990		2008/6/30	2009/4/1
11.1-3-31	11.1	91.100.10	Q11	GB/T 1345—2005	水泥细度检验方法 筛析法	GB/T 1345—1991		2005/1/19	2005/8/1
11.1-3-32	11.1	91.100.10	Q11	GB/T 1346—2011	水泥标准稠度用水量、凝结时间、安定性检验方法	GB/T 1346—2001	ISO 9597：2008 NEQ	2011/7/20	2012/3/1
11.1-3-33	11.1	77.140.60	H44	GB/T 1499.1—2017	钢筋混凝土用钢 第 1 部分：热轧光圆钢筋	GB/T 1499.1—2008	ISO 6935-1：2007	2017/12/29	2018/9/1
11.1-3-34	11.1	77.140.60	H44	GB/T 1499.2—2018	钢筋混凝土用钢 第 2 部分：热轧带肋钢筋	GB/T 1499.2—2007		2018/2/6	2018/11/1
11.1-3-35	11.1	25.160.07	J33	GB/T 16672—1996	焊缝——工作位置——倾角和转角的定义			1996/12/18	1997/7/1
11.1-3-36	11.1	91.100.10	Q11	GB 175—2007	通用硅酸盐水泥	GB 175—2007/ XG3-2018		2007/11/9	2008/6/1
11.1-3-37	11.1	91.100.10	Q11	GB/T 17671—1999	水泥胶砂强度检验方法（ISO 法）	GB/T 17671—1999		1999/2/8	1999/5/1
11.1-3-38	11.1	25.160.10	J33	GB/T 19804—2005	焊接结构的一般尺寸公差和形位公差			2005/6/8	2005/12/1

续表

序号	GW 分类	ICS 分类	GB 分类	标准号	中　文　名　称	代替标准	采用关系	发布日期	实施日期
11.1-3-39	11.1	25.160.10	J33	GB/T 19867.1—2005	电弧焊焊接工艺规程			2005/8/10	2006/4/1
11.1-3-40	11.1	91.100.10	Q11	GB/T 200—2017	中热硅酸盐水泥、低热硅酸盐水泥	GB/T 200—2003		2017/12/29	2018/11/1
11.1-3-41	11.1	17.100	N11	GB/T 20262—2006	焊接、切割及类似工艺用气瓶减压器安全规范			2006/3/14	2006/10/1
11.1-3-42	11.1	91.100.10	Q11	GB/T 208—2014	水泥密度测定方法	GB/T 208—1994		2014/6/9	2014/12/1
11.1-3-43	11.1	03.080.99	A20	GB/T 26429—2010	设备工程监理规范			2011/1/14	2011/7/1
11.1-3-44	11.1	25.160.40	H26	GB/T 26951—2011	焊缝无损检测磁粉检测			2011/9/29	2012/3/1
11.1-3-45	11.1	25.160.40	H26	GB/T 26952—2011	焊缝无损检测焊缝磁粉检测验收等级			2011/9/29	2012/3/1
11.1-3-46	11.1	25.160.40	H26	GB/T 26953—2011	焊缝无损检测焊缝渗透检测验收等级			2011/9/29	2012/3/1
11.1-3-47	11.1	25.160.40	H26	GB/T 26954—2011	焊缝无损检测基于复平面分析的焊缝涡流检测			2011/9/29	2012/3/1
11.1-3-48	11.1	91.100.30	Q72	GB/T 29733—2013	混凝土结构用成型钢筋制品			2013/9/18	2014/6/1
11.1-3-49	11.1	87.040	G51	GB 30981—2020	工业防护涂料中有害物质限量	GB 30981—2014		2020/3/4	2020/12/1
11.1-3-50	11.1	91.100.30	Q12	GB 31040—2014	混凝土外加剂中残留甲醛的限量			2014/12/5	2015/12/1
11.1-3-51	11.1	91.100.30	Q04	GB/T 32987—2016	混凝土路面砖性能试验方法			2016/10/13	2017/9/1
11.1-3-52	11.1	91.100.30	J33	GB/T 33148—2016	钎焊术语			2016/10/13	2017/5/1
11.1-3-53	11.1	77.040.10	H22	GB/T 33965—2017	金属材料　拉伸试验　矩形试样减薄率的测定			2017/7/12	2018/4/1
11.1-3-54	11.1	91.120.10	P31	GB/T 34010—2017	建筑物气密性测定方法　风扇压力法		ISO 9972：2006	2017/7/12	2018/6/1
11.1-3-55	11.1	91.100.10	Q25	GB/T 34011—2017	建筑用绝热制品　外墙外保温系统抗拉脱性能的测定（泡沫块试验）		ISO 12968：2010	2017/7/12	2018/6/1
11.1-3-56	11.1	53.020.20	J80	GB/T 34529—2017	起重机和葫芦　钢丝绳、卷筒和滑轮的选择			2017/10/14	2018/5/1
11.1-3-57	11.1	91.100.99	Q12	GB/T 34557—2017	砂浆、混凝土用乳胶和可再分散乳胶粉			2017/10/14	2018/9/1
11.1-3-58	11.1	21.060.10	J13	GB/T 3632—2008	钢结构用扭剪型高强度螺栓连接副	GB/T 34529—2017		2008/3/3	2008/7/1
11.1-3-59	11.1	27.010	F01	GB 36888—2018	预拌混凝土单位产品能源消耗限额			2018/11/19	2019/12/1
11.1-3-60	11.1	03.100.99	A01	GB/T 37181—2018	钢筋混凝土腐蚀控制工程全生命周期　通用要求			2018/12/28	2019/11/1
11.1-3-61	11.1	01.040.77	H40	GB/T 38937—2020	钢筋混凝土用钢术语			2020/6/2	2020/12/1

续表

序号	GW 分类	ICS 分类	GB 分类	标准号	中　文　名　称	代替标准	采用关系	发布日期	实施日期
11.1-3-62	11.1	91.060.15	Q15	GB/T 4111—2013	混凝土砌块和砖试验方法	GB/T 4111—1997		2013/12/31	2014/9/1
11.1-3-63	11.1			GB 50009—2012	建筑结构荷载规范	GB 50009—2001； GB 50009—2006		2012/5/28	2012/10/1
11.1-3-64	11.1		P15	GB 50023—2009	建筑抗震鉴定标准	GB 50023—1995		2009/6/5	2009/7/1
11.1-3-65	11.1		P10	GB 50026—2007	工程测量规范	GB 50026 E—1993； GB 50026 T—1993； GB 50026—1993； GB 50026—1993		2007/10/25	2008/5/1
11.1-3-66	11.1			GB/T 50046—2018	工业建筑防腐蚀设计标准	GB 50046—2008		2018/9/11	2019/3/1
11.1-3-67	11.1			GB 50068—2018	建筑结构可靠性设计统一标准	GB 50068—2001		2018/11/1	2019/4/1
11.1-3-68	11.1			GB 50089—2018	民用爆破物品工程设计安全标准	GB 50089—2007		2018/7/10	2019/3/1
11.1-3-69	11.1			GB 50093—2013	自动化仪表工程施工及质量验收规范	GB 50131—2007； GB 50093—2002		2013/1/28	2013/9/1
11.1-3-70	11.1			GB/T 50107—2010	混凝土强度检验评定标准			2010/5/31	2010/12/1
11.1-3-71	11.1		P32	GB 50108—2008	地下工程防水技术规范	GB 50108 E—2001； GB 50108—2001		2008/11/27	2009/4/1
11.1-3-72	11.1			GB 50119—2013	混凝土外加剂应用技术规范	GB 50119—2003		2013/8/8	2014/3/1
11.1-3-73	11.1			GB 50143—2018	架空电力线路、变电站（所）对电视差转台、转播台无线电干扰防护间距标准	GBJ 143-90		2018/9/11	2019/3/1
11.1-3-74	11.1		P62	GB 50147—2010	电气装置安装工程　高压电器施工及验收规范	GBJ 147—1990		2010/5/31	2010/12/1
11.1-3-75	11.1		P62	GB 50148—2010	电气装置安装工程　电力变压器、油浸电抗器、互感器施工及验收规范	GBJ 148—1990		2010/5/31	2010/12/1
11.1-3-76	11.1		P91	GB 50149—2010	电气装置安装工程　母线装置施工及验收规范	GBJ 149—1990		2010/11/3	2011/10/1
11.1-3-77	11.1			GB 50150—2016	电气装置安装工程　电气设备交接试验标准	GB 50150—2006		2016/4/15	2016/12/1
11.1-3-78	11.1			GB 50164—2011	混凝土质量控制标准			2011/4/2	2012/5/1
11.1-3-79	11.1			GB 50169—2016	电气装置安装工程接地装置施工及验收规范	GB 50169—2006		2016/8/18	2017/4/1
11.1-3-80	11.1		P91	GB 50170—2018	电气装置安装工程　旋转电机施工及验收标准	GB 50170—2006		2018/11/8	2019/5/1

续表

序号	GW 分类	ICS 分类	GB 分类	标准号	中 文 名 称	代替标准	采用关系	发布日期	实施日期
11.1-3-81	11.1	29.240.20	P12	GB 50171—2012	电气装置安装工程　盘、柜及二次回路接线施工及验收规范	GB 50171—1992；GB 50171 T—1992；GB 50171 E—1992		2012/5/28	2012/12/1
11.1-3-82	11.1	29.240.20	P91	GB 50172—2012	电气装置安装工程　蓄电池施工及验收规范	GB 50172—1992；GB 50172 T—1992；GB 50172 E—1992		2012/5/28	2012/12/1
11.1-3-83	11.1			GB 50202—2018	建筑地基基础工程施工质量验收标准	GB 50202—2002		2018/3/16	2018/10/1
11.1-3-84	11.1		P24	GB 50203—2011	砌体结构工程施工质量验收规范	GB 50203 E—2002；GB 50203—2002		2011/2/18	2012/5/1
11.1-3-85	11.1			GB 50204—2015	混凝土结构工程施工质量验收规范			2014/12/31	2015/9/1
11.1-3-86	11.1			GB 50205—2020	钢结构工程施工质量验收标准	GB 50205—2001		2020/1/16	2020/8/1
11.1-3-87	11.1			GB/T 50224—2018	建筑防腐蚀工程施工质量验收标准	GB 50224—2010		2018/11/8	2019/4/1
11.1-3-88	11.1	21	P93	GB 50231—2009	机械设备安装工程施工及验收通用规范	GB 50231 E—1998；GB 50231—1998		2009/3/19	2009/10/1
11.1-3-89	11.1		P94	GB 50236—2011	现场设备、工业管道焊接工程施工规范	GB 50236 E—1998；GB 50236—1998		2011/2/18	2011/10/1
11.1-3-90	11.1			GB 50243—2016	通风与空调工程施工质量验收规范	GB 50243—2002		2016/10/25	2017/7/1
11.1-3-91	11.1			GB/T 50252—2018	工业安装工程施工质量验收统一标准	GB 50252—2010		2018/9/11	2019/3/1
11.1-3-92	11.1			GB 50254—2014	电气装置安装工程　低压电器施工及验收规范	GB 50254—1996		2014/3/31	2014/12/1
11.1-3-93	11.1			GB 50255—2014	电气装置安装工程　电力变流设备施工及验收规范	GB 50255—1996		2014/1/29	2014/10/1
11.1-3-94	11.1			GB 50256—2014	电气装置安装工程　起重机电气装置施工及验收规范			2014/12/2	2015/8/1
11.1-3-95	11.1			GB 50257—2014	电气装置安装工程　爆炸和火灾危险环境电气装置施工及验收规范			2014/12/2	2015/8/1
11.1-3-96	11.1			GB 50300—2013	建筑工程施工质量验收统一标准	GB 50300—2001		2013/11/1	2014/6/1
11.1-3-97	11.1			GB 50303—2015	建筑电气工程施工质量验收规范	GB 50303—2002		2015/12/3	2016/8/1
11.1-3-98	11.1			GB/T 50312—2016	综合布线系统工程验收规范	GB/T 50312—2007		2016/8/26	2017/4/1

续表

序号	GW 分类	ICS 分类	GB 分类	标准号	中 文 名 称	代替标准	采用关系	发布日期	实施日期
11.1-3-99	11.1			GB/T 50315—2011	砌体工程现场检测技术标准	GB/T 50315—2000		2011/7/29	2012/3/1
11.1-3-100	11.1			GB/T 50319—2013	建设工程监理规范	GB 50319—2000		2013/5/13	2014/3/1
11.1-3-101	11.1			GB/T 50326—2017	建设工程项目管理规范	GB/T 50326—2006		2017/5/4	2018/1/1
11.1-3-102	11.1			GB/T 50328—2014	建设工程文件归档规范	GB/T 50328—2001		2014/7/13	2015/5/1
11.1-3-103	11.1			GB 50348—2018	安全防范工程技术标准	GB 50348—2004		2018/5/14	2018/12/1
11.1-3-104	11.1			GB/T 50353—2013	建筑工程建筑面积计算规范	GB/T 50353—2005		2013/12/19	2014/7/1
11.1-3-105	11.1			GB/T 50358—2017	建设项目工程总承包管理规范	GB/T 50358—2005		2017/5/4	2018/1/1
11.1-3-106	11.1			GB/T 50375—2016	建筑工程施工质量评价标准	GB/T 50375—2006		2016/8/18	2017/4/1
11.1-3-107	11.1			GB/T 50378—2019	绿色建筑评价标准	GB/T 50378—2014		2019/3/13	2019/8/1
11.1-3-108	11.1	13.220.01	P16	GB 50401—2007	消防通信指挥系统施工及验收规范			2007/2/27	2007/7/1
11.1-3-109	11.1		P31	GB 50411—2007	建筑节能工程施工质量验收规范			2007/1/16	2007/10/1
11.1-3-110	11.1			GB 50433—2018	生产建设项目水土保持技术标准	GB 50433—2008		2018/11/1	2019/4/1
11.1-3-111	11.1			GB 50496—2018	大体积混凝土施工标准	GB 50496—2009		2018/4/25	2018/12/1
11.1-3-112	11.1			GB 50550—2010	建筑结构加固工程施工质量验收规范			2010/7/15	2011/2/1
11.1-3-113	11.1		P91	GB 50575—2010	1kV 及以下配线工程施工与验收规范			2010/5/31	2010/12/1
11.1-3-114	11.1			GB 50582—2010	室外作业场地照明设计标准			2010/5/31	2010/12/1
11.1-3-115	11.1			GB/T 50585—2019	岩土工程勘察安全标准	GB 50585—2010		2019/2/13	2019/8/1
11.1-3-116	11.1		P32	GB 50601—2010	建筑物防雷工程施工与质量验收规范			2010/7/15	2011/2/1
11.1-3-117	11.1		P33	GB 50606—2010	智能建筑工程施工规范			2010/7/15	2011/2/1
11.1-3-118	11.1		P91	GB 50617—2010	建筑电气照明装置施工与验收规范			2010/8/18	2011/6/1
11.1-3-119	11.1		P26	GB/T 50621—2010	钢结构现场检测技术标准			2010/8/18	2011/6/1
11.1-3-120	11.1		P27	GB 50628—2010	钢管混凝土工程施工质量验收规范			2010/11/3	2011/10/1
11.1-3-121	11.1			GB 50661—2011	钢结构焊接规范			2011/12/5	2012/8/1

序号	GW 分类	ICS 分类	GB 分类	标准号	中 文 名 称	代替标准	采用关系	发布日期	实施日期
11.1-3-122	11.1			GB 50666—2011	混凝土结构工程施工规范			2011/7/29	2012/8/1
11.1-3-123	11.1			GB 50755—2012	钢结构工程施工规范			2012/1/21	2012/8/1
11.1-3-124	11.1			GB/T 50841—2013	建设工程分类标准			2012/12/25	2013/5/1
11.1-3-125	11.1			GB 50870—2013	建筑施工安全技术统一规范			2013/5/13	2014/3/1
11.1-3-126	11.1		P16	GB 50877—2014	防火卷帘、防火门、防火窗施工及验收规范			2014/1/9	2014/8/1
11.1-3-127	11.1			GB/T 50905—2014	建筑工程绿色施工规范			2014/1/29	2014/10/1
11.1-3-128	11.1			GB 50924—2014	砌体结构工程施工规范			2014/1/29	2014/10/1
11.1-3-129	11.1			GB 50944—2013	防静电工程施工与质量验收规范			2013/11/29	2014/6/1
11.1-3-130	11.1			GB 51004—2015	建筑地基基础工程施工规范			2015/3/8	2015/11/1
11.1-3-131	11.1			GB/T 51231—2016	装配式混凝土建筑技术标准			2017/1/10	2017/6/1
11.1-3-132	11.1			GB/T 51232—2016	装配式钢结构建筑技术标准			2017/1/10	2017/6/1
11.1-3-133	11.1			GB/T 51238—2018	岩溶地区建筑地基基础技术标准			2018/11/1	2019/4/1
11.1-3-134	11.1			GB/T 51240—2018	生产建设项目水土保持监测与评价标准			2018/11/1	2019/4/1
11.1-3-135	11.1			GB/T 51290—2018	建设工程造价指标指数分类与测算标准			2018/3/7	2018/7/1
11.1-3-136	11.1			GB/T 51297—2018	水土保持工程调查与勘测标准			2018/11/1	2019/4/1
11.1-3-137	11.1			GB/T 51301—2018	建筑信息模型设计交付标准			2018/12/26	2019/6/1
11.1-3-138	11.1			GB/T 51336—2018	地下结构抗震设计标准			2018/11/1	2019/4/1
11.1-3-139	11.1			GB/T 51351—2019	建筑边坡工程施工质量验收标准			2019/1/24	2019/9/1
11.1-3-140	11.1			GB/T 51355—2019	既有混凝土结构耐久性评定标准			2019/2/13	2019/8/1
11.1-3-141	11.1	91.100.30	Q12	GB 8076—2008	混凝土外加剂	GB 8076—1997		2008/12/31	2009/12/30
11.1-3-142	11.1	91.100.30	Q12	GB/T 8077—2012	混凝土外加剂匀质性试验方法	GB/T 8077—2000		2012/12/31	2013/8/1
11.1-3-143	11.1	25.160.01	J33	GB 9448—1999	焊接与切割安全	GB 9448—1988		1999/9/3	2000/5/1
11.1-3-144	11.1	25.160.01	J33	GB/T 985.2—2008	埋弧焊的推荐坡口	GB/T 986—1988		2008/3/31	2008/9/1

序号	GW 分类	ICS 分类	GB 分类	标准号	中文名称	代替标准	采用关系	发布日期	实施日期
11.1-4-145	11.1		H48	CECS 280—2010	钢管结构技术规程			2010/9/7	2010/12/1
11.1-4-146	11.1			CECS 343—2013	钢结构防腐蚀涂装技术规程			2013/7/25	2013/10/1
11.1-4-147	11.1	91.080.40	P25	CECS 38—2004	纤维混凝土结构技术规程	CECS 38—1992		2004/7/30	2004/11/1
11.1-4-148	11.1	27.100	F20	DL/T 1362—2014	输变电工程项目质量管理规程			2014/10/15	2015/3/1
11.1-4-149	11.1	27.100	F20	DL/T 1363—2014	电网建设项目文件归档与档案整理规范			2014/10/15	2015/3/1
11.1-4-150	11.1	29.180	K41	DL/T 1560—2016	解体运输电力变压器现场组装与试验导则			2016/1/7	2016/6/1
11.1-4-151	11.1	19.100	F24	DL/T 1715—2017	铝及铝合金制电力设备对接接头超声检测方法与质量分级	DL/T 1715—2017		2017/8/2	2017/12/1
11.1-4-152	11.1	91.140.50	A00	DL/T 2143.2—2020	港口岸电系统建设规范　第 2 部分：电能计量			2020/10/23	2021/2/1
11.1-4-153	11.1	00.00	A00	DL/T 2197—2020	电力工程信息模型应用统一标准			2020/10/23	2021/2/1
11.1-4-154	11.1	93.020	P22	DL/T 5024—2005	电力工程地基处理技术规程	DL 5024—1993		2005/2/14	2005/7/1
11.1-4-155	11.1	07.060	P12	DL/T 5084—2012	电力工程水文技术规程	DL/T 5084—1998		2012/8/23	2012/12/1
11.1-4-156	11.1	29.240.10	P13	DL/T 5096—2008	电力工程钻探技术规程	DL 5096—1999； DL 5171—2002		2008/6/4	2008/11/1
11.1-4-157	11.1	27.100	P61	DL/T 5161.1—2018	电气装置安装工程质量检验及评定规程　第 1 部分：通则	DL/T 5161.1—2002		2018/12/25	2019/5/1
11.1-4-158	11.1	27.100	P61	DL/T 5161.2—2018	电气装置安装工程质量检验及评定规程　第 2 部分：高压电器施工质量检验	DL/T 5161.2—2002		2018/12/25	2019/5/1
11.1-4-159	11.1	27.100	P61	DL/T 5161.3—2018	电气装置安装工程质量检验及评定规程　第 3 部分：电力变压器、油浸电抗器、互感器施工质量检验	DL/T 5161.3—2002		2018/12/25	2019/5/1
11.1-4-160	11.1	27.100	P61	DL/T 5161.4—2018	电气装置安装工程质量检验及评定规程　第 4 部分：母线装置施工质量检验	DL/T 5161.4—2002		2018/12/25	2019/5/1
11.1-4-161	11.1	27.100	P61	DL/T 5161.5—2018	电气装置安装工程质量检验及评定规程　第 5 部分：电缆线路施工质量检验	DL/T 5161.5—2002		2018/12/25	2019/5/1
11.1-4-162	11.1	27.100	P61	DL/T 5161.6—2018	电气装置安装工程质量检验及评定规程　第 6 部分：接地装置施工质量检验	DL/T 5161.6—2002		2018/12/25	2019/5/1

续表

序号	GW 分类	ICS 分类	GB 分类	标准号	中　文　名　称	代替标准	采用关系	发布日期	实施日期
11.1-4-163	11.1	27.100	P61	DL/T 5161.7—2018	电气装置安装工程质量检验及评定规程　第 7 部分：旋转电机施工质量检验	DL/T 5161.7—2002		2018/12/25	2019/5/1
11.1-4-164	11.1	27.100	P61	DL/T 5161.8—2018	电气装置安装工程质量检验及评定规程　第 8 部分：盘、柜及二次回路接线施工质量检验	DL/T 5161.8—2002		2018/12/25	2019/5/1
11.1-4-165	11.1	27.100	P61	DL/T 5161.9—2018	电气装置安装工程质量检验及评定规程　第 9 部分：蓄电池施工质量检验	DL/T 5161.9—2002		2018/12/25	2019/5/1
11.1-4-166	11.1	27.100	P61	DL/T 5161.10—2018	电气装置安装工程质量检验及评定规程　第 10 部分：66kV 及以下架空电力线路施工质量检验	DL/T 5161.10—2002		2018/12/25	2019/5/1
11.1-4-167	11.1	27.100	P61	DL/T 5161.11—2018	电气装置安装工程质量检验及评定规程　第 11 部分：通信工程施工质量检验	DL/T 5161.11—2002		2018/12/25	2019/5/1
11.1-4-168	11.1	27.100	P61	DL/T 5161.12—2018	电气装置安装工程质量检验及评定规程　第 12 部分：低压电器施工质量检验	DL/T 5161.12—2002		2018/12/25	2019/5/1
11.1-4-169	11.1	27.100	P61	DL/T 5161.13—2018	电气装置安装工程质量检验及评定规程　第 13 部分：电力变流设备施工质量检验	DL/T 5161.13—2002		2018/12/25	2019/5/1
11.1-4-170	11.1	27.100	P61	DL/T 5161.14—2018	电气装置安装工程质量检验及评定规程　第 14 部分：起重机电气装置施工质量检验	DL/T 5161.14—2002		2018/12/25	2019/5/1
11.1-4-171	11.1	27.100	P61	DL/T 5161.15—2018	电气装置安装工程质量检验及评定规程　第 15 部分：爆炸及火灾危险环境电气装置施工质量检验	DL/T 5161.15—2002		2018/12/25	2019/5/1
11.1-4-172	11.1	27.100	P61	DL/T 5161.16—2018	电气装置安装工程质量检验及评定规程　第 16 部分：1kV 及以下配线工程施工质量检验	DL/T 5161.16—2002		2018/12/25	2019/5/1
11.1-4-173	11.1	27.100	P61	DL/T 5161.17—2018	电气装置安装工程质量检验及评定规程　第 17 部分：电气照明装置施工质量检验	DL/T 5161.17—2002		2018/12/25	2019/5/1
11.1-4-174	11.1	27.100	P61	DL 5190.1—2012	电力建设施工技术规范　第 1 部分：土建结构工程	SDJ 69—1987		2012/4/6	2012/7/1
11.1-4-175	11.1	27.040	P91	DL 5190.9—2012	电力建设施工技术规范　第 9 部分：水工结构工程	SDJ 280—1990		2012/4/6	2012/7/1
11.1-4-176	11.1	27.140	P59	DL/T 5193—2004	环氧树脂砂浆技术规程			2004/3/9	2004/6/1
11.1-4-177	11.1	27.100	P61	DL/T 5210.1—2012	电力建设施工质量验收及评价规程　第 1 部分：土建工程	DL 5210.1—2005		2012/4/6	2012/7/1

11

续表

序号	GW 分类	ICS 分类	GB 分类	标准号	中 文 名 称	代替标准	采用关系	发布日期	实施日期
11.1-4-178	11.1			DL/T 5210.5—2018	电力建设施工质量验收规程　第 5 部分：焊接	DL/T 5210.7—2010		2018/12/25	2019/5/1
11.1-4-179	11.1			DL/T 5229—2016	电力工程竣工图文件编制规定	DL/T 5229—2005		2016/1/7	2016/6/1
11.1-4-180	11.1	27.100	P60	DL 5279—2012	输变电工程达标投产验收规程			2012/4/6	2012/7/1
11.1-4-181	11.1	27.100	F24	DL/T 5293—2013	电气装置安装工程电气设备交接试验报告统一格式			2013/11/28	2014/4/1
11.1-4-182	11.1	27.100	F20	DL/T 5394—2007	电力工程地下金属构筑物防腐技术导则			2007/7/20	2007/12/1
11.1-4-183	11.1	29.020	K09	DL/T 5408—2009	发电厂、变电站电子信息系统 220V/380V 电源电涌保护配置、安装及验收规程			2009/7/22	2009/12/1
11.1-4-184	11.1			DL/T 5425—2018	深层搅拌法地基处理技术规范	DL/T 5425—2009		2018/12/25	2019/5/1
11.1-4-185	11.1	29.020	K01	DL/T 5434—2009	电力建设工程监理规范			2009/7/22	2009/12/1
11.1-4-186	11.1	27.100	P11	DL/T 5445—2010	电力工程施工测量技术规范			2010/8/27	2010/12/15
11.1-4-187	11.1		P10	DL/T 5481—2013	电力岩土工程监理规程			2013/11/28	2014/4/1
11.1-4-188	11.1	71.100.80	G77	DL/T 5566—2019	架空输电线路工程勘测数据交换标准	GB 19173—2003		2019/11/4	2020/5/1
11.1-4-189	11.1			DL/T 5700—2014	城市居住区供配电设施建设规范			2014/10/15	2015/3/1
11.1-4-190	11.1	27.100	F20	DL/T 5710—2014	电力建设土建工程施工技术检验规范			2014/10/15	2015/3/1
11.1-4-191	11.1			DL/T 5727—2016	绝缘子用常温固化硅橡胶防污闪涂料现场施工技术规范			2016/1/7	2016/6/1
11.1-4-192	11.1	29.240.01	F22	DL/T 5738—2016	电力建设工程变形缝施工技术规范			2016/8/16	2016/12/1
11.1-4-193	11.1	29.240.01	F22	DL/T 5759—2017	配电系统电气装置安装工程施工及验收规范			2017/12/27	2018/6/1
11.1-4-194	11.1	29.240.20	P60	DL/T 5789—2019	绝缘管型母线施工工艺导则			2019/6/4	2019/10/1
11.1-4-195	11.1			DL/T 5794—2019	灌浆记录仪检验规程			2019/11/4	2020/5/1
11.1-4-196	11.1	25.160.10	J33	DL/T 5804—2019	水工碾压混凝土工艺试验规程			2019/11/4	2020/5/1
11.1-4-197	11.1	25.160.10	J33	DL/T 678—2013	电力钢结构焊接通用技术条件	DL/T 678—1999		2013/3/7	2013/8/1
11.1-4-198	11.1	17.220.20	N22	DL/T 825—2002	电能计量装置安装接线规则			2002/9/16	2002/12/1
11.1-4-199	11.1	27.100	P61	DL/T 868—2014	焊接工艺评定规程	DL/T 868—2004		2014/3/18	2014/8/1

续表

序号	GW 分类	ICS 分类	GB 分类	标准号	中 文 名 称	代替标准	采用关系	发布日期	实施日期
11.1-4-200	11.1			HG/T 20691—2017	高压喷射注浆施工技术规范	HG/T 20691—2006		2017/7/7	2018/1/1
11.1-4-201	11.1	01.040.13		HJ 705—2014	建设项目竣工环境保护验收技术规范　输变电工程			2014/10/20	2015/1/1
11.1-4-202	11.1	91.100.99	Q18	JC/T 2561—2020	建筑装饰用不燃级金属复合板			2020/4/24	2020/10/1
11.1-4-203	11.1	91.100.10	Q13	JC/T 2566—2020	膨胀珍珠岩保温板外墙外保温系统用砂浆			2020/4/24	2020/10/1
11.1-4-204	11.1		P97	JGJ/T 10—2011	混凝土泵送施工技术规程	JGJ 10—1995		2011/7/13	2012/3/1
11.1-4-205	11.1			JGJ 126—2015	外墙饰面砖工程施工及验收规程			2015/1/9	2015/9/1
11.1-4-206	11.1			JGJ/T 157—2014	建筑轻质条板隔墙技术规程	JGJ/T 157—2008；JGJ 48—1988		2014/6/5	2014/12/1
11.1-4-207	11.1		J33	JGJ 18—2012	钢筋焊接及验收规程	JGJ 18—2003		2012/3/1	2012/8/1
11.1-4-208	11.1			JGJ/T 29—2015	建筑涂饰工程施工及验收规程			2015/3/13	2015/11/1
11.1-4-209	11.1			JGJ 348—2014	建筑工程施工现场标志设置技术规程			2014/10/20	2015/5/1
11.1-4-210	11.1			JGJ/T 401—2017	锚杆检测与监测技术规程			2017/2/20	2017/9/1
11.1-4-211	11.1			JGJ/T 419—2018	长螺旋钻孔压灌桩技术标准			2018/12/6	2019/6/1
11.1-4-212	11.1			JGJ 55—2011	普通混凝土配合比设计规程			2011/4/22	2011/12/1
11.1-4-213	11.1		P25	JGJ 63—2006	混凝土用水标准	JGJ 63—1989		2006/7/25	2006/12/1
11.1-4-214	11.1			JGJ 82—2011	钢结构高强度螺栓连接技术规程	JGJ 82—1991		2011/1/7	2011/10/1
11.1-4-215	11.1			YB/T 4001.2—2020	钢格栅板及配套件　第 2 部分：钢格板平台球型护栏			2020/4/24	2020/10/1
11.1-4-216	11.1			YB/T 4001.3—2020	钢格栅板及配套件　第 3 部分：钢格板楼梯踏板			2020/4/24	2020/10/1
11.1-4-217	11.1	77.140.99	P25	YB 9082—2006	钢骨混凝土结构技术规程	YB 9082—1997		2007/2/1	2007/2/1
11.1-5-218	11.1	25.160.40	J33	ISO 17636-2：2013	焊缝的无损检测　放射线检验　第 2 部分：带数字探测器的 X 射线和 γ 射线技术	ISO 17636：2003；ISO FDIS 17636-2：2012		2013/1/1	2013/1/1
11.1-5-219	11.1	25.160.40	J33	ISO 6520-2：2013	焊接和相关工艺　金属材料中几何缺陷的分类　第 2 部分：压力焊接	ISO 6520-2：2001；ISO FDIS 6520-2：2012		2013/8/1	2013/8/1

序号	GW 分类	ICS 分类	GB 分类	标准号	中 文 名 称	代替标准	采用关系	发布日期	实施日期
11.1-5-220	11.1	29.240.01；91.140.50	P91	NF C 13-200：2009	高压电气安装　生产场地和工业、商业和农业安装的附加规范	NF C 13-200—1987；NF C 13-200 A 1—1989		2009/9/1	2009/9/5

11.2　工程建设-变电站

序号	GW 分类	ICS 分类	GB 分类	标准号	中 文 名 称	代替标准	采用关系	发布日期	实施日期
11.2-2-1	11.2	29.240.10		Q/GDW 10119—2019	750kV 变电站构支架制作安装及验收规范	Q/GDW 119—2005		2020/7/31	2020/7/31
11.2-2-2	11.2	29.240.20		Q/GDW 10120—2019	750kV 变电站电气设备施工质量检验及评定规程	Q/GDW 120—2005		2020/7/31	2020/7/31
11.2-2-3	11.2	29.240.10		Q/GDW 10123—2019	750kV 高压电器（GIS、HGIS、隔离开关、避雷器）施工及验收规范	Q/GDW 123—2005		2020/7/31	2020/7/31
11.2-2-4	11.2	29.240		Q/GDW 10164—2019	1000kV 配电装置构支架制作施工及验收规范	Q/GDW 164—2007		2020/7/3	2020/7/3
11.2-2-5	11.2			Q/GDW 10189—2017	1000kV 变电站电气设备施工质量检验及评定规程	Q/GDW 189—2008		2018/7/11	2018/7/11
11.2-2-6	11.2	29.240		Q/GDW 10197—2016	1000kV 母线装置施工工艺导则	Q/GDW 197—2008		2017/5/25	2017/5/25
11.2-2-7	11.2	29.240		Q/GDW 10198—2016	1000kV 母线装置施工及验收规范	Q/GDW 198—2008		2017/5/25	2017/5/25
11.2-2-8	11.2	29.240		Q/GDW 10284—2018	1000kV 交流输变电工程系统调试规程	Q/GDW 10284—2014		2020/1/12	2020/1/12
11.2-2-9	11.2			Q/GDW 10381.6—2017	国家电网有限公司输变电工程施工图设计内容深度规定　第 6 部分：330kV～750kV 智能变电站	Q/GDW 1381.6—2013		2018/7/11	2018/7/11
11.2-2-10	11.2	29.240		Q/GDW 10431—2016	智能变电站自动化系统现场调试导则	G/GDW 431—2010		2016/12/22	2016/12/22
11.2-2-11	11.2	29.240		Q/GDW 10580—2016	变电站智能化改造工程设备竣工（预）验收规范	Q/GDW 580—2010		2017/10/9	2017/10/9
11.2-2-12	11.2	29.240		Q/GDW 10875—2018	智能变电站一体化监控系统测试规范	Q/GDW 1875—2013		2020/4/8	2020/4/8
11.2-2-13	11.2	29.240		Q/GDW 11129—2013	1000kV 变电站 A 型柱钢管构架安装施工工艺导则			2014/4/15	2014/4/15
11.2-2-14	11.2	29.240		Q/GDW 11130—2013	1000kV 变电站 A 型柱钢管构架安装施工及验收导则			2014/4/15	2014/4/15
11.2-2-15	11.2	29.240		Q/GDW 11131—2013	1000kV 变电站 A 型柱钢管构架安装施工质量检验及评定导则			2014/4/15	2014/4/15

续表

序号	GW 分类	ICS 分类	GB 分类	标准号	中 文 名 称	代替标准	采用关系	发布日期	实施日期
11.2-2-16	11.2	29.240		Q/GDW 11144—2013	变电站地源热泵系统设计导则			2014/4/15	2014/4/15
11.2-2-17	11.2	29.240		Q/GDW 11145—2014	智能变电站二次系统标准化现场调试规范			2014/12/31	2014/12/31
11.2-2-18	11.2	29.240		Q/GDW 11152—2014	智能变电站模块化建设技术导则			2014/12/31	2014/12/31
11.2-2-19	11.2	29.240		Q/GDW 11154—2014	智能变电站预制电缆技术规范			2014/12/31	2014/12/31
11.2-2-20	11.2	29.240		Q/GDW 11155—2014	智能变电站预制光缆技术规范			2014/12/31	2014/12/31
11.2-2-21	11.2	29.240		Q/GDW 11156—2014	智能变电站二次系统信息模型校验规范			2014/12/31	2014/12/31
11.2-2-22	11.2	29.240		Q/GDW 11157—2017	预制舱式二次组合设备技术规范	Q/GDW 11157—2014		2018/12/14	2018/12/14
11.2-2-23	11.2	29.240		Q/GDW 11309—2014	变电站安全防范系统技术规范			2015/2/26	2015/2/26
11.2-2-24	11.2	29.240		Q/GDW 11327—2014	变电站地源热泵空调施工工艺导则			2015/1/31	2015/1/31
11.2-2-25	11.2	29.240		Q/GDW 11329—2014	变压器短路法加热施工工艺导则			2015/1/31	2015/1/31
11.2-2-26	11.2	29.240		Q/GDW 11547—2016	统一潮流控制器工程设计导则			2017/2/28	2017/2/28
11.2-2-27	11.2	29.240		Q/GDW 11548—2016	统一潮流控制器工程分系统调试规范			2017/2/28	2017/2/28
11.2-2-28	11.2	29.240		Q/GDW 11549—2016	统一潮流控制器系统调试规范			2017/2/28	2017/2/28
11.2-2-29	11.2	29.240		Q/GDW 11550—2016	统一潮流控制器电气装置施工及验收规范			2017/2/28	2017/2/28
11.2-2-30	11.2	29.240		Q/GDW 11551—2016	统一潮流控制器用 220kV 油浸式串联变压器技术规范			2017/2/28	2017/2/28
11.2-2-31	11.2	29.240		Q/GDW 11552—2016	统一潮流控制器一次设备监造规范			2017/2/28	2017/2/28
11.2-2-32	11.2	29.240		Q/GDW 11589—2016	1000kV 解体运输式电力变压器安装工艺导则			2017/5/25	2017/5/25
11.2-2-33	11.2	29.240		Q/GDW 11650—2016	站用 35kV 及以下导线和母线绝缘化技术规范			2017/10/17	2017/10/17
11.2-2-34	11.2	29.240		Q/GDW 1165—2014	1000kV 交流变电站构支架组立施工工艺导则	Q/GDW 165—2007		2015/2/6	2015/2/6
11.2-2-35	11.2	29.240		Q/GDW 11688—2017	变电站装配式钢结构建筑施工验收规范			2018/2/12	2018/2/12
11.2-2-36	11.2			Q/GDW 1183—2012	变电（换流）站土建工程施工质量验收规范	Q/GDW 183—2008		2014/5/1	2014/5/1
11.2-2-37	11.2	29.240	29.240	Q/GDW 11881.1—2018	35kV～220kV 输变电工程初步设计与施工图设计阶段勘测报告内容深度规定　第 1 部分：变电站			2019/10/23	2019/10/23

序号	GW 分类	ICS 分类	GB 分类	标准号	中　文　名　称	代替标准	采用关系	发布日期	实施日期
11.2-2-38	11.2	29.240	29.240	Q/GDW 11882—2018	预制舱式 10kV～35kV 一二次组合设备技术规范			2019/10/23	2019/10/23
11.2-2-39	11.2	29.240	29.240	Q/GDW 11906—2018	1000kV 电力变压器关键部件施工工艺导则			2020/1/12	2020/1/12
11.2-2-40	11.2	29.240	29.240	Q/GDW 11907—2018	1000kV GIS 设备移动式车间验收规范			2020/1/12	2020/1/12
11.2-2-41	11.2	29.240	29.240	Q/GDW 11909—2018	±1100kV 直流系统绝缘配合导则			2020/1/12	2020/1/12
11.2-2-42	11.2	01.040.29	01.040.29	Q/GDW 11911—2018	特高压换流变现场组装技术规范			2020/1/12	2020/1/12
11.2-2-43	11.2	01.040.29	01.040.29	Q/GDW 11912—2018	特高压换流变现场组装工艺导则			2020/1/12	2020/1/12
11.2-2-44	11.2	29.240	29.240	Q/GDW 11913—2018	±1100kV 直流输电系统可靠性评价规程			2020/1/12	2020/1/12
11.2-2-45	11.2	29.240.10	29.240.10	Q/GDW 11962—2019	变电站构筑物可靠性鉴定及加固技术规程			2020/7/31	2020/7/31
11.2-2-46	11.2	29.240.10	K41	Q/GDW 122—2005	750kV 电力变压器、油浸电抗器、互感器施工及验收规范			2005/5/18	2005/8/18
11.2-2-47	11.2	29.240		Q/GDW 1274—2015	变电工程落地式钢管脚手架施工安全技术规范	Q/GDW 274—2009		2016/11/15	2016/11/15
11.2-2-48	11.2	29.240		Q/GDW 1284—2014	1000kV 交流输变电工程系统调试规程	Q/GDW 284—2009		2014/12/31	2014/12/31
11.2-2-49	11.2			Q/GDW 1837—2012	移动式直流融冰装置交接试验及验收规程			2014/5/1	2014/5/1
11.2-2-50	11.2			Q/GDW 1852—2012	1000kV 及以下串联电容器补偿装置施工质量检验及评定规程			2014/5/1	2014/5/1
11.2-2-51	11.2			Q/GDW 1853—2012	1000kV 及以下串联电容器补偿装置施工及验收规范			2014/5/1	2014/5/1
11.2-2-52	11.2			Q/GDW 1854—2012	1000kV 及以下串联电容器补偿装置施工工艺导则			2014/5/1	2014/5/1
11.2-2-53	11.2			Q/GDW 1856—2012	变电（换流）站土建工程施工质量评价规程			2014/5/1	2014/5/1
11.2-2-54	11.2			Q/GDW 1861—2012	特高压工程重大件设备运输监督规范			2013/6/28	2013/6/28
11.2-2-55	11.2	29.240		Q/GDW 190—2008	1000kV 变电站二次接线施工工艺导则			2008/12/8	2008/12/8
11.2-2-56	11.2	29.240		Q/GDW 191—2008	1000kV 变电站接地装置施工工艺导则			2008/12/8	2008/12/8
11.2-2-57	11.2	29.240		Q/GDW 192—2008	1000kV 电力变压器、油浸电抗器、互感器施工及验收规范			2008/12/8	2008/12/8
11.2-2-58	11.2			Q/GDW 1922—2013	35kV 智能变电站技术导则			2014/5/1	2014/5/1

续表

序号	GW 分类	ICS 分类	GB 分类	标准号	中 文 名 称	代替标准	采用关系	发布日期	实施日期
11.2-2-59	11.2	29.240		Q/GDW 193—2008	1000kV 电力变压器、油浸电抗器施工工艺导则			2008/12/8	2008/12/8
11.2-2-60	11.2	29.240		Q/GDW 194—2008	1000kV 电容式电压互感器、避雷器、支柱绝缘子施工工艺导则			2008/12/8	2008/12/8
11.2-2-61	11.2			Q/GDW 1947—2013	500kV 无人值班变电站系统调试技术规范			2014/5/1	2014/5/1
11.2-2-62	11.2	29.240		Q/GDW 196—2008	1000kV 隔离开关施工工艺导则			2008/12/8	2008/12/8
11.2-2-63	11.2	29.240		Q/GDW 199—2008	1000kV 气体绝缘金属封闭开关设备施工工艺导则			2008/12/8	2008/12/8
11.2-2-64	11.2	29.240		Q/GDW 278—2009	1000kV 变电站接地技术规范			2009/5/25	2009/5/25
11.2-2-65	11.2	29.240		Q/GDW 285—2009	1000kV 交流输变电工程启动及竣工验收规程			2009/5/25	2009/5/25
11.2-2-66	11.2	29.020		Q/GDW 539—2010	变电设备在线监测系统安装验收规范			2011/1/28	2011/1/28
11.2-2-67	11.2	29.020		Q/GDW 566—2010	高压无源电力滤波装置验收规范			2011/1/17	2011/1/17
11.2-2-68	11.2	29.020		Q/GDW 576—2010	站用交直流一体化电源系统技术规范			2011/3/11	2011/3/11
11.2-2-69	11.2	29.020		Q/GDW 636—2011	固定式直流融冰装置交接试验及验收规程			2011/9/2	2011/9/2
11.2-2-70	11.2	29.240		Q/GDW 689—2012	智能变电站调试规范			2012/12/28	2012/12/28
11.2-2-71	11.2	29.020		Q/GDW 699—2011	农网智能配电台区建设规范			2012/2/1	2012/2/1
11.2-2-72	11.2	29.240		Q/GDW 753.1—2012	智能设备交接验收规范　第 1 部分：一次设备状态监测			2012/6/11	2012/6/11
11.2-2-73	11.2	29.240		Q/GDW 753.2—2012	智能设备交接验收规范　第 2 部分：电子式互感器			2012/6/11	2012/6/11
11.2-2-74	11.2	29.240		Q/GDW 753.3—2012	智能设备交接验收规范　第 3 部分：变电站智能巡视			2012/6/11	2012/6/11
11.2-2-75	11.2	29.240		Q/GDW 753.4—2012	智能设备交接验收规范　第 4 部分：站用交直流一体化电源			2012/6/11	2012/6/11
11.2-3-76	11.2	27.100	F23	GB/T 25737—2010	1000kV 变电站监控系统验收规范			2010/12/23	2011/5/1
11.2-3-77	11.2	25.220.99	A29	GB/T 37575—2019	埋地接地体阴极保护技术			2019/6/4	2020/5/1
11.2-3-78	11.2	91.040.01	P32；P04	GB 50209—2010	建筑地面工程施工质量验收规范	GB 50209 E—2002；GB 50209—2002		2010/5/31	2010/12/1

11

序号	GW 分类	ICS 分类	GB 分类	标准号	中 文 名 称	代替标准	采用关系	发布日期	实施日期
11.2-3-79	11.2			GB 50229—2019	火力发电厂与变电站设计防火标准	GB 50229—2006		2019/2/13	2019/8/1
11.2-3-80	11.2			GB 50339—2013	智能建筑工程质量验收规范	GB 50339—2003		2013/6/26	2014/2/1
11.2-3-81	11.2			GB 50834—2013	1000kV 构支架施工及验收规范			2012/12/25	2013/5/1
11.2-3-82	11.2			GB 50835—2013	1000kV 电力变压器、油浸电抗器、互感器施工及验收规范			2012/12/25	2013/5/1
11.2-3-83	11.2			GB 50836—2013	1000kV 高压电器（GIS、HGIS、隔离开关、避雷器）施工及验收规范			2012/12/25	2013/5/1
11.2-3-84	11.2			GB 50993—2014	1000kV 输变电工程竣工验收规范			2014/5/29	2015/3/1
11.2-3-85	11.2			GB 50994—2014	工业企业电气设备抗震鉴定标准			2014/5/29	2015/3/1
11.2-3-86	11.2			GB 51049—2014	电气装置安装工程 串联电容器补偿装置施工及验收规范			2014/12/2	2015/8/1
11.2-4-87	11.2	27.100	F20	DL/T 1071—2014	电力大件运输规范	DL/T 1071—2007		2014/3/18	2014/8/1
11.2-4-88	11.2	29.240.01	F20	DL/T 1146—2009	DL/T 860 实施技术规范			2009/7/22	2009/12/1
11.2-4-89	11.2	29.180	K41	DL/T 1266—2013	变压器用片式散热器选用导则			2013/11/28	2014/4/1
11.2-4-90	11.2	33.180	M49	DL/T 1623—2016	智能变电站预制光缆技术规范			2016/8/16	2016/12/1
11.2-4-91	11.2	29.240.01	F21	DL/T 1879—2018	智能变电站监控系统验收规范			2018/12/25	2019/5/1
11.2-4-92	11.2	29.240.10	K40	DL/T 358—2010	7.2kV～12kV 预装式户外开关站安装与验收规程			2011/1/9	2011/5/1
11.2-4-93	11.2	27.1	P40	DL/T 5143—2018	变电所给水排水设计规程	DL/T 5143—2002		2018/12/25	2019/5/1
11.2-4-94	11.2	71.100.01；87.060.10	G56	DL/T 5292—2013	1000kV 交流输变电工程系统调试规程			2013/3/7	2013/8/1
11.2-4-95	11.2	29.100.99	P61	DL/T 5312—2013	1000kV 变电站电气装置安装工程施工质量检验及评定规程			2013/11/28	2014/4/1
11.2-4-96	11.2			DL/T 5520—2016	变电工程施工组织大纲设计导则			2016/12/5	2017/5/1
11.2-4-97	11.2	29.240.10	P62	DL/T 5725—2015	35kV 及以下电力用户变电所建设规范			2015/7/1	2015/12/1
11.2-4-98	11.2			DL/T 5726—2015	1000kV 串联电容器补偿装置施工工艺导则			2015/7/1	2015/12/1
11.2-4-99	11.2			DL/T 5740—2016	智能变电站施工技术规范			2016/8/16	2016/12/1

序号	GW 分类	ICS 分类	GB 分类	标准号	中文名称	代替标准	采用关系	发布日期	实施日期
11.2-4-100	11.2	29.204.01	F20	DL/T 5754—2017	智能变电站工程调试质量检验评定规程			2017/11/15	2018/3/1
11.2-4-101	11.2	13.030.01	Z04	DL/T 5814—2020	变电站、换流站土建工程施工质量验收规程			2020/10/23	2021/2/1
11.2-4-102	11.2		J33	DL/T 754—2013	母线焊接技术规程	DL/T 754—2001		2013/3/7	2013/8/1
11.2-4-103	11.2	29.240.01	K 45	NB/T 10191—2019	继电保护光纤回路标识编制方法			2019/6/4	2019/10/1
11.2-5-104	11.2			IEEE 1268—2016	移动变电所设备安全安装指南	IEEE 1268—2005		2016/1/29	2016/1/29

11.3 工程建设-换流站

序号	GW 分类	ICS 分类	GB 分类	标准号	中文名称	代替标准	采用关系	发布日期	实施日期
11.3-2-1	11.3			Q/GDW 10217.1—2017	±800kV 换流站施工质量检验规程 第 1 部分：通则	Q/GDW 217—2008		2017/5/25	2017/5/25
11.3-2-2	11.3			Q/GDW 10217.2—2017	±800kV 换流站施工质量检验规程 第 2 部分：换流阀施工质量检验	Q/GDW 217.2—2008		2017/5/25	2017/5/25
11.3-2-3	11.3			Q/GDW 10217.3—2017	±800kV 换流站施工质量检验规程 第 3 部分：换流变压器施工质量检验	Q/GDW 217.3—2008		2018/7/11	2018/7/11
11.3-2-4	11.3			Q/GDW 10217.4—2017	±800kV 换流站施工质量检验规程 第 4 部分：直流高压电器施工质量检验	Q/GDW 217.4—2008		2018/7/11	2018/7/11
11.3-2-5	11.3			Q/GDW 10217.5—2017	±800kV 换流站施工质量检验规程 第 5 部分：交流滤波器施工质量检验	Q/GDW 217.5—2008		2018/7/11	2018/7/11
11.3-2-6	11.3			Q/GDW 10217.6—2017	±800kV 换流站施工质量检验规程 第 6 部分：母线装置施工质量检验	Q/GDW 217.6—2008		2018/7/11	2018/7/11
11.3-2-7	11.3			Q/GDW 10217.7—2017	±800kV 换流站施工质量检验规程 第 7 部分：屏、柜及二次回路接线施工质量	Q/GDW 217.7—2008		2018/7/11	2018/7/11
11.3-2-8	11.3			Q/GDW 11218—2018	±1100kV 换流变压器交流局部放电现场试验导则	Q/GDW 11218—2014		2019/10/23	2019/10/23
11.3-2-9	11.3	29.240		Q/GDW 11500—2016	±800kV 换流站工程换流变压器分系统调试规范			2016/12/22	2016/12/22
11.3-2-10	11.3	29.240		Q/GDW 11501—2016	±800kV 特高压直流换流站阀厅红外测温系统技术规范			2016/12/22	2016/12/22

续表

序号	GW 分类	ICS 分类	GB 分类	标准号	中文名称	代替标准	采用关系	发布日期	实施日期
11.3-2-11	11.3	29.240		Q/GDW 11601—2016	±800kV 特高压直流换流站建筑物电磁屏蔽技术规范			2017/6/16	2017/6/16
11.3-2-12	11.3	29.240		Q/GDW 11666—2017	±1100kV 特高压直流工程换流站主要电气设备监造导则			2018/1/18	2018/1/18
11.3-2-13	11.3			Q/GDW 11745—2017	±1100kV 换流站阀厅施工及验收规范			2018/9/12	2018/9/12
11.3-2-14	11.3			Q/GDW 11746—2017	±1100kV 换流站户内直流场建筑钢结构施工及验收规范			2018/9/12	2018/9/12
11.3-2-15	11.3			Q/GDW 11747—2017	±1100kV 换流站直流高压电器施工及验收规范			2018/9/12	2018/9/12
11.3-2-16	11.3			Q/GDW 11748—2017	±1100kV 换流站换流阀施工及验收规范			2018/9/12	2018/9/12
11.3-2-17	11.3			Q/GDW 11750.1—2017	特高压换流站分系统调试规范 第 1 部分：通则			2018/9/12	2018/9/12
11.3-2-18	11.3			Q/GDW 11750.2—2017	特高压换流站分系统调试规范 第 2 部分：换流阀分系统调试			2018/9/12	2018/9/12
11.3-2-19	11.3			Q/GDW 11750.3—2017	特高压换流站分系统调试规范 第 3 部分：换流变分系统调试			2018/9/12	2018/9/12
11.3-2-20	11.3			Q/GDW 11750.4—2017	特高压换流站分系统调试规范 第 4 部分：交流场分系统调试			2018/9/12	2018/9/12
11.3-2-21	11.3			Q/GDW 11750.5—2017	特高压换流站分系统调试规范 第 5 部分：交流滤波器场分系统调试			2018/9/12	2018/9/12
11.3-2-22	11.3			Q/GDW 11750.6—2017	特高压换流站分系统调试规范 第 6 部分：直流场分系统调试			2018/9/12	2018/9/12
11.3-2-23	11.3			Q/GDW 11750.7—2017	特高压换流站分系统调试规范 第 7 部分：站用电分系统调试			2018/9/12	2018/9/12
11.3-2-24	11.3			Q/GDW 11750.8—2017	特高压换流站分系统调试规范 第 8 部分：辅助系统及其他分系统调试			2018/9/12	2018/9/12
11.3-2-25	11.3			Q/GDW 11750.9—2017	特高压换流站分系统调试规范 第 9 部分：控制保护设备分系统调试			2018/9/12	2018/9/12
11.3-2-26	11.3			Q/GDW 11751—2017	±1100kV 换流站换流变压器施工及验收规范			2018/9/12	2018/9/12

续表

序号	GW 分类	ICS 分类	GB 分类	标准号	中文名称	代替标准	采用关系	发布日期	实施日期
11.3-2-27	11.3	29.240		Q/GDW 11870—2018	±1100kV 换流站电气设备施工技术监督导则			2019/10/23	2019/10/23
11.3-2-28	11.3	29.240		Q/GDW 11910—2018	高压直流换流站无间隙金属氧化物避雷器选用导则			2020/1/12	2020/1/12
11.3-2-29	11.3	29.240.10		Q/GDW 11953.1—2019	柔性直流换流站交接验收规程　第 1 部分：通则			2020/7/3	2020/7/3
11.3-2-30	11.3	29.240.10		Q/GDW 11953.2—2019	柔性直流换流站交接验收规程　第 2 部分：换流阀			2020/7/3	2020/7/3
11.3-2-31	11.3	29.240.10		Q/GDW 11953.3—2019	柔性直流换流站交接验收规程　第 3 部分：换流（联接）变压器			2020/7/3	2020/7/3
11.3-2-32	11.3	29.240.10		Q/GDW 11953.4—2019	柔性直流换流站交接验收规程　第 4 部分：启动回路			2020/7/3	2020/7/3
11.3-2-33	11.3	29.240.10		Q/GDW 11953.5—2019	柔性直流换流站交接验收规程　第 5 部分：直流高压电器			2020/7/3	2020/7/3
11.3-2-34	11.3	29.240.10		Q/GDW 11953.6—2019	柔性直流换流站交接验收规程　第 6 部分：交流耗能装置			2020/7/3	2020/7/3
11.3-2-35	11.3	29.240.10		Q/GDW 11953.7—2019	柔性直流换流站交接验收规程　第 7 部分：母线装置			2020/7/3	2020/7/3
11.3-2-36	11.3	29.240.10		Q/GDW 11953.8—2019	柔性直流换流站交接验收规程　第 8 部分：屏、柜及二次回路接线			2020/7/3	2020/7/3
11.3-2-37	11.3	29.200		Q/GDW 11954—2019	高压柔性直流换流阀调试规程			2020/7/3	2020/7/3
11.3-2-38	11.3	29.020		Q/GDW 11959—2019	快速动态响应同步调相机工程调试技术规范			2020/7/31	2020/7/31
11.3-2-39	11.3	29.240		Q/GDW 1218—2014	±800kV 换流站阀厅施工及验收规范	Q/GDW 218—2008		2015/2/6	2015/2/6
11.3-2-40	11.3	29.240		Q/GDW 1219—2014	±800kV 换流站直流高压电器施工及验收规范	Q/GDW 219—2008		2015/2/6	2015/2/6
11.3-2-41	11.3	29.240		Q/GDW 1220—2014	±800kV 换流站换流变压器施工及验收规范	Q/GDW 220—2008		2015/2/6	2015/2/6
11.3-2-42	11.3	29.240		Q/GDW 1221—2014	±800kV 换流站换流阀施工及验收规范	Q/GDW 221—2008		2015/2/6	2015/2/6
11.3-2-43	11.3	29.240		Q/GDW 1222—2014	±800kV 换流站交流滤波器施工及验收规范	Q/GDW 222—2008		2015/2/6	2015/2/6
11.3-2-44	11.3	29.240		Q/GDW 1223—2014	±800kV 换流站母线装置施工及验收规范	Q/GDW 223—2008		2015/2/6	2015/2/6
11.3-2-45	11.3	29.240		Q/GDW 1224—2014	±800kV 换流站屏、柜及二次回路接线施工及验收规范	Q/GDW 224—2008		2015/2/6	2015/2/6

序号	GW 分类	ICS 分类	GB 分类	标准号	中 文 名 称	代替标准	采用关系	发布日期	实施日期
11.3-2-46	11.3	29.240		Q/GDW 1263—2014	±800kV 级直流系统电气设备监造导则	Q/GDW 263—2009		2014/12/31	2014/12/31
11.3-2-47	11.3	29.240		Q/GDW 1275—2015	±800kV 直流系统电气设备交接试验	Q/GDW 275—2009		2016/11/15	2016/11/15
11.3-2-48	11.3			Q/GDW 139—2006	高压直流输电工程系统试验规程			2006/7/20	2006/7/20
11.3-2-49	11.3	29.240		Q/GDW 255—2009	±800kV 换流站大型设备安装工艺导则			2009/5/25	2009/5/25
11.3-2-50	11.3	29.240		Q/GDW 256—2009	±800kV 换流站构支架组立施工工艺导则			2009/5/25	2009/5/25
11.3-2-51	11.3	29.240		Q/GDW 257—2009	±800kV 换流站母线、跳线施工工艺导则			2009/5/25	2009/5/25
11.3-2-52	11.3	29.240		Q/GDW 264—2009	±800kV 直流输电工程换流站电气二次设备交接验收试验规程			2009/5/25	2009/5/25
11.3-3-53	11.3			GB 50729—2012	±800kV 及以下直流换流站土建工程施工质量验收规范			2012/6/29	2012/10/1
11.3-3-54	11.3			GB 50774—2012	±800kV 及以下换流站干式平波电抗器施工及验收规范			2012/5/28	2012/12/1
11.3-3-55	11.3			GB/T 50775—2012	±800kV 及以下换流站换流阀施工及验收规范			2012/5/28	2012/12/1
11.3-3-56	11.3			GB 50776—2012	±800kV 及以下换流站换流变压器施工及验收规范			2012/5/28	2012/12/1
11.3-3-57	11.3			GB 50777—2012	±800kV 及以下换流站构支架施工及验收规范			2012/5/28	2012/12/1
11.3-4-58	11.3	27.100	F24	DL/T 1130—2009	高压直流输电工程系统试验规程			2009/7/22	2009/12/1
11.3-4-59	11.3			DL/T 5232—2019	直流换流站电气装置安装工程施工及验收规范	DL/T 5232—2010；DL/T 5231—2010		2019/11/4	2020/5/1
11.3-4-60	11.3			DL/T 5233—2019	直流换流站电气装置施工质量检验及评定规程	DL/T 5233—2010；DL/T 5275—2012		2019/11/4	2020/5/1
11.3-4-61	11.3	29.240.01	F22	DL/T 5234—2010	±800kV 及以下直流输电工程启动及竣工验收规程			2010/5/1	2010/10/1
11.3-4-62	11.3	27.100	F29	DL/T 5276—2012	±800kV 及以下换流站母线、跳线施工工艺导则			2012/4/6	2012/7/1
11.3-4-63	11.3	29.240.99	F22	DL/T 5753—2017	±200kV 及以下柔性直流换流站换流阀施工工艺导则			2017/11/15	2018/3/1

11.4 工程建设-架空线路

序号	GW 分类	ICS 分类	GB 分类	标准号	中 文 名 称	代替标准	采用关系	发布日期	实施日期
11.4-2-1	11.4	29.060.10		Q/GDW 10115—2019	750kV 架空输电线路施工及验收规范	Q/GDW 115—2004		2020/7/31	2020/7/31

续表

序号	GW 分类	ICS 分类	GB 分类	标准号	中 文 名 称	代替标准	采用关系	发布日期	实施日期
11.4-2-2	11.4	29.240.10		Q/GDW 10121—2019	750kV 架空输电线路施工质量检验及评定规程	Q/GDW 121—2005		2020/7/31	2020/7/31
11.4-2-3	11.4			Q/GDW 10154—2017	1000kV 架空输电线路张力架线施工工艺导则	Q/GDW 154—2006		2018/10/25	2018/10/25
11.4-2-4	11.4			Q/GDW 10163—2017	1000kV 架空输电线路施工质量检验及评定规程	Q/GDW 1163—2012		2018/7/11	2018/7/11
11.4-2-5	11.4	29.240		Q/GDW 10225—2018	±800kV 架空送电线路施工及验收规范	Q/GDW 1225—2014		2020/1/12	2020/1/12
11.4-2-6	11.4	29.240		Q/GDW 10260—2018	±800kV 架空输电线路张力架线施工工艺导则	Q/GDW 1260—2014		2019/8/30	2019/8/30
11.4-2-7	11.4	29.240		Q/GDW 10297—2016	1000kV 交流架空输电线路铁塔结构设计技术规定	Q/GDW 297—2009		2016/12/22	2016/12/22
11.4-2-8	11.4	29.240		Q/GDW 10346—2016	架空输电线路钢管塔组立施工工艺导则	Q/GDW 346—2009		2016/12/22	2016/12/22
11.4-2-9	11.4	29.240		Q/GDW 10351—2016	架空输电线路钢管塔运输施工工艺导则	Q/GDW 351—2009		2016/12/22	2016/12/22
11.4-2-10	11.4			Q/GDW 10388—2017	碳纤维复合芯架空导线施工工艺及验收导则	Q/GDW 388—2009		2018/7/11	2018/7/11
11.4-2-11	11.4	29.240		Q/GDW 10550—2018	110kV～750kV 架空输电线路可听噪声控制设计建设导则	Q/GDW 550—2010		2019/8/30	2019/8/30
11.4-2-12	11.4	29.240		Q/GDW 10571—2018	大截面导线压接工艺导则	Q/GDW 1571—2014		2019/10/23	2019/10/23
11.4-2-13	11.4	29.240		Q/GDW 10584—2018	架空输电线路螺旋锚基础设计技术规范	Q/GDW 584—2011		2019/8/30	2019/8/30
11.4-2-14	11.4	77.140.70		Q/GDW 10705—2018	输电线路钢管塔用法兰			2019/10/23	2019/10/23
11.4-2-15	11.4	29.240		Q/GDW 10706—2018	输电线路铁塔用热轧大规格角钢			2019/10/23	2019/10/23
11.4-2-16	11.4	29.240		Q/GDW 10816—2018	中强度铝合金绞线	Q/GDW 1816—2012		2019/10/23	2019/10/23
11.4-2-17	11.4	29.240		Q/GDW 10839—2016	直升机展放初级导引绳施工工艺导则	Q/GDW 1839—2012		2017/5/25	2017/5/25
11.4-2-18	11.4	29.240		Q/GDW 10860—2018	1000kV 架空输电线路铁塔组立施工工艺导则	Q/GDW 155—2006；Q/GDW 1860—2012		2019/8/30	2019/8/30
11.4-2-19	11.4	29.240		Q/GDW 1112—2015	750kV 架空输电线路铁塔组立施工工艺导则	Q/GDW 112—2004		2016/11/15	2016/11/15
11.4-2-20	11.4	29.240		Q/GDW 11124.4—2013	750kV 架空输电线路杆塔复合横担技术规定 第 4 部分：安装工艺			2014/4/15	2014/4/15
11.4-2-21	11.4	29.240		Q/GDW 11136—2013	输电线路中空夹层钢管混凝土杆塔设计技术规定			2014/4/15	2014/4/15
11.4-2-22	11.4	29.240		Q/GDW 11140—2013	自行式扩底掏挖钻机成孔施工工艺导则			2014/4/15	2014/4/15

续表

序号	GW 分类	ICS 分类	GB 分类	标准号	中 文 名 称	代替标准	采用关系	发布日期	实施日期
11.4-2-23	11.4	29.240		Q/GDW 11141—2013	双平臂落地抱杆安装及验收规范			2014/4/15	2014/4/15
11.4-2-24	11.4	29.240		Q/GDW 11189—2018	架空输电线路施工专用货运索道	Q/GDW 11189—2014		2019/10/23	2019/10/23
11.4-2-25	11.4	29.240		Q/GDW 1124—2015	750kV 架空输电线路 LGJK-31050 扩径导线张力架线施工工艺导则	Q/GDW 124—2005		2016/11/15	2016/11/15
11.4-2-26	11.4	29.240		Q/GDW 11268—2014	架空输电线路多轮装配式放线滑车			2015/1/31	2015/1/31
11.4-2-27	11.4	29.240		Q/GDW 11283—2014	螺杆桩基础施工及质量验收规范			2015/2/6	2015/2/6
11.4-2-28	11.4			Q/GDW 113—2004	750kV 架空送电线路张力架线施工工艺导则			2004/8/20	2004/12/1
11.4-2-29	11.4	29.240		Q/GDW 11330—2014	架空输电线路掏挖基础技术规定			2015/1/31	2015/1/31
11.4-2-30	11.4	29.240		Q/GDW 11331—2014	输电线路岩石锚杆基础施工工艺导则			2015/1/31	2015/1/31
11.4-2-31	11.4	29.240		Q/GDW 11332—2014	输电线路掏挖基础机械化施工工艺导则			2015/1/31	2015/1/31
11.4-2-32	11.4	29.240		Q/GDW 11333—2014	架空输电线路岩石基础技术规定			2015/1/31	2015/1/31
11.4-2-33	11.4	29.240		Q/GDW 11334—2014	输电线路挤扩支盘桩基础机械化施工导则			2015/1/31	2015/1/31
11.4-2-34	11.4	29.240		Q/GDW 11335—2014	输电线路灌注桩基础机械化施工工艺导则			2015/1/31	2015/1/31
11.4-2-35	11.4	29.240		Q/GDW 11336—2014	输电线路接地网非开挖施工工艺导则			2015/1/31	2015/1/31
11.4-2-36	11.4	29.240		Q/GDW 11392—2015	架空输电线路灌注桩基础技术规定			2015/7/17	2015/7/17
11.4-2-37	11.4	29.240		Q/GDW 11402—2015	输电线路组塔落地抱杆			2016/11/15	2016/11/15
11.4-2-38	11.4	29.240		Q/GDW 11404—2015	全封堵玻璃钢模板杆塔基础施工工艺导则			2016/11/15	2016/11/15
11.4-2-39	11.4	29.240		Q/GDW 11405—2015	架空输电线路通道清理技术规定			2016/11/15	2016/11/15
11.4-2-40	11.4	29.240		Q/GDW 11451—2015	架空输电线路标识及安装规范			2016/7/29	2016/7/29
11.4-2-41	11.4	29.240		Q/GDW 11499—2016	直升机吊挂运输输电线路物资施工导则			2016/12/22	2016/12/22
11.4-2-42	11.4	29.240.20		Q/GDW 11529—2016	特高压钢管塔锻造法兰涡流检测导则			2016/12/22	2016/12/22
11.4-2-43	11.4	29.240.20		Q/GDW 11530—2016	特高压钢管塔用 Q345 钢对接接头焊接工艺导则			2016/12/22	2016/12/22
11.4-2-44	11.4			Q/GDW 1153—2012	1000kV 架空送电线路施工及验收规范	Q/GDW 153—2006		2014/5/1	2014/5/1
11.4-2-45	11.4	29.240		Q/GDW 11598—2016	架空输电线路机械化施工技术导则			2017/6/16	2017/6/16

序号	GW 分类	ICS 分类	GB 分类	标准号	中 文 名 称	代替标准	采用关系	发布日期	实施日期
11.4-2-46	11.4	29.240		Q/GDW 11649—2016	架空输电线路标识热转印技术规范			2017/10/17	2017/10/17
11.4-2-47	11.4			Q/GDW 11729—2017	架空输电线路混凝土预制管桩基础技术规定			2018/7/11	2018/7/11
11.4-2-48	11.4			Q/GDW 11749—2017	±1100kV 特高压直流输电线路施工及验收规范			2018/9/12	2018/9/12
11.4-2-49	11.4	29.240		Q/GDW 11841—2018	输电线路特大型钢管塔加工技术规范			2019/8/30	2019/8/30
11.4-2-50	11.4	29.080.99		Q/GDW 11864—2018	±1100kV 直流输电线路用复合外套无间隙金属氧化物避雷器			2019/10/23	2019/10/23
11.4-2-51	11.4	29.240		Q/GDW 11875—2018	架空输电线路复合绝缘横担设计技术规范			2019/10/23	2019/10/23
11.4-2-52	11.4	29.035		Q/GDW 11876—2018	架空输电线路复合绝缘横担用材料技术规范			2019/10/23	2019/10/23
11.4-2-53	11.4	29.240		Q/GDW 11877—2018	架空输电线路复合材料杆塔施工及验收规范			2019/10/23	2019/10/23
11.4-2-54	11.4	29.240		Q/GDW 11878—2018	架空输电线路杆塔用耐候结构钢			2019/10/23	2019/10/23
11.4-2-55	11.4	29.035		Q/GDW 11879—2018	架空输电线路复合材料杆塔试验技术规范			2019/10/23	2019/10/23
11.4-2-56	11.4	29.240		Q/GDW 11880—2018	架空输电线路地基基础工程基本术语			2019/10/23	2019/10/23
11.4-2-57	11.4	29.240		Q/GDW 11881.2—2018	35kV～220kV 输变电工程初步设计与施工图设计阶段勘测报告内容深度规定　第 2 部分：架空线路			2019/10/23	2019/10/23
11.4-2-58	11.4	93.060		Q/GDW 11905—2018	盾构法电力隧道工程施工质量验收规范			2020/1/12	2020/1/12
11.4-2-59	11.4	29.020		Q/GDW 11908—2018	220kV 及以上交流输电线路潜供电流计算及抑制措施选取导则			2020/1/12	2020/1/12
11.4-2-60	11.4	29.240		Q/GDW 11960—2019	架空输电线路耐候钢杆塔加工技术规程			2020/7/31	2020/7/31
11.4-2-61	11.4	29.240		Q/GDW 1226—2014	±800kV 架空送电线路施工质量检验及评定规程	Q/GDW 226—2008		2015/2/6	2015/2/6
11.4-2-62	11.4	29.240		Q/GDW 1389—2014	架空送电线路扩径导线架线施工工艺导则	Q/GDW 389—2009		2014/10/15	2014/10/15
11.4-2-63	11.4	29.240		Q/GDW 1418—2014	架空输电线路工程施工专用货运索道施工工艺导则	Q/GDW 418—2010		2014/7/1	2014/7/1
11.4-2-64	11.4	29.240		Q/GDW 1465—2014	输电杆塔高强钢焊接质量检验技术条件	Q/GDW 465—2010		2014/10/15	2014/10/15
11.4-2-65	11.4	29.240		Q/GDW 1569—2015	±660kV 架空输电线路施工及质量验收规范	Q/GDW 569—2010		2016/11/15	2016/11/15
11.4-2-66	11.4			Q/GDW 1777—2013	架空送电线路戈壁滩碎石土地基掏挖基础设计技术导则			2013/4/12	2013/4/12

续表

序号	GW 分类	ICS 分类	GB 分类	标准号	中　文　名　称	代替标准	采用关系	发布日期	实施日期
11.4-2-67	11.4			Q/GDW 1789—2013	特高压交流工程用棒形悬式复合绝缘子现场交接验收规程			2013/4/12	2013/4/12
11.4-2-68	11.4			Q/GDW 1831—2012	遥控直升机展放初级导引绳施工工艺导则			2013/6/28	2013/6/28
11.4-2-69	11.4	29.240		Q/GDW 1833—2012	多年冻土地区输电线路杆塔基础施工工艺导则	Q/GDW 525—2010		2013/6/28	2013/6/28
11.4-2-70	11.4			Q/GDW 1834—2012	输电线路预制装配式混凝土基础加工与安装工艺导则	Q/GDW 526—2010		2013/6/28	2013/6/28
11.4-2-71	11.4			Q/GDW 1838—2012	输电线路杆塔用紧固件技术条件			2013/6/28	2013/6/28
11.4-2-72	11.4	29.240		Q/GDW 227—2008	±800kV 直流输电系统接地极施工及验收规范			2008/12/9	2008/12/9
11.4-2-73	11.4	29.240		Q/GDW 228—2008	±800kV 直流输电系统接地极施工质量检验及评定规程			2008/12/9	2008/12/9
11.4-2-74	11.4	29.240		Q/GDW 229—2008	±800kV 直流输电系统架空接地极线路施工及验收规范			2008/12/9	2008/12/9
11.4-2-75	11.4	29.020		Q/GDW 230—2008	±800kV 直流输电系统架空接地极线路施工质量检验及评定规程			2008/12/9	2008/12/9
11.4-2-76	11.4	29.240		Q/GDW 262—2009	±800kV 架空输电线路铁塔组立施工工艺导则			2009/5/25	2009/5/25
11.4-2-77	11.4	29.240		Q/GDW 317—2009	特高压光纤复合架空地线（OPGW）工程施工及竣工验收技术规范			2009/5/25	2009/5/25
11.4-2-78	11.4	29.020		Q/GDW 386—2009	可拆卸式全钢瓦楞结构架空导线交货盘			2009/12/22	2009/12/22
11.4-2-79	11.4	29.020		Q/GDW 390—2009	支撑型扩径导线压接工艺导则			2009/12/22	2009/12/22
11.4-2-80	11.4	29.020		Q/GDW 464—2010	输电杆塔高强钢冷加工技术导则			2010/6/2	2010/6/2
11.4-2-81	11.4	29.020		Q/GDW 467—2010	接地装置放热焊接技术导则			2010/6/2	2010/6/2
11.4-2-82	11.4	29.240		Q/GDW 568—2010	±660kV 架空送电线路导线张力架线施工工艺导则			2010/12/29	2010/12/29
11.4-2-83	11.4	29.240		Q/GDW 570—2010	±660kV 架空送电线路施工质量检验及评定规程			2010/12/29	2010/12/29
11.4-2-84	11.4	29.240		Q/GDW 585—2011	架空输电线路螺旋锚基础施工及质量验收规范			2011/1/24	2011/1/24
11.4-2-85	11.4	29.020		Q/GDW 638—2011	8.8 级高强度地脚螺栓施工技术导则			2011/8/1	2011/8/1
11.4-2-86	11.4	29.020		Q/GDW 708—2012	输电杆塔高强钢焊接及热加工技术规程			2012/3/30	2012/3/30

续表

序号	GW 分类	ICS 分类	GB 分类	标准号	中 文 名 称	代替标准	采用关系	发布日期	实施日期
11.4-3-87	11.4	53.020.20	J80	GB/T 26471—2011	塔式起重机安装与拆卸规则			2011/5/12	2011/12/1
11.4-3-88	11.4	77.140.60	H44	GB/T 33964—2017	耐候钢实心焊丝用钢盘条			2017/7/12	2018/4/1
11.4-3-89	11.4		P52	GB 50127—2007	架空索道工程技术规范	GBJ 127—1989		2007/3/27	2007/12/1
11.4-3-90	11.4			GB 50173—2014	电气装置安装工程 66kV 及以下架空电力线路施工及验收规范	GB 50173—1992		2014/4/15	2015/1/1
11.4-3-91	11.4			GB 50233—2014	110kV～750kV 架空输电线路施工及验收规范	GB 50233—2005；GB 50389—2006		2014/10/9	2015/8/1
11.4-3-92	11.4			GB 50548—2018	330kV～750kV 架空输电线路勘测规范	GB 50548—2010		2018/9/11	2019/3/1
11.4-3-93	11.4		J64	GB 50586—2010	铝母线焊接工程施工及验收规范			2010/5/31	2010/12/1
11.4-4-94	11.4	29.240.20	K47	DL/T 1007—2006	架空输电线路带电安装导则及作业工具设备			2006/9/14	2007/3/1
11.4-4-95	11.4	29.060.70	K42	DL/T 1179—2012	1000kV 交流架空输电线路工频参数测量导则			2012/8/23	2012/12/1
11.4-4-96	11.4	27.100	F24	DL/T 1289—2013	可拆卸式全钢瓦楞结构架空导线交货盘			2013/11/28	2014/4/1
11.4-4-97	11.4	27.100	F23	DL/T 1372—2014	架空输电线路跳线技术条件			2014/10/15	2015/3/1
11.4-4-98	11.4	29.240	K48	DL/T 1902—2018	高压交、直流空心复合绝缘子施工、运行和维护管理规范			2018/12/25	2019/5/1
11.4-4-99	11.4	29.240.20	K47	DL/T 319—2018	架空输电线路施工抱杆通用技术条件及试验方法	DL/T 319—2010		2018/4/3	2018/7/1
11.4-4-100	11.4	29.24	F29	DL/T 5106—2017	跨越电力线路架线施工规程	DL/T 5106—1999		2017/11/15	2018/3/1
11.4-4-101	11.4			DL/T 5168—2016	110kV～750kV 架空输电线路施工质量检验及评定规程	DL/T 5168—2002		2016/2/5	2016/7/1
11.4-4-102	11.4	29.240.01	F22	DL/T 5235—2010	±800kV 及以下直流架空输电线路工程施工及验收规程			2010/5/1	2010/10/1
11.4-4-103	11.4	29.240.01	F22	DL/T 5236—2010	±800kV 及以下直流架空输电线路工程施工质量检验及评定规程			2010/5/1	2010/10/1
11.4-4-104	11.4	29.240.20	P20	DL/T 5253—2010	架空平行集束绝缘线低压配电线路设计与施工规程			2011/1/9	2011/5/1
11.4-4-105	11.4	28.240.20	P60	DL/T 5284—2019	碳纤维复合材料芯架空导线施工工艺导则	DL/T 5284—2012		2019/6/4	2019/10/1
11.4-4-106	11.4	29.240.20	F20	DL/T 5285—2018	输变电工程架空导线（800mm² 以下）及地线液压压接工艺规程	DL/T 5285—2013		2018/4/3	2018/7/1

序号	GW 分类	ICS 分类	GB 分类	标准号	中 文 名 称	代替标准	采用关系	发布日期	实施日期
11.4-4-107	11.4			DL/T 5286—2013	±800kV 架空输电线路张力架线施工工艺导则			2013/3/7	2013/8/1
11.4-4-108	11.4	27.100	P60	DL/T 5287—2013	±800kV 架空输电线路铁塔组立施工工艺导则			2013/3/7	2013/8/1
11.4-4-109	11.4	27.140	P98	DL/T 5288—2013	架空输电线路大跨越工程跨越塔组立施工工艺导则			2013/3/7	2013/8/1
11.4-4-110	11.4	27.060.70		DL/T 5289—2013	1000kV 架空输电线路铁塔组立施工工艺导则			2013/3/7	2013/8/1
11.4-4-111	11.4	27.100	P62	DL/T 5290—2013	1000kV 架空输电线路张力架线施工工艺导则			2013/3/7	2013/8/1
11.4-4-112	11.4	27.060.70	K42	DL/T 5291—2013	1000kV 输变电工程导地线液压施工工艺规程			2013/3/7	2013/8/1
11.4-4-113	11.4	29.240.01	F24	DL/T 5300—2013	1000kV 架空输电线路工程施工质量检验及评定规程			2013/11/28	2014/4/1
11.4-4-114	11.4	27.100	P60	DL/T 5301—2013	架空输电线路无跨越架不停电跨越架线施工工艺导则			2013/11/28	2014/4/1
11.4-4-115	11.4	27.140	P59	DL/T 5318—2014	架空输电线路扩径导线架线施工工艺导则			2014/3/18	2014/8/1
11.4-4-116	11.4	27.140	P59	DL 5319—2014	架空输电线路大跨越工程施工及验收规范			2014/3/18	2014/8/1
11.4-4-117	11.4	27.140	P59	DL/T 5320—2014	架空输电线路大跨越工程架线施工工艺导则			2014/3/18	2014/8/1
11.4-4-118	11.4			DL/T 5342—2018	110kV～750kV 架空输电线路铁塔组立施工工艺导则	DL/T 5342—2006		2018/4/3	2018/7/1
11.4-4-119	11.4	29.240	F20	DL/T 5343—2018	110kV～750kV 架空输电线路张力架线施工工艺导则	SDJJS 2—1987；DL/T 5343—2006		2018/4/3	2018/7/1
11.4-4-120	11.4			DL/T 5527—2017	架空输电线路工程施工组织大纲设计导则			2017/3/28	2017/8/1
11.4-4-121	11.4	29.060.10	K12	DL/T 5708—2014	架空输电线路戈壁碎石土地基掏挖基础设计与施工技术导则			2014/10/15	2015/3/1
11.4-4-122	11.4	29.204.20	K47	DL/T 5755—2017	沙漠地区输电线路杆塔基础工程技术规范			2017/11/15	2018/3/1
11.4-4-123	11.4	29.080	P63	DL/T 602—1996	架空绝缘配电线路施工及验收规程	GBJ 232—1982		1996/6/6	1996/10/1
11.4-4-124	11.4	27.100	F22	DL/T 782—2001	110kV 及以上送变电工程启动及竣工验收规程			2001/10/8	2002/2/1
11.4-4-125	11.4	27.100	F22	DL/T 875—2016	架空输电线路施工机具基本技术要求	DL/T 875—2004		2016/1/7	2016/6/1

11.5 工程建设-电缆

序号	GW 分类	ICS 分类	GB 分类	标准号	中 文 名 称	代替标准	采用关系	发布日期	实施日期
11.5-2-1	11.5	29.060		Q/GDW 10797.1—2018	定向钻进敷设电力电缆管道工程标准 第 1 部分 设计技术规范	Q/GDW 1797.1—2013		2019/8/30	2019/8/30

续表

序号	GW 分类	ICS 分类	GB 分类	标准号	中 文 名 称	代替标准	采用关系	发布日期	实施日期
11.5-2-2	11.5	29.240		Q/GDW 11188—2014	明挖电缆隧道施工工艺导则			2014/7/1	2014/7/1
11.5-2-3	11.5	29.240		Q/GDW 11328—2014	非开挖电力电缆穿管敷设工艺导则			2015/1/31	2015/1/31
11.5-2-4	11.5			Q/GDW 11732—2017	500kV 交联聚乙烯电缆线路施工及验收规范			2018/7/11	2018/7/11
11.5-2-5	11.5	29.240		Q/GDW 11840—2018	额定电压 500kV（U_m=550kV）交联聚乙烯绝缘大长度交流海底电缆耐压同步检测　局部放电试验导则			2019/8/30	2019/8/30
11.5-2-6	11.5			Q/GDW 1778—2013	500kV 交联聚乙烯绝缘电力电缆户外终端安装规程			2013/4/12	2013/4/12
11.5-2-7	11.5	29.120.10	K65	Q/GDW 1797.2—2013	定向钻进敷设电力管道工程标准　第 2 部分：施工及验收规程			2013/4/12	2013/4/12
11.5-3-8	11.5	91.100.30	Q14	GB/T 19215.3—2012	电气安装用电缆槽管系统　第 2 部分：特殊要求　第 2 节：安装在地板下和与地板齐平的电缆槽管系统			2012/11/5	2013/5/1
11.5-3-9	11.5			GB/T 38112—2019	管廊工程用预制混凝土制品试验方法			2019/10/18	2020/9/1
11.5-3-10	11.5		P91	GB 50168—2018	电气装置安装工程　电缆线路施工及验收标准	GB 50168—2006		2018/11/8	2019/5/1
11.5-3-11	11.5			GB 50838—2015	城市综合管廊工程技术规范	GB 50838—2012		2015/5/22	2015/6/1
11.5-3-12	11.5			GB/T 51191—2016	海底电力电缆输电工程施工及验收规范			2016/10/25	2017/7/1
11.5-4-13	11.5	29.240.20	F24	DL/T 1279—2013	110kV 及以下海底电力电缆线路验收规范			2013/11/28	2014/4/1
11.5-4-14	11.5			DL/T 2059—2019	±160kV～500kV 直流挤包绝缘电缆附件安装规程			2019/11/4	2020/5/1
11.5-4-15	11.5	29.060	K13	DL/T 342—2010	额定电压 66kV～220kV 交联聚乙烯绝缘电力电缆接头安装规程			2011/1/9	2011/5/1
11.5-4-16	11.5	29.060	K13	DL/T 343—2010	额定电压 66kV～220kV 交联聚乙烯绝缘电力电缆 GIS 终端安装规程			2011/1/9	2011/5/1
11.5-4-17	11.5	29.060	K13	DL/T 344—2010	额定电压 66kV～220kV 交联聚乙烯绝缘电力电缆户外终端安装规程			2011/1/9	2011/5/1
11.5-4-18	11.5	29.060.01	K13	DL/T 5707—2014	电力工程电缆防火封堵施工工艺导则			2014/10/15	2015/3/1
11.5-4-19	11.5	29.240.01	P62	DL/T 5744.1—2016	额定电压 66kV～220kV 交联聚乙烯绝缘电力电缆敷设规程　第 1 部分：直埋敷设			2016/12/5	2017/5/1

续表

序号	GW 分类	ICS 分类	GB 分类	标准号	中 文 名 称	代替标准	采用关系	发布日期	实施日期
11.5-4-20	11.5	29.240.01	P62	DL/T 5744.2—2016	额定电压 66kV～220kV 交联聚乙烯绝缘电力电缆敷设规程 第 2 部分：排管敷设			2016/12/5	2017/5/1
11.5-4-21	11.5	29.240.01	P62	DL/T 5744.3—2016	额定电压 66kV～220kV 交联聚乙烯绝缘电力电缆敷设规程 第 3 部分：隧道敷设			2016/12/5	2017/5/1
11.5-4-22	11.5	29.060.01	K12	JB/T 4015.1—2013	电缆设备通用部件收放线装置 第 1 部分：基本技术要求			2013/12/31	2014/7/1
11.5-4-23	11.5	29.060.01	K13	JB/T 4015.2—2013	电缆设备通用部件收放线装置 第 2 部分：立柱式收放线装置			2013/12/31	2014/7/1
11.5-4-24	11.5	29.060.01	K13	JB/T 4015.3—2013	电缆设备通用部件收放线装置 第 3 部分：行车式收放线装置			2013/12/31	2014/7/1
11.5-4-25	11.5	29.060.01	K13	JB/T 4015.4—2013	电缆设备通用部件收放线装置 第 4 部分：导轨式收放线装置			2013/12/31	2014/7/1
11.5-4-26	11.5	29.060.01	K13	JB/T 4015.5—2013	电缆设备通用部件收放线装置 第 5 部分：柜式收线装置			2013/12/31	2014/7/1
11.5-4-27	11.5	29.060.01	K13	JB/T 4015.6—2013	电缆设备通用部件收放线装置 第 6 部分：静盘式放线装置			2013/12/31	2014/7/1
11.5-4-28	11.5	29.060.01	K13	JB/T 4032.1—2013	电缆设备通用部件牵引装置 第 1 部分：基本技术要求			2013/12/31	2014/7/1
11.5-4-29	11.5	29.060.01	K13	JB/T 4032.2—2013	电缆设备通用部件牵引装置 第 2 部分：轮式牵引装置			2013/12/31	2014/7/1
11.5-4-30	11.5	29.060.01	K13	JB/T 4032.3—2013	电缆设备通用部件牵引装置 第 3 部分：履带式牵引装置			2013/12/31	2014/7/1
11.5-4-31	11.5	29.060.01	K13	JB/T 4032.4—2013	电缆设备通用部件牵引装置 第 4 部分：轮带式牵引装置			2013/12/31	2014/7/1
11.5-4-32	11.5	29.060.01	K13	JB/T 4033.1—2013	电缆设备通用部件绕包装置 第 1 部分：基本技术要求			2013/12/31	2014/7/1
11.5-4-33	11.5	29.060.01	K13	JB/T 4033.2—2013	电缆设备通用部件绕包装置 第 2 部分：普通式绕包装置			2013/12/31	2014/7/1
11.5-4-34	11.5	29.060.01	K13	JB/T 4033.3—2013	电缆设备通用部件绕包装置 第 3 部分：平面式绕包装置			2013/12/31	2014/7/1

序号	GW 分类	ICS 分类	GB 分类	标准号	中　文　名　称	代替标准	采用关系	发布日期	实施日期
11.5-4-35	11.5	29.060.01	K12	JB/T 4033.4—2013	电缆设备通用部件绕包装置　第 4 部分：半切线式绕包装置			2013/12/31	2014/7/1
11.5-6-36	11.5			T/CECS 31—2017	钢制电缆桥架工程技术规程			2017/11/20	2018/3/1

11.6　工程建设-火电

序号	GW 分类	ICS 分类	GB 分类	标准号	中　文　名　称	代替标准	采用关系	发布日期	实施日期
11.6-3-1	11.6	25.040.40	N18	GB/T 30372—2013	火力发电厂分散控制系统验收导则			2013/12/31	2015/3/1
11.6-3-2	11.6		P93	GB 50275—2010	风机、压缩机、泵安装工程施工及验收规范	GB 50275—1998；GB 50275 E—1998		2010/7/15	2011/2/1
11.6-4-3	11.6	29.100	F22	DL/T 490—2011	发电机励磁系统及装置安装、验收规程	DL 490—1992		2011/7/28	2011/11/1

11.7　工程建设-水电

序号	GW 分类	ICS 分类	GB 分类	标准号	中　文　名　称	代替标准	采用关系	发布日期	实施日期
11.7-2-1	11.7	29.240		Q/GDW 11426—2015	抽水蓄能电站工程项目划分导则			2016/3/1	2016/3/1
11.7-2-2	11.7	27.140		Q/GDW 11583—2016	抽水蓄能电站设备监造技术导则			2017/5/25	2017/5/25
11.7-2-3	11.7	29.240		Q/GDW 11586—2016	抽水蓄能电站工程安全文明施工设施			2017/5/25	2017/5/25
11.7-2-4	11.7	93.010		Q/GDW 11692—2017	抽水蓄能电站工程施工监理规范			2018/2/12	2018/2/12
11.7-2-5	11.7	27.140		Q/GDW 11694—2017	抽水蓄能电站受电前应具备条件导则			2018/2/12	2018/2/12
11.7-2-6	11.7	93.010		Q/GDW 11695—2017	抽水蓄能电站工程建设管理总体策划编制导则			2018/2/12	2018/2/12
11.7-3-7	11.7	27.140	K55	GB/T 15613.2—2008	水轮机、蓄能泵和水泵水轮机模型验收试验　第 2 部分：常规水力性能试验			2008/6/30	2009/4/1
11.7-3-8	11.7	27.140	K55	GB/T 15613.3—2008	水轮机、蓄能泵和水泵水轮机模型验收试验　第 3 部分：辅助性能试验			2008/6/30	2009/4/1
11.7-3-9	11.7			GB 51304—2018	小型水电站施工安全标准			2018/11/1	2019/4/1
11.7-4-10	11.7	27.140	P55	DL/T 1395—2014	水电工程设备铸锻件检验验收规范			2014/10/15	2015/3/1
11.7-4-11	11.7	27.100	F20	DL/T 1396—2014	水电建设项目文件收集与档案整理规范			2014/10/15	2015/3/1

序号	GW 分类	ICS 分类	GB 分类	标准号	中 文 名 称	代替标准	采用关系	发布日期	实施日期
11.7-4-12	11.7	27.140	P59	DL/T 1886—2018	水电水利工程砂石筛分机械安全操作规程			2018/12/25	2019/5/1
11.7-4-13	11.7	27.140	P59	DL/T 1887—2018	水电水利工程砂石破碎机械安全操作规程			2018/12/25	2019/5/1
11.7-4-14	11.7	27.140	P59	DL/T 5100—2014	水工混凝土外加剂技术规程	DL/T 5100—1999		2014/3/18	2014/8/1
11.7-4-15	11.7	27.140	P59	DL/T 5169—2013	水工混凝土钢筋施工规范	DL/T 5169—2002		2013/3/7	2013/8/1
11.7-4-16	11.7			DL/T 5199—2019	水电水利工程混凝土防渗墙施工规范	DL/T 5199—2004		2019/11/4	2020/5/1
11.7-4-17	11.7			DL/T 5200—2019	水电水利工程高压喷射灌浆技术规范	DL/T 5200—2004		2019/11/4	2020/5/1
11.7-4-18	11.7			DL/T 5209—2020	混凝土坝安全监测资料整编规程			2020/10/23	2021/2/1
11.7-4-19	11.7			DL/T 5211—2019	大坝安全监测自动化技术规范	DL/T 5211—2005		2019/11/4	2020/5/1
11.7-4-20	11.7			DL/T 5214—2016	水电水利工程振冲法地基处理技术规范	DL/T 5214—2005		2016/12/5	2017/5/1
11.7-4-21	11.7			DL/T 5363—2016	水工碾压式沥青混凝土施工规范	DL/T 5363—2006		2016/12/5	2017/5/1
11.7-4-22	11.7			DL/T 5385—2020	大坝安全监测系统施工监理规范			2020/10/23	2021/2/1
11.7-4-23	11.7			DL/T 5400—2016	水工建筑物滑动模板施工技术规范	DL/T 5400—2007		2016/1/7	2016/6/1
11.7-4-24	11.7			DL/T 5406—2019	水电水利工程化学灌浆技术规范	DL/T 5406—2010		2019/11/4	2020/5/1
11.7-4-25	11.7			DL/T 5407—2019	水电水利工程竖井斜井施工规范	DL/T 5407—2009		2019/11/4	2020/5/1
11.7-4-26	11.7			DL/T 5702—2014	水电水利工程沉井施工技术规程			2014/10/15	2015/3/1
11.7-4-27	11.7	27.140	P59	DL/T 5712—2014	水电水利工程接缝灌浆施工技术规范			2014/10/15	2015/3/1
11.7-4-28	11.7	27.140	P59	DL/T 5728—2016	水电水利工程控制性灌浆施工规范			2016/1/7	2016/6/1
11.7-4-29	11.7	27.140	P59	DL/T 5730—2016	水电水利工程施工机械安全操作规程 振捣机械			2016/2/5	2016/7/1
11.7-4-30	11.7			DL/T 5731—2016	水电水利工程施工机械安全操作规程 振动机			2016/2/5	2016/7/1
11.7-4-31	11.7			DL/T 5741—2016	水电水利工程截流施工技术规范			2016/12/5	2017/5/1
11.7-4-32	11.7			DL/T 5742—2016	水电水利地下工程施工测量规范			2016/12/5	2017/5/1
11.7-4-33	11.7			DL/T 5743—2016	水电水利工程土工合成材料施工规范			2016/12/5	2017/5/1

续表

序号	GW 分类	ICS 分类	GB 分类	标准号	中文名称	代替标准	采用关系	发布日期	实施日期
11.7-4-34	11.7			DL/T 5795—2019	水电水利工程带式输送机技术规范			2019/11/4	2020/5/1
11.7-4-35	11.7			DL/T 5797—2019	水电水利工程纤维混凝土施工规范			2019/11/4	2020/5/1
11.7-4-36	11.7			DL/T 5798—2019	水电水利工程现场文明施工规范			2019/11/4	2020/5/1
11.7-4-37	11.7			DL/T 5799—2019	水电水利工程过水围堰施工技术规范			2019/11/4	2020/5/1
11.7-4-38	11.7			DL/T 5800—2019	水电水利工程道路快硬混凝土施工规范			2019/11/4	2020/5/1
11.7-4-39	11.7			DL/T 5805—2020	轴流式水轮机埋件安装工艺导则			2020/10/23	2021/2/1
11.7-4-40	11.7			DL/T 5806—2020	水电水利工程堆石混凝土施工规范			2020/10/23	2021/2/1
11.7-4-41	11.7			DL/T 5807—2020	水电工程岩体稳定性微震监测技术规范			2020/10/23	2021/2/1
11.7-4-42	11.7			DL/T 5808—2020	水电工程水库地震监测技术规范			2020/10/23	2021/2/1
11.7-4-43	11.7			DL/T 5809—2020	水电工程库区安全监测技术规范			2020/10/23	2021/2/1
11.7-4-44	11.7			DL/T 5811—2020	水轮发电机内冷安装技术导则			2020/10/23	2021/2/1
11.7-4-45	11.7			DL/T 5812—2020	水电水利工程导流隧洞及导流底孔封堵施工规范			2020/10/23	2021/2/1
11.7-4-46	11.7			DL/T 5813—2020	水电水利工程施工机械安全操作规程　隧洞衬砌钢模台车			2020/10/23	2021/2/1
11.7-4-47	11.7	27.140	F23	DL/T 862—2016	水电厂自动化元件（装置）安装和验收规程	DL T 862—2004； DL/T 862—2004		2016/1/7	2016/6/1
11.7-4-48	11.7	27.140	P59	NB/T 10074—2018	水电工程地质测绘规程	DL/T 5185—2004		2018/10/29	2019/3/1
11.7-4-49	11.7	27.140	P59	NB/T 10075—2018	水电工程岩溶工程地质勘察规程	DL/T 5338—2006		2018/10/29	2019/3/1
11.7-4-50	11.7	27.140	P59	NB/T 10083—2018	水电工程水利计算规范	DL/T 5105—1999		2018/10/29	2019/3/1
11.7-4-51	11.7	27.14	P59	NB/T 10102—2018	水电工程建设征地实物指标调查规范	DL/T 5377—2007		2018/12/25	2019/5/1
11.7-4-52	11.7			NB/T 10225—2019	水电工程地球物理测井技术规程			2019/11/4	2020/5/1
11.7-4-53	11.7			NB/T 10226—2019	水电工程生态制图标准			2019/11/4	2020/5/1
11.7-4-54	11.7			NB/T 10227—2019	水电工程物探规范	DL/T 5010—2005		2019/11/4	2020/5/1
11.7-4-55	11.7			NB/T 10233—2019	水电工程水文设计规范	DL/T 5431—2009		2019/11/4	2020/5/1

序号	GW 分类	ICS 分类	GB 分类	标准号	中 文 名 称	代替标准	采用关系	发布日期	实施日期
11.7-4-56	11.7			NB/T 10235—2019	水电工程天然建筑材料勘察规程	DL/T 5388—2007		2019/11/4	2020/5/1
11.7-4-57	11.7			NB/T 10236—2019	水电工程水文地质勘察规程			2019/11/4	2020/5/1
11.7-4-58	11.7			NB/T 10237—2019	水电工程施工机械选择设计规范	DL/T 5133—2001		2019/11/4	2020/5/1
11.7-4-59	11.7			NB/T 10238—2019	水电工程料源选择与料场开采设计规范			2019/11/4	2020/5/1
11.7-4-60	11.7			NB/T 10239—2019	水电工程声像文件收集与归档规范			2019/11/4	2020/5/1
11.7-4-61	11.7			NB/T 10243—2019	水电站发电及检修计划编制导则			2019/11/4	2020/5/1
11.7-4-62	11.7	27.140	P59	NB/T 35058—2015	水电工程岩体质量检测技术规程			2015/10/27	2016/3/1
11.7-4-63	11.7	27.140	P59	NB/T 35075—2015	水电工程项目编号及产品文件管理规定			2015/10/27	2016/3/1
11.7-4-64	11.7	27.140	P59	NB/T 35077—2016	水电工程数字流域基础地理信息系统技术规范			2016/1/7	2016/6/1
11.7-4-65	11.7	27.140	P59	NB/T 35082—2016	水电工程陡边坡植被混凝土生态修复技术规范			2016/8/16	2016/12/1
11.7-4-66	11.7	27.140	P59	NB/T 35083—2016	水电工程竣工图文件编制规程			2016/8/16	2016/12/1
11.7-4-67	11.7	27.140	P59	NB/T 35084—2016	水电工程施工规划报告编制规程			2016/12/5	2017/5/1
11.7-4-68	11.7	27.140	P59	NB/T 35085—2016	水电工程移民安置区工程地质勘察规程			2016/12/5	2017/5/1
11.7-4-69	11.7			SL 36—2016	水工金属结构焊接通用技术条件	SL 36—2006		2016/7/20	2016/10/20

11.7.1 工程建设-水电-常规水电站

序号	GW 分类	ICS 分类	GB 分类	标准号	中 文 名 称	代替标准	采用关系	发布日期	实施日期
11.7.1-2-1	11.7.1	27.140		Q/GDW 11576—2016	水轮发电机组状态在线监测系统技术导则			2017/5/25	2017/5/25
11.7.1-3-2	11.7.1	27.140	K55	GB/T 15613.1—2008	水轮机、蓄能泵和水泵水轮机模型验收试验 第 1 部分：通用规定	GB/T 15613—1995		2008/6/30	2009/4/1
11.7.1-3-3	11.7.1	27.140	K55	GB/T 20043—2005	水轮机、蓄能泵和水泵水轮机水力性能现场验收试验规程			2005/9/19	2006/6/1
11.7.1-3-4	11.7.1			GB 50217—2018	电力工程电缆设计标准	GB 50217—2007		2018/2/8	2018/9/1
11.7.1-3-5	11.7.1			GB 50766—2012	水电水利工程压力钢管制作安装及验收规范			2012/5/28	2012/12/1
11.7.1-3-6	11.7.1	13.100	C66	GB 6722—2014	爆破安全规程	GB 6722—2014		2014/12/5	2015/7/1

续表

序号	GW 分类	ICS 分类	GB 分类	标准号	中 文 名 称	代替标准	采用关系	发布日期	实施日期
11.7.1-3-7	11.7.1	27.140	F22	GB/T 8564—2003	水轮发电机组安装技术规范	GB 8564—1988		2003/9/15	2004/3/1
11.7.1-4-8	11.7.1	27.140	K55	DL/T 1068—2007	水轮机进水液动碟阀选用、试验及验收导则			2007/7/20	2007/12/1
11.7.1-4-9	11.7.1	27.100	K55	DL/T 5037—1994	轴流式水轮机埋件安装工艺导则			1994/11/14	1995/3/1
11.7.1-4-10	11.7.1	27.140	P62	DL/T 5038—2012	灯泡贯流式水轮发电机组安装工艺规程	DL 5038—1994		2012/1/4	2012/3/1
11.7.1-4-11	11.7.1	91.100.10	P59	DL/T 5055—2007	水工混凝土掺用粉煤灰技术规范	DL 5055—1996		2007/7/20	2007/12/1
11.7.1-4-12	11.7.1	27.140	K55	DL/T 5070—2012	水轮机金属蜗壳现场制造安装及焊接工艺导则	DL 5070—1997		2012/1/4	2012/3/1
11.7.1-4-13	11.7.1	27.140	K55	DL/T 5071—2012	混流式水轮机转轮现场制造工艺导则	DL 5071—1997		2012/1/4	2012/3/1
11.7.1-4-14	11.7.1	27.140	P59	DL/T 5083—2019	水电水利工程预应力锚固施工规范	DL/T 5083—2010		2019/6/4	2019/10/1
11.7.1-4-15	11.7.1	27.140	P59	DL/T 5099—2011	水工建筑物地下工程开挖施工技术规范	DL 5099—1999		2011/7/28	2011/11/1
11.7.1-4-16	11.7.1	27.140	P55	DL/T 5110—2013	水电水利工程模板施工规范	DL/T 5110—2000		2013/3/7	2013/8/1
11.7.1-4-17	11.7.1	93.020	P59	DL/T 5111—2012	水电水利工程施工监理规范	DL/T 5111—2000		2012/8/23	2012/12/1
11.7.1-4-18	11.7.1	27.140	P59	DL/T 5112—2009	水工碾压混凝土施工规范	DL 5112—2000		2009/7/22	2009/12/1
11.7.1-4-19	11.7.1	27.140	P59	DL/T 5113.1—2019	水电水利基本建设工程单元工程质量等级评定标准 第 1 部分：土建工程	DL/T 5113.1—2005		2019/6/4	2019/10/1
11.7.1-4-20	11.7.1	27.140	P55	DL/T 5113.3—2012	水电水利基本建设工程单元工程质量等级评定标准 第 3 部分：水轮发电机组安装工程	SDJ 249.3—1988		2012/1/4	2012/3/1
11.7.1-4-21	11.7.1	27.140	F22	DL/T 5113.4—2012	水电水利基本建设工程单元工程质量等级评定标准 第 4 部分：水力机械辅助设备安装工程	SDJ 249.4—1988		2012/1/4	2012/3/1
11.7.1-4-22	11.7.1	27.140	P91	DL/T 5113.5—2012	水电水利基本建设工程单元工程质量等级评定标准 第 5 部分：发电电气设备安装工程	SDJ 249.5—1988		2012/1/4	2012/3/1
11.7.1-4-23	11.7.1	27.140	P55	DL/T 5113.6—2012	水电水利基本建设工程单元工程质量等级评定标准 第 6 部分：升压变电电气设备安装工程	SDJ 249.6—1988		2012/1/4	2012/3/1
11.7.1-4-24	11.7.1	93.020	P25	DL/T 5113.8—2012	水电水利基本建设工程单元工程质量等级评定标准 第 8 部分：水工碾压混凝土工程	DL/T 5113.8—2000		2012/4/6	2012/7/1
11.7.1-4-25	11.7.1	27.140	P55	DL/T 5113.10—2012	水电水利基本建设工程单元工程质量等级评定标准 第 10 部分：沥青混凝土工程			2012/1/4	2012/3/1

序号	GW 分类	ICS 分类	GB 分类	标准号	中 文 名 称	代替标准	采用关系	发布日期	实施日期
11.7.1-4-26	11.7.1	29.160.20	F22	DL/T 5113.11—2005	水电水利基本建设工程单元工程质量等级评定标准　第 11 部分：灯泡贯流式水轮发电机组安装工程	SDJ 249.3 部分—1988		2005/11/28	2006/6/1
11.7.1-4-27	11.7.1	27.140	P59	DL/T 5128—2009	混凝土面板堆石坝施工规范	DL 5128—2001		2009/7/22	2009/12/1
11.7.1-4-28	11.7.1	27.140	P59	DL/T 5135—2013	水电水利工程爆破施工技术规范			2013/11/28	2014/4/1
11.7.1-4-29	11.7.1	91.100.30	P59	DL/T 5144—2015	水工混凝土施工规范	DL/T 5144—2001		2015/4/2	2015/9/1
11.7.1-4-30	11.7.1	27.140	P15	DL/T 5148—2012	水工建筑物水泥灌浆施工技术规范	DL 5148—2001		2012/1/4	2012/3/1
11.7.1-4-31	11.7.1	27.140	P55	DL/T 5173—2012	水电水利工程施工测量规范	DL 5173—2003		2012/1/4	2012/3/1
11.7.1-4-32	11.7.1	27.14	P98	DL/T 5181—2017	水电水利工程锚喷支护施工规范	DL/T 5181—2003		2017/11/15	2018/3/1
11.7.1-4-33	11.7.1	27.140	P59	DL/T 5198—2013	水电水利工程岩壁梁施工规程	DL/T 5198—2004		2013/3/7	2013/8/1
11.7.1-4-34	11.7.1	27.140	P59	DL/T 5207—2005	水工建筑物抗冲磨防空蚀混凝土技术规范			2005/2/14	2005/6/1
11.7.1-4-35	11.7.1	29.160.20	K21	DL/T 5230—2009	水轮发电机转子现场装配工艺导则			2009/7/22	2009/12/1
11.7.1-4-36	11.7.1	27.140	P59	DL/T 5265—2011	水电水利工程混凝土搅拌楼安全操作规程			2011/7/28	2011/11/1
11.7.1-4-37	11.7.1	27.140	P59	DL/T 5266—2011	水电水利工程缆索起重机安全操作规程			2011/7/28	2011/11/1
11.7.1-4-38	11.7.1	27.140	P59	DL/T 5267—2012	水电水利工程覆盖层灌浆技术规范			2012/1/4	2012/3/1
11.7.1-4-39	11.7.1	27.140	P55	DL/T 5268—2012	混凝土面板堆石坝翻模固坡施工技术规程			2012/1/4	2012/3/1
11.7.1-4-40	11.7.1	27.140	P59	DL/T 5269—2012	水电水利工程砾石土心墙堆石坝施工规范			2012/1/4	2012/3/1
11.7.1-4-41	11.7.1	27.140	P59	DL/T 5271—2012	水电水利工程砂石加工系统施工技术规程			2012/4/6	2012/7/1
11.7.1-4-42	11.7.1	27.140	P59	DL/T 5272—2012	大坝安全监测自动化系统实用化要求及验收规程			2012/4/6	2012/7/1
11.7.1-4-43	11.7.1	91.100.10	P59	DL/T 5273—2012	水工混凝土掺用天然火山灰质材料技术规范			2012/4/6	2012/7/1
11.7.1-4-44	11.7.1	27.140	P55	DL 5278—2012	水电水利工程达标投产验收规程			2012/4/6	2012/7/1
11.7.1-4-45	11.7.1	27.140	P55	DL/T 5296—2013	水工混凝土掺用氧化镁技术规范			2013/11/28	2014/4/1
11.7.1-4-46	11.7.1	27.140	P59	DL/T 5297—2013	混凝土面板堆石坝挤压边墙技术规范			2013/11/28	2014/4/1
11.7.1-4-47	11.7.1	29.140	P59	DL/T 5304—2013	水工混凝土掺用石灰石粉技术规范			2013/11/28	2014/4/1

序号	GW 分类	ICS 分类	GB 分类	标准号	中 文 名 称	代替标准	采用关系	发布日期	实施日期
11.7.1-4-48	11.7.1	27.140	P59	DL/T 5306—2013	水电水利工程清水混凝土施工规范			2013/11/28	2014/4/1
11.7.1-4-49	11.7.1	27.140	P59	DL/T 5309—2013	水电水利工程水下混凝土施工规范			2013/11/28	2014/4/1
11.7.1-4-50	11.7.1	27.140		DL/T 5315—2014	水工混凝土建筑物修补加固技术规程			2014/3/18	2014/8/1
11.7.1-4-51	11.7.1	27.140	P59	DL/T 5316—2014	水电水利工程软土地基施工监测技术规范			2014/3/18	2014/8/1
11.7.1-4-52	11.7.1	27.140	P59	DL/T 5317—2014	水电水利工程聚脲涂层施工技术规程			2014/3/18	2014/8/1
11.7.1-4-53	11.7.1	27.120.20	P13	DL/T 5385—2007	大坝安全监测系统施工监理规范			2007/7/20	2007/12/1
11.7.1-4-54	11.7.1	91.100.10	P59	DL/T 5387—2007	水工混凝土掺用磷渣粉技术规范			2007/7/20	2007/12/1
11.7.1-4-55	11.7.1	27.140	P59	DL/T 5389—2007	水工建筑物岩石基础开挖工程施工技术规范			2007/7/20	2007/12/1
11.7.1-4-56	11.7.1	29.160.20	K21	DL/T 5420—2009	水轮发电机定子现场装配工艺导则	SD 287—1988		2009/7/22	2009/12/1
11.7.1-4-57	11.7.1	27.140	P59	DL/T 5774—2018	水电水利基础处理工程竣工资料整编及验收规范			2018/12/25	2019/5/1
11.7.1-4-58	11.7.1	27.140	P59	DL/T 5775—2018	水电水利工程水泥改性膨胀土施工技术规范			2018/12/25	2019/5/1
11.7.1-4-59	11.7.1	27.140	P59	DL/T 5777—2018	水工混凝土掺用硅粉技术规范			2018/12/25	2019/5/1
11.7.1-4-60	11.7.1	27.140	P59	DL/T 5778—2018	水工混凝土用速凝剂技术规范			2018/12/25	2019/5/1
11.7.1-4-61	11.7.1	27.140	P59	NB/T 35007—2013	水电工程施工地质规程	DL/T 5109—1999		2013/6/8	2013/10/1
11.7.1-4-62	11.7.1	27.140	P59	NB/T 35013—2013	水电工程建设征地移民安置验收规程			2013/6/8	2013/10/1
11.7.1-4-63	11.7.1	27.140	P59	NB/T 35014—2013	水电工程安全验收评价报告编制规程			2013/6/8	2013/10/1
11.7.1-4-64	11.7.1	27.140	P59	NB/T 35015—2013	水力发电厂安全预评价报告编制规程			2013/6/8	2013/10/1
11.7.1-4-65	11.7.1	27.140	P59	NB/T 35016—2013	土石筑坝材料碾压试验规程			2013/6/8	2013/10/1
11.7.1-4-66	11.7.1	27.140	P59	NB/T 35038—2014	水电工程建设征地移民安置综合监理规范			2014/6/29	2014/11/1
11.7.1-4-67	11.7.1	27.140	P59	NB/T 35048—2015	水电工程验收规程	DL/T 5123—2000		2015/4/2	2015/9/1
11.7.1-4-68	11.7.1	27.140	P26	NB/T 35051—2015	水电工程启闭机制造安装及验收规范	DL/T 5019—1994		2015/4/2	2015/9/1
11.7.1-4-69	11.7.1	27.14	P59	NB/T 35114—2018	水电岩土工程及岩体测试造孔规程	DL/T 5125—2009		2018/4/3	2018/7/1
11.7.1-4-70	11.7.1	27.14	P59	NB/T 35115—2018	水电工程钻探规程	DL/T 5013—2005		2018/4/3	2018/7/1
11.7.1-4-71	11.7.1	27.14	P59	NB/T 35116—2018	水电工程全球导航卫星系统（GNSS）测量规程			2018/4/3	2018/7/1

序号	GW 分类	ICS 分类	GB 分类	标准号	中 文 名 称	代替标准	采用关系	发布日期	实施日期
11.7.1-4-72	11.7.1	27.14	P59	NB/T 35117—2018	水电工程钻孔振荡式渗透试验规程			2018/4/3	2018/7/1
11.7.1-4-73	11.7.1	27.14	P59	NB/T 35118—2018	水电站油系统技术规范			2018/4/3	2018/7/1
11.7.1-4-74	11.7.1	27.14	P59	NB/T 35119—2018	水电工程水土保持设施验收规程			2018/6/6	2018/10/1
11.7.1-4-75	11.7.1		K55	NB/T 42041—2014	小水电机组安装技术规范			2014/10/15	2015/3/1
11.7.1-4-76	11.7.1	27.140	P59	SL 168—2012	小型水电站建设工程验收规程	SL 168—1996		2012/11/23	2013/2/23
11.7.1-4-77	11.7.1	93.160	P59	SL 176—2007	水利水电工程施工质量检验与评定规程	SL 176—1996		2007/7/14	2007/10/14
11.7.1-4-78	11.7.1	93.160	P57	SL 245—2013	水利水电工程地质观测规程			2013/1/29	2013/4/29
11.7.1-4-79	11.7.1	27.140	P55	SL 600—2012	水轮发电机定子现场装配工艺导则			2012/11/8	2013/2/8
11.7.1-4-80	11.7.1	27.140	P55	SL 631—2012	水利水电单元工程施工质量验收评定标准　土石方工程	SDJ 249.1—1988；SL 38—1992		2012/9/19	2012/12/19
11.7.1-4-81	11.7.1	27.140	P55	SL 632—2012	水利水电工程单元工程施工质量验收评定标准——混凝土工程	SDJ 249.1—1988；SL 38—1992		2012/9/19	2012/12/19
11.7.1-4-82	11.7.1	27.140	P55	SL 633—2012	水利水电单元工程施工质量验收评定标准　地基处理与基础工程	SDJ 249.1—1988		2012/9/19	2012/12/19
11.7.1-4-83	11.7.1	27.140	P55	SL 634—2012	水利水电单元工程施工质量验收评定标准　堤防工程	SL 239—1999		2012/9/19	2012/12/19
11.7.1-4-84	11.7.1	27.140	P55	SL 635—2012	水利水电单元工程施工质量验收评定标准　水工金属结构工程	SDJ 249.2—1988		2012/9/10	2012/12/19
11.7.1-4-85	11.7.1	27.140	P55	SL 636—2012	水利水电工程单元工程施工质量验收评定标准——水轮发电机组安装工程	SDJ 249.3—1988		2012/9/19	2012/12/19
11.7.1-4-86	11.7.1	27.140	P55	SL 637—2012	水利水电单元工程施工质量验收评定标准　水力机械辅助设备系统安装工程	SDJ 249.4—1988		2012/9/19	2012/12/19
11.7.1-4-87	11.7.1	91.220		SL 668—2014	水轮发电机组推力轴承、导轴承安装调整工艺导则	SD 288—1998		2014/3/28	2014/6/28

11.7.2　工程建设-水电-抽水蓄能

序号	GW 分类	ICS 分类	GB 分类	标准号	中 文 名 称	代替标准	采用关系	发布日期	实施日期
11.7.2-3-1	11.7.2	27.140	F59	GB/T 18482—2010	可逆式抽水蓄能机组启动试运行规程	GB/T 18482—2001		2010/12/23	2011/5/1

11

序号	GW 分类	ICS 分类	GB 分类	标准号	中 文 名 称	代替标准	采用关系	发布日期	实施日期
11.7.2-3-2	11.7.2	27.140	P55	GB/T 36294—2018	抽水蓄能发电企业档案分类导则			2018/6/7	2019/1/1
11.7.2-4-3	11.7.2	27.140	F20	DL/T 1225—2013	抽水蓄能电站生产准备导则			2013/3/7	2013/8/1
11.7.2-4-4	11.7.2	27.140	P59	NB/T 10072—2018	抽水蓄能电站设计规范	DL/T 5208—2005		2018/10/29	2019/3/1

11.8 工程建设-通信工程实施

序号	GW 分类	ICS 分类	GB 分类	标准号	中 文 名 称	代替标准	采用关系	发布日期	实施日期
11.8-2-1	11.8	29.240		Q/GDW 11341—2014	数据通信网工程实施技术规范			2015/5/29	2015/5/29
11.8-2-2	11.8	29.240		Q/GDW 11440—2015	IMS 行政交换网工程验收要求			2016/7/26	2016/7/26
11.8-2-3	11.8	29.240		Q/GDW 11442—2015	通信专用电源技术要求、工程验收及运行维护规程			2016/7/26	2016/7/26
11.8-2-4	11.8	33.040.40		Q/GDW 11533—2016	数据通信网工程验收测试规范			2016/12/22	2016/12/22
11.8-2-5	11.8			Q/GDW 11948—2018	分段绝缘光纤复合架空地线（OPGW）线路工程技术规范			2020/4/8	2020/4/8
11.8-2-6	11.8	29.240		Q/GDW 1873.1—2013	国家电网通信管理系统工程建设　第 1 部分：建设规范			2014/2/10	2014/2/10
11.8-2-7	11.8	29.240		Q/GDW 1873.2—2014	国家电网通信管理系统工程建设　第 2 部分：验收规范			2014/9/1	2014/9/1
11.8-2-8	11.8	29.240		Q/GDW 1915—2013	基于 MPLS 技术的数据通信网建设规范			2014/2/10	2014/2/10
11.8-2-9	11.8	29.240		Q/GDW 1916—2013	电力通信工程专业管理规程			2014/1/15	2014/1/15
11.8-3-10	11.8	35.020	L01	GB/T 19668.2—2017	信息技术服务　监理　第 2 部分：基础设施工程监理规范	GB/T 19668.2—2007；GB/T 19668.3—2007；GB/T 19668.4—2007		2017/7/31	2018/2/1
11.8-3-11	11.8	35.020	L01	GB/T 19668.3—2017	信息技术服务　监理　第 3 部分：运行维护监理规范	GB/T 19668.3—2007		2017/7/31	2018/2/1
11.8-3-12	11.8	35.020	L01	GB/T 19668.4—2017	信息技术服务　监理　第 4 部分：信息安全监理规范	GB/T 19668.6—2007；GB/T 19668.4—2007		2017/7/31	2018/2/1
11.8-3-13	11.8	35.020	L01	GB/T 19668.5—2018	信息技术服务　监理　第 5 部分：软件工程监理规范	GB/T 19668.5—2007		2018/6/7	2019/1/1

续表

序号	GW 分类	ICS 分类	GB 分类	标准号	中 文 名 称	代替标准	采用关系	发布日期	实施日期
11.8-3-14	11.8	29.240.01	K45	GB/T 37755—2019	智能变电站光纤回路建模及编码技术规范			2019/6/4	2020/1/1
11.8-3-15	11.8			GB 50462—2015	数据中心基础设施施工及验收规范	GB 50462—2008		2015/12/3	2016/8/1
11.8-3-16	11.8			GB/T 50636—2018	城市轨道交通综合监控系统工程技术标准	GB 50636—2010； GB/T 50732—2011		2018/2/8	2018/9/1
11.8-3-17	11.8			GB 51171—2016	通信线路工程验收规范			2016/4/15	2016/12/1
11.8-4-18	11.8	33.180.10	M30	DL/T 1733—2017	电力通信光缆安装技术要求			2017/8/2	2017/12/1
11.8-4-19	11.8	29.240	P62	DL/T 5344—2018	电力光纤通信工程验收规范	DL/T 5344—2006		2018/12/25	2019/5/1
11.8-4-20	11.8			YD/T 1821—2018	通信局（站）机房环境条件要求与检测方法	YD/T 1821—2008		2018/12/21	2019/4/1
11.8-4-21	11.8			YD/T 2024—2018	互联网骨干网网间互联扩容技术要求			2018/12/21	2019/4/1
11.8-4-22	11.8			YD 5044—2014	同步数字体系（SDH）光纤传输系统工程验收规范	YD/T 5044—2005； YD/T 5149—2007； YD/T 5150—2007		2014/5/6	2014/7/1
11.8-4-23	11.8			YD 5077—2014	固定电话交换网工程验收规范	YD/T 5077—2005； YD/T 5154—2007； YD/T 5156—2007		2014/5/6	2014/7/1
11.8-4-24	11.8		P76	YD/T 5079—2005	通信电源设备安装工程验收规范	YD 5079—1999		2006/7/25	2006/10/1
11.8-4-25	11.8	33.060.20	M36	YD/T 5093—2017	光缆线路自动监测系统工程验收规范	YD/T 5093—2005		2017/11/7	2018/1/1
11.8-4-26	11.8			YD 5121—2010	通信线路工程验收规范	YD 5121—2005； YD 5138—2005； YD 5043—2005		2010/5/14	2010/10/1
11.8-4-27	11.8			YD 5122—2014	波分复用（WDM）光纤传输系统工程验收规范	YD/T 5122—2005； YD/T 5176—2009；		2014/5/6	2014/7/1
11.8-4-28	11.8			YD 5123—2010	通信线路工程施工监理规范	YD/T 5123—2005		2010/5/14	2010/10/1
11.8-4-29	11.8	33	P76	YD/T 5126—2015	通信电源设备安装工程施工监理规范	YD/T 5126—2005		2015/10/10	2016/1/1
11.8-4-30	11.8	33	P76	YD/T 5160—2015	无线通信室内覆盖系统工程验收规范	YD/T 5160—2007		2015/10/10	2016/1/1
11.8-4-31	11.8			YD 5198—2014	IP 多媒体子系统（IMS）核心网工程验收暂行规定			2014/5/6	2014/7/1

序号	GW 分类	ICS 分类	GB 分类	标准号	中文名称	代替标准	采用关系	发布日期	实施日期
11.8-4-32	11.8			YD 5209—2014	光传送网（OTN）工程验收暂行规定			2014/5/6	2014/7/1
11.8-4-33	11.8	33.0200000 00000003	P76	YD/T 5251—2019	智能管道工程技术规范			2019/11/11	2020/1/1

11.9 工程建设-技术经济

序号	GW 分类	ICS 分类	GB 分类	标准号	中文名称	代替标准	采用关系	发布日期	实施日期
11.9-2-1	11.9	29.240		Q/GDW 10433—2018	国家电网有限公司输变电工程造价分析内容深度规定	Q/GDW 433—2010		2019/8/30	2019/8/30
11.9-2-2	11.9	29.240		Q/GDW 11337—2014	输变电工程工程量清单计价规范	Q/GDW 593.1—2011		2015/1/31	2015/1/31
11.9-2-3	11.9	29.240		Q/GDW 11338—2014	变电工程工程量计算规范	Q/GDW 593.1—2011		2015/1/31	2015/1/31
11.9-2-4	11.9	29.240		Q/GDW 11339—2014	输电线路工程工程量计算规范	Q/GDW 593.2—2011		2015/1/31	2015/1/31
11.9-2-5	11.9	29.240		Q/GDW 11606—2016	±1100kV 特高压直流输电工程计价规范			2017/6/16	2017/6/16
11.9-2-6	11.9	29.240		Q/GDW 11863—2018	±1100kV 特高压直流输电工程工程量清单计算规范			2019/10/23	2019/10/23
11.9-2-7	11.9	29.240		Q/GDW 11873—2018	输变电工程施工图预算（综合单价法）编制规定			2019/10/23	2019/10/23
11.9-2-8	11.9	29.240		Q/GDW 11874—2018	输变电工程结算报告编制规定			2019/10/23	2019/10/23
11.9-3-9	11.9			GB 50500—2013	建设工程工程量清单计价规范	GB 50500—2008		2012/12/25	2013/7/1
11.9-3-10	11.9			GB/T 51095—2015	建设工程造价咨询规范			2015/3/8	2015/11/1
11.9-4-11	11.9			CECA/GC 9—2013	建设项目工程竣工决算编制规程			2013/1/29	2013/5/1
11.9-4-12	11.9			DL/T 5205—2016	电力建设工程工程量清单计算规范 输电线路工程	DL/T 5205—2011		2016/12/5	2017/5/1
11.9-4-13	11.9	29.240.010	P62	DL/T 5341—2016	电力建设工程工程量清单计算规范 变电工程	DL/T 5341—2011		2016/12/5	2017/5/1
11.9-4-14	11.9			DL/T 5369—2016	电力建设工程工程量清单计算规范 火力发电工程	DL/T 5369—2011		2016/12/5	2017/5/1
11.9-4-15	11.9	27.100	P60	DL/T 5464—2013	火力发电工程初步设计概算编制导则			2013/6/8	2013/10/1
11.9-4-16	11.9	27.100	P60	DL/T 5465—2013	火力发电工程施工图预算编制导则			2013/6/8	2013/10/1

续表

序号	GW 分类	ICS 分类	GB 分类	标准号	中 文 名 称	代替标准	采用关系	发布日期	实施日期
11.9-4-17	11.9	27.100	P60	DL/T 5466—2013	火力发电工程可行性研究投资估算编制导则			2013/6/8	2013/10/1
11.9-4-18	11.9	29.240	P62	DL/T 5467—2013	输变电工程初步设计概算编制导则			2013/6/8	2013/10/1
11.9-4-19	11.9	29.240	P62	DL/T 5468—2013	输变电工程施工图预算编制导则			2013/6/8	2013/10/1
11.9-4-20	11.9	29.240	P62	DL/T 5469—2013	输变电工程可行性研究投资估算编制导则			2013/6/8	2013/10/1
11.9-4-21	11.9	27.100	P60	DL/T 5470—2013	燃煤发电工程建议预算项目划分导则			2013/6/8	2013/10/1
11.9-4-22	11.9	29.240	P62	DL/T 5471—2013	变电站、开关站、换流站工程建设预算项目划分导则			2013/6/8	2013/10/1
11.9-4-23	11.9	29.240	P62	DL/T 5472—2013	架空输电线路工程建设预算项目划分导则			2013/6/8	2013/10/1
11.9-4-24	11.9	29.240	P62	DL/T 5476—2013	电缆输电线路工程建设预算项目划分导则			2013/6/8	2013/10/1
11.9-4-25	11.9	29.240	P62	DL/T 5477—2013	串联补偿站及静止无功补偿工程建设预算项目划分导则			2013/6/8	2013/10/1
11.9-4-26	11.9	29.240	P62	DL/T 5478—2013	20kV 及以下配电网工程建设预算项目划分导则			2013/6/8	2013/10/1
11.9-4-27	11.9	29.240	P62	DL/T 5479—2013	通信工程建设预算项目划分导则			2013/6/8	2013/10/1
11.9-4-28	11.9			DL/T 5528—2017	输变电工程结算审核报告编制导则			2017/3/28	2017/8/1
11.9-4-29	11.9	27.100	P60	DL/T 5531—2017	火力发电工程项目后评价导则			2017/8/2	2017/12/1
11.9-4-30	11.9			DL/T 5745—2016	电力建设工程工程量清单计价规范			2016/12/5	2017/5/1
11.9-4-31	11.9	29.240	F20	DL/T 5765—2018	20kV 及以下配电网工程工程量清单计价规范			2018/4/3	2018/7/1
11.9-4-32	11.9	29.240	F20	DL/T 5766—2018	20kV 及以下配电网工程工程量清单计算规范			2018/4/3	2018/7/1
11.9-4-33	11.9	29.240	F20	DL/T 5767—2018	电网技术改造工程工程量清单计价规范			2018/4/3	2018/7/1
11.9-4-34	11.9	29.240	F20	DL/T 5768—2018	电网技术改造工程工程量清单计算规范			2018/4/3	2018/7/1
11.9-4-35	11.9	29.240	F20	DL/T 5769—2018	电网检修工程工程量清单计价规范			2018/4/3	2018/7/1
11.9-4-36	11.9	29.240	F20	DL/T 5770—2018	电网检修工程工程量清单计算规范			2018/4/3	2018/7/1
11.9-4-37	11.9	29.180	K41	DL/T 985—2012	配电变压器能效技术经济评价导则	DL/T 985—2005		2012/4/6	2012/7/1
11.9-4-38	11.9	27.140	P59	NB/T 35030—2014	水电工程投资匡算编制规定			2014/6/29	2014/11/1

序号	GW 分类	ICS 分类	GB 分类	标准号	中 文 名 称	代替标准	采用关系	发布日期	实施日期
11.9-4-39	11.9	27.140	P59	NB/T 35031—2014	水电工程安全监测系统专项投资编制细则			2014/6/29	2014/11/1
11.9-4-40	11.9	27.140	P59	NB/T 35032—2014	水电工程调整概算编制规定			2014/6/29	2014/11/1
11.9-4-41	11.9	27.140	P59	NB/T 35033—2014	水电工程环境保护专项投资编制细则			2014/6/29	2014/11/1
11.9-4-42	11.9	27.140	P59	NB/T 35034—2014	水电工程投资估算编制规定			2014/6/29	2014/11/1
11.9-4-43	11.9			YD 5192—2009	通信建设工程量清单计价规范			2009/12/19	2010/3/1

11.10 工程建设-其他

序号	GW 分类	ICS 分类	GB 分类	标准号	中 文 名 称	代替标准	采用关系	发布日期	实施日期
11.10-2-1	11.10	29.240		Q/GDW 10666—2016	分布式电源接入配电网测试技术规范	Q/GDW 666—2011		2017/3/24	2017/3/24
11.10-2-2	11.10	29.240		Q/GDW 11073—2013	分布式电源接入配电网系统测试及验收规程			2014/9/1	2014/9/1
11.10-2-3	11.10	29.240		Q/GDW 11559—2016	微电网接入配电网测试规范			2017/3/24	2017/3/24
11.10-2-4	11.10	29.240		Q/GDW 11970—2019	输变电工程水土保持监理规范			2020/8/24	2020/8/24
11.10-2-5	11.10	29.240		Q/GDW 11971—2019	架空输电线路水土保持设施质量检验及评定规程			2020/8/24	2020/8/24
11.10-2-6	11.10	29.240		Q/GDW 11973—2019	生态脆弱区输变电工程施工环境保护导则			2020/8/24	2020/8/24
11.10-2-7	11.10	29.240		Q/GDW 1466—2014	电气工程接地用铜覆钢技术条件	Q/GDW 466—2010		2015/2/6	2015/2/6
11.10-3-8	11.10	91.100.10	Q13	GB/T 14684—2011	建设用砂	GB/T 14684—2001		2011/6/16	2012/2/1
11.10-3-9	11.10	91.100.15	Q13	GB/T 14685—2011	建设用卵石、碎石	GB/T 14685—2001		2011/6/16	2012/2/1
11.10-3-10	11.10	29.130.20	K31	GB/T 31142—2014	转换开关电器（TSE）选择和使用导则			2014/9/3	2015/4/1
11.10-3-11	11.10			GB 50343—2012	建筑物电子信息系统防雷技术规范	GB 50343—2004		2012/6/11	2012/12/1
11.10-3-12	11.10		P27	GB 50608—2020	纤维增强复合材料建设工程应用技术规范	GB 50608—2010		2020/2/27	2020/10/1
11.10-3-13	11.10			GB/T 51103—2015	电磁屏蔽室工程施工及质量验收规范			2015/5/11	2016/2/1
11.10-3-14	11.10			GB/T 51311—2018	风光储联合发电站调试及验收标准			2018/9/11	2019/3/1
11.10-3-15	11.10			GB/T 51338—2018	分布式电源并网工程调试与验收标准			2018/11/8	2019/5/1

续表

序号	GW 分类	ICS 分类	GB 分类	标准号	中 文 名 称	代替标准	采用关系	发布日期	实施日期
11.10-4-16	11.10		P36	CECS 269—2010	灾损建（构）筑物处理技术规范			2010/8/4	2010/11/1
11.10-4-17	11.10	27.100	F24	DL/T 1314—2013	电力工程用缓释型离子接地装置技术条件			2013/11/28	2014/4/1
11.10-4-18	11.10	27.100	F24	DL/T 1315—2013	电力工程接地装置用放热焊剂技术条件			2013/11/28	2014/4/1
11.10-4-19	11.10	29.020	P22	DL/T 5779—2018	气体绝缘金属封闭输电线路施工及验收规范			2018/12/25	2019/5/1
11.10-4-20	11.10			DL/T 5781—2018	配电自动化系统验收技术规范			2018/12/25	2019/5/1
11.10-4-21	11.10	03.100.30	F20	DL/T 679—2012	焊工技术考核规程	DL 679—1999		2012/1/4	2012/3/1
11.10-4-22	11.10	27.100	F20	DL/T 816—2017	电力行业焊接操作技能教师考核规则	DL/T 816—2003		2017/8/2	2017/12/1
11.10-4-23	11.10			NB/T 10087—2018	陆上风电场工程施工安装技术规程			2018/10/29	2019/3/1
11.10-4-24	11.10			NB/T 51080—2017	气膜钢筋混凝土结构工程施工与验收规范			2017/12/27	2018/6/1

12 设备、材料

12.1 设备、材料-基础综合

序号	GW 分类	ICS 分类	GB 分类	标准号	中文名称	代替标准	采用关系	发布日期	实施日期
12.1-2-1	12.1	29.240		Q/GDW 11137—2013	输变电工程钢构件热浸镀锌铝镁稀土合金镀层技术条件			2014/4/15	2014/4/15
12.1-2-2	12.1	29.240		Q/GDW 11138—2013	输变电钢构件热喷涂锌铝镁稀土合金防腐涂层技术要求			2014/4/15	2014/4/15
12.1-2-3	12.1			Q/GDW 1847—2012	电子式电流互感器技术规范	Q/GDW 424—2010		2014/5/1	2014/5/1
12.1-2-4	12.1			Q/GDW 1848—2012	电子式电压互感器技术规范	Q/GDW 425—2010		2014/5/1	2014/5/1
12.1-3-5	12.1	29.180	K41	GB/Z 1094.14—2011	电力变压器　第 14 部分：采用高温绝缘材料的液浸式变压器的设计和应用		IEC/TS 60076-14：2009 IDT	2011/12/30	2012/5/1
12.1-3-6	12.1	29.035.99	K15	GB/T 11021—2014	电气绝缘耐热性和表示方法	GB/T 11021—2007	IEC 60085：2007 IDT	2014/5/6	2014/10/28
12.1-3-7	12.1	07.060	N93	GB/T 11826—2019	转子式流速仪	GB/T 11826—2002		2019/6/4	2020/1/1
12.1-3-8	12.1	29.240.01	K51	GB/T 11920—2008	电站电气部分集中控制设备及系统通用技术条件	GB 11920—1989		2008/9/24	2009/8/1
12.1-3-9	12.1	17.220	L85	GB/T 12116—2012	电子电压表通用规范	GB/T 12117—1989；GB/T 12116—1989		2012/12/31	2013/6/1
12.1-3-10	12.1	19.040	K04	GB/T 14597—2010	电工产品不同海拔的气候环境条件	GB/T 14597—1993		2010/11/10	2011/5/1
12.1-3-11	12.1	29.020	K05	GB/T 15139—1994	电工设备结构总技术条件			1994/12/28	1995/8/1
12.1-3-12	12.1	29.180	K41	GB/T 18494.3—2012	变流变压器　第 3 部分：应用导则		IEC 61378-3：2006 MOD	2012/6/29	2012/11/1
12.1-3-13	12.1	29.180	K41	GB/T 19212.1—2016	变压器、电抗器、电源装置及其组合的安全　第 1 部分：通用要求和试验	GB 19212.1—2008	IEC 61558-1：2009	2016/12/13	2017/3/1
12.1-3-14	12.1	29.080.10	K48	GB/T 19519—2014	架空线路绝缘子标称电压高于 1000V 交流系统用悬垂和耐张复合绝缘子定义、试验方法及接收准则	GB/T 19519—2004	IEC 61109：2008	2014/6/24	2015/1/22
12.1-3-15	12.1	31.060.70	K42	GB/T 19749.1—2016	耦合电容器和电容分压器　第 1 部分：总则	GB/T 19749—2005	IEC 60358-1：2012	2016/2/24	2016/9/1
12.1-3-16	12.1	29.020	K04	GB/T 20626.1—2017	特殊环境条件　高原电工电子产品　第 1 部分：通用技术要求	GB/T 20626.1—2006		2017/9/29	2018/4/1
12.1-3-17	12.1	29.020	K04	GB/T 20626.3—2006	特殊环境条件　高原电工电子产品　第 3 部分：雷电、污秽、凝露的防护要求			2006/11/9	2007/4/1
12.1-3-18	12.1	29.120.01	K30	GB/T 20645—2006	特殊环境条件　高原用低压电器技术要求			2006/11/8	2007/4/1
12.1-3-19	12.1	29.180	K41	GB/T 20840.6—2017	互感器　第 6 部分：低功率互感器的补充通用技术要求		IEC 61869-6：2016	2017/11/1	2018/5/1

续表

序号	GW 分类	ICS 分类	GB 分类	标准号	中 文 名 称	代替标准	采用关系	发布日期	实施日期
12.1-3-20	12.1		K41	GB/T 20840.9—2017	互感器　第 9 部分：互感器的数字接口		IEC 61869-9：2016 MOD	2017/11/1	2018/5/1
12.1-3-21	12.1	29.020	K90	GB/T 23644—2009	电工专用设备通用技术条件			2009/4/21	2009/11/1
12.1-3-22	12.1	29.020	K09	GB/T 25295—2010	电气设备安全设计导则			2010/11/10	2011/5/1
12.1-3-23	12.1	29.080.99	K49	GB/T 28547—2012	交流金属氧化物避雷器选择和使用导则		IEC 60099-5：2000 NEQ	2012/6/29	2012/11/1
12.1-3-24	12.1	29.160.30	K24	GB/T 30549—2014	永磁交流伺服电动机通用技术条件			2014/5/6	2014/10/28
12.1-3-25	12.1	31.240	K05	GB/T 31846—2015	高压机柜通用技术规范			2015/7/3	2016/2/1
12.1-3-26	12.1	77.140.75	H48	GB/T 33966—2017	输送砂浆用耐磨无缝钢管			2017/7/12	2018/4/1
12.1-3-27	12.1	77.140.60	H44	GB/T 33968—2017	改善焊接性能热轧型钢			2017/7/12	2018/4/1
12.1-3-28	12.1	29.200；29.240	K46	GB/T 34118—2017	高压直流系统用电压源换流器术语			2017/7/31	2018/2/1
12.1-3-29	12.1	19.100	J04	GB/T 35090—2018	无损检测　管道弱磁检测方法			2018/5/14	2018/12/1
12.1-3-30	12.1	03.120.99	A00	GB/T 35245—2017	企业产品质量安全事件应急预案编制指南			2017/12/29	2018/7/1
12.1-3-31	12.1	03.120.99	A00	GB/T 35247—2017	产品质量安全风险信息监测技术通则			2017/12/29	2018/7/1
12.1-3-32	12.1	03.120.99	A00	GB/T 35253—2017	产品质量安全风险预警分级导则			2017/12/29	2018/7/1
12.1-3-33	12.1	25.040.40	N18	GB/T 36413.1—2018	自动化系统　嵌入式智能控制器　第 1 部分：通用要求			2018/6/7	2019/1/1
12.1-3-34	12.1	03.120.01；03.120.30；31.020	L05	GB/T 37963—2019	电子设备可靠性预计模型及数据手册		IEC TR 62380：2004	2019/8/30	2019/12/1
12.1-3-35	12.1	19.040	A21	GB/T 4796—2017	环境条件分类　第 1 部分：环境参数及其严酷程度	GB/T 4796—2008	IEC 60721-1：2002 MOD	2017/12/29	2018/7/1
12.1-3-36	12.1	19.020	K04	GB/T 4797.1—2018	环境条件分类　自然环境条件　温度和湿度	GB/T 4797.1—2005	IEC 60721-2-1：2013	2018/5/14	2018/12/1
12.1-3-37	12.1	19.040	K04	GB/T 4797.2—2017	环境条件分类　自然环境条件　气压	GB/T 4797.2—2005	IEC 60721-1 IDT	2017/12/29	2018/7/1
12.1-3-38	12.1	19.020	A21	GB/T 4797.4—2019	环境条件分类　自然环境条件　太阳辐射与温度	GB/T 4797.4—2006	IEC 60721-2-4：2002	2019/12/10	2020/7/1
12.1-3-39	12.1	19.020	A21	GB/T 4798.10—2006	电工电子产品应用环境条件　导言	GB/T 4798.10—1991		2006/12/19	2007/9/1

续表

序号	GW 分类	ICS 分类	GB 分类	标准号	中文名称	代替标准	采用关系	发布日期	实施日期
12.1-3-40	12.1	29.120.30	K43	GB/T 5273—2016	高压电器端子尺寸标准化	GB/T 5273—1985	IEC/TR 62271-301：2009 MOD	2016/4/25	2016/11/1
12.1-3-41	12.1	29.180	K41	GB/T 6451—2015	油浸式电力变压器技术参数和要求	GB/T 6451—2008		2015/9/11	2016/4/1
12.1-3-42	12.1	17.220.20	N20	GB/T 6592—2010	电工和电子测量设备性能表示	GB/T 6592—1996		2010/12/1	2011/5/1
12.1-3-43	12.1	77.140.75	H48	GB/T 8162—2018	结构用无缝钢管	GB/T 8162—2008		2018/5/14	2019/2/1
12.1-3-44	12.1	13.220.50	C80	GB 8624—2012	建筑材料及制品燃烧性能分级	GB 8624—2006		2012/12/31	2013/10/1
12.1-3-45	12.1	29.020	K09	GB/T 9089.3—2008	户外严酷条件下的电气设施　第 3 部分：设备及附件的一般要求	GB/T 9089.3—1991		2008/6/18	2009/3/1
12.1-3-46	12.1	29.020	K09	GB/T 9089.4—2008	户外严酷条件下的电气设施　第 4 部分：装置要求	GB/T 9089.4—1992		2008/6/18	2009/3/1
12.1-4-47	12.1			DL/T 1094—2018	电力变压器用绝缘油选用导则	DL/T 1094—2008		2018/4/3	2018/7/1
12.1-4-48	12.1	29.180	K41	DL/T 1096—2018	变压器油中颗粒度限值	DL/T 1096—2008		2018/4/3	2018/7/1
12.1-4-49	12.1			DL/T 1157—2019	配电线路故障指示器通用技术条件	DL/T 1157—2012		2019/11/4	2020/5/1
12.1-4-50	12.1	29.020	K91	DL/T 1342—2014	电气接地工程用材料及连接件			2014/3/18	2014/8/1
12.1-4-51	12.1	27.100	F24	DL/T 1366—2014	电力设备用六氟化硫气体			2014/10/15	2015/3/1
12.1-4-52	12.1			DL/T 1392—2014	直流电源系统绝缘监测装置技术条件			2014/10/15	2015/3/1
12.1-4-53	12.1	27.100	F24	DL/T 1397.6—2014	电力直流电源系统用测试设备通用技术条件　第 6 部分：便携式接地巡测仪			2014/10/15	2015/3/1
12.1-4-54	12.1			DL/T 1515—2016	电子式互感器接口技术规范			2016/1/7	2016/6/1
12.1-4-55	12.1			DL/T 1539—2016	电力变压器（电抗器）用高压套管选用导则			2016/1/7	2016/6/1
12.1-4-56	12.1			DL/T 1541—2016	电力变压器中性点直流限（隔）流装置技术规范			2016/1/7	2016/6/1
12.1-4-57	12.1			DL/T 1542—2016	电子式电流互感器选用导则			2016/1/7	2016/6/1
12.1-4-58	12.1			DL/T 1543—2016	电子式电压互感器选用导则			2016/1/7	2016/6/1
12.1-4-59	12.1			DL/T 1544—2016	电子式互感器现场交接验收规范			2016/1/7	2016/6/1
12.1-4-60	12.1			DL/T 1978—2019	电力用油颗粒污染度分级标准			2019/6/4	2019/10/1

序号	GW 分类	ICS 分类	GB 分类	标准号	中　文　名　称	代替标准	采用关系	发布日期	实施日期
12.1-4-61	12.1			DL/T 2065—2019	无线传感器网络设备电磁电气基本特性规范			2019/11/4	2020/5/1
12.1-4-62	12.1			DL/T 2187—2020	直流互感器校验仪通用技术条件			2020/10/23	2021/2/1
12.1-4-63	12.1			DL/T 318—2017	输变电工程施工机具产品型号编制方法	DL/T 318—2010		2017/8/2	2017/12/1
12.1-4-64	12.1	29.180	K41	DL/T 378—2010	变压器出线端子用绝缘防护罩通用技术条件			2010/5/1	2010/10/1
12.1-4-65	12.1	29.020.01	K04	DL/T 700—2017	电力物资分类与编码导则	DL/T 700.1—1999；DL/T 700.2—1999；DL/T 700.3—1999		2017/11/15	2018/3/1
12.1-4-66	12.1	29.240.01	K49	DL/T 815—2012	交流输电线路用复合外套金属氧化物避雷器	DL 815—2002		2012/1/4	2012/3/1
12.1-4-67	12.1	27.100	F20	DL/T 837—2012	输变电设施可靠性评价规程	DL 837—2003		2012/1/4	2012/3/1
12.1-4-68	12.1	27.100	F21	DL/T 866—2015	电流互感器和电压互感器选择及计算规程	DL/T 866—2004		2015/4/2	2015/9/1
12.1-4-69	12.1			DL/T 872—2016	小电流接地系统单相接地故障选线装置技术条件	DL/T 872—2004		2016/12/5	2017/5/1
12.1-4-70	12.1	29.020	K47	DL/T 972—2005	带电作业工具、装置和设备的质量保证导则			2005/11/28	2006/6/1
12.1-4-71	12.1			DL/T 984—2018	油浸式变压器绝缘老化判断导则	DL/T 984—2005		2018/4/3	2018/7/1
12.1-4-72	12.1			NB/T 10279—2019	输变电设备　湿热环境条件			2019/11/4	2020/5/1
12.1-5-73	12.1	21.060.10；21.060.20		BSI BS ISO 8992—2005	紧固件　螺栓、螺钉、螺柱和螺母通用要求			2005/4/27	2005/4/27
12.1-5-74	12.1	29.080.01		BSI PD IEC TR 60071-4：2004	绝缘配合　第4部分：绝缘配合的计算指南和电子网络模拟			2004/8/17	2004/8/17
12.1-6-75	12.1			T/CEC 297.4—2020	高压直流输电换流阀冷却技术规范　第4部分：化学仪表			2020/6/30	2020/10/1

12.2　设备、材料-特高压电力设备

序号	GW 分类	ICS 分类	GB 分类	标准号	中　文　名　称	代替标准	采用关系	发布日期	实施日期
12.2-2-1	12.2	29.240		Q/GDW 10147—2019	高压直流输电用±800kV级换流变压器通用技术规范	Q/GDW 147—2006		2020/7/3	2020/7/3
12.2-2-2	12.2	29.240		Q/GDW 11025—2013	1000kV变电站二次设备抗扰度要求			2014/4/1	2014/4/1

续表

序号	GW 分类	ICS 分类	GB 分类	标准号	中 文 名 称	代替标准	采用关系	发布日期	实施日期
12.2-2-3	12.2	29.240		Q/GDW 11127—2013	1100kV 气体绝缘金属封闭开关设备用盆式绝缘子技术规范			2014/4/15	2014/4/15
12.2-2-4	12.2	29.240		Q/GDW 11128—2013	1100kV 串联补偿装置用旁路隔离开关技术规范			2014/4/15	2014/4/15
12.2-2-5	12.2	29.240		Q/GDW 11132—2013	特高压瓷绝缘电气设备抗震设计及减震装置安装与维护技术规程			2014/4/15	2014/4/15
12.2-2-6	12.2	29.240		Q/GDW 11340.1—2014	1000kV 输电线路绝缘子技术规范　第 1 部分：盘形悬式瓷或玻璃绝缘子			2015/1/31	2015/1/31
12.2-2-7	12.2	29.240		Q/GDW 11340.2—2014	1000kV 输电线路绝缘子技术规范　第 2 部分：棒形悬式复合绝缘子			2015/1/31	2015/1/31
12.2-2-8	12.2	29.240		Q/GDW 11409—2015	±1100kV 换流站用无间隙金属氧化物避雷器技术规范			2016/11/15	2016/11/15
12.2-2-9	12.2	29.100		Q/GDW 11480—2016	1000kV 特高压交流油浸式电力变压器用绝缘纸板及纸质绝缘成型件选用导则			2016/11/9	2016/11/9
12.2-2-10	12.2	29.100		Q/GDW 11481—2016	1000kV 交流电力变压器和电抗器用硅钢片技术条件			2016/11/9	2016/11/9
12.2-2-11	12.2	29.100		Q/GDW 11482—2016	1000kV 交流电力变压器用绕组线技术要求　第 1 部分：纸绝缘换位导线			2016/11/9	2016/11/9
12.2-2-12	12.2	29.180		Q/GDW 11483—2016	解体运输式 1000kV 单相油浸式自耦变压器技术规范			2016/11/9	2016/11/9
12.2-2-13	12.2	29.240		Q/GDW 1150—2014	±800kV 高压直流输电用穿墙套管通用技术规范	Q/GDW 150—2006		2015/2/6	2015/2/6
12.2-2-14	12.2	29.240		Q/GDW 11528—2016	特高压全光纤电流互感器技术规范			2016/12/22	2016/12/22
12.2-2-15	12.2	29.240		Q/GDW 11669—2017	±1100kV 特高压直流换流变压器技术规范			2018/1/18	2018/1/18
12.2-2-16	12.2	29.240		Q/GDW 11670—2017	±1100kV 高压直流输电用换流变压器阀侧套管技术规范			2018/1/18	2018/1/18
12.2-2-17	12.2	29.240		Q/GDW 11671—2017	±1100kV 特高压直流输电系统用测量装置通用技术规范			2018/1/18	2018/1/18
12.2-2-18	12.2	29.240		Q/GDW 11672—2017	±1100kV 特高压直流输电系统用换流阀冷却系统技术规范			2018/1/18	2018/1/18
12.2-2-19	12.2	29.240		Q/GDW 11673—2017	±1100kV 特高压直流输电系统用换流阀技术规范			2018/1/18	2018/1/18

序号	GW 分类	ICS 分类	GB 分类	标准号	中 文 名 称	代替标准	采用关系	发布日期	实施日期
12.2-2-20	12.2	29.240		Q/GDW 11676—2017	高压直流转换开关			2018/1/18	2018/1/18
12.2-2-21	12.2	29.240		Q/GDW 11677—2017	特高压直流设备抗震技术规范			2018/1/18	2018/1/18
12.2-2-22	12.2	29.240		Q/GDW 11679—2017	±1100kV 高压直流输电用穿墙套管通用技术规范			2018/1/18	2018/1/18
12.2-2-23	12.2			Q/GDW 11714.1—2017	1000kV 交流架空输电线路杆塔复合横担　第 1 部分：设计规定			2018/6/27	2018/6/27
12.2-2-24	12.2			Q/GDW 11714.2—2017	1000kV 交流架空输电线路杆塔复合横担　第 2 部分：线路柱式复合绝缘子元件技术条件			2018/6/27	2018/6/27
12.2-2-25	12.2			Q/GDW 11714.3—2017	1000kV 交流架空输电线路杆塔复合横担　第 3 部分：施工及验收规范			2018/6/27	2018/6/27
12.2-2-26	12.2			Q/GDW 11714.4—2017	1000kV 交流架空输电线路杆塔复合横担　第 4 部分：运行规程			2018/6/27	2018/6/27
12.2-2-27	12.2			Q/GDW 11714.5—2017	1000kV 交流架空输电线路杆塔复合横担　第 5 部分：检修规范			2018/6/27	2018/6/27
12.2-2-28	12.2			Q/GDW 11744—2017	特高压直流换流变压器用冷轧取向电工钢带（片）技术条件			2018/9/12	2018/9/12
12.2-2-29	12.2			Q/GDW 11752—2017	±1100kV 直流输电线路用复合外套带串联间隙金属氧化物避雷器技术规范			2018/9/12	2018/9/12
12.2-2-30	12.2			Q/GDW 11754—2017	高压直流旁路开关			2018/9/12	2018/9/12
12.2-2-31	12.2			Q/GDW 11755—2017	±1100kV 换流站用直流隔离开关和接地开关技术规范			2018/9/12	2018/9/12
12.2-2-32	12.2			Q/GDW 11757—2017	±1100kV 高压直流系统用干式平波电抗器技术规范			2018/9/12	2018/9/12
12.2-2-33	12.2			Q/GDW 11758—2017	±1100kV 特高压直流换流站用金具技术规范			2018/9/12	2018/9/12
12.2-2-34	12.2			Q/GDW 11788—2017	±800kV 直流输电线路用复合外套　带串联间隙金属氧化物避雷器技术规范			2018/9/30	2018/9/30
12.2-2-35	12.2	29.240		Q/GDW 11866—2018	±1100kV 支柱绝缘子技术规范			2019/10/23	2019/10/23
12.2-2-36	12.2	29.240		Q/GDW 11867—2018	特高压直流架空线路用 840kN 盘形悬式绝缘子和 1000kN/840kN 棒形悬式复合绝缘子技术规范			2019/10/23	2019/10/23

续表

序号	GW 分类	ICS 分类	GB 分类	标准号	中 文 名 称	代替标准	采用关系	发布日期	实施日期
12.2-2-37	12.2	29.240.20		Q/GDW 11955—2019	1100kV 气体绝缘金属封闭输电线路（GIL）技术规范			2020/7/3	2020/7/3
12.2-2-38	12.2	29.240		Q/GDW 1281—2015	±800kV 换流站用直流套管技术规范	Q/GDW 281—2009		2016/11/15	2016/11/15
12.2-2-39	12.2	29.240		Q/GDW 1282—2015	±800kV 直流棒形悬式复合绝缘子技术条件	Q/GDW 282—2009		2016/11/15	2016/11/15
12.2-2-40	12.2	29.240		Q/GDW 1295—2014	1000kV 交流电流互感器技术规范	Q/GDW 295—2009		2015/2/6	2015/2/6
12.2-2-41	12.2	29.240		Q/GDW 1307—2014	1000kV 交流系统用无间隙金属氧化物避雷器技术规范	Q/GDW 307—2009		2014/7/1	2014/7/1
12.2-2-42	12.2			Q/GDW 148—2006	高压直流输电用±800kV 级平波电抗器通用技术规范之一　油浸式平波电抗器			2006/9/26	2006/9/26
12.2-2-43	12.2			Q/GDW 149—2006	高压直流输电用±800kV 平波电抗器通用技术规范之二　干式平波电抗器			2006/9/26	2006/9/26
12.2-2-44	12.2			Q/GDW 1779—2013	1000kV 交流特高压输电线路用带串联间隙复合外套金属氧化物避雷器技术规范			2013/4/12	2013/4/12
12.2-2-45	12.2			Q/GDW 1830—2012	特高压支柱瓷绝缘子工厂复合化技术规范			2013/6/28	2013/6/28
12.2-2-46	12.2			Q/GDW 1832—2012	1000kV 交流架空输电线路用复合绝缘子技术条件			2014/5/1	2014/5/1
12.2-2-47	12.2			Q/GDW 1836—2012	1000kV 变电站并联电容器装置技术条件			2014/5/1	2014/5/1
12.2-2-48	12.2			Q/GDW 1846—2012	1000kV 串联电容器补偿装置技术规范			2014/5/1	2014/5/1
12.2-2-49	12.2			Q/GDW 1967—2013	特高压用无局放调频谐振试验装置技术规范			2014/5/1	2014/5/1
12.2-2-50	12.2	29.240		Q/GDW 259—2009	±800kV 高压直流输电用传感器通用技术规范			2009/5/25	2009/5/25
12.2-2-51	12.2	29.240		Q/GDW 276—2009	±800kV 换流站用金属氧化物避雷器技术规范			2009/5/25	2009/5/25
12.2-2-52	12.2	29.240		Q/GDW 279—2009	±800kV 直流支柱绝缘子技术规范			2009/5/25	2009/5/25
12.2-2-53	12.2	29.240		Q/GDW 280—2009	±800kV 直流盘形绝缘子技术条件			2009/5/25	2009/5/25
12.2-2-54	12.2	29.240		Q/GDW 287—2009	±800kV 直流换流站二次设备抗干扰要求			2009/5/25	2009/5/25
12.2-2-55	12.2	29.240		Q/GDW 288—2009	±800kV 级直流输电用换流阀通用技术规范			2009/5/25	2009/5/25
12.2-2-56	12.2	29.240		Q/GDW 289—2009	±800kV 换流站用直流隔离开关和接地开关技术规范			2009/5/25	2009/5/25
12.2-2-57	12.2	29.240		Q/GDW 290—2009	1000kV 交流架空输电线路金具技术规范			2009/5/25	2009/5/25

序号	GW 分类	ICS 分类	GB 分类	标准号	中 文 名 称	代替标准	采用关系	发布日期	实施日期
12.2-2-58	12.2	29.240		Q/GDW 291—2009	1000kV 变电站变电金具技术规范			2009/5/25	2009/5/25
12.2-2-59	12.2	29.240		Q/GDW 303—2009	1000kV 变电站用支柱绝缘子技术规范			2009/5/25	2009/5/25
12.2-2-60	12.2	29.240		Q/GDW 306—2009	1000kV 系统用油浸式并联电抗器技术规范			2009/5/25	2009/5/25
12.2-2-61	12.2	29.240		Q/GDW 308—2009	1000kV 系统用套管技术规范			2009/5/25	2009/5/25
12.2-2-62	12.2	29.240		Q/GDW 309—2009	1000kV 系统用电容式电压互感器技术规范			2009/5/25	2009/5/25
12.2-2-63	12.2	29.240		Q/GDW 312—2009	1000kV 系统用油浸式变压器技术规范			2009/5/25	2009/5/25
12.2-2-64	12.2	29.240		Q/GDW 313—2009	1000kV 系统用高压断路器技术规范			2009/5/25	2009/5/25
12.2-2-65	12.2	29.240		Q/GDW 314—2009	1000kV 系统用交流隔离开关和接地开关技术规范			2009/5/25	2009/5/25
12.2-2-66	12.2	29.240		Q/GDW 315—2009	1000kV 系统用气体绝缘金属封闭开关设备技术规范			2009/5/25	2009/5/25
12.2-2-67	12.2	29.240		Q/GDW 316—2009	特高压 OPGW 技术规范及运行技术要求			2009/5/25	2009/5/25
12.2-2-68	12.2	29.240		Q/GDW 325—2009	1000kV 变压器保护装置技术要求			2009/5/25	2009/5/25
12.2-2-69	12.2	29.240		Q/GDW 326—2009	1000kV 电抗器保护装置技术要求			2009/5/25	2009/5/25
12.2-2-70	12.2	29.240		Q/GDW 328—2009	1000kV 母线保护装置技术要求			2009/5/25	2009/5/25
12.2-2-71	12.2	29.240		Q/GDW 329—2009	1000kV 断路器保护装置技术要求			2009/5/25	2009/5/25
12.2-3-72	12.2	29.240.20	K47	GB/T 24834—2009	1000kV 交流架空输电线路金具技术规范			2009/11/30	2010/5/1
12.2-3-73	12.2	29.240.10	K43	GB/T 24836—2018	1100kV 气体绝缘金属封闭开关设备	GB/Z 24836—2009		2018/7/13	2019/2/1
12.2-3-74	12.2			GB/T 24837—2018	1100kV 高压交流隔离开关和接地开关	GB/Z 24837—2009		2018/9/17	2019/4/1
12.2-3-75	12.2			GB/T 24838—2018	1100kV 高压交流断路器	GB/Z 24838—2009		2018/9/17	2019/4/1
12.2-3-76	12.2	29.240.01	K48	GB/T 24839—2018	1000kV 交流系统用支柱绝缘子技术规范	GB/Z 24839—2009		2018/7/13	2019/2/1
12.2-3-77	12.2	29.240.01	K40	GB/T 24840—2018	1000kV 交流系统用套管技术规范	GB/Z 24840—2009		2018/7/13	2019/2/1
12.2-3-78	12.2	29.180	K41	GB/T 24841—2018	1000kV 交流系统用电容式电压互感器技术规范	GB/Z 24841—2009		2018/7/13	2019/2/1
12.2-3-79	12.2	29.240	K41	GB/T 24843—2018	1000kV 单相油浸式自耦电力变压器技术规范	GB/Z 24843—2009		2018/7/13	2019/2/1
12.2-3-80	12.2	29.180	K41	GB/T 24844—2018	1000kV 交流系统用油浸式并联电抗器技术规范	GB/Z 24844—2009		2018/7/13	2019/2/1
12.2-3-81	12.2	29.240.10	K44	GB/T 24845—2018	1000kV 交流系统用无间隙金属氧化物避雷器技术规范	GB/Z 24845—2009		2018/7/13	2019/2/1

续表

序号	GW 分类	ICS 分类	GB 分类	标准号	中文名称	代替标准	采用关系	发布日期	实施日期
12.2-3-82	12.2	29.180	K41	GB/T 25082—2010	800kV 直流输电用油浸式换流变压器技术参数和要求			2010/9/2	2011/2/1
12.2-3-83	12.2	29.080.99	K49	GB/T 25083—2010	±800kV 直流系统用金属氧化物避雷器			2010/9/2	2011/2/1
12.2-3-84	12.2	29.240.01	K45	GB/T 25843—2017	±800kV 特高压直流输电控制与保护设备技术要求	GB/Z 25843—2010		2017/12/29	2018/7/1
12.2-3-85	12.2	29.080.20	K48	GB/T 26166—2010	±800kV 直流系统用穿墙套管			2011/1/14	2011/7/1
12.2-3-86	12.2	29.080.01	K40	GB/T 28541—2012	±800kV 高压直流换流站设备的绝缘配合			2012/6/29	2012/11/1
12.2-3-87	12.2	29.240.20	K47	GB/T 31235—2014	±800kV 直流输电线路金具技术规范			2014/9/30	2015/4/1
12.2-3-88	12.2	29.120	K34	GB/T 31238—2014	1000kV 交流电流互感器技术规范			2014/9/30	2015/4/1
12.2-3-89	12.2	29.240.10	K14	GB/T 31239—2014	1000kV 变电站金具技术规范			2014/9/30	2015/4/1
12.2-3-90	12.2	29.080.10		GB/T 34939.1—2017	±800kV 直流支柱复合绝缘子　第 1 部分：环氧玻璃纤维实心芯体复合绝缘子			2017/11/1	2018/5/1
12.2-3-91	12.2	29.240.99	K40	GB/T 35693—2017	±800kV 特高压直流输电工程阀厅金具技术规范			2017/12/29	2018/7/1
12.2-3-92	12.2			GB/T 50832—2013	1000kV 系统电气装置安装工程电气设备交接试验标准			2012/12/25	2013/5/1
12.2-4-93	12.2			DL/T 1274—2013	1000kV 串联电容器补偿装置技术规范			2013/11/28	2014/4/1
12.2-4-94	12.2			DL/T 1276—2013	1000kV 母线保护装置技术要求			2013/11/28	2014/4/1
12.2-4-95	12.2			DL/T 1726—2017	特高压直流穿墙套管技术规范			2017/8/2	2017/12/1
12.2-4-96	12.2			DL/T 2043—2019	±1100kV 特高压直流换流变压器使用技术条件			2019/6/4	2019/10/1
12.2-4-97	12.2			DL/T 2061—2019	±1100kV 特高压直流换流站用直流金具技术规范			2019/11/4	2020/5/1
12.2-4-98	12.2			DL/T 5735—2016	1000kV 可控并联电抗器设计技术导则			2016/8/16	2016/12/1
12.2-4-99	12.2	29.080.10	K48	NB/T 42012—2013	交流变电站和电器设备用 1100kV 复合绝缘子尺寸与特性			2013/11/28	2014/4/1
12.2-4-100	12.2	29.180		NB/T 42019—2013	750kV 和 1000kV 级油浸式并联电抗器技术参数和要求			2013/11/28	2014/4/1
12.2-4-101	12.2	29.180	K41	NB/T 42020—2013	750kV 和 1000kV 级油浸式电力变压器技术参数和要求			2013/11/28	2014/4/1

序号	GW 分类	ICS 分类	GB 分类	标准号	中 文 名 称	代替标准	采用关系	发布日期	实施日期
12.2-6-102	12.2			T/CEC 204—2019	特高压串补平台侧 1000kV 电容式电压互感器技术规范			2019/4/24	2019/7/1
12.2-6-103	12.2			T/CEC 348—2020	1000kV 交流系统用复合外套无间隙金属氧化物避雷器			2020/6/30	2020/10/1

12.3 设备、材料-高压电力设备

序号	GW 分类	ICS 分类	GB 分类	标准号	中 文 名 称	代替标准	采用关系	发布日期	实施日期
12.3-2-1	12.3	29.240		Q/GDW 10151—2016	高压直流线路用盘形悬式复合瓷或玻璃绝缘子串元件	Q/GDW 151—2006		2017/5/25	2017/5/25
12.3-2-2	12.3	29.240		Q/GDW 10406—2018	倒置式 SF_6 电流互感器技术规范	Q/GDW 406—2010		2020/4/3	2020/4/3
12.3-2-3	12.3	29.240		Q/GDW 10530—2016	高压直流输电直流电子式电流互感器技术规范	Q/GDW 530—2010		2017/3/24	2017/3/24
12.3-2-4	12.3	29.240		Q/GDW 10531—2016	高压直流输电直流电子式电压互感器技术规范	Q/GDW 531—2010		2017/7/28	2017/7/28
12.3-2-5	12.3	29.240		Q/GDW 10655—2015	串联电容器补偿装置通用技术要求	Q/GDW 655—2011		2016/12/8	2016/12/8
12.3-2-6	12.3	29.240		Q/GDW 10673—2016	输变电设备外绝缘用防污闪辅助伞裙技术条件及使用导则	Q/GDW 673—2011		2017/10/17	2017/10/17
12.3-2-7	12.3	29.240		Q/GDW 11007—2013	±500kV 直流输电线路用复合外套带串联间隙金属氧化物避雷器技术规范			2014/4/15	2014/4/15
12.3-2-8	12.3	29.240		Q/GDW 1103—2015	750kV 主变压器技术规范	Q/GDW 103—2003		2016/11/15	2016/11/15
12.3-2-9	12.3	29.240		Q/GDW 1104—2015	750kV 并联电抗器技术规范	Q/GDW 104—2003		2016/11/15	2016/11/15
12.3-2-10	12.3	29.240		Q/GDW 1105—2015	800kV 高压交流断路器技术规范	Q/GDW 105—2003		2016/11/15	2016/11/15
12.3-2-11	12.3	29.240		Q/GDW 1106—2015	800kV 高压交流隔离开关技术规范	Q/GDW 106—2003		2016/11/15	2016/11/15
12.3-2-12	12.3	29.240		Q/GDW 11071.1—2013	110（66）～750kV 智能变电站通用一次设备技术要求及接口规范 第 1 部分：变压器			2014/7/1	2014/7/1
12.3-2-13	12.3	29.240		Q/GDW 11071.2—2013	110（66）～750kV 智能变电站通用一次设备技术要求及接口规范 第 2 部分：高压并联电抗器			2014/7/1	2014/7/1
12.3-2-14	12.3	29.240		Q/GDW 11071.3—2013	110（66）～750kV 智能变电站通用一次设备技术要求及接口规范 第 3 部分：气体绝缘金属封闭开关设备			2014/7/1	2014/7/1

序号	GW 分类	ICS 分类	GB 分类	标准号	中　文　名　称	代替标准	采用关系	发布日期	实施日期
12.3-2-15	12.3	29.240		Q/GDW 11071.4—2013	110（66）kV～750kV 智能变电站通用一次设备技术要求及接口规范　第 4 部分：高压交流断路器			2014/7/1	2014/7/1
12.3-2-16	12.3	29.240		Q/GDW 11071.5—2013	110（66）kV～750kV 智能变电站通用一次设备技术要求及接口规范　第 5 部分：高压交流隔离开关和接地开关			2014/7/1	2014/7/1
12.3-2-17	12.3	29.240		Q/GDW 11071.6—2013	110（66）kV～750kV 智能变电站通用一次设备技术要求及接口规范　第 6 部分：电流互感器			2014/7/1	2014/7/1
12.3-2-18	12.3	29.240		Q/GDW 11071.7—2013	110（66）kV～750kV 智能变电站通用一次设备技术要求及接口规范　第 7 部分：电压互感器			2014/7/1	2014/7/1
12.3-2-19	12.3	29.240		Q/GDW 11071.8—2013	110（66）kV～750kV 智能变电站通用一次设备技术要求及接口规范　第 8 部分：高压并联电容器装置			2014/7/1	2014/7/1
12.3-2-20	12.3	29.240		Q/GDW 11071.9—2013	110（66）kV～750kV 智能变电站通用一次设备技术要求及接口规范　第 9 部分：低压并联电抗器			2014/7/1	2014/7/1
12.3-2-21	12.3	29.240		Q/GDW 11071.10—2013	110（66）kV～750kV 智能变电站通用一次设备技术要求及接口规范　第 10 部分：交流无间隙金属氧化物避雷器			2014/7/1	2014/7/1
12.3-2-22	12.3	29.240		Q/GDW 11071.11—2013	110（66）kV～750kV 智能变电站通用一次设备技术要求及接口规范　第 11 部分：支柱绝缘子			2014/7/1	2014/7/1
12.3-2-23	12.3	29.240		Q/GDW 11071.12—2013	110（66）kV～750kV 智能变电站通用一次设备技术要求及接口规范　第 12 部分：高压开关柜			2014/7/1	2014/7/1
12.3-2-24	12.3	29.240		Q/GDW 1108—2015	750kV 电容式电压互感器技术规范	Q/GDW 108—2003		2016/11/15	2016/11/15
12.3-2-25	12.3	29.240		Q/GDW 1109—2015	750kV 金属氧化物避雷器技术规范	Q/GDW 109—2003		2016/11/15	2016/11/15
12.3-2-26	12.3	29.240		Q/GDW 11123.1—2013	750kV 变电站设备复合外绝缘技术规范　第 1 部分：总则			2014/4/15	2014/4/15
12.3-2-27	12.3	29.240		Q/GDW 11123.2—2013	750kV 变电站设备复合外绝缘技术规范　第 2 部分：设备规范			2014/4/15	2014/4/15
12.3-2-28	12.3	29.240		Q/GDW 11228—2014	高电压试验车技术规范			2014/12/1	2014/12/1
12.3-2-29	12.3	29.240		Q/GDW 11306—2014	110（66）kV～1000kV 油浸式电力变压器技术条件			2015/2/26	2015/2/26

序号	GW 分类	ICS 分类	GB 分类	标准号	中 文 名 称	代替标准	采用关系	发布日期	实施日期
12.3-2-30	12.3	29.240		Q/GDW 11307—2014	110（66）kV～750kV 高压支柱瓷绝缘子技术规范			2015/2/26	2015/2/26
12.3-2-31	12.3	29.240		Q/GDW 11308—2014	110（66）kV～750kV 避雷器技术条件			2015/2/26	2015/2/26
12.3-2-32	12.3	29.240		Q/GDW 11365—2014	变压器中性点直流限流电阻器技术规范			2015/2/16	2015/2/16
12.3-2-33	12.3	29.240		Q/GDW 11453—2015	750kV 交流输电线路用带串联间隙复合外套金属氧化物避雷器技术规范			2016/7/29	2016/7/29
12.3-2-34	12.3	29.240		Q/GDW 11476—2015	感应滤波变压器成套设备技术规范			2016/9/30	2016/9/30
12.3-2-35	12.3	29.240		Q/GDW 11497—2016	换流变压器二次部分通用设计规范			2016/12/22	2016/12/22
12.3-2-36	12.3	29.240		Q/GDW 11517—2016	电力变压器中性点电容隔直装置技术规范			2017/10/9	2017/10/9
12.3-2-37	12.3	29.240		Q/GDW 11588—2016	快速动态响应同步调相机技术规范			2017/5/25	2017/5/25
12.3-2-38	12.3	29.240		Q/GDW 11691—2017	高压直流 SF_6 气体绝缘穿墙套管			2018/3/10	2018/3/10
12.3-2-39	12.3	29.240		Q/GDW 11715—2017	72.5kV 及以上集成式智能隔离断路器检测技术规范			2018/4/13	2018/4/13
12.3-2-40	12.3			Q/GDW 11753—2017	直流换流站用额定电压 550kV 及以上交流滤波器小组断路器			2018/9/12	2018/9/12
12.3-2-41	12.3			Q/GDW 11764—2017	高压直流工程直流控制保护与稳控装置接口技术规范			2018/9/26	2018/9/26
12.3-2-42	12.3			Q/GDW 11789—2017	110kV～220kV 交流输电线路雷击闪络限制器技术规范			2018/9/30	2018/9/30
12.3-2-43	12.3	29.240		Q/GDW 11868—2018	高压直流系统用空心复合绝缘子技术规范			2019/10/23	2019/10/23
12.3-2-44	12.3	29.130.10		Q/GDW 11921.1—2018	额定电压 72.5kV 及以上 SF_6/N_2 混合气体绝缘金属封闭开关设备　第 1 部分：母线技术规范			2020/4/3	2020/4/3
12.3-2-45	12.3	29.130.10		Q/GDW 11921.2—2018	额定电压 72.5kV 及以上 SF_6/N_2 混合气体绝缘金属封闭开关设备　第 2 部分：运维检修规范			2020/4/3	2020/4/3
12.3-2-46	12.3	29.130.10		Q/GDW 11921.3—2018	额定电压 72.5kV 及以上 SF_6/N_2 混合气体绝缘金属封闭开关设备　第 3 部分：密度继电器技术规范			2020/4/3	2020/4/3

续表

序号	GW 分类	ICS 分类	GB 分类	标准号	中文名称	代替标准	采用关系	发布日期	实施日期
12.3-2-47	12.3	29.130.10		Q/GDW 11921.4—2018	额定电压 72.5kV 及以上 SF_6/N_2 混合气体绝缘金属封闭开关设备 第 4 部分：运检装置技术规范			2020/4/3	2020/4/3
12.3-2-48	12.3	29.020		Q/GDW 11924—2018	主动干预型消弧装置技术规范			2020/4/3	2020/4/3
12.3-2-49	12.3	29.240		Q/GDW 13088.1—2014	12kV～40.5kV 高压开关柜采购标准 第 1 部分：通用技术规范			2014/6/20	2014/6/20
12.3-2-50	12.3			Q/GDW 1787.1—2013	超高压分级式可控并联电抗器 第 1 部分：成套装置设计规范			2013/4/12	2013/4/12
12.3-2-51	12.3			Q/GDW 1787.2—2013	超高压分级式可控并联电抗器 第 2 部分：晶闸管阀及其辅助系统技术规范			2013/4/12	2013/4/12
12.3-2-52	12.3			Q/GDW 1787.3—2013	超高压分级式可控并联电抗器 第 3 部分：本体技术规范			2013/4/12	2013/4/12
12.3-2-53	12.3			Q/GDW 1787.4—2013	超高压分级式可控并联电抗器 第 4 部分：控制保护系统技术规范			2013/4/12	2013/4/12
12.3-2-54	12.3			Q/GDW 1787.5—2013	超高压分级式可控并联电抗器 第 5 部分：现场试验规程			2013/4/12	2013/4/12
12.3-2-55	12.3			Q/GDW 1794—2013	气体绝缘变压器技术条件			2013/4/12	2013/4/12
12.3-2-56	12.3			Q/GDW 1796—2013	额定电压 72.5kV 及以上气体绝缘金属封闭智能开关设备技术规范			2013/4/12	2013/4/12
12.3-2-57	12.3			Q/GDW 1849—2012	六氟化硫气体绝缘试验变压器技术条件			2014/5/1	2014/5/1
12.3-2-58	12.3			Q/GDW 1964—2013	高压直流输电直流转换开关技术规范			2014/4/15	2014/4/15
12.3-2-59	12.3	29.020		Q/GDW 410—2011	智能高压设备技术导则	Q/GDW/Z 410—2010		2012/4/1	2012/4/1
12.3-2-60	12.3	29.020		Q/GDW 415—2010	电磁式电压互感器用非线性电阻型消谐器技术规范			2010/4/8	2010/4/8
12.3-2-61	12.3	29.020		Q/GDW 494—2010	高压直流输电交直流滤波器及并联电容器装置技术规范			2010/9/21	2010/9/21
12.3-2-62	12.3	29.020		Q/GDW 670—2011	高压带电显示装置技术规范			2011/12/23	2011/12/23
12.3-2-63	12.3	29.020		Q/GDW 692—2011	智能高压设备通信技术规范			2012/4/1	2012/4/1

序号	GW 分类	ICS 分类	GB 分类	标准号	中　文　名　称	代替标准	采用关系	发布日期	实施日期
12.3-2-64	12.3	29.020		Q/GDW 716—2012	输电线路电流融冰技术导则			2012/1/30	2012/1/30
12.3-2-65	12.3	29.020		Q/GDW 734—2012	智能高压设备组件柜技术条件			2012/10/11	2012/10/11
12.3-2-66	12.3	29.020		Q/GDW 735.1—2012	智能高压开关设备技术条件　第 1 部分：通用技术条件			2012/10/11	2012/10/11
12.3-2-67	12.3	29.020		Q/GDW 736.1—2012	智能电力变压器技术条件　第 1 部分：通用技术条件			2012/10/11	2012/10/11
12.3-2-68	12.3	29.020		Q/GDW 736.3—2012	智能电力变压器技术条件　第 3 部分：有载分接开关控制 IED 技术条件			2012/10/11	2012/10/11
12.3-2-69	12.3	29.020		Q/GDW 736.4—2012	智能电力变压器技术条件　第 4 部分：冷却装置控制 IED 技术条件			2012/10/11	2012/10/11
12.3-2-70	12.3	29.020		Q/GDW 736.9—2012	智能电力变压器技术条件　第 9 部分：非电量保护 IED 技术条件			2012/10/11	2012/10/11
12.3-3-71	12.3	29.080.10	K48	GB/T 1000—2016	高压线路针式瓷绝缘子尺寸与特性	GB/T 1000.2—1988		2016/4/25	2016/11/1
12.3-3-72	12.3	29.080.10	K48	GB/T 1001.2—2010	标准电压高于 1000V 的架空线路绝缘子　第 2 部分：交流系统用绝缘子串及绝缘子串组定义、试验方法和接收准则			2011/1/14	2011/7/1
12.3-3-73	12.3	29.180	K41	GB/T 1094.1—2013	电力变压器　第 1 部分：总则	GB 1094.1—1996		2013/12/17	2014/12/14
12.3-3-74	12.3	29.180	K41	GB/T 1094.2—2013	电力变压器　第 2 部分：液浸式变压器的温升	GB 1094.2—1996		2013/12/17	2014/12/14
12.3-3-75	12.3	29.180	K41	GB/T 1094.3—2017	电力变压器　第 3 部分：绝缘水平、绝缘试验和外绝缘空气间隙	GB/T 1094.3—2003	IEC 60076-3：2013	2017/12/29	2018/7/1
12.3-3-76	12.3	29.180	K41	GB/T 1094.4—2005	电力变压器　第 4 部分：电力变压器和电抗器的雷电冲击和操作冲击试验导则	GB/T 7449—1987		2005/8/26	2006/4/1
12.3-3-77	12.3	29.180	K41	GB/T 1094.5—2008	电力变压器　第 5 部分：承受短路的能力	GB 1094.5—2003		2008/9/19	2009/6/1
12.3-3-78	12.3	29.180	K41	GB/T 1094.6—2011	电力变压器　第 6 部分：电抗器	GB/T 10229—1988	IEC 60076-6：2007 MOD	2011/7/29	2011/12/1
12.3-3-79	12.3	29.180	K41	GB/T 1094.7—2008	电力变压器　第 7 部分：油浸式电力变压器负载导则			2008/9/24	2009/8/1
12.3-3-80	12.3	29.180	K41	GB/T 1094.12—2013	电力变压器　第 12 部分：干式电力变压器负载导则	GB/T 17211—1998	IEC 60076-12：2008 MOD	2013/12/17	2014/4/9

续表

序号	GW 分类	ICS 分类	GB 分类	标准号	中 文 名 称	代替标准	采用关系	发布日期	实施日期
12.3-3-81	12.3	29.180	K41	GB/T 1094.16—2013	电力变压器　第 16 部分：风力发电用变压器		IEC 60076-16：2011 MOD	2013/12/17	2014/12/14
12.3-3-82	12.3	29.180	K41	GB/T 1094.23—2019	电力变压器　第 23 部分：直流偏磁抑制装置			2019/12/10	2020/7/1
12.3-3-83	12.3	29.180	K41	GB/T 1094.101—2008	电力变压器　第 10.1 部分：声级测定 应用导则			2008/6/30	2009/4/1
12.3-3-84	12.3	29.130.10	K43	GB/T 11022—2011	高压开关设备和控制设备标准的共用技术要求	GB/T 11022—1999		2011/12/30	2012/5/1
12.3-3-85	12.3	31.060.70	K42	GB/T 11024.1—2019	标称电压 1000V 以上交流电力系统用并联电容器　第 1 部分：总则	GB/T 11024.1—2010		2019/3/25	2019/10/1
12.3-3-86	12.3	31.060.70	K42	GB/T 11024.2—2019	标称电压 1000V 以上交流电力系统用并联电容器　第 2 部分：老化试验	GB/T 11024.2—2001		2019/3/25	2019/10/1
12.3-3-87	12.3	31.060.70	K42	GB/T 11024.3—2019	标称电压 1000V 以上交流电力系统用并联电容器　第 3 部分：并联电容器和并联电容器组的保护	GB/Z 11024.3—2001		2019/3/25	2019/10/1
12.3-3-88	12.3	31.060.70	K42	GB/T 11024.4—2019	标称电压 1000V 以上交流电力系统用并联电容器　第 4 部分：内部熔丝	GB/T 11024.4—2001		2019/3/25	2019/10/1
12.3-3-89	12.3	29.080.99	K49	GB/T 11032—2010	交流无间隙金属氧化物避雷器	GB 11032—2000	IEC 60099-4：2006 MOD	2010/9/2	2011/8/1
12.3-3-90	12.3	29.080.10	K48	GB/T 12944—2011	高压穿墙瓷套管	GB/T 12944.2—1991		2011/7/29	2011/12/1
12.3-3-91	12.3	29.080.20	K48	GB/T 13026—2017	交流电容式套管型式与尺寸	GB/T 13026—2008		2017/12/29	2018/7/1
12.3-3-92	12.3	29.130.10	K43	GB/T 14810—2014	额定电压 72.5kV 及以上交流负荷开关	GB/T 14810—1993	IEC 62271-104：2009 MOD	2014/5/6	2014/10/28
12.3-3-93	12.3	29.120.50	K43	GB/T 15166.2—2008	高压交流熔断器　第 2 部分：限流熔断器	GB/T 15166.2—1994；GB 15166.4—1994		2008/9/24	2009/8/1
12.3-3-94	12.3	29.120.50	K43	GB/T 15166.3—2008	高压交流熔断器　第 3 部分：喷射熔断器	GB/T 15166.3—1994；GB/T 15166.4—1994		2008/9/24	2009/8/1
12.3-3-95	12.3	29.120.50	K43	GB/T 15166.4—2008	高压交流熔断器　第 4 部分：并联电容器外保护用熔断器	GB/T 15166.4—1994；GB 15166.5—1994		2008/9/24	2009/8/1
12.3-3-96	12.3	29.120.50	K43	GB/T 15166.5—2008	高压交流熔断器　第 5 部分：用于电动机回路的高压熔断器的熔断件选用导则	GB/T 15166.2—1994		2008/9/24	2009/8/1
12.3-3-97	12.3	29.120.50	K43	GB/T 15166.6—2008	高压交流熔断器　第 6 部分：用于变压器回路的高压熔断器的熔断件选用导则	GB/T 15166.2—1994		2008/9/24	2009/8/1
12.3-3-98	12.3	29.120.40	K43	GB/T 16926—2009	高压交流负荷开关熔断器组合电器	GB 16926—1997		2009/3/19	2010/2/1

续表

序号	GW 分类	ICS 分类	GB 分类	标准号	中文名称	代替标准	采用关系	发布日期	实施日期
12.3-3-99	12.3	29.180	K41	GB/T 17468—2019	电力变压器选用导则	GB/T 17468—2008		2019/12/10	2020/7/1
12.3-3-100	12.3	29.180	K41	GB/T 18494.2—2007	变流变压器　第 2 部分：高压直流输电用换流变压器			2007/4/16	2007/8/1
12.3-3-101	12.3	29.130.10	K43	GB/T 1984—2014	高压交流断路器	GB 1984—2003	IEC 62271-100：2008 MOD	2014/6/24	2015/1/22
12.3-3-102	12.3	29.130.10	K43	GB/T 1985—2014	高压交流隔离开关和接地开关	GB 1985—2004		2014/6/24	2015/1/22
12.3-3-103	12.3	29.180	K41	GB/T 20836—2007	高压直流输电用油浸式平波电抗器			2007/4/16	2007/8/1
12.3-3-104	12.3	29.180	K41	GB/T 20837—2007	高压直流输电用油浸式平波电抗器技术参数和要求			2007/4/16	2007/8/1
12.3-3-105	12.3	29.180	K41	GB/T 20838—2007	高压直流输电用油浸式换流变压器技术参数和要求			2007/4/16	2007/8/1
12.3-3-106	12.3	29.180	K41	GB/T 20840.1—2010	互感器　第 1 部分：通用技术要求			2010/9/2	2011/8/1
12.3-3-107	12.3	29.180	K41	GB/T 20840.2—2014	互感器　第 2 部分：电流互感器的补充技术要求	GB 16847—1997；GB 1208—2006	IEC 61869-2：2012 MOD	2014/9/3	2015/8/3
12.3-3-108	12.3	29.180	K41	GB/T 20840.3—2013	互感器　第 3 部分：电磁式电压互感器的补充技术要求	GB 1207—2006	IEC 61869-3：2011 MOD	2013/12/17	2014/11/14
12.3-3-109	12.3	29.180	K41	GB/T 20840.4—2015	互感器　第 4 部分：组合互感器的补充技术要求		IEC 61869-4：2011 MOD	2015/5/15	2016/6/1
12.3-3-110	12.3	29.180	K41	GB/T 20840.5—2013	互感器　第 5 部分：电容式电压互感器的补充技术要求	GB/T 4703—2007	IEC 61869-5：2011 MOD	2013/2/7	2013/7/1
12.3-3-111	12.3	29.180	K41	GB/T 20840.7—2007	互感器　第 7 部分：电子式电压互感器			2007/4/16	2007/8/1
12.3-3-112	12.3	29.180	K41	GB/T 20840.8—2007	互感器　第 8 部分：电子式电流互感器			2007/1/16	2007/8/1
12.3-3-113	12.3	31.060.70	K42	GB/T 20993—2012	高压直流输电系统用直流滤波电容器及中性母线冲击电容器	GB/T 20993—2007		2012/6/29	2012/11/1
12.3-3-114	12.3	31.060.70	K42	GB/T 20994—2007	高压直流输电系统用并联电容器及交流滤波电容器			2007/7/30	2008/2/1
12.3-3-115	12.3	29.180	K41	GB/T 21419—2013	变压器、电抗器、电源装置及其组合的安全电磁兼容（EMC）要求	GB/T 21419—2008		2013/7/19	2013/12/2
12.3-3-116	12.3	29.130.10	K43	GB/T 22381—2017	额定电压 72.5kV 及以上气体绝缘金属封闭开关设备与充流体及挤包绝缘电力电缆的连接　充流体及干式电缆终端	GB/T 22381—2008		2017/7/12	2018/2/1

续表

序号	GW 分类	ICS 分类	GB 分类	标准号	中 文 名 称	代替标准	采用关系	发布日期	实施日期
12.3-3-117	12.3	29.130.10	K43	GB/T 22382—2017	额定电压 72.5kV 及以上气体绝缘金属封闭开关设备与电力变压器之间的直接连接	GB/T 22382—2008	IEC 62271-211：2014	2017/7/12	2018/2/1
12.3-3-118	12.3	29.080.99	K49	GB/T 22389—2008	高压直流换流站无间隙金属氧化物避雷器导则		Cigre 33/14.05 NEQ	2008/9/24	2009/8/1
12.3-3-119	12.3	29.080.20	K48	GB/T 22674—2008	直流系统用套管			2008/12/31	2009/10/1
12.3-3-120	12.3	29.180	K41	GB/T 23753—2009	330kV 及 500kV 油浸式并联电抗器技术参数和要求			2009/5/6	2009/11/1
12.3-3-121	12.3	29.180	K41	GB/T 23755—2009	三相组合式电力变压器			2009/5/6	2009/11/1
12.3-3-122	12.3	29.120	K43	GB/T 25081—2010	高压带电显示装置（VPIS）			2010/9/2	2011/8/1
12.3-3-123	12.3	29.130.10	K43	GB/T 25091—2010	高压直流隔离开关和接地开关			2010/9/2	2011/2/1
12.3-3-124	12.3	29.180	K41	GB/T 25092—2010	高压直流输电用干式空心平波电抗器			2010/9/2	2011/2/1
12.3-3-125	12.3	29.240.99	K40	GB/T 25093—2010	高压直流系统交流滤波器			2010/9/2	2011/2/1
12.3-3-126	12.3	27.200	J73	GB/T 25142—2010	风冷式循环冷却液制冷机组			2010/9/26	2011/2/1
12.3-3-127	12.3	29.130.10	K43	GB/T 25307—2010	高压直流旁路开关			2010/11/10	2011/5/1
12.3-3-128	12.3	29.240.01	K40	GB/T 25308—2010	高压直流输电系统直流滤波器			2010/11/10	2011/5/1
12.3-3-129	12.3	29.240.01	K40	GB/T 25309—2010	高压直流转换开关			2010/11/10	2011/5/1
12.3-3-130	12.3	31.060.70	K42	GB/T 26215—2010	高压直流输电系统换流阀阻尼吸收回路用电容器			2011/1/14	2011/7/1
12.3-3-131	12.3	29.080.10	K48	GB/T 26218.2—2010	污秽条件下使用的高压绝缘子的选择和尺寸确定　第 2 部分：交流系统用瓷和玻璃绝缘子	GB 16434 部分—1996；GB 5582 部分—1993	IEC/TS 60815-2：2008 MOD	2011/1/14	2011/7/1
12.3-3-132	12.3	29.080.10	K48	GB/T 26218.3—2011	污秽条件下使用的高压绝缘子的选择和尺寸确定　第 3 部分：交流系统用复合绝缘子		IEC/TS 60815-3：2008 MOD	2011/12/30	2012/5/1
12.3-3-133	12.3	31.060.70	K42	GB/T 26868—2011	高压滤波装置设计与应用导则			2011/7/29	2011/12/1
12.3-3-134	12.3	29.080.10	K48	GB/T 26874—2011	高压架空线路用长棒形瓷绝缘子元件特性			2011/7/29	2011/12/1
12.3-3-135	12.3	29.130.10	K43	GB/T 27747—2011	额定电压 72.5kV 及以上交流隔离断路器		IEC 62271-108：2005	2011/12/30	2012/5/1
12.3-3-136	12.3	29.130.10	K43	GB/T 28525—2012	额定电压 72.5kV 及以上紧凑型成套开关设备		IEC 62271-205：2008	2012/6/29	2013/5/1
12.3-3-137	12.3	29.130.10	K43	GB/T 28565—2012	高压交流串联电容器用旁路开关		IEC 62271-109：2008 MOD	2012/6/29	2012/11/1

序号	GW 分类	ICS 分类	GB 分类	标准号	中 文 名 称	代替标准	采用关系	发布日期	实施日期
12.3-3-138	12.3	29.130.10	K43	GB/T 28810—2012	高压开关设备和控制设备电子及其相关技术在开关设备和控制设备的辅助设备中的应用		IEC 62063：1999	2012/11/5	2013/2/1
12.3-3-139	12.3	29.130.10	K43	GB/T 28811—2012	高压开关设备和控制设备基于 IEC 61850 的数字接口		IEC 62271-3：2006 MOD	2012/11/5	2013/5/1
12.3-3-140	12.3	29.130.10	K43	GB/T 28819—2012	充气高压开关设备用铝合金外壳			2012/11/5	2013/2/1
12.3-3-141	12.3	29.130.10	K43	GB/T 30092—2013	高压组合电器用金属波纹管补偿器			2013/12/17	2014/5/1
12.3-3-142	12.3	29.200	K46	GB/Z 30424—2013	高压直流输电晶闸管阀设计导则			2013/12/31	2014/7/13
12.3-3-143	12.3	29.200	K46	GB/T 30425—2013	高压直流输电换流阀水冷却设备			2013/12/31	2014/7/13
12.3-3-144	12.3	29.240.30	K32	GB/T 30547—2014	高压直流输电系统滤波器用电阻器			2014/5/6	2014/10/28
12.3-3-145	12.3	31.060.70	K42	GB/T 30841—2014	高压并联电容器装置的通用技术要求			2014/6/24	2015/1/22
12.3-3-146	12.3	29.130.10	K43	GB/T 30846—2014	具有预定极间不同期操作高压交流断路器		IEC/TR 62271-302：2010	2014/6/24	2015/1/22
12.3-3-147	12.3	29.180	K41	GB/T 31462—2015	500kV 和 750kV 级分级式可控并联电抗器本体技术规范			2015/5/15	2015/12/1
12.3-3-148	12.3	31.060.70	K42	GB/T 31954—2015	高压直流输电系统用交流 PLC 滤波电容器			2015/9/11	2016/4/1
12.3-3-149	12.3	29.240.01	K44	GB/T 31955.1—2015	超高压可控并联电抗器控制保护系统技术规范 第 1 部分：分级调节式			2015/9/11	2016/4/1
12.3-3-150	12.3	31.060.70	K42	GB/T 32130—2015	高压直流输电系统用直流 PLC 滤波电容器			2015/10/9	2016/5/1
12.3-3-151	12.3	31.060.70	K42	GB/T 34865—2017	高压直流转换开关用电容器			2017/11/1	2018/5/1
12.3-3-152	12.3	29.080.99	K49	GB/T 34869—2017	串联补偿装置电容器组保护用金属氧化物限压器			2017/11/1	2018/5/1
12.3-3-153	12.3	29.180	K41	GB/Z 34935—2017	油浸式智能化电力变压器技术规范			2017/11/1	2018/5/1
12.3-3-154	12.3	29.240.01	K45	GB/T 37761—2019	电力变压器冷却系统 PLC 控制装置技术要求			2019/6/4	2020/1/1
12.3-3-155	12.3	29.120.40	K43	GB/T 38328—2019	柔性直流系统用高压直流断路器的共用技术要求			2019/12/10	2020/7/1
12.3-3-156	12.3	29.080.20	K48	GB/T 4109—2008	交流电压高于 1000V 的绝缘套管	GB/T 12944.1—1991；GB/T 4109—1999		2008/6/30	2009/4/1
12.3-3-157	12.3	31.060.70	K42	GB/T 4787—2010	高压交流断路器用均压电容器	GB/T 4787—1996		2010/9/2	2011/2/1
12.3-3-158	12.3	31.060.70	K42	GB/T 6115.2—2017	电力系统用串联电容器 第 2 部分：串联电容器组用保护设备	GB/T 6115.2—2002	IEC 60143-2：2012 MOD	2017/9/29	2018/4/1

续表

序号	GW 分类	ICS 分类	GB 分类	标准号	中 文 名 称	代替标准	采用关系	发布日期	实施日期
12.3-3-159	12.3	31.060.70	K42	GB/T 6115.4—2014	电力系统用串联电容器　第 4 部分：晶闸管控制的串联电容器		IEC 60143-4：2010	2014/7/24	2015/1/22
12.3-3-160	12.3	33.060.40	M31	GB/T 7330—2008	交流电力系统阻波器	GB/T 7330—1998		2008/3/25	2008/10/1
12.3-3-161	12.3	29.120.60	K43	GB/T 7674—2008	额定电压 72.5kV 及以上气体绝缘金属封闭开关设备	GB 7674—1997		2008/9/19	2009/6/1
12.3-3-162	12.3	29.080.10	K48	GB/T 8287.1—2008	标称电压高于 1000V 系统用户内和户外支柱绝缘子　第 1 部分：瓷或玻璃绝缘子的试验	GB 12744—1991； GB 8287.1—1998		2008/6/30	2009/4/1
12.3-3-163	12.3	29.080.10	K48	GB/T 8287.2—2008	标称电压高于 1000V 系统用户内和户外支柱绝缘子　第 2 部分：尺寸与特性	GB 12744—1991； GB 8287.2—1999		2008/6/30	2009/4/1
12.3-3-164	12.3	31.060	N25	GB/T 9090—1988	标准电容器			1988/4/2	1989/1/1
12.3-4-165	12.3	29.080.20	K15	DL/T 1001—2006	复合绝缘高压穿墙套管技术条件			2006/5/6	2006/10/1
12.3-4-166	12.3	29.080.10	K48	DL/T 1048—2007	标称电压高于 1000V 的交流用棒形支柱复合绝缘子——定义、试验方法及验收规则			2007/7/20	2007/12/1
12.3-4-167	12.3		F21	DL/T 1057—2007	自动跟踪补偿消弧线圈成套装置技术条件			2007/7/20	2007/12/1
12.3-4-168	12.3	29.060.70	K42	DL/T 1182—2012	1000kV 变电站 110kV 并联电容器装置技术规范			2012/8/23	2012/12/1
12.3-4-169	12.3	29.180	K40	DL/T 1376—2014	超高压分级式可控并联电抗器技术规范			2014/10/15	2015/3/1
12.3-4-170	12.3	27.100	F24	DL/T 1386—2014	电力变压器用吸湿器选用导则			2014/10/15	2015/3/1
12.3-4-171	12.3	27.100	F24	DL/T 1387—2014	电力变压器用绕组线选用导则			2014/10/15	2015/3/1
12.3-4-172	12.3	27.100	F24	DL/T 1389—2014	500kV 变压器中性点接地电抗器选用导则			2014/10/15	2015/3/1
12.3-4-173	12.3	29.080.10	K48	DL/T 1470—2015	交流系统用盘形悬式复合瓷或玻璃绝缘子串元件			2015/7/1	2015/12/1
12.3-4-174	12.3	29.080.10	K48	DL/T 1471—2015	高压直流线路用盘形悬式复合瓷或玻璃绝缘子串元件			2015/7/1	2015/12/1
12.3-4-175	12.3	29.080.10	K48	DL/T 1472.1—2015	换流站直流场用支柱绝缘子　第 1 部分：技术条件			2015/7/1	2015/12/1
12.3-4-176	12.3	29.080.10	K48	DL/T 1472.2—2015	换流站直流场用支柱绝缘子　第 2 部分：尺寸与特性			2015/7/1	2015/12/1
12.3-4-177	12.3	290.240.99	K44	DL/T 1725—2017	超高压磁控型可控并联电抗器技术规范			2017/8/2	2017/12/1

序号	GW 分类	ICS 分类	GB 分类	标准号	中 文 名 称	代替标准	采用关系	发布日期	实施日期
12.3-4-178	12.3	29.240.01	F20	DL/T 1789—2017	光纤电流互感器技术规范			2017/12/27	2018/6/1
12.3-4-179	12.3	29.18	K41	DL/T 1805—2018	电力变压器用有载分接开关选用导则			2018/4/3	2018/7/1
12.3-4-180	12.3	61.060	Y78	DL/T 2182—2020	直流互感器用合并单元通用技术条件			2020/10/23	2021/2/1
12.3-4-181	12.3		K41	DL/T 271—2012	330kV～750kV 油浸式并联电抗器使用技术条件	SD 327—1989		2012/4/6	2012/7/1
12.3-4-182	12.3		K41	DL/T 272—2012	220kV～750kV 油浸式电力变压器使用技术条件	SD 326—1989		2012/4/6	2012/7/1
12.3-4-183	12.3	29.240.01	K44	DL/T 402—2016	高压交流断路器	DL/T 402—2007		2016/2/5	2016/7/1
12.3-4-184	12.3	31.060.01	L11	DL/T 442—2017	高压并联电容器单台保护用熔断器使用技术条件	DL/T 442—1991		2017/12/27	2018/6/1
12.3-4-185	12.3	29.120.40	K43	DL/T 486—2010	高压交流隔离开关和接地开关	DL 486—2000		2011/1/9	2011/5/1
12.3-4-186	12.3	29.240	F20	DL/T 537—2018	高压/低压预装式变电站	DL/T 537—2002	IEC 62271-202：2014	2018/12/25	2019/5/1
12.3-4-187	12.3	29.120	K43	DL/T 538—2006	高压带电显示装置	DL/T 538—1993		2006/5/6	2006/10/1
12.3-4-188	12.3	29.240.01	K44	DL/T 593—2016	高压开关设备和控制设备标准的共用技术要求	DL/T 593—2006		2016/2/5	2016/7/1
12.3-4-189	12.3	29.060.70	K42	DL/T 604—2009	高压并联电容器装置使用技术条件	DL 604—1996		2009/7/1	2009/12/1
12.3-4-190	12.3			DL/T 617—2019	气体绝缘金属封闭开关设备技术条件	DL/T 617—2010	IEC 62271-203：2011	2019/11/4	2020/5/1
12.3-4-191	12.3	29.060.70	K42	DL/T 653—2009	高压并联电容器用放电线圈使用技术条件	DL 653—1998		2009/7/1	2009/12/1
12.3-4-192	12.3	27.100	K47	DL/T 760.3—2012	均压环、屏蔽环和均压屏蔽环	DL/T 760.3—2001		2012/8/23	2012/12/1
12.3-4-193	12.3	29.080.10	K48	DL/T 810—2012	±500kV 及以上电压等级直流棒形悬式复合绝缘子技术条件	DL 810—2002		2012/4/6	2012/7/1
12.3-4-194	12.3	29.240.99	K42	DL/T 840—2016	高压并联电容器使用技术条件	DL/T 840—2003		2016/12/5	2017/5/1
12.3-4-195	12.3	29.020	K48	DL/T 865—2004	126kV～550kV 电容式瓷套管技术规范	SD 330—1989	IEC 60137：1995 NEQ	2004/3/9	2004/6/1
12.3-4-196	12.3			DL/T 1215.1—2020	链式静止同步补偿器　第 1 部分：功能规范			2020/10/23	2021/2/1
12.3-4-197	12.3			DLGJ 160—2003	高压电气设备减震技术规定			2004/2/9	2004/3/1
12.3-4-198	12.3	29.180	K41	JB/T 10941—2010	合成薄膜绝缘电流互感器			2010/2/11	2010/7/1
12.3-4-199	12.3	27.040	K54	JB/T 8190—2017	高压加热器　技术条件	JB/T 8190—1999		2017/11/7	2018/4/1

续表

序号	GW 分类	ICS 分类	GB 分类	标准号	中文名称	代替标准	采用关系	发布日期	实施日期
12.3-4-200	12.3	29.180	K41	JB/T 8315—2007	变压器用强迫油循环风冷却器	JB 8315—1996		2007/1/25	2007/7/1
12.3-4-201	12.3	29.180	K41	JB/T 8316—2007	变压器用强迫油循环水冷却器	JB 8316—1996		2007/1/25	2007/7/1
12.3-4-202	12.3	29.180	K41	JB/T 8318—2007	变压器用成型绝缘件技术条件	JB 8318—1996		2007/1/25	2007/7/1
12.3-4-203	12.3			JB/T 8754—2018	高压开关设备和控制设备型号编制办法	JB/T 8754—2007		2018/4/30	2018/12/1
12.3-4-204	12.3			JJG 1072—2011	直流高压高值电阻器			2011/11/30	2012/5/30
12.3-4-205	12.3	29.130.10	K43	NB/T 42025—2013	额定电压 72.5kV 及以上智能气体绝缘金属封闭开关设备			2013/11/28	2014/4/1
12.3-4-206	12.3			NB/T 42105—2016	高压交流气体绝缘金属封闭开关设备用盆式绝缘子			2016/12/5	2017/5/1
12.3-4-207	12.3			NB/T 42107—2017	高压直流断路器			2017/8/2	2017/12/1
12.3-5-208	12.3			IEC 62231-1：2015	综合站支柱绝缘子交流变电站电压大于 1000V 多达 245 千伏　第 1 部分：尺寸，机械和电气特性　第 1 版			2015/10/1	2015/10/1
12.3-5-209	12.3			IEEE C 57.12.10—2017	液体侵入式电力变压器用要求			2017/12/6	2017/12/6
12.3-6-210	12.3	29.180	K41	T/CEC 109—2016	10kV～66kV 油浸式并联电抗器技术要求			2016/10/21	2017/1/1
12.3-6-211	12.3	29.180	K41	T/CEC 111—2016	柱上变压器一体化成套设备技术条件			2016/10/21	2017/1/1
12.3-6-212	12.3	29.180	K41	T/CEC 130—2016	10kV～110kV 干式空心并联电抗器技术要求			2016/10/21	2017/1/1
12.3-6-213	12.3	29.180	K41	T/CEC 163—2018	10kV 少维护有载调压配电变压器技术规范			2018/1/24	2018/4/1
12.3-6-214	12.3			T/CEC 234—2019	直流输电工程大型调相机组设备监造技术导则			2019/11/21	2020/1/1
12.3-6-215	12.3			T/CEC 291.1—2020	天然酯绝缘油电力变压器　第 1 部分：通用要求			2020/6/30	2020/10/1
12.3-6-216	12.3			T/CEC 291.2—2020	天然酯绝缘油电力变压器　第 2 部分：技术参数			2020/6/30	2020/10/1
12.3-6-217	12.3			T/CEC 406—2020	10kV～220kV 干式空心高耦合分裂电抗器技术规范			2020/10/28	2021/2/1

12.4　设备、材料-中压电力设备

序号	GW 分类	ICS 分类	GB 分类	标准号	中文名称	代替标准	采用关系	发布日期	实施日期
12.4-2-1	12.4	29.240		Q/GDW 10249—2017	10kV 旁路作业设备技术条件	Q/GDW 249—2009		2018/4/13	2018/4/13

续表

序号	GW 分类	ICS 分类	GB 分类	标准号	中 文 名 称	代替标准	采用关系	发布日期	实施日期
12.4-2-2	12.4	29.240		Q/GDW 11190—2014	农网高过载能力配电变压器技术导则			2014/6/20	2014/6/20
12.4-2-3	12.4	29.240		Q/GDW 11196—2014	剩余电流动作保护器选型技术原则和检测技术规范			2014/7/15	2014/7/15
12.4-2-4	12.4	29.240		Q/GDW 11225—2014	6kV～110kV 高压并联电容器装置技术规范			2014/12/1	2014/12/1
12.4-2-5	12.4	29.240		Q/GDW 11249—2014	10kV 配电变压器选型技术原则和检测技术规范			2014/11/20	2014/11/20
12.4-2-6	12.4	29.240		Q/GDW 11253—2014	10kV 柱上开关选型技术原则和检测技术规范			2014/11/20	2014/11/20
12.4-2-7	12.4	29.240		Q/GDW 11257—2014	10kV 户外跌落式熔断器选型技术原则和检测技术规范			2014/11/20	2014/11/20
12.4-2-8	12.4	29.240		Q/GDW 11259—2014	10kV 柱上隔离开关选型技术原则和检测技术规范			2014/11/20	2014/11/20
12.4-2-9	12.4	29.240		Q/GDW 11260—2014	10kV 柱上式高压无功补偿装置选型技术原则和检测技术规范			2014/11/20	2014/11/20
12.4-2-10	12.4	29.240		Q/GDW 11446—2015	35kV 及以下固态复合开关技术规范			2016/11/15	2016/11/15
12.4-2-11	12.4	29.240		Q/GDW 11646—2016	7.2kV～40.5kV 绝缘管型母线技术规范			2017/10/17	2017/10/17
12.4-2-12	12.4	29.240		Q/GDW 11656—2016	配电线路金具选型技术原则和检测技术规范			2017/10/9	2017/10/9
12.4-2-13	12.4	29.240		Q/GDW 11657—2016	配电线路绝缘子选型技术原则和检测技术规范			2017/10/9	2017/10/9
12.4-2-14	12.4	29.240		Q/GDW 11659—2016	天然酯绝缘油配电变压器技术导则			2017/10/9	2017/10/9
12.4-2-15	12.4	29.240		Q/GDW 11824—2018	虚拟同步发电机技术导则			2019/7/15	2019/7/15
12.4-2-16	12.4	29.240		Q/GDW 11825—2018	单元式光伏虚拟同步发电机技术要求和试验方法			2019/7/15	2019/7/15
12.4-2-17	12.4	29.240		Q/GDW 11835—2018	12kV～40.5kV 交流金属封闭开关设备局部放电试验导则			2019/7/31	2019/7/31
12.4-2-18	12.4	29.240		Q/GDW 11836—2018	12kV～40.5kV 智能交流金属封闭开关设备和控制设备技术规范			2019/7/31	2019/7/31
12.4-2-19	12.4	29.240		Q/GDW 1463—2014	非晶合金铁心配电变压器选用导则	Q/GDW 463—2010		2015/3/12	2015/3/12
12.4-2-20	12.4			Q/GDW 1771—2013	10kV 三相非晶合金铁心配电变压器技术条件			2013/3/14	2013/3/14

续表

序号	GW 分类	ICS 分类	GB 分类	标准号	中文名称	代替标准	采用关系	发布日期	实施日期
12.4-2-21	12.4			Q/GDW 1811—2013	10kV 带电作业用消弧开关技术条件			2013/3/14	2013/3/14
12.4-2-22	12.4	29.020		Q/GDW 368—2009	变电站 10kVSVQC 无功补偿与电压优化成套装置技术标准			2009/11/5	2009/11/5
12.4-2-23	12.4	29.240		Q/GDW 369—2009	小电流接地系统单相接地故障选线装置技术规范			2009/11/5	2009/11/5
12.4-2-24	12.4	29.020		Q/GDW 730—2012	12kV 固体绝缘环网柜技术条件			2012/3/2	2012/3/2
12.4-3-25	12.4	29.180	K41	GB/T 10228—2015	干式电力变压器技术参数和要求	GB/T 10228—2008		2015/9/11	2016/4/1
12.4-3-26	12.4	29.180	K41	GB/T 1094.11—2007	电力变压器　第 11 部分：干式变压器	GB 6450—1986	IEC 60076-11：2004 MOD	2007/7/11	2008/4/1
12.4-3-27	12.4	31.060.70	K42	GB/T 12747.1—2017	标称电压 1000V 及以下交流电力系统用自愈式并联电容器　第 1 部分：总则　性能、试验和定额　安全要求　安装和运行导则	GB/T 12747.1—2004	IEC 60831-1：2014	2017/7/31	2018/2/1
12.4-3-28	12.4	31.060.70	K42	GB/T 12747.2—2017	标称电压 1000V 及以下交流电力系统用自愈式并联电容器　第 2 部分：老化试验、自愈性试验和破坏试验	GB/T 12747.2—2004	IEC 60831-2：2014	2017/7/31	2018/2/1
12.4-3-29	12.4	29.120.50	K09	GB/T 13955—2017	剩余电流动作保护装置安装和运行	GB/T 13955—2005		2017/12/29	2018/7/1
12.4-3-30	12.4	29.120.50	K31	GB/T 22387—2016	剩余电流动作继电器	GB/T 22387—2008		2016/8/29	2017/3/1
12.4-3-31	12.4	29.130.10	K43	GB/T 25284—2010	12kV～40.5kV 高压交流自动重合器		IEC 62271-111：2005 MOD	2010/11/10	2011/9/1
12.4-3-32	12.4	29.180	K41	GB/T 25289—2010	20kV 油浸式配电变压器技术参数和要求			2010/11/10	2011/5/1
12.4-3-33	12.4	29.200	K81	GB/T 25316—2010	静止式岸电装置			2010/11/10	2011/5/1
12.4-3-34	12.4	29.180	K41	GB/T 25438—2010	三相油浸式立体卷铁心配电变压器技术参数和要求			2010/11/10	2011/5/1
12.4-3-35	12.4	29.180	K41	GB/T 25446—2010	油浸式非晶合金铁心配电变压器技术参数和要求	JB 10318—2002		2010/11/10	2011/5/1
12.4-3-36	12.4	29.080.99	K49	GB/T 28182—2011	额定电压 52kV 及以下带串联间隙避雷器		IEC 60099-6：2002 MOD	2011/12/30	2012/6/1
12.4-3-37	12.4	29.240.99	K46	GB/T 30843.1—2014	1kV 以上不超过 35kV 的通用变频调速设备　第 1 部分：技术条件			2014/6/24	2015/1/22

序号	GW 分类	ICS 分类	GB 分类	标准号	中 文 名 称	代替标准	采用关系	发布日期	实施日期
12.4-3-38	12.4	29.240.99	K46	GB/T 30843.2—2014	1kV 以上不超过 35kV 的通用变频调速设备 第 2 部分：试验方法			2014/6/24	2015/1/22
12.4-3-39	12.4	29.120.50	31	GB/T 31143—2014	电弧故障保护电器（AFDD）的一般要求		IEC 62606：2013	2014/9/3	2015/4/1
12.4-3-40	12.4	29.180	K41	GB/T 32825—2016	三相干式立体卷铁心配电变压器技术参数和要求			2016/8/29	2017/3/1
12.4-3-41	12.4	29.180	K41	GB/T 35710—2017	35kV 及以下电压等级电力变压器容量评估导则			2017/12/29	2018/7/1
12.4-3-42	12.4	29.120.60	K43	GB/T 3804—2017	3.6kV～40.5kV 高压交流负荷开关	GB/T 3804—2004		2017/9/29	2018/4/1
12.4-3-43	12.4	29.130.60	K43	GB/T 3906—2020	3.6kV～40.5kV 交流金属封闭开关设备和控制设备	GB 3906—2006	IEC 62271-200：2011 MOD	2020/3/31	2020/10/1
12.4-3-44	12.4	29.020；29.120.50		GB/T 6829—2017	剩余电流动作保护电器（RCD）的一般要求	GB/Z 6829—2008		2017/11/1	2018/5/1
12.4-4-45	12.4	29.180	K41	DL/T 1267—2013	组合式变压器使用技术条件			2013/11/28	2014/4/1
12.4-4-46	12.4	27.100	F24	DL/T 1390—2014	12kV 高压交流自动用户分界开关设备			2014/10/15	2015/3/1
12.4-4-47	12.4	29.240.01	F24	DL/T 1504—2016	弧光保护装置通用技术条件			2016/1/7	2016/6/1
12.4-4-48	12.4			DL/T 1586—2016	12kV 固体绝缘金属封闭开关设备和控制设备			2016/2/5	2016/7/1
12.4-4-49	12.4			DL/T 1647—2016	防火电力电容器使用技术条件			2016/12/5	2017/5/1
12.4-4-50	12.4			DL/T 1658—2016	35kV 及以下固体绝缘管型母线			2016/12/5	2017/5/1
12.4-4-51	12.4			DL/T 1674—2016	35kV 及以下配网防雷技术导则			2016/12/5	2017/5/1
12.4-4-52	12.4			DL/T 1832—2018	配电网串联电容器补偿装置技术规范			2018/4/3	2018/7/1
12.4-4-53	12.4	29.180	K41	DL/T 1853—2018	10kV 有载调容调压变压器技术导则			2018/6/6	2018/10/1
12.4-4-54	12.4			DL/T 1861—2018	高过载能力配电变压器技术导则			2018/6/6	2018/10/1
12.4-4-55	12.4			DL/T 267—2012	油浸式全密封卷铁心配电变压器使用技术条件			2012/4/6	2012/7/1
12.4-4-56	12.4			DL/T 403—2017	高压交流真空断路器	DL/T 403—2000		2017/11/15	2018/3/1
12.4-4-57	12.4			DL/T 404—2018	3.6kV～40.5kV 交流金属封闭开关设备和控制设备	DL/T 404—2007		2018/12/25	2019/5/1
12.4-4-58	12.4	29.120.40	K43	DL/T 406—2010	交流自动分段器订货技术条件	DL 406—1991		2011/1/9	2011/5/1

续表

序号	GW 分类	ICS 分类	GB 分类	标准号	中 文 名 称	代替标准	采用关系	发布日期	实施日期
12.4-4-59	12.4	29.220	K81	DL/T 459—2017	电力用直流电源设备	DL/T 459—2000		2017/11/15	2018/3/1
12.4-4-60	12.4	27.240	P62	DL/T 5450—2012	20kV 配电设备选型技术规定			2012/1/4	2012/3/1
12.4-4-61	12.4			DL/T 640—2019	高压交流跌落式熔断器	DL/T 640—1997		2019/6/4	2019/10/1
12.4-4-62	12.4	29.120.40	K43	DL/T 844—2003	12kV 少维护户外配电开关设备通用技术条件			2003/1/9	2003/6/1
12.4-4-63	12.4			DL/T1438—2015	单相配电变压器选用导则			2015/4/2	2015/9/1
12.4-4-64	12.4	29.180	K41	JB/T 10217—2013	组合式变压器	JB/T 10217—2000		2013/4/25	2013/9/1
12.4-4-65	12.4	29.080.10	K48	JB/T 10305—2001	3.6kV～40.5kV 高压设备用户内有机材料支柱绝缘子技术条件		IEC 60660：1999 NEQ	2001/8/30	2002/2/1
12.4-4-66	12.4			JB/T 10775—2020	6kV～66kV 干式并联电抗器技术参数和要求	JB/T 10775—2007		2020/4/24	2021/1/1
12.4-4-67	12.4	29.100.01	K97	JB/T 12010—2014	非晶合金铁心变压器真空注油设备			2014/7/9	2014/11/1
12.4-4-68	12.4			JB/T 13748—2020	6kV～66kV 油浸式并联电抗器技术参数和要求			2020/4/24	2021/1/1
12.4-4-69	12.4			JB/T 13749—2020	天然酯绝缘油电力变压器			2020/4/24	2021/1/1
12.4-4-70	12.4			JB/T 13750—2020	调容分接开关			2020/4/24	2021/1/1
12.4-4-71	12.4	29.130.10	K44	NB/T 42156—2018	配电网串联电容器补偿装置			2018/6/6	2018/10/1
12.4-6-72	12.4			T/CEC 326—2020	交直流配电网用电力电子变压器技术规范			2020/6/30	2020/10/1
12.4-6-73	12.4			T/CEC 408—2020	油浸式配电变压器用真空有载调压分接开关技术规范			2020/10/28	2021/2/1

12.5 设备、材料-低压电力设备

序号	GW 分类	ICS 分类	GB 分类	标准号	中 文 名 称	代替标准	采用关系	发布日期	实施日期
12.5-2-1	12.5	29.240		Q/GDW 11221—2014	低压综合配电箱选型技术原则和检测技术规范			2014/12/1	2014/12/1
12.5-2-2	12.5	29.240		Q/GDW 11222—2014	配电网低励磁阻抗变压器接地保护装置技术规范			2014/12/1	2014/12/1
12.5-2-3	12.5	29.240		Q/GDW 11250—2018	12kV 环网柜（箱）选型技术原则和检测技术规范	Q/GDW 11250—2014		2019/7/31	2019/7/31
12.5-2-4	12.5	29.240		Q/GDW 11252—2018	12kV 高压开关柜选型技术原则和检测技术规范	Q/GDW 11252—2014		2019/7/31	2019/7/31
12.5-2-5	12.5	29.240		Q/GDW 11310—2014	变电站直流电源系统技术规范			2015/2/26	2015/2/26

序号	GW 分类	ICS 分类	GB 分类	标准号	中　文　名　称	代替标准	采用关系	发布日期	实施日期
12.5-2-6	12.5	29.240		Q/GDW 11380—2018	10kV 高压/低压预装式变电站选型技术原则和检测技术规范	Q/GDW 11380—2015		2019/7/31	2019/7/31
12.5-2-7	12.5	29.240		Q/GDW 11566—2016	10kV 以下配电网接入分布式电源即插即用装置技术规范			2017/3/24	2017/3/24
12.5-2-8	12.5	29.240		Q/GDW 11826—2018	风电机组虚拟同步发电机技术要求和试验方法			2019/7/15	2019/7/15
12.5-2-9	12.5	29.240		Q/GDW 11827—2018	公司 IMS 核心网互联互通配置规范			2019/7/16	2019/7/16
12.5-2-10	12.5	29.240		Q/GDW 11828—2018	IMS 行政交换网会话边界控制设备测试规范			2019/7/16	2019/7/16
12.5-2-11	12.5	29.240		Q/GDW 11833—2018	水电厂水机自动化检修试验导则			2019/7/8	2019/7/8
12.5-2-12	12.5	29.240		Q/GDW 11837—2018	10kV 一体化柱上变压器台技术规范			2019/7/31	2019/7/31
12.5-2-13	12.5	29.240		Q/GDW 11945—2018	抗直流偏磁低压电流互感器技术规范			2020/3/20	2020/3/20
12.5-2-14	12.5	29.240		Q/GDW 12000—2019	电动汽车传导式大功率直流充电连接装置技术规范			2020/9/17	2020/9/17
12.5-2-15	12.5	29.240		Q/GDW 12001—2019	电动汽车大功率非车载充电系统通用要求			2020/9/17	2020/9/17
12.5-2-16	12.5	29.240		Q/GDW 1430—2015	智能变电站智能控制柜技术规范	Q/GDW 430—2010		2016/11/15	2016/11/15
12.5-2-17	12.5	29.240		Q/GDW 1884—2013	储能电池组及管理系统技术规范			2014/1/29	2014/1/29
12.5-2-18	12.5	29.240		Q/GDW 1885—2013	电池储能系统储能变流器技术条件			2014/1/29	2014/1/29
12.5-2-19	12.5	29.020		Q/GDW 413—2010	电力系统二次设备 SPD 防雷技术规范			2010/3/31	2010/3/31
12.5-2-20	12.5	29.240		Q/GDW 614—2011	农网智能型低压配电箱功能规范和技术条件			2011/4/21	2011/4/21
12.5-2-21	12.5	29.240		Q/GDW 615—2011	农网智能配变终端功能规范和技术条件			2011/4/21	2011/4/21
12.5-3-22	12.5	29.220.01	K84	GB/T 12725—2011	碱性铁镍蓄电池通用规范	GB/T 12725—1991		2011/12/30	2012/7/1
12.5-3-23	12.5	29.220.20	K84	GB/T 13337.1—2011	固定型排气式铅酸蓄电池　第 1 部分：技术条件	GB/T 13337.1—1991	IEC 60896-11：2002 NEQ	2011/7/29	2011/12/1
12.5-3-24	12.5	29.220.20	K84	GB/T 13337.2—2011	固定型排气式铅酸蓄电池　第 2 部分：规格及尺寸	GB/T 13337.2—1991		2011/7/29	2011/12/1
12.5-3-25	12.5	29.120.50	K30	GB/T 13539.1—2015	低压熔断器　第 1 部分：基本要求	GB 13539.1—2008		2015/9/11	2016/10/1
12.5-3-26	12.5	29.120.50	K31	GB/T 13539.3—2017	低压熔断器　第 3 部分：非熟练人员使用的熔断器的补充要求（主要用于家用和类似用途的熔断器）标准化熔断器系统示例 A 至 F	GB/T 13539.3—2008	IEC 60269-3：2013 IDT	2017/11/1	2018/5/1

续表

序号	GW 分类	ICS 分类	GB 分类	标准号	中文名称	代替标准	采用关系	发布日期	实施日期
12.5-3-27	12.5	29.120.50	K30	GB/T 13539.5—2013	低压熔断器　第 5 部分：低压熔断器应用指南	GB/T 13539.5—1999	IEC/TR 60269-5：2010 IDT	2013/2/7	2013/7/1
12.5-3-28	12.5			GB/T 14048.1—2012	低压开关设备和控制设备　第 1 部分：总则	GB 14048.1—2006	IEC 60947-1：2011 MOD	2012/12/31	2013/12/1
12.5-3-29	12.5	29.120.40	K31	GB/T 14048.2—2008	低压开关设备和控制设备　第 2 部分：断路器	GB 14048.2—2001		2008/9/19	2009/6/1
12.5-3-30	12.5	29.120.40	K30	GB/T 14048.3—2017	低压开关设备和控制设备　第 3 部分：开关、隔离器、隔离开关及熔断器组合电器	GB/T 14048.3—2008		2017/12/29	2018/7/1
12.5-3-31	12.5	29.130.20	K32	GB/T 14048.4—2010	低压开关设备和控制设备　第 4-1 部分：接触器和电动机起动器机电式接触器和电动机起动器（含电动机保护器）	GB 14048.4—2003	IEC 60947-4-1：2009 ED 3.0	2010/11/10	2011/9/1
12.5-3-32	12.5	29.120.40	K31	GB/T 14048.5—2017	低压开关设备和控制设备　第 5-1 部分：控制电路电器和开关元件　机电式控制电路电器	GB/T 14048.5—2008	IEC 60947-5-1：2016 MOD	2017/11/1	2018/5/1
12.5-3-33	12.5	29.120.40	K31	GB/T 14048.6—2016	低压开关设备和控制设备　第 4-2 部分：接触器和电动机起动器　交流电动机用半导体控制器和起动器（含软起动器）	GB 14048.6—2008		2016/8/29	2017/3/1
12.5-3-34	12.5	29.130.20	K30	GB/T 14048.8—2016	低压开关设备和控制设备　第 7-2 部分：辅助器件　铜导体的保护导体接线端子排	GB/T 14048.8—2006	IEC 60947-7-2：2009 ED 3.0 MOD	2016/4/25	2016/11/1
12.5-3-35	12.5	29.130.20	K32	GB/T 14048.9—2008	低压开关设备和控制设备　第 6-2 部分：多功能电器（设备）控制与保护开关电器（设备）（CPS）	GB 14048.9—1998		2008/9/19	2009/6/1
12.5-3-36	12.5	29.12.40；29.130.20	K30	GB/T 14048.10—2016	低压开关设备和控制设备　第 5-2 部分：控制电路电器和开关元件　接近开关	GB/T 14048.10—2008	IEC 60947-5-2：2012	2016/8/29	2017/3/1
12.5-3-37	12.5	29.130.20	K30	GB/T 14048.11—2016	低压开关设备和控制设备　第 6-1 部分：多功能电器　转换开关电器	GB/T 14048.11—2008	IEC 60947-6-1：2013 ED 2.1 MOD	2016/4/25	2016/11/1
12.5-3-38	12.5	29.130.20	K32	GB/T 14048.12—2016	低压开关设备和控制设备　第 4-3 部分：接触器和电动机起动器　非电动机负载用交流半导体控制器和接触器	GB/T 14048.12—2006		2016/12/13	2017/7/1
12.5-3-39	12.5	29.130.20	K30	GB/T 14048.13—2017	低压开关设备和控制设备　第 5-3 部分：控制电路电器和开关元件　在故障条件下具有确定功能的接近开关（PDDB）的要求	GB/T 14048.13—2006		2017/9/29	2018/4/1
12.5-3-40	12.5	29.120.99	K30	GB/T 14048.14—2019	低压开关设备和控制设备　第 5-5 部分：控制电路电器和开关元件　具有机械锁闩功能的电气紧急制动装置	GB/T 14048.14—2006		2019/6/4	2020/1/1
12.5-3-41	12.5	29.130.20	K31	GB/T 14048.16—2016	低压开关设备和控制设备　第 8 部分：旋转电机用装入式热保护（PTC）控制单元	GB/T 14048.16—2006	IEC 60947-8：2011 ED 1.2	2016/8/29	2017/3/1

12

序号	GW 分类	ICS 分类	GB 分类	标准号	中 文 名 称	代替标准	采用关系	发布日期	实施日期
12.5-3-42	12.5	29.130.20	K32	GB/T 14048.17—2008	低压开关设备和控制设备 第 5-4 部分：控制电路电器和开关元件小容量触头的性能评定方法特殊试验			2008/12/30	2009/10/1
12.5-3-43	12.5	29.120.99；29.130.20	K30	GB/T 14048.18—2016	低压开关设备和控制设备 第 7-3 部分：辅助器件 熔断器接线端子排的安全要求	GB/T 14048.18—2008	IEC 60947-7-3：2009 ED 2.0 IDT	2016/2/24	2016/9/1
12.5-3-44	12.5	29.130.20	K32	GB/T 14048.19—2013	低压开关设备和控制设备 第 5-7 部分：控制电路电器和开关元件用于带模拟输出的接近设备的要求		IEC 60947-5-7：2003 IDT	2013/12/17	2014/4/9
12.5-3-45	12.5	29.130.20	K32	GB/T 14048.20—2013	低压开关设备和控制设备 第 5-8 部分：控制电路电器和开关元件三位使能开关		IEC 60947-5-8：2006 IDT	2013/12/17	2014/4/9
12.5-3-46	12.5	29.130.20	K32	GB/T 14048.21—2013	低压开关设备和控制设备 第 5-9 部分：控制电路电器和开关元件流量开关		IEC 60947-5-9：2006 IDT	2013/12/17	2014/4/9
12.5-3-47	12.5	29.130.20	K30	GB/T 14048.22—2017	低压开关设备和控制设备 第 7-4 部分：辅助器件 铜导体的 PCB 接线端子排		IEC 60947-7-4：2013	2017/12/29	2018/7/1
12.5-3-48	12.5	29.220.01	K82	GB/T 15142—2011	含碱性或其他非酸性电解质的蓄电池和蓄电池组方形排气式镉镍单体蓄电池	GB/T 15142—2002	IEC 60623：2001 IDT	2011/12/30	2012/7/1
12.5-3-49	12.5	29.120.50	K31	GB/T 15576—2008	低压成套无功功率补偿装置	GB/T 15576—1995		2008/6/30	2009/4/1
12.5-3-50	12.5	91.140.50	Q77	GB/T 16895.2—2017	低压电气装置 第 4-42 部分：安全防护 热效应保护	GB/T 16895.2—2005	IEC 60364-4-42：2010 IDT	2017/11/1	2018/5/1
12.5-3-51	12.5	91.140.50	Q77	GB/T 16895.3—2017	低压电气装置 第 5-54 部分：电气设备的选择和安装 接地配置和保护导体	GB/T 16895.3—2004	IEC 60364-5-54：2011	2017/7/31	2018/2/1
12.5-3-52	12.5	91.140.50	Q77	GB/T 16895.5—2012	低压电气装置 第 4-43 部分：安全防护过电流保护	GB/T 16895.5—2000	IEC 60364-4-43：2008 ED.3 IDT	2012/6/29	2013/5/1
12.5-3-53	12.5	91.140.50	77	GB/T 16895.6—2014	低压电气装置 第 5-52 部分：电气设备的选择和安装布线系统	GB 16895.6—2000；GB/T 16895.15—2002		2014/12/22	2015/6/1
12.5-3-54	12.5	91.140.50	Q77	GB/T 16895.7—2009	低压电气装置 第 7-704 部分：特殊装置或场所的要求施工和拆除场所的电气装置	GB/T 16895.7—2000	IEC 60364-7-704：2005 IDT	2009/4/21	2010/3/1
12.5-3-55	12.5	91.140.50	Q77	GB/T 16895.8—2010	低压电气装置 第 7-706 部分：特殊装置或场所的要求活动受限制的可导电场所	GB/T 16895.8—2000	IEC 60364-7-706：2005 ED 2.0 IDT	2010/11/10	2011/9/1

续表

序号	GW 分类	ICS 分类	GB 分类	标准号	中 文 名 称	代替标准	采用关系	发布日期	实施日期
12.5-3-56	12.5	91.140.50	K30	GB/T 16895.10—2010	低压电气装置　第 4-44 部分：安全防护电压骚扰和电磁骚扰防护	GB/T 16895.10—2001；GB 16895.11—2001；GB 16895.16—2002；GB/T 16895.12—2001	IEC 60364-4-44：2007 ED 2 IDT	2011/1/14	2011/7/1
12.5-3-57	12.5	91.140.50	Q77	GB/T 16895.14—2010	建筑物电气装置　第 7-703 部分：特殊装置或场所的要求　装有桑拿浴加热器的房间和小间	GB/T 16895.14—2002		2010/11/10	2011/9/1
12.5-3-58	12.5	91.140.50	Q77	GB/T 16895.18—2010	建筑物电气装置　第 5-51 部分：电气设备的选择和安装通用规则	GB/T 16895.18—2002	IEC 60364-5-51：2005 ED 5 IDT	2011/1/14	2011/7/1
12.5-3-59	12.5	91.140.50	Q77	GB/T 16895.19—2017	低压电气装置　第 7-702 部分：特殊装置或场所的要求　游泳池和喷泉	GB/T 16895.19—2002	IEC 60364-7-702：2010 ED 3	2017/7/31	2018/2/1
12.5-3-60	12.5	91.140.50	Q77	GB/T 16895.20—2017	低压电气装置　第 5-55 部分：电气设备的选择和安装　其他设备	GB/T 16895.20—2003	IEC 60364-5-55：2012	2017/12/29	2018/7/1
12.5-3-61	12.5	91.140.50	Q77	GB/T 16895.21—2011	低压电气装置　第 4-41 部分：安全防护电击防护	GB 16895.21—2004		2011/12/30	2012/12/1
12.5-3-62	12.5	91.140.50	Q77	GB/T 16895.22—2004	建筑物电气装置　第 5-53 部分：电气设备的选择和安装　隔离、开关和控制设备　第 534 节：过电压保护电器			2004/12/13	2005/6/1
12.5-3-63	12.5	91.140.50	Q77	GB/T 16895.23—2012	低压电气装置　第 6 部分：检验	GB/T 16895.23—2005	IEC 60364-6：2006 IDT	2012/6/29	2012/11/1
12.5-3-64	12.5	91.140.50	Q77	GB/T 16895.24—2005	建筑物电气装置　第 7-710 部分：特殊装置或场所的要求　医疗场所			2005/7/29	2006/6/1
12.5-3-65	12.5	91.140.50	Q77	GB/T 16895.25—2005	建筑物电气装置　第 7-711 部分：特殊装置或场所的要求　展览馆、陈列室和展位			2005/7/29	2006/6/1
12.5-3-66	12.5	91.140.50	Q77	GB/T 16895.27—2012	低压电气装置　第 7-705 部分：特殊装置或场所的要求　农业和园艺设施	GB 16895.27—2006	IEC 60364-7-705：2006 IDT	2012/6/29	2013/5/1
12.5-3-67	12.5	91.140.50	Q77	GB/T 16895.28—2017	低压电气装置　第 7-714 部分：特殊装置或场所的要求　户外照明装置	GB/T 16895.28—2008	IEC 60364-7-714：2011 IDT	2017/11/1	2018/2/1
12.5-3-68	12.5	91.140.50	Q77	GB/T 16895.33—2017	低压电气装置　第 5-56 部分：电气设备的安装和选择　安全设施		IEC 60364-5-56：2009	2017/7/31	2018/2/1
12.5-3-69	12.5	91.140.50	Q77	GB/T 16895.34—2018	低压电气装置　第 7-753 部分：特殊装置或场所的要求　加热电缆及埋入式加热系统		IEC 60364-7-753：2014 IDT	2018/3/15	2018/10/1

续表

序号	GW 分类	ICS 分类	GB 分类	标准号	中 文 名 称	代替标准	采用关系	发布日期	实施日期
12.5-3-70	12.5	29.120	K30	GB/T 16935.1—2008	低压系统内设备的绝缘配合　第 1 部分：原理、要求和试验	GB/T 16935.1—1997		2008/4/24	2008/12/1
12.5-3-71	12.5	29.120	K30	GB/T 16935.4—2011	低压系统内设备的绝缘配合　第 4 部分：高频电压应力考虑事项			2011/12/30	2012/5/1
12.5-3-72	12.5	29.200	K81	GB/T 17478—2004	低压直流电源设备的性能特性	GB 17478—1998		2004/5/14	2005/2/1
12.5-3-73	12.5	19.080	K40	GB/T 17627—2019	低压电气设备的高电压试验技术　定义、试验和程序要求、试验设备	GB/T 17627.1—1998；GB/T 17627.2—1998	IEC 61180：2016	2019/12/10	2020/7/1
12.5-3-74	12.5	29.120.01	K31	GB/T 17701—2008	设备用断路器	GB 17701—1999		2008/6/19	2009/6/1
12.5-3-75	12.5	29.240.10	K30	GB/T 18802.22—2019	低压电涌保护器　第 22 部分：电信和信号网络的电涌保护器　选择和使用导则	GB/T 18802.22—2008	IEC 61643-22: 2015 IDT	2019/12/10	2020/7/1
12.5-3-76	12.5	29.240.10	K30	GB/T 18802.311—2017	低压电涌保护器元件　第 311 部分：气体放电管（GDT）的性能要求和测试回路	GB/T 18802.311—2007	IEC 61643-311：2013 IDT	2017/11/1	2018/5/1
12.5-3-77	12.5	29.240.10	K30	GB/T 18802.351—2019	低压电涌保护器元件　第 351 部分：电信和信号网络的电涌隔离变压器（SIT）的性能要求和试验方法			2019/12/10	2020/7/1
12.5-3-78	12.5	29.130.01	K30	GB/T 18858.1—2012	低压开关设备和控制设备控制器设备接口（CDI）第 1 部分：总则	GB/T 18858.1—2002	IEC 62026-1：2007	2012/11/5	2013/2/1
12.5-3-79	12.5	29.130.01	K30	GB/T 18858.2—2012	低压开关设备和控制设备控制器设备接口（CDI）第 2 部分：执行器传感器接口（AS-i）	GB/T 18858.2—2002	IEC 62026-2：2008	2012/11/5	2013/2/1
12.5-3-80	12.5	29.130.01	K30	GB/T 18858.3—2012	低压开关设备和控制设备控制器设备接口（CDI）第 3 部分：DeviceNet	GB/T 18858.3—2002	IEC 62026-3：2008 IDT	2012/11/5	2013/2/1
12.5-3-81	12.5	29.180	K41	GB/T 19212.14—2012	电源电压为 1100V 及以下的变压器、电抗器、电源装置和类似产品的安全　第 14 部分：自耦变压器和内装自耦变压器的电源装置的特殊要求和试验	GB 19212.14—2007	IEC 61558-2-13：2009 IDT	2012/6/29	2013/5/1
12.5-3-82	12.5	29.180	K41	GB/T 19212.5—2011	电源电压为 1100V 及以下的变压器、电抗器、电源装置和类似产品的安全　第 5 部分：隔离变压器和内装隔离变压器的电源装置的特殊要求和试验	GB 19212.5—2006	IEC 61558-2-4：2009 IDT	2011/6/16	2012/5/1
12.5-3-83	12.5	29.180	K41	GB/T 19212.7—2012	电源电压为 1100V 及以下的变压器、电抗器、电源装置和类似产品的安全　第 7 部分：安全隔离变压器和内装安全隔离变压器的电源装置的特殊要求和试验	GB 19212.7—2006	IEC 61558-2-6：2009	2012/6/29	2013/5/1

序号	GW 分类	ICS 分类	GB 分类	标准号	中　文　名　称	代替标准	采用关系	发布日期	实施日期
12.5-3-84	12.5	29.220.20	K84	GB/T 19639.1—2014	通用阀控式铅酸蓄电池　第 1 部分：技术条件	GB/T 19639.1—2005	IEC 61056-1：2012	2014/12/5	2015/7/1
12.5-3-85	12.5	29.220.20	K84	GB/T 19639.2—2014	通用阀控式铅酸蓄电池　第 2 部分：规格型号	GB/T 19639.2—2007	IEC 61056-2：2012	2014/12/5	2015/7/1
12.5-3-86	12.5	29.130.20	K31	GB/T 20641—2014	低压成套开关设备和控制设备空壳体的一般要求	GB/T 20641—2006	IEC 62208：2011	2014/12/22	2015/6/1
12.5-3-87	12.5	29.130.01	K30	GB/T 21207.1—2014	低压开关设备和控制设备入网工业设备描述　第 1 部分：设备描述编制总则	GB/T 21207—2007	IEC 61915-1：2007	2014/9/3	2015/4/1
12.5-3-88	12.5	29.130.01	K30	GB/T 21207.2—2014	低压开关设备和控制设备入网工业设备描述　第 2 部分：起动器和类似设备的根设备描述		IEC 61915-2：2011	2014/9/3	2015/4/1
12.5-3-89	12.5	29.200；33.100	K81	GB/T 21560.3—2008	低压直流电源　第 3 部分：电磁兼容性（EMC）			2008/3/24	2008/11/1
12.5-3-90	12.5	29.200	K81	GB/T 21560.6—2008	低压直流电源　第 6 部分：评定低压直流电源性能的要求			2008/3/24	2008/11/1
12.5-3-91	12.5	13.260	K09	GB/T 21697—2008	低压电力线路和电子设备系统的雷电过电压绝缘配合			2008/4/24	2008/12/1
12.5-3-92	12.5	29.120.01	K30	GB/Z 21713—2008	低压交流电源（不高于 1000V）中的浪涌特性			2008/4/24	2008/11/1
12.5-3-93	12.5	29.180	K41	GB/T 22072—2018	干式非晶合金铁心配电变压器技术参数和要求	GB/T 22072—2008		2018/12/28	2019/7/1
12.5-3-94	12.5	31.060.70	K42	GB/T 22582—2008	电力电容器低压功率因数补偿装置			2008/12/15	2009/10/1
12.5-3-95	12.5	29.130.20	K32	GB/T 22710—2008	低压断路器用电子式控制器			2008/12/30	2009/10/1
12.5-3-96	12.5	29.130.20	K31	GB/T 24274—2019	低压抽出式成套开关设备和控制设备	GB/T 24274—2009		2019/10/18	2020/5/1
12.5-3-97	12.5	29.130.20	K31	GB/T 24275—2019	低压固定封闭式成套开关设备和控制设备	GB/T 24275—2009		2019/10/18	2020/5/1
12.5-3-98	12.5	29.120	K31	GB/T 24621.1—2009	低压成套开关设备和控制设备的电气安全应用指南　第 1 部分：成套开关设备			2009/11/15	2010/4/1
12.5-3-99	12.5	29.160.99	K20	GB/T 25090—2010	电动机轻载调压节电装置			2010/9/2	2011/2/1
12.5-3-100	12.5	29.240.99	F20	GB/T 25099—2010	配电降压节电装置			2010/9/2	2011/2/1
12.5-3-101	12.5	29.140.99	K70	GB/T 25125—2010	智能照明节电装置			2010/9/2	2011/2/1
12.5-3-102	12.5	03.220.20；93.080.30	K73	GB/T 26943—2011	升降式高杆照明装置			2011/9/29	2012/5/1
12.5-3-103	12.5	29.120.50	K31	GB/T 29312—2012	低压无功功率补偿投切装置			2012/12/31	2013/6/1

序号	GW 分类	ICS 分类	GB 分类	标准号	中文名称	代替标准	采用关系	发布日期	实施日期
12.5-3-104	12.5	29.220.10	K04	GB/T 30426—2013	含碱性或其他非酸性电解质的蓄电池和蓄电池组便携式锂蓄电池和蓄电池组		IEC 61960：2003 IDT	2013/12/31	2014/8/15
12.5-3-105	12.5	29.240.99	K46	GB/T 30844.1—2014	1kV 及以下通用变频调速设备　第 1 部分：技术条件			2014/6/24	2015/1/22
12.5-3-106	12.5	29.240.99	K46	GB/T 30844.2—2014	1kV 及以下通用变频调速设备　第 2 部分：试验方法			2014/6/24	2015/1/22
12.5-3-107	12.5	29.160.01	K22	GB/T 32891.1—2016	旋转电机　效率分级（IE 代码）第 1 部分：电网供电的交流电动机		IEC 60034-30-1：2014	2016/8/29	2017/3/1
12.5-3-108	12.5	29.120.40；29.130.20	K30	GB/T 35685.1—2017	低压封闭式开关设备和控制设备　第 1 部分：在维修和维护工作中提供隔离功能的封闭式隔离开关		IEC 62626-1：2014	2017/12/29	2018/7/1
12.5-3-109	12.5	29.240.01	F21	GB/T 35732—2017	配电自动化智能终端技术规范			2017/12/29	2018/7/1
12.5-3-110	12.5	29.130	K31	GB/T 7251.1—2013	低压成套开关设备和控制设备　第 1 部分：总则	GB 7251.1—2005	IEC 61439-1：2011 IDT	2013/12/31	2015/1/13
12.5-3-111	12.5	29.130.20		GB/T 7251.3—2017	低压成套开关设备和控制设备　第 3 部分：由一般人员操作的配电板（DBO）	GB/T 7251.3—2006		2017/11/1	2018/5/1
12.5-3-112	12.5	29.130.20		GB/T 7251.4—2017	低压成套开关设备和控制设备　第 4 部分：对建筑工地用成套设备（ACS）的特殊要求	GB/T 7251.4—2006		2017/11/1	2018/5/1
12.5-3-113	12.5	29.130.20	K31	GB/T 7251.5—2017	低压成套开关设备和控制设备　第 5 部分：公用电网电力配电成套设备	GB/T 7251.5—2008	IEC 61439-5：2014	2017/7/31	2018/2/1
12.5-3-114	12.5	29.130.20	K31	GB/T 7251.6—2015	低压成套开关设备和控制设备　第 6 部分：母线干线系统（母线槽）	GB 7251.2—2006		2015/5/15	2016/6/1
12.5-3-115	12.5	29.130.20	K31	GB/T 7251.7—2015	低压成套开关设备和控制设备　第 7 部分：特定应用的成套设备——如码头、露营地、市集广场、电动车辆充电站		IEC/TS 61439-7：2014	2015/5/15	2015/12/1
12.5-3-116	12.5	29.120.20	K31	GB/T 7251.8—2005	低压成套开关设备和控制设备智能型成套设备通用技术要求			2005/4/4	2005/8/1
12.5-3-117	12.5	29.130.20	K31	GB/T 7251.10—2014	低压成套开关设备和控制设备　第 10 部分：规定成套设备的指南		IEC/TR 61439-0：2013	2014/12/22	2015/6/1
12.5-3-118	12.5	29.130.20	K31	GB/T 7251.12—2013	低压成套开关设备和控制设备　第 2 部分：成套电力开关和控制设备		IEC 61439-2：2011 IDT	2013/12/31	2015/1/13

序号	GW 分类	ICS 分类	GB 分类	标准号	中 文 名 称	代替标准	采用关系	发布日期	实施日期
12.5-4-119	12.5			DL/T 1074—2019	电力用直流和交流一体化不间断电源	DL/T 1074—2007		2019/6/4	2019/10/1
12.5-4-120	12.5			DL/T 1441—2015	智能低压配电箱技术条件			2015/4/2	2015/9/1
12.5-4-121	12.5	27.100	K51	DL/T 339—2010	低压变频调速装置技术条件			2011/1/9	2011/5/1
12.5-4-122	12.5	29.240.01	K43	DL/T 375—2010	户外配电箱通用技术条件			2011/1/9	2011/5/1
12.5-4-123	12.5	29.240.01	K46	DL/T 379—2010	低压晶闸管投切滤波装置技术规范			2010/5/1	2010/10/1
12.5-4-124	12.5	29.240.01	F20	DL/T 597—2017	低压无功补偿控制器使用技术条件	DL/T 597—1996		2017/12/27	2018/6/1
12.5-4-125	12.5	27.100	F24	DL/T 842—2015	低压并联电容器装置使用技术条件	DL/T 842—2003		2015/4/2	2015/9/1
12.5-4-126	12.5			JB/T 10303—2020	工频柴油发电机组　技术条件	JB/T 10303—2001		2020/4/24	2021/1/1
12.5-4-127	12.5			JB/T 10304—2020	工频汽油发电机组技术条件	JB/T 10304—2001		2020/4/24	2021/1/1
12.5-4-128	12.5			JB/T 7605—2020	移动电站额定功率、电压及转速	JB/T 7605—1994		2020/4/24	2021/1/1
12.5-4-129	12.5	29.120.60	K31	JB/T 8456—2017	低压直流成套开关设备和控制设备	JB/T 8456—2005		2017/11/7	2018/4/1
12.5-4-130	12.5			NB/T 10188—2019	交流并网侧用低压断路器技术规范			2019/6/4	2019/10/1
12.5-4-131	12.5	29.240.10	K30	NB/T 31040—2012	具有短路保护功能的电涌保护器			2012/10/29	2013/3/1
12.5-4-132	12.5			NB/T 42150—2018	低压电涌保护器专用保护设备			2018/4/3	2018/7/1
12.5-4-133	12.5			NB/T 42153—2018	交流插拔式无间隙金属氧化物避雷器			2018/4/3	2018/7/1
12.5-4-134	12.5			YD/T 502—2020	通信用低压柴油发电机组	YD/T 502—2007		2020/4/24	2020/7/1

12.6 设备、材料-架空线路

序号	GW 分类	ICS 分类	GB 分类	标准号	中 文 名 称	代替标准	采用关系	发布日期	实施日期
12.6-3-1	12.6	77.140.65	H49	GB/T 20492—2019	锌-5%铝-混合稀土合金镀层钢丝、钢绞线	GB/T 20492—2006		2019/3/25	2020/2/1
12.6-3-2	12.6	29.060.10	K11	GB/T 36551—2018	同心绞架空导线性能计算方法		IECTR61597：1995 MOD	2018/7/13	2019/2/1
12.6-4-3	12.6	29.020	K48	DL/T 1000.4—2018	标称电压高于1000V架空线路用绝缘子使用导则　第4部分：直流系统用棒形悬式复合绝缘子			2018/12/25	2019/5/1
12.6-4-4	12.6			DL/T 1109—2019	输电线路张力架线用张力机通用技术条件	DL/T 1109—2009		2019/11/4	2020/5/1

序号	GW 分类	ICS 分类	GB 分类	标准号	中 文 名 称	代替标准	采用关系	发布日期	实施日期
12.6-4-5	12.6	25.160.10	J33	DL/T 1762—2017	钢管塔焊接技术导则			2017/11/15	2018/3/1
12.6-4-6	12.6			DL/T 371—2019	架空输电线路放线滑车	DL/T 371—2010		2019/11/4	2020/5/1
12.6-4-7	12.6			DL/T 372—2019	输电线路张力架线用牵引机通用技术条件	DL/T 372—2010		2019/11/4	2020/5/1
12.6-5-8	12.6	29.120.20；29.240.20		BSI BS 3288-2—2009	架空电力线路用绝缘子和导体配件 绝缘子配件规范			2009/5/31	2009/5/31

12.6.1 设备、材料-架空线路-输电

序号	GW 分类	ICS 分类	GB 分类	标准号	中 文 名 称	代替标准	采用关系	发布日期	实施日期
12.6.1-2-1	12.6.1			Q/GDW 10367—2017	镍钼钢芯耐热铝合金导线	Q/GDW 367—2009		2018/10/25	2018/10/25
12.6.1-2-2	12.6.1	29.240		Q/GDW 10632—2016	钢芯高导电率铝绞线	Q/GDW 632—2011		2017/6/16	2017/6/16
12.6.1-2-3	12.6.1			Q/GDW 10815—2017	铝合金芯高导电率铝绞线	Q/GDW 1815—2012		2018/7/11	2018/7/11
12.6.1-2-4	12.6.1	29.240		Q/GDW 10851—2016	碳纤维复合材料芯架空导线	Q/GDW 1851—2012		2016/12/22	2016/12/22
12.6.1-2-5	12.6.1	29.240		Q/GDW 11002—2013	110（66）kV～500kV 交流架空线路用柔性复合相间间隔棒技术条件			2014/4/15	2014/4/15
12.6.1-2-6	12.6.1	29.240		Q/GDW 11094—2013	相间间隔棒配套金具技术条件			2014/9/1	2014/9/1
12.6.1-2-7	12.6.1	29.240		Q/GDW 11123.3—2013	750kV 变电站设备复合外绝缘技术规范 第 3 部分：复合绝缘子			2014/4/15	2014/4/15
12.6.1-2-8	12.6.1	29.240		Q/GDW 11124.1—2013	750kV 架空输电线路杆塔复合横担技术规定 第 1 部分：设计技术			2014/4/15	2014/4/15
12.6.1-2-9	12.6.1	29.240		Q/GDW 11124.2—2013	750kV 架空输电线路杆塔复合横担技术规定 第 2 部分：元件技术			2014/4/15	2014/4/15
12.6.1-2-10	12.6.1	29.240		Q/GDW 11124.5—2014	750kV 架空输电线路杆塔复合横担技术规定 第 5 部分：运维导则			2015/7/17	2015/7/17
12.6.1-2-11	12.6.1	29.240		Q/GDW 11139—2013	同心绞铝包殷钢芯耐热铝合金绞线			2014/4/15	2014/4/15
12.6.1-2-12	12.6.1	29.240		Q/GDW 11269—2014	疏绞型扩径钢芯铝绞线			2014/12/31	2014/12/31
12.6.1-2-13	12.6.1	29.240		Q/GDW 11275—2014	特高强钢芯铝合金绞线			2015/2/6	2015/2/6
12.6.1-2-14	12.6.1	29.240		Q/GDW 11388—2015	输电线路专用旋挖钻机			2015/7/17	2015/7/17
12.6.1-2-15	12.6.1	29.240		Q/GDW 11389—2015	输电线路岩石锚杆钻机			2015/7/17	2015/7/17

续表

序号	GW 分类	ICS 分类	GB 分类	标准号	中文名称	代替标准	采用关系	发布日期	实施日期
12.6.1-2-16	12.6.1	29.240		Q/GDW 11393—2015	架空输电线路盘桩基础技术规定			2015/7/17	2015/7/17
12.6.1-2-17	12.6.1	29.240		Q/GDW 11599—2016	间隙型架空导线用耐热脂技术条件			2017/6/16	2017/6/16
12.6.1-2-18	12.6.1	29.240		Q/GDW 1167—2014	交流系统用盘形悬式复合瓷或玻璃绝缘子元件	Q/GDW 167—2007		2014/7/1	2014/7/1
12.6.1-2-19	12.6.1	29.240		Q/GDW 11931—2018	交、直流系统用工厂复合化瓷或玻璃绝缘子技术条件			2020/4/17	2020/4/17
12.6.1-2-20	12.6.1	29.240		Q/GDW 1384—2015	输电线路钢管塔加工技术规程	Q/GDW 384—2009		2016/11/15	2016/11/15
12.6.1-2-21	12.6.1	29.020		Q/GDW 385—2009	高密度聚乙烯支撑型扩径架空导线			2009/12/22	2009/12/22
12.6.1-2-22	12.6.1	29.020		Q/GDW 515.1—2010	交流架空输电线路用绝缘子使用导则　第 1 部分：瓷、玻璃绝缘子			2010/12/1	2010/12/1
12.6.1-2-23	12.6.1	29.020		Q/GDW 515.2—2010	交流架空输电线路用绝缘子使用导则　第 2 部分：复合绝缘子			2010/12/1	2010/12/1
12.6.1-2-24	12.6.1	29.240		Q/GDW 633—2011	型线同心绞特强钢芯软铝绞线			2011/9/2	2011/9/2
12.6.1-2-25	12.6.1	29.020		Q/GDW 637—2011	输电杆塔用地脚螺栓与螺母			2011/9/2	2011/9/2
12.6.1-2-26	12.6.1	29.020		Q/GDW 717—2012	双摆防舞器技术条件			2012/4/28	2012/4/28
12.6.1-2-27	12.6.1	29.020		Q/GDW 718—2012	线夹回转式间隔棒技术条件			2012/4/28	2012/4/28
12.6.1-2-28	12.6.1	29.240		Q/GDW 761—2012	光纤复合架空地线（OPGW）标准类型技术规范			2012/8/28	2012/8/28
12.6.1-3-29	12.6.1	29.060.10	K11	GB/T 1179—2017	圆线同心绞架空导线	GB/T 1179—2008	IEC 61089：1991	2017/11/1	2018/5/1
12.6.1-3-30	12.6.1	29.060.10	K11	GB/T 12971.1—2008	电力牵引用接触线　第 1 部分：铜及铜合金接触线	GB 12971.1—1991；GB 12971.2—1991		2008/6/30	2009/4/1
12.6.1-3-31	12.6.1	29.060.10	K11	GB/T 12971.2—2008	电力牵引用接触线　第 2 部分：钢、铝复合接触线	GB 12971.1—1991；GB 12971.3—1991		2008/6/30	2009/4/1
12.6.1-3-32	12.6.1	29.060.10	K11	GB/T 17048—2017	架空绞线用硬铝线	GB/T 17048—2009	IEC 60889：1987 MOD	2017/11/1	2018/5/1
12.6.1-3-33	12.6.1	13.260	K15	GB/T 17620—2008	带电作业用绝缘硬梯	GB 17620—1998		2008/12/30	2010/2/1
12.6.1-3-34	12.6.1	29.060.10	K11	GB/T 20141—2018	型线同心绞架空导线	GB/T 20141—2006	IEC 62219：2002	2018/12/28	2018/12/28
12.6.1-3-35	12.6.1	29.080.10	K48	GB/T 20142—2006	标称电压高于 1000V 的交流架空线路用线路柱式复合绝缘子　定义、试验方法及接收准则			2006/3/6	2006/8/1
12.6.1-3-36	12.6.1	29.080.10	K48	GB/T 21206—2007	线路柱式绝缘子特性			2007/12/3	2008/5/1

续表

序号	GW 分类	ICS 分类	GB 分类	标准号	中　文　名　称	代替标准	采用关系	发布日期	实施日期
12.6.1-3-37	12.6.1	29.080.10	K48	GB/T 22709—2008	架空线路玻璃或瓷绝缘子串元件绝缘体机械破损后的残余强度			2008/12/30	2009/10/1
12.6.1-3-38	12.6.1	29.240.10	K47	GB/T 2314—2008	电力金具通用技术条件	GB 2314—1997		2008/9/24	2009/8/1
12.6.1-3-39	12.6.1	29.240.20	K51	GB/T 2315—2017	电力金具标称破坏载荷系列及连接型式尺寸	GB/T 2315—2008		2017/12/29	2018/7/1
12.6.1-3-40	12.6.1	29.060.10	K11	GB/T 23308—2009	架空绞线用铝—镁—硅系合金圆线		IEC 60104：1987 IDT	2009/3/19	2009/12/1
12.6.1-3-41	12.6.1	29.080.10	K48	GB/T 23752—2009	额定电压高于1000V的电器设备用承压和非承压空心瓷和玻璃绝缘子			2009/5/6	2009/11/1
12.6.1-3-42	12.6.1	29.240.20	K47	GB/T 25094—2010	架空输电线路抢修杆塔通用技术条件			2010/9/2	2011/2/1
12.6.1-3-43	12.6.1	29.080.10	K48	GB/T 25318—2019	绝缘子串元件球窝联接用锁紧销　尺寸和试验	GB/T 25318—2010	IEC 60372：1984	2019/12/10	2020/7/1
12.6.1-3-44	12.6.1	29.080.10	K48	GB/T 26218.4—2019	污秽条件下使用的高压绝缘子的选择和尺寸确定　第4部分：直流系统用绝缘子			2019/12/10	2020/7/1
12.6.1-3-45	12.6.1	29.240.99	K47	GB/T 2694—2018	输电线路铁塔制造技术条件	GB/T 2694—2010		2018/7/13	2019/2/1
12.6.1-3-46	12.6.1	29.060.10	K11	GB/T 29325—2012	架空导线用软铝型线			2012/12/31	2013/6/1
12.6.1-3-47	12.6.1	29.060.10	K11	GB/T 30550—2014	含有一个或多个间隙的同心绞架空导线		IEC 62420：2008 IDT	2014/5/6	2014/10/28
12.6.1-3-48	12.6.1	29.060.10	K11	GB/T 30551—2014	架空绞线用耐热铝合金线		IEC 62004：2007 IDT	2014/5/6	2014/10/28
12.6.1-3-49	12.6.1	77.150.10	H61	GB/T 3195—2016	铝及铝合金拉制圆线材	GB/T 3195—2008		2016/10/13	2017/9/1
12.6.1-3-50	12.6.1	29.060.10	K11	GB/T 3428—2012	架空绞线用镀锌钢线	GB/T 3428—2002	IEC 60888：1987	2012/12/31	2013/6/1
12.6.1-3-51	12.6.1	29.080.10	K48	GB/T 4056—2019	绝缘子串元件的球窝联接尺寸	GB/T 4056-2008	IEC 60120：1984	2019/12/10	2020/7/1
12.6.1-3-52	12.6.1	29.080.10	K48	GB/T 7253—2019	标称电压高于1000V的架空线路绝缘子交流系统用瓷或玻璃绝缘子元件　盘形悬式绝缘子元件的特性	GB/T 7253—2005	IEC 60305：1995	2019/12/10	2020/7/1
12.6.1-4-53	12.6.1	29.240	K48	DL/T 1000.1—2018	标称电压高于1000V架空线路用绝缘子使用导则　第1部分：交流系统用瓷或玻璃绝缘子	DL/T 1000.1—2006		2018/12/25	2019/5/1
12.6.1-4-54	12.6.1			DL/T 1000.2—2015	标称电压高于1000V架空线路用绝缘子使用导则　第2部分：直流系统用瓷或玻璃绝缘子	DL/T 1000.2—2006		2015/7/1	2015/12/1
12.6.1-4-55	12.6.1			DL/T 1000.3—2015	标称电压高于1000V架空线路用绝缘子使用导则　第3部分：交流系统用棒形悬式复合绝缘子	DL/T 864—2004		2015/7/1	2015/12/1
12.6.1-4-56	12.6.1	29.240.20	F20	DL/T 1122—2009	架空输电线路外绝缘配置技术导则			2009/7/22	2009/12/1

续表

序号	GW 分类	ICS 分类	GB 分类	标准号	中 文 名 称	代替标准	采用关系	发布日期	实施日期
12.6.1-4-57	12.6.1	27.100	F24	DL/T 1236—2013	输电杆塔用地脚螺栓与螺母			2013/3/7	2013/8/1
12.6.1-4-58	12.6.1	27.100	F24	DL/T 1277—2013	1100kV 交流空心复合绝缘子技术规范			2013/11/28	2014/4/1
12.6.1-4-59	12.6.1	29.080.10	K48	DL/T 1293—2013	交流架空输电线路绝缘子并联间隙使用导则			2013/11/28	2014/4/1
12.6.1-4-60	12.6.1	27.100	F24	DL/T 1307—2013	铝基陶瓷纤维复合芯超耐热铝合金绞线			2013/11/28	2014/4/1
12.6.1-4-61	12.6.1	27.100	F29	DL/T 1310—2013	架空输电线路旋转连接器			2013/11/28	2014/4/1
12.6.1-4-62	12.6.1	27.100	F29	DL/T 1312—2013	电力工程接地用铜覆钢技术条件			2013/11/28	2014/4/1
12.6.1-4-63	12.6.1	27.100	J98	DL/T 1343—2014	电力金具用闭口销	DL/T 764.2—2001		2014/10/15	2015/3/1
12.6.1-4-64	12.6.1			DL/T 1632—2016	输电线路钢管塔用法兰技术要求			2016/12/5	2017/5/1
12.6.1-4-65	12.6.1	29.240.01	K40	DL/T 248—2012	输电线路杆塔不锈钢复合材料耐腐蚀接地装置			2012/4/6	2012/7/1
12.6.1-4-66	12.6.1	29.080.10	K48	DL/T 257—2012	高压交直流架空线路用复合绝缘子施工、运行和维护管理规范			2012/4/6	2012/7/1
12.6.1-4-67	12.6.1	27.100	K47	DL/T 284—2012	输电线路杆塔及电力金具用热浸镀锌螺栓与螺母	DL 764.4—2002		2012/1/4	2012/3/1
12.6.1-4-68	12.6.1	29.240.20	F29	DL/T 289—2012	架空输电线路直升机巡视作业标志			2012/1/4	2012/3/1
12.6.1-4-69	12.6.1	27.100	K47	DL/T 346—2010	设备线夹			2011/1/9	2011/5/1
12.6.1-4-70	12.6.1	27.100	K47	DL/T 347—2010	T 型线夹			2011/1/9	2011/5/1
12.6.1-4-71	12.6.1	29.24	P47；K47	DL/T 682—1999	母线金具用沉头螺钉			2000/2/24	2000/7/1
12.6.1-4-72	12.6.1	27.100	K47	DL/T 756—2009	悬垂线夹	DL 756—2001		2009/7/22	2009/12/1
12.6.1-4-73	12.6.1	27.100	K47	DL/T 757—2009	耐张线夹	DL 757—2001		2009/7/22	2009/12/1
12.6.1-4-74	12.6.1	27.100	K47	DL/T 758—2009	接续金具	DL 758—2001		2009/7/22	2009/12/1
12.6.1-4-75	12.6.1	27.100	K47	DL/T 759—2009	连接金具	DL 759—2001		2009/7/22	2009/12/1
12.6.1-4-76	12.6.1			DL/T 763—2013	架空线路用预绞式金具技术条件	DL/T 763—2001		2013/3/7	2013/8/1
12.6.1-4-77	12.6.1	27.100	K47	DL/T 765.2—2004	额定电压 10kV 及以下架空裸导线金具			2004/3/9	2004/6/1
12.6.1-4-78	12.6.1	27.100	K47	DL/T 765.3—2004	额定电压 10kV 及以下架空绝缘导线金具	DL 464.1—1992； DL 464.2—1992； DL 464.3—1992； DL 464.4—1992； DL 464.5—1992		2004/3/9	2004/6/1

序号	GW 分类	ICS 分类	GB 分类	标准号	中文名称	代替标准	采用关系	发布日期	实施日期
12.6.1-4-79	12.6.1	27.100	K47	DL/T 766—2013	光纤复合架空地线（OPGW）用预绞式金具技术条件和试验方法	DL/T 766—2003		2013/3/7	2013/8/1
12.6.1-4-80	12.6.1	29.060.10	K11	NB/T 10305—2019	架空线路预绞式金具用铝合金线			2019/11/4	2020/5/1
12.6.1-6-81	12.6.1	29.240	K47	T/CEC 108—2016	配网复合材料电杆			2016/10/21	2017/1/1

12.6.2 设备、材料-架空线路-配电

序号	GW 分类	ICS 分类	GB 分类	标准号	中文名称	代替标准	采用关系	发布日期	实施日期
12.6.2-2-1	12.6.2	29.240		Q/GDW 11254—2014	配电网架空导线选型技术原则和检测技术规范			2014/11/20	2014/11/20
12.6.2-2-2	12.6.2	29.240		Q/GDW 11255—2014	配电网避雷器选型技术原则和检测技术规范			2014/11/20	2014/11/20
12.6.2-2-3	12.6.2	29.240		Q/GDW 11256—2014	配电网杆塔选型技术原则和检测技术规范			2014/11/20	2014/11/20
12.6.2-2-4	12.6.2	29.240		Q/GDW 11377—2015	10kV 配电线路调压器选型技术原则和检测技术规范			2015/10/30	2015/10/30
12.6.2-3-5	12.6.2	91.100.30	Q14	GB/T 4084—2018	自应力混凝土管	GB/T 4084—1999		2018/2/6	2019/1/1
12.6.2-3-6	12.6.2	29.120.50	K31	GB/T 9364.2—2018	小型熔断器 第 2 部分：管状熔断体	GB/T 9364.2—1997	IEC 60127-2：2014	2018/5/14	2018/12/1
12.6.2-3-7	12.6.2	29.120.50	K31	GB/T 9364.3—2018	小型熔断器 第 3 部分：超小型熔断体	GB/T 9364.3—1997	IEC 60127-3：2015	2018/5/14	2018/12/1
12.6.2-4-8	12.6.2	27.100	K47	DL/T 765.1—2001	架空配电线路金具技术条件			2001/10/8	2002/2/1

12.7 设备、材料-电缆

序号	GW 分类	ICS 分类	GB 分类	标准号	中文名称	代替标准	采用关系	发布日期	实施日期
12.7-2-1	12.7	29.240		Q/GDW 11883.1—2018	额定电压 110kV～220kV 挤包绝缘电缆用材料 第 1 部分：可交联聚乙烯绝缘料			2019/10/23	2019/10/23
12.7-2-2	12.7	29.240		Q/GDW 11883.2—2018	额定电压 110kV～220kV 挤包绝缘电缆用材料 第 2 部分：可交联半导电屏蔽料			2019/10/23	2019/10/23
12.7-3-3	12.7	29.060.20	K13	GB/T 19666—2019	阻燃和耐火电线电缆或光缆通则	GB/T 19666—2005		2019/12/10	2020/7/1
12.7-3-4	12.7	29.060.20	K13	GB/T 34016—2017	防鼠和防蚁电线电缆通则			2017/7/12	2018/2/1
12.7-3-5	12.7	83.120	Q23	GB/T 34182—2017	复合材料电缆支架			2017/9/8	2018/8/1

序号	GW 分类	ICS 分类	GB 分类	标准号	中 文 名 称	代替标准	采用关系	发布日期	实施日期
12.7-4-6	12.7	29.060.20	K13	DL/T 1263—2013	12kV～40.5kV 电缆分接箱技术条件			2013/11/28	2014/4/1
12.7-4-7	12.7	27.100	F24	DL/T 1378—2014	光纤复合架空地线（OPGW）防雷接地技术导则			2014/10/15	2015/3/1
12.7-4-8	12.7			DL/T 1601—2016	光纤复合架空相线施工、验收及运行规范			2016/8/16	2016/12/1
12.7-4-9	12.7	33.180.10	M30	DL/T 1613—2016	光纤复合架空相线及相关附件			2016/8/16	2016/12/1
12.7-4-10	12.7			DL/T 5756—2017	额定电压 35kV（U_m=40.5kV）及以下冷缩式电缆附件安装规程			2017/11/15	2018/3/1
12.7-4-11	12.7			DL/T 5757—2017	额定电压 35kV（U_m=40.5kV）及以下热缩式电缆附件安装规程			2017/11/15	2018/3/1
12.7-4-12	12.7	29.060	K13	DL/T 5758—2017	额定电压 35kV（U_m=40.5kV）及以下预制式电缆附件安装规程			2017/11/15	2018/3/1
12.7-4-13	12.7	27.140	P59	DL/T 5776—2018	水平定向钻敷设电力管线技术规定			2018/12/25	2019/5/1
12.7-4-14	12.7			DL/T 802.10—2019	电力电缆用导管技术条件　第 10 部分：涂塑钢质电缆导管			2019/11/4	2020/5/1
12.7-4-15	12.7	33.180.01	M30	DL/T 832—2016	光纤复合架空地线	DL/T 832—2003		2016/1/7	2016/6/1
12.7-4-16	12.7	13.220.20	C84	XF 535—2005	阻燃及耐火电缆阻燃橡皮绝缘电缆分级和要求	GA 535—2005		2005/3/17	2005/10/1
12.7-4-17	12.7	97.100.10	N05	JB/T 12234—2015	铠装加热电缆			2015/4/30	2015/10/1
12.7-4-18	12.7			NB/T 10287—2019	玻璃钢电缆桥架			2019/11/4	2020/5/1
12.7-4-19	12.7			NB/T 10292—2019	铝合金电缆桥架			2019/11/4	2020/5/1
12.7-4-20	12.7			NB/T 10306—2019	电缆屏蔽用铜带			2019/11/4	2020/5/1
12.7-4-21	12.7			NB/T 42062—2015	扩径型钢芯铝绞线			2015/10/27	2016/3/1
12.7-6-22	12.7			T/CEC 351—2020	10kV 柔性电缆快速接头技术条件			2020/6/30	2020/10/1

12.7.1　设备、材料-电缆-输电

序号	GW 分类	ICS 分类	GB 分类	标准号	中 文 名 称	代替标准	采用关系	发布日期	实施日期
12.7.1-2-1	12.7.1	29.240		Q/GDW 11655.2—2017	额定电压 500kV（U_m=550kV）交联聚乙烯绝缘大长度交流海底电缆及附件　第 2 部分：大长度交流海底电缆			2018/2/13	2018/2/13

续表

序号	GW 分类	ICS 分类	GB 分类	标准号	中 文 名 称	代替标准	采用关系	发布日期	实施日期
12.7.1-2-2	12.7.1	29.240		Q/GDW 11655.3—2017	额定电压 500kV（U_m=550kV）交联聚乙烯绝缘大长度交流海底电缆及附件　第 3 部分：海底电缆附件			2018/2/13	2018/2/13
12.7.1-2-3	12.7.1	29.240		Q/GDW 371—2009	10（6）kV～500kV 电缆技术标准			2009/11/13	2009/11/13
12.7.1-2-4	12.7.1	29.020		Q/GDW 412—2010	埋地式氯化聚氯乙烯电力电缆导管标准			2010/3/31	2010/3/31
12.7.1-3-5	12.7.1	29.060.20	K13	GB/T 11017.2—2014	额定电压 110kV（U_m=126kV）交联聚乙烯绝缘电力电缆及其附件　第 2 部分：电缆	GB/T 11017.2—2002		2014/7/24	2015/1/22
12.7.1-3-6	12.7.1	29.060.20	K13	GB/T 11017.3—2014	额定电压 110kV（U_m=126kV）交联聚乙烯绝缘电力电缆及其附件　第 3 部分：电缆附件	GB/T 11017.3—2002		2014/7/24	2015/1/22
12.7.1-3-7	12.7.1	77.150.30	H62	GB/T 11091—2014	电缆用铜带	GB/T 11091—2005		2014/12/5	2015/5/1
12.7.1-3-8	12.7.1	29.100.20	K13	GB/T 14315—2008	电力电缆导体用压接型铜、铝接线端子和连接管	GB/T 14315—1993		2008/12/30	2009/10/1
12.7.1-3-9	12.7.1	29.060.20	K13	GB/T 14316—2008	间距 1.27mm 绝缘刺破型端接式聚氯乙烯绝缘带状电缆	GB 14316—1993		2008/6/30	2009/4/1
12.7.1-3-10	12.7.1	29.060.20	K13	GB/T 18213—2000	低频电缆和电线无镀层和有镀层铜导体电阻计算导则			2000/10/17	2001/7/1
12.7.1-3-11	12.7.1	29.060.20	K13	GB/T 18890.1—2015	额定电压 220kV（U_m=252kV）交联聚乙烯绝缘电力电缆及其附件　第 1 部分：试验方法和要求	GB/Z 18890.1—2002		2015/10/9	2016/5/1
12.7.1-3-12	12.7.1	29.060.020	k13	GB/T 18890.2—2015	额定电压 220kV（U_m=252kV）交联聚乙烯绝缘电力电缆及其附件　第 2 部分：电缆	GB/Z 18890.2—2002		2015/10/9	2016/5/1
12.7.1-3-13	12.7.1	29.060.20	K13	GB/T 18890.3—2015	额定电压 220kV（U_m=252kV）交联聚乙烯绝缘电力电缆及其附件　第 3 部分：电缆附件	GB/Z 18890.3—2002		2015/10/9	2016/5/1
12.7.1-3-14	12.7.1	29.120.10	K65	GB/T 20041.1—2015	电缆管理用导管系统　第 1 部分：通用要求	GB/T 20041.1—2005		2015/5/15	2015/12/1
12.7.1-3-15	12.7.1	29.120.10	K65	GB/T 20041.22—2009	电缆管理用导管系统　第 22 部分：可弯曲导管系统的特殊要求			2009/5/6	2010/2/1
12.7.1-3-16	12.7.1	29.120.10	K65	GB/T 20041.23—2009	电缆管理用导管系统　第 23 部分：柔性导管系统的特殊要求			2009/5/6	2010/2/1
12.7.1-3-17	12.7.1	29.120.10	K65	GB/T 20041.24—2009	电缆管理用导管系统　第 24 部分：埋入地下的导管系统的特殊要求			2009/5/6	2010/2/1

续表

序号	GW 分类	ICS 分类	GB 分类	标准号	中文名称	代替标准	采用关系	发布日期	实施日期
12.7.1-3-18	12.7.1	29.060.20	K13	GB/T 22078.2—2008	额定电压 500kV（U_m=550kV）交联聚乙烯绝缘电力电缆及其附件　第 2 部分：额定电压 500kV（U_m=550kV）交联聚乙烯绝缘电力电缆			2008/6/30	2009/4/1
12.7.1-3-19	12.7.1	29.060.20	K13	GB/T 22078.3—2008	额定电压 500kV（U_m=550kV）交联聚乙烯绝缘电力电缆及其附件　第 3 部分：额定电压 500kV（U_m=550kV）交联聚乙烯绝缘电力电缆附件			2008/6/30	2009/4/1
12.7.1-3-20	12.7.1	29.120.10	K65	GB/T 23639—2017	节能耐腐蚀钢制电缆桥架	GB/T 23639—2009		2017/5/12	2017/12/1
12.7.1-3-21	12.7.1	77.150.60	H62	GB/T 26011—2010	电缆护套用铅合金锭			2011/1/10	2011/10/1
12.7.1-3-22	12.7.1	91.100.30	Q14	GB/T 27794—2011	电力电缆用承插式混凝土导管			2011/12/30	2012/8/1
12.7.1-3-23	12.7.1	33.040.50	M42	GB/T 28509—2012	绝缘外径在 1mm 以下的极细同轴电缆及组件			2012/6/29	2012/10/1
12.7.1-3-24	12.7.1		K97	GB/T 28567—2012	电线电缆专用设备技术要求			2012/6/29	2012/11/1
12.7.1-3-25	12.7.1	29.060.20	K13	GB/T 2952.1—2008	电缆外护层　第 1 部分：总则	GB/T 2952.1—1989		2008/12/31	2009/11/1
12.7.1-3-26	12.7.1	29.060.20	K13	GB/T 2952.2—2008	电缆外护层　第 2 部分：金属套电缆外护层	GB/T 2952.2—1989；GB/T 2952.4—1989		2008/12/31	2009/11/1
12.7.1-3-27	12.7.1	29.060.20	K13	GB/T 2952.3—2008	电缆外护层　第 3 部分：非金属套电缆通用外护层	GB/T 2952.3—1989		2008/12/31	2009/11/1
12.7.1-3-28	12.7.1	29.060.10	K11	GB/T 30552—2014	电缆导体用铝合金线			2014/5/6	2014/10/28
12.7.1-3-29	12.7.1	29.060.20	K13	GB/T 32346.1—2015	额定电压 220kV（U_m=252kV）交联聚乙烯绝缘大长度交流海底电缆及附件　第 1 部分：试验方法和要求			2015/12/31	2016/7/1
12.7.1-3-30	12.7.1	29.060.20	K13	GB/T 32346.2—2015	额定电压 220kV（U_m=252kV）交联聚乙烯绝缘大长度交流海底电缆及附件　第 2 部分：大长度交流海底电缆			2015/12/31	2016/7/1
12.7.1-3-31	12.7.1	29.060.20	K13	GB/T 32346.3—2015	额定电压 220kV（U_m=252kV）交联聚乙烯绝缘大长度交流海底电缆及附件　第 3 部分：海底电缆附件			2015/12/31	2016/7/1
12.7.1-3-32	12.7.1	29.060.01	K13	GB/T 3956—2008	电缆的导体	GB/T 3956—1997		2008/12/30	2009/10/1
12.7.1-3-33	12.7.1	29.080	K13	GB/T 7594.1—1987	电线电缆橡皮绝缘和橡皮护套　第 1 部分：一般规定		IEC 245 EQV	1987/4/17	1988/1/1
12.7.1-3-34	12.7.1	29.060.20	K13	GB/T 9326.1—2008	交流 500kV 及以下纸或聚丙烯复合纸绝缘金属套充油电缆及附件　第 1 部分：试验	GB 9326.1—1988		2008/6/30	2009/5/1

序号	GW 分类	ICS 分类	GB 分类	标准号	中 文 名 称	代替标准	采用关系	发布日期	实施日期
12.7.1-3-35	12.7.1	29.060.20	K13	GB/T 9326.2—2008	交流500kV及以下纸或聚丙烯复合纸绝缘金属套充油电缆及附件　第2部分：交流500kV及以下纸绝缘铅套充油电缆	GB 9326.2—1988		2008/6/30	2009/5/1
12.7.1-3-36	12.7.1	29.060.20	K13	GB/T 9326.3—2008	交流500kV及以下纸或聚丙烯复合纸绝缘金属套充油电缆及附件　第3部分：终端	GB 9326.3—1988		2008/6/30	2009/5/1
12.7.1-3-37	12.7.1	29.060.20	K13	GB/T 9326.4—2008	交流500kV及以下纸或聚丙烯复合纸绝缘金属套充油电缆及附件　第4部分：接头	GB 9326.4—1988		2008/6/30	2009/5/1
12.7.1-3-38	12.7.1	29.060.20	K13	GB/T 9326.5—2008	交流500kV及以下纸或聚丙烯复合纸绝缘金属套充油电缆及附件　第5部分：压力供油箱	GB 9326.5—1988		2008/6/30	2009/5/1
12.7.1-3-39	12.7.1	29.060.20	K13	GB/T 9330.1—2008	塑料绝缘控制电缆　第1部分：一般规定	GB 9330.1—1988		2008/6/30	2009/4/1
12.7.1-3-40	12.7.1	29.060.20	K13	GB/T 9330.2—2008	塑料绝缘控制电缆　第2部分：聚氯乙烯绝缘和护套控制电缆	GB 9330.2—1988		2008/6/30	2009/4/1
12.7.1-4-41	12.7.1			DL/T 1888—2018	160kV～500kV挤包绝缘直流电缆使用技术规范			2018/12/25	2019/5/1
12.7.1-4-42	12.7.1			DL/T 2058—2019	110kV交联聚乙烯轻型绝缘电力电缆及附件			2019/11/4	2020/5/1
12.7.1-4-43	12.7.1			DL/T 2060—2019	额定电压 500kV（U_m=550kV）交联聚乙烯绝缘大长度交流海底电缆及附件			2019/11/4	2020/5/1
12.7.1-4-44	12.7.1			DL/T 401—2017	高压电缆选用导则	DL/T 401—2002		2017/8/2	2017/12/1
12.7.1-4-45	12.7.1	29.130	K43	DL/T 413—2006	额定电压 35kV（U_m=40.5kV）及以下电力电缆热缩式附件技术条件	DL 413—1991		2006/5/6	2006/10/1
12.7.1-4-46	12.7.1	29.060.20	K13	DL 508—1993	交流（110-330）kV 自容式充油电缆及其附件订货技术规范			1993/3/11	1993/9/1
12.7.1-4-47	12.7.1	29.060.20	K13	DL 509—1993	交流110kV交联聚乙烯绝缘电缆及其附件订货技术规范			1993/3/11	1993/9/1
12.7.1-4-48	12.7.1	27.100	F29	DL/T 802.1—2007	电力电缆用导管技术条件　第1部分：总则			2007/7/20	2007/12/1
12.7.1-4-49	12.7.1			DL/T 802.2—2017	电力电缆用导管技术条件　第2部分：玻璃纤维增强塑料电缆导管	DL/T 802.2—2007		2017/8/2	2017/12/1
12.7.1-4-50	12.7.1	27.100	F29	DL/T 802.3—2007	电力电缆用导管技术条件　第3部分：氯化聚氯乙烯及硬聚氯乙烯塑料电缆导管			2007/7/20	2007/12/1
12.7.1-4-51	12.7.1	27.100	F29	DL/T 802.4—2007	电力电缆用导管技术条件　第4部分：氯化聚氯乙烯及硬聚氯乙烯塑料双壁波纹电缆导管			2007/7/20	2007/12/1

续表

序号	GW 分类	ICS 分类	GB 分类	标准号	中 文 名 称	代替标准	采用关系	发布日期	实施日期
12.7.1-4-52	12.7.1	27.100	F29	DL/T 802.5—2007	电力电缆用导管技术条件　第 5 部分：纤维水泥电缆导管			2007/7/20	2007/12/1
12.7.1-4-53	12.7.1	27.100	F29	DL/T 802.6—2007	电力电缆用导管技术条件　第 6 部分：承插式混凝土预制电缆导管			2007/7/20	2007/12/1
12.7.1-4-54	12.7.1	27.100	F29	DL/T 802.7—2010	电力电缆用导管技术条件　第 7 部分：非开挖用改性聚丙烯塑料电缆导管			2011/1/9	2011/5/1
12.7.1-4-55	12.7.1	27.100	F24	DL/T 802.8—2014	电力电缆用导管技术条件　第 8 部分：埋地用改性聚丙烯塑料单壁波纹电缆导管			2014/10/15	2015/3/1
12.7.1-4-56	12.7.1	13.220.20	C81	GA 306.1—2007	阻燃及耐火电缆：塑料绝缘阻燃及耐火电缆分级和要求　第 1 部分：阻燃电缆	GA 306.1—2001		2007/10/17	2007/12/1
12.7.1-4-57	12.7.1	13.220.20	K13	GA 306.2—2007	阻燃及耐火电缆：塑料绝缘阻燃及耐火电缆分级和要求　第 2 部分：耐火电缆	GA 306.2—2001		2007/10/17	2007/12/1

12.7.2　设备、材料-电缆-配电

序号	GW 分类	ICS 分类	GB 分类	标准号	中 文 名 称	代替标准	采用关系	发布日期	实施日期
12.7.2-2-1	12.7.2	29.240		Q/GDW 11251—2014	10kV 电缆分支箱选型技术原则和检测技术规范			2014/11/20	2014/11/20
12.7.2-2-2	12.7.2	29.240		Q/GDW 11258—2014	10kV 电缆及附件选型和检测技术规范			2014/11/20	2014/11/20
12.7.2-2-3	12.7.2	29.240		Q/GDW 1765—2012	光纤复合中压电缆			2013/11/12	2013/11/12
12.7.2-2-4	12.7.2	29.020		Q/GDW 522—2010	光纤复合低压电缆附件技术条件			2011/3/31	2011/3/31
12.7.2-3-5	12.7.2	29.060.20	K13	GB/T 12527—2008	额定电压 1kV 及以下架空绝缘电缆	GB 12527—1990		2008/6/30	2009/4/1
12.7.2-3-6	12.7.2	29.060.20	K13	GB/T 12706.1—2008	额定电压 1kV（U_m=1.2kV）到 35kV（U_m=40.5kV）挤包绝缘电力电缆及附件　第 1 部分：额定电压 1kV（U_m=1.2kV）和 3kV（U_m=3.6kV）电缆	GB/T 12706.1—2002		2008/12/31	2009/11/1
12.7.2-3-7	12.7.2	29.060.20	K13	GB/T 12706.2—2008	额定电压 1kV（U_m=1.2kV）到 35kV（U_m=40.5kV）挤包绝缘电力电缆及附件　第 2 部分：额定电压 6kV（U_m=7.2kV）到 30kV（U_m=36kV）电缆	GB/T 12706.2—2002		2008/12/31	2009/11/1
12.7.2-3-8	12.7.2	29.060.20	K13	GB/T 12706.3—2008	额定电压 1kV（U_m=1.2kV）到 35kV（U_m=40.5kV）挤包绝缘电力电缆及附件　第 3 部分：额定电压 35kV（U_m=40.5kV）电缆	GB/T 12706.3—2002		2008/12/31	2009/11/1

续表

序号	GW 分类	ICS 分类	GB 分类	标准号	中 文 名 称	代替标准	采用关系	发布日期	实施日期
12.7.2-3-9	12.7.2	29.060.20	K13	GB/T 12976.1—2008	额定电压 35kV（U_m=40.5kV）及以下纸绝缘电力电缆及其附件　第 1 部分：额定电压 30kV 及以下电缆一般规定和结构要求	GB/T 12976.1—1991；GB/T 12976.2—1991；GB/T 12976.3—1991	IEC 60055-2：1981 MOD	2008/6/30	2009/4/1
12.7.2-3-10	12.7.2	29.060.20	K13	GB/T 12976.2—2008	额定电压 35kV（U_m=40.5kV）及以下纸绝缘电力电缆及其附件　第 2 部分：额定电压 35kV 电缆一般规定和结构要求	GB/T 12976.1—1991；GB/T 12976.2—1991；GB/T 12976.3—1991	IEC 60055-2：1981 NEQ	2008/6/30	2009/4/1
12.7.2-3-11	12.7.2	29.060.20	K13	GB/T 12976.3—2008	额定电压 35kV（U_m=40.5kV）及以下纸绝缘电力电缆及其附件　第 3 部分：电缆和附件试验	GB/T 12976.1—1991；GB/T 12976.2—1991；GB/T 12976.3—1991	IEC 60055-1：2005 MOD	2008/6/30	2009/4/1
12.7.2-3-12	12.7.2	29.060.20	K13	GB/T 13033.1—2007	额定电压 750V 及以下矿物绝缘电缆及终端　第 1 部分：电缆	GB/T 13033.1—1991；GB/T 13033.3—1991	IEC 60702-1：2002 IDT	2007/1/16	2007/8/1
12.7.2-3-13	12.7.2	29.060.20	K13	GB/T 13033.2—2007	额定电压 750V 及以下矿物绝缘电缆及终端　第 2 部分：终端	GB/T 13033.2—1991	IEC 60702-2：2002 IDT	2007/1/16	2007/8/1
12.7.2-3-14	12.7.2	29.060.20	K13	GB/T 14049—2008	额定电压 10kV 架空绝缘电缆	GB 14049—1993		2008/6/30	2009/4/1
12.7.2-3-15	12.7.2	29.060.20	K13	GB/T 31840.1—2015	额定电压 1kV（U_m=1.2kV）到 35kV（U_m=40.5kV）铝合金芯挤包绝缘电力电缆　第 1 部分：额定电压 1kV（U_m=1.2kV）和 3kV（U_m=3.6kV）电缆			2015/7/3	2016/2/1
12.7.2-3-16	12.7.2	29.060.20	K13	GB/T 31840.2—2015	额定电压 1kV（U_m=1.2kV）到 35kV（U_m=0.5kV）铝合金芯挤包绝缘电力电缆　第 2 部分：额定电压 6kV（U_m=7.2kV）到 30kV（U_m=36kV）电缆			2015/7/3	2016/2/1
12.7.2-3-17	12.7.2	29.060.20	K13	GB/T 31840.3—2015	额定电压 1kV（U_m=1.2kV）到 35kV（U_m=0.5kV）铝合金芯挤包绝缘电力电缆　第 3 部分：额定电压 35kV（U_m=40.5kV）电缆			2015/7/3	2016/2/1
12.7.2-3-18	12.7.2	29.060.20	K13	GB/T 5013.1—2008	额定电压 450/750V 及以下橡皮绝缘电缆　第 1 部分：一般要求	GB 5013.1—1997	IEC60245-1：2003 IDT	2008/1/22	2008/9/1
12.7.2-3-19	12.7.2	29.060.20	K13	GB/T 5013.3—2008	额定电压 450/750V 及以下橡皮绝缘电缆　第 3 部分：耐热硅橡胶绝缘电缆	GB 5013.3—1997	IEC 60245-3：1994 IDT	2008/1/22	2008/9/1
12.7.2-3-20	12.7.2	29.060.20	K13	GB/T 5013.4—2008	额定电压 450/750V 及以下橡皮绝缘电缆　第 4 部分：软线和软电缆	GB 5013.4—1997	IEC 60245-4：2004 IDT	2008/1/22	2008/9/1
12.7.2-3-21	12.7.2	29.060.20	K13	GB/T 5013.5—2008	额定电压 450/750V 及以下橡皮绝缘电缆　第 5 部分：电梯电缆	GB 5013.5—1997	IEC 60245-5：1994 IDT	2008/1/22	2008/9/1

序号	GW 分类	ICS 分类	GB 分类	标准号	中 文 名 称	代替标准	采用关系	发布日期	实施日期
12.7.2-3-22	12.7.2	29.060.20	K13	GB/T 5013.6—2008	额定电压 450/750V 及以下橡皮绝缘电缆　第 6 部分：电焊机电缆	GB 5013.6—1997	IEC 60245-6：1994 IDT	2008/1/22	2008/9/1
12.7.2-3-23	12.7.2	29.060.20	K13	GB/T 5013.7—2008	额定电压 450/750V 及以下橡皮绝缘电缆　第 7 部分：耐热乙烯—乙酸乙烯酯橡皮绝缘电缆	GB 5013.7—1997	IEC 60245-7：1994 IDT	2008/1/22	2008/9/1
12.7.2-3-24	12.7.2	29.060.20	K13	GB/T 5013.8—2013	额定电压 450/750V 及以下橡皮绝缘电缆　第 8 部分：特软电线	GB/T 5013.8—2006	IEC 60245-8：2004 IDT	2013/7/19	2013/12/2
12.7.2-3-25	12.7.2	29.060.20	K13	GB/T 5023.1—2008	额定电压 450/750V 及以下聚氯乙烯绝缘电缆　第 1 部分：一般要求	GB 5023.1—1997；GB 5023.1 E—1997	IEC 60227-1：2007 IDT	2008/6/30	2009/5/1
12.7.2-3-26	12.7.2	29.060.20	K13	GB/T 5023.3—2008	额定电压 450/750V 及以下聚氯乙烯绝缘电缆　第 3 部分：固定布线用无护套电缆	GB 5023.3—1997；GB 5023.3 E—1997	IEC 60227-3：1997 IDT	2008/6/30	2009/5/1
12.7.2-3-27	12.7.2	29.060.20	K13	GB/T 5023.4—2008	额定电压 450/750V 及以下聚氯乙烯绝缘电缆　第 4 部分：固定布线用护套电缆	GB 5023.4—1997；GB 5023.4 E—1997	IEC 60227-4：1997 IDT	2008/6/30	2009/5/1
12.7.2-3-28	12.7.2	29.060.20	K13	GB/T 5023.5—2008	额定电压 450/750V 及以下聚氯乙烯绝缘电缆　第 5 部分：软电缆（软线）	GB 5023.5—1997；GB 5023.5 E—1997	IEC 60227-5：2003 IDT	2008/6/30	2009/5/1
12.7.2-3-29	12.7.2	29.060.20	K13	GB/T 5023.6—2006	额定电压 450/750V 及以下聚氯乙烯绝缘电缆　第 6 部分：电梯电缆和挠性连接用电缆	GB 5023.6—1997；GB 5023.6 E—1997	IEC 60227-6：2001 IDT	2006/4/30	2006/12/1
12.7.2-3-30	12.7.2	29.060.20	K13	GB/T 5023.7—2008	额定电压 450/750V 及以下聚氯乙烯绝缘电缆　第 7 部分：二芯或多芯屏蔽和非屏蔽软电缆	GB 5023.7—1997；GB 5023.7 E—1997	IEC 60227-7：2003 IDT	2008/6/30	2009/5/1
12.7.2-4-31	12.7.2	29.060.20	K13	JB/T 13484—2018	额定电压 0.6/1kV 氟塑料绝缘电力电缆			2018/4/30	2018/12/1
12.7.2-4-32	12.7.2	29.060.20	K13	JB/T 13485—2018	额定电压 450/750V 及以下氟塑料绝缘控制电缆			2018/4/30	2018/12/1

12.8　设备、材料-继电保护及安自装置

序号	GW 分类	ICS 分类	GB 分类	标准号	中 文 名 称	代替标准	采用关系	发布日期	实施日期
12.8-2-1	12.8	29.240		Q/GDW 10766—2015	10kV～110（66）kV 线路保护及辅助装置标准化设计规范			2016/12/15	2016/12/15
12.8-2-2	12.8	29.240		Q/GDW 10767—2015	10kV～110（66）kV 元件保护及辅助装置标准化设计规范			2016/12/15	2016/12/15
12.8-2-3	12.8			Q/GDW 10976—2017	电力系统动态记录装置技术规范	Q/GDW 1976—2013；Q/GDW 11050—2013		2018/9/26	2018/9/26
12.8-2-4	12.8	29.240		Q/GDW 11199—2014	分布式电源继电保护和安全自动装置通用技术条件			2014/10/1	2014/10/1
12.8-2-5	12.8	29.240		Q/GDW 11355—2014	高压直流系统保护装置标准化技术规范			2015/6/12	2015/6/12

续表

序号	GW 分类	ICS 分类	GB 分类	标准号	中 文 名 称	代替标准	采用关系	发布日期	实施日期
12.8-2-6	12.8	27.180		Q/GDW 11356—2015	电网安全自动装置标准化设计规范			2016/11/15	2016/11/15
12.8-2-7	12.8	27.180		Q/GDW 11487—2015	智能变电站模拟量输入式合并单元、智能终端标准化设计规范			2016/11/15	2016/11/15
12.8-2-8	12.8	29.240		Q/GDW 11661—2017	1000kV 继电保护及辅助装置标准化设计规范			2018/1/2	2018/1/2
12.8-2-9	12.8			Q/GDW 11731—2017	统一潮流控制器控制保护系统技术规范			2018/7/11	2018/7/11
12.8-2-10	12.8			Q/GDW 11767—2017	调相机变压器组保护技术规范			2018/9/26	2018/9/26
12.8-2-11	12.8			Q/GDW 11768—2017	35kV 及以下开关柜继电保护装置通用技术条件			2018/9/26	2018/9/26
12.8-2-12	12.8	29.240		Q/GDW 1426—2016	智能变电站合并单元技术规范	Q/GDW 426—2010		2016/11/9	2016/11/9
12.8-2-13	12.8	29.240		Q/GDW 1808—2012	智能变电站继电保护通用技术条件			2014/5/1	2014/5/1
12.8-2-14	12.8			Q/GDW 1902—2013	智能变电站 110kV 合并单元智能终端集成装置技术规范			2013/11/12	2013/11/12
12.8-2-15	12.8			Q/GDW 1920—2013	智能变电站 110kV 保护测控集成装置技术规范			2014/5/1	2014/5/1
12.8-2-16	12.8			Q/GDW 1921—2013	智能变电站 35kV 及以下保护测控计量多功能装置技术规范			2014/5/1	2014/5/1
12.8-2-17	12.8	29.240		Q/GDW 327—2009	1000kV 线路保护装置技术要求			2009/5/25	2009/5/25
12.8-2-18	12.8	29.020		Q/GDW 421—2010	电网安全稳定自动装置技术规范			2010/2/26	2010/2/26
12.8-2-19	12.8	29.020		Q/GDW 428—2010	智能变电站智能终端技术规范			2010/3/24	2010/3/24
12.8-2-20	12.8	29.240		Q/GDW 627—2011	换流站直流故障录波装置技术规范			2012/1/12	2012/1/12
12.8-3-21	12.8	29.120.50	F21	GB/T 14285—2006	继电保护和安全自动装置技术规程	GB 14285—1993； GB 14285 E—1993		2006/3/6	2006/11/1
12.8-3-22	12.8	29.120.70	L25	GB/T 14598.1—2002	电气继电器 第 23 部分：触点性能	GB/T 14598.1—1993	IEC 60255-23：1994 IDT	2002/12/4	2003/5/1
12.8-3-23	12.8	29.120.70	K45	GB/T 14598.27—2017	量度继电器和保护装置 第 27 部分：产品安全要求	GB/T 14598.27—2008	IEC 60255-27：2013 IDT	2017/11/1	2018/5/1
12.8-3-24	12.8	29.120.70	K45	GB/T 14598.121—2017	量度继电器和保护装置 第 121 部分：距离保护功能要求		IEC 60255-121：2014 IDT	2017/7/31	2018/2/1
12.8-3-25	12.8	29.240.30	K45	GB/T 14598.300—2017	变压器保护装置通用技术要求	GB/T 14598.300—2008		2017/12/29	2018/7/1
12.8-3-26	12.8	29.240.01	K45	GB/T 14598.301—2020	电力系统连续记录装置技术要求	GB/T 14598.301—2010		2020/6/2	2020/12/1
12.8-3-27	12.8	29.240.99	K45	GB/T 14598.303—2011	数字式电动机综合保护装置通用技术条件			2011/12/30	2012/6/1

序号	GW 分类	ICS 分类	GB 分类	标准号	中 文 名 称	代替标准	采用关系	发布日期	实施日期
12.8-3-28	12.8	29.240	K45	GB/T 15145—2017	输电线路保护装置通用技术条件	GB/T 15145—2008		2017/7/31	2018/2/1
12.8-3-29	12.8	29.240.01	K45	GB/T 22390.1—2008	高压直流输电系统控制与保护设备 第 1 部分：运行人员控制系统			2008/9/24	2009/8/1
12.8-3-30	12.8	29.240.01	K45	GB/T 22390.2—2008	高压直流输电系统控制与保护设备 第 2 部分：交直流系统站控设备			2008/9/24	2009/8/1
12.8-3-31	12.8	29.240.01	K45	GB/T 22390.3—2008	高压直流输电系统控制与保护设备 第 3 部分：直流系统极控设备			2008/9/24	2009/8/1
12.8-3-32	12.8	29.240.01	K45	GB/T 22390.4—2008	高压直流输电系统控制与保护设备 第 4 部分：直流系统保护设备			2008/9/24	2009/8/1
12.8-3-33	12.8	29.240.01	K45	GB/T 22390.5—2008	高压直流输电系统控制与保护设备 第 5 部分：直流线路故障定位装置			2008/9/24	2009/8/1
12.8-3-34	12.8	29.240.01	K45	GB/T 22390.6—2008	高压直流输电系统控制与保护设备 第 6 部分：换流站暂态故障录波装置			2008/9/24	2009/8/1
12.8-3-35	12.8	29.130.01	K30	GB/Z 25842.1—2010	低压开关设备和控制设备过电流保护电器 第 1 部分：短路定额的应用		IEC/TR 61912-1：2007 IDT	2010/12/23	2011/5/1
12.8-3-36	12.8	29.130.01	K30	GB/Z 25842.2—2012	低压开关设备和控制设备过电流保护电器 第 2 部分：过电流条件下的选择性		IEC/TR 61912-2：2009	2012/11/5	2013/2/1
12.8-3-37	12.8	29.240.99	K45	GB/T 29322—2012	1000kV 变压器保护装置技术要求			2012/12/31	2013/6/1
12.8-3-38	12.8	29.240.99	K45	GB/T 29323—2012	1000kV 断路器保护装置技术要求			2012/12/31	2013/6/1
12.8-3-39	12.8	29.240.99	K45	GB/Z 29327—2012	1000kV 电抗器保护装置技术要求			2012/12/31	2013/6/1
12.8-3-40	12.8	29.240	K45	GB/T 31236—2014	1000kV 线路保护装置技术要求			2014/9/30	2015/4/1
12.8-3-41	12.8	29.240	K45	GB/T 32897—2016	智能变电站多功能保护测控一体化装置通用技术条件			2016/8/29	2017/3/1
12.8-3-42	12.8	29.240	K45	GB/T 32901—2016	智能变电站继电保护通用技术条件			2016/8/29	2017/3/1
12.8-3-43	12.8	29.240.01	K45	GB/Z 34124—2017	智能保护测控设备技术规范			2017/7/31	2018/2/1
12.8-3-44	12.8	29.240	K45	GB/T 34125—2017	电力系统继电保护及安全自动装置户外柜通用技术条件			2017/7/31	2018/2/1
12.8-3-45	12.8	29.240	K45	GB/T 34126—2017	站域保护控制装置技术导则			2017/7/31	2018/2/1
12.8-3-46	12.8	29.240.01	K45	GB/T 35745—2017	柔性直流输电控制与保护设备技术要求			2017/12/29	2018/7/1
12.8-3-47	12.8	29.240.01	K45	GB/T 37762—2019	同步调相机组保护装置通用技术条件			2019/6/4	2020/1/1

续表

序号	GW 分类	ICS 分类	GB 分类	标准号	中 文 名 称	代替标准	采用关系	发布日期	实施日期
12.8-3-48	12.8	29.240.01	K45	GB/T 38922—2020	35kV 及以下标准化继电保护装置通用技术要求			2020/6/2	2020/12/1
12.8-3-49	12.8	29.240.01	K45	GB/T 38953—2020	微电网继电保护技术规定			2020/6/2	2020/12/1
12.8-3-50	12.8	31.240	k05	GB/T 7267—2015	电力系统二次回路保护及自动化机柜（屏）基本尺寸系列			2015/5/15	2015/12/1
12.8-3-51	12.8	31.240	k05	GB/T 7268—2015	电力系统保护及其自动化装置用插箱及插件面板基本尺寸系列			2015/5/15	2015/12/1
12.8-4-52	12.8			DL/T 1075—2016	保护测控装置技术条件	DL/T 1075—2007		2016/12/5	2017/5/1
12.8-4-53	12.8	29.120.50	K10	DL/T 1347—2014	交流滤波器保护装置通用技术条件			2014/10/15	2015/3/1
12.8-4-54	12.8	29.120.50	K10	DL/T 1349—2014	断路器保护装置通用技术条件			2014/10/15	2015/3/1
12.8-4-55	12.8	29.120.50	K10	DL/T 1350—2014	变电站故障解列装置通用技术条件			2014/10/15	2015/3/1
12.8-4-56	12.8	27.100	N22	DL/T 1405.2—2018	智能变电站的同步相量测量装置　第 2 部分：技术规范			2018/12/25	2019/5/1
12.8-4-57	12.8	29.240.01	F21	DL/T 1405.3—2018	智能变电站的同步相量测量装置　第 3 部分：检测规范			2018/12/25	2019/5/1
12.8-4-58	12.8	29.240.01	F21	DL/T 1913—2018	DL/T 860 变电站配置工具技术规范			2018/12/25	2019/5/1
12.8-4-59	12.8	29.240.01	F21	DL/T 1914—2018	DL/T 698.45 至 DL/T 860 的数据模型映射规范			2018/12/25	2019/5/1
12.8-4-60	12.8			DL/T 2016—2019	电力系统过频切机和过频解列装置通用技术条件			2019/6/4	2019/10/1
12.8-4-61	12.8	29.240.01	K40	DL/T 242—2012	高压并联电抗器保护装置通用技术条件			2012/4/6	2012/7/1
12.8-4-62	12.8	29.240.01	K43	DL/T 250—2012	并联补偿电容器保护装置通用技术条件			2012/4/6	2012/7/1
12.8-4-63	12.8			DL/T 252—2012	高压直流输电系统用换流变压器保护装置通用技术条件			2012/4/6	2012/7/1
12.8-4-64	12.8			DL/T 282—2018	合并单元技术条件	DL/T 282—2012		2018/12/25	2019/5/1
12.8-4-65	12.8	29.240	F20	DL/T 314—2010	电力系统低压减负荷和低压解列装置通用技术条件			2011/1/9	2011/5/1
12.8-4-66	12.8	29.240	F20	DL/T 315—2010	电力系统低频减负荷和低频解列装置通用技术条件			2011/1/9	2011/5/1
12.8-4-67	12.8	29.240	K45	DL/T 317—2010	继电保护设备标准化设计规范			2011/1/9	2011/5/1
12.8-4-68	12.8	27.100	K45	DL/T 478—2013	继电保护和安全自动装置通用技术条件	DL/T 478—2010		2013/3/7	2013/8/1

续表

序号	GW 分类	ICS 分类	GB 分类	标准号	中文名称	代替标准	采用关系	发布日期	实施日期
12.8-4-69	12.8	27.100	F21	DL/T 527—2013	继电保护及控制装置电源模块（模件）技术条件	DL/T 527—2002		2013/11/28	2014/4/1
12.8-4-70	12.8	29.240.30	K45	DL/T 624—2010	继电保护微机型试验装置技术条件	DL 624—1997		2011/1/9	2011/5/1
12.8-4-71	12.8	29.240.30	K45	DL/T 670—2010	母线保护装置通用技术条件	DL 670—1999		2011/1/9	2011/5/1
12.8-4-72	12.8	29.240.30	K45	DL/T 671—2010	发电机变压器组保护装置通用技术条件	DL 671—1999		2011/1/9	2011/5/1
12.8-4-73	12.8	29.240.30	F21	DL/T 688—1999	电力系统远方跳闸信号传输装置			2000/2/24	2000/7/1
12.8-4-74	12.8	29.130.10	K45	DL/T 720—2013	电力系统继电保护及安全自动装置柜（屏）通用技术条件	DL/T 720—2000		2013/11/28	2014/4/1
12.8-4-75	12.8	29.240.01	K45	DL/T 744—2012	电动机保护装置通用技术条件	DL/T 744—2001		2012/4/6	2012/7/1
12.8-4-76	12.8	27.100	K45	DL/T 770—2012	变压器保护装置通用技术条件	DL 770—2001		2012/4/6	2012/7/1
12.8-4-77	12.8	29.240	K45	DL/T 823—2017	反时限电流保护功能技术规范	DL/T 823—2002		2017/12/27	2018/6/1
12.8-4-78	12.8	97.120	K32	NB/T 10303—2019	电动机用过热过流保护器			2019/11/4	2020/5/1
12.8-4-79	12.8	29.240.21	K45	NB/T 42071—2016	保护和控制用智能单元设备通用技术条件			2016/8/16	2016/12/1
12.8-4-80	12.8	29.240.21	K45	NB/T 42076—2016	弧光保护装置选用导则			2016/8/16	2016/12/1
12.8-4-81	12.8	29.240.21	K45	NB/T 42165—2018	多端线路保护技术要求			2018/6/6	2018/10/1
12.8-4-82	12.8			NB/T 42166—2018	配电网电压时间型馈线保护控制技术规范			2018/6/6	2018/10/1
12.8-5-83	12.8	29.120.70	L25	IEC 60255-1：2009	测量继电器和保护设备　第 1 部分：共同要求	IEC 60255-1-0：1975；IEC 60255-6：1988；IEC 95/252/FDIS：2009		2009/8/1	2009/8/1
12.8-5-84	12.8	29.120.70	L25	IEC 60255-127：2010	测量继电器和保护设备　第 127 部分：过/欠电压保护的功能要求	IEC 95/254/CDV：2009		2010/4/1	2010/4/1
12.8-5-85	12.8	29.120.70	L25	IEC 60255-151：2009	测量继电器和保护设备　第 151 部分：过/欠电流保护的功能要求	IEC 60255-3：1989；IEC 95/255/FDIS：2009		2009/8/1	2009/8/1
12.8-5-86	12.8	29.120.70		IEEE C 37.90—2011	与电源设备配套的继电器和继电器系统	IEEE C 37.90—1989；IEEE C 37.90—2005		2011/3/31	2011/3/31

12.9　设备、材料-电力电子

序号	GW 分类	ICS 分类	GB 分类	标准号	中文名称	代替标准	采用关系	发布日期	实施日期
12.9-2-1	12.9			Q/GDW 10261—2017	特高压直流输电用晶闸管技术规范	Q/GDW 1261—2014		2018/9/12	2018/9/12
12.9-2-2	12.9	29.240		Q/GDW 10491—2016	特高压直流输电换流阀技术规范	Q/GDW 491—2010		2017/10/17	2017/10/17

续表

序号	GW 分类	ICS 分类	GB 分类	标准号	中文名称	代替标准	采用关系	发布日期	实施日期
12.9-2-3	12.9	29.240		Q/GDW 10663—2015	串联电容器补偿装置控制保护设备的基本技术条件	Q/GDW 663—2011		2016/12/8	2016/12/8
12.9-2-4	12.9	29.240		Q/GDW 11026—2013	串联谐振型故障电流限制器控制保护系统技术规范			2014/4/1	2014/4/1
12.9-2-5	12.9	29.240		Q/GDW 11587—2016	柔性输电用压接型绝缘栅双极晶体管（IGBT）器件的一般要求			2017/5/25	2017/5/25
12.9-2-6	12.9	29.240.30		Q/GDW 11596—2016	高压直流输电换流阀控制设备技术规范			2017/6/16	2017/6/16
12.9-2-7	12.9			Q/GDW 11730—2017	统一潮流控制器技术规范			2018/7/11	2018/7/11
12.9-2-8	12.9	29.240		Q/GDW 1241.1—2014	链式静止同步补偿器　第 1 部分：功能规范	Q/GDW 241.1—2008		2015/2/6	2015/2/6
12.9-2-9	12.9	29.240		Q/GDW 1241.2—2014	链式静止同步补偿器　第 2 部分：换流链试验	Q/GDW 241.2—2008		2015/2/6	2015/2/6
12.9-2-10	12.9	29.240		Q/GDW 1241.3—2014	链式静止同步补偿器　第 3 部分：控制保护监测系统	Q/GDW 241.3—2008		2015/2/6	2015/2/6
12.9-2-11	12.9	29.240		Q/GDW 1241.4—2014	链式静止同步补偿器　第 4 部分：现场试验	Q/GDW 241.4—2008		2015/2/6	2015/2/6
12.9-2-12	12.9	29.240		Q/GDW 1241.5—2014	链式静止同步补偿器　第 5 部分：运行维护规范	Q/GDW 241.5—2008		2015/2/6	2015/2/6
12.9-2-13	12.9	29.240		Q/GDW 1527—2015	高压直流输电换流阀冷却系统技术规范	Q/GDW 527—2010		2016/11/21	2016/11/21
12.9-2-14	12.9	29.020		Q/GDW 635—2011	直流融冰装置技术导则			2011/9/2	2011/9/2
12.9-2-15	12.9	29.020		Q/GDW 681—2011	动态电压恢复器技术规范			2012/1/12	2012/1/12
12.9-2-16	12.9	29.020		Q/GDW 682—2011	固态切换开关技术规范			2012/1/12	2012/1/12
12.9-3-17	12.9	29.160.30	K62	GB/T 12669—2012	半导体变流串级调速装置总技术条件	GB 12669—1990		2012/6/29	2012/11/1
12.9-3-18	12.9	29.200	K46	GB/T 13422—2013	半导体变流器电气试验方法	GB/T 13422—1992		2013/7/19	2013/12/2
12.9-3-19	12.9	31.080.20	K46	GB/T 15291—2015	半导体器件　第 6 部分：晶闸管		IEC 60747-6：2000	2015/12/31	2017/1/1
12.9-3-20	12.9	31.060.70	K42	GB/T 17702—2013	电力电子电容器	GB/T 17702.2—1999；GB/T 17702.1—1999	IEC 61071：2007 IDT	2013/2/7	2013/7/1
12.9-3-21	12.9	29.020	K04	GB/T 20298—2006	静止无功补偿装置（SVC）功能特性			2006/7/13	2007/1/1
12.9-3-22	12.9	31.080.20	K46	GB/T 20992—2007	高压直流输电用普通晶闸管的一般要求			2007/6/21	2008/2/1
12.9-3-23	12.9	29.200	K46	GB/T 29629—2013	静止无功补偿装置水冷却设备			2013/7/19	2013/12/2
12.9-3-24	12.9	29.200	K46	GB/Z 29630—2013	静止无功补偿装置系统设计和应用导则			2013/7/19	2013/12/2
12.9-3-25	12.9	29.200	K46	GB/T 30553—2014	基于电压源换流器的高压直流输电			2014/5/6	2014/10/28

续表

序号	GW 分类	ICS 分类	GB 分类	标准号	中文名称	代替标准	采用关系	发布日期	实施日期
12.9-3-26	12.9	29.240.99	K46	GB/T 31487.1—2015	直流融冰装置　第 1 部分：系统设计和应用导则			2015/5/15	2015/12/1
12.9-3-27	12.9	29.240.99	K46	GB/T 31487.2—2015	直流融冰装置　第 2 部分：晶闸管阀			2015/5/15	2015/12/1
12.9-3-28	12.9	29.240.99	K46	GB/T 31487.3—2015	直流融冰装置　第 3 部分：试验			2015/5/15	2015/12/1
12.9-3-29	12.9	29.200	K46	GB/T 32516—2016	超高压分级式可控并联电抗器晶闸管阀			2016/2/24	2016/9/1
12.9-3-30	12.9	27.180		GB/T 34120—2017	电化学储能系统储能变流器技术规范			2017/7/31	2018/2/1
12.9-3-31	12.9	27.180		GB/T 34131—2017	电化学储能电站用锂离子电池管理系统技术规范			2017/7/31	2018/2/1
12.9-3-32	12.9	29.200	K46	GB/T 34139—2017	柔性直流输电换流器技术规范			2017/7/31	2018/2/1
12.9-3-33	12.9	29.200	K46	GB/T 35702.1—2017	高压直流系统用电压源换流器阀损耗　第 1 部分：一般要求		IEC 62751-1：2014	2017/12/29	2018/7/1
12.9-3-34	12.9	29.200	K46	GB/T 35702.2—2017	高压直流系统用电压源换流器阀损耗　第 2 部分：模块化多电平换流器		IEC 62751-2：2014 IDT	2017/12/29	2018/7/1
12.9-3-35	12.9	29.200	K46	GB/T 36559—2018	高压直流输电用晶闸管阀			2018/7/13	2019/2/1
12.9-3-36	12.9	29.240.01	F21	GB/T 36955—2018	柔性直流输电用启动电阻技术规范			2018/12/28	2019/7/1
12.9-3-37	12.9	29.180	K41	GB/T 37008—2018	柔性直流输电用电抗器技术规范			2018/12/28	2019/7/1
12.9-3-38	12.9	29.200	K46	GB/T 37010—2018	柔性直流输电换流阀技术规范			2018/12/28	2019/7/1
12.9-3-39	12.9	29.180	K41	GB/T 37011—2018	柔性直流输电用变压器技术规范			2018/12/28	2019/7/1
12.9-3-40	12.9	29.240.01	F21	GB/T 37012—2018	柔性直流输电接地设备技术规范			2018/12/28	2019/7/1
12.9-3-41	12.9	31.080.30	K46	GB/T 37660—2019	柔性直流输电用电力电子器件技术规范			2019/6/4	2020/1/1
12.9-3-42	12.9	29.200	K46	GB/T 3859.1—2013	半导体变流器通用要求和电网换相变流器　第 1-1 部分：基本要求规范	GB/T 3859.1—1993	IEC 60146-1-1：2009 MOD	2013/7/19	2013/12/2
12.9-3-43	12.9	29.200	K46	GB/T 3859.2—2013	半导体变流器通用要求和电网换相变流器　第 1-2 部分：应用导则	GB/T 3859.2—1993		2013/7/19	2013/12/2
12.9-3-44	12.9	29.200	K46	GB/T 3859.3—2013	半导体变流器通用要求和电网换相变流器　第 1-3 部分：变压器和电抗器	GB/T 3859.3—1993		2013/7/19	2013/12/2
12.9-4-45	12.9	29.240.01	F21	DL/T 1010.1—2006	高压静止无功补偿装置　第 1 部分：系统设计			2006/9/14	2007/3/1
12.9-4-46	12.9	29.240.01	F21	DL/T 1010.2—2006	高压静止无功补偿装置　第 2 部分：晶闸管阀试验			2006/9/14	2007/3/1
12.9-4-47	12.9	29.240.01	F21	DL/T 1010.3—2006	高压静止无功补偿装置　第 3 部分：控制系统			2006/9/14	2007/3/1

续表

序号	GW 分类	ICS 分类	GB 分类	标准号	中 文 名 称	代替标准	采用关系	发布日期	实施日期
12.9-4-48	12.9	29.240.01	F21	DL/T 1010.4—2006	高压静止无功补偿装置　第 4 部分：现场试验			2006/9/14	2007/3/1
12.9-4-49	12.9	29.240.01	F21	DL/T 1010.5—2006	高压静止无功补偿装置　第 5 部分：密闭式水冷却装置			2006/9/14	2007/3/1
12.9-4-50	12.9	29.020	K93	DL/T 1215.1—2013	链式静止同步补偿器　第 1 部分：功能规范导则			2013/3/7	2013/8/1
12.9-4-51	12.9	29.020	K93	DL/T 1215.2—2013	链式静止同步补偿器　第 2 部分：换流链的试验			2013/3/7	2013/8/1
12.9-4-52	12.9	29.020	K93	DL/T 1215.3—2013	链式静止同步补偿器　第 3 部分：控制保护监测系统			2013/3/7	2013/8/1
12.9-4-53	12.9	29.020	K93	DL/T 1215.4—2013	链式静止同步补偿器　第 4 部分：现场试验			2013/3/7	2013/8/1
12.9-4-54	12.9	29.020	K93	DL/T 1215.5—2013	链式静止同步补偿器　第 5 部分：运行检修导则			2013/3/7	2013/8/1
12.9-4-55	12.9	29.180	K40	DL/T 1217—2013	磁控型可控并联电抗器技术规范			2013/3/7	2013/8/1
12.9-4-56	12.9	29.020	K93	DL/T 1218—2013	固定式直流融冰装置通用技术条件			2013/3/7	2013/8/1
12.9-4-57	12.9	29.240.01	K21	DL/T 1219—2013	串联电容器补偿装置设计导则			2013/3/7	2013/8/1
12.9-4-58	12.9	29.240.01	K42	DL/T 1220—2013	串联电容器补偿装置交接试验及验收规范			2013/3/7	2013/8/1
12.9-4-59	12.9	29.120.40	L22	DL/T 1226—2013	固态切换开关技术规范			2013/3/7	2013/8/1
12.9-4-60	12.9	29.240.01	F24	DL/T 1229—2013	动态电压恢复器技术规范			2013/3/7	2013/8/1
12.9-4-61	12.9	27.100	F29	DL/T 1295—2013	串联补偿装置用火花间隙			2013/11/28	2014/4/1
12.9-4-62	12.9	27.100	F29	DL/T 1296—2013	串联谐振型故障电流限制器技术规范			2013/11/28	2014/4/1
12.9-4-63	12.9			DL/T 1568—2016	换流阀现场试验导则			2016/2/5	2016/7/1
12.9-4-64	12.9			DL/T 1633—2016	紧凑型高压并联电容器装置技术规范			2016/12/5	2017/5/1
12.9-4-65	12.9			DL/T 1673—2016	换流变压器阀侧套管技术规范			2016/12/5	2017/5/1
12.9-4-66	12.9			DL/Z 1697—2017	柔性直流配电系统用电压源换流器技术导则			2017/3/28	2017/8/1
12.9-4-67	12.9	29.240.01	F20	DL/T 1796—2017	低压有源电力滤波器技术规范			2017/12/27	2018/6/1
12.9-4-68	12.9	27.140	F20	DL/T 1981.1—2019	统一潮流控制器　第 1 部分：功能规范			2019/6/4	2019/10/1
12.9-4-69	12.9			DL/T 5511—2016	直流融冰系统设计技术规程			2016/1/7	2016/6/1

序号	GW 分类	ICS 分类	GB 分类	标准号	中 文 名 称	代替标准	采用关系	发布日期	实施日期
12.9-4-70	12.9	27.100	K43	DL/T 781—2001	电力用高频开关整流模块			2001/10/8	2002/2/1
12.9-4-71	12.9	27.100	F29	DL/T 857—2004	发电厂、变电所蓄电池用整流逆变设备技术条件			2004/3/9	2004/6/1
12.9-4-72	12.9	29.240.99	K44	NB/T 10327—2019	低压有源三相不平衡调节装置			2019/12/30	2020/7/1
12.9-4-73	12.9	29.120.50	K30	NB/T 10331—2019	多功能换相切换开关			2019/12/30	2020/7/1
12.9-4-74	12.9	29.240.99	K44	NB/T 42043—2014	高压静止同步补偿装置			2014/10/15	2015/3/1
12.9-4-75	12.9	29.130.10	F44	NB/T 42100—2016	高压并联电容器组投切用固态复合开关			2016/12/5	2017/5/1
12.9-4-76	12.9			NB/T 42159—2018	三电平交流/直流双向变换器技术规范			2018/6/6	2018/10/1
12.9-4-77	12.9			NB/T 42160—2018	三电平直流/直流双向变换器技术规范			2018/6/6	2018/10/1

12.10 设备、材料-监测装置及仪表

序号	GW 分类	ICS 分类	GB 分类	标准号	中 文 名 称	代替标准	采用关系	发布日期	实施日期
12.10-2-1	12.10			Q/GDW 10427—2017	变电站测控装置技术规范	Q/GDW 427—2010		2018/9/26	2018/9/26
12.10-2-2	12.10	29.240		Q/GDW 10481—2016	局部放电检测装置校准规范	Q/GDW 481—2010		2017/7/28	2017/7/28
12.10-2-3	12.10			Q/GDW 10536—2017	变压器油中溶解气体在线监测装置技术规范	Q/GDW 536—2010； Q/GDW 540.2—2010		2018/9/30	2018/9/30
12.10-2-4	12.10	29.240		Q/GDW 10555—2016	输电线路舞动监测装置技术规范	Q/GDW 555—2010		2017/7/28	2017/7/28
12.10-2-5	12.10			Q/GDW 10556—2017	输电线路导线弧垂监测装置技术规范	Q/GDW 556—2010		2018/9/30	2018/9/30
12.10-2-6	12.10			Q/GDW 10557—2017	输电线路风偏监测装置技术规范	Q/GDW 557—2010		2018/9/30	2018/9/30
12.10-2-7	12.10			Q/GDW 10558—2017	输电线路现场污秽度监测装置技术规范	Q/GDW 558—2010		2018/9/30	2018/9/30
12.10-2-8	12.10	29.240		Q/GDW 10559—2016	输电线路杆塔倾斜监测装置技术规范	Q/GDW 559—2010		2017/7/28	2017/7/28
12.10-2-9	12.10	29.240		Q/GDW 10715—2016	智能变电站网络报文记录及分析装置技术规范	Q/GDW 715—2012		2017/7/31	2017/7/31
12.10-2-10	12.10	29.240		Q/GDW 10817—2018	电压监测仪检验规范	Q/GDW 1817—2013		2020/4/17	2020/4/17
12.10-2-11	12.10	29.240		Q/GDW 10819—2018	电压监测仪技术规范	Q/GDW 1819—2013		2020/4/17	2020/4/17
12.10-2-12	12.10	29.240		Q/GDW 11057—2018	变电设备在线监测系统站端监测单元技术规范	Q/GDW 11057—2013		2020/4/3	2020/4/3
12.10-2-13	12.10	29.240		Q/GDW 11058—2013	变电设备在线监测系统综合监测单元技术规范			2014/9/1	2014/9/1
12.10-2-14	12.10			Q/GDW 11061—2017	局部放电超声波检测仪技术规范	Q/GDW 11061—2013		2018/9/30	2018/9/30

序号	GW 分类	ICS 分类	GB 分类	标准号	中　文　名　称	代替标准	采用关系	发布日期	实施日期
12.10-2-15	12.10	29.240		Q/GDW 11063—2013	暂态地电压局部放电检测仪技术规范			2015/2/16	2015/2/16
12.10-2-16	12.10	29.240		Q/GDW 11224—2014	电力电缆局部放电带电检测设备技术规范			2014/12/1	2014/12/1
12.10-2-17	12.10	29.240		Q/GDW 11289—2014	剩余电流保护器防雷技术规范			2015/3/12	2015/3/12
12.10-2-18	12.10	29.240		Q/GDW 11304.11—2014	电力设备带电检测仪器技术规范　第 11 部分：SF_6气体湿度带电检测仪器技术规范			2015/2/26	2015/2/26
12.10-2-19	12.10	29.240		Q/GDW 11304.1—2015	电力设备带电检测仪器技术规范　第 1 部分：带电检测仪器通用技术规范			2016/11/21	2016/11/21
12.10-2-20	12.10	29.240		Q/GDW 11304.12—2014	电力设备带电检测仪器技术规范　第 12 部分：SF_6气体纯度带电检测仪器技术规范			2015/2/26	2015/2/26
12.10-2-21	12.10	29.240		Q/GDW 11304.13—2015	电力设备带电检测仪器技术规范　第 13 部分：SF_6气体分解产物带电检测仪技术规范			2015/11/7	2015/11/7
12.10-2-22	12.10	29.240		Q/GDW 11304.15—2015	电力设备带电检测仪器技术规范　第 15 部分：SF_6气体泄漏红外成像法带电检测仪器技术规范			2016/11/21	2016/11/21
12.10-2-23	12.10	29.240		Q/GDW 11304.17—2014	电力设备带电检测仪器技术规范　第 17 部分：高压开关机械特性检测仪器技术规范			2015/2/26	2015/2/26
12.10-2-24	12.10	29.240		Q/GDW 11304.18—2015	电力设备带电检测仪器技术规范　第 18 部分：开关设备分合闸线圈电流波形带电检测仪器技术规范			2016/11/21	2016/11/21
12.10-2-25	12.10	29.240		Q/GDW 11304.2—2015	电力设备带电检测仪器技术规范　第 2 部分：电气设备检测用红外热像仪技术规范			2016/11/21	2016/11/21
12.10-2-26	12.10	29.240		Q/GDW 11304.3—2015	电力设备带电检测仪器技术规范　第 3 部分：紫外成像仪技术规范			2016/11/21	2016/11/21
12.10-2-27	12.10	29.240		Q/GDW 11304.41—2015	电力设备带电检测仪器技术规范　第 4-1 部分：油中溶解气体分析带电检测仪器技术规范（气相色谱法）			2016/11/21	2016/11/21
12.10-2-28	12.10	29.240		Q/GDW 11304.42—2015	电力设备带电检测仪器技术规范　第 4-2 部分：油中溶解气体分析带电检测仪器技术规范（光声光谱法）			2016/11/21	2016/11/21
12.10-2-29	12.10	29.240		Q/GDW 11304.5—2015	电力设备带电检测仪器技术规范　第 5 部分：高频法局部放电带电检测仪器技术规范			2015/11/7	2015/11/7

续表

序号	GW 分类	ICS 分类	GB 分类	标准号	中　文　名　称	代替标准	采用关系	发布日期	实施日期
12.10-2-30	12.10	29.240		Q/GDW 11304.7—2015	电力设备带电检测仪器技术规范　第 7 部分：电容型设备绝缘带电检测仪器技术规范			2016/11/21	2016/11/21
12.10-2-31	12.10	29.240		Q/GDW 11304.8—2015	电力设备带电检测仪器技术规范　第 8 部分：特高频法局部放电带电检测仪器技术规范			2016/11/21	2016/11/21
12.10-2-32	12.10	29.240		Q/GDW 11311—2014	气体绝缘金属封闭开关设备特高频法局部放电在线监测装置技术规范			2015/2/26	2015/2/26
12.10-2-33	12.10	29.240		Q/GDW 11315—2014	输电线路山火卫星监测系统通用技术规范			2015/2/26	2015/2/26
12.10-2-34	12.10	29.240		Q/GDW 11448—2015	架空输电线路状态监测装置安装调试与验收规范			2016/7/29	2016/7/29
12.10-2-35	12.10	29.240		Q/GDW 11449—2015	输电线路状态监测装置试验方法			2016/7/29	2016/7/29
12.10-2-36	12.10	29.240		Q/GDW 11455—2015	电力电缆及通道在线监测装置技术规范			2016/7/29	2016/7/29
12.10-2-37	12.10	29.240		Q/GDW 11478—2015	变电设备光纤温度在线监测装置技术规范			2016/9/30	2016/9/30
12.10-2-38	12.10	29.240		Q/GDW 11479—2015	变电站微气象在线监测装置技术规范			2016/9/30	2016/9/30
12.10-2-39	12.10	29.240		Q/GDW 11509—2015	变电站辅助监控系统技术及接口规范			2016/12/8	2016/12/8
12.10-2-40	12.10	25.040.30		Q/GDW 11513.1—2016	变电站智能机器人巡检系统技术规范　第 1 部分：变电站智能巡检机器人			2016/11/25	2016/11/25
12.10-2-41	12.10	25.040.30		Q/GDW 11513.2—2016	变电站智能机器人巡检系统技术规范　第 2 部分：监控系统			2016/11/25	2016/11/25
12.10-2-42	12.10	29.240		Q/GDW 11520—2016	电容式电压互感器设备绝缘在线监测装置技术规范			2016/11/25	2016/11/25
12.10-2-43	12.10	29.240		Q/GDW 11556—2016	电容式套管绝缘在线监测装置技术规范			2017/3/24	2017/3/24
12.10-2-44	12.10	29.240		Q/GDW 11557—2016	断路器和气体绝缘金属封闭开关设备六氟化硫气体压力及水分在线监测装置　技术规范			2017/3/24	2017/3/24
12.10-2-45	12.10	29.240.99		Q/GDW 11642—2016	高压电缆接头内置式导体测温装置　技术规范			2017/7/28	2017/7/28
12.10-2-46	12.10	29.240		Q/GDW 11645—2016	变压器特高频局部放电在线监测装置技术规范			2017/7/28	2017/7/28
12.10-2-47	12.10	29.240		Q/GDW 11648—2016	无线高压核相器技术条件			2017/10/17	2017/10/17
12.10-2-48	12.10	29.240		Q/GDW 11660—2016	输电线路分布式故障监测装置技术规范			2017/10/9	2017/10/9
12.10-2-49	12.10			Q/GDW 11787—2017	电容型设备绝缘在线监测装置技术规范			2018/9/30	2018/9/30

续表

序号	GW 分类	ICS 分类	GB 分类	标准号	中文名称	代替标准	采用关系	发布日期	实施日期
12.10-2-50	12.10	29.240		Q/GDW 11814—2018	暂态录波型故障指示器技术规范			2019/3/8	2019/3/8
12.10-2-51	12.10	29.240		Q/GDW 1242—2015	输电线路状态监测装置通用技术规范	Q/GDW 242—2010		2016/7/29	2016/7/29
12.10-2-52	12.10	29.240		Q/GDW 1243—2015	输电线路气象监测装置技术规范	Q/GDW 243—2010		2016/7/29	2016/7/29
12.10-2-53	12.10	29.240		Q/GDW 1244—2015	输电线路导线温度监测装置技术规范	Q/GDW 244—2010		2016/7/29	2016/7/29
12.10-2-54	12.10			Q/GDW 141—2006	输电线路行波故障测距装置技术条件			2006/9/26	2006/9/26
12.10-2-55	12.10	29.240		Q/GDW 1535—2015	变电设备在线监测装置通用技术规范	Q/GDW 535—2010		2015/11/7	2015/11/7
12.10-2-56	12.10	29.240		Q/GDW 1537—2015	金属氧化物避雷器绝缘在线监测装置技术规范	Q/GDW 537—2010		2015/11/7	2015/11/7
12.10-2-57	12.10	29.240		Q/GDW 1554—2015	输电线路等值覆冰厚度监测装置技术规范	Q/GDW 554—2010		2016/7/29	2016/7/29
12.10-2-58	12.10	29.240		Q/GDW 1560.1—2014	输电线路图像监控装置技术规范　第 1 部分：图像监控装置	Q/GDW 560—2010		2015/2/26	2015/2/26
12.10-2-59	12.10	29.240		Q/GDW 1560.2—2014	输电线路图像监控装置技术规范　第 2 部分：视频监控装置	Q/GDW 560—2010		2015/2/26	2015/2/26
12.10-2-60	12.10			Q/GDW 1802—2012	电力能效监测系统信息集中与交换终端技术规范			2014/1/17	2014/1/17
12.10-2-61	12.10			Q/GDW 1814—2013	电力电缆线路分布式光纤测温系统技术规范			2013/3/14	2013/3/14
12.10-2-62	12.10			Q/GDW 1842—2012	智能变电站状态监测系统技术导则			2014/5/1	2014/5/1
12.10-2-63	12.10			Q/GDW 1843—2012	智能变电站状态监测系统站内接口规范			2014/5/1	2014/5/1
12.10-2-64	12.10			Q/GDW 1844—2012	智能变电站的同步相量测量装置技术规范			2014/5/1	2014/5/1
12.10-2-65	12.10	29.240		Q/GDW 1876—2013	多功能测控装置技术规范			2013/11/12	2013/11/12
12.10-2-66	12.10	29.240		Q/GDW 1894—2013	变压器铁心接地电流在线监测装置技术规范			2014/1/10	2014/1/10
12.10-2-67	12.10	29.240		Q/GDW 1897—2013	互感器校验仪通信协议			2014/1/10	2014/1/10
12.10-2-68	12.10	29.240		Q/GDW 1901.1—2013	电力直流电源系统用测试设备通用技术条件　第 1 部分：蓄电池电压巡检仪			2014/3/13	2014/3/13
12.10-2-69	12.10	29.240		Q/GDW 1901.2—2013	电力直流电源系统用测试设备通用技术条件　第 2 部分：蓄电池容量放电测试仪			2014/3/13	2014/3/13
12.10-2-70	12.10	29.240		Q/GDW 1901.3—2013	电力直流电源系统用测试设备通用技术条件　第 3 部分：充电装置特性测试系统			2014/3/13	2014/3/13
12.10-2-71	12.10	29.240		Q/GDW 1901.4—2013	电力直流电源系统用测试设备通用技术条件　第 4 部分：直流断路器动作特性测试			2014/3/13	2014/3/13

续表

序号	GW 分类	ICS 分类	GB 分类	标准号	中　文　名　称	代替标准	采用关系	发布日期	实施日期
12.10-2-72	12.10	29.240		Q/GDW 1901.5—2013	电力直流电源系统用测试设备通用技术条件　第 5 部分：蓄电池内阻测试仪			2014/3/13	2014/3/13
12.10-2-73	12.10	29.240		Q/GDW 1901.6—2013	电力直流电源系统用测试设备通用技术条件　第 6 部分：便携式接地巡测仪			2014/3/13	2014/3/13
12.10-2-74	12.10	29.240		Q/GDW 1901.7—2013	电力直流电源系统用测试设备通用技术条件　第 7 部分：蓄电池单体活化仪			2014/3/13	2014/3/13
12.10-2-75	12.10			Q/GDW 1913—2013	1000kV 特高压交流非接触式验电器			2014/4/15	2014/4/15
12.10-2-76	12.10	29.240		Q/GDW 1969—2013	变电站直流系统绝缘监测装置技术规范			2014/3/13	2014/3/13
12.10-2-77	12.10			Q/GDW 245—2008	架空输电线路在线监测系统通用技术条件			2008/4/13	2009/7/1
12.10-2-78	12.10	29.020		Q/GDW 482—2010	绝缘电阻表端电压测量电压表检定规程			2010/8/24	2010/8/24
12.10-2-79	12.10	29.020		Q/GDW 534—2010	变电设备在线监测系统技术导则			2011/4/28	2011/4/28
12.10-3-80	12.10	29.020		Q/GDW 540.3—2010	变电设备在线监测装置检验规范　第 3 部分：电容型设备及金属氧化物避雷器绝缘在线监测装置			2011/1/28	2011/1/28
12.10-3-81	12.10	29.240		Q/GDW 561—2010	输变电设备状态监测系统技术导则			2010/12/27	2010/12/27
12.10-3-82	12.10			Q/GDW 562—2010	输变电状态监测主站系统数据通信协议（输电部分）			2010/12/27	2010/12/27
12.10-2-83	12.10			Q/GDW 563—2010	输电线路状态监测代理技术规范			2010/12/27	2010/12/27
12.10-2-84	12.10	29.240		Q/GDW 629—2011	换流站直流主设备非电量保护技术规范			2012/1/12	2012/1/12
12.10-2-85	12.10	29.020		Q/GDW 732—2012	电网快速暂态电压记录系统技术条件			2012/3/30	2012/3/30
12.10-3-86	12.10	29.240		Q/GDW 749—2012	变电站设备状态接入控制器技术规范			2012/6/21	2012/6/21
12.10-3-87	12.10	17.100	N11	GB/T 1226—2017	一般压力表	GB/T 1226—2010		2017/12/29	2018/7/1
12.10-3-88	12.10	17.100	N11	GB/T 1227—2017	精密压力表	GB/T 1227—2010		2017/12/29	2018/7/1
12.10-3-89	12.10	25.040.40	N10	GB/T 13283—2008	工业过程测量和控制用检测仪表和显示仪表精确度等级	GB/T 13283—1991		2008/6/30	2009/1/1
12.10-3-90	12.10	33.180.30	M15	GB/T 14760—1993	光缆通信系统传输性能测试方法			1993/12/3	1994/8/1
12.10-3-91	12.10	17.220.20	N23	GB/T 14913—2008	直流数字电压表及直流模数转换器	GB/T 14913—1994		2008/8/6	2009/3/1
12.10-3-92	12.10	17.220.20	N22	GB/T 17215.911—2011	电测量设备可信性　第 11 部分：一般概念			2011/7/29	2011/12/1

续表

序号	GW 分类	ICS 分类	GB 分类	标准号	中　文　名　称	代替标准	采用关系	发布日期	实施日期
12.10-3-93	12.10	17.220.20	N22	GB/T 17215.211—2006	交流电测量设备-通用要求、试验和试验条件　第 11 部分：测量设备			2006/3/14	2006/10/1
12.10-3-94	12.10	17.220.20	N22	GB/T 17215.304—2017	交流电测量设备　特殊要求　第 4 部分：经电子互感器接入的静止式电能表			2017/7/31	2018/2/1
12.10-3-95	12.10	17.220.20	N22	GB/T 17215.324—2017	交流电测量设备　特殊要求　第 24 部分：静止式基波频率无功电能表（0.5S 级，1S 级和 1 级）			2017/5/12	2017/12/1
12.10-3-96	12.10	29.260.20	K35	GB/T 20936.1—2017	爆炸性环境用气体探测器　第 1 部分：可燃气体探测器性能要求	GB 20936.1—2007；GB 20936.2—2009；GB/T 20936.3—2009；GB 20936.4—2008	IEC 60079-29-1：2007	2017/12/29	2018/7/1
12.10-3-97	12.10	29.240.20	F23	GB/T 25095—2010	架空输电线路运行状态监测系统			2010/9/2	2011/2/1
12.10-3-98	12.10	19.020	N08	GB/T 25480—2010	仪器仪表运输、贮存基本环境条件及试验方法			2010/12/1	2011/5/1
12.10-3-99	12.10	29.180	K41	GB/T 26216.1—2019	高压直流输电系统直流电流测量装置　第 1 部分：电子式直流电流测量装置	GB/T 26216.1—2010		2019/12/10	2020/7/1
12.10-3-100	12.10	29.180	K41	GB/T 26216.2—2019	高压直流输电系统直流电流测量装置　第 2 部分：电磁式直流电流测量装置	GB/T 26216.2—2010		2019/12/10	2020/7/1
12.10-3-101	12.10	29.180	K41	GB/T 26217—2019	高压直流输电系统直流电压测量装置	GB/T 26217—2010		2019/12/10	2020/7/1
12.10-3-102	12.10	17.020	N10	GB/T 26325—2010	控制技术测量仪表的命名规则			2011/1/14	2011/6/1
12.10-3-103	12.10	17.180.99	N52	GB/T 26792—2019	高效液相色谱仪			2019/10/18	2020/5/1
12.10-3-104	12.10	17.220.20	N25；A55	GB/T 28030—2011	接地导通电阻测试仪			2011/10/31	2012/2/1
12.10-3-105	12.10	17.120.10	N12	GB/T 28848—2012	智能气体流量计			2012/11/5	2013/2/15
12.10-3-106	12.10		N22	GB/T 28879—2012	电工仪器仪表产品型号编制方法			2012/11/5	2013/2/15
12.10-3-107	12.10	17.220.20	N20	GB/T 32192—2015	耐电压测试仪			2015/12/10	2016/7/1
12.10-3-108	12.10	25.040.40	N10	GB/T 34036—2017	智能记录仪表通用技术条件			2017/7/31	2018/2/1
12.10-3-109	12.10	29.240.20	K40	GB/T 35697—2017	架空输电线路在线监测装置通用技术规范			2017/12/29	2018/7/1
12.10-3-110	12.10	29.240.01	K45	GB/T 35791—2017	中性点非有效接地系统单相接地故障行波选线装置技术要求			2017/12/29	2018/7/1
12.10-3-111	12.10	29.240.01	F21	GB/T 37546—2019	无人值守变电站监控系统技术规范			2019/6/4	2020/1/1
12.10-3-112	12.10	29.240.01	K45	GB/T 37763—2019	CT 自供电保护装置技术规范			2019/6/4	2020/1/1

序号	GW 分类	ICS 分类	GB 分类	标准号	中 文 名 称	代替标准	采用关系	发布日期	实施日期
12.10-4-113	12.10	17.140.50	N65	GB/T 3785.1—2010	电声学声级计 第 1 部分：规范	GB 3785—1983（部分）；GB 17181—1997（部分）		2010/9/2	2011/4/1
12.10-4-114	12.10	17.220.20	N28	GB/T 3928—2008	直流电阻分压箱	GB/T 3928—1983		2008/8/6	2009/3/1
12.10-4-115	12.10	19.080	N25	GB/T 3929—1983	标准电池			1983/11/8	1984/6/1
12.10-4-116	12.10	17.220.20	N25	GB/T 3930—2008	测量电阻用直流电桥	GB 3930—1983		2008/8/19	2009/3/1
12.10-4-117	12.10	29.240.20	K47	DL/T 1006—2006	架空输电线路巡检系统			2006/9/14	2007/3/1
12.10-4-118	12.10			DL/T 1016—2019	电容式引张线仪	DL/T 1016—2006		2019/11/4	2020/5/1
12.10-4-119	12.10			DL/T 1017—2019	电容式位移计	DL/T 1017—2006		2019/11/4	2020/5/1
12.10-4-120	12.10			DL/T 1018—2019	电容式测缝计	DL/T 1018—2006		2019/11/4	2020/5/1
12.10-4-121	12.10			DL/T 1019—2019	电容式垂线坐标仪	DL/T 1019—2006		2019/11/4	2020/5/1
12.10-4-122	12.10			DL/T 1020—2019	电容式静力水准仪	DL/T 1020—2006		2019/11/4	2020/5/1
12.10-4-123	12.10			DL/T 1021—2019	电容式量水堰水位计	DL/T 1021—2006		2019/11/4	2020/5/1
12.10-4-124	12.10	27.140	P55	DL/T 1043—2007	钢弦式测缝计			2007/7/20	2007/12/1
12.10-4-125	12.10	27.140	P55	DL/T 1044—2007	钢弦式应变计			2007/7/20	2007/12/1
12.10-4-126	12.10	27.140	P55	DL/T 1045—2007	钢弦式孔隙水压力计			2007/7/20	2007/12/1
12.10-4-127	12.10	27.140	P55	DL/T 1046—2007	引张线式水平位移计			2007/7/20	2007/12/1
12.10-4-128	12.10	27.140	P55	DL/T 1047—2007	水管式沉降仪			2007/7/20	2007/12/1
12.10-4-129	12.10	27.120.20	N31	DL/T 1061—2007	光电式（CCD）垂线坐标仪			2007/7/20	2007/12/1
12.10-4-130	12.10	27.120.20	N31	DL/T 1062—2007	光电式（CCD）引张线仪			2007/7/20	2007/12/1
12.10-4-131	12.10	17.220	N93	DL/T 1063—2007	差动电阻式位移计			2007/7/20	2007/12/1
12.10-4-132	12.10	17.220	N93	DL/T 1064—2007	差动电阻式锚索测力计			2007/7/20	2007/12/1
12.10-4-133	12.10	17.220	N93	DL/T 1065—2007	差动电阻式锚杆应力计			2007/7/20	2007/12/1
12.10-4-134	12.10	27.140	P59	DL/T 1104—2009	电位器式仪器测量仪			2009/7/1	2009/12/1
12.10-4-135	12.10	29.240	F20	DL/T 1119—2010	输电线路工频参数测试仪通用技术条件			2011/1/9	2011/5/1
12.10-4-136	12.10	29.020	F20	DL/T 1140—2012	电气设备六氟化硫激光检漏仪通用技术条件			2012/1/4	2012/3/1
12.10-4-137	12.10	27.100	F29	DL/T 1258—2013	互感器校验仪通用技术条件			2013/11/28	2014/4/1

续表

序号	GW 分类	ICS 分类	GB 分类	标准号	中 文 名 称	代替标准	采用关系	发布日期	实施日期
12.10-4-138	12.10	27.100	F29	DL/T 1305—2013	变压器油介损测试仪通用技术条件			2013/11/28	2014/4/1
12.10-4-139	12.10			DL/T 1351—2014	电力系统暂态过电压在线测量及记录系统技术导则			2014/10/15	2015/3/1
12.10-4-140	12.10	27.100	F24	DL/T 1394—2014	电子式电流、电压互感器校验仪技术条件			2014/10/15	2015/3/1
12.10-4-141	12.10	27.100	F24	DL/T 1397.1—2014	电力直流电源系统用测试设备通用技术条件　第 1 部分：蓄电池电压巡检仪			2014/10/15	2015/3/1
12.10-4-142	12.10	27.100	F24	DL/T 1397.2—2014	电力直流电源系统用测试设备通用技术条件　第 2 部分：蓄电池容量放电测试仪			2014/10/15	2015/3/1
12.10-4-143	12.10	27.100	F24	DL/T 1397.3—2014	电力直流电源系统用测试设备通用技术条件　第 3 部分：充电装置特性测试系统			2014/10/15	2015/3/1
12.10-4-144	12.10	27.100	F24	DL/T 1397.4—2014	电力直流电源系统用测试设备通用技术条件　第 4 部分：直流断路器动作特性测试系统			2014/10/15	2015/3/1
12.10-4-145	12.10	27.100	F24	DL/T 1397.5—2014	电力直流电源系统用测试设备通用技术条件　第 5 部分：蓄电池内阻测试仪			2014/10/15	2015/3/1
12.10-4-146	12.10	27.100	F24	DL/T 1397.7—2014	电力直流电源系统用测试设备通用技术条件　第 7 部分：蓄电池单体活化仪			2014/10/15	2015/3/1
12.10-4-147	12.10			DL/T 1399.1—2014	电力试验/检测车　第 1 部分：通用技术			2014/10/15	2015/3/1
12.10-4-148	12.10			DL/T 1399.2—2016	电力试验/检测车　第 2 部分：电力互感器检测车			2016/12/5	2017/5/1
12.10-4-149	12.10			DL/T 1432.2—2016	变电设备在线监测装置检验规范　第 2 部分：变压器油中溶解气体在线监测装置			2016/1/7	2016/6/1
12.10-4-150	12.10			DL/T 1432.3—2016	变电设备在线监测装置检验规范　第 3 部分：电容型设备及金属氧化物避雷器绝缘在线监测装置			2016/1/7	2016/6/1
12.10-4-151	12.10			DL/T 1432.5—2019	变电设备在线监测装置检验规范　第 5 部分：变压器铁心接地电流在线监测装置			2019/11/4	2020/5/1
12.10-4-152	12.10			DL/T 1498.1—2016	变电设备在线监测装置技术规范　第 1 部分：通则			2016/1/7	2016/6/1
12.10-4-153	12.10			DL/T 1498.2—2016	变电设备在线监测装置技术规范　第 2 部分：变压器油中溶解气体在线监测装置			2016/1/7	2016/6/1

续表

序号	GW 分类	ICS 分类	GB 分类	标准号	中 文 名 称	代替标准	采用关系	发布日期	实施日期
12.10-4-154	12.10			DL/T 1498.3—2016	变电设备在线监测装置技术规范 第 3 部分：电容型设备及金属氧化物避雷器绝缘在线监测装置			2016/1/7	2016/6/1
12.10-4-155	12.10			DL/T 1498.5—2019	变电设备在线监测装置技术规范 第 5 部分：变压器铁心接地电流在线监测装置			2019/11/4	2020/5/1
12.10-4-156	12.10			DL/T 1506—2016	高压交流电缆在线监测系统通用技术规范			2016/1/7	2016/6/1
12.10-4-157	12.10			DL/T 1512—2016	变电站测控装置技术规范			2016/1/7	2016/6/1
12.10-4-158	12.10			DL/T 1516—2016	相对介损及电容测试仪通用技术条件			2016/1/7	2016/6/1
12.10-4-159	12.10			DL/T 1610—2016	变电站机器人巡检系统通用技术条件			2016/8/16	2016/12/1
12.10-4-160	12.10	29.240	K45	DL/T 1778—2017	柔性直流保护和控制设备技术条件			2017/12/27	2018/6/1
12.10-4-161	12.10	29.240.01	F20	DL/T 1779—2017	高压电气设备电晕放电检测用紫外成像仪技术条件			2017/12/27	2018/6/1
12.10-4-162	12.10	31.060.01	L11	DL/T 1787—2017	相对介损及电容检测仪校准规范			2017/12/27	2018/6/1
12.10-4-163	12.10	29.240.01	F20	DL/T 1790—2017	变压器现场局部放电测量用电源装置通用技术条件			2017/12/27	2018/6/1
12.10-4-164	12.10			DL/T 1791—2017	电力巡检用头戴式红外成像测温仪技术规范			2017/12/27	2018/6/1
12.10-4-165	12.10	29.240	F20	DL/T 1846—2018	变电站机器人巡检系统验收规范			2018/4/3	2018/7/1
12.10-4-166	12.10			DL/T 1890—2018	智能变电站状态监测系统站内接口规范			2018/12/25	2019/5/1
12.10-4-167	12.10			DL/T 1893—2018	变电站辅助监控系统技术及接口规范			2018/12/25	2019/5/1
12.10-4-168	12.10	03.120.10	A00	DL/T 1900—2018	智能变电站网络记录分析装置技术规范			2018/12/25	2019/5/1
12.10-4-169	12.10			DL/T 1923—2018	架空输电线路机器人巡检系统通用技术条件			2018/12/25	2019/5/1
12.10-4-170	12.10			DL/T 1951—2018	变压器绕组变形测试仪通用技术条件			2018/12/25	2019/5/1
12.10-4-171	12.10			DL/T 1952—2018	变压器绕组变形测试仪校准规范			2018/12/25	2019/5/1
12.10-4-172	12.10	29.240	F20	DL/T 1953—2018	电容电流测试仪通用技术条件			2018/12/25	2019/5/1
12.10-4-173	12.10	29.240	F20	DL/T 1955—2018	计量用合并单元测试仪通用技术条件			2018/12/25	2019/5/1
12.10-4-174	12.10	29.240	f20	DL/T 1956—2018	绝缘管型母线运行监测系统通用技术条件			2018/12/25	2019/5/1
12.10-4-175	12.10			DL/T 2004—2019	直流电流互感器使用技术条件			2019/6/4	2019/10/1

续表

序号	GW 分类	ICS 分类	GB 分类	标准号	中 文 名 称	代替标准	采用关系	发布日期	实施日期
12.10-4-176	12.10			DL/T 2005—2019	直流电压互感器使用技术条件			2019/6/4	2019/10/1
12.10-4-177	12.10			DL/T 2150—2020	变电设备运行温度监测装置技术规范			2020/10/23	2021/2/1
12.10-4-178	12.10	27.100	F20	DL/Z 249—2012	变压器油中溶解气体在线监测装置选用导则			2012/4/6	2012/7/1
12.10-4-179	12.10	27.140	P59	DL/T 326—2010	步进式引张线仪			2011/1/9	2011/5/1
12.10-4-180	12.10	27.140	P59	DL/T 328—2010	真空激光准直位移测量装置			2011/1/9	2011/5/1
12.10-4-181	12.10			DL/T 357—2019	输电线路行波故障测距装置技术条件	DL/T 357—2010		2019/6/4	2019/10/1
12.10-4-182	12.10			DL/T 411—2018	电力大屏幕显示系统通用技术条件	DL/T 411—1991； DL/T 631—1997； DL/T 632—1997		2018/12/25	2019/5/1
12.10-4-183	12.10	29.240.01	F20	DL/T 500—2017	电压监测仪使用技术条件	DL/T 500—2009		2017/12/27	2018/6/1
12.10-4-184	12.10	29.240.10	P62	DL/T 5149—2001	220kV～500kV 变电所计算机监控系统设计技术规程	DLGJ 107—1992		2001/12/26	2002/5/1
12.10-4-185	12.10			DL/T 740—2014	电容型验电器	DL 740—2000		2014/3/18	2014/8/1
12.10-4-186	12.10			DL/T 845.1—2019	电阻测量装置通用技术条件　第 1 部分：电子式绝缘电阻表	DL/T 845.1—2004		2019/11/4	2020/5/1
12.10-4-187	12.10			DL/T 845.2—2020	电阻测量装置通用技术条件　第 2 部分：工频接地电阻测试仪			2020/10/23	2021/2/1
12.10-4-188	12.10			DL/T 845.3—2019	电阻测量装置通用技术条件　第 3 部分：直流电阻测试仪	DL/T 845.3—2004		2019/11/4	2020/5/1
12.10-4-189	12.10			DL/T 845.4—2019	电阻测量装置通用技术条件　第 4 部分：回路电阻测试仪	DL/T 845.4—2004		2019/11/4	2020/5/1
12.10-4-190	12.10			DL/T 846.1—2016	高电压测试设备通用技术条件　第 1 部分：高电压分压器测量系统	DL/T 846.1—2004		2016/12/5	2017/5/1
12.10-4-191	12.10	27.100	F24	DL/T 846.2—2004	高电压测试设备通用技术条件　第 2 部分：冲击电压测量系统			2004/3/9	2004/6/1
12.10-4-192	12.10			DL/T 846.3—2017	高电压测试设备通用技术条件　第 3 部分：高压开关综合特性测试仪	DL/T 846.3—2004		2017/12/27	2018/6/1
12.10-4-193	12.10			DL/T 846.5—2018	高电压测试设备通用技术条件　第 5 部分：六氟化硫气体湿度仪	DL/T 846.5—2004		2018/12/25	2019/5/1

续表

序号	GW 分类	ICS 分类	GB 分类	标准号	中 文 名 称	代替标准	采用关系	发布日期	实施日期
12.10-4-194	12.10			DL/T 846.6—2018	高电压测试设备通用技术条件　第 6 部分：六氟化硫气体检漏仪	DL/T 846.6—2004		2018/12/25	2019/5/1
12.10-4-195	12.10			DL/T 846.7—2016	高电压测试设备通用技术条件　第 7 部分：绝缘油介电强度测试仪	DL/T 846.7—2004		2016/12/5	2017/5/1
12.10-4-196	12.10			DL/T 846.8—2017	高电压测试设备通用技术条件　第 8 部分：有载分接开关测试仪	DL/T 846.8—2004		2017/12/27	2018/6/1
12.10-4-197	12.10	27.100	F24	DL/T 846.9—2004	高电压测试设备通用技术条件　第 9 部分：真空开关真空度测试仪			2004/3/9	2004/6/1
12.10-4-198	12.10			DL/T 846.13—2020	高电压测试设备通用技术条件　第 13 部分：避雷器监测器测试仪			2020/10/23	2021/2/1
12.10-4-199	12.10			DL/T 849.1—2019	电力设备专用测试仪通用技术条件　第 1 部分：电缆故障闪测仪	DL/T 849.1—2004		2019/11/4	2020/5/1
12.10-4-200	12.10			DL/T 849.2—2019	电力设备专用测试仪通用技术条件　第 2 部分：电缆故障定点仪	DL/T 849.2—2004		2019/11/4	2020/5/1
12.10-4-201	12.10			DL/T 849.3—2019	电力设备专用测试仪器通用技术条件　第 3 部分：电缆路径仪	DL/T 849.3—2004		2019/11/4	2020/5/1
12.10-4-202	12.10			DL/T 849.5—2019	电力设备专用测试仪器通用技术条件　第 5 部分：振荡波高压发生器	DL/T 849.5—2004		2019/11/4	2020/5/1
12.10-4-203	12.10			DL/T 856—2018	电力用直流电源和一体化电源监控装置	DL/T 856—2004		2018/12/25	2019/5/1
12.10-4-204	12.10	17.220.20	N20；F21	DL/T 962—2005	高压介质损耗测试仪通用技术条件			2005/2/14	2005/6/1
12.10-4-205	12.10	17.220.20	N22；N23	DL/T 980—2005	数字多用表检定规程			2005/11/28	2006/6/1
12.10-4-206	12.10			DL/T 987—2017	氧化锌避雷器阻性电流测试仪通用技术条件	DL/T 987—2005		2017/12/27	2018/6/1
12.10-4-207	12.10	29.120.70	K45	JB/T 10549—2006	SF_6气体密度继电器和密度表通用技术条件			2006/5/6	2006/10/1
12.10-4-208	12.10	07.060	N95	JB/T 11258—2011	数字风向风速测量仪			2011/12/20	2012/4/1
12.10-4-209	12.10			JB/T 13935—2020	无损检测仪器　超声检测　超声衍射声时检测仪			2020/4/24	2021/1/1
12.10-4-210	12.10			JB/T 13937—2020	无损检测仪器　激光超声可视化检测仪			2020/4/24	2021/1/1
12.10-4-211	12.10			JB/T 13938—2020	无损检测仪器　渗透检测装置基本要求			2020/4/24	2021/1/1
12.10-4-212	12.10			JB/T 13939—2020	无损检测仪器　涡流测厚仪			2020/4/24	2021/1/1
12.10-4-213	12.10			JB/T 13940—2020	无损检测仪器　涡流电导率检测仪			2020/4/24	2021/1/1

续表

序号	GW 分类	ICS 分类	GB 分类	标准号	中 文 名 称	代替标准	采用关系	发布日期	实施日期
12.10-4-214	12.10			JB/T 6302—2016	变压器用油面温控器			2016/10/22	2017/4/1
12.10-4-215	12.10	07.060	N95	JB/T 6862—2014	温湿度计			2014/7/9	2014/11/1
12.10-4-216	12.10	29.120.70	K45	JB/T 9285—1999	钳形电流表		IEC 61010-1：1990 NEQ IEC 61010-2-032：1994 NEQ	1999/8/6	2000/1/1
12.10-4-217	12.10	29.180	K41	JB/T 9647—2014	变压器用气体继电器			2014/5/6	2014/10/1
12.10-4-218	12.10	17.220.01	A56	JJG 1024—2007	脉冲功率计检定规程	JJG 1024—1991		2007/2/28	2007/5/28
12.10-4-219	12.10	17.120	A53	JJG 1029—2007	涡街流量计检定规程	JJG 198—1994		2007/8/21	2007/11/21
12.10-4-220	12.10		A54	JJG 130—2011	工作用玻璃液体温度计	JJG 50—1996； JJG 618—1999； JJG 978—2003； JJG 130—2004		2011/9/20	2012/3/20
12.10-4-221	12.10		A53	JJG 134—2003	磁电式速度传感器检定规程	JJG 134—1987		2003/9/23	2004/3/23
12.10-4-222	12.10	17.100	A53	JJG 159—2008	双活塞式压力真空计检定规程	JJG 159—1994		2008/3/25	2008/9/25
12.10-4-223	12.10	17.200.10	A54	JJG 160—2007	标准铂电阻温度计检定规程	JJG 716—1991； JJG 160—1992； JJG 859—1994		2007/6/14	2007/12/14
12.10-4-224	12.10	17.220	A55	JJG 169—2010	互感器校验仪检定规程	JJG 169—1993		2010/11/5	2011/5/5
12.10-4-225	12.10	17.180	A61	JJG 178—2007	紫外、可见、近红外分光光度计	JJG 178—1996		2007/11/21	2008/5/21
12.10-4-226	12.10	17.040	A52	JJG 21—2008	千分尺检定规程	JJG 21—1995		2008/3/25	2008/9/25
12.10-4-227	12.10		A54	JJG 225—2001	热能表检定规程	JJG 225—1992		2001/12/4	2002/3/1
12.10-4-228	12.10		A54	JJG 226—2001	双金属温度计检定规程	JJG 226—1989		2001/6/5	2001/10/1
12.10-4-229	12.10	17.120	A53	JJG 257—2007	浮子流量计检定规程	JJG 257—1994		2007/8/21	2008/2/21
12.10-4-230	12.10		A54	JJG 310—2002	压力式温度计检定规程	JJG 310—1983		2002/11/4	2003/5/4
12.10-4-231	12.10			JJG 488—2018	瞬时日差测量仪检定规程	JJG 488—2008		2018/2/27	2018/8/27
12.10-6-232	12.10	17.220	A56	JJG 508—2004	四探针电阻率测试仪检定规程	JJG 508—1987		2004/9/21	2005/3/21
12.10-6-233	12.10	17	A61	JJG 520—2005	粉尘采样器检定规程	JJG 520—2002		2005/4/28	2005/10/28
12.10-6-234	12.10			JJG 52—2013	弹性元件式一般压力表、压力真空表和真空表检定规程	JJG 52—1999； JJG 573—2003		2013/6/27	2013/12/27
12.10-6-235	12.10		A53	JJG 544—2011	压力控制器	JJG 544—1997		2011/12/28	2012/6/28

续表

序号	GW 分类	ICS 分类	GB 分类	标准号	中　文　名　称	代替标准	采用关系	发布日期	实施日期
12.10-6-236	12.10	17.100	A53	JJG 59—2007	活塞式压力计检定规程	JJG 129—1990；JJG 59—1990；JJG 727—1991		2007/6/14	2007/12/14
12.10-6-237	12.10		A53	JJG 643—2003	标准表法流量标准装置	JJG 643—1994；JJG 267—1996		2003/3/5	2003/9/1
12.10-6-238	12.10		A61	JJG 801—2004	化学发光法氮氧化物分析仪检定规程	JJG 801—1993		2004/11/9	2005/3/21
12.10-4-239	12.10			JJG 856—2015	工作用辐射温度计检定规程	JJG 856—1994；JJG 415—2001；JJG 67—2003		2015/12/7	2016/6/7
12.10-4-240	12.10	17.140	P96	JT/T 659—2006	混凝土超声检测仪			2006/6/23	2006/10/1
12.10-4-241	12.10	29.120.99	K43	NB/T 10091—2018	高压开关设备温度在线监测装置技术规范			2018/10/29	2019/3/1
12.10-4-242	12.10	29.24.01	K45	NB/T 42015—2013	智能变电站网络报文记录及分析装置技术条件			2013/11/28	2014/4/1
12.10-4-243	12.10	17.220	L88	SJ/T 11383—2008	泄漏电流测试仪通用规范			2008/3/10	2008/3/10
12.10-6-244	12.10			T/CEC 121—2016	高压电缆接头内置式导体测温装置技术规范			2016/10/21	2017/1/1
12.10-6-245	12.10	27.100	F22	T/CEC 141—2017	变压器油中溶解气体在线监测装置现场安装及验收规范			2017/5/15	2017/8/1
12.10-6-246	12.10	27.100	F23	T/CEC 142—2017	变压器油中溶解气体在线监测装置运行导则			2017/5/15	2017/8/1
12.10-6-247	12.10			T/CEC 293—2020	六氟化硫气体分解产物带电检测仪器技术规范			2020/6/30	2020/10/1
12.10-6-248	12.10			T/CEC 354—2020	变压器低电压短路阻抗测试仪通用技术条件			2020/6/30	2020/10/1
12.10-6-249	12.10			T/CEC 356—2020	电气设备六氟化硫红外检漏仪通用技术条件			2020/6/30	2020/10/1
12.10-6-250	12.10			T/CEC 357—2020	基于超声波法的闪络定位仪通用技术条件			2020/6/30	2020/10/1

12.11　设备、材料-机械及零部件

序号	GW 分类	ICS 分类	GB 分类	标准号	中　文　名　称	代替标准	采用关系	发布日期	实施日期
12.11-2-1	12.11	29.240		Q/GDW 11142—2013	输电线路钢管塔用直缝焊管			2014/4/15	2014/4/15

续表

序号	GW 分类	ICS 分类	GB 分类	标准号	中　文　名　称	代替标准	采用关系	发布日期	实施日期
12.11-2-2	12.11	29.240		Q/GDW 11716—2017	气体绝缘金属封闭开关设备用伸缩节技术规范			2018/4/13	2018/4/13
12.11-2-3	12.11			Q/GDW 11742—2017	±1100kV 特高压直流输电线路金具技术规范			2018/9/12	2018/9/12
12.11-2-4	12.11			Q/GDW 11795—2017	35kV 及以下输电线路球墨铸铁管杆技术规定			2018/10/25	2018/10/25
12.11-2-5	12.11			Q/GDW 1780—2013	架空输电线路碳纤维复合芯导线配套金具技术规范			2013/4/12	2013/4/12
12.11-2-6	12.11	29.020		Q/GDW 578—2010	液压式起升装置技术规范			2011/3/11	2011/3/11
12.11-2-7	12.11	29.020		Q/GDW 579—2010	液压式提升装置技术规范			2011/3/11	2011/3/11
12.11-3-8	12.11	53.020.30	J80	GB/T 10051.3—2010	起重吊钩　第 3 部分：锻造吊钩使用检查	GB 10051.3—1998	DIN 15405-1—1979 MOD	2011/1/10	2011/9/1
12.11-3-9	12.11	25.040.30	J28	GB 11291.1—2011	工业环境用机器人安全要求　第 1 部分：机器人	GB 11291—1997	ISO 10218-1：2006；ISO 10218-1/CORRI 1：2007 IDT	2011/5/12	2011/10/1
12.11-3-10	12.11	21.060.10；21.060.20	J13	GB/T 1231—2006	钢结构用高强度大六角头螺栓、大六角螺母、垫圈技术条件	GB/T 1231—1991		2006/3/27	2006/11/1
12.11-3-11	12.11	27.040	K54	GB/T 13399—2012	汽轮机安全监视装置技术条件	GB/T 13399—1992		2012/6/29	2012/11/1
12.11-3-12	12.11	53.020.90	J80	GB/T 14627—2011	液压式启闭机	GB/T 14627—1993		2011/5/12	2011/12/1
12.11-3-13	12.11	77.140.60	H49	GB/T 14957—1994	熔化焊用钢丝	GB 1300—1977		1994/2/1	1995/1/1
12.11-3-14	12.11	21.040.10	J04	GB/T 15756—2008	普通螺纹极限尺寸			2008/7/30	2009/2/1
12.11-3-15	12.11	29.060.10	K30	GB/T 15934—2008	电器附件电线组件和互连电线组件	GB 15934—1996	IEC 60799：1998 IDT	2008/6/19	2009/6/1
12.11-3-16	12.11	29.060.10	K11	GB/T 17937—2009	电工用铝包钢线		IEC 61232：1993 MOD	2009/3/19	2009/12/1
12.11-3-17	12.11	21.040.10	J04	GB/T 192—2003	普通螺纹基本牙型	GB/T 192—1981	ISO 68-1：1998 MOD	2003/5/2	2004/1/1
12.11-3-18	12.11	21.040.10	J04	GB/T 193—2003	普通螺纹直径与螺距系列	GB/T 193—1981	ISO 261：1998 MOD	2003/5/22	2004/1/1
12.11-3-19	12.11	21.040.10	J04	GB/T 196—2003	普通螺纹基本尺寸	GB/T 196—1981	ISO 724：1993 MOD	2003/5/22	2004/1/1
12.11-3-20	12.11	21.040.10	J04	GB/T 197—2018	普通螺纹公差	GB/T 197—2003	ISO 965-1：2013	2018/3/15	2018/10/1
12.11-3-21	12.11	77.140.65	H49	GB/T 20118—2017	钢丝绳通用技术条件	GB/T 20118—2006	ISO 2408：2017	2017/12/29	2018/9/1
12.11-3-22	12.11	77.040.10	H23	GB/T 25048—2019	金属材料　管　环拉伸试验方法	GB/T 25048—2010	ISO 8496：2013	2019/8/30	2020/7/1
12.11-3-23	12.11	31.240	K05	GB/T 25293—2010	电工电子设备机柜机械门锁			2010/11/10	2011/5/1
12.11-3-24	12.11	31.240	K05	GB/T 25294—2010	电力综合控制机柜通用技术要求			2010/11/10	2011/5/1

序号	GW 分类	ICS 分类	GB 分类	标准号	中　文　名　称	代替标准	采用关系	发布日期	实施日期
12.11-3-25	12.11	29.080.10	K48	GB/T 25317—2010	绝缘子串元件的槽型连接尺寸		IEC 60471：1977 IDT	2010/11/10	2011/5/1
12.11-3-26	12.11		K30	GB/T 26219—2010	电器附件　Y 型电线组件和 Y 型互连电线组件			2011/1/14	2011/7/1
12.11-3-27	12.11	83.120	Q23	GB/T 26743—2011	结构工程用纤维增强复合材料筋			2011/7/20	2012/3/1
12.11-3-28	12.11	83.120	Q23	GB/T 26744—2011	结构加固修复用玻璃纤维片材			2011/7/20	2012/3/1
12.11-3-29	12.11	21.100.20	J11	GB/T 271—2017	滚动轴承　分类	GB/T 271—2008		2017/5/12	2017/12/1
12.11-3-30	12.11	29.120.01	K30	GB/T 27746—2011	低压电器用金属氧化物压敏电阻器（MOV）技术规范			2011/12/30	2012/5/1
12.11-3-31	12.11	23.060.99	J98	GB/T 29462—2012	电站堵阀		ASMEB16.34NEQ	2012/12/31	2013/7/1
12.11-3-32	12.11	17.200.20	N11	GB/T 30121—2013	工业铂热电阻及铂感温元件		IEC 60751：2008 IDT	2013/12/17	2014/6/1
12.11-3-33	12.11	21.060.10	J13	GB/T 3098.1—2010	紧固件机械性能　螺栓、螺钉和螺柱			2011/1/10	2011/10/1
12.11-3-34	12.11	21.060.10	J13	GB/T 3098.2—2015	紧固件机械性能　螺母			2015/12/10	2017/1/1
12.11-3-35	12.11	29.020	K60	GB/T 31133—2014	电力设备用液压式提升设备技术规范			2014/9/3	2015/2/1
12.11-3-36	12.11	77.150.30	H62	GB/T 3114—2010	铜及铜合金扁线	GB/T 3114—1994；GB 3114—1994	ASTMB 250/B250M—2007 NEQ	2011/1/4	2011/11/1
12.11-3-37	12.11	77.150.10	H61	GB/T 32184—2015	高电导率铝合金挤压扁棒及板			2015/12/10	2016/7/1
12.11-3-38	12.11	77.140.50	H46	GB/T 3280—2015	不锈钢冷轧钢板和钢带	GB/T 3280—2007		2015/9/11	2016/6/1
12.11-3-39	12.11	75.100		GB/T 34535—2017	润滑剂、工业用油和有关产品（L 类）X 组（润滑脂）规范			2017/10/14	2018/5/1
12.11-3-40	12.11	21.060.10	J13	GB/T 35481—2017	六角花形法兰面螺栓			2017/12/29	2018/4/1
12.11-3-41	12.11	77.140.75	J15	GB/T 35979—2018	金属波纹管膨胀节选用、安装、使用维护技术规范			2018/2/6	2018/9/1
12.11-3-42	12.11	77.040.10	H22	GB/T 36024—2018	金属材料　薄板和薄带　十字形试样双向拉伸试验方法			2018/3/15	2018/12/1
12.11-3-43	12.11	25.160.20	J33	GB/T 36034—2018	埋弧焊用高强钢实心焊丝、药芯焊丝和焊丝-焊剂组合分类要求		ISO 26304：2011 MOD	2018/3/15	2018/10/1
12.11-3-44	12.11	25.160.20	J33	GB/T 36037—2018	埋弧焊和电渣焊用焊剂		ISO 14174：2012 MOD	2018/3/15	2018/10/1
12.11-3-45	12.11	77.140.50	H46	GB/T 36130—2018	铁塔结构用热轧钢板和钢带			2018/5/14	2019/2/1
12.11-3-46	12.11		K64	GB/T 3883.12—2012	手持式电动工具的安全　第 2 部分：混凝土振动器的专用要求	GB 3883.12—2007	IEC 60745-2-12：2008 ED 2.1	2012/11/5	2013/5/1

续表

序号	GW 分类	ICS 分类	GB 分类	标准号	中文名称	代替标准	采用关系	发布日期	实施日期
12.11-3-47	12.11	21.060.20	J13	GB/T 41—2016	1 型六角螺母　C 级		ISO 4034：2012 MOD	2016/2/24	2016/6/1
12.11-3-48	12.11	77.140.50	H46	GB/T 4237—2015	不锈钢热轧钢板和钢带	GB/T 4237—2007		2015/9/11	2016/6/1
12.11-3-49	12.11	77.140.60	H44	GB/T 4241—2017	焊接用不锈钢盘条	GB/T 4241—2006	ISO 14343：2009	2017/5/31	2018/2/1
12.11-3-50	12.11	13.240	J74	GB/T 567.1—2012	爆破片安全装置　第 1 部分：基本要求			2012/5/11	2013/3/1
12.11-3-51	12.11	21.060.10	J13	GB/T 5779.1—2000	紧固件表面缺陷　螺栓、螺钉和螺柱　一般要求		ISO 6157-1：1988 IDT	2000/9/2	2001/2/1
12.11-3-52	12.11	21.060.10	J13	GB/T 5779.3—2000	紧固件表面缺陷　螺栓、螺钉和螺柱　特殊要求		ISO 6157-3：1988 IDT	2000/9/2	2001/2/1
12.11-3-53	12.11	77.140.45	H40	GB/T 699—2015	优质碳素结构钢			2015/12/10	2016/11/1
12.11-3-54	12.11	77.140.70	H44	GB/T 706—2016	热轧型钢			2016/12/30	2017/9/1
12.11-3-55	12.11	23.040.60	J15	GB/T 9124.1—2019	钢制管法兰　第 1 部分：PN　系列	GB/T 9112—2010； GB/T 9113—2010； GB/T 9114—2010	ISO 7005-1：2011	2019/5/10	2019/12/1
12.11-3-56	12.11	23.040.60	J15	GB/T 9124.2—2019	钢制管法兰　第 2 部分：Class　系列	GB/T 9112—2010； GB/T 9113—2010； GB/T 9114—2010		2019/5/10	2019/12/1
12.11-3-57	12.11	91.220	P97	GB/T 9142—2000	混凝土搅拌机	GB 9142—1988； GB 4477—1995		2000/3/16	2000/8/1
12.11-3-58	12.11	53.020	J80	GB/T 9465—2018	高空作业车	GB/T 9465—2008		2018/5/14	2018/12/1
12.11-4-59	12.11	29.240.20	K47	DL/T 1079—2016	输电线路张力放线用防扭钢丝绳	DL/T 1079—2007		2016/2/5	2016/7/1
12.11-4-60	12.11	27.100	F20	DL/T 183—2016	斗轮堆取料机技术条件	SD 183—1986		2016/2/5	2016/7/1
12.11-4-61	12.11			DL/T 2095—2020	输电线路杆塔石墨基柔性接地体技术条件			2020/10/23	2021/2/1
12.11-4-62	12.11	29.240	K40	DL/T 247—2012	输配电设备用铜包铝母线			2012/4/6	2012/7/1
12.11-4-63	12.11	27.100	F20	DL/T 439—2018	火力发电厂高温紧固件技术导则	DL/T 439—2006		2018/4/3	2018/7/1
12.11-4-64	12.11	91.220	P97	DL/T 456—2005	混凝土搅拌楼用搅拌机	DL/T 456—1991		2005/2/14	2005/6/1
12.11-4-65	12.11			DL/T 473—2017	大直径三通锻件技术条件	DL 473—1992		2017/8/2	2017/12/1
12.11-4-66	12.11			DL/T 733—2014	输变电工程用绞磨	DL/T 733—2000		2014/3/18	2014/8/1
12.11-4-67	12.11			HG/T 2887—2018	变压器类产品用橡胶密封制品	HG/T 2887—1997		2018/10/22	2019/4/1

续表

序号	GW 分类	ICS 分类	GB 分类	标准号	中文名称	代替标准	采用关系	发布日期	实施日期
12.11-4-68	12.11	29.180	K41	JB/T 10112—2013	变压器用油泵	JB/T 10112—1999		2013/4/25	2013/9/1
12.11-4-69	12.11	29.180	K41	JB/T 10319—2014	变压器用波纹油箱	JB/T 10319—2002		2014/5/6	2014/10/1
12.11-4-70	12.11	77.140.85	J32	JB/T 10663—2006	25MW 及 25MW 以下汽轮机无中心孔转子和主轴锻件技术条件			2006/11/27	2007/5/1
12.11-4-71	12.11	77.140.85	J32	JB/T 10664—2006	25MW～200MW 汽轮机无中心孔转子和主轴锻件技术条件			2006/11/27	2007/5/1
12.11-4-72	12.11			JB/T 10745—2016	YZRS 系列起重及冶金用绕线转子双速三相异步电动机　技术条件	JB/T 10745—2007		2016/10/22	2017/4/1
12.11-4-73	12.11			JB/T 10902—2020	工程机械　司机室	JB/T 10902—2008		2020/4/24	2021/1/1
12.11-4-74	12.11	29.100.01	K97	JB/T 11054—2010	变压器专用设备变压法真空干燥设备			2010/2/21	2010/7/1
12.11-4-75	12.11	29.100.01	K97	JB/T 11055—2010	变压器专用设备环氧树脂真空浇注设备			2010/2/21	2010/7/1
12.11-4-76	12.11	29.100.01	K97	JB/T 11056—2010	变压器专用设备汽相干燥设备			2010/2/21	2010/7/1
12.11-4-77	12.11			JB/T 11156—2020	塔式起重机　机构技术条件	JB/T 11156—2011		2020/4/24	2021/1/1
12.11-4-78	12.11	29.130.10	K43	JB/T 11203—2011	高压交流真空开关设备用固封极柱			2011/11/20	2012/4/1
12.11-4-79	12.11			JB/T 11218—2020	风力发电塔架　法兰锻件	JB/T 11218—2011		2020/4/24	2021/1/1
12.11-4-80	12.11	23.060.30	J16	JB/T 11493—2013	变压器用闸阀			2013/4/25	2013/9/1
12.11-4-81	12.11			JB/T 11900—2014	电缆管理用导管系统耐腐蚀套接紧定式钢导管配件			2014/5/6	2014/10/1
12.11-4-82	12.11	29.100.01	K97	JB/T 3857—2010	变压器用卧式绕线机	JB 3857—1999; JB 9656—1999		2010/2/21	2010/7/1
12.11-4-83	12.11			JB/T 5345—2016	变压器用蝶阀			2016/10/22	2017/4/1
12.11-4-84	12.11	29.180	K41	JB/T 5347—2013	变压器用片式散热器	JB/T 5347—1999		2013/4/25	2013/9/1
12.11-4-85	12.11			JB/T 6484—2016	变压器用储油柜			2016/10/22	2017/4/1
12.11-4-86	12.11	19.020	K60	JB/T 6743—2013	户内户外钢制电缆桥架防腐环境技术要求			2013/12/31	2014/7/1
12.11-4-87	12.11		J22	JB/T 7052—1993	高压电器设备用橡胶密封件六氟化硫电器设备密封件技术条件			1993/9/23	1994/7/1
12.11-4-88	12.11	29.180	K41	JB/T 7633—2007	变压器用螺旋板式强油水冷却器	JB 7633—1994		2007/1/25	2007/7/1
12.11-4-89	12.11	29.180	K41	JB/T 8448.1—2018	变压器类产品用密封制品技术条件　第 1 部分：橡胶密封制品	JB/T 8448.1—2004		2018/4/30	2018/12/1

续表

序号	GW 分类	ICS 分类	GB 分类	标准号	中 文 名 称	代替标准	采用关系	发布日期	实施日期
12.11-4-90	12.11	29.180	K41	JB/T 8448.2—2018	变压器类产品用密封制品技术条件　第 2 部分：软木橡胶密封制品	JB/T 8448.2—2004		2018/4/30	2018/12/1
12.11-4-91	12.11	29.180	K41	JB/T 8749.1—2007	调压器　第 1 部分：通用要求和试验	JB/T 8749—1998		2007/8/28	2008/2/1
12.11-4-92	12.11	29.180	K41	JB/T 9642—2013	变压器用风扇	JB/T 9642—1999		2013/4/25	2013/9/1
12.11-4-93	12.11	29.080.99	K49	JB/T 9671—2006	避雷器安装尺寸与接线端子尺寸			2006/5/6	2006/10/1
12.11-4-94	12.11	27.120	F48	NB/T 25035—2014	发电厂共箱封闭母线技术要求			2014/6/29	2014/11/1
12.11-4-95	12.11	27.120	F48	NB/T 25036—2014	发电厂离相封闭母线技术要求			2014/6/29	2014/11/1
12.11-4-96	12.11	27.010	F01	NB/T 42037—2014	防腐电缆桥架			2014/6/29	2014/11/1
12.11-4-97	12.11	27.010	F01	NB/T 42039—2014	宽压输入稳压输出隔离型直流-直流模块电源		ASME TDP-2：2012 MOD	2014/6/29	2014/11/1
12.11-4-98	12.11	23.060	J16	NB/T 47044—2014	电站阀门	JB/T 3595—2002		2014/6/29	2014/11/1
12.11-4-99	12.11	29.120	K13	QB/T 1453—2003	电缆桥架	QB/T 1453—1992		2003/9/13	2003/10/1
12.11-4-100	12.11			SY/T 0516—2016	绝缘接头与绝缘法兰技术规范	SY/T 0516—2008		2016/12/5	2017/5/1
12.11-4-101	12.11			YB/T 4222—2018	预绞式金具用镀层钢丝			2018/10/22	2019/4/1
12.11-4-102	12.11	65.160	X94	YC/T 226—2007	普通螺纹收尾、肩距、退刀槽和倒角		NK 1507：2000 MOD	2007/7/5	2007/9/1
12.11-4-103	12.11	33.060.99；33.120.99；33.180.99	M36	YD/T 2719—2014	移动通信用直放站机箱			2014/10/14	2014/10/14
12.11-4-104	12.11	33.040.50		YD/T 841.8—2014	地下通信管道用塑料管　第 8 部分：塑料合金复合型管			2014/10/14	2014/10/14
12.11-5-105	12.11	55.040	A82	ASTM_E1974-19	电气设备外罩 S-250/G 的标准规格	ASTM E 1974—2006		2019/8/1	2019/8/1
12.11-5-106	12.11	91.120.40	K49	EN 50164-1—2008	雷电防护部件（LPC）　第 1 部分：连接部件要求	EN 50164-1—2007；EN 50164-1 A2—2007		2008/8/7	2008/8/7
12.11-5-107	12.11	91.120.40	K49	EN 50164-2—2008	避雷装置部件（LPC）　第 2 部分：导线和接地线要求	EN 50164-2—2007；EN 50164-2 A2—2007；EN 50164-2 Berichtigung 1—2007		2008/8/7	2008/8/7
12.11-5-108	12.11	31.060.70	L11	IEC 60252-1：2013 ED 2.1	交流电动机用电容器　第1部分：总则　性能、试验和定额　安全性要求　安装和运行导则	IEC 60252-1：2010		2013/8/1	2013/8/1
12.11-5-109	12.11	31.060.30；31.060.70	L11	IEC 60252-2 AMD 1：2013	交流电动机用电容器　第 2 部分：电动机起动电容器	IEC 33/533/FDIS：2013		2013/8/1	2013/8/1

12

续表

序号	GW 分类	ICS 分类	GB 分类	标准号	中 文 名 称	代替标准	采用关系	发布日期	实施日期
12.11-5-110	12.11	17.220.20；29.180	L17	IEC 61869-3：2011	仪表变压器　第 3 部分：感应式电压互感器用附加要求	IEC 60044-2：1997；IEC 60044-2 AMD 1：2000；IEC 60044-2：2000；IEC 60044-2 AMD 2：2002；IEC 60044-2：2003；IEC 38/410/FDIS：2011		2011/7/1	2011/7/1
12.11-5-111	12.11	29.220.20；29.220.30	K84	IEC 62485-2：2010	蓄电池组和蓄电池装置安全性要求　第 2 部分：稳流蓄电池	IEC 21/711/FDIS：2010		2010/6/1	2010/6/1
12.11-5-112	12.11			IEC 62501 AMD 1：2014	高电压直流输电（HVDC）用电压源换流器（VSC）电子管电气测试			2014/8/1	2014/8/1
12.11-6-113	12.11	29.240.20	K47	T/CEC 143—2017	超高性能混凝土电杆			2017/5/15	2017/8/1
12.11-6-114	12.11	29.050	K11	T/CEC 158—2018	架空导线用防腐脂技术条件			2018/1/24	2018/4/1
12.11-6-115	12.11			T/CEC 407—2020	电力变压器中低压侧出线绝缘化改造技术规范			2020/10/28	2021/2/1

12

12.12　设备、材料-电气材料

序号	GW 分类	ICS 分类	GB 分类	标准号	中 文 名 称	代替标准	采用关系	发布日期	实施日期
12.12-2-1	12.12	29.240		Q/GDW 11143—2013	输电线路铁塔用焊接材料技术规范			2014/4/15	2014/4/15
12.12-2-2	12.12	29.080.10		Q/GDW 11926—2018	绝缘子用常温固化硅橡胶防污闪涂料			2020/4/17	2020/4/17
12.12-2-3	12.12			Q/GDW 12016.1—2019	电网设备金属材料选用导则　第 1 部分：通用要求			2020/11/27	2020/11/27
12.12-2-4	12.12			Q/GDW 12016.2—2019	电网设备金属材料选用导则　第 2 部分：变压器			2020/11/27	2020/11/27
12.12-2-5	12.12			Q/GDW 12016.3—2019	电网设备金属材料选用导则　第 3 部分：开关设备			2020/11/27	2020/11/27
12.12-2-6	12.12			Q/GDW 12016.4—2019	电网设备金属材料选用导则　第 4 部分：无功补偿设备			2020/9/28	2020/9/28
12.12-2-7	12.12			Q/GDW 12016.6—2019	电网设备金属材料选用导则　第 6 部分：电力电缆			2020/12/31	2020/12/31
12.12-2-8	12.12	29.020		Q/GDW 674—2011	输电线路铁塔防护涂料			2011/12/7	2011/12/7

序号	GW 分类	ICS 分类	GB 分类	标准号	中　文　名　称	代替标准	采用关系	发布日期	实施日期
12.12-3-9	12.12	91.120.10	Q25	GB/T 10699—2015	硅酸钙绝热制品	GB/T 10699—1998	ISO 8143：2010	2015/9/11	2016/8/1
12.12-3-10	12.12	29.035.01	K15	GB/T 11026.3—2017	电气绝缘材料　耐热性　第 3 部分：计算耐热特征参数的规程	GB/T 11026.3—2006	IEC 60216-3：2006	2017/12/29	2018/7/1
12.12-3-11	12.12	29.035.01	K15	GB/T 15022.1—2009	电气绝缘用树脂基活性复合物？第 1 部分：定义及一般要求		IEC 60455-1：1998 IDT	2009/6/10	2009/12/1
12.12-3-12	12.12	29.035.99	K15	GB/T 15022.3—2011	电气绝缘用树脂基活性复合物　第 3 部分：无填料环氧树脂复合物		IEC 60455-3-1：2003 IDT	2011/12/30	2012/5/1
12.12-3-13	12.12	29.035.10	K15	GB/T 19264.3—2013	电气用压纸板和薄纸板　第 3 部分：压纸板	GB/T 19264.3—2003	IEC 60641-3-1：2008 MOD	2013/7/19	2013/12/2
12.12-3-14	12.12	29.035.20	K15	GB/T 23641—2018	电气用纤维增强不饱和聚酯模塑料（SMC/MC）	GB/T 23641—2009		2018/6/7	2019/1/1
12.12-3-15	12.12	13.220.50	C84	GB 23864—2009	防火封堵材料	GA 161—1997		2009/6/1	2010/2/1
12.12-3-16	12.12	29.040.99	K40	GB/T 25097—2010	绝缘体带电清洗剂			2010/9/2	2011/2/1
12.12-3-17	12.12	75.140	E38	GB 2536—2011	电工流体变压器和开关用的未使用过的矿物绝缘油	GB 2536—1990		2011/12/5	2012/6/1
12.12-3-18	12.12	77.120.99	H68；G51	GB/T 26004—2010	表面喷涂用特种导电涂料			2011/1/10	2011/10/1
12.12-3-19	12.12	77.150	H63	GB/T 26012—2010	电容器用钽丝			2011/1/10	2011/10/1
12.12-3-20	12.12	25.220.99	G51	GB/T 26825—2011	FJ 抗静电防腐胶			2011/7/29	2011/12/1
12.12-3-21	12.12	77.150.30	H62	GB/T 27671—2011	导电用铜型材		EN 13605：2002 MOD	2011/12/30	2012/10/1
12.12-3-22	12.12	29.040.01	K15	GB/T 27750—2011	绝缘液体的分类		IEC 61039：2008 IDT	2011/12/30	2012/5/1
12.12-3-23	12.12	29.035.01	K15	GB/T 31838.1—2015	固体绝缘材料介电和电阻特性　第 1 部分：总则		IEC 62631-1：2011	2015/7/3	2016/2/1
12.12-3-24	12.12	77.140.40	H53	GB/T 32288—2020	电力变压器用电工钢铁心	GB/T 32288—2015		2020/6/2	2020/12/1
12.12-3-25	12.12	29.035.99	K15	GB/T 37659—2019	叠层母线排用绝缘胶膜			2019/6/4	2020/1/1
12.12-3-26	12.12	29.140.99	K70	GB/T 39018—2020	智能照明设备　非主功能模式功率的测量			2020/7/21	2021/2/1
12.12-3-27	12.12	29.140.99	K70	GB/T 39021—2020	智能照明系统　通用要求			2020/7/21	2021/2/1
12.12-3-28	12.12	29.140.20	K70	GB/T 39022—2020	照明系统和相关设备　术语和定义			2020/7/21	2021/2/1
12.12-3-29	12.12	29.060.01	K11	GB/T 3953—2009	电工圆铜线	GB/T 3953—1983		2009/3/19	2009/12/1
12.12-3-30	12.12	29.060.10	K11	GB/T 3955—2009	电工圆铝线	GB/T 3955—1983		2009/3/19	2009/12/1

续表

序号	GW 分类	ICS 分类	GB 分类	标准号	中文名称	代替标准	采用关系	发布日期	实施日期
12.12-3-31	12.12	027.010	F04	GB/T 4272—2008	设备及管道绝热技术通则	GB/T 4272—1992；GB/T 11790—1996		2008/6/19	2009/1/1
12.12-3-32	12.12	29.060.10	K11	GB/T 4910—2009	镀锡圆铜线	GB/T 4910—1985		2009/3/19	2009/12/1
12.12-3-33	12.12	81.080	Q40	GB/T 5072—2008	耐火材料常温耐压强度试验方法	GB/T 3997.2—1998；GB/T 5072.1—1998；GB/T 5072.2—2004		2008/6/26	2009/4/1
12.12-3-34	12.12	25.160.20	J33	GB/T 5117—2012	非合金钢及细晶粒钢焊条	GB/T 5117—1995	ISO 2560：2009 MOD	2012/11/5	2013/3/1
12.12-3-35	12.12	29.035.99	K15	GB/T 5132.1—2009	电气用热固性树脂工业硬质圆形层压管和棒　第 1 部分：一般要求	GB/T 1305—1985		2009/6/10	2009/12/1
12.12-3-36	12.12	29.035.99	K15	GB/T 5132.5—2009	电气用热固性树脂工业硬质圆形层压管和棒　第 5 部分：圆形层压模制棒	GB/T 5133—1985		2009/6/10	2009/12/1
12.12-3-37	12.12	29.060.10	K11	GB/T 5585.1—2018	电工用铜、铝及其合金母线　第 1 部分：铜和铜合金母线	GB/T 5585.1—2005		2018/12/28	2019/7/1
12.12-3-38	12.12	29.060.10	K11	GB/T 5585.2—2018	电工用铜、铝及其合金母线　第 2 部分：铝和铝合金母线	GB/T 5585.2—2005		2018/12/28	2019/7/1
12.12-3-39	12.12	17.200.20	N05	GB/T 5977—2019	电阻温度计用铂丝	GB/T 5977—1999		2019/5/10	2019/12/1
12.12-3-40	12.12	29.080.10	K48	GB/T 772—2005	高压绝缘子瓷件技术条件	GB 772—1987		2005/8/26	2006/4/1
12.12-3-41	12.12	27.010	F04	GB/T 8174—2008	设备及管道绝热效果的测试与评价	GB/T 8174—1987；GB/T 16617—1996		2008/6/19	2009/1/1
12.12-3-42	12.12	29.060.10	K11	GB/T 8349—2000	金属封闭母线	GB 8349—1987		2000/4/3	2000/12/1
12.12-3-43	12.12	13.220.50	C82	GB 29415—2013	耐火电缆槽盒			2013/9/18	2014/8/1
12.12-3-44	12.12	29.060.01	K13	GB/T 32129—2015	电线电缆用无卤低烟阻燃电缆料			2015/10/9	2016/5/1
12.12-4-45	12.12	75.100	E38	DL/T 1031—2006	运行中发电机用油质量标准			2006/12/17	2007/5/1
12.12-4-46	12.12	27.100	F24	DL/T 1388—2014	电力变压器用电工钢带选用导则			2014/10/15	2015/3/1
12.12-4-47	12.12	29.060.01	K13	DL/T 1457—2015	电力工程接地用锌包钢技术条件			2015/7/1	2015/12/1
12.12-4-48	12.12			DL/T 1469—2015	输变电设备外绝缘用硅橡胶辅助伞裙使用导则			2015/7/1	2015/12/1
12.12-4-49	12.12			DL/T 1530—2016	高压绝缘光纤柱			2016/1/7	2016/6/1
12.12-4-50	12.12			DL/T 1675—2016	高压直流接地极馈电元件技术条件			2016/12/5	2017/5/1

续表

序号	GW 分类	ICS 分类	GB 分类	标准号	中 文 名 称	代替标准	采用关系	发布日期	实施日期
12.12-4-51	12.12			DL/T 1677—2016	电力工程用降阻接地模块技术条件			2016/12/5	2017/5/1
12.12-4-52	12.12			DL/T 1678—2016	电力工程接地降阻技术规范			2016/12/5	2017/5/1
12.12-4-53	12.12			DL/T 1679—2016	高压直流接地极用煅烧石油焦炭技术条件			2016/12/5	2017/5/1
12.12-4-54	12.12	29.240.20	K47	DL/T 1740—2017	直流气体绝缘金属封闭输电线路技术条件			2017/11/15	2018/3/1
12.12-4-55	12.12	29.020	K60	DL/T 1746—2017	变电站端子箱			2017/11/15	2018/3/1
12.12-4-56	12.12			DL/T 1838—2018	电力用圆形及异形绝缘管			2018/4/3	2018/7/1
12.12-4-57	12.12	27.100	F29	DL/T 1918—2018	电力工程接地用铝铜合金技术条件			2018/12/25	2019/5/1
12.12-4-58	12.12			DL/T 373—2019	电力复合脂技术条件	DL/T 373—2010		2019/11/4	2020/5/1
12.12-4-59	12.12			DL/T 376—2019	聚合物绝缘子伞裙和护套用绝缘材料通用技术条件	DL/T 376—2010		2019/11/4	2020/5/1
12.12-4-60	12.12	29.240.01	K40	DL/T 380—2010	接地降阻材料技术条件			2010/5/1	2010/10/1
12.12-4-61	12.12	29.240	K48	DL/T 627—2018	绝缘子用常温固化硅橡胶防污闪涂料	DL/T 627—2012		2018/12/25	2019/5/1
12.12-4-62	12.12	27.100	F24	DL/T 696—2013	软母线金具	DL/T 696—1999		2013/11/28	2014/4/1
12.12-4-63	12.12			DL/T 697—2013	硬母线金具	DL/T 697—1999		2013/11/28	2014/4/1
12.12-4-64	12.12			DL/T 767—2013	全介质自承式光缆（ADSS）用预绞式金具技术条件和试验方法	DL/T 767—2003		2013/3/7	2013/8/1
12.12-4-65	12.12			DL/T 802.9—2018	电力电缆用导管技术条件　第 9 部分：高强度聚氯乙烯塑料电缆导管			2018/12/25	2019/5/1
12.12-4-66	12.12			DL/T 902—2017	耐磨耐火材料	DL/T 902—2004		2017/11/15	2018/3/1
12.12-4-67	12.12	13.220.20	C82	XF 478—2004	电缆用阻燃包带			2004/3/18	2004/10/1
12.12-4-68	12.12			JB/T 13593—2018	电气用氟弹性体热收缩管		IEC 60684-3-233：2006 MOD	2018/12/21	2019/10/1
12.12-4-69	12.12	29.080.99	K49	JB/T 9669—2013	避雷器用橡胶密封件及材料规范			2013/12/31	2014/7/1
12.12-4-70	12.12	29.060.10	K11	NB/T 42106—2016	铝管支撑性耐热铝合金扩径导线			2016/12/5	2017/5/1
12.12-4-71	12.12			NB/T 42152—2018	非线性金属氧化物电阻片通用技术要求			2018/4/3	2018/7/1

续表

序号	GW 分类	ICS 分类	GB 分类	标准号	中文名称	代替标准	采用关系	发布日期	实施日期
12.12-4-72	12.12	83.140.30	G33	QB/T 2479—2005	埋地式高压电力电缆用氯化聚氯乙烯（PVC-C）套管			2005/7/26	2006/1/1

12.13　设备、材料-火电

序号	GW 分类	ICS 分类	GB 分类	标准号	中文名称	代替标准	采用关系	发布日期	实施日期
12.13-3-1	12.13	83.140.30	G33	GB/T 10002.1—2006	给水用硬聚氯乙烯（PVC-U）管材	GB/T 10002.1—1996		2006/3/8	2006/8/1
12.13-3-2	12.13	29.180	K41	GB/T 10230.1—2007	分接开关　第 1 部分：性能要求和试验方法	GB 10230—1988		2007/7/2	2008/7/1
12.13-3-3	12.13	29.180	K41	GB/T 10230.2—2007	分接开关　第 2 部分：应用导则	GB/T 10584—1989		2007/7/2	2008/7/1
12.13-3-4	12.13	27.040	K56	GB/T 10489—2009	轻型燃气轮机通用技术要求	GB/T 10489—1989		2009/4/13	2010/1/1
12.13-3-5	12.13	71.100.8	G77	GB/T 10531—2016	水处理剂　硫酸亚铁	GB 10531—2006		2016/10/13	2017/5/1
12.13-3-6	12.13	23.060	J16	GB/T 10868—2005	电站减温减压阀	GB 10868—1989		2005/9/14	2006/4/1
12.13-3-7	12.13	27.100；23060.30	J98	GB/T 10869—2008	电站调节阀	GB 10869—1989		2008/1/31	2008/7/1
12.13-3-8	12.13	75.100	E34	GB 11120—2011	涡轮机油	GB 11120—1989		2011/12/5	2012/6/1
12.13-3-9	12.13	27.060.30	J98	GB/T 12145—2016	火力发电机组及蒸汽动力设备水汽质量	GB/T 12145—2008		2016/2/24	2016/9/1
12.13-3-10	12.13	23.060.01	J16	GB/T 12220—2015	工业阀门标志			2015/5/15	2016/2/1
12.13-3-11	12.13	23.060	J16	GB/T 12221—2005	金属阀门结构长度	GB/T 12221—1989；GB/T 15188.1—1994；GB/T 15188.2—1994；GB/T 15188.3—1994；GB/T 15188.4—1994		2005/2/21	2005/8/1
12.13-3-12	12.13	23.060.01	J16	GB/T 12222—2005	多回转阀门驱动装置的连接	GB/T 12222—1989		2005/2/21	2005/8/1
12.13-3-13	12.13	13.240；23.060.01	J16	GB/T 12241—2005	安全阀一般要求	GB/T 12241—1989		2005/2/21	2005/8/1
12.13-3-14	12.13	23.060.01	J16	GB/T 12243—2005	弹簧直接载荷式安全阀	GB/T 12243—1989		2005/2/21	2005/8/1
12.13-3-15	12.13	23.060.99	J16	GB/T 12244—2006	减压阀一般要求	GB/T 12244—1989		2006/12/25	2007/5/1
12.13-3-16	12.13	23.060.99	J16	GB/T 12246—2006	先导式减压阀	GB/T 12246—1989		2006/12/25	2007/5/1
12.13-3-17	12.13	23.040.60	J15	GB/T 12459—2017	钢制对焊管件　类型与参数	GB/T 12459—2005；GB/T 13401—2005		2017/2/28	2017/9/1

续表

序号	GW 分类	ICS 分类	GB 分类	标准号	中 文 名 称	代替标准	采用关系	发布日期	实施日期
12.13-3-18	12.13	77.040.20	H26	GB/T 12606—2016	无缝和焊接（埋弧焊除外）铁磁性钢管纵向和/或横向缺欠的全圆周自动漏磁检测	GB/T 12606—1999	ISO 10893-3：2011 IDT	2016/8/29	2017/7/1
12.13-3-19	12.13	29.160.30	K62	GB/T 12667—2012	同步电动机半导体励磁装置总技术条件	GB/T 12667—1990；GB 12667—1990		2012/6/29	2012/11/1
12.13-3-20	12.13	91.140.10	P46	GB/T 12712—1991	蒸汽供热系统凝结水回收及蒸汽疏水阀技术管理要求			1991/1/28	1991/12/1
12.13-3-21	12.13	29.220.01	K80	GB/T 12786—2006	自动化内燃机电站通用技术条件	GB 12786—1991		2006/3/6	2006/8/1
12.13-3-22	12.13	29.160.10	K20	GB/T 13002—2008	旋转电机　热保护	GB/T 13002—1991		2008/4/23	2008/12/1
12.13-3-23	12.13	23.080	J71	GB/T 13008—2010	混流泵、轴流泵技术条件	GB/T 13008—1991		2010/9/26	2011/2/1
12.13-3-24	12.13	29.120.99	K14	GB/T 13397—2008	合金内氧化法银金属氧化物电触头技术条件	GB 13397—1992		2008/4/23	2008/12/1
12.13-3-25	12.13	23.040.60	J15	GB/T 13402—2019	大直径钢制管法兰	GB/T 13402—2010	ISO 7005-1：2011	2019/5/10	2019/12/1
12.13-3-26	12.13	23.040.60	J15	GB/T 13403—2008	大直径钢制管法兰用垫片	GB/T 13403—1992		2008/8/25	2009/4/1
12.13-3-27	12.13	29.160.30	K24	GB/T 13633—2015	永磁式直流测速发电机通用技术条件			2015/5/15	2015/12/1
12.13-3-28	12.13	27.040	K56	GB/T 13673—2010	航空派生型燃气轮机辅助设备通用技术要求	GB/T 13673—1992		2010/11/10	2011/3/1
12.13-3-29	12.13	25.160.20	J33	GB/T 13814—2008	镍及镍合金焊条	GB/T 13814—1992		2008/4/16	2008/10/1
12.13-3-30	12.13	23.060.01	J16	GB/T 13927—2008	工业阀门压力试验	GB/T 13927—1992		2008/12/23	2009/7/1
12.13-3-31	12.13	23.060.50	J16	GB/T 13932—2016	铁制旋启式止回阀	GB/T 13932—1992		2016/8/29	2017/3/1
12.13-3-32	12.13	29.160.30	K22	GB/T 13957—2008	大型三相异步电动机基本系列技术条件	GB/T 13957—1992		2008/4/23	2008/12/1
12.13-3-33	12.13	27.040	K56	GB/T 14099.9—2006	燃气轮机采购　第 9 部分：可靠性、可用性、可维护性和安全性			2006/2/7	2006/7/1
12.13-3-34	12.13	27.040	K56	GB/T 14099—2005	燃气轮机采购	GB/T 14099.1—2004；GB/T 14099.2—2004；GB/T 4099.2—2004		2005/8/31	2006/4/1
12.13-3-35	12.13	27.040	K56	GB/T 14100—2016	燃气轮机　验收试验	GB/T 14100—2009		2016/8/29	2017/3/1
12.13-3-36	12.13	73.040	D21	GB/T 14181—2010	测定烟煤粘结指数专用无烟煤技术条件	GB 14181—1997		2010/9/26	2011/2/1
12.13-3-37	12.13	27.040	K58	GB/T 14411—2008	轻型燃气轮机控制和保护系统	GB/T 14411—1993		2008/7/18	2009/1/1
12.13-3-38	12.13	23.060	K55	GB/T 14478—2012	大中型水轮机进水阀门基本技术条件	GB/T 14478—1993；GB 14478—1993		2012/6/29	2012/11/1

续表

序号	GW 分类	ICS 分类	GB 分类	标准号	中 文 名 称	代替标准	采用关系	发布日期	实施日期
12.13-3-39	12.13	71.100.80	G77	GB/T 14591—2016	水处理剂 聚合硫酸铁	GB 14591—2006		2016/12/13	2017/7/1
12.13-3-40	12.13	77.120.60	H62	GB/T 1472—2014	铅及铅锑合金管			2014/12/5	2015/5/1
12.13-3-41	12.13	27.040	K56	GB/T 14793—1993	燃气轮机总装技术条件			1993/12/28	1994/10/1
12.13-3-42	12.13	29.130.01	K43	GB/T 14824—2008	高压交流发电机断路器	GB/T 14824—1993		2008/9/24	2009/8/1
12.13-3-43	12.13	87.040	C82	GB 14907—2002	钢结构防火涂料	GB 14907—1994		2002/1/10	2002/8/1
12.13-3-44	12.13	73.040	D20	GB/T 15224.1—2010	煤炭质量分级 第 1 部分：灰分	GB/T 15224.1—2004		2010/9/26	2011/2/1
12.13-3-45	12.13	73.040	D20	GB/T 15224.2—2010	煤炭质量分级 第 2 部分：硫分	GB/T 15224.2—2004		2010/9/26	2011/2/1
12.13-3-46	12.13	73.040	D20	GB/T 15224.3—2010	煤炭质量分级 第 3 部分：发热量	GB/T 15224.3—2004		2010/9/26	2011/2/1
12.13-3-47	12.13	23.040.60	J15	GB/T 15601—2013	管法兰用金属包覆垫片	GB/T 15601—1995		2013/12/17	2014/10/1
12.13-3-48	12.13	27.040.	K56	GB/T 15736—2016	燃气轮机辅助设备通用技术要求	GB/T 15736—1995		2016/12/13	2017/7/1
12.13-3-49	12.13	13.220.50	C82	GB 15930—2007	建筑通风和排烟系统用防火阀门	GB 15930—1995； GB 15931—1995		2007/4/27	2008/1/1
12.13-3-50	12.13	91.100.10	Q11	GB/T 1596—2017	用于水泥和混凝土中的粉煤灰	GB/T 1596—2005		2017/7/12	2018/6/1
12.13-3-51	12.13	17.200.20	N11	GB/T 1598—2010	铂铑 10-铂热电偶丝、铂铑 13-铂热电偶丝、铂铑 30-铂铑 6 热电偶丝	GB/T 1598—1998； GB/T 2902—1998； GB/T 3772—1998		2010/12/1	2011/5/1
12.13-3-52	12.13	29.120	K48	GB/T 16316—1996	电气安装用导管配件的技术要求 第 1 部分：通用要求			1996/5/20	1997/1/1
12.13-3-53	12.13	73.040	D21	GB/T 16417—2011	煤炭可选性评定方法	GB/T 16417—1996		2011/9/29	2012/3/1
12.13-3-54	12.13	27.040	K58	GB/T 16637—2008	轻型燃气轮机电气设备通用技术要求	GB/T 16637—1996		2008/4/10	2008/10/1
12.13-3-55	12.13	81.080	Q45	GB/T 16763—2012	定形隔热耐火制品分类	GB/T 16763—1997	ISO 2245：2006	2012/11/5	2013/5/1
12.13-3-56	12.13	23.040.99	J15	GB/T 17116.1—2018	管道支吊架 第 1 部分：技术规范	GB/T 17116.1—1997		2018/3/15	2018/10/1
12.13-3-57	12.13	23.040.99	J15	GB/T 17116.2—2018	管道支吊架 第 2 部分：管道连接部件	GB/T 17116.2—1997		2018/2/6	2018/9/1
12.13-3-58	12.13	23.040.99	J15	GB/T 17116.3—2018	管道支吊架 第 3 部分：中间连接件和建筑结构连接件	GB/T 17116.3—1997		2018/3/15	2018/10/1
12.13-3-59	12.13	23.040.60	J15	GB/T 17185—2012	钢制法兰管件	GB/T 17185—1997		2012/12/31	2013/10/1
12.13-3-60	12.13	23.040.60	J15	GB/T 17186.1—2015	管法兰连接计算方法 第 1 部分：基于强度和刚度的计算方法	GB/T 17186—1997		2015/12/10	2016/7/1

续表

序号	GW 分类	ICS 分类	GB 分类	标准号	中　文　名　称	代替标准	采用关系	发布日期	实施日期
12.13-3-61	12.13	23.060.01	N16	GB/T 17213.2—2005	工业过程控制阀　第 2-1 部分：流通能力安装条件下流体流量的计算公式			2005/9/19	2006/4/1
12.13-3-62	12.13	23.060.01	N16	GB/T 17213.3—2005	工业过程控制阀　第 3-1 部分：尺寸两通球形直通控制阀法兰端面距和两通球形角形控制阀法兰中心至法兰端面的间距			2005/9/19	2006/4/1
12.13-3-63	12.13	23.060.01	N16	GB/T 17213.6—2005	工业过程控制阀　第 6-1 部分：定位器与控制阀执行机构连接的安装细节定位器在直行程执行机构上的安装			2005/9/19	2006/4/1
12.13-3-64	12.13	23.060.01	N16	GB/T 17213.9—2005	工业过程控制阀　第 2-3 部分：流通能力试验程序			2005/9/19	2006/4/1
12.13-3-65	12.13	23.060.01	N16	GB/T 17213.11—2005	工业过程控制阀　第 3-2 部分：尺寸角行程控制阀（蝶阀除外）的端面距			2005/9/19	2006/4/1
12.13-3-66	12.13	23.060.01	N16	GB/T 17213.12—2005	工业过程控制阀　第 3-3 部分：尺寸对焊式两通球形直通控制阀的端距			2005/9/19	2006/4/1
12.13-3-67	12.13	23.060.01	N16	GB/T 17213.13—2005	工业过程控制阀　第 6-2 部分：定位器与控制阀执行机构连接的安装细节定位器在角行程执行机构上的安装			2005/9/19	2006/4/1
12.13-3-68	12.13	23.060.01	N16	GB/T 17213.14—2005	工业过程控制阀　第 8-2 部分：噪声的考虑实验室内测量液动流流经控制阀产生的噪声			2005/9/19	2006/4/1
12.13-3-69	12.13	23.060.01	N16	GB/T 17213.15—2005	工业过程控制阀　第 8-3 部分：噪声的考虑空气动力流流经控制阀产生的噪声预测方法			2005/9/19	2006/4/1
12.13-3-70	12.13	75.160	D21	GB/T 18856.6—2008	水煤浆试验方法　第 6 部分：密度测定	GB/T 18856.9—2002		2008/7/29	2009/4/1
12.13-3-71	12.13	27.060.30	J98	GB/T 1921—2004	工业蒸汽锅炉参数系列	GB/T 1921—1988		2004/1/6	2004/6/1
12.13-3-72	12.13	13.030.40	J88	GB/T 19229.3—2012	燃煤烟气脱硫设备　第 3 部分：燃煤烟气海水脱硫设备			2012/11/5	2013/6/1
12.13-3-73	12.13	23.060.01	J16	GB/T 19672—2005	管线阀门技术条件			2005/2/21	2005/8/1
12.13-3-74	12.13	29.160.01	K20	GB/T 1971—2006	旋转电机线端标志与旋转方向	GB 1971—1980		2006/4/30	2007/1/1
12.13-3-75	12.13	29.160	K20	GB/T 1993—1993	旋转电机　冷却方法	GB 1993—1980		1993/6/28	1994/2/1
12.13-3-76	12.13			GB/T 20065—2016	预应力混凝土用螺纹钢筋	GB/T 20065—2006		2016/12/13	2017/9/1
12.13-3-77	12.13	29.160.30	K21	GB/T 20161—2008	变频器供电的笼型感应电动机应用导则	GB/T 20161—2006		2008/12/30	2009/10/1

续表

序号	GW 分类	ICS 分类	GB 分类	标准号	中文名称	代替标准	采用关系	发布日期	实施日期
12.13-3-78	12.13	83.140.30	G33	GB/T 20221—2006	无压埋地排污、排水用硬聚氯乙烯（PVC-U）管材	GB/T 10002.3—1996		2006/3/31	2006/10/1
12.13-3-79	12.13	77.150.44	H62	GB/T 20253—2006	可充电电池用冲孔镀镍钢带			2006/5/8	2006/10/1
12.13-3-80	12.13	77.140.75	H48	GB/T 20409—2006	高压锅炉用内螺纹无缝钢管			2006/8/16	2007/1/1
12.13-3-81	12.13	29.160	K20	GB/T 20834—2014	发电电动机基本技术条件	GB/T 20834—2007		2014/6/24	2015/1/22
12.13-3-82	12.13	77.150.30	H62	GB/T 2529—2012	导电用铜板和条	GB/T 2529—2005		2012/12/31	2013/10/1
12.13-3-83	12.13	29.160.20	K21	GB/T 26680—2011	永磁同步发电机技术条件			2011/6/16	2011/12/1
12.13-3-84	12.13	29.160.40	K52	GB/T 2820.1—2009	往复式内燃机驱动的交流发电机组　第 1 部分：用途、定额和性能	GB/T 2820.1—1997		2009/5/6	2009/11/1
12.13-3-85	12.13	29.160.40	K52	GB/T 2820.2—2009	往复式内燃机驱动的交流发电机组　第 2 部分：发动机	GB/T 2820.2—1997		2009/5/6	2009/11/1
12.13-3-86	12.13	29.160.40	K52	GB/T 2820.3—2009	往复式内燃机驱动的交流发电机组　第 3 部分：发电机组用交流发电机	GB/T 2820.3—1997		2009/5/6	2009/11/1
12.13-3-87	12.13	29.160.40	K52	GB/T 2820.4—2009	往复式内燃机驱动的交流发电机组　第 4 部分：控制装置和开关装置	GB/T 2820.4—1997		2009/5/6	2009/11/1
12.13-3-88	12.13	29.160.40	K52	GB/T 2820.5—2009	往复式内燃机驱动的交流发电机组　第 5 部分：发电机组	GB/T 2820.5—1997		2009/5/6	2009/11/1
12.13-3-89	12.13	29.160.40	K52	GB/T 2820.7—2002	往复式内燃机驱动的交流发电机组　第 7 部分：用于技术条件和设计的技术说明	GB 8365—1987；GB 2820—1990	ISO 8528-7：1994 EQV	2002/2/28	2003/3/1
12.13-3-90	12.13	29.160.40	K52	GB/T 2820.9—2002	往复式内燃机驱动的交流发电机组　第 9 部分：机械振动的测量和评价			2002/8/5	2003/4/1
12.13-3-91	12.13	29.160.40	K52	GB/T 2820.12—2002	往复式内燃机驱动的交流发电机组　第 12 部分：对安全装置的应急供电			2002/8/5	2003/4/1
12.13-3-92	12.13	27.100	K54	GB/T 28558—2012	超临界及超超临界机组参数系列			2012/6/29	2012/11/1
12.13-3-93	12.13	27.040	K54	GB/T 28559—2012	超临界及超超临界汽轮机叶片			2012/6/29	2012/11/1
12.13-3-94	12.13	29.160.40	K52	GB/T 28570—2012	水轮发电机组状态在线监测系统技术导则			2012/6/29	2012/11/1
12.13-3-95	12.13	77.040.10	H20	GB/T 2975—1998	钢及钢产品力学性能试验取样位置及试样制备	GB 2975—1982		1998/10/16	1999/8/1
12.13-3-96	12.13	77.140.75	H48	GB/T 3087—2008	低中压锅炉用无缝钢管	GB 3087—1999；GB 3087 E—1999		2008/10/24	2009/10/1
12.13-3-97	12.13	23.020.30	J74	GB/T 34019—2017	超高压容器			2017/7/12	2018/2/1

12

续表

序号	GW 分类	ICS 分类	GB 分类	标准号	中 文 名 称	代替标准	采用关系	发布日期	实施日期
12.13-3-98	12.13	17.200.20	N12	GB/T 34049—2017	智能流量仪表通用技术条件			2017/7/31	2018/2/1
12.13-3-99	12.13	17.200.20	N11	GB/T 34050—2017	智能温度仪表通用技术条件			2017/7/31	2018/2/1
12.13-3-100	12.13	77.120.50	H64	GB/T 3625—2007	换热器及冷凝器用钛及钛合金管	GB/T 3625—1995		2007/4/30	2007/11/1
12.13-3-101	12.13	25.160.20	J33	GB/T 3669—2001	铝及铝合金焊条	GB/T 3669—1983		2001/12/17	2002/6/1
12.13-3-102	12.13	27.100	N17	GB/T 38921—2020	火力发电厂汽轮机安全保护系统技术条件			2020/6/2	2020/12/1
12.13-3-103	12.13	23.060.01	N16	GB/T 4213—2008	气动调节阀	GB/T 4213—1992		2008/7/28	2009/2/1
12.13-3-104	12.13	73.040	D21	GB/T 475—2008	商品煤样人工采取方法	GB 475—1996		2008/12/4	2009/5/1
12.13-3-105	12.13	29.160.01	K20	GB/T 4772.2—1999	旋转电机 尺寸和输出功率等级 第 2 部分：机座号 355～1000 和凸缘号 1180～2360	GB 4772.2—1984；GB 4826—1984		1999/2/26	1999/9/1
12.13-3-106	12.13	93.160	P57	GB/T 50085—2007	喷灌工程技术规范	GBJ/T 85—1985；GBJ 85—1985		2007/4/6	2007/10/1
12.13-3-107	12.13	25.160.20	J33	GB/T 5118—2012	热强钢焊条	GB/T 5118—1995	ISO 3580：2010	2012/11/5	2013/3/1
12.13-3-108	12.13	25.160.20	J33	GB/T 5293—2018	埋弧焊用非合金钢及细晶粒钢实心焊丝、药芯焊丝和焊丝-焊剂组合分类要求	GB/T 5293—1999	ISO 14171：2016 MOD	2018/3/15	2018/10/1
12.13-3-109	12.13	77.140.75	H48	GB/T 5310—2017	高压锅炉用无缝钢管	GB/T 5310—2008		2017/12/29	2018/9/1
12.13-3-110	12.13	27.040	K54	GB/T 5578—2007	固定式发电用汽轮机规范	GB/T 5578—1985		2007/12/3	2008/5/1
12.13-3-111	12.13	77.140.80	J31	GB/T 5612—2008	铸铁牌号表示方法	GB 5612—1985		2008/3/3	2008/8/1
12.13-3-112	12.13	91.100.30	Q14	GB/T 5696—2006	预应力混凝土管	GB 5695—1994；GB 5696—1994		2006/9/8	2007/2/1
12.13-3-113	12.13	83.140.30	G33	GB/T 5836.1—2018	建筑排水用硬聚氯乙烯（PVC-U）管材	GB/T 5836.1—2006		2018/12/28	2019/7/1
12.13-3-114	12.13	83.140.30	G33	GB/T 5836.2—2018	建筑排水用硬聚氯乙烯（PVC-U）管件	GB/T 5836.2—2006		2018/12/28	2019/7/1
12.13-3-115	12.13	77.140.45	H40	GB/T 700—2006	碳素结构钢	GB/T 700—1988		2006/11/1	2007/2/1
12.13-3-116	12.13	29.160.20	K21	GB/T 7064—2017	隐极同步发电机技术要求	GB/T 7064—2008		2017/12/29	2018/7/1
12.13-3-117	12.13	77.140.50	H46	GB/T 713—2014	锅炉和压力容器用钢板		ISO 9328-2：2011	2014/6/24	2015/4/1
12.13-3-118	12.13	29.160.20	K21	GB/T 7409.3—2007	同步电机励磁系统大、中型同步发电机励磁系统技术要求	GB/T 7409.3—1997		2007/1/16	2007/8/1
12.13-3-119	12.13	27.040	K54	GB/T 754—2007	发电用汽轮机参数系列	GB 754—1965；GB 4773—1984		2007/12/3	2008/5/1

续表

序号	GW 分类	ICS 分类	GB 分类	标准号	中 文 名 称	代替标准	采用关系	发布日期	实施日期
12.13-3-120	12.13	29.160.01	K20	GB/T 755—2019	旋转电机　定额和性能	GB/T 755—2008	IEC 60034-1：2017	2019/12/10	2020/7/1
12.13-3-121	12.13	73.040	D23	GB/T 7562—2010	发电煤粉锅炉用煤技术条件	GB/T 7562—1998		2010/9/26	2011/2/1
12.13-3-122	12.13	77.140.60	H44	GB/T 8732—2014	汽轮机叶片用钢	GB/T 8732—2004		2014/9/30	2015/5/1
12.13-3-123	12.13	23.040.60	J15	GB/T 9130—2007	钢制管法兰用金属环垫技术条件	GB/T 9130—1988		2007/11/5	2008/2/1
12.13-3-124	12.13	21.120.40	N73	GB/T 9239.1—2006	机械振动恒态（刚性）转子平衡品质要求　第1部分：规范与平衡允差的检验	GB 9239—1988		2006/9/8	2007/2/1
12.13-3-125	12.13	77.080.10	J31	GB/T 9441—2009	球墨铸铁金相检验	GB/T 9441—1988		2009/10/30	2010/4/1
12.13-3-126	12.13	25.160.20	J33	GB/T 9460—2008	铜及铜合金焊丝	GB/T 9460—1988		2008/4/16	2008/10/1
12.13-3-127	12.13	25.220.40	A29	GB/T 9799—2011	金属及其他无机覆盖层钢铁上经过处理的锌电镀层	GB/T 9799—1997		2011/12/30	2012/10/1
12.13-3-128	12.13	25.160.20	J33	GB/T 983—2012	不锈钢焊条	GB/T 983—1995	ISO 3581：2003	2012/11/5	2013/3/1
12.13-3-129	12.13	25.160.20	J33	GB/T 984—2001	堆焊焊条	GB/T 984—1985		2001/12/17	2002/6/1
12.13-3-130	12.13	29.160.20	K20	GB/T 997—2008	旋转电机　结构型式、安装型式及接线盒位置的分类（IM 代码）	GB/T 997—2003		2008/4/24	2008/12/1
12.13-4-131	12.13	91.140.10	P46	CECS 206—2006	钢外护管真空复合保温预制直埋管道技术规程			2006/9/5	2006/11/1
12.13-4-132	12.13	91.080.10	P26	CECS 212—2006	预应力钢结构技术规程			2006/10/22	2006/12/1
12.13-4-133	12.13	91.140.80	Q81	CJ/T 177—2002	建筑排水用卡箍式铸铁管及管件			2003/6/1	2003/6/1
12.13-4-134	12.13	91.140.80	P42	CJ/T 178—2013	建筑排水用柔性接口承插式铸铁管及管件	CJ 3080—1998		2003/3/17	2003/10/1
12.13-4-135	12.13	27.100	P61	DL/T 1012—2006	火力发电厂汽轮机监视和保护系统验收测试规程			2006/9/14	2007/3/1
12.13-4-136	12.13			DL/T 1073—2019	发电厂厂用电源快速切换装置通用技术条件	DL/T 1073—2007		2019/6/4	2019/10/1
12.13-4-137	12.13	27.100	F20	DL/T 1128—2009	风冷式钢带输渣机			2009/7/22	2009/12/1
12.13-4-138	12.13	27.140	P59	DL/T 1134—2009	大坝安全监测数据自动采集装置			2009/7/22	2009/12/1
12.13-4-139	12.13	27.100	F24	DL/T 1257—2013	鼓形旋转滤网			2013/11/28	2014/4/1
12.13-4-140	12.13	27.060.30	J98	DL/T 1393—2014	火力发电厂锅炉汽包水位测量系统技术规程			2014/10/15	2015/3/1
12.13-4-141	12.13			DL/T 1429—2015	电站煤粉锅炉技术条件	SD 268—1988		2015/4/2	2015/9/1
12.13-4-142	12.13			DL/T 1493—2016	燃煤电厂超净电袋复合除尘器			2016/1/7	2016/6/1

序号	GW 分类	ICS 分类	GB 分类	标准号	中 文 名 称	代替标准	采用关系	发布日期	实施日期
12.13-4-143	12.13			DL/T 1521—2016	火力发电厂微米级干雾除尘装置			2016/1/7	2016/6/1
12.13-4-144	12.13			DL/T 1668—2016	火电厂燃煤管理技术导则	SD 322—1989		2016/12/5	2017/5/1
12.13-4-145	12.13	27.100	K59	DL/T 245—2012	发电厂直接空冷凝汽器单排管管束			2012/4/6	2012/7/1
12.13-4-146	12.13	27.100	F24	DL/T 260—2012	燃煤电厂烟气脱硝装置性能验收试验规范			2012/4/6	2012/7/1
12.13-4-147	12.13	27.060.30	J98	DL/T 299—2011	火电厂风机、水泵节能用内反馈调速装置应用技术条件			2011/7/28	2011/11/1
12.13-4-148	12.13	27.100	F29	DL/T 337—2010	给煤机故障诊断及煤仓自动疏松装置			2011/1/9	2011/5/1
12.13-4-149	12.13			DL/T 387—2019	火力发电厂烟气袋式除尘器选型导则	DL/T 387—2010		2019/6/4	2019/10/1
12.13-4-150	12.13	27.060.01	J98	DL/T 455—2008	锅炉暖风器	DL 455—1991		2008/6/4	2008/11/1
12.13-4-151	12.13	27.100	F22	DL/T 466—2004	电站磨煤机及制粉系统选型导则	DL 466—1992		2004/3/9	2004/6/1
12.13-4-152	12.13			DL/T 468—2019	电站锅炉风机选型和使用导则	DL/T 468—2004		2019/6/4	2019/10/1
12.13-4-153	12.13	27.060.30	J98	DL/T 471—1992	锅炉锅筒内部装置制造安装导则			1992/5/16	1992/11/1
12.13-4-154	12.13	29.120.20	K15	DL/T 492—2009	发电机环氧云母定子绕组绝缘老化鉴定导则	DL 492—1992		2009/7/22	2009/12/1
12.13-4-155	12.13			DL/T 515—2018	电站弯管	DL/T 515—2004		2018/4/3	2018/7/1
12.13-4-156	12.13	23.060.99	J16	DL/T 530—1994	水力除灰排渣阀技术条件			1994/3/18	1994/10/1
12.13-4-157	12.13			DL/T 531—2016	电站高温高压截止阀闸阀技术条件	DL/T 531—1994; DL 531—1994		2016/12/5	2017/5/1
12.13-4-158	12.13	75.160.10	D20	DL/T 569—2007	汽车、船舶运输煤样的人工采取方法	DL 569—1995; DL 576—1995		2007/7/20	2007/12/1
12.13-4-159	12.13			DL/T 583—2018	大中型水轮发电机静止整流励磁系统技术条件	DL/T 583—2006		2018/4/3	2018/7/1
12.13-4-160	12.13	25.040.40	N17	DL/T 589—2010	火力发电厂燃煤锅炉的检测与控制技术条件	DL 589—1996		2010/5/1	2010/10/1
12.13-4-161	12.13	27.100	F23	DL/T 616—2006	火力发电厂汽水管道与支吊架维修调整导则	DL 616—1997		2006/5/6	2006/10/1
12.13-4-162	12.13	29.020	K47	DL/T 646—2012	输变电钢管结构制造技术条件	DL/T 646—2006		2012/8/23	2012/12/1
12.13-4-163	12.13	27.100	J98	DL/T 648—2014	叶轮给粉机	DL/T 648—1998		2014/10/15	2015/3/1
12.13-4-164	12.13	27.100	J98	DL/T 649—2014	叶轮给煤机	DL/T 649—1998		2014/10/15	2015/3/1
12.13-4-165	12.13	29.160.20	K52	DL/T 651—1998	氢冷发电机氢气湿度的技术要求			1998/3/19	1998/9/1

续表

序号	GW 分类	ICS 分类	GB 分类	标准号	中文名称	代替标准	采用关系	发布日期	实施日期
12.13-4-166	12.13	23.040.01	Q83	DL/T 680—1999	耐磨管道技术条件	DL/T 680—2015		1999/8/2	1999/10/1
12.13-4-167	12.13			DL/T 681.1—2019	燃煤电厂磨煤机耐磨件技术条件　第 1 部分：球磨机　磨球和衬板	DL/T 681—2012		2019/6/4	2019/10/1
12.13-4-168	12.13	81.080	J98；P20	DL/T 693—1999	烟囱混凝土耐酸防腐蚀涂料			2000/2/24	2000/7/1
12.13-4-169	12.13	23.040.10	F23	DL/T 695—2014	电站钢制对焊管件	DL/T 695—1999		2014/3/18	2014/8/1
12.13-4-170	12.13	23.040.01	P61	DL/T 715—2015	火力发电厂金属材料选用导则	DL/T 715—2000		2015/4/2	2015/9/1
12.13-4-171	12.13	23.060.99	J16	DL/T 716—2000	电站隔膜阀选用导则			2000/11/3	2001/1/1
12.13-4-172	12.13			DL/T 746—2016	电站蝶阀选用导则	DL/T 746—2001；DL 746—2001		2016/12/5	2017/5/1
12.13-4-173	12.13	81.080	F23	DL/T 777—2012	火力发电厂锅炉耐火材料	DL/T 777—2001		2012/8/23	2012/12/1
12.13-4-174	12.13	27.100	F23	DL/T 801—2010	大型发电机内冷却水质及系统技术要求	DL 801—2002		2011/1/9	2011/5/1
12.13-4-175	12.13			DL/T 806—2013	火力发电厂循环水用阻垢缓蚀剂	DL/T 806—2002		2013/3/7	2013/8/1
12.13-4-176	12.13			DL/T 831—2015	大容量煤粉燃烧锅炉炉膛选型导则	DL/T 831—2002		2015/4/2	2015/9/1
12.13-4-177	12.13	29.160.40	K21	DL/T 843—2010	大型汽轮发电机励磁系统技术条件	DL 650—1998；DL 843—2003		2011/1/9	2011/5/1
12.13-4-178	12.13	27.100	F29	DL/T 850—2004	电站配管			2004/3/9	2004/6/1
12.13-4-179	12.13	27.100	F22	DL/T 855—2004	电力基本建设火电设备维护保管规程	SDJ 68—1984		2004/3/9	2004/6/1
12.13-4-180	12.13	27.100	F23	DL/T 867—2004	粉煤灰中砷、镉、铬、铜、镍、铅和锌的分析方法（原子吸收分光光度法）			2004/3/9	2004/6/1
12.13-4-181	12.13	27.100	F20	DL/Z 870—2004	火力发电企业设备点检定修管理导则			2004/3/9	2004/6/1
12.13-4-182	12.13	27.100	J99	DL/T 892—2004	电站汽轮机技术条件	SD 269—1988		2004/10/20	2005/4/1
12.13-4-183	12.13	81.080	F23；Q10	DL/T 901—2004	火力发电厂烟囱（烟道）内衬防腐材料			2004/12/14	2005/6/1
12.13-4-184	12.13	23.060.99	J16	DL/T 906—2004	仓泵进、出料阀			2004/12/14	2005/6/1
12.13-4-185	12.13	27.060.01	J98；F20	DL/T 910—2004	灰渣脱水仓			2004/12/14	2005/6/1
12.13-4-186	12.13			DL/T 922—2016	火力发电用钢制通用阀门订货、验收导则	DL/T 922—2005；DL 922—2005		2016/12/5	2017/5/1
12.13-4-187	12.13			DL/T 923—2016	火力发电用止回阀技术导则	DL/T 923—2005；DL 923—2005		2016/12/5	2017/5/1

续表

序号	GW 分类	ICS 分类	GB 分类	标准号	中 文 名 称	代替标准	采用关系	发布日期	实施日期
12.13-4-188	12.13	23.040.10	F29；F21	DL/T 935—2005	钢塑复合管和管件			2005/2/14	2005/6/1
12.13-4-189	12.13	27.100	F23；F21	DL/T 936—2005	火力发电厂热力设备耐火及保温检修导则	DL 638—1997		2005/2/14	2005/6/1
12.13-4-190	12.13	27.100	F23；F21	DL/T 940—2005	火力发电厂蒸汽管道寿命评估技术导则			2005/2/14	2005/7/1
12.13-4-191	12.13	27.060.30	J98	DL/T 959—2050	电站锅炉安全阀技术规程	DL/T 959—2014		2020/10/23	2021/2/1
12.13-4-192	12.13	27.100	F20；F21	DL/T 965—2005	热力设备检验机构基本能力要求			2005/2/14	2005/7/1
12.13-4-193	12.13	77.040.01	F24	DL/T 999—2006	电站用 2.25Cr-1Mo 钢球化评级标准			2006/5/6	2006/10/1
12.13-4-194	12.13			DLGJ 167—2004	火力发电厂调节阀选型导则			2004/10/19	2004/12/31
12.13-4-195	12.13	91.010.01	P04	HG/T 21544—2006	预埋件通用图	HG 21544—1992		2006/10/4	2007/4/1
12.13-4-196	12.13	71.100.99	G77	HG/T 2230—2006	水处理剂十二烷基二甲基苄基氯化铵	HG/T 2230—1991		2007/3/1	2007/3/1
12.13-4-197	12.13	71.100.01	G76	HG/T 2762—2006	水处理剂产品分类和代号命名	HG 2762—1996		2007/3/1	2007/3/1
12.13-4-198	12.13	71.100.99	G77	HG/T 3926—2007	水处理剂 2-羟基膦酰基乙酸（HPAA）			2007/4/13	2007/10/1
12.13-4-199	12.13		P60	HJ 2039—2014	火电厂除尘工程技术规范			2014/6/10	2014/9/1
12.13-4-200	12.13	29.160.30	K24	JB/T 10184—2014	交流伺服驱动器通用技术条件	JB/T 10184—2000		2014/5/6	2014/10/1
12.13-4-201	12.13	29.160.10	K20	JB/T 10634—2006	中小型笼型三相异步电动机接线盒			2006/10/14	2007/4/1
12.13-4-202	12.13	25.100.10	J41	JB/T 10719—2007	焊接聚晶金刚石或立方氮化硼槽刀			2007/3/6	2007/9/1
12.13-4-203	12.13	25.100.10	J41	JB/T 10720—2007	焊接聚晶金刚石或立方氮化硼车刀			2007/3/6	2007/9/1
12.13-4-204	12.13	25.100.10	J41	JB/T 10721—2007	焊接聚晶金刚石或立方氮化硼铰刀			2007/3/6	2007/9/1
12.13-4-205	12.13	25.100.10	J41	JB/T 10722—2007	焊接聚晶金刚石或立方氮化硼立铣刀			2007/3/6	2007/9/1
12.13-4-206	12.13	25.100.10	J41	JB/T 10723—2007	焊接聚晶金刚石或立方氮化硼镗刀			2007/3/6	2007/9/1
12.13-4-207	12.13	23.060.99	J16	JB/T 11150—2011	波纹管密封钢制截止阀			2011/5/18	2011/8/1
12.13-4-208	12.13	13.030	J88	JB/T 11261—2012	燃煤电厂锅炉尾气治理袋式除尘器用滤料			2012/5/24	2012/11/1
12.13-4-209	12.13	13.060.30	J88	JB/T 11390—2013	火力发电厂化学废水处理设备			2013/4/25	2013/9/1
12.13-4-210	12.13	13.030.40	J88	JB/T 11638—2013	湿式电除尘器			2013/10/17	2014/3/1
12.13-4-211	12.13	13.030.40	J88	JB/T 11639—2013	除尘用高频高压整流设备			2013/10/17	2014/3/1
12.13-4-212	12.13	13.030.40	J88	JB/T 11640—2013	电除尘器用电磁锤振打器			2013/10/17	2014/3/1
12.13-4-213	12.13	13.030.40	J88	JB/T 11641—2013	电除尘器用高分子绝缘轴			2013/10/17	2014/3/1

序号	GW 分类	ICS 分类	GB 分类	标准号	中　文　名　称	代替标准	采用关系	发布日期	实施日期
12.13-4-214	12.13	13.030.40	J88	JB/T 11648—2013	燃煤烟气电石渣湿法脱硫设备			2013/10/17	2014/3/1
12.13-4-215	12.13	13.030.40	J88	JB/T 11650—2013	循环流化床锅炉石灰石粉一级输送系统			2013/10/17	2014/3/1
12.13-4-216	12.13	29.160.30	J88	JB/T 11816—2014	小型无刷三相同步发电机技术条件	JB/T 3320.1—2000		2014/5/6	2014/10/1
12.13-4-217	12.13	29.160.30	K21	JB/T 11817—2014	小型单相同步发电机技术条件	JB/T 3320.2—2000		2014/5/6	2014/10/1
12.13-4-218	12.13	27.060.01	J98	JB/T 1617—1999	电站锅炉产品型号编制方法	JB 1617—1975		1999/8/6	2000/1/1
12.13-4-219	12.13	73.120	D95	JB/T 2444—2008	煤用座式双轴振动筛	JB 2444—1999		2008/6/4	2008/11/1
12.13-4-220	12.13	27.060.01	J98	JB/T 2637—1993	锅炉承压球墨铸铁件技术条件	JB 2637—1981		1993/6/1	1994/1/1
12.13-4-221	12.13	27.060.01	J98	JB/T 2639—1993	锅炉承压灰铸铁件技术条件	JB 2639—1981		1993/6/1	1994/1/1
12.13-4-222	12.13		K56	JB/T 2783—1992	燃气轮机型号编制方法	JB 2783—1979		1992/6/16	1993/1/1
12.13-4-223	12.13		K54	JB/T 2900—2019	汽轮机油漆技术条件	JB 2900—1992		2019/12/24	2020/10/01
12.13-4-224	12.13		J98	JB/T 2932—1999	水处理设备技术条件	JB 2932—1986; ZBJ 98003—1986		1999/8/6	2000/1/1
12.13-4-225	12.13			JB/T 3329—2016	汽轮机旋转零部件　静平衡	JB/T 3329—1999		2016/10/22	2017/4/1
12.13-4-226	12.13	27.060	J98	JB/T 3375—2002	锅炉用材料入厂验收规则	JB 3375—1991		2002/7/16	2002/12/1
12.13-4-227	12.13		J98	JB/T 3725—1999	锅炉除渣设备名称和型号编制方法	JB 3725—1984		1999/8/6	2000/1/1
12.13-4-228	12.13		J98	JB/T 3726—1999	锅炉除渣设备通用技术条件	JB 3726.1—1984; JB 3726.2—1984; JB 3726.3—1984; JB 3726.4—1984		1999/8/6	2000/1/1
12.13-4-229	12.13	29.120.70	K45	JB/T 3962—2002	综合重合闸技术条件	JB 3962—1991		2002/7/16	2002/12/1
12.13-4-230	12.13		J98	JB/T 4194—1999	锅炉直流式煤粉燃烧器制造技术条件	JB 4194—1986		1999/8/6	2000/1/1
12.13-4-231	12.13		J74	JB/T 4746—2002	钢制压力容器用封头	JB 576—1964; JB 4729—1994; JB 4737—1995; JB 4738—1995; JB 4739—1995		2002/8/22	2003/3/1
12.13-4-232	12.13		K45	JB/T 5780—1991	发电机转子接地保护装置技术条件			1991/10/17	1992/10/1
12.13-4-233	12.13		K56	JB/T 5884—1991	燃气轮机：控制与保护系统			1991/10/24	1992/10/1
12.13-4-234	12.13		K48	JB/T 5889—1991	绝缘子用有色金属铸件技术条件			1991/10/24	1992/10/1

序号	GW 分类	ICS 分类	GB 分类	标准号	中　文　名　称	代替标准	采用关系	发布日期	实施日期
12.13-4-235	12.13	13.030.40	J88	JB/T 5910—2013	电除尘器	JB/T 5910—2005		2013/10/17	2014/3/1
12.13-4-236	12.13		K56	JB/T 6224—1992	燃气轮机质量控制规范			1992/6/16	1993/1/1
12.13-4-237	12.13		J98	JB/T 6696—1993	电站锅炉技术条件			1993/6/1	1994/1/1
12.13-4-238	12.13	29.160.30	K22	JB/T 6741—2013	YSD 系列变极双速三相异步电动机	JB/T 6741—1993		2013/12/31	2014/7/1
12.13-4-239	12.13	77.140.80	J31	JB/T 7024—2014	300MW 以上汽轮机缸体铸钢件技术条件	JB/T 7024—2002		2014/7/9	2014/11/1
12.13-4-240	12.13	77.140.85	J32	JB/T 7027—2014	300MW 以上汽轮机转子体锻件技术条件	JB/T 7027—2002		2014/5/6	2014/10/1
12.13-4-241	12.13	77.140.85	J32	JB/T 7030—2014	汽轮发电机 Mn18Cr18N 无磁性护环锻件技术条件	JB/T 7030—2002；JB/T 1268—2002		2014/7/9	2014/11/1
12.13-4-242	12.13	29.180	K41	JB/T 7069—2004	变压器用压力释放阀试验导则	JB/T 7065—2015		2004/6/17	2004/11/1
12.13-4-243	12.13	29.160.30	K22	JB/T 7118—2014	YVF2 系列（IP54）变频调速专用三相异步电动机技术条件（机座号 80～355）	JB/T 7118—2004		2014/5/6	2014/10/1
12.13-4-244	12.13	29.160	K22	JB/T 7591—2007	小型单相异步电动机起动元件通用技术条件	JB 7591—1994		2007/5/29	2007/11/1
12.13-4-245	12.13	29.080.99	K49	JB/T 7617—1994	六氟化硫罐式无间隙金属氧化物避雷器			1994/12/9	1995/6/1
12.13-4-246	12.13		K56	JB/T 7822—1995	燃气轮机：电气设备通用技术条件			1995/11/24	1996/7/1
12.13-4-247	12.13	29.120.70；29.240.30	K45	JB/T 8171—1999	发电机低励磁阻抗保护装置	JB 8171—1995		1999/8/6	2000/1/1
12.13-4-248	12.13	29.240.30	K45	JB/T 8172—1999	发电机定子接地保护装置	JB 8172—1995		1999/8/6	2000/1/1
12.13-4-249	12.13	27.040	K54	JB/T 8184—2017	汽轮机低压给水加热器　技术条件	JB/T 8184—1999		2017/11/7	2018/4/1
12.13-4-250	12.13	77.140.85	J32	JB/T 8705—2014	50MW 以下汽轮发电机无中心孔转子锻件技术条件	JB/T 8705—1998		2014/7/9	2014/11/1
12.13-4-251	12.13	77.140.85	J32	JB/T 8706—2014	50MW～200MW 汽轮发电机无中心孔转子锻件技术条件	JB/T 8706—1998		2014/7/9	2014/11/1
12.13-4-252	12.13	77.140.85	J32	JB/T 8707—2014	300MW 以上汽轮机无中心孔转子锻件技术条件	JB/T 8707—1998		2014/5/6	2014/10/1
12.13-4-253	12.13	77.140.85	J32	JB/T 8708—2014	300MW～600MW 汽轮发电机无中心孔转子锻件技术条件	JB/T 8708—1998		2014/7/9	2014/11/1
12.13-4-254	12.13	23.060.99	J16	JB/T 8864—2018	阀门气动装置　技术条件	JB/T 8864—2004		2018/4/30	2018/12/1
12.13-4-255	12.13		K81	JB/T 8948—1999	电控设备用低压直流电源			1999/8/6	2000/1/1

续表

序号	GW 分类	ICS 分类	GB 分类	标准号	中文名称	代替标准	采用关系	发布日期	实施日期
12.13-4-256	12.13		K56	JB/T 8953.1—1999	燃气-蒸汽联合循环设备采购：基本信息		ISO3977：1995-11-09	1999/8/16	2000/1/1
12.13-4-257	12.13		K56	JB/T 8953.2—1999	燃气-蒸汽联合循环设备采购：汽轮机		IEC 60045-1：1991 NEQ	1999/8/16	2000/1/1
12.13-4-258	12.13		K56	JB/T 8953.3—1999	燃气-蒸汽联合循环设备采购：余热锅炉		ISO3977：1995	1999/8/16	2000/1/1
12.13-4-259	12.13	29.160.20	K21	JB/T 8981—2011	有刷三相同步发电机技术条件（机座号 132～400）	JB/T 8981—1999		2011/12/20	2012/4/1
12.13-4-260	12.13		K20	JB/T 8993—1999	大型发电机寿命管理数据库导则			1999/8/6	2000/1/1
12.13-4-261	12.13	73.120	D95	JB/T 938—2010	煤用单轴振动筛	JB 938—1999		2010/2/21	2010/7/1
12.13-4-262	12.13	29.240.30	K45	JB/T 9572—1999	发电机逆功率保护装置和逆功率继电器	ZBK 45024—1990		1999/8/6	2000/1/1
12.13-4-263	12.13	29.240.30	K45	JB/T 9573—1999	发电机匝间短路保护装置及继电器	ZBK 45025—1990		1999/8/6	2000/1/1
12.13-4-264	12.13		J98	JB/T 9623—1999	火力发电厂排气消声器技术条件	ZBJ 93004—1989		1999/8/6	2000/1/1
12.13-4-265	12.13		J98	JB/T 9625—1999	锅炉管道附件承压铸钢件技术条件	ZBJ 98015—1989		1999/8/6	2000/1/1
12.13-4-266	12.13		J98	JB/T 9626—1999	锅炉锻件技术条件	ZBJ 98016—1989		1999/8/6	2000/1/1
12.13-4-267	12.13		K54	JB/T 9631—1999	汽轮机铸铁件技术条件	ZBK 54005—1987		1999/8/6	2000/1/1
12.13-4-268	12.13		K54	JB/T 9632—1999	汽轮机主汽管和再热汽管的弯管：技术条件	ZBK 54006—1987		1999/8/6	2000/1/1
12.13-4-269	12.13	27.040	K54	JB/T 9635—2017	发电用汽轮机型号编制方法	JB/T 9635—1999		2017/11/7	2018/4/1
12.13-4-270	12.13	27.040	K54	JB/T 9636—2017	汽轮机辅机型号编制方法	JB/T 9636—1999		2017/11/7	2018/4/1
12.13-4-271	12.13		K41	JB/T 9639—1999	封闭母线	ZBK 11001—1988		1999/8/6	2000/1/1
12.13-4-272	12.13		J98	JB/T 9667—1999	水处理设备型号编制方法	ZBJ 98002—1987		1999/8/6	2000/1/1
12.13-4-273	12.13	13.020.40	J88	JB/T 9688—2015	电除尘用晶闸管控制高压电源			2015/4/30	2015/10/1
12.13-4-274	12.13	91.100.99	Q12	JC/T 1011—2006	混凝土抗硫酸盐类侵蚀防腐剂			2006/5/12	2006/11/1
12.13-4-275	12.13	91.120.30	Q17	JC/T 1017—2006	建筑防水涂料用聚合物乳液			2006/11/3	2007/4/1
12.13-4-276	12.13	91.120.30	Q17	JC/T 1018—2006	水性渗透型无机防水剂			2006/11/3	2007/4/1
12.13-4-277	12.13	91.110	Q92	JC/T 1032—2007	预应力钢筒混凝土管和三阶段管用缠丝机			2007/5/29	2007/11/1
12.13-4-278	12.13	91.110	Q92	JC/T 1033—2007	预应力钢筒混凝土管用钢筒螺旋卷焊机			2007/5/29	2007/11/1
12.13-4-279	12.13	91.110	Q92	JC/T 1034—2007	预应力钢筒混凝土管管模			2007/5/29	2007/11/1
12.13-4-280	12.13	91.100.50	Q24	JC/T 1041—2007	混凝土裂缝用环氧树脂灌浆材料			2007/5/29	2007/11/1

续表

序号	GW 分类	ICS 分类	GB 分类	标准号	中 文 名 称	代替标准	采用关系	发布日期	实施日期
12.13-4-281	12.13	91.110	Q92	JC/T 532—2007	建材机械钢焊接件通用技术条件	JC 532—1994		2007/5/29	2007/11/1
12.13-4-282	12.13	77.140.65	Q14	JC/T 540—2006	混凝土制品用冷拔低碳钢丝	JC 540—1994		2006/5/12	2006/11/1
12.13-4-283	12.13	91.110	Q92	JC/T 877—2007	预应力钢筒混凝土管和三阶段管用辊射机	JC 877—2001		2007/5/29	2007/11/1
12.13-4-284	12.13	83.120	K15	JC/T 988—2006	电缆用玻璃钢保护管			2006/1/17	2006/7/1
12.13-4-285	12.13			JG/T 188—2010	混凝土节水保湿养护膜	JG 188—2006		2010/8/3	2010/12/1
12.13-4-286	12.13	73.040	D21	MT/T 561—2008	煤的固定碳分级	MT 561—1996		2008/11/19	2009/1/1
12.13-4-287	12.13	73.040	D21	MT/T 596—2008	烟煤黏结指数分级	MT 596—1996		2008/11/19	2009/1/1
12.13-4-288	12.13	73.040	D21	MT/T 736—1997	无烟煤电阻率测定方法			1997/12/12	1998/7/1
12.13-4-289	12.13	75.160.10	D27	MT/T 809—1999	选煤试验方法一般规定			1999/3/24	1999/8/1
12.13-4-290	12.13	27.120.99	F63	NB/T 42008—2013	往复式内燃燃气发电机组产品名称和型号编制规则			2013/11/28	2014/4/1
12.13-4-291	12.13	27.120.99	F63	NB/T 42009—2013	往复式内燃燃气发电机组安全要求			2013/11/28	2014/4/1
12.13-4-292	12.13	27.120.99	F63	NB/T 42010—2013	往复式内燃燃气发电机组术语			2013/11/28	2014/4/1
12.13-4-293	12.13	27.120.99	F63	NB/T 42011—2013	往复式内燃燃气发电机组气体燃料分类、组分及处理技术要求			2013/11/28	2014/4/1
12.13-4-294	12.13	27.120.99	F63	NB/T 42017—2013	往复式内燃燃气发电机组功率和燃料消耗率换算方法			2013/11/28	2014/4/1
12.13-4-295	12.13	29.240.01	K45	NB/T 42121—2017	火电机组辅机变频器低电压穿越技术规范			2017/8/2	2017/12/1
12.13-4-296	12.13	77.040.20	H26	NB/T 47013.1—2015	承压设备无损检测　第 1 部分：通用要求	JB/T 4730.1—2005		2015/4/2	2015/9/1
12.13-4-297	12.13	77.040.20	H26	NB/T 47013.2—2015	承压设备无损检测　第 2 部分：射线检测	JB/T 4730.2—2005		2015/4/2	2015/9/1
12.13-4-298	12.13	77.040.20	H26	NB/T 47013.3—2015	承压设备无损检测　第 3 部分：超声检测	JB/T 4730.3—2005		2015/4/2	2015/9/1
12.13-4-299	12.13	77.040.20	H26	NB/T 47013.4—2015	承压设备无损检测　第 4 部分：磁粉检测	JB/T 4730.4—2005		2015/4/2	2015/9/1
12.13-4-300	12.13	77.040.20	H26	NB/T 47013.5—2015	承压设备无损检测　第 5 部分：渗透检测	JB/T 4730.5—2005		2015/4/2	2015/9/1
12.13-4-301	12.13	77.040.20	H26	NB/T 47013.6—2015	承压设备无损检测　第 6 部分：涡流检测	JB/T 4730.6—2005		2015/4/2	2015/9/1
12.13-4-302	12.13			NB/T 47020—2012	压力容器法兰分类与技术条件	JB/T 4700—2000		2012/11/9	2013/3/1

序号	GW 分类	ICS 分类	GB 分类	标准号	中 文 名 称	代替标准	采用关系	发布日期	实施日期
12.13-4-303	12.13			NB/T 47063—2017	电站安全阀	JB/T 9624—1999		2017/12/27	2018/6/1
12.13-4-304	12.13		F25	NDGJ 91—1989	火力发电厂电子计算机监视系统设计技术规定			1989/10/1	1989/10/1
12.13-4-305	12.13	07.060	N93	SL 370—2006	土工试验仪器环刀			2007/3/1	2007/6/1
12.13-4-306	12.13			YB/T 5137—2018	高压用热轧和锻制无缝钢管圆管坯	YB/T 5137—2007		2018/2/9	2018/7/1
12.13-5-307	12.13	23.040.10	H48	ASTM A 106MA—2006	高温设备用无缝碳素钢管规范	ASTM A 106 M—2004；ASTM A 106 M A—2004；ASTM A 106 M A e1—2004；ASTM A 106 M A EA—2004；ASTM A 106 M B—2004；ASTM A 106 M—2006		2006/3/1	2006/3/1
12.13-5-308	12.13	23.040.10（Iron and steel pipes）	H48	ASTM A 335 M—2011	高温用无缝铁合金钢管的标准规格	ASTM A 335 M—2010		2011/1/1	2011/1/1
12.13-5-309	12.13	29.080.30；29.160；29.160.01	K20	IEC 60034-18-1：2010	旋转电机　第 18-1 部分：绝缘系统的功能性评估总指南	IEC 60034-18-1 CORRI 1：1992；IEC 60034-18-1 CORRI 1：1992；IEC 60034-18-1：1992；IEC 60034-18-1 AMD 1：1996；IEC 2/1583/FDIS：2009		2010/3/1	2010/3/1
12.13-5-310	12.13	29.160	K20	IEC 60034-18-32：2010	旋转电机　第 18-32 部分：绝缘系统的功能性评定模绕线组用试验规程电气耐久性的评定	IEC TR 60034-18-32：1995；IEC 2/1580/CDV：2009		2010/10/1	2010/10/1
12.13-5-311	12.13	29.080.30；29.160.01	K20	IEC 60034-18-41：2014	旋转电机　第 18-41 部分：电压转换器馈电的旋转电机用抗局部放电电气绝缘系统（I 型）.鉴定和质量控制试验	IEC TS 60034-18-41：2006；IEC 2/1728/FDIS：2013		2014/3/1	2014/3/1
12.13-5-312	12.13	29.160.01	K20	IEC 60034-2-2：2010	旋转电机　第 2-2 部分：试验中大型机械的分离损失测定用特殊方法补充件 IEC 60034-2-1	IEC 2/1585/FDIS：2009		2010/3/1	2010/3/1
12.13-5-313	12.13	29.160.01	K20	IEC 60034-26：2006	旋转电机　第 26 部分：不平衡电压对三相感应发动机性能的影响	IEC TS 60034-26 CORRI 1：2002；IEC TS 60034-26 CORRI 1：2002；IEC TS 60034-26：2002；IEC 2/1391/FDIS：2006		2006/7/1	2006/7/1

续表

序号	GW 分类	ICS 分类	GB 分类	标准号	中　文　名　称	代替标准	采用关系	发布日期	实施日期
12.13-5-314	12.13	29.160		IEC 60034-27：2006	旋转电机　第 27 部分：在旋转电机的缠绕绝缘体定子上的局部离线放电测量			2006/12/14	2006/12/14
12.13-5-315	12.13	29.160.01	K20	IEC 60034-5：2006	旋转电机　第 5 部分：旋转电机整体设计防护等级（IP 代码）分类			2006/11/1	2006/11/1
12.13-5-316	12.13	29.260.20	K35	IEC 60079-26：2014	电气设备　第 26 部分：设备保护水平（EPL）镓的设备	IEC 60079-26：2006；IEC 60079-26 CORRI 1：2009；IEC 60079-26 CORRI 1：2009；IEC 31/1146/FDIS：2014		2014/10/1	2014/10/1

12.14　设备、材料-水电

序号	GW 分类	ICS 分类	GB 分类	标准号	中　文　名　称	代替标准	采用关系	发布日期	实施日期
12.14-3-1	12.14	27.140	K55	GB/T 10969—2008	水轮机、蓄能泵和水泵水轮机通流部件技术条件	GB/T 10969—1996		2008/6/30	2009/4/1
12.14-3-2	12.14	27.140	K55	GB/T 11805—2019	水轮发电机组自动化元件（装置）及其系统基本技术条件	GB/T 11805—2008		2019/6/4	2020/1/1
12.14-3-3	12.14	27.140	K55	GB/T 15468—2006	水轮机基本技术条件	GB/T 15468—1995		2006/3/6	2006/8/1
12.14-3-4	12.14	27.140	K55	GB/T 15469.1—2008	水轮机、蓄能泵和水泵水轮机空蚀评定　第 1 部分：反击式水轮机的空蚀评定	GB/T 15469—1995		2008/6/30	2009/4/1
12.14-3-5	12.14	77.140.50	H46	GB/T 31946—2015	水电站压力钢管用钢板			2015/9/11	2016/6/1
12.14-3-6	12.14	23.080	J71	GB/T 3216—2016	回转动力泵　水力性能验收试验　1 级、2 级和 3 级	GB/T 3216—2005	ISO 9906：2012	2016/8/29	2017/3/1
12.14-3-7	12.14	29.160.20	K21	GB/T 7894—2009	水轮发电机基本技术条件	GB/T 7894—2001		2009/11/15	2010/4/1
12.14-4-8	12.14			DL/T 1024—2015	水电仿真机技术规范			2015/7/1	2015/12/1
12.14-4-9	12.14	27.100	K52	DL/T 1067—2007	蒸发冷却水轮发电机（发电/电动机）基本技术条件			2007/7/20	2007/12/1
12.14-4-10	12.14	27.140	P59	DL/T 1548—2016	水轮机调节系统设计与应用导则			2016/1/7	2016/6/1
12.14-4-11	12.14			DL/T 1627—2016	水轮发电机励磁系统晶闸管整流桥技术条件			2016/12/5	2017/5/1
12.14-4-12	12.14			DL/T 1628—2016	水轮发电机励磁变压器技术条件			2016/12/5	2017/5/1
12.14-4-13	12.14			DL/T 1666—2016	水电站水调自动化系统技术条件			2016/12/5	2017/5/1
12.14-4-14	12.14	27.140	P59	DL/T 1803—2018	水电厂辅助设备控制装置技术条件			2018/4/3	2018/7/1

续表

序号	GW 分类	ICS 分类	GB 分类	标准号	中 文 名 称	代替标准	采用关系	发布日期	实施日期
12.14-4-15	12.14			DL/T 1804—2018	水轮发电机组振动摆度装置技术条件			2018/4/3	2018/7/1
12.14-4-16	12.14	27.140	P55	DL/T 1819—2018	抽水蓄能电站静止变频装置技术条件			2018/4/3	2018/7/1
12.14-4-17	12.14			DL/T 2018—2019	抽水蓄能发电电动机变压器组继电保护装置技术条件			2019/6/4	2019/10/1
12.14-4-18	12.14	27.100	K51	DL/T 295—2011	抽水蓄能机组自动控制系统技术条件			2011/7/28	2011/11/1
12.14-4-19	12.14	27.140	F20	DL/T 321—2012	水力发电厂计算机监控系统与厂内设备及系统通信技术规定			2012/1/4	2012/3/1
12.14-4-20	12.14	27.140	P59	DL/T 327—2010	步进式垂线坐标仪			2011/1/9	2011/5/1
12.14-4-21	12.14			DL/T 443—2016	水轮发电机组及其附属设备出厂检验导则	DL 443—1991；DL/T 443—1991		2016/1/7	2016/6/1
12.14-4-22	12.14	27.100	K55	DL/T 444—1991	反击式水轮机气蚀损坏评定标准	SD 343—1989		1991/10/28	1992/4/1
12.14-4-23	12.14	13.060.99	K04；Q81	DL/T 458—1999	板框式旋转滤网	DL 458—1991		2000/2/24	2000/7/1
12.14-4-24	12.14	27.140	P59	DL/T 5065—2009	水力发电厂计算机监控系统设计规范	DL 5065—1996		2009/7/22	2009/12/1
12.14-4-25	12.14	27.140	P59	DL/T 5215—2005	水工建筑物止水带技术规范			2005/2/14	2005/6/1
12.14-4-26	12.14	27.100	F22	DL/T 5358—2006	水电水利工程金属结构设备防腐蚀技术规程			2006/12/17	2007/5/1
12.14-4-27	12.14	27.100	K52	DL/T 556—2016	水轮发电机组振动监测装置设置导则	DL/T 556—1994		2016/1/7	2016/6/1
12.14-4-28	12.14	27.140	P59	DL/T 563—2016	水轮机电液调节系统及装置技术规程	DL/T 563—2004		2016/1/7	2016/6/1
12.14-4-29	12.14	27.100	F20	DL/T 578—2008	水电厂计算机监控系统基本技术条件	DL 578—1995		2008/6/4	2008/11/1
12.14-4-30	12.14	27.140	K55	DL/T 622—2012	立式水轮发电机弹性金属塑料推力轴瓦技术条件	DL 622—1997		2012/1/4	2012/3/1
12.14-4-31	12.14	29.160.20	K55	DL/T 730—2000	进口水轮发电机（发电/电动机）设备技术规程			2000/11/3	2001/1/1
12.14-4-32	12.14	27.140	F22	DL/T 822—2012	水电厂计算机监控系统试验验收规程	DL/T 822—2002		2012/8/23	2012/12/1
12.14-4-33	12.14	27.140	J86	DL/T 896—2004	QPKY 型水工平面快速闸门液压启闭机基本参数	SD 114—1983		2004/10/20	2005/4/1
12.14-4-34	12.14	27.140	J86	DL/T 897—2004	QPPY Ⅰ、Ⅱ型水工平面闸门液压启闭机基本参数	SD 207—1987		2004/10/20	2005/4/1
12.14-4-35	12.14	27.140	J86	DL/T 898—2004	QP 型卷扬式启闭机系列参数	SD 296—1988		2004/10/20	2005/4/1
12.14-4-36	12.14	27.140	F29；J80	DL/T 946—2005	水利电力建设用起重机	SD 160—1985		2005/2/14	2005/6/1

续表

序号	GW 分类	ICS 分类	GB 分类	标准号	中 文 名 称	代替标准	采用关系	发布日期	实施日期
12.14-4-37	12.14	27.100	Q24；P59	DL/T 949—2005	水工建筑物塑性嵌缝密封材料技术标准			2005/2/14	2005/6/1
12.14-4-38	12.14	29.160.20	K20	JB/T 10180—2014	水轮发电机推力轴承弹性金属塑料瓦技术条件	JB/T 10180—2000		2014/5/6	2014/10/1
12.14-4-39	12.14	77.140.85	J32	JB/T 10265—2014	水轮发电机上下圆盘锻件技术条件	JB/T 10265—2001		2014/7/9	2014/11/1
12.14-4-40	12.14	23.080	J70	JB/T 12213—2015	水电站技术供水可调式射流泵装置			2015/4/30	2015/10/1
12.14-4-41	12.14	23.060.10	J16	JB/T 12620—2016	水轮机进水液动球阀技术条件			2016/1/15	2016/6/1
12.14-4-42	12.14	27.140	K55	JB/T 2832—2004	水轮机调速器及油压装置型号编制方法	JB 2832—1993		2004/3/9	2004/6/1
12.14-4-43	12.14	29.160.10	K21	JB/T 3334.1—2013	水轮发电机用制动器　第 1 部分：水轮发电机用立式制动器			2013/12/31	2014/7/1
12.14-4-44	12.14	29.160.10	K21	JB/T 3334.2—2013	水轮发电机用制动器　第 2 部分：水轮发电机用卧式制动器			2013/12/31	2014/7/1
12.14-4-45	12.14		K21	JB/T 6507—1992	小型三相异步水轮发电机　系列技术条件			1992/12/21	1993/5/1
12.14-4-46	12.14	27.140	K55	JB/T 7072—2004	水轮机调速器及油压装置系列型谱	JB 7072—1993		2004/3/9	2004/6/1
12.14-4-47	12.14	77.140.80	J31	JB/T 7349—2014	水轮机不锈钢叶片铸件	JB/T 7349—2002；JB/T 7350—2002		2014/5/6	2014/10/1
12.14-4-48	12.14		K55	JB/T 9579—1999	水轮机型号编制方法	ZBK 55002—1989		1999/8/6	2000/1/1
12.14-4-49	12.14			NB/T 35088—2016	水电机组机械液压过速保护装置基本技术条件			2016/12/5	2017/5/1
12.14-4-50	12.14			NB/T 35089—2016	水轮机筒形阀技术规范			2016/12/5	2017/5/1
12.14-4-51	12.14	27.140	K55	NB/T 42054—2015	小型水轮机操作器技术条件			2015/7/1	2015/12/1
12.14-4-52	12.14	27.140	K55	NB/T 42056—2015	小型水轮机进水阀门基本技术条件			2015/7/1	2015/12/1
12.14-4-53	12.14	27.140	K55	NB/T 42161—2018	微小型水轮发电机组电子负荷控制器技术条件			2018/6/6	2018/10/1
12.14-4-54	12.14	27.140	K55	NB/T 42163—2018	小水电机组自并励励磁系统技术条件			2018/6/6	2018/10/1
12.14-4-55	12.14	27.100	P59	SD 113—1983	水利平面闸门液压启闭机基本参数（6～100 吨、2×6～2×100 吨）			1983/12/9	1984/1/1
12.14-4-56	12.14	93.020	N93	SD 124—1984	水文水电工程岩石测试仪器系列型谱			1984/11/27	1985/12/1
12.14-4-57	12.14	07.060	N93	SL 108—2006	水文仪器及水利水文自动化系统型号命名方法	SL 108—1995		2006/4/24	2006/7/1
12.14-4-58	12.14	23.080	J71	SL 140—2006	水泵模型及装置模型验收试验规程	SL 140—1997		2007/2/2	2007/5/2
12.14-4-59	12.14	07.060	A44	SL 149—2013	水文数据固态存储装置通用技术条件	SL/T 149—1995		2013/1/14	2013/1/14

续表

序号	GW 分类	ICS 分类	GB 分类	标准号	中文名称	代替标准	采用关系	发布日期	实施日期
12.14-4-60	12.14	33.200	M54	SL 180—2015	水文自动测报系统设备　遥测终端机	SL/T 180—1996		2015/2/2	2015/5/2
12.14-4-61	12.14		N93	SL/T 181—1996	水文自动测报系统设备中继机			1996/1/1	1996/1/1
12.14-4-62	12.14		N93	SL/T 182—1996	水文自动测报系统设备前置通信控制机			1996/9/16	1996/10/1
12.14-4-63	12.14		P55	SL/T 241—1999	水利水电建设用起重机技术条件	SD 160—1985		1999/9/10	1999/12/1
12.14-4-64	12.14	07.060	N93	SL 361—2006	大坝观测仪器位移计			2007/2/2	2007/5/2
12.14-4-65	12.14	07.060	N93	SL 362—2006	大坝观测仪器测斜仪			2007/2/2	2007/5/2
12.14-4-66	12.14	07.060	N93	SL 363—2006	大坝观测仪器锚杆测力计			2007/2/2	2007/5/2
12.14-4-67	12.14	07.060	N93	SL 369—2006	大坝监测仪器—集线箱			2007/3/1	2007/6/1

12.15　设备、材料-通信设备材料

序号	GW 分类	ICS 分类	GB 分类	标准号	中文名称	代替标准	采用关系	发布日期	实施日期
12.15-2-1	12.15			Q/GDW 10429—2017	智能变电站网络交换机技术规范	Q/GDW 1429—2012		2018/9/26	2018/9/26
12.15-2-2	12.15	29.240		Q/GDW 11119—2013	应急通信车技术规范			2014/5/15	2014/5/15
12.15-2-3	12.15	29.240		Q/GDW 11349—2014	光传送网（OTN）通信工程验收规范			2015/5/29	2015/5/29
12.15-2-4	12.15	29.240		Q/GDW/Z 11394.2—2015	国家电网公司频率同步网技术基础　第 2 部分：同步网节点时钟设备技术要求			2015/8/5	2015/8/5
12.15-2-5	12.15	29.240		Q/GDW 11394.4—2016	国家电网公司频率同步网技术基础　第 4 部分：频率同步承载设备时钟（SEC、EEC、PEC）技术要求			2016/12/22	2016/12/22
12.15-2-6	12.15	29.240		Q/GDW 11413—2015	配电自动化无线公网通信模块技术规范			2016/3/31	2016/3/31
12.15-2-7	12.15	29.240		Q/GDW 11438.1—2015	IMS 行政交换网设备　第 1 部分：核心网设备			2016/7/26	2016/7/26
12.15-2-8	12.15	29.240		Q/GDW 11438.2—2015	IMS 行政交换网设备　第 2 部分：会话边界控制设备			2016/7/26	2016/7/26
12.15-2-9	12.15	29.240		Q/GDW 11438.3—2015	IMS 行政交换网设备　第 3 部分：接入设备			2016/7/26	2016/7/26
12.15-2-10	12.15	29.240		Q/GDW 11438.4—2015	IMS 行政交换网设备　第 4 部分：SIP 终端			2016/7/26	2016/7/26
12.15-2-11	12.15	29.240		Q/GDW 11627—2016	变电站数据通信网关机技术规范			2017/7/31	2017/7/31
12.15-2-12	12.15	29.240.30		Q/GDW 11637—2016	2M 保护通道切换装置技术规范			2017/7/12	2017/7/12

序号	GW 分类	ICS 分类	GB 分类	标准号	中　文　名　称	代替标准	采用关系	发布日期	实施日期
12.15-2-13	12.15			Q/GDW 11703—2017	电力视频监控设备技术规范			2018/3/5	2018/3/5
12.15-2-14	12.15			Q/GDW 11759—2017	电网一次设备电子标签技术规范			2018/8/15	2018/8/15
12.15-3-15	12.15	29.020		Q/GDW 521—2010	光纤复合低压电缆			2011/3/31	2011/3/31
12.15-3-16	12.15	33.180.10	M33	GB/T 12357.4—2016	通信用多模光纤　第 4 部分：A4 类多模光纤特性	GB/T 12357.4—2004	IEC 60793-2-40: 2009 NEQ	2016/4/25	2016/11/1
12.15-3-17	12.15	33.180.10	M33	GB/T 13993.1—2016	通信光缆　第 1 部分：总则	GB/T 13993.1—2004		2016/4/25	2016/11/1
12.15-3-18	12.15	33.180.10	M33	GB/T 13993.2—2014	通信光缆　第 2 部分：核心网用室外光缆			2014/12/5	2015/4/1
12.15-3-19	12.15	33.180.10	M33	GB/T 13993.3—2014	通信光缆　第 3 部分：综合布线用室内光缆			2014/12/5	2015/4/1
12.15-3-20	12.15	33.180.10	M33	GB/T 13993.4—2014	通信光缆　第 4 部分：接入网用室外光缆			2014/12/5	2015/4/1
12.15-3-21	12.15	17.180.99	N35	GB/T 14075—2008	光纤色散测试仪技术条件	GB/T 14075—1993		2008/10/7	2009/4/1
12.15-3-22	12.15	33.100	L06	GB/T 15540—2006	陆地移动通信设备电磁兼容技术要求和测量方法	GB 15540—1995	ETSI EN 301489-1 V1.4.1-2002 NEQ	2006/7/25	2007/5/1
12.15-3-23	12.15	33.180.10	L51	GB/T 16529.2—1997	光纤光缆接头　第 2 部分：分规范光纤光缆接头盒和集纤盘		IEC 1073-2：1993 QC 850100 IDT	1997/12/4	1998/10/1
12.15-3-24	12.15	33.180.10	L51	GB/T 16529.3—1997	光纤光缆接头　第 3 部分：分规范光纤光缆熔接式接头		IEC 1073-3：1993 QC 850200 IDT	1997/12/4	1998/10/1
12.15-3-25	12.15	33.180.10	L51	GB/T 16529.4—1997	光纤光缆接头　第 4 部分：分规范光纤光缆机械式接头		IEC 1073-4：1994 QC 850200 IDT	1997/12/4	1998/10/1
12.15-3-26	12.15	33.180.10	L51	GB/T 16529—1996	光纤光缆接头　第 1 部分：总规范构件和配件		IEC 1073-1：1994 QC 850000 IDT	1996/9/9	1997/5/1
12.15-3-27	12.15	33.060.01	M36	GB/T 16611—2017	无线数据传输收发信机通用规范	GB/T 16611—1996；GB/T 18120—2000	IEC 60489-6：1999 NEQ	2017/5/31	2017/12/1
12.15-3-28	12.15	33.180.10	M33	GB/T 16849—2008	光纤放大器总规范	GB/T 16849—1997		2008/10/7	2009/4/1
12.15-3-29	12.15	33.180.20	L23	GB/T 17570—2019	光纤熔接机通用规范	GB/T 17570—1998		2019/8/30	2020/3/1
12.15-3-30	12.15	29.060.20	K13	GB/T 18015.1—2007	数字通信用对绞或星绞多芯对称电缆　第 1 部分：总规范	GB/T 18015.1—1999；GB/T 18015.1—2017	IEC 61156-1：2002 IDT	2007/1/23	2007/8/1
12.15-3-31	12.15	29.060.20	K13	GB/T 18015.2—2007	数字通信用对绞或星绞多芯对称电缆　第 2 部分：水平层布线电缆分规范	GB/T 18015.2—1999	IEC 61156-2：2003 IDT	2007/1/23	2007/8/1
12.15-3-32	12.15	29.060.20	K13	GB/T 18015.3—2007	数字通信用对绞或星绞多芯对称电缆　第 3 部分：工作区布线电缆分规范	GB/T 18015.4—1999	IEC 61156-3：2003 IDT	2007/1/23	2007/8/1

续表

序号	GW 分类	ICS 分类	GB 分类	标准号	中文名称	代替标准	采用关系	发布日期	实施日期
12.15-3-33	12.15	29.060.20	K13	GB/T 18015.4—2007	数字通信用对绞或星绞多芯对称电缆　第4部分：垂直布线电缆分规范	GB/T 18015.6—1999	IEC 61156-4：2003 IDT	2007/1/23	2007/8/1
12.15-3-34	12.15	29.060.20	K13	GB/T 18015.5—2007	数字通信用对绞或星绞多芯对称电缆　第5部分：具有600MHz及以下传输特性的对绞或星绞对称电缆水平层布线电缆分规范	GB/T 18015.5—1999	IEC 61156-5：2002 IDT	2007/1/23	2007/8/1
12.15-3-35	12.15	29.060.20	K13	GB/T 18015.6—2007	数字通信用对绞或星绞多芯对称电缆　第6部分：具有600MHz及以下传输特性的对绞或星绞对称电缆工作区布线电缆分规范	GB/T 18015.6—1999	IEC 61156-6：2002 IDT	2007/1/23	2007/8/1
12.15-3-36	12.15	29.060.20	K13	GB/T 18015.21—2007	数字通信用对绞或星绞多芯对称电缆　第21部分：水平层布线电缆空白详细规范	GB/T 18015.3—1999	IEC 61156-2-1：2003 IDT	2007/1/23	2007/8/1
12.15-3-37	12.15	29.060.20	K13	GB/T 18015.22—2007	数字通信用对绞或星绞多芯对称电缆　第22部分：水平层布线电缆能力认可分规范		IEC 61156-2-2：2001 IDT	2007/1/23	2007/8/1
12.15-3-38	12.15	29.060.20	K13	GB/T 18015.31—2007	数字通信用对绞或星绞多芯对称电缆　第31部分：工作区布线电缆空白详细规范	GB/T 18015.5—1999	IEC 61156-3-1：2003 IDT	2007/1/23	2007/8/1
12.15-3-39	12.15	29.060.20	K13	GB/T 18015.32—2007	数字通信用对绞或星绞多芯对称电缆　第32部分：工作区布线电缆能力认可分规范		IEC 61156-3-2：2001 IDT	2007/1/23	2007/8/1
12.15-3-40	12.15	29.060.20	K13	GB/T 18015.41—2007	数字通信用对绞或星绞多芯对称电缆　第41部分：垂直布线电缆空白详细规范	GB/T 18015.7—1999	IEC 61156-4-1：2003 IDT	2007/1/23	2007/8/1
12.15-3-41	12.15	29.060.20	K13	GB/T 18015.42—2007	数字通信用对绞或星绞多芯对称电缆　第42部分：垂直布线电缆能力认可分规范		IEC 61156-4-2：2001 IDT	2007/1/23	2007/8/1
12.15-3-42	12.15	33.040	M33	GB/T 21642.1—2008	基于IP网络的视讯会议系统设备技术要求　第1部分：多点控制器（MC）			2008/4/10	2008/11/1
12.15-3-43	12.15	33.040	M33	GB/T 21642.2—2008	基于IP网络的视讯会议系统设备技术要求　第2部分：多点处理器（MP）			2008/4/10	2008/11/1
12.15-3-44	12.15	33.040.40	M32	GB/T 21642.3—2012	基于IP网络的视讯会议系统设备技术要求　第3部分：多点控制单元（MCU）			2012/6/29	2012/10/1
12.15-3-45	12.15	33.040.40	M32	GB/T 21642.4—2012	基于IP网络的视讯会议系统设备技术要求　第4部分：网守（GK）			2012/6/29	2012/10/1
12.15-3-46	12.15	33.040.20	M33	GB/T 24367.1—2009	自动交换光网络（ASON）节点设备技术要求　第1部分：基于SDH的ASON节点设备技术要求			2009/9/30	2009/12/1
12.15-3-47	12.15	33.060.01	M36	GB/T 26256—2010	2.4GHz频段无线电通信设备的相互干扰限制与共存要求及测试方法			2011/1/14	2011/6/1

序号	GW 分类	ICS 分类	GB 分类	标准号	中　文　名　称	代替标准	采用关系	发布日期	实施日期
12.15-3-48	12.15	33.020	M30	GB/T 26262—2010	通信产品节能分级导则			2011/1/14	2011/6/1
12.15-3-49	12.15	33.040.40	M32	GB/T 28499.1—2012	基于 IP 网络的视讯会议终端设备技术要求　第 1 部分：基于 ITU-TH 323 协议的终端			2012/6/29	2012/10/1
12.15-3-50	12.15	33.180.01	M33	GB/T 29232—2012	650nm 百兆以太网塑料光纤网络适配器			2012/12/31	2013/6/1
12.15-3-51	12.15	29.060.20	K13	GB/T 29839—2013	额定电压 1kV（U_m=1.2kV）及以下光纤复合低压电缆			2013/11/12	2014/3/7
12.15-3-52	12.15	29.035.20	K15	GB/T 31990.1—2015	塑料光纤电力信息传输系统技术规范　第 1 部分：技术要求			2015/9/11	2016/4/1
12.15-3-53	12.15	29.035.20	K15	GB/T 31990.2—2015	塑料光纤电力信息传输系统技术规范　第 2 部分：收发通信单元			2015/9/11	2016/4/1
12.15-3-54	12.15	29.035.20	K15	GB/T 31990.3—2015	塑料光纤电力信息传输系统技术规范　第 3 部分：光电收发模块			2015/9/11	2016/4/1
12.15-3-55	12.15	33.200	V55	GB/T 33987—2017	S/X/Ka 三频低轨遥感卫星地面接收系统技术要求			2017/7/12	2018/2/1
12.15-3-56	12.15	25.040.40	N11	GB/T 34037—2017	物联网差压变送器规范			2017/7/31	2018/2/1
12.15-3-57	12.15	25.040	N10	GB/T 34040—2017	工业通信网络　功能安全现场总线行规　通用规则和行规定义			2017/7/31	2018/2/1
12.15-3-58	12.15	29.020	L10	GB/T 34068—2017	物联网总体技术　智能传感器接口规范			2017/7/31	2018/2/1
12.15-3-59	12.15	29.020	L10	GB/T 34069—2017	物联网总体技术　智能传感器特性与分类			2017/7/31	2018/2/1
12.15-3-60	12.15	25.040.40		GB/T 34070—2017	物联网电流变送器规范			2017/7/31	2018/2/1
12.15-3-61	12.15	25.040	N10	GB/T 34071—2017	物联网总体技术　智能传感器可靠性设计方法与评审			2017/7/31	2018/2/1
12.15-3-62	12.15	25.040.40	N11	GB/T 34072—2017	物联网温度变送器规范			2017/7/31	2018/2/1
12.15-3-63	12.15	25.040.40	N11	GB/T 34073—2017	物联网压力变送器规范			2017/7/31	2018/2/1
12.15-3-64	12.15	35.180		GB/T 34980.1—2017	智能终端软件平台技术要求　第 1 部分：操作系统			2017/11/1	2018/5/1
12.15-3-65	12.15			GB/T 34980.2—2017	智能终端软件平台技术要求　第 2 部分：应用与服务			2017/11/1	2018/5/1
12.15-3-66	12.15	35.020；91.060.3	L63；P32	GB/T 36340—2018	防静电活动地板通用规范	SJ/T 10796—2001		2018/6/7	2019/1/1

序号	GW 分类	ICS 分类	GB 分类	标准号	中　文　名　称	代替标准	采用关系	发布日期	实施日期
12.15-3-67	12.15	35.240.15	L70	GB/T 36435—2018	信息技术　射频识别　2.45GHz 读写器通用规范			2018/6/7	2019/1/1
12.15-3-68	12.15	35.040	L64	GB/Z 36442.1—2018	信息技术　用于物品管理的射频识别　实现指南　第 1 部分：无源超高频 RFID 标签			2018/6/7	2019/1/1
12.15-3-69	12.15	35.110	L79	GB/T 38624.1—2020	物联网　网关　第 1 部分：面向感知设备接入的网关技术要求			2020/4/28	2020/11/1
12.15-3-70	12.15	33.060.40	M31	GB/T 7329—2008	电力线载波结合设备	GB/T 7329—1998	IEC 60481：1974 NEQ	2008/3/25	2008/10/1
12.15-3-71	12.15	33.180.10	M33	GB/T 7424.1—2003	光缆总规范　第 1 部分：总则	GB/T 7424.1—1998	IEC 60794-1-1：2001 MOD	2003/11/24	2004/8/1
12.15-3-72	12.15	33.180.10	M33	GB/T 7424.2—2008	光缆总规范　第 2 部分：光缆基本试验方法	GB/T 7424.2—2002；GB/T 7424.24—2020	IEC 60794-1-2：2003 MOD	2008/3/31	2008/11/1
12.15-3-73	12.15	33.180.10	M33	GB/T 7424.3—2003	光缆　第 3 部分：分规范-室外光缆		IEC 60794-3：2001 MOD	2003/7/2	2003/10/1
12.15-3-74	12.15	33.180.10	M33	GB/T 7424.4—2003	光缆　第 4-1 部分：分规范光纤复合架空地线		IEC 60794-1：1999 NEQ	2003/11/24	2004/8/1
12.15-3-75	12.15	33.180.10	M33	GB/T 7424.5—2012	光缆　第 5 部分：分规范用于气吹安装的微型光缆和光纤单元		IEC 60794-5：2006 MOD	2012/6/29	2012/10/1
12.15-3-76	12.15	33.040.20	M19	GB/T 7611—2016	数字网系列比特率电接口特性	GB/T 7611—2001		2016/4/25	2016/12/1
12.15-3-77	12.15	33.020	M04	GB/T 9043—2008	通信设备过电压保护用气体放电管通用技术条件	GB/T 9043—1999	ITU-TK.12(2006) NEQ	2008/3/31	2008/11/1
12.15-3-78	12.15	33.180.10	M33	GB/T 9771.1—2020	通信用单模光纤　第 1 部分：非色散位移单模光纤特性	GB/T 9771.1—2008		2020/6/2	2020/12/1
12.15-3-79	12.15	33.180.10	M33	GB/T 9771.2—2020	通信用单模光纤　第 2 部分：截止波长位移单模光纤特性	GB/T 9771.2—2008		2020/6/2	2020/12/1
12.15-3-80	12.15	33.180.10	M33	GB/T 9771.3—2020	通信用单模光纤　第 3 部分：波长段扩展的非色散位移单模光纤特性	GB/T 9771.3—2008		2020/6/2	2020/12/1
12.15-3-81	12.15	33.180.10	M33	GB/T 9771.4—2020	通信用单模光纤　第 4 部分：色散位移单模光纤特性	GB/T 9771.4—2008		2020/6/2	2020/12/1
12.15-3-82	12.15	33.180.10	M33	GB/T 9771.5—2020	通信用单模光纤　第 5 部分：非零色散位移单模光纤特性	GB/T 9771.5—2008		2020/6/2	2020/12/1
12.15-3-83	12.15	33.180.10	M33	GB/T 9771.6—2020	通信用单模光纤　第 6 部分：宽波长段光传输用非零色散单模光纤特性	GB/T 9771.6—2008		2020/6/2	2020/12/1
12.15-4-84	12.15	33.180.10	M33	GB/T 9771.7—2012	通信用单模光纤　第 7 部分：接入网用弯曲损耗不敏感单模光纤特性			2012/6/29	2012/10/1

续表

序号	GW 分类	ICS 分类	GB 分类	标准号	中　文　名　称	代替标准	采用关系	发布日期	实施日期
12.15-4-85	12.15	29.240.30	F21	DL/T 1241—2013	电力工业以太网交换机技术规范			2013/3/7	2013/8/1
12.15-4-86	12.15		K00	DL/T 1336—2014	电力通信站光伏电源系统技术要求			2014/3/18	2014/8/1
12.15-4-87	12.15	27.100	F23	DL/T 1614—2016	电力应急指挥通信车技术规范			2016/8/16	2016/12/1
12.15-4-88	12.15	29.080.10	K48	DL/T 1897—2018	交、直流架空线路用长棒形瓷绝缘子串元件　使用导则			2018/12/25	2019/5/1
12.15-4-89	12.15	33.180.99	M30	DL/T 1899.1—2018	电力架空光缆接头盒　第 1 部分：光纤复合架空地线接头盒			2018/12/25	2019/5/1
12.15-4-90	12.15	33.180.99	M30	DL/T 1899.2—2018	电力架空光缆接头盒　第 2 部分：全介质自承式光缆接头盒			2018/12/25	2019/5/1
12.15-4-91	12.15	33.180.99	M30	DL/T 1899.3—2018	电力架空光缆接头盒　第 3 部分：光纤复合架空相线接头盒			2018/12/25	2019/5/1
12.15-4-92	12.15	29.240	K45	DL/T 1944—2018	智能变电站手持式光数字信号试验装置技术规范			2018/12/25	2019/5/1
12.15-4-93	12.15	29.240	F29	DL/T 329—2010	基于 DL/T 860 的变电站低压电源设备通信接口			2011/1/9	2011/5/1
12.15-4-94	12.15	33.180.10	M30	DL/T 788—2016	全介质自承式光缆	DL/T 788—2001		2016/1/7	2016/6/1
12.15-4-95	12.15	27.100	F29	DL/T 795—2016	电力系统数字调度交换机	DL/T 795—2001		2016/12/5	2017/5/1
12.15-4-96	12.15	33.200	M50	SJ/T 11423—2010	GPS 授时型接收设备通用规范			2010/12/29	2011/1/1
12.15-4-97	12.15	35.220.20	L63	SJ/T 11655—2016	信息技术移动存储移动硬盘通用规范			2016/4/5	2016/9/1
12.15-4-98	12.15	33.040.20	M33	YD/T 1017—2011	同步数字体系（SDH）网络节点接口	YD 1017—1999		2011/5/18	2011/6/1
12.15-4-99	12.15	33.04	M10	YD/T 1095—2018	通信用交流不间断电源（UPS）	YD/T 1095—2008		2018/4/30	2018/7/1
12.15-4-100	12.15	33.040.40	M32	YD/T 1096—2009	路由器设备技术要求边缘路由器	YD 1096—2001		2009/6/15	2009/9/1
12.15-4-101	12.15	33.040.40	M32	YD/T 1097—2009	路由器设备技术要求核心路由器	YD 1097—2001		2009/6/15	2009/9/1
12.15-4-102	12.15	33.040.40	M32	YD/T 1099—2013	以太网交换机技术要求	YD/T 1099—2005		2013/10/17	2014/1/1
12.15-4-103	12.15	33.180.01	M33	YD/T 1183—2013	光纤模拟传输用光接收组件技术条件	YD/T 1183—2002		2013/10/17	2014/1/1
12.15-4-104	12.15	3.180.20	M33	YD/T 1198.1—2014	光纤活动连接器插芯技术条件	YD/T 1198—2002		2014/10/14	2014/10/14
12.15-4-105	12.15	33.040.40	M32	YD/T 1243.4—2008	媒体网关设备技术要求——支持多媒体业务部分			2008/3/28	2008/6/1

续表

序号	GW 分类	ICS 分类	GB 分类	标准号	中　文　名　称	代替标准	采用关系	发布日期	实施日期
12.15-4-106	12.15	33.040.30	M32	YD/T 1255—2013	具有路由功能的以太网交换机技术要求	YD/T 1255—2003		2013/10/17	2014/1/1
12.15-4-107	12.15	33.180.10	M33	YD/T 1258.1—2015	室内光缆　第 1 部分：总则	YD/T 1258.1—2003		2015/4/30	2015/7/1
12.15-4-108	12.15	33.180.20	M33	YD/T 1272.4—2018	光纤活动连接器　第 4 部分：FC 型	YD/T 1272.4—2007		2018/12/21	2019/4/1
12.15-4-109	12.15	33.180.10	M33	YD/T 1272.6—2015	光纤活动连接器　第 6 部分：MC 型			2015/4/30	2015/7/1
12.15-4-110	12.15	33.040.40	M36	YD/T 1292—2011	基于 H.248 的媒体网关控制协议技术要求	YD 1292—2003		2011/5/18	2011/6/1
12.15-4-111	12.15	33.120.10	M42	YD/T 1319—2013	通信电缆　无线通信用 50Ω 泡沫聚烯烃绝缘编织外导体射频同轴电缆	YD/T 1319—2004		2013/4/25	2013/6/1
12.15-4-112	12.15	29.200	M41	YD/T 1436—2014	室外型通信电源系统	YD/T 1436—2006		2014/10/14	2014/10/14
12.15-4-113	12.15	33.180	M33	YD/T 1437—2014	数字配线架	YD/T 1437—2006		2014/10/14	2014/10/14
12.15-4-114	12.15	33.180.10	M33	YD/T 1447—2013	通信用塑料光纤	YD/T 1447—2006		2013/4/25	2013/6/1
12.15-4-115	12.15		K04	YD/T 1482—2006	电信设备电磁环境的分类			2006/6/8	2006/10/1
12.15-4-116	12.15	33.040.40	M32	YD/T 1627—2007	以太网交换机设备安全技术要求			2007/4/16	2007/10/1
12.15-4-117	12.15	33.040.40	M32	YD/T 1629—2007	具有路由功能的以太网交换机设备安全技术要求			2007/4/16	2007/10/1
12.15-4-118	12.15	33.050.99	M40	YD/T 1686—2011	IP 电话终端设备语音质量及传输性能技术要求和测试方法	YD/T 1686—2007		2011/5/18	2011/6/1
12.15-4-119	12.15	33.180.20	M33	YD/T 1688.2—2010	xPON 光收发合一模块技术条件　第 2 部分：用于 EPON 光线路终端/光网络单元（OLT/ONU）的光收发合一模块			2010/12/29	2011/1/1
12.15-4-120	12.15	33.180.01	M33	YD/T 1688.3—2017	xPON 光收发合一模块技术条件　第 3 部分：用于 GPON 光线路终端/光网络单元（OLT/ONU）的光收发合一模块	YD/T 1688.3—2011		2017/4/12	2017/7/1
12.15-4-121	12.15	33.180.01	M33	YD/T 1688.7—2017	xPON 光收发合一模块技术条件　第 7 部分：内置 MAC 功能的光网络单元（ONU）光收发合一模块			2017/4/12	2017/7/1
12.15-4-122	12.15	33.040.40	M32	YD/T 1691—2007	具有内容交换功能的以太网交换机设备技术要求			2007/9/29	2008/1/1
12.15-4-123	12.15	33.040.40	M32	YD/T 1693—2007	基于光纤通道的 IP 存储交换机技术要求			2007/9/29	2008/1/1
12.15-4-124	12.15	33.180.99	M33	YD/T 1714—2007	密集波分复用光配线架			2007/9/29	2008/1/1

续表

序号	GW 分类	ICS 分类	GB 分类	标准号	中 文 名 称	代替标准	采用关系	发布日期	实施日期
12.15-4-125	12.15	33.120.01	M37	YD/T 1760—2012	数字移动终端外围接口数据交换技术要求	YD/T 1760.2—2008；YD/T 1760.1—2008		2012/12/28	2013/3/1
12.15-4-126	12.15	29.2	M41	YD/T 1817—2017	通信设备用直流远供电源系统	YD/T 1817—2008		2017/4/12	2017/7/1
12.15-4-127	12.15	33.04	M10	YD/T 1818—2018	电信数据中心电源系统	YD/T 1818—2008		2018/4/30	2018/7/1
12.15-4-128	12.15	33.120.99	M42	YD/T 1819—2016	通信设备用综合集装架	YD/T 1819—2008		2016/7/11	2016/10/1
12.15-4-129	12.15	33.040.40	M32	YD/T 1905—2009	IPv6 网络设备安全技术要求——宽带网络接入服务器			2009/6/15	2009/9/1
12.15-4-130	12.15	33.040.40	M32	YD/T 1906—2009	IPv6 网络设备安全技术要求——核心路由器			2009/6/15	2009/9/1
12.15-4-131	12.15	33.040.40	M32	YD/T 1907—2009	IPv6 网络设备安全技术要求——边缘路由器			2009/6/15	2009/9/1
12.15-4-132	12.15	33.040.40	M32	YD/T 1911—2009	软交换业务接入控制设备安全技术要求和测试方法			2009/6/15	2009/9/1
12.15-4-133	12.15	33.040.40	M32	YD/T 1916—2009	IPv6 网络设备技术要求——宽带网络接入服务器			2009/6/15	2009/9/1
12.15-4-134	12.15	33.040.99	M30	YD/T 1922—2009	基于 H.323 协议的 IP 用户终端设备技术要求			2009/6/15	2009/9/1
12.15-4-135	12.15	33.040.99	M30	YD/T 1923—2009	基于 MGCP 协议的 IP 用户终端设备技术要求			2009/6/15	2009/9/1
12.15-4-136	12.15	33.040.99	M30	YD/T 1924—2009	基于 SIP 协议的 IP 用户终端设备技术要求			2009/6/15	2009/9/1
12.15-4-137	12.15	33.040.99	M30	YD/T 1925—2009	基于 H.248 协议的 IP 用户终端设备技术要求			2009/6/15	2009/9/1
12.15-4-138	12.15	33.040.40	M32	YD/T 1927—2009	软交换业务接入控制设备技术要求			2009/6/15	2009/9/1
12.15-4-139	12.15	33.180.10	M33	YD/T 1954—2013	接入网用弯曲损耗不敏感单模光纤特性	YD/T 1954—2009		2013/10/17	2014/1/1
12.15-4-140	12.15	33.040.50	M19	YD/T 1994.1—2009	接入网用户端设备远程管理技术要求　第 1 部分：总体要求			2009/12/11	2010/1/1
12.15-4-141	12.15	33.040.50	M19	YD/T 1994.2—2009	接入网用户端设备远程管理技术要求　第 2 部分：接口协议			2009/12/11	2010/1/1
12.15-4-142	12.15	33.040.20	M33	YD/T 2003—2018	可重构的光分插复用（ROADM）设备技术要求	YD/T 2003—2009		2018/12/21	2019/4/1
12.15-4-143	12.15	33.180.10	M33	YD/T 2005—2017	用于光纤通道的光收发模块技术条件	YD/T 2005—2009		2017/4/12	2017/7/1
12.15-4-144	12.15	33.040.20	M33	YD/T 2022—2009	时间同步设备技术要求			2009/12/11	2010/1/1
12.15-4-145	12.15	33.040.50	M19	YD/T 2050—2009	接入网安全技术要求——无源光网络（PON）设备			2009/12/11	2010/1/1

续表

序号	GW 分类	ICS 分类	GB 分类	标准号	中文名称	代替标准	采用关系	发布日期	实施日期
12.15-4-146	12.15	33.040.50	M42	YD/T 2051—2009	接入网设备安全技术要求无源光网络（PON）设备			2009/12/11	2010/1/1
12.15-4-147	12.15	29.220.99	M41	YD/T 2061—2009	通信机房用恒温恒湿空调系统			2009/12/11	2010/1/1
12.15-4-148	12.15	29.200	M41	YD/T 2062—2009	通信用应急电源（EPS）			2009/12/11	2010/1/1
12.15-4-149	12.15	33.180.20	M33	YD/T 2151.2—2013	光纤光栅色散补偿模块　第 2 部分：可调色散补偿模块			2013/4/25	2013/6/1
12.15-4-150	12.15	29.2	M41	YD/T 2165—2017	通信用模块化交流不间断电源	YD/T 2165—2010		2017/11/7	2018/1/1
12.15-4-151	12.15	33.040.40	M32	YD/T 2177—2010	基于互联网小型计算机系统接口（iSCSI）的 IP 存储设备技术要求			2010/12/29	2011/1/1
12.15-4-152	12.15	33.040.40	M33	YD/T 2273—2011	同步数字体系（SDH）STM-256 总体技术要求			2011/5/18	2011/6/1
12.15-4-153	12.15	33.040.50	M42	YD/T 2274—2011	接入网技术要求——10Gbit/s 以太网无源光网络（10G-EPON）			2011/5/18	2011/6/1
12.15-4-154	12.15	33.040.50	M42	YD/T 2275—2011	接入网技术要求——宽带用户接入线路（端口）标识			2011/5/18	2011/6/1
12.15-4-155	12.15	33.040.50	M42	YD/T 2276—2011	接入网技术要求——EPON/GPON 系统承载 TDM 业务			2011/5/18	2011/6/1
12.15-4-156	12.15	33.040.50	M42	YD/T 2277—2011	接入网技术要求——无源光网络（PON）光链路监测与诊断			2011/5/18	2011/6/1
12.15-4-157	12.15	33.040.50	M33	YD/T 2279—2011	接入网设备测试方法　吉比特的无源光网络（GPON）系统互通性			2011/5/18	2011/6/1
12.15-4-158	12.15	33.040.50	M33	YD/T 2280—2011	接入网设备基于以太网接口的反向馈电技术要求			2011/5/18	2011/6/1
12.15-4-159	12.15	33.180.01	M33	YD/T 2286—2011	10GEPON 线路终端/光网络单元（OLTO/ONU）的单纤双向光组件			2011/5/18	2011/6/1
12.15-4-160	12.15	29.200	M41	YD/T 2318—2011	通信基站用新风空调一体机技术要求和试验方法			2011/5/18	2011/6/1
12.15-4-161	12.15	29.200	M41	YD/T 2319—2011	数据设备用网络机柜技术要求和检验方法			2011/5/18	2011/6/1
12.15-4-162	12.15	29.2	M41	YD/T 2343—2020	通信用前置端子阀控式铅酸蓄电池			2020/4/24	2020/7/1
12.15-4-163	12.15	29.2	M41	YD/T 2344.2—2015	通信用磷酸铁锂电池组　第 2 部分：分立式电池组			2015/7/14	2015/10/1

续表

序号	GW 分类	ICS 分类	GB 分类	标准号	中　文　名　称	代替标准	采用关系	发布日期	实施日期
12.15-4-164	12.15	33.060.20	M37	YD/T 2355—2011	900/1800MHz TDMA 数字蜂窝移动通信网数字直放站技术要求和测试方法			2011/12/20	2012/2/1
12.15-4-165	12.15	33.040.01	M19	YD/T 2356—2011	移动通信网络 IMS 客户端技术要求			2011/12/20	2012/2/1
12.15-4-166	12.15	33.040	M32	YD/T 2425—2012	统一 IMS 中的会话边界控制设备技术要求			2012/12/28	2013/3/1
12.15-4-167	12.15	33.040.20	M33	YD/T 2484—2013	分组增强型光传送网（OTN）设备技术要求			2013/4/25	2013/6/1
12.15-4-168	12.15	33.180.01	M33	YD/T 2492—2013	40Gb/s 强度调制光收发模块技术条件			2013/4/25	2013/6/1
12.15-4-169	12.15	33.180.01	M33	YD/T 2552—2013	10Gb/s DWDMXFP 光收发合一模块技术条件			2013/4/25	2013/6/1
12.15-4-170	12.15		M41	YD/T 2555—2013	通信用 240V 直流供电系统配电设备			2013/4/25	2013/6/1
12.15-4-171	12.15	29.200	M41	YD/T 2556—2013	通信用 240V 直流供电系统维护技术要求			2013/4/25	2013/6/1
12.15-4-172	12.15	33.030	M32	YD/T 2601—2013	支持 IPv6 访问的 Web 服务器的技术要求和测试方法			2013/10/17	2014/1/1
12.15-4-173	12.15	33.180.01	M33	YD/T 2652—2013	10G GPON 光线路终端/光网络单元（OLT/ONU）的单纤双向光组件			2013/10/17	2014/1/1
12.15-4-174	12.15		M41	YD/T 2656—2013	基于 240V/336V 直流供电的通信设备电源输入接口技术要求与试验方法			2013/10/17	2014/1/1
12.15-4-175	12.15		M41	YD/T 2657—2013	通信用高温型阀控式密封铅酸蓄电池			2013/10/17	2014/1/1
12.15-4-176	12.15	33.040.20	M33	YD/T 2713—2014	光传送网（OTN）保护技术要求			2014/10/14	2014/10/14
12.15-4-177	12.15	33.180.20	M33	YD/T 2718—2014	波长选择开关技术（WSS）技术条件			2014/10/14	2014/10/14
12.15-4-178	12.15	33.180.01	M33	YD/T 2759—2014	10Gbit/s 单纤双向光收发合一模块			2014/10/14	2014/10/14
12.15-4-179	12.15	33.180.01	M33	YD/T 2760—2014	千兆以太网铜缆小型化可插拔收发模块技术条件			2014/10/14	2014/10/14
12.15-4-180	12.15	27.200	P48	YD/T 2770—2014	通信基站用热管换热设备技术要求和试验方法			2014/10/14	2014/10/14
12.15-4-181	12.15	33.180.99	M33	YD/T 2795.3—2015	智能光分配网络　光配线设施　第 3 部分：智能光缆分纤箱			2015/4/30	2015/4/30
12.15-4-182	12.15	33.180.01	M33	YD/T 2796.1—2015	并行传输有源光缆光模块　第 1 部分：4×10Gb/s AOC			2015/4/30	2015/7/1
12.15-4-183	12.15	33.180.10	M33	YD/T 2797.1—2015	通信用光纤预制棒技术要求　第 1 部分：波长段扩展的非色散位移单模光纤预制棒			2015/4/30	2015/4/30

续表

序号	GW 分类	ICS 分类	GB 分类	标准号	中 文 名 称	代替标准	采用关系	发布日期	实施日期
12.15-4-184	12.15	33.180.01	M33	YD/T 2804.1—2015	40Gbps/100Gbps 强度调制可插拔光收发合一模块　第 1 部分：4×10Gbps			2015/4/30	2015/7/1
12.15-4-185	12.15	33.180.01	M33	YD/T 2804.2—2015	40Gbps/100Gbps 强度调制可插拔光收发合一模块　第 2 部分：4×25Gbps			2015/4/30	2015/7/1
12.15-4-186	12.15	33.180.01	M33	YD/T 2804.3—2015	40Gbps/100Gbps 强度调制可插拔光收发合一模块　第 3 部分：10×10Gbps			2015/4/30	2015/7/1
12.15-4-187	12.15	33.180.01	M33	YD/T 2804.4—2015	40Gbps/100Gbps 强度调制可插拔光收发合一模块　第 4 部分：软件管理接口			2015/4/30	2015/7/1
12.15-4-188	12.15	33.040.30	M12	YD/T 2928—2015	路由器设备技术要求集群路由器			2015/7/14	2015/10/1
12.15-4-189	12.15	33.180.01	M33	YD/T 2968—2015	光通信用 40Gb/s PIN-TIA 光接收组件			2015/10/10	2016/1/1
12.15-4-190	12.15	33.180.01	M33	YD/T 2969.4—2019	100Gbit/s 双偏振正交相移键控（DP-QPSK）光收发模块　第 4 部分：CFP2-DCO 光模块			2019/11/11	2020/1/1
12.15-4-191	12.15	33.180.10	M33	YD/T 3124—2016	宽带接入用光纤/同轴/对绞混合缆			2016/7/11	2016/10/1
12.15-4-192	12.15	33.180.01	M33	YD/T 3125.1—2016	通信用增强型 SFP 光收发合一模块（SFP+）第 1 部分：8.5Gb/s 和 10Gb/s			2016/7/11	2016/10/1
12.15-4-193	12.15	33.180.99	M33	YD/T 3128—2016	通信用基于波长检测的光纤布拉格光栅			2016/7/11	2016/10/1
12.15-4-194	12.15	33.180.01	M33	YD/T 3130—2016	通信用智能小型化热插拔（SmartSFP）光收发合一模块			2016/7/11	2016/10/1
12.15-4-195	12.15	33.180.01	M33	YD/T 3250—2017	智能光分配网络　光纤活动连接器			2017/4/12	2017/7/1
12.15-4-196	12.15	33.040.50	M33	YD/T 3292—2017	整机柜服务器总体技术要求			2017/11/7	2018/1/1
12.15-4-197	12.15	33.040.50	M33	YD/T 3293—2017	整机柜服务器供电子系统技术要求			2017/11/7	2018/1/1
12.15-4-198	12.15	33.040.50	M33	YD/T 3294—2017	整机柜服务器管理子系统技术要求			2017/11/7	2018/1/1
12.15-4-199	12.15	33.040.50	M33	YD/T 3295—2017	整机柜服务器节点子系统技术要求			2017/11/7	2018/1/1
12.15-4-200	12.15	33.180.10	M33	YD/T 3537—2019	通信有源光缆（AOC）用线缆			2019/11/11	2020/1/1
12.15-4-201	12.15	33.060.20	M37	YD/T 3630—2020	LTE 数字蜂窝移动通信网终端设备技术要求（第二阶段）			2020/4/24	2020/7/1
12.15-4-202	12.15	33.06	M36	YD/T 3701—2020	1.8GHz 无线接入系统终端设备射频技术要求和测试方法			2020/4/24	2020/7/1
12.15-4-203	12.15	33.180.01	M33	YD/T 3712.1—2020	200Gb/s 强度调制光收发合一模块　第 1 部分：4×50Gb/s			2020/4/24	2020/7/1

续表

序号	GW 分类	ICS 分类	GB 分类	标准号	中 文 名 称	代替标准	采用关系	发布日期	实施日期
12.15-4-204	12.15	33.180.01	M33	YD/T 3713—2020	50Gb/s PAM4 调制光收发合一模块			2020/4/24	2020/7/1
12.15-4-205	12.15	33.180.01	M33	YD/T 3714.1—2020	光缆在线监测 OTDR 模块　第 1 部分：DWDM 系统用			2020/4/24	2020/7/1
12.15-4-206	12.15	33.180.01	M33	YD/T 3715—2020	IP 视频光传输模块			2020/4/24	2020/7/1
12.15-4-207	12.15	33.120.10	L26	YD/T 3716—2020	通信电缆　聚四氟乙烯绝缘射频同轴电缆　藕芯绝缘　编织浸锡外导体型			2020/4/24	2020/7/1
12.15-4-208	12.15	29.060.20	K13	YD/T 3717—2020	通信电源用铝合金导体阻燃软电缆			2020/4/24	2020/7/1
12.15-4-209	12.15	33.180.99	M33	YD/T 778—2011	光纤配线架	YD/T 778—2006		2011/5/18	2011/6/1
12.15-4-210	12.15	33.180.99	M42	YD/T 814.1—2013	光缆接头盒　第 1 部分：室外光缆接头盒	YD/T 814.1—2004		2013/4/25	2013/6/1
12.15-4-211	12.15	33.180.99	M42	YD/T 814.4—2007	光缆接头盒　第 4 部分：微型光缆接头盒			2007/4/16	2007/10/1
12.15-4-212	12.15	33.180.99	M42	YD/T 815—2015	通信用光缆线路监测尾缆	YD/T 815—1996		2015/10/10	2016/1/1
12.15-4-213	12.15	33.120.20	L06	YD/T 838.1—2016	数字通信用对绞/星绞对称电缆　第 1 部分：总则	YD/T 838.1—2003		2016/1/15	2016/4/1
12.15-4-214	12.15	33.120.20	M42	YD/T 838.2—2016	数字通信用对绞/星绞对称电缆　第 2 部分：水平对绞电缆	YD/T 838.2—2003		2016/1/15	2016/4/1
12.15-4-215	12.15	33.120.20	M42	YD/T 838.3—2016	数字通信用对绞/星绞对称电缆　第 3 部分：工作区对绞电缆	YD/T 838.3—2003		2016/1/15	2016/4/1
12.15-4-216	12.15	33.120.20	M42	YD/T 838.4—2016	数字通信用对绞/星绞对称电缆　第 4 部分：主干对绞电缆	YD/T 838.4—2003		2016/1/15	2016/4/1
12.15-4-217	12.15	33.180.99	M33	YD/T 925—2009	光缆终端盒	YD 925—1997		2009/6/15	2009/9/1
12.15-4-218	12.15	33.180.10	M33	YD/T 981.2—2009	接入网用光纤带光缆　第 2 部分：中心管式			2009/6/15	2009/9/1
12.15-4-219	12.15	33.180.10	M33	YD/T 981.3—2009	接入网用光纤带光缆　第 3 部分：松套层绞式			2009/12/11	2010/1/1
12.15-4-220	12.15	33.180.99	M33	YD/T 988—2015	通信光缆交接箱	YD/T 988—2007		2015/10/10	2016/1/1
12.15-4-221	12.15			YDB 076—2012	光传送网（OTN）多业务承载技术要求			2012/3/25	2012/3/25
12.15-5-222	12.15			YDC 001—2000	SDH 上传送 IP（IPoverSDH）的 LAPS 技术要求			2000/1/1	2000/1/1
12.15-5-223	12.15	33.180.20		EN 50411-2-2—2007	光纤系统中使用的纤维组织和闭合　第 2-2 部分：密封盘纤维结合闭合类型 1、类型 S&A			2007/3/29	2007/3/29
12.15-5-224	12.15	01.080.20；13.110；29.020		IEC 60445：2017	人机界面、标记和识别的基本和安全原则.设备端子、导体端接和导体的识别			2017/8/4	2017/8/4

12

续表

序号	GW 分类	ICS 分类	GB 分类	标准号	中 文 名 称	代替标准	采用关系	发布日期	实施日期
12.15-5-225	12.15			IEC 60793-2-10：2015	光纤　第 2-10 部分：产品规范第 A1 类多模光纤分规范　第 5 版	IEC 60793-2-10：2011		2015/11/1	2015/11/1
12.15-5-226	12.15	33.180.10		IEC 60793-2-20：2015	光纤　第 2-20 部分：产品规范第 A2 类多模光纤分规范　第 3 版	IEC 60793-2-20：2007		2015/11/1	2015/11/1
12.15-5-227	12.15	33.180.10		IEC 60793-2-30：2015	光纤　第 2-30 部分：产品规范　分规范　A3 类多模光纤　第 4 版	IEC 60793-2-30：2012		2015/6/1	2015/6/1
12.15-5-228	12.15	33.180.10		IEC 60793-2-40：2015	光纤　第 2-40 部分：产品规范第 A4 类多模光纤分规范　第 4 版	IEC 60793-2-40：2009		2015/11/1	2015/11/1
12.15-5-229	12.15	33.180.10		IEC 60793-2-50：2015	光纤　第 2-50 部分：产品规范第 B 级单模光纤分规范　第 5 版	IEC 60793-2-50：2012		2015/11/1	2015/11/1
12.15-5-230	12.15	33.180.10		IEC 60794-3-21：2015	光纤电缆　第 3-21 部分：室外光缆　用于建筑物布线采用光自承式架空通信光缆的详细规范　第 2 版	IEC 60794-3-21：2005		2015/11/1	2015/11/1
12.15-5-231	12.15	33.200	M54	IEC 60870-5-101：2003	远程控制设备和系统　第 5 部分：传输协议第 101 节：基本遥控工作的副标准	IEC 60870-5-101：1995；IEC 60870-5-101 AMD 1：2000；IEC 60870-5-101 AMD 2：2001；IEC 57/605/FDIS：2002		2003/2/14	2003/2/14
12.15-5-232	12.15	33.160.10；33.180.30		IEC/TR 61292-4：2014	光学放大器　第 4 部分　光学放大器（包括拉曼放大器）无损和安全使用的最大许可光能	IEC/TR 61292-4：2010		2014/10/1	2014/10/1
12.15-5-233	12.15	33.180.20	M33	IEC 61753-088-2：2013	光纤互连设备和无源元件　性能标准　第 88-2 部分：C 类带有 800GHz 信道间隔的非连接单模光纤局域网（LAN）波分多路复用（WDM）设备　受控环境	IEC PAS 61753-088-2：2010；IEC 86 B/3549/FDIS：2012		2013/3/1	2013/3/1
12.15-5-234	12.15	33.180.20		IEC 61977：2015	光纤互连器件和无源元件　光学纤维过滤器　通用规范　第 3 版	IEC 61977：2010		2015/8/1	2015/8/1
12.15-5-235	12.15	33.180.01		IEC 62614-1：2020	家用和类似的电气空气清洁设备　测量性能的方法　第 1 部分：一般要求			2020/4/9	2020/4/9
12.15-5-236	12.15	33.180.01		IEC 62614-2：2015	光纤多模发射条件　第 2 部分：确定测量多模衰减的发射条件要求			2015/7/23	2015/7/23
12.15-5-237	12.15	33.180.01；33.180.20	M33	IEC/TR 62627-03-01：2011	光纤互连设备和无源元件　第 3-1 部分：可靠性.温度和湿度循环器件连接器的纤维活塞故障用验收试验的设计：界限分析	IEC 86 B/2996/DTR：2010		2011/4/1	2011/4/1

序号	GW 分类	ICS 分类	GB 分类	标准号	中文名称	代替标准	采用关系	发布日期	实施日期
12.15-5-238	12.15	29.200；33.120.20；35.200		IEC 62680-1-1：2015	通用串行总线接口　用于数据和电源　第 1-1 部分：通用组件　USB 电池充电规范修订版 1.2（通信）			2015/9/1	2015/9/1
12.15-5-239	12.15	29.200；33.120.20；35.200		IEC 62680-2-1：2015	通用串行总线接口　用于数据和电源　第 2-1 部分：通用串行总线规范 2.0 修订版　1.0 版（通信）			2015/9/1	2015/9/1
12.15-5-240	12.15	29.200；33.120.20；35.200		IEC 62680-2-2：2015	通用串行总线接口　用于数据和电源　第 2-2 部分：微型 USB 电缆和连接器规范修订版 1.01　1.0 版（通信）			2015/9/1	2015/9/1
12.15-5-241	12.15	29.200；33.120.20；35.200		IEC 62680-2-3：2015	通用串行总线接口　用于数据和电源　第 2-3 部分：通用串行总线电缆和连接器类文档版本 2.0　1.0 版（通信）			2015/9/1	2015/9/1
12.15-5-242	12.15	33.120；35.200		IEC 62680-4：2013	通用串行总线数据和电源接口　第 4 部分：通用串行总线电缆和连接器类文件　2.0 版　1.0 版（通信）			2013/6/1	2013/6/1
12.15-5-243	12.15			IEC 65 555 CD：2014	IEC/TS 62872.Ed 1.0：工业设施和智能电网间的系统接口			2014/2/1	2014/2/1
12.15-5-244	12.15	35.110		IEC 65 C 721 CD：2012	IEC/TS 62657-1.Ed 1：工业通信网络　无线通信网络　第 1 部分：无线通信要求和光谱注意事项	IEC 65 C 713 CD：2012		2012/12/1	2012/12/1
12.15-5-245	12.15	35.110；35.200		IEEE 802.16 M—2011	信息技术标准　系统间远程通信和信息交换　局域网和城域网　专门要求　第 16 部分：固定和移动宽频无线存取系统用法空中接口　高级空中接口			2011/3/31	2011/3/31
12.15-5-246	12.15			ITU-T G 666—2008	PMD 补偿器和 PMD 补偿接收机的特征	ITU-T G 666—2005		2008/3/1	2008/3/1
12.15-5-247	12.15			ITU-T G 671—2009	光组件和子系统的传输特性	ITU-T G 671—2005；ITU-T G 671 AMD 2—2006；ITU-T G 671 AMD 1—2008；ITU-T G 671 AMD 3—2008		2009/1/1	2009/1/1
12.15-5-248	12.15			ITU-T G 874—2008	光传送网元的管理	ITU-T G 874—2005		2008/3/1	2008/3/1
12.15-5-249	12.15			ITU-T G 959.1—2008	光传输网络物理层接口	ITU-T G 959.1—2003；ITU-T G 959.1 ERR 1—2004		2008/3/1	2008/3/1

12

序号	GW 分类	ICS 分类	GB 分类	标准号	中　文　名　称	代替标准	采用关系	发布日期	实施日期
12.15-5-250	12.15			ITU-T K 76—2008	电信网络设备的 EMC 要求（9kHz～150kHz）			2008/7/1	2008/7/1
12.15-5-251	12.15			ITU-T L 12—2008	光纤接合	ITU-T L 12—2000		2008/3/1	2008/3/1

12.16　设备、材料-验收

序号	GW 分类	ICS 分类	GB 分类	标准号	中　文　名　称	代替标准	采用关系	发布日期	实施日期
12.16-2-1	12.16	29.240		Q/GDW 11281—2014	220kV 及以下海底电力电缆工程验收规程			2015/2/6	2015/2/6
12.16-2-2	12.16	29.240		Q/GDW 11282—2014	气体绝缘金属封闭开关设备局放传感器现场检验规范			2015/2/6	2015/2/6
12.16-2-3	12.16	29.240		Q/GDW 11584—2016	抽水蓄能电站水泵水轮机模型验收试验导则			2017/5/18	2017/5/18
12.16-2-4	12.16	27.140		Q/GDW 11585—2016	抽水蓄能电站主要机电设备出厂验收规范			2017/5/18	2017/5/18
12.16-2-5	12.16	29.240		Q/GDW 11651.1—2017	变电站设备验收规范　第 1 部分：油浸式变压器（电抗器）			2018/1/2	2018/1/2
12.16-2-6	12.16	29.240		Q/GDW 11651.2—2017	变电站设备验收规范　第 2 部分：断路器			2018/1/2	2018/1/2
12.16-2-7	12.16	29.240		Q/GDW 11651.3—2016	变电站设备验收规范　第 3 部分：组合电器			2017/10/17	2017/10/17
12.16-2-8	12.16	29.240		Q/GDW 11651.4—2017	变电站设备验收规范　第 4 部分：隔离开关			2018/1/2	2018/1/2
12.16-2-9	12.16	29.240		Q/GDW 11651.5—2017	变电站设备验收规范　第 5 部分：开关柜			2018/1/2	2018/1/2
12.16-2-10	12.16	29.240		Q/GDW 11651.6—2016	变电站设备验收规范　第 6 部分：电流互感器			2017/10/17	2017/10/17
12.16-2-11	12.16	29.240		Q/GDW 11651.7—2016	变电站设备验收规范　第 7 部分：电压互感器			2017/10/17	2017/10/17
12.16-2-12	12.16	29.240		Q/GDW 11651.8—2016	变电站设备验收规范　第 8 部分：避雷器			2017/10/17	2017/10/17
12.16-2-13	12.16	29.240		Q/GDW 11651.9—2016	变电站设备验收规范　第 9 部分：并联电容器组			2017/10/17	2017/10/17
12.16-2-14	12.16	29.240		Q/GDW 11651.10—2017	变电站设备验收规范　第 10 部分：干式电抗器			2018/1/2	2018/1/2
12.16-2-15	12.16	29.240		Q/GDW 11651.11—2017	变电站设备验收规范　第 11 部分：串联补偿装置			2018/1/2	2018/1/2
12.16-2-16	12.16	29.240		Q/GDW 11651.12—2017	变电站设备验收规范　第 12 部分：母线及绝缘子			2018/1/2	2018/1/2
12.16-2-17	12.16	29.240		Q/GDW 11651.13—2017	变电站设备验收规范　第 13 部分：穿墙套管			2018/1/2	2018/1/2
12.16-2-18	12.16			Q/GDW 11651.14—2018	变电站设备验收规范　第 14 部分：电力电缆			2020/4/3	2020/4/3

续表

序号	GW 分类	ICS 分类	GB 分类	标准号	中 文 名 称	代替标准	采用关系	发布日期	实施日期
12.16-2-19	12.16	29.240		Q/GDW 11651.15—2017	变电站设备验收规范 第 15 部分：消弧线圈			2018/1/2	2018/1/2
12.16-2-20	12.16			Q/GDW 11651.16—2018	变电站设备验收规范 第 16 部分：高频阻波器			2020/4/3	2020/4/3
12.16-2-21	12.16	29.240		Q/GDW 11651.17—2017	变电站设备验收规范 第 17 部分：耦合电容器			2018/1/2	2018/1/2
12.16-2-22	12.16	29.240		Q/GDW 11651.18—2018	变电站设备验收规范 第 18 部分：高压熔断器			2020/4/3	2020/4/3
12.16-2-23	12.16	29.240		Q/GDW 11651.19—2017	变电站设备验收规范 第 19 部分：中性点隔直装置			2018/1/2	2018/1/2
12.16-2-24	12.16	29.240		Q/GDW 11651.21—2017	变电站设备验收规范 第 21 部分：端子箱及检修电源箱			2018/1/2	2018/1/2
12.16-2-25	12.16	29.240		Q/GDW 11651.22—2017	变电站设备验收规范 第 22 部分：站用变			2018/1/2	2018/1/2
12.16-2-26	12.16	29.240		Q/GDW 11651.23—2017	变电站设备验收规范 第 23 部分：站用交流电源系统			2018/1/2	2018/1/2
12.16-2-27	12.16	29.240		Q/GDW 11651.24—2017	变电站设备验收规范 第 24 部分：站用直流电源系统			2018/1/2	2018/1/2
12.16-2-28	12.16	29.240		Q/GDW 11651.25—2017	变电站设备验收规范 第 25 部分：构支架			2018/1/2	2018/1/2
12.16-2-29	12.16	29.240		Q/GDW 11651.26—2017	变电站设备验收规范 第 26 部分：辅助设施			2018/1/2	2018/1/2
12.16-2-30	12.16	29.240		Q/GDW 11651.28—2017	变电站设备验收规范 第 28 部分：避雷针			2018/1/2	2018/1/2
12.16-2-31	12.16	29.240		Q/GDW 11652.1—2016	换流站设备验收规范 第 1 部分：换流变压器			2017/10/17	2017/10/17
12.16-2-32	12.16	29.240		Q/GDW 11652.4—2016	换流站设备验收规范 第 4 部分：换流阀			2017/10/17	2017/10/17
12.16-2-33	12.16	29.240		Q/GDW 11652.5—2016	换流站设备验收规范 第 5 部分：直流断路器			2017/10/17	2017/10/17
12.16-2-34	12.16	29.240		Q/GDW 11652.6—2016	换流站设备验收规范 第 6 部分：直流隔离开关			2017/10/17	2017/10/17
12.16-2-35	12.16	29.240		Q/GDW 11652.7—2016	换流站设备验收规范 第 7 部分：直流分压器			2017/10/17	2017/10/17
12.16-2-36	12.16	29.240		Q/GDW 11652.8—2016	换流站设备验收规范 第 8 部分：光电式电流互感器			2017/10/17	2017/10/17
12.16-2-37	12.16	29.240		Q/GDW 11652.9—2016	换流站设备验收规范 第 9 部分：零磁通电流互感器			2017/10/17	2017/10/17

续表

序号	GW 分类	ICS 分类	GB 分类	标准号	中 文 名 称	代替标准	采用关系	发布日期	实施日期
12.16-2-38	12.16	29.240		Q/GDW 11652.11—2016	换流站设备验收规范　第 11 部分：交直流滤波器			2017/10/17	2017/10/17
12.16-2-39	12.16	29.240		Q/GDW 11652.13—2016	换流站设备验收规范　第 13 部分：直流控制保护系统			2017/10/17	2017/10/17
12.16-2-40	12.16	29.240		Q/GDW 11652.14—2016	换流站设备验收规范　第 14 部分：阀控系统			2017/10/17	2017/10/17
12.16-2-41	12.16	29.240		Q/GDW 11652.15—2016	换流站设备验收规范　第 15 部分：阀内水冷系统			2017/10/17	2017/10/17
12.16-2-42	12.16	29.240		Q/GDW 11652.18—2016	换流站设备验收规范　第 18 部分：站用交流电源系统			2017/10/17	2017/10/17
12.16-2-43	12.16	29.240		Q/GDW 11652.20—2016	换流站设备验收规范　第 20 部分：消防系统			2017/10/17	2017/10/17
12.16-2-44	12.16	29.240		Q/GDW 11652.21—2016	换流站设备验收规范　第 21 部分：空调系统			2017/10/17	2017/10/17
12.16-2-45	12.16	29.240		Q/GDW 11652.22—2016	换流站设备验收规范　第 22 部分：辅助设施			2017/10/17	2017/10/17
12.16-2-46	12.16	29.240		Q/GDW 11797—2017	柔性直流输电换流站电气安装工程施工及验收规范			2018/12/14	2018/12/14
12.16-2-47	12.16			Q/GDW 12024.1—2019	快速动态响应同步调相机组验收规范　第 1 部分：主机（含盘车）	Q/GDW 1379.2—2013		2020/12/31	2020/12/31
12.16-2-48	12.16			Q/GDW 12024.2—2019	快速动态响应同步调相机组验收规范　第 2 部分：封母、出线罩及中性点接地变	Q/GDW 1379.4—2013		2020/12/31	2020/12/31
12.16-2-49	12.16			Q/GDW 12024.3—2019	快速动态响应同步调相机组验收规范　第 3 部分：空冷系统	Q/GDW 1376.1—2013		2020/12/31	2020/12/31
12.16-2-50	12.16			Q/GDW 12024.4—2019	快速动态响应同步调相机组验收规范　第 4 部分：内冷水系统	Q/GDW 1376.2—2013		2020/12/31	2020/12/31
12.16-2-51	12.16			Q/GDW 12024.5—2019	快速动态响应同步调相机组验收规范　第 5 部分：外冷水系统	Q/GDW 1376.3—2013		2020/12/31	2020/12/31
12.16-2-52	12.16			Q/GDW 12024.6—2019	快速动态响应同步调相机组验收规范　第 6 部分：除盐水系统	Q/GDW 1375.1—2013		2020/12/31	2020/12/31
12.16-2-53	12.16			Q/GDW 12024.7—2019	快速动态响应同步调相机组验收规范　第 7 部分：润滑油系统	Q/GDW 1375.2—2013		2020/12/31	2020/12/31
12.16-2-54	12.16			Q/GDW 12024.8—2019	快速动态响应同步调相机组验收规范　第 8 部分：静止变频器（SFC）	Q/GDW 1375.3—2013		2020/12/31	2020/12/31

序号	GW 分类	ICS 分类	GB 分类	标准号	中 文 名 称	代替标准	采用关系	发布日期	实施日期
12.16-2-55	12.16			Q/GDW 12024.9—2019	快速动态响应同步调相机组验收规范 第9部分：励磁系统	Q/GDW 1825—2013		2020/12/31	2020/12/31
12.16-2-56	12.16			Q/GDW 12024.10—2019	快速动态响应同步调相机组验收规范 第 10 部分：同期装置			2020/11/27	2020/11/27
12.16-2-57	12.16			Q/GDW 12024.11—2019	快速动态响应同步调相机组验收规范 第 11 部分：分布式控制系统（DCS）	Q/GDW 1379.1—2013		2020/12/31	2020/12/31
12.16-2-58	12.16			Q/GDW 12024.12—2019	快速动态响应同步调相机组验收规范 第 12 部分：调变组保护装置	Q/GDW 1379.3—2013		2020/12/31	2020/12/31
12.16-2-59	12.16	29.240		Q/GDW 1213—2014	变电站计算机监控系统工厂验收管理规程	Q/GDW 213—2008		2015/9/14	2015/9/14
12.16-2-60	12.16	29.240		Q/GDW 1214—2014	变电站计算机监控系统现场验收管理规程	Q/GDW 214—2008		2015/9/14	2015/9/14
12.16-2-61	12.16	29.240		Q/GDW 1540.4—2013	变电设备在线监测装置检验规范 第 4 部分：变压器铁心接地电流在线监测装置			2014/1/10	2014/1/10
12.16-3-62	12.16	19.020；29.020	K15	GB/T 11026.10—2019	电气绝缘材料 耐热性 第 10 部分：利用分析试验方法加速确定相对耐热指数（RTEA）基于活化能计算的导则		IEC/TS 60216-7-1：2015 MOD	2019/6/4	2020/1/1
12.16-3-63	12.16	25.160.20	J33	GB/T 25776—2010	焊接材料焊接工艺性能评定方法			2010/12/23	2011/6/1
12.16-3-64	12.16	25.040.40	N20	GB/T 25921—2010	电气和仪表回路检验规范		IEC 62382：2006 IDT	2011/1/14	2011/5/1
12.16-3-65	12.16	29.100.01	K20	GB/T 26167—2010	电机专用设备检测方法			2011/1/14	2011/7/1
12.16-3-66	12.16	23.060.01	J16	GB/T 26480—2011	阀门的检验和试验		API598—2009 MOD	2011/5/12	2011/10/1
12.16-3-67	12.16	91.100.60	Q25	GB/T 34009—2017	绝热材料制品 产品性能符合性评定			2017/7/12	2017/7/24
12.16-3-68	12.16	21.200	J17	GB/T 6404.2—2005	齿轮装置的验收规范 第 2 部分：验收试验中齿轮装置机械振动的测定	GB/T 8543—1987		2005/9/19	2006/4/1
12.16-4-69	12.16			DL/T 2054—2019	电力建设焊接接头金相检验与评定技术导则			2019/11/4	2020/5/1
12.16-4-70	12.16	29.18	K41	DL/T 363—2018	超、特高压电力变压器（电抗器）设备监造导则	DL/T 363—2010		2018/4/3	2018/7/1
12.16-4-71	12.16	29.240	F22	DL/T 377—2010	高压直流设备验收试验			2010/5/1	2010/10/1
12.16-4-72	12.16	29.240.01	F22	DL/T 399—2010	±800kV 以下直流输电工程主要设备监理导则			2010/5/1	2010/10/1
12.16-4-73	12.16		F29	DL/T 543—2009	电厂用水处理设备验收导则	DL/T 543—1994		2009/7/22	2009/12/1

续表

序号	GW 分类	ICS 分类	GB 分类	标准号	中 文 名 称	代替标准	采用关系	发布日期	实施日期
12.16-4-74	12.16			DL/T 5793—2019	光纤复合低压电缆和附件施工及验收规范			2019/11/4	2020/5/1

12.17 设备、材料-其他

序号	GW 分类	ICS 分类	GB 分类	标准号	中 文 名 称	代替标准	采用关系	发布日期	实施日期
12.17-2-1	12.17	29.240		Q/GDW 10634—2018	电力复合脂技术条件	Q/GDW 634—2011		2019/10/23	2019/10/23
12.17-2-2	12.17	29.240		Q/GDW 11204—2014	变电站电能量采集终端技术规范			2014/11/15	2014/11/15
12.17-2-3	12.17	29.240		Q/GDW 11351—2014	通用车载监控终端技术规范			2015/5/29	2015/5/29
12.17-2-4	12.17			Q/GDW 11741—2017	直流输电用换流阀包装储运技术规范			2018/9/12	2018/9/12
12.17-2-5	12.17			Q/GDW 11772—2017	电网一次设备报废技术评估导则			2018/9/30	2018/9/30
12.17-2-6	12.17	29.240		Q/GDW 11865—2018	柔性直流换流阀用压接型 IGBT 器件技术规范			2019/10/23	2019/10/23
12.17-2-7	12.17			Q/GDW 11969—2019	光储一体式虚拟同步发电机技术规范			2020/8/24	2020/8/24
12.17-2-8	12.17	29.240		Q/GDW 184—2008	柴油机式应急电源车			2008/8/28	2008/8/28
12.17-2-9	12.17	27.180		Q/GDW 185—2008	燃气轮机式应急电源车			2008/8/28	2008/8/28
12.17-2-10	12.17	29.240		Q/GDW 1887—2013	电网配置储能系统监控及通信技术规范			2014/1/29	2014/1/29
12.17-2-11	12.17	29.020		Q/GDW 436—2010	配电线路故障指示器技术规范			2010/3/18	2010/3/18
12.17-2-12	12.17	29.020		Q/GDW 671—2011	微机型防止电气误操作系统技术规范			2011/12/23	2011/12/23
12.17-2-13	12.17			Q/GDW 686—2011	纯电动客车快换电池箱通用技术要求			2011/12/26	2011/12/26
12.17-3-14	12.17	83.140.30	G33	GB/T 13664—2006	低压输水灌溉用硬聚氯乙烯（PVC-U）管材	GB/T 13664—1992		2006/3/10	2006/10/1
12.17-3-15	12.17	91.100.30	Q13	GB/T 14902—2012	预拌混凝土	GB/T 14902—2003		2012/12/31	2013/9/1
12.17-3-16	12.17	53.020.20	J80	GB/T 15052—2010	起重机安全标志和危险图形符号总则	GB 15052—1994		2011/1/10	2011/12/1
12.17-3-17	12.17	71.120.30	J75	GB/T 151—2014	热交换器	GB 151—1999		2014/12/5	2015/5/1
12.17-3-18	12.17	23.020.30	C68	GB/T 16163—2012	瓶装气体分类	GB 16163—1996		2012/5/11	2012/9/1
12.17-3-19	12.17	91.140.60	P41	GB/T 19249—2017	反渗透水处理设备	GB/T 19249—2003		2017/12/29	2018/11/1
12.17-3-20	12.17	29.220.20	K84	GB/T 19638.1—2014	固定型阀控式铅酸蓄电池 第1部分 技术条件	GB/T 19638.2—2005	IEC 60896-22：2004	2014/6/24	2015/1/22
12.17-3-21	12.17	29.220.20	K84	GB/T 19638.2—2014	固定型阀控式铅酸蓄电池 第2部分 产品品种和规格			2014/6/24	2015/1/22

续表

序号	GW 分类	ICS 分类	GB 分类	标准号	中　文　名　称	代替标准	采用关系	发布日期	实施日期
12.17-3-22	12.17	29.240.01	K45	GB/T 19826—2014	电力工程直流电源设备通用技术条件及安全要求	GB/T 19826—2005		2014/5/6	2014/10/28
12.17-3-23	12.17	17.220.20	F20	GB/T 19862—2016	电能质量监测设备通用要求	GB/T 19862—2005		2016/8/29	2017/3/1
12.17-3-24	12.17	13.260	K09	GB/T 21698—2008	复合接地体技术条件			2008/4/24	2008/12/1
12.17-3-25	12.17		K43	GB/T 22383—2017	额定电压 72.5kV 及以上刚性气体绝缘输电线路	GB/T 22383—2008		2017/12/29	2018/7/1
12.17-3-26	12.17	13.310	A91	GB 25287—2010	周界防范高压电网装置			2010/11/10	2011/9/1
12.17-3-27	12.17	71.040.01	N53	GB/T 26800—2011	电导电极			2011/7/29	2011/12/1
12.17-3-28	12.17	13.220.50	C84	GB 28374—2012	电缆防火涂料			2012/5/11	2012/9/1
12.17-3-29	12.17	91.120.30	Q17	GB/T 31538—2015	混凝土接缝防水用预埋注浆管			2015/5/15	2016/2/1
12.17-3-30	12.17	29.080.99	K49	GB/T 32520—2016	交流 1kV 以上架空输电和配电线路用带外串联间隙金属氧化物避雷器（EGLA）		IEC 60099-8：2011	2016/2/24	2016/9/1
12.17-3-31	12.17	91.140.10	P46	GB/T 34017—2017	复合型供暖散热器			2017/7/12	2018/6/1
12.17-3-32	12.17	03.080.99	A20	GB/T 34058—2017	电子商务信用　B2B 网络交易卖方信用评价指标			2017/3/1	2018/2/1
12.17-3-33	12.17	49.020	V04	GB/T 35018—2018	民用无人驾驶航空器系统分类及分级			2018/5/14	2018/12/1
12.17-3-34	12.17	25.220.99	A29	GB/T 35490—2017	预应力钢筒混凝土管防腐蚀技术			2017/12/29	2018/7/1
12.17-3-35	12.17	77.150.99	H63	GB/T 37204—2018	全钒液流电池用电解液			2018/12/28	2019/11/1
12.17-3-36	12.17	43.040	T35	GB/T 38775.1—2020	电动汽车无线充电系统　第 1 部分：通用要求			2020/4/28	2020/11/1
12.17-3-37	12.17	43.040.99	K81	GB/T 38775.3—2020	电动汽车无线充电系统　第 3 部分：特殊要求			2020/4/28	2020/11/1
12.17-3-38	12.17	27.010	F19	GB/T 38983.1—2020	虚拟同步机　第 1 部分：总则			2020/7/21	2021/2/1
12.17-3-39	12.17	29.160.40	K52	GB/T 4712—2008	自动化柴油发电机组分级要求	GB/T 4712—1996		2008/6/13	2009/3/1
12.17-3-40	12.17	31.060.70	K42	GB/T 6115.3—2002	电力系统用串联电容器　第 3 部分：内部熔丝		IEC 60143-3：1998	2002/10/8	2003/4/1
12.17-3-41	12.17	83.120	Q23	GB/T 7190.1—2018	机械通风冷却塔　第 1 部分：中小型开式冷却塔	GB/T 7190.1—2008		2018/12/28	2019/11/1
12.17-3-42	12.17	83.120	Q23	GB/T 7190.2—2018	机械通风冷却塔　第 2 部分：大型开式冷却塔	GB/T 7190.2—2008		2018/12/28	2019/11/1
12.17-4-43	12.17			DL/T 1100.5—2019	电力系统的时间同步系统　第 5 部分：防欺骗和抗干扰技术要求			2019/11/4	2020/5/1

续表

序号	GW 分类	ICS 分类	GB 分类	标准号	中 文 名 称	代替标准	采用关系	发布日期	实施日期
12.17-4-44	12.17			DL/T 1216—2019	低压静止无功发生装置技术规范	DL/T 1216—2013		2019/11/4	2020/5/1
12.17-4-45	12.17	29.120.50	K10	DL/T 1348—2014	自动准同期装置通用技术条件			2014/10/15	2015/3/1
12.17-4-46	12.17	29.050	F29	DL/T 1667—2016	变电站不锈钢复合材料耐腐蚀接地装置			2016/12/5	2017/5/1
12.17-4-47	12.17			DL/T 1839.3—2019	电力可靠性管理信息系统数据接口规范　第 3 部分：发电设备			2019/11/4	2020/5/1
12.17-4-48	12.17	27.180	F19	DL/T 1989—2019	电化学储能电站监控系统与电池管理系统通信协议			2019/6/4	2019/10/1
12.17-4-49	12.17	29.180	K41	DL/T 1998—2019	感应滤波变压器成套设备使用技术条件			2019/6/4	2019/10/1
12.17-4-50	12.17	29.240	K45	DL/T 2040—2019	220kV 变电站负荷转供装置技术规范			2019/6/4	2019/10/1
12.17-4-51	12.17			DL/T 2185—2020	工频电压互感器现场校验成套装置技术条件			2020/10/23	2021/2/1
12.17-4-52	12.17			DL/T 2186—2020	工频电流互感器现场校验成套装置技术条件			2020/10/23	2021/2/1
12.17-4-53	12.17			DL/T 5792—2019	架空输电线路货运索道运输施工工艺导则			2019/11/4	2020/5/1
12.17-4-54	12.17			DL/T 5801—2019	抗硫酸盐侵蚀混凝土应用技术规程			2019/11/4	2020/5/1
12.17-4-55	12.17	29.220.20	K84	DL/T 637—2019	电力用固定型阀控式铅酸蓄电池	DL/T 637—1997		2019/6/4	2019/10/1
12.17-4-56	12.17	29.240	K43	DL/T 687—2010	微机型防止电气误操作系统通用技术条件	DL/T 687—1999		2011/1/9	2011/5/1
12.17-4-57	12.17			DL/T 848.1—2019	高压试验装置通用技术条件　第 1 部分：直流高压发生器	DL/T 848.1—2004		2019/11/4	2020/5/1
12.17-4-58	12.17			DL/T 848.3—2019	高压试验装置通用技术条件　第 3 部分：无局放试验变压器	DL/T 848.3—2004		2019/11/4	2020/5/1
12.17-4-59	12.17			DL/T 848.4—2019	高压试验装置通用技术条件　第 4 部分：三倍频试验变压器装置	DL/T 848.4—2004		2019/11/4	2020/5/1
12.17-4-60	12.17			DL/T 848.5—2019	高压试验装置通用技术条件　第 5 部分：冲击电压发生器	DL/T 848.5—2004		2019/11/4	2020/5/1
12.17-4-61	12.17			DL/T 2119—2020	架空电力线路多旋翼无人机飞行控制系统通用技术规范			2020/10/23	2021/2/1
12.17-4-62	12.17	35.040	A90	GA/T 1214—2015	消防装备器材编码方法			2015/3/12	2015/3/12
12.17-4-63	12.17	23.120	J72	JB/T 10281—2014	消防排烟通风机			2014/5/6	2014/10/1

续表

序号	GW 分类	ICS 分类	GB 分类	标准号	中　文　名　称	代替标准	采用关系	发布日期	实施日期
12.17-4-64	12.17	29.200	K81	NB/T 33006—2013	电动汽车电池箱更换设备通用技术要求			2013/11/28	2014/4/1
12.17-4-65	12.17	29.240.01	K45	NB/T 42086—2016	无线测温装置技术要求			2016/8/16	2016/12/1
12.17-4-66	12.17	29.12	K31	NB/T 42149—2018	具有远程控制功能的小型断路器（RC-MCB）			2018/4/3	2018/7/1
12.17-4-67	12.17	29.24	K45	NB/T 42167—2018	预制舱式二次组合设备技术要求			2018/6/6	2018/10/1
12.17-4-68	12.17	29.220.10	M37	YD/T 3729—2020	物联网终端原电池技术要求及测试方法			2020/4/24	2020/7/1
12.17-6-69	12.17	27.100	F20	T/CEC 123—2016	断路器选相控制器通用技术条件			2016/10/21	2017/1/1
12.17-6-70	12.17	29.220.20	K84	T/CEC 131.1—2016	铅酸蓄电池二次利用　第 1 部分：总则			2016/10/21	2017/1/1
12.17-6-71	12.17	29.220.20	K84	T/CEC 131.2—2016	铅酸蓄电池二次利用　第 2 部分：电池评价分级及成组技术规范			2016/10/21	2017/1/1
12.17-6-72	12.17	29.220.20	K84	T/CEC 131.3—2016	铅酸蓄电池二次利用　第 3 部分：电池修复技术规范			2016/10/21	2017/1/1
12.17-6-73	12.17	29.220.20	K84	T/CEC 131.4—2016	铅酸蓄电池二次利用　第 4 部分：电池维护技术规范			2016/10/21	2017/1/1
12.17-6-74	12.17	29.220.20	K84	T/CEC 131.5—2016	铅酸蓄电池二次利用　第 5 部分：电池贮存与运输技术规范			2016/10/21	2017/1/1
12.17-6-75	12.17			T/CEC 237—2019	电力光缆标示牌设计规范			2019/11/21	2020/1/1
12.17-6-76	12.17			T/CEC 265—2019	智能安全帽技术条件			2019/11/21	2020/1/1
12.17-6-77	12.17			T/CEC 378—2020	柔性直流输电工程换流阀 IGBT 驱动板卡通用技术规范			2020/10/28	2021/2/1
12.17-6-78	12.17			T/CEC 379—2020	柔性直流输电工程换流阀子模块中控板通用技术规范			2020/10/28	2021/2/1
12.17-6-79	12.17			T/CEC 380—2020	柔性直流输电工程换流阀子模块故障录波技术规范			2020/10/28	2021/2/1
12.17-6-80	12.17			T/CEC 412—2020	同期线损用高压电能测量装置通用技术条件			2020/10/28	2021/2/1

13 调度与交易

13.1 调度与交易-基础综合

序号	GW 分类	ICS 分类	GB 分类	标准号	中文名称	代替标准	采用关系	发布日期	实施日期
13.1-2-1	13.1	29.240		Q/GDW 11271—2014	分布式电源调度运行管理规范			2014/12/20	2014/12/20
13.1-2-2	13.1			Q/GDW 251—2009	特殊时期保证电网安全运行工作标准			2009/4/29	2009/4/29
13.1-2-3	13.1	29.240.01	F20	GB/T 31464—2015	电网运行准则			2015/5/15	2015/12/1
13.1-3-4	13.1	29.020	F21	GB/T 35682—2017	电网运行与控制数据规范			2017/12/29	2018/7/1
13.1-3-5	13.1	29.020	F21	GB 38755—2019	电力系统安全稳定导则			2019/12/31	2020/7/1
13.1-3-6	13.1		F20	DL/T 961—2020	电网调度规范用语			2020/10/23	2021/2/1

13.2 调度与交易-稳定及方式

序号	GW 分类	ICS 分类	GB 分类	标准号	中文名称	代替标准	采用关系	发布日期	实施日期
13.2-2-1	13.2	29.240		Q/GDW 10137—2015	电力系统分析计算用的电网设备参数和运行方式数据的规范	Q/GDW 137—2006		2016/12/15	2016/12/15
13.2-2-2	13.2	29.020		Q/GDW 11537—2016	电力系统负荷建模导则			2016/12/28	2016/12/28
13.2-2-3	13.2			Q/GDW 11624—2017	高压直流输电系统建模导则			2018/6/27	2018/6/27
13.2-2-4	13.2			Q/GDW 11763—2017	新能源次同步振荡监测系统技术规范			2018/9/26	2018/9/26
13.2-2-5	13.2			Q/GDW 11895—2018	高压直流输电系统附加频率控制器选型及参数整定规范			2020/1/2	2020/1/2
13.2-2-6	13.2			Q/GDW 11896—2018	源网荷紧急切负荷安全稳定控制系统技术规范			2020/1/2	2020/1/2
13.2-2-7	13.2	29.240		Q/GDW 142—2012	同步发电机励磁系统建模导则	Q/GDW 142—2006		2012/6/28	2012/6/28
13.2-2-8	13.2	29.240		Q/GDW 586—2011	电力系统自动低频减负荷技术规范			2011/3/2	2011/3/2
13.2-3-9	13.2	29.240		Q/GDW 684—2011	发电机组电力系统稳定器（PSS）运行管理规定			2012/3/26	2012/3/26
13.2-4-10	13.2	29.240	K45	GB/T 26399—2011	电力系统安全稳定控制技术导则			2011/6/16	2011/12/1
13.2-4-11	13.2		K04	DL/T 1172—2013	电力系统电压稳定评价导则			2013/11/28	2014/4/1
13.2-4-12	13.2		K07	DL/T 1234—2013	电力系统安全稳定计算技术规范			2013/3/7	2013/8/1
13.2-4-13	13.2	29.240.30	K45	DL/T 1454—2015	电力系统自动低压减负荷技术规定			2015/7/1	2015/12/1

序号	GW 分类	ICS 分类	GB 分类	标准号	中文名称	代替标准	采用关系	发布日期	实施日期
13.2-4-14	13.2	29.020	F21	DL/T 1624—2016	电力系统厂站和主设备命名规范	SD 240—1987		2016/12/5	2017/5/1
13.2-4-15	13.2			DL/T 2195—2020	新能源和小水电供电系统频率稳定计算导则			2020/10/23	2021/2/1
13.2-4-16	13.2	29.020	F21	DL/T 428—2010	电力系统自动低频减负荷技术规定	DL 428—1991		2011/1/9	2011/5/1
13.2-4-17	13.2	29.240	K45	DL/T 993—2019	电力系统失步解列装置通用技术条件	DL/T 993—2006		2019/6/4	2019/10/1

13.3 调度与交易-调度计划

序号	GW 分类	ICS 分类	GB 分类	标准号	中文名称	代替标准	采用关系	发布日期	实施日期
13.3-2-1	13.3	29.240		Q/GDW 11490—2015	多级电网量化安全校核纵向数据交换标准			2016/11/15	2016/11/15
13.3-2-2	13.3	29.020		Q/GDW 11540—2016	日前计划联合静态安全校核技术标准			2016/12/28	2016/12/28
13.3-2-3	13.3			Q/GDW 11903—2018	发输变配电设备重叠停电判定原则			2020/1/2	2020/1/2
13.3-2-4	13.3			Q/GDW 1986—2013	日前电能平衡计划管理流程及标准操作程序			2013/11/6	2013/11/6
13.3-2-5	13.3			Q/GDW 1987—2013	日前停电计划审批管理流程及标准操作程序			2013/11/6	2013/11/6
13.3-2-6	13.3	29.240		Q/GDW 552—2010	电网短期超短期负荷预测技术规范			2010/12/27	2010/12/27
13.3-4-7	13.3	29.020	F21	DL/T 1711—2017	电网短期和超短期负荷预测技术规范			2017/8/2	2017/12/1
13.3-4-8	13.3			DL/T 2196—2020	电力需求侧辅助服务导则			2020/10/23	2021/2/1

13.4 调度与交易-无功控制

序号	GW 分类	ICS 分类	GB 分类	标准号	中文名称	代替标准	采用关系	发布日期	实施日期
13.4-2-1	13.4	29.240		Q/GDW 1212—2015	电力系统无功补偿配置技术导则	Q/GDW 212—2008		2016/11/21	2016/11/21
13.4-2-2	13.4	29.240		Q/GDW 619—2011	地区电网自动电压控制（AVC）技术规范			2011/5/24	2011/5/24
13.4-2-3	13.4	29.020		Q/GDW 747—2012	电网自动电压控制技术规范			2012/6/21	2012/6/21
13.4-3-4	13.4	29.240	F20	GB/Z 24847—2009	1000kV 交流系统电压和无功电力技术导则			2009/11/30	2010/5/1
13.4-4-5	13.4	29.020	K01	DL/T 1707—2017	电网自动电压控制运行技术导则			2017/8/2	2017/12/1
13.4-4-6	13.4			DL/T 2112—2020	敏感负荷电压暂降控制技术导则			2020/10/23	2021/2/1
13.4-4-7	13.4	29.240.01	F20	DL/T 672—2017	变电站及配电线路用电压无功调节控制系统使用技术条件	DL/T 672—1999		2017/12/27	2018/6/1

序号	GW 分类	ICS 分类	GB 分类	标准号	中 文 名 称	代替标准	采用关系	发布日期	实施日期
13.4-4-8	13.4			DL/T 2114—2020	电力网无功补偿配置技术导则			2020/10/23	2021/2/1

13.5 调度与交易-网源协调

序号	GW 分类	ICS 分类	GB 分类	标准号	中 文 名 称	代替标准	采用关系	发布日期	实施日期
13.5-2-1	13.5	29.240		Q/GDW 10773—2017	大型发电机组涉网保护技术要求	Q/GDW 1773—2013		2018/1/2	2018/1/2
13.5-2-2	13.5	29.020		Q/GDW 11538—2016	同步发电机组源网动态性能在线监测技术规范			2016/12/28	2016/12/28
13.5-2-3	13.5	29.240		Q/GDW 11631—2016	数字式励磁调节器辅助控制电力系统研究用模型			2017/7/31	2017/7/31
13.5-2-4	13.5			Q/GDW 11891—2018	同步发电机励磁系统控制参数整定计算导则			2020/1/2	2020/1/2
13.5-2-5	13.5			Q/GDW 11951—2018	电力系统自动高频切除发电机组技术规定			2020/4/8	2020/4/8
13.5-2-6	13.5	29.020		Q/GDW 669—2011	火力发电机组一次调频试验导则			2011/11/18	2011/11/18
13.5-2-7	13.5	29.020		Q/GDW 746—2012	同步发电机进相试验导则			2012/6/21	2012/6/21
13.5-2-8	13.5	29.020		Q/GDW 748—2012	同步发电机原动机及其调节系统参数实测与建模导则			2012/6/21	2012/6/21
13.5-3-9	13.5	27.100	F20	GB/T 28566—2012	发电机组并网安全条件及评价			2012/6/29	2012/11/1
13.5-3-10	13.5	29.020	F20	GB/T 37134—2018	并网发电厂辅助服务导则			2018/12/28	2019/7/1
13.5-4-11	13.5	29.020	K04	DL/T 1167—2019	同步发电机励磁系统建模导则	DL/T 1167—2012		2019/6/4	2019/10/1
13.5-4-12	13.5	27.100	F24	DL/T 1213—2013	火力发电机组辅机故障减负荷技术规程			2013/3/7	2013/8/1
13.5-4-13	13.5	27.1	F24	DL/T 1231—2018	电力系统稳定器整定试验导则	DL/T 1231—2013		2018/6/6	2018/10/1
13.5-4-14	13.5	29.160.30	K21	DL/T 1235—2019	同步发电机原动机及其调节系统参数实测与建模导则	DL/T 1235—2013		2019/6/4	2019/10/1
13.5-4-15	13.5	27.140	K55	DL/T 1245—2013	水轮机调节系统并网运行技术导则			2013/3/7	2013/8/1
13.5-4-16	13.5	29.160	K21	DL/T 1523—2016	同步发电机进相试验导则			2016/1/7	2016/6/1
13.5-4-17	13.5	29.24	F24	DL/T 1870—2018	电力系统网源协调技术规范			2018/6/6	2018/10/1
13.5-4-18	13.5	29.160.40	K52	DL/T 1970—2019	水轮发电机励磁系统配置导则			2019/6/4	2019/10/1
13.5-4-19	13.5			DL/T 2191—2020	水轮机调速器涉网性能仿真检测技术规范			2020/10/23	2021/2/1
13.5-4-20	13.5	29.160.20	K20	DL/T 279—2012	发电机励磁系统调度管理规程			2012/1/4	2012/3/1

序号	GW 分类	ICS 分类	GB 分类	标准号	中 文 名 称	代替标准	采用关系	发布日期	实施日期
13.5-4-21	13.5			DL/T 2194—2020	水力发电机组一次调频技术要求及试验导则			2020/10/23	2021/2/1

13.6 调度与交易-水电及新能源调度

序号	GW 分类	ICS 分类	GB 分类	标准号	中 文 名 称	代替标准	采用关系	发布日期	实施日期
13.6-2-1	13.6	29.240		Q/GDW 10588—2015	风电功率预测功能规范	Q/GDW 588—2011		2016/12/15	2016/12/15
13.6-2-2	13.6	29.240		Q/GDW 10907—2018	风电场调度运行信息交换规范	Q/GDW 1907—2013		2020/1/2	2020/1/2
13.6-2-3	13.6			Q/GDW 11000—2013	光伏电站并网调度信息交换规范			2013/11/6	2013/11/6
13.6-2-4	13.6			Q/GDW 11065—2013	新能源优先调度工作规范			2014/4/1	2014/4/1
13.6-2-5	13.6	29.240		Q/GDW 11628—2016	新能源消纳能力计算导则			2017/7/31	2017/7/31
13.6-2-6	13.6	29.240		Q/GDW 11629—2016	风电场风能资源监测技术规范			2017/7/31	2017/7/31
13.6-2-7	13.6	29.240		Q/GDW 11630—2016	新能源优先调度评价系统功能规范			2017/7/31	2017/7/31
13.6-2-8	13.6	27.140		Q/GDW 11693—2017	抽水蓄能电站有功成组控制和紧急支援 功能技术规范			2018/2/12	2018/2/12
13.6-2-9	13.6	29.240		Q/GDW 11890—2018	电网清洁能源实时消纳能力评估技术规范			2020/1/2	2020/1/2
13.6-2-10	13.6	29.240		Q/GDW 11900—2018	风电理论功率及受阻电量计算方法			2020/1/2	2020/1/2
13.6-2-11	13.6	29.240		Q/GDW 11901—2018	风力发电资源评估方法			2020/1/2	2020/1/2
13.6-2-12	13.6	29.240		Q/GDW 11902—2018	光伏发电资源评估方法			2020/1/2	2020/1/2
13.6-2-13	13.6	29.020		Q/GDW 405—2010	水库调度工作规范			2010/3/24	2010/3/24
13.6-2-14	13.6	29.020		Q/GDW 432—2010	风电调度运行管理规范			2010/2/26	2010/2/26
13.6-2-15	13.6	29.240		Q/GDW 589—2011	水库调度计算及评价规范			2011/3/3	2011/3/3
13.6-3-16	13.6	27.140	P59	GB 17621—1998	大中型水电站水库调度规范			1998/12/17	1999/4/1
13.6-3-17	13.6	27.100	F20	GB/T 32894—2016	抽水蓄能机组工况转换技术导则			2016/8/29	2017/3/1
13.6-3-18	13.6	27.160	F12	GB/T 33342—2016	户用分布式光伏发电并网接口技术规范			2016/12/13	2017/7/1
13.6-3-19	13.6	29.240.01	F20	GB/T 33592—2017	分布式电源并网运行控制规范			2017/5/12	2017/12/1
13.6-3-20	13.6	29	F21	GB/T 33593—2017	分布式电源并网技术要求			2017/5/12	2017/12/1
13.6-3-21	13.6	27.160	F12	GB/T 33599—2017	光伏发电站并网运行控制规范			2017/5/12	2017/12/1

续表

序号	GW 分类	ICS 分类	GB 分类	标准号	中文名称	代替标准	采用关系	发布日期	实施日期
13.6-4-22	13.6	29.020.01	F20	DL/T 1500—2016	电网气象灾害预警系统技术规范			2016/1/7	2016/6/1
13.6-4-23	13.6			DL/T 1650—2016	小水电站并网运行规范			2016/12/5	2017/5/1
13.6-4-24	13.6			NB/T 10084—2018	水电工程运行调度规程编制导则			2018/10/29	2019/3/1
13.6-4-25	13.6			NB/T 10085—2018	水电工程水文预报规范			2018/10/29	2019/3/1
13.6-4-26	13.6			NB/T 10205—2019	风电功率预测技术规定			2019/6/4	2019/10/1
13.6-4-27	13.6	27.180	F11	NB/T 31046—2013	风电功率预测系统功能规范			2013/11/28	2014/4/1
13.6-4-28	13.6	27.180	F11	NB/T 31047—2013	风电调度运行管理规范			2013/11/28	2014/4/1
13.6-4-29	13.6			NB/T 31054—2014	风电机组电网适应性测试规程			2014/10/15	2015/3/1
13.6-4-30	13.6			NB/T 33014—2014	电化学储能系统接入配电网运行控制规范			2014/10/15	2015/3/1
13.6-4-31	13.6			NB/T 33015—2014	电化学储能系统接入配电网技术规定			2014/10/15	2015/3/1
13.6-4-32	13.6			NB/T 33016—2014	电化学储能系统接入配电网测试规程			2014/10/15	2015/3/1
13.6-4-33	13.6	27.140	K51	NB/T 42033—2014	小水电站群集中控制系统基本技术条件			2014/6/29	2014/11/1

13.7 调度与交易-调度运行及设备监控

序号	GW 分类	ICS 分类	GB 分类	标准号	中文名称	代替标准	采用关系	发布日期	实施日期
13.7-2-1	13.7	29.240		Q/GDW 11012—2013	电力系统新设备启动调度流程			2014/5/1	2014/5/1
13.7-2-2	13.7	29.240		Q/GDW 11203—2014	电网调度控制系统视频联动技术规范			2014/11/15	2014/11/15
13.7-2-3	13.7	29.240		Q/GDW 11288—2014	变电站集中监控验收技术导则			2015/9/14	2015/9/14
13.7-2-4	13.7	29.240		Q/GDW 11398—2015	变电站设备监控信息规范			2015/10/30	2015/10/30
13.7-2-5	13.7	29.240		Q/GDW 11465—2015	电网直流偏磁电流分布同步监测技术导则			2016/11/21	2016/11/21
13.7-2-6	13.7	29.240		Q/GDW 11473—2015	智能电网调度控制系统集中监控应用功能规范			2016/12/15	2016/12/15
13.7-2-7	13.7	29.240		Q/GDW 11475—2015	互联电网联络线功率控制技术规范			2016/12/15	2016/12/15
13.7-2-8	13.7	29.240		Q/GDW 11711—2017	电网运行风险预警管控工作规范			2018/4/12	2018/4/12
13.7-2-9	13.7			Q/GDW 11760—2017	智能电网调度控制系统负荷批量控制功能规范			2018/9/26	2018/9/26
13.7-2-10	13.7	29.240		Q/GDW 1680.410—2016	智能电网调度控制系统 第 4-10 部分：实时监控与预警类应 输变电设备在线监测功能规范			2017/7/31	2017/7/31
13.7-3-11	13.7	27.010	F01	GB/T 13462—2008	电力变压器经济运行	GB/T 13462—1992		2008/5/27	2008/11/1

续表

序号	GW 分类	ICS 分类	GB 分类	标准号	中文名称	代替标准	采用关系	发布日期	实施日期
13.7-4-12	13.7			DL/T 2176—2020	变电站自动化设备远程运行维护技术规范			2020/10/23	2021/2/1
13.7-4-13	13.7	27.100	F20；F21	DL/T 961—2005	电网调度规范用语			2005/2/14	2005/7/1

13.8　调度与交易-继电保护

序号	GW 分类	ICS 分类	GB 分类	标准号	中文名称	代替标准	采用关系	发布日期	实施日期
13.8-2-1	13.8	29.240		Q/GDW 10265—2016	±800kV 级直流系统控制和保护技术规范	Q/GDW 265—2009		2016/12/28	2016/12/28
13.8-2-2	13.8			Q/GDW 10422—2017	国家电网继电保护整定计算技术规范	Q/GDW 422—2010		2018/9/26	2018/9/26
13.8-2-3	13.8	29.120.50		Q/GDW 10548—2016	高压直流输电控制保护系统技术规范	Q/GDW 548—2010		2017/3/24	2017/3/24
13.8-2-4	13.8	29.240		Q/GDW 11010—2015	继电保护信息规范			2016/11/15	2016/11/15
13.8-2-5	13.8			Q/GDW 11011—2013	继电保护设备自动测试接口标准			2014/5/1	2014/5/1
13.8-2-6	13.8	29.240		Q/GDW 11024—2013	智能变电站继电保护和安全自动装置运行管理导则			2014/4/1	2014/4/1
13.8-2-7	13.8	29.240		Q/GDW 11052—2013	智能变电站就地化保护装置通用技术条件			2014/4/1	2014/4/1
13.8-2-8	13.8	29.240		Q/GDW 11055—2013	智能变电站继电保护及安全自动装置运行评价规程			2014/4/1	2014/4/1
13.8-2-9	13.8			Q/GDW 11069—2013	省级及以上电网继电保护整定计算管理规定			2014/4/1	2014/4/1
13.8-2-10	13.8	29.240		Q/GDW 11200—2014	接入分布式电源的配电网继电保护和安全自动装置技术规范			2014/10/1	2014/10/1
13.8-2-11	13.8	29.240		Q/GDW 11201—2014	IEC 61850 安全稳定控制装置工程应用模型规范			2014/11/15	2014/11/15
13.8-2-12	13.8	29.240		Q/GDW 11263—2014	智能变电站继电保护试验装置通用技术条件			2014/12/31	2014/12/31
13.8-2-13	13.8	29.240		Q/GDW 11284—2014	继电保护状态检修检验规程			2015/6/12	2015/6/12
13.8-2-14	13.8	29.240		Q/GDW 11285—2014	继电保护状态评价导则			2015/6/12	2015/6/12
13.8-2-15	13.8	29.240		Q/GDW 11357—2014	智能变电站继电保护和电网安全自动装置现场工作保安规定			2015/6/12	2015/6/12
13.8-2-16	13.8			Q/GDW 11361—2017	智能变电站保护设备在线监视与诊断装置技术规范	Q/GDW 11361—2014		2018/9/26	2018/9/26
13.8-2-17	13.8	29.240		Q/GDW 11397—2015	1000kV 继电保护配置及整定导则			2015/10/30	2015/10/30
13.8-2-18	13.8	29.240		Q/GDW 11420—2015	省级以上电网继电保护一体化整定计算技术规范			2015/10/30	2015/10/30

13

序号	GW 分类	ICS 分类	GB 分类	标准号	中　文　名　称	代替标准	采用关系	发布日期	实施日期
13.8-2-19	13.8	29.240		Q/GDW 11425—2018	省、地、县电网继电保护一体化整定计算技术规范	Q/GDW 11425—2015		2020/1/2	2020/1/2
13.8-2-20	13.8	29.240		Q/GDW 11471—2015	智能变电站继电保护工程文件技术规范			2016/12/15	2016/12/15
13.8-2-21	13.8	29.240		Q/GDW 11472—2018	继电保护和安全自动装置、通信设备电子标签技术规范	Q/GDW 11472—2015		2020/1/2	2020/1/2
13.8-2-22	13.8	29.240		Q/GDW 11485—2016	智能变电站继电保护配置工具技术规范			2016/12/28	2016/12/28
13.8-2-23	13.8	29.240		Q/GDW 11632—2016	电网安全自动装置信息规范			2017/7/31	2017/7/31
13.8-2-24	13.8	29.240		Q/GDW 11633—2016	智能变电站配置文件运行管理系统　技术规范			2017/7/31	2017/7/31
13.8-2-25	13.8	29.240		Q/GDW 11663—2017	继电保护整定计算平台与整定计算软件数据交互接口标准			2018/1/2	2018/1/2
13.8-2-26	13.8			Q/GDW 1175—2013	变压器、高压并联电抗器和母线保护及辅助装置标准化设计规范	Q/GDW 175—2008		2013/11/6	2013/11/6
13.8-2-27	13.8	29.240		Q/GDW 11889—2018	高压柔性直流输电控制保护装置技术规范			2020/1/2	2020/1/2
13.8-2-28	13.8	29.240		Q/GDW 11893—2018	高压直流保护现场试验装置技术规范			2020/1/2	2020/1/2
13.8-2-29	13.8	29.240		Q/GDW 11898—2018	继电保护智能运行维护管理系统及移动终端技术规范			2020/1/2	2020/1/2
13.8-2-30	13.8	29.240		Q/GDW 11899—2018	就地化继电保护运维检修技术导则			2020/1/2	2020/1/2
13.8-2-31	13.8	29.240		Q/GDW 11952—2018	大型调相机变压器组继电保护整定计算　导则			2020/4/8	2020/4/8
13.8-2-32	13.8			Q/GDW 1396—2012	IEC 61850 工程继电保护应用模型			2014/5/1	2014/5/1
13.8-2-33	13.8			Q/GDW 1680.48—2013	智能电网调度技术支持系统　第 4-8 部分：实时监控与预警类应用继电保护定值在线校核及预警			2014/4/1	2014/4/1
13.8-2-34	13.8			Q/GDW 1806—2013	继电保护状态检修导则			2013/11/12	2013/11/12
13.8-2-35	13.8	29.240		Q/GDW 267—2009	继电保护和电网安全自动装置现场工作保安规定			2009/6/9	2009/6/9
13.8-2-36	13.8	29.240		Q/GDW 273—2009	继电保护故障信息处理系统技术规范			2009/4/30	2009/4/30
13.8-2-37	13.8	29.240		Q/GDW 331—2009	1000kV 继电保护及电网安全自动装置运行管理规程			2009/5/25	2009/5/25
13.8-2-38	13.8	29.240		Q/GDW 587—2011	电力系统自动低压减负荷技术规范			2011/3/2	2011/3/2

续表

序号	GW 分类	ICS 分类	GB 分类	标准号	中文名称	代替标准	采用关系	发布日期	实施日期
13.8-2-39	13.8	29.020		Q/GDW 700.1—2012	±800kV 特高压直流输电控制与保护设备　第 1 部分：总则			2012/8/10	2012/8/10
13.8-2-40	13.8	29.020		Q/GDW 700.2—2012	±800kV 特高压直流输电控制与保护设备　第 2 部分：运行人员控制系统			2012/8/10	2012/8/10
13.8-2-41	13.8	29.020		Q/GDW 700.3—2012	±800kV 特高压直流输电控制与保护设备　第 3 部分：交直流系统站控设备			2012/8/10	2012/8/10
13.8-2-42	13.8	29.020		Q/GDW 700.4—2012	±800kV 特高压直流输电控制与保护设备　第 4 部分：直流系统极控设备			2012/8/10	2012/8/10
13.8-2-43	13.8	29.020		Q/GDW 700.5—2012	±800kV 特高压直流输电控制与保护设备　第 5 部分：直流系统保护设备			2012/8/10	2012/8/10
13.8-2-44	13.8	29.020		Q/GDW 700.6—2012	±800kV 特高压直流输电控制与保护设备　第 6 部分：换流站辅助二次设备			2012/8/10	2012/8/10
13.8-2-45	13.8	29.240		Q/GDW 768—2012	继电保护全过程管理标准			2012/11/14	2012/11/14
13.8-2-46	13.8	29.120.50	K45	GB/T 14598.2—2011	量度继电器和保护装置　第 1 部分：通用要求	GB/T 14047—1993	IEC 60255-1：2009 IDT	2011/12/30	2012/6/1
13.8-3-47	13.8	29.120.70	K45	GB/T 14598.24—2017	量度继电器和保护装置　第 24 部分：电力系统暂态数据交换（COMTRADE）通用格式	GB/T 22386—2008		2017/7/31	2018/2/1
13.8-3-48	13.8	290.120.70	K45	GB/T 14598.127—2013	量度继电器和保护装置　第 127 部分：过/欠电压保护功能要求		IEC 60255-127：2010 IDT	2013/7/19	2013/12/2
13.8-3-49	13.8	29.120.50	K45	GB/T 14598.151—2012	量度继电器和保护装置　第 151 部分：过/欠电流保护功能要求			2012/12/31	2013/6/1
13.8-3-50	13.8	29.240	K45	GB/T 25841—2017	1000kV 电力系统继电保护技术导则	GB/Z 25841—2010		2017/7/31	2018/2/1
13.8-3-51	13.8			GB/T 32576—2016	抽水蓄能电站厂用电继电保护整定计算导则			2016/4/25	2016/11/1
13.8-3-52	13.8	29.240	K45	GB/T 32890—2016	继电保护 IEC 61850 工程应用模型			2016/8/29	2017/3/1
13.8-3-53	13.8	29.120.50	K45	GB/T 32898—2016	抽水蓄能发电电动机变压器组继电保护配置导则			2016/8/29	2017/3/1
13.8-3-54	13.8	29.240.01	K45	GB/T 33982—2017	分布式电源并网继电保护技术规范			2017/7/12	2018/2/1
13.8-3-55	13.8	29.240	K45	GB/T 34121—2017	智能变电站继电保护配置工具技术规范			2017/7/31	2018/2/1
13.8-3-56	13.8	29.240	K45	GB/T 34122—2017	220kV～750kV 电网继电保护和安全自动装置配置技术规范			2017/7/31	2018/2/1
13.8-3-57	13.8	29.240.01		GB/T 34123—2017	电力系统变频器保护技术规范			2017/7/31	2018/2/1

续表

序号	GW 分类	ICS 分类	GB 分类	标准号	中　文　名　称	代替标准	采用关系	发布日期	实施日期
13.8-3-58	13.8	29.240.01		GB/Z 34161—2017	智能微电网保护设备技术导则			2017/9/7	2018/4/1
13.8-3-59	13.8	29.240		GB/T 37155.1—2018	区域保护控制系统技术导则　第 1 部分：功能规范			2018/12/28	2019/7/1
13.8-3-60	13.8	29.240		GB/T 37155.2—2019	区域保护控制系统技术导则　第 2 部分：信息接口及通信			2019/5/10	2019/12/1
13.8-3-61	13.8	29.240.01		GB/T 37880—2019	就地化环网母线保护技术导则			2019/8/30	2020/3/1
13.8-3-62	13.8			GB/T 50976—2014	继电保护及二次回路安装及验收规范			2014/3/31	2014/12/1
13.8-3-63	13.8			DL/T 1011—2016	电力系统继电保护整定计算数据交换格式规范	DL/T 1011—2006		2016/12/5	2017/5/1
13.8-4-64	13.8	29.020	K01	DL/T 1239—2013	1000kV 继电保护及电网安全自动装置运行管理规程			2013/3/7	2013/8/1
13.8-4-65	13.8	27.100	F29	DL/T 1309—2013	大型发电机组涉网保护技术规范			2013/11/28	2014/4/1
13.8-4-66	13.8			DL/T 1502—2016	厂用电继电保护整定计算导则			2016/1/7	2016/6/1
13.8-4-67	13.8			DL/T 1505—2016	大型燃气轮发电机组继电保护装置通用技术条件			2016/1/7	2016/6/1
13.8-4-68	13.8			DL/T 1631—2016	并网风电场继电保护装置及整定技术规范			2016/12/5	2017/5/1
13.8-4-69	13.8			DL/T 1639—2016	变电站继电保护信息以太网 103 传输规范			2016/12/5	2017/5/1
13.8-4-70	13.8			DL/T 1640—2016	继电保护定值在线校核及预警技术规范			2016/12/5	2017/5/1
13.8-4-71	13.8			DL/T 1651—2016	继电保护光纤通道检验规程			2016/12/5	2017/5/1
13.8-4-72	13.8			DL/T 1734—2017	过激磁保护功能技术规范	SD 278—1988		2017/11/15	2018/3/1
13.8-4-73	13.8	29.240	K45	DL/T 1782—2017	变电站继电保护信息规范			2017/12/27	2018/6/1
13.8-4-74	13.8			DL/T 2009—2019	超高压可控并联电抗器继电保护配置及整定技术规范			2019/6/4	2019/10/1
13.8-4-75	13.8			DL/T 2010—2019	高压无功补偿装置继电保护配置及整定技术规范			2019/6/4	2019/10/1
13.8-4-76	13.8	27.010	F07	DL/T 243—2012	继电保护及控制设备数据采集及信息交换技术导则			2012/4/6	2012/7/1
13.8-4-77	13.8	29.240.01	F21	DL/T 277—2012	高压直流输电系统控制保护整定技术规程			2012/1/4	2012/3/1
13.8-4-78	13.8	29.240	K45	DL/T 479—2017	阻抗保护功能技术规范	DL/T 479—1992		2017/11/15	2018/3/1

序号	GW 分类	ICS 分类	GB 分类	标准号	中　文　名　称	代替标准	采用关系	发布日期	实施日期
13.8-4-79	13.8	27.100	F21	DL/T 526—2013	备用电源自动投入装置技术条件	DL/T 526—2002		2013/11/28	2014/4/1
13.8-4-80	13.8			DL/T 559—2018	220kV～750kV 电网继电保护装置运行整定规程	DL/T 559—2007		2018/12/25	2019/5/1
13.8-4-81	13.8	29.240	K45	DL/T 584—2017	3kV～110kV 电网继电保护装置运行整定规程	DL/T 584—2007		2017/12/27	2018/6/1
13.8-4-82	13.8			DL/T 587—2016	继电保护和安全自动装置运行管理规程	DL/T 587—2007		2016/12/5	2017/5/1
13.8-4-83	13.8	29.240.01	K45	DL/T 623—2010	电力系统继电保护及安全自动装置运行评价规程	DL 623—1997		2011/1/9	2011/5/1
13.8-4-84	13.8	29.240.30	P40；K45	DL/T 684—2012	大型发电机变压器继电保护整定计算导则	DL 684—1999		2012/4/6	2012/7/1
13.8-4-85	13.8	29.240.30	K45	DL/T 886—2012	750kV 电力系统继电保护技术导则	DL 886—2004		2012/4/6	2012/7/1
13.8-4-86	13.8			DL/T 1981.3—2020	统一潮流控制器　第 3 部分：控制保护系统技术规范			2020/10/23	2021/2/1
13.8-4-87	13.8			NB/T 10192—2019	电流闭锁式母线保护技术导则			2019/6/4	2019/10/1
13.8-4-88	13.8	29.240.01	K45	NB/T 42072—2016	继电保护及安全自动装置产品型号编制办法	JB/T 10103—1999		2016/8/16	2016/12/1
13.8-4-89	13.8	29.240.01	K45	NB/T 42088—2016	继电保护信息系统子站技术规范			2016/8/16	2016/12/1
13.8-4-90	13.8	29.120.70		IEC 60255-24：2013	测量继电器和保护设备　第 24 部分：电力系统瞬态数据交换的通用格式（COMTRADE）	IEC 60255-24：2001；IEC 95/308/FDIS：2013		2013/4/1	2013/4/1
13.8-5-91	13.8	31.060.70	K42	NF C 54-145—1994	电力系统用串联电容器　第 2 部分：串联电容器组的保护设备			1994/12/1	1994/12/20

13.9　调度与交易-调度自动化

序号	GW 分类	ICS 分类	GB 分类	标准号	中　文　名　称	代替标准	采用关系	发布日期	实施日期
13.9-2-1	13.9			Q/GDW 10131—2017	电力系统实时动态监测系统技术规范	Q/GDW 1131—2014		2018/9/26	2018/9/26
13.9-2-2	13.9	29.240		Q/GDW 10437—2016	电网地调水调自动化系统技术规范	Q/GDW 437—2010		2016/12/28	2016/12/28
13.9-2-3	13.9	29.240		Q/GDW 10678—2018	智能变电站一体化监控系统技术规范	Q/GDW 678—2011；Q/GDW 679—2011		2020/1/2	2020/1/2
13.9-2-4	13.9	29.240		Q/GDW 10680.41—2017	智能电网调度控制系统第 4-1 部分：实时监控与预警类应用电网实时监控与智能告警	Q/GDW 1680.41—2015		2018/9/26	2018/9/26
13.9-2-5	13.9	29.240		Q/GDW 10680.45—2018	智能电网调度控制系统　第 4-5 部分：实时监控与预警类应用　在线安全分析与运行控制辅助决策	Q/GDW 1680.45—2014		2020/4/8	2020/4/8

续表

序号	GW 分类	ICS 分类	GB 分类	标准号	中 文 名 称	代替标准	采用关系	发布日期	实施日期
13.9-2-6	13.9	29.240		Q/GDW 11021—2013	变电站调控数据交互规范			2014/4/1	2014/4/1
13.9-2-7	13.9	29.240		Q/GDW 11022—2013	智能电网调度控制系统实用化要求			2014/4/1	2014/4/1
13.9-2-8	13.9	29.240		Q/GDW 11047—2013	国家电网调度数据网应用接入规范			2014/4/1	2014/4/1
13.9-2-9	13.9	29.240		Q/GDW 11068—2013	电力系统通用实时通信服务协议			2014/4/1	2014/4/1
13.9-2-10	13.9	29.240		Q/GDW 11153—2014	智能变电站顺序控制技术导则			2014/12/31	2014/12/31
13.9-2-11	13.9	29.240		Q/GDW 11162—2014	变电站监控系统图形界面规范			2014/7/20	2014/7/20
13.9-2-12	13.9	29.240		Q/GDW 11202.1—2015	智能变电站自动化设备检测规范　第 1 部分：概论			2015/12/5	2015/12/5
13.9-2-13	13.9	29.240		Q/GDW 11205—2018	电网调度自动化系统软件通用测试规范	Q/GDW 11205—2014		2020/1/2	2020/1/2
13.9-2-14	13.9	29.240		Q/GDW 11206—2014	电网调度自动化系统计算机硬件设备检测规范			2014/11/15	2014/11/15
13.9-2-15	13.9	29.240		Q/GDW 11207—2014	电力系统告警直传技术规范			2014/11/15	2014/11/15
13.9-2-16	13.9			Q/GDW 11354—2017	调度控制远方操作技术规范	Q/GDW 11354—2014		2018/9/26	2018/9/26
13.9-2-17	13.9	35.11	M13	Q/GDW 114—2004	国家电力调度数据网骨干网运行管理规定			2004/10/19	2005/2/1
13.9-2-18	13.9	29.240		Q/GDW 11489—2015	电力系统序列控制接口技术规范			2016/11/15	2016/11/15
13.9-2-19	13.9	29.020		Q/GDW 11539—2016	电力系统时间同步及监测技术规范			2016/12/28	2016/12/28
13.9-2-20	13.9	29.020		Q/GDW 11541—2016	电网调度自动化系统软件测试规范基础平台数据采集与交换			2016/12/28	2016/12/28
13.9-2-21	13.9	29.240		Q/GDW 11662—2017	智能变电站系统配置描述文件技术规范			2018/1/2	2018/1/2
13.9-2-22	13.9			Q/GDW 11766—2017	电力监控系统本体安全防护技术规范			2018/9/26	2018/9/26
13.9-2-23	13.9	29.240		Q/GDW 11894—2018	电力监控系统网络安全监测装置检测规范			2020/1/2	2020/1/2
13.9-2-24	13.9	29.240		Q/GDW 11897—2018	调度自动化机房设计与建设规范			2020/1/2	2020/1/2
13.9-2-25	13.9	29.240		Q/GDW 11914—2018	电力监控系统网络安全监测装置技术规范			2020/4/8	2020/4/8
13.9-2-26	13.9	29.240		Q/GDW 1461—2014	地区智能电网调度控制系统应用功能规范	Q/GDW/Z 461—2010		2015/9/14	2015/9/14
13.9-2-27	13.9	29.240		Q/GDW 1680.1—2014	智能电网调度控制系统　第 1 部分：体系架构及总体要求	Q/GDW 680.1—2011		2015/9/14	2015/9/14
13.9-2-28	13.9	29.240		Q/GDW 1680.2—2014	智能电网调度控制系统　第 2 部分：名词和术语	Q/GDW 680.2—2011		2015/9/14	2015/9/14

续表

序号	GW 分类	ICS 分类	GB 分类	标准号	中 文 名 称	代替标准	采用关系	发布日期	实施日期
13.9-2-29	13.9	29.240		Q/GDW 1680.31—2014	智能电网调度控制系统　第 3-1 部分：基础平台消息总线和服务总线	Q/GDW 680.31—2011		2015/9/14	2015/9/14
13.9-2-30	13.9	29.240		Q/GDW 1680.32—2014	智能电网调度控制系统　第 3-2 部分：基础平台数据存储与管理	Q/GDW 680.32—2011		2015/9/14	2015/9/14
13.9-2-31	13.9	29.240		Q/GDW 1680.33—2014	智能电网调度控制系统　第 3-3 部分：基础平台平台管理	Q/GDW 680.33—2011		2015/9/14	2015/9/14
13.9-2-32	13.9	29.240		Q/GDW 1680.34—2014	智能电网调度控制系统　第 3-4 部分：基础平台公共服务	Q/GDW 680.34—2011		2015/9/14	2015/9/14
13.9-2-33	13.9	29.240		Q/GDW 1680.35—2014	智能电网调度控制系统　第 3-5 部分：基础平台数据采集与交换	Q/GDW 680.35—2011		2015/9/14	2015/9/14
13.9-2-34	13.9	29.240		Q/GDW 1680.36—2014	智能电网调度控制系统　第 3-6 部分：基础平台系统安全防护	Q/GDW 680.36—2011		2015/9/14	2015/9/14
13.9-2-35	13.9	29.240		Q/GDW 1680.46—2015	智能电网调度控制系统　第 4-6 部分：实时监控与预警类应用调控运行人员培训模拟	Q/GDW 680.46—2011		2016/12/15	2016/12/15
13.9-2-36	13.9	29.240		Q/GDW 1680.49—2014	智能电网调度控制系统　第 4-9 部分：实时监控与预警类应用火电机组烟气排放监测功能平台技术规范			2015/9/14	2015/9/14
13.9-2-37	13.9	29.240		Q/GDW 1680.71—2015	智能电网调度控制系统　第 7-1 部分：调度管理类应用调度生产运行管理	Q/GDW 680.71—2011		2016/11/15	2016/11/15
13.9-2-38	13.9			Q/GDW 1918—2013	电力调度自动化主站系统 UPS 电源及配电系统技术规范			2013/11/6	2013/11/6
13.9-2-39	13.9	29.240		Q/GDW 1919—2013	基于数字同步网频率信号的时间同步技术规范			2013/11/12	2013/11/12
13.9-2-40	13.9	29.020		Q/GDW 216—2008	电网运行数据交换规范			2008/12/31	2008/12/31
13.9-2-41	13.9	29.020		Q/GDW 680.6—2011	智能电网调度技术支持系统　第 6 部分：安全校核类应用安全校核			2011/12/28	2011/12/28
13.9-2-42	13.9	29.020		Q/GDW 680.8—2011	智能电网调度技术支持系统　第 8 部分：分析与评估			2011/12/28	2011/12/28
13.9-2-43	13.9	29.020		Q/GDW 680.42—2011	智能电网调度技术支持系统　第 4-2 部分：实时监控与预警类应用水电及新能源监测分析			2011/12/28	2011/12/28
13.9-2-44	13.9	29.020		Q/GDW 680.43—2011	智能电网调度技术支持系统　第 4-3 部分：实时监控与预警类应用电网自动控制			2011/12/28	2011/12/28

13

续表

序号	GW 分类	ICS 分类	GB 分类	标准号	中文名称	代替标准	采用关系	发布日期	实施日期
13.9-2-45	13.9	29.020		Q/GDW 680.44—2011	智能电网调度技术支持系统 第 4-4 部分：实时监控与预警类应用网络分析			2011/12/28	2011/12/28
13.9-2-46	13.9	29.020		Q/GDW 680.47—2011	智能电网调度技术支持系统 第 4-7 部分：实时监控与预警类应用辅助监测			2011/12/28	2011/12/28
13.9-2-47	13.9	29.020		Q/GDW 680.51—2011	智能电网调度技术支持系统 第 5-1 部分：调度计划类应用数据申报与信息发布			2011/12/28	2011/12/28
13.9-2-48	13.9	29.020		Q/GDW 680.52—2011	智能电网调度技术支持系统 第 5-2 部分：调度计划类应用预测与短期交易管理			2011/12/28	2011/12/28
13.9-2-49	13.9	29.020		Q/GDW 680.53—2011	智能电网调度技术支持系统 第 5-3 部分：调度计划类应用检修计划			2011/12/28	2011/12/28
13.9-2-50	13.9	29.020		Q/GDW 680.54—2011	智能电网调度技术支持系统 第 5-4 部分：调度计划类应用发电计划			2011/12/28	2011/12/28
13.9-2-51	13.9	29.020		Q/GDW 680.55—2011	智能电网调度技术支持系统 第 5-5 部分：调度计划类应用水电及新能源调度			2011/12/28	2011/12/28
13.9-3-52	13.9	29.020		Q/GDW 680.72—2011	智能电网调度技术支持系统 第 7-2 部分：调度管理类应用专业和内部综合管理及信息展示发布			2011/12/28	2011/12/28
13.9-3-53	13.9	29.020		Q/GDW 695—2011	智能变电站信息模型及通信接口技术规范			2012/7/27	2012/7/27
13.9-3-54	13.9	29.240.01	F21	GB/T 13729—2019	远动终端设备	GB/T 13729—2002		2019/6/4	2020/1/1
13.9-3-55	13.9	29.240.01	K40	GB/T 13730—2002	地区电网调度自动化系统	GB/T 13730—1992		2002/11/29	2003/6/1
13.9-3-56	13.9	27.010	F04	GB/T 14909—2005	能量系统用分析技术导则	GB/T 14909—1994		2005/7/15	2006/1/1
13.9-3-57	13.9	27.100	F21	GB/T 15153.1—1998	远动设备及系统 第 2 部分：工作条件 第 1 篇：电源和电磁兼容性	GB/T 15153—1994		1998/8/13	1999/6/1
13.9-3-58	13.9	27.100	F21	GB/T 15153.2—2000	远动设备及系统 第 2 部分：工作条件 第 2 篇：环境条件（气候、机械和其他非电影响因素）	GB/T 15153—1994		2000/12/11	2001/10/1
13.9-3-59	13.9	29.240.30	F21	GB/T 16436.1—1996	远动设备及系统 第 1 部分：总则 第 2 篇：制定规范的导则			1996/6/17	1997/7/1
13.9-3-60	13.9	27.100	F21	GB/T 17463—1998	远动设备及系统 第 4 部分：性能要求			1998/8/13	1999/6/1
13.9-3-61	13.9	33.200	F21	GB/Z 18700.5—2003	远动设备及系统 第 6-1 部分：与 ISO 标准和 ITU-T 建议兼容的远协议标准的应用环境和结构			2003/9/15	2004/3/1
13.9-3-62	13.9	29.240.10	K45	GB/T 24833—2009	1000kV 变电站监控系统技术规范			2009/11/30	2010/5/1

续表

序号	GW 分类	ICS 分类	GB 分类	标准号	中文名称	代替标准	采用关系	发布日期	实施日期
13.9-3-63	13.9	17.220.20	N22	GB/T 26862—2011	电力系统同步相量测量装置检测规范			2011/7/29	2011/12/1
13.9-3-64	13.9	27.100	N22	GB/T 28815—2012	电力系统实时动态监测主站技术规范			2012/11/5	2013/2/1
13.9-3-65	13.9	29.240	K45	GB/T 30149—2019	电网通用模型描述规范	GB/T 30149—2013		2019/6/4	2020/1/1
13.9-3-66	13.9	25.040	N10	GB/T 30976.1—2014	工业控制系统信息安全　第 1 部分：评估规范			2014/7/24	2015/2/1
13.9-3-67	13.9	25.040	N10	GB/T 30976.2—2014	工业控制系统信息安全　第 2 部分：验收规范			2014/7/24	2015/2/1
13.9-3-68	13.9	29.020	K04	GB/T 31992—2015	电力系统通用告警格式			2015/9/11	2016/4/1
13.9-3-69	13.9	29.240.01	F21	GB/T 31998—2015	电力软交换系统技术规范			2015/9/11	2016/4/1
13.9-3-70	13.9	29.240.01	F21	GB/T 32353—2015	电力系统实时动态监测系统数据接口规范			2015/12/31	2016/7/1
13.9-3-71	13.9	01.040.29	K04	GB/T 33590.2—2017	智能电网调度控制系统技术规范　第 2 部分：术语			2017/5/12	2017/12/1
13.9-3-72	13.9	29.020	F21	GB/T 33591—2017	智能变电站时间同步系统及设备技术规范			2017/5/12	2017/12/1
13.9-3-73	13.9	29.020	F21	GB/T 33601—2017	电网设备通用模型数据命名规范			2017/5/12	2017/9/1
13.9-3-74	13.9	29.020	F21	GB/T 33602—2017	电力系统通用服务协议			2017/5/12	2017/12/1
13.9-3-75	13.9	29.020	F21	GB/T 33603—2017	电力系统模型数据动态消息编码规范			2017/5/12	2017/12/1
13.9-3-76	13.9	29.020	F21	GB/T 33604—2017	电力系统简单服务接口规范			2017/5/12	2017/12/1
13.9-3-77	13.9	29.020	F21	GB/T 33605—2017	电力系统消息邮件传输规范			2017/5/12	2017/12/1
13.9-3-78	13.9	29.240	F21	GB/T 33607—2017	智能电网调度控制系统总体框架			2017/5/12	2017/12/1
13.9-3-79	13.9	25.040.99	N17	GB/T 34039—2017	远程终端单元（RTU）技术规范			2017/7/31	2018/2/1
13.9-3-80	13.9	29.240	K45	GB/T 34132—2017	智能变电站智能终端装置通用技术条件			2017/7/31	2018/2/1
13.9-4-81	13.9	29.240.01	F21	GB/T 35718.2—2017	电力系统管理及其信息交换　长期互操作性　第 2 部分：监控和数据采集（SCADA）端到端品质码		IEC 62361-2：2013	2017/12/29	2018/7/1
13.9-4-82	13.9	29.240.01	F20	GB/T 36050—2018	电力系统时间同步基本规定			2018/3/15	2018/10/1
13.9-4-83	13.9	29.240.01	F21	DL/T 1100.1—2018	电力系统的时间同步系统　第 1 部分：技术规范	DL/T 1100.1—2009		2018/12/25	2019/5/1
13.9-4-84	13.9	27.100	F21	DL/T 1100.2—2013	电力系统的时间同步系统　第 2 部分：基于局域网的精确时间同步			2013/11/28	2014/4/1

续表

序号	GW 分类	ICS 分类	GB 分类	标准号	中 文 名 称	代替标准	采用关系	发布日期	实施日期
13.9-4-85	13.9	29.240.01	F21	DL/T 1100.3—2018	电力系统的时间同步系统　第 3 部分：基于数字同步网的时间同步技术规范			2018/12/25	2019/5/1
13.9-4-86	13.9	27.100	F21	DL/T 1100.4—2018	电力系统的时间同步系统　第 4 部分：测试仪技术规范			2018/12/25	2019/5/1
13.9-4-87	13.9	29.240.01	F21	DL/T 1100.6—2018	电力系统的时间同步系统　第 6 部分：监测规范			2018/12/25	2019/5/1
13.9-4-88	13.9	29.240.20	K51	DL/T 1101—2009	35kV～110kV 变电站自动化系统验收规范			2009/7/22	2009/12/1
13.9-4-89	13.9	29.020	K07	DL/T 1169—2012	电力调度消息邮件传输规范			2012/8/23	2012/12/1
13.9-4-90	13.9	29.020	K01	DL/T 1170—2012	电力调度工作流程描述规范			2012/8/23	2012/12/1
13.9-4-91	13.9	29.020	K07	DL/T 1171—2012	电网设备通用数据模型命名规范			2012/8/23	2012/12/1
13.9-4-92	13.9	27.100	K59	DL/T 1283—2013	电力系统雷电定位监测系统技术规程			2013/11/28	2014/4/1
13.9-4-93	13.9	27.100	F29	DL/T 1308—2013	节能发电调度信息发布技术规范			2013/11/28	2014/4/1
13.9-4-94	13.9	27.100	F21	DL/T 1311—2013	电力系统实时动态监测主站应用要求及验收细则			2013/11/28	2014/4/1
13.9-4-95	13.9	27.100	F22	DL/T 1377—2014	电力调度员培训仿真技术规范			2014/10/15	2015/3/1
13.9-4-96	13.9	29.240	F24	DL/T 1380—2014	电网运行模型数据交换规范			2014/10/15	2015/3/1
13.9-4-97	13.9			DL/T 1626—2016	700WM 及以上机组水电厂计算机监控系统基本技术条件			2016/12/5	2017/5/1
13.9-4-98	13.9			DL/T 1649—2016	配电网调度控制系统技术规范			2016/12/5	2017/5/1
13.9-4-99	13.9			DL/T 1660—2016	电力系统消息总线接口规范			2016/12/5	2017/5/1
13.9-4-100	13.9	29.240	F23	DL/T 1708—2017	电力系统顺序控制技术规范			2017/8/2	2017/12/1
13.9-4-101	13.9	29.020	F21	DL/T 1709.3—2017	智能电网调度控制系统技术规范　第 3 部分：基础平台			2017/8/2	2017/12/1
13.9-4-102	13.9	29.020	F21	DL/T 1709.4—2017	智能电网调度控制系统技术规范　第 4 部分：实时监控与预警			2017/8/2	2017/12/1
13.9-4-103	13.9			DL/T 1709.5—2017	智能电网调度控制系统技术规范　第 5 部分：调度计划			2017/8/2	2017/12/1
13.9-4-104	13.9	29.020	F21	DL/T 1709.6—2017	智能电网调度控制系统技术规范　第 6 部分：调度管理			2017/8/2	2017/12/1
13.9-4-105	13.9			DL/T 1709.7—2017	智能电网调度控制系统技术规范　第 7 部分：电网运行驾驶舱			2017/8/2	2017/12/1

序号	GW 分类	ICS 分类	GB 分类	标准号	中文名称	代替标准	采用关系	发布日期	实施日期
13.9-4-106	13.9			DL/T 1709.8—2017	智能电网调度控制系统技术规范 第 8 部分：运行评估			2017/8/2	2017/12/1
13.9-4-107	13.9			DL/T 1709.9—2017	智能电网调度控制系统技术规范 第 9 部分：软件测试			2017/8/2	2017/12/1
13.9-4-108	13.9			DL/T 1709.10—2017	智能电网调度控制系统技术规范 第 10 部分：硬件设备测试			2017/8/2	2017/12/1
13.9-4-109	13.9			DL/T 1802—2018	水电厂自动发电控制及自动电压控制系统技术规范			2018/4/3	2018/7/1
13.9-4-110	13.9			DL/T 1871—2018	智能电网调度控制系统与变电站即插即用框架规范			2018/6/6	2018/10/1
13.9-4-111	13.9			DL/T 1873—2018	智能变电站系统配置描述（SCD）文件技术规范			2018/6/6	2018/10/1
13.9-4-112	13.9			DL/T 1874—2018	智能变电站系统规格描述（SSD）建模工程实施技术规范			2018/6/6	2018/10/1
13.9-4-113	13.9			DL/T 1908.907—2018	电力自动化通信网络和系统 第 90-7 部分：分布式能源（DER）系统功率变换器对象模型			2018/12/25	2019/5/1
13.9-4-114	13.9			DL/T 2177—2020	厂站监控系统图形界面规范			2020/10/23	2021/2/1
13.9-4-115	13.9	27.100	N22	DL/T 280—2012	电力系统同步相量测量装置通用技术条件			2012/1/4	2012/3/1
13.9-4-116	13.9	29.240.30	F21	DL/T 476—2012	电力系统实时数据通信应用层协议	DL 476—1992		2012/8/23	2012/12/1
13.9-4-117	13.9	27.100	F21	DL/T 5003—2017	电力系统调度自动化设计规程	DL/T 5003—2005		2017/8/2	2017/12/1
13.9-4-118	13.9	29.240	F20	DL/T 516—2017	电力调度自动化运行管理规程	DL/T 516—2006		2017/8/2	2017/12/1
13.9-4-119	13.9	27.100	P62	DL/T 5364—2015	电力调度数据网络工程初步设计内容深度规定	DL/T 5364—2006		2015/7/1	2015/12/1
13.9-4-120	13.9	27.100	P60	DL/T 5446—2012	电力系统调度自动化工程可行性研究报告内容深度规定			2012/1/4	2012/3/1
13.9-4-121	13.9	29.24	F21	DL/T 550—2014	地区电网调度控制系统技术规范	DL/T 550—1994		2014/10/15	2015/3/1
13.9-4-122	13.9	27.140	F59	DL/T 5762—2018	梯级水电厂集中监控系统安装及验收规程			2018/4/3	2018/7/1
13.9-4-123	13.9	29.240.01	K51	DL/T 630—1997	交流采样远动终端技术条件			1997/11/28	1998/5/1
13.9-4-124	13.9	27.100	F21	DL/T 634.56—2010	远动设备及系统 第 5-6 部分：IEC 60870-5 配套标准一致性测试导则	DL 634.56—2004		2010/5/1	2010/10/1
13.9-4-125	13.9	29.240.30	F21	DL/T 634.5101—2002	远动设备及系统 第 5-101 部分传输规约基本远动任务配套标准	DL 634—1997		2002/9/16	2002/12/1

续表

序号	GW 分类	ICS 分类	GB 分类	标准号	中文名称	代替标准	采用关系	发布日期	实施日期
13.9-4-126	13.9	27.100	F21	DL/T 634.5104—2009	远动设备及系统　第 5-104 部分：传输规约采用标准传输协议集的 IEC 60870-5-101 网络访问	DL 634.5104—2002		2009/7/22	2009/12/1
13.9-4-127	13.9			DL/T 634.5601—2016	远动设备及系统　第 5-601 部分：DL/T 634.510 配套标准一致性测试用例			2016/1/7	2016/6/1
13.9-4-128	13.9	29.240	F21	DL/T 719—2000	远动设备及系统　第 5 部分：传输规约第 102 篇电力系统电能累计量传输配套标准			2000/11/3	2001/1/1
13.9-4-129	13.9			DL/Z 860.1—2018	电力自动化通信网络和系统　第 1 部分：概论	DL/Z 860.1—2004		2018/12/25	2019/5/1
13.9-4-130	13.9	29.240.01	F21	DL/T 860.4—2018	电力自动化通信网络和系统　第 4 部分：系统和项目管理	DL/T 860.4—2004		2018/12/25	2019/5/1
13.9-4-131	13.9	29.240.01	F21	DL/T 860.10—2018	电力自动化通信网络和系统　第 10 部分：一致性测试	DL/T 860.10—2006	IEC 61850-10：2012	2018/12/25	2019/5/1
13.9-4-132	13.9	27.100	F21	DL/Z 860.2—2006	变电站通信网络和系统　第 2 部分：术语			2006/5/6	2006/10/1
13.9-4-133	13.9	27.100	F21	DL/T 860.3—2004	变电站通信网络和系统　第 3 部分：总体要求			2004/3/9	2004/6/1
13.9-4-134	13.9	29.240.01	F20	DL/T 860.5—2006	变电站通信网络和系统　第 5 部分：功能的通信要求和装置模型			2006/9/14	2007/3/1
13.9-4-135	13.9	29.240.01	F21	DL/T 860.6—2012	电力企业自动化通信网络和系统　第 6 部分：与智能电子设备有关的变电站内通信配置描述语言	DL/T 860.6—2008		2012/8/23	2012/12/1
13.9-4-136	13.9			DL/T 860.71—2014	电力自动化通信网络和系统　第 7-1 部分：基本通信结构原理和模型	DL/T 860.71—2006	IEC 61850-7-1：2011 IDT	2014/10/15	2015/3/1
13.9-4-137	13.9	29.240.01	F21	DL/T 860.72—2013	电力自动化通信网络和系统　第 7-2 部分：基本信息和通信结构-抽象通信服务接口（ACSI）	DL/T 860.72—2004	IEC 61850-7-2：2010 IDT	2013/11/28	2014/4/1
13.9-4-138	13.9	29.240.01	F21	DL/T 860.73—2013	电力自动化通信网络和系统　第 7-3 部分：基本通信结构公用数据类	DL/T 860.73—2004	IEC 61850-7-3：2010 IDT	2013/11/28	2014/4/1
13.9-4-139	13.9			DL/T 860.74—2014	电力自动化通信网络和系统　第 7-4 部分：基本通信结构兼容逻辑节点类和数据类	DL/T 860.74—2006	IEC 61850-7-4：2010 IDT	2014/10/15	2015/3/1
13.9-4-140	13.9	29.240.01	F21	DL/T 860.81—2016	电力自动化通信网络和系统　第 8-1 部分：特定通信服务映射（SCSM）—映射到 MMS（ISO 9506-1 和 ISO 9506-2）及 ISO/IEC 8802-3	DL/T 860.81—2006		2016/1/7	2016/6/1
13.9-4-141	13.9	27.100	F21	DL/T 860.92—2016	电力自动化通信网络和系统　第 9-2 部分：特定通信服务映射（SCSM）—基于 ISO/IEC 8802-3 的采样值	DL/T 860.92—2006		2016/1/7	2016/6/1

序号	GW 分类	ICS 分类	GB 分类	标准号	中 文 名 称	代替标准	采用关系	发布日期	实施日期
13.9-4-142	13.9			DL/T 860.901—2014	电力自动化通信网络和系统　第 901 部分：DL/T 860 在变电站间通信中的应用		IEC/TR 61850-90-1：2010 IDT	2014/10/15	2015/3/1
13.9-4-143	13.9			DL/T 860.904—2018	电力自动化通信网络和系统　第 90-4 部分：网络工程指南		IEC/TR 61850-90-4：2013	2018/12/25	2019/5/1
13.9-4-144	13.9	27.140	P59	DL/Z 860.7510—2016	电力自动化通信网络和系统　第 7-510 部分：基本通信结构　水力发电厂建模原理与应用指南		IEC/TR 61850-7-510：2012，IDT	2016/1/7	2016/6/1
13.9-4-145	13.9	27.100	F20	DL/T 890.1—2007	能量管理系统应用程序接口（EMS-API）第 1 部分：导则和一般要求			2007/12/3	2008/6/1
13.9-4-146	13.9	27.100	F20	DL/Z 890.2—2010	能量管理系统应用程序接口（EMS-API）第 2 部分：术语			2010/5/1	2010/10/1
13.9-4-147	13.9			DL/T 890.301—2016	能量管理系统应用程序接口（EMS-API）第 301 部分：公共信息模型（CIM）基础	DL/T 890.301—2004	IEC 61970-301：2013，IDT	2016/1/7	2016/6/1
13.9-4-148	13.9	27.100	F20	DL/Z 890.401—2006	能量管理系统应用程序接口（EMS-API）第 401 部分：组件接口规范（CIS）框架			2006/12/17	2007/5/1
13.9-4-149	13.9	27.100	F21	DL/T 890.402—2012	能量管理系统应用程序接口（EMS-API）第 402 部分：公共服务			2012/1/4	2012/3/1
13.9-4-150	13.9	27.100	F21	DL/T 890.404—2009	能量管理系统应用程序接口（EMS-API）第 404 部分：高速数据访问（HSDA）			2009/7/22	2009/12/1
13.9-4-151	13.9	27.100	F21	DL/T 890.405—2009	能量管理系统应用程序接口（EMS-API）第 405 部分：通用事件和订阅（GES）			2009/7/22	2009/12/1
13.9-4-152	13.9	27.100	F20	DL/T 890.407—2010	能量管理系统应用程序接口（EMS-API）第 407 部分：时间序列数据访问（TSDA）			2010/5/1	2010/10/1
13.9-4-153	13.9			DL/T 890.452—2018	能量管理系统应用程序接口（EMS-API）第 452 部分：CIM 稳态输电网络模型子集		IEC 61970-452：2015	2018/12/25	2019/5/1
13.9-4-154	13.9			DL/T 890.453—2018	能量管理系统应用程序接口（EMS-API）第 453 部分：图形布局子集	DL/T 890.453—2012	IEC 61970-453：2014	2018/12/25	2019/5/1
13.9-4-155	13.9	27.100	F20	DL/T 890.501—2007	能量管理系统应用程序接口（EMS-API）第 501 部分：公共信息模型的资源描述框架（CIMRDF）模式			2007/12/3	2008/6/1
13.9-5-156	13.9	29.020	K07	DL/T 890.552—2014	能量管理系统应用程序接口（EMS-API）第 552 部分：CIMXML 模型交换格式		IEC 61970-552：2013，IDT	2014/10/15	2015/3/1

13

续表

序号	GW 分类	ICS 分类	GB 分类	标准号	中 文 名 称	代替标准	采用关系	发布日期	实施日期
13.9-5-157	13.9			DL/Z 890.6001—2019	能量管理系统应用程序接口（EMS-API） 第 600-1 部分：公共电网模型交换规范（CGMES）——结构与规则		IEC 61970-600-1：2017	2019/11/4	2020/5/1
13.9-5-158	13.9	27.140	P55	NB/T 35001—2011	梯级水电站水调自动化系统设计规范			2011/7/28	2011/11/1
13.9-5-159	13.9	29.240.01	K45	NB/T 42014—2013	电气化铁路牵引变电所综合自动化系统			2013/11/28	2014/4/1
13.9-5-160	13.9			YD/T 2375—2019	高精度时间同步技术要求	YD/T 2375—2011		2019/11/11	2020/1/1
13.9-5-161	13.9	33.040.40；33.200		BSI BS EN 61850-4—2011	功率效用自动控制的通信网络和系统 第 4 部分：系统和项目管理			2011/7/31	2011/7/31
13.9-5-162	13.9	33.040.40		BSI BS EN 61850-6—2010	电力系统自动化用通信网络及系统 第 6 部分：变电站相关的智能电子装置（IEDs）通信用配置描述语言			2010/3/31	2010/3/31
13.9-5-163	13.9	33.040.40；33.200		BSI BS EN 61850-7-1—2011	变电所的通信网络和系统 第 7-1 部分：基本通信结构 原理和模型			2011/11/30	2011/11/30
13.9-5-164	13.9	33.200		BSI BS EN 61850-7-2—2011	电源效用自动化控制用通信网络和系统 第 7-2 部分：基本信息和通信架构 抽象通信服务接口（ACSI）			2011/1/31	2011/1/31
13.9-5-165	13.9	33.040.40		BSI BS EN 61850-7-3—2011	功率效用自动控制用通信网络和系统 基本通信结构 公用数据类别			2011/3/31	2011/3/31
13.9-5-166	13.9	33.200		BSI BS EN 61850-7-4—2010	变电所的通信网络和系统 基本通信结构 兼容逻辑节点种类和数据种类			2010/7/31	2010/7/31
13.9-5-167	13.9	33.040.40；33.200		BSI BS EN 61850-8-1—2011	变电所的通信网络和系统 第 8-1 部分：专用通信设施映像（SCSM）.多媒体短信服务（MMS）（ISO 9506-1 和 ISO 9506-2）和 ISO/IEC 8802-3 上的映像			2011/9/30	2011/9/30
13.9-5-168	13.9	33.040.40；33.200		BSI BS EN 61850-9-2—2012	公用电力事业自动化的通信网络和系统 第 9-2 部分：专用通信服务映射（SCSM）通过 ISO/IEC 8802-3 的抽样值			2012/2/29	2012/2/29
13.9-5-169	13.9	33.200		BSI DD IEC/TS 60870-5-601：2006	远程控制设备和系统 第 5-601 部分：IEC 60870-5-101 配套标准的一致性试验案例			2006/7/31	2006/7/31
13.9-5-170	13.9	33.200		BSI DD IEC/TS 60870-5-604：2007	远程控制设备和系统 第 5-604 部分：IEC 60870-5-104 配套标准的合格性试验案例			2007/11/30	2007/11/30
13.9-5-171	13.9	01.040.33；33.040.40；33.200		BSI DD IEC/TS 61850-2：2019	变电所的通信网络和系统 术语汇编			2019/4/30	2019/4/30

续表

序号	GW 分类	ICS 分类	GB 分类	标准号	中　文　名　称	代替标准	采用关系	发布日期	实施日期
13.9-5-172	13.9			BSI PD IEC TR 61850-1：2003	在变电所的通信网络和系统分开　第 1 部分：介绍和概述			2003/7/7	2003/7/7
13.9-5-173	13.9	33.040.40		BSI PD IEC/TR 61850-90-1：2010	电力应用自动化用通信网络和系统　第 90-1 部分：变电站之间通信对标准 IEC 61850 的使用			2010/3/16	2010/3/16
13.9-5-174	13.9	33.200	M54	IEC/TS 60870-5-7：2013	远程控制设备和系统　第 5-7 部分：IEC 60870-5-101 标准和 IEC 60870-5-104 标准的安全扩展	IEC 57/1308/DTS：2012		2013/7/1	2013/7/1
13.9-5-175	13.9	33.040.40	F21	IEC/TR 61850-1：2013	变电所的通信网络和系统　第 1 部分：引言和概要	IEC TR 61850-1：2003；IEC 57/1233/DTR：2012		2013/3/1	2013/3/1
13.9-5-176	13.9	33.200		IEC 61850-3：2013	电力系统自动化用通信网络和系统　第 3 部分：通用要求			2013/12/1	2013/12/1
13.9-5-177	13.9	33.040.40；33.200	M10	IEC 61850-4：2011	电力系统自动化用通信网络和系统　第 4 部分：系统和项目管理	IEC 61850-4：2002；IEC 57/1103/FDIS：2011		2011/4/1	2011/4/1
13.9-5-178	13.9	33.040.40	F21	IEC 61850-6：2009	电力系统自动化用通信网络和系统　第 6 部分：变电站相关的智能电子装置（IEDs）通信用结构描述语言	IEC 61850-6：2004；IEC 57/1025/FDIS：2009		2009/12/17	2009/12/17
13.9-5-179	13.9	33.040.40；33.200	F21	IEC 61850-7-1：2011	变电所的通信网络和系统　第 7-1 部分：基本通信结构　原理和模型	IEC 61850-7-1：2003；IEC 57/1121/FDIS：2011		2011/7/1	2011/7/1
13.9-5-180	13.9	33.200		IEC 61850-7-410：2015	电力自动化通信网络和系统　第 7-410 部分：基本通信结构　水力发电站厂　监视与控制用通信　第 2.1 版合并再版	IEC 61850-7-410：2012		2015/11/1	2015/11/1
13.9-5-181	13.9	33.040.40；33.200	M10	IEC 61850-7-4：2010	变电站的通信网络和系统　第 7-4 部分：基本通信结构兼容逻辑节点种类和数据种类	IEC 61850-7-4：2003；IEC 57/1045/FDIS：2009		2010/3/1	2010/3/1
13.9-5-182	13.9	33.040.40；33.200	M10	IEC 61850-7-420：2009	电力系统自动化用通信网络和系统　第 7-420 部分：基本通信结构分布能源逻辑网点	IEC 57/981/FDIS：2008		2009/10/3	2009/10/3
13.9-5-183	13.9	33.040.40；33.200	M11	IEC/TS 61850-80-1：2008	电力系统自动化用通信网络和系统　第 80-1 部分：使用 IEC 60870-5-101 或 IEC 60870-5-104 的基于 CDC 数据模型的交换信息指南	IEC 57/916/DTS：2008		2008/12/1	2008/12/1
13.9-5-184	13.9	33.040.40；33.200	F21	IEC 61850-8-1：2011	变电所的通信网络和系统　第 8-1 部分：专用通信设施映像（SCSM）多媒体短信服务（MMS）（ISO 9506-1 和 ISO 9506-2）和 ISO/IEC 8802-3 上的映像	IEC 61850-8-1：2004；IEC 57/1109/FDIS：2011		2011/6/1	2011/6/1
13.9-5-185	13.9	33.040.40	F21	IEC/TR 61850-90-1：2010	电力系统自动化用通信网络和系统　第 90-1 部分：变电站之间通信对标准 IEC 61850 的使用	IEC 57/992/DTR：2009		2010/3/1	2010/3/1

续表

序号	GW 分类	ICS 分类	GB 分类	标准号	中 文 名 称	代替标准	采用关系	发布日期	实施日期
13.9-5-186	13.9	33.200		IEC/TR 61850-90-4: 2020	电力系统自动化用通信网络和系统 第 90-4 部分：网络工程指南			2020/05/25	2020/05/25
13.9-5-187	13.9	33.040.40；33.200	F21	IEC/TR 61850-90-7: 2013	电力系统自动化用通信网络和系统 第 90-7 部分：分布式能源（DER）系统的电力转换器用对象模型	IEC 57/1239/DTR: 2012		2013/2/1	2013/2/1
13.9-5-188	13.9	33.040.40；33.200		IEC 61850-9-2：2011	电力系统自动化用通信网络和系统 第 9-2 部分：专用通信服务映射（SCSM）通过 ISO/IEC 8802-3 的抽样值	IEC 61850-9-2：2004；IEC 57/1133/FDIS：2011		2011/9/1	2011/9/1
13.9-5-189	13.9	35.240.50	L67	IEC 61970-1：2005	能量管理系统应用程序接口（EMS—API） 第 1 部分：指南和一般要求	IEC 57/777/FDIS：2005		2005/12/1	2005/12/1
13.9-5-190	13.9	33.040.20；35.240.50		IEC 61970-301：2020	能量管理系统应用程序接口（EMS—API） 第 301 部分：通用信息模型（CIM）基础	IEC 61970-301: 2011；IEC 57/1331/FDIS: 2013		2020/06/26	2020/06/26
13.9-5-191	13.9	33.200；35.240.50	L78	IEC 61970-402：2008	能量管理系统应用程序接口（EMS—API） 第 402 部分：一般服务	IEC 57/928/FDIS：2008		2008/6/24	2008/6/24
13.9-5-192	13.9	33.200；35.240.50	L78	IEC 61970-403：2008	能量管理系统应用程序接口（EMS—API） 第 403 部分：一般数据访问	IEC 57/929/FDIS：2008		2008/6/24	2008/6/24
13.9-5-193	13.9	33.200；35.240.50	L78	IEC 61970-404：2007	能量管理系统应用程序接口（EMS—API） 第 404 部分：高速数据存取（TSDA）			2007/8/10	2007/8/10
13.9-5-194	13.9	33.200；35.240.50	L78	IEC 61970-405：2007	能量管理系统应用程序接口（EMS—API） 第 405 部分：一般综合和订购（GES）			2007/8/10	2007/8/10
13.9-5-195	13.9	33.200；35.240.50	L78	IEC 61970-407：2007	能量管理系统应用程序接口（EMS—API） 第 407 部分：时间系列数据存取（TSDA）			2007/8/10	2007/8/10
13.9-5-196	13.9	33.200；35.240.50		IEC 61970-452：2013	能量管理系统应用程序接口（EMS—API） 第 452 部分：计算机输入缩微胶卷静态的传播网络模型侧面 1.0 版			2013/8/1	2013/8/1
13.9-5-197	13.9	33.200		IEC 61970-452：2015	能量管理系统应用程序接口（EMS—API） 第 452 部分：CIM 模型交换规范			2015/4/1	2015/4/1
13.9-5-198	13.9	33.200		IEC 61970-453：2014	能量管理系统应用程序接口（EMS—API） 第 453 部分：图布局配置文件			2014/2/1	2014/2/1
13.9-5-199	13.9	33.200		IEC 61970-456：2015	能量管理系统应用程序接口（EMS—API） 第 456 部分：解决电力系统状态型材 1.1 版 综合重印	IEC 61970-456：2013		2015/9/1	2015/9/1

13

序号	GW 分类	ICS 分类	GB 分类	标准号	中 文 名 称	代替标准	采用关系	发布日期	实施日期
13.9-5-200	13.9	35.240.50	F21	IEC 61970-501：2006	能量管理体系应用程序接口（EMS—API） 第501部分：公共信息模型资源描述格式（CIMRDF）计划			2006/3/1	2006/3/1
13.9-5-201	13.9	33.200		IEC 61970-552：2013	能量管理系统应用程序接口（EMS—API） 第552部分：CIMXML模型交换格式			2013/10/1	2013/10/1
13.9-5-202	13.9	29.020	K04	IEC PAS 62559：2008	能量系统用开发要求的IntelliGrid方法论			2008/1/29	2008/1/29

13.10 调度与交易-配网运行

序号	GW 分类	ICS 分类	GB 分类	标准号	中 文 名 称	代替标准	采用关系	发布日期	实施日期
13.10-2-1	13.10	29.240		Q/GDW 10514—2018	配电自动化终端/子站功能规范	Q/GDW 514—2010		2019/3/8	2019/3/8
13.10-2-2	13.10	29.240		Q/GDW 10639—2018	配电自动化终端检测技术规范	Q/GDW 1639—2014		2019/3/8	2019/3/8
13.10-2-3	13.10	29.240		Q/GDW 10667—2016	分布式电源接入配电网运行控制规范	Q/GDW 667—2011		2017/3/24	2017/3/24
13.10-2-4	13.10	29.240		Q/GDW 11272—2014	分布式电源孤岛运行控制规范			2014/12/20	2014/12/20
13.10-2-5	13.10	29.240		Q/GDW 11474—2015	配电自动化运行评估规范			2016/12/15	2016/12/15
13.10-2-6	13.10	29.240		Q/GDW 11813—2018	配电自动化终端参数配置规范			2019/3/8	2019/3/8
13.10-2-7	13.10	29.240		Q/GDW 11815—2018	配电自动化终端技术规范			2019/3/8	2019/3/8
13.10-2-8	13.10	29.240		Q/GDW 11892—2018	储能系统调度运行规范			2020/1/2	2020/1/2
13.10-2-9	13.10	29.240		Q/GDW 1382—2013	配电自动化技术导则	Q/GDW 382—2009		2014/9/1	2014/9/1
13.10-2-10	13.10			Q/GDW 1850—2013	配电自动化系统信息集成规范			2014/5/1	2014/5/1
13.10-2-11	13.10	29.020		Q/GDW 513—2010	配电自动化主站系统功能规范			2010/10/19	2010/10/19
13.10-2-12	13.10	29.020		Q/GDW 677—2011	分布式电源接入配电网监控系统功能规范			2011/12/9	2011/12/9
13.10-3-13	13.10	29.240.10	F23	GB/T 32893—2016	10kV及以上电力用户变电站运行管理规范			2016/8/29	2017/3/1
13.10-3-14	13.10	29.240	F19	GB/T 34129—2017	微电网接入配电网测试规范			2017/7/31	2018/2/1
13.10-3-15	13.10	29.240.01		GB/T 34930—2017	微电网接入配电网运行控制规范			2017/11/1	2018/5/1
13.10-3-16	13.10	29.240.01	F21	GB/T 35689—2017	配电信息交换总线技术要求			2017/12/29	2018/7/1
13.10-4-17	13.10			DL/Z 1080.2—2018	电力企业应用集成配电管理的系统接口 第2部分：术语	DL/Z 1080.2—2007	IEC/TS 61968-2：2011	2018/12/25	2019/5/1
13.10-4-18	13.10	29.240.01	F21	DL/T 1080.3—2010	电力企业应用集成配电管理的系统接口 第3部分：电网运行接口			2010/5/1	2010/10/1

续表

序号	GW 分类	ICS 分类	GB 分类	标准号	中 文 名 称	代替标准	采用关系	发布日期	实施日期
13.10-4-19	13.10	29.240.01	F21	DL/T 1080.4—2010	电力企业应用集成配电管理的系统接口　第 4 部分：台账与资产管理接口			2010/5/1	2010/10/1
13.10-4-20	13.10			DL/T 1080.100—2018	电力企业应用集成配电管理的系统接口　第 100 部分：实现框架		IEC 61968-100： 2013	2018/12/25	2019/5/1
13.10-4-21	13.10			DL/T 1529—2016	配电自动化终端设备检测规程			2016/1/7	2016/6/1
13.10-4-22	13.10			DL/T 1863—2018	独立型微电网运行管理规范			2018/6/6	2018/10/1
13.10-4-23	13.10	27.180	F19	DL/T 1864—2018	独立型微电网监控系统技术规范			2018/6/6	2018/10/1
13.10-4-24	13.10			DL/T 1883—2018	配电网运行控制技术导则			2018/12/25	2019/5/1
13.10-4-25	13.10			DL/T 1936—2018	配电自动化系统安全防护技术导则			2018/12/25	2019/5/1
13.10-4-26	13.10			DL/T 2071—2019	配电网电压质量控制技术导则			2019/11/4	2020/5/1
13.10-4-27	13.10	29.240.30	K51	DL/T 721—2013	配电自动化远方终端	DL/T 721—2000		2013/3/7	2013/8/1
13.10-4-28	13.10	27.100	F21	DL/T 814—2013	配电自动化系统技术规范	DL/T 814—2002		2013/11/28	2014/4/1
13.10-4-29	13.10			NB/T 33010—2014	分布式电源接入电网运行控制规范			2014/10/15	2015/3/1
13.10-4-30	13.10			NB/T 33012—2014	分布式电源接入电网监控系统功能规范			2014/10/15	2015/3/1
13.10-4-31	13.10			NB/T 33013—2014	分布式电源孤岛运行控制规范			2014/10/15	2015/3/1
13.10-4-32	13.10			NB/T 33029—2018	电动汽车充电与间歇性电源协同调度技术导则			2018/4/3	2018/7/1
13.10-5-33	13.10	33.200；35.240.99	F21	IEC 61968-9：2013	供电企业应用集成配电管理的系统接口　第 9 部分：抄表与表计控制的接口	IEC 61968-9：2009；IEC 57/1377/FDIS：2013		2013/10/1	2013/10/1

13.11 调度与交易-电力交易

序号	GW 分类	ICS 分类	GB 分类	标准号	中 文 名 称	代替标准	采用关系	发布日期	实施日期
13.11-2-1	13.11	29.240		Q/GDW 11571—2016	电力交易平台市场成员注册数据编码			2017/4/24	2017/4/24
13.11-2-2	13.11	29.240		Q/GDW 11572—2016	电力交易平台合同数据编码			2017/4/24	2017/4/24
13.11-2-3	13.11	29.240		Q/GDW 11573—2016	电力交易平台结算数据编码			2017/4/24	2017/4/24
13.11-2-4	13.11	29.240		Q/GDW 1475—2014	电力市场交易运营系统标准数据模型	Q/GDW 475—2010		2014/12/31	2014/12/31
13.11-2-5	13.11	29.240		Q/GDW 1476—2014	电力市场交易运营系统典型设计	Q/GDW 476—2010		2014/12/31	2014/12/31

续表

序号	GW 分类	ICS 分类	GB 分类	标准号	中文名称	代替标准	采用关系	发布日期	实施日期
13.11-2-6	13.11	29.240		Q/GDW 1477—2014	电力市场交易运营系统功能规范	Q/GDW 477—2010		2014/12/31	2014/12/31
13.11-2-7	13.11			Q/GDW 1821—2012	电力市场交易运营系统基本语义定义标准			2013/11/26	2013/11/26
13.11-2-8	13.11			Q/GDW 1822—2012	电力市场交易运营系统业务数据建模			2013/11/26	2013/11/26
13.11-4-9	13.11			DL/T 1008—2019	电力中长期交易平台功能规范	DL/T 1008—2006		2019/11/4	2020/5/1
13.11-4-10	13.11			DL/T 1414.351—2018	电力市场通信　第 351 部分：分区电价式市场模型交互子集		IEC 62325-351：2015	2018/12/25	2019/5/1
13.11-4-11	13.11	29.020	K01	DL/T 1834—2018	电力市场主体信用信息采集指南			2018/4/3	2018/7/1
13.11-4-12	13.11			DL/T 2190—2020	中长期电力交易安全校核技术规范			2020/10/23	2021/2/1

13.12　调度与交易-通信

序号	GW 分类	ICS 分类	GB 分类	标准号	中文名称	代替标准	采用关系	发布日期	实施日期
13.12-2-1	13.12	29.240		Q/GDW 10756—2018	电力通信系统安全检查内容	Q/GDW 756—2012		2020/4/8	2020/4/8
13.12-2-2	13.12	29.240		Q/GDW 10758—2018	电力系统通信光缆安装工艺规范	Q/GDW 758—2012		2019/7/26	2019/7/26
13.12-2-3	13.12	29.240		Q/GDW 10759—2018	电力系统通信站安装工艺规范	Q/GDW 759—2012		2019/7/26	2019/7/26
13.12-2-4	13.12	29.240		Q/GDW 10872.18—2018	国家电网通信管理系统规划设计　第 18 部分：设备网管北向接口—动力环境监控			2019/7/26	2019/7/26
13.12-2-5	13.12	29.240		Q/GDW 11170—2014	电动汽车充电站电池更换站监控系统与充换电设备通信协议			2014/8/1	2014/8/1
13.12-2-6	13.12	29.240		Q/GDW 11171—2014	基于 CAN 总线的电动汽车车载充电机与交流充电桩之间的通信协议			2014/8/1	2014/8/1
13.12-2-7	13.12	29.240		Q/GDW 11175—2014	电动汽车车载终端与运营监控系统间通信协议			2014/8/1	2014/8/1
13.12-2-8	13.12	29.240		Q/GDW 11211—2014	公司数据通信网络 IPv6 地址编码规范			2014/12/31	2014/12/31
13.12-2-9	13.12	29.240		Q/GDW/Z 11213—2014	电力物联网信息通信总体框架			2014/12/31	2014/12/31
13.12-2-10	13.12	29.240		Q/GDW 11343.1—2014	国家电网通信管理系统运行维护　第 1 部分：系统运维			2015/5/29	2015/5/29
13.12-2-11	13.12	29.240		Q/GDW/Z 11345.1—2014	电力通信网信息安全　第 1 部分：总纲			2015/5/29	2015/5/29
13.12-2-12	13.12	29.240		Q/GDW/Z 11345.2—2014	电力通信网信息安全　第 2 部分：传输网			2015/5/29	2015/5/29
13.12-2-13	13.12	29.240		Q/GDW/Z 11345.4—2014	电力通信网信息安全　第 4 部分：支撑网			2015/5/29	2015/5/29

续表

序号	GW 分类	ICS 分类	GB 分类	标准号	中 文 名 称	代替标准	采用关系	发布日期	实施日期
13.12-2-14	13.12	29.240		Q/GDW/Z 11345.5—2015	电力通信网信息安全 第 5 部分：终端通信接入网			2016/11/9	2016/11/9
13.12-2-15	13.12	29.240		Q/GDW 11352—2014	通用车载监控终端通信协议及数据格式技术规范			2015/5/29	2015/5/29
13.12-2-16	13.12	29.240		Q/GDW 11394.6—2018	频率同步网技术基础 第 6 部分：同步网网管技术要求			2019/7/26	2019/7/26
13.12-2-17	13.12	29.240		Q/GDW 11395.2—2015	IMS 行政交换网系统规范 第 2 部分：互联互通要求			2016/7/26	2016/7/26
13.12-2-18	13.12	29.240		Q/GDW 11437.1—2015	IMS 行政交换网业务 第 1 部分：多媒体电话基本业务及补充业务			2016/7/26	2016/7/26
13.12-2-19	13.12	29.240		Q/GDW 11437.2—2015	IMS 行政交换网业务 第 2 部分：IPCentrex 及一号通业务			2016/7/26	2016/7/26
13.12-2-20	13.12	29.240		Q/GDW 11441—2015	IMS 行政交换网运行维护规程			2016/7/26	2016/7/26
13.12-2-21	13.12	29.240		Q/GDW 11543—2016	会议电视系统技术规范			2017/2/10	2017/2/10
13.12-2-22	13.12	35.240		Q/GDW 11544—2016	会议电视系统运行维护规程			2017/2/10	2017/2/10
13.12-2-23	13.12	33.060		Q/GDW 11700—2017	国家电网公司电力无线公网技术要求			2018/3/5	2018/3/5
13.12-2-24	13.12	33.060		Q/GDW 11803.1—2018	电力无线专网通用要求 第 1 部分：名词术语			2018/11/30	2018/11/30
13.12-2-25	13.12	33.060		Q/GDW 11803.2—2018	电力无线专网通用要求 第 2 部分：需求规范			2018/11/30	2018/11/30
13.12-2-26	13.12	33.060		Q/GDW 11803.3—2018	电力无线专网通用要求 第 3 部分：编号计划			2018/11/30	2018/11/30
13.12-2-27	13.12	33.060		Q/GDW 11804—2018	LTE-G 1800MHz 电力无线通信系统技术规范			2018/11/30	2018/11/30
13.12-2-28	13.12	33.060.01		Q/GDW 11806.1—2018	230MHz 离散多载波电力无线通信系统 第 1 部分：总体技术要求			2018/11/30	2018/11/30
13.12-2-29	13.12	33.060		Q/GDW 11806.2—2018	230MHz 离散多载波电力无线通信系统 第 2 部分：LTE-G 230MHz 技术规范			2018/11/30	2018/11/30
13.12-2-30	13.12	33.180.10		Q/GDW 11832—2018	全介质自承式光缆安全技术要求			2019/7/16	2019/7/16
13.12-2-31	13.12	29.240		Q/GDW 11950—2018	电力光传输网运行维护规程			2020/4/8	2020/4/8

序号	GW 分类	ICS 分类	GB 分类	标准号	中文名称	代替标准	采用关系	发布日期	实施日期
13.12-2-32	13.12	29.240		Q/GDW 11980—2019	软件定义网络（SDN）总体技术要求			2020/9/28	2020/9/28
13.12-2-33	13.12			Q/GDW 1804—2012	通信站运行管理规定			2013/11/6	2013/11/6
13.12-2-34	13.12	29.240		Q/GDW 1857—2013	无线传感器网络设备电磁电气基本特性规范			2014/1/15	2014/1/15
13.12-2-35	13.12	29.240		Q/GDW 1871.1—2013	国家电网通信管理系统技术基础　第 1 部分：资源命名及定义			2014/2/10	2014/2/10
13.12-2-36	13.12	29.240		Q/GDW 1871.2—2013	国家电网通信管理系统技术基础　第 2 部分：公共信息模型			2014/2/10	2014/2/10
13.12-2-37	13.12	29.240		Q/GDW 1871.3—2014	国家电网通信管理系统技术基础　第 3 部分：术语和定义			2014/9/1	2014/9/1
13.12-2-38	13.12	29.240		Q/GDW 1871.4—2014	国家电网通信管理系统技术基础　第 4 部分：指标体系			2014/9/1	2014/9/1
13.12-2-39	13.12	29.240		Q/GDW 1873.2—2013	国家电网通信管理系统运行维护　第 2 部分：动力环境监控			2014/2/10	2014/2/10
13.12-2-40	13.12	29.240		Q/GDW 352—2009	IP 网络视频会议系统运行规程			2009/9/14	2009/9/14
13.12-2-41	13.12	29.240		Q/GDW 353—2009	IP 网络直播技术规范			2009/9/14	2009/9/14
13.12-2-42	13.12	29.020		Q/GDW 582—2011	电力光纤到户终端安全接入规范			2011/4/8	2011/4/8
13.12-2-43	13.12	29.020		Q/GDW 720—2012	电力通信检修管理规程			2012/2/17	2012/2/17
13.12-2-44	13.12	29.020		Q/GDW 721—2012	电力通信现场标准化作业规范			2012/2/17	2012/2/17
13.12-2-45	13.12	29.240		Q/GDW 754—2012	电力调度交换网组网技术规范			2012/8/28	2012/8/28
13.12-2-46	13.12	29.240		Q/GDW 755—2012	电网通信设备电磁兼容通用技术规范			2012/8/28	2012/8/28
13.12-2-47	13.12	29.240		Q/GDW 760—2012	电力通信运行方式管理规定			2012/8/28	2012/8/28
13.12-3-48	13.12	33.040.20	M33	GB/T 14731—2008	同步数字体系（SDH）的比特率	GB/T 14731—1993		2008/10/7	2009/4/1
13.12-3-49	13.12	33.120.40	M50	GB/T 14733.10—2008	电信术语　天线	GB/T 14733.10—1993		2008/8/6	2009/3/1
13.12-3-50	13.12	33.120.01	M30	GB/T 14733.2—2008	电信术语　传输线和波导	GB/T 14733.2—1993		2008/8/6	2009/3/1
13.12-3-51	13.12	33.040.20	M33	GB/T 15409—2008	同步数字体系信号的帧结构	GB/T 15409—1994		2008/10/29	2009/5/1
13.12-3-52	13.12	35.110	L78	GB 15629.11—2003	信息技术　系统间远程通信和信息交换局域网和城域网特定要求　第 11 部分：无线局域网媒体访问控制和物理层规范			2003/5/12	2003/12/1

13

续表

序号	GW 分类	ICS 分类	GB 分类	标准号	中 文 名 称	代替标准	采用关系	发布日期	实施日期
13.12-3-53	13.12	35.100	L78	GB/T 15629.1—2000	信息技术 系统间远程通信和信息交换局域网和城域网特定要求 第 1 部分：局域网标准综述			2000/1/3	2000/8/1
13.12-3-54	13.12	35.100	L79	GB/T 15629.16—2017	信息技术 系统间远程通信和信息交换 局域网和城域网 特定要求 第 16 部分：宽带无线多媒体系统的空中接口			2017/5/31	2017/12/1
13.12-3-55	13.12	35.110	L78	GB/T 15629.2—2008	信息技术 系统间远程通信和信息交换局域网和城域网特定要求 第 2 部分：逻辑链路控制	GB/T 15629.2—1995		2008/7/28	2009/1/1
13.12-3-56	13.12	35.110	L78	GB/T 15629.3—2014	信息技术 系统间远程通信和信息交换局域网和城域网特定要求 第 3 部分：带碰撞检测的载波侦听多址访问（CSMA/CD）的访问方法和物理层规范	GB/T 15629.3—1995	ISO/IEC 8802-3：2000	2014/12/22	2015/6/1
13.12-3-57	13.12	35.110	L78	GB/T 15629.5—1996	信息技术 局域网和城域网 第 5 部分：令牌环访问方法和物理层规范		ISO/IEC 8802-5:1992 IDT	1996/12/18	1997/7/1
13.12-3-58	13.12	33.040.20	M33	GB/T 15940—2008	同步数字体系信号的基本复用结构	GB/T 15940—1995		2008/10/7	2009/4/1
13.12-3-59	13.12	35.100.30	L78	GB/Z 16506—2008	信息技术系统间远程通信和信息交换提供和支持 OSI 网络服务的协议组合	GB 16506.1—1996；GB 16506.2—1996；GB 16506.3—1996		2008/8/19	2009/1/1
13.12-3-60	13.12	33.040.20	M33	GB/T 16712—2008	同步数字体系（SDH）设备功能块特性	GB/T 16712—1996		2008/10/7	2009/4/1
13.12-3-61	13.12	35.110	M19	GB/T 17153—2011	公用网之间以及公用网和提供数据传输业务的其他网之间互通的一般原则	GB/T 17153—1997		2011/7/29	2011/11/1
13.12-3-62	13.12			GB/T 17173.1—2015	信息技术 开放系统互连分布式事务处理 第 1 部分：OSITP 模型	GB/T 17173.1—1997	ISO/IEC 10026-1：1998	2015/5/15	2016/1/1
13.12-3-63	13.12	35.100.30	L78	GB/T 17179.1—2008	信息技术 提供无连接方式网络服务的协议 第 1 部分：协议规范	GB/T 17179.1—1997		2008/8/19	2009/1/1
13.12-3-64	13.12	33.020	M40	GB/T 21545—2008	通信设备过电压过电流保护导则			2008/3/31	2008/11/1
13.12-3-65	13.12	33.040	M33	GB/T 21640—2008	基于 IP 网络的视讯会议系统设备互通技术要求			2008/4/10	2008/11/1
13.12-3-66	13.12	25.040	N10	GB/T 25105.1—2014	工业通信网络现场总线规范类型 10：PROFINETIO 规范 第 1 部分：应用层服务定义	GB/Z 25105.1—2010		2014/9/30	2015/4/1
13.12-3-67	13.12	25.040	N10	GB/T 25105.2—2014	工业通信网络现场总线规范类型 10：PROFINETIO 规范 第 2 部分：应用层协议规范	GB/Z 25105.2—2010		2014/9/30	2015/4/1

续表

序号	GW 分类	ICS 分类	GB 分类	标准号	中 文 名 称	代替标准	采用关系	发布日期	实施日期
13.12-3-68	13.12	25.040	N10	GB/T 25105.3—2014	工业通信网络现场总线规范类型 10：PROFINETIO 规范　第 3 部分：PROFINETIO 通信行规	GB/Z 25105.3—2010		2014/9/30	2015/4/1
13.12-3-69	13.12	25.040	N10	GB/Z 26157.1—2010	测量和控制数字数据通信工业控制系统用现场总线类型 2：ControlNet 和 EtherNet/IP 规范　第 1 部分：一般描述			2011/1/14	2011/6/1
13.12-3-70	13.12	25.040	N10	GB/Z 26157.2—2010	测量和控制数字数据通信工业控制系统用现场总线类型 2：ControlNet 和 EtherNet/IP 规范　第 2 部分：物理层和介质			2011/1/14	2011/6/1
13.12-3-71	13.12	25.040	N10	GB/Z 26157.3—2010	测量和控制数字数据通信工业控制系统用现场总线类型 2：ControlNetNet 和 EtherNet/IP 规范　第 3 部分：数据链路层			2011/1/14	2011/6/1
13.12-3-72	13.12	25.040	N10	GB/Z 26157.4—2010	测量和控制数字数据通信工业控制系统用现场总线类型 2：ControlNet 和 EtherNet/IP 规范　第 4 部分：网络层及传输层		IEC 61158：2003 MOD	2010/12/23	2011/6/1
13.12-3-73	13.12	25.040	N10	GB/Z 26157.5—2010	测量和控制数字数据通信工业控制系统用现场总线类型 2：ControlNet 和 EtherNet/IP 规范　第 5 部分：数据管理			2011/1/14	2011/6/1
13.12-3-74	13.12	25.040	N10	GB/Z 26157.6—2010	测量和控制数字数据通信工业控制系统用现场总线类型 2：ControlNet 和 EtherNet/IP 规范　第 6 部分：对象模型			2011/1/14	2011/6/1
13.12-3-75	13.12	25.040	N10	GB/Z 26157.7—2010	测量和控制数字数据通信工业控制系统用现场总线类型 2：ControlNet 和 EtherNet/IP 规范　第 7 部分：设备行规			2011/1/14	2011/6/1
13.12-3-76	13.12	33.040.40	M32	GB/T 28498—2012	在同步数字体系（SDH）上传送以太网帧的技术要求		IETF RFC 3219：2002 MOD	2012/6/29	2012/10/1
13.12-3-77	13.12	33.040.40	M32	GB/T 28501—2012	IP 电话路由协议（TRIP）技术要求		ITU-T Q.703：1996 NEQ	2012/6/29	2012/10/1
13.12-3-78	13.12	33.040.30	M12	GB/T 28505—2012	国内 No.7 信令方式技术要求 2Mbit/s 高速信令链路			2012/6/29	2012/10/1
13.12-3-79	13.12	35.220.01	L64	GB/T 28925—2012	信息技术　射频识别 2.45GHz 空中接口协议			2012/11/5	2013/2/9
13.12-3-80	13.12	35.220.01	L64	GB/T 28926—2012	信息技术　射频识别 2.45GHz 空中接口符合性测试方法		ISO/IEC 19762-5：2008 IDT	2012/11/5	2013/2/9
13.12-3-81	13.12	35.020	L70	GB/T 29261.3—2012	信息技术　自动识别和数据采集技术词汇　第 3 部分：射频识别		ISO/IEC 19762-4：2008 NEQ	2012/12/31	2013/6/1

续表

序号	GW 分类	ICS 分类	GB 分类	标准号	中文名称	代替标准	采用关系	发布日期	实施日期
13.12-3-82	13.12	35.040；01.040.35	L70	GB/T 29261.4—2012	信息技术　自动识别和数据采集技术词汇　第 4 部分：无线电通信			2012/12/31	2013/6/1
13.12-3-83	13.12	35.200	L65	GB/T 29265.203—2012	信息技术　信息设备资源共享协同服务　第 203 部分：基于 IPv6 的通信协议			2012/12/31	2013/7/1
13.12-3-84	13.12	35.200	L65	GB/T 29265.305—2012	信息技术　信息设备资源共享协同服务　第 305 部分：电力线通信接口		IEC 61158 Type 8：2003	2012/12/31	2013/6/1
13.12-3-85	13.12	25.040	N10	GB/Z 29619.1—2013	测量和控制数字数据通信工业控制系统用现场总线类型 8：INTERBUS 规范　第 1 部分：概述		IEC 61158 Type 8：2003	2013/7/19	2013/12/15
13.12-3-86	13.12	25.040	N10	GB/Z 29619.2—2013	测量和控制数字数据通信工业控制系统用现场总线类型 8：INTERBUS 规范　第 2 部分：物理层规范和服务定义		IEC 61158：2003	2013/7/19	2013/12/15
13.12-3-87	13.12	25.040	N10	GB/Z 29619.3—2013	测量和控制数字数据通信工业控制系统用现场总线类型 8：INTERBUS 规范　第 3 部分：数据链路服务定义		IEC 61158：2003	2013/7/19	2013/12/15
13.12-3-88	13.12	25.040	N10	GB/Z 29619.4—2013	测量和控制数字数据通信工业控制系统用现场总线类型 8：INTERBUS 规范　第 4 部分：数据链路协议规范		IEC 61158：2003	2013/7/19	2013/12/15
13.12-3-89	13.12	25.040	N10	GB/Z 29619.5—2013	测量和控制数字数据通信工业控制系统用现场总线类型 8：INTERBUS 规范　第 5 部分：应用层服务的定义		IEC 61158：2003	2013/7/19	2013/12/15
13.12-3-90	13.12	25.040	N10	GB/Z 29619.6—2013	测量和控制数字数据通信工业控制系统用现场总线类型 8：INTERBUS 规范　第 6 部分：应用层协议规范		IETF RFC 3219：2002 MOD	2013/7/19	2013/12/15
13.12-3-91	13.12	35.220.01	L64	GB/T 29768—2013	信息技术　射频识别 800/900MHz 空中接口协议			2013/9/18	2014/5/1
13.12-3-92	13.12	35.110	L79	GB/T 30269.2—2013	信息技术　传感器网络　第 2 部分：术语			2013/12/31	2014/7/15
13.12-3-93	13.12	35.110	L79	GB/T 30269.303—2018	信息技术　传感器网络　第 303 部分：通信与信息交换：基于 IP 的无线传感器网络网络层规范			2018/6/7	2019/1/1
13.12-3-94	13.12	35.110	L79	GB/T 30269.304—2019	信息技术　传感器网络　第 304 部分：通信与信息交换：声波通信系统技术要求			2019/8/30	2020/3/1

序号	GW 分类	ICS 分类	GB 分类	标准号	中 文 名 称	代替标准	采用关系	发布日期	实施日期
13.12-3-95	13.12	35.110	L79	GB/T 30269.502—2017	信息技术　传感器网络　第 502 部分：标识：传感节点标识符解析			2017/12/29	2018/7/1
13.12-3-96	13.12	35.110	L79	GB/T 30269.504—2019	信息技术　传感器网络　第 504 部分：标识：传感节点标识符管理			2019/8/30	2020/3/1
13.12-3-97	13.12	35.110		GB/T 30269.602—2017	信息技术　传感器网络　第 602 部分：信息安全：低速率无线传感器网络网络层和应用支持子层安全规范			2017/12/29	2017/12/29
13.12-3-98	13.12	35.110	L79	GB/T 30269.701—2014	信息技术　传感器网络　第 701 部分：传感器接口：信号接口			2014/12/5	2015/4/1
13.12-3-99	13.12	35.110	L79	GB/T 30269.801—2017	信息技术　传感器网络　第 801 部分：测试：通用要求			2017/12/29	2017/12/29
13.12-3-100	13.12	35.110	L78	GB/T 30269.802—2017	信息技术　传感器网络　第 802 部分：测试：低速无线传感器网络媒体访问控制和物理层			2017/5/31	2017/12/1
13.12-3-101	13.12	35.100	L78	GB/T 30269.803—2017	信息技术　传感器网络　第 803 部分：测试：低速无线传感器网络网络层和应用支持子层			2017/12/29	2018/7/1
13.12-3-102	13.12	35.110	L79	GB/T 30269.804—2018	信息技术　传感器网络　第 804 部分：测试：传感器接口			2018/6/7	2019/1/1
13.12-3-103	13.12	35.110	L79	GB/T 30269.805—2019	信息技术　传感器网络　第 805 部分：测试：传感器网关测试规范			2019/8/30	2020/3/1
13.12-3-104	13.12	35.110	L79	GB/T 30269.806—2018	信息技术　传感器网络　第 806 部分：测试：传感节点标识符编码和解析			2018/6/7	2019/1/1
13.12-3-105	13.12	35.110	L79	GB/T 30269.901—2016	信息技术　传感器网络　第 901 部分：网关：通用技术要求			2016/10/13	2017/5/1
13.12-3-106	13.12	35.110	L79	GB/T 30269.902—2018	信息技术　传感器网络　第 902 部分：网关：远程管理技术要求			2018/6/7	2019/1/1
13.12-3-107	13.12	35.110	L79	GB/T 30269.903—2018	信息技术　传感器网络　第 903 部分：网关：逻辑接口			2018/6/7	2019/1/1
13.12-3-108	13.12	25.040	N10	GB/T 31230.1—2014	工业以太网现场总线 EtherCAT　第 1 部分：概述			2014/9/30	2015/4/1
13.12-3-109	13.12	25.040	N10	GB/T 31230.2—2014	工业以太网现场总线 EtherCAT　第 2 部分：物理层服务和协议规范			2014/9/30	2015/4/1

续表

序号	GW 分类	ICS 分类	GB 分类	标准号	中文名称	代替标准	采用关系	发布日期	实施日期
13.12-3-110	13.12	25.040	N10	GB/T 31230.3—2014	工业以太网现场总线 EtherCAT　第 3 部分：数据链路层服务定义			2014/9/30	2015/4/1
13.12-3-111	13.12	25.040	N10	GB/T 31230.4—2014	工业以太网现场总线 EtherCAT　第 4 部分：数据链路层协议规范			2014/9/30	2015/4/1
13.12-3-112	13.12	25.040	N10	GB/T 31230.5—2014	工业以太网现场总线 EtherCAT　第 5 部分：应用层服务定义			2014/9/30	2015/4/1
13.12-3-113	13.12	25.040	10	GB/T 31230.6—2014	工业以太网现场总线 EtherCAT 第 6 部分：应用层协议规范			2014/9/30	2015/4/1
13.12-3-114	13.12	35.110	L78	GB/T 31491—2015	无线网络访问控制技术规范			2015/5/15	2016/1/1
13.12-3-115	13.12	17.220.20	N22	GB/T 31983.31—2017	低压窄带电力线通信　第 31 部分：窄带正交频分复用电力线通信　物理层规范			2017/5/12	2017/12/1
13.12-3-116	13.12	43.040.99	T35	GB/T 32960.3—2016	电动汽车远程服务与管理系统技术规范　第 3 部分：通讯协议及数据格式			2016/8/29	2016/10/1
13.12-3-117	13.12	33.040.50	M42	GB/T 33845—2017	接入网技术要求　吉比特的无源光网络（GPON）			2017/5/31	2017/9/1
13.12-3-118	13.12	25.040	N10	GB/Z 34066—2017	控制与通信网络 CIP Safety 规范			2017/7/31	2018/2/1
13.12-3-119	13.12	07.040	A76	GB/T 35767—2017	卫星导航定位基准站网基本产品规范			2017/12/29	2018/7/1
13.12-3-120	13.12	07.040	A76	GB/T 35768—2017	卫星导航定位基准站网服务管理系统规范			2017/12/29	2018/7/1
13.12-3-121	13.12	07.040	A76	GB/T 35769—2017	卫星导航定位基准站网服务规范			2017/12/29	2018/7/1
13.12-3-122	13.12	25.040	N10	GB/T 36417.1—2018	全分布式工业控制网络　第 1 部分：总则			2018/6/7	2019/1/1
13.12-3-123	13.12	25.040	N10	GB/T 36417.2—2018	全分布式工业控制网络　第 2 部分：术语			2018/6/7	2019/1/1
13.12-3-124	13.12	25.040	N10	GB/T 36417.3—2018	全分布式工业控制网络　第 3 部分：接口通用要求			2018/6/7	2019/1/1
13.12-3-125	13.12	25.040	N10	GB/T 36417.4—2018	全分布式工业控制网络　第 4 部分：异构网络技术规范			2018/6/7	2019/1/1
13.12-3-126	13.12	35.110	L78	GB/T 36454—2018	信息技术　系统间远程通信和信息交换　中高速无线局域网媒体访问控制和物理层规范			2018/6/7	2019/1/1
13.12-3-127	13.12	35.040	L80	GB/T 36968—2018	信息安全技术 IPSec VPN 技术规范			2018/12/28	2019/7/1
13.12-3-128	13.12	33.040.50	M19	GB/T 37081—2018	接入网技术要求　10Gbit/s 以太网无源光网络（10G-EPON）			2018/12/28	2019/4/1

序号	GW 分类	ICS 分类	GB 分类	标准号	中 文 名 称	代替标准	采用关系	发布日期	实施日期
13.12-3-129	13.12	33.040.50	M33	GB/T 37083—2018	接入网技术要求 EPON 系统互通性			2018/12/28	2019/4/1
13.12-3-130	13.12	33.060	M36	GB/T 37287—2019	基于 LTE 技术的宽带集群通信（B-TrunC）系统 接口技术要求（第一阶段） 集群核心网到调度台接口			2019/3/25	2019/10/1
13.12-3-131	13.12	29.240.01	F21	GB/T 37548—2019	变电站设备物联网通信架构及接口要求			2019/6/4	2020/1/1
13.12-3-132	13.12	33.200	M50	GB/T 37911.1—2019	电力系统北斗卫星授时应用接口 第 1 部分：技术规范			2019/8/30	2020/3/1
13.12-3-133	13.12	33.200	M50	GB/T 37911.2—2019	电力系统北斗卫星授时应用接口 第 2 部分：检测规范			2019/8/30	2020/3/1
13.12-3-134	13.12	33.200	M50	GB/T 37937—2019	北斗卫星授时终端技术要求			2019/8/30	2020/3/1
13.12-3-135	13.12	49.020	V70	GB/T 38025—2019	遥感卫星地面系统接口规范			2019/8/30	2020/3/1
13.12-3-136	13.12	35.110	L79	GB/T 38618—2020	信息技术 系统间远程通信和信息交换高可靠低时延的无线网络通信协议规范			2020/4/28	2020/11/1
13.12-3-137	13.12	35.110	L79	GB/T 38641—2020	信息技术 系统间远程通信和信息交换 低功耗广域网媒体访问控制层和物理层规范			2020/4/28	2020/11/1
13.12-3-138	13.12	43.040.99	K81	GB/T 38775.2—2020	电动汽车无线充电系统 第 2 部分：车载充电机和无线充电设备之间的通信协议			2020/4/28	2020/11/1
13.12-3-139	13.12	25.040		GB/T 38868—2020	工业控制网络通用技术要求 有线网络			2020/7/21	2021/2/1
13.12-3-140	13.12	33.040.20	M13	GB/T 4110—1983	脉冲编码调制通信系统系列			1983/12/28	1984/10/1
13.12-3-141	13.12	35.100.20	L78	GB/T 7421—2008	信息技术 系统间远程通信和信息交换高级数据链路控制（HDLC）规程	GB 7421—1987； GB 7496—1987； GB 7575—1987； GB 14400—1993； GB 15698—1995		2008/8/19	2009/1/1
13.12-4-142	13.12	27.100	F24	DL/T 1255—2013	TDM 系统输出数据及格式规范			2013/11/28	2014/4/1
13.12-4-143	13.12	27.100	F21	DL/T 1509—2016	电力系统光传送网（OTN）技术要求			2016/1/7	2016/6/1
13.12-4-144	13.12			DL/T 1574—2016	基于以太网方式的无源光网络（EPON）系统技术条件			2016/2/5	2016/7/1
13.12-4-145	13.12			DL/T 1710—2017	电力通信站运行维护技术规范			2017/8/2	2017/12/1
13.12-4-146	13.12			DL/T 1880—2018	智能用电电力线宽带通信技术要求			2018/12/25	2019/5/1

续表

序号	GW 分类	ICS 分类	GB 分类	标准号	中 文 名 称	代替标准	采用关系	发布日期	实施日期
13.12-4-147	13.12			DL/T 1894—2018	电力光纤传感器通用规范			2018/12/25	2019/5/1
13.12-4-148	13.12			DL/T 1909—2018	–48V 电力通信直流电源系统技术规范			2018/12/25	2019/5/1
13.12-4-149	13.12	29.240.01	F21	DL/T 1931—2018	电力 LTE 无线通信网络安全防护要求			2018/12/25	2019/5/1
13.12-4-150	13.12			DL/T 1933.4—2018	塑料光纤信息传输技术实施规范　第 4 部分：塑料光缆			2018/12/25	2019/5/1
13.12-4-151	13.12			DL/T 1933.5—2018	塑料光纤信息传输技术实施规范　第 5 部分：光缆布线要求			2018/12/25	2019/5/1
13.12-4-152	13.12	29.240	F23	DL/T 544—2012	电力通信运行管理规程	DL 544—1994		2012/1/4	2012/3/1
13.12-4-153	13.12	33.020	F21	DL/T 545—2012	电力系统微波通信运行管理规程	DL 545—1994		2012/1/4	2012/3/1
13.12-4-154	13.12	29.020	K01	DL/T 546—2012	电力线载波通信运行管理规程	DL 546—1994		2012/1/4	2012/3/1
13.12-4-155	13.12	33.020	F21	DL/T 547—2010	电力系统光纤通信运行管理规程	DL 547—1994		2011/1/9	2011/5/1
13.12-4-156	13.12			DL/T 547—2020	电力系统光纤通信运行管理规程			2020/10/23	2021/2/1
13.12-4-157	13.12	29.240.01	F20	DL/T 798—2002	电力系统卫星通信运行管理规程			2002/4/27	2002/9/1
13.12-4-158	13.12	29.240.01	P21	DL/Z 981—2005	电力系统控制及其通信数据和通信安全			2005/11/28	2006/6/1
13.12-4-159	13.12			JB/T 11961—2014	工业通信网络网络和系统安全术语、概念和模型			2014/5/6	2014/10/1
13.12-4-160	13.12			NB/T 33007—2013	电动汽车充电站/电池更换站监控系统与充换电设备通信协议			2013/11/28	2014/4/1
13.12-4-161	13.12			YD/T 1034—2013	接入网名词术语	YD/T 1034—2000		2013/10/17	2014/1/1
13.12-4-162	13.12	33.040.50	M42	YD/T 1089—2014	接入网技术要求——接入网网元管理功能	YD/T 1089—2000		2014/10/14	2014/10/14
13.12-4-163	13.12	M12	L7	YD/T 1127—2001	No.7 信令与 IP 互通的技术要求			2001/5/25	2001/11/1
13.12-4-164	13.12	33.040.40	M32	YD/T 1162.1—2005	多协议标记交换（MPLS）技术要求	YD 1162.1—2001		2005/9/1	2005/12/1
13.12-4-165	13.12		M10	YD/T 1170—2001	IP 网络技术要求——网络总体			2001/12/1	2001/12/1
13.12-4-166	13.12	33.040	M11	YD/T 1289.6—2009	同步数字体系（SDH）传送网网络管理技术要求　第 6 部分：基于 IDL/IIOP 技术的网元管理系统（EMS）-网络管理系统（NMS）接口信息模型			2009/12/11	2010/1/1
13.12-4-167	13.12			YD/T 1402—2018	互联网网间互联总体技术要求	YD/T 1402—2009		2018/12/21	2019/4/1
13.12-4-168	13.12	33.040.50	M19	YD/T 1418—2008	接入网技术要求——综合接入系统	YD 1418—2005		2008/3/13	2008/7/1

序号	GW 分类	ICS 分类	GB 分类	标准号	中 文 名 称	代替标准	采用关系	发布日期	实施日期
13.12-4-169	13.12	33.040.40	M31	YD/T 1470—2006	IP 电话路由协议（TRIP）技术要求			2006/6/8	2006/10/1
13.12-4-170	13.12	33.040.30	M12	YD/T 1522.4—2009	会话初始协议（SIP）技术要求　第 4 部分：基于软交换网络呼叫控制的 SIP 协议			2009/6/15	2009/9/1
13.12-4-171	13.12	33.040.30	M12	YD/T 1522.5—2010	会话初始协议（SIP）技术要求　第 5 部分：统一 IMS 网络的 SIP 协议			2010/12/29	2011/1/1
13.12-4-172	13.12	33.040.30	M12	YD/T 1522.6—2010	会话初始协议（SIP）技术要求　第 6 部分：与承载无关的呼叫控制（BICC）协议与统一 IMS 网络 SIP 协议的互通			2010/12/29	2011/1/1
13.12-4-173	13.12	33.060.20	M37	YD/T 1596—2011	800MHz/2GHz CDMA 数字蜂窝移动通信网模拟直放站技术要求和测试方法	YD/T 1596—2007		2011/5/18	2012/2/1
13.12-4-174	13.12	35.050.01	M40	YD/T 1607—2016	移动终端图像及视频传输特性技术要求和测试方法	YD/T 1607—2007		2016/10/22	2017/1/1
13.12-4-175	13.12	33.040	M19	YD/T 1608—2007	媒体网关控制协议（MGCP）技术要求			2007/4/16	2007/7/1
13.12-4-176	13.12	33.040	M19	YD/T 1609—2007	媒体网关控制协议（MGCP）测试方法			2007/4/16	2007/10/1
13.12-4-177	13.12	33.040	M33	YD/T 1610—2007	IPv6 路由协议　测试方法——支持 IPv6 的中间系统到中间系统路由交换协议（IS—IS）			2007/4/16	2007/10/1
13.12-4-178	13.12	33.040	M11	YD/T 1611.1—2007	IP 网络管理接口技术要求　第 1 部分：总则			2007/4/16	2007/10/1
13.12-4-179	13.12	33.040	M11	YD/T 1611.2—2007	IP 网络管理接口技术要求　第 2 部分：支持 IPv6 的设备接口功能与协议			2007/4/16	2007/10/1
13.12-4-180	13.12	33.040.40	L78	YD/T 1612—2007	IPv4 网络向 IPv6 网络过渡中的互联互通技术要求			2007/4/16	2007/10/1
13.12-4-181	13.12	33.040	M33	YD/T 1616—2007	IP 组播业务技术要求			2007/4/16	2007/10/1
13.12-4-182	13.12	33.040	M14	YD/T 1620.2—2007	基于同步数字体系（SDH）的多业务传送节点（MSTP）网络管理技术要求　第 2 部分：网络管理系统（NMS）功能			2007/4/16	2007/10/1
13.12-4-183	13.12	33.060.40	M33	YD/T 1635—2007	IPv6 网络技术要求——面向网络地址翻译（NAT）用户的 IPv6 隧道技术			2007/4/16	2007/10/1
13.12-4-184	13.12	33.040.01	M19	YD/T 1638—2007	跨运营商的 IPv4 网络与 IPv6 网络互通技术要求			2007/7/20	2007/12/1
13.12-4-185	13.12	33.040.20	M16	YD/T 1744—2009	传送网安全防护要求	YD 1744—2008		2009/12/11	2010/1/1
13.12-4-186	13.12	33.040.20	M16	YD/T 1745—2009	传送网安全防护检测要求	YD 1745—2008		2009/12/11	2010/1/1

续表

序号	GW 分类	ICS 分类	GB 分类	标准号	中 文 名 称	代替标准	采用关系	发布日期	实施日期
13.12-4-187	13.12	33.040	M16	YD/T 1746—2014	IP 承载网安全防护要求	YD/T 1746—2013		2014/10/14	2014/10/14
13.12-4-188	13.12	33.040	M11	YD/T 1764—2008	IP 网络管理层功能要求			2008/3/13	2008/7/1
13.12-4-189	13.12	33.040.50	M42	YD/T 1771—2012	接入网技术要求——以太网无源光网络（EPON）系统互通性	YD/T 1771—2008		2012/12/28	2013/3/1
13.12-4-190	13.12	33.040.40	M32	YD/T 1899—2009	深度包检测设备技术要求			2009/6/15	2009/9/1
13.12-4-191	13.12	33.040.40	M32	YD/T 1900—2009	深度包检测设备测试方法			2009/6/15	2009/9/1
13.12-4-192	13.12	33.040.40	M32	YD/T 1912—2009	基于软交换的媒体服务器设备安全技术要求和测试方法			2009/6/15	2009/9/1
13.12-4-193	13.12	33.040.40	M32	YD/T 1913—2009	基于软交换的信令网关设备安全技术要求和测试方法			2009/6/15	2009/9/1
13.12-4-194	13.12	33.040.40	M32	YD/T 1914—2009	基于软交换的应用服务器设备安全技术要求和测试方法			2009/6/15	2009/9/1
13.12-4-195	13.12	33.040	M11	YD/T 1928.1—2009	软交换网网络管理技术要求 第 1 部分：总体技术要求			2009/6/15	2009/9/1
13.12-4-196	13.12	33.040	M11	YD/T 1928.2—2009	软交换网网络管理技术要求 第 2 部分：网络管理系统功能			2009/6/15	2009/9/1
13.12-4-197	13.12	33.040.40	M32	YD/T 1944—2009	基于 IPv6 的边界网关协议/多协议标记交换的虚拟专用网（BGP/MPLSIPv6VPN）技术要求			2009/6/15	2009/9/1
13.12-4-198	13.12	33.040.40	M42	YD/T 1945—2009	基于边界网关协议/多协议标记交换的虚拟专用网（BGP/MPLSVPN）测试方法			2009/6/15	2009/9/1
13.12-4-199	13.12	33.040.40	M42	YD/T 1946—2009	支持组播的边界网关协议/多协议标记交换（BGP/MPLS）三层虚拟专用网（L3VPN）技术要求			2009/6/15	2009/9/1
13.12-4-200	13.12	33.040.20	M33	YD/T 1948.1—2011	传送网承载以太网（EoT）技术要求 第 1 部分：以太网层网络的体系结构			2011/12/20	2012/2/1
13.12-4-201	13.12	33.040.20	M33	YD/T 1948.2—2009	传送网承载以太网（EOT）技术要求 第 2 部分：以太网用户网络接口（UNI）的网络节点接口（NNI）			2009/6/15	2009/9/1
13.12-4-202	13.12	33.040	M11	YD/T 1948.4—2010	传送网承载以太网（EOT）技术要求 第 4 部分：以太网运营、管理和维护（OAM）			2010/12/29	2011/1/1
13.12-4-203	13.12	33.040.20	M33	YD/T 1948.6—2012	传送网承载以太网（EoT）技术要求 第 6 部分：以太网保护			2012/12/28	2013/3/1

13

续表

序号	GW 分类	ICS 分类	GB 分类	标准号	中 文 名 称	代替标准	采用关系	发布日期	实施日期
13.12-4-204	13.12			YD/T 1948.7—2013	传送网承载以太网（EoT）技术要求 第 7 部分：以太网管理功能要求			2013/10/17	2014/1/1
13.12-4-205	13.12	33.040.20	M33	YD/T 1948.8—2015	传送网承载以太网（EoT）技术要求 第 8 部分：以太网局域网（E-LAN）业务和以太网树型（E-Tree）业务			2015/4/30	2015/7/1
13.12-4-206	13.12	33.040.50	M42	YD/T 1949.1—2009	接入网技术要求——吉比特的无源光网络（GPON） 第 1 部分：总体要求			2009/6/15	2009/9/1
13.12-4-207	13.12	33.040.50	M42	YD/T 1949.2—2009	接入网技术要求——吉比特的无源光网络（GPON） 第 2 部分：物理媒质相关（PMD）层要求			2009/6/15	2009/9/1
13.12-4-208	13.12	33.040.50	M42	YD/T 1949.3—2010	接入网技术要求——吉比特的无源光网络（GPON） 第 3 部分：传输汇聚（TC）层要求			2010/12/29	2011/1/1
13.12-4-209	13.12	33.040	M11	YD/T 1949.4—2011	接入网技术要求——吉比特的无源光网络（GPON）第 4 部分：ONT 管理控制接口（OMCI）要求			2011/5/18	2011/6/1
13.12-4-210	13.12	33.040.50	M42	YD/T 1953—2009	接入网技术要求——EPON/GPON 系统承载多业务			2009/6/15	2009/9/1
13.12-4-211	13.12	33.040.20	M33	YD/T 1959—2009	继电保护设备和复用器之间 2048kbit/s 光接口技术要求			2009/6/15	2009/9/1
13.12-4-212	13.12	29.200	M41	YD/T 1970.10—2009	通信局（站）电源系统维护技术要求 第 10 部分：阀控式密封铅酸蓄电池			2009/6/15	2009/9/1
13.12-4-213	13.12	29.200	M41	YD/T 1970.1—2009	通信局（站）电源系统维护技术要求 第 1 部分：总则			2009/6/15	2009/9/1
13.12-4-214	13.12	29.200	M41	YD/T 1970.2—2010	通信局（站）电源系统维护技术要求 第 2 部分：高低压变配电系统			2010/12/29	2011/1/1
13.12-4-215	13.12	29.200	M41	YD/T 1970.3—2010	通信局（站）电源系统维护技术要求 第 3 部分：直流系统			2010/12/29	2011/1/1
13.12-4-216	13.12	29.200	M41	YD/T 1970.4—2009	通信局（站）电源系统维护技术要求 第 4 部分：不间断电源（UPS）系统			2009/6/15	2009/9/1
13.12-4-217	13.12	29.200	M41	YD/T 1970.6—2009	通信局（站）电源系统维护技术要求 第 6 部分：发电机组系统			2009/6/15	2009/9/1
13.12-4-218	13.12			YD/T 1970.8—2020	通信局（站）电源系统维护技术要求 第 8 部分：动力环境监控系统			2020/4/24	2020/7/1

续表

序号	GW 分类	ICS 分类	GB 分类	标准号	中 文 名 称	代替标准	采用关系	发布日期	实施日期
13.12-4-219	13.12			YD/T 1990—2019	光传送网（OTN）网络总体技术要求	YD/T 1990—2009		2019/11/11	2020/1/1
13.12-4-220	13.12			YD/T 1991—2016	N×40Gbit/s 光波分复用（WDM）系统技术要求	YD/T 1991—2009		2016/4/5	2016/7/1
13.12-4-221	13.12	33.040.40	M32	YD/T 2029—2009	基于软线技术的互联网 IPv6 过渡技术框架			2009/12/11	2010/1/1
13.12-4-222	13.12	33.040.40	L78	YD/T 2031—2009	IP 网络技术要求——网络性能测量体系结构			2009/12/11	2010/1/1
13.12-4-223	13.12	33.040.40	L78	YD/T 2032—2009	IP 网络技术要求——网络性能指标分配			2009/12/11	2010/1/1
13.12-4-224	13.12	33.040.40	M32	YD/T 2040—2009	基于软交换的媒体网关安全技术要求			2009/12/11	2010/1/1
13.12-4-225	13.12	33.040.40	M32	YD/T 2041—2009	IPv6 网络设备安全测试方法宽带网络接入服务器			2009/12/11	2010/1/1
13.12-4-226	13.12	33.040.30	M32	YD/T 2042—2009	IPv6 网络设备安全技术要求——具有路由功能的以太网交换机			2009/12/11	2010/1/1
13.12-4-227	13.12	33.040.40	M32	YD/T 2043—2009	IPv6 网络设备安全测试方法具有路由功能的以太网交换机			2009/12/11	2010/1/1
13.12-4-228	13.12	33.040.40	M32	YD/T 2044—2009	IPv6 网络设备安全测试方法边缘路由器			2009/12/11	2010/1/1
13.12-4-229	13.12	33.040.40	M32	YD/T 2045—2009	IPv6 网络设备安全测试方法核心路由器			2009/12/11	2010/1/1
13.12-4-230	13.12	33.040.01	M10	YD/T 2057—2009	通信机房安全管理总体要求			2009/12/11	2010/1/1
13.12-4-231	13.12	33.040.20	M15	YD/T 2149.1—2010	光传送网（OTN）网络管理技术要求　第 1 部分：基本原则			2010/12/29	2011/1/1
13.12-4-232	13.12	33.040	M15	YD/T 2149.2—2011	光传送网（OTN）网络管理技术要求　第 2 部分：NMS 系统功能			2011/5/18	2011/6/1
13.12-4-233	13.12	33.040	M15	YD/T 2149.3—2011	光传送网（OTN）网络管理技术要求　第 3 部分：EMS-NMS 接口功能			2011/5/18	2011/6/1
13.12-4-234	13.12	33.040	M15	YD/T 2149.4—2011	光传送网（OTN）网络管理技术要求　第 4 部分：EMS-NMS 接口通用信息模型			2011/5/18	2011/6/1
13.12-4-235	13.12	33.040.50	M42	YD/T 2157—2010	接入网技术要求——吉比特的无源光网络（GPON）系统互通性			2010/12/29	2011/1/1
13.12-4-236	13.12			YD/T 2158—2017	接入网技术要求——多业务接入节点（MSAP）	YD/T 2158—2010		2017/4/12	2017/7/1
13.12-4-237	13.12	33.040.40	M32	YD/T 2168—2010	IPv6 技术要求——IPv6 反向邻居发现协议			2010/12/29	2011/1/1
13.12-4-238	13.12	33.040.40	M32	YD/T 2169—2010	IPv6 技术要求——IPv6 路径最大传输单元发现协议			2010/12/29	2011/1/1

序号	GW 分类	ICS 分类	GB 分类	标准号	中 文 名 称	代替标准	采用关系	发布日期	实施日期
13.12-4-239	13.12	33.030	M32	YD/T 2170—2010	IPv6 技术要求——IPv6 路由器重编号协议			2010/12/29	2011/1/1
13.12-4-240	13.12	01.040.33	M04	YD/T 2190—2010	通信电磁兼容名词术语			2010/12/29	2011/1/1
13.12-4-241	13.12	33.100.01	L06	YD/T 2192—2010	通信基站周边电磁照射缓解技术			2010/12/29	2011/1/1
13.12-4-242	13.12	33.100.01	L06	YD/T 2196—2010	通信系统电磁防护安全管理总体要求			2010/12/29	2011/1/1
13.12-4-243	13.12	33.040.01	M10	YD/T 2199—2010	通信机房防火封堵安全技术要求			2010/12/29	2011/1/1
13.12-4-244	13.12	33.040.40	M38	YD/T 2253—2011	软交换网络通信安全			2011/5/18	2011/6/1
13.12-4-245	13.12	33.040	M32	YD/T 2296—2011	IPv6 动态主机配置协议技术要求			2011/5/18	2011/6/1
13.12-4-246	13.12	33.040.01	M32	YD/T 2297—2011	IPv6 用户会话技术要求			2011/5/18	2011/6/1
13.12-4-247	13.12	33.040.40	L78	YD/T 2298—2011	基于移动 IPv6 的业务流分发和切换管理技术要求			2011/5/18	2011/6/1
13.12-4-248	13.12	35.110	M11	YD/T 2304—2011	IP 组播业务测试方法			2011/5/18	2011/6/1
13.12-4-249	13.12			YD/T 2310—2011	通信用多用途音频编解码			2011/5/18	2011/6/1
13.12-4-250	13.12	33.160.30	M36	YD/T 2314—2011	对在多协议标记交换（MPLS）网络上传送的以太网帧的封装方法的技术要求			2011/5/18	2011/6/1
13.12-4-251	13.12	33.040.40	L78	YD/T 2328—2011	未来分组网的基本特征与技术需求			2011/12/20	2012/2/1
13.12-4-252	13.12			YD/T 2336.1—2016	分组传送网（PTN）网络管理技术要求 第 1 部分：基本原则	YD/T 2336.1—2011		2016/4/5	2016/7/1
13.12-4-253	13.12			YD/T 2336.2—2016	分组传送网（PTN）网络管理技术要求 第 2 部分：NMS 系统功能	YD/T 2336.2—2011		2016/4/5	2016/7/1
13.12-4-254	13.12	33.04	M15	YD/T 2336.3—2017	分组传送网（PTN）网络管理技术要求 第 3 部分：EMS-NMS 接口功能	YD/T 2336.3—2013		2017/11/7	2018/1/1
13.12-4-255	13.12	33.040	M14	YD/T 2336.4—2017	分组传送网（PTN）网络管理技术要求 第 4 部分：EMS-NMS 接口通用信息模型	YD/T 2336.4—2013		2017/11/7	2018/1/1
13.12-4-256	13.12			YD/T 2336.5—2016	分组传送网（PTN）网络管理技术要求 第 5 部分：基于 IDL/IIOP 技术的 EMS-NMS 接口信息模型			2016/4/5	2016/7/1
13.12-4-257	13.12			YD/T 2336.6—2016	分组传送网（PTN）网络管理技术要求 第 6 部分：基于 XML 技术的 EMS-NMS 接口信息模型			2016/4/5	2016/7/1

续表

序号	GW 分类	ICS 分类	GB 分类	标准号	中 文 名 称	代替标准	采用关系	发布日期	实施日期
13.12-4-258	13.12	33.040.50	M10/29	YD/T 2372—2011	支持 IPv6 的接入网总体技术要求			2011/12/20	2012/2/1
13.12-4-259	13.12	33.040.40	M33	YD/T 2376.1—2011	传送网设备安全技术要求　第 1 部分：SDH 设备			2011/12/20	2012/2/1
13.12-4-260	13.12	33.040.40	M33	YD/T 2376.2—2011	传送网设备安全技术要求　第 2 部分：WDM 设备			2011/12/20	2012/2/1
13.12-4-261	13.12	33.040.40	M33	YD/T 2376.3—2011	传送网设备安全技术要求　第 3 部分：基于 SDH 的 MSTP 设备			2011/12/20	2012/2/1
13.12-4-262	13.12			YD/T 2376.5—2018	传送网设备安全技术要求　第 5 部分：OTN 设备			2018/12/21	2019/4/1
13.12-4-263	13.12			YD/T 2376.6—2018	传送网设备安全技术要求　第 6 部分：PTN 设备			2018/12/21	2019/4/1
13.12-4-264	13.12	33.040	M19	YD/T 2394.1—2012	高频谱利用率和高数据吞吐的无线局域网技术要求　第 1 部分：超高速无线局域网媒体接入控制层（MAC）和物理层（PHY）			2012/2/13	2012/2/13
13.12-4-265	13.12	33.040	M19	YD/T 2394.2—2012	高频谱利用率和高数据吞吐的无线局域网技术要求　第 2 部分：增强型超高速无线局域网媒体接入控制层（MAC）和物理层（PHY）			2012/2/13	2012/2/13
13.12-4-266	13.12	33.040.40	M32	YD/T 2395—2012	基于 IPv6 的下一代互联网体系架构			2012/5/28	2012/6/1
13.12-4-267	13.12	33.040.40	L78	YD/T 2401—2012	IPv6 技术要求——多接口业务流切换管理			2012/12/28	2013/3/1
13.12-4-268	13.12	33.040.50	M42	YD/T 2402.1—2012	接入网技术要求——10Gbit/s 无源光网络（XG-PON）第 1 部分：总体要求			2012/12/28	2013/3/1
13.12-4-269	13.12	33.040.50	M42	YD/T 2402.2—2012	接入网技术要求——10Gbit/s 无源光网络（XG-PON）第 2 部分：物理层要求			2012/12/28	2013/3/1
13.12-4-270	13.12	33.040.50	M42	YD/T 2402.3—2012	接入网技术要求——10Gbit/s 无源光网络（XG-PON）第 3 部分：XGTC 层要求			2012/12/28	2013/3/1
13.12-4-271	13.12	33.120.01	M37	YD/T 2414—2012	数字移动终端外围接口数据交换测试方法			2012/12/28	2013/6/1
13.12-4-272	13.12	35.100.30	L79	YD/T 2415—2012	基于 shim6 的 IPv6 站点多归属技术要求			2012/12/28	2013/3/1
13.12-4-273	13.12	33.040	M32	YD/T 2422—2012	基于 H.248 的媒体网关控制协议测试方法			2012/12/28	2013/3/1
13.12-4-274	13.12	01.040.35	M11	YD/T 2428—2012	IPv6 设备网络管理接口协议一致性测试技术要求			2012/12/28	2013/3/1

续表

序号	GW 分类	ICS 分类	GB 分类	标准号	中 文 名 称	代替标准	采用关系	发布日期	实施日期
13.12-4-275	13.12			YD/T 2457.2—2015	基于统一 IMS 的业务测试方法多媒体电话业务（第一阶段） 第 2 部分：呼叫闭锁和多方通话业务			2016/4/5	2016/7/1
13.12-4-276	13.12	33.030	M21	YD/T 2458—2013	基于统一 IMS 的业务测试方法个性化振铃音业务（第一阶段）			2013/4/25	2013/6/1
13.12-4-277	13.12	33.030	M21	YD/T 2459—2013	基于统一 IMS 的业务测试方法 IPCentrex 业务（第一阶段）			2013/4/25	2013/6/1
13.12-4-278	13.12	33.040.20	M33	YD/T 2485—2013	N×100Gbit/s 光波分复用（WDM）系统技术要求			2013/4/25	2013/6/1
13.12-4-279	13.12	33.040.20	M33	YD/T 2487—2013	分组传送网（PTN）设备测试方法			2013/4/25	2013/6/1
13.12-4-280	13.12	33.040.30	M30	YD/T 2541—2013	基于统一 IMS 的紧急呼叫业务技术要求（第一阶段）			2013/4/25	2013/6/1
13.12-4-281	13.12	33.040.50	M42	YD/T 2549—2013	接入网技术要求——PON 系统支持 IPv6			2013/4/25	2013/6/1
13.12-4-282	13.12	30.180.20	M33	YD/T 2554.2—2015	塑料光纤活动连接器 第 2 部分：SC 型			2015/4/30	2015/7/1
13.12-4-283	13.12			YD/T 2554.3—2016	塑料光纤活动连接器 第 3 部分：FC 型			2016/7/11	2016/10/1
13.12-4-284	13.12	33.060	M36	YD/T 2558—2013	基于祖冲之算法的 LTE 终端和网络设备安全技术要求			2013/7/22	2013/10/1
13.12-4-285	13.12			YD/T 2591—2013	统一 IMS 媒体面安全技术要求			2013/7/22	2013/10/1
13.12-4-286	13.12	33.040.40	M32	YD/T 2603—2013	支持多业务承载的 IP/MPLS 网络技术要求			2013/10/17	2014/1/1
13.12-4-287	13.12	33.040.30	M12	YD/T 2604—2013	No.7 信令与 IP 互通适配层技术要求 消息传递部分（MTP） 第二级对等适配层（M2PA）			2013/10/17	2014/1/1
13.12-4-288	13.12	33.040.30	M12	YD/T 2605—2013	No.7 信令与 IP 互通适配层测试方法 消息传递部分（MTP） 第二级对等适配层（M2PA）			2013/10/17	2014/1/1
13.12-4-289	13.12	33.060.01	M36	YD/T 2609—2013	超短波无线电干扰判定及干扰源定位方法			2013/10/17	2014/1/1
13.12-4-290	13.12			YD/T 2610—2013	短波监测站监测方法以及干扰源定位方法			2013/10/17	2014/1/1
13.12-4-291	13.12	33.040.01	M33	YD/T 2616.1—2014	无源光网络（PON）网络管理技术要求 第 1 部分：基本原则			2014/10/14	2014/10/14
13.12-4-292	13.12	33.040.01	M33	YD/T 2616.2—2013	无源光网络（PON）网络管理技术要求 第 2 部分：EMS 系统功能			2013/10/17	2014/1/1

序号	GW 分类	ICS 分类	GB 分类	标准号	中 文 名 称	代替标准	采用关系	发布日期	实施日期
13.12-4-293	13.12	33.040.01	M33	YD/T 2616.3—2013	无源光网络（PON）网络管理技术要求　第 3 部分：网络管理系统（NMS）系统功能			2013/10/17	2014/1/1
13.12-4-294	13.12	33.040.01	M33	YD/T 2616.4—2013	无源光网络（PON）网络管理技术要求　第 4 部分：EMS-NMS 接口功能			2013/10/17	2014/1/1
13.12-4-295	13.12	01.040.35	M11	YD/T 2616.5—2014	无源光网络（PON）网络管理技术要求　第 5 部分：EMS-NMS 接口通用信息模型			2014/10/14	2014/10/14
13.12-4-296	13.12	01.040.35	M11	YD/T 2616.6—2014	无源光网络（PON）网络管理技术要求　第 6 部分：基于 TL1 技术的 EMS-NMS 接口信息模型			2014/10/14	2014/10/14
13.12-4-297	13.12	33.180.01	M11	YD/T 2616.7—2017	无源光网络（PON）网络管理技术要求　第 7 部分：基于 XML 技术的 EMS-NMS 接口信息模型			2017/11/7	2018/1/1
13.12-4-298	13.12	33.180.01	M11	YD/T 2616.8—2016	无源光网络（PON）网络管理技术要求　第 8 部分：基于 IDL/IIOP 技术的 EMS-NMS 接口信息模型			2016/4/5	2016/7/1
13.12-4-299	13.12	33.180.20	M33	YD/T 2618.1—2013	40Gb/s 相位调制光收发合一模块技术条件　第 1 部分：差分相移键控（DPSK）调制			2013/10/17	2014/1/1
13.12-4-300	13.12	33.180.20	M33	YD/T 2618.2—2013	40Gb/s 相位调制光收发合一模块技术条件　第 2 部分：差分正交相移键控（DQPSK）调制			2013/10/17	2014/1/1
13.12-4-301	13.12	33.030	M21	YD/T 2637.1—2013	自组织网络支持应急通信　第 1 部分：业务要求			2013/10/17	2014/1/1
13.12-4-302	13.12			YD/T 2637.2—2013	自组织网络支持应急通信　第 2 部分：初始化、准入和恢复机制			2013/10/17	2014/1/1
13.12-4-303	13.12			YD/T 2637.3—2013	自组织网络支持应急通信　第 3 部分：节点要求			2013/10/17	2014/1/1
13.12-4-304	13.12			YD/T 2637.4—2013	自组织网络支持应急通信　第 4 部分：组网安全要求			2013/10/17	2014/1/1
13.12-4-305	13.12	33.030	M21	YD/T 2637.5—2013	自组织网络支持应急通信　第 5 部分：与现有网络的互联互通要求			2013/10/17	2014/1/1
13.12-4-306	13.12			YD/T 2641—2013	电信网视频监控系统智能分析及传感器叠加应用架构和总体技术要求			2013/10/17	2014/1/1
13.12-4-307	13.12	33.040.40	M32	YD/T 2642—2013	内容提供商/服务提供商（CP/SP）的 IPv6 迁移设备技术要求			2013/10/17	2014/1/1

序号	GW 分类	ICS 分类	GB 分类	标准号	中文名称	代替标准	采用关系	发布日期	实施日期
13.12-4-308	13.12	33.160	M63	YD/T 2647—2013	IP 网络高清视频质量客观全参考评价方法			2013/10/17	2014/1/1
13.12-4-309	13.12	33.040.40	M32	YD/T 2648—2013	移动数字通信应用的视频质量主观评价方法			2013/10/17	2014/1/1
13.12-4-310	13.12	13.260	M09	YD/T 2653—2013	短距离及类似设备电磁照射符合性要求（10Hz～30MHz）			2013/10/17	2014/1/1
13.12-4-311	13.12	33.040.40	M32	YD/T 2660—2013	互联网网间路由发布和控制技术要求			2013/10/17	2014/1/1
13.12-4-312	13.12	33.040.30	M12	YD/T 2661—2013	点对点多媒体消息网间互通的质量要求和测试方法			2013/10/17	2014/1/1
13.12-4-313	13.12	33.040.40	M32	YD/T 2682—2014	IPv6 接入地址编址编码技术要求			2014/5/6	2014/5/6
13.12-4-314	13.12	33.060	M36	YD/T 2689—2014	基于 LTE 技术的宽带集群通信（B-TrunC）系统总体技术要求（第一阶段）			2014/5/6	2014/5/6
13.12-4-315	13.12	30.40.40	M32	YD/T 2709—2014	基于承载网信息的网络服务优化技术			2014/10/14	2014/10/14
13.12-4-316	13.12	33.040.40	L79	YD/T 2710—2014	IPv6 路由协议　适用于低功耗有损网络的 IPv6 路由协议（RPL）技术要求			2014/10/14	2014/10/14
13.12-4-317	13.12			YD/T 2730—2014	IPv6 技术要求——基于网络的流切换移动管理技术			2014/10/14	2014/10/14
13.12-4-318	13.12	33.060.20	M37	YD/T 2740.1—2014	无线通信室内信号分布系统　第 1 部分：总体技术要求			2014/10/14	2014/10/14
13.12-4-319	13.12	33.060.20	M36	YD/T 2740.4—2014	无线通信室内信号分布系统　第 4 部分：光纤设备技术要求和测试方法			2014/10/14	2014/10/14
13.12-4-320	13.12	33.060	M36	YD/T 2741—2014	基于 LTE 技术的宽带集群通信（B-TrunC）系统接口技术要求（第一阶段）空中接口			2014/10/14	2014/10/14
13.12-4-321	13.12	33.040.20	M33	YD/T 2755—2014	分组传送网（PTN）互通技术要求			2014/10/14	2014/10/14
13.12-4-322	13.12			YD/T 2786.1—2014	支持多业务承载的 IP/MPLS 网络管理技术要求　第 1 部分：基本原则			2014/12/24	2014/12/24
13.12-4-323	13.12			YD/T 2794.2—2015	波分复用（WDM）网络管理技术要求　第 2 部分：NMS 系统功能			2015/4/30	2015/7/1
13.12-4-324	13.12			YD/T 2794.3—2015	波分复用（WDM）网络管理技术要求　第 3 部分：EMS-NMS 接口功能			2015/4/30	2015/7/1
13.12-4-325	13.12	33.060	M16	YD/T 2794.4—2015	波分复用（WDM）网络管理技术要求　第 4 部分：EMS-NMS 接口通用信息模型			2015/4/30	2015/7/1

序号	GW 分类	ICS 分类	GB 分类	标准号	中文名称	代替标准	采用关系	发布日期	实施日期
13.12-4-326	13.12	33.060	M16	YD/T 2794.5—2015	波分复用（WDM）网络管理技术要求　第 5 部分：基于 IDL/IIOP 技术的 EMS-NMS 接口信息模型			2015/4/30	2015/7/1
13.12-4-327	13.12			YD/T 2810—2015	基于无状态地址映射的 IPv4 与 IPv6 网络互联互通技术（IVI）概述和基本地址映射			2015/4/30	2015/7/1
13.12-4-328	13.12			YD/T 2812—2015	轻量级 IPv6 过渡技术（LAFT6）设备技术要求			2015/4/30	2015/7/1
13.12-4-329	13.12			YD/T 2814—2015	IPv6 路由协议　适用于低功耗有损网络的 IPv6 多播路由协议			2015/4/30	2015/7/1
13.12-4-330	13.12			YD/T 2815—2015	IPv6 技术要求——代理移动 IPv6 路由优化			2015/4/30	2015/7/1
13.12-4-331	13.12			YD/T 2853—2015	LTE 无线网络安全网关技术要求			2015/4/30	2015/7/1
13.12-4-332	13.12	33.180.01	M11	YD/T 2873.2—2017	基于载波的高速超宽带无线通信技术要求　第 2 部分：单载波空中接口物理层			2017/11/7	2018/1/1
13.12-4-333	13.12	33.180.01	M11	YD/T 2873.3—2016	基于载波的高速超宽带无线通信技术要求　第 3 部分：空中接口 MAC 层			2016/1/15	2016/4/1
13.12-4-334	13.12	33.180.01	M11	YD/T 2873.4—2017	基于载波的高速超宽带无线通信技术要求　第 4 部分：双载波空中接口物理层			2017/11/7	2018/1/1
13.12-4-335	13.12	33.040.20	M33	YD/T 2879—2015	基于分组网络的同步网操作管理维护（OAM）技术要求			2015/7/14	2015/10/1
13.12-4-336	13.12	33.040.40	L78	YD/T 2900—2015	IPv6 技术要求——适用于低功耗有损网络的 IPv6 协议			2015/7/14	2015/10/1
13.12-4-337	13.12	33.040.20	M33	YD/T 2939—2015	分组增强型光传送网络总体技术要求			2015/7/14	2015/10/1
13.12-4-338	13.12	33.040.40	M32	YD/T 2955—2015	IPv4/IPv6 组播地址转换技术要求			2015/10/10	2016/1/1
13.12-4-339	13.12	33.040.40	M32	YD/T 2957—2015	具有双栈内容交换功能的以太网交换机技术要求			2015/10/10	2016/1/1
13.12-4-340	13.12	33.040.99	M40	YD/T 2979—2015	高压输电系统对通信设施危险影响防护技术要求			2015/10/10	2016/1/1
13.12-4-341	13.12	33.040.20	M33	YD/T 3003—2016	分组传送网（PTN）互通测试方法			2016/1/15	2016/4/1
13.12-4-342	13.12	33.180.01	M33	YD/T 3013—2016	无源光网络（PON）测试诊断技术要求　光时域反射仪（OTDR）数据格式			2016/1/15	2016/4/1

续表

序号	GW 分类	ICS 分类	GB 分类	标准号	中文名称	代替标准	采用关系	发布日期	实施日期
13.12-4-343	13.12			YD/T 3034—2015	基于统一 IMS 的业务技术要求呼叫闭锁和多方通话业务（第一阶段）			2016/4/5	2016/7/1
13.12-4-344	13.12	33.040.040	L78	YD/T 3049—2016	IPv6 技术要求——基于代理移动 IPv6 的组播			2016/4/5	2016/7/1
13.12-4-345	13.12	33.040.40	M32	YD/T 3052—2016	虚拟专用局域网服务（VPLS）中基于边界网关协议（BGP）的多归连接技术要求			2016/4/5	2016/7/1
13.12-4-346	13.12			YD/T 3065—2016	IPv6 地址编码与管理技术要求基于 DHCPv6 的地址租约查询			2016/4/5	2016/7/1
13.12-4-347	13.12	33.040.20	M33	YD/T 3070—2016	N×100Gbit/s 超长距离光波分复用（WDM）系统技术要求			2016/4/5	2016/7/1
13.12-4-348	13.12			YD/T 3073—2016	面向集团客户接入的分组传送网（PTN）技术要求			2016/4/5	2016/7/1
13.12-4-349	13.12	33.040.20	M33	YD/T 3074—2016	基于分组网络的频率同步互通技术要求及测试方法			2016/4/5	2016/7/1
13.12-4-350	13.12	33.040	M11	YD/T 3108—2016	数据网设备通用网管接口技术要求			2016/7/11	2016/10/1
13.12-4-351	13.12	33.030	M21	YD/T 3138—2016	基于统一 IMS 的业务测试方法点击拨号业务（第一阶段）			2016/7/11	2016/10/1
13.12-4-352	13.12	33.040.40	L78	YD/T 3166—2016	IPv4/IPv6 过渡场景下基于 SAVI 技术的源地址验证及溯源技术要求			2016/7/11	2016/10/1
13.12-4-353	13.12			YD/T 3193—2016	基于统一 IMS 的 Web 实时通信（WebRTC）系统技术要求			2016/10/22	2017/1/1
13.12-4-354	13.12	77.150.10	H61	YD/T 3195—2016	基于统一 IMS（第二阶段）的业务技术要求总体			2016/10/22	2017/1/1
13.12-4-355	13.12			YD/T 3196—2016	基于统一 IMS（第二阶段）的业务技术要求短消息业务			2016/10/22	2017/1/1
13.12-4-356	13.12			YD/T 3199—2016	支持通信应用的北斗授时设备技术要求			2016/10/22	2017/1/1
13.12-4-357	13.12	33.040.40	M32	YD/T 3232—2017	基于 IPv6 传输的 DHCPv4 技术要求			2017/4/12	2017/7/1
13.12-4-358	13.12			YD/T 3467—2019	安全的无线网状网（Mesh）自组织网络协议技术要求			2019/8/28	2019/10/1
13.12-4-359	13.12			YD/T 3543—2019	基于多业务承载的 IP/MPLS 网络告警相关性规则的技术要求			2019/11/11	2020/1/1

序号	GW 分类	ICS 分类	GB 分类	标准号	中 文 名 称	代替标准	采用关系	发布日期	实施日期
13.12-4-360	13.12			YD/T 3559—2019	边缘路由器构件接口技术要求			2019/11/11	2020/1/1
13.12-4-361	13.12			YD/T 3568.1—2020	通信基站基础设施技术要求　第 1 部分：总则			2020/4/24	2020/7/1
13.12-4-362	13.12			YD/T 3568.2—2020	通信基站基础设施技术要求　第 2 部分：供电系统			2020/4/24	2020/7/1
13.12-4-363	13.12			YD/T 3568.4—2020	通信基站基础设施技术要求　第 4 部分：监控系统			2020/4/24	2020/7/1
13.12-4-364	13.12			YD/T 3629—2020	基于 LTE 的车联网无线通信技术　基站设备测试方法			2020/4/24	2020/7/1
13.12-4-365	13.12			YD/T 3677—2020	LTE 数字蜂窝移动通信网终端设备测试方法（第二阶段）			2020/4/24	2020/7/1
13.12-4-366	13.12			YD/T 3686—2020	超 100Gb/s 光传送网（OTN）网络技术要求			2020/4/24	2020/7/1
13.12-4-367	13.12			YD/T 3687—2020	软件定义传送网（SDTN）通用信息模型技术要求			2020/4/24	2020/7/1
13.12-4-368	13.12			YD/T 3688—2020	软件定义分组传送网（SPTN）南向接口技术要求			2020/4/24	2020/7/1
13.12-4-369	13.12			YD/T 3694—2020	移动通信终端无障碍测试方法			2020/4/24	2020/7/1
13.12-4-370	13.12			YD/T 3696—2020	移动通信系统基站天线的端口标识			2020/4/24	2020/7/1
13.12-4-371	13.12			YD/T 3706—2020	数字蜂窝移动通信网多输入多输出（MIMO）单缆覆盖系统技术要求和测试方法			2020/4/24	2020/7/1
13.12-4-372	13.12			YD/T 3707—2020	基于 LTE 的车联网无线通信技术　网络层技术要求			2020/4/24	2020/7/1
13.12-4-373	13.12			YD/T 3708—2020	基于 LTE 的车联网无线通信技术　网络层测试方法			2020/4/24	2020/7/1
13.12-4-374	13.12			YD/T 3709—2020	基于 LTE 的车联网无线通信技术　消息层技术要求			2020/4/24	2020/7/1
13.12-4-375	13.12			YD/T 3710—2020	基于 LTE 的车联网无线通信技术　消息层测试方法			2020/4/24	2020/7/1
13.12-4-376	13.12			YD/T 3719—2020	核心网网络功能虚拟化　总体技术要求			2020/4/24	2020/7/1
13.12-4-377	13.12			YD/T 3720—2020	数字蜂窝移动通信网多输入多输出（MIMO）单缆覆盖系统网管接口技术要求			2020/4/24	2020/7/1

续表

序号	GW 分类	ICS 分类	GB 分类	标准号	中文名称	代替标准	采用关系	发布日期	实施日期
13.12-4-378	13.12			YD/T 3721—2020	数字蜂窝移动通信网多输入多输出（MIMO）单缆覆盖系统网管接口测试方法			2020/4/24	2020/7/1
13.12-4-379	13.12			YD/T 3722—2020	230MHz 频段宽带无线数据传输系统的射频技术要求及测试方法			2020/4/24	2020/7/1
13.12-4-380	13.12			YD/T 3724—2020	网络功能虚拟化（NFV）性能管理技术要求			2020/4/24	2020/7/1
13.12-4-381	13.12			YD/T 3725—2020	面向物联网的蜂窝窄带接入（NB-IoT）网络管理技术要求			2020/4/24	2020/7/1
13.12-4-382	13.12			YD/T 3727.1—2020	分组增强型光传送网（OTN）网络管理技术要求　第 1 部分：基本原则			2020/4/24	2020/7/1
13.12-4-383	13.12			YD/T 5060—2019	通信设备安装抗震设计图集	YD 5060—2010		2019/11/11	2020/1/1
13.12-4-384	13.12			YD/T 5230—2016	移动通信基站工程技术规范	YD/T 5182—2009		2016/7/11	2016/10/1
13.12-4-385	13.12			YD/T 908—2020	光缆型号命名方法	YD/T 908—2011		2020/4/24	2020/7/1
13.12-4-386	13.12			YDB 008.1—2007	IP QoS 信令控制接口协议　第 1 部分：交换控制接口资源控制协议			2007/6/11	2007/6/11
13.12-4-387	13.12			YDB 008.2—2007	IP QoS 信令控制接口协议　第 2 部分：网络控制接口资源控制协议			2007/6/11	2007/6/11
13.12-4-388	13.12			YDB 008.3—2007	IP QoS 信令控制接口协议　第 3 部分：连接控制接口资源控制协议			2007/6/11	2007/6/11
13.12-4-389	13.12			YDB 015—2007	MPLS 网络运行和维护（OAM）技术规范			2007/9/29	2007/9/29
13.12-4-390	13.12			YDB 035—2009	基于移动 IPv6 的业务流管理技术要求			2009/12/9	2009/12/21
13.12-4-391	13.12			YDB 060—2011	接入网技术要求——采用基于波长可调方式密集波分复用技术的无源光网络			2011/2/18	2011/2/18
13.12-4-392	13.12			YDB 077—2012	N×100Gbit/s 光波分复用（WDM）系统技术要求			2012/3/25	2012/3/25
13.12-4-393	13.12			YDB 078—2012	基于 IP 的虚拟网络动态构建协议			2012/3/25	2012/3/25
13.12-4-394	13.12			YDB 081—2012	距离扩展的无源光网络技术要求			2012/3/25	2012/3/25
13.12-4-395	13.12			YDB 084—2012	适用于低功耗松散网络（LLN）环境下的轻量级 IPv6 协议			2012/3/25	2012/3/25
13.12-4-396	13.12	33.100	L06	YDB 086.1—2012	LTE 数字移动通信系统电磁兼容性要求和测量方法　第 1 部分：移动台及其辅助设备			2012/9/7	2012/9/7

续表

序号	GW 分类	ICS 分类	GB 分类	标准号	中文名称	代替标准	采用关系	发布日期	实施日期
13.12-4-397	13.12			YDB 086.2—2012	LTE 数字移动通信系统电磁兼容性要求和测量方法　第 2 部分：基站及其辅助设备			2012/3/25	2012/3/25
13.12-4-398	13.12			YDB 105—2012	接入网技术要求——融合 10G 无源光网络			2012/9/7	2012/9/7
13.12-5-399	13.12	25.040；35.100；35.240.50		IEC 61158-2：2014	工业通信网络　现场总线规范　第 2 部分：物理层规范和服务定义　6.0 版			2014/7/1	2014/7/1
13.12-5-400	13.12	25.040.40；35.100.20；35.110		IEC 61158-3-20：2014	工业通信网络　现场总线规范　第 3-20 部分：数据链路层服务定义　20 型元素　1.0 版	IEC 61158-3-20：2003		2014/8/1	2014/8/1
13.12-5-401	13.12	25.040.40；35.100.20；35.110		IEC 61158-4-24：2014	工业通信网络　现场总线规范　第 4-24 部分：数据链路层协议规范　24 型元素　1.0 版	IEC 61158-4-24：2003		2014/8/1	2014/8/1
13.12-5-402	13.12	01.040.35；35.020	K07；K04	IEC/TS 62351-2：2008	电力系统管理和相关信息交换　数据和通信安全　第 2 部分：术语表	IEC 57/853/DTS：2007		2008/8/1	2008/8/1
13.12-5-403	13.12	35.110	L78	ISO 13156：2011	信息技术　系统间远程通信和信息交换　高速率达到 60GHz，PHY，MAC 和 PALs（通信）			2011/9/30	2011/9/30
13.12-5-404	13.12	35.200	L65	ISO 14165 114：2005	信息技术　光纤信道　第 114 部分：100MB/s 铜平衡物理接口（FC-100-DF-EL-S）			2005/4/1	2005/4/1
13.12-5-405	13.12	35.200	M33	ISO 14165 115：2006	信息技术　光纤信道　第 115 部分：物理接口（FC-PI）			2006/2/1	2006/2/1
13.12-5-406	13.12	35.110	M33	ISO 14165-133：2010	信息技术　光纤信道　第 133 部分：开关构造 3（FC-SW-3）			2010/2/1	2010/2/1
13.12-5-407	13.12	35.110；35.200	M19	ISO 14165-331：2007	信息技术　光纤信道　第 331 部分：虚拟接口（FC-VI）（通信）			2007/7/1	2007/7/1
13.12-5-408	13.12	35.200	L65	ISO 14165-414：2007	信息技术　光纤信道　第 414 部分：一般业务 4（FC-GS-4）（通信）			2007/5/1	2007/5/1
13.12-5-409	13.12	35.200	M33	ISO 14165-521：2009	信息技术　光纤信道　第 521 部分：光纤应用接口标准（FAIS）（通信）			2009/1/1	2009/1/1
13.12-5-410	13.12	35.100.40		ISO 14476-1：2002	信息技术　增强通信传输协议：单工多点传送规范（通信）			2002/6/15	2002/6/15
13.12-5-411	13.12	35.100.40		ISO 14476-2：2003	信息技术　增强通信传输协议：单工多点传送用 QoS 管理规范（通信）			2003/12/15	2003/12/15

续表

序号	GW 分类	ICS 分类	GB 分类	标准号	中文名称	代替标准	采用关系	发布日期	实施日期
13.12-5-412	13.12	35.100.40		ISO 14476-3：2008	信息技术　增强通信传输协议：双工多点传送规范（通信）			2008/4/15	2008/4/15
13.12-5-413	13.12	35.100.40		ISO 14476-4：2010	信息技术　增强通信传输协议：双工多点传送用质量服务（QoS）管理规范（通信）			2010/5/1	2010/5/1
13.12-5-414	13.12	35.100.40		ISO 14476-5：2008	信息技术　增强通信传输协议：N 工多点传送规范（通信）			2008/4/15	2008/4/15
13.12-5-415	13.12	35.100.40		ISO 14476-6：2010	信息技术　增强通信传输协议：n-路传声多路广播传送服务质量（QoS）管理规范（通信）			2010/5/1	2010/5/1
13.12-5-416	13.12	35.080		ISO 15288：2008	系统和软件工程　系统生命周期过程（通信）			2008/2/1	2008/2/1
13.12-5-417	13.12	35.110		ISO 8802-2：1998	信息技术　系统间远程通信和信息交换　局域网和城域网　特殊要求　第 02 部分：逻辑链路控制	ISO 8802-2：1989		1998/5/7	1998/5/7
13.12-5-418	13.12	35.100.10；35.110		ISO 8802-3：2000	信息技术　系统间的电信和信息交换　局域网和城市区域网　第 3 部分：带检测冲突的载波监听外路存取的（CSMA/CD）访问方法及物理层规范	ISO 8802-3：1989		2000/12/15	2000/12/15
13.12-5-419	13.12	35.100.10；35.110		ISO 8802-5：1998	信息技术　系统间远程通信和信息交换　局域网和城域网　特殊要求　第 05 部分：令牌环访问方法和物理层规范			1998/9/15	1998/9/15
13.12-5-420	13.12	35.100.60		ISO 8823-2：1997	信息技术　开放系统互连　面向连接的表示协议：协议实现一致性声明（PICS）形式表	ISO 8823-2：1995		1997/7/1	1997/7/1
13.12-5-421	13.12	35.110	L78	ISO/IEC 12139-1 CORRI 1：2010	信息技术系统间通信和信息交换电力线通信（PLC）高速 PLC 的媒体访问控制（MAC）和物理层（PHY）　第 1 部分：通用要求技术勘误表 1			2009/4/1	2009/4/1
13.12-5-422	13.12			ISO/IEC 12139-1：2009	信息技术通信和信息交换系统电力线通信（PLC）高速 PLC 中间控制（MAC）和物理层（PHY）　第 1 部分：总体要求			2009/7/1	2009/7/1
13.12-5-423	13.12	35.200		ISO/IEC 14165-122：2008	信息技术光纤信道　第 122 部分：仲裁环路—2（FC-AL-2）	ISO IEC 14165-122：2005		2008/11/28	2008/11/28
13.12-5-424	13.12	35.200	M33	ISO/IEC 14165-251：2008	信息技术光纤信道　第 251 部分：光纤信道定位和信号传输（FC-FS）			2008/1/1	2008/1/1

13

续表

序号	GW 分类	ICS 分类	GB 分类	标准号	中文名称	代替标准	采用关系	发布日期	实施日期
13.12-5-425	13.12	35.200		ISO/IEC/TR 14165-372：2011	信息技术光纤信道　第 372 部分：互连 2 的方法（FC-MI-2）			2011/2/1	2011/2/1
13.12-5-426	13.12	35.200	M33	ISO/IEC 14165-521：2009	信息技术光纤信道　第 521 部分：光纤应用接口标准（FAIS）			2009/1/1	2009/1/9
13.12-5-427	13.12	35.200		ISO/IEC 14776-223：2008	信息技术小型计算机系统接口（SCSI）第 223 部分：光纤信道协议第 3 版（FCP-3）			2008/5/1	2008/5/1
13.12-5-428	13.12			ISO/IEC 22535：2009	信息技术系统间通信和信息交换联合通信网络 SIP 上 QSIG 的隧道效应	ISO IEC 22535：2006		2009/4/15	2009/4/15
13.12-5-429	13.12	35.110		ISO IEC IEEE 8802-3：2014	以太网标准	ISO IEC 8802-3：2000；ISO IEC IEEE FDIS 8802-3：2013		2014/4/1	2014/4/1
13.12-5-430	13.12	35.100.20		ISO TR 10171：2000	信息技术　系统间远程通信和信息交换　利用高级数据链路控制（HDLC）规程类别的标准数据链路层协议的列表、标准 XID 格式标识符的列表、标准方式设置信息字段格式标识符的列表和用户定义的标准参数集标识值的列表			2000/10/15	2000/10/15
13.12-5-431	13.12	35.100.30；35.100.40		ISO TR 10172：1991	信息技术　系统间远程通信和信息交换　网络/运输协议互工作规范			1991/1/1	1991/1/1
13.12-5-432	13.12	35.100.01		ISO TR 10730：1993	信息技术　开放系统互连　命名与编址指导			1993/1/1	1993/1/1
13.12-5-433	13.12	35.110		ISO TR 11802-5：1997	信息技术　系统间远程通信和信息交换　局域网和城域网　技术报告和指南　第 5 部分：局域网中以太网 V2.0 媒体存取控制（MAC）桥接			1997/8/15	1997/8/15
13.12-5-434	13.12			ITU-T G.780/Y.1352—2016	光传输网络（OTN）的术语和定义			2016/11/1	2016/11/1
13.12-5-435	13.12			ITU-T G 8261 Y 1361—2008	分组网络中的时分和同步	ITU-T G 8261 Y 1361—2006; ITU-T G 8261 Y 1361 CORRI 1—2006		2008/4/1	2008/4/1
13.12-5-436	13.12			ITU-T G 870 Y 1352—2008	光传输网络（OTN）的术语和定义	ITU-T G 870 Y 1352—2004；ITU-T G 870 Y 1352 AMD 1—2005		2008/3/1	2008/3/1
13.12-5-437	13.12			ITU-T K 75—2008	通信设备的抵抗性和安全标准应用接口的分类			2008/4/1	2008/4/1

续表

序号	GW 分类	ICS 分类	GB 分类	标准号	中 文 名 称	代替标准	采用关系	发布日期	实施日期
13.12-5-438	13.12			ITU-T X 1161—2008	安全点到点通信的框架			2008/5/1	2008/5/1
13.12-5-439	13.12			ITU-T X 607.1—2008	信息技术增强通信传输协议规范双向组播传送的 QoS 管理规范			2008/11/1	2008/11/1
13.12-5-440	13.12			ITU-T X 608.1—2008	信息技术增强通信传输协议规范 N-plex 组播传送的 QoS 管理规范			2008/11/1	2008/11/1
13.12-5-441	13.12			ITU-T Y 1563—2009	以太网帧传输和可用性能			2009/1/1	2009/1/1
13.12-5-442	13.12			ITU-T Y 2051—2008	基于 IPv6 的 NGN 概述			2008/2/1	2008/2/1
13.12-5-443	13.12			ITU-T Y 2052—2008	基于 IPv6NGN 的多链路框架			2008/2/1	2008/2/1
13.12-5-444	13.12			ITU-T Y 2054—2008	基于 IPv6NGN 的支持信令框架			2008/2/1	2008/2/1
13.12-5-445	13.12			ITU-T Y 2234—2008	NGN 开放业务环境能力			2008/9/1	2008/9/1
13.12-5-446	13.12			ITU-T Y 2720—2009	NGN 身份管理架构			2009/1/1	2009/1/1

14 运行检修

14.1 运行检修-基础综合

序号	GW 分类	ICS 分类	GB 分类	标准号	中 文 名 称	代替标准	采用关系	发布日期	实施日期
14.1-2-1	14.1			Q/GDW 11004—2013	冰区分级标准和冰区分布图绘制规则			2014/4/15	2014/4/15
14.1-2-2	14.1			Q/GDW 11005—2013	风区分级标准和风区分布图绘制规则			2014/4/15	2014/4/15
14.1-2-3	14.1			Q/GDW 11006—2013	舞动区域分级标准和舞动分布图绘制规则			2014/4/15	2014/4/15
14.1-2-4	14.1	29.240		Q/GDW 11261—2014	配电网检修规程			2014/11/20	2014/11/20
14.1-2-5	14.1	29.240		Q/GDW 11477—2015	金属封闭开关设备检修决策导则			2016/9/30	2016/9/30
14.1-2-6	14.1	29.240		Q/GDW 11625—2016	配网抢修指挥技术支持系统功能规范			2017/7/31	2017/7/31
14.1-2-7	14.1	29.240		Q/GDW 11626—2016	配网抢修指挥故障研判技术导则			2017/7/31	2017/7/31
14.1-2-8	14.1	29.240		Q/GDW 1168—2013	输变电设备状态检修试验规程	Q/GDW 168—2008		2014/1/10	2014/1/10
14.1-2-9	14.1	29.240	29.240	Q/GDW 11719.1—2017	生产技术改造和生产设备大修项目可行性研究内容深度规定　第 1 部分：生产技术改造项目			2018/4/13	2018/4/13
14.1-2-10	14.1	29.240	29.240	Q/GDW 11719.2—2017	生产技术改造和生产设备大修项目可行性研究内容深度规定　第 2 部分：生产设备大修项目			2018/4/13	2018/4/13
14.1-2-11	14.1	29.240	29.240	Q/GDW 11822.5—2018	一体化“国网云”　第 5 部分：应用构建组件			2019/7/16	2019/7/16
14.1-2-12	14.1	29.240	29.240	Q/GDW 11839—2018	生产技术改造项目造价分析深度规定			2019/7/31	2019/7/31
14.1-2-13	14.1	29.020	29.020	Q/GDW 11988—2019	输配电网线损理论计算导则			2020/8/24	2020/8/24
14.1-2-14	14.1			Q/GDW 12019—2019	电网生产技术改造项目后评价深度规定			2020/12/31	2020/12/31
14.1-2-15	14.1			Q/GDW 12020—2019	输变电设备物联网微功率无线网通信协议			2020/12/31	2020/12/31
14.1-2-16	14.1			Q/GDW 12021—2019	输变电设备物联网节点设备无线组网协议	Q/GDW 1374.1—2013		2020/12/31	2020/12/31
14.1-2-17	14.1			Q/GDW 12025.1—2019	电网在运设备三维建模规范　第 1 部分：变电站（换流站）			2020/12/31	2020/12/31
14.1-2-18	14.1			Q/GDW 12025.2—2019	电网在运设备三维建模规范　第 2 部分：架空输电线路			2020/12/31	2020/12/31
14.1-2-19	14.1			Q/GDW 12025.3—2019	电网在运设备三维建模规范　第 3 部分：电缆线路			2020/11/27	2020/11/27
14.1-2-20	14.1	29.240		Q/GDW 13001—2014	高海拔地区外绝缘配置技术规范			2014/10/1	2014/10/1
14.1-2-21	14.1	29.240		Q/GDW 1519—2014	配电网运维规程	Q/GDW 519—2010		2014/11/20	2014/11/20

续表

序号	GW 分类	ICS 分类	GB 分类	标准号	中文名称	代替标准	采用关系	发布日期	实施日期
14.1-2-22	14.1	29.240		Q/GDW 1643—2015	配网设备状态检修试验规程	Q/GDW 643—2011		2016/9/30	2016/9/30
14.1-2-23	14.1	29.240		Q/GDW 1683—2015	资产全寿命周期管理体系规范	Q/GDW 683—2011		2015/11/20	2015/11/20
14.1-2-24	14.1			Q/GDW 188—2008	750kV 交流输电线路带电作业技术导则			2008/8/27	2008/8/27
14.1-2-25	14.1			Q/GDW 1903—2013	输变电设备风险评估导则			2014/4/15	2014/4/15
14.1-2-26	14.1			Q/GDW 1904.1—2013	输变电设备缺陷用语规范　第 1 部分：变电一次部分			2014/4/15	2014/4/15
14.1-2-27	14.1			Q/GDW 1904.2—2013	输变电设备缺陷用语规范　第 2 部分：输电部分			2014/4/15	2014/4/15
14.1-2-28	14.1			Q/GDW 1905—2013	输变电设备状态检修辅助决策系统技术导则			2014/4/15	2014/4/15
14.1-2-29	14.1			Q/GDW 1906—2013	输变电一次设备缺陷分类标准			2014/4/15	2014/4/15
14.1-2-30	14.1	29.020		Q/GDW 387—2009	人工除冰作业导则			2009/12/22	2009/12/22
14.1-2-31	14.1	29.020		Q/GDW 565—2010	城市配电网运行水平和供电能力评估导则			2010/12/30	2010/12/30
14.1-2-32	14.1	29.240		Q/GDW 626—2011	配电自动化系统运行维护管理规范			2011/5/25	2011/5/25
14.1-2-33	14.1	29.020		Q/GDW 644—2011	配网设备状态检修导则			2011/7/15	2011/7/15
14.1-2-34	14.1	29.020		Q/GDW 645—2011	配网设备状态评价导则			2011/7/15	2011/7/15
14.1-2-35	14.1	29.020		Q/GDW 743—2012	配电网技改大修技术规范			2012/6/21	2012/6/21
14.1-2-36	14.1	29.020		Q/GDW 744—2012	配电网技改大修项目交接验收技术规范			2012/6/21	2012/6/21
14.1-2-37	14.1	29.020		Q/GDW 745—2012	配电网设备缺陷分类标准			2012/6/21	2012/6/21
14.1-3-38	14.1	25.220.40	A29	GB/T 13912—2020	金属覆盖层　钢铁制件热浸镀锌层　技术要求及试验方法	GB/T 13912—2002	ISO 1461：2009	2020/6/2	2021/4/1
14.1-3-39	14.1	25.040.01	N10	GB/T 17214.2—2005	工业过程测量和控制装置的工作条件　第 2 部分：动力	JB/T 9237.2—1999		2005/9/9	2006/4/1
14.1-3-40	14.1	25.040.01	N10	GB/T 17214.4—2005	工业过程测量和控制装置的工作条件　第 4 部分：腐蚀和侵蚀影响	JB/T 9237.1—1999		2005/9/9	2006/4/1
14.1-3-41	14.1	25.220.40	A29	GB/T 19355.1—2016	锌覆盖层　钢铁结构防腐蚀的指南和建议　第 1 部分：设计与防腐蚀的基本原则	GB/T 19355—2003	ISO 14713-1：2009 MOD	2016/2/24	2016/9/1
14.1-3-42	14.1	25.220.40	A29	GB/T 19355.2—2016	锌覆盖层　钢铁结构防腐蚀的指南和建议　第 2 部分：热浸镀锌	GB/T 19355—2003	ISO 14713-2：2009 MOD	2016/2/24	2016/9/1

续表

序号	GW 分类	ICS 分类	GB 分类	标准号	中 文 名 称	代替标准	采用关系	发布日期	实施日期
14.1-3-43	14.1	25.220.40	A29	GB/T 19355.3—2016	锌覆盖层　钢铁结构防腐蚀的指南和建议　第 3 部分：粉末渗锌	GB/T 19355—2003	ISO 14713-3：2009 MOD	2016/2/24	2016/9/1
14.1-3-44	14.1	29.080.30	K15	GB/T 23642—2017	电气绝缘材料和系统　瞬时上升和重复电压冲击条件下的局部放电（PD）电气测量	GB/T 23642—2009	IEC/TS 61934：2011	2017/12/29	2018/7/1
14.1-3-45	14.1	71.100.99	G85	GB/T 34320—2017	六氟化硫电气设备用分子筛吸附剂使用规范			2017/9/7	2018/4/1
14.1-3-46	14.1	07.060	A47	GB/T 34325—2017	太阳能资源数据准确性评判方法			2017/9/7	2018/4/1
14.1-3-47	14.1	29.240；35.080	K40	GB/T 34569—2017	带电作业仿真训练系统			2017/9/29	2018/4/1
14.1-3-48	14.1	29.240.20	F21	GB/T 37013—2018	柔性直流输电线路检修规范			2018/12/28	2019/7/1
14.1-3-49	14.1	91.120.40	M04	GB/T 37047—2018	基于雷电定位系统（LLS）的地闪密度　总则		IEC 62858：2015	2018/12/28	2019/7/1
14.1-3-50	14.1	91.120.40	M04	GB/T 38121—2019	雷电防护　雷暴预警系统		IEC 62793：2016	2019/10/18	2020/5/1
14.1-3-51	14.1	29.035.99	K15	GB/T 5132.2—2009	电气用热固性树脂工业硬质圆形层压管和棒　第 2 部分：试验方法	GB/T 5132—1985；GB/T 5134—1985		2009/6/10	2009/12/1
14.1-3-52	14.1	29.020	K09	GB 9089.5—2008	户外严酷条件下的电气设施　第 5 部分：操作要求	GB 9089.5—1995		2008/6/18	2009/3/1
14.1-3-53	14.1		A29	GB/T 9793—2012	热喷涂　金属和其他无机覆盖层　锌、铝及其合金	GB/T 9793—1997	ISO 2063：2005	2012/11/5	2013/3/1
14.1-3-54	14.1			DL/T 1080.1—2016	电力企业应用集成配电管理的系统接口　第 1 部分：接口体系与总体要求	DL/T 1080.1—2008		2016/1/7	2016/6/1
14.1-4-55	14.1			DL/T 1080.11—2015	电力企业应用集成配电管理的系统接口　第 11 部分：配电公共信息模型		IEC 61968-11：2013，IDT	2015/4/2	2015/9/1
14.1-4-56	14.1	27.100	F29	DL/T 1294—2013	交流电力系统金属氧化物避雷器用脱离器使用导则			2013/11/28	2014/4/1
14.1-4-57	14.1			DL/T 1406—2015	配电自动化技术导则			2015/4/2	2015/9/1
14.1-4-58	14.1			DL/T 1442—2015	智能配变终端技术条件			2015/4/2	2015/9/1
14.1-4-59	14.1			DL/T 1532—2016	接地网腐蚀诊断技术导则			2016/1/7	2016/6/1
14.1-4-60	14.1			DL/T 1538—2016	电力变压器用真空有载分接开关使用导则			2016/1/7	2016/6/1
14.1-4-61	14.1			DL/T 1552—2016	变压器油储存管理导则			2016/1/7	2016/6/1
14.1-4-62	14.1			DL/T 1554—2016	接地网土壤腐蚀性评价导则			2016/2/5	2016/7/1

序号	GW 分类	ICS 分类	GB 分类	标准号	中 文 名 称	代替标准	采用关系	发布日期	实施日期
14.1-4-63	14.1			DL/T 1714—2017	电力可靠性管理代码规范			2017/8/2	2017/12/1
14.1-4-64	14.1			DL/T 1784—2017	多雷区 110kV～500kV 交流同塔多回输电线路防雷技术导则			2017/12/27	2018/6/1
14.1-4-65	14.1			DL/T 2068—2019	电力生产现场应用电子标签技术规范			2019/11/4	2020/5/1
14.1-4-66	14.1			DL/T 2106—2020	配网设备状态评价导则			2020/10/23	2021/2/1
14.1-4-67	14.1			DL/T 2107—2020	配网设备状态检修导则			2020/10/23	2021/2/1
14.1-4-68	14.1			DL/T 345—2019	带电设备紫外诊断技术应用导则	DL/T 345—2010		2019/11/4	2020/5/1
14.1-4-69	14.1		F21	DL/T 5500—2015	配电自动化系统信息采集及分类技术规范			2015/4/2	2015/9/1
14.1-4-70	14.1		K45	DL/T 620—1997	交流电气装置的过电压保护和绝缘配合			1997/4/21	1997/10/1
14.1-4-71	14.1			DL/T 664—2016	带电设备红外诊断应用规范	DL/T 664—2008		2016/12/5	2017/5/1
14.1-4-72	14.1	29.180	K41	DL/T 725—2013	电力用电流互感器使用技术规范	DL/T 725—2000		2013/11/28	2014/4/1
14.1-4-73	14.1	29.180	K41	DL/T 726—2013	电力用电磁式电压互感器使用技术规范	DL/T 726—2000		2013/11/28	2014/4/1
14.1-4-74	14.1	29.180	K41	DL/T 727—2013	互感器运行检修导则	DL/T 727—2000		2013/11/28	2014/4/1
14.1-4-75	14.1	27.100	F23	DL/T 804—2014	交流电力系统金属氧化物避雷器使用导则	DL/T 804—2002		2014/10/15	2015/3/1
14.1-4-76	14.1		K20	DL/T 1163—2012	隐极发电机在线监测装置配置导则			2012/8/23	2012/12/1
14.1-4-77	14.1	71.120.01	G90	HG/T 4077—2009	防腐蚀涂层涂装技术规范			2009/2/5	2009/7/1
14.1-4-78	14.1		K48	JB/T 5895—1991	污秽地区绝缘子使用导则		IEC 815 NEQ	1991/10/24	1992/10/1
14.1-4-79	14.1			NB/T 10189—2019	输变电设备　大气环境条件　监测方法			2019/6/4	2019/10/1
14.1-4-80	14.1	29.240.10	L66	T/CEC 159—2018	变电站机器人巡检系统扩展接口技术规范			2018/1/24	2018/4/1
14.1-6-81	14.1	29.240.10	L66	T/CEC 160—2018	变电站机器人巡检系统集中监控技术导则			2018/1/24	2018/4/1
14.1-6-82	14.1	29.240.10	L66	T/CEC 161—2018	变电站机器人巡检系统运维检修技术导则			2018/1/24	2018/4/1
14.1-6-83	14.1			T/CEC 196—2018	超、特高压设备检修作业安全预警系统			2018/11/6	2019/2/1
14.1-6-84	14.1			T/CEC 292—2020	输变电设备数据质量评价导则			2020/6/30	2020/10/1
14.1-6-85	14.1			T/CEC 294—2020	电网智能运检管控系统功能规范			2020/6/30	2020/10/1
14.1-6-86	14.1			T/CEC 297.1—2020	高压直流输电换流阀冷却技术规范　第 1 部分：总则			2020/6/30	2020/10/1
14.1-6-87	14.1			T/CEC 297.2—2020	高压直流输电换流阀冷却技术规范　第 2 部分：内冷却水处理			2020/6/30	2020/10/1

续表

序号	GW 分类	ICS 分类	GB 分类	标准号	中文名称	代替标准	采用关系	发布日期	实施日期
14.1-6-88	14.1			T/CEC 297.3—2020	高压直流输电换流阀冷却技术规范 第 3 部分：阀厅空气调节及净化处理			2020/6/30	2020/10/1
14.1-6-89	14.1			T/CEC 297.5—2020	高压直流输电换流阀冷却技术规范 第 5 部分：空气冷却器清洗			2020/6/30	2020/10/1
14.1-6-90	14.1			T/CEC 349—2020	柔性互联交直流配电系统绝缘配合导则			2020/6/30	2020/10/1

14.2 运行检修-变电站

序号	GW 分类	ICS 分类	GB 分类	标准号	中文名称	代替标准	采用关系	发布日期	实施日期
14.2-2-1	14.2	29.240		Q/GDW 10169—2016	油浸式变压器（电抗器）状态评价导则	Q/GDW 169—2008		2017/3/24	2017/3/24
14.2-2-2	14.2	29.240		Q/GDW 10171—2016	SF_6 高压断路器状态评价导则	Q/GDW 171—2008		2017/3/24	2017/3/24
14.2-2-3	14.2	29.240		Q/GDW 10207.1—2016	1000kV 变电设备检修导则 第 1 部分：油浸式变压器、并联电抗器	Q/GWD/Z 207.1—2008		2016/12/8	2016/12/8
14.2-2-4	14.2	29.240		Q/GDW 10207.2—2016	1000kV 变电设备检修导则 第 2 部分：气体绝缘金属封闭开关	Q/GWD/Z 207.2—2008		2016/12/8	2016/12/8
14.2-2-5	14.2	29.240		Q/GDW 10207.3—2016	1000kV 变电设备检修导则 第 3 部分：金属氧化物避雷器	Q/GDW/Z 207.3—2008		2016/12/8	2016/12/8
14.2-2-6	14.2	29.240		Q/GDW 10207.4—2016	1000kV 变电设备检修导则 第 4 部分：电容式电压互感器	Q/GDW/Z 207.4—2008		2016/12/8	2016/12/8
14.2-2-7	14.2	29.240		Q/GDW 10208—2016	1000kV 变电站检修管理规范	Q/GDW/Z 208—2008		2016/12/8	2016/12/8
14.2-2-8	14.2	29.240		Q/GDW 10407—2018	高压支柱瓷绝缘子现场检测导则	Q/GDW 407—2010		2020/4/3	2020/4/3
14.2-2-9	14.2	29.240		Q/GDW 10446—2016	电流互感器状态评价导则	Q/GDW 446—2010		2017/3/24	2017/3/24
14.2-2-10	14.2	29.240		Q/GDW 10452—2016	并联电容器装置状态评价导则	Q/GDW 452—2010		2017/10/17	2017/10/17
14.2-2-11	14.2	29.240		Q/GDW 10454—2016	金属氧化物避雷器状态评价导则	Q/GDW 454—2010		2017/10/17	2017/10/17
14.2-2-12	14.2			Q/GDW 10460—2017	电容式电压互感器、耦合电容器状态评价导则	Q/GDW 460—2010		2018/9/30	2018/9/30
14.2-2-13	14.2			Q/GDW 10599—2017	干式并联电抗器状态评价导则	Q/GDW 599—2011		2018/9/30	2018/9/30
14.2-2-14	14.2			Q/GDW 10601—2017	消弧线圈装置状态评价导则	Q/GDW 601—2011		2018/9/30	2018/9/30
14.2-2-15	14.2	29.240		Q/GDW 10605—2016	35kV 油浸式变压器（电抗器）状态评价导则	Q/GDW 605—2011		2017/10/17	2017/10/17
14.2-2-16	14.2			Q/GDW 10611—2017	变电站防雷及接地装置状态评价导则	Q/GDW 611—2011		2018/9/30	2018/9/30
14.2-2-17	14.2	29.240		Q/GDW 10656—2015	串联电容器补偿装置运行规范	Q/GDW 656—2011		2016/12/8	2016/12/8

续表

序号	GW 分类	ICS 分类	GB 分类	标准号	中　文　名　称	代替标准	采用关系	发布日期	实施日期
14.2-2-18	14.2	29.240		Q/GDW 10657—2015	串联电容器补偿装置检修规范	Q/GDW 657—2011		2016/12/8	2016/12/8
14.2-2-19	14.2	29.240		Q/GDW 11054—2013	智能变电站数字化相位核准技术规范			2014/4/1	2014/4/1
14.2-2-20	14.2	29.240		Q/GDW 11087—2013	移动式直流融冰系统运行维护规程			2014/9/1	2014/9/1
14.2-2-21	14.2	29.240		Q/GDW 11088—2013	固定式直流融冰装置运行维护规程			2014/9/1	2014/9/1
14.2-2-22	14.2	29.240		Q/GDW 11240—2014	电容式电源互感器、耦合电容器检修决策导则			2014/12/1	2014/12/1
14.2-2-23	14.2	29.240		Q/GDW 11241—2014	金属氧化物避雷器检修决策导则			2014/12/1	2014/12/1
14.2-2-24	14.2	29.240		Q/GDW 11242—2014	交直流穿墙套管检修决策导则			2014/12/1	2014/12/1
14.2-2-25	14.2	29.240		Q/GDW 11243—2014	电磁式电压互感器检修决策导则			2014/12/1	2014/12/1
14.2-2-26	14.2	29.240		Q/GDW 11244—2014	SF_6 断路器检修决策导则			2014/12/1	2014/12/1
14.2-2-27	14.2	29.240		Q/GDW 11245—2014	隔离开关和接地开关检修决策导则			2014/12/1	2014/12/1
14.2-2-28	14.2	29.240		Q/GDW 11247—2014	油浸式变压器（电抗器）检修决策导则			2014/12/1	2014/12/1
14.2-2-29	14.2	29.240		Q/GDW 11248—2014	电流互感器检修决策导则			2014/12/1	2014/12/1
14.2-2-30	14.2	29.240		Q/GDW 11378—2015	10kV 开关站/配电室交流装置选型技术原则和检测技术规范			2015/10/30	2015/10/30
14.2-2-31	14.2	29.240		Q/GDW 11379—2015	10kV 开关站/配电室直流装置选型技术原则和检测技术规范			2015/10/30	2015/10/30
14.2-2-32	14.2	29.240		Q/GDW 11423—2015	超、特高压变压器现场工厂化检修技术规范			2016/1/5	2016/1/5
14.2-2-33	14.2	29.240		Q/GDW 11504—2015	隔离断路器运维导则			2016/12/8	2016/12/8
14.2-2-34	14.2	29.240		Q/GDW 11507—2015	隔离断路器状态评价导则			2016/12/8	2016/12/8
14.2-2-35	14.2	29.240		Q/GDW 11508—2015	隔离断路器状态检修导则			2016/12/8	2016/12/8
14.2-2-36	14.2	29.240		Q/GDW 11510—2015	电子式互感器运维导则			2016/12/8	2016/12/8
14.2-2-37	14.2	29.240		Q/GDW 11511—2015	电子式电压互感器状态评价导则			2016/12/8	2016/12/8
14.2-2-38	14.2	29.240		Q/GDW 11512—2015	电子式电压互感器检修决策导则			2016/12/8	2016/12/8
14.2-2-39	14.2	25.040.30		Q/GDW 11516—2016	变电站智能机器人巡检系统运维规范			2016/11/25	2016/11/25
14.2-2-40	14.2	29.180		Q/GDW 11519.1—2016	电力变压器中性点电容隔直/电阻限流装置运维检修规程　第 1 部分：电容型隔直装置			2016/11/25	2016/11/25

续表

序号	GW 分类	ICS 分类	GB 分类	标准号	中文名称	代替标准	采用关系	发布日期	实施日期
14.2-2-41	14.2	29.180		Q/GDW 11519.2—2016	电力变压器中性点电容隔直/电阻限流装置运维检修规程　第 2 部分：电阻型限流装置			2016/11/25	2016/11/25
14.2-2-42	14.2	29.240		Q/GDW 11558—2016	变电站整站及间隔状态评价导则			2017/3/24	2017/3/24
14.2-2-43	14.2	29.240		Q/GDW 11647—2016	车载移动式变电站运行规范			2017/10/17	2017/10/17
14.2-2-44	14.2	29.240		Q/GDW 170—2008	油浸式变压器（电抗器）状态检修导则			2008/1/21	2008/1/21
14.2-2-45	14.2	29.240		Q/GDW 172—2008	SF_6 高压断路器状态检修导则			2008/1/21	2008/1/21
14.2-2-46	14.2	29.240		Q/GDW 1877—2013	电网行波测距装置运行规程			2013/11/12	2013/11/12
14.2-2-47	14.2	29.240		Q/GDW/Z 211.1—2008	1000kV 特高压变电站运行规程　第 1 部分：设备概况			2008/11/6	2008/11/6
14.2-2-48	14.2	29.240		Q/GDW/Z 211.2—2008	1000kV 特高压变电站运行规程　第 2 部分：运行方式			2008/11/6	2008/11/6
14.2-2-49	14.2	29.240		Q/GDW/Z 211.3—2008	1000kV 特高压变电站运行规程　第 3 部分：设备巡检			2008/11/6	2008/11/6
14.2-2-50	14.2	29.240		Q/GDW/Z 211.4—2008	1000kV 特高压变电站运行规程　第 4 部分：设备异常及事故处理			2008/11/6	2008/11/6
14.2-2-51	14.2	29.240		Q/GDW/Z 211.5—2008	1000kV 特高压变电站运行规程　第 5 部分：典型操作票			2008/11/6	2008/11/6
14.2-2-52	14.2	29.240		Q/GDW/Z 211.6—2008	1000kV 特高压变电站运行规程　第 6 部分：变电站图册			2008/11/6	2008/11/6
14.2-2-53	14.2	29.020		Q/GDW 408—2010	800kV 罐式断路器检修规范			2010/4/8	2010/4/8
14.2-2-54	14.2	29.020		Q/GDW 409—2010	800kV 罐式断路器运行规范			2010/4/8	2010/4/8
14.2-2-55	14.2	29.020		Q/GDW 445—2010	电流互感器状态检修导则			2010/6/21	2010/6/21
14.2-2-56	14.2	29.020		Q/GDW 447—2010	气体绝缘金属封闭开关设备状态检修导则			2010/6/21	2010/6/21
14.2-2-57	14.2	29.020		Q/GDW 448—2010	气体绝缘金属封闭开关设备状态评价导则			2010/6/21	2010/6/21
14.2-2-58	14.2	29.020		Q/GDW 449—2010	隔离开关状态检修导则			2010/6/21	2010/6/21
14.2-2-59	14.2	29.020		Q/GDW 450—2010	隔离开关状态评价导则			2010/6/21	2010/6/21
14.2-2-60	14.2	29.020		Q/GDW 451—2010	并联电容器装置（集合式电容器装置）状态检修导则			2010/6/21	2010/6/21
14.2-2-61	14.2	29.020		Q/GDW 453—2010	金属氧化物避雷器状态检修导则			2010/6/21	2010/6/21

续表

序号	GW 分类	ICS 分类	GB 分类	标准号	中 文 名 称	代替标准	采用关系	发布日期	实施日期
14.2-2-62	14.2	29.020		Q/GDW 457—2010	电磁式电压互感器状态检修导则			2010/6/21	2010/6/21
14.2-2-63	14.2	29.020		Q/GDW 458—2010	电磁式电压互感器状态评价导则			2010/6/21	2010/6/21
14.2-2-64	14.2	29.020		Q/GDW 459—2010	电容式电压互感器、耦合电容器状态检修导则			2010/6/21	2010/6/21
14.2-2-65	14.2	29.020		Q/GDW 538—2010	变电设备在线监测系统运行管理规范			2011/1/28	2011/1/28
14.2-2-66	14.2	29.240		Q/GDW 598—2011	干式并联电抗器状态检修导则			2011/4/15	2011/4/15
14.2-2-67	14.2	29.240		Q/GDW 600—2011	消弧线圈装置状态检修导则			2011/4/15	2011/4/15
14.2-2-68	14.2	29.240		Q/GDW 602—2011	110（66）kV 及以上电压等级交直流穿墙套管状态检修导则			2011/4/15	2011/4/15
14.2-2-69	14.2	29.240		Q/GDW 603—2011	110（66）kV 及以上电压等级交直流穿墙套管状态评价导则			2011/4/15	2011/4/15
14.2-2-70	14.2	29.240		Q/GDW 604—2011	35kV 油浸式变压器（电抗器）状态检修导则			2011/4/15	2011/4/15
14.2-2-71	14.2	29.240		Q/GDW 606—2011	变电站直流系统状态检修导则			2011/4/15	2011/4/15
14.2-2-72	14.2	29.240		Q/GDW 607—2011	变电站直流系统状态评价导则			2011/4/15	2011/4/15
14.2-2-73	14.2	29.240		Q/GDW 608—2011	所用电系统状态检修导则			2011/4/15	2011/4/15
14.2-2-74	14.2	29.240		Q/GDW 609—2011	所用电系统状态评价导则			2011/4/15	2011/4/15
14.2-2-75	14.2	29.240		Q/GDW 610—2011	变电站防雷及接地装置状态检修导则			2011/4/15	2011/4/15
14.2-2-76	14.2	29.240		Q/GDW 612—2011	12（7.2）kV～40.5kV 交流金属封闭开关设备状态检修导则			2011/4/15	2011/4/15
14.2-2-77	14.2	29.240		Q/GDW 613—2011	12（7.2）kV～40.5kV 交流金属封闭开关设备状态评价导则			2011/4/15	2011/4/15
14.2-2-78	14.2	29.240		Q/GDW 616—2011	基于 DL/T 860 标准的变电设备在线监测装置应用规范			2011/4/21	2011/4/21
14.2-2-79	14.2	29.020		Q/GDW 658—2011	串联电容器补偿装置状态检修导则			2011/10/18	2011/10/18
14.2-2-80	14.2	29.020		Q/GDW 659—2011	串联电容器补偿装置状态评价导则			2011/10/18	2011/10/18
14.2-2-81	14.2	29.240		Q/GDW 750—2012	智能变电站运行管理规范			2012/6/11	2012/6/11
14.2-2-82	14.2	29.240		Q/GDW 751—2012	变电站智能设备运行维护导则			2012/6/11	2012/6/11
14.2-2-83	14.2	29.240		Q/GDW 752—2012	变电站智能巡视功能规范			2012/6/11	2012/6/11
14.2-3-84	14.2	29.180	K41	GB/T 13499—2002	电力变压器应用导则	GB/T 13499—1992	IEC 60076-8：1997 IDT	2002/2/28	2003/3/1

续表

序号	GW 分类	ICS 分类	GB 分类	标准号	中文名称	代替标准	采用关系	发布日期	实施日期
14.2-3-85	14.2	29.240	K43	GB/T 24835—2018	1100kV 气体绝缘金属封闭开关设备运行维护规程	GB/Z 24835—2009		2018/12/28	2019/7/1
14.2-3-86	14.2	29.020	K04	GB/T 34925—2017	高原 110kV 变电站交流回路系统现场检验方法			2017/11/1	2018/5/1
14.2-3-87	14.2	27.100	F24	GB/T 7595—2017	运行中变压器油质量	GB/T 7595—2008		2017/5/12	2017/12/1
14.2-3-88	14.2	29.020	K43	GB/T 8905—2012	六氟化硫电气设备中气体管理和检测导则	GB/T 8905—1996	IEC 60480：2004	2012/11/5	2013/2/1
14.2-4-89	14.2	29.240.10	K40	DL/T 1036—2006	变电设备巡检系统			2006/12/17	2007/5/1
14.2-4-90	14.2	29.120.50	F23	DL/T 1081—2008	12kV～40.5kV 户外高压开关运行规程			2008/6/4	2008/11/1
14.2-4-91	14.2	29.180	K41	DL/T 1093—2018	电力变压器绕组变形的电抗法检测判断导则	DL/T 1093—2008		2018/4/3	2018/7/1
14.2-4-92	14.2	29.180	K41	DL/T 1102—2009	配电变压器运行规程			2009/7/1	2009/12/1
14.2-4-93	14.2	29.240	K44	DL/T 1176—2012	1000kV 油浸式变压器、并联电抗器运行及维护规程			2012/8/23	2012/12/1
14.2-4-94	14.2	29.180	K41	DL/T 1251—2013	电力用电容式电压互感器使用技术规范	SD 333—1989		2013/11/28	2014/4/1
14.2-4-95	14.2	29.180	K41	DL/T 1268—2013	三相组合互感器使用技术规范			2013/11/28	2014/4/1
14.2-4-96	14.2	29.180	K41	DL/T 1284—2013	500kV 干式空心限流电抗器使用导则			2013/11/28	2014/4/1
14.2-4-97	14.2		F29	DL/T 1298—2013	静止无功补偿装置运行规程			2013/11/28	2014/4/1
14.2-4-98	14.2	27.100	F29	DL/T 1304—2013	500kV 串联电容器补偿装置系统调试规程			2013/11/28	2014/4/1
14.2-4-99	14.2			DL/T 1399.4—2020	电力试验/检测车　第 4 部分：开关电器交流耐压试验车			2020/10/23	2021/2/1
14.2-4-100	14.2	29.240.20	K47	DL/T 1467—2015	500kV 交流输变电设备带电水冲洗作业技术规范			2015/7/1	2015/12/1
14.2-4-101	14.2	29.180	K41	DL/T 1535—2016	10kV～35kV 干式空心限流电抗器使用导则			2016/1/7	2016/6/1
14.2-4-102	14.2	29.240.99	F23	DL/T 1637—2016	变电站机器人巡检技术导则			2016/12/5	2017/5/1
14.2-4-103	14.2	29.240.01	F20	DL/T 1680—2016	大型接地网状态评估技术导则			2016/12/5	2017/5/1
14.2-4-104	14.2	29.240	F23	DL/T 1684—2017	油浸式变压器（电抗器）状态检修导则			2017/3/28	2017/8/1
14.2-4-105	14.2	29.240	F23	DL/T 1685—2017	油浸式变压器（电抗器）状态评价导则			2017/3/28	2017/8/1
14.2-4-106	14.2	29.240	F23	DL/T 1686—2017	六氟化硫高压断路器状态检修导则			2017/3/28	2017/8/1
14.2-4-107	14.2	29.240	F23	DL/T 1687—2017	六氟化硫高压断路器状态评价导则			2017/3/28	2017/8/1

续表

序号	GW 分类	ICS 分类	GB 分类	标准号	中 文 名 称	代替标准	采用关系	发布日期	实施日期
14.2-4-108	14.2	29.240	F23	DL/T 1688—2017	气体绝缘金属封闭开关设备状态评价导则			2017/3/28	2017/8/1
14.2-4-109	14.2	29.240	F23	DL/T 1689—2017	气体绝缘金属封闭开关设备状态检修导则			2017/3/28	2017/8/1
14.2-4-110	14.2	29.240	F23	DL/T 1690—2017	电流互感器状态评价导则			2017/3/28	2017/8/1
14.2-4-111	14.2	29.240	F23	DL/T 1691—2017	电流互感器状态检修导则			2017/3/28	2017/8/1
14.2-4-112	14.2	29.240	F23	DL/T 1700—2017	隔离开关及接地开关状态检修导则			2017/3/28	2017/8/1
14.2-4-113	14.2	29.240	F23	DL/T 1701—2017	隔离开关及接地开关状态评价导则			2017/3/28	2017/8/1
14.2-4-114	14.2	29.240	F23	DL/T 1702—2017	金属氧化物避雷器状态检修导则			2017/3/28	2017/8/1
14.2-4-115	14.2	29.240	F23	DL/T 1703—2017	金属氧化物避雷器状态评价导则			2017/3/28	2017/8/1
14.2-4-116	14.2	29.240.01	F23	DL/T 1723—2017	1000kV 油浸式变压器（电抗器）状态检修技术导则			2017/8/2	2017/12/1
14.2-4-117	14.2	29.24	K45	DL/T 1777—2017	智能变电站二次设备屏柜光纤回路技术规范			2017/12/27	2018/6/1
14.2-4-118	14.2	29.18	K41	DL/T 1806—2018	油浸式电力变压器用绝缘纸板及绝缘件选用导则			2018/4/3	2018/7/1
14.2-4-119	14.2	29.18	K41	DL/T 1810—2018	110（66）kV 六氟化硫气体绝缘电力变压器使用技术条件			2018/4/3	2018/7/1
14.2-4-120	14.2	29.18	K41	DL/T 1811—2018	电力变压器用天然酯绝缘油选用导则			2018/4/3	2018/7/1
14.2-4-121	14.2	29.18	K41	DL/Z 1812—2018	低功耗电容式电压互感器选用导则			2018/4/3	2018/7/1
14.2-4-122	14.2	29.18	K41	DL/T 1813—2018	油浸式非晶合金铁心配电变压器选用导则			2018/4/3	2018/7/1
14.2-4-123	14.2	27.18	F19	DL/T 1816—2018	电化学储能电站标识系统编码导则			2018/4/3	2018/7/1
14.2-4-124	14.2	29.18	K41	DL/T 1817—2018	变压器低压侧用绝缘铜管母使用技术条件			2018/4/3	2018/7/1
14.2-4-125	14.2	29.040.99	E38	DL/T 1837—2018	电力用矿物绝缘油换油指标			2018/4/3	2018/7/1
14.2-4-126	14.2	29.02	F21	DL/T 1875—2018	智能变电站即插即用接口规范			2018/6/6	2018/10/1
14.2-4-127	14.2	29.240.10	F20	DL/T 1881—2018	智能变电站智能控制柜技术规范			2018/12/25	2019/5/1
14.2-4-128	14.2	29.240.10	F23	DL/T 1958—2018	电子式电压互感器状态检修导则			2018/12/25	2019/5/1
14.2-4-129	14.2	29.240.10	F23	DL/T 1959—2018	电子式电压互感器状态评价导则			2018/12/25	2019/5/1
14.2-4-130	14.2			DL/T 2102—2020	电子式电流互感器状态评价导则			2020/10/23	2021/2/1
14.2-4-131	14.2			DL/T 2103—2020	电子式电流互感器状态检修导则			2020/10/23	2021/2/1

续表

序号	GW 分类	ICS 分类	GB 分类	标准号	中文名称	代替标准	采用关系	发布日期	实施日期
14.2-4-132	14.2			DL/T 2104—2020	并联电容器装置状态评价导则			2020/10/23	2021/2/1
14.2-4-133	14.2			DL/T 2105—2020	并联电容器装置状态检修导则			2020/10/23	2021/2/1
14.2-4-134	14.2			DL/T 2159—2020	变电站绝缘管型母线带电检测技术导则			2020/10/23	2021/2/1
14.2-4-135	14.2	27.100	F23	DL/T 306.1—2010	1000kV 变电站运行规程　第 1 部分：设备概况			2011/1/9	2011/5/1
14.2-4-136	14.2	27.100	F23	DL/T 306.2—2010	1000kV 变电站运行规程　第 2 部分：运行方式和运行规定			2011/1/9	2011/5/1
14.2-4-137	14.2	27.100	F23	DL/T 306.3—2010	1000kV 变电站运行规程　第 3 部分：设备巡检			2011/1/9	2011/5/1
14.2-4-138	14.2	27.100	F23	DL/T 306.4—2010	1000kV 变电站运行规程　第 4 部分：设备异常及事故处理			2011/1/9	2011/5/1
14.2-4-139	14.2	27.100	F23	DL/T 306.5—2010	1000kV 变电站运行规程　第 5 部分：典型操作			2011/1/9	2011/5/1
14.2-4-140	14.2	27.100	F23	DL/T 306.6—2010	1000kV 变电站运行规程　第 6 部分：变电站图册			2011/1/9	2011/5/1
14.2-4-141	14.2	29.240	F23	DL/T 310—2010	1000kV 油浸式变压器、并联电抗器检修导则			2011/1/9	2011/5/1
14.2-4-142	14.2	29.130.10	K43	DL/T 311—2010	1100kV 气体绝缘金属封闭开关设备检修导则			2011/1/9	2011/5/1
14.2-4-143	14.2	29.240	F23	DL/T 312—2010	1000kV 电容式电压互感器设备检修导则			2011/1/9	2011/5/1
14.2-4-144	14.2	29.240.10	K44	DL/T 360—2010	7.2kV～12kV 预装式户外开关站运行及维护规程			2010/5/1	2010/10/1
14.2-4-145	14.2	29.130.10	K43	DL/T 391—2010	12kV 户外高压真空断路器检修工艺规程			2011/1/9	2011/5/1
14.2-4-146	14.2	29.180	K41	DL/T 572—2010	电力变压器运行规程	DL/T 572—1995		2010/5/24	2010/10/1
14.2-4-147	14.2	29.180	K41	DL/T 573—2010	电力变压器检修导则	DL/T 573—1995		2010/5/24	2010/10/1
14.2-4-148	14.2	29.180	K41	DL/T 574—2010	变压器分接开关运行维修导则	DL/T 574—1995		2010/5/1	2010/10/1
14.2-4-149	14.2	29.130.10	K43	DL/T 603—2017	气体绝缘金属封闭开关设备运行维护规程	DL/T 603—2006		2017/12/27	2018/6/1
14.2-4-150	14.2		F24	DL/T 615—2013	高压交流断路器参数选用导则	DL/T 615—1997		2013/11/28	2014/4/1
14.2-4-151	14.2			DL/T 724—2021	电力系统用蓄电池直流电源装置运行与维护技术规程	DL/T 724—2000		2021/1/7	2021/7/1
14.2-4-152	14.2	29.080.10	F23	DL/T 729—2000	户内绝缘子运行条件　电气部分			2000/11/3	2001/1/1
14.2-4-153	14.2	29.130.10	K43	DL/T 737—2010	农村无人值班变电站运行规定	DL/T 737—2000		2011/1/9	2011/5/1

续表

序号	GW 分类	ICS 分类	GB 分类	标准号	中 文 名 称	代替标准	采用关系	发布日期	实施日期
14.2-4-154	14.2	29.130.10	K43	DL/T 739—2000	LW-10 型六氟化硫断路器检修工艺规程			2000/11/3	2001/1/1
14.2-4-155	14.2	29.240.10	F20	DL/T 969—2005	变电站运行导则			2005/11/28	2006/6/1
14.2-4-156	14.2	29.180	K41	JB/T 10428—2015	变压器用多功能保护装置	JB/T 10428—2004		2015/10/10	2016/3/1
14.2-4-157	14.2	29.180	K41	JB/T 10430—2015	变压器用速动油压继电器	JB/T 10430—2004		2015/10/10	2016/3/1
14.2-4-158	14.2	29.220.20	K84	NB/T 42083—2016	电力系统用固定型铅酸蓄电池安全运行使用技术规范			2016/8/16	2016/12/1
14.2-6-159	14.2			T/CEC 112—2016	饱和铁心型高温超导限流电抗器预防性试验规程			2016/10/21	2017/1/1
14.2-6-160	14.2			T/CEC 291.3—2020	天然酯绝缘油电力变压器　第 3 部分：油中溶解气体分析导则			2020/6/30	2020/10/1
14.2-6-161	14.2			T/CEC 291.4—2020	天然酯绝缘油电力变压器　第 4 部分：运行和维护导则			2020/6/30	2020/10/1

14.3　运行检修-换流站

序号	GW 分类	ICS 分类	GB 分类	标准号	中 文 名 称	代替标准	采用关系	发布日期	实施日期
14.3-2-1	14.3	29.240		Q/GDW 10144—2019	±800kV 特高压直流换流站和线路过电压　保护与绝缘配合导则	Q/GDW 144—2006		2020/7/31	2020/7/31
14.3-2-2	14.3	29.240		Q/GDW 10333—2016	±800kV 直流换流站运行规程	Q/GDW 333—2009		2017/3/24	2017/3/24
14.3-2-3	14.3	29.240		Q/GDW 1146—2014	高压直流换流站无功补偿配置技术导则	Q/GDW 146—2006		2015/2/6	2015/2/6
14.3-2-4	14.3	29.240		Q/GDW 11933—2018	±1100kV 换流站直流设备预防性试验规程			2020/4/17	2020/4/17
14.3-2-5	14.3	29.240		Q/GDW 11935—2018	±1100kV 特高压直流设备状态检修试验规程			2020/4/17	2020/4/17
14.3-2-6	14.3	29.240		Q/GDW 11936—2018	快速动态响应同步调相机组运维规范			2020/4/17	2020/4/17
14.3-2-7	14.3	29.240		Q/GDW 11937—2018	快速动态响应同步调相机组检修规范			2020/4/17	2020/4/17
14.3-2-8	14.3			Q/GDW 12017—2019	±1100kV 直流换流站设备检修规范			2020/12/31	2020/12/31
14.3-2-9	14.3			Q/GDW 12018—2019	高压直流输电换流阀晶闸管级和阀基电子设备现场测试技术规范			2020/12/31	2020/12/31
14.3-2-10	14.3			Q/GDW 12022—2019	柔性直流电网换流阀验收规范	Q/GDW 1374.2—2013		2020/12/31	2020/12/31
14.3-2-11	14.3			Q/GDW 12023—2019	高压大容量柔性直流输电运行和维护技术规范	Q/GDW 1374.3—2013		2020/12/31	2020/12/31

续表

序号	GW 分类	ICS 分类	GB 分类	标准号	中　文　名　称	代替标准	采用关系	发布日期	实施日期
14.3-2-12	14.3	29.240		Q/GDW 1532—2014	高压直流输电直流测量装置运行规范	Q/GDW 532—2010		2015/2/16	2015/2/16
14.3-2-13	14.3	29.240		Q/GDW 1952—2013	直流断路器状态检修导则			2014/4/15	2014/4/15
14.3-2-14	14.3	29.240		Q/GDW 1953—2013	直流断路器状态评价导则			2014/4/15	2014/4/15
14.3-2-15	14.3	29.240		Q/GDW 1954—2013	直流电压分压器状态检修导则			2014/4/15	2014/4/15
14.3-2-16	14.3	29.240		Q/GDW 1955—2013	直流电压分压器状态评价导则			2014/4/15	2014/4/15
14.3-2-17	14.3			Q/GDW 1956—2013	直流电流互感器状态检修导则			2014/4/15	2014/4/15
14.3-2-18	14.3			Q/GDW 1957—2013	直流电流互感器状态评价导则			2014/4/15	2014/4/15
14.3-2-19	14.3			Q/GDW 1958—2013	直流开关设备检修导则			2014/4/15	2014/4/15
14.3-2-20	14.3			Q/GDW 1959—2013	换流站交直流滤波器状态评价规范			2014/4/15	2014/4/15
14.3-2-21	14.3			Q/GDW 1960—2013	高压直流输电直流控制保护系统运行规范			2014/4/15	2014/4/15
14.3-2-22	14.3			Q/GDW 1961—2013	高压直流输电直流控制保护系统检修规范			2014/4/15	2014/4/15
14.3-2-23	14.3			Q/GDW 1962—2013	高压直流输电直流转换开关运行规范			2014/4/15	2014/4/15
14.3-2-24	14.3			Q/GDW 1963—2013	高压直流输电直流转换开关检修规范			2014/4/15	2014/4/15
14.3-2-25	14.3			Q/GDW 1965—2013	换流变压器、平波电抗器检修导则			2014/4/15	2014/4/15
14.3-2-26	14.3	29.240		Q/GDW 335—2009	±800kV 直流换流站检修管理规范			2009/10/27	2009/10/27
14.3-2-27	14.3	29.240		Q/GDW 336—2009	±800kV 直流换流站设备检修规范			2009/10/27	2009/10/27
14.3-2-28	14.3	29.020		Q/GDW 472—2010	换流站设备巡检导则			2010/6/18	2010/6/18
14.3-2-29	14.3	29.020		Q/GDW 473—2010	换流站运行操作导则			2010/6/18	2010/6/18
14.3-2-30	14.3	29.020		Q/GDW 474—2010	换流站运行规程编制导则			2010/6/18	2010/6/18
14.3-2-31	14.3	29.020		Q/GDW 492—2010	高压直流输电换流阀运行规范			2010/9/21	2010/9/21
14.3-2-32	14.3	29.020		Q/GDW 493—2010	高压直流输电换流阀检修规范			2010/9/21	2010/9/21
14.3-2-33	14.3	29.020		Q/GDW 495—2010	高压直流输电交直流滤波器及并联电容器装置运行规范			2010/9/21	2010/9/21
14.3-2-34	14.3	29.020		Q/GDW 496—2010	高压直流输电交流滤波器及并联电容器装置检修规范			2010/9/21	2010/9/21
14.3-2-35	14.3	29.020		Q/GDW 497—2010	高压直流输电换流阀状态检修导则			2010/12/27	2010/12/27
14.3-2-36	14.3	29.020		Q/GDW 498—2010	高压直流输电换流阀状态评价导则			2010/12/27	2010/12/27

序号	GW 分类	ICS 分类	GB 分类	标准号	中 文 名 称	代替标准	采用关系	发布日期	实施日期
14.3-2-37	14.3	29.020		Q/GDW 499—2010	高压直流输电直流测量装置状态检修导则			2010/12/27	2010/12/27
14.3-2-38	14.3	29.020		Q/GDW 500—2010	高压直流输电直流测量装置状态评价导则			2010/12/27	2010/12/27
14.3-2-39	14.3	29.020		Q/GDW 501—2010	高压直流输电干式平波电抗器状态检修导则			2010/12/27	2010/12/27
14.3-2-40	14.3	29.020		Q/GDW 502—2010	高压直流输电干式平波电抗器状态评价导则			2010/12/27	2010/12/27
14.3-2-41	14.3	29.020		Q/GDW 503—2010	高压直流输电直流转换开关状态检修导则			2010/12/27	2010/12/27
14.3-2-42	14.3	29.020		Q/GDW 504—2010	高压直流输电直流转换开关状态评价导则			2010/12/27	2010/12/27
14.3-2-43	14.3	29.020		Q/GDW 505—2010	高压直流输电交直流滤波器及并联电容器装置状态检修导则			2010/12/27	2010/12/27
14.3-2-44	14.3	29.020		Q/GDW 506—2010	高压直流输电交直流滤波器及并联电容器装置状态评价导则			2010/12/27	2010/12/27
14.3-2-45	14.3	29.020		Q/GDW 507—2010	高压直流输电换流阀冷却系统状态检修导则			2010/12/27	2010/12/27
14.3-2-46	14.3	29.020		Q/GDW 508—2010	高压直流输电换流阀冷却系统状态评价导则			2010/12/27	2010/12/27
14.3-2-47	14.3	29.020		Q/GDW 509—2010	高压直流输电控制保护系统状态检修导则			2010/12/27	2010/12/27
14.3-2-48	14.3	29.020		Q/GDW 510—2010	高压直流输电控制保护系统状态评价导则			2010/12/27	2010/12/27
14.3-2-49	14.3	29.020		Q/GDW 528—2010	高压直流输电换流阀冷却系统运行规范			2010/12/27	2010/12/27
14.3-2-50	14.3	29.020		Q/GDW 529—2010	高压直流输电换流阀冷却系统检修规范			2010/12/27	2010/12/27
14.3-3-51	14.3	29.200	K46	GB/T 20989—2017	高压直流换流站损耗的确定	GB/T 20989—2007	IEC 61803：2011 IDT	2017/7/31	2018/2/1
14.3-3-52	14.3	29.240.10	K40	GB/T 28814—2012	±800kV 换流站运行规程编制导则			2012/11/5	2013/2/1
14.3-3-53	14.3	20.240.01	F21	GB/T 37014—2018	海上柔性直流换流站检修规范			2018/12/28	2019/7/1
14.3-4-54	14.3	33.100	L06	DL/T 1087—2008	±800kV 特高压直流换流站二次设备抗扰度要求			2008/6/4	2008/11/1
14.3-4-55	14.3	27.100	F20	DL/T 1716—2017	高压直流输电换流阀冷却水运行管理导则			2017/8/2	2017/12/1
14.3-4-56	14.3	29.240.01	F23	DL/T 1795—2017	柔性直流输电换流站运行规程			2017/12/27	2018/6/1
14.3-4-57	14.3	29.240.99	F20	DL/T 1831—2018	柔性直流输电换流站检修规程			2018/4/3	2018/7/1
14.3-4-58	14.3	29.240.99	F20	DL/T 1833—2018	柔性直流输电换流阀检修规程			2018/4/3	2018/7/1
14.3-4-59	14.3	29.180	K41	DL/T 2002—2019	换流变压器运行规程			2019/6/4	2019/10/1
14.3-4-60	14.3	29.180	K41	DL/T 2003—2019	换流变压器有载分接开关使用导则			2019/6/4	2019/10/1

续表

序号	GW 分类	ICS 分类	GB 分类	标准号	中 文 名 称	代替标准	采用关系	发布日期	实施日期
14.3-4-61	14.3	29.240.99	F23	DL/T 2062—2019	±1100kV 特高压直流平波电抗器使用技术条件	DL/T 348—2010		2019/11/4	2020/5/1
14.3-4-62	14.3			DL/T 2078.1—2020	调相机检修导则 第1部分：本体			2020/10/23	2021/2/1
14.3-4-63	14.3			DL/T 2098—2020	调相机运行规程			2020/10/23	2021/2/1
14.3-4-64	14.3			DL/T 2173—2020	±1100kV 支柱复合绝缘子使用技术条件			2020/10/23	2021/2/1
14.3-4-65	14.3	29.240.99	F23	DL/T 348—2019	换流站设备巡检导则	DL/T 348—2010		2019/6/4	2019/10/1
14.3-4-66	14.3			DL/T 349—2019	换流站运行操作导则	DL/T 349—2010		2019/11/4	2020/5/1
14.3-4-67	14.3	29.240.01	F23	DL/T 350—2010	换流站运行规程编制导则			2011/1/9	2011/5/1
14.3-4-68	14.3	77.040.99	H21	DL/T 351—2019	晶闸管换流阀检修导则	DL/T 351—2010		2019/11/4	2020/5/1
14.3-4-69	14.3	29.040.01	F23	DL/T 352—2019	直流断路器检修导则	DL/T 352—2010		2019/11/4	2020/5/1
14.3-4-70	14.3			DL/T 353—2019	高压直流测量装置检修导则	DL/T 353—2010		2019/11/4	2020/5/1
14.3-4-71	14.3			DL/T 354—2019	换流变压器、平波电抗器检修导则	DL/T 354—2010		2019/11/4	2020/5/1
14.3-4-72	14.3			DL/T 355—2019	滤波器及并联电容器装置检修导则	DL/T 355—2010		2019/11/4	2020/5/1

14.4 运行检修-架空线路

序号	GW 分类	ICS 分类	GB 分类	标准号	中 文 名 称	代替标准	采用关系	发布日期	实施日期
14.4-2-1	14.4	29.240		Q/GDW 10520—2016	10kV 配网不停电作业规范	Q/GDW 520—2010		2017/3/24	2017/3/24
14.4-2-2	14.4			Q/GDW 11001—2013	750kV 交流输电线路绝缘子串的分布电压			2014/4/15	2014/4/15
14.4-2-3	14.4	29.240		Q/GDW 11092—2013	直流架空输电线路运行规程			2014/9/1	2014/9/1
14.4-2-4	14.4	29.240		Q/GDW 11095—2013	架空输电线路杆塔基础快速修复技术导则			2014/9/1	2014/9/1
14.4-2-5	14.4	29.240		Q/GDW 11246—2014	架空输电线路检修决策导则			2014/12/1	2014/12/1
14.4-2-6	14.4	29.240		Q/GDW 11314—2014	架空输电线路山火风险预报技术导则			2015/2/26	2015/2/26
14.4-2-7	14.4	29.240		Q/GDW 11367—2014	架空输电线路无人直升机巡检技术规程			2015/2/16	2015/2/16
14.4-2-8	14.4	29.240		Q/GDW 11386—2015	架空输电线路固定翼无人机巡检技术规程			2015/7/17	2015/7/17
14.4-2-9	14.4	29.240		Q/GDW 11387—2015	架空输电线路直升机巡检作业规范			2015/7/17	2015/7/17
14.4-2-10	14.4	29.240		Q/GDW 11643—2016	架空输电线路山火分布图绘制导则			2017/7/28	2017/7/28
14.4-2-11	14.4	29.240		Q/GDW 1173—2014	架空输电线路状态评价导则	Q/GDW 173—2008		2015/2/26	2015/2/26

序号	GW 分类	ICS 分类	GB 分类	标准号	中文名称	代替标准	采用关系	发布日期	实施日期
14.4-2-12	14.4			Q/GDW 11791—2017	配电自动化终端状态评价导则			2018/9/30	2018/9/30
14.4-2-13	14.4			Q/GDW 11792—2017	输电线路舞动预报技术导则			2018/9/30	2018/9/30
14.4-2-14	14.4	29.240		Q/GDW 11822.2—2018	一体化“国网云” 第 2 部分：云平台总体架构与技术要求			2019/7/16	2019/7/16
14.4-2-15	14.4	29.240		Q/GDW 11838—2018	配电电缆线路试验规程			2019/7/31	2019/7/31
14.4-2-16	14.4	29.240		Q/GDW 11925—2018	高海拔地区架空输电线路防鸟粪闪络设计和防护导则			2020/4/17	2020/4/17
14.4-2-17	14.4	29.240		Q/GDW 11927—2018	±1100kV 直流输电线路带电作业技术导则			2020/4/17	2020/4/17
14.4-2-18	14.4	29.240		Q/GDW 11928—2018	±1100kV 直流架空输电线路运行规程			2020/4/17	2020/4/17
14.4-2-19	14.4	29.240		Q/GDW 11929—2018	±1100kV 直流架空输电线路检修规范			2020/4/17	2020/4/17
14.4-2-20	14.4	29.240		Q/GDW 11930—2018	电网特殊区域电子专题图绘制规则			2020/4/17	2020/4/17
14.4-2-21	14.4	29.240		Q/GDW 11932—2018	电网覆冰应急处置及融冰决策技术导则			2020/4/17	2020/4/17
14.4-2-22	14.4	29.240		Q/GDW 1209—2015	1000kV 交流架空输电线路检修规范	Q/GDW/Z 209—2008		2016/7/29	2016/7/29
14.4-2-23	14.4	29.240		Q/GDW 1210—2014	1000kV 交流架空输电线路运行规程	Q/GDW/Z 210—2008		2015/2/16	2015/2/16
14.4-2-24	14.4	29.240		Q/GDW 1334—2013	±800kV 特高压直流线路检修规范	Q/GDW 334—2009		2014/9/1	2014/9/1
14.4-2-25	14.4	29.240		Q/GDW 174—2008	架空输电线路状态检修导则			2008/1/21	2008/1/21
14.4-2-26	14.4			Q/GDW 1813—2013	配电网架空绝缘线路雷击断线防护导则			2013/3/14	2013/3/14
14.4-2-27	14.4			Q/GDW 1840.1—2012	直流架空输电线路用绝缘子使用导则 第 1 部分：瓷、玻璃绝缘子			2013/6/28	2013/6/28
14.4-2-28	14.4			Q/GDW 1840.2—2012	直流架空输电线路用绝缘子使用导则 第 2 部分：复合绝缘子			2013/6/28	2013/6/28
14.4-2-29	14.4			Q/GDW 186—2008	500kV 紧凑型交流输电线路带电作业技术导则			2008/8/27	2008/8/27
14.4-2-30	14.4			Q/GDW 187—2008	500kV 交流同塔双回线路带电作业技术导则			2008/8/27	2008/8/27
14.4-2-31	14.4			Q/GDW 1909—2013	直升机巡检技术规范			2014/5/1	2014/5/1
14.4-2-32	14.4			Q/GDW 1911—2013	±660kV 直流输电线路带电作业技术导则			2014/4/15	2014/4/15
14.4-2-33	14.4	29.240		Q/GDW 302—2009	±800kV 直流输电线路带电作业技术导则			2009/5/25	2009/5/25
14.4-2-34	14.4	29.240		Q/GDW 324—2009	1000kV 输电线路带电作业技术导则			2009/5/25	2009/5/25

续表

序号	GW 分类	ICS 分类	GB 分类	标准号	中文名称	代替标准	采用关系	发布日期	实施日期
14.4-2-35	14.4	29.240		Q/GDW 332—2009	±800kV 直流架空输电线路运行规程			2009/10/27	2009/10/27
14.4-2-36	14.4	29.240		Q/GDW 546—2010	±660kV 直流架空输电线路检修规范			2010/12/29	2010/12/29
14.4-2-37	14.4	29.240		Q/GDW 547—2010	±660kV 直流架空输电线路运行规程			2010/12/29	2010/12/29
14.4-3-38	14.4	29.240.01	K40	GB/T 18857—2019	配电线路带电作业技术导则	GB/T 18857—2008		2019/5/10	2019/12/1
14.4-3-39	14.4	13.340.20	K47	GB/T 19185—2008	交流线路带电作业安全距离计算方法	GB/T 19185—2003		2008/9/24	2009/8/1
14.4-3-40	14.4	29.240.20	F23	GB/T 28813—2012	±800kV 直流架空输电线路运行规程			2012/11/5	2013/2/1
14.4-3-41	14.4	29.240.01	K40	GB/T 34577—2017	配电线路旁路作业技术导则			2017/9/29	2018/4/1
14.4-3-42	14.4	33.100	L06	GB/T 35033—2018	30MHz～1GHz 电磁屏蔽材料导电性能和金属材料搭接阻抗测量方法			2018/5/14	2018/12/1
14.4-3-43	14.4	29.240.20	F23	GB/T 35695—2017	架空输电线路涉鸟故障防治技术导则			2017/12/29	2018/7/1
14.4-3-44	14.4	29.240.20	F23	GB/T 35721—2017	输电线路分布式故障诊断系统			2017/12/29	2018/7/1
14.4-4-45	14.4	29.240.20	F23	DL/T 1069—2016	架空输电线路导地线补修导则	DL/T 1069—2007		2016/2/5	2016/7/1
14.4-4-46	14.4	29.02	K60	DL/T 1126—2017	同塔多回线路带电作业技术导则	DL/T 1126—2009		2017/11/15	2018/3/1
14.4-4-47	14.4	29.020	K01	DL/T 1242—2013	±800kV 直流线路带电作业技术规范			2013/3/7	2013/8/1
14.4-4-48	14.4	29.240	K47	DL/T 1248—2013	架空输电线路状态检修导则			2013/3/7	2013/8/1
14.4-4-49	14.4	29.240	F20	DL/T 1249—2013	架空输电线路运行状态评估技术导则			2013/3/7	2013/8/1
14.4-4-50	14.4	29.060.10	K12	DL/T 1292—2013	配电网架空绝缘线路雷击断线防护导则			2013/11/28	2014/4/1
14.4-4-51	14.4	29.240.01	F24	DL/T 1341—2014	±660kV 直流输电线路带电作业技术导则			2014/3/18	2014/8/1
14.4-4-52	14.4	29.020	K01	DL/T 1346—2014	直升机激光扫描输电线路作业技术规程	DL/T 1346—2021		2014/10/15	2015/3/1
14.4-4-53	14.4	29.020	K04	DL/T 1367—2014	输电线路检测技术导则			2014/10/15	2015/3/1
14.4-4-54	14.4	29.020	K47	DL/T 1453—2015	输电线路铁塔防腐蚀保护涂装			2015/4/2	2015/9/1
14.4-4-55	14.4	29.240.20	K47	DL/T 1466—2015	750kV 交流同塔双回输电线路带电作业技术导则			2015/7/1	2015/12/1
14.4-4-56	14.4	29.240.20	F23	DL/T 1482—2015	架空输电线路无人机巡检作业技术导则			2015/7/1	2015/12/1
14.4-4-57	14.4	29.240.99	F23	DL/T 1609—2016	架空输电线路除冰机器人作业导则			2016/8/16	2016/12/1
14.4-4-58	14.4	29.240.99	F23	DL/T 1615—2016	碳纤维复合材料芯架空导线运行维护技术导则			2016/8/16	2016/12/1

14

续表

序号	GW 分类	ICS 分类	GB 分类	标准号	中 文 名 称	代替标准	采用关系	发布日期	实施日期
14.4-4-59	14.4	29.240.99	F23	DL/T 1620—2016	架空输电线路山火风险预报技术导则			2016/8/16	2016/12/1
14.4-4-60	14.4	29.240.20	F23	DL/T 1634—2016	高海拔地区输电线路带电作业技术导则			2016/12/5	2017/5/1
14.4-4-61	14.4	29.240.01	F20	DL/T 1720—2017	架空输电线路直升机带电作业技术导则			2017/8/2	2017/12/1
14.4-4-62	14.4	29.240.01	F20	DL/T 1722—2017	架空输电线路机器人巡检技术导则			2017/8/2	2017/12/1
14.4-4-63	14.4	29.240	F20	DL/T 1922—2018	架空输电线路导地线机械震动除冰装置使用技术导则			2018/12/25	2019/5/1
14.4-4-64	14.4			DL/T 2066—2019	高压交、直流盘形悬式瓷或玻璃绝缘子施工、运行和维护规范			2019/11/4	2020/5/1
14.4-4-65	14.4			DL/T 2101—2020	架空输电线路固定翼无人机巡检系统			2020/10/23	2021/2/1
14.4-4-66	14.4			DL/T 2109—2020	直流输电线路用复合外套带外串联间隙金属氧化物避雷器选用导则			2020/10/23	2021/2/1
14.4-4-67	14.4			DL/T 2110—2020	交流架空线路防雷用自灭弧并联间隙选用导则			2020/10/23	2021/2/1
14.4-4-68	14.4			DL/T 2111—2020	架空输电线路感应电防护技术导则			2020/10/23	2021/2/1
14.4-4-69	14.4			DL/T 2153—2020	输电线路用带电作业机器人			2020/10/23	2021/2/1
14.4-4-70	14.4			DL/T 2157—2020	带电作业工器具试验系统			2020/10/23	2021/2/1
14.4-4-71	14.4	27.100	F23	DL/T 251—2012	±800kV 直流架空输电线路检修规程			2012/4/6	2012/7/1
14.4-4-72	14.4	29.240.20	F29	DL/T 288—2012	架空输电线路直升机巡视技术导则			2012/1/4	2012/3/1
14.4-4-73	14.4	29.240.20	F23	DL/T 307—2010	1000kV 交流架空输电线路运行规程			2011/1/9	2011/5/1
14.4-4-74	14.4	29.240	K43	DL/T 361—2010	气体绝缘金属封闭输电线路使用导则			2010/5/1	2010/10/1
14.4-4-75	14.4	29.020	K48	DL/T 374.1—2019	电力系统污区分布图绘制方法　第 1 部分：交流系统	DL/T 374—2010		2019/11/4	2020/5/1
14.4-4-76	14.4	29.020	K48	DL/T 374.2—2019	电力系统污区分布图绘制方法　第 2 部分：直流系统			2019/11/4	2020/5/1
14.4-4-77	14.4	29.240.20	K47	DL/T 392—2015	1000kV 交流输电线路带电作业技术导则	DL/T 392—2010		2015/7/1	2015/12/1
14.4-4-78	14.4	29.240.20	F20	DL/T 400—2019	500kV 交流紧凑型输电线路带电作业技术导则	DL/T 400—2010		2019/6/4	2019/10/1
14.4-4-79	14.4	29.080.10	K48	DL/T 487—2000	330kV 及 500kV 交流架空送电线路绝缘子串的分布电压	DL/T 487—1992		2000/11/3	2001/1/1
14.4-4-80	14.4	29.240	P62	DL/T 5462—2012	架空输电线路覆冰观测技术规定			2012/11/9	2013/3/1
14.4-4-81	14.4	29.240	P62	DL/T 5509—2015	架空输电线路覆冰勘测规程		IEC 60826：2003 IDT	2015/7/1	2015/12/1

续表

序号	GW 分类	ICS 分类	GB 分类	标准号	中 文 名 称	代替标准	采用关系	发布日期	实施日期
14.4-4-82	14.4	29.240	F20	DL/T 741—2019	架空输电线路运行规程	DL/T 741—2010		2019/6/4	2019/10/1
14.4-4-83	14.4	29.240.01	K47	DL/T 876—2004	带电作业绝缘配合导则			2004/3/9	2004/6/1
14.4-4-84	14.4	29.240.20	F20	DL/T 881—2019	±500kV 直流输电线路带电作业技术导则	DL/T 881—2004		2019/6/4	2019/10/1
14.4-4-85	14.4	29.240.20	F23	DL/T 966—2005	送电线路带电作业技术导则			2005/11/28	2006/6/1
14.4-6-86	14.4			T/CEC 308—2020	架空电力线路多旋翼无人机巡检系统分类和配置导则			2020/6/30	2020/10/1

14.5 运行检修-电缆

序号	GW 分类	ICS 分类	GB 分类	标准号	中 文 名 称	代替标准	采用关系	发布日期	实施日期
14.5-2-1	14.5	29.240		Q/GDW 11262—2014	电力电缆及通道检修规程			2014/11/20	2014/11/20
14.5-2-2	14.5	29.240		Q/GDW 11316—2018	高压电缆线路试验规程	Q/GDW 11316—2014		2020/4/17	2020/4/17
14.5-2-3	14.5	29.240		Q/GDW 11381—2015	电缆保护管选型技术原则和检测技术规范			2015/10/30	2015/10/30
14.5-2-4	14.5	29.240		Q/GDW 11641—2016	高压电缆及通道在线监测系统技术导则			2017/7/28	2017/7/28
14.5-2-5	14.5	29.240		Q/GDW 1512—2014	电力电缆及通道运维规程	Q/GDW 512—2010		2014/11/20	2014/11/20
14.5.2-6	14.5			Q/GDW 1812—2013	10kV 旁路电缆连接器使用导则			2013/3/14	2013/3/14
14.5-2-7	14.5	29.240		Q/GDW 455—2010	电缆线路状态检修导则			2010/6/21	2010/6/21
14.5-2-8	14.5	29.020		Q/GDW 456—2010	电缆线路状态评价导则			2010/6/21	2010/6/21
14.5-4-9	14.5	29.240.20	F23	DL/T 1148—2009	电力电缆线路巡检系统			2009/7/22	2009/12/1
14.5-4-10	14.5	29.060.20	K13	DL/T 1253—2013	电力电缆线路运行规程			2013/11/28	2014/4/1
14.5-4-11	14.5	29.240.20	F24	DL/T 1278—2013	海底电力电缆运行规程			2013/11/28	2014/4/1
14.5-4-12	14.5	29.240.99	F23	DL/T 1636—2016	电缆隧道机器人巡检技术导则			2016/12/5	2017/5/1
14.5-4-13	14.5	29.040.20	k47	T/CEC 117—2016	160kV～500kV 挤包绝缘直流电缆系统运行维护与试验导则			2016/10/21	2017/1/1

14.6 运行检修-火电

序号	GW 分类	ICS 分类	GB 分类	标准号	中 文 名 称	代替标准	采用关系	发布日期	实施日期
14.6-3-1	14.6			GB/T 20140—2016	隐极同步发电机定子绕组端部动态特性和振动测量方法及评定			2016/2/24	2016/9/1

序号	GW 分类	ICS 分类	GB 分类	标准号	中文名称	代替标准	采用关系	发布日期	实施日期
14.6-3-2	14.6	27.100	F23	GB/T 35731—2017	火力发电厂分散控制系统运行维护与试验技术规程			2017/12/29	2018/7/1
14.6-4-3	14.6	27.100	F23	DL/T 1195—2012	火电厂高压变频器运行与维护规范			2012/8/23	2012/12/1
14.6-4-4	14.6	27.14	P59	DL/T 1809—2018	水电厂设备状态检修决策支持系统技术导则			2018/4/3	2018/7/1
14.6-4-5	14.6	27.100	F23	DL/T 341—2019	火电厂石灰石/石灰—石膏湿法烟气脱硫系统检修导则	DL/T 341—2010		2019/11/4	2020/5/1

14.6.1 运行检修-火电-燃料机械

序号	GW 分类	ICS 分类	GB 分类	标准号	中文名称	代替标准	采用关系	发布日期	实施日期
14.6.1-4-1	14.6.1	27.060	J98	DL/T 1604—2016	燃煤电厂碎煤机耐磨件技术条件	DL/T 582—2004		2016/8/16	2016/12/1

14.6.2 运行检修-火电-化学系统

序号	GW 分类	ICS 分类	GB 分类	标准号	中文名称	代替标准	采用关系	发布日期	实施日期
14.6.2-4-1	14.6.2	27.100	G77	DL/T 582—2016	发电厂水处理用活性炭使用导则	DL/T 582—2004		2016/1/7	2016/6/1
14.6.2-4-2	14.6.2	27.100	F24	DL/T 957—2017	火力发电厂凝汽器化学清洗及成膜导则	DL/T 957—2005		2017/8/2	2017/12/1

14.6.3 运行检修-火电-锅炉及辅机

序号	GW 分类	ICS 分类	GB 分类	标准号	中文名称	代替标准	采用关系	发布日期	实施日期
14.6.3-4-1	14.6.3	27.100	F22	DL/T 1698—2017	燃气-蒸汽联合循环机组余热锅炉启动试验规程			2017/3/28	2017/8/1
14.6.3-4-2	14.6.3	27.100	F22	DL/T 1699—2017	燃气-蒸汽联合循环机组余热锅炉安装验收规范			2017/3/28	2017/8/1
14.6.3-4-3	14.6.3	27.100	F23	DL/T 956—2017	火力发电厂停（备）用热力设备防锈蚀导则	DL/T 956—2005		2017/8/2	2017/12/1

14.6.4 运行检修-火电-汽机及辅机

序号	GW 分类	ICS 分类	GB 分类	标准号	中文名称	代替标准	采用关系	发布日期	实施日期
14.6.4-4-1	14.6.4	27.100	F20	DL/T 905—2016	汽轮机叶片、水轮机转轮焊接修复技术规程	DL/T 905—2004		2016/8/16	2016/12/1

14.7 运行检修-水电

序号	GW 分类	ICS 分类	GB 分类	标准号	中文名称	代替标准	采用关系	发布日期	实施日期
14.7-2-1	14.7	29.240		Q/GDW 11066—2013	水轮发电机组运行维护导则			2014/9/1	2014/9/1

续表

序号	GW 分类	ICS 分类	GB 分类	标准号	中文名称	代替标准	采用关系	发布日期	实施日期
14.7-2-2	14.7	29.240		Q/GDW 11067—2013	水轮机检修导则			2014/9/1	2014/9/1
14.7-2-3	14.7	29.240		Q/GDW 11151.1—2019	水电站水工设施运行维护导则　第 1 部分：水工建筑物	Q/GDW 11151.1—2013		2020/7/31	2020/7/31
14.7-2-4	14.7	29.240		Q/GDW 11151.2—2013	水电站水工设施运行维护导则　第 2 部分：水工机电设备			2014/3/1	2014/3/1
14.7-2-5	14.7	29.240		Q/GDW 11151.3—2019	水电站水工设施运行维护导则　第 3 部分：大坝安全监测系统	Q/GDW 11151.3—2013		2020/7/31	2020/7/31
14.7-2-6	14.7	29.240		Q/GDW 11151.4—2013	水电站水工设施运行维护导则　第 4 部分：水情自动测报系统			2014/3/1	2014/3/1
14.7-2-7	14.7	29.240		Q/GDW 11296—2014	水轮发电机检修导则			2015/3/12	2015/3/12
14.7-2-8	14.7	29.240		Q/GDW 11302—2014	水轮机控制系统检修试验导则			2015/3/12	2015/3/12
14.7-2-9	14.7	29.240		Q/GDW 11456—2015	水电站水机保护配置及运行维护导则			2016/11/1	2016/11/1
14.7-2-10	14.7	29.240		Q/GDW 11457—2015	水电站水工机电设备检修导则			2016/11/1	2016/11/1
14.7-2-11	14.7	29.240		Q/GDW 11458—2015	水电站继电保护装置运行维护导则			2016/11/1	2016/11/1
14.7-2-12	14.7	29.240		Q/GDW 11459—2015	水电站直流系统运行维护导则			2016/11/1	2016/11/1
14.7-2-13	14.7	29.240		Q/GDW 11460—2015	水电站励磁系统检修试验导则			2016/11/1	2016/11/1
14.7-2-14	14.7	29.240		Q/GDW 11461—2015	水电站监控系统检修试验导则			2016/11/1	2016/11/1
14.7-2-15	14.7	29.240		Q/GDW 11462—2015	水电站监控系统运行维护导则			2016/11/1	2016/11/1
14.7-2-16	14.7	29.240		Q/GDW 11697—2017	混流式水轮机及水泵水轮机状态评价导则			2018/2/12	2018/2/12
14.7-2-17	14.7	29.240		Q/GDW 11963—2019	水电厂变压器非电量保护配置与整定技术导则			2020/7/31	2020/7/31
14.7-2-18	14.7	29.240		Q/GDW 11964—2019	水电厂流量监测系统典型配置与运维技术规程			2020/7/31	2020/7/31
14.7-2-19	14.7	27.140		Q/GDW 11966.1—2019	水轮发电机组状态评价及检修导则　第 1 部分：常规水电机组			2020/7/31	2020/7/31
14.7-2-20	14.7	27.140		Q/GDW 11966.2—2019	水轮发电机组状态评价及检修导则　第 2 部分：抽水蓄能机组			2020/7/31	2020/7/31

续表

序号	GW 分类	ICS 分类	GB 分类	标准号	中 文 名 称	代替标准	采用关系	发布日期	实施日期
14.7-2-21	14.7	27.140		Q/GDW 11966.3—2019	水轮发电机组状态评价及检修导则 第 3 部分：控制、保护及重要金属设备			2020/7/31	2020/7/31
14.7-2-22	14.7	29.240		Q/GDW 1544—2015	抽水蓄能电站检修导则			2016/11/1	2016/11/1
14.7-2-23	14.7	29.020		Q/GDW 417—2010	新建抽水蓄能电站（机组）投运导则			2010/3/26	2010/3/26
14.7-3-24	14.7	27.140	K55	GB/T 17189—2007	水力机械（水轮机、蓄能泵和水泵水轮机）振动和脉动现场测试规程	GB/T 17189—1997		2007/12/3	2008/5/1
14.7-3-25	14.7	27.100	F23	GB/T 32574—2016	抽水蓄能电站检修导则			2016/4/25	2016/11/1
14.7-3-26	14.7	27.140	F04	GB/T 35707—2017	水电厂标识系统编码导则			2017/12/29	2018/7/1
14.7-3-27	14.7	27.140	K55	GB/Z 35717—2017	水轮机、蓄能泵和水泵水轮机流量的测量 超声传播时间法			2017/12/29	2018/7/1
14.7-3-28	14.7	27.140	K55	GB/T 38334—2019	水电站黑启动技术规范			2019/12/10	2020/7/1
14.7-3-29	14.7			GB/T 50960—2014	小水电电网安全运行技术规范			2014/1/29	2014/10/1
14.7-4-30	14.7	27.140	F20	DL/T 1009—2016	水电厂计算机监控系统运行及维护规程	DL/T 1009—2006		2016/1/7	2016/6/1
14.7-4-31	14.7	27.140	F20	DL/T 1014—2016	水情自动测报系统运行维护规程	DL/T 1014—2006		2016/1/7	2016/6/1
14.7-4-32	14.7	27.100	F23	DL/T 1066—2007	水电站设备检修管理导则			2007/7/20	2007/12/1
14.7-4-33	14.7	27.100	F23	DL/T 1246—2013	水电站设备状态检修管理导则			2013/3/7	2013/8/1
14.7-4-34	14.7	27.140	P59	DL/T 1259—2013	水电厂水库运行管理规范			2013/11/28	2014/4/1
14.7-4-35	14.7	27.140	P55	DL/T 1302—2013	抽水蓄能机组静止变频装置运行规程			2013/11/28	2014/4/1
14.7-4-36	14.7	27.140	P55	DL/T 1303—2013	抽水蓄能发电电动机出口断路器运行规程			2013/11/28	2014/4/1
14.7-4-37	14.7	27.100	P55	DL/T 1313—2013	流域梯级水电站集中控制规程			2013/11/28	2014/4/1
14.7-4-38	14.7	27.140	P59	DL/T 1558—2016	大坝安全监测系统运行维护规程			2016/1/7	2016/6/1
14.7-4-39	14.7	27.14	P55	DL/T 1748—2017	水力发电厂设备防结露技术规范			2017/11/15	2018/3/1
14.7-4-40	14.7	27.14	P59	DL/T 1754—2017	水电站大坝运行安全管理信息系统技术规范			2017/11/15	2018/3/1
14.7-4-41	14.7	27.14	P59	DL/T 1770—2017	抽水蓄能电站输水系统充排水技术规程			2017/11/15	2018/3/1
14.7-4-42	14.7	27.1	K51	DL/T 1800—2018	水轮机调节系统建模及参数实测技术导则			2018/4/3	2018/7/1
14.7-4-43	14.7	27.1	K51	DL/T 1869—2018	梯级水电厂集中监控系统运行维护规程			2018/6/6	2018/10/1

续表

序号	GW 分类	ICS 分类	GB 分类	标准号	中　文　名　称	代替标准	采用关系	发布日期	实施日期
14.7-4-44	14.7	55.220	R44	DL/T 1903—2018	水电水利工程仓储运行管理规程			2018/12/25	2019/5/1
14.7-4-45	14.7	27.140	P59	DL/T 1904—2018	可逆式抽水蓄能机组振动保护技术导则			2018/12/25	2019/5/1
14.7-4-46	14.7	27.140	P59	DL/T 2019—2019	抽水蓄能电站厂用电系统运行检修规程			2019/6/4	2019/10/1
14.7-4-47	14.7	27.140	P59	DL/T 2021—2019	抽水蓄能机组设备监造导则			2019/6/4	2019/10/1
14.7-4-48	14.7			DL/T 2154—2020	大中型水电工程运行风险管理规范			2020/10/23	2021/2/1
14.7-4-49	14.7	27.140	P59	DL/T 2155—2020	大坝安全监测系统评价规程			2020/10/23	2021/2/1
14.7-4-50	14.7	27.140	F23	DL/T 293—2011	抽水蓄能可逆式水泵水轮机运行规程			2011/7/28	2011/11/1
14.7-4-51	14.7	27.140	F23	DL/T 305—2012	抽水蓄能可逆式发电电动机运行规程			2012/1/4	2012/3/1
14.7-4-52	14.7	53.020.20	F21	DL/T 454—2005	水利电力建设用起重机检验规程	DL 454—1991		2005/2/14	2005/7/1
14.7-4-53	14.7	27.100	F23	DL/T 491—2008	大中型水轮发电机自并励励磁系统及装置运行和检修规程	DL 491—1999		2008/6/4	2008/11/1
14.7-4-54	14.7	29.160.20	K52	DL/T 507—2014	水轮发电机组启动试验规程	DL/T 507—2002		2014/3/18	2014/8/1
14.7-4-55	14.7			DL/T 5178—2016	混凝土坝安全监测技术规范	DL/T 5178—2003		2016/2/5	2016/7/1
14.7-4-56	14.7	27.140	P59	DL/T 5772—2018	水电水利工程水力学安全监测规程			2018/12/25	2019/5/1
14.7-4-57	14.7			DL/T 5796—2019	水电工程边坡安全监测技术规范			2019/11/4	2020/5/1
14.7-4-58	14.7	27.100	F23	DL/T 619—2012	水电厂自动化元件（装置）及其系统运行维护与检修试验规程	DL 619—1997		2012/1/4	2012/3/1
14.7-4-59	14.7	27.140	K55；F23	DL/T 710—1999	水轮机运行规程			2000/2/24	2000/7/1
14.7-4-60	14.7	27.140	P98	DL/T 751—2014	水轮发电机运行规程	DL/T 751—2001		2014/3/18	2014/8/1
14.7-4-61	14.7	27.140	F23	DL/T 792—2013	水轮机调节系统及装置运行与检修规程	DL/T 792—2001		2013/3/7	2013/8/1
14.7-4-62	14.7	29.160.20	F22	DL/T 817—2014	立式水轮发电机检修技术规程	DL/T 817—2002		2014/3/18	2014/8/1
14.7-4-63	14.7	29.160.20	K20	DL/T 970—2005	大型汽轮发电机非正常和特殊运行及维护导则			2005/11/28	2006/6/1
14.7-4-64	14.7	27.140	P59	NB/T 35039—2014	水电工程地质观测规程	NB/T 35039—2014/XG1-2019		2014/10/15	2015/3/1
14.7-4-65	14.7	27.140	P55	SL/Z 349—2015	水资源监控管理系统建设技术导则	SL/Z 349—2006		2015/5/4	2015/8/4
14.7-4-66	14.7	27.140	P59	SL 524—2011	小型水电站机组运行综合性能质量评定标准			2011/1/10	2011/4/10

14

续表

序号	GW 分类	ICS 分类	GB 分类	标准号	中文名称	代替标准	采用关系	发布日期	实施日期
14.7-4-67	14.7	27.140	P59	SL 75—2014	水闸技术管理规程	SL 75—1994		2014/9/10	2014/12/10

14.8 运行检修-工器具

序号	GW 分类	ICS 分类	GB 分类	标准号	中文名称	代替标准	采用关系	发布日期	实施日期
14.8-2-1	14.8	29.240		Q/GDW 11226—2014	带电检测车技术规范			2014/12/1	2014/12/1
14.8-2-2	14.8	29.240		Q/GDW 11227—2014	变电运维车技术规范			2014/12/1	2014/12/1
14.8-2-3	14.8	29.240		Q/GDW 11229—2014	油气检测车技术规范			2014/12/1	2014/12/1
14.8-2-4	14.8	29.240		Q/GDW 11230—2014	变电检修车技术规范			2014/12/1	2014/12/1
14.8-2-5	14.8	29.240		Q/GDW 11231—2014	输电带电作业工具库房车技术规范			2014/12/1	2014/12/1
14.8-2-6	14.8	29.240		Q/GDW 11232—2014	配电带电作业工具库房车技术规范			2014/12/1	2014/12/1
14.8-2-7	14.8	29.240		Q/GDW 11233—2014	输电线路巡检车技术规范			2014/12/1	2014/12/1
14.8-2-8	14.8	29.240		Q/GDW 11234—2014	配网巡检车技术规范			2014/12/1	2014/12/1
14.8-2-9	14.8	29.240		Q/GDW 11235—2014	电力电缆故障测寻车技术规范			2014/12/1	2014/12/1
14.8-2-10	14.8	29.240		Q/GDW 11236—2014	配网抢修车技术规范			2014/12/1	2014/12/1
14.8-2-11	14.8	29.240		Q/GDW 11237—2014	配网带电作业用绝缘斗臂车技术规范			2014/12/1	2014/12/1
14.8-2-12	14.8	29.240		Q/GDW 11238—2014	旁路作业车技术规范			2014/12/1	2014/12/1
14.8-2-13	14.8	29.240		Q/GDW 11239—2014	移动箱变车技术规范			2014/12/1	2014/12/1
14.8-2-14	14.8	29.240		Q/GDW 11305—2014	SF_6 气体湿度带电检测技术现场应用导则			2015/2/26	2015/2/26
14.8-2-15	14.8	29.240		Q/GDW 11313—2014	低压 0.4kV 综合抢修车技术规范			2015/2/26	2015/2/26
14.8-2-16	14.8	29.240		Q/GDW 11383—2015	架空输电线路无人机巡检系统配置导则			2015/7/17	2015/7/17
14.8-2-17	14.8	29.240		Q/GDW 11384—2015	架空输电线路固定翼无人机巡检系统			2015/7/17	2015/7/17
14.8-2-18	14.8	29.240		Q/GDW 11385—2015	架空输电线路无人直升机巡检系统			2015/7/17	2015/7/17
14.8-2-19	14.8			Q/GDW 1910—2013	直升机激光扫描输电线路作业技术规范			2014/5/1	2014/5/1
14.8-2-20	14.8	29.020		Q/GDW 698—2011	10kV 带电作业用绝缘平台使用导则			2012/2/1	2012/2/1
14.8-2-21	14.8	29.020		Q/GDW 712—2012	10kV 带电作业用绝缘平台			2012/2/14	2012/2/14
14.8-3-22	14.8	13.340.20	F20	GB/T 12167—2006	带电作业用铝合金紧线卡线器	GB/T 12167—1990		2006/3/6	2006/11/1

续表

序号	GW 分类	ICS 分类	GB 分类	标准号	中 文 名 称	代替标准	采用关系	发布日期	实施日期
14.8-3-23	14.8	13.340.20	F20	GB/T 12168—2006	带电作业用遮蔽罩	GB/T 12168—1990		2006/3/6	2006/11/1
14.8-3-24	14.8	13.260	K47	GB/T 13034—2008	带电作业用绝缘滑车	GB/T 13034—2003		2008/9/24	2009/8/1
14.8-3-25	14.8	13.260；29.035	K47	GB/T 13035—2008	带电作业用绝缘绳索	GB/T 13035—2003		2008/9/24	2009/8/1
14.8-3-26	14.8	13.260；29.035	K47	GB 13398—2008	带电作业用空心绝缘管、泡沫填充绝缘管和实心绝缘棒	GB 13398—2003		2008/12/30	2010/2/1
14.8-3-27	14.8	13.260	F20	GB/T 14545—2008	带电作业用小水量冲洗工具（长水柱短水枪型）	GB/T 14545—2003		2008/9/24	2009/8/1
14.8-3-28	14.8	13.260	F20	GB/T 15632—2008	带电作业用提线工具通用技术条件	GB 15632—1995		2008/12/30	2010/2/1
14.8-3-29	14.8	29.240.20	K47	GB/T 18037—2008	带电作业工具基本技术要求与设计导则	GB/T 18037—2000		2008/9/24	2009/8/1
14.8-3-30	14.8	29.240.20	K47	GB/T 25725—2010	带电作业工具专用车			2010/12/23	2011/5/1
14.8-3-31	14.8	29.240.20	K47	GB/T 37556—2019	10kV 带电作业用绝缘斗臂车			2019/6/4	2020/1/1
14.8-3-32	14.8	43.020	T09	GB 7258—2017	机动车运行安全技术条件			2017/9/29	2018/1/1
14.8-4-33	14.8	29.240	K47	DL/T 1147—2018	电力高处作业防坠器	DL/T 1147—2009		2018/4/3	2018/7/1
14.8-4-34	14.8	29.020	K09	DL/T 1209.2—2014	变电站登高作业及防护器材技术要求　第 2 部分：拆卸型检修平台			2014/3/18	2014/8/1
14.8-4-35	14.8	29.020	K09	DL/T 1209.3—2014	变电站登高作业及防护器材技术要求　第 3 部分：升降型检修平台			2014/3/18	2014/8/1
14.8-4-36	14.8	29.020	K09	DL/T 1209.4—2014	变电站登高作业及防护器材技术要求　第 4 部分：复合材料快装脚手架			2014/3/18	2014/8/1
14.8-4-37	14.8	29.240.20	K47	DL/T 1465—2015	10kV 带电作业用绝缘平台			2015/7/1	2015/12/1
14.8-4-38	14.8	29.240.20	K47	DL/T 1468—2015	电力用车载式带电水冲洗装置			2015/7/1	2015/12/1
14.8-4-39	14.8	29.240.01	F25	DL/T 1578—2016	架空输电线路无人直升机巡检系统			2016/2/5	2016/7/1
14.8-4-40	14.8	29.240.20	k47	DL/T 1642—2016	环形混凝土电杆用脚扣			2016/12/5	2017/5/1
14.8-4-41	14.8	29.240.20	k47	DL/T 1643—2016	电杆用登高板			2016/12/5	2017/5/1
14.8-4-42	14.8	29.240.01	k47	DL/T 1659—2016	电力作业用软梯技术要求			2016/12/5	2017/5/1
14.8-4-43	14.8	29.240.99	F29	DL/T 1728—2017	人货两用型输电杆塔登塔装备			2017/8/2	2017/12/1
14.8-4-44	14.8	29.02	K60	DL/T 1743—2017	带电作业用绝缘导线剥皮器			2017/11/15	2018/3/1

序号	GW 分类	ICS 分类	GB 分类	标准号	中　文　名　称	代替标准	采用关系	发布日期	实施日期
14.8-4-45	14.8	29.240.20	K47	DL/T 1995—2019	变电站换流站带电作业用绝缘平台			2019/6/4	2019/10/1
14.8-4-46	14.8			DL/T 2077—2019	电力用鱼竿式绝缘伸缩梯			2019/11/4	2020/5/1
14.8-4-47	14.8	29.240.20	K47	DL/T 463—2006	带电作业用绝缘子卡具	DL 463—1992； DL 488—1992		2006/9/14	2007/3/1
14.8-4-48	14.8			DL/T 463—2020	带电作业用绝缘子卡具	DL/T 463—2006		2020/10/23	2021/2/1
14.8-4-49	14.8	29.28	S41	DL/T 636—2017	带电作业用导线飞车	DL/T 636—2006		2017/11/15	2018/3/1
14.8-4-50	14.8	29.240.20	F20	DL/T 699—2007	带电作业用绝缘托瓶架通用技术条件	DL/T 699—1999		2007/7/20	2007/12/1
14.8-4-51	14.8	27.100	F20	DL/T 779—2001	带电作业用绝缘绳索类工具			2001/10/8	2002/2/1
14.8-4-52	14.8	29.02	K60	DL/T 854—2017	带电作业用绝缘斗臂车使用导则	DL/T 854—2004		2017/11/15	2018/3/1
14.8-4-53	14.8	29.020	K47	DL/T 858—2004	架空配电线路带电安装及作业工具设备			2004/3/9	2004/6/1
14.8-4-54	14.8	29.020	K47	DL/T 877—2004	带电作业用工具、装置和设备使用的一般要求			2004/3/9	2004/6/1
14.8-4-55	14.8	29.020	K47	DL/T 878—2004	带电作业用绝缘工具试验导则			2004/3/9	2004/6/1
14.8-4-56	14.8	29.020	K47	DL/T 879—2004	带电作业用便携式接地和接地短路装置	SD 332—1989		2004/3/9	2004/6/1
14.8-4-57	14.8	29.020	K47	DL/T 880—2004	带电作业用导线软质遮蔽罩		IEC 61497：2002 MOD	2004/3/9	2004/6/1
14.8-4-58	14.8	29.02	K60	DL/T 971—2017	带电作业用便携式核相仪	DL/T 971—2005		2017/11/15	2018/3/1
14.8-4-59	14.8	29.240	F20	DL/T 974—2018	带电作业用工具库房	DL/T 974—2005		2018/12/25	2019/5/1
14.8-4-60	14.8	17.200.20	N12	JB/T 13390—2018	红外线扫描测温仪			2018/4/30	2018/12/1
14.8-5-61	14.8	13.260； 29.240.20； 29.260.99	K47	IEC 60832-1：2010	带电作业绝缘杆及附件设备　第 1 部分：绝缘杆	IEC 60832：1988； IEC 60832 CORRI 1：2000；IEC 60832 CORRI 1：2000； IEC 78/838/FDIS：2009		2010/2/1	2010/2/1
14.8-6-62	14.8			T/CEC 411—2020	输变电设备地电位检修作业用等电位地毯			2020/10/28	2021/2/1

14.9　运行检修-其他

序号	GW 分类	ICS 分类	GB 分类	标准号	中　文　名　称	代替标准	采用关系	发布日期	实施日期
14.9-2-1	14.9	29.240		Q/GDW 10533—2018	高压直流输电直流测量装置检修规范	Q/GDW 533—2010		2020/4/17	2020/4/17
14.9-2-2	14.9	29.240		Q/GDW 11554—2016	统一潮流控制器一次设备验收技术规范			2017/2/28	2017/2/28

续表

序号	GW 分类	ICS 分类	GB 分类	标准号	中　文　名　称	代替标准	采用关系	发布日期	实施日期
14.9-2-3	14.9	29.240		Q/GDW 11555—2016	统一潮流控制器一次设备检修试验规程			2017/2/28	2017/2/28
14.9-2-4	14.9	29.240		Q/GDW 11967.1—2019	国家电网有限公司后勤保障　第 1 部分：重大活动保电			2020/7/22	2020/7/22
14.9-2-5	14.9	29.240		Q/GDW 11967.2—2019	国家电网有限公司后勤保障　第 2 部分：重点工程建设			2020/7/22	2020/7/22
14.9-2-6	14.9	29.240		Q/GDW 11967.3—2019	国家电网有限公司后勤保障　第 3 部分：突发事件应急			2020/7/22	2020/7/22
14.9-3-7	14.9	29.240.01	K40	GB/T 13395—2008	电力设备带电水冲洗导则	GB 13395—1992		2008/9/24	2009/8/1
14.9-3-8	14.9	27.100	F24	GB/T 14542—2017	变压器油维护管理导则	GB/T 14542—2005		2017/5/12	2017/12/1
14.9-3-9	14.9	29.040.01	K40	GB/T 25098—2010	绝缘体带电清洗剂使用导则			2010/9/2	2011/2/1
14.9-3-10	14.9	13.220.20	C82	GB 25201—2010	建筑消防设施的维护管理			2010/9/26	2011/3/1
14.9-3-11	14.9	29.240.99	F23	GB/T 35706—2017	电网冰区分布图绘制技术导则			2017/12/29	2018/7/1
14.9-3-12	14.9	29.260.20	K35	GB/T 3836.16—2017	爆炸性环境　第 16 部分：电气装置的检查与维护	GB 3836.16—2006	IEC 60079-17：2007 IDT	2017/12/29	2018/7/1
14.9-4-13	14.9	29.020	K07	DL/T 1585—2016	电能质量监测系统运行维护规范			2016/2/5	2016/7/1
14.9-4-14	14.9	29.120.50	F24	DL/T 736—2010	农村电网剩余电流动作保护器安装运行规程	DL/T 736—2000		2011/1/9	2011/5/1
14.9-6-15	14.9			T/CEC 233—2019	绝缘管型母线运行规程			2019/11/21	2020/1/1

15 试验与计量

15.1 试验与计量-基础综合

序号	GW 分类	ICS 分类	GB 分类	标准号	中文名称	代替标准	采用关系	发布日期	实施日期
15.1-2-1	15.1	29.120.40		Q/GDW 11871—2018	直流转换开关振荡特性现场测量导则			2019/10/23	2019/10/23
15.1-2-2	15.1	29.240		Q/GDW 283—2009	直流换流站与线路合成电场、离子流密度测试方法			2009/5/25	2009/5/25
15.1-3-3	15.1	19.040	N04	GB/T 10590—2006	高低温/低气压试验箱技术条件	GB/T 10590—1989；GB/T 11159—1989	IEC 60068-3-5NEQ	2006/4/3	2006/10/1
15.1-3-4	15.1	19.040	N04	GB/T 10591—2006	高温/低气压试验箱技术条件	GB/T 10591—1989	IEC 60068-3-5NEQ	2006/4/3	2006/10/1
15.1-3-5	15.1	71.040.01	N53	GB/T 11007—2008	电导率仪试验方法	GB/T 11007—1989		2008/6/30	2009/1/1
15.1-3-6	15.1	25.160.40	J33	GB 11345—2013	钢焊缝手工超声波探伤方法和探伤结果分级	GB/T 11345—1989	ISO 17640：2010 MOD	2013/9/18	2014/6/1
15.1-3-7	15.1	19.080	K40	GB/T 11604—2015	高压电气设备无线电干扰测试方法	GB/T 11604—1989	IEC/TR CISPR 18-2：2010 MOD	2015/9/11	2016/4/1
15.1-3-8	15.1	19.100	J04	GB/T 12604.11—2015	无损检测 术语 X 射线数字成像检测			2015/2/4	2015/10/1
15.1-3-9	15.1	17.220.20	K40	GB/T 12720—1991	工频电场测量		IEC 833：1987	1991/2/1	1991/10/1
15.1-3-10	15.1	07.040	A76	GB/T 12897—2006	国家一、二等水准测量规范	GB 12897—1991		2006/5/24	2006/10/1
15.1-3-11	15.1	29.035.99	K15	GB/T 1408.1—2016	绝缘材料 电气强度试验方法 第 1 部分：工频下试验	GB/T 1408.1—2006	IEC 60243-1：2013	2016/12/13	2017/7/1
15.1-3-12	15.1	29.035.99	K15	GB/T 1408.3—2016	绝缘材料 电气强度试验方法 第 3 部分：1.2/50μs 冲击试验补充要求	GB/T 1408.3—2007	IEC 60243-3：2013	2016/12/13	2017/7/1
15.1-3-13	15.1	29.035.01	K15	GB/T 1411—2002	干固体绝缘材料耐高电压、小电流电弧放电的试验	GB/T 1411—1978	IEC 61621：1997	2002/5/2	2003/1/1
15.1-3-14	15.1	29.035.99	K15	GB/T 15022.2—2017	电气绝缘用树脂基活性复合物 第 2 部分：试验方法	GB/T 15022.2—2007	IEC 60455-2：2015	2017/12/29	2018/7/1
15.1-3-15	15.1	29.035.99	K15	GB/T 15022.7—2017	电气绝缘用树脂基活性复合物 第 7 部分：环氧酸酐真空压力浸渍（VPI）树脂			2017/11/1	2018/5/1
15.1-3-16	15.1	91.100.30	Q14	GB/T 16752—2017	混凝土和钢筋混凝土排水管试验方法	GB/T 16752—2006		2017/10/14	2018/9/1
15.1-3-17	15.1	21.060.01	J13	GB/T 16823.3—2010	紧固件扭矩-夹紧力试验	GB/T 16823.3—1997	ISO 16047：2005 IDT	2011/1/10	2011/10/1
15.1-3-18	15.1	29.080	K40	GB/T 16927.1—2011	高电压试验技术 第 1 部分：一般定义及试验要求	GB/T 16927.1—1997	IEC 60060-1：2010 MOD	2011/12/30	2012/5/1
15.1-3-19	15.1	19.080	K40	GB/T 16927.2—2013	高电压试验技术 第 2 部分：测量系统	GB/T 16927.2—1997	IEC 60060-2：2010 MOD	2013/2/7	2013/7/1

续表

序号	GW 分类	ICS 分类	GB 分类	标准号	中 文 名 称	代替标准	采用关系	发布日期	实施日期
15.1-3-20	15.1	29.240.01	K40	GB/T 16927.3—2010	高电压试验技术 第 3 部分：现场试验的定义及要求		IEC 60060-3：2006 MOD	2010/11/10	2011/5/1
15.1-3-21	15.1	29.240	K40	GB/T 16927.4—2014	高电压和大电流试验技术 第 4 部分：试验电流和测量系统的定义和要求		IEC 62475：2010 MOD	2014/5/6	2014/10/28
15.1-3-22	15.1	29.080.30	K30	GB/Z 16935.2—2013	低压系统内设备的绝缘配合 第 2-1 部分：应用指南 GB/T 16935 系列应用解释、定尺寸示例及介电试验		IEC/TR 60664-2-1：2011 IDT	2013/12/17	2014/4/9
15.1-3-23	15.1	33.100	L06	GB/Z 17624.2—2013	电磁兼容综述与电磁现象相关设备的电气和电子系统实现功能安全的方法		IEC/TS61000-1-2：2008 IDT	2013/12/17	2014/4/9
15.1-3-24	15.1	33.100.10	L06	GB 17625.1—2012	电磁兼容限值谐波电流发射限值（设备每相输入电流≤16A）	GB 17625.1—2003	IEC 61000-3-2：2009+CORRI 1 ED 3.2 IDT	2012/12/31	2013/7/1
15.1-3-25	15.1	33.100	L06	GB 17625.2—2007	电磁兼容 限值 对每相额定电流≤16A 且无条件接入的设备在公用低压供电系统中产生的电压变化、电压波动和闪烁的限制	GB 17625.2—1999	IEC 61000-3-3：2005 IDT	2007/4/30	2008/1/1
15.1-3-26	15.1	33.100	L06	GB/T 17625.2—2007	电磁兼容限值对每相额定电流≤16A 且无条件接入的设备在公用低压供电系统中产生的电压变化、电压波动和闪烁的限制	GB 17625.2—1999	IDT IEC 61000-3-3：2005 IDT	2007/4/30	2008/1/1
15.1-3-27	15.1	33.100	K40	GB/Z 17625.3—2000	电磁兼容限值对额定电流大于 16A 的设备在低压供电系统中产生的电压波动和闪烁的限制		IEC 61000-3-5：1994 IDT	2000/4/3	2000/12/1
15.1-3-28	15.1	33.100	K40	GB/Z 17625.4—2000	电磁兼容限值中、高压电力系统中畸变负荷发射限值的评估		IEC 61000-3-6：1996 IDT	2000/4/3	2000/12/1
15.1-3-29	15.1	33.100	L06	GB/Z 17625.5—2000	电磁兼容限值中、高压电力系统中波动负荷发射限值的评估		idtIEC 61000-3-7：1996	2000/4/3	2000/12/1
15.1-3-30	15.1	33.100	L06	GB/Z 17625.6—2003	电磁兼容限值对额定电流大于 16A 的设备在低压供电系统中产生的谐波电流的限制		IEC TR 61000-3-4：1988, IDT	2003/2/2	2003/8/1
15.1-3-31	15.1	33.100.10	L06	GB/T 17625.7—2013	电磁兼容限值对额定电流≤75A 且有条件接入的设备在公用低压供电系统中产生的电压变化、电压波动和闪烁的限制		IEC 61000-3-11：2000 MOD	2013/7/19	2013/12/2
15.1-3-32	15.1	33.100.10	L06	GB/T 17625.8—2015	电磁兼容限值每相输入电流大于 16A 小于等于 75A 连接到公用低压系统的设备产生的谐波电流限值		IEC 61000-3-12：2004	2015/9/11	2016/4/1
15.1-3-33	15.1	33.100	L06	GB/T 17625.9—2016	电磁兼容限值低压电气设施上的信号传输发射电平、频段和电磁骚扰电平		IEC 61000-3-8：1997	2016/12/13	2017/7/1

续表

序号	GW 分类	ICS 分类	GB 分类	标准号	中 文 名 称	代替标准	采用关系	发布日期	实施日期
15.1-3-34	15.1	33.100	L06	GB/T 17626.1—2006	电磁兼容试验和测量技术抗扰度试验总论	GB/T 17626.1—1998	IEC 61000-4-1：2000	2006/12/1	2007/7/1
15.1-3-35	15.1	33.100.20	L06	GB/T 17626.2—2018	电磁兼容 试验和测量技术 静电放电抗扰度试验	GB/T 17626.2—2006	IEC 61000-4-2：2008 IDT	2018/6/7	2019/1/1
15.1-3-36	15.1	33.100.20	L06	GB/T 17626.3—2016	电磁兼容试验和测量技术射频电磁场辐射抗扰度试验	GB/T 17626.3—2006	IEC 61000-4-3：2010	2016/12/13	2017/7/1
15.1-3-37	15.1	33.100.20	L06	GB/T 17626.4—2018	电磁兼容 试验和测量技术 电快速瞬变脉冲群抗扰度试验	GB/T 17626.4—2008	IEC 61000-4-4：2012 IDT	2018/6/7	2019/1/1
15.1-3-38	15.1	33.100.20	L06	GB/T 17626.5—2019	电磁兼容 试验和测量技术 浪涌（冲击）抗扰度试验	GB/T 17626.5—2008	IEC 61000-4-5：2014 IDT	2019/6/4	2020/1/1
15.1-3-39	15.1	33.100.20	L06	GB/T 17626.6—2017	电磁兼容 试验和测量技术 射频场感应的传导骚扰抗扰度	GB/T 17626.6—2008	IEC 60050（161）	2017/12/29	2018/7/1
15.1-3-40	15.1	33.100.10；33.100.20	L06	GB/T 17626.7—2017	电磁兼容试验和测量技术供电系统及所连设备谐波、间谐波的测量和测量仪器导则	GB/T 17626.7—2008	IEC 61000-4-7：2009	2017/7/12	2018/2/1
15.1-3-41	15.1	33.100	L06	GB/T 17626.8—2006	电磁兼容试验和测量技术工频磁场抗扰度试验	GB/T 17626.8—1998	IEC 61000-4-8：2001 identical	2006/12/1	2007/7/1
15.1-3-42	15.1	33.100	L06	GB/T 17626.9—2011	电磁兼容试验和测量技术脉冲磁场抗扰度试验	GB/T 17626.9—1998	IEC 61000-4-9：2001 IDT	2011/12/30	2012/8/1
15.1-3-43	15.1	33.100.20	L06	GB/T 17626.10—2017	电磁兼容 试验和测量技术 阻尼振荡磁场抗扰度试验	GB/T 17626.10—1998	IEC 61000-4-10：2001 IDT	2017/12/29	2018/7/1
15.1-3-44	15.1	33.100.20	L06	GB/T 17626.11—2008	电磁兼容试验和测量技术电压暂降、短时中断和电压变化的抗扰度试验	GB/T 17626.11—1999	IEC 61000-4-11：2004 IDT	2008/5/20	2009/1/1
15.1-3-45	15.1	33.100.20	L06	GB/T 17626.12—2013	电磁兼容试验和测量技术振铃波抗扰度试验	GB/T 17626.12—1998	IEC 61000-4-12：2006 IDT	2013/12/17	2014/4/9
15.1-3-46	15.1	33.100	L06	GB/T 17626.13—2006	电磁兼容试验和测量技术交流电源端口谐波、谐间波及电网信号的低频抗扰度试验		IEC 61000-4-13：2002 identical	2006/12/1	2007/7/1
15.1-3-47	15.1	33.100.20	L06	GB/T 17626.14—2005	电磁兼容试验和测量技术电压波动抗扰度试验		IED 61000-4-14：2002, IDT	2005/2/6	2005/12/1
15.1-3-48	15.1	33.100	L86；L06	GB/T 17626.15—2011	电磁兼容试验和测量技术闪烁仪功能和设计规范		IEC 61000-4-15：2003 IDT	2011/12/30	2012/8/1
15.1-3-49	15.1	33.100	L06	GB/T 17626.16—2007	电磁兼容试验和测量技术 0Hz～150kHz 共模传导骚扰抗扰度试验		IEC 61000-4-16：2002 IDT	2007/4/30	2007/9/1
15.1-3-50	15.1	33.100.20	L06	GB/T 17626.17—2005	电磁兼容试验和测量技术直流电源输入端口纹波抗扰度试验		IEC 61000-4-17：2002,IDT	2005/2/6	2005/12/1

续表

序号	GW 分类	ICS 分类	GB 分类	标准号	中 文 名 称	代替标准	采用关系	发布日期	实施日期
15.1-3-51	15.1	33.100.20	L06	GB/T 17626.18—2016	电磁兼容试验和测量技术阻尼振荡波抗扰度试验		IEC 61000-4-18：2011 ED 1.1	2016/12/13	2017/7/1
15.1-3-52	15.1	33.100.10；33.100.20	L06	GB/T 17626.20—2014	电磁兼容试验和测量技术横电磁波（TEM）波导中的发射和抗扰度试验		IEC 61000-4-20：2010 ED 2	2014/12/22	2015/6/1
15.1-3-53	15.1	33.100.10；33.100.20	06	GB/T 17626.21—2014	电磁兼容试验和测量技术混波室试验方法		IEC 61000-4-21：2011 ED 2	2014/12/22	2015/6/1
15.1-3-54	15.1	33.100	L06	GB/T 17626.22—2017	电磁兼容　试验和测量技术　全电波暗室中的辐射发射和抗扰度测量		IEC 61000-4-22：2010 IDT	2017/12/29	2018/7/1
15.1-3-55	15.1	33.100	L06	GB/T 17626.24—2012	电磁兼容试验和测量技术 HEMP 传导骚扰保护装置的试验方法		IEC 61000-4-24：1997	2012/11/5	2013/2/1
15.1-3-56	15.1	33.100	L06	GB/T 17626.27—2006	电磁兼容试验和测量技术三相电压不平衡抗扰度试验		IEC 61000-4-27：2000 identical	2006/12/1	2007/7/1
15.1-3-57	15.1	33.100	L06	GB/T 17626.28—2006	电磁兼容试验和测量技术工频频率变化抗扰度试验		IEC 61000-4-28：2001 identical	2007/3/26	2007/7/1
15.1-3-58	15.1	33.100.20	L06	GB/T 17626.29—2006	电磁兼容试验和测量技术直流电源输入端口电压暂降、短时中断和电压变化的抗扰度试验		IEC 61000-4-29：2000 identical	2006/12/19	2007/9/1
15.1-3-59	15.1	33.100.99	L06	GB/T 17626.30—2012	电磁兼容试验和测量技术电能质量测量方法		IEC 61000-4-30：2008	2012/11/5	2013/2/1
15.1-3-60	15.1		L06	GB/T 17626.34—2012	电磁兼容试验和测量技术主电源每相电流大于 16A 的设备的电压暂降、短时中断和电压变化抗扰度试验		IEC 61000-4-34：2009 IDT	2012/6/29	2012/9/1
15.1-3-61	15.1	33.100.20	L06	GB/T 17799.1—2017	电磁兼容　通用标准　居住、商业和轻工业环境中的抗扰度	GB/T 17799.1—1999	IEC 61000-6-1：2005 MOD	2017/9/29	2018/4/1
15.1-3-62	15.1	33.100.20	L06	GB/T 17799.2—2003	电磁兼容通用标准工业环境中的抗扰度试验	GB 17799.3-2001	IEC 61000-6-2：1999 IDT	2003/2/2	2003/8/1
15.1-3-63	15.1	33.100	L06	GB 17799.3—2012	电磁兼容通用标准居住、商业和轻工业环境中的发射	GB 17799.3—2001	IEC 61000-6-3：2011（Ed2.1）IDT	2012/12/31	2013/7/1
15.1-3-64	15.1	33.100	L06	GB 17799.4—2012	电磁兼容通用标准工业环境中的发射	GB 17799.4—2001	IEC 61000-6-4：2011 IDT	2012/12/31	2013/7/1
15.1-3-65	15.1	33.100.20	L06	GB/T 17799.5—2012	电磁兼容通用标准室内设备高空电磁脉冲（HEMP）抗扰度		IEC 61000-6-6：2003 IDT	2012/6/29	2012/9/1
15.1-3-66	15.1	33.100	L06	GB/Z 18039.2—2000	电磁兼容环境工业设备电源低频传导骚扰发射水平的评估		IEC 61000-6-6：2003 IDT	2000/4/3	2000/12/1
15.1-3-67	15.1	33.100.11	L06	GB/T 18039.3—2017	电磁兼容　环境　公用低压供电系统低频传导骚扰及信号传输的兼容水平	GB/T 18039.3—2003	IEC 61000-2-2：2002	2017/12/29	2018/7/1

续表

序号	GW 分类	ICS 分类	GB 分类	标准号	中 文 名 称	代替标准	采用关系	发布日期	实施日期
15.1-3-68	15.1	33.100.10；33.100	L06	GB/T 18039.4—2017	电磁兼容　环境　工厂低频传导骚扰的兼容水平	GB/T 18039.4—2003	IEC 61000-2-4：2002	2017/12/29	2018/7/1
15.1-3-69	15.1	33.100	L06	GB/Z 18039.5—2003	电磁兼容环境公用供电系统低频传导骚扰及信号传输的电磁环境		IEC 61000-2-1：1990	2003/2/21	2003/8/1
15.1-3-70	15.1	33.100	L06	GB/Z 18039.6—2005	电磁兼容环境各种环境中的低频磁场		IEC 61000-2-7：1998.IDT	2005/2/6	2005/12/1
15.1-3-71	15.1	33.100	L06	GB/Z 18039.7—2011	电磁兼容环境公用供电系统中的电压暂降、短时中断及其测量统计结果		IEC/TR 61000-2-8：2002 IDT	2011/12/30	2012/6/1
15.1-3-72	15.1	33.100.11	L06	GB/T 18039.8—2012	电磁兼容环境高空核电磁脉冲（HEMP）环境描述传导骚扰		IEC 61000-2-10：1998	2012/11/5	2013/2/1
15.1-3-73	15.1	33.100.11	L06	GB/T 18039.9—2013	电磁兼容环境公用中压供电系统低频传导骚扰及信号传输的兼容水平		IEC 61000-2-12：2003 IDT	2013/11/12	2014/3/7
15.1-3-74	15.1	33.100	L06	GB/T 18039.10—2018	电磁兼容　环境　HEMP 环境描述　辐射骚扰		IEC 61000-2-9：1996	2018/5/14	2018/12/1
15.1-3-75	15.1	19.080	K40	GB/T 18134.1—2000	极快速冲击高电压试验技术　第 1 部分：气体绝缘变电站中陡波前过电压用测量系统	IEC 61321-1：1994 IDT	IEC 61321-1：1994 identical	2000/7/14	2000/12/1
15.1-3-76	15.1	33.100	L06	GB/T 18268.1—2010	测量、控制和实验室用的电设备电磁兼容性要求　第 1 部分：通用要求	GB/T 18268—2000	IEC 61326-1：2005 ED 1 IDT	2011/1/14	2011/5/1
15.1-3-77	15.1	25.040.40；33.100	L06	GB/T 18268.21—2010	测量、控制和实验室用的电设备电磁兼容性要求　第 21 部分：特殊要求无电磁兼容防护场合用敏感性试验和测量设备的试验配置、工作条件和性能判据		IEC 61326-2-1：2005 ED 1 IDT	2011/1/14	2011/5/1
15.1-3-78	15.1	25.040.40；33.100	L06	GB/T 18268.22—2010	测量、控制和实验室用的电设备电磁兼容性要求　第 22 部分：特殊要求低压配电系统用便携式试验、测量和监控设备的试验配置、工作条件和性能判据		IEC 61326-2-2：2005 IDT	2011/1/14	2011/5/1
15.1-3-79	15.1	25.040.40；33.100	L06	GB/T 18268.23—2010	测量、控制和实验室用的电设备电磁兼容性要求　第 23 部分：特殊要求带集成或远程信号调理变送器的试验配置、工作条件和性能判据		IEC 61326-2-3：2006 IDT	2011/1/14	2011/5/1
15.1-3-80	15.1	25.040.40；33.100；17.220	L06	GB/T 18268.24—2010	测量、控制和实验室用的电设备电磁兼容性要求　第 24 部分：特殊要求符合 IEC 61557-8 的绝缘监控装置和符合 IEC 61557-9 的绝缘故障定位设备的试验配置、工作条件和性能判据		IEC 61326-2-4：2006 IDT	2011/1/14	2011/5/1
15.1-3-81	15.1	25.040.40；33.100	L06	GB/T 18268.25—2010	测量、控制和实验室用的电设备电磁兼容性要求　第 25 部分：特殊要求　接口符合 IEC 61784-1CP3/2 的现场装置的试验配置、工作条件和性能判据		IEC 61326-2-5：2006 IDT	2011/1/14	2011/5/1

续表

序号	GW 分类	ICS 分类	GB 分类	标准号	中 文 名 称	代替标准	采用关系	发布日期	实施日期
15.1-3-82	15.1	25.040.40；33.100；17.220	L06	GB/T 18268.26—2010	测量、控制和实验室用的电设备电磁兼容性要求　第26部分：特殊要求体外诊断（IVD）医疗设备		IEC 61326-2-6：2005（英文版）IDT	2011/1/14	2011/5/1
15.1-3-83	15.1	03.120.10	A00	GB/T 19022—2003	测量管理体系测量过程和测量设备的要求	GB/T 19022.1—1994；GB/T 19022.2—2000	ISO 10012：2003 IDT	2004/3/1	2004/3/1
15.1-3-84	15.1	77.060	H25	GB/T 19292.1—2018	金属和合金的腐蚀　大气腐蚀性　第1部分：分类、测定和评估	GB/T 19292.1—2003	ISO 9223：2012	2018/5/14	2019/2/1
15.1-3-85	15.1	77.060	H25	GB/T 19292.2—2018	金属和合金的腐蚀　大气腐蚀性　第2部分：腐蚀等级的指导值	GB/T 19292.2—2003	ISO 9224：2012	2018/5/14	2019/2/1
15.1-3-86	15.1	77.060	H25	GB/T 19292.3—2018	金属和合金的腐蚀　大气腐蚀性　第3部分：影响大气腐蚀性环境参数的测量	GB/T 19292.3—2003	ISO 9225：2012	2018/5/14	2019/2/1
15.1-3-87	15.1	77.060	H25	GB/T 19292.4—2018	金属和合金的腐蚀　大气腐蚀性　第4部分：用于评估腐蚀性的标准试样的腐蚀速率的测定	GB/T 19292.4—2003	ISO 9226：2012	2018/5/14	2019/2/1
15.1-3-88	15.1	29.035.29	K15	GB/T 1981.2—2009	电气绝缘用漆　第2部分：试验方法	GB/T 1981.2—2003	IEC 60464-2：2001 MOD	2009/6/10	2009/12/1
15.1-3-89	15.1	29.080.30	K15	GB/T 20111.4—2017	电气绝缘系统　热评定规程　第4部分：评定和分级电气绝缘系统试验方法的选用导则		IEC/TR 61857-2：2015	2017/12/29	2018/7/1
15.1-3-90	15.1	29.080.30	K15	GB/T 20112—2015	电气绝缘系统的评定与鉴别	GB/T 20112—2006	IEC 60505：2011	2015/7/3	2016/2/1
15.1-3-91	15.1	29.080.30	K03	GB/T 20113—2006	电气绝缘结构（EIS）热分级		IEC 62114：2001，IDT	2006/2/15	2006/6/1
15.1-3-92	15.1	91.120.10	Q25	GB/T 20311—2006	建筑构件和建筑单元热阻和传热系数计算方法		ISO 6946：1996	2006/7/19	2006/12/1
15.1-3-93	15.1	91.120.10	Q25	GB/T 20312—2006	建筑材料及制品的湿热性能吸湿性能的测定		ISO 12571：2000	2006/7/19	2006/12/1
15.1-3-94	15.1	91.120.10	Q25	GB/T 20313—2006	建筑材料及制品的湿热性能含湿率的测定烘干法		ISO 12570：2000	2006/7/19	2006/12/1
15.1-3-95	15.1	77.040.20	H26	GB/T 20490—2006	承压无缝和焊接（埋弧焊除外）钢管分层的超声检测		ISO 10124：1994	2006/9/12	2007/2/1
15.1-3-96	15.1	19.040	K04	GB/T 20643.1—2006	特殊环境条件　环境试验方法　第1部分：总则			2006/11/8	2007/4/1
15.1-3-97	15.1	19.040	K04	GB/T 20643.2—2008	特殊环境条件　环境试验方法　第2部分：人工模拟试验方法及导则电工电子产品（含通信产品）			2008/4/24	2008/12/1
15.1-3-98	15.1	19.040	K04	GB/T 20643.3—2006	特殊环境条件　环境试验方法　第3部分：人工模拟试验方法及导则高分子材料			2006/11/8	2007/4/1

序号	GW 分类	ICS 分类	GB 分类	标准号	中 文 名 称	代替标准	采用关系	发布日期	实施日期
15.1-3-99	15.1	01.040.19；19.100	J04	GB/T 20737—2006	无损检测通用术语和定义		ISO/TS 18173—2005 identical	2006/12/25	2007/5/1
15.1-3-100	15.1	53.100	P97	GB/T 20969.4—2008	特殊环境条件　高原机械　第 4 部分：高原自然环境试验导则内燃动力机械			2008/2/3	2008/7/1
15.1-3-101	15.1	53.100	P97	GB/T 20969.5—2008	特殊环境条件　高原机械　第 5 部分：高原自然环境试验导则工程机械			2008/2/3	2008/7/1
15.1-3-102	15.1	29.035.10	K15	GB/T 21216—2007	绝缘液体测量电导和电容确定介质损耗因数的试验方法		IEC 61620：1998 IDT	2007/12/3	2008/5/20
15.1-3-103	15.1	29.035.10	15	GB/T 21223.1—2015	老化试验数据统计分析导则　第 1 部分：建立在正态分布试验结果的平均值基础上的方法	GB/T 21223—2007		2015/7/3	2016/2/1
15.1-3-104	15.1	29.035.01	K15	GB/T 21223.2—2015	老化试验数据统计分析导则　第 2 部分：截尾正态分布数据统计分析的验证程序		IEC/TR60493-2：2010	2015/7/3	2016/2/1
15.1-3-105	15.1	29.080.10	K48	GB/T 21429—2008	户外和户内电气设备用空心复合绝缘子定义、试验方法、接收准则和设计推荐		IEC 61462：1998 MOD	2008/1/22	2008/9/1
15.1-3-106	15.1	29.160.30	K26	GB/T 21975—2008	起重及冶金用三相异步电动机可靠性试验方法			2008/6/13	2009/3/1
15.1-3-107	15.1	29.180	K41	GB/T 22071.1—2018	互感器试验导则　第 1 部分：电流互感器	GB/T 22071.1—2008		2018/12/28	2019/7/1
15.1-3-108	15.1	29.180	K41	GB/T 22071.2—2017	互感器试验导则　第 2 部分：电磁式电压互感器	GB/T 22071.2—2008		2017/12/29	2018/7/1
15.1-3-109	15.1	29.035.10	K15	GB/T 22471.2—2008	电气绝缘用树脂浸渍玻璃纤维网状无纬绑扎带　第 2 部分：试验方法			2008/10/29	2009/10/1
15.1-3-110	15.1	03.120.30	A41	GB/Z 22553—2010	利用重复性、再现性和正确度的估计值评估测量不确定度的指南		ISO/TS 21748：2004 identical	2010/9/2	2010/12/1
15.1-3-111	15.1	29.035.99	K15	GB/T 22689—2008	测定固体绝缘材料相对耐表面放电击穿能力的推荐试验方法		IEC 60343：1991 identical	2008/12/31	2009/11/1
15.1-3-112	15.1	29.020	J09	GB/T 22840—2008	工业机械电气设备浪涌抗扰度试验规范			2008/12/30	2009/9/1
15.1-3-113	15.1	29.020	J09	GB/T 22841—2008	工业机械电气设备电压暂降和短时中断抗扰度试验规范			2008/12/30	2010/2/1
15.1-3-114	15.1	29.240.20	K51	GB/T 2317.1—2008	电力金具试验方法　第 1 部分：机械试验	GB/T 2317.1—2000	IEC 61284：1997 MOD	2008/9/24	2009/8/1
15.1-3-115	15.1	29.240.20	K51	GB/T 2317.2—2008	电力金具试验方法　第 2 部分：电晕和无线电干扰试验	GB/T 2317.2—2000	IEC 61284：1997 MOD	2008/12/30	2009/10/1

续表

序号	GW 分类	ICS 分类	GB 分类	标准号	中 文 名 称	代替标准	采用关系	发布日期	实施日期
15.1-3-116	15.1	29.240.20	K51	GB/T 2317.3—2008	电力金具试验方法　第 3 部分：热循环试验	GB/T 2317.3—2000	IEC 61284：1997 MOD	2008/12/30	2009/10/1
15.1-3-117	15.1	29.240.20	K51	GB/T 2317.4—2008	电力金具试验方法　第 4 部分：验收规则	GB/T 2317.4—2000		2008/12/30	2009/10/1
15.1-3-118	15.1	29.080	K15	GB/Z 23756.1—2009	电气绝缘系统耐电性评定　第 1 部分：在正态分布基础上的评定程序和一般原理		IEC/TR 60727-1：1982 IDT	2009/5/6	2009/11/1
15.1-3-119	15.1	29.080.30	K15	GB/T 23756.2—2010	电气绝缘系统耐电寿命评定　第 2 部分：在极值分布基础上的评定程序		IEC/TR 60727-2：1993 IDT	2011/1/14	2011/7/1
15.1-3-120	15.1	25.010；29.020	J09	GB/T 24111—2009	工业机械电气设备电快速瞬变脉冲群抗扰度试验规范			2009/6/11	2009/11/1
15.1-3-121	15.1	25.010；29.020	J09	GB/T 24112—2009	工业机械电气设备静电放电抗扰度试验规范			2009/6/11	2009/11/1
15.1-3-122	15.1	19.020	A21	GB/T 2421—2020	环境试验　概述和指南	GB/T 2421.1—2008		2020/6/2	2020/12/1
15.1-3-123	15.1	19.040	K04	GB/T 2423.1—2008	电工电子产品环境试验　第 2 部分：试验方法　试验 A：低温	GB/T 2423.1—2001	IEC 60068-2-1：2007 IDT	2008/12/30	2009/10/1
15.1-3-124	15.1	19.040	K04	GB/T 2423.2—2008	电工电子产品环境试验　第 2 部分：试验方法　试验 B：高温	GB/T 2423.2—2001	IEC 60068-2-2：2007 IDT	2008/12/30	2009/10/1
15.1-3-125	15.1	19.040	K04	GB/T 2423.3—2016	环境试验　第 2 部分：试验方法试验 Cab：恒定湿热试验	GB/T 2423.3—2006	IEC 60068-2-78：2012	2016/12/13	2017/7/1
15.1-3-126	15.1	19.040	K04	GB/T 2423.4—2008	电工电子产品环境试验　第 2 部分：试验方法　试验 Db 交变湿热（12h+12h 循环）	GB/T 2423.4—1993	IEC 60068-2-30: 2005 IDT	2008/5/19	2009/1/1
15.1-3-127	15.1	19.040	K04	GB/T 2423.15—2008	电工电子产品环境试验　第 2 部分：试验方法　试验 Ga 和导则：稳态加速度	GB/T 2423.15—1995	IEC 60068-2-7：1986 IDT	2008/3/24	2008/10/1
15.1-3-128	15.1	19.020	K04	GB/T 2423.16—2008	电工电子产品环境试验　第 2 部分：试验方法　试验 J 及导则：长霉	GB/T 2423.16—1999	IEC 60068-2-10: 2005 IDT	2008/12/30	2009/10/1
15.1-3-129	15.1	19.020	K04	GB/T 2423.17—2008	电工电子产品环境试验　第 2 部分：试验方法　试验 Ka：盐雾	GB/T 2423.17—1993	IEC 60068-2-11: 1981 IDT	2008/5/19	2009/1/1
15.1-3-130	15.1	19.040	K04	GB/T 2423.20—2014	环境试验　第 2 部分：试验方法试验 Kd：接触点和连接件的硫化氢试验		IEC 60068-2-43：2003 ED 2 IDT	2014/9/30	2015/4/1
15.1-3-131	15.1	19.040	K04	GB/T 2423.21—2008	电工电子产品环境试验　第 2 部分：试验方法　试验 M：低气压	GB/T 2423.21—1991	IEC 60068-2-13: 1983 IDT	2008/12/30	2009/10/1
15.1-3-132	15.1	19.040	K04	GB/T 2423.27—2020	环境试验 第 2 部分:试验方法 试验方法和导则:温度/低气压或温度/湿度/低气压综合试验	GB/T 2423.25—2008；GB/T 2423.26—2008；GB/T 2423.27—2005	IEC 60068-2-39:2015	2020/6/2	2020/12/1

15

续表

序号	GW 分类	ICS 分类	GB 分类	标准号	中 文 名 称	代替标准	采用关系	发布日期	实施日期
15.1-3-133	15.1	19.040	K04	GB/T 2423.32—2008	电工电子产品环境试验 第 2 部分：试验方法 试验 Ta：润湿称量法可焊性	GB/T 2423.32—1985；GB/T 2424.21—1985		2008/3/24	2008/10/1
15.1-3-134	15.1	19.040	K04	GB/T 2423.37—2006	电工电子产品环境试验 第 2 部分：试验方法 试验 L：沙尘试验	GB/T 2423.37—1989	IEC 60068-2-68：1994 identical	2006/12/19	2007/9/1
15.1-3-135	15.1	19.040	K04	GB/T 2423.38—2008	电工电子产品环境试验 第 2 部分：试验方法 试验 R：水试验方法和导则	GB/T 2423.38—2005	IEC 60068-2-54：2006 identical	2008/6/16	2009/3/1
15.1-3-136	15.1	19.040	K04	GB/T 2423.43—2008	电工电子产品环境试验 第 2 部分：试验方法 振动、冲击和类似动力学试验样品的安装	GB/T 2423.43—1995	IEC 60068-2-47：2005 identical	2008/5/19	2009/1/1
15.1-3-137	15.1	19.040	K04	GB/T 2423.55—2006	电工电子产品环境试验 第 2 部分：试验方法 试验 Eh：锤击试验		IEC 60068-2-75：1997，Environm	2006/2/15	2006/6/1
15.1-3-138	15.1	19.040	K04	GB/T 2423.57—2008	电工电子产品环境试验 第 2-81 部分：试验方法试验 Ei：冲击冲击响应谱合成		IEC 60068-2-81: 2003 IDT	2008/5/19	2009/1/1
15.1-3-139	15.1	19.040	K04	GB/T 2423.58—2008	电工电子产品环境试验 第 2-80 部分：试验方法试验 Fi：振动混合模式		IEC 60068-2-80: 2005 IDT	2008/5/19	2009/1/1
15.1-3-140	15.1	19.020	K04	GB/T 2423.59—2008	电工电子产品环境试验 第 2 部分：试验方法 试验 Z/ABMFh：温度（低温、高温）/低气压/振动（随机）综合		IEC 60068-2-80: 2005 IDT	2008/12/30	2009/11/1
15.1-3-141	15.1	19.040	K04	GB/T 2423.60—2008	电工电子产品环境试验 第 2 部分：试验方法 试验 U：引出端及整体安装件强度		IEC 60068-2-21: 2006 IDT	2008/12/30	2009/11/1
15.1-3-142	15.1	19.040	K04	GB/T 2423.101—2008	电工电子产品环境试验 第 2 部分：试验方法 试验：倾斜和摇摆	GB/T 2423.31—1985；GB/T 2424.20—1985		2008/5/20	2008/12/1
15.1-3-143	15.1	19.040	K04	GB/T 2423.102—2008	电工电子产品环境试验 第 2 部分：试验方法 试验：温度（低温、高温）/低气压/振动（正弦）综合	GB/T 2423.42—1995；GB/T 2424.24—1995		2008/5/20	2008/12/1
15.1-3-144	15.1	19.040	K04	GB/T 2424.1—2015	环境试验 第 3 部分：支持文件及导则低温和高温试验	GB/T 2424.1—2005		2015/10/9	2016/5/1
15.1-3-145	15.1	19.040	K04	GB/T 2424.5—2006	电工电子产品环境试验温度试验箱性能确认		IEC 60068-3-5：2001 IDT	2006/12/19	2007/9/1
15.1-3-146	15.1	19.040	K04	GB/T 2424.6—2006	电工电子产品环境试验温度/湿度试验箱性能确认		IEC 60068-3-6：2001 IDT	2006/12/19	2007/9/1
15.1-3-147	15.1	19.040	K04	GB/T 2424.7—2006	电工电子产品环境试验试验 A 和 B（带负载）用温度试验箱的测量		IEC 60068-3-7：2001 IDT	2006/12/19	2007/9/1

15

续表

序号	GW 分类	ICS 分类	GB 分类	标准号	中　文　名　称	代替标准	采用关系	发布日期	实施日期
15.1-3-148	15.1	19.040	K04	GB/T 2424.12—2014	环境试验　第 2 部分：试验方法试验 Kd：接触点和连接件的硫化氢试验导则		IEC 60068-2-46—1982 ED 1	2014/9/30	2015/4/1
15.1-3-149	15.1	19.040	K04	GB/T 2424.15—2008	电工电子产品环境试验　第 3 部分：温度/低气压综合试验导则	GB/T 2424.15—1992	IEC 60068-3-2：1976 IDT	2008/12/30	2009/10/1
15.1-3-150	15.1	19.040	K04	GB/T 2424.17—2008	电工电子产品环境试验　第 2 部分：试验方法试验 T：锡焊试验导则	GB/T 2424.17—1995	IEC 60068-2-44：1995 IDT	2008/12/30	2009/11/1
15.1-3-151	15.1	19.040	K04	GB/T 2424.26—2008	电工电子产品环境试验　第 3 部分：支持文件和导则振动试验选择		IEC 60068-3-8：2003 IDT	2008/12/30	2009/10/1
15.1-3-152	15.1	29.020	J50	GB/T 24342—2009	工业机械电气设备保护接地电路连续性试验规范			2009/9/30	2010/2/1
15.1-3-153	15.1	29.020	J50	GB/T 24343—2009	工业机械电气设备绝缘电阻试验规范			2009/9/30	2010/2/1
15.1-3-154	15.1	29.020	J50	GB/T 24344—2009	工业机械电气设备耐压试验规范			2009/9/30	2010/2/1
15.1-3-155	15.1	29.080.10	K48	GB/T 24624—2009	绝缘套管油为主绝缘（通常为纸）浸渍介质套管中溶解气体分析（DGA）的判断导则		IEC 61464：1998 MOD	2009/11/15	2010/4/1
15.1-3-156	15.1	29.080.10	K48	GB/T 25096—2010	交流电压高于 1000V 变电站用电站支柱复合绝缘子定义、试验方法及接收准则		IEC 62231：2006 MOD	2010/9/2	2011/2/1
15.1-3-157	15.1	29.020	K09	GB/T 25296—2010	电气设备安全通用试验导则			2010/11/10	2011/5/1
15.1-3-158	15.1	27.120	F80	GB/T 261—2008	闪点的测定　宾斯基—马丁闭口杯法	GB/T 10261—1988		2008/8/25	2009/2/1
15.1-3-159	15.1	03.120.20	A00	GB/T 27025—2019	检测和校准实验室能力的通用要求	GB/T 27025—2008	ISO/IEC 17025：2017 IDT	2019/12/10	2020/7/1
15.1-3-160	15.1	17.020	A50	GB/T 27418—2017	测量不确定度评定和表示		ISO/IEC Guide 98-3：2008 MOD	2017/12/29	2018/7/1
15.1-3-161	15.1	17.020	A50	GB/T 27419—2018	测量不确定度评定和表示　补充文件 1：基于蒙特卡洛方法的分布传播		ISO/IEC Guide 98-3/Suppl.1：2008 IDT	2018/5/14	2018/12/1
15.1-3-162	15.1		N77	GB/T 28880—2012	无损检测不用电子测量仪器对脉冲反射式超声检测系统性能特性的评定		ISO 18175：2004	2012/11/5	2013/2/15
15.1-3-163	15.1	19.040	N61	GB/T 29252—2012	实验室仪器和设备质量检验规则			2012/12/31	2013/6/1
15.1-3-164	15.1	01.080.20	N60	GB/T 29253—2012	实验室仪器和设备常用图形符号			2012/12/31	2013/6/1
15.1-3-165	15.1	29.035.01	K15	GB/T 29305—2012	新的和老化后的纤维素电气绝缘材料粘均聚合度的测量			2012/12/31	2013/6/1

序号	GW 分类	ICS 分类	GB 分类	标准号	中文名称	代替标准	采用关系	发布日期	实施日期
15.1-3-166	15.1	19.040	K04	GB/T 29309—2012	电工电子产品加速应力试验规程高加速寿命试验导则			2012/12/31	2013/6/1
15.1-3-167	15.1	29.035.01	K15	GB/T 29310—2012	电气绝缘击穿数据统计分析导则			2012/12/31	2013/6/1
15.1-3-168	15.1	33.100.20	L06	GB/Z 30556.1—2017	电磁兼容　安装和减缓导则　一般要求		IEC/TR61000-5-1：1996 IDT	2017/12/29	2018/7/1
15.1-3-169	15.1	33.100.20	L06	GB/Z 30556.2—2017	电磁兼容　安装和减缓导则　接地和布线			2017/12/29	2018/7/1
15.1-3-170	15.1	33.100.01	L06	GB/T 30556.7—2014	电磁兼容安装和减缓导则外壳的电磁骚扰防护等级（EM 编码）		IEC 61000-5-7：2001 IDT	2014/5/6	2014/10/28
15.1-3-171	15.1	33.100	L06	GB/T 30842—2014	高压试验室电磁屏蔽效能要求与测量方法			2014/6/24	2015/1/22
15.1-3-172	15.1	13.100	N09	GB/Z 30993—2014	测量、控制和实验室用电气设备的安全要求 GB 4793.1—2007 的符合性验证报告格式			2014/7/24	2014/11/1
15.1-3-173	15.1	17.140	A59	GB/T 31004.1—2014	声学建筑和建筑构件隔声声强法测量　第 1 部分：实验室测量		ISO15186-1：2000	2014/9/3	2015/2/1
15.1-3-174	15.1	19.020	A20	GB/T 31016—2014	移动实验室样品采集与处理通用技术规范			2014/9/3	2015/2/1
15.1-3-175	15.1	01.040.01	A22	GB/T 31017—2014	移动实验室术语			2014/9/3	2015/2/1
15.1-3-176	15.1	01.110	A01	GB/T 31018—2014	移动实验室模块化设计指南			2014/9/3	2015/2/1
15.1-3-177	15.1	01.110	A01	GB/T 31019—2014	移动实验室人类工效学设计指南			2014/9/3	2015/2/1
15.1-3-178	15.1	19.020	J04	GB/T 31020—2014	移动实验室移动特性			2014/9/3	2015/2/1
15.1-3-179	15.1	19.020	A20	GB/T 31023—2014	移动实验室设备工况测试通用技术规范			2014/9/3	2015/2/1
15.1-3-180	15.1	19.080	K40	GB/T 311.6—2005	高电压测量标准空气间隙	GB/T 311.6—1983	IEC 60052：2002 IDT	2005/2/6	2005/12/1
15.1-3-181	15.1	19.100	J04	GB/T 31211—2014	无损检测超声导波检测总则			2014/9/3	2015/5/1
15.1-3-182	15.1	19.100	J04	GB/T 31212—2014	无损检测漏磁检测总则			2014/9/3	2015/5/1
15.1-3-183	15.1	91.040.10	P33	GB/T 32146.1—2015	检验检测实验室设计与建设技术要求　第 1 部分：通用要求			2015/12/10	2016/7/1
15.1-3-184	15.1	91.040.10	P33	GB/T 32146.2—2015	检验检测实验室设计与建设技术要求　第 2 部分：电气实验室			2015/12/10	2016/7/1
15.1-3-185	15.1	17.140	A59	GB/T 3222.2—2009	声学环境噪声的描述、测量与评价　第 2 部分：环境噪声级测定	GB/T 3222—1994	ISO 1996-2：2007 IDT	2009/9/30	2009/12/1

序号	GW 分类	ICS 分类	GB 分类	标准号	中 文 名 称	代替标准	采用关系	发布日期	实施日期
15.1-3-186	15.1	29.200	L89	GB/T 32705—2016	实验室仪器及设备安全规范仪用电源			2016/6/14	2017/1/1
15.1-3-187	15.1	70.060	A47	GB/T 32938—2016	防雷装置检测服务规范			2016/8/29	2017/3/1
15.1-3-188	15.1	97.140	Y81	GB/T 33246—2016	移动实验室操作台通用技术规范			2016/12/13	2017/7/1
15.1-3-189	15.1	01.110	A20	GB/T 33247—2016	移动实验室供、排水系统设计指南			2016/12/13	2017/7/1
15.1-3-190	15.1	43.160	T04	GB/T 33253—2016	移动实验室载具通用技术规范			2016/12/13	2017/7/1
15.1-3-191	15.1	29.130.10	K43	GB/T 33981—2017	高压交流断路器声压级测量的标准规程		IEC/IEEE 62271-37-082：2012	2017/7/12	2018/2/1
15.1-3-192	15.1	49.025.99	Q69	GB/T 34003—2017	氮化硼中杂质元素测定方法			2017/7/12	2018/2/1
15.1-3-193	15.1	19.100	J04	GB/T 34018—2017	无损检测　超声显微检测方法			2017/7/12	2018/2/1
15.1-3-194	15.1	17.200.20	N11	GB/T 34035—2017	热电偶现场试验方法			2017/7/31	2018/2/1
15.1-3-195	15.1	25.160.40		GB/T 34628—2017	焊缝无损检测　金属材料应用通则			2017/10/14	2018/5/1
15.1-3-196	15.1	33.020	M04	GB/T 3482—2008	电子设备雷击试验方法	GB/T 3482—1983；GB/T 3483—1983；GB/T 7450—1987		2008/3/31	2008/11/1
15.1-3-197	15.1		L05	GB/T 34986—2017	产品加速试验方法		IEC 62506：2013	2017/11/1	2018/5/1
15.1-3-198	15.1	07.060	A47	GB/T 35219—2017	地面气象观测站气象探测环境调查评估方法			2017/12/29	2018/7/1
15.1-3-199	15.1	07.060	A47	GB/T 35221—2017	地面气象观测规范　总则			2017/12/29	2018/7/1
15.1-3-200	15.1	07.060	A47	GB/T 35222—2017	地面气象观测规范　云			2017/12/29	2018/7/1
15.1-3-201	15.1	07.060	A47	GB/T 35223—2017	地面气象观测规范　气象能见度			2017/12/29	2018/7/1
15.1-3-202	15.1	07.060	A47	GB/T 35224—2017	地面气象观测规范　天气现象			2017/12/29	2018/7/1
15.1-3-203	15.1	07.060	A47	GB/T 35225—2017	地面气象观测规范　气压			2017/12/29	2018/7/1
15.1-3-204	15.1	07.060	A47	GB/T 35226—2017	地面气象观测规范　空气温度和湿度			2017/12/29	2018/7/1
15.1-3-205	15.1	07.060	A47	GB/T 35227—2017	地面气象观测规范　风向和风速			2017/12/29	2018/7/1
15.1-3-206	15.1	07.060	A47	GB/T 35228—2017	地面气象观测规范　降水量			2017/12/29	2018/7/1
15.1-3-207	15.1	07.060	A47	GB/T 35229—2017	地面气象观测规范　雪深与雪压			2017/12/29	2018/7/1
15.1-3-208	15.1	07.060	A47	GB/T 35230—2017	地面气象观测规范　蒸发			2017/12/29	2018/7/1
15.1-3-209	15.1	07.060	A47	GB/T 35231—2017	地面气象观测规范　辐射			2017/12/29	2018/7/1

序号	GW 分类	ICS 分类	GB 分类	标准号	中 文 名 称	代替标准	采用关系	发布日期	实施日期
15.1-3-210	15.1	07.060	A47	GB/T 35232—2017	地面气象观测规范 日照			2017/12/29	2018/7/1
15.1-3-211	15.1	07.060		GB/T 35233—2017	地面气象观测规范 地温			2017/12/29	2018/7/1
15.1-3-212	15.1	07.060	A47	GB/T 35234—2017	地面气象观测规范 冻土			2017/12/29	2018/7/1
15.1-3-213	15.1	07.060	A47	GB/T 35235—2017	地面气象观测规范 电线积冰			2017/12/29	2018/7/1
15.1-3-214	15.1	07.060	A47	GB/T 35236—2017	地面气象观测规范 地面状态			2017/12/29	2018/7/1
15.1-3-215	15.1	07.060	A47	GB/T 35237—2017	地面气象观测规范 自动观测			2017/12/29	2018/7/1
15.1-3-216	15.1	19.100	J04	GB/T 35388—2017	无损检测 X 射线数字成像检测 检测方法			2017/12/29	2018/4/1
15.1-3-217	15.1	19.100	J04	GB/T 35389—2017	无损检测 X 射线数字成像检测 导则			2017/12/29	2018/4/1
15.1-3-218	15.1	19.100	J04	GB/T 35391—2017	无损检测 工业计算机层析成像（CT）检测用空间分辨力测试卡			2017/12/29	2018/4/1
15.1-3-219	15.1	19.100	J04	GB/T 35392—2017	无损检测 电导率电磁（涡流）测定方法			2017/12/29	2018/4/1
15.1-3-220	15.1	19.100	J04	GB/T 35393—2017	无损检测 非铁磁性金属电磁（涡流）分选方法			2017/12/29	2018/4/1
15.1-3-221	15.1	19.100	J04	GB/T 35394—2017	无损检测 X 射线数字成像检测 系统特性			2017/12/29	2018/4/1
15.1-3-222	15.1	83.120	Q23	GB/T 35465.1—2017	聚合物基复合材料疲劳性能测试方法 第 1 部分：通则			2017/12/29	2018/11/1
15.1-3-223	15.1	83.120	Q23	GB/T 35465.2—2017	聚合物基复合材料疲劳性能测试方法 第 2 部分：线性或线性化应力寿命（S-N）和应变寿命（ε-N）疲劳数据的统计分析			2017/12/29	2018/11/1
15.1-3-224	15.1	83.120	Q23	GB/T 35465.3—2017	聚合物基复合材料疲劳性能测试方法 第 3 部分：拉-拉疲劳	GB/T 16779—2008		2017/12/29	2018/11/1
15.1-3-225	15.1	35.040	A50	GB/T 36377—2018	计量器具识别编码			2018/6/7	2019/1/1
15.1-3-226	15.1	91.040.10	P33	GB/T 37140—2018	检验检测实验室技术要求验收规范			2018/12/28	2019/7/1
15.1-3-227	15.1	19.100	J04	GB/T 37540—2019	无损检测 涡流检测数字图像处理与通信			2019/6/4	2020/1/1
15.1-3-228	15.1	33.100	L06	GB/T 37543—2019	直流输电线路和换流站的合成场强与离子流密度的测量方法			2019/6/4	2020/1/1
15.1-3-229	15.1	77.040.99	H20	GB/T 37789—2019	钢结构十字接头试验方法			2019/8/30	2020/7/1
15.1-3-230	15.1	13.040	Z04	GB/T 37940—2019	大气环境监测移动实验室通用技术规范			2019/8/30	2020/3/1
15.1-3-231	15.1	19.020	A20	GB/T 37986—2019	工程检测移动实验室通用技术规范			2019/8/30	2020/3/1

续表

序号	GW 分类	ICS 分类	GB 分类	标准号	中 文 名 称	代替标准	采用关系	发布日期	实施日期
15.1-3-232	15.1	07.060	A47	GB/T 38308—2019	天气预报检验　台风预报			2019/12/10	2020/7/1
15.1-3-233	15.1	29.240.01	K40	GB/T 38878—2020	柔性直流输电工程系统试验			2020/6/2	2020/12/1
15.1-3-234	15.1	19.080	N09	GB 4793.2—2008	测量、控制和实验室用电气设备的安全要求　第2部分：电工测量和试验用手持和手操电流传感器的特殊要求	GB 4793.2—2001		2008/8/30	2009/9/1
15.1-3-235	15.1	19.080	N09	GB 4793.5—2008	测量、控制和实验室用电气设备的安全要求　第5部分：电工测量和试验用手持探头组件的安全要求	GB 4793.5—2001		2008/8/30	2009/9/1
15.1-3-236	15.1	11.080.10	C47	GB 4793.8—2008	测量、控制和试验室用电气设备的安全要求　第2-042部分：使用有毒气体处理医用材料及供试验室用的压力灭菌器和灭菌器的专用要求			2008/3/24	2009/1/1
15.1-3-237	15.1	13.100	N09	GB 4793.9—2013	测量、控制和实验室用电气设备的安全要求　第9部分：实验室用分析和其他目的自动和半自动设备的特殊要求		IEC 61010-2-081：2009 IDT	2013/12/17	2014/11/1
15.1-3-238	15.1			GB/T 50123—2019	土工试验方法标准	GB/T 50123—1999		2019/5/24	2019/10/1
15.1-3-239	15.1		P24	GB/T 50129—2011	砌体基本力学性能试验方法标准	GBJ 129—1990		2011/7/29	2012/3/1
15.1-3-240	15.1	29.035.50	K15	GB/T 5019.2—2009	以云母为基的绝缘材料　第2部分：试验方法	GB/T 5019—2002		2009/6/10	2009/12/1
15.1-3-241	15.1	29.040.10	E38	GB/T 507—2002	绝缘油击穿电压测定法	GB/T 507—1986		2002/10/10	2003/4/1
15.1-3-242	15.1	03.120.10；03.120.30	L50	GB/T 5080.1—2012	可靠性试验　第1部分：试验条件和统计检验原理	GB/T 5080.1—1986	IEC 60300-3-5：2001	2012/11/5	2013/2/15
15.1-3-243	15.1	19.020	L50	GB/T 5080.2—2012	可靠性试验　第2部分：试验周期设计	GB/T 5080.2—1986	IEC 605-2：1994	2012/11/5	2013/2/15
15.1-3-244	15.1	13.220.40；29.020	K40	GB/T 5169.10—2017	电工电子产品着火危险试验　第10部分：灼热丝/热丝基本试验方法　灼热丝装置和通用试验方法	GB/T 5169.10—2006		2017/12/29	2018/7/1
15.1-3-245	15.1	13.220.40；29.020		GB/T 5169.11—2017	电工电子产品着火危险试验　第11部分：灼热丝/热丝基本试验方法　成品的灼热丝可燃性试验方法（GWEPT）	GB/T 5169.11—2006	IEC 60695-2-11：2014	2017/12/29	2018/7/1
15.1-3-246	15.1	29.020	K04	GB/T 5169.19—2006	电工电子产品着火危险试验　第19部分：非正常热模压应力释放变形试验			2006/3/14	2006/9/1
15.1-3-247	15.1	13.220.40；29.020	K04	GB/T 5169.21—2017	电工电子产品着火危险试验　第21部分：非正常热　球压试验方法	GB/T 5169.21—2006		2017/12/29	2018/7/1

15

序号	GW 分类	ICS 分类	GB 分类	标准号	中 文 名 称	代替标准	采用关系	发布日期	实施日期
15.1-3-248	15.1	13.220.40；29.020	K04	GB/Z 5169.33—2014	电工电子产品着火危险试验　第 33 部分：着火危险评定导则起燃性总则		IEC/TS 60695-1-20：2008	2014/9/3	2015/4/1
15.1-3-249	15.1	13.220.40；29.020	K04	GB/Z 5169.34—2014	电工电子产品着火危险试验　第 34 部分：着火危险评定导则起燃性试验方法概要和相关性		IEC/TR 60695-1-21：2008	2014/9/3	2015/4/1
15.1-3-250	15.1	13.220.40；29.020	K04	GB/T 5169.38—2014	电工电子产品着火危险试验　第 38 部分：燃烧流的毒性试验方法概要和相关性		IEC 60695-7-2：2011	2014/9/3	2015/4/1
15.1-3-251	15.1	13.220.40；29.02	K04	GB/T 5169.45—2019	电工电子产品着火危险试验　第 45 部分：着火危险评定导则　防火安全工程		IEC 60695-1-12：2015 IDT	2019/6/4	2020/1/1
15.1-3-252	15.1	19.040	K04	GB/T 5170.1—2016	电工电子产品环境试验设备检验方法　第 1 部分：总则	GB/T 5170.1—2008		2016/12/13	2017/7/1
15.1-3-253	15.1	19.040	K04	GB/T 5170.2—2017	环境试验设备检验方法　第 2 部分：温度试验设备	GB/T 5170.2—2008		2017/12/29	2018/7/1
15.1-3-254	15.1	19.040	K04	GB/T 5170.5—2016	电工电子产品环境试验设备检验方法　第 5 部分：湿热试验设备	GB/T 5170.5—2008		2016/12/13	2017/7/1
15.1-3-255	15.1	19.040	K04	GB/T 5170.8—2017	环境试验设备检验方法　第 8 部分：盐雾试验设备	GB/T 5170.8—2008		2017/12/29	2018/7/1
15.1-3-256	15.1	19.040	K04	GB/T 5170.9—2017	环境试验设备检验方法　第 9 部分：太阳辐射试验设备	GB/T 5170.9—2008		2017/12/29	2018/7/1
15.1-3-257	15.1	19.040	K04	GB/T 5170.10—2017	环境试验设备检验方法　第 10 部分：高低温低气压试验设备	GB/T 5170.10—2008		2017/12/29	2018/7/1
15.1-3-258	15.1	19.040	K04	GB/T 5170.11—2017	环境试验设备检验方法　第 11 部分：腐蚀气体试验设备	GB/T 5170.11—2008		2017/12/29	2018/7/1
15.1-3-259	15.1	19.040	K04	GB/T 5170.14—2009	环境试验设备基本参数检验方法振动（正弦）试验用电动振动台	GB/T 5170.14—1985		2009/5/6	2009/11/1
15.1-3-260	15.1	29.020	K04	GB/T 5170.21—2008	电工电子产品环境试验设备基本参数检验方法振动（随机）试验用液压振动台			2008/12/30	2009/11/1
15.1-3-261	15.1	33.100	L06	GB/Z 6113.3—2019	无线电骚扰和抗扰度测量设备和测量方法规范　第 3 部分：无线电骚扰和抗扰度测量技术报告	GB/Z 6113.3—2006	CISPR TR 16-3：2015	2019/8/30	2020/3/1
15.1-3-262	15.1	33.100	L06	GB/T 6113.102—2018	无线电骚扰和抗扰度测量设备和测量方法规范　第 1-2 部分：无线电骚扰和抗扰度测量设备　传导骚扰测量的耦合装置	GB/T 6113.102—2008	CISPR 16-1-2：2014	2018/7/13	2019/2/1

续表

序号	GW 分类	ICS 分类	GB 分类	标准号	中文名称	代替标准	采用关系	发布日期	实施日期
15.1-3-263	15.1	33.100	L06	GB/T 6113.103—2008	无线电骚扰和抗扰度测量设备和测量方法规范　第 1-3 部分：无线电骚扰和抗扰度测量设备辅助设备骚扰功率	GB/T 6113.1—1995		2008/1/12	2008/9/1
15.1-3-264	15.1	33.100	L06	GB/T 6113.105—2018	无线电骚扰和抗扰度测量设备和测量方法规范　第 1-5 部分：无线电骚扰和抗扰度测量设备　5MHz～18GHz 天线校准场地和参考试验场地	GB/T 6113.105—2008		2018/12/28	2019/7/1
15.1-3-265	15.1	33.100	L06	GB/T 6113.204—2008	无线电骚扰和抗扰度测量设备和测量方法规范　第 2-4 部分：无线电骚扰和抗扰度测量方法抗扰度测量	GB/T 6113.2—1998		2008/1/12	2008/9/1
15.1-3-266	15.1	33.100.20	L06	GB/Z 6113.403—2007	无线电骚扰和抗扰度测量设备和测量方法规范　第 4-3 部分：不确定度、统计学和限值建模批量产品的 EMC 符合性确定的统计考虑			2007/9/5	2008/4/1
15.1-3-267	15.1	33.100.20	L06	GB/Z 6113.404—2007	无线电骚扰和抗扰度测量设备和测量方法规范　第 4-4 部分：不确定度、统计学和限值建模抱怨的统计和限值的计算模型			2007/9/5	2008/4/1
15.1-3-268	15.1	03.120.30	A41	GB/T 6378.1—2008	计量抽样检验程序　第 1 部分：按接收质量限（AQL）检索的对单一质量特性和单个 AQL 的逐批检验的一次抽样方案	GB/T 6378—2002		2008/7/28	2009/1/1
15.1-3-269	15.1	03.120.30	A41	GB/T 6379.3—2012	测量方法与结果的准确度（正确度与精密度）第 3 部分：标准测量方法精密度的中间度量		ISO5725-3：1994 IDT	2012/11/5	2013/2/15
15.1-3-270	15.1	03.120.30	A41	GB/T 6379.6—2009	测量方法与结果的准确度（正确度与精密度）第 6 部分：准确度值的实际应用			2009/3/13	2009/9/1
15.1-3-271	15.1	29.035.99	K15	GB/T 6553—2014	严酷环境条件下使用的电气绝缘材料评定耐电痕化和蚀损的试验方法	GB/T 6553—2003	IEC 60587：2007 IDT	2014/5/6	2014/10/28
15.1-3-272	15.1	19.080	K40	GB/T 7354—2018	高电压试验技术　局部放电测量	GB/T 7354—2003	IEC 60270：2000	2018/9/17	2019/4/1
15.1-3-273	15.1	75.100	E38	GB/T 7601—2008	运行中变压器油、汽轮机油水分测定法（气相色谱法）	GB/T 7601—1987		2008/9/24	2009/8/1
15.1-3-274	15.1	75.100；29.040.10	E38	GB/T 7602.2—2008	变压器油、汽轮机油中 T501 抗氧化剂含量测定法　第 2 部分：液相色谱法			2008/12/30	2009/10/1
15.1-3-275	15.1	75.100；29.040.10	E38	GB/T 7602.3—2008	变压器油、汽轮机油中 T501 抗氧化剂含量测定法　第 3 部分：红外光谱法			2008/12/30	2009/10/1

序号	GW 分类	ICS 分类	GB 分类	标准号	中　文　名　称	代替标准	采用关系	发布日期	实施日期
15.1-3-276	15.1	75.100；29.040		GB/T 7602.4—2017	变压器油、涡轮机油中 T501 抗氧化剂含量测定法　第 4 部分：气质联用法			2017/11/1	2018/5/1
15.1-3-277	15.1	03.120.30	A41	GB/T 8054—2008	计量标准型一次抽样检验程序及表	GB/T 8053—2001；GB/T 8054—1995		2008/7/16	2009/1/1
15.1-4-278	15.1	17.220.20	A55	DL/T 1041—2007	电力系统电磁暂态现场试验导则			2007/7/20	2007/12/1
15.1-4-279	15.1			DL/T 1076—2017	火力发电厂化学调试导则	DL/T 1076—2007		2017/8/2	2017/12/1
15.1-4-280	15.1	27.100	F24	DL/T 1082—2008	高压实验室技术条件			2008/6/4	2008/11/1
15.1-4-281	15.1	29.180	K41	DL/T 1095—2018	变压器油带电度现场测试方法	DL/T 1095—2008		2018/4/3	2018/7/1
15.1-4-282	15.1	29.240.99	F24	DL/T 1681—2016	高压试验仪器设备选配导则			2016/12/5	2017/5/1
15.1-4-283	15.1	29.240.01	F20	DL/T 1721—2017	电力电缆线路沿线土壤热阻系数测量方法			2017/8/2	2017/12/1
15.1-4-284	15.1	29.240	F20	DL/T 1960—2018	变电站电气设备抗震试验技术规程			2018/12/25	2019/5/1
15.1-4-285	15.1			DL/T 1977—2019	矿物绝缘油氧化安定性的测定　差示扫描量热法		IEC/TR 62036：2007	2019/6/4	2019/10/1
15.1-4-286	15.1	27.140	F20	DL/T 1980—2019	变压器绝缘纸（板）平均含水量测定法　频域介电谱法			2019/6/4	2019/10/1
15.1-4-287	15.1	29.200	L43	DL/T 2042—2019	高压直流输电换流阀晶闸管级试验装置技术规范			2019/6/4	2019/10/1
15.1-4-288	15.1	27.100	F24	DL/T 253—2012	直流接地极接地电阻、地电位分布、跨步电压和分流的测量方法			2012/4/6	2012/7/1
15.1-4-289	15.1	27.100	F20	DL/T 263—2012	变压器油中金属元素的测定方法			2012/4/6	2012/7/1
15.1-4-290	15.1			DL/T 303—2014	电网在役支柱绝缘子及瓷套超声波检验技术导则			2014/10/15	2015/3/1
15.1-4-291	15.1	27.100	F24	DL/T 385—2010	变压器油带电倾向性检测方法			2010/5/1	2010/10/1
15.1-4-292	15.1	29.240.01	F23	DL/T 393—2010	输变电设备状态检修试验规程			2010/5/24	2010/10/1
15.1-4-293	15.1			DL/T 417—2019	电力设备局部放电现场测量导则	DL/T 417—2006		2019/11/4	2020/5/1
15.1-4-294	15.1	19.020	K15	DL/T 418—1991	绝缘液体雷电冲击击穿电压测定法			1991/10/4	1992/4/1
15.1-4-295	15.1	27.100	E38	DL/T 421—2009	电力用油体积电阻率测定法	DL 421—1991		2009/7/22	2009/12/1
15.1-4-296	15.1	29.080.30.99	K04	DL/T 474.1—2018	现场绝缘试验实施导则　绝缘电阻、吸收比和极化指数试验	DL/T 474.1—2006		2018/4/3	2018/7/1

续表

序号	GW 分类	ICS 分类	GB 分类	标准号	中 文 名 称	代替标准	采用关系	发布日期	实施日期
15.1-4-297	15.1	29.080.30.99	K04	DL/T 474.2—2018	现场绝缘试验实施导则　直流高电压试验	DL/T 474.2—2006		2018/4/3	2018/7/1
15.1-4-298	15.1	29.080.30.99	K04	DL/T 474.3—2018	现场绝缘试验实施导则　介质损耗因数 tanδ 试验	DL/T 474.3—2006		2018/4/3	2018/7/1
15.1-4-299	15.1	29.080.30.99	K04	DL/T 474.4—2018	现场绝缘试验实施导则　交流耐压试验	DL/T 474.4—2006		2018/4/3	2018/7/1
15.1-4-300	15.1	29.080.30.99	K04	DL/T 474.5—2018	现场绝缘试验导则　避雷器试验	DL/T 474.5—2006		2018/4/3	2018/7/1
15.1-4-301	15.1	29.180	K41	DL/T 580—2013	用露点法测定变压器绝缘纸中平均含水量的方法	DL/T 580—1995		2013/11/28	2014/4/1
15.1-4-302	15.1	29.020	F24	DL/T 596—1996	电力设备预防性试验规程	SD 301—1988		1996/9/25	1997/1/1
15.1-4-303	15.1	27.100	F24	DL/T 849.4—2004	电力设备专用测试仪器通用技术条件　第 4 部分：超低频高压发生器			2004/3/9	2004/6/1
15.1-4-304	15.1	29.240.99	F24	DL/T 849.6—2016	电力设备专用测试仪器通用技术条件　第 6 部分：高压谐振试验装置	DL/T 849.6—2004		2016/12/5	2017/5/1
15.1-4-305	15.1	27.100	F24；Q83	DL/T 907—2004	热力设备红外检测导则			2004/12/14	2005/6/1
15.1-4-306	15.1	29.02	K60	DL/T 976—2017	带电作业工具、装置和设备预防性试验规程	DL/T 976—2005		2017/11/15	2018/3/1
15.1-4-307	15.1	17.220.20	N26	DL/T 992—2006	冲击电压测量实施细则			2006/5/6	2006/10/1
15.1-4-308	15.1	19.100	N78	JB/T 11608—2013	无损检测仪器工业用 X 射线探伤装置			2013/12/31	2014/7/1
15.1-4-309	15.1	19.100	N77	JB/T 11609—2013	无损检测仪器声振检测仪			2013/12/31	2014/7/1
15.1-4-310	15.1	19.100	N33	JB/T 11610—2013	无损检测仪器数字超声检测仪技术条件			2013/12/31	2014/7/1
15.1-4-311	15.1	29.020	K04	JB/T 11654—2013	模拟高海拔环境的大型人工气候室技术条件			2013/12/31	2014/7/1
15.1-4-312	15.1	27.160	F11	JB/T 12239—2015	直流电源的回馈式老化测试方法			2015/4/30	2015/10/1
15.1-4-313	15.1	29.035.99	K15	JB/T 1544—2015	电气绝缘浸渍漆和漆布快速热老化试验方法　热重点斜法	JB/T 1544—1999		2015/4/30	2015/10/1
15.1-4-314	15.1			NB/T 10197—2019	高海拔现场移动冲击电压发生器通用技术条件			2019/6/4	2019/10/1
15.1-4-315	15.1	19.020		NB/T 42023—2013	试验数据的测量不确定度处理			2013/11/28	2014/4/1
15.1-4-316	15.1	19.020	K40	NB/T 42101—2016	高压开关设备型式试验及型式试验报告通用导则			2016/12/5	2017/5/1
15.1-4-317	15.1	29.020	K04	NB/T 42154—2018	高压/低压预装式变电站试验导则			2018/6/6	2018/10/1

续表

序号	GW 分类	ICS 分类	GB 分类	标准号	中文名称	代替标准	采用关系	发布日期	实施日期
15.1-4-318	15.1	19.080		BSI BS EN 15202—2012	高压试验技术　第 1 部分：一般定义和试验要求			2012/3/31	2012/3/31
15.1-4-319	15.1	33.100.01；33.100.99		BSI DD IEC/TS 61000-1-2：2009	电磁兼容性（EMC）第 1-2 部分：总则　达到电气和电子设备在电磁现象方面功能安全的方法			2009/4/30	2009/4/30
15.1-5-320	15.1	33.100.01		BSI PD IEC/TR 61000-2-5：2011	电磁兼容性（EMC）第 2-5 部分：环境　电磁环境的描述和分类			2011/7/31	2011/7/31
15.1-5-321	15.1	33.100.01		BSI PD IEC/TR 61000-3-6：2008	电磁兼容性（EMC）第 3-6 部分：限值　变形装置对 MV、HV 和 EHV 动力系统的连接用排放限值的评估			2008/4/30	2008/4/30
15.1-5-322	15.1	33.100.10		BSI PD IEC/TR 61000-3-7：2008	电磁兼容性（EMC）第 3-7 部分：对排放的限制　评价为波动的安装的连接限制到　MV，HV 和 EHV 力量系统			2008/4/30	2008/4/30
15.1-5-323	15.1	33.100.10		BSI PD IEC/TR 61000-3-13：2008	电磁兼容性（EMC）第 3-13 部分：对为到　MV，HV 和 EHV 力量系统的失衡的安装的连接的排放限制的限制评价			2008/4/30	2008/4/30
15.1-5-324	15.1	33.100.01；33.100.10		BSI PD IEC/TR 61000-3-14：2011	电磁兼容性（EMC）第 3-14 部分：谐波，间谐波排放限度，电压波动，以及干扰设施与低压电源系统连接不平衡性评估			2011/11/30	2011/11/30
15.1-5-325	15.1	33.100.10		BSI PD IEC/TR 61000-3-15：2011	电磁兼容性（EMC）第 3-15 部分：限制对为在 LV 的驱散的产生系统的电磁的免疫和排放要求联网的低频率的评价			2011/10/31	2011/10/31
15.1-5-326	15.1	33.100.01		BSI PD IEC TR 61000-5-6：2002	电磁兼容性（EMC）第 5-6 部分：安装和调节导则　外部电磁感应的调节			2002/8/16	2002/8/16
15.1-5-327	15.1	29.035.01		EN 60544-5—2012	电绝缘材料　电离辐射效应的测定　第 5 部分：使用中老化的评定方法（IEC 60544-5：2011）德文版本 EN　60544-5—2012	EN 60544-5—2003		2012/10/1	2012/10/1
15.1-5-328	15.1	17.220.20；19.080	K04	IEC 60060-1：2010	高压试验技术　第 1 部分：一般定义和试验要求	IEC 60060-1：1989；IEC 60060-1 CORRI 1：1992；IEC 60060-1 CORRI 1：1992；IEC 42/277/FDIS：2010		2010/9/29	
15.1-5-329	15.1	17.220.20；19.080	K40	IEC 60060-2：2010	高压试验技术　第 2 部分：测量系统	IEC 60060-2：1994；IEC 60060-2 AMD 1：1996；IEC 42/281/FDIS：2010		2010/11/29	2010/11/29

续表

序号	GW 分类	ICS 分类	GB 分类	标准号	中 文 名 称	代替标准	采用关系	发布日期	实施日期
15.1-5-330	15.1	19.080	K04	IEC 60060-3：2006	高压试验技术　第 3 部分：现场测试的定义和要求	IEC 42/203/FDIS：2005		2006/2/7	2006/2/7
15.1-5-331	15.1	17.220.99；29.035.01	K15	IEC 60212：2010	固体电气绝缘材料试验前和试验时采用的标准条件	IEC 60212：1971；IEC 112/148/CDV：2010		2010/12/1	2010/12/1
15.1-5-332	15.1	17.220.99；29.035.01	K15	IEC 60216-1：2013	电绝缘材料耐热性能　第 1 部分：老化规程和试验结果评定	IEC 60216-1：2001；IEC 112/235/FDIS：2012		2013/3/15	2013/3/15
15.1-5-333	15.1	17.220.99；29.035.01	K15	IEC 60216-8：2013	电绝缘材料耐热性能　第 8 部分：使用简化规程计算耐热性能用指令	IEC 112/236/FDIS：2012		2013/3/15	2013/3/15
15.1-5-334	15.1	17.220.99；29.035.01		IEC 60243-2：2013	绝缘材料的耐电强度　试验方法　第 2 部分：采用直流电压进行试验的补充要求			2013/11/26	2013/11/26
15.1-5-335	15.1	17.220.99；29.035.01		IEC 60243-3：2013	绝缘材料电气强度试验方法　第 3 部分：1.2/50us 脉冲试验补充要求			2013/11/26	2013/11/26
15.1-5-336	15.1	29.040；29.040.10		IEC 60475：2011	液体电介质取样方法	IEC 60475：1974；IEC 10/848/FDIS：2011		2011/10/20	2011/10/20
15.1-5-337	15.1	29.035.01	A41；K15	IEC/TR 60493-2：2010	老化试验数据的统计分析用指南　第 2 部分：截尾标准分布数据的统计分析用验证程序	IEC 112/140/DTR：2009		2010/3/30	2010/3/30
15.1-5-338	15.1	17.240；29.035.01	K15	IEC 60544-1：2013	电气绝缘材料　电离辐射影响的测定　第 1 部分：辐射的交互作用和放射量测定	IEC 60544-1：1994；IEC 112/254/FDIS：2013		2013/6/1	2013/6/1
15.1-5-339	15.1	33.100.99		IEC 61000-1-2：2016	电磁兼容性（EMC）　第 1-2 部分：总则　达到电气和电子设备在电磁现象方面功能安全的方法	IEC 61000-6-1：2005；IEC/TS 61000-1-2：2008		2016/4/1	2016/4/1
15.1-5-340	15.1			IEC/TR 61000-1-6 CORRI 1-2014	电磁兼容性(EMC) 第 1-6 部分：总则.测量不确定性评定指南；勘误表 1			2014/10/1	2014/10/1
15.1-5-341	15.1	33.100.20		IEC/TR 61000-2-5：2017	电磁兼容性（EMC）　第 2-5 部分：环境　电磁环境的描述和分类	IEC/TR 61000-2-5：2011		2017/2/28	2017/2/28
15.1-5-342	15.1	33.100.01	L06	IEC 61000-2-13：2005	电磁兼容性（EMC）　第 2-13 部分：环境　辐射和传导的大功率电磁（HEMP）环境	IEC 77 C/153/FDIS：2004		2005/3/1	2005/3/1
15.1-5-343	15.1	33.100.01	L06	IEC/TR 61000-3-6：2008	电磁兼容性（EMC）　第 3-6 部分：限值变形装置对 MV、HV 和 EHV 动力系统的连接用排放限值的评估	IEC TR 61000-3-6：1996；IEC 77 A/575/DTR：2007		2008/2/22	2008/2/22
15.1-5-344	15.1	33.100.01	L06	IEC/TR 61000-3-7：2008	电磁兼容性（EMC）　第 3-7 部分：限值变动载荷装置对 MV、HV 和 EHV 动力系统的连接用排放限值的评估	IEC TR 61000-3-7：1996；IEC 77 A/576/DTR：2007		2008/2/22	2008/2/22

序号	GW 分类	ICS 分类	GB 分类	标准号	中 文 名 称	代替标准	采用关系	发布日期	实施日期
15.1-5-345	15.1	33.100.10	L06	IEC 61000-3-12：2011	电磁兼容性（EMC） 第 3-12 部分：限值 与每相输入电流 16A 和 75A 的公用低压系统连接的设备产生的谐波电流限值	IEC 61000-3-12：2004；IEC 77 A/740/FDIS：2011		2011/5/12	2011/5/12
15.1-5-346	15.1	33.100.01	L06	IEC/TR 61000-3-13 CORRI 1：2010	电磁兼容性（EMC） 第 3-13 部分：限值不平衡装置对 MV、HV 和 EHV 动力系统的连接用排放限值的评估修改单 1			2010/4/22	2010/4/22
15.1-5-347	15.1	33.100.01	L06	IEC/TR 61000-3-13：2008	电磁兼容性（EMC） 第 3-13 部分：限值不平衡装置对 MV、HV 和 EHV 动力系统的连接用排放限值的评估	IEC 77 A/577/DTR：2007		2008/2/22	2008/2/22
15.1-5-348	15.1	33.100.01；33.100.10		IEC/TR 61000-3-14：2011	电磁兼容性（EMC） 第 3-14 部分：谐波，间谐波排放限度，电压波动，以及干扰设施与低压电源系统连接不平衡性评估	IEC 77 A/741/DTR：2011		2011/10/20	2011/10/20
15.1-5-349	15.1	33.100.01；33.100.20		IEC/TR 61000-4-1：2016	电磁兼容性（EMC） 第 4-1 部分：试验和测量技术 IEC 61000-4 系列综述	IEC 61000-4-1：2006		2016/4/1	2016/4/1
15.1-5-350	15.1	33.100.20	L06	IEC 61000-4-3：2010	电磁兼容性（EMC） 第 4-3 部分：试验和测量技术 辐射、射频和电磁场抗扰试验	IEC 61000-4-3：2008		2010/4/1	2010/4/1
15.1-5-351	15.1	33.100.20	L06	IEC 61000-4-4：2012	电磁兼容性（EMC） 第 4-4 部分：试验和测量技术 快速瞬变脉冲/脉冲串抗扰性试验	IEC 61000-4-4：2004；IEC 61000-4-4 CORRI 1：2006；IEC 61000-4-4 CORRI 1：2006；IEC 61000-4-4 CORRI 2：2007；IEC 61000-4-4 CORRI 2：2007；IEC 61000-4-4 AMD 1：2010；IEC 61000-4-4：2011；IEC 77 B/670/FDIS：2012		2012/4/30	2012/4/30
15.1-5-352	15.1	33.100.20		IEC 61000-4-5：2014	电磁兼容性（EMC） 第 4-5 部分：试验和测量技术 电涌抗扰试验	IEC 61000-4-5 CORRI 1:2009; IEC 61000-4-5：2005		2014/5/1	2014/5/1
15.1-5-353	15.1	33.100.20		IEC 61000-4-6：2013	电磁兼容性（EMC） 第 4-6 部分：测试和测量技术 射频场感应的传导干扰抗扰性			2013/10/23	2013/10/23
15.1-5-354	15.1	33.100.10；33.100.20	L06	IEC 61000-4-7：2009	电磁兼容性（EMC） 第 4-7 部分：试验和测量技术供电系统及其相连设备谐波和间谐波的测量和使用仪器的通用指南			2009/10/1	2009/10/1

续表

序号	GW 分类	ICS 分类	GB 分类	标准号	中文名称	代替标准	采用关系	发布日期	实施日期
15.1-5-355	15.1	33.100.20	L06	IEC 61000-4-8：2009	电磁兼容性（EMC） 第 4-8 部分：试验和测量技术 工频磁场抗扰度试验	IEC 61000-4-8：1993；IEC 61000-4-8 AMD 1：2000；IEC 61000-4-8：2001；IEC 77 A/694/FDIS：2009		2009/9/3	2009/9/3
15.1-5-356	15.1	33.100.01	L06	IEC 61000-4-11：2004	电磁兼容性（EMC） 第 4-11 部分：试验和测量技术 第 11 节：电压磁倾角、短暂中断及电压渐变抗扰度试验	IEC 61000-4-11：1994；IEC 61000-4-11 AMD 1：2000；IEC 61000-4-11：2001；IEC 77 A/452/FDIS：2004		2004/3/24	2004/3/24
15.1-5-357	15.1	33.100.20		IEC 61000-4-12：2017	电磁兼容性（EMC） 第 4-12 部分：试验和测量技术 环形波抗扰度试验	IEC 61000-4-12：2006		2017/7/1	2017/7/1
15.1-5-358	15.1			IEC 61000-4-13：2015	电磁兼容性（EMC） 第 4-13 部分：试验和测量技术 包括交流电端口电源	IEC 61000-4-13：2009		2015/12/1	2015/12/1
15.1-5-359	15.1	33.100.20	L06	IEC 61000-4-14：2009	电磁兼容性（EMC） 第 4-14 部分：试验和测量技术 每相输入电流不超过 16A 的设备的电压波动抗扰性试验	IEC 61000-4-14：2002		2009/8/1	2009/8/1
15.1-5-360	15.1	33.100.10；33.100.20	L06	IEC 61000-4-15：2010	电磁兼容性（EMC） 第 4-15 部分：测试与测量技术 功能与设计规范	IEC 61000-4-15：1997；IEC 61000-4-15：2003；IEC 61000-4-15 AMD 1：2003；IEC 77 A/722/FDIS：2010		2010/8/24	2010/8/24
15.1-5-361	15.1	33.100.20		IEC 61000-4-16：2015	电磁兼容性（EMC） 第 4-16 部分：试验和测量技术 对频率在 0～150kHz 范围内的传导共模骚扰的抗扰度试验	IEC 61000-4-16：2011		2015/12/9	2015/12/9
15.1-5-362	15.1	33.100.20	L06	IEC 61000-4-17：2009	电磁兼容性（EMC） 第 4-17 部分：试验和测量技术 直流电输入功率端口纹波抗扰度试验	IEC 61000-4-17：2002		2009/1/28	2009/1/28
15.1-5-363	15.1	33.100.20	L06	IEC 61000-4-18：2011	电磁兼容性（EMC） 第 4-18 部分：试验和测量技术 阻尼振荡波免疫测试			2011/3/30	2011/3/30
15.1-5-364	15.1	33.100.20		IEC 61000-4-19：2014	电磁兼容性（EMC） 第 4-19 部分：试验和测量技术 交流电源端口处频率范围为 2kHz 至 150kHz 的差模扰动和信号传输所致抗干扰性的试验			2014/5/7	2014/5/7
15.1-5-365	15.1	33.100.10；33.100.20	L06	IEC 61000-4-20：2010	电磁兼容性（EMC） 第 4-20 部分：试验和测量技术 横向电磁波导（TEM）辐射和干扰试验	IEC 61000-4-20：2003；IEC 61000-4-20 AMD 1：2006；IEC 61000-4-20：2007；IEC 77 B/637/FDIS：2010		2010/8/31	2010/8/31

15

序号	GW 分类	ICS 分类	GB 分类	标准号	中　文　名　称	代替标准	采用关系	发布日期	实施日期
15.1-5-366	15.1	33.100.01；33.100.10；33.100.20	L06	IEC 61000-4-21：2011	电磁兼容性（EMC） 第 4-21 部分：试验和测量技术　混响室试验方法	IEC 61000-4-21：2003；IEC 77 B/619/CDV：2009		2011/1/27	2011/1/27
15.1-5-367	15.1	33.100.10；33.100.20	L06	IEC 61000-4-22：2010	电磁兼容性（EMC） 第 4-22 部分：试验和测量技术　完全消声室（FARs）内辐射排放和免疫测量	CISPR A 912 FDIS—2010		2010/10/27	2010/10/27
15.1-5-368	15.1	33.100.20	L06	IEC 61000-4-27：2009	电磁兼容性（EMC） 第 4-27 部分：试验与测量技术　在各相输入电流不超过 16A 情况下设备不平衡与抗扰能力测试			2009/4/1	2009/4/1
15.1-5-369	15.1	33.100.20	L06	IEC 61000-4-28：2009	电磁兼容性（EMC） 第 4-28 部分：试验与测量技术　在各相输入电流不超过 16A 情况下设备电力频率变化与抗扰能力测试	IEC 61000-4-28：2002		2009/4/1	2009/4/1
15.1-5-370	15.1			IEC 61000-4-30：2015	电磁兼容性（EMC） 第 4-30 部分：测试和测量技术　电能质量测量方法			2015/2/1	2015/2/1
15.1-5-371	15.1	33.100.20	L06	IEC 61000-4-34：2009	电磁兼容性（EMC） 第 4-34 部分：试验及测量技术每相主电流超过 16A 的设备用电压骤降、短时中断及电压变化免疫测试			2009/11/1	2009/11/1
15.1-5-372	15.1			IEC 61000-4-36：2014	电磁兼容性（EMC） 第 4-36 部分：试验和测量技术　设备和系统的有意电磁干扰抗扰度的试验方法			2014/11/7	2014/11/7
15.1-5-373	15.1	33.100.20		IEC 61000-6-1：2016	电磁兼容性(EMC)第 6-1 部分:通用标准　居住、商业和轻工业环境的抗扰性标准	IEC 61000-6-1：2005		2016/8/1	2016/8/1
15.1-5-374	15.1	33.100.10	L06	IEC 61000-6-3：2011	电磁兼容性(EMC)第 6-3 部分:通用标准　住宅、商业和轻型工业环境排放标准			2011/2/1	2011/2/1
15.1-5-375	15.1	33.100.10		IEC 61000-6-4：2018	电磁兼容性(EMC)第 6-4 部分:通用标准　工业环境的排放标准	IEC 61000-6-4：2011		2018/2/1	2018/2/1
15.1-5-376	15.1	33.100.20		IEC 61000-6-7：2014	电磁兼容性(EMC)第 6-7 部分:通用标准　旨在工业场所中的安全相关系统（功能安全）中行使功能的设备的抗干扰要求			2014/10/9	2014/10/9
15.1-5-377	15.1	17.220.20	N20	IEC 61010-1 CORRI 1：2011	测量、控制和实验室用电气设备的安全性要求　第 1 部分：一般要求	IEC 61010-1 CORRI 1：2002		2011/5/1	2011/5/1
15.1-5-378	15.1	17.220.20；19.080；71.040.10；71.040.20	K60	IEC 61010-1 Interpretation Sheet 1：2013	测量、控制和实验室用电气设备的安全性要求　第 1 部分：通用要求　条款 6.8.3.1 的说明表单	IEC 66/497 A/ISH：2012		2013/2/1	2013/2/1

续表

序号	GW 分类	ICS 分类	GB 分类	标准号	中文名称	代替标准	采用关系	发布日期	实施日期
15.1-5-379	15.1	19.080；71.040.10		IEC 61010-2-030：2017	测量、控制和实验室用电气设备的安全性要求 第 2-030 部分：具有测试或测量电路设备的特殊要求	IEC 61010-2-030: 2010；IEC 61010-2-030 Corrigendum 1：2011		2017/1/1	2017/1/1
15.1-5-380	15.1	17.020；19.080；25.040.40		IEC 61010-2-201：2017	测量、控制和实验室用电气设备的安全性要求 第 2-201 部分：控制设备的详细要求	IEC 61010-2-201：2013		2017/3/1	2017/3/1
15.1-5-381	15.1	03.120.30；19.020；21.020；29.020	L05	IEC 61124：2012	可靠性试验 恒定失效率和恒定失效强度的符合性试验	IEC 61124：2006；IEC 56/1461/FDIS：2012		2012/5/23	2012/5/23
15.1-5-382	15.1	17.220；19.080；25.040.40；33.100；33.100.01	L06	IEC 61326-2-4：2012	测量、控制和实验室用电气设备 电磁兼容性要求 第 2-4 部分：详细要求 按照 IEC 61557-9 标准的绝缘失效定位设备和 IEC 61557-8 的绝缘监测设备用试验配置、操作条件和性能标准	IEC 61326-2-4：2006；IEC 61326-2-4 CORRI 1：2011；IEC 65 A/630/FDIS：2012		2012/7/1	2012/7/1
15.1-5-383	15.1	25.040.40；33.100.20		IEC 61326-3-2：2017	测量、控制和实验室用电气设备 电磁兼容性（EMC）的要求 第 3-2 部分：与安全相关的系统和用于与执行安全相关的功能设备（功能安全）用抗扰度要求 带指定电磁环境的工业设施	IEC 61326-3-2 Interpretation Sheet 1：2013		2017/5/1	2017/5/1
15.1-5-384	15.1	17.220.20		IEC 61786-1：2013	关于人体暴露于 1Hz 至 100kHz 直流电磁场、交流电磁场及交流电场的测量 第 1 部分：测量仪器的要求（提案的横向标准）			2013/12/1	2013/12/1
15.1-5-385	15.1	17.220.99；29.035.01；29.080.30	K15	IEC/TS 61934：2011	电绝缘材料和系统 在短上升时间和反复电压脉冲下局部放电（PD）的电测量	IEC TS 61934：2006；IEC 112/163/DTS：2010		2011/4/28	2011/4/28
15.1-5-386	15.1			IEC 62056-5-3：2016	电能测量数据交换 DLMS/COSEM 程序组 第 5-3 部分：DLMS/COSEM 应用层	IEC 62056-5-3：2013		2016/3/1	2016/3/1
15.1-5-387	15.1	31.200		IEC 62433-1：2019	电磁兼容性（EMC）集成电路（IC）模型 第 1 部分：一般模型结构	IEC/TS 62433-1：2011		2019/3/8	2019/3/8
15.1-5-388	15.1	17.220.20；17.240；35.020	L09	IEC 62479：2010	与人体暴露在电磁场（10MHz～300GHz）相关的带有基本限制的小功率电子和电气设备的合格评定	IEC 106/198/FDIS：2010		2010/6/16	2010/6/16
15.1-5-389	15.1	29.040.01	E38	IEC 62535：2008	绝缘液体在使用和不使用的绝缘油中硫磺潜在腐蚀性试验方法	IEC 10/746/FDIS：2008		2008/10/8	2008/10/8
15.1-5-390	15.1	17.020		ISO GUIDE 98-1：2009	测量不确定度 第 1 部分：测量中不确定度的表示介绍			2009/9/1	2009/9/1

续表

序号	GW 分类	ICS 分类	GB 分类	标准号	中文名称	代替标准	采用关系	发布日期	实施日期
15.1-5-391	15.1	01.040.17；17.020		ISO GUIDE 99：2007	计量学的国际词汇　基本与一般概念与相关术语（VIM）			2007/12/1	2007/12/1
15.1-5-392	15.1	17.220.99；29.035.01	K15	JIS C 2143-2—2011	电气绝缘材料　耐热属性　第 2 部分：耐热属性的测定　试验标准的选择			2011/8/22	2011/8/22
15.1-5-393	15.1	17.220.20；29.030；77.140.50	H53	JIS C 2550-1—2011	电工钢条和电工钢板试验方法　第 1 部分：采用爱普斯坦方圈测量电工钢条和电工钢板磁特性测量方法	JIS C 2550—2000		2011/9/20	2011/9/20
15.1-5-394	15.1	17.220.01；29.030；77.140.50	H53	JIS C 2550-2—2011	电工钢条和电工钢板的试验方法　第 2 部分：电工钢条和电工钢板的几何特性测定方法	JIS C 2550—2000		2011/9/20	2011/9/20
15.1-5-395	15.1	17.220.20；29.030；77.140.50	H53	JIS C 2550-3—2011	电工钢条和电工钢板试验方法　第 3 部分：中频时测量电工钢条和电工钢板磁特性测量方法	JIS C 2550—2000		2011/9/20	2011/9/20
15.1-5-396	15.1	17.220.01；29.030；77.140.50	H53	JIS C 2550-4—2011	电工钢条和电工钢板试验方法　第 4 部分：测定电工钢条和电工钢板表面绝缘特性试验方法	JIS C 2550—2000		2011/9/20	2011/9/20
15.1-5-397	15.1	17.220.20；29.030；77.140.50	H53	JIS C 2550-5—2011	电工钢条和电工钢板试验方法　第 5 部分：电工钢条和电工钢板密度、电阻率和堆垛系数的测量方法	JIS C 2550—2000		2011/9/20	2011/9/20
15.1-5-398	15.1	29.040.10	E38	NF C 27-240—2007	填充矿物油的电气设备　在电气设备上将溶解气体分析（DGA）应用于工厂试验	NF C 27-240—1993		2007/8/1	2007/8/4
15.1-5-399	15.1	29.035.20	K15	NF C 93-642-2—2012	软绝缘套管　第 2 部分：测试方法	NF C 93-642-2—1998；NF C 93-642-2 A 1—2003；NF C 93-642-2 A 2—2006		2012/7/1	2012/7/27
15.1-5-400	15.1	27.100	F24	T/CEC 140—2017	六氟化硫电气设备中六氟化硫气体纯度测量方法			2017/5/15	2017/8/1
15.1-5-401	15.1			T/CEC 217—2019	六氟化硫气体中颗粒含量的测定方法　光散射法			2019/4/24	2019/7/1
15.1-5-402	15.1			T/CEC 298—2020	高压直流输电换流阀年度检修化学检查导则			2020/6/30	2020/10/1

15.2　试验与计量-高压电力设备

序号	GW 分类	ICS 分类	GB 分类	标准号	中文名称	代替标准	采用关系	发布日期	实施日期
15.2-2-1	15.2	29.240		Q/GDW 10310—2016	1000kV 电气装置安装工程电气设备交接试验规程	Q/GDW 310—2009		2016/12/22	2016/12/22

续表

序号	GW 分类	ICS 分类	GB 分类	标准号	中　文　名　称	代替标准	采用关系	发布日期	实施日期
15.2-2-2	15.2	29.240		Q/GDW 10661—2015	串联电容器补偿装置交接试验规程	Q/GDW 661—2011		2016/12/8	2016/12/8
15.2-2-3	15.2	29.240		Q/GDW 11059.1—2018	气体绝缘金属封闭开关设备　局部放电带电测试技术现场应用导则　第 1 部分：超声波法	Q/GDW 11059.1—2013		2020/4/3	2020/4/3
15.2-2-4	15.2	29.240		Q/GDW 11059.2—2018	气体绝缘金属封闭开关设备　局部放电带电测试技术现场应用导则　第 2 部分：特高频法	Q/GDW 11059.2—2013		2020/4/3	2020/4/3
15.2-2-5	15.2	29.240		Q/GDW 11060—2013	交流金属封闭开关设备暂态地电压局部放电带电测试技术现场应用导则			2014/9/1	2014/9/1
15.2-2-6	15.2	29.240		Q/GDW 11114—2013	直流互感器校准规范			2014/4/1	2014/4/1
15.2-2-7	15.2	29.240		Q/GDW 11115—2013	30Hz～300MHz 高压测量系统校准规范			2014/4/1	2014/4/1
15.2-2-8	15.2	29.240.10	K40	Q/GDW 111—2004	直流换流站高压直流电气设备交接试验规程			2004/5/19	2004/5/19
15.2-2-9	15.2	29.240		Q/GDW 11122—2013	750kV 磁控式可控并联电抗器现场试验规范			2014/4/15	2014/4/15
15.2-2-10	15.2	29.240		Q/GDW 11303—2014	气体绝缘金属封闭开关设备同频同相交流耐压试验导则			2015/2/26	2015/2/26
15.2-2-11	15.2	29.240		Q/GDW 11391—2015	高压支柱类电气设备抗震试验技术规程			2015/7/17	2015/7/17
15.2-2-12	15.2	29.240		Q/GDW 11447—2015	10kV～500kV 输变电设备交接试验规程			2016/11/21	2016/11/21
15.2-2-13	15.2	29.240		Q/GDW 11484—2016	1100kV 气体绝缘金属封闭开关设备现场雷电冲击电压耐受试验导则			2016/11/9	2016/11/9
15.2-2-14	15.2	29.240		Q/GDW 11505—2015	隔离断路器交接试验规程			2016/12/8	2016/12/8
15.2-2-15	15.2	29.240		Q/GDW 11506—2015	隔离断路器状态检修试验规程			2016/12/8	2016/12/8
15.2-2-16	15.2	29.240		Q/GDW 11553—2016	统一潮流控制器一次设备交接试验规程			2017/2/28	2017/2/28
15.2-2-17	15.2	29.240		Q/GDW 1157—2013	750kV 电力设备交接试验规程	Q/GDW 157—2007		2014/3/13	2014/3/13
15.2-2-18	15.2	29.240		Q/GDW 11594—2016	复合材料支柱绝缘子抗震性能试验方法			2017/6/16	2017/6/16
15.2-2-19	15.2			Q/GDW 11733—2017	柔性直流输电工程系统试验规程			2018/7/11	2018/7/11
15.2-2-20	15.2			Q/GDW 11740—2017	特高压直流输电工程分层接入交流电网系统试验规程			2018/9/12	2018/9/12
15.2-2-21	15.2			Q/GDW 11743—2017	±1100kV　特高压直流设备交接试验			2018/9/12	2018/9/12
15.2-2-22	15.2	29.240		Q/GDW 11869—2018	污秽条件下高压空心绝缘子和套管人工强降雨闪络试验方法			2019/10/23	2019/10/23
15.2-2-23	15.2	29.240		Q/GDW 11920—2018	变压器绕组导体材质热电效应检测方法			2020/4/3	2020/4/3

续表

序号	GW 分类	ICS 分类	GB 分类	标准号	中文名称	代替标准	采用关系	发布日期	实施日期
15.2-2-24	15.2	29.240		Q/GDW 1322—2015	1000kV 交流电气设备预防性试验规程	Q/GDW 322—2009		2016/11/21	2016/11/21
15.2-2-25	15.2			Q/GDW 158—2007	750kV 电力设备预防性试验规程			2007/1/17	2007/1/17
15.2-2-26	15.2	29.240		Q/GDW 1889—2013	高压直流输电电压源换流器（VSC）阀电气试验			2014/1/29	2014/1/29
15.2-2-27	15.2			Q/GDW 1966—2013	1000kV 交流特高压变压器局部放电现场测量导则			2014/5/1	2014/5/1
15.2-2-28	15.2			Q/GDW 1971—2013	气体绝缘金属封闭开关设备现场冲击电压试验导则			2014/4/15	2014/4/15
15.2-2-29	15.2	29.240		Q/GDW 254—2009	±800kV 直流输电工程系统试验规程			2009/5/25	2009/5/25
15.2-2-30	15.2	29.240		Q/GDW 299—2009	±800kV 特高压直流设备预防性试验规程			2009/5/25	2009/5/25
15.2-2-31	15.2	29.240		Q/GDW 301—2009	高压直流绝缘子覆冰闪络试验方法			2009/5/25	2009/5/25
15.2-2-32	15.2	29.240		Q/GDW 321—2009	1000kV 交流电气设备现场试验设备技术条件			2009/5/25	2009/5/25
15.2-2-33	15.2	29.020		Q/GDW 516—2010	500kV～1000kV 输电线路劣化悬式绝缘子检测规程			2010/12/1	2010/12/1
15.2-2-34	15.2	29.020		Q/GDW 690—2011	电子式互感器现场校验规范			2012/6/6	2012/6/6
15.2-2-35	15.2	29.180	K41	GB/T 1094.18—2016	电力变压器　第 18 部分：频率响应测量		IEC 60076-18：2012	2016/8/29	2017/3/1
15.2-2-36	15.2	29.120.60	K43	GB/T 11023—2018	高压开关设备六氟化硫气体密封试验方法	GB/T 11023—1989		2018/12/28	2019/7/1
15.2-3-37	15.2	29.180	K41	GB/T 19212.13—2019	变压器、电抗器、电源装置及其组合的安全　第 13 部分：恒压变压器和电源装置的特殊要求和试验	GB/T 19212.13—2005		2019/10/18	2020/5/1
15.2-3-38	15.2	29.180	K41	GB/T 19212.17—2019	电源电压为 1100V 及以下的变压器、电抗器、电源装置和类似产品的安全　第 17 部分：开关型电源装置和开关型电源装置用变压器的特殊要求和试验	GB/T 19212.17—2013	IEC 61558-2-16：2013	2019/10/18	2020/5/1
15.2-3-39	15.2	29.080.10	K48	GB/T 20642—2006	高压线路绝缘子空气中冲击击穿试验			2006/11/8	2007/5/1
15.2-3-40	15.2	29.200	K46	GB/T 20990.1—2007	高压直流输电晶闸管阀　第 1 部分：电气试验			2007/6/21	2008/2/1
15.2-3-41	15.2	17.140	A59	GB/T 22075—2008	高压直流换流站的可听噪声			2008/6/30	2009/4/1
15.2-3-42	15.2	29.080.10	K48	GB/T 24623—2009	高压绝缘子无线电干扰试验			2009/11/15	2010/4/1
15.2-3-43	15.2	29.240	F24	GB/T 24846—2018	1000kV 交流电气设备预防性试验规程	GB/Z 24846—2009		2018/7/13	2019/2/1
15.2-3-44	15.2	29.100.01	K97	GB/T 27743—2011	变压器专用设备检测方法			2011/12/30	2012/5/1

续表

序号	GW 分类	ICS 分类	GB 分类	标准号	中　文　名　称	代替标准	采用关系	发布日期	实施日期
15.2-3-45	15.2	29.200；31.080.20	K46	GB/T 28563—2012	±800kV 特高压直流输电用晶闸管阀电气试验	GB/T 20990.1—2020	IEC 60700-1：2008	2012/6/29	2012/11/1
15.2-3-46	15.2	29.240.01	K40	GB/T 30423—2013	高压直流设施的系统试验		IEC 61975：2010 IDT	2013/12/31	2014/7/13
15.2-3-47	15.2	29.240.01	K44	GB/T 32518.1—2016	超高压可控并联电抗器现场试验技术规范　第 1 部分：分级调节式			2016/2/24	2016/9/1
15.2-3-48	15.2	29.240.10	K04	GB/T 37137—2018	高原 220kV 变电站交流回路系统现场检验方法			2018/12/28	2019/7/1
15.2-3-49	15.2	29.060.01	K12	GB/T 4074.1—2008	绕组线试验方法　第 1 部分：一般规定	GB/T 4074.1—1999		2008/4/23	2008/12/1
15.2-3-50	15.2	29.120.40	K43	GB/T 4473—2018	高压交流断路器的合成试验	GB/T 4473—2008	IEC 62271-101：2017	2018/12/28	2019/7/1
15.2-3-51	15.2	29.080.10	K48	GB/T 4585—2004	交流系统用高压绝缘子的人工污秽试验	GB/T 4585.1—1984；GB/T 4585.2—1991		2004/5/14	2005/2/1
15.2-3-52	15.2	33.100	L06	GB/T 6113.202—2018	无线电骚扰和抗扰度测量设备和测量方法规范　第 2-2 部分：无线电骚扰和抗扰度测量方法　骚扰功率测量	GB/T 6113.202—2008	CISPR 16-2-2：2010 IDT	2018/7/13	2019/2/1
15.2-3-53	15.2	29.240.010	F24	DL/T 1015—2019	现场直流和交流耐压试验电压测量系统的使用导则	DL/T 1015—2006		2019/6/4	2019/10/1
15.2-3-54	15.2	29.240.010	F22	DL/T 1131—2019	±800kV 高压直流输电工程系统试验规程	DL T 1131—2009；DL/T 1131—2009		2019/6/4	2019/10/1
15.2-4-55	15.2	27.100	F23	DL/T 1204—2013	矿物绝缘油热膨胀系数测定法	ASTM Dl903：2008		2013/3/7	2013/8/1
15.2-4-56	15.2	29.180	K41	DL/T 1243—2013	换流变压器现场局部放电测试技术			2013/3/7	2013/8/1
15.2-4-57	15.2	29.080.10	K48	DL/T 1244—2013	交流系统用高压绝缘子人工覆冰闪络试验方法			2013/3/7	2013/8/1
15.2-4-58	15.2	29.080.10	K48	DL/T 1247—2013	高压直流绝缘子覆冰闪络试验方法			2013/3/7	2013/8/1
15.2-4-59	15.2	27.100	F24	DL/T 1275—2013	1000kV 变压器局部放电现场测量技术导则			2013/11/28	2014/4/1
15.2-4-60	15.2	27.100	F24	DL/T 1300—2013	气体绝缘金属封闭开关设备现场冲击试验导则			2013/11/28	2014/4/1
15.2-4-61	15.2	27.100	F24	DL/T 1331—2014	交流变电设备不拆高压引线试验导则			2014/3/18	2014/8/1
15.2-4-62	15.2	27.100	F29	DL/T 1474—2015	标称电压高于 1000V 交、直流系统用复合绝缘子憎水性测量方法			2015/7/1	2015/12/1
15.2-4-63	15.2	29.180	K41	DL/T 1503—2016	变压器用速动油压继电器检验规程			2016/1/7	2016/6/1

续表

序号	GW 分类	ICS 分类	GB 分类	标准号	中 文 名 称	代替标准	采用关系	发布日期	实施日期
15.2-4-64	15.2	29.180	K41	DL/T 1534—2016	油浸式电力变压器局部放电的特高频检测方法			2016/1/7	2016/6/1
15.2-4-65	15.2	29.180	K41	DL/T 1540—2016	油浸式交流电抗器（变压器）运行振动测量方法			2016/1/7	2016/6/1
15.2-4-66	15.2	29.200	N29	DL/T 1577—2016	直流设备不拆高压引线试验导则			2016/2/5	2016/7/1
15.2-4-67	15.2	29.240.30	K32	DL/T 1584—2016	1000kV 串联电容器补偿装置现场试验规程			2016/2/5	2016/7/1
15.2-4-68	15.2	29.240.01	F24	DL/T 1669—2016	±800kV 直流设备现场直流耐压试验实施导则			2016/12/5	2017/5/1
15.2-4-69	15.2	29.180	K41	DL/T 1798—2018	换流变压器交接及预防性试验规程			2018/4/3	2018/7/1
15.2-4-70	15.2	29.180	K41	DL/T 1799—2018	电力变压器直流偏磁耐受能力试验方法			2018/4/3	2018/7/1
15.2-4-71	15.2	29.18	K41	DL/T 1807—2018	油浸式电力变压器、电抗器局部放电超声波检测与定位导则			2018/4/3	2018/7/1
15.2-4-72	15.2	29.18	K41	DL/T 1814—2018	油浸式电力变压器工厂试验油中溶解气体分析判断导则			2018/4/3	2018/7/1
15.2-4-73	15.2	29.240	F20	DL/T 1947—2018	交流特高压电气设备现场交接特殊试验监督规程			2018/12/25	2019/5/1
15.2-4-74	15.2			DL/T 1999—2019	换流变压器直流局部放电测量现场试验方法			2019/6/4	2019/10/1
15.2-4-75	15.2			DL/T 2000—2019	1000kV 交流变压器本体与调压补偿变压器联合局部放电现场测量导则			2019/6/4	2019/10/1
15.2-4-76	15.2			DL/T 2001—2019	换流变压器空载、负载和温升现场试验导则			2019/6/4	2019/10/1
15.2-4-77	15.2			DL/T 2006—2019	干式空心电抗器匝间绝过电压试验设备技术规范			2019/6/4	2019/10/1
15.2-4-78	15.2			DL/T 2007—2019	电力变压器电气试验集成式接线试验方法			2019/6/4	2019/10/1
15.2-4-79	15.2			DL/T 2008—2019	电力变压器、封闭式组合电器、电力电缆复合式连接现场试验方法			2019/6/4	2019/10/1
15.2-4-80	15.2	29.160.99	K20	DL/T 2024—2019	大型调相机型式试验导则			2019/6/4	2019/10/1
15.2-4-81	15.2	29.240	F20	DL/T 2038—2019	高压直流输电工程直流磁场测量方法			2019/6/4	2019/10/1
15.2-4-82	15.2			DL/T 2050—2019	高压开关柜暂态地电压局部放电现场检测方法			2019/11/4	2020/5/1

续表

序号	GW 分类	ICS 分类	GB 分类	标准号	中 文 名 称	代替标准	采用关系	发布日期	实施日期
15.2-4-83	15.2			DL/T 2070—2019	超高压磁控型可控并联电抗器现场试验规程			2019/11/4	2020/5/1
15.2-4-84	15.2			DL/T 2113—2020	混合式高压直流断路器试验规范			2020/10/23	2021/2/1
15.2-4-85	15.2			DL/T 2120—2020	GIS 变电站开关操作瞬态电磁骚扰抗扰度试验			2020/10/23	2021/2/1
15.2-4-86	15.2			DL/T 2183—2020	直流输电用直流电流互感器暂态试验导则			2020/10/23	2021/2/1
15.2-4-87	15.2			DL/T 2184—2020	直流输电用直流电压互感器暂态试验导则			2020/10/23	2021/2/1
15.2-4-88	15.2	29.180	K41	DL/T 264—2012	油浸式电力变压器（电抗器）现场密封性试验导则			2012/4/6	2012/7/1
15.2-4-89	15.2	27.100	F24	DL/T 265—2012	变压器有载分接开关现场试验导则			2012/4/6	2012/7/1
15.2-4-90	15.2	29.240.01	F20	DL/T 273—2012	±800kV 特高压直流设备预防性试验规程			2012/1/4	2012/3/1
15.2-4-91	15.2	29.240	F20	DL/T 274—2012	±800kV 高压直流设备交接试验			2012/1/4	2012/3/1
15.2-4-92	15.2	29.020	K93	DL/T 308—2012	中性点不接地系统电容电流测试规程			2012/1/4	2012/3/1
15.2-4-93	15.2	29.240.20	F24	DL/T 309—2010	1000kV 交流系统电力设备现场试验实施导则			2011/1/9	2011/5/1
15.2-4-94	15.2	29.240	F24	DL/T 313—2010	1000kV 电力互感器现场检验规范			2011/1/9	2011/5/1
15.2-4-95	15.2	29.240.99	K42	DL/T 366—2010	串联电容器补偿装置一次设备预防性试验规程			2010/5/1	2010/10/1
15.2-4-96	15.2	29.020	K48	DL/T 383—2010	污秽条件高压瓷套管的人工淋雨试验方法			2011/1/9	2011/5/1
15.2-4-97	15.2			DL/T 5802—2019	管廊工程 1000kV 气体绝缘金属封闭输电线路施工及验收规范			2019/11/4	2020/5/1
15.2-4-98	15.2			DL/T 5803—2019	管廊工程 1000kV 气体绝缘金属封闭输电线路施工工艺导则			2019/11/4	2020/5/1
15.2-4-99	15.2	29.130.10	F24	DL/T 618—2011	气体绝缘金属封闭开关设备现场交接试验规程	DL 618—1997		2011/7/28	2011/11/1
15.2-4-100	15.2	29.080.10	K48	DL/T 626—2015	劣化悬式绝缘子检测规程	DL/T 626—2005		2015/7/1	2015/12/1
15.2-4-101	15.2	29.130.10	K45	DL/T 690—2013	高压交流断路器的合成试验	DL/T 690—1999	IEC62271-101：2006 MOD	2013/11/28	2014/4/1

15

续表

序号	GW 分类	ICS 分类	GB 分类	标准号	中 文 名 称	代替标准	采用关系	发布日期	实施日期
15.2-4-102	15.2	29.020	K60	DL/T 848.2—2018	高压试验装置通用技术条件　第 2 部分：工频高压试验装置	DL/T 848.2—2004		2018/12/25	2019/5/1
15.2-4-103	15.2	29.080.10	F24	DL/T 859—2015	高压交流系统用复合绝缘子人工污秽试验	DL/T 859—2004		2015/7/1	2015/12/1
15.2-4-104	15.2	27.100	F24	DL/T 911—2016	电力变压器绕组变形的频率响应分析法	DL/T 911—2004		2016/2/5	2016/7/1
15.2-4-105	15.2	17.220.20	A55	DL/T 988—2005	高压交流架空送电线路、变电站工频电场和磁场测量方法			2005/11/28	2006/6/1
15.2-4-106	15.2			DL/T 2122—2020	大型同步调相机调试技术规范			2020/10/23	2021/2/1
15.2-4-107	15.2	29.180	K41	JB/T 501—2006	电力变压器试验导则	JB 501—1991		2006/5/6	2006/10/1
15.2-4-108	15.2	25.080.99	J49	JB/T 7618—2011	避雷器密封试验	JB/T 7618—1994		2011/12/20	2012/4/1
15.2-4-109	15.2	29.180	K31；K41	JB/T 8314—2008	分接开关试验导则	JB 8314—1996		2008/2/1	2008/7/1
15.2-4-110	15.2	17.220.01	A55	JJG 1021—2007	电力互感器检定规程			2007/2/28	2007/5/28
15.2-4-111	15.2			JJG 1075—2012	高压标准电容器检定规程			2012/3/2	2012/6/2
15.2-4-112	15.2	17.220	A55	JJG 563—2004	高压电容电桥检定规程	JJG 563—1988		2004/3/2	2004/9/2
15.2-4-113	15.2	19.020	K40	NB/T 10281—2019	滤波器用高压交流断路器试验导则			2019/11/4	2020/5/1
15.2-4-114	15.2	19.020	K40	NB/T 10282—2019	交流无间隙金属氧化物避雷器试验导则			2019/11/4	2020/5/1
15.2-4-115	15.2	19.020	K40	NB/T 10283—2019	高压交流负荷开关-熔断器组合电器试验导则			2019/11/4	2020/5/1
15.2-4-116	15.2	29.130.10	K44	NB/T 10289—2019	高压无功补偿装置用铁心滤波电抗器技术规范			2019/11/4	2020/5/1
15.2-4-117	15.2	19.020	K40	NB/T 42099—2016	高压交流断路器合成试验导则			2016/12/5	2017/5/1
15.2-4-118	15.2	19.02	K40	NB/T 42137—2017	高压交流隔离开关和接地开关试验导则			2017/11/15	2018/3/1
15.2-4-119	15.2	19.02	K40	NB/T 42138—2017	高压交流断路器试验导则			2017/11/15	2018/3/1
15.2-4-120	15.2	29.200		IEC 60700-1：2015	晶闸管阀高压直流（HVDC）电力传输　第 1 部分：电气试验　2.0 版	IEC 60700-1：2008		2015/7/28	2015/7/28
15.2-4-121	15.2			T/CEC 205—2019	500kV 高压并联电抗器现场局部放电试验方法			2019/4/24	2019/7/1
15.2-5-122	15.2			T/CEC 235—2019	直流输电工程大型调相机交接及启动试验导则			2019/11/21	2020/1/1
15.2-6-123	15.2			T/CEC 374—2020	柔性直流负压耦合式高压直流断路器试验规程			2020/10/28	2021/2/1

序号	GW 分类	ICS 分类	GB 分类	标准号	中 文 名 称	代替标准	采用关系	发布日期	实施日期
15.2-6-124	15.2			T/CEC 375—2020	柔性直流机械式高压直流断路器试验规程			2020/10/28	2021/2/1

15.3 试验与计量-中低压电力设备

序号	GW 分类	ICS 分类	GB 分类	标准号	中 文 名 称	代替标准	采用关系	发布日期	实施日期
15.3-2-1	15.3	29.240		Q/GDW 11084—2013	真空断路器开合容性电流老炼试验导则			2014/9/1	2014/9/1
15.3-2-2	15.3	29.240		Q/GDW 11219—2014	气体绝缘金属封闭开关设备的特快速瞬态过电压测量系统通用技术条件			2014/10/15	2014/10/15
15.3-2-3	15.3	29.240		Q/GDW 11294—2014	电池储能系统变流器试验规程			2015/3/12	2015/3/12
15.3-2-4	15.3	29.240		Q/GDW 11518.1—2016	电力变压器中性点电容隔直/电阻限流装置试验规程　第 1 部分：电容型隔直装置			2017/3/24	2017/3/24
15.3-2-5	15.3	29.240		Q/GDW 11518.2—2016	电力变压器中性点电容隔直/电阻限流装置试验规程　第 2 部分：电阻型限流装置			2017/3/24	2017/3/24
15.3-2-6	15.3			Q/GDW 1772—2013	10kV 三相非晶合金铁心配电变压器试验导则			2013/3/14	2013/3/14
15.3-3-7	15.3	29.160.01	K20	GB/T 20833.1—2021	旋转电机 绕组绝缘 第 1 部分：离线局部放电测量	GB/T 20833.1-2016		2021/3/9	2021/10/1
15.3-3-8	15.3	29.160.01	K20	GB/T 20833.2—2016	旋转电机　旋转电机定子绕组绝缘　第 2 部分：在线局部放电测量		IEC/TS 60034-27-2：2012 IDT	2016/2/24	2016/9/1
15.3-3-9	15.3	29.080.10	K48	GB/T 22079—2019	户内和户外用高压聚合物绝缘子　一般定义、试验方法和接收准则		IEC 62217：2012	2019/12/10	2020/7/1
15.3-3-10	15.3	29.160.30	K22	GB/T 22670—2018	变频器供电三相笼型感应电动机试验方法	GB/T 22670—2008		2018/9/17	2019/4/1
15.3-3-11	15.3	29.160.01	K20	GB/T 22714—2008	交流低压电机成型绕组匝间绝缘试验规范			2008/12/30	2009/10/1
15.3-3-12	15.3	29.160.01	K20	GB/T 22717—2008	电机磁极线圈及磁场绕组匝间绝缘试验规范			2008/12/30	2009/10/1
15.3-3-13	15.3	29.080.10	K48	GB/T 26869—2011	标称电压高于 1000V 低于 300kV 系统用户内有机材料支柱绝缘子的试验			2011/7/29	2011/12/1
15.3-3-14	15.3	33.100	L06	GB/T 37139—2018	直流供电设备的 EMC 测量方法要求			2018/12/28	2019/7/1
15.3-4-15	15.3	29.240.10	F23	DL/T 1753—2017	配网设备状态检修试验规程			2017/11/15	2018/3/1
15.3-4-16	15.3	31.060.01	L11	DL/T 1774—2017	电力电容器外壳耐受爆破能量试验导则			2017/12/27	2018/6/1
15.3-4-17	15.3	31.060.01	L11	DL/T 1775—2017	串联电容器使用技术条件			2017/12/27	2018/6/1
15.3-4-18	15.3	29.240.99	K42	DL/T 1776—2017	电力系统用交流滤波电容器技术导则			2017/12/27	2018/6/1

续表

序号	GW 分类	ICS 分类	GB 分类	标准号	中 文 名 称	代替标准	采用关系	发布日期	实施日期
15.3-4-19	15.3	29.18	K41	DL/T 1808—2018	干式空心电抗器匝间过电压现场试验导则			2018/4/3	2018/7/1
15.3-4-20	15.3			DL/T 2069—2019	低压有源电力滤波器检测规程			2019/11/4	2020/5/1
15.3-4-21	15.3	20.080.30	K15	NB/T 42004—2013	高压交流电机定子线圈对地绝缘电老化试验方法			2013/3/7	2013/8/1
15.3-4-22	15.3	20.280.30	K15	NB/T 42005—2013	高压交流电机定子线圈对地绝缘电热老化试验方法			2013/3/7	2013/8/1
15.3-4-23	15.3	19.020	K40	NB/T 42063—2015	3.6kV～40.5kV 高压交流负荷开关试验导则			2015/10/27	2016/3/1
15.3-4-24	15.3	19.020	K40	NB/T 42064—2015	3.6kV～40.5kV 交流金属封闭开关设备和控制设备试验导则			2015/10/27	2016/3/1
15.3-4-25	15.3	29.120.60	K43	NB/T 42065—2016	真空断路器容性电流开合老炼试验导则			2016/1/7	2016/6/1
15.3-6-26	15.3			T/CEC 325—2020	交直流配电网用电力电子变压器试验导则			2020/6/30	2020/10/1

15.4 试验与计量-架空线路

序号	GW 分类	ICS 分类	GB 分类	标准号	中 文 名 称	代替标准	采用关系	发布日期	实施日期
15.4-2-1	15.4	29.240		Q/GDW 11090—2013	输电线路参数频率特性测量导则			2014/9/1	2014/9/1
15.4-2-2	15.4	29.240		Q/GDW 11124.3—2013	750kV 架空输电线路杆塔复合横担技术规定 第 3 部分：试验技术			2014/4/15	2014/4/15
15.4-2-3	15.4	29.240		Q/GDW 11317—2014	输电线路杆塔工频接地电阻测量导则			2015/2/26	2015/2/26
15.4-2-4	15.4	29.240		Q/GDW 11503—2016	特高压交流输电线路工频相参数测量导则	Q/GDW 11454—2015		2016/12/8	2016/12/8
15.4-2-5	15.4	29.060		Q/GDW 11561—2016	架空输电线路小型无人直升机巡检系统试验方法			2017/3/24	2017/3/24
15.4-2-6	15.4	29.240		Q/GDW 11689—2017	架空线路导、地线振动疲劳试验方法			2018/2/12	2018/2/12
15.4-2-7	15.4			Q/GDW 11793—2017	输电线路金具压接质量 X 射线检测技术导则			2018/9/30	2018/9/30
15.4-2-8	15.4	29.240		Q/GDW 1311—2014	1000kV 交流线路金具电晕及无线电干扰试验方法	Q/GDW 311—2009		2014/10/15	2014/10/15
15.4-2-9	15.4	29.240		Q/GDW 1869—2012	直流系统用高压复合绝缘子多应力试验			2014/1/29	2014/1/29
15.4-2-10	15.4	29.240		Q/GDW 1870—2012	直流系统用高压复合绝缘子人工污秽试验			2014/1/29	2014/1/29
15.4-2-11	15.4			Q/GDW 1979—2013	交流输电线路导线电晕试验方法			2014/5/1	2014/5/1
15.4-2-12	15.4	29.020		Q/GDW 707—2012	输电线路钢管塔薄壁管对接焊缝超声波检验及质量评定			2012/3/30	2012/3/30

续表

序号	GW 分类	ICS 分类	GB 分类	标准号	中 文 名 称	代替标准	采用关系	发布日期	实施日期
15.4-3-13	15.4	33.100	L06	GB/T 15707—2017	高压交流架空输电线路无线电干扰限值	GB/T 15707—1995		2017/12/29	2018/7/1
15.4-3-14	15.4	29.240.20	K11	GB/T 22077—2008	架空导线蠕变试验方法			2008/6/30	2009/4/1
15.4-3-15	15.4	29.080.10	K48	GB/T 22707—2008	直流系统用高压绝缘子的人工污秽试验			2008/12/30	2009/10/1
15.4-3-16	15.4	29.080.10	K48	GB/T 22708—2008	绝缘子串元件的热机和机械性能试验			2008/12/30	2009/10/1
15.4-3-17	15.4	29.080.10	K48	GB/T 25084—2010	标称电压高于1000V的架空线路用绝缘子串和绝缘子串组交流工频电弧试验			2010/9/2	2011/2/1
15.4-3-18	15.4	25.160.40	J33	GB/T 3323.1—2019	焊缝无损检测　射线检测　第 1 部分：X 和伽玛射线的胶片技术	GB/T 3323—2005	ISO 17636-1：2013	2019/8/30	2020/3/1
15.4-3-19	15.4	25.160.40	J33	GB/T 3323.2—2019	焊缝无损检测　射线检测　第 2 部分：使用数字化探测器的 X 和伽玛射线技术		ISO 17636-2：2013	2019/8/30	2020/3/1
15.4-3-20	15.4	29.060.10	K11	GB/T 36279—2018	架空导线自阻尼特性测试方法		IEC 62567：2013 MOD	2018/6/7	2019/1/1
15.4-3-21	15.4	29.240.01	F20	GB/T 36573—2018	电力线路升压运行节约电力电量测量和验证技术规范			2018/9/17	2019/4/1
15.4-3-22	15.4	29.060.10	K11	GB/T 4909.1—2009	裸电线试验方法　第 1 部分：总则	GB/T 4909.1—1985		2009/3/19	2009/12/1
15.4-3-23	15.4	29.060.10	K11	GB/T 4909.2—2009	裸电线试验方法　第 2 部分：尺寸测量	GB/T 4909.2—1985		2009/3/19	2009/12/1
15.4-3-24	15.4	29.060.10	K11	GB/T 4909.3—2009	裸电线试验方法　第 3 部分：拉力试验	GB/T 4909.3—1985		2009/3/19	2009/12/1
15.4-3-25	15.4	29.060.10	K11	GB/T 4909.4—2009	裸电线试验方法　第 4 部分：扭转试验	GB/T 4909.4—1985		2009/3/19	2009/12/1
15.4-3-26	15.4	29.060.10	K11	GB/T 4909.5—2009	裸电线试验方法　第 5 部分：弯曲试验反复弯曲	GB/T 4909.5—1985		2009/3/19	2009/12/1
15.4-3-27	15.4	29.060.10	K11	GB/T 4909.6—2009	裸电线试验方法　第 6 部分：弯曲试验单向弯曲	GB/T 4909.6—1985		2009/3/19	2009/12/1
15.4-3-28	15.4	29.060.10	K11	GB/T 4909.7—2009	裸电线试验方法　第 7 部分：卷绕试验	GB/T 4909.7—1985		2009/3/19	2009/12/1
15.4-3-29	15.4	29.060.10	K11	GB/T 4909.8—2009	裸电线试验方法　第 8 部分：硬度试验布氏法	GB/T 4909.8—1985		2009/3/19	2009/12/1
15.4-3-30	15.4	29.060.10	K11	GB/T 4909.9—2009	裸电线试验方法　第 9 部分：镀层连续性试验多硫化钠法	GB/T 4909.9—1985		2009/3/19	2009/12/1
15.4-3-31	15.4	29.060.10	K11	GB/T 4909.10—2009	裸电线试验方法　第 10 部分：镀层连续性试验过硫酸铵法	GB/T 4909.10—1985		2009/3/19	2009/12/1
15.4-3-32	15.4	29.060.10	K11	GB/T 4909.11—2009	裸电线试验方法　第 11 部分：镀层附着性试验	GB/T 4909.11—1985		2009/3/19	2009/12/1
15.4-3-33	15.4	29.060.10	K11	GB/T 4909.12—2009	裸电线试验方法　第 12 部分：镀层可焊性试验焊球法	GB/T 4909.12—1985		2009/3/19	2009/12/1

序号	GW 分类	ICS 分类	GB 分类	标准号	中 文 名 称	代替标准	采用关系	发布日期	实施日期
15.4-3-34	15.4	33.100	L06	GB/T 6113.402—2018	无线电骚扰和抗扰度测量设备和测量方法规范 第 4-2 部分：不确定度、统计学和限值建模 测量设备和设施的不确定度	GB/T 6113.402—2006	CISPR 16-4-2：2014	2018/3/15	2018/10/1
15.4-4-35	15.4	33.100	L06	DL/T 1089—2008	直流换流站与线路合成场强、离子流密度测试方法			2008/6/4	2008/11/1
15.4-4-36	15.4	29.240.20	K47	DL/T 1098—2016	间隔棒技术条件和试验方法	DL/T 1098—2009		2016/1/7	2016/6/1
15.4-4-37	15.4	29.240.20	K51	DL/T 1099—2009	防振锤技术条件和试验方法	GB 2336—2000		2009/7/1	2009/12/1
15.4-4-38	15.4	27.100	F24	DL/T 1299—2013	直流融冰装置试验导则			2013/11/28	2014/4/1
15.4-4-39	15.4	29.240.20	F24	DL/T 1566—2016	直流输电线路及接地极线路参数测试导则			2016/2/5	2016/7/1
15.4-4-40	15.4	29.240.20	F24	DL/T 1569—2016	750kV 及以上交流输电线路绝缘子串分布电压测量导则			2016/2/5	2016/7/1
15.4-4-41	15.4	29.240.20	K47	DL/T 1693—2017	输电线路金具磨损试验方法			2017/3/28	2017/8/1
15.4-4-42	15.4	29.240	K47	DL/T 1889—2018	输电杆塔用紧固件横向振动试验方法			2018/12/25	2019/5/1
15.4-4-43	15.4	29.240	F20	DL/T 1935—2018	架空导线载流量试验方法			2018/12/25	2019/5/1
15.4-4-44	15.4	29.240	F20	DL/T 1948—2018	架空导体能耗试验方法			2018/12/25	2019/5/1
15.4-4-45	15.4	27.100	F24	DL/T 266—2012	接地装置冲击特性参数测试导则			2012/4/6	2012/7/1
15.4-4-46	15.4	29.240.20	F22	DL/T 304—2011	气体绝缘金属封闭输电线路现场交接试验导则			2011/7/28	2011/11/1
15.4-4-47	15.4	29.240.20	K47	DL/T 415—2009	带电作业用火花间隙检测装置	DL 415—1991		2009/7/1	2009/12/1
15.4-4-48	15.4	29.240.01	F20	DL/T 501—2017	高压架空输电线路可听噪声测量方法	DL/T 501—1992		2017/8/2	2017/12/1
15.4-4-49	15.4	29.080.10	K48；F21	DL/T 557—2005	高压线路绝缘子空气中冲击击穿试验－定义、试验方法和判据	DL 557—1994		2005/2/14	2005/6/1
15.4-4-50	15.4	29.24	P12；K47	DL/T 685—1999	放线滑轮基本要求、检验规定及测试方法	SD 158—1985		2000/2/24	2000/7/1
15.4-4-51	15.4	27.100	F24	DL/T 887—2004	杆塔工频接地电阻测量			2004/10/20	2005/4/1
15.4-4-52	15.4	27.100	F24；K47	DL/T 899—2012	架空线路杆塔结构荷载试验	DL/T 899—2004		2012/8/23	2012/12/1
15.4-5-53	15.4	29.060.01；29.240.20		IEC 62568：2015	架空线路 用于导线疲劳试验方法 1.0 版（通信）			2015/7/9	2015/7/9

15.5 试验与计量-电缆

序号	GW 分类	ICS 分类	GB 分类	标准号	中 文 名 称	代替标准	采用关系	发布日期	实施日期
15.5-2-1	15.5	29.240		Q/GDW 11655.1—2017	额定电压 500kV（U_m=550kV）交联聚乙烯绝缘大长度交流海底电缆及附件 第 1 部分：试验方法和要求			2018/2/13	2018/2/13

15

续表

序号	GW 分类	ICS 分类	GB 分类	标准号	中 文 名 称	代替标准	采用关系	发布日期	实施日期
15.5-3-2	15.5	29.060.20	K13	GB/T 11017.1—2014	额定电压 110kV（U_m=126kV）交联聚乙烯绝缘电力电缆及其附件　第 1 部分：试验方法和要求	GB/T 11017.1—2002	IEC 60840：2011	2014/7/24	2015/1/22
15.5-3-3	15.5	29.060.20	K13	GB/T 12666.1—2008	单根电线电缆燃烧试验方法　第 1 部分：垂直燃烧试验	GB/T 12666.1—1990		2008/6/30	2009/4/1
15.5-3-4	15.5	29.060.20	K13	GB/T 12666.2—2008	单根电线电缆燃烧试验方法　第 2 部分：水平燃烧试验	GB/T 12666.1—1990；GB 12666.3—1990		2008/6/30	2009/4/1
15.5-3-5	15.5	29.060.20	K13	GB/T 12666.3—2008	单根电线电缆燃烧试验方法　第 3 部分：倾斜燃烧试验	GB/T 12666.1—1990；GB 12666.4—1990		2008/6/30	2009/4/1
15.5-3-6	15.5	29.060.20	K13	GB/T 12706.4—2020	额定电压 1kV（U_m=1.2kV）到 35kV（U_m=40.5kV）挤包绝缘电力电缆及附件　第 4 部分：额定电压 6kV（U_m=7.2kV）到 35kV（U_m=40.5kV）电力电缆附件试验要求	GB/T 12706.4—2008	IEC 60502-4：2010	2020/3/31	2020/10/1
15.5-3-7	15.5	29.060.10	K13	GB/T 17651.1—1998	电缆或光缆在特定条件下燃烧的烟密度测定　第 1 部分：试验装置	GB/T 12666.7—1990	IEC 61034-1-97	1998/1/2	1999/10/1
15.5-3-8	15.5	29.060.01	K13	GB/T 17651.2—1998	电缆或光缆在特定条件下燃烧的烟密度测定　第 2 部分：试验步骤和要求	GB 12666.7—1990	IEC 61034.2：1997 IDT	1998/1/2	1999/10/1
15.5-3-9	15.5	29.060.20	K13	GB/T 18380.11—2008	电缆和光缆在火焰条件下的燃烧试验　第 11 部分：单根绝缘电线电缆火焰垂直蔓延试验试验装置	GB/T 18380.1—2001		2008/6/26	2009/4/1
15.5-3-10	15.5	29.060.20	K13	GB/T 18380.12—2008	电缆和光缆在火焰条件下的燃烧试验　第 12 部分：单根绝缘电线电缆火焰垂直蔓延试验 1kW 预混合型火焰试验方法			2008/6/26	2009/4/1
15.5-3-11	15.5	29.060.20	K13	GB/T 18380.13—2008	电缆和光缆在火焰条件下的燃烧试验　第 13 部分：单根绝缘电线电缆火焰垂直蔓延试验测定燃烧的滴落（物）/微粒的试验方法			2008/6/26	2009/4/1
15.5-3-12	15.5	29.060.20	K13	GB/T 18380.21—2008	电缆和光缆在火焰条件下的燃烧试验　第 21 部分：单根绝缘细电线电缆火焰垂直蔓延试验试验装置	GB/T 18380.2—2001		2008/6/26	2009/4/1
15.5-3-13	15.5	29.060.20	K13	GB/T 18380.22—2008	电缆和光缆在火焰条件下的燃烧试验　第 22 部分：单根绝缘细电线电缆火焰垂直蔓延试验扩散型火焰试验方法			2008/6/26	2009/4/1
15.5-3-14	15.5	29.060.20	K13	GB/T 18380.31—2008	电缆和光缆在火焰条件下的燃烧试验　第 31 部分：垂直安装的成束电线电缆火焰垂直蔓延试验试验装置	GB/T 18380.3—2001		2008/6/26	2009/4/1

续表

序号	GW 分类	ICS 分类	GB 分类	标准号	中 文 名 称	代替标准	采用关系	发布日期	实施日期
15.5-3-15	15.5	29.060.20	K13	GB/T 18380.32—2008	电缆和光缆在火焰条件下的燃烧试验　第 32 部分：垂直安装的成束电线电缆火焰垂直蔓延试验 AF/R 类			2008/6/26	2009/4/1
15.5-3-16	15.5	29.060.20	K13	GB/T 18380.33—2008	电缆和光缆在火焰条件下的燃烧试验　第 33 部分：垂直安装的成束电线电缆火焰垂直蔓延试验 A 类			2008/6/26	2009/4/1
15.5-3-17	15.5	29.060.20	K13	GB/T 18380.34—2008	电缆和光缆在火焰条件下的燃烧试验　第 34 部分：垂直安装的成束电线电缆火焰垂直蔓延试验 B 类			2008/6/26	2009/4/1
15.5-3-18	15.5	29.060.20	K13	GB/T 18380.35—2008	电缆和光缆在火焰条件下的燃烧试验　第 35 部分：垂直安装的成束电线电缆火焰垂直蔓延试验 C 类			2008/6/26	2009/4/1
15.5-3-19	15.5	29.060.20	K13	GB/T 18380.36—2008	电缆和光缆在火焰条件下的燃烧试验　第 36 部分：垂直安装的成束电线电缆火焰垂直蔓延试验 D 类			2008/6/26	2009/4/1
15.5-3-20	15.5	29.060.20	K13	GB/T 19216.11—2003	在火焰条件下电缆或光缆的线路完整性试验　第 11 部分：试验装置火焰温度不低于 750℃的单独供火	GB/T 12666.6—1990		2003/6/24	2004/2/1
15.5-3-21	15.5	29.060.20	K13	GB/T 22078.1—2008	额定电压 500kV（U_m=550kV）交联聚乙烯绝缘电力电缆及其附件　第 1 部分：额定电压 500kV（U_m=550kV）交联聚乙烯绝缘电力电缆及其附件试验方法和要求			2008/6/30	2009/4/1
15.5-3-22	15.5	29.060	K13	GB/T 2951.11—2008	电缆和光缆绝缘和护套材料通用试验方法　第 11 部分：通用试验方法厚度和外形尺寸测量机械性能试验	GB/T 2951.1—1997		2008/6/26	2009/4/1
15.5-3-23	15.5	29.060	K13	GB/T 2951.12—2008	电缆和光缆绝缘和护套材料通用试验方法　第 12 部分：通用试验方法热老化试验方法	GB/T 2951.2—1997		2008/6/26	2009/4/1
15.5-3-24	15.5	29.060	K13	GB/T 2951.13—2008	电缆和光缆绝缘和护套材料通用试验方法　第 13 部分：通用试验方法密度测定方法吸水试验—收缩试验	GB/T 2951.3—1997		2008/6/26	2009/4/1
15.5-3-25	15.5	29.060	K13	GB/T 2951.14—2008	电缆和光缆绝缘和护套材料通用试验方法　第 14 部分：通用试验方法低温试验	GB/T 2951.4—1997		2008/6/26	2009/4/1
15.5-3-26	15.5	29.060	K13	GB/T 2951.21—2008	电缆和光缆绝缘和护套材料通用试验方法　第 21 部分：弹性体混合料专用试验方法耐臭氧试验—热延伸试验—浸矿物油试验	GB/T 2951.5—1997		2008/6/26	2009/4/1

续表

序号	GW 分类	ICS 分类	GB 分类	标准号	中文名称	代替标准	采用关系	发布日期	实施日期
15.5-3-27	15.5	29.060	K13	GB/T 2951.31—2008	电缆和光缆绝缘和护套材料通用试验方法　第 31 部分：聚氯乙烯混合料专用试验方法　高温压力试验—抗开裂试验	GB/T 2951.6—1997		2008/6/26	2009/4/1
15.5-3-28	15.5	29.060	K13	GB/T 2951.32—2008	电缆和光缆绝缘和护套材料通用试验方法　第 32 部分：聚氯乙烯混合料专用试验方法　失重试验热稳定性试验	GB/T 2951.7—1997		2008/6/26	2009/4/1
15.5-3-29	15.5	29.060	K13	GB/T 2951.41—2008	电缆和光缆绝缘和护套材料通用试验方法　第 41 部分：聚乙烯和聚丙烯混合料专用试验方法　耐环境应力开裂试验　熔体指数测量方法　直接燃烧法测量聚乙烯中碳黑和（或）矿物质填料含量　热重分析法（TGA）测量碳黑含量　显微镜法评估聚乙烯中碳黑分散度	GB/T 2951.8—1997		2008/6/26	2009/4/1
15.5-3-30	15.5	29.060	K13	GB/T 2951.42—2008	电缆和光缆绝缘和护套材料通用试验方法　第 42 部分：聚乙烯和聚丙烯混合料专用试验方法　高温处理后抗张强度和断裂伸长率试验　高温处理后卷绕试验　空气热老化后的卷绕试验　测定质量的增加　长期热稳定性试验　铜催化氧化降解试验方法	GB/T 2951.9—1997		2008/6/26	2009/4/1
15.5-3-31	15.5	29.060	K13	GB/T 2951.51—2008	电缆和光缆绝缘和护套材料通用试验方法　第 51 部分：填充膏专用试验方法　滴点　油分离　低温脆性　总酸值　腐蚀性　23 ℃时的介电常数　23℃和 100℃时的直流电阻率	GB/T 2951.10—1997		2008/6/26	2009/4/1
15.5-3-32	15.5	29.060	K13	GB/T 3048.1—2007	电线电缆电性能试验方法　第 1 部分：总则	GB/T 3048.1—1994		2007/12/3	2008/5/1
15.5-3-33	15.5	29.060	K13	GB/T 3048.2—2007	电线电缆电性能试验方法　第 2 部分：金属材料电阻率试验	GB/T 3048.2—1994		2007/12/3	2008/5/1
15.5-3-34	15.5	29.060	K13	GB/T 3048.3—2007	电线电缆电性能试验方法　第 3 部分：半导电橡塑材料体积电阻率试验	GB/T 3048.3—1994		2007/12/3	2008/5/1
15.5-3-35	15.5	29.060	K13	GB/T 3048.4—2007	电线电缆电性能试验方法　第 4 部分：导体直流电阻试验	GB/T 3048.4—1994		2007/12/3	2008/5/1
15.5-3-36	15.5	29.060	K13	GB/T 3048.5—2007	电线电缆电性能试验方法　第 5 部分：绝缘电阻试验	GB/T 3048.5—1994；GB/T 3048.6—1994		2007/12/3	2008/5/1
15.5-3-37	15.5	29.060	K13	GB/T 3048.7—2007	电线电缆电性能试验方法　第 7 部分：耐电痕试验	GB/T 3048.7—1994		2007/12/3	2008/5/1
15.5-3-38	15.5	29.060	K13	GB/T 3048.8—2007	电线电缆电性能试验方法　第 8 部分：交流电压试验	GB/T 3048.8—1994		2007/12/3	2008/5/1

续表

序号	GW 分类	ICS 分类	GB 分类	标准号	中文名称	代替标准	采用关系	发布日期	实施日期
15.5-3-39	15.5	29.060	K13	GB/T 3048.9—2007	电线电缆电性能试验方法　第 9 部分：绝缘线芯火花试验	GB/T 3048.15—1992；GB/T 3048.9—1994		2007/12/3	2008/5/1
15.5-3-40	15.5	29.060	K13	GB/T 3048.10—2007	电线电缆电性能试验方法　第 10 部分：挤出护套火花试验	GB/T 3048.10—1994		2007/12/3	2008/5/1
15.5-3-41	15.5	29.060	K13	GB/T 3048.11—2007	电线电缆电性能试验方法　第 11 部分：介质损耗角正切试验	GB/T 3048.11—1994		2007/12/3	2008/5/1
15.5-3-42	15.5	29.060	K13	GB/T 3048.12—2007	电线电缆电性能试验方法　第 12 部分：局部放电试验	GB/T 3048.12—1994		2007/12/3	2008/5/1
15.5-3-43	15.5	29.060	K13	GB/T 3048.13—2007	电线电缆电性能试验方法　第 13 部分：冲击电压试验	GB/T 3048.13—1992		2007/12/3	2008/5/1
15.5-3-44	15.5	29.060	K13	GB/T 3048.14—2007	电线电缆电性能试验方法　第 14 部分：直流电压试验	GB/T 3048.14—1992		2007/12/3	2008/5/1
15.5-3-45	15.5	29.060	K13	GB/T 3048.16—2007	电线电缆电性能试验方法　第 16 部分：表面电阻试验	GB/T 3048.16—1994		2007/12/3	2008/5/1
15.5-3-46	15.5	13.220.40	C84	GB/T 31248—2014	电缆或光缆在受火条件下火焰蔓延、热释放和产烟特性的试验方法		EN 50399：2011 NEQ	2014/9/3	2015/4/1
15.5-3-47	15.5	29.060.20	K13	GB/T 31489.1—2015	额定电压 500kV 及以下直流输电用挤包绝缘电力电缆系统　第 1 部分：试验方法和要求			2015/5/15	2015/12/1
15.5-3-48	15.5	85.060	Y32	GB/T 3333—1999	电缆纸工频击穿电压试验方法	GB 3333—1982		1999/8/1	2000/2/1
15.5-3-49	15.5	29.060.20	K13	GB/T 5013.2—2008	额定电压 450V/750V 及以下橡皮绝缘电缆　第 2 部分：试验方法	GB 5013.2—1997		2008/1/22	2008/9/1
15.5-3-50	15.5	29.060.20	K13	GB/T 5023.2—2008	额定电压 450V/750V 及以下聚氯乙烯绝缘电缆　第 2 部分：试验方法	GB 5023.2—1997；GB 5023.2 E—1997		2008/6/30	2009/5/1
15.5-3-51	15.5	29.060.20	K13	GB/T 9327—2008	额定电压 35kV（U_m=40.5kV）及以下电力电缆导体用压接式和机械式连接金具试验方法和要求	GB 9327.1—1988；GB 9327.2—1988；GB 9327.3—1988；GB 9327.4—1988；GB 9327.5—1988		2008/12/31	2009/11/1
15.5-4-52	15.5	29.060.20	K13	DL/T 1070—2007	中压交联电缆抗水树性能鉴定试验方法和要求			2007/7/20	2007/12/1
15.5-4-53	15.5		F24	DL/T 1301—2013	海底充油电缆直流耐压试验导则			2013/11/28	2014/4/1
15.5-4-54	15.5	29.020	F24	DL/T 1575—2016	6kV～35kV 电缆振荡波局部放电测量系统			2016/2/5	2016/7/1
15.5-4-55	15.5	29.020	F24	DL/T 1576—2016	6kV～35kV 电缆振荡波局部放电测试方法			2016/2/5	2016/7/1

续表

序号	GW 分类	ICS 分类	GB 分类	标准号	中　文　名　称	代替标准	采用关系	发布日期	实施日期
15.5-4-56	15.5	29.020	F24	DL/T 1932—2018	6kV～35kV 电缆振荡波局部放电测量系统检定方法			2018/12/25	2019/5/1

15.6　试验与计量-保护与自动化

序号	GW 分类	ICS 分类	GB 分类	标准号	中　文　名　称	代替标准	采用关系	发布日期	实施日期
15.6-2-1	15.6	29.240		Q/GDW 10664—2015	串联电容器补偿装置控制保护系统现场检验规程	Q/GDW 664—2011		2016/12/8	2016/12/8
15.6-2-2	15.6	29.240		Q/GDW 10733—2018	智能变电站网络报文记录及分析装置检测规范	Q/GDW 733—2012		2020/1/2	2020/1/2
15.6-2-3	15.6			Q/GDW 10823—2016	高压直流输电系统保护标准化设备入网检测标准	Q/GDW 1823—2012		2016/12/28	2016/12/28
15.6-2-4	15.6			Q/GDW 11015—2013	模拟量输入式合并单元检测规范			2013/11/6	2013/11/6
15.6-2-5	15.6	29.240		Q/GDW 11051—2013	智能变电站二次回路性能测试规范			2014/4/1	2014/4/1
15.6-2-6	15.6			Q/GDW 11053—2013	站域保护控制系统检验规范			2014/4/1	2014/4/1
15.6-2-7	15.6			Q/GDW 11056.1—2013	继电保护及安全自动装置检测技术规范　第 1 部分：通用性能测试			2014/4/1	2014/4/1
15.6-2-8	15.6			Q/GDW 11056.2—2013	继电保护及安全自动装置检测技术规范　第 2 部分：继电保护装置专用功能测试			2014/4/1	2014/4/1
15.6-2-9	15.6	29.240		Q/GDW 11056.3—2013	继电保护及安全自动装置检测技术规范　第 3 部分：安全自动装置专用功能测试			2014/4/1	2014/4/1
15.6-2-10	15.6	29.240		Q/GDW 11056.4—2013	继电保护及安全自动装置检测技术规范　第 4 部分：继电保护装置动态模拟测试			2014/4/1	2014/4/1
15.6-2-11	15.6	29.240		Q/GDW 11056.5—2013	继电保护及安全自动装置检测技术规范　第 5 部分：安全自动装置动态模拟测试			2014/4/1	2014/4/1
15.6-2-12	15.6	29.240		Q/GDW 11202.2—2018	智能变电站自动化设备检测规范　第 2 部分：测控装置	Q/GDW 11202.2—2014		2020/1/2	2020/1/2
15.6-2-13	15.6	29.240		Q/GDW 11202.3—2014	智能变电站自动化设备检测规范　第 3 部分：保护测控集成装置			2014/11/15	2014/11/15
15.6-2-14	15.6	29.240		Q/GDW 11202.4—2018	智能变电站自动化设备检测规范　第 4 部分：工业以太网交换机	Q/GDW 11202.4—2014		2020/1/2	2020/1/2
15.6-2-15	15.6	29.240		Q/GDW 11202.5—2018	智能变电站自动化设备检测规范　第 5 部分：时间同步系统	Q/GDW 11202.5—2014		2020/1/2	2020/1/2

序号	GW 分类	ICS 分类	GB 分类	标准号	中 文 名 称	代替标准	采用关系	发布日期	实施日期
15.6-2-16	15.6	29.240		Q/GDW 11202.6—2018	智能变电站自动化设备检测规范 第 6 部分：同步相量测量装置	Q/GDW 11202.6—2014		2020/1/2	2020/1/2
15.6-2-17	15.6	29.240		Q/GDW 11202.8—2015	智能变电站自动化设备检测规范 第 8 部分：电能量采集终端			2015/9/29	2015/9/29
15.6-2-18	15.6	29.240		Q/GDW 11202.9—2018	智能变电站自动化设备检测规范 第 9 部分：数据通信网关机	Q/GDW 11202.9—2015		2020/1/2	2020/1/2
15.6-2-19	15.6	29.240		Q/GDW 11264—2014	电力系统动态记录装置检测规范			2014/12/31	2014/12/31
15.6-2-20	15.6	29.240		Q/GDW 11286—2014	智能变电站智能终端检测规范			2015/6/12	2015/6/12
15.6-2-21	15.6	29.240		Q/GDW 11287—2014	智能变电站 110kV 合并单元智能终端集成装置检测规范			2015/6/12	2015/6/12
15.6-2-22	15.6	29.240		Q/GDW 1140—2014	交流采样测量装置运行检验规程	Q/GDW 140—2006		2015/9/14	2015/9/14
15.6-2-23	15.6	29.240		Q/GDW 11486—2015	智能变电站继电保护和安全自动装置验收规范			2016/11/15	2016/11/15
15.6-2-24	15.6	29.240		Q/GDW 11488—2015	电网安全自动装置检验规范			2016/11/15	2016/11/15
15.6-2-25	15.6	29.240		Q/GDW 11498.1—2016	110kV 及以下继电保护装置检测规范 第 1 部分：通用性能测试			2016/12/28	2016/12/28
15.6-2-26	15.6	29.240		Q/GDW 11498.2—2016	110kV 及以下继电保护装置检测规范 第 2 部分：继电保护装置专用功能测试			2016/12/28	2016/12/28
15.6-2-27	15.6	29.240		Q/GDW 11498.3—2016	110kV 及以下继电保护装置检测规范 第 3 部分：继电保护装置动态模拟测试			2016/12/28	2016/12/28
15.6-2-28	15.6	17.220.20	N26	Q/GDW 118—2005	直流换流站二次电气设备交接试验规程			2005/2/25	2005/5/25
15.6-2-29	15.6	29.240		Q/GDW 143—2012	电力系统稳定器整定试验导则	Q/GDW 143—2006		2012/6/28	2012/6/28
15.6-2-30	15.6			Q/GDW 1809—2012	智能变电站继电保护检验规程			2014/5/1	2014/5/1
15.6-2-31	15.6	29.240		Q/GDW 1810—2015	智能变电站继电保护装置检验测试规范	Q/GDW 1810—2012		2016/11/15	2016/11/15
15.6-2-32	15.6			Q/GDW 1824—2012	直流故障录波装置入网检测标准			2013/11/6	2013/11/6
15.6-2-33	15.6			Q/GDW 1914—2013	继电保护及安全自动装置验收规范			2014/5/1	2014/5/1
15.6-2-34	15.6	29.020		Q/GDW 239—2008	1000kV 继电保护和电网安全自动装置检验规程			2008/12/2	2008/12/2
15.6-2-35	15.6	29.240		Q/GDW 330—2009	1000kV 系统继电保护装置及安全自动装置检测技术规范			2009/5/25	2009/5/25

续表

序号	GW 分类	ICS 分类	GB 分类	标准号	中　文　名　称	代替标准	采用关系	发布日期	实施日期
15.6-2-36	15.6	29.020		Q/GDW 411—2010	继电保护试验装置校准规范			2010/3/24	2010/3/24
15.6-2-37	15.6	29.240		Q/GDW 549—2010	变电站监控系统微机型试验装置技术条件			2011/1/2	2011/1/2
15.6-2-38	15.6	29.020		Q/GDW 652—2011	继电保护试验装置检验规程			2011/9/21	2011/9/21
15.6-2-39	15.6	29.020		Q/GDW 691—2011	智能变电站合并单元测试规范			2012/6/6	2012/6/6
15.6-3-40	15.6	29.120.70	K33	GB/T 11287—2000	电气继电器　第 21 部分量度继电器和保护装置的振动、冲击、碰撞和地震试验　第 1 篇：振动试验（正弦）	GB/T 11287—1989		2000/1/3	2000/8/1
15.6-3-41	15.6	29.240.30	K45	GB/T 14598.3—2006	电气继电器　第 5 部分：量度继电器和保护装置的绝缘配合要求和试验	GB/T 14598.3—1993		2006/3/14	2006/9/1
15.6-3-42	15.6	29.120.70	K45	GB/T 14598.8—2008	电气继电器　第 20 部分：保护系统	GB/T 14598.8—1995		2008/6/18	2009/3/1
15.6-3-43	15.6	29.120.70	K45	GB/T 14598.9—2010	量度继电器和保护装置　第 22-3 部分：电气骚扰试验辐射电磁场抗扰度	GB/T 14598.9—2002		2010/11/10	2011/5/1
15.6-3-44	15.6	29.120.50	K45	GB/T 14598.10—2012	量度继电器和保护装置　第 22-4 部分：电气骚扰试验电快速瞬变/脉冲群抗扰度试验	GB/T 14598.10—2007		2012/6/29	2012/11/1
15.6-3-45	15.6	29.120.70	K45	GB/T 14598.11—2011	量度继电器和保护装置　第 11 部分：辅助电源端口电压暂降、短时中断、电压变化和纹波	GB/T 8367—1987		2011/6/16	2011/12/1
15.6-3-46	15.6	29.120.70	K45	GB/T 14598.13—2008	电气继电器　第 22-1 部分：量度继电器和保护装置的电气骚扰试验 1MHz 脉冲群抗扰度试验	GB/T 14598.13—1998		2008/6/18	2009/3/1
15.6-3-47	15.6	29.120.70	K45	GB/T 14598.14—2010	量度继电器和保护装置　第 22-2 部分：电气骚扰试验静电放电试验	GB/T 14598.14—1998		2010/11/10	2011/5/1
15.6-3-48	15.6	29.240.30	K45	GB/T 14598.17—2005	电气继电器　第 22-6 部分：量度继电器和保护装置的电气骚扰试验一射频场感应的传导骚扰的抗扰度			2005/8/26	2006/4/1
15.6-3-49	15.6	29.120.50	K45	GB/T 14598.18—2012	量度继电器和保护装置　第 22-5 部分：电气骚扰试验浪涌抗扰度试验	GB/T 14598.18—2007		2012/6/29	2012/11/1
15.6-3-50	15.6	29.120.50	K45	GB/T 14598.19—2007	电气继电器　第 22-7 部分：量度继电器和保护装置的电气骚扰试验—工频抗扰度试验			2007/1/23	2007/8/1
15.6-3-51	15.6	29.120.70	K45	GB/T 14598.23—2017	电气继电器　第 21 部分：量度继电器和保护装置的振动、冲击、碰撞和地震试验　第 3 篇：地震试验		IEC 60255-21-3：1993	2017/12/29	2018/7/1

续表

序号	GW 分类	ICS 分类	GB 分类	标准号	中 文 名 称	代替标准	采用关系	发布日期	实施日期
15.6-3-52	15.6	29.120.70	K45	GB/T 14598.26—2015	量度继电器和保护装置 第 26 部分：电磁兼容要求	GB/T 14598.20—2007；GB/T 14598.9—2010；GB/T 14598.10—2012；GB/T 14598.11—2011；GB/T 14598.13—2008；GB/T 14598.14—2010；GB/T 14598.16—2002；GB/T 14598.17—2005；GB/T 14598.18—2012；GB/T 14598.19—2007	IEC 60255-26：2013	2015/9/11	2016/4/1
15.6-3-53	15.6	29.120.50	K45	GB/T 15510—2008	控制用电磁继电器可靠性试验通则	GB/T 15510—1995		2008/6/18	2009/3/1
15.6-3-54	15.6	29.240.10	K30	GB/T 18802.1—2011	低压电涌保护器（SPD）第 1 部分：低压配电系统的电涌保护器性能要求和试验方法	GB 18802.1—2002	IEC 61643-1：2005 MOD	2011/12/30	2012/12/1
15.6-3-55	15.6	29.120.50	K45	GB/T 26864—2011	电力系统继电保护产品动模试验			2011/7/29	2011/12/1
15.6-3-56	15.6	27.100	N22	GB/T 26866—2011	电力系统的时间同步系统检测规范			2011/7/29	2011/12/1
15.6-3-57	15.6	29.240.10	K45	GB/T 31237—2014	1000kV 系统继电保护装置及安全自动装置检测技术规范			2014/9/30	2015/4/1
15.6-3-58	15.6	29.240		GB/T 34871—2017	智能变电站继电保护检验测试规范			2017/11/1	2018/5/1
15.6-3-59	15.6	29.120.70；29.240.30	K45	GB/T 7261—2016	继电保护和安全自动装置基本试验方法	GB/T 7261—2008		2016/2/24	2016/5/2
15.6-4-60	15.6	27.100	F24	DL/T 1129—2009	直流换流站二次电气设备交接试验规程			2009/7/22	2009/12/1
15.6-4-61	15.6		K90	DL/T 1237—2013	1000kV 继电保护及电网安全自动装置检验规程			2013/3/7	2013/8/1
15.6-4-62	15.6	17.220.20	N22	DL/T 1501—2016	数字化继电保护试验装置技术条件			2016/1/7	2016/6/1
15.6-4-63	15.6	29.24	K45	DL/T 1780—2017	超（特）高压直流输电控制保护系统检验规范			2017/12/27	2018/6/1
15.6-4-64	15.6	29.240.01	F20	DL/T 1794—2017	柔性直流输电控制保护系统联调试验技术规程			2017/12/27	2018/6/1
15.6-4-65	15.6	29.240.01	F21	DL/T 1907.2—2018	变电站视频监控图像质量评价 第 2 部分：测试规范			2018/12/25	2019/5/1
15.6-4-66	15.6	29.240.01	F21	DL/T 1911—2018	智能变电站监控系统试验装置技术规范			2018/12/25	2019/5/1
15.6-4-67	15.6			DL/T 2057—2019	配电网分布式馈线自动化试验技术规范			2019/11/4	2020/5/1
15.6-4-68	15.6			DL/T 2117—2020	电力需求响应系统检验规范			2020/10/23	2021/2/1

续表

序号	GW 分类	ICS 分类	GB 分类	标准号	中文名称	代替标准	采用关系	发布日期	实施日期
15.6-4-69	15.6			DL/T 2144.1—2020	变电站自动化系统及设备检测规范 第 1 部分：总则			2020/10/23	2021/2/1
15.6-4-70	15.6	29.240.99	K42	DL/T 365—2010	串联电容器补偿装置控制保护系统现场检验规程			2010/5/1	2010/10/1
15.6-4-71	15.6		F25	DL/T 553—2013	电力系统动态记录装置通用技术条件			2013/11/28	2014/4/1
15.6-4-72	15.6			DL/T 630—2020	交流采样远动终端技术条件			2020/10/23	2021/2/1
15.6-4-73	15.6			DL/T 860.93—2019	电力自动化通信网络和系统 第 9-3 部分：电力自动化系统精确时间协议子集		IEC/IEEE 61850-9-3：2016	2019/11/4	2020/5/1
15.6-4-74	15.6	29.240	K45	DL/T 995—2016	继电保护和电网安全自动装置检验规程	DL/T 995—2006		2016/12/5	2017/5/1
15.6-4-75	15.6	29.240.01	K45	NB/T 10190—2019	弧光保护测试设备技术要求			2019/6/4	2019/10/1
15.6-4-76	15.6	29.240.01	K45	NB/T 42087—2016	合并单元测试设备技术规范			2016/8/16	2016/12/1
15.6-4-77	15.6	33.040.20	M33	YD/T 2550—2013	时间同步设备测试方法			2013/4/25	2013/6/1
15.6-5-78	15.6	29.120.70；33.100.01		IEC 60255-26：2013	测量继电器和保护设备 第 26 部分：电磁兼容性要求	IEC 60255-25：2000；IEC 60255-22-6：2001；IEC 60255-22-7：2003；IEC 60255-22-3：2007；IEC 60255-22-1：2007；IEC 60255-22-5：2008；IEC 60255-11：2008；IEC 60255-22-4：2008；IEC 60255-26：2008；IEC 60255-22-2：2008；IEC 95/309/FDIS：2013		2013/5/1	2013/5/1

15.7 试验与计量-电力电子

序号	GW 分类	ICS 分类	GB 分类	标准号	中文名称	代替标准	采用关系	发布日期	实施日期
15.7-2-1	15.7	29.240		Q/GDW 10662—2015	串联电容器补偿装置晶闸管阀试验规程	Q/GDW 662—2011		2016/12/8	2016/12/8
15.7-2-2	15.7	29.180		Q/GDW 11560—2016	换流变压器气体继电器选型与试验导则			2017/3/24	2017/3/24
15.7-2-3	15.7			Q/GDW 11734—2017	柔性直流输电阀基控制系统动模测试技术导则			2018/7/11	2018/7/11
15.7-3-4	15.7	29.020	K31	GB/T 20297—2016	静止无功补偿装置（SVC）现场试验			2006/7/13	2007/1/1
15.7-3-5	15.7	29.200；31.080.20	K48	GB/T 20995—2007	输配电系统的电力电子技术静止无功补偿装置用晶闸管阀的试验			2007/6/21	2008/2/1

序号	GW 分类	ICS 分类	GB 分类	标准号	中 文 名 称	代替标准	采用关系	发布日期	实施日期
15.7-3-6	15.7			GB/T 33348—2016	高压直流输电用电压源换流器阀电气试验			2016/12/13	2017/7/1
15.7-3-7	15.7	27.180	F19	GB/T 34133—2017	储能变流器检测技术规程			2017/7/31	2018/2/1
15.7-3-8	15.7	29.200	K46	GB/T 36956—2018	柔性直流输电用电压源换流器阀基控制设备试验			2018/12/28	2019/7/1
15.7-4-9	15.7	29.240.01	F24	DL/T 1513—2016	柔性直流输电用电压源型换流阀　电气试验			2016/1/7	2016/6/1
15.7-4-10	15.7	29.020	F24	DL/T 1526—2016	柔性直流输电工程系统试验规程			2016/1/7	2016/6/1
15.7-4-11	15.7	29.240	F24	DL/T 1567—2016	开合无功补偿设备测试装置通用技术条件			2016/2/5	2016/7/1
15.7-4-12	15.7	29.260.01	K44	DL/T 979—2005	直流高压高阻箱检定规程			2005/11/28	2006/6/1
15.7-4-13	15.7			DL/T 1981.10—2020	统一潮流控制器　第 10 部分：系统试验规程			2020/10/23	2021/2/1
15.7-5-14	15.7	29.240.99；31.080.20		IEC 61954 AMD 1：2013	静止无功补偿装置（SVC）晶闸管阀测试	IEC 22 F/274/CDV：2012；IEC 61954 AMD 1：2003		2013/4/1	2013/4/1
15.7-5-15	15.7	29.240.99；31.080.20	K44	IEC 61954：2013-04 ED 2.1	静止无功补偿器（SVC）晶闸管阀的试验	IEC 61954：2011		2013/4/1	2013/4/1
15.7-5-16	15.7	29.200	K04	IEC 62310-3：2008	静态转换系统（STS）第 3 部分：性能和试验要求的详细说明方法	IEC 22 H/105/FDIS：2008		2008/6/1	2008/6/1
15.7-5-17	15.7	29.240.99		IEC 62823：2015	晶闸管控制串联电容器晶闸管阀（TCSC）电气试验　1.0 版（通信）			2015/8/1	2015/8/1

15.8　试验与计量-监测装置及仪表

序号	GW 分类	ICS 分类	GB 分类	标准号	中 文 名 称	代替标准	采用关系	发布日期	实施日期
15.8-2-1	15.8	29.240		Q/GDW 10245—2016	输电线路微风振动监测装置技术规范			2017/7/28	2017/7/28
15.8-2-2	15.8	29.240		Q/GDW 10440—2018	油浸式变压器测温装置现场校准规范	Q/GDW 440—2010		2020/4/3	2020/4/3
15.8-2-3	15.8			Q/GDW 11003—2013	高压电气设备紫外检测技术导则			2014/4/15	2014/4/15
15.8-2-4	15.8	29.240		Q/GDW 11097—2013	绝缘油介质损耗测试仪校准规范			2014/9/1	2014/9/1
15.8-2-5	15.8	29.240		Q/GDW 11112—2013	避雷器监测装置校准规范			2014/4/1	2014/4/1
15.8-2-6	15.8	29.240		Q/GDW 11113—2013	高压介质损耗因数测试仪校准规范			2014/4/1	2014/4/1
15.8-2-7	15.8	29.240		Q/GDW 11223—2014	高压电缆状态检测技术规范			2014/12/1	2014/12/1
15.8-2-8	15.8	29.240		Q/GDW 11304.6—2018	电力设备带电检测仪器技术规范　第 6 部分：电力设备接地电流带电检测仪器			2020/4/3	2020/4/3

续表

序号	GW 分类	ICS 分类	GB 分类	标准号	中 文 名 称	代替标准	采用关系	发布日期	实施日期
15.8-2-9	15.8	29.240		Q/GDW 11366—2014	开关设备分合闸线圈电流波形带电检测技术现场应用导则			2015/2/16	2015/2/16
15.8-2-10	15.8	29.240		Q/GDW 11368—2014	变压器铁心接地电流带电检测技术现场应用导则			2015/2/16	2015/2/16
15.8-2-11	15.8	29.240		Q/GDW 11369—2014	避雷器泄露电流带电检测技术现场应用导则			2015/2/16	2015/2/16
15.8-2-12	15.8	29.240		Q/GDW 11400—2015	电力设备高频局部放电带电检测技术现场应用导则			2015/11/7	2015/11/7
15.8-2-13	15.8	25.040.30		Q/GDW 11514—2016	变电站智能机器人巡检系统检测规范			2016/11/25	2016/11/25
15.8-2-14	15.8	25.040.30		Q/GDW 11515—2016	变电站智能机器人巡检系统验收规范			2016/11/25	2016/11/25
15.8-2-15	15.8	19.080		Q/GDW 11521—2016	相对介损及电容检测仪校准规范			2016/12/28	2016/12/28
15.8-2-16	15.8	19.080		Q/GDW 11522—2016	电力变压器分接开关测试仪校准规范			2016/12/28	2016/12/28
15.8-2-17	15.8	19.080		Q/GDW 11523—2016	频响分析法变压器绕组变形测试仪校准规范			2016/12/28	2016/12/28
15.8-2-18	15.8	19.080		Q/GDW 11524—2016	高压开关机械特性测试仪校准规范			2016/12/28	2016/12/28
15.8-2-19	15.8	29.240		Q/GDW 11613—2016	回路状态巡检仪技术规范			2017/6/16	2017/6/16
15.8-2-20	15.8	29.240		Q/GDW 11644—2016	SF_6气体纯度带电检测技术现场应用导则			2017/7/28	2017/7/28
15.8-2-21	15.8	29.240		Q/GDW 1540.5—2014	变电设备在线监测装置检验规范　第 5 部分：气体绝缘金属封闭开关设备特高频法局部放电在线监测装置			2015/2/26	2015/2/26
15.8-2-22	15.8	29.240		Q/GDW 1540.6—2015	变电设备在线监测装置检验规范　第 6 部分：变压器特高频局部放电在线监测装置			2016/9/30	2016/9/30
15.8-2-23	15.8	29.240		Q/GDW 1650.4—2016	电能质量监测技术规范　第 4 部分：电能质量监测终端检验			2017/7/28	2017/7/28
15.8-2-24	15.8	29.240		Q/GDW 1895—2013	电容型设备介质损耗因数和电容量带电测试技术现场应用导则			2014/1/10	2014/1/10
15.8-2-25	15.8	29.240		Q/GDW 1898—2013	绝缘油耐压测试仪检定方法			2014/1/10	2014/1/10
15.8-2-26	15.8			Q/GDW 1950—2013	SF_6密度表、密度继电器现场校验规范			2014/4/15	2014/4/15
15.8-2-27	15.8	29.240		Q/GDW 1978—2013	电力金具电晕试验紫外成像检测方法			2014/3/13	2014/3/13
15.8-2-28	15.8	29.020		Q/GDW 468—2010	红外测温仪、红外热像仪校准规范			2010/6/2	2010/6/2
15.8-2-29	15.8	29.020		Q/GDW 540.1—2010	变电设备在线监测装置检验规范　第 1 部分：通用检验规范			2011/1/28	2011/1/28

15

续表

序号	GW 分类	ICS 分类	GB 分类	标准号	中　文　名　称	代替标准	采用关系	发布日期	实施日期
15.8-2-30	15.8	29.020		Q/GDW 653—2011	变压器空、负载损耗测试仪校准规范			2011/10/13	2011/10/13
15.8-2-31	15.8	29.020		Q/GDW 654—2011	输电线路参数测试仪校准规范			2011/10/13	2011/10/13
15.8-3-32	15.8	17.220	L85	GB/T 13166—2018	电子测量仪器设计余量与模拟误用试验	GB/T 13166—1991		2018/6/7	2019/1/1
15.8-3-33	15.8	17.220.20	N25	GB/T 13743—1992	直流磁电系检流计			1992/1/1	1993/8/1
15.8-3-34	15.8	17.200.20	N11	GB/T 16839.1—2018	热电偶　第 1 部分：电动势规范和允差	GB/T 16839.1—1997； GB/T 16839.2—1997		2018/7/13	2019/2/1
15.8-3-35	15.8	17.220.20	L86	GB/T 16896.1—2005	高电压冲击测量仪器和软件　第 1 部分：对仪器的要求	GB 813—1989； GB 16896.1—1997		2005/2/6	2005/12/1
15.8-3-36	15.8	29.240.10	K40	GB/T 16896.2—2016	高电压和大电流试验测量用仪器和软件　第 2 部分：对冲击电压和冲击电流试验用软件的要求	GB/T 16896.2—2010		2016/2/24	2016/9/1
15.8-3-37	15.8	17.220.20	N22	GB/T 17215.811—2017	交流电测量设备　验收检验　第 11 部分：通用验收检验方法	GB/T 3925—1983； GB/T 17442—1998	IEC 62058-11：2008 IDT	2017/12/29	2018/7/1
15.8-3-38	15.8	17.220.20	N22	GB/T 17215.821—2017	交流电测量设备　验收检验　第 21 部分：机电式有功电能表的特殊要求（0.5 级、1 级和 2 级）	GB/T 3925—1983		2017/12/29	2017/12/29
15.8-3-39	15.8	17.220.20	N22	GB/T 17215.831—2017	交流电测量设备　验收检验　第 31 部分：静止式有功电能表的特殊要求（0.2S 级、0.5S 级、1 级和 2 级）	GB/T 17442—1998		2017/12/29	2017/12/29
15.8-3-40	15.8	27.010	F01	GB/T 18293—2001	电力整流设备运行效率的在线测量			2001/1/10	2001/7/1
15.8-3-41	15.8	17.120.10	N12	GB/T 25922—2010	封闭管道中流体流量的测量用安装在充满流体的圆形截面管道中的涡街流量计测量流量的方法			2011/1/14	2011/5/1
15.8-3-42	15.8	17.040.30	J42	GB/T 26095—2010	电子柱电感测微仪			2011/1/10	2011/10/1
15.8-3-43	15.8	17.220.20	N20	GB/T 32191—2015	泄漏电流测试仪			2015/12/10	2016/7/1
15.8-3-44	15.8	07.060	P10	GB/T 3408.1—2008	大坝监测仪器应变计　第 1 部分：差动电阻式应变计	GB/T 3408—1994		2008/2/15	2008/5/1
15.8-3-45	15.8	07.060	P10	GB/T 3409.1—2008	大坝监测仪器钢筋计　第 1 部分：差动电阻式钢筋计	GB/T 3409—1994		2008/4/9	2008/7/1
15.8-3-46	15.8	07.060	P10	GB/T 3410.1—2008	大坝监测仪器测缝计　第 1 部分：差动电阻式测缝计	GB/T 3410—1994		2008/2/15	2008/5/1
15.8-3-47	15.8	07.060	N93	GB/T 3411.1—2009	大坝监测仪器孔隙水压力计　第 1 部分：振弦式孔隙水压力计			2009/5/26	2009/10/1

续表

序号	GW 分类	ICS 分类	GB 分类	标准号	中　文　名　称	代替标准	采用关系	发布日期	实施日期
15.8-3-48	15.8	17.220	N93	GB/T 3411—1994	差动电阻式孔隙压力计	GB 3411—1982		1994/1/2	1995/10/1
15.8-3-49	15.8	07.060	N93	GB/T 3412.1—2009	大坝监测仪器检测仪　第 1 部分：振弦式仪器检测仪			2009/5/26	2009/10/1
15.8-3-50	15.8	29.260.01	K04	GB/T 35708—2017	高原型配电网故障定位系统检验方法			2017/12/29	2018/7/1
15.8-3-51	15.8	29.020	K04	GB/T 35725—2017	电能质量监测设备自动检测系统通用技术要求			2017/12/29	2018/7/1
15.8-3-52	15.8	29.020	K04	GB/T 35726—2017	并联型有源电能质量治理设备性能检测规程			2017/12/29	2018/7/1
15.8-3-53	15.8	19.100	N78X	GB/T 36015—2018	无损检测仪器　工业 X 射线数字成像装置性能和检测规则			2018/3/15	2018/10/1
15.8-3-54	15.8	35.040	L70	GB/T 36962—2018	传感数据分类与代码			2018/12/28	2019/7/1
15.8-3-55	15.8	17.140.50	N65	GB/T 3785.2—2010	电声学声级计　第 2 部分：型式评价试验	GB 3785 部分—1983； GB 17181 部分—1997		2010/9/2	2011/4/1
15.8-3-56	15.8	17.220.20	N25	GB/T 3927—2008	直流电位差计	GB/T 3927—1983		2008/8/6	2009/3/1
15.8-3-57	15.8	23.080	J71	GB/T 7782—2020	计量泵	GB/T 7782—2008		2020/4/28	2020/11/1
15.8-4-58	15.8	17.040.30	P80	DL/T 1028—2006	电能质量测试分析仪检定规程			2006/12/17	2007/5/1
15.8-4-59	15.8	29.240.01	K43	DL/T 1222—2013	冲击分压器校准规范			2013/3/7	2013/8/1
15.8-4-60	15.8	27.100	F24	DL/T 1256—2013	变压器空、负载损耗测试仪通用技术条件			2013/11/28	2014/4/1
15.8-4-61	15.8		F24	DL/T 1323—2014	现场宽频率交流耐压试验电压测量导则			2014/3/18	2014/8/1
15.8-4-62	15.8		F24	DL/T 1332—2014	电流互感器励磁特性现场低频试验方法			2014/3/18	2014/8/1
15.8-4-63	15.8	29.020	K04	DL/T 1368—2014	电能质量标准源校准规范			2014/10/15	2015/3/1
15.8-4-64	15.8	27.100	F24	DL/T 1391—2014	数字式自动电压调节器涉网性能检测导则			2014/10/15	2015/3/1
15.8-4-65	15.8	29.240.99	F23	DL/T 1432.4—2017	变电设备在线监测装置检验规范　第 4 部分：气体绝缘金属封闭开关设备局部放电特高频在线监测装置			2017/8/2	2017/12/1
15.8-4-66	15.8	29.240.99	F23	DL/T 1498.4—2017	变电设备在线监测装置技术规范　第 4 部分：气体绝缘金属封闭开关设备局部放电特高频在线监测装置			2017/8/2	2017/12/1
15.8-4-67	15.8	29.060.01	K13	DL/T 1573—2016	电力电缆分布式光纤测温系统技术规范			2016/2/5	2016/7/1
15.8-4-68	15.8	27.100	F29	DL/T 1582—2016	直流输电阀冷系统仪表检测导则			2016/2/5	2016/7/1

续表

序号	GW 分类	ICS 分类	GB 分类	标准号	中文名称	代替标准	采用关系	发布日期	实施日期
15.8-4-69	15.8	29.130.10	k43	DL/T 1630—2016	气体绝缘金属封闭开关设备局部放电特高频检测技术规范			2016/12/5	2017/5/1
15.8-4-70	15.8	29.240	K45	DL/T 1663—2016	智能变电站继电保能诊断技术导则			2016/12/5	2017/5/1
15.8-4-71	15.8	29.240.30	K32	DL/T 1694.1—2017	高压测试仪器及设备校准规范　第 1 部分：特高频局部放电在线监测装置			2017/3/28	2017/8/1
15.8-4-72	15.8	29.240.99	K43	DL/T 1694.2—2017	高压测试仪器及设备校准规范　第 2 部分：电力变压器分接开关测试仪			2017/3/28	2017/8/1
15.8-4-73	15.8	29.240.99	K43	DL/T 1694.3—2017	高压测试仪器及设备校准规范　第 3 部分：高压开关动作特性测试仪			2017/3/28	2017/8/1
15.8-4-74	15.8	29.040.99	E38	DL/T 1694.4—2017	高压测试仪器及设备校准规范　第 4 部分：绝缘油耐压测试仪			2017/3/28	2017/8/1
15.8-4-75	15.8	29.240.99	K49	DL/T 1694.5—2017	高压测试仪器及设备校准规范　第 5 部分：氧化锌避雷器阻性电流测试仪			2017/3/28	2017/8/1
15.8-4-76	15.8			DL/T 1694.6—2020	高压测试仪器及设备校准规范　第 6 部分：电力电缆超低频介质损耗测试仪			2020/10/23	2021/2/1
15.8-4-77	15.8			DL/T 1694.7—2020	高压测试仪器及设备校准规范　第 7 部分：综合保护测控装置　电测量			2020/10/23	2021/2/1
15.8-4-78	15.8	29.240.01	F20	DL/T 1785—2017	电力设备 X 射线数字成像检测技术导则			2017/12/27	2018/6/1
15.8-4-79	15.8	29.18	F20	DL/T 1786—2017	直流偏磁电流分布同步监测技术导则			2017/12/27	2018/6/1
15.8-4-80	15.8	29.24	F20	DL/T 1852—2018	工频接地电阻测量设备检测规程			2018/6/6	2018/10/1
15.8-4-81	15.8	29.24	F20	DL/T 1862—2018	电能质量监测终端检测技术规范			2018/6/6	2018/10/1
15.8-4-82	15.8	29.240.01	F21	DL/T 1898—2018	智能变电站监控系统测试规范			2018/12/25	2019/5/1
15.8-4-83	15.8	29.240	K45	DL/T 1943—2018	合并单元现场检验规范			2018/12/25	2019/5/1
15.8-4-84	15.8	29.240	F20	DL/T 1954—2018	基于暂态地电压法局部放电检测仪校准规范			2018/12/25	2019/5/1
15.8-4-85	15.8	29.240.99	K40	DL/T 2026—2019	高压直流接地极监测系统通用技术规范			2019/6/4	2019/10/1
15.8-4-86	15.8			DL/T 2115—2020	电压监测仪检验技术规范			2020/10/23	2021/2/1
15.8-4-87	15.8			DL/T 2145.1—2020	变电设备在线监测装置现场测试导则　第 1 部分：变压器油中溶解气体在线监测装置			2020/10/23	2021/2/1

15

续表

序号	GW分类	ICS分类	GB分类	标准号	中文名称	代替标准	采用关系	发布日期	实施日期
15.8-4-88	15.8			DL/T 2145.2—2020	变电设备在线监测装置现场测试导则　第2部分：电容型设备与金属氧化物避雷器绝缘在线监测装置			2020/10/23	2021/2/1
15.8-4-89	15.8	29.120.70	K33	DL/T 259—2012	六氟化硫气体密度继电器校验规程			2012/4/6	2012/7/1
15.8-4-90	15.8	27.100	F24	DL/T 356—2010	局部放电测量仪校准规范			2010/5/1	2010/10/1
15.8-4-91	15.8	29.240.01	F24	DL/T 475—2017	接地装置特性参数测量导则	DL/T 475—2006		2017/8/2	2017/12/1
15.8-4-92	15.8	29.120.70	K45	DL/T 540—2013	气体继电器检验规程	DL/T 540—1994		2013/11/28	2014/4/1
15.8-4-93	15.8	29.240.99	F24	DL/T 846.4—2016	高电压测试设备通用技术条件　第4部分：脉冲电流法局部放电测量仪	DL/T 846.4—2004		2016/12/5	2017/5/1
15.8-4-94	15.8	29.240.99	F24	DL/T 846.10—2016	高电压测试设备通用技术条件　第10部分：暂态地电压局部放电检测仪			2016/12/5	2017/5/1
15.8-4-95	15.8	29.240.99	F24	DL/T 846.11—2016	高电压测试设备通用技术条件　第11部分：特高频局部放电检测仪			2016/12/5	2017/5/1
15.8-4-96	15.8	29.240.99	F24	DL/T 846.12—2016	高电压测试设备通用技术条件　第12部分：电力电容测试仪			2016/12/5	2017/5/1
15.8-4-97	15.8		N11	JJF 1187—2008	热像仪校准规范			2008/2/20	2008/5/20
15.8-4-98	15.8			JJF 1237—2017	SDH/PDH传输分析仪校准规范	JJF 1237—2010		2017/11/20	2018/5/20
15.8-4-99	15.8			JJF 1263—2010	六氟化硫检测报警仪校准规范	JJG 914—1996		2010/9/6	2011/3/6
15.8-4-100	15.8			JJF 1325—2011	通信用光回波损耗仪校准规范			2011/11/30	2012/3/1
15.8-4-101	15.8			JJF 1331—2011	电感测微仪校准规范	JJG 396—2002		2011/12/28	2012/6/28
15.8-4-102	15.8		A50	JJG 1038—2008	科里奥利质量流量计	JJG 897—1995		2008/3/25	2008/9/25
15.8-4-103	15.8			JJG 105—2019	转速表检定规程	JJG 105—2000		2019/12/31	2020/3/31
15.8-4-104	15.8		A50	JJG 173—2003	信号发生器检定规程	JJG 324—1983； JJG 325—1983； JJG 339—1983； JJG 174—1985； JJG 173—1986； JJG 438—1986		2003/11/24	2004/5/24
15.8-4-105	15.8			JJG 183—2017	标准电容器检定规程	JJG 183—1992		2017/9/26	2018/3/26

续表

序号	GW 分类	ICS 分类	GB 分类	标准号	中 文 名 称	代替标准	采用关系	发布日期	实施日期
15.8-4-106	15.8			JJG 188—2017	声级计检定规程	JJG 188—2002 检定部分		2017/11/20	2018/5/20
15.8-4-107	15.8		A57	JJG 200—1980	外差式频率计检定规程			1980/7/11	1980/12/1
15.8-4-108	15.8			JJG 2015—2013	脉冲波形参数计量器具检定系统表	JJG 2015—1987		2013/1/15	2013/7/6
15.8-4-109	15.8			JJG 205—2005	机械式温湿度计检定规程	JJG 205—1980		2005/9/5	2006/3/5
15.8-4-110	15.8			JJG 237—2010	秒表检定规程	JJG237—1995； JJG239—1995 附录 3		2010/9/6	2011/3/6
15.8-4-111	15.8		A53	JJG 244—2003	感应分压器检定规程	JJG 244—1981		2003/9/23	2004/3/23
15.8-4-112	15.8		A55	JJG 250—1990	电子电压表检定规程	JJG 250—1981		1990/6/14	1991/1/1
15.8-4-113	15.8		A56	JJG 251—1997	失真度测量仪检定规程	JJG 251—1981		1997/9/1	1998/5/1
15.8-4-114	15.8		A56	JJG 278—2002	示波器校准仪检定规程	JJG 278—1981		2002/11/4	2003/5/4
15.8-4-115	15.8		A56	JJG 359—1984	300MHz 频率特性测试仪试行检定规程			1984/8/31	1985/5/1
15.8-4-116	15.8		A53	JJG 42—2011	工作玻璃浮计检定规程	JJG 42—2001		2011/9/20	2012/3/20
15.8-4-117	15.8			JJG 602—2014	低频信号发生器检定规程	JJG 602—1996； JJG 64—1990； JJG 230—1980		2014/11/17	2015/2/17
15.8-4-118	15.8		A55	JJG 622—1997	绝缘电阻表（兆欧表）检定规程	JJG 622—1989		1997/10/24	1998/5/1
15.8-4-119	15.8			JJG 721—2010	相位噪声测量系统检定规程	JJG 721—1991		2010/9/6	2011/3/6
15.8-4-120	15.8			JJG 722—2018	标准数字时钟检定规程	JJG 722—1991		2018/2/27	2018/8/27
15.8-4-121	15.8			JJG 726—2017	标准电感器检定规程	JJG 726—1991		2017/9/26	2018/3/26
15.8-4-122	15.8		N18；A52	JJG 74—2005	工业过程测量记录仪检定规程	JJG 706—1990； JJG 74—1992		2005/12/20	2006/6/20
15.8-4-123	15.8			JJG 795—2016	耐电压测试仪检定规程	JJG 795—2004		2016/11/25	2017/5/25
15.8-4-124	15.8			JJG 802—2019	失真度仪校准器检定规程			2019/9/27	2020/3/27
15.8-4-125	15.8		N20	JJG 837—2003	直流低电阻表检定规程	JJG 837—1993		2003/9/23	2004/3/23
15.8-4-126	15.8			JJG 843—2007	泄漏电流测试仪检定规程			2007/2/28	2007/8/28
15.8-4-127	15.8			NB/T 10280—2019	电网用状态监测装置湿热环境条件与技术要求			2019/11/4	2020/5/1

15

续表

序号	GW 分类	ICS 分类	GB 分类	标准号	中 文 名 称	代替标准	采用关系	发布日期	实施日期
15.8-6-128	15.8			T/CEC 114—2016	闪络定位仪校准规范			2016/10/21	2017/1/1
15.8-6-129	15.8			T/CEC 126—2016	六氟化硫气体分解产物检测仪校验方法			2016/10/21	2017/1/1
15.8-6-130	15.8			T/CEC 414—2020	压力式六氟化硫气体密度控制器现场校准规范			2020/10/28	2021/2/1

15.9 试验与计量-电测计量

序号	GW 分类	ICS 分类	GB 分类	标准号	中 文 名 称	代替标准	采用关系	发布日期	实施日期
15.9-2-1	15.9			Q/GDW 11017—2013	电测量仪表检验装置检验方法			2013/11/6	2013/11/6
15.9-2-2	15.9	29.240		Q/GDW 11278—2014	计量用低压电流互感器自动化检定系统校准方法			2015/2/18	2015/2/18
15.9-2-3	15.9	29.240		Q/GDW 11362—2014	电子式互感器计量用合并单元技术条件			2015/3/12	2015/3/12
15.9-2-4	15.9	29.240		Q/GDW 11364—2014	模拟量输入合并单元计量性能检测技术规范			2015/3/12	2015/3/12
15.9-2-5	15.9	29.240		Q/GDW 11683—2017	电容式电压互感器误差特性在线 检测技术规范			2018/1/18	2018/1/18
15.9-2-6	15.9	29.240		Q/GDW 11684—2017	高压直流输电系统直流电流测量装置 现场试验规范			2018/1/18	2018/1/18
15.9-2-7	15.9	29.240		Q/GDW 11685—2017	高压直流输电系统直流电压测量 装置现场试验规范			2018/1/18	2018/1/18
15.9-2-8	15.9			Q/GDW 11777—2017	数字化电能计量装置现场检验技术规范			2018/9/7	2018/9/7
15.9-2-9	15.9			Q/GDW 11783.1—2017	现场用交流电参量测量仪 第 1 部分 通用技术要求			2018/9/7	2018/9/7
15.9-2-10	15.9			Q/GDW 11783.2—2017	现场用交流电参量测量仪 第 2 部分 特殊要求 基于电网工频信号			2018/9/7	2018/9/7
15.9-2-11	15.9			Q/GDW 11783.3—2017	现场用交流电参量测量仪 第 3 部分 特殊要求 基于电子式互感器 模拟输出量			2018/9/7	2018/9/7
15.9-2-12	15.9			Q/GDW 11783.4—2017	现场用交流电参量测量仪 第 4 部分 特殊要求 基于电子式互感器 数字输出量			2018/9/7	2018/9/7
15.9-2-13	15.9	29.240		Q/GDW 11999.1—2019	电力用户农排费控采集系统 第 1 部分：农排费控智能电能表技术规范			2020/9/17	2020/9/17
15.9-2-14	15.9	29.240		Q/GDW 11999.2—2019	电力用户农排费控采集系统 第 2 部分：农排费控智能电能表功能规范			2020/9/17	2020/9/17
15.9-2-15	15.9	29.240		Q/GDW 11999.3—2019	电力用户农排费控采集系统 第 3 部分：农排费控智能电能表型式规范			2020/9/17	2020/9/17

序号	GW 分类	ICS 分类	GB 分类	标准号	中　文　名　称	代替标准	采用关系	发布日期	实施日期
15.9-2-16	15.9	29.240		Q/GDW 11999.4—2019	电力用户农排费控采集系统　第 4 部分：农排费控智能电能表信息交换安全　技术规范			2020/9/17	2020/9/17
15.9-2-17	15.9	29.240		Q/GDW 11999.5—2019	电力用户农排费控采集系统　第 5 部分：农排费控终端技术规范			2020/9/17	2020/9/17
15.9-2-18	15.9	29.240		Q/GDW 11999.6—2019	电力用户农排费控采集系统　第 6 部分：通道转换器技术规范			2020/9/17	2020/9/17
15.9-2-19	15.9	29.240		Q/GDW 11999.7—2019	电力用户农排费控采集系统　第 7 部分：农排费控终端信息交换安全　技术规范			2020/9/17	2020/9/17
15.9-2-20	15.9			Q/GDW 12002—2019	电动汽车非车载充电机电能计量检测规范			2020/9/17	2020/9/17
15.9-2-21	15.9			Q/GDW 126—2005	农村电网自动化及通信系统技术导则			2005/8/20	2005/11/20
15.9-2-22	15.9	29.240		Q/GDW 1439—2014	多功能电测计量检验装置校准规范	Q/GDW 439—2010		2015/2/18	2015/2/18
15.9-2-23	15.9	29.240		Q/GDW 1899—2013	交流采样测量装置校验规范			2014/1/10	2014/1/10
15.9-2-24	15.9	29.240		Q/GDW 300—2009	高压直流设备无线电干扰测量方法			2009/5/25	2009/5/25
15.9-2-25	15.9	29.020		Q/GDW 469—2010	钳形接地电阻测试仪检验规程			2010/6/2	2010/6/2
15.9-3-26	15.9	17.220.20	N22	GB/T 17215.921—2012	电测量设备可信性　第 21 部分：现场仪表可信性数据收集		IEC/TR 62059-21：2002 IDT	2012/12/31	2013/6/1
15.9-3-27	15.9	17.220.20	N22	GB/T 17215.941—2012	电测量设备可信性　第 41 部分：可靠性预测		IEC 62059-41：2006 IDT	2012/12/31	2013/6/1
15.9-3-28	15.9	17.220.20	N22	GB/T 17215.9311—2017	电测量设备可信性　第 311 部分：温度和湿度加速可靠性试验		IEC/TR 62059-31-1：2008 IDT	2017/12/29	2018/7/1
15.9-3-29	15.9	17.220.20	N22	GB/T 17215.9321—2016	电测量设备可信性　第 321 部分：耐久性-高温下的计量特性稳定性试验		IEC/TR 62059-32-1：2011 IDT	2016/8/29	2017/3/1
15.9-3-30	15.9	17.220.20	N23	GB/T 22264.8—2009	安装式数字显示电测量仪表　第 8 部分：推荐的试验方法			2009/11/15	2010/2/1
15.9-3-31	15.9	29.240.01	F20	GB/T 36571—2018	并联无功补偿节约电力电量测量和验证技术规范			2018/9/17	2019/4/1
15.9-3-32	15.9	17.220.20	N22	GB/T 37006—2018	数字化电能表检验装置			2018/12/28	2019/7/1
15.9-3-33	15.9	17.220	L85	GB/T 6587—2012	电子测量仪器通用规范	GB/T 6587.1—1986； GB/T 6587.2—1986； GB/T 6587.3—1986； GB/T 6587.4—1986； GB/T 6587.5—1986； GB/T 6587.6—1986； GB/T 6587.8—1986； GB/T 6593—1996		2012/12/31	2013/6/1

续表

序号	GW 分类	ICS 分类	GB 分类	标准号	中 文 名 称	代替标准	采用关系	发布日期	实施日期
15.9-3-34	15.9	31.040	L13	GB/T 7017—1986	电阻器非线性测量方法			1986/11/20	1987/9/1
15.9-3-35	15.9	17.220.20	N21	GB/T 7676.1—2017	直接作用模拟指示电测量仪表及其附件 第 1 部分：定义和通用要求	GB/T 7676.1—1998		2017/9/7	2018/4/1
15.9-3-36	15.9	17.220.20	N21	GB/T 7676.2—2017	直接作用模拟指示电测量仪表及其附件 第 2 部分：电流表和电压表的特殊要求	GB/T 7676.2—1998		2017/9/7	2018/4/1
15.9-3-37	15.9	17.220.20	N21	GB/T 7676.3—2017	直接作用模拟指示电测量仪表及其附件 第 3 部分：功率表和无功功率表的特殊要求	GB/T 7676.3—1998		2017/9/7	2018/4/1
15.9-3-38	15.9	17.220.20	N21	GB/T 7676.4—2017	直接作用模拟指示电测量仪表及其附件 第 4 部分：频率表的特殊要求	GB/T 7676.4—1998		2017/9/7	2018/4/1
15.9-3-39	15.9	17.220.20	N21	GB/T 7676.5—2017	直接作用模拟指示电测量仪表及其附件 第 5 部分：相位表、功率因数表和同步指示器的特殊要求	GB/T 7676.5—1998		2017/9/7	2018/4/1
15.9-3-40	15.9	17.220.20	N21	GB/T 7676.6—2017	直接作用模拟指示电测量仪表及其附件 第 6 部分：电阻表（阻抗表）和电导表的特殊要求	GB/T 7676.6—1998		2017/9/7	2018/4/1
15.9-3-41	15.9	17.220.20	N21	GB/T 7676.7—2017	直接作用模拟指示电测量仪表及其附件 第 7 部分：多功能仪表的特殊要求	GB/T 7676.7—1998		2017/9/7	2018/4/1
15.9-3-42	15.9	17.220.20	N21	GB/T 7676.8—2017	直接作用模拟指示电测量仪表及其附件 第 8 部分：附件的特殊要求	GB/T 7676.8—1998		2017/9/7	2018/4/1
15.9-3-43	15.9	17.220.20	N21	GB/T 7676.9—2017	直接作用模拟指示电测量仪表及其附件 第 9 部分：推荐的试验方法	GB/T 7676.9—1998		2017/9/7	2018/4/1
15.9-4-44	15.9	17.220.20	N20	DL/T 1112—2009	交、直流仪表检验装置检定规程	SD 111—1983；SD 112—1983		2009/7/22	2009/12/1
15.9-4-45	15.9		F20	DL/T 1221—2013	互感器综合特性测试仪通用技术条件			2013/3/7	2013/8/1
15.9-4-46	15.9	17.220.20	F23	DL/T 1473—2016	电测量指示仪表检定规程	SD 110—1983		2016/1/7	2016/6/1
15.9-4-47	15.9	17.020	N20	DL/T 1478—2015	电子式交流电能表现场检验规程			2015/7/1	2015/12/1
15.9-4-48	15.9	29.240.01	F20	DL/T 1788—2017	高压直流互感器现场校验规范			2017/12/27	2018/6/1
15.9-4-49	15.9	29.180	K41	DL/T 2032—2019	计量用低压电流互感器			2019/6/4	2019/10/1
15.9-4-50	15.9			DL/T 2063—2019	冲击电流测量实施导则			2019/11/4	2020/5/1
15.9-4-51	15.9	29.020	K90	DL/T 276—2012	高压直流设备无线电干扰测量方法			2012/1/4	2012/3/1
15.9-4-52	15.9	29.100	L19	DL/T 668—2017	测量用互感器检验装置	DL/T 668—1999		2017/11/15	2018/3/1

序号	GW 分类	ICS 分类	GB 分类	标准号	中 文 名 称	代替标准	采用关系	发布日期	实施日期
15.9-4-53	15.9	27.100	F24	DL/T 845.2—2004	电阻测量装置通用技术条件 第 2 部分：工频接地电阻测试仪			2004/3/9	2004/6/1
15.9-4-54	15.9	17.220.20	N20；F21	DL/T 963—2005	变压比测试仪通用技术条件			2005/2/14	2005/7/1
15.9-4-55	15.9	17.220.20	N25	DL/T 967—2005	回路电阻测试仪与直流电阻快速测试仪检定规程			2005/11/28	2006/6/1
15.9-4-56	15.9	17.220.20	N23	DL/T 973—2005	数字高压表检定规程			2005/11/28	2006/6/1
15.9-4-57	15.9			JJF 1033—2016	计量标准考核规范	JJF 1033—2008		2016/11/30	2017/5/30
15.9-4-58	15.9		N13	JJF 1036—2008	交流电表检定装置试验规范	JJG 1036—1993		2008/2/20	2008/5/20
15.9-4-59	15.9	17.020	A50	JJF 1051—2009	计量器具命名与分类编码	JJF 1051—1996		2009/8/18	2010/2/18
15.9-4-60	15.9		A50	JJF 1069—2012	法定计量检定机构考核规范	JJF 1069—2007		2012/3/2	2012/6/2
15.9-4-61	15.9			JJF 1117—2010	计量比对规范	JJG 1117—2004		2010/6/10	2010/12/10
15.9-4-62	15.9			JJF 1264—2010	互感器负荷箱校准规范	JJF 1264—1990		2010/9/6	2010/12/6
15.9-4-63	15.9			JJF 1284—2011	交直流电表校验仪校准规范			2011/6/14	2011/9/14
15.9-4-64	15.9			JJF 1285—2011	表面电阻测试仪校准规范			2011/6/14	2011/9/14
15.9-4-65	15.9			JJG 1052—2009	回路电阻测试仪、直阻仪检定规程			2009/10/9	2010/1/9
15.9-4-66	15.9			JJG 1054—2009	钳形接地电阻仪检定规程			2009/10/9	2010/1/9
15.9-4-67	15.9		A55	JJG 153—1996	标准电池检定规程	JJG 153—1986		1986/2/3	1997/6/1
15.9-4-68	15.9		A55	JJG 307—2006	机电式交流电能表	JJG 307—1988		2006/3/8	2006/9/8
15.9-4-69	15.9		A55	JJG 313—2010	测量用电流互感器	JJG 313—1994		2010/11/5	2011/5/5
15.9-4-70	15.9		A55	JJG 314—2010	测量用电压互感器	JJG 314—1994		2010/11/5	2011/5/5
15.9-4-71	15.9		A52	JJG 34—2008	指示表（百分表和千分表）检定规程	JJG 34—1996		2008/5/23	2008/11/23
15.9-4-72	15.9		A55	JJG 366—2004	接地电阻表检定规程	JJG 366—1986		2004/6/4	2004/12/1
15.9-4-73	15.9		A55	JJG 376—2007	电导率仪	JJG 376—1985		2007/11/21	2008/5/21
15.9-4-74	15.9		A55	JJG 440—2008	工频单相相位表	JJG 440—1986		2008/12/22	2009/6/22
15.9-4-75	15.9		A55	JJG 441—2008	交流电桥	JJG 441—1986		2008/4/23	2008/10/23
15.9-4-76	15.9		A54	JJG 484—2007	直流测温电桥	JJG 484—1987		2007/8/21	2008/2/21
15.9-4-77	15.9		A55	JJG 485—1987	万能比例臂电桥检定规程			1987/3/9	1988/1/9

续表

序号	GW 分类	ICS 分类	GB 分类	标准号	中文名称	代替标准	采用关系	发布日期	实施日期
15.9-4-78	15.9		A55	JJG 487—1987	三次平衡双电桥检定规程			1987/3/9	1988/1/9
15.9-4-79	15.9		A55	JJG 494—2005	高压静电电压表检定规程	JJG 494—1987		2005/12/20	2006/6/20
15.9-4-80	15.9		A55	JJG 495—2006	直流磁电系检流计检定规程	JJG 495—1987		2006/12/8	2007/6/8
15.9-4-81	15.9		A55	JJG 505—2004	直流比较仪式电位差计检定规程	JJG 505—1987		2004/3/2	2004/9/2
15.9-4-82	15.9			JJG 506—2010	直流比较仪式电桥检定规程	JJG 506—1987		2010/5/11	2010/11/11
15.9-4-83	15.9		N21	JJG 531—2003	直流电阻分压箱检定规程	JJG 531—1988		2003/5/12	2003/11/12
15.9-4-84	15.9			JJG 546—2010	直流比较电桥检定规程	JJG 546—1988		2010/1/5	2010/7/5
15.9-4-85	15.9			JJG 588—2018	冲击峰值电压表检定规程	JJG 588—1996		2018/2/27	2018/8/27
15.9-4-86	15.9		N22	JJG 597—2005	交流电能表检定装置检定规程	JJG 597—1989		2005/12/20	2006/6/20
15.9-4-87	15.9		A55	JJG 600—1989	存贮示波器检定规程			1989/4/6	1990/2/6
15.9-4-88	15.9		A57	JJG 603—2018	频率表检定规程	JJG 603—2006		2018/12/25	2019/6/25
15.9-4-89	15.9		A55	JJG 690—2003	高绝缘电阻测量仪（高阻计）检定规程	JJG 690—1990		2003/9/23	2004/3/23
15.9-4-90	15.9		A55	JJG 780—1992	交流数字功率表检定规程			1992/2/15	1993/1/1
15.9-4-91	15.9		A55	JJG 873—1994	直流高阻电桥检定规程			1994/4/28	1995/3/1
15.9-4-92	15.9		A55	JJG 982—2003	直流电阻箱检定规程	JJG 166—1993		2003/9/23	2004/3/23
15.9-4-93	15.9	29.240	K45	NB/T 42123—2017	电测量变送器校准规范			2017/8/2	2017/12/1
15.9-4-94	15.9	29.240	K45	NB/T 42125—2017	电压监测仪技术要求			2017/8/2	2017/12/1
15.9-5-95	15.9	91.140.50		DIN EN 62059-32-1—2012	电力计量设备　可靠性　第 32-1 部分：耐久性通过提高温度测试计量特性的稳定性（IEC 62059-32-1：2011）　德文版本 EN62059-32-1—2012			2012/10/1	2012/10/1
15.9-5-96	15.9			IEC 62631-3-2：2015	电介质和固体绝缘材料　第 3-2 部分的电阻特性：电阻特性（DC 方法）　表面电阻和表面电阻率的测定　第 1 版			2015/12/1	2015/12/1
15.9-6-97	15.9	29.020	K93	T/CEC 115：2016	电能表用外置断路器技术规范			2016/10/21	2017/1/1

15.10　试验与计量-化学检测

序号	GW 分类	ICS 分类	GB 分类	标准号	中文名称	代替标准	采用关系	发布日期	实施日期
15.10-2-1	15.10	29.240		Q/GDW 11062—2013	六氟化硫气体泄漏成像测试技术现场应用导则			2014/9/1	2014/9/1

15

续表

序号	GW 分类	ICS 分类	GB 分类	标准号	中　文　名　称	代替标准	采用关系	发布日期	实施日期
15.10-2-2	15.10	29.240		Q/GDW 11096—2013	SF_6气体分解产物气相色谱分析方法			2014/9/1	2014/9/1
15.10-2-3	15.10	29.240		Q/GDW 1896—2013	SF_6气体分解产物检测技术现场应用导则			2014/1/10	2014/1/10
15.10-3-4	15.10	13.060.50；71.040.40	G76	GB/T 12149—2017	工业循环冷却水和锅炉用水中硅的测定	GB/T 12149—2007		2017/9/7	2018/4/1
15.10-3-5	15.10	77.120.60	H13	GB/T 12689.7—2010	锌及锌合金化学分析方法　第 7 部分：镁量的测定　火焰原子吸收光谱法	GB/T 12689.7—2004		2011/1/14	2011/11/1
15.10-3-6	15.10	71.040.40	G76	GB/T 14415—2007	工业循环冷却水和锅炉用水中固体物质的测定	GB/T 15893.4—1995，GB/T 14415—1993		2007/10/17	2008/2/1
15.10-3-7	15.10	71.040.40	G76	GB/T 15453—2018	工业循环冷却水和锅炉用水中氯离子的测定	GB/T 15453—2008		2018/6/7	2019/1/1
15.10-3-8	15.10	71.040.40	G76	GB/T 15454—2009	工业循环冷却水中钠、铵、钾、镁和钙离子的测定　离子色谱法	GB/T 15454—1995		2009/5/18	2010/2/1
15.10-3-9	15.10	77.080	H25	GB/T 15970.6—2007	金属和合金的腐蚀应力腐蚀试验　第 6 部分：恒载荷或恒位移下的预裂纹试样的制备和应用	GB/T 15970.6—1998		2007/7/11	2007/12/1
15.10-3-10	15.10	77.060	H25	GB/T 15970.9—2007	金属和合金的腐蚀应力腐蚀试验　第 9 部分：渐增式载荷或渐增式位移下的预裂纹试样的制备和应用			2007/7/11	2007/12/1
15.10-3-11	15.10	29.035.40	G31	GB/T 16581—1996	绝缘液体燃烧性能试验方法氧指数法			1996/10/25	1997/5/1
15.10-3-12	15.10	27.100	F24	GB/T 17623—2017	绝缘油中溶解气体组分含量的气相色谱测定法	GB/T 17623—1998		2017/5/12	2017/12/1
15.10-3-13	15.10	29.060.01	K13	GB/T 17650.1—1998	取自电缆或光缆的材料燃烧时释出气体的试验方法　第 1 部分：卤酸气体总量的测定			1998/1/2	1999/10/1
15.10-3-14	15.10	29.060.01	K13	GB/T 17650.2—1998	取自电缆或光缆的材料燃烧时释出气体的试验方法　第 2 部分：用测量 pH 值和电导率来测定气体的酸度			1998/1/2	1999/10/1
15.10-3-15	15.10	71.040.40	G76	GB/T 23838—2009	工业循环冷却水中悬浮固体的测定		ISO 11923：1997 EQV	2009/5/18	2010/2/1
15.10-3-16	15.10	75.140	E38	GB/T 25961—2010	电气绝缘油中腐蚀性硫的试验法		ASTM D1275-06 MOD	2011/1/10	2011/5/1
15.10-3-17	15.10	29.120.99	K14	GB/T 26872—2011	电触头材料金相图谱			2011/7/29	2011/12/1
15.10-3-18	15.10	75.100	E38	GB/T 28552—2012	变压器油、汽轮机油酸值测定法（BTB 法）			2012/6/29	2012/11/1
15.10-3-19	15.10	71.040.30	N54	GB/T 35410—2017	液相色谱-串联四极质谱仪性能的测定方法			2017/12/29	2018/4/1
15.10-3-20	15.10	03.120.10	A00	GB/T 35655—2017	化学分析方法验证确认和内部质量控制实施指南　色谱分析			2017/12/29	2018/7/1

续表

序号	GW 分类	ICS 分类	GB 分类	标准号	中文名称	代替标准	采用关系	发布日期	实施日期
15.10-3-21	15.10	03.120.10	A00	GB/T 35656—2017	化学分析方法验证确认和内部质量控制实施指南　报告定性结果的方法			2017/12/29	2018/7/1
15.10-3-22	15.10	03.120.10	A00	GB/T 35657—2017	化学分析方法验证确认和内部质量控制实施指南　基于样品消解的金属组分分析			2017/12/29	2018/7/1
15.10-3-23	15.10	71.040.40	G86	GB/T 35860—2018	气体分析　校准用混合气体证书内容		ISO 6141：2015 IDT	2018/2/6	2018/9/1
15.10-3-24	15.10	71.040.40	G86	GB/T 35861—2018	气体分析　校准用混合气体使用过程中的一般质量保证　指南		ISO/TS 14167：2003 IDT	2018/2/6	2018/9/1
15.10-3-25	15.10	71.100.40	G72	GB/T 35862—2018	表面活性剂　挥发性有机化合物残留量的测定　顶空气相色谱质谱（GC-MS）联用法			2018/2/6	2018/9/1
15.10-3-26	15.10	71.040.01	G04	GB/T 35924—2018	固体化工产品中水分含量的测定　热重法			2018/2/6	2018/9/1
15.10-3-27	15.10	71.040.40；71.040.50	G04	GB/Z 35959—2018	液相色谱-质谱联用分析方法通则			2018/2/6	2018/9/1
15.10-3-28	15.10	17.180.99	N52	GB/T 36240—2018	离子色谱仪			2018/6/7	2019/1/1
15.10-3-29	15.10	53.020.20	J80	GB/T 3914—2008	化学试剂阳极溶出伏安法通则	GB 3914—1983		2008/5/15	2008/11/1
15.10-3-30	15.10	83.080	G31	GB/T 5760—2000	氢氧型阴离子交换树脂交换容量测定方法	GB 5760—1986		2000/3/16	2000/9/1
15.10-3-31	15.10	71.040.40；71.040.30	G60	GB/T 601—2016	化学试剂　标准滴定溶液的制备	GB/T 601—2002		2016/10/13	2017/5/1
15.10-3-32	15.10	71.040.40；71.040.30	G60	GB/T 602—2002	化学试剂杂质测定用标准溶液的制备	GB/T 602—1988		2002/10/15	2003/4/1
15.10-3-33	15.10	71.040.40；71.040.30	G60	GB/T 603—2002	化学试剂试验方法中所用制剂及制品的制备	GB/T 603—1988		2002/10/15	2003/4/1
15.10-3-34	15.10	71.040.30	G60	GB/T 605—2006	化学试剂色度测定通用方法	GB 605—1988		2006/11/3	2007/6/1
15.10-3-35	15.10	71.040.30	G60	GB/T 606—2003	化学试剂水分测定通用方法卡尔　费休法	GB/T 606—1988		2003/11/10	2004/5/1
15.10-3-36	15.10	71.040.30	G60	GB/T 610—2008	化学试剂砷测定通用方法	GB 610.1—1988；GB 610.2—1988		2008/5/15	2008/11/1
15.10-3-37	15.10	71.040.30	G60	GB/T 611—2006	化学试剂密度测定通用方法	GB 611—1988		2006/11/3	2007/6/1
15.10-3-38	15.10	71.040.30	G60	GB/T 617—2006	化学试剂熔点范围测定通用方法	GB 617—1988		2006/11/3	2007/6/1
15.10-3-39	15.10	71.040.40	G76	GB/T 6904—2008	工业循环冷却水及锅炉用水中 pH 的测定	GB 6904.1—1986；GB 6904.3—1993；GB 15893.2—1995		2008/4/1	2008/9/1

续表

序号	GW 分类	ICS 分类	GB 分类	标准号	中 文 名 称	代替标准	采用关系	发布日期	实施日期
15.10-3-40	15.10	13.060.50；71.040.40	G76	GB/T 6911—2017	工业循环冷却水和锅炉用水中硫酸盐的测定	GB/T 6911—2007		2017/9/7	2018/4/1
15.10-3-41	15.10	75.100	E38	GB/T 7597—2007	电力用油（变压器油、汽轮机油）取样方法	GB 7597—1987		2007/7/11	2008/1/1
15.10-3-42	15.10	75.100	E38	GB/T 7598—2008	运行中变压器油水溶性酸测定法	GB/T 7598—1987		2008/9/24	2009/8/1
15.10-3-43	15.10	75.100	E38	GB/T 7600—2014	运行中变压器油和汽轮机油水分含量测定法（库仑法）	GB/T 7600—1987		2014/9/3	2015/4/1
15.10-3-44	15.10	75.100	E38	GB/T 7603—2012	矿物绝缘油中芳碳含量测定法	GB/T 7603—1987		2012/6/29	2012/11/1
15.10-3-45	15.10	83.080.01	G31	GB/T 8144—2008	阳离子交换树脂交换容量测定方法	GB 8144—1987		2008/6/30	2009/2/1
15.10-3-46	15.10	83.080.01	G31	GB/T 8330—2008	离子交换树脂湿真密度测定方法	GB 8330—1987		2008/6/30	2009/2/1
15.10-3-47	15.10	83.080.01	G31	GB/T 8331—2008	离子交换树脂湿视密度测定方法	GB 8331—1987		2008/6/30	2009/2/1
15.10-3-48	15.10	71.040.30	G60	GB/T 9721—2006	化学试剂分子吸收分光光度法通则（紫外和可见光部分）	GB 9721—1988		2006/9/1	2007/4/1
15.10-3-49	15.10	71.040.030	G60	GB/T 9722—2006	化学试剂气相色谱法通则	GB 9722—1988		2006/1/23	2006/11/1
15.10-3-50	15.10	71.040.30	G60	GB/T 9723—2007	化学试剂火焰原子吸收光谱法通则	GB 9723—1988		2007/12/18	2008/4/1
15.10-3-51	15.10		G60	GB/T 9724—2007	化学试剂 pH 值测定通则	GB 9724—1988		2007/12/18	2008/4/1
15.10-3-52	15.10	71.040.30	G60	GB/T 9725—2007	化学试剂电位滴定法通则	GB 9725—1988		2007/12/18	2008/4/1
15.10-4-53	15.10	27.100	K43	DL/T 1032—2006	电气设备用六氟化硫（SF_6）气体取样方法			2006/12/17	2007/5/1
15.10-4-54	15.10	27.100	F24	DL/T 1114—2009	钢结构腐蚀防护热喷涂（锌、铝及合金涂层）及其试验方法			2009/7/1	2009/12/1
15.10-4-55	15.10	27.100	F24	DL/T 1205—2013	六氟化硫电气设备分解产物试验方法			2013/3/7	2013/8/1
15.10-4-56	15.10	27.100	F23	DL/T 1206—2013	磷酸酯抗燃油氯含量的测定高温燃烧微库仑法			2013/3/7	2013/8/1
15.10-4-57	15.10	29.130.10	K43	DL/T 1250—2013	气体绝缘金属封闭开关设备带电超声局部放电检测应用导则			2013/3/7	2013/8/1
15.10-4-58	15.10	27.100	F24	DL/T 1354—2014	电力用油闭口闪点测定微量常闭法			2014/10/15	2015/3/1
15.10-4-59	15.10	27.100	F24	DL/T 1355—2014	变压器油中糠醛含量的测定液相色谱法			2014/10/15	2015/3/1
15.10-4-60	15.10	27.100	F24	DL/T 1359—2014	六氟化硫电气设备故障气体分析和判断方法			2014/10/15	2015/3/1
15.10-4-61	15.10	29.040.10	E38	DL/T 1458—2015	矿物绝缘油中铜、铁、铝、锌金属含量的测定原子吸收光谱法			2015/7/1	2015/12/1

续表

序号	GW 分类	ICS 分类	GB 分类	标准号	中 文 名 称	代替标准	采用关系	发布日期	实施日期
15.10-4-62	15.10	29.040.10	E38	DL/T 1459—2015	矿物绝缘油中金属钝化剂含量的测定高效液相色谱法			2015/7/1	2015/12/1
15.10-4-63	15.10	75.100	E38	DL/T 1705—2017	磷酸酯抗燃油闭口杯老化测定法			2017/8/2	2017/12/1
15.10-4-64	15.10	27.100	F20	DL/T 1706—2017	超高压直流输电换流变运行油质量			2017/8/2	2017/12/1
15.10-4-65	15.10	29.040.10	E38	DL/T 1824—2018	运行变压器油中丙酮含量的测量方法　顶空气相色谱法			2018/4/3	2018/7/1
15.10-4-66	15.10	29.040.99	E38	DL/T 1836—2018	矿物绝缘油与变压器材料相容性测定方法			2018/4/3	2018/7/1
15.10-4-67	15.10			DL/T 1884.2—2019	现场污秽度测量及评定　第 2 部分：测量点的选择和布置			2019/11/4	2020/5/1
15.10-4-68	15.10			DL/T 2055—2019	输电线路钢结构腐蚀安全评估导则			2019/11/4	2020/5/1
15.10-4-69	15.10	27.100	E38	DL/T 285—2012	矿物绝缘油腐蚀性硫检测法裹绝缘纸铜扁线法			2012/1/4	2012/3/1
15.10-4-70	15.10	27.100	E38	DL/T 423—2009	绝缘油中含气量测定方法真空压差法	DL 423—1991		2009/7/22	2009/12/1
15.10-4-71	15.10			DL/T 429.1—2017	电力用油透明度测定法	DL/T 429.1—1991		2017/8/2	2017/12/1
15.10-4-72	15.10	29.040.10	F24	DL/T 429.2—2016	电力用油颜色测定法	DL/T 429.2—1991		2016/1/7	2016/6/1
15.10-4-73	15.10	27.100	E34	DL/T 429.6—2015	电力用油开口杯老化测定法	DL/T 429.6—1991		2015/7/1	2015/12/1
15.10-4-74	15.10	75.080	E30	DL/T 429.7—2017	电力用油油泥析出测定方法	DL/T 429.7—1991		2017/8/2	2017/12/1
15.10-4-75	15.10	27.1	E30	DL/T 432—2018	电力用油中颗粒度测定方法	DL/T 432—2007		2018/4/3	2018/7/1
15.10-4-76	15.10	27.100	E34	DL/T 433—2015	抗燃油中氯含量的测定　氧弹法	DL/T 433—1992		2015/4/2	2015/9/1
15.10-4-77	15.10	75.080	E60	DL/T 449—2015	油浸纤维质绝缘材料含水量测定法	DL/T 449—1991		2015/7/1	2015/12/1
15.10-4-78	15.10	29.24	F20	DL/T 506—2018	六氟化硫电气设备中绝缘气体湿度测量方法	DL/T 506—2007		2018/6/6	2018/10/1
15.10-4-79	15.10	27.100	F24	DL/T 523—2017	化学清洗缓蚀剂应用性能评价指标及试验方法	DL/T 523—2007		2017/8/2	2017/12/1
15.10-4-80	15.10	13.110	P54；A54	DL/T 661—1999	热量计氧弹安全性能技术要求及测试方法			1999/8/2	1999/10/1
15.10-4-81	15.10	29.040.10	E38	DL/T 703—2015	绝缘油中含气量的气相色谱测定法	DL/T 703—1999		2015/7/1	2015/12/1
15.10-4-82	15.10	29.040.10	E38	DL/T 722—2014	变压器油中溶解气体分析和判断导则	DL/T 722—2000		2014/10/15	2015/3/1
15.10-4-83	15.10	27.100	F24	DL/T 809—2016	发电厂水质浊度的测定方法	DL/T 809—2002；DL 809—2002		2016/12/5	2017/5/1

15

续表

序号	GW 分类	ICS 分类	GB 分类	标准号	中　文　名　称	代替标准	采用关系	发布日期	实施日期
15.10-4-84	15.10	77.040	F22	DL/T 818—2002	低合金耐热钢碳化物相分析技术导则			2002/4/27	2002/9/1
15.10-4-85	15.10	27.100	F24	DL/T 914—2005	六氟化硫气体湿度测定法（重量法）	SD 305—1989		2005/2/14	2005/6/1
15.10-4-86	15.10	27.100	F24	DL/T 915—2005	六氟化硫气体湿度测定法（电解法）	SD 306—1989		2005/2/14	2005/6/1
15.10-4-87	15.10	27.100	F24	DL/T 916—2005	六氟化硫气体酸度测定法	SD 307—1989		2005/2/14	2005/6/1
15.10-4-88	15.10	27.100	F24	DL/T 917—2005	六氟化硫气体密度测定法	SD 308—1989		2005/2/14	2005/6/1
15.10-4-89	15.10	27.100	F24	DL/T 918—2005	六氟化硫气体中可水解氟化物含量测定法	SD 309—1989		2005/2/14	2005/6/1
15.10-4-90	15.10	27.100	F24	DL/T 919—2005	六氟化硫气体中矿物油含量测定法（红外光谱分析法）	SD 310—1989		2005/2/14	2005/6/1
15.10-4-91	15.10	27.100	F24	DL/T 920—2005	六氟化硫气体中空气、四氟化碳的气相色谱测定法	SD 311—1989		2005/2/14	2005/6/1
15.10-4-92	15.10	27.100	F24	DL/T 921—2005	六氟化硫气体毒性生物试验方法	SD 312—1989		2005/2/14	2005/6/1
15.10-4-93	15.10	27.1	E24	DL/T 929—2018	矿物绝缘油、润滑油结构族组成的测定　红外光谱法	DL/T 929—2005		2018/4/3	2018/7/1
15.10-4-94	15.10	27.1	F20	DL/T 953—2018	水处理用强碱性阴离子交换树脂耐热性能及抗氧化性能测定方法	DL/T 953—2005		2018/6/6	2018/10/1
15.10-4-95	15.10	71.040.10	N53	JB/T 9366—2017	实验室电导率仪	JB/T 9366—1999		2017/4/12	2018/1/1
15.10-4-96	15.10			JJG 112—2013	金属洛氏硬度计（A，B，C，D，E，F，G，H，K，N，T 标尺）	JJG 112—2003		2013/10/25	2014/4/25
15.10-4-97	15.10			JJG 119—2018	实验室 pH（酸度）计检定规程			2018/12/25	2019/6/25
15.10-4-98	15.10		A61	JJG 2058—1990	燃烧热计量器具检定系统			1990/4/2	1990/9/1
15.10-4-99	15.10			JJG 2060—2014	pH（酸度）计量器具检定系统表	JJG 2060—1990		2014/8/25	2015/2/25
15.10-4-100	15.10			JJG 276—2009	高温蠕变、持久强度试验机检定规程	JJG 276—1988		2009/7/10	2010/1/10
15.10-4-101	15.10			JJG 30—2012	通用卡尺检定规程	JJG 30—2002		2012/3/2	2012/9/2
15.10-4-102	15.10	71.040.20	A61	JJG 365—2008	电化学氧测定仪	JJG 365—1998		2008/3/25	2008/9/25
15.10-4-103	15.10		A52	JJG 40—2011	X 射线探伤机检定规程	JJG 40—2001		2011/7/4	2012/2/4
15.10-4-104	15.10		A53	JJG 454—1986	硬度计球压头检定规程			1986/9/3	1987/6/1
15.10-4-105	15.10		A61	JJG 535—2004	氧化锆氧分析器	JJG 535—1988		2004/9/21	2005/3/21
15.10-4-106	15.10		N51	JJG 551—2003	二氧化硫分析仪检定规程	JJG 551—1988 JJG 816—1993		2003/3/5	2003/9/1

15

序号	GW 分类	ICS 分类	GB 分类	标准号	中文名称	代替标准	采用关系	发布日期	实施日期
15.10-4-107	15.10			JJG 610—2013	A 型巴氏硬度计检定规程	JJG 610—1989		2013/11/28	2014/5/28
15.10-4-108	15.10		A60	JJG 630—2007	火焰光度计检定规程	JJG 630—1989		2007/2/28	2007/8/28
15.10-4-109	15.10			JJG 631—2013	氨氮自动监测仪	JJG 631—2004		2013/8/15	2014/2/15
15.10-4-110	15.10		A61	JJG 635—2011	一氧化碳、二氧化碳红外气体分析器检定规程	JJG 635—1999		2011/9/14	2012/3/14
15.10-4-111	15.10		A53	JJG 644—2003	振动位移传感器检定规程	JJG 644—1990		2003/9/23	2004/3/23
15.10-4-112	15.10			JJG 656—2013	硝酸盐氮自动监测仪	JJG 656—1990		2013/9/2	2014/3/2
15.10-4-113	15.10		N51	JJG 715—1991	水质综合分析仪			1991/6/8	1991/11/1
15.10-4-114	15.10		A53	JJG 742—1991	恩氏粘度计　检定规程			1991/3/4	1991/9/1
15.10-4-115	15.10		A61	JJG 821—2005	总有机碳分析仪检定规程	JJG 821—1993		2005/9/5	2006/3/5
15.10-4-116	15.10		A61	JJG 880—2006	浊度计	JJG 880—1994		2006/9/6	2007/3/6
15.10-5-117	15.10			IEC 60599：2015	矿物充油电气设备服务　指导的溶解和游离气体分析说明　3.0 版	IEC 60599：2007		2015/9/16	2015/9/16

15.11　试验与计量-火电

序号	GW 分类	ICS 分类	GB 分类	标准号	中文名称	代替标准	采用关系	发布日期	实施日期
15.11-3-1	15.11	71.040.40	G76	GB/T 10656—2008	锅炉用水和冷却水分析方法锌离子的测定锌试剂分光光度法	GB 10656—1989		2008/4/1	2008/9/1
15.11-3-2	15.11	13.060.40	J98	GB/T 12146—2005	锅炉用水和冷却水分析方法氨的测定苯酚法	GB/T 12146—1989		2005/2/6	2005/12/1
15.11-3-3	15.11	13.060.40	J98	GB/T 12148—2006	锅炉用水和冷却水分析方法全硅的测定低含量硅氢氟酸转换法	GB/T 12148—1989		2006/9/1	2007/2/1
15.11-3-4	15.11	13.060.25	J98	GB/T 12151—2005	锅炉用水和冷却水分析方法浊度的测定（福马肼浊度）	GB/T 12151—1989		2005/2/6	2005/12/1
15.11-3-5	15.11	71.040.40	G76	GB/T 12152—2007	锅炉用水和冷却水中油含量的测定	GB/T 12152—1989；GB/T 12153—1989		2007/8/13	2008/2/1
15.11-3-6	15.11	71.040.40	G76	GB/T 12154—2008	锅炉用水和冷却水分析方法全铝的测定	GB/T 12154—1989		2008/4/1	2008/9/1
15.11-3-7	15.11	71.040.40	G76	GB/T 14422—2008	锅炉用水和冷却水分析方法苯骈三氮唑的测定	GB/T 14422—1993		2008/4/1	2008/9/1
15.11-3-8	15.11	13.060.50；71.040.40	G76	GB/T 14427—2017	锅炉用水和冷却水分析方法　铁的测定	GB/T 14427—2008	ISO 6332：1988 NEQ	2017/9/7	2018/4/1
15.11-3-9	15.11	77.040.10	H22	GB/T 17394.1—2014	金属材料　里氏硬度试验　第 1 部分：试验方法	GB/T 17394—1998		2014/12/5	2015/9/1

序号	GW 分类	ICS 分类	GB 分类	标准号	中文名称	代替标准	采用关系	发布日期	实施日期
15.11-3-10	15.11	77.040.10	H22	GB/T 17394.4—2014	金属材料　里氏硬度试验　第 4 部分：硬度值换算表			2014/9/30	2015/5/1
15.11-3-11	15.11	29.160.01；29.080.01	K20	GB/T 17948.2—2006	旋转电机　绝缘结构功能性评定散绕绕组试验规程变更和绝缘组分替代的分级			2006/2/15	2006/6/1
15.11-3-12	15.11	29.160.01	K20	GB/T 17948.3—2017	旋转电机　绝缘结构功能性评定　成型绕组试验规程　旋转电机绝缘结构热评定和分级	GB/T 17948.3—2006	IEC 60034-18-31：2012 IDT	2017/11/1	2018/5/1
15.11-3-13	15.11	29.160.01	K20	GB/T 20160—2006	旋转电机　绝缘电阻测试			2006/3/14	2006/9/1
15.11-3-14	15.11	29.160.20	K20	GB/T 20835—2016	发电机定子铁心磁化试验导则	GB/T 20835—2007		2016/2/24	2016/9/1
15.11-3-15	15.11	27.010	F01	GB/T 21369—2008	火力发电企业能源计量器具配备和管理要求			2008/1/21	2008/7/1
15.11-3-16	15.11	27.020；27.100	K52	GB/T 21427—2008	特殊环境条件　干热沙漠对内燃机电站系统的技术要求及试验方法			2008/1/22	2008/9/1
15.11-3-17	15.11	77.040.10	H22	GB/T 228.2—2015	金属材料　拉伸试验　第 2 部分：高温试验方法	GB/T 4338—2006	ISO 6892-2：2011 NEQ	2015/9/11	2016/6/1
15.11-3-18	15.11	77.040.10	H23	GB/T 238—2013	金属材料　线材反复弯曲试验方法	GB/T 238—2002	ISO 7801：1984 NEQ	2013/9/6	2014/5/1
15.11-3-19	15.11	75.160.10	H32	GB/T 24521—2018	焦炭电阻率测定方法	GB/T 24521—2009		2018/5/14	2019/2/1
15.11-3-20	15.11	29.160.40	K52	GB/T 2820.10—2002	往复式内燃机驱动的交流发电机组　第 10 部分：噪声的测量（包面法）			2002/8/5	2003/4/1
15.11-3-21	15.11	77.040.10	H22	GB/T 33163—2016	金属材料　残余应力超声冲击处理法			2016/10/13	2017/9/1
15.11-3-22	15.11	71.040.50	N04	GB/T 34059—2017	纳米技术　纳米生物效应代谢组学方法　核磁共振波谱法			2017/7/31	2018/2/1
15.11-3-23	15.11	27.010	F04	GB/T 34060—2017	蒸汽热量计算方法			2017/7/31	2018/2/1
15.11-3-24	15.11	71.040.40	G76	GB/T 6908—2018	锅炉用水和冷却水分析方法　电导率的测定	GB/T 6908—2008		2018/6/7	2019/1/1
15.11-4-25	15.11	27.100	F24	DL/T 1029—2006	火电厂水质分析仪器实验室质量管理导则			2006/12/17	2007/5/1
15.11-4-26	15.11	27.100	F24	DL/T 1151.1—2012	火力发电厂垢和腐蚀产物分析方法　第 1 部分：通则	SD 202—1986		2012/8/23	2012/12/1
15.11-4-27	15.11	27.100	F24	DL/T 1151.2—2012	火力发电厂垢和腐蚀产物分析方法　第 2 部分：试样的采集与处理	SD 202—1986		2012/8/23	2012/12/1
15.11-4-28	15.11	27.100	F24	DL/T 1151.3—2012	火力发电厂垢和腐蚀产物分析方法　第 3 部分：水分的测定	SD 202—1986		2012/8/23	2012/12/1
15.11-4-29	15.11	29.160.20	K20	DL/T 1166—2012	大型发电机励磁系统现场试验导则			2012/8/23	2012/12/1

续表

序号	GW 分类	ICS 分类	GB 分类	标准号	中 文 名 称	代替标准	采用关系	发布日期	实施日期
15.11-4-30	15.11	27.100	K52	DL/T 1522—2016	发电机定子绕组内冷水系统水流量超声波测量方法及评定导则			2016/1/7	2016/6/1
15.11-4-31	15.11	29.160	K21	DL/T 1524—2016	发电机红外检测方法及评定导则			2016/1/7	2016/6/1
15.11-4-32	15.11	29.160	K21	DL/T 1525—2016	隐极同步发电机转子匝间短路故障诊断导则			2016/1/7	2016/6/1
15.11-4-33	15.11	27.100	F29	DL/T 1704—2017	脱硫湿磨机石灰石制浆系统性能测试方法			2017/3/28	2017/8/1
15.11-4-34	15.11	27.100	D21	DL/T 1712—2017	火力发电厂煤的自燃倾向特性测定方法			2017/8/2	2017/12/1
15.11-4-35	15.11	29.160.30	K20	DL/T 1768—2017	旋转电机预防性试验规程			2017/11/15	2018/3/1
15.11-4-36	15.11	13.060	J98	DL/T 301—2011	发电厂水汽中痕量阳离子的测定离子色谱法			2011/7/28	2011/11/1
15.11-4-37	15.11	27.100	F29	DL/T 323—2010	干法烟气脱硫用生石灰的活性测定方法			2011/1/9	2011/5/1
15.11-4-38	15.11	27.100	F23	DL/T 424—2016	发电厂用工业硫酸试验方法	DL/T 424—1991；DL 424—1991		2016/12/5	2017/5/1
15.11-4-39	15.11	27.100	F24	DL/T 502.1—2006	火力发电厂水汽分析方法　第 1 部分：总则	DL 502—1992		2006/5/6	2006/10/1
15.11-4-40	15.11	27.100	F24	DL/T 502.2—2006	火力发电厂水汽分析方法　第 2 部分：水汽样品的采集	DL 502—1992		2006/5/6	2006/10/1
15.11-4-41	15.11	27.100	F24	DL/T 502.3—2006	火力发电厂水汽分析方法　第 3 部分：全硅的测定（氢氟酸转化分光光度法）	DL 502—1992		2006/5/6	2006/10/1
15.11-4-42	15.11	27.100	F24	DL/T 502.4—2006	火力发电厂水汽分析方法　第 4 部分：氯化物的测定（电极法）	DL 502—1992		2006/5/6	2006/10/1
15.11-4-43	15.11	27.100	F24	DL/T 502.5—2006	火力发电厂水汽分析方法　第 5 部分：酸度的测定	DL 502—1992		2006/5/6	2006/10/1
15.11-4-44	15.11	27.100	F24	DL/T 502.6—2006	火力发电厂水汽分析方法　第 6 部分：总碳酸盐的测定	DL 502—1992		2006/5/6	2006/10/1
15.11-4-45	15.11	27.100	F24	DL/T 502.7—2006	火力发电厂水汽分析方法　第 7 部分：游离二氧化碳的测定（直接法）	DL 502—1992		2006/5/6	2006/10/1
15.11-4-46	15.11	27.100	F24	DL/T 502.8—2006	火力发电厂水汽分析方法　第 8 部分：游离二氧化碳的测定（固定法）	DL 502—1992		2006/5/6	2006/10/1
15.11-4-47	15.11	27.100	F24	DL/T 502.9—2006	火力发电厂水汽分析方法　第 9 部分：铝的测定（邻苯二酚紫分光光度法）	DL 502—1992		2006/5/6	2006/10/1
15.11-4-48	15.11	27.100	F24	DL/T 502.10—2006	火力发电厂水汽分析方法　第 10 部分：铝的测定（铝试剂分光光度法）	DL 502—1992		2006/5/6	2006/10/1

续表

序号	GW 分类	ICS 分类	GB 分类	标准号	中文名称	代替标准	采用关系	发布日期	实施日期
15.11-4-49	15.11	27.100	F24	DL/T 502.11—2006	火力发电厂水汽分析方法　第 11 部分：硫酸盐的测定（分光光度法）	DL 502—1992		2006/5/6	2006/10/1
15.11-4-50	15.11	27.100	F24	DL/T 502.12—2006	火力发电厂水汽分析方法　第 12 部分：硫酸盐的测定（容量法）	DL 502—1992		2006/5/6	2006/10/1
15.11-4-51	15.11	27.100	F24	DL/T 502.13—2006	火力发电厂水汽分析方法　第 13 部分：磷酸盐的测定（分光光度法）	DL 502—1992		2006/5/6	2006/10/1
15.11-4-52	15.11	27.100	F24	DL/T 502.14—2006	火力发电厂水汽分析方法　第 14 部分：铜的测定（双环己酮草酰二腙分光光度法）	DL 502—1992		2006/5/6	2006/10/1
15.11-4-53	15.11	27.100	F24	DL/T 502.15—2006	火力发电厂水汽分析方法　第 15 部分：氨的测定（容量法）	DL 502—1992		2006/5/6	2006/10/1
15.11-4-54	15.11	27.100	F24	DL/T 502.16—2006	火力发电厂水汽分析方法　第 16 部分：氨的测定（纳氏试剂分光光度法）	DL 502—1992		2006/5/6	2006/10/1
15.11-4-55	15.11	27.100	F24	DL/T 502.17—2006	火力发电厂水汽分析方法　第 17 部分：联氨的测定（直接法）	DL 502—1992		2006/5/6	2006/10/1
15.11-4-56	15.11	27.100	F24	DL/T 502.18—2006	火力发电厂水汽分析方法　第 18 部分：联氨的测定（间接法）	DL 502—1992		2006/5/6	2006/10/1
15.11-4-57	15.11	27.100	F24	DL/T 502.19—2006	火力发电厂水汽分析方法　第 19 部分：氧的测定（靛蓝二磺酸钠葡萄糖比色法）	DL 502—1992		2006/5/6	2006/10/1
15.11-4-58	15.11	27.100	F24	DL/T 502.20—2006	火力发电厂水汽分析方法　第 20 部分：氧的测定（靛蓝二磺酸钠比色法）	DL 502—1992		2006/5/6	2006/10/1
15.11-4-59	15.11	27.100	F24	DL/T 502.21—2006	火力发电厂水汽分析方法　第 21 部分：残余氯的测定（比色法）	DL 502—1992		2006/5/6	2006/10/1
15.11-4-60	15.11	27.100	F24	DL/T 502.22—2006	火力发电厂水汽分析方法　第 22 部分：化学耗氧量的测定（高锰酸钾法）	DL 502—1992		2006/5/6	2006/10/1
15.11-4-61	15.11	27.100	F24	DL/T 502.23—2006	火力发电厂水汽分析方法　第 23 部分：化学耗氧量的测定（重铬酸钾法）	DL 502—1992		2006/5/6	2006/10/1
15.11-4-62	15.11	27.100	F24	DL/T 502.24—2006	火力发电厂水汽分析方法　第 24 部分：硫酸铝凝聚剂量的测定（碱度差法）	DL 502—1992		2006/5/6	2006/10/1
15.11-4-63	15.11	27.100	F24	DL/T 502.26—2006	火力发电厂水汽分析方法　第 26 部分：亚铁的测定（啉菲啰啉分光光度法）	DL 502—1992		2006/5/6	2006/10/1

续表

序号	GW 分类	ICS 分类	GB 分类	标准号	中文名称	代替标准	采用关系	发布日期	实施日期
15.11-4-64	15.11	27.100	F24	DL/T 502.27—2006	火力发电厂水汽分析方法　第 27 部分：悬浮状铁的组分分析	DL 502—1992		2006/5/6	2006/10/1
15.11-4-65	15.11	27.100	F24	DL/T 502.28—2006	火力发电厂水汽分析方法　第 28 部分：有机物的测定（紫外吸收法）	DL 502—1992		2006/5/6	2006/10/1
15.11-4-66	15.11	27.100	F24	DL/T 502.30—2006	火力发电厂水汽分析方法　第 30 部分：硝酸盐的测定（水杨酸分光光度法）	DL 502—1992		2006/5/6	2006/10/1
15.11-4-67	15.11	27.100	F24	DL/T 502.31—2006	火力发电厂水汽分析方法　第 31 部分：安定性指数的测定	DL 502—1992		2006/5/6	2006/10/1
15.11-4-68	15.11	27.100	F24	DL/T 502.32—2006	火力发电厂水汽分析方法　第 32 部分：钙的测定（容量法）	DL 502—1992		2006/5/6	2006/10/1
15.11-4-69	15.11	27.100	F20	DL/T 606.5—2009	火力发电厂能量平衡导则　第 5 部分：水平衡试验	DL 606.5—1996		2009/7/22	2009/12/1
15.11-4-70	15.11	27.100	F24	DL/T 677—2009	发电厂在线化学仪表检验规程	DL 677—1999		2009/7/22	2009/12/1
15.11-4-71	15.11	23.040.01	F25	DL/T 883—2004	电站在役给水加热器铁磁性钢管远场涡流检验技术导则			2004/3/9	2004/6/1
15.11-4-72	15.11	27.100	F24；F20	DL/T 908—2004	火力发电厂水汽试验方法钠的测定二阶微分火焰光谱法			2004/12/14	2005/6/1
15.11-4-73	15.11	27.100	F24；K54	DL/T 933—2005	冷却塔淋水填料、除水器、喷溅装置性能试验方法			2005/2/14	2005/6/1
15.11-4-74	15.11	27.100	F24；F21	DL/T 954—2005	火力发电厂水汽试验方法痕量氟离子、乙酸根离子、甲酸根离子、氯离子、亚硝酸根离子、硝酸根离子、磷酸根离子和硫酸根离子的测定－离子色谱法			2005/2/14	2005/6/1
15.11-4-75	15.11		D21	DLGJ 126—1996	粉煤灰试验规程			1996/5/30	1996/10/1
15.11-4-76	15.11	29.160.20	K21	JB/T 10326—2002	在役发电机护环超声波检验技术标准			2002/7/16	2002/12/1
15.11-4-77	15.11	29.160.01；29.160.20	K20	JB/T 10392—2013	透平型发电机定子机座、铁心动态特性和振动试验方法及评定	JB/T 10392—2002		2013/12/31	2014/7/1
15.11-4-78	15.11	29.160	K20	JB/T 5811—2007	交流低压电机成型绕组匝间绝缘试验方法及限值	JB 5811—1991		2007/5/29	2007/11/1
15.11-4-79	15.11	29.160.20	K20	JB/T 6229—2014	隐极同步发电机转子气体内冷通风道检验方法及限值	JB/T 6229—2005		2014/5/6	2014/10/1

续表

序号	GW 分类	ICS 分类	GB 分类	标准号	中 文 名 称	代替标准	采用关系	发布日期	实施日期
15.11-5-80	15.11	25.180.10		IEC 60683：2011	埋弧炉的试验方法	IEC 60683：1980； IEC 27/780/CDV：2010		2011/10/1	2011/10/1

15.11.1 试验与计量-火电-燃料系统

序号	GW 分类	ICS 分类	GB 分类	标准号	中 文 名 称	代替标准	采用关系	发布日期	实施日期
15.11.1-3-1	15.11.1	25.180.10	K61	GB/T 13338—2018	工业燃料炉热平衡测定与计算基本规则	GB/T 13338—1991		2018/6/7	2019/1/1
15.11.1-3-2	15.11.1	73.040	D21	GB/T 15458—2006	煤的磨损指数测定方法	GB/T 15458—1995		2006/9/12	2007/2/1
15.11.1-3-3	15.11.1	73.040	D21	GB/T 1572—2001	煤的结渣性测定方法	GB/T 1572—1989		2001/11/12	2002/8/1
15.11.1-3-4	15.11.1	73.040	D21	GB/T 1573—2001	煤的热稳定性测定方法	GB/T 1573—1989		2001/11/12	2002/8/1
15.11.1-3-5	15.11.1	73.040	D20	GB/T 17608—2006	煤炭产品品种和等级划分	GB/T 189—1997； GB/T 17608—1998		2006/9/12	2007/2/1
15.11.1-3-6	15.11.1	73.040	D21	GB/T 18511—2017	煤的着火温度测定方法	GB/T 18511—2001		2017/9/7	2018/4/1
15.11.1-3-7	15.11.1	73.040	D21	GB/T 19227—2008	煤中氮的测定方法	GB 476—2001； GB 18856.12—2002； GB 19227—2003		2008/7/29	2009/5/1
15.11.1-3-8	15.11.1	73.040	D21	GB/T 211—2017	煤中全水分的测定方法	GB/T 211—2007	ISO 589：2008 NEQ	2017/9/7	2018/4/1
15.11.1-3-9	15.11.1	73.040	D21	GB/T 212—2008	煤的工业分析方法	GB/T 15334—1994； GB/T 212—2001； GB/T 18856.7—2002		2008/7/29	2009/4/1
15.11.1-3-10	15.11.1	73.040	D21	GB/T 213—2008	煤的发热量测定方法	GB/T 18856.6—2002； GB/T 213—2003		2008/7/29	2009/5/1
15.11.1-3-11	15.11.1	75.160.10	D21	GB/T 214—2007	煤中全硫的测定方法	GB/T 214—1996； GB/T 18856.8—2002		2007/11/1	2008/6/1
15.11.1-3-12	15.11.1	73.040	D21	GB/T 215—2003	煤中各种形态硫的测定方法	GB/T 215—1996		2003/7/1	2003/11/1
15.11.1-3-13	15.11.1	73.040	D21	GB/T 216—2003	煤中磷的测定方法	GB/T 216—1996		2003/7/1	2003/11/1
15.11.1-3-14	15.11.1	73.040	D21	GB/T 218—2016	煤中碳酸盐二氧化碳含量测定方法	GB/T 218—1996	ISO 925：1997 MOD	2016/12/13	2017/7/1
15.11.1-3-15	15.11.1	73.040	D21	GB/T 219—2008	煤灰熔融性的测定方法	GB/T 219—1996； GB/T 18856.10—2002		2008/7/29	2009/5/1
15.11.1-3-16	15.11.1	73.040	D21	GB/T 220—2001	煤对二氧化碳化学反应性的测定方法	GB/T 220—1989		2001/11/12	2002/8/1

序号	GW 分类	ICS 分类	GB 分类	标准号	中 文 名 称	代替标准	采用关系	发布日期	实施日期
15.11.1-3-17	15.11.1	73.040	D21	GB/T 4632—2008	煤的最高内在水分测定方法	GB 4632—1997		2008/9/18	2009/4/1
15.11.1-3-18	15.11.1	73.040	D21	GB/T 474—2008	煤样的制备方法	GB 474—1996		2008/12/4	2009/5/1
15.11.1-3-19	15.11.1	73.040	D21	GB/T 476—2008	煤中碳和氢的测定方法	GB 476—2001；GB 18856.11—2002；GB 15460—2003		2008/7/29	2009/5/1
15.11.1-3-20	15.11.1	73.040	D27	GB/T 477—2008	煤炭筛分试验方法	GB 477—1998；GB 19093—2003		2008/8/7	2009/3/1
15.11.1-3-21	15.11.1	73.040	D21	GB/T 483—2007	煤炭分析试验方法一般规定	GB/T 483—1998		2007/11/1	2008/6/1
15.11.1-3-22	15.11.1	73.040	D21	GB/T 6949—2010	煤的视相对密度测定方法	GB/T 6949—1998		2011/1/10	2011/6/1
15.11.1-3-23	15.11.1	75.160.10	D24	GB/T 7702.1—1997	煤质颗粒活性炭试验方法水分的测定	GB 7702.1—1987		1997/12/3	1998/6/1
15.11.1-3-24	15.11.1	75.160.10	D24	GB/T 7702.2—1997	煤质颗粒活性炭试验方法粒度的测定	GB 7702.2—1987		1997/12/3	1998/6/1
15.11.1-3-25	15.11.1	75.160.10	D24	GB/T 7702.3—2008	煤质颗粒活性炭试验方法强度的测定	GB/T 7702.3—1997		2008/11/20	2009/5/1
15.11.1-3-26	15.11.1	75.160.10	D24	GB/T 7702.4—1997	煤质颗粒活性炭试验方法装填密度的测定	GB 7702.4—1987		1997/12/3	1998/6/1
15.11.1-3-27	15.11.1	75.160	D24	GB/T 7702.5—1997	煤质颗粒活性炭试验方法水容量的测定	GB 7702.5—1987		1997/12/3	1998/6/1
15.11.1-3-28	15.11.1	75.160.10	D24	GB/T 7702.6—2008	煤质颗粒活性炭试验方法亚甲蓝吸附值的测定	GB/T 7702.6—1997		2008/2/1	2008/7/1
15.11.1-3-29	15.11.1	75.160.10	D24	GB/T 7702.7—2008	煤质颗粒活性炭试验方法碘吸附值的测定	GB 7702.7—1997；GB 7702.7 CORRI 1—1997；GB 7702.7 XGD 1—1997		2008/2/1	2008/7/1
15.11.1-3-30	15.11.1	75.160.10	D24	GB/T 7702.8—2008	煤质颗粒活性炭试验方法苯酚吸附值的测定	GB/T 7702.8—1997		2008/2/1	2008/7/1
15.11.1-3-31	15.11.1	75.160.10	D24	GB/T 7702.9—2008	煤质颗粒活性炭试验方法着火点的测定	GB/T 7702.9—1997		2008/2/1	2008/7/1
15.11.1-4-32	15.11.1	27.100	D21	DL/T 1030—2006	煤的工业分析自动仪器法			2006/12/17	2007/5/1
15.11.1-4-33	15.11.1	27.100	D21	DL/T 1037—2016	煤灰成分分析方法	DL/T 1037—2007；DL 1037—2007		2016/12/5	2017/5/1
15.11.1-4-34	15.11.1	76.160.10	D23	DL/T 1038—2007	煤的可磨性指数测定方法（VTI 法）	SD 328—1989		2007/7/20	2007/12/1
15.11.1-4-35	15.11.1		P61	DL/T 1211—2013	火力发电厂磨煤机检测与控制技术规程			2013/3/7	2013/8/1
15.11.1-4-36	15.11.1			DL/T 2056—2019	离子交换树脂和石灰石粉粒度检测方法 激光衍射法			2019/11/4	2020/5/1

序号	GW 分类	ICS 分类	GB 分类	标准号	中 文 名 称	代替标准	采用关系	发布日期	实施日期
15.11.1-4-37	15.11.1	27.100	F20	DL/T 262—2012	火力发电机组煤耗在线计算导则			2012/4/6	2012/7/1
15.11.1-4-38	15.11.1	75.160.10	D23	DL/T 465—2007	煤的冲刷磨损指数试验方法	DL 465—1992		2007/7/20	2007/12/1
15.11.1-4-39	15.11.1	27.100	F24	DL/T 467—2019	电站磨煤机及制粉系统性能试验	DL/T 467—2004		2019/6/4	2019/10/1
15.11.1-4-40	15.11.1	71.040.10	D21	DL/T 520—2007	火力发电厂入厂煤检测实验室技术导则	DL 520—1993		2007/7/20	2007/12/1
15.11.1-4-41	15.11.1	93.020	P10	DL/T 5532—2017	粉煤灰试验规程			2017/8/2	2017/12/1
15.11.1-4-42	15.11.1	75.160	D21	DL/T 567.1—2007	火力发电厂燃料试验方法 第1部分：一般规定	DL 567.1—1995		2007/7/20	2007/12/1
15.11.1-4-43	15.11.1	27.100	F24	DL/T 567.3—2016	火力发电厂燃料试验方法 第3部分：飞灰和炉渣样品的采取和制备	DL/T 567.3—1995		2016/12/5	2017/5/1
15.11.1-4-44	15.11.1	75.160	K04	DL/T 567.5—1995	火电厂燃料试验方法煤粉细度的测定	DL/T 567.5—2015		1995/5/3	1995/10/1
15.11.1-4-45	15.11.1	27.100	F24	DL/T 567.6—2016	火力发电厂燃料试验方法 第6部分：飞灰和炉渣可燃物测定方法	DL/T 567.6—1995		2016/8/16	2016/12/1
15.11.1-4-46	15.11.1	75.160	D21	DL/T 567.7—2007	火力发电厂燃料试验方法 第7部分：灰及渣中硫的测定和燃煤可燃硫的计算	DL 567.7—1995		2007/7/20	2007/12/1
15.11.1-4-47	15.11.1	27.100	F24	DL/T 567.8—2016	火力发电厂燃料试验方法 第8部分：燃油发热量的测定	DL/T 567.8—1995		2016/8/16	2016/12/1
15.11.1-4-48	15.11.1	27.100	F24	DL/T 567.9—2016	火力发电厂燃料试验方法 第9部分：燃油中碳和氢元素的测定	DL/T 567.9—1995		2016/8/16	2016/12/1
15.11.1-4-49	15.11.1	75.160.10	F23	DL/T 660—2007	煤灰高温粘度特性试验方法	DL 660—1998		2007/7/20	2007/12/1
15.11.1-4-50	15.11.1	27.100	F24	DL/T 706—2017	电厂用抗燃油自燃点测定方法	DL/T 706—1999		2017/8/2	2017/12/1
15.11.1-4-51	15.11.1	27.100	F24	DL/T 749—2001	除灰系统试验规程			2001/2/12	2001/7/1
15.11.1-4-52	15.11.1	27.060.30	J98	MT/T 560—2008	煤的热稳定性分级	MT 560—1996		2008/11/19	2009/1/1
15.11.1-4-53	15.11.1	75.160.01	D21	MT/T 802.1—1999	煤系硫铁矿及硫精矿中有效硫的测定方法	ZB D 21001—1990		1999/3/24	1999/8/1
15.11.1-4-54	15.11.1	75.160.01	D21	MT/T 802.2—1999	煤系硫铁矿及硫精矿中全硫、硫酸盐硫、硫化铁硫的测定方法	ZB D 21002—1990		1999/3/24	1999/8/1
15.11.1-4-55	15.11.1	75.160.01	D21	MT/T 802.3—1999	煤系硫铁矿及硫精矿中总碳量的测定方法	ZBD 21001—1990		1999/3/24	1999/8/1
15.11.1-4-56	15.11.1	75.160.01	D21	MT/T 802.4—1999	煤系硫铁矿及硫精矿中砷含量的测定方法	ZBD 21001—1990		1999/3/24	1999/8/1

15.11.2 试验与计量-火电-锅炉及辅机

序号	GW 分类	ICS 分类	GB 分类	标准号	中 文 名 称	代替标准	采用关系	发布日期	实施日期
15.11.2-3-1	15.11.2	25.180.10	K60	GB/T 10066.8—2006	电热装置的试验方法 第8部分：电渣重熔炉	GB/T 1020—1989		2006/11/8	2007/4/1

15

续表

序号	GW 分类	ICS 分类	GB 分类	标准号	中　文　名　称	代替标准	采用关系	发布日期	实施日期
15.11.2-3-2	15.11.2	71.040.40	G76	GB/T 10180—2017	工业锅炉热工性能试验规程	GB/T 10180—2003		2017/7/12	2018/2/1
15.11.2-3-3	15.11.2	27.060.30	J98	GB/T 14416—2010	锅炉蒸汽的采样方法	GB/T 14416—1993		2011/1/14	2011/5/1
15.11.2-3-4	15.11.2	27.060.30	J75	GB/T 1576—2008	工业锅炉水质	GB 1576—2001		2008/9/26	2009/3/1
15.11.2-3-5	15.11.2	13.060.25	J98	GB/T 6903—2005	锅炉用水和冷却水分析方法通则	GB/T 6903—1986		2005/2/6	2005/12/1
15.11.2-3-6	15.11.2	13.060.98	J98	GB/T 6906—2006	锅炉用水和冷却水分析方法联氨的测定	GB/T 6906—1986		2006/9/1	2007/2/1
15.11.2-3-7	15.11.2	13.060.25	J98	GB/T 6907—2005	锅炉用水和冷却水分析方法水样的采集方法	GB/T 6907—1986		2005/2/6	2005/12/1
15.11.2-3-8	15.11.2	71.040.40	G76	GB/T 6909—2018	锅炉用水和冷却水分析方法　硬度的测定	GB/T 6909—2008		2018/6/7	2019/1/1
15.11.2-3-9	15.11.2	13.060.40	J98	GB/T 6910—2006	锅炉用水和冷却水分析方法钙的测定络合滴定法	GB/T 6910—1986		2006/3/6	2006/11/1
15.11.2-3-10	15.11.2	13.060.40	J98	GB/T 6912.1—2006	锅炉用水和冷却水分析方法硝酸盐和亚硝酸盐的测定　第 1 部分：硝酸盐紫外光度法	GB/T 6912.1—1986		2006/9/1	2007/2/1
15.11.2-3-11	15.11.2	71.040.40	G76	GB/T 6912—2008	锅炉用水和冷却水分析方法亚硝酸盐的测定	GB 6912.2—1986；GB 6912.3—1986		2008/4/1	2008/9/1
15.11.2-3-12	15.11.2	71.040.40	G76	GB/T 6913—2008	锅炉用水和冷却水分析方法磷酸盐的测定	GB 6913.1—1986；GB 6913.2—1986；GB 6913.3—1986		2008/4/1	2008/9/1
15.11.2-4-13	15.11.2	27.100	F23	DL/T 1105.2—2010	电站锅炉集箱小口径接管座角焊缝无损检测技术导则　第 2 部分：超声检测	DL 1105.2—2009		2010/5/1	2010/10/1
15.11.2-4-14	15.11.2	27.100	F23	DL/T 1105.3—2010	电站锅炉集箱小口径接管座角焊缝无损检测技术导则　第 3 部分：涡流检测	DL 1105.3—2009		2010/5/1	2010/10/1
15.11.2-4-15	15.11.2	27.100	F23	DL/T 1105.4—2010	电站锅炉集箱小口径接管座角焊缝无损检测技术导则　第 4 部分：磁记忆检测	DL 1105.4—2009		2010/5/1	2010/10/1
15.11.2-4-16	15.11.2	27.063.30	K54	DL/T 1141—2009	火电厂除氧器运行性能试验规程			2009/7/22	2009/12/1
15.11.2-4-17	15.11.2			DL/T 2051—2019	空气预热器性能试验规程			2019/11/4	2020/5/1
15.11.2-4-18	15.11.2	27.140	P59	DL/T 286—2012	发电厂循环水系统进水流道水力模型试验规程			2012/1/4	2012/3/1
15.11.2-4-19	15.11.2	27.100	J98	DL/T 369—2010	电站锅炉管内压蠕变试验方法			2010/5/1	2010/10/1
15.11.2-4-20	15.11.2	27.100	F23	DL/T 370—2010	承压设备焊接接头金属磁记忆检测			2010/5/1	2010/10/1
15.11.2-4-21	15.11.2	27.100	F22	DL/T 469—2004	电站锅炉风机现场性能试验	DL 469—1992		2004/3/9	2004/6/1
15.11.2-4-22	15.11.2	27.060.30	J98	DL/T 470—1992	电站锅炉过热器再热试验导则			1992/5/16	1992/11/1
15.11.2-4-23	15.11.2	27.100	F25	DL 647—2004	电站锅炉压力容器检验规程	DL 647—1998		2004/3/9	2004/6/1

续表

序号	GW 分类	ICS 分类	GB 分类	标准号	中 文 名 称	代替标准	采用关系	发布日期	实施日期
15.11.2-4-24	15.11.2			DL/T 820.2—2019	管道焊接接头超声波检测技术规程 第 2 部分：A 型脉冲反射法	DL/T 820—2002		2019/11/4	2020/5/1
15.11.2-4-25	15.11.2	27.100	F23；F21	DL/T 964—2005	循环流化床锅炉性能试验规程			2005/2/14	2005/7/1

15.11.3 试验与计量-火电-汽机及辅机

序号	GW 分类	ICS 分类	GB 分类	标准号	中 文 名 称	代替标准	采用关系	发布日期	实施日期
15.11.3-3-1	15.11.3	27.040	K56	GB/T 14099.8—2009	燃气轮机采购 第 8 部分：检查、试验、安装和调试			2009/4/13	2010/1/1
15.11.3-3-2	15.11.3	75.100	E34	GB/T 7605—2008	运行中汽轮机油破乳化度测定法	GB/T 7605—1987		2008/9/24	2009/8/1
15.11.3-4-3	15.11.3	27.100	F20	DL/T 1223—2013	整体煤气化联合循环发电机组性能验收试验			2013/3/7	2013/8/1
15.11.3-4-4	15.11.3	27.100	F20	DL/T 1224—2013	单轴燃气蒸汽联合循环机组性能验收试验规程			2013/3/7	2013/8/1
15.11.3-4-5	15.11.3	27.100	F24	DL/T 1270—2013	火力发电建设工程机组甩负荷试验导则			2013/11/28	2014/4/1
15.11.3-4-6	15.11.3	27.100	K52	DL/T 297—2011	汽轮发电机合金轴瓦超声波检测			2011/7/28	2011/11/1
15.11.3-4-7	15.11.3			DL/T 502.29—2019	火力发电厂水汽分析方法 第 29 部分：氢电导率的测定	DL/T 502.29—2006		2019/11/4	2020/5/1
15.11.3-4-8	15.11.3	27.100	K55	DL/T 5036—1994	转桨式转轮组装与试验工艺导则			1994/11/14	1995/3/1
15.11.3-4-9	15.11.3	27.100	K54	DL/T 552—1995	火力发电厂空冷塔及空冷凝汽器试验方法	DL/T 552—2015		1995/4/12	1995/10/1
15.11.3-4-10	15.11.3	29.160.30	K54	DL/T 607—1996	汽轮发电机漏水、漏氢的检验			1996/12/24	1997/6/1
15.11.3-4-11	15.11.3	27.100	K54	DL/T 711—2019	汽轮机调节保安系统试验导则	DL/T 711—1999		2019/6/4	2019/10/1
15.11.3-4-12	15.11.3	77.040.20	H26	DL/T 717—2013	汽轮发电机组转子中心孔检验技术导则	DL/T 717—2000		2013/3/7	2013/8/1
15.11.3-4-13	15.11.3	27.100	F24	DL/T 839—2003	大型锅炉给水泵性能现场试验方法			2003/1/9	2003/6/1
15.11.3-4-14	15.11.3	77.040.20	F24；K54	DL/T 925—2005	汽轮机叶片涡流检验技术导则			2005/2/14	2005/6/1
15.11.3-4-15	15.11.3	77.040.20	F24；K54	DL/T 930—2005	整锻式汽轮机实心转子体超声波检验技术导则			2005/2/14	2005/6/1
15.11.3-4-16	15.11.3	27.020	J91	JB/T 10629—2006	燃气机通用技术条件和试验方法			2006/10/14	2007/4/1
15.11.3-4-17	15.11.3	77.140.85	J32	JB/T 1581—2014	汽轮机、汽轮发电机转子和主轴锻件超声检测方法	JB/T 1581—1996		2014/7/9	2014/11/1
15.11.3-4-18	15.11.3		K54	JB/T 3344—1993	凝汽器：性能试验规程	JB 3344—1983		1993/8/21	1993/10/1
15.11.3-4-19	15.11.3	77.140.85	J32	JB/T 4010—2006	汽轮发电机钢质护环超声波探伤	JB 4010—1985		2006/11/27	2007/5/1
15.11.3-4-20	15.11.3	27.040	K54	JB/T 4274—2016	汽轮机隔板 挠度试验方法	JB/T 4274—1999		2016/10/22	2017/4/1

序号	GW 分类	ICS 分类	GB 分类	标准号	中 文 名 称	代替标准	采用关系	发布日期	实施日期
15.11.3-4-21	15.11.3		K54	JB/T 5862—2017	汽轮机表面式给水加热器　性能试验规程	JB/T 5862—1991		2017-11-07	2018-04-01
15.11.3-4-22	15.11.3		K54	JB/T 6320—2017	汽轮机动叶片测频方法	JB/T 6320—1992		2017-11-07	2018-04-01
15.11.3-4-23	15.11.3	27.040	K54	JB/T 9628—2017	汽轮机叶片　磁粉检测方法	JB/T 9628—1999		2017/11/7	2018/4/1
15.11.3-4-24	15.11.3	27.040	K54	JB/T 9629—2016	汽轮机承压件　水压试验技术条件	JB/T 9629—1999		2016/10/22	2017/4/1
15.11.3-4-25	15.11.3		K54	JB/T 9630.1—1999	汽轮机铸钢件的磁粉探伤及质量分级方法	ZBK 54004—1987		1999/8/6	2000/1/1
15.11.3-4-26	15.11.3		K54	JB/T 9630.2—1999	汽轮机铸钢件的超声波探伤及质量分级方法	ZBK 54010—1988		1999/8/6	2000/1/1
15.11.3-5-27	15.11.3			ASME/PTC 22—2014	在燃气涡轮机的性能测试代码	ASME PTC 22—2005		2014/12/31	2014/12/31
15.11.3-5-28	15.11.3			ASME/PTC 6—2004	汽轮机	ASME PTC 6—1996； ASME PTC 6 A—2001		2005/10/31	2005/10/31

15.11.4　试验与计量-火电-电机及电气

序号	GW 分类	ICS 分类	GB 分类	标准号	中 文 名 称	代替标准	采用关系	发布日期	实施日期
15.11.4-3-1	15.11.4	29.160.01	K20	GB/T 10069.1—2006	旋转电机　噪声测定方法及限值　第 1 部分：旋转电机噪声测定方法	GB/T 10069.1—1988； GB/T 10069.2—1988		2006/4/30	2006/12/1
15.11.4-3-2	15.11.4	29.160.01	K21	GB/T 1029—2005	三相同步电机试验方法	GB/T 1029—1993		2005/8/26	2006/4/1
15.11.4-3-3	15.11.4	29.160.01	K20	GB/T 1032—2012	三相异步电动机试验方法	GB/T 1032—2005		2012/6/29	2012/11/1
15.11.4-3-4	15.11.4	29.035.99	K15	GB/T 10581—2006	绝缘材料在高温下电阻和电阻率的试验方法	GB/T 10581—1989		2006/2/15	2006/6/1
15.11.4-3-5	15.11.4	19.040	K26	GB/T 12665—2017	电机在一般环境条件下使用的湿热试验要求	GB/T 12665—2008		2017/11/1	2018/5/1
15.11.4-3-6	15.11.4	29.160.30	K23	GB/T 1311—2008	直流电机试验方法	GB/T 1311—1989		2008/7/16	2009/4/1
15.11.4-3-7	15.11.4	29.160.01	K21	GB/T 13958—2008	无直流励磁绕组同步电动机试验方法	GB/T 13958—1992		2008/6/13	2009/3/1
15.11.4-3-8	15.11.4	29.035.99	K15	GB/T 1408.2—2016	绝缘材料　电气强度试验方法　第 2 部分：对应用直流电压试验的附加要求	GB/T 1408.2—2006	IEC 60243-2：2013 IDT	2016/12/13	2017/7/1
15.11.4-3-9	15.11.4	29.160.01	K21	GB/T 14481—2008	单相同步电机试验方法	GB/T 14481—1993		2008/7/16	2009/4/1
15.11.4-3-10	15.11.4	29.160.01	K20	GB/T 17948.1—2018	旋转电机　绝缘结构功能性评定　散绕绕组试验规程　热评定和分级	GB/T 17948.1—2000	IEC 60034-18-34：2012 IDT	2018/7/13	2019/2/1
15.11.4-3-11	15.11.4	29.160.01	K20	GB/T 17948.6—2018	旋转电机　绝缘结构功能性评定　成型绕组试验规程　绝缘结构热机械耐久性评定	GB/T 17948.6—2007	IEC 60034-18-34：2012 IDT	2018/7/13	2019/2/1
15.11.4-3-12	15.11.4	29.160.01	K20	GB/T 20833.3—2018	旋转电机　旋转电机定子绕组绝缘　第 3 部分：介质损耗因数测量		IEC 60034-27-3：2015 IDT	2018/7/13	2019/2/1

序号	GW 分类	ICS 分类	GB 分类	标准号	中 文 名 称	代替标准	采用关系	发布日期	实施日期
15.11.4-3-13	15.11.4	29.160.30	K23	GB/T 22716—2008	直流电机电枢绕组匝间绝缘试验规范			2008/12/30	2009/10/1
15.11.4-3-14	15.11.4	29.160.30	K20	GB/T 22718—2008	高压电机绝缘结构耐热性评定方法			2008/12/30	2009/10/1
15.11.4-3-15	15.11.4	29.160.01	K20	GB/T 22719.1—2008	交流低压电机散嵌绕组匝间绝缘　第 1 部分：试验方法			2008/12/30	2009/10/1
15.11.4-3-16	15.11.4	29.160.01	K20	GB/T 22719.2—2008	交流低压电机散嵌绕组匝间绝缘　第 2 部分：试验限值			2008/12/30	2009/10/1
15.11.4-3-17	15.11.4	29.160.01	K20	GB/T 22720.1—2017	旋转电机　电压型变频器供电的旋转电机无局部放电（Ⅰ型）电气绝缘结构的鉴别和质量控制试验	GB/T 22720.1—2008	IEC 60034-18-41：2014 IDT	2017/11/1	2018/5/1
15.11.4-3-18	15.11.4	29.160.40	K52	GB/T 2820.6—2009	往复式内燃机驱动的交流发电机组　第 6 部分：试验方法	GB/T 2820.6—1997	ISO 8528-6：2005 IDT	2009/5/6	2009/11/1
15.11.4-3-19	15.11.4	29.035.01	K15	GB/T 31838.2—2019	固体绝缘材料　介电和电阻特性　第 2 部分：电阻特性（DC 方法）体积电阻和体积电阻率	GB/T 1410—2006	IEC 62631-3-3：2015 IDT	2019/6/4	2020/1/1
15.11.4-3-20	15.11.4	29.035.01	K15	GB/T 31838.3—2019	固体绝缘材料　介电和电阻特性　第 3 部分：电阻特性（DC 方法）表面电阻和表面电阻率		IEC 62631-3-3：2015 IDT	2019/6/4	2020/1/1
15.11.4-3-21	15.11.4	29.035.01	K15	GB/T 31838.4—2019	固体绝缘材料　介电和电阻特性　第 4 部分：电阻特性（DC 方法）绝缘电阻	GB/T 10064—2006	IEC 62631-3-3：2015 IDT	2019/6/4	2020/1/1
15.11.4-3-22	15.11.4	29.160.30	K24	GB/T 8128—2008	单相串励电动机试验方法	GB/T 8128—1987		2008/6/13	2009/3/1
15.11.4-3-23	15.11.4	29.160.30	K30	GB/T 9651—2008	单相异步电动机试验方法	GB/T 9651—1988		2008/6/13	2009/3/1
15.11.4-4-24	15.11.4	27.100	F24	DL/T 1210—2013	火力发电厂自动发电控制性能测试验收规程			2013/3/7	2013/8/1
15.11.4-4-25	15.11.4	27.100	F24	DL/T 1612—2016	发电机定子绕组手包绝缘施加直流电压测量方法及评定导则			2016/8/16	2016/12/1
15.11.4-4-26	15.11.4	27.100	F24	DL/T 1616—2016	火力发电机组性能试验导则			2016/8/16	2016/12/1
15.11.4-4-27	15.11.4	29.160.20	K20	DL/T 298—2011	发电机定子绕组端部电晕检测与评定导则			2011/7/28	2011/11/1
15.11.4-4-28	15.11.4	29.160.20	K52	DL/T 735—2000	大型汽轮发电机定子绕组端部动态特性的测量和评定			2000/11/3	2001/1/1
15.11.4-4-29	15.11.4	29.120.01	K20	JB/T 6204—2002	高压交流电机定子线圈及绕组绝缘耐电压试验规范	JB 6204—1992		2002/12/27	2003/4/1
15.11.4-4-30	15.11.4	29.160	K20	JB/T 7785—2007	低压电机绝缘结构寿命快速试验评定方法（步进应力法）	JB 7785—1995		2007/5/29	2007/11/1

序号	GW 分类	ICS 分类	GB 分类	标准号	中文名称	代替标准	采用关系	发布日期	实施日期
15.11.4-4-31	15.11.4	29.120	K16	JB/T 8155—2017	电机用电刷运行性能试验方法	JB/T 8155—2001		2017/4/12	2018/1/1
15.11.4-4-32	15.11.4		K21	JB/T 8445—1996	三相同步发电机负序电流承受能力：试验方法			1996/9/3	1997/1/1
15.11.4-4-33	15.11.4		K21	JB/T 8990—1999	大型汽轮发电机定子端部绕组模态试验分析和固有频率测量方法及评定			1999/8/6	2000/1/1
15.11.4-4-34	15.11.4	27.020	J91	JB/T 9759—2011	内燃发电机组轴系扭转振动的限值及测量方法	JB 9759—1999		2011/8/15	2011/11/1
15.11.4-5-35	15.11.4	29.160.01	K20	IEC/TS 60034-27：2006	旋转电机　第 27 部分：在旋转电机绝缘定子绕组上的局部离线放电测量	IEC 2/1384/DTS：2006		2006/12/1	2006/12/1
15.11.4-5-36	15.11.4	31.180	L30	IEC 61189-5：2006	电气材料、互连结构和组件的试验方法　第 5 部分：印制电路板组件的试验方法	IEC 91/608/FDIS：2006		2006/8/1	2006/8/1
15.11.4-5-37	15.11.4	17.140.20；27.180		IEC 61400-11：2012	风轮发电机系统　第 11 部分：噪音测量技术	IEC 61400-11：2002；IEC 61400-11：2006；IEC 61400-11 AMD 1：2006；IEC 88/436/FDIS：2012		2012/11/1	2012/11/1
15.11.4-5-38	15.11.4	29.120.70	K31	IEC 61810-7—2006	机电基本继电器　第 7 部分：测试和测量程序	IEC 61810-7：1997；IEC 94/226/FDIS：2005		2006/3/15	2006/3/15

15.11.5　试验与计量-火电-热工自动化

序号	GW 分类	ICS 分类	GB 分类	标准号	中文名称	代替标准	采用关系	发布日期	实施日期
15.11.5-3-1	15.11.5	25.180.10	K60	GB/T 10066.12—2006	电热装置的试验方法　第 12 部分：红外加热装置			2006/11/8	2007/4/1
15.11.5-3-2	15.11.5	23.060.99	J16	GB/T 12245—2006	减压阀性能试验方法	GB/T 12245—1989		2006/12/25	2007/5/1
15.11.5-3-3	15.11.5	23.060.01	J16	GB/T 12251—2005	蒸汽疏水阀试验方法	GB/T 12251—1989		2005/7/11	2006/1/1
15.11.5-3-4	15.11.5	17.120.10	N12	GB/T 34041.1—2017	封闭管道中流体流量的测量　气体超声流量计　第 1 部分：贸易交接和分输计量用气体超声流量计		ISO 17089-2：2012 IDT	2017/9/7	2018/4/1
15.11.5-3-5	15.11.5	17.120.10	N12	GB/T 34041.2—2017	封闭管道中流体流量的测量　气体超声流量计　第 2 部分：工业测量用气体超声流量计		ISO 17089-2：2012 IDT	2017/9/7	2018/4/1
15.11.5-3-6	15.11.5	23.100.30	J20	GB/T 8104—1987	流量控制阀试验方法			1987/7/23	1988/7/1
15.11.5-3-7	15.11.5	23.100.30	J20	GB/T 8105—1987	压力控制阀试验方法			1987/7/23	1988/7/1

序号	GW 分类	ICS 分类	GB 分类	标准号	中 文 名 称	代替标准	采用关系	发布日期	实施日期
15.11.5-3-8	15.11.5	23.100.30	J20	GB/T 8106—1987	方向控制阀试验方法		ISO/DIS 4411 NEQ	1987/7/23	1988/7/1
15.11.5-3-9	15.11.5	23.100.50	J20	GB/T 8107—2012	液压阀压差-流量特性的测定	GB/T 8107—1987	ISO 4411：2008 MOD	2012/12/31	2013/10/1
15.11.5-4-10	15.11.5	27.100	F24	DL/T 1556—2016	火力发电厂 PROFIBUS 现场总线控制系统技术规程			2016/1/7	2016/6/1

15.11.6 试验与计量-火电-金属、焊接

序号	GW 分类	ICS 分类	GB 分类	标准号	中 文 名 称	代替标准	采用关系	发布日期	实施日期
15.11.6-3-1	15.11.6	77.040.10	H22	GB/T 10128—2007	金属材料 室温扭转试验方法	GB/T 10128—1988		2007/11/23	2008/6/1
15.11.6-3-2	15.11.6	77.040.30	H24	GB/T 10561—2005	钢中非金属夹杂物含号的测定一标准评级图显微检验法	GB/T 10561—1989		2005/5/13	2005/10/1
15.11.6-3-3	15.11.6	25.160.50	J33	GB/T 11363—2008	钎焊接头强度试验办法	GB 8619—1988； GB 11363—1989		2008/5/6	2008/11/1
15.11.6-3-4	15.11.6	77.040.10	H22	GB/T 12443—2017	金属材料 扭矩控制疲劳试验方法	GB/T 12443—2007	ISO 1352：2011 IDT	2017/2/28	2017/11/1
15.11.6-3-5	15.11.6	77.040.10	H22	GB/T 12778—2008	金属夏比冲击断口测定方法	GB 12778—1991		2008/2/1	2008/7/1
15.11.6-3-6	15.11.6	77.040.10	H22	GB/T 13239—2006	金属材料 低温拉伸试验方法	GB/T 13239—1991		2006/8/16	2007/1/1
15.11.6-3-7	15.11.6	77.040.99	H24	GB/T 13305—2008	不锈钢中 α-相面积含量金相测定法	GB 6401—1986； GB 13305—1991		2008/8/19	2009/4/1
15.11.6-3-8	15.11.6	25.160.20	J33	GB/T 1954—2008	铬镍奥氏体不锈钢焊缝铁素体含量测量方法	GB 1954—1980		2008/6/26	2009/1/1
15.11.6-3-9	15.11.6	77.040.10	H22	GB/T 2039—2012	金属材料 单轴拉伸蠕变试验方法	GB/T 2039—1997		2012/6/29	2013/3/1
15.11.6-3-10	15.11.6	77.040.10	H22	GB/T 228.1—2010	金属材料 拉伸试验 第 1 部分：室温试验方法	GB/T 228—2002		2010/12/23	2011/12/1
15.11.6-3-11	15.11.6	77.040.10	H22	GB/T 229—2007	金属材料 夏比摆锤冲击试验方法	GB/T 229—1994		2007/11/23	2008/6/1
15.11.6-3-12	15.11.6	77.040.10	H22	GB/T 230.1—2009	金属材料 洛氏硬度试验 第 1 部分：试验方法（A、B、C、D、E、F、G、H、K、N、T 标尺）	GB/T 230.1—2004		2009/6/25	2010/4/1
15.11.6-3-13	15.11.6	77.040.10	H22	GB/T 231.1—2009	金属材料 布氏硬度试验 第 1 部分：试验方法	GB/T 231.1—2002		2009/6/25	2010/4/1
15.11.6-3-14	15.11.6	77.040.10； 19.060	N71	GB/T 231.3—2012	金属材料 布氏硬度试验 第 3 部分：标准硬度块的标定	GB/T 231.3—2002	ISO 6506-3：2005 MOD	2012/12/31	2013/6/1
15.11.6-3-15	15.11.6	77.040.10	H23	GB/T 232—2010	金属材料 弯曲试验方法	GB/T 232—1999		2010/9/2	2011/6/1

续表

序号	GW 分类	ICS 分类	GB 分类	标准号	中 文 名 称	代替标准	采用关系	发布日期	实施日期
15.11.6-3-16	15.11.6	77.040.10	H23	GB/T 241—2007	金属管液压试验方法	GB/T 241—1990		2007/7/18	2008/2/1
15.11.6-3-17	15.11.6	77.040.10	H23	GB/T 242—2007	金属管扩口试验方法	GB/T 242—1997		2007/7/18	2008/2/1
15.11.6-3-18	15.11.6	77.040.10	H23	GB/T 244—2008	金属管弯曲试验方法	GB/T 244—1997		2008/5/13	2008/11/1
15.11.6-3-19	15.11.6	77.040.10	H23	GB/T 246—2017	金属材料　管压扁试验方法	GB/T 246—2007	ISO 8492：2013 IDT	2017/7/12	2018/4/1
15.11.6-3-20	15.11.6	25.160.40	J33	GB/T 2650—2008	焊接接头冲击试验方法	GB/T 2650—1989		2008/3/31	2008/9/1
15.11.6-3-21	15.11.6	25.160.40	J33	GB/T 2651—2008	焊接接头拉伸试验方法	GB/T 2651—1989		2008/3/31	2008/9/1
15.11.6-3-22	15.11.6	25.160.40	J33	GB/T 2652—2008	焊缝及熔敷金属拉伸试验方法	GB/T 2652—1989		2008/3/31	2008/9/1
15.11.6-3-23	15.11.6	25.160.40	J33	GB/T 2653—2008	焊接接头弯曲试验方法	GB/T 2653—1989		2008/3/31	2008/9/1
15.11.6-3-24	15.11.6	25.160.40	J33	GB/T 2654—2008	焊接接头硬度试验方法	GB/T 2654—1989		2008/3/31	2008/9/1
15.11.6-3-25	15.11.6	29.120.99	K14	GB/T 26871—2011	电触头材料金相试验方法			2011/7/29	2011/12/1
15.11.6-3-26	15.11.6	19.100	N78	GB/T 29302—2012	无损检测仪器相控阵超声检测系统的性能与检验		ASTM E 2491-06 MOD	2012/12/31	2013/6/1
15.11.6-3-27	15.11.6	29.160.40	K52	GB/T 30370—2013	火力发电机组一次调频试验及性能验收导则			2013/12/31	2015/3/1
15.11.6-3-28	15.11.6	21.100.20	J11	GB/T 307.2—2005	滚动轴承测量和检验的原则及方法	GB/T 307.2—1995		2005/2/21	2005/8/1
15.11.6-3-29	15.11.6	77.040.10	H22	GB/T 3075—2008	金属材料　疲劳试验轴向力控制方法	GB/T 3075—1982		2008/8/5	2009/4/1
15.11.6-3-30	15.11.6	77.040.10	H22	GB/T 31218—2014	金属材料　残余应力测定全释放应变法			2014/9/30	2015/5/1
15.11.6-3-31	15.11.6	77.040.01	H21	GB/T 4067—1999	金属材料　电阻温度特征参数的测定	GB/T 4067—1983		1999/11/1	2000/8/1
15.11.6-3-32	15.11.6	77.040.20	H26	GB/T 4162—2008	锻轧钢棒超声检测方法	GB/T 4162—1991		2008/5/13	2008/11/1
15.11.6-3-33	15.11.6	77.040.10	H22	GB/T 4340.1—2009	金属材料　维氏硬度试验　第 1 部分：试验方法	GB/T 4340.1—1999		2009/6/25	2010/4/1
15.11.6-3-34	15.11.6	77.040.10	H22	GB/T 4341.1—2014	金属材料　肖氏硬度试验　第 1 部分：试验方法			2014/9/30	2015/5/1
15.11.6-3-35	15.11.6	77.040.10	H22	GB/T 6398—2017	金属材料　疲劳试验　疲劳裂纹扩展方法	GB/T 6398—2000	ISO 12108：2012 MOD	2017/7/12	2018/4/1
15.11.6-3-36	15.11.6	25.220.20	A29	GB/T 6462—2005	金属和氧化物覆盖层厚度测量显微镜法	GB/T 6462—1986		2005/6/23	2005/12/1
15.11.6-3-37	15.11.6	77.040.10	H22	GB/T 7314—2017	金属材料　室温压缩试验方法	GB/T 7314—2005		2017/2/28	2017/11/1
15.11.6-3-38	15.11.6	75.100	E38	GB/T 7602.1—2008	变压器油、汽轮机油中 T501 抗氧化剂含量测定法　第 1 部分：分光光度法	GB/T 7602—1987		2008/9/24	2009/8/1

序号	GW 分类	ICS 分类	GB 分类	标准号	中文名称	代替标准	采用关系	发布日期	实施日期
15.11.6-4-39	15.11.6		F24	DL/T 1317—2014	火力发电厂焊接接头超声衍射时差检测技术规程			2014/3/18	2014/8/1
15.11.6-4-40	15.11.6	19.100	F24	DL/T 1718—2017	火力发电厂焊接接头相控阵超声检测技术规程			2017/8/2	2017/12/1
15.11.6-4-41	15.11.6	77.040.01	P61	DL/T 674—1999	火电厂用 20 号钢珠光体球化评级标准			1999/8/2	1999/10/1
15.11.6-4-42	15.11.6	27.100	H48；F25	DL/T 709—1999	压力钢管安全检测技术规程			2000/2/24	2000/7/1
15.11.6-4-43	15.11.6	77.040.01	H20	DL/T 787—2001	火电厂用 15CrMo 钢珠光体球化评级标准			2001/12/26	2002/5/1
15.11.6-4-44	15.11.6	27.100	F23	DL/T 821—2002	钢制承压管道对接焊接接头射线检验技术规范	DL 5069—1996		2002/4/27	2002/9/1
15.11.6-4-45	15.11.6	27.100	F24	DL/T 884—2019	火电厂金相检验与评定技术导则	DL/T 884—2004		2019/6/4	2019/10/1
15.11.6-4-46	15.11.6	19.100	J04	JB/T 6062—2007	无损检测焊缝渗透检测	JB 6062—1992		2007/8/1	2008/1/1
15.11.6-4-47	15.11.6	17.120	A53	JJG 147—2017	标准金属布氏硬度块检定规程	JJG 147—2005		2017/2/28	2017/8/28
15.11.6-4-48	15.11.6		A53	JJG 148—2006	标准维氏硬度块检定规程	JJG 148—1991； JJG 335—1991； JJG 334 部分—1993		2006/12/8	2007/6/8
15.11.6-4-49	15.11.6		N71	JJG 150—2005	金属布氏硬度计检定规程	JJG 150—1990		2005/3/3	2005/9/3
15.11.6-4-50	15.11.6		A53	JJG 151—2006	金属维氏硬度计	JJG 151—1991； JJG 260—1991； JJG 334 部分—1993		2006/12/8	2007/6/8
15.11.6-4-51	15.11.6		A53	JJG 2005—1987	布氏硬度计量器具检定系统			1987/12/22	1988/10/1
15.11.6-4-52	15.11.6		A57	JJG 2006—1996	肖式硬度（D 标尺）计量器具检定系统	JJG 2006—1987		1996/5/27	1997/1/1
15.11.6-4-53	15.11.6		A53	JJG 2025—1989	显微硬度计量器具检定系统			1989/9/11	1990/7/1
15.11.6-4-54	15.11.6		A55	JJG 2026—1989	维氏硬度计器具检定系统			1989/9/11	1990/7/1
15.11.6-4-55	15.11.6		A53	JJG 2067—1990	金属洛氏硬度计量器具检定系统			1990/9/7	1991/2/1
15.11.6-4-56	15.11.6		A52	JJG 2068—1990	金属表面洛氏硬度计量器具检定系统			1990/9/7	1991/2/1
15.11.6-4-57	15.11.6			JJG 229—2010	工业铂、铜热电阻检定规程	JJG 229—1998		2010/9/6	2011/3/6
15.11.6-4-58	15.11.6		A54	JJG 368—2000	工作用铜－铜镍热电偶检定规程	JJG 368—1984		2000/7/9	2000/9/15

续表

序号	GW 分类	ICS 分类	GB 分类	标准号	中 文 名 称	代替标准	采用关系	发布日期	实施日期
15.11.6-4-59	15.11.6		A55	JJG 684—2003	表面铂热电阻	JJG 684—1990		2003/5/12	2003/11/12
15.11.6-4-60	15.11.6		A52	JJG 704—2005	焊接检验尺检定规程	JJG 704—1990		2005/3/3	2005/9/3
15.11.6-4-61	15.11.6	27.060	J98	NB/T 47056—2017	锅炉受压元件焊接接头金相和断口检验方法	JB/T 2636—1994		2017/3/28	2017/8/1
15.11.6-5-62	15.11.6	25.160.40	J33	ISO 11666：2010	焊接点无损检测超声波探伤法验收标准	ISO FDIS 11666：2010		2010/12/15	2010/12/15

15.12 试验与计量-水电

序号	GW 分类	ICS 分类	GB 分类	标准号	中 文 名 称	代替标准	采用关系	发布日期	实施日期
15.12-2-1	15.12			Q/GDW 11150—2019	水电站电气设备预防性试验规程	Q/GDW 11150—2013		2020/7/31	2020/7/31
15.12-2-2	15.12	29.240		Q/GDW 11463—2015	水电站继电保护装置检验导则			2016/11/1	2016/11/1
15.12-2-3	15.12			Q/GDW 11698—2017	水电站金属结构无损检测技术规范			2018/2/12	2018/2/12
15.12-2-4	15.12			Q/GDW 1774—2013	大中型水电站黑启动试验技术规程			2013/3/14	2013/3/14
15.12-3-5	15.12	17.160	J04	GB/T 11348.5—2008	旋转机械转轴径向振动的测量和评定　第 5 部分：水力发电厂和泵站机组	GB/T 11348.5—2002		2008/9/27	2009/5/1
15.12-3-6	15.12	07.060	N93	GB/T 11828.1—2019	水位测量仪器　第 1 部分：浮子式水位计	GB/T 11828.1—2002		2019/6/4	2020/1/1
15.12-3-7	15.12	17.120.10	N12	GB/T 20727—2006	封闭管道中流体流量的测量热式质量流量计			2006/12/13	2007/7/1
15.12-3-8	15.12	17.120.10	N12	GB/T 20728—2006	封闭管道中流体流量的测量科里奥利流量计的选型、安装和使用指南			2006/12/13	2007/7/1
15.12-3-9	15.12	29.160.40	K55	GB/T 22140—2008	小型水轮机现场验收试验规程			2008/6/27	2008/10/1
15.12-3-10	15.12	17.120.10	N12	GB/T 26801—2011	封闭管道中流体流量的测量一次装置和二次装置之间压力信号传送的连接法		ISO 2186：2007 MOD	2011/7/29	2011/12/1
15.12-3-11	15.12	07.060	A47	GB/T 31153—2014	小型水力发电站汇水区降水资源气候评价方法			2014/9/3	2015/1/1
15.12-3-12	15.12	27.140	P59	GB/T 32506—2016	抽水蓄能机组励磁系统运行检修规程			2016/2/24	2016/9/1
15.12-3-13	15.12	27.140	K55	GB/T 32584—2016	水力发电厂和蓄能泵站机组机械振动的评定			2016/4/25	2016/11/1
15.12-3-14	15.12	27.140	P55	GB/T 32899—2016	抽水蓄能机组静止变频启动装置试验规程			2016/8/29	2017/3/1
15.12-3-15	15.12	17.160	J04	GB/T 6075.5—2002	在非旋转部件上测量和评价机器的机械振动　第 5 部分：水力发电厂和泵站机组			2002/5/20	2002/12/1
15.12-4-16	15.12	29.160.10	K52	DL/T 1003—2006	水轮发电机组推力轴承润滑参数测量方法	DL/T 1013—2006		2006/9/19	2007/3/1

续表

序号	GW 分类	ICS 分类	GB 分类	标准号	中 文 名 称	代替标准	采用关系	发布日期	实施日期
15.12-4-17	15.12	27.1	K51	DL/T 1013—2018	大中型水轮发电机微机励磁调节器试验导则	DL/T 1013—2006		2018/4/3	2018/7/1
15.12-4-18	15.12	27.1	K51	DL/T 1120—2018	水轮机调节系统测试与实时仿真装置技术规程	DL/T 1120—2009		2018/6/6	2018/10/1
15.12-4-19	15.12	27.14	P59	DL/T 1818—2018	可逆式水泵水轮机调节系统试验规程			2018/4/3	2018/7/1
15.12-4-20	15.12	27.140	P59	DL/T 330—2010	水电水利工程金属结构及设备焊接接头衍射时差法超声检测			2011/1/9	2011/5/1
15.12-4-21	15.12	27.1	K51	DL/T 489—2018	大中型水轮发电机静止整流励磁系统试验规程	DL/T 489—2006		2018/4/3	2018/7/1
15.12-4-22	15.12	27.140	K55	DL/T 496—2016	水轮机电液调节系统及装置调整试验导则	DL/T 496—2001		2016/1/7	2016/6/1
15.12-4-23	15.12	93.020	P25	DL/T 5117—2000	水下不分散混凝土试验规程			2000/11/3	2001/1/1
15.12-4-24	15.12	27.14	P59	DL/T 5152—2017	水工混凝土水质分析试验规程	DL/T 5152—2001		2017/11/15	2018/3/1
15.12-4-25	15.12	93.020	P59	DL/T 5332—2005	水工混凝土断裂试验规程			2005/11/28	2006/6/1
15.12-4-26	15.12	27.140	P59	DL/T 5355—2006	水电水利工程土工试验规程			2006/12/17	2007/5/1
15.12-4-27	15.12	27.140	P59	DL/T 5356—2006	水电水利工程粗粒土试验规程			2006/12/17	2007/5/1
15.12-4-28	15.12	27.140	P10	DL/T 5357—2006	水电水利工程岩土化学分析试验规程			2006/12/17	2007/5/1
15.12-4-29	15.12	93.020	P59	DL/T 5359—2006	水电水利工程水流空化模型试验规程			2006/12/17	2007/5/1
15.12-4-30	15.12	93.023	P59	DL/T 5360—2006	水电水利工程溃坝洪水模拟技术规程			2006/12/17	2007/5/1
15.12-4-31	15.12	93.020	P59	DL/T 5361—2006	水电水利工程施工导截流模型试验规程			2006/12/17	2007/5/1
15.12-4-32	15.12	27.140	P59	DL/T 5362—2018	水工沥青混凝土试验规程	DL/T 5362—2006		2018/12/25	2019/5/1
15.12-4-33	15.12	27.140	P10	DL/T 5367—2007	水电水利工程岩体应力测试规程	DLJ 204—1981； DL 5006—1992		2007/7/20	2007/12/1
15.12-4-34	15.12	27.140	P10	DL/T 5368—2007	水电水利工程岩石试验规程	DLJ 204—1981； DL 5006—1992		2007/7/20	2007/12/1
15.12-4-35	15.12	27.140	P59	DL/T 5401—2007	水力发电厂电气试验设备配置导则			2007/12/3	2008/6/1
15.12-4-36	15.12	27.140	P59	DL/T 5422—2009	混凝土面板堆石坝挤压边墙混凝土试验规程			2009/7/22	2009/12/1
15.12-4-37	15.12	27.140	P59	DL/T 5433—2009	水工碾压混凝土试验规程			2009/7/22	2009/12/1
15.12-4-38	15.12		P98	DL/T 827—2014	灯泡贯流式水轮发电机组启动试验规程	DL/T 827—2002		2014/3/18	2014/8/1

续表

序号	GW 分类	ICS 分类	GB 分类	标准号	中文名称	代替标准	采用关系	发布日期	实施日期
15.12-4-39	15.12	27.100	F25	DL/T 835—2003	水工钢闸门和启闭机安全检测技术规程	SL 101—1994		2003/1/9	2003/6/1
15.12-4-40	15.12			DL/T 948—2019	混凝土坝监测仪器系列型谱	DL/T 948—2005		2019/11/4	2020/5/1
15.12-4-41	15.12		A54	JJF 1098—2003	热电偶、热电阻自动测量系统校准规范			2003/3/5	2003/6/1
15.12-4-42	15.12		A53	JJG 640—1994	差压式流量计检定规程	JJG 267—1982； JJG 311—1983； JJG 271—1984； JJG 621—1989； JJG 640—1990		1994/7/12	1994/12/1
15.12-4-43	15.12			JJG 667—2010	液体容积式流量计检定规程	JJG 667—1997		2010/9/6	2011/3/6
15.12-4-44	15.12		A52	JJG 835—1993	速度-面积法流量装置检定规程			1993/7/16	1994/2/1
15.12-4-45	15.12			NB/T 10228—2019	水电工程放射性探测技术规程			2019/11/4	2020/5/1
15.12-4-46	15.12			NB/T 10229—2019	水电工程环境保护设施验收规程			2019/11/4	2020/5/1
15.12-4-47	15.12			NB/T 10231—2019	水电站多声道超声波流量计基本技术条件			2019/11/4	2020/5/1
15.12-4-48	15.12	27.140	K55	NB/T 35081—2016	水电工程金属结构涂层强度拉开法测试规程			2016/1/7	2016/6/1
15.12-4-49	15.12	27.14	P26	NB/T 35097.2—2017	水电工程单元工程质量等级评定标准　第 2 部分：金属结构及启闭机安装工程	SDJ 249.2—1988		2017/11/15	2018/3/1
15.12-4-50	15.12	27.14	P59	NB/T 35101—2017	水电工程弹性波测试技术规程			2017/11/15	2018/3/1
15.12-4-51	15.12	27.14	P59	NB/T 35102—2017	水电工程钻孔土工原位测试规程	DL/T 5354—2006		2017/11/15	2018/3/1
15.12-4-52	15.12	27.14	P59	NB/T 35103—2017	水电工程钻孔抽水试验规程	DL/T 5213—2005		2017/11/15	2018/3/1
15.12-4-53	15.12	27.14	P59	NB/T 35104—2017	水电工程钻孔注水试验规程			2017/11/15	2018/3/1
15.12-4-54	15.12	27.14	P59	NB/T 35113—2018	水电工程钻孔压水试验规程	DL/T 5331—2005		2018/4/3	2018/7/1
15.12-4-55	15.12	07.060	N93	SL 06—2006	水文测验铅鱼	SL 06—1989		2006/4/24	2006/7/1
15.12-4-56	15.12			SL 21—2015	降水量观测规范	SL 21—2006		2015/9/21	2015/12/21
15.12-4-57	15.12		P59	SL/T 232—1999	动态流量与流速标准装置校验方法			1999/1/18	1999/3/1
15.12-4-58	15.12		P59	SL 250—2000	水文情报预报规范	SD 138—1985		2000/6/14	2000/6/30
15.12-4-59	15.12	07.120	P12	SL 338—2006	水文测铅测验规范	SD 185—1986		2006/4/24	2006/7/1
15.12-4-60	15.12	17.120	P12	SL 339—2006	水库水文泥沙观测规范			2006/4/24	2006/7/1

续表

序号	GW 分类	ICS 分类	GB 分类	标准号	中文名称	代替标准	采用关系	发布日期	实施日期
15.12-4-61	15.12	93.160	P55	SL 352—2006	水工混凝土试验规程	SD 105—1982； SL 48—1994		2006/10/23	2006/12/1
15.12-6-62	15.12			T/CEC 5001—2016	水电水利工程砂砾石料压实质量密度桶法检测技术规程			2016/10/21	2017/1/1
15.12-6-63	15.12			T/CEC 5002—2016	水工碾压混凝土工艺试验规程			2016/10/21	2017/1/1

15.13　试验与计量-信息通信

序号	GW 分类	ICS 分类	GB 分类	标准号	中文名称	代替标准	采用关系	发布日期	实施日期
15.13-2-1	15.13			Q/GDW 10553.2—2018	电力以太网无源光网络（EPON）系统　第 2 部分：测试规范	Q/GDW 1553.2—2012		2020/4/8	2020/4/8
15.13-2-2	15.13	29.240		Q/GDW 11346—2014	电视会议系统多点控制单元（MCU）及终端测试规范			2015/5/29	2015/5/29
15.13-2-3	15.13	29.240		Q/GDW 11394.3—2016	国家电网公司频率同步网技术基础　第 3 部分：同步网节点时钟设备测试方法			2016/12/22	2016/12/22
15.13-2-4	15.13	29.240		Q/GDW 11394.5—2016	国家电网公司频率同步网技术基础　第 5 部分：频率同步承载设备时钟（SEC、EEC、PEC）测试方法			2016/12/22	2016/12/22
15.13-2-5	15.13	29.240		Q/GDW 11412—2015	国家电网公司数据通信网设备测试规范			2016/3/31	2016/3/31
15.13-2-6	15.13			Q/GDW 11701—2017	IMS 行政交换网核心网设备测试规范			2018/3/5	2018/3/5
15.13-2-7	15.13			Q/GDW 11805—2018	LTE-G 1800MHz 电力无线通信系统测试规范			2018/11/30	2018/11/30
15.13-2-8	15.13			Q/GDW 11923—2018	手持式光数字信号测试装置技术规范			2020/4/3	2020/4/3
15.13-2-9	15.13			Q/GDW 11975—2019	电子标签通用技术要求与测试规范			2020/9/28	2020/9/28
15.13-2-10	15.13	29.240		Q/GDW 1835.1—2013	调度数据网设备测试规范　第 1 部分路由器			2014/1/29	2014/1/29
15.13-2-11	15.13	29.020		Q/GDW 524—2010	吉比特无源光网络（GPON）系统及设备入网检测规范			2011/3/31	2011/3/31
15.13-3-12	15.13	35.080	L77	GB/T 15532—2008	计算机软件测试规范	GB/T 15532—1995		2008/4/11	2008/9/1
15.13-3-13	15.13	33.040.30	M15	GB/T 15838—2008	数字网中交换设备时钟性能测试方法	GB/T 15838—1995		2008/10/7	2009/4/1
15.13-3-14	15.13			GB/T 15972.44—2017	光纤试验方法规范　第 44 部分：传输特性和光学特性的测量方法和试验程序　截止波长	GB/T 15972.44—2008		2017/7/31	2017/11/1

续表

序号	GW 分类	ICS 分类	GB 分类	标准号	中文名称	代替标准	采用关系	发布日期	实施日期
15.13-3-15	15.13			GB/T 15972.48—2016	光纤试验方法规范　第 48 部分：传输特性和光学特性的测量方法和试验程序　偏振模色散	GB/T 18900—2002		2016/4/25	2016/11/1
15.13-3-16	15.13	33.180.10	M33	GB/T 15972.55—2009	光纤试验方法规范　第 55 部分：环境性能的测量方法和试验程序–氢老化			2009/9/30	2009/12/1
15.13-3-17	15.13			GB/T 15972—2008	光纤试验方法规范（所有部分）			2008/4/11	2008/11/1
15.13-3-18	15.13	33.140	L89	GB/T 16821—2007	通信用电源设备通用试验方法	GB/T 16821—1997		2007/3/7	2007/9/1
15.13-3-19	15.13	33.180.10	M33	GB/T 16850.4—2006	光纤放大器试验方法基本规范　第 4 部分：模拟参数-增益斜率的试验方法		IEC 60793-1-44：2011 MOD	2006/4/5	2006/10/1
15.13-3-20	15.13	33.120.10	L26	GB/T 17737.201—2015	同轴通信电缆　第 1-201 部分：环境试验方法电缆的冷弯性能试验		IEC 61196-1-201：2009 IDT	2015/6/2	2016/2/1
15.13-3-21	15.13	33.120.10	L26	GB/T 17737.313—2015	同轴通信电缆　第 1-313 部分：机械试验方法介质和护套的附着力		IEC 61196-1-313：2009 IDT	2015/6/2	2016/2/1
15.13-3-22	15.13		M30	GB/T 26266—2010	反垃圾电子邮件设备测试方法			2011/1/14	2011/6/1
15.13-3-23	15.13	33.040.40；33.200	M54	GB/T 26268—2010	网络入侵检测系统测试方法			2011/1/14	2011/6/1
15.13-3-24	15.13	33.020	M30	GB/T 28519—2012	通信产品能耗测试方法通则			2012/6/29	2012/10/1
15.13-3-25	15.13	35.040	L70	GB/T 29272—2012	信息技术　射频识别设备性能测试方法系统性能测试方法			2012/12/31	2013/6/1
15.13-3-26	15.13	35.080	L77	GB/T 29831.1—2013	系统与软件功能性　第 1 部分：指标体系			2013/11/12	2014/2/1
15.13-3-27	15.13	35.080	L77	GB/T 29831.2—2013	系统与软件功能性　第 2 部分：度量方法			2013/11/12	2014/2/1
15.13-3-28	15.13	35.080	L77	GB/T 29831.3—2013	系统与软件功能性　第 3 部分：测试方法			2013/11/12	2014/2/1
15.13-3-29	15.13	35.080	L77	GB/T 29832.1—2013	系统与软件可靠性　第 1 部分：指标体系			2013/11/12	2014/2/1
15.13-3-30	15.13	35.080	L77	GB/T 29832.2—2013	系统与软件可靠性　第 2 部分：度量方法			2013/11/12	2014/2/1
15.13-3-31	15.13	35.080	L77	GB/T 29832.3—2013	系统与软件可靠性　第 3 部分：测试方法			2013/11/12	2014/2/1
15.13-3-32	15.13	35.080	L77	GB/T 29833.1—2013	系统与软件可移植性　第 1 部分：指标体系			2013/11/12	2014/2/1
15.13-3-33	15.13	35.080	L77	GB/T 29833.2—2013	系统与软件可移植性　第 2 部分：度量方法			2013/11/12	2014/2/1
15.13-3-34	15.13	35.080	L77	GB/T 29833.3—2013	系统与软件可移植性　第 3 部分：测试方法			2013/11/12	2014/2/1
15.13-3-35	15.13	35.080	L77	GB/T 29834.1—2013	系统与软件维护性　第 1 部分：指标体系			2013/11/12	2014/2/1
15.13-3-36	15.13	35.080	L77	GB/T 29834.2—2013	系统与软件维护性　第 2 部分：度量方法			2013/11/12	2014/2/1

续表

序号	GW 分类	ICS 分类	GB 分类	标准号	中 文 名 称	代替标准	采用关系	发布日期	实施日期
15.13-3-37	15.13	35.080	L77	GB/T 29834.3—2013	系统与软件维护性　第 3 部分：测试方法			2013/11/12	2014/2/1
15.13-3-38	15.13	35.080	L77	GB/T 29835.1—2013	系统与软件效率　第 1 部分：指标体系			2013/11/12	2014/2/1
15.13-3-39	15.13	35.080	L77	GB/T 29835.2—2013	系统与软件效率　第 2 部分：度量方法			2013/11/12	2014/2/1
15.13-3-40	15.13	35.080	L77	GB/T 29835.3—2013	系统与软件效率　第 3 部分：测试方法			2013/11/12	2014/2/1
15.13-3-41	15.13	35.080	L77	GB/T 29836.1—2013	系统与软件易用性　第 1 部分：指标体系			2013/11/12	2014/2/1
15.13-3-42	15.13	35.080	L77	GB/T 29836.2—2013	系统与软件易用性　第 2 部分：度量方法			2013/11/12	2014/2/1
15.13-3-43	15.13	35.080	L77	GB/T 29836.3—2013	系统与软件易用性　第 3 部分：测评方法			2013/11/12	2014/2/1
15.13-3-44	15.13	35.080	L77	GB/T 30264.1—2013	软件工程自动化测试能力　第 1 部分：测试机构能力等级模型			2013/12/31	2014/7/15
15.13-3-45	15.13	35.080	L77	GB/T 30264.2—2013	软件工程自动化测试能力　第 2 部分：从业人员能力等级模型			2013/12/31	2014/7/15
15.13-3-46	15.13	35.110	L79	GB/T 30269.808—2018	信息技术　传感器网络　第 808 部分：测试：低速率无线传感器网络网络层和应用支持子层安全			2018/12/28	2021/1/1
15.13-3-47	15.13	35.110	L79	GB/T 30269.809—2020	信息技术　传感器网络　第 809 部分：测试：基于 IP 的无线传感器网络网络层协议一致性测试			2020/6/2	2020/12/1
15.13-3-48	15.13	35.240.70	L67	GB/T 30994—2014	关系数据库管理系统检测规范			2014/9/3	2015/2/1
15.13-3-49	15.13	35.200	L65	GB/T 32420—2015	无线局域网测试规范			2015/12/31	2017/1/1
15.13-3-50	15.13	07.040；35.240.70	A75	GB/T 33447—2016	地理信息系统软件测试规范			2016/12/30	2017/7/1
15.13-3-51	15.13	33.180.10	M33	GB/T 33779.1—2017	光纤特性测试导则　第 1 部分：衰减均匀性			2017/5/31	2017/12/1
15.13-3-52	15.13	33.180.10	M33	GB/T 33779.2—2017	光纤特性测试导则　第 2 部分：OTDR 后向散射曲线解析			2017/5/31	2017/12/1
15.13-3-53	15.13	33.040.50	M42	GB/T 33849—2017	接入网设备测试方法　吉比特的无源光网络（GPON）			2017/5/31	2017/12/1
15.13-3-54	15.13	33.040.50	M42	GB/T 34086—2017	接入设备节能参数和测试方法　EPON 系统			2017/7/31	2017/11/1
15.13-3-55	15.13	33.040.50	M42	GB/T 34087—2017	接入设备节能参数和测试方法　GPON 系统			2017/7/31	2017/11/1
15.13-3-56	15.13	33.040.50	M42	GB/T 34088—2017	接入设备节能参数和测试方法　VDSL2 系统			2017/7/31	2017/11/1

续表

序号	GW 分类	ICS 分类	GB 分类	标准号	中 文 名 称	代替标准	采用关系	发布日期	实施日期
15.13-3-57	15.13	35.180	L70	GB/T 34979.1—2017	智能终端软件平台测试规范　第 1 部分：操作系统			2017/11/1	2018/5/1
15.13-3-58	15.13	35.180	L70	GB/T 34979.2—2017	智能终端软件平台测试规范　第 2 部分：应用与服务			2017/11/1	2018/5/1
15.13-3-59	15.13	33.040.50	M42	GB/T 37172—2018	接入网设备测试方法　EPON 系统互通性			2018/12/28	2019/4/1
15.13-3-60	15.13	33.040.50	M42	GB/T 37174—2018	接入网设备测试方法　GPON 系统互通性			2018/12/28	2019/4/1
15.13-3-61	15.13	33.200	M50	GB/T 37943—2019	北斗卫星授时终端测试方法			2019/8/30	2019/12/1
15.13-3-62	15.13	33.040.50	M42	GB/T 38876—2020	接入网设备测试方法　10Gbit/s 以太网无源光网络（10G EPON）			2020/7/21	2021/2/1
15.13-3-63	15.13	17.220.20	N22	GB/T 38888—2020	数据采集软件的性能及校准方法			2020/6/2	2020/12/1
15.13-3-64	15.13	29.060.20	K13	GB/T 5441—2016	通信电缆试验方法	GB/T 5441.1—1985；GB/T 5441.2—1985；GB/T 5441.3—1985；GB/T 5441.4—1985；GB/T 5441.5—1985；GB/T 5441.6—1985；GB/T 5441.7—1985；GB/T 5441.9—1985；GB/T 5441.10—1985		2016/4/25	2016/11/1
15.13-3-65	15.13	33.100	L06	GB/T 6113.101—2016	无线电骚扰和抗扰度测量设备和测量方法规范　第 1-1 部分：无线电骚扰和抗扰度测量设备　测量设备	GB/T 6113.101—2008		2016/4/25	2016/11/1
15.13-3-66	15.13	33.100	L06	GB/T 6113.104—2016	无线电骚扰和抗扰度测量设备和测量方法规范　第 1-4 部分：无线电骚扰和抗扰度测量设备　辐射骚扰测量用天线和试验场地	GB/T 6113.104—2008		2016/4/25	2016/11/1
15.13-3-67	15.13	33.100	L06	GB/T 6113.106—2018	无线电骚扰和抗扰度测量设备和测量方法规范　第 1-6 部分：无线电骚扰和抗扰度测量设备　EMC 天线校准			2018/12/28	2019/7/1
15.13-3-68	15.13	33.100	L06	GB/T 6113.201—2018	无线电骚扰和抗扰度测量设备和测量方法规范　第 2-1 部分：无线电骚扰和抗扰度测量方法　传导骚扰测量	GB/T 6113.201—2017		2018/12/28	2019/7/1
15.13-3-69	15.13	33.100	L06	GB/T 6113.203—2016	无线电骚扰和抗扰度测量设备和测量方法规范　第 2-3 部分：无线电骚扰和抗扰度测量方法　辐射骚扰测量	GB/T 6113.203—2008		2016/4/25	2016/11/1

续表

序号	GW 分类	ICS 分类	GB 分类	标准号	中 文 名 称	代替标准	采用关系	发布日期	实施日期
15.13-3-70	15.13	33.100	L06	GB/Z 6113.205—2013	无线电骚扰和抗扰度测量设备和测量方法规范 第2-5部分：大型设备骚扰发射现场测量			2013/12/17	2014/5/14
15.13-3-71	15.13	33.100	L06	GB/Z 6113.405—2010	无线电骚扰和抗扰度测量设备和测量方法规范 第4-5部分：不确定度、统计学和限值建模替换试验方法的使用条件			2010/12/23	2011/6/1
15.13-4-72	15.13	27.100	F24	DL/T 1379—2014	电力调度数据网设备测试规范			2014/10/15	2015/3/1
15.13-4-73	15.13	27.100	F21	DL/T 1510—2016	电力系统光传送网（OTN）测试规范			2016/1/7	2016/6/1
15.13-4-74	15.13	35.080	L77	DL/T 1729—2017	电力信息系统功能及非功能性测试规范			2017/8/2	2017/12/1
15.13-4-75	15.13	29.240	L70	DL/T 1730—2017	电力信息网络设备测试规范			2017/8/2	2017/12/1
15.13-4-76	15.13	33.040.40	M32	DL/T 1940—2018	智能变电站以太网交换机测试规范			2018/12/25	2019/5/1
15.13-4-77	15.13	29.240.01	F21	DL/T 1950—2018	变电站数据通信网关机检测规范			2018/12/25	2019/5/1
15.13-4-78	15.13	35.080	L77	DL/T 2031—2019	电力移动应用软件测试规范			2019/6/4	2019/10/1
15.13-4-79	15.13			DL/T 2116—2020	电力需求响应系统信息交换测试规范			2020/10/23	2021/2/1
15.13-4-80	15.13	29.240	F20	DL/T 394—2010	电力数字调度交换机测试方法			2010/5/1	2010/10/1
15.13-4-81	15.13		M50	SJ/T 11426—2010	GPS 接收机射频模块性能要求及测试方法			2010/12/29	2011/1/1
15.13-4-82	15.13	33.040.20	M33	YD/T 1033—2016	传输性能的指标系列	YD/T 1033—2000		2016/7/11	2016/10/1
15.13-4-83	15.13	33.180.10	M33	YD/T 1065.1—2014	单模光纤偏振模色散的试验方法 第1部分：测量方法	YD/T 1065—2000		2014/10/14	2014/10/14
15.13-4-84	15.13	33.040.40	M32	YD/T 1098—2009	路由器设备测试方法边缘路由器	YD 1098—2001		2009/6/15	2009/9/1
15.13-4-85	15.13	33.040.40	M32	YD/T 1100—2013	同步数字体系（SDH）上传送 IP 的同步数字体系链路接入规程（LAPS）测试方法	YD/T 1100—2001		2013/10/17	2014/1/1
15.13-4-86	15.13	33.040.40	M32	YD/T 1141—2007	以太网交换机测试方法	YD 1141—2001		2007/9/29	2008/1/1
15.13-4-87	15.13	33.040.40	M32	YD/T 1156—2009	路由器设备测试方法核心路由器	YD 1156—2001		2009/6/15	2009/9/1
15.13-4-88	15.13	33.040.30	M32	YD/T 1287—2013	具有路由功能的以太网交换机测试方法	YD/T 1287—2003		2013/10/17	2014/1/1
15.13-4-89	15.13			YD/T 1299—2015	同步数字体系（SDH）网络性能技术要求抖动和漂移	YD/T 1299—2004		2016/4/5	2016/7/1
15.13-4-90	15.13	33.060.99	M36	YD/T 1312.1—2015	无线通信设备电磁兼容性要求和测量方法 第1部分：通用要求	YD/T 1312.1—2008		2015/7/14	2015/10/1

续表

序号	GW 分类	ICS 分类	GB 分类	标准号	中 文 名 称	代替标准	采用关系	发布日期	实施日期
15.13-4-91	15.13	01.040.33	M04	YD/T 1312.8—2012	无线通信设备电磁兼容性要求和测量方法　第8部分：短距离无线电设备（9kHz-40GHz）	YD/T 1312.8—2004		2012/12/28	2013/3/1
15.13-4-92	15.13	01.040.33	M04	YD/T 1312.12—2012	无线通信设备电磁兼容性要求和测量方法　第12部分：固定宽带无线接入系统基站及其辅助设备			2012/12/28	2013/3/1
15.13-4-93	15.13	33.100	M04	YD/T 1312.14—2012	无线通信设备电磁兼容性要求和测量方法　第14部分：甚小孔径终端和交互式卫星地球站设备（在卫星固定业务中工作频率范围为4GHz～30GHz）			2012/12/28	2013/3/1
15.13-4-94	15.13	33.180.01	M33	YD/T 1312.15—2013	无线通信设备电磁兼容性要求和测量方法　第15部分：超宽带（UWB）通信设备			2013/4/25	2013/6/1
15.13-4-95	15.13	33.040.40	M32	YD/T 1387.4—2008	媒体网关设备测试方法——支持多媒体业务部分			2008/3/28	2008/6/1
15.13-4-96	15.13	33.040.40	M32	YD/T 1435—2007	软交换设备测试方法	YD/T 1435—2006		2007/9/29	2008/1/1
15.13-4-97	15.13	33.040.40	M32	YD/T 1452—2014	IPv6 网络设备技术要求——边缘路由器	YD/T 1452—2006		2014/10/14	2014/10/14
15.13-4-98	15.13	33.040.40	M32	YD/T 1453—2014	IPv6 网络设备测试方法——边缘路由器	YD/T 1453—2006		2014/10/14	2014/10/14
15.13-4-99	15.13	33.040.40	M32	YD/T 1454—2014	IPv6 网络设备技术要求——核心路由器	YD/T 1454—2006		2014/10/14	2014/10/14
15.13-4-100	15.13	33.040.40	M32	YD/T 1455—2014	IPv6 网络设备测试方法——核心路由器	YD/T 1455—2006		2014/10/14	2014/10/14
15.13-4-101	15.13	33.180.10	M33	YD/T 1464—2017	光纤收发器测试方法	YD/T 1464—2006		2017/11/7	2018/1/1
15.13-4-102	15.13	33.1	M04	YD/T 1483—2016	无线电设备杂散发射技术要求和测量方法	YD/T 1483—2006		2016/4/5	2016/7/1
15.13-4-103	15.13	33.050.01	M30	YD/T 1538—2014	数字移动终端音频性能技术要求及测试方法	YD/T 1538—2011		2014/10/14	2014/10/14
15.13-4-104	15.13	35.020	L09	YD/T 1540—2014	电信设备的过电压和过电流抗力测试方法	YD/T 1540—2006		2014/10/14	2014/10/14
15.13-4-105	15.13	33.180.10	M33	YD/T 1588.1—2006	光缆线路性能测量方法　第1部分：链路衰减			2006/12/11	2007/1/1
15.13-4-106	15.13	33.180.10	M33	YD/T 1588.2—2006	光缆线路性能测量方法　第2部分：光纤接头损耗			2006/12/11	2007/1/1
15.13-4-107	15.13	33.180.10	M33	YD/T 1588.3—2009	光缆线路性能测量方法　第3部分：链路偏振模色散			2009/6/15	2009/9/1
15.13-4-108	15.13	33.180.10	M33	YD/T 1588.4—2010	光缆线路性能测量方法　第4部分：链路色散			2010/12/29	2011/1/1
15.13-4-109	15.13	33.040.40	M32	YD/T 1628—2007	以太网交换机设备安全测试方法			2007/4/16	2007/10/1
15.13-4-110	15.13	33.040.40	M32	YD/T 1630—2007	具有路由功能的以太网交换机设备安全测试方法			2007/4/16	2007/10/1

续表

序号	GW 分类	ICS 分类	GB 分类	标准号	中 文 名 称	代替标准	采用关系	发布日期	实施日期
15.13-4-111	15.13	33.1	M04	YD/T 1633—2016	电信设备的电磁兼容性现场测试方法	YD/T 1633—2007		2016/1/15	2016/4/1
15.13-4-112	15.13	33.030	M21	YD/T 1642—2009	互联网业务服务质量测试方法	YD 1642—2007		2009/6/15	2009/9/1
15.13-4-113	15.13	33.040.40	M32	YD/T 1698—2016	IPv6 网络设备技术要求——具有 IPv6 路由功能的以太网交换机	YD/T 1698—2007		2016/4/5	2016/7/1
15.13-4-114	15.13	33.030	M36	YD/T 1747—2014	IP 承载网安全防护检测要求	YD/T 1747—2013		2014/10/14	2014/10/14
15.13-4-115	15.13	33.070.01	M37	YD/T 1803—2008	基于 IP 多媒体子系统(IMS)的呈现(Presence)业务测试方法（第一阶段）			2008/7/28	2008/11/1
15.13-4-116	15.13			YD/T 1809—2013	接入网设备测试方法　以太网无源光网络（EPON）系统互通性	YD/T 1809—2008		2013/10/17	2014/1/1
15.13-4-117	15.13	33.040.40	M32	YD/T 1917—2009	IPv6 网络设备测试方法——具有 IPv6 路由功能的以太网交换机			2009/6/15	2009/9/1
15.13-4-118	15.13	33.040.30	M12	YD/T 1938.1—2009	会话初始协议（SIP）测试方法　第 1 部分：基本的会话初始协议			2009/6/15	2009/9/1
15.13-4-119	15.13	33.040.30	M12	YD/T 1938.2—2009	会话初始协议（SIP）测试方法　第 2 部分：基于软交换网络呼叫控制的 SIP 协议			2009/6/15	2009/9/1
15.13-4-120	15.13	33.040.40	M32	YD/T 1941—2009	具有内容交换功能的以太网交换机设备测试方法			2009/6/15	2009/9/1
15.13-4-121	15.13	33.040.50	M42	YD/T 1995—2009	接入网设备测试方法　吉比特的无源光网络（GPON）			2009/12/11	2010/1/1
15.13-4-122	15.13	33.030	M21	YD/T 2026—2009	IP 语音业务服务质量技术要求与评估方法			2009/12/11	2010/1/1
15.13-4-123	15.13	33.040.40	M32	YD/T 2033.3—2009	基于 IP 网络的视讯会议系统设备测试方法　第 3 部分：多点控制单元（MCU）			2009/12/11	2010/1/1
15.13-4-124	15.13	33.040.40	M32	YD/T 2034.1—2009	基于 IP 网络的视讯会议终端设备测试方法　第 1 部分：基于 ITU-TH 323 协议的终端			2009/12/11	2010/1/1
15.13-4-125	15.13	33.040.50	M19	YD/T 2096—2010	接入网设备安全测试方法——综合接入系统			2010/12/29	2011/1/1
15.13-4-126	15.13	33.040.20	M33	YD/T 2147—2010	Nx40Gbit/s 光波分复用（WDM）系统测试方法			2010/12/29	2011/1/1
15.13-4-127	15.13	33.040.20	M33	YD/T 2148—2010	光传送网（OTN）测试方法			2010/12/29	2011/1/1
15.13-4-128	15.13	33.040.40	M32	YD/T 2171—2010	基于 IPv6 的边界网关协议/多协议标记交换的虚拟专用网（BGP/MPLSIPv6VPN）测试方法			2010/12/29	2011/1/1

续表

序号	GW 分类	ICS 分类	GB 分类	标准号	中 文 名 称	代替标准	采用关系	发布日期	实施日期
15.13-4-129	15.13	33.040.99	M30	YD/T 2293—2011	统一 IMS 代理会话控制设备（P-CSCF）测试方法（第一阶段）			2011/5/18	2011/6/1
15.13-4-130	15.13	33.040.99	M30	YD/T 2294—2011	统一 IMS 归属用户服务器（HSS）设备测试方法（第一阶段）			2011/5/18	2011/6/1
15.13-4-131	15.13	33.060.99	M37	YD/T 2326—2011	软交换设备网间互通测试方法			2011/5/18	2011/6/1
15.13-4-132	15.13	33.050	L30	YD/T 2379.1—2019	电信设备环境试验要求和试验方法　第 1 部分：通用准则			2019/11/11	2020/1/1
15.13-4-133	15.13	33.040.40	M32	YD/T 2403—2012	以太网交换机节能参数和测试方法			2012/12/28	2013/3/1
15.13-4-134	15.13	33.060.20	M36	YD/T 2404—2012	移动通信设备节能参数和测试方法基站			2012/12/28	2013/3/1
15.13-4-135	15.13			YD/T 2583.1—2018	蜂窝式移动通信设备电磁兼容性能要求和测量方法　第 1 部分：基站及其辅助设备			2018/4/30	2018/7/1
15.13-4-136	15.13	33.040.20	M33	YD/T 2649—2013	N×100Gbit/s 光波分复用（WDM）系统测试方法			2013/10/17	2014/1/1
15.13-4-137	15.13	33.040.50	M42	YD/T 2650—2013	接入网设备测试方法 10Gbit/s 以太网无源光网络（10GEPON）			2013/10/17	2014/1/1
15.13-4-138	15.13			YD/T 2681—2013	双栈防火墙设备测试方法			2013/12/31	2014/4/1
15.13-4-139	15.13			YD/T 2690—2014	宽带速率测试方法移动宽带接入			2014/7/9	2014/7/9
15.13-4-140	15.13			YD/T 2691—2014	宽带速率测试方法用户上网体验			2014/7/9	2014/7/9
15.13-4-141	15.13	33.040.40	M32	YD/T 2711—2014	宽带网络接入服务器节能参数和测试方法			2014/10/14	2014/10/14
15.13-4-142	15.13	33.060.01	M36	YD/T 2744—2014	基于 IMS 的呈现（Presence）业务测试方法（第二阶段）			2014/10/14	2014/10/14
15.13-4-143	15.13	33.180.01	M33	YD/T 2754—2014	同步数字体系（SDH）网元管理功能验证和协议栈检测	YDN 114—1999		2014/10/14	2014/10/14
15.13-4-144	15.13	33.040.50	M42	YD/T 2756—2014	接入网设备测试方法　10Gbit/s　无源光网络（XG-PON）			2014/10/14	2014/10/14
15.13-4-145	15.13	33.040.50	M42	YD/T 2757—2014	接入网设备测试方法　PON 系统支持 IPv6			2014/10/14	2014/10/14
15.13-4-146	15.13	33.180.10	M33	YD/T 2758—2014	通信光缆检验规程			2014/10/14	2014/10/14

续表

序号	GW 分类	ICS 分类	GB 分类	标准号	中 文 名 称	代替标准	采用关系	发布日期	实施日期
15.13-4-147	15.13	30.040.50	M30	YD/T 2791—2015	宽带测速平台测试方法固定宽带接入			2015/4/30	2015/4/30
15.13-4-148	15.13	33.180.01	M33	YD/T 2800—2015	PON 网络测试诊断技术要求 PON 设备内置光时域反射仪（OTDR）			2015/4/30	2015/7/1
15.13-4-149	15.13	33.160.60	M32	YD/T 2902—2015	具有路由交换功能的以太网交换机节能参数和测试方法			2015/7/14	2015/10/1
15.13-4-150	15.13	33.180.10	M33	YD/T 2964—2015	接入网用弯曲损耗不敏感单模光纤测量方法			2015/10/10	2016/1/1
15.13-4-151	15.13	33	P76	YD/T 2978—2015	移动终端设备管理网关管理对象功能测试方法			2015/10/10	2016/1/1
15.13-4-152	15.13	33.040.50	M19	YD/T 3012—2016	接入网技术要求——DSL 系统支持时钟同步和时间同步			2016/1/15	2016/4/1
15.13-4-153	15.13	33.180.10	M33	YD/T 3021.1—2016	通信光缆电气性能试验方法　第 1 部分：金属元构件的电气连续性			2016/1/15	2016/4/1
15.13-4-154	15.13	33.180.10	M33	YD/T 3022.1—2016	通信光缆机械性能试验方法　第 1 部分：护套拔出力			2016/1/15	2016/4/1
15.13-4-155	15.13	33.180.10	M33	YD/T 3022.2—2016	通信光缆机械性能试验方法　第 2 部分：接插线光缆中被覆光纤的压缩位移			2016/1/15	2016/4/1
15.13-4-156	15.13	33.180.10	M33	YD/T 3022.3—2016	通信光缆机械性能试验方法　第 3 部分：撕裂绳功能			2016/1/15	2016/4/1
15.13-4-157	15.13	33.180.10	M33	YD/T 3022.4—2016	通信光缆机械性能试验方法　第 4 部分：舞动			2016/1/15	2016/4/1
15.13-4-158	15.13	33.180.10	M33	YD/T 3022.5—2016	通信光缆机械性能试验方法　第 5 部分：机械可靠性			2016/1/15	2016/4/1
15.13-4-159	15.13	17.24	L06	YD/T 3026—2016	通信基站电磁辐射管理技术要求			2016/1/15	2016/4/1
15.13-4-160	15.13	33.04	M21	YD/T 3046—2016	移动核心网设备节能参数和测试方法			2016/4/5	2016/7/1
15.13-4-161	15.13	33.040.50	M33	YD/T 3072—2016	接入网设备测试方法　PON 系统承载频率同步和时间同步			2016/4/5	2016/7/1
15.13-4-162	15.13	29.2	M41	YD/T 3091—2016	通信用 240V/336V 直流供电系统运行后评估要求与方法			2016/4/5	2016/7/1
15.13-4-163	15.13	33.120.99	M42	YD/T 3111—2016	通信终端设备环境噪声抑制性能要求和测试方法			2016/7/11	2016/10/1
15.13-4-164	15.13	33.03	M32	YD/T 3118—2016	网站 IPv6 支持度评测指标与测试方法			2016/7/11	2016/10/1

续表

序号	GW 分类	ICS 分类	GB 分类	标准号	中文名称	代替标准	采用关系	发布日期	实施日期
15.13-4-165	15.13	33.060.99	M36	YD/T 3179.1—2016	移动终端支持基于LTE的语音解决方案(VoLTE)的测试方法　第1部分：功能和性能测试			2016/10/22	2017/1/1
15.13-4-166	15.13	33.060.20	M37	YD/T 3179.2—2016	移动终端支持基于LTE的语音解决方案(VoLTE)的测试方法　第2部分：一致性测试			2016/10/22	2017/1/1
15.13-4-167	15.13	33.180.99	M33	YD/T 3287.1—2017	智能光分配网络　接口测试方法　第1部分：智能光分配网络设施与智能管理终端的接口			2017/11/7	2018/1/1
15.13-4-168	15.13	33.180.99	M33	YD/T 3287.21—2017	智能光分配网络　接口测试方法　第21部分：基于SNMP的智能光分配网络设施与智能光分配网络管理系统的接口			2017/11/7	2018/1/1
15.13-4-169	15.13	33.060.20	M36	YD/T 3304—2017	13.56MHz的近场通信设备射频指标和测试方法			2017/11/7	2018/1/1
15.13-4-170	15.13	33.180.01	M33	YD/T 3540—2019	集成式光功率检测器(IPM)			2019/11/11	2020/1/1
15.13-4-171	15.13	33.040.40	M30	YD/T 3546—2019	数据通信接口转换器能效参数和测试方法			2019/11/11	2020/1/1
15.13-4-172	15.13	33.040.40	M32	YD/T 3560—2019	边缘路由器构件接口测试方法			2019/11/11	2020/1/1
15.13-4-173	15.13		M30	YD/T 5083—2005	电信设备抗地震性能检测规范	YD 5083—1999		2006/7/25	2006/10/1
15.13-4-174	15.13			YD 5084.1—2014	交换设备抗地震性能检测规范　第1部分：程控数字电话交换机	YD/T 5084—2005		2014/5/6	2014/7/1
15.13-4-175	15.13			YD 5084.2—2014	交换设备抗地震性能检测规范　第2部分：IP网络交换设备	YD/T 5084—2005		2014/5/6	2014/7/1
15.13-4-176	15.13			YD 5195—2014	数字微波通信设备抗地震性能检测规范			2014/5/6	2014/7/1
15.13-4-177	15.13			YD 5196.1—2014	服务器和网关设备抗地震性能检测规范　第一部分：服务器设备			2014/5/6	2014/7/1
15.13-4-178	15.13			YD 5196.2—2014	服务器和网关设备抗地震性能检测规范　第二部分：网关设备			2014/5/6	2014/7/1
15.13-4-179	15.13			YD 5197.1—2014	接入设备抗地震性能检测规范　第1部分：有线接入网局端设备			2014/5/6	2014/7/1
15.13-4-180	15.13			YD 5197.2—2014	接入设备抗地震性能检测规范　第2部分：VSAT卫星地球站设备			2014/5/6	2014/7/1
15.13-4-181	15.13	33.020	P76	YD/T 5249—2019	信息通信设备振动适应性检测规范			2019/11/11	2020/1/1

序号	GW 分类	ICS 分类	GB 分类	标准号	中 文 名 称	代替标准	采用关系	发布日期	实施日期
15.13-4-182	15.13	33.040.01	M14	YD/T 627—2012	数字交换机数字中继接口（2048kbit/s）参数及数字中继接口间传输特性和测试方法	YD/T 627—1993		2012/12/28	2013/3/1
15.13-4-183	15.13	33.120.30	M42	YD/T 640—2012	通信设备用射频连接器技术要求及试验方法	YD/T 640—1993		2012/12/28	2013/3/1
15.13-4-184	15.13	33.120.99	M05	YD/T 641—2012	通信设备用低频连接器技术要求及试验方法	YD/T 641—1993		2012/12/28	2013/3/1
15.13-4-185	15.13	91.120.40	M41	YD/T 944—2007	通信电源设备的防雷技术要求和测试方法	YD/T 944—1998		2007/7/2	2007/12/1
15.13-4-186	15.13			YD/T 965—2013	电信终端设备的安全要求和试验方法	YD/T 965—1998		2013/12/3	2014/1/1
15.13-4-187	15.13	33.100	L06	YD/T 968—2010	电信终端设备电磁兼容性要求及测量方法	YD 968—2002		2010/12/29	2011/1/1
15.13-4-188	15.13			YDB 120.1—2013	数字移动通信终端通用集成电路卡（UICC）与非接触通信模块（CLF）间单线协议（SWP）测试方法　第 1 部分：终端			2013/3/6	2013/3/6
15.13-4-189	15.13			YDB 120.2—2013	数字移动通信终端通用集成电路卡（UICC）与非接触通信模块（CLF）间单线协议（SWP）测试方法　第 2 部分：UICC			2013/3/6	2013/3/6
15.13-4-190	15.13			YDB 122.1—2013	数字移动通信终端通用集成电路卡（UICC）与非接触通信模块（CLF）间主控接口（HCI）测试方法　第 1 部分：终端			2013/3/6	2013/3/6
15.13-4-191	15.13			YDB 122.2—2013	数字移动通信终端通用集成电路卡（UICC）与非接触通信模块（CLF）间主控接口（HCI）测试方法　第 2 部分：UICC			2013/3/6	2013/3/6
15.13-5-192	15.13	27.120.99；33.180.10	M33	IEEE 1682—2011	光纤电缆、连接、光纤捻接审查试验使用标准			2011/1/1	2011/1/1

15.14　试验与计量-其他

序号	GW 分类	ICS 分类	GB 分类	标准号	中 文 名 称	代替标准	采用关系	发布日期	实施日期
15.14-2-1	15.14	29.240		Q/GDW 11086—2013	变电设备不拆高压引线试验导则			2014/9/1	2014/9/1
15.14-2-2	15.14	29.240		Q/GDW 11173—2014	电动汽车快换电池箱检验试验规范			2014/8/1	2014/8/1
15.14-2-3	15.14	29.240		Q/GDW 11220—2014	电池储能电站设备及系统交接试验规程			2014/11/20	2014/11/20
15.14-2-4	15.14			Q/GDW 11784—2017	电动汽车充电设备现场测试规范			2018/9/7	2018/9/7
15.14-2-5	15.14	29.240		Q/GDW 1881—2013	电动汽车充电站及电池更换站监控系统检验技术规范			2014/1/29	2014/1/29
15.14-2-6	15.14	29.240		Q/GDW 1882—2013	居民智能家庭网关检验技术规范			2014/1/29	2014/1/29

续表

序号	GW 分类	ICS 分类	GB 分类	标准号	中文名称	代替标准	采用关系	发布日期	实施日期
15.14-2-7	15.14	29.020		Q/GDW 713—2012	居民智能交互终端检验技术规范			2012/6/15	2012/6/15
15.14-2-8	15.14	29.020		Q/GDW 714—2012	智能插座检验技术规范			2012/6/15	2012/6/15
15.14-3-9	15.14			GB/T 11374—2012	热喷涂涂层厚度的无损测量方法			2012/9/3	2013/3/1
15.14-3-10	15.14	91.100.30	Q14	GB/T 11969—2008	蒸压加气混凝土性能试验方法	GB/T 11969—1997； GB/T 11970—1997； GB/T 11971—1997； GB/T 11972—1997； GB/T 11973—1997； GB/T 11974—1997； GB/T 11975—1997		2008/7/30	2009/3/1
15.14-3-11	15.14	17.220	K04	GB/T 12113—2003	接触电流和保护导体电流的测量方法	GB/T 12113—1996	IEC 60990:1999 IDT	2003/11/24	2004/8/1
15.14-3-12	15.14	23.120	J72	GB/T 1236—2017	工业通风机　用标准化风道性能试验	GB/T 1236—2000		2017/11/1	2018/5/1
15.14-3-13	15.14	65.060.35	B91	GB/T 12785—2014	潜水电泵试验方法	GB/T 12785—2002		2014/7/24	2015/1/1
15.14-3-14	15.14	77.040.30	H24	GB/T 13299—1991	钢的显微组织评定方法	GB 1332—1977		1991/12/13	1992/10/1
15.14-3-15	15.14	43.020	T43	GB/T 1332—1991	载货汽车定型试验规程			1991/7/11	1992/3/1
15.14-3-16	15.14	27.010	F01	GB/T 13467—2013	通风机系统电能平衡测试与计算方法	GB/T 13467—1992		2013/12/18	2014/7/1
15.14-3-17	15.14	27.010	F01	GB/T 13468—2013	泵类液体输送系统电能平衡测试与计算方法	GB/T 13468—1992		2013/12/18	2014/7/1
15.14-3-18	15.14	17.160	N73	GB/T 13823.5—1992	振动与冲击传感器的校准方法安装力矩灵敏度测试			1992/1/1	1993/10/1
15.14-3-19	15.14	17.160	N73	GB/T 13823.6—1992	振动与冲击传感器的校准方法基座应变灵敏度测试			1992/1/1	1993/10/1
15.14-3-20	15.14	13.030.40	J88	GB/T 13931—2017	电除尘器　性能测试方法	GB/T 13931—2002		2017/5/12	2017/12/1
15.14-3-21	15.14	27.060.30	J75	GB/T 14812—2008	热管传热性能试验方法	GB/T 14812—1993		2008/6/26	2009/1/1
15.14-3-22	15.14	27.060.30	J75	GB/T 14813—2008	热管寿命试验方法	GB/T 14813—1993		2008/6/26	2009/1/1
15.14-3-23	15.14	25.040.01	N10	GB/T 15479—1995	工业自动化仪表绝缘电阻、绝缘强度技术要求和试验方法			1995/1/27	1995/10/1
15.14-3-24	15.14	25.160.40	J33	GB/T 16957—2012	复合钢板焊接接头力学性能试验方法	GB/T 16957—1997		2012/12/31	2013/10/1
15.14-3-25	15.14	29.020	K60	GB/T 17949.1—2000	接地系统的土壤电阻率、接地阻抗和地面电位测量导则　第 1 部分：常规测量			2000/1/3	2000/8/1
15.14-3-26	15.14	77.040.10	H23	GB/T 1814—1979	钢材断口检验法			1979/12/29	1980/9/1

续表

序号	GW 分类	ICS 分类	GB 分类	标准号	中文名称	代替标准	采用关系	发布日期	实施日期
15.14-3-27	15.14	07.040	A76	GB/T 18314—2009	全球定位系统（GPS）测量规范	GB/T 18314—2001		2009/2/6	2009/6/1
15.14-3-28	15.14	91.120.25	P32	GB/T 18575—2017	建筑幕墙抗震性能振动台试验方法	GB/T 18575—2001		2017/10/14	2018/9/1
15.14-3-29	15.14	23.120	J73	GB/T 19412—2003	蓄冷空调系统的测试和评价方法			2003/11/25	2004/6/1
15.14-3-30	15.14	27.070	K82	GB/T 20042.3—2009	质子交换膜燃料电池　第 3 部分：质子交换膜测试方法			2009/4/21	2009/11/1
15.14-3-31	15.14	27.070	K82	GB/T 20042.4—2009	质子交换膜燃料电池　第 4 部分：电催化剂测试方法			2009/4/21	2009/11/1
15.14-3-32	15.14	27.070	K82	GB/T 20042.5—2009	质子交换膜燃料电池　第 5 部分：膜电极测试方法			2009/4/21	2009/11/1
15.14-3-33	15.14	17.160	J04	GB/T 20485.1—2008	振动与冲击传感器校准方法　第 1 部分：基本概念	GB/T 13823.1—2005		2008/3/3	2008/8/1
15.14-3-34	15.14	17.160	A57	GB/T 20485.11—2006	振动与冲击传感器校准方法　第 11 部分：激光干涉法振动绝对校准	GB/T 13823.2—1992		2006/9/12	2007/2/1
15.14-3-35	15.14	17.160	J04	GB/T 20485.15—2010	振动与冲击传感器校准方法　第 15 部分：激光干涉法角振动绝对校准			2010/12/23	2011/6/1
15.14-3-36	15.14	17.160	J04	GB/T 20485.21—2007	振动与冲击传感器校准方法　第 21 部分：振动比较法校准	GB/T 13823.3—1992		2007/7/2	2007/12/1
15.14-3-37	15.14	17.160	N73	GB/T 20485.31—2011	振动与冲击传感器的校准方法　第 31 部分：横向振动灵敏度测试	GB/T 13823.8—1994		2011/12/30	2012/10/1
15.14-3-38	15.14	17.160	N71	GB/T 20485.33—2018	振动与冲击传感器校准方法　第 33 部分：磁灵敏度测试	GB/T 13823.4—1992	ISO 16063-33：2017 IDT	2018/3/15	2018/10/1
15.14-3-39	15.14	77.140.65	H49	GB/T 21839—2019	预应力混凝土用钢材试验方法	GB/T 21839—2008	ISO 15630-3：2010 MOD	2019/6/4	2020/5/1
15.14-3-40	15.14	77.040.99	H24	GB/T 224—2019	钢的脱碳层深度测定法	GB/T 224—2008		2019/6/4	2020/5/1
15.14-3-41	15.14	27.070	K82	GB/T 23751.2—2017	微型燃料电池发电系统　第 2 部分：性能试验方法	GB/T 23751.2—2009	IEC 62282-6-200：2012 IDT	2017/7/12	2018/2/1
15.14-3-42	15.14	29.120.99	K14	GB/T 24273—2009	电触头材料电性能试验方法		ISO 3887：2017 MOD	2009/6/19	2010/2/1
15.14-3-43	15.14	29.130.20	K31	GB/T 24276—2017	通过计算进行低压成套开关设备和控制设备温升验证的一种方法	GB/T 24276—2009	IEC/TR 60890：2014 IDT	2017/11/1	2018/5/1
15.14-3-44	15.14	29.120.99	K14	GB/T 24300—2009	铜钨电触头缺陷检测方法			2009/9/30	2010/2/1
15.14-3-45	15.14	43.060.01	T47	GB/T 24554—2009	燃料电池发动机性能试验方法			2009/10/30	2010/7/1

续表

序号	GW 分类	ICS 分类	GB 分类	标准号	中 文 名 称	代替标准	采用关系	发布日期	实施日期
15.14-3-46	15.14	29.080.10	K48	GB/T 24622—2009	绝缘子表面湿润性测量导则			2009/11/15	2010/4/1
15.14-3-47	15.14	25.020	J32	GB/T 25134—2010	锻压制件及其模具三维几何量光学检测规范			2010/9/26	2011/2/1
15.14-3-48	15.14	27.070	K82	GB/T 27748.2—2013	固定式燃料电池发电系统　第 2 部分：性能试验方法		IEC 62282-3-200：2011 IDT	2013/11/12	2014/3/7
15.14-3-49	15.14	27.070	K82	GB/T 27748.3—2017	固定式燃料电池发电系统　第 3 部分：安装	GB/T 27748.3—2011	IEC 62282-3-300：2012 IDT	2017/9/7	2018/4/1
15.14-3-50	15.14	29.035.01	K15	GB/T 27749—2011	绝缘漆耐热性试验规程电气强度法		IEC 60370：1971 IDT	2011/12/30	2012/5/1
15.14-3-51	15.14	43.040	T21	GB/T 29307—2012	电动汽车用驱动电机系统可靠性试验方法			2012/12/31	2013/6/1
15.14-3-52	15.14	23.080	J71	GB/T 29531—2013	泵的振动测量与评价方法			2013/6/9	2014/3/1
15.14-3-53	15.14	43.040	T21	GB/T 32710.1—2016	环境试验仪器及设备安全要求　第 1 部分：总则			2016/6/14	2017/1/1
15.14-3-54	15.14	19.040	N61	GB/T 32710.2—2016	环境试验仪器及设备安全规范　第 2 部分：低温恒温循环装置			2016/6/14	2017/1/1
15.14-3-55	15.14	19.040	N61	GB/T 32710.3—2016	环境试验仪器及设备安全规范　第 3 部分：低温恒温槽			2016/6/14	2017/1/1
15.14-3-56	15.14	19.040	N61	GB/T 32710.4—2016	环境试验仪器及设备安全规范　第 4 部分：高温恒温循环装置			2016/6/14	2017/1/1
15.14-3-57	15.14	19.040	N61	GB/T 32710.5—2016	环境试验仪器及设备安全规范　第 5 部分：高温恒温槽			2016/6/14	2017/1/1
15.14-3-58	15.14	19.040	N61	GB/T 32710.6—2016	环境试验仪器及设备安全规范　第 6 部分：生物人工气候试验箱			2016/6/14	2017/1/1
15.14-3-59	15.14	19.040	N61	GB/T 32710.7—2016	环境试验仪器及设备安全规范　第 7 部分：气候环境试验箱			2016/6/14	2017/1/1
15.14-3-60	15.14	19.040	N61	GB/T 32710.8—2016	环境试验仪器及设备安全规范　第 8 部分：生化培养箱			2016/6/14	2017/1/1
15.14-3-61	15.14	19.040	N61	GB/T 32710.9—2016	环境试验仪器及设备安全规范　第 9 部分：电热恒温培养箱			2016/6/14	2017/1/1
15.14-3-62	15.14	19.040	N61	GB/T 32710.10—2016	环境试验仪器及设备安全规范　第 10 部分：电热干燥箱及电热鼓风干燥箱			2016/6/14	2017/1/1
15.14-3-63	15.14	19.040	N61	GB/T 32710.11—2016	环境试验仪器及设备安全规范　第 11 部分：空气热老化试验箱			2016/6/14	2017/1/1

序号	GW 分类	ICS 分类	GB 分类	标准号	中 文 名 称	代替标准	采用关系	发布日期	实施日期
15.14-3-64	15.14	19.040	N61	GB/T 32710.12—2016	环境试验仪器及设备安全规范　第 12 部分：盐槽			2016/6/14	2017/1/1
15.14-3-65	15.14	19.040	N61	GB/T 32710.13—2016	环境试验仪器及设备安全规范　第 13 部分：振荡器、振荡恒温水槽和振荡恒温培养箱			2016/6/14	2017/1/1
15.14-3-66	15.14	29.160.01	K22	GB/T 32891.2—2019	旋转电机　效率分级（IE 代码）第 2 部分：变速交流电动机			2019/10/18	2020/5/1
15.14-3-67	15.14	29.240.10	K43	GB/T 33977—2017	高压成套开关设备和高压/低压预装式变电站产生的稳态、工频电磁场的量化方法		IEC/TR 62271-208：2009 MOD	2017/7/12	2018/2/1
15.14-3-68	15.14	07.040	A75	GB/T 33988—2017	城镇地物可见光-短波红外光谱反射率测量			2017/7/12	2018/2/1
15.14-3-69	15.14	91.120.10	Q25	GB/T 34005—2017	管状绝热制品水蒸气透过性能试验方法		ISO 12629：2011 MOD	2017/7/12	2018/6/1
15.14-3-70	15.14	29.160.30	K22	GB/T 34861—2017	确定大电机各项损耗的专用试验方法		IEC 60034-2-2：2010 IDT	2017/11/1	2018/5/1
15.14-3-71	15.14	19.100	N78	GB/T 35839—2018	无损检测　工业计算机层析成像（CT）密度测量方法			2018/2/6	2018/9/1
15.14-3-72	15.14	19.100	J04	GB/T 36071—2018	无损检测仪器　X 射线实时成像系统检测仪技术要求			2018/3/15	2018/10/1
15.14-3-73	15.14	19.020	A21	GB/T 4797.6—2013	环境条件分类自然环境条件尘、沙、盐雾	GB/T 4797.6—1995	IEC 60721-2-5：1991 MOD	2013/11/12	2014/3/7
15.14-3-74	15.14	19.020	A21	GB/T 50080—2016	普通混凝土拌合物性能试验方法标准	GB/T 50080—2002		2016/8/18	2017/4/1
15.14-3-75	15.14		Q13	GB/T 50266—2013	工程岩体试验方法标准	GB/T 50266—1999		2013/1/28	2013/9/1
15.14-3-76	15.14			GB/T 50269—2015	地基动力特性测试规范	GB/T 50269—1997		2015/8/27	2016/5/1
15.14-3-77	15.14	29.035.99	K15	GB/T 5591.2—2017	电气绝缘用柔软复合材料　第 2 部分：试验方法	GB/T 5591.2—2002	IEC 60626-2:2009 MOD	2017/10/14	2018/5/1
15.14-3-78	15.14	31.060.70	K42	GB/T 6115.1—2008	电力系统用串联电容器　第 1 部分：总则	GB/T 6115.1—1998		2008/6/30	2009/4/1
15.14-3-79	15.14	17.160.47；020.05	U05	GB/T 6383—2009	振动空蚀试验方法	GB/T 6383—1986		2009/3/9	2009/11/1
15.14-3-80	15.14	71.040.30	G60	GB/T 6682—2008	分析实验室用水规格和试验方法	GB 6682—1992		2008/5/15	2008/11/1
15.14-3-81	15.14	29.035.99	K15	GB/T 7196—2012	用液体萃取测定电气绝缘材料离子杂质的试验方法	GB/T 7196—1987	IEC 60589：1977 IDT	2012/12/31	2013/6/1
15.14-3-82	15.14	17.160	N73	GB/T 7670—2009	电动振动发生系统（设备）性能特性	GB/T 7670—1987		2009/4/24	2009/12/1
15.14-3-83	15.14	77.040.20	H26	GB/T 7736—2008	钢的低倍缺陷超声波检验法	GB/T 7736—2001		2008/9/11	2009/5/1

续表

序号	GW 分类	ICS 分类	GB 分类	标准号	中 文 名 称	代替标准	采用关系	发布日期	实施日期
15.14-3-84	15.14	29.035.30	K15	GB/T 8411.2—2008	陶瓷和玻璃绝缘材料 第 2 部分：试验方法	GB/T 8411.2—1987		2008/6/30	2009/4/1
15.14-3-85	15.14	17.120.10	N12	GB/T 9248—2008	不可压缩流体流量计性能评定方法	GB/T 9248—1988		2008/7/28	2009/2/1
15.14-3-86	15.14	31.100	L39	GB/T 9434—1988	过电压保护气体放电管测试方法			1988/6/23	1989/2/1
15.14-4-87	15.14	07.040	A75	CH/T 1021—2010	高程控制测量成果质量检验技术规程			2010/11/26	2011/1/1
15.14-4-88	15.14		A75	CH/T 1022—2010	平面控制测量成果质量检验技术规程			2010/11/26	2011/1/1
15.14-4-89	15.14			DL/T 1399.3—2019	电力试验/检测车 第 3 部分：电力设备综合试验车			2019/11/4	2020/5/1
15.14-4-90	15.14	27.100	F25	DL/T 1476—2015	电力安全工器具预防性试验规程			2015/7/1	2015/12/1
15.14-4-91	15.14	27.100	G01	DL/T 1480—2015	水的氧化还原电位测量方法			2015/7/1	2015/12/1
15.14-4-92	15.14	27.100	K43	DL/T 1551—2016	六氟化硫气体中二氧化硫、硫化氢、氟化硫酰、氟化亚硫酸的测定方法-气质联用法			2016/1/7	2016/6/1
15.14-4-93	15.14	27.100	K43	DL/T 1553—2016	六氟化硫气体净化处理工作规程			2016/1/7	2016/6/1
15.14-4-94	15.14	27.100	K43	DL/T 1555—2016	六氟化硫气体泄漏在线监测报警装置运行维护导则			2016/1/7	2016/6/1
15.14-4-95	15.14	29.240.99	K49	DL/T 1561—2016	避雷器监测装置校准规范			2016/1/7	2016/6/1
15.14-4-96	15.14	29.080.10	K48	DL/T 1581—2016	直流系统用盘形悬式瓷或玻璃绝缘子金属附件加速电解腐蚀试验方法			2016/2/5	2016/7/1
15.14-4-97	15.14	27.100	F24	DL/T 1607—2016	六氟化硫分解产物的测定红外光谱法			2016/8/16	2016/12/1
15.14-4-98	15.14	27.100	F23	DL/T 1719—2017	采用便携式布氏硬度计检验金属部件技术导则			2017/8/2	2017/12/1
15.14-4-99	15.14			DL/T 2134—2020	电力用安全帽动态性能测试装置			2020/10/23	2021/2/1
15.14-4-100	15.14	93.020	P10	DL/T 5493—2014	电力工程基桩检测技术规程			2014/10/15	2015/3/1
15.14-4-101	15.14	27.100	K43	DL/T 639—2016	六氟化硫电气设备运行、试验及检修人员安全防护导则	DL/T 639—1997		2016/1/7	2016/6/1
15.14-4-102	15.14	77.040.20	N70；H26	DL/T 694—2012	高温紧固螺栓超声检测技术导则	DL/T 694—1999		2012/8/23	2012/12/1
15.14-4-103	15.14	77.040.01	F24	DL/T 786—2001	碳钢石墨化检验及评级标准			2001/10/8	2002/2/1
15.14-4-104	15.14			DL/T 2174—2020	电力安全工器具移动检测平台			2020/10/23	2021/2/1
15.14-4-105	15.14	17.220.20	N14	JB/T 10565—2006	工业过程测量和控制系统用动圈式指示仪性能评定方法	GB 3387—1992		2006/7/27	2006/10/11

续表

序号	GW 分类	ICS 分类	GB 分类	标准号	中　文　名　称	代替标准	采用关系	发布日期	实施日期
15.14-4-106	15.14	19.1	J04	JB/T 13463—2018	无损检测　超声检测用斜入射试块的制作与检验方法			2018/4/30	2018/12/1
15.14-4-107	15.14	19.1	J04	JB/T 13466—2018	无损检测　接头熔深相控阵超声测定方法			2018/4/30	2018/12/1
15.14-4-108	15.14	29.035.99	K15	JB/T 3730—2015	电气绝缘用柔软复合材料耐热性能评定试验方法卷管检查电压法			2015/4/30	2015/10/1
15.14-4-109	15.14	23.080	J71	JB/T 6882—2006	泵可靠性验证试验	JB/T 6882—1993		2006/10/14	2007/4/1
15.14-4-110	15.14	29.120.99	K14	JB/T 8632—2011	电触头材料电弧烧损试验方法指南	JB/T 8632—1997		2011/12/20	2012/4/1
15.14-4-111	15.14	29.080.10	K48	JB/T 9674—1999	超声波探测瓷件内部缺陷	JB 262—1986		1999/8/6	2000/1/1
15.14-4-112	15.14			JGJ/T 101—2015	建筑抗震试验规程			2015/2/5	2015/10/1
15.14-4-113	15.14		P31	JGJ/T 347—2014	建筑热环境测试方法标准			2014/7/31	2015/4/1
15.14-4-114	15.14	91.100.10	Q13	JGJ 52—2006	普通混凝土用砂、石质量及检验方法标准	JGJ 53—1992		2006/12/19	2007/6/1
15.14-4-115	15.14			JJF 1030—2010	恒温槽技术性能测试规范	JJF 1030—1998		2010/9/6	2011/3/6
15.14-4-116	15.14		N12	JJF 1183—2007	温度变送器校准规范	JJG 829—1993		2007/11/21	2008/5/21
15.14-4-117	15.14			JJF 1409—2013	表面温度计校准规范	JJG 364—1994		2013/5/13	2013/11/13
15.14-4-118	15.14			JJF 1637—2017	廉金属热电偶校准规范	JJG 351—1996		2017/9/26	2018/3/26
15.14-4-119	15.14		P41	JJG 1113—2015	水表检定装置检定规程	JJG 164—2000 中“水表检定装置”部分		2015/4/10	2015/10/10
15.14-4-120	15.14			JJG 141—2013	工作用贵金属热电偶	JJG 141—2000		2013/7/4	2014/1/4
15.14-4-121	15.14			JJG 155—2016	工作毛细管黏度计检定规程	JJG 155—1991		2016/6/27	2016/12/27
15.14-4-122	15.14			JJG 156—2016	架盘天平检定规程	JJG 156—2004		2016/11/25	2017/5/25
15.14-4-123	15.14			JJG 158—2013	补偿式微压计	JJG 158—1994		2013/7/4	2014/1/4
15.14-4-124	15.14			JJG 161—2010	标准水银温度计检定规程	JJG 161—1994; JJG 128—2003		2010/9/6	2011/3/6
15.14-4-125	15.14		A52	JJG 165—2005	钟罩式气体流量标准装置检定规程	JJG 165—1989		2005/3/3	2005/6/3
15.14-4-126	15.14			JJG 172—2011	倾斜式微压计	JJG 172—1994		2011/12/28	2012/6/28
15.14-4-127	15.14		A54	JJG 186—1997	动圈式温度指示、指示位式调节仪表检定规程	JJG 187—1986; JJG 186—1989		1997/10/24	1998/5/1
15.14-4-128	15.14		A53	JJG 195—2002	连续累计自动衡器（皮带秤）检定规程	JJG 195—1979; JJG 560—1988; JJG 650—1990		2002/11/4	2003/5/4

续表

序号	GW 分类	ICS 分类	GB 分类	标准号	中 文 名 称	代替标准	采用关系	发布日期	实施日期
15.14-4-129	15.14		A54	JJG 2003—1987	热电偶检定系统			1987/12/22	1988/10/1
15.14-4-130	15.14		A53	JJG 2004—1987	辐射测温仪检定系统			1987/12/22	1988/10/1
15.14-4-131	15.14			JJG 2022—2009	真空计量器具计量检定系统表	JJG 2022—1989		2009/7/30	2010/1/30
15.14-4-132	15.14		A53	JJG 2023—1989	压力计量器具检定系统			1989/8/15	1990/5/1
15.14-4-133	15.14		A53	JJG 2024—1989	容量计量器具检定系统			1989/9/11	1990/7/1
15.14-4-134	15.14			JJG 2053—2016	质量计量器具检定系统表	JJG 2053—2006		2016/11/25	2017/5/25
15.14-4-135	15.14		N12	JJG 2063—2007	液体流量计器具检定系统表检定规程	JJG 2063—1990		2007/11/21	2008/5/21
15.14-4-136	15.14			JJG 2064—2017	气体流量计量器具检定系统表	JJG 2064—1990		2017/2/28	2017/8/28
15.14-4-137	15.14			JJG 2070—2009	（150～2500）MPa 压力计量器具计量检定系统表	JJG 2070—1990		2009/7/30	2010/1/30
15.14-4-138	15.14			JJG 2071—2013	（–2.5～2.5）kPa 压力计量器具	JJG 2071—1990		2013/1/6	2013/7/6
15.14-4-139	15.14			JJG 236—2009	活塞式压力真空计	JJG 236—1994； JJG 239—1994		2009/7/30	2010/1/30
15.14-4-140	15.14		A53	JJG 261—1981	标准压缩式真空计检定规程			1981/7/20	1982/11/1
15.14-4-141	15.14		A54	JJG 285—1993	带时间比例、比例积分微分作用的动圈式温度指示调节仪表	JJG 285—1982		1993/6/4	1993/12/1
15.14-4-142	15.14	17.160； 17.080	A57	JJG 326—2006	转速标准装置检定规程	JJG 326—1983		2006/3/8	2006/9/8
15.14-4-143	15.14		A54	JJG 350—1994	标准套管铂电阻温度计	JJG 350—1984		1993/11/27	1994/6/1
15.14-4-144	15.14			JJG 461—2010	靶式流量计检定规程	JJG 461—1986		2010/1/5	2010/7/5
15.14-4-145	15.14			JJG 49—2013	弹性元件式精密压力表和真空表检定规程	JJG 49—1999		2013/6/27	2013/12/27
15.14-4-146	15.14		A53	JJG 540—1988	工作用液体压力计试行检定规程			1988/3/21	1988/12/1
15.14-4-147	15.14		A54	JJG 617—1996	数字温度指示调节仪检定规程	JJG 617—1989		1996/9/12	1997/4/1
15.14-4-148	15.14		A53	JJG 624—2005	动态压力传感器检定规程	JJG 624—1989		2005/12/20	2006/6/20
15.14-4-149	15.14		A54	JJG 75—1995	标准铂铑 10-铂热电偶	JJG 75—1982		1995/7/5	1995/12/1

续表

序号	GW 分类	ICS 分类	GB 分类	标准号	中 文 名 称	代替标准	采用关系	发布日期	实施日期
15.14-4-150	15.14			JJG 858—2013	标准铑铁电阻温度计检定规程	JJG 858—1994		2013/5/13	2013/11/13
15.14-4-151	15.14			JJG 860—2015	压力传感器（静态）检定规程	JJG 860—1994		2015/1/30	2015/7/30
15.14-4-152	15.14		A54	JJG 874—2007	温度指示控制仪检定规程	JJG 874—1994		2007/2/28	2007/8/28
15.14-4-153	15.14		A53	JJG 875—2005	数字压力计检定规程	JJG 875—1994		2005/12/20	2006/6/20
15.14-4-154	15.14		A53	JJG 882—2004	压力变送器检定规程	JJG 882—1994		2004/6/4	2004/12/1
15.14-4-155	15.14			JJG 926—2015	记录式压力表、压力真空表和真空表检定规程	JJG 926—1997		2015/1/30	2015/7/30
15.14-4-156	15.14	29.2	K81	NB/T 33008.1—2018	电动汽车充电设备检验试验规范 第 1 部分：非车载充电机	NB/T 33008.1—2013		2018/12/25	2019/5/1
15.14-4-157	15.14	29.2	K81	NB/T 33008.2—2018	电动汽车充电设备检验试验规范 第 2 部分：交流充电桩	NB/T 33008.2—2013		2018/12/25	2019/5/1
15.14-4-158	15.14	43.040.99	T35	NB/T 33025—2016	电动汽车快速更换电池箱通用要求			2016/2/5	2016/7/1
15.14-4-159	15.14	25.160.10	J33	NB/T 47016—2011	承压设备产品焊接试件的力学性能检验	JB 4744—2000		2011/7/1	2011/10/1
15.14-4-160	15.14	13.080.05	B11	SL 342—2006	水土保持监测设施通用技术条件			2006/9/9	2006/10/1
15.14-5-161	15.14	29.120.20	K31	ANSI EI A-364-100 A—2012	电气连接器和插座标记永久性的试验规程	ANSI EIA 364-100—1999		2012/1/1	2012/1/1
15.14-5-162	15.14	29.120.20	L23	ANSI EIA-364-45 C—2012	电连接器防火墙焰火试验规程	ANSI EIA 364-45 B—2011		2012/1/1	2012/1/1
15.14-5-163	15.14	29.120.20		ANSI EIA-364-46 C—2012	包括环境分类的电气连接器/插座试验规程	ANSI EIA 364-46 B—2006		2012/1/1	2012/1/1
15.14-5-164	15.14			ANSI/ESD STM11.13—2018	以直流磁导计和冲击强力试验方法测定材料直流磁性能的标准试验方法	ANSI ESD STM 11.13—2004		2018/6/15	2018/6/15
15.14-5-165	15.14			ASTM A 1013-00（2013）e1	耐电涌试验规程	ASTM A 1013—2005		2001/1/1	2001/1/1
15.14-5-166	15.14			ASTM A341/A341M-16	用伏特计、安培计和瓦特计测定可控温度下软磁芯部件的高频（10kHz～1MHz）磁芯损耗的标准试验方法	ASTM A 341 M—2011；ASTM A 341 M E 1—2011		2016/5/1	2016/5/1
15.14-5-167	15.14			ASTM A697/A697M-13（2018）	伏特计—安培计—瓦特计测定叠层铁芯样品交流电磁特性的标准试验方法	ASTM A 697 M—2008		2018/6/1	2018/6/1

15

续表

序号	GW 分类	ICS 分类	GB 分类	标准号	中文名称	代替标准	采用关系	发布日期	实施日期
15.14-5-168	15.14			ASTM A772/A772M-00（2016）	正弦电流用材料的交流磁导率的标准试验方法	ASTM A 772 M—2011		2016/4/1	2016/4/1
15.14-5-169	15.14			ASTM A927/A927M-18	使用伏特计-电流计-瓦特计方法的环形铁芯交流磁性能的标准试验方法	ASTM A 927 M—2011		2018/5/1	2018/5/1
15.14-5-170	15.14	17.220.20（Measurement of electrical and magnetic	K04	ASTM B 497—2012	闭合跳火触点上电压降测量标准规范	ASTM B 497—2006		2000/1/1	2000/1/1
15.14-5-171	15.14			ASTM B794-97（2015）	使用电阻测量的可拆式电气连接器系统耐磨损测试用标准试验方法	ASTM B 794—2009		2015/5/1	2015/5/1
15.14-5-172	15.14			ASTM D1676-17	带绝缘薄膜的磁性导线的标准测试方法	ASTM D 1676—2011		2017/12/1	2017/12/1
15.14-5-173	15.14			ASTM D876-13	电气绝缘用非刚性氯乙烯高聚物管材的试验方法	ANSI ASTM D 876—2009		2013/11/1	2013/11/1
15.14-5-174	15.14			ASTM E1606-15	电气用回火铜杆的电磁（涡流）检验用标准实施规程	ASTM E 1606—2009		2016/1/1	2016/1/1
15.14-5-175	15.14			ASTM F2249-18	断电电源线和设备用临时接地跨接组件的运行中试验方法的标准规范	ASTM F 2249—2009		2020/9/1	2020/9/1
15.14-5-176	15.14	29.060.10	K12	IEC 60851-5：2011	绕组线测试方法　第 5 部分：电气性能	IEC 60851-5：2008		2011/8/1	2011/8/1
15.14-5-177	15.14	31.160		IEC 60939-3：2015	抑制电磁干扰用无源滤波装置　第 3 部分：安全试验适用的无源滤波装置　第 1.0 版			2015/8/12	2015/8/12
15.14-5-178	15.14	17.220.20；29.080.01；29.240.01	K09	IEC 61557-13：2011	1000V 交流和 1500V 直流低压配电系统电气安全　保护措施试验、测量或监测用设备　第 13 部分：泄漏测量用手持和用手控制电流夹件和传感器	IEC 85/387/FDIS：2011		2011/7/8	2011/7/8
15.14-5-179	15.14	17.220.20；29.240	K04	IEC 62110：2009	交流电系统产生的电场和磁场有关公众照射量的测量程序	IEC 106/177/FDIS：2009		2009/8/31	2009/8/31
15.14-5-180	15.14	29.130.10	K43	IEC/TR 62271-310：2008	高压开关设备和控制设备　第 310 部分：额定电压 52kV 断路器的电气耐久性测试	IEC TR 62271-310：2004；IEC 17 A/803/DTR：2007		2008/3/27	2008/3/27

续表

序号	GW 分类	ICS 分类	GB 分类	标准号	中 文 名 称	代替标准	采用关系	发布日期	实施日期
15.14-5-181	15.14	27.070		IEC 62282-3-200：2015	燃料电池工艺　第 3-200 部分：固定燃料电池电源系统性能试验方法	IEC 62282-3-200：2011		2015/11/19	2015/11/19
15.14-5-182	15.14	27.070		IEC 62282-3-201：2017	燃料电池技术　第 3-201 部分：固定燃料	IEC 62282-3-201：2013		2017/8/10	2017/8/10
15.14-5-183	15.14	19.080	K04	IEC 62475：2010	大电流试验技术试验电流和测量系统用定义和需求	IEC 42/278/FDIS：2010		2010/9/29	2010/9/29
15.14-5-184	15.14	31.060.99；43.120		IEC 62576：2018	混合动力电动车用双层电容器　电特性的试验方法	IEC 62576：2009		2018/2/1	2018/2/1
15.14-5-185	15.14	29.020	F21	IEEE 1303—2011	静态变量补偿器现场测试指南	IEEE 1303—1994		2011/8/26	2011/8/26
15.14-5-186	15.14			IEEE C57.12.37—2015	配电变压器试验数据的电子报告	IEEE C57.12.37—2006		2015/9/3	2015/9/3
15.14-6-187	15.14			T/CEC 355—2020	变压器用压力释放阀校准规范			2020/6/30	2020/10/1
15.14-6-188	15.14			T/CEC 376—2020	柔性直流换流站交流耗能装置试验规程			2020/10/28	2021/2/1

16 安全与环保

16.1 安全与环保-基础综合

序号	GW 分类	ICS 分类	GB 分类	标准号	中文名称	代替标准	采用关系	发布日期	实施日期
16.1-2-1	16.1	29.240		Q/GDW 10248.8—2016	输变电工程建设标准强制性条文实施管理规程　第 8 部分：输变电工程安全	Q/GDW 248.8—2008		2016/12/22	2016/12/22
16.1-2-2	16.1	29.240		Q/GDW 10343.7—2020	国家电网公司安全设施标准　第 7 部分：通用航空			2021/1/29	2021/1/29
16.1-2-3	16.1	29.240		Q/GDW 10343.8—2020	国家电网公司安全设施标准　第 8 部分：后勤物业			2021/1/29	2021/1/29
16.1-2-4	16.1	29.020		Q/GDW 10366—2016	330kV～750kV 变电站安全性评价标准	Q/GDW 366—2009		2016/12/28	2016/12/28
16.1-2-5	16.1	29.020		Q/GDW 10343.3—2020	国家电网公司安全设施标准　第 3 部分：火电厂			2012/8/27	2012/8/27
16.1-2-6	16.1	29.240		Q/GDW 11436—2015	国家电网公司水电工程建设安全管理规范			2016/5/20	2016/5/20
16.1-2-7	16.1	29.02		Q/GDW 11534—2020	水电基建项目安全性评价规范			2021/1/29	2021/1/29
16.1-2-8	16.1	29.020		Q/GDW 11535—2016	国家电网公司电工制造企业安全性评价标准			2016/12/28	2016/12/28
16.1-2-9	16.1	29.020		Q/GDW 11536—2016	国家电网公司电力施工企业安全性评价标准			2016/12/28	2016/12/28
16.1-2-10	16.1	13.200		Q/GDW 11607—2016	国家电网公司直属产业和集体企业安全监督检查规范			2017/5/26	2017/5/26
16.1-2-11	16.1	13.100		Q/GDW/Z 11610—2016	生物质发电厂安全性评价规范			2017/5/26	2017/5/26
16.1-2-12	16.1	29.240		Q/GDW 11710—2017	县供电企业安全性评价规范			2018/4/12	2018/4/12
16.1-2-13	16.1	29.240		Q/GDW 11713—2017	水力发电厂安全性评价规范			2018/4/12	2018/4/12
16.1-2-14	16.1	29.240		Q/GDW 1434.6—2013	国家电网公司安全设施标准　第 6 部分：装备制造业			2014/5/15	2014/5/15
16.1-2-15	16.1	29.020		Q/GDW 434.1—2010	国家电网公司安全设施标准　第 1 部分：变电			2010/3/18	2010/3/18
16.1-2-16	16.1	29.020		Q/GDW 434.2—2010	国家电网公司安全设施标准　第 2 部分：电力线路			2010/3/18	2010/3/18
16.1-2-17	16.1	29.020		Q/GDW 434.4—2012	国家电网公司安全设施标准　第 4 部分：水电厂			2012/8/27	2012/8/27
16.1-2-18	16.1	29.020		Q/GDW 434.5—2012	国家电网公司安全设施标准　第 5 部分：煤矿			2012/8/27	2012/8/27

序号	GW 分类	ICS 分类	GB 分类	标准号	中 文 名 称	代替标准	采用关系	发布日期	实施日期
16.1-3-19	16.1	13.180	A25	GB/T 13547—1992	工作空间人体尺寸			1992/7/2	1993/4/1
16.1-3-20	16.1	13.310	A91	GB/T 15408—2011	安全防范系统供电技术要求	GB/T 15408—1994		2011/6/16	2011/12/1
16.1-3-21	16.1	13.200	C67	GB 15603—1995	常用化学危险品贮存通则			1995/7/26	1996/2/1
16.1-3-22	16.1	13.110	J09	GB/T 16755—2015	机械安全安全标准的起草与表述规则	GB/T 16755—2008	ISO GUIDE 78：2012	2015/12/10	2016/7/1
16.1-3-23	16.1			GB/T 16855.2—2015	机械安全控制系统安全相关部件　第 2 部分：确认	GB/T 16855.2—2007		2015/12/10	2016/7/1
16.1-3-24	16.1	13.110	J09	GB/T 16856—2015	机械安全风险评估实施指南和方法举例	GB/T 16856.2—2008；GB/T 16856—1997		2015/12/10	2016/7/1
16.1-3-25	16.1	13.260；29.020；91.140.50	K09；C67；Q7	GB/T 17045—2020	电击防护装置和设备的通用部分	GB/T 17045—2008	IEC 61140：2016	2020/3/31	2020/10/1
16.1-3-26	16.1	29.020	K09	GB/T 17285—2009	电气设备电源特性的标记安全要求	GB 17285—1998		2009/5/6	2010/2/1
16.1-3-27	16.1	91.120.25	P15	GB 17741—2005	工程场地地震安全性评价宣贯教材			2005/3/28	2005/10/1
16.1-3-28	16.1	29.020；13.110	J09	GB/T 18209.1—2010	机械电气安全指示、标志和操作　第 1 部分：关于视觉、听觉和触觉信号的要求	GB 18209.1—2000		2011/1/14	2011/12/1
16.1-3-29	16.1	29.020；13.110	J09	GB/T 18209.2—2010	机械电气安全指示、标志和操作　第 2 部分：标志要求	GB 18209.2—2000		2011/1/14	2011/12/1
16.1-3-30	16.1	29.020；13.110	J09	GB/T 18209.3—2010	机械电气安全指示、标志和操作　第 3 部分：操动器的位置和操作的要求	GB 18209.3—2002		2011/1/14	2011/12/1
16.1-3-31	16.1	13.110	J09	GB/T 18831—2010	机械安全带防护装置的联锁装置设计和选择原则	GB/T 18831—2002		2010/8/9	2010/12/31
16.1-3-32	16.1	13.280	F73	GB 18871—2002	电离辐射防护与辐射源安全基本标准	GB 4792—1984；GB 8703—1988		2002/10/8	2003/4/1
16.1-3-33	16.1	71.040	G04	GB/Z 20288—2006	电子电气产品中有害物质检测样品拆分通用要求			2006/6/20	2006/12/1
16.1-3-34	16.1	29.030	R09	GB/T 24612.1—2009	电气设备应用场所的安全要求　第 1 部分：总则			2009/11/15	2010/5/1
16.1-3-35	16.1	29.030	R09	GB/T 24612.2—2009	电气设备应用场所的安全要求　第 2 部分：在断电状态下操作的安全措施			2009/11/15	2010/5/1
16.1-3-36	16.1	25.160.30	J64	GB/T 25313—2010	焊接设备电磁场检测与评估准则			2010/11/10	2011/5/1
16.1-3-37	16.1	01.080.01	A22；C65	GB/T 26443—2010	安全色和安全标志安全标志的分类、性能和耐久性			2011/1/14	2011/8/1

续表

序号	GW 分类	ICS 分类	GB 分类	标准号	中文名称	代替标准	采用关系	发布日期	实施日期
16.1-3-38	16.1	13.020.10	Z00	GB/T 26450—2010	环境管理环境信息交流指南和示例	IDT ISO 14063：2006		2011/1/14	2011/6/1
16.1-3-39	16.1			GB/T 27476.1—2014	检测实验室安全　第 1 部分：总则			2014/12/5	2014/12/15
16.1-3-40	16.1	13.100	C78	GB/T 27476.2—2014	检测实验室安全　第 2 部分：电气因素			2014/12/5	2014/12/15
16.1-3-41	16.1	13.100	C78	GB/T 27476.3—2014	检测实验室安全　第 3 部分：机械因素			2014/12/5	2014/12/15
16.1-3-42	16.1	13.100	C78	GB/T 27476.4—2014	检测实验室安全　第 4 部分：非电离辐射因素			2014/12/5	2014/12/15
16.1-3-43	16.1	13.100	C78	GB/T 27476.5—2014	检测实验室安全　第 5 部分：化学因素			2014/12/5	2014/12/15
16.1-3-44	16.1	13.110	J09	GB/T 30174—2013	机械安全术语			2013/12/17	2014/10/1
16.1-3-45	16.1	13.110	J09	GB/T 30175—2013	机械安全应用 GB/T 16855.1 和 GB 28526 设计安全相关控制系统的指南			2013/12/17	2014/10/1
16.1-3-46	16.1	13.100	N09	GB/Z 30249—2013	测量、控制和实验室用电气设备的安全要求 GB4793 的符合性验证报告的编写规程			2013/12/31	2014/7/1
16.1-3-47	16.1	13.020.50	K04	GB/Z 30374—2013	电子电气产品中限用物质评价指南		IEC/TR 62476：2010 IDT	2013/12/31	2015/3/1
16.1-3-48	16.1	13.100	C78	GB/T 33000—2016	企业安全生产标准化基本规范			2016/12/13	2017/4/1
16.1-3-49	16.1	27.100	K09	GB/T 36291.1—2018	电力安全设施配置技术规范　第 1 部分：变电站			2018/6/7	2019/1/1
16.1-3-50	16.1	27.100	K09	GB/T 36291.2—2018	电力安全设施配置技术规范　第 2 部分：线路			2018/6/7	2019/1/1
16.1-3-51	16.1	03.100.01	A90	GB/T 38209—2019	公共安全　演练指南		ISO 22398：2013	2019/10/18	2020/4/1
16.1-3-52	16.1	13.200	A90	GB/T 38217—2019	公共安全　建立合作约定指南		ISO 22397：2014 IDT	2019/10/18	2020/4/1
16.1-3-53	16.1	13.200	A90	GB/T 38299—2019	公共安全　业务连续性管理体系　供应链连续性指南		ISO 22318：2015	2019/12/10	2020/6/1
16.1-3-54	16.1			GB/T 50927—2013	大中型水电工程建设风险管理规范			2013/11/1	2014/6/1
16.1-3-55	16.1	29.140.40; 93.080.30	K72	GB 7000.17—2003	限制表面温度灯具安全要求			2003/9/1	2004/2/1
16.1-4-56	16.1	13.100	A09	AQ 8001—2007	安全评价通则			2007/1/4	2007/4/1
16.1-4-57	16.1	13.100	A90	AQ 8002—2007	安全预评价导则			2007/4/1	2007/4/1
16.1-4-58	16.1	13.100	A90	AQ 8003—2007	安全验收评价导则			2007/1/4	2007/4/1
16.1-4-59	16.1	13.320	A91	AQ 9003.2—2008	企业安全生产网络化监测系统技术规范　第 2 部分：危险场所网络化监测系统集成技术规范			2008/11/19	2009/1/1

序号	GW 分类	ICS 分类	GB 分类	标准号	中　文　名　称	代替标准	采用关系	发布日期	实施日期
16.1-4-60	16.1	13.100	C78	AQ/T 9006—2010	企业安全生产标准化基本规范			2010/4/15	2010/6/1
16.1-4-61	16.1			DL/T 1004—2018	电力企业管理体系整合导则	DL/T 1004—2006		2018/6/6	2018/10/1
16.1-4-62	16.1			DL/T 2072—2019	电网企业安全风险预控体系建设导则			2019/11/4	2020/5/1
16.1-4-63	16.1	13.1	F09	DL/T 518.1—2016	电力生产事故分类与代码　第 1 部分：人身事故	DL/T 518.1—1993；DL/T 518.2—1993；DL/T 518.3—1993		2016/8/16	2016/12/1
16.1-4-64	16.1	13.0	F09	DL/T 518.2—2016	电力生产事故分类与代码　第 2 部分：设备事故	DL/T 518.4—1993；DL/T 518.5—1993；DL/T 518.2—1993		2016/8/16	2016/12/1
16.1-4-65	16.1	27.140	P59	DL/T 5259—2010	土石坝安全监测技术规范			2011/1/9	2011/5/1
16.1-4-66	16.1	93.020	P10	DL/T 5494—2014	电力工程场地地震安全性评价规程			2014/10/15	2015/3/1
16.1-5-67	16.1	29.060.20		ANSI UL 1581—2011	电线，电缆和软线的安全参考标准	ANSI UL 1581—2008；ANSI UL 1581—2009		2011/4/14	2011/4/14
16.1-5-68	16.1	29.060.20	K13	ANSI/UL 2250—2008	仪器仪表装置用盘式电缆的安全标准	ANSI UL 2250—2006		2017/3/30	2017/3/30
16.1-5-69	16.1	29.180		ANSI UL 5085-1—2012	低压变压器安全标准　第 1 部分：通用要求	ANSI UL 5085-1—2006		2013/12/6	2013/12/6
16.1-5-70	16.1	29.180		ANSI UL 5085-2—2012	低压变压器安全标准　第 2 部分：一般用途变压器	ANSI UL 5085-2—2006		2011/5/4	2011/5/4
16.1-5-71	16.1	29.120.20	L24	ANSI UL 514 B—2012	导线管、管道和电缆配件用安全性标准	ANSI UL 514 B—2007；ANSI UL 514 B—2009		2012/7/13	2012/7/13
16.1-5-72	16.1	13.200；13.260；29.020		IEC/TR 60479-4：2011	电流对人和家畜的影响　第 4 部分：雷击对人和家畜的影响	IEC TR 60479-4：2004；IEC 64/1772/DTR：2011		2011/10/1	2011/10/1
16.1-5-73	16.1	29.180	K41	IEC 61558-1：2009	电力变压器、电源、电抗器及类似设备的安全性　第 1 部分：一般要求和试验			2009/4/1	2009/4/1
16.1-5-74	16.1	27.100	F21	IEEE 1402—2000	变电站的物理和电子安全指南			2000/1/30	2000/1/30
16.1-5-75	16.1	13.020.10	Z04	ISO 14031：2013	环境管理　环境表现评价　指南	ISO 14031：1999；ISO FDIS 14031：2013		2013/8/1	2013/8/1

16

序号	GW 分类	ICS 分类	GB 分类	标准号	中文名称	代替标准	采用关系	发布日期	实施日期
16.1-5-76	16.1	13.220.20	C81	ISO 7240-14：2013	火灾探测和报警系统　第 14 部分：建筑物中和周围火灾探测和火灾报警系统的设计、安装、调试和服务	ISO/TR 7240-14：2003；ISO/FDIS 7240-14：2013		2013/8/1	2013/8/1

16.2　安全与环保-作业安全

序号	GW 分类	ICS 分类	GB 分类	标准号	中文名称	代替标准	采用关系	发布日期	实施日期
16.2-2-1	16.2	29.240		Q/GDW 10162—2016	杆塔作业防坠落装置	Q/GDW 162—2007		2017/6/16	2017/6/16
16.2-2-2	16.2	29.240		Q/GDW 10799.4—2016	国家电网公司电力安全工作规程　第 4 部分：生物质电厂动力部分			2017/5/26	2017/5/26
16.2-2-3	16.2			Q/GDW 10799.5—2017	国家电网公司电力安全工作规程　第 5 部分：风电场			2018/4/12	2018/4/12
16.2-2-4	16.2	29.240		Q/GDW 10908—2016	直升机电力作业安全工作规程			2017/5/26	2017/5/26
16.2-2-5	16.2	29.240		Q/GDW 11089—2013	特高压交直流架空输电线路带电作业操作导则			2014/9/1	2014/9/1
16.2-2-6	16.2	29.240		Q/GDW 11121—2013	电力缺氧危险作业监测技术规范			2014/5/15	2014/5/15
16.2-2-7	16.2	29.240		Q/GDW 11370—2015	国家电网公司电工制造安全工作规程			2015/4/10	2015/4/10
16.2-2-8	16.2	29.240		Q/GDW 11399—2015	架空输电线路无人机巡检作业安全工作规程			2015/11/7	2015/11/7
16.2-2-9	16.2	29.240		Q/GDW 11609—2016	水电站“五系统一中心”安全监控建设导则			2017/5/26	2017/5/26
16.2-2-10	16.2			Q/GDW 11739—2017	国家电网有限公司作业安全体感实训室功能及建设规范			2018/7/11	2018/7/11
16.2-2-11	16.2	35.020		Q/GDW 11807—2018	信息通信及电力监控安全性评价规范			2019/3/8	2019/3/8
16.2-2-12	16.2	29.240		Q/GDW 11808.1—2018	电网安全性评价规范　第 1 部分：输电网			2019/3/8	2019/3/8
16.2-2-13	16.2	29.240		Q/GDW 11808.2—2018	电网安全性评价规范　第 2 部分：城市电网			2019/3/8	2019/3/8
16.2-2-14	16.2	29.240		Q/GDW 11887—2018	风电场安全性评价规范			2020/4/17	2020/4/17
16.2-2-15	16.2			Q/GDW 1799.1—2013	电力安全工作规程（变电部分）			2013/11/6	2013/11/6
16.2-2-16	16.2			Q/GDW 1799.2—2013	电力安全工作规程（线路部分）			2013/11/6	2013/11/6
16.2-2-17	16.2	29.240		Q/GDW 1799.3—2015	国家电网公司电力安全工作规程　第 3 部分：水电厂动力部分			2015/4/10	2015/4/10
16.2-2-18	16.2	29.020		Q/GDW 710—2012	10kV 电缆线路不停电作业技术导则			2012/2/14	2012/2/14

续表

序号	GW 分类	ICS 分类	GB 分类	标准号	中 文 名 称	代替标准	采用关系	发布日期	实施日期
16.2-3-19	16.2	53.060	J83	GB/T 10827.5—2013	工业车辆安全要求和验证　第 5 部分：步行式车辆			2013/12/31	2014/7/1
16.2-3-20	16.2	23.140	J72	GB/T 10892—2005	固定的空气压缩机安全规则和操作规程	GB 10892—1989		2005/8/31	2006/8/1
16.2-3-21	16.2	13.260	C66	GB 12158—2006	防止静电事故通用导则	GB 12158—1990		2006/6/22	2006/12/1
16.2-3-22	16.2	25.140.20	K64	GB 13960.1—2008	可移式电动工具的安全　第一部分：通用要求	GB 3883.1—2014		2008/9/19	2009/6/1
16.2-3-23	16.2	91.140.50	K09	GB 14050—2008	系统接地的型式及安全技术要求	GB 14050—1993；GB 14050 E—1993		2008/9/24	2009/8/1
16.2-3-24	16.2	13.230	C67	GB/T 15577—2007	粉尘防爆安全规程	GB 15577—1995		2007/6/26	2008/2/1
16.2-3-25	16.2	13.230	C67	GB 16543—2008	高炉喷吹烟煤系统防爆安全规程	GB 16543—1996		2008/4/22	2008/11/1
16.2-3-26	16.2	13.340.40	K15	GB/T 17622—2008	带电作业用绝缘手套	GB 17622—1998		2008/9/24	2009/8/1
16.2-3-27	16.2	13.260；25.140	F20	GB/T 18269—2008	交流 1kV、直流 1.5kV 及以下电压等级带电作业用绝缘手工工具	GB 18269—2000		2008/9/24	2009/8/1
16.2-3-28	16.2	53.020.20	J80	GB/T 23723.1—2009	起重机安全使用　第 1 部分：总则			2009/4/24	2010/1/1
16.2-3-29	16.2	13.340.99	C73	GB/T 24537—2009	坠落防护带柔性导轨的自锁器			2009/10/30	2010/9/1
16.2-3-30	16.2	13.340.99	C73	GB/T 24538—2009	坠落防护缓冲器			2009/10/30	2010/9/1
16.2-3-31	16.2	13.340.99	C73	GB 24542—2009	坠落防护带刚性导轨的自锁器			2009/10/30	2010/9/1
16.2-3-32	16.2	13.340.99	C73	GB 24543—2009	坠落防护安全绳			2009/10/30	2010/9/1
16.2-3-33	16.2	13.340.99	C73	GB 24544—2009	坠落防护速差自控器			2009/10/30	2010/9/1
16.2-3-34	16.2	25.160.30	J64	GB/T 25312—2010	焊接设备电磁场对操作人员影响程度的评价准则			2010/11/10	2011/5/1
16.2-3-35	16.2	27.100	K09	GB 26164.1—2010	电业安全工作规程　第 1 部分：热力和机械			2011/1/14	2011/12/1
16.2-3-36	16.2	29.020	K09	GB 26859—2011	电力安全工作规程电力线路部分			2011/7/29	2012/6/1
16.2-3-37	16.2	29.020	K09	GB 26860—2011	电力安全工作规程发电厂和变电站电气部分			2011/7/29	2012/6/1
16.2-3-38	16.2	29.020	K09	GB 26861—2011	电力安全工作规程高压试验室部分			2011/7/29	2012/6/1
16.2-3-39	16.2	53.060	J83	GB/T 26949.4—2016	工业车辆稳定性验证　第 4 部分：托盘堆垛车、双层堆垛车和操作者位置起升高度不大于 1200mm 的拣选车	GB/T 21468—2008		2016/10/13	2017/5/1

续表

序号	GW 分类	ICS 分类	GB 分类	标准号	中文名称	代替标准	采用关系	发布日期	实施日期
16.2-3-40	16.2	53.060	J83	GB/T 26949.7—2016	工业车辆稳定性验证　第 7 部分：两向和多向运行叉车	GB/T 22420—2008	ISO 22915-7：2009	2016/10/13	2017/5/1
16.2-3-41	16.2	53.060	J83	GB/T 26949.8—2016	工业车辆稳定性验证　第 8 部分：在门架前倾和载荷起升条件下堆垛作业的附加稳定性试验	GB/T 21467—2008	ISO 22915-8：2008	2016/10/13	2017/5/1
16.2-3-42	16.2	53.060	J83	GB/T 26949.11—2016	工业车辆稳定性验证　第 11 部分：伸缩臂式叉车			2016/10/13	2017/5/1
16.2-3-43	16.2	53.060	J83	GB/T 26949.14—2016	工业车辆稳定性验证　第 14 部分：越野型伸缩臂式叉车		ISO 22915-14：2010	2016/10/13	2017/5/1
16.2-3-44	16.2	53.060	J83	GB/T 26949.20—2016	工业车辆稳定性验证　第 20 部分：在载荷偏置条件下作业的附加稳定性试验		ISO 22915-20：2008	2016/10/13	2017/5/1
16.2-3-45	16.2	53.060	J83	GB/T 26949.21—2016	工业车辆稳定性验证　第 21 部分：操作者位置起升高度大于 1200mm 的拣选车		ISO 22915-21：2009	2016/10/13	2017/5/1
16.2-3-46	16.2	29.260.20	K35	GB/T 29304—2012	爆炸危险场所防爆安全导则			2012/12/31	2013/6/1
16.2-3-47	16.2	33.100.20；53.060	J83	GB/T 30031—2013	工业车辆电磁兼容性		EN 12895：2000 IDT	2013/11/27	2014/2/28
16.2-3-48	16.2	13.340.99	C73	GB 30862—2014	坠落防护挂点装置			2014/7/24	2015/6/1
16.2-3-49	16.2	91.140.90	J80	GB/T 34025—2017	施工升降机用齿轮渐进式防坠安全器			2017/7/12	2018/2/1
16.2-3-50	16.2	27.180		GB/T 34542.1—2017	氢气储存输送系统　第 1 部分：通用要求			2017/10/14	2018/5/1
16.2-3-51	16.2	25.140.20		GB/T 34570.1—2017	电动工具用可充电电池包和充电器的安全　第 1 部分：电池包的安全			2017/9/29	2018/4/1
16.2-3-52	16.2	25.140.20		GB/T 34570.2—2017	电动工具用可充电电池包和充电器的安全　第 2 部分：充电器的安全			2017/9/29	2018/4/1
16.2-3-53	16.2	13.200；13.230	A90	GB/T 37521.1—2019	重点场所防爆炸安全检查　第 1 部分：基础条件			2019/6/4	2019/12/1
16.2-3-54	16.2	13.200；13.230	A90	GB/T 37521.2—2019	重点场所防爆炸安全检查　第 2 部分：能力评估			2019/6/4	2019/12/1
16.2-3-55	16.2	13.200；13.230	A90	GB/T 37521.3—2019	重点场所防爆炸安全检查　第 3 部分：规程			2019/6/4	2019/12/1
16.2-3-56	16.2	13.200；13.230	A90	GB/T 37522—2019	爆炸物安全检查与处置　通用术语			2019/6/4	2019/12/1
16.2-3-57	16.2	25.140.20	K64	GB/T 3787—2017	手持式电动工具的管理、使用、检查和维修安全技术规程	GB/T 3787—2006		2017/7/12	2018/2/1

序号	GW 分类	ICS 分类	GB 分类	标准号	中 文 名 称	代替标准	采用关系	发布日期	实施日期
16.2-3-58	16.2	29.260.20	K35	GB 3836.4—2010	爆炸性环境 第 4 部分：由本质安全型“i”保护的设备	GB 3836.4—2000；GB 3836.4 E—2000		2010/8/9	2011/8/1
16.2-3-59	16.2	29.260.20	K35	GB/T 3836.11—2017	爆炸性环境 第 11 部分：气体和蒸气物质特性分类 试验方法和数据	GB/T 3836.11—2008；GB/T 3836.12—2008	IEC 60079-20-1：2010 IDT	2017/12/29	2018/7/1
16.2-3-60	16.2	13.100	C68	GB 4053.1—2009	固定式钢梯及平台安全要求 第 1 部分：钢直梯	GB 4053.1—1993		2009/3/31	2009/12/1
16.2-3-61	16.2	13.100	C68	GB 4053.2—2009	固定式钢梯及平台安全要求 第 2 部分：钢斜梯	GB 4053.2—1993		2009/3/31	2009/12/1
16.2-3-62	16.2	13.100	C68	GB 4053.3—2009	固定式钢梯及平台安全要求 第 3 部分：工业防护栏杆及钢平台	GB 4053.3—1993		2009/3/31	2009/12/1
16.2-3-63	16.2			GB 50656—2011	施工企业安全生产管理规范			2011/7/26	2012/4/1
16.2-3-64	16.2	53.020.20	J80	GB/T 5082—2019	起重机 手势信号		ISO 16715：2014	2019/12/10	2020/7/1
16.2-3-65	16.2	29.200	K85	GB/T 7260.1—2008	不间断电源设备（UPS） 第 1-1 部分：操作人员触及区使用的 UPS 的一般规定和安全要求			2008/5/20	2009/4/1
16.2-3-66	16.2	29.200	K85	GB/T 7260.4—2008	不间断电源设备（UPS） 第 1-2 部分：限制触及区使用的 UPS 的一般规定和安全要求			2008/5/20	2009/4/1
16.2-3-67	16.2	13.310	A91	GB/T 7946—2015	脉冲电子围栏及其安装和安全运行			2015/5/15	2015/12/1
16.2-3-68	16.2	13.110	J09	GB/T 8196—2018	机械安全 防护装置 固定式和活动式防护装置的设计与制造一般要求	GB/T 8196—2003	ISO 14120：2015	2018/12/28	2019/7/1
16.2-3-69	16.2	13.100	C71	GB 8958—2006	缺氧危险作业安全规程	GB 8958—1988		2006/6/22	2006/12/1
16.2-4-70	16.2	13.100	C04	AQ/T 4206—2010	作业场所职业危害基础信息数据			2010/9/6	2011/5/1
16.2-4-71	16.2	13.100	C78	WS/T 724—2010	作业场所职业危害监管信息系统基础数据结构	AQ/T 4207—2010		2010/9/6	2011/5/1
16.2-4-72	16.2	13.100	C78	AQ/T 4208—2010	有毒作业场所危害程度分级			2010/9/6	2011/5/1
16.2-4-73	16.2		P32	AQ 5210—2011	建筑涂装安全通则			2011/12/1	2011/12/1
16.2-4-74	16.2	13.100	C65	AQ 8006—2010	安全生产检测检验机构能力的通用要求			2010/9/6	2011/5/1
16.2-4-75	16.2	29.020	K01	DL/T 1200—2013	电力行业缺氧危险作业监测与防护技术规范			2013/3/7	2013/8/1
16.2-4-76	16.2	29.020	K01	DL/T 1345—2014	直升机电力作业安全工作规程			2014/10/15	2015/3/1
16.2-4-77	16.2			DL/T 1475—2015	电力安全工器具配置与存放技术要求			2015/7/1	2015/12/1
16.2-4-78	16.2	29.020	F25	DL/T 477—2010	农村电网低压电气安全工作规程	DL 477—2001		2011/1/9	2011/5/1

续表

序号	GW 分类	ICS 分类	GB 分类	标准号	中 文 名 称	代替标准	采用关系	发布日期	实施日期
16.2-4-79	16.2			DL 493—2015	农村低压安全用电规程	DL 493—2001		2015/4/2	2015/9/1
16.2-4-80	16.2	27.010	F09	DL 5009.1—2014	电力建设安全工作规程 第 1 部分：火力发电	DL 5009.1—2002		2014/10/15	2015/3/1
16.2-4-81	16.2	29.240.20		DL 5009.2—2013	电力建设安全工作规程 第 2 部分：电力线路	DL 5009.2—2004		2013/11/28	2014/4/1
16.2-4-82	16.2	29.240.10	F25	DL 5009.3—2013	电力建设安全工作规程 第 3 部分：变电站	DL 5009.3—1997		2013/11/28	2014/4/1
16.2-4-83	16.2	27.140	P59	DL 5162—2013	水电水利工程施工安全防护设施技术规范	DL/T 5162—2002		2013/11/28	2014/4/1
16.2-4-84	16.2	27.140	P59	DL/T 5248—2010	履带起重机安全操作规程			2010/5/1	2010/10/1
16.2-4-85	16.2	27.140	P59	DL/T 5249—2010	门座起重机安全操作规程			2010/5/1	2010/10/1
16.2-4-86	16.2	27.140	P59	DL/T 5250—2010	汽车起重机安全操作规程			2010/5/1	2010/10/1
16.2-4-87	16.2	27.140	P59	DL/T 5263—2010	水电水利工程施工机械安全操作规程装载机			2011/1/9	2011/5/1
16.2-4-88	16.2	27.140	P59	DL/T 5302—2013	水电水利工程施工机械安全操作规程专用汽车			2013/11/28	2014/4/1
16.2-4-89	16.2	27.140	P98	DL/T 5305—2013	水电水利工程施工机械安全操作规程运输类车辆			2013/11/28	2014/4/1
16.2-4-90	16.2	27.140	P59	DL/T 5307—2013	水电水利工程施工度汛风险评估规程			2013/11/28	2014/4/1
16.2-4-91	16.2	27.140	P59	DL/T 5308—2013	水电水利工程施工安全监测技术规范			2013/11/28	2014/4/1
16.2-4-92	16.2	13.100	P09	DL/T 5370—2017	水电水利工程施工通用安全技术规程	DL/T 5370—2007		2017/11/15	2018/3/1
16.2-4-93	16.2	27.100	P09	DL/T 5371—2017	水电水利工程土建施工安全技术规程	DL/T 5371—2007		2017/11/15	2018/3/1
16.2-4-94	16.2			DL/T 5372—2017	水电水利工程金属结构与机电设备安装安全技术规程	DL/T 5372—2007		2017/11/15	2018/3/1
16.2-4-95	16.2	27.100	P09	DL/T 5373—2017	水电水利工程施工作业人员安全操作规程	DL/T 5373—2007		2017/11/15	2018/3/1
16.2-4-96	16.2			DL/T 5701—2014	水电水利工程施工机械安全操作规程反井钻机			2014/10/15	2015/3/1
16.2-4-97	16.2			DL/T 5711—2014	水电水利工程施工机械安全操作规程带式输送机			2014/10/15	2015/3/1
16.2-4-98	16.2	27.140	P59	DL/T 5773—2018	水电水利工程施工机械安全操作规程 混凝土运输车			2018/12/25	2019/5/1
16.2-4-99	16.2	13.100	C72	DL/T 669—1999	室外高温作业分级			1999/8/2	1999/10/1
16.2-4-100	16.2			JGJ 160—2016	施工现场机械设备检查技术规范	JGJ 160—2008		2016/9/5	2017/3/1
16.2-4-101	16.2	91.010.01	P09	JGJ 46—2005	施工现场临时用电安全技术规范	JGJ 46—1988		2005/4/15	2005/7/1
16.2-4-102	16.2		P09	JGJ 59—2011	建筑施工安全检查标准	JGJ 59—1999; JGJ 59 E—1999		2011/12/7	2012/7/1

16

续表

序号	GW 分类	ICS 分类	GB 分类	标准号	中　文　名　称	代替标准	采用关系	发布日期	实施日期
16.2-4-103	16.2			JGJ 80—2016	建筑施工高处作业安全技术规范	JGJ 80—1991		2016/7/9	2016/12/1
16.2-4-104	16.2	13.040.30	C70	LD 81—1995	有毒作业分级检测规程			1995/9/1	1996/6/1
16.2-4-105	16.2			NB/T 31052—2014	风力发电场高处作业安全规程			2014/10/15	2015/3/1
16.2-4-106	16.2			TSG Z6001—2013	特种设备作业人员考核规则	TSG/Z Z6001—2005		2013/1/16	2013/6/1
16.2-4-107	16.2			YD 5201—2014	通信建设工程安全生产操作规范			2014/5/6	2014/7/1
16.2-4-108	16.2			YD 5204—2014	通信建设工程施工安全监理暂行规定			2014/5/6	2014/7/1
16.2-5-109	16.2	25.140.20	K64	IEC 60745-2-3:2012 ED 2.2	手持式电动工具　安全性　第 2-3 部分：研磨机、抛光机和盘式砂光机详细要求	IEC 60745-2-3：2011		2012/7/1	2012/7/1
16.2-5-110	16.2	25.140.20；65.060.80	K64	IEC 60745-2-13：2011 ED 2.1	手持式电动工具　安全性　第 2-13 部分：链锯的详细要求	IEC 60745-2-13：2006		2011/4/1	2011/4/1
16.2-5-111	16.2	25.140.20	K64	IEC 60745-2-19：2010 ED 1.1	手持式电动工具　安全性　第 2-19 部分：连接器的详细要求	IEC 60745-2-19：2005		2010/8/1	2010/8/1
16.2-5-112	16.2	25.140.20	K64	IEC 60745-2-3 AMD 1 Corrigendum 1：2011	手持式电动工具　安全性　第 2-3 部分：螺纹磨床、抛光机和盘式磨砂机的详细要求			2011/2/1	2011/2/1
16.2-5-113	16.2	13.260；29.240.20；29.260.99		IEC 60984：2014	带电作业　电气绝缘套管　2.0 版	IEC 60984：2002		2014/7/1	2014/7/1
16.2-5-114	16.2	19.080		IEC 61010-031：2015	安全要求测量　控制和实验室用电气设备　第 31 部分：手持探头组件电气测量和试验的安全要求　2.0 版	IEC 61010-031：2008		2015/5/1	2015/5/1
16.2-5-115	16.2	17.220.20；19.080；71.040.10；71.040.20	K60	IEC 61010-1 INT 1:2013	测量，控制和实验室用电气设备的安全要求　第 1 部分：通用要求　3.0 版			2013/2/1	2013/2/1
16.2-5-116	16.2	19.080；71.040.20		IEC 61010-2-010：2014	安全要求的测量　控制和实验室用电气设备　第 2-10 部分：实验室设备的材料加热的特殊要求　3.0 版	IEC 61010-2-010：2005		2014/9/1	2014/9/1

16.3　安全与环保-劳动保护

序号	GW 分类	ICS 分类	GB 分类	标准号	中　文　名　称	代替标准	采用关系	发布日期	实施日期
16.3-2-1	16.3	29.240		Q/GDW 11564.1—2016	高原电网建设与运维医疗卫生保障　第 1 部分：工程建设医疗卫生保障			2017/10/30	2017/10/30

续表

序号	GW 分类	ICS 分类	GB 分类	标准号	中 文 名 称	代替标准	采用关系	发布日期	实施日期
16.3-2-2	16.3	29.240		Q/GDW 11564.2—2016	高原电网建设与运维医疗卫生保障　第 2 部分：运维检修医疗卫生保障			2017/10/30	2017/10/30
16.3-2-3	16.3	29.240		Q/GDW 11564.3—2016	高原电网建设与运维医疗卫生保障　第 3 部分：应急抢险医疗卫生保障			2017/10/30	2017/10/30
16.3-2-4	16.3	13.100		Q/GDW 11593—2016	劳动防护用品配置规定			2017/5/25	2017/5/25
16.3-2-5	16.3			Q/GDW 1912—2013	1000kV 特高压交流静电防护服装			2014/4/15	2014/4/15
16.3-2-6	16.3	29.020		Q/GDW 711—2012	10kV 带电作业用绝缘防护用具、遮蔽用具技术导则			2012/2/14	2012/2/14
16.3-3-7	16.3	13.340.01	C73	GB/T 11651—2008	个体防护装备选用规范	GB 11651—1989		2008/12/11	2009/10/1
16.3-3-8	16.3	13.340.10	C73	GB 12011—2009	足部防护电绝缘鞋	GB 12011—2000		2009/4/13	2009/12/1
16.3-3-9	16.3	13.340.10	C73	GB 12014—2009	防静电服	GB 12014—1989		2009/4/1	2009/12/1
16.3-3-10	16.3	13.340.40	C73	GB/T 12624—2009	手部防护通用技术条件及测试方法	GB/T 12624—2006		2009/4/1	2009/12/1
16.3-3-11	16.3	13.340.10	C73	GB/T 18136—2008	交流高压静电防护服装及试验方法	GB 18136—2000		2008/9/24	2009/8/1
16.3-3-12	16.3	13.340.50	C73	GB/T 20098—2006	低温环境作业保护靴通用技术要求			2006/1/12	2006/9/1
16.3-3-13	16.3	13.340.40	C73	GB 24541—2009	手部防护机械危害防护手套			2009/10/30	2010/9/1
16.3-3-14	16.3	29.240.01	F23F23	GB/T 25726—2010	1000kV 交流带电作业用屏蔽服装			2010/12/23	2011/5/1
16.3-3-15	16.3	13.340.30	C73	GB 2626—2006	呼吸防护用品　自吸过滤式防颗粒物呼吸器	GB 6224.1—1986；GB 6224.2—1986；GB 6224.3—1986；GB 6224.4—1986；GB 2626—1992；GB 6223—1997		2006/3/27	2006/12/1
16.3-3-16	16.3	13.340.10	C73	GB 2811—2019	头部防护　安全帽	GB 2811—2007		2019/12/31	2020/7/1
16.3-3-17	16.3	13.340.30	C73	GB 2890—2009	呼吸防护自吸过滤式防毒面具	GB 2890—1995；GB 2891—1995；GB 2892—1995		2009/4/13	2009/12/1
16.3-3-18	16.3	13.340.20	C73	GB/T 3609.1—2008	职业眼面部防护焊接防护　第 1 部分：焊接防护具	GB/T 3609.2—1983；GB/T 3609.3—1983；GB/T 3609.1—1994		2008/12/15	2009/10/1

续表

序号	GW 分类	ICS 分类	GB 分类	标准号	中　文　名　称	代替标准	采用关系	发布日期	实施日期
16.3-3-19	16.3	13.340.99	C73	GB/T 6096—2009	安全带测试方法	GB/T 6096—1985		2009/4/13	2009/12/1
16.3-3-20	16.3	13.340.10	C73	GB/T 6568—2008	带电作业用屏蔽服装	GB 6568.1—2000；GB 6568.2—2000		2008/9/24	2009/8/1
16.3-4-21	16.3	27.100	K47	DL/T 1125—2009	10kV 带电作业用绝缘服装			2009/7/22	2009/12/1
16.3-4-22	16.3	27.100	F24	DL/T 1209.1—2013	变电站登高作业及防护器材技术要求　第 1 部分：抱杆梯、梯具、梯台及过桥			2013/3/7	2013/8/1
16.3-4-23	16.3	29.035	K15	DL/T 1238—2013	1000kV 交流系统用静电防护服装			2013/3/7	2013/8/1
16.3-4-24	16.3	29.020	K60	DL/T 1240—2013	1000kV 带电作业工具、装置和设备预防性试验规程			2013/3/7	2013/8/1
16.3-4-25	16.3	29.240.99		DL/T 1692—2017	安全工器具柜技术条件			2017/3/28	2017/8/1
16.3-4-26	16.3			DL/T 320—2019	个人电弧防护用品通用技术要求	DL/T 320—2010		2019/6/4	2019/10/1
16.3-4-27	16.3	29.260.70	K47	DL/T 676—2012	带电作业用绝缘鞋（靴）通用技术条件	DL 676—1999		2012/1/4	2012/3/1
16.3-4-28	16.3	29.035.01	K15	DL/T 778—2014	带电作业用绝缘袖套		IEC 60984：2002，MOD	2014/3/18	2014/8/1
16.3-4-29	16.3			DL/T 799.5—2019	电力行业劳动环境监测技术规范　第 5 部分：高温监测	DL/T 799.5—2010		2019/11/4	2020/5/1
16.3-4-30	16.3	29.020	K47	DL/T 975—2005	带电作业用防机械刺穿手套			2005/11/28	2006/6/1
16.3-4-31	16.3	13.310	A92	GA/T 521—2004	人身损害受伤人员误工损失日评定准则			2004/11/19	2005/3/1
16.3-4-32	16.3	13.340.01	C73	LD/T 75—1995	劳动防护用品分类与代码			1995/1/1	1995/1/1
16.3-4-33	16.3	27.140	P59	NB/T 35025—2014	水电工程劳动安全与工业卫生验收规程			2014/6/29	2014/11/1
16.3-5-34	16.3	13.260；29.240.20；29.260.99		IEC 60903：2014	带电作业　电气绝缘手套			2014/7/1	2014/7/1
16.3-5-35	16.3	13.260；29.020；91.140.50	K04	IEC 61140：2009	电击防护　设施与设备的共同外观	IEC 61140：2001		2009/9/1	2009/9/1
16.3-5-36	16.3	13.340.50	C73	ISO 20346 CORR 1：2005	个人保护的设备　保护的鞋类技术勘误表 1 第一个版本	ISO 8782-3：1998；ISO 8782-7：2000		2005/9/1	2005/9/1

16

续表

序号	GW 分类	ICS 分类	GB 分类	标准号	中 文 名 称	代替标准	采用关系	发布日期	实施日期
16.3-5-37	16.3	13.340.50	C73	ISO 20346 CORR 2：2006	个人保护的设备　保护的鞋类技术勘误表 2 第一个版本			2006/5/15	2006/5/15

16.4　安全与环保-职业卫生

序号	GW 分类	ICS 分类	GB 分类	标准号	中 文 名 称	代替标准	采用关系	发布日期	实施日期
16.4-2-1	16.4	29.240		Q/GDW 11443—2015	国家电网公司职业卫生技术规范			2016/6/5	2016/6/5
16.4-3-2	16.4	13.100	C78	GB/T 45001—2020	职业健康安全管理体系　要求及使用指南	GB/T 28001—2011；GB/T 28002—2011		2020/3/6	2020/3/6
16.4-3-3	16.4	13.020	C51	GB 37489.1—2019	公共场所卫生设计规范　第 1 部分：总则	GB 9663—1996；GB 9664—1996；GB 9665—1996；GB 9666—1996		2019/4/4	2019/11/1
16.4-3-4	16.4			GB 50523—2010	电子工业职业安全卫生设计规范			2010/5/31	2010/12/1
16.4-3-5	16.4	13.040.30	C70	GB/T 5817—2009	粉尘作业场所危害程度分级	GB 5817—1986		2009/3/31	2009/12/1
16.4-3-6	16.4	13.200	C75	GB/T 6441—1986	企业职工伤亡事故分类			1986/5/31	1987/2/1
16.4-3-7	16.4	13.100	C52	GBZ 1—2010	工业企业设计卫生标准	GBZ 1—2002		2010/1/22	2010/8/1
16.4-3-8	16.4	13.100	C60	GBZ 188—2014	职业健康监护技术规范	GBZ 188—2007		2014/5/14	2014/10/1
16.4-3-9	16.4	13.100	C52	GBZ/T 194—2007	工作场所防止职业中毒卫生工程防护措施规范			2007/8/13	2008/2/1
16.4-3-10	16.4	13.100	C52	GBZ 2.1—2019	工作场所有害因素职业接触限值　第 1 部分：化学有害因素	GBZ 2.1—2007		2019/8/27	2020/4/1
16.4-3-11	16.4	13.100	C52	GBZ/T 224—2010	职业卫生名词术语			2010/1/22	2010/8/1
16.4-3-12	16.4	13.100	C60	GBZ/T 225—2010	用人单位职业病防治指南			2010/1/22	2010/8/1
16.4-3-13	16.4	13.100	C52	GBZ/T 229.1—2010	工作场所职业病危害作业分级　第 1 部分：生产性粉尘			2010/3/10	2010/10/1
16.4-3-14	16.4	13.100	C52	GBZ/T 229.2—2010	工作场所职业病危害作业分级　第 2 部分：化学物			2010/4/12	2010/11/1
16.4-3-15	16.4	13.100	C52	GBZ/T 229.3—2010	工作场所职业病危害作业分级　第 3 部分：高温			2010/3/10	2010/10/1

续表

序号	GW 分类	ICS 分类	GB 分类	标准号	中文名称	代替标准	采用关系	发布日期	实施日期
16.4-4-16	16.4	27.100	F20	DL/T 325—2010	电力行业职业健康监护技术规范			2011/1/9	2011/5/1
16.4-4-17	16.4	13.100	C52	GBZ 2.2—2007	工作场所有害因素职业接触限值　第 2 部分：物理因素	GBZ 2—2002		2007/4/12	2007/11/1
16.4-5-18	16.4			WS/T 770—2015	建筑施工企业职业病危害防治技术规范	AQ/T 4256—2015		2015/3/9	2015/9/1

16.5　安全与环保-环境保护

序号	GW 分类	ICS 分类	GB 分类	标准号	中文名称	代替标准	采用关系	发布日期	实施日期
16.5-2-1	16.5	29.240		Q/GDW 11277—2014	变电站降噪材料和降噪装置技术要求			2015/2/6	2015/2/6
16.5-2-2	16.5	29.240		Q/GDW 1859—2013	SF_6 气体回收净化处理工作规程			2014/5/1	2014/5/1
16.5-2-3	16.5	29.240		Q/GDW 304—2009	1000kV 输变电工程电磁环境影响评价技术规范			2009/5/25	2009/5/25
16.5-2-4	16.5	29.020		Q/GDW 470—2010	六氟化硫回收回充及净化处理装置技术规范			2010/6/2	2010/6/2
16.5-3-5	16.5	17.200.20	N10	GB/T 11605—2005	湿度测量方法	GB/T 11605—1989		2005/5/18	2005/12/1
16.5-3-6	16.5	13.300	F73	GB 11806—2019	放射性物质安全运输规程	GB 11806—2004	IAEA Specific Safety Requirements No.SSR-6：2012，Regulations for the safe transport of radioactive material，Edition，MOD	2019/2/15	2019/4/1
16.5-3-7	16.5	71.100.20	G86	GB/T 12022—2014	工业六氟化硫	GB/T 12022—2006		2014/7/8	2014/12/1
16.5-3-8	16.5	13.140	Z52	GB 12523—2011	建筑施工场界环境噪声排放标准	GB 12523—1990；GB 12524—1990		2011/12/5	2012/7/1
16.5-3-9	16.5	13.040.20	Z62	GB 13223—2011	火电厂大气污染物排放标准	GB 13223—2003；GB 13223 E—2003		2011/7/29	2012/1/1
16.5-3-10	16.5	33.100	M04	GB/T 13616—2009	数字微波接力站电磁环境保护要求	GB 13616—1992		2009/5/5	2010/7/1
16.5-3-11	16.5	77.060	H25	GB/T 14165—2008	金属和合金大气腐蚀试验现场试验的一般要求	GB 11112—1989；GB 14165—1993；GB 6464—1997		2008/5/30	2008/12/1
16.5-3-12	16.5	33.100	M04	GB/T 15658—2012	无线电噪声测量方法	GB/T 15658—1995		2012/12/31	2013/6/1
16.5-3-13	16.5	13.020.10		GB/T 24034—2019	环境管理　环境技术验证			2019/12/10	2019/12/10
16.5-3-14	16.5	13.110	J09	GB/T 26118.1—2010	机械安全机械辐射产生的风险的评价与减小　第 1 部分：通则		EN 12198-1：2000，IDT	2011/1/10	2011/10/1

续表

序号	GW 分类	ICS 分类	GB 分类	标准号	中文名称	代替标准	采用关系	发布日期	实施日期
16.5-3-15	16.5	77.150	H01	GB/T 26493—2011	电池废料贮运规范			2011/9/29	2012/2/1
16.5-3-16	16.5	77.150	H01	GB/T 26932—2011	充电电池废料废件			2011/9/29	2012/5/1
16.5-3-17	16.5	29.020	K04	GB/T 28180—2011	变压器环境意识设计导则			2011/12/30	2012/6/1
16.5-3-18	16.5	29.130.10	K43	GB/T 28534—2012	高压开关设备和控制设备中六氟化硫（SF_6）气体的释放对环境和健康的影响		IEC 62271-303：2008 MOD	2012/6/29	2012/11/1
16.5-3-19	16.5	29.130.10	K43	GB/T 28537—2012	高压开关设备和控制设备中六氟化硫（SF_6）的使用和处理		IEC 62271-303：2008 MOD	2012/6/29	2012/11/1
16.5-3-20	16.5	31.060.70	K42	GB/T 28543—2012	电力电容器噪声测量方法			2012/6/29	2012/11/1
16.5-3-21	16.5	13.040.20	Z50	GB 3095—2012	环境空气质量标准	GB 9137—1988； GB 3095 E—1996； GB 3095—1996		2012/6/29	2016/1/1
16.5-3-22	16.5	13.030.50		GB/T 33059—2016	锂离子电池材料废弃物回收利用的处理方法			2016/10/13	2017/5/1
16.5-3-23	16.5	33.100	L06	GB/Z 37150—2018	电磁兼容可靠性风险评估导则			2018/12/28	2019/7/1
16.5-3-24	16.5	29.220.20	K84	GB/T 37281—2019	废铅酸蓄电池回收技术规范			2019/3/25	2019/10/1
16.5-3-25	16.5	43.040.99	K81	GB/T 38775.4—2020	电动汽车无线充电系统　第 4 部分：电磁环境限值与测试方法			2020/4/28	2020/11/1
16.5-3-26	16.5		C51	GB 50325—2010	民用建筑工程室内环境污染控制规范	GB 50325—2001； GB 50325—2006		2010/8/18	2011/6/1
16.5-3-27	16.5		P33	GB/T 50640—2010	建筑工程绿色施工评价标准			2010/11/3	2011/10/1
16.5-3-28	16.5	33.040.50	M04	GB 6830—1986	电信线路遭受强电线路危险影响的容许值			1986/9/2	1987/10/1
16.5-3-29	16.5	33.100	L06	GB/T 7349—2002	高压架空送电线、变电站无线电干扰测量方法	GB/T 7349—1987	IEC/CISPR 18：1983	2002/1/4	2002/8/1
16.5-4-30	16.5			DL/T 1327—2014	高压交流变电站可听噪声测量方法			2014/3/18	2014/8/1
16.5-4-31	16.5	27.100	F24	DL/T 1353—2014	六氟化硫处理系统技术规范			2014/10/15	2015/3/1
16.5-4-32	16.5			DL/T 1518—2016	变电站噪声控制技术导则			2016/1/7	2016/6/1
16.5-4-33	16.5			DL/T 1545—2016	燃气发电厂噪声防治技术导则			2016/1/7	2016/6/1

续表

序号	GW 分类	ICS 分类	GB 分类	标准号	中 文 名 称	代替标准	采用关系	发布日期	实施日期
16.5-4-34	16.5			DL/T 1589—2016	湿式电除尘技术规范			2016/2/5	2016/7/1
16.5-4-35	16.5			DL/T 1619—2016	火力发电厂袋式除尘器用滤袋技术要求			2016/8/16	2016/12/1
16.5-4-36	16.5			DL/T 1695—2017	火力发电厂烟气脱硝调试导则			2017/3/28	2017/8/1
16.5-4-37	16.5	27.100	F29	DL/T 1696—2017	石灰石-石膏湿法烟气脱硫调试导则			2017/3/28	2017/8/1
16.5-4-38	16.5			DL/T 1727—2017	110kV～750kV 交流架空输电线路可听噪声控制技术导则			2017/8/2	2017/12/1
16.5-4-39	16.5			DL/T 1993—2019	电气设备用六氟化硫气体回收、再生及再利用技术规范			2019/6/4	2019/10/1
16.5-4-40	16.5			DL/T 2036—2019	高压交流架空输电线路可听噪声计算方法			2019/6/4	2019/10/1
16.5-4-41	16.5			DL/T 2037—2019	变电站厂界环境噪声执行标准申请原则			2019/6/4	2019/10/1
16.5-4-42	16.5			DL/T 2085—2020	变电站降噪材料和降噪装置技术要求			2020/10/23	2021/2/1
16.5-4-43	16.5			DL/T 2086—2020	高压输电线路和变电站噪声的传声器阵列测量方法			2020/10/23	2021/2/1
16.5-4-44	16.5	29.240.01	F20	DL/T 275—2012	±800kV 特高压直流换流站电磁环境限值			2012/1/4	2012/3/1
16.5-4-45	16.5	29.240	F20	DL/T 334—2010	输变电工程电磁环境监测技术规范			2011/1/9	2011/5/1
16.5-4-46	16.5	27.140	P59	DL/T 5260—2010	水电水利工程施工环境保护技术规程			2011/1/9	2011/5/1
16.5-4-47	16.5	29.130.10	K15	DL/T 662—2009	六氟化硫气体回收装置技术条件	DL 662—1999		2009/7/22	2009/12/1
16.5-4-48	16.5	27.100	F20	DL/T 799.1—2019	电力行业劳动环境监测技术规范 第 1 部分：总则	DL/T 799.1—2010		2019/11/4	2020/5/1
16.5-4-49	16.5	27.100	F20	DL/T 799.2—2019	电力行业劳动环境监测技术规范 第 2 部分：生产性粉尘监测	DL/T 799.2—2010		2019/11/4	2020/5/1
16.5-4-50	16.5	27.100	F20	DL/T 799.3—2019	电力行业劳动环境监测技术规范 第 3 部分：生产性噪声监测	DL/T 799.3—2010		2019/11/4	2020/5/1
16.5-4-51	16.5	27.100	F20	DL/T 799.4—2019	电力行业劳动环境监测技术规范 第 4 部分：生产性毒物监测	DL/T 799.4—2010		2019/11/4	2020/5/1
16.5-4-52	16.5	27.100	F20	DL/T 799.6—2019	电力行业劳动环境监测技术规范 第 6 部分：微波辐射监测	DL/T 799.6—2010		2019/11/4	2020/5/1
16.5-4-53	16.5	27.100	F20	DL/T 799.7—2019	电力行业劳动环境监测技术规范 第 7 部分：工频电场、工频磁场监测	DL/T 799.7—2010		2019/11/4	2020/5/1

续表

序号	GW 分类	ICS 分类	GB 分类	标准号	中 文 名 称	代替标准	采用关系	发布日期	实施日期
16.5-4-54	16.5	13.020.01	F81	HJ/T 10.2—1996	辐射环境保护管理导则电磁辐射监测仪器和方法			1996/5/10	1996/5/10
16.5-4-55	16.5	13.020.01	Z00	HJ/T 10.3—1996	辐射环境保护管理导则电磁辐射环境影响评价方法与标准			1996/5/10	1996/5/10
16.5-4-56	16.5			HJ 130—2019	规划环境影响评价技术导则　总纲	HJ 130—2014		2019/12/13	2020/3/1
16.5-4-57	16.5		Z00	HJ 19—2011	环境影响评价技术导则生态影响	HJ 19—1997		2011/4/8	2011/9/1
16.5-4-58	16.5		Z62；K84	HJ 519—2009	废铅酸蓄电池处理污染控制技术规范			2009/12/21	2010/3/1
16.5-4-59	16.5		Z16	HJ 592—2010	水质　硝基苯类化合物的测定　气相色谱法	GB 4919—1985		2010/10/21	2011/1/1
16.5-4-60	16.5			HJ 616—2011	建设项目环境影响技术评估导则			2011/4/8	2011/9/1
16.5-4-61	16.5			HJ 617—2011	企业环境报告书编制导则			2011/6/24	2011/10/1
16.5-4-62	16.5			HJ 681—2013	交流输变电工程电磁环境监测方法（试行）			2013/11/22	2014/1/1
16.5-4-63	16.5			JB/T 10088—2016	6kV～1000kV 级电力变压器声级	JB/T 10088—2004		2016/10/22	2017/4/1
16.5-4-64	16.5			NB/T 10079—2018	水电工程水生生态调查与评价技术规范			2018/10/29	2019/3/1
16.5-4-65	16.5			NB/T 10080—2018	水电工程陆生生态调查与评价技术规范			2018/10/29	2019/3/1
16.5-4-66	16.5	27.140	P59	NB/T 35059—2015	河流水电开发环境影响后评价规范			2015/10/27	2016/3/1
16.5-4-67	16.5	27.140	P59	NB/T 35063—2015	水电工程环境监理规范			2015/10/27	2016/3/1
16.5-4-68	16.5	27.140	P59	NB/T 35068—2015	河流水电规划环境影响评价规范			2015/10/27	2016/3/1
16.5-4-69	16.5			SJ/T 11364—2014	电子电气产品有害物质限制使用标识要求	SJ/T 11364—2006		2014/7/9	2015/1/1
16.5-4-70	16.5			SJ/T 11467—2014	电子电气产品中有害物质的风险评估指南			2014/10/14	2015/4/1
16.5-4-71	16.5	93.160		SL 335—2014	水土保持规划编制规程（附条文说明）	SL 335—2006		2014/5/19	2014/8/19
16.5-4-72	16.5	93.160	P55	SL 336—2006	水土保持工程质量评定规程			2006/3/1	2006/7/1
16.5-4-73	16.5	27.140	P59	SL 359—2006	水利水电工程环境保护设计概（估）算编制规程			2007/2/2	2007/5/2
16.5-4-74	16.5			YD/T 3698.1—2020	无线通信基站及其辅助设备对人体的安全要求　第 1 部分：通用要求			2020/4/16	2020/7/1
16.5-4-75	16.5			YD/T 3698.2—2020	无线通信基站及其辅助设备对人体的安全要求　第 2 部分：试验方法			2020/4/16	2020/7/1

序号	GW 分类	ICS 分类	GB 分类	标准号	中 文 名 称	代替标准	采用关系	发布日期	实施日期
16.5-5-76	16.5	29.130.10；29.130.99		IEC 62271-4：2013	高压开关设备和控制设备　第 4 部分：六氟化硫（SF_6）及其混合物用处理规程			2013/8/1	2013/8/1
16.5-5-77	16.5	03.100.70；13.020.10		ISO 14001：2015	环境管理体系　使用指南要求　第三版	ISO 14001：2004		2015/9/15	2015/9/15
16.5-5-78	16.5	13.020.10；13.020.60		ISO 14046：2014	环境管理　水足迹　原则，要求和指导原则第一版（通信）			2014/8/1	2014/8/1
16.5-6-79	16.5			T/CEC 327：2020	特高压交、直流线路同走廊对雷达影响设计规范			2020/6/30	2020/10/1
16.5-6-80	16.5			T/CEC 328：2020	电抗器隔声罩降噪性能现场测量及评价方法			2020/6/30	2020/10/1

16.6　安全与环保-应急机制

序号	GW 分类	ICS 分类	GB 分类	标准号	中 文 名 称	代替标准	采用关系	发布日期	实施日期
16.6-2-1	16.6			DL/T 1919—2018	发电企业应急能力建设评估规范			2018/12/25	2019/5/1
16.6-2-2	16.6	29.240		Q/GDW 11608—2016	供电企业应急能力评估标准			2017/5/26	2017/5/26
16.6-2-3	16.6	29.240		Q/GDW 11884—2018	大面积停电事件应急演练技术规范			2020/4/17	2020/4/17
16.6-2-4	16.6	29.240		Q/GDW 11888—2018	国家电网有限公司重大活动电力安全保障技术规范			2020/4/17	2020/4/17
16.6-2-5	16.6	29.240		Q/GDW 11958—2020	国家电网有限公司应急预案编制规范			2021/1/29	2021/1/29
16.6-2-6	16.6	29.240		Q/GDW 1202—2015	国家电网公司应急指挥中心建设规范	Q/GDW/Z 202—2008		2016/5/20	2016/5/20
16.6-3-7	16.6	13.310	A91	GB 16796—2009	安全防范报警设备安全要求和试验方法	GB 16796—1997		2009/9/30	2010/6/1
16.6-3-8	16.6	13.220.20	Q77	GB 17945—2010	消防应急照明和疏散指示系统	GB 17945—2000		2010/9/2	2011/5/1
16.6-3-9	16.6	01.080.01	A22	GB/T 23809—2009	应急导向系统设置原则与要求			2009/5/6	2009/11/1
16.6-3-10	16.6	91.120.25	P15	GB/T 24888—2010	地震现场应急指挥数据共享技术要求			2010/6/30	2010/10/1
16.6-3-11	16.6	91.120.25	P15	GB/T 24889—2010	地震现场应急指挥管理信息系统			2010/6/30	2010/10/1
16.6-3-12	16.6	13.200	C78	GB/T 29639—2020	生产经营单位安全生产事故应急救援预案编制导则			2020/9/29	2021/4/1
16.6-3-13	16.6			GB/T 30674—2014	企业应急物流能力评估规范			2014/12/31	2015/7/1
16.6-3-14	16.6	07.060	A47	GB/T 34283—2017	国家突发事件预警信息发布系统管理平台与终端管理平台接口规范			2017/9/7	2018/4/1

续表

序号	GW 分类	ICS 分类	GB 分类	标准号	中 文 名 称	代替标准	采用关系	发布日期	实施日期
16.6-3-15	16.6	13.200	A90	GB/T 35047—2018	公共安全　大规模疏散　规划指南		ISO 22315：2014 IDT	2018/5/14	2018/11/1
16.6-3-16	16.6	07.040	A76	GB/T 35649—2017	突发事件应急标绘符号规范			2017/12/29	2018/7/1
16.6-3-17	16.6	07.040	A76	GB/T 35651—2017	突发事件应急标绘图层规范			2017/12/29	2018/7/1
16.6-3-18	16.6	29.240.99	F20	GB/T 35681—2017	电力需求响应系统功能规范			2017/12/29	2018/7/1
16.6-3-19	16.6	13.200	A90	GB/T 35965.1—2018	应急信息交互协议　第 1 部分：预警信息			2018/2/6	2018/8/1
16.6-3-20	16.6	13.200	A90	GB/T 35965.2—2018	应急信息交互协议　第 2 部分：事件信息			2018/2/6	2018/8/1
16.6-3-21	16.6	13.200	A90	GB/T 37228—2018	公共安全　应急管理　突发事件响应要求		ISO 22320：2011 MOD	2018/12/28	2019/6/1
16.6-3-22	16.6	13.200	A90	GB/T 37230—2018	公共安全　应急管理　预警颜色指南			2018/12/28	2019/6/1
16.6-4-23	16.6	13.200	C78	AQ/T 9007—2011	生产安全事故应急演练指南			2011/4/19	2011/9/1
16.6-4-24	16.6	27.100	F25	DL/T 1352—2014	电力应急指挥中心技术导则			2014/10/15	2015/3/1
16.6-4-25	16.6			DL/T 1499—2016	电力应急术语			2016/1/7	2016/6/1
16.6-4-26	16.6	27.140	P59	DL/T 1901—2018	水电站大坝运行安全应急预案编制导则			2018/12/25	2019/5/1
16.6-4-27	16.6			DL/T 1920—2018	电网企业应急能力建设评估规范			2018/12/25	2019/5/1
16.6-4-28	16.6	27.100	F20	DL/T 1921—2018	电力建设企业应急能力建设评估规范			2018/12/25	2019/5/1
16.6-4-29	16.6	29.260	K24	DL/T 268—2012	工商业电力用户应急电源配置技术导则			2012/4/6	2012/7/1
16.6-4-30	16.6	27.140	P55	DL/T 5314—2014	水电水利工程施工安全生产应急能力评估导则			2014/3/18	2014/8/1
16.6-4-31	16.6		Z04	HJ 589—2010	突发环境事件应急监测技术规范			2010/10/19	2011/1/1
16.6-4-32	16.6	27.140	P55	SL 611—2012	防台风应急预案编制导则			2012/10/8	2013/1/8

16.7　安全与环保-消防

序号	GW 分类	ICS 分类	GB 分类	标准号	中 文 名 称	代替标准	采用关系	发布日期	实施日期
16.7-2-1	16.7	29.240		Q/GDW 11886—2018	国家电网有限公司消防安全监督检查工作规范			2020/4/17	2020/4/17
16.7-2-2	16.7	13.220		Q/GDW 12033—2020	特高压换流站固定式压缩空气泡沫灭火系统通用技术条件			2020/12/31	2020/12/31
16.7-2-3	16.7	13.220		Q/GDW 12034.1—2020	特高压换流站固定式压缩空气泡沫灭火系统应用技术规范　第 1 部分：设计规范			2020/12/31	2020/12/31
16.7-2-4	16.7	13.220		Q/GDW 12034.2—2020	特高压换流站固定式压缩空气泡沫灭火系统应用技术规范　第 2 部分：施工规范			2020/12/31	2020/12/31

续表

序号	GW 分类	ICS 分类	GB 分类	标准号	中　文　名　称	代替标准	采用关系	发布日期	实施日期
16.7-2-5	16.7	13.220		Q/GDW 12034.3—2020	特高压换流站固定式压缩空气泡沫灭火系统应用技术规范　第 3 部分：验收规范			2020/12/31	2020/12/31
16.7-3-6	16.7	13.220.01	C80	GB 13495.1—2015	消防安全标志　第 1 部分：标志			2015/6/2	2015/8/1
16.7-3-7	16.7	13.220.20	C81	GB 14287.1—2014	电气火灾监控系统　第 1 部分：电气火灾监控设备	GB 14287.1—2005		2014/7/24	2015/6/1
16.7-3-8	16.7	13.220.20	C81	GB 14287.2—2014	电气火灾监控系统　第 2 部分：剩余电流式电气火灾监控探测器	GB 14287.2—2005		2014/7/24	2015/6/1
16.7-3-9	16.7	13.220.20	C81	GB 14287.3—2014	电气火灾监控系统　第 3 部分：测温式电气火灾监控探测器	GB 14287.3—2005		2014/7/24	2015/6/1
16.7-3-10	16.7	13.220.20	C81	GB 14287.4—2014	电气火灾监控系统　第 4 部分：故障电弧探测器			2014/6/24	2015/6/1
16.7-3-11	16.7	13.220.01	C80	GB 15630—1995	消防安全标志设置要求			1995/7/19	1996/2/1
16.7-3-12	16.7	13.220.20	C81	GB 16806—2006	消防联动控制系统	GB 16806—1997		2006/7/17	2007/4/1
16.7-3-13	16.7	13.220	C82	GB/T 16840.2—1997	电气火灾原因技术鉴定方法　第 2 部分：剩磁法			1997/6/3	1998/5/1
16.7-3-14	16.7	13.220	C82	GB/T 16840.3—1997	电气火灾原因技术鉴定方法　第 3 部分：成分分析法			1997/6/3	1998/5/1
16.7-3-15	16.7	13.220	C82	GB/T 16840.4—1997	电气火灾原因技术鉴定方法　第 4 部分：金相法			1997/6/3	1998/5/1
16.7-3-16	16.7	13.220.20	C81	GB/Z 24978—2010	火灾自动报警系统性能评价			2010/8/9	2010/12/1
16.7-3-17	16.7	13.220.20	C82	GB/T 25203—2010	消防监督技术装备配备			2010/9/26	2011/3/1
16.7-3-18	16.7	13.220.20	C81	GB 29837—2013	火灾探测报警产品的维修保养与报废			2013/11/12	2014/8/7
16.7-3-19	16.7	13.220.01	C84	GB/T 31540.1—2015	消防安全工程指南　第 1 部分：性能化在设计中的应用		ISO/TR 13387-1：1999 MOD	2015/5/15	2015/8/1
16.7-3-20	16.7	13.220.01	C84	GB/T 31540.2—2015	消防安全工程指南　第 2 部分：火灾发生、发展及烟气的生成		ISO/TR 13387-4：1999 MOD	2015/5/15	2015/8/1
16.7-3-21	16.7	13.220.01	C84	GB/T 31540.3—2015	消防安全工程指南　第 3 部分：结构响应和室内火灾的对外蔓延		ISO/TR 13387-6：1999	2015/5/15	2015/8/1
16.7-3-22	16.7	35.100.70；35.240.60	L79	GB/T 31540.4—2015	消防安全工程指南　第 4 部分：探测、启动和灭火			2015/5/15	2015/8/1

续表

序号	GW 分类	ICS 分类	GB 分类	标准号	中文名称	代替标准	采用关系	发布日期	实施日期
16.7-3-23	16.7	13.220.01	C84	GB/T 31592—2015	消防安全工程总则		ISO 23932：2009 MOD	2015/6/2	2015/8/1
16.7-3-24	16.7	13.220.01	C80	GB/T 31593.1—2015	消防安全工程　第 1 部分：计算方法的评估、验证和确认		ISO 16730：2008 MOD	2015/6/2	2015/8/1
16.7-3-25	16.7	13.220.01	C80	GB/T 31593.2—2015	消防安全工程　第 2 部分：所需数据类型与信息			2015/6/2	2015/8/1
16.7-3-26	16.7	13.220.01	C80	GB/T 31593.3—2015	消防安全工程　第 3 部分：火灾风险评估指南		ISO/TS 16732：2005 MOD	2015/6/2	2015/8/1
16.7-3-27	16.7	13.220.01	C80	GB/T 31593.4—2015	消防安全工程　第 4 部分：设定火灾场景和设定火灾的选择		ISO/TS 16733：2006 MOD	2015/6/2	2015/8/1
16.7-3-28	16.7	13.220.01	C80	GB/T 31593.5—2015	消防安全工程　第 5 部分：火羽流的计算要求		ISO 16734：2006 MOD	2015/6/2	2015/8/1
16.7-3-29	16.7	13.220.01	C80	GB/T 31593.6—2015	消防安全工程　第 6 部分：烟气层的计算要求		ISO 16735：2006 MOD	2015/6/2	2015/8/1
16.7-3-30	16.7	13.220.01	C80	GB/T 31593.7—2015	消防安全工程　第 7 部分：顶棚射流的计算要求		ISO 16736：2006 MOD	2015/6/2	2015/8/1
16.7-3-31	16.7	13.220.01	C80	GB/T 31593.8—2015	消防安全工程　第 8 部分：开口气流的计算要求		ISO 16737：2006 MOD	2015/6/2	2015/8/1
16.7-3-32	16.7	13.220.01	C80	GB/T 31593.9—2015	消防安全工程　第 9 部分：人员疏散评估指南		ISO/TR 16738：2009 MOD	2015/6/2	2015/8/1
16.7-3-33	16.7	13.220.10	C84	GB 3445—2018	室内消火栓	GB 3445—2005		2018/9/17	2019/4/1
16.7-3-34	16.7	13.220.10	C84	GB 3446—2013	消防水泵接合器	GB 3446—1993		2013/9/18	2014/8/1
16.7-3-35	16.7	13.220.20	C82	GB 35181—2017	重大火灾隐患判定方法			2017/12/29	2018/7/1
16.7-3-36	16.7	27.100	F23	GB/T 36570—2018	水力发电厂消防设施运行维护规程			2018/9/17	2019/4/1
16.7-3-37	16.7	13.220.20	C84	GB 4351.1—2005	手提式灭火器　第 1 部分：性能和结构要求	GB 4399—1984； GB 4400—1984； GB 4401—1984； GB 12515—1990； GB 15368—1994； GB 4351—1997； GB 4397—1998； GB 4402—1998； GB 4398—1999		2005/4/22	2005/12/1

续表

序号	GW 分类	ICS 分类	GB 分类	标准号	中　文　名　称	代替标准	采用关系	发布日期	实施日期
16.7-3-38	16.7	13.220.20	C81	GB 4717—2005	火灾报警控制器	GB 4717—1993		2005/9/1	2006/6/1
16.7-3-39	16.7	13.220.01	C80	GB/T 4968—2008	火灾分类	GB 4968—1985		2008/11/4	2009/4/1
16.7-3-40	16.7			GB 50016—2014	建筑设计防火规范	GB50016—2006；GB50045—95		2018/3/30	2018/10/1
16.7-3-41	16.7	13.220.10	P16	GB 50140—2005	建筑灭火器配置设计规范	GBJ 140—1990；GBJ 140—1997		2005/7/15	2005/10/1
16.7-3-42	16.7		P16	GB 50151—2010	泡沫灭火系统设计规范	GB 50151—1992；GB 50196—1993；GB 50151—2000；GB 50196—2002		2010/8/18	2011/6/1
16.7-3-43	16.7		P16	GB 50193—2010	二氧化碳灭火系统设计规范（2010 年版）	GB 50193—1999		2010/8/1	2010/8/1
16.7-3-44	16.7			GB 50219—2014	水喷雾灭火系统技术规范	GB 50219—1995		2014/10/9	2015/8/1
16.7-3-45	16.7			GB 50222—2017	建筑内部装修设计防火规范	GB 50222—1995		2017/7/31	2018/4/1
16.7-3-46	16.7			GB 50261—2017	自动喷水灭火系统施工及验收规范	GB 50261—2005		2017/5/27	2018/1/1
16.7-3-47	16.7	13.220.20	P19	GB 50354—2005	建筑内部装修防火施工及验收规范			2005/4/15	2005/8/1
16.7-3-48	16.7			GB 50720—2011	建设工程施工现场消防安全技术规范			2011/6/6	2011/8/1
16.7-3-49	16.7			GB 50974—2014	消防给水及消火栓系统技术规范			2014/1/29	2014/10/1
16.7-3-50	16.7			GB 51309—2018	消防应急照明和疏散指示系统技术标准			2018/7/10	2019/3/1
16.7-3-51	16.7	13.220.10	C83	GB 5135.9—2018	自动喷水灭火系统　第 9 部分：早期抑制快速响应（ESFR）喷头	GB 5135.9—2006		2018/9/17	2019/4/1
16.7-3-52	16.7	13.220.20	C84	GB 8109—2005	推车式灭火器	GB 8109—1987		2005/4/22	2005/12/1
16.7-3-53	16.7	13.220.20	C84	GB 8181—2005	消防水枪	GB 8181—1987		2005/9/28	2006/4/1
16.7-4-54	16.7	13.220.20	P16	CECS 200—2006	建筑钢结构防火术规程			2006/8/1	2006/8/1
16.7-4-55	16.7			CECS 292—2011	气体消防设施选型配置设计规程			2011/4/20	2011/8/1
16.7-4-56	16.7			DL 5027—2015	电力设备典型消防规程	DL 5027—1993		2015/4/2	2015/9/1
16.7-4-57	16.7			DL/T 2140—2020	无人值班变电站消防远程集中监控系统技术规范			2020/10/23	2021/2/1

续表

序号	GW 分类	ICS 分类	GB 分类	标准号	中 文 名 称	代替标准	采用关系	发布日期	实施日期
16.7-4-58	16.7		P22	DLGJ 154—2000	电缆防火措施设计和施工验收标准			2000/10/19	2001/1/1
16.7-4-59	16.7	13.220.10	C84	GA 139—2009	灭火器箱	GA 139—1996		2009/9/25	2009/12/1
16.7-4-60	16.7	13.220.01	C84	GA 480.1—2004	消防安全标志通用技术条件　第 1 部分：通用要求和试验方法			2004/3/18	2004/10/1
16.7-4-61	16.7	13.220.01	C84	GA 480.2—2004	消防安全标志通用技术条件　第 2 部分：常规消防安全标志			2004/3/18	2004/10/1
16.7-4-62	16.7	13.220.01	C80	GA/T 812—2008	火灾原因调查指南			2008/11/18	2009/1/1
16.7-4-63	16.7	13.220.20	C84	GA 834—2009	泡沫喷雾灭火装置			2009/6/4	2009/7/1
16.7-4-64	16.7	13.220.10	C84	GA 835—2009	油浸变压器排油注氮灭火装置			2009/6/4	2009/7/1
16.7-4-65	16.7	13.220.20	C82	GA 836—2009	建筑工程消防验收评定规则			2009/6/25	2009/8/1
16.7-5-66	16.7	13.220.20	P16	ANSI NFPA 80 A—2011	防止建筑物外部受火的建议操作规程	ANSI NFPA 80 A—2007		2016/6/2	2016/6/2
16.7-5-67	16.7	13.220.40；33.120.10；33.120.20	K13	IEC/TR 62222：2012	建筑物内安装通信电缆的防火性能	IEC TR 62222：2006；IEC 46 C/959/DTR：2011		2012/7/1	2012/7/1
16.7-5-68	16.7	13.220.01		IEEE 979—2012	变电所防火指南	IEEE 979—1994		2012/11/27	2012/11/27
16.7-5-69	16.7	13.340.10		ISO 14116：2015	防护服　防止火焰　有限火焰蔓延的材料　材料组件和服装　第二版	ISO 14116：2008		2015/7/1	2015/7/1
16.7-5-70	16.7	13.220.10	C83	ISO 14520-1 CORRI 1：2007	气体灭火系统　物理特性和系统设计　第 1 部分：一般要求　技术勘误 1	ISO 14520-1 CORRI 1：2002		2007/9/1	2007/9/1
16.7-5-71	16.7	13.220.10		ISO 14520-1：2015	气体灭火系统　物理特性和系统设计　第 1 部分：通用要求　第三版；纠正版：2016 年 4 月 1 日（计算机）	ISO 14520-1：2006		2015/12/1	2015/12/1
16.7-5-72	16.7	13.220.10		ISO 14520-12：2015	气体灭火系统　物理特性和系统设计　第 12 部分：IG-01 灭火剂　第三版	ISO 14520-12：2005		2015/2/15	2015/2/15
16.7-5-73	16.7	13.220.10		ISO 14520-13：2015	气体灭火系统　物理特性和系统设计　第 13 部分：IG-100 灭火剂　第三版	ISO 14520-13：2005		2015/2/1	2015/2/1
16.7-5-74	16.7	13.220.10		ISO 14520-14：2015	气体灭火系统　物理特性和系统设计　第 14 部分：IG-55 灭火剂　第三版	ISO 14520-14：2005		2015/2/15	2015/2/15

序号	GW 分类	ICS 分类	GB 分类	标准号	中　文　名　称	代替标准	采用关系	发布日期	实施日期
16.7-5-75	16.7	13.220.10		ISO 14520-15：2015	气体灭火系统　物理特性和系统设计　第 15 部分：IG-541 灭火剂　第三版	ISO 14520-15：2005		2015/2/15	2015/2/15
16.7-5-76	16.7	13.220.10	C84	ISO 16852 CORRI 1：2008	灭火器　性能要求、试验方法和使用限制			2008/12/15	2008/12/15
16.7-6-77	16.7			T/CEC 291.5—2020	天然酯绝缘油电力变压器　第 5 部分：防火应用导则			2020/6/30	2020/10/1

16.8　安全与环保-其他

序号	GW 分类	ICS 分类	GB 分类	标准号	中　文　名　称	代替标准	采用关系	发布日期	实施日期
16.8-2-1	16.8	29.240		Q/GDW 10799.6—2018	国家电网有限公司电力安全工作规程　第 6 部分：光伏电站部分			2020/4/17	2020/4/17
16.8-2-2	16.8	27.140		Q/GDW 11575—2016	大坝安全监测系统综合评价导则			2017/5/18	2017/5/18
16.8-2-3	16.8	29.240		Q/GDW 11885—2018	国家电网有限公司交通安全监督检查工作规范			2020/4/17	2020/4/17
16.8-3-4	16.8	17.220.20	N20	GB/T 18216.1—2012	交流 1000V 和直流 1500V 以下低压配电系统电气安全防护措施的试验、测量或监控设备　第 1 部分：通用要求	GB/T 18216.1—2000	IEC 61557-1：2007	2012/11/5	2013/2/15
16.8-3-5	16.8	17.220.20	N20	GB/T 18216.2—2012	交流 1000V 和直流 1500V 以下低压配电系统电气安全防护措施的试验、测量或监控设备　第 2 部分：绝缘电阻	GB/T 18216.2—2002	IEC 61557-2：2007	2012/11/5	2013/2/15
16.8-3-6	16.8	17.220.20	N20	GB/T 18216.3—2012	交流 1000V 和直流 1500V 以下低压配电系统电气安全防护措施的试验、测量或监控设备　第 3 部分：环路阻抗	GB/T 18216.3—2007	IEC 61557-3：2007	2012/11/5	2013/2/15
16.8-3-7	16.8	17.220.20	N20	GB/T 18216.4—2012	交流 1000V 和直流 1500V 以下低压配电系统电气安全防护措施的试验、测量或监控设备　第 4 部分：接地电阻和等电位接地电阻	GB/T 18216.4—2007	IEC 61557-4：2007 IDT	2012/11/5	2013/2/15
16.8-3-8	16.8	17.220.20	N20	GB/T 18216.5—2012	交流 1000V 和直流 1500V 以下低压配电系统电气安全防护措施的试验、测量或监控设备　第 5 部分：对地阻抗	GB/T 18216.5—2007	IEC 61557-5：2007 IDT	2012/11/5	2013/2/15
16.8-3-9	16.8	17.220.20	N20	GB/T 18216.12—2010	交流 1000V 和直流 1500V 以下低压配电系统电气安全防护措施的试验、测量或监控设备　第 12 部分：性能测量和监控装置（PMD）			2011/1/14	2011/5/1

续表

序号	GW 分类	ICS 分类	GB 分类	标准号	中文名称	代替标准	采用关系	发布日期	实施日期
16.8-3-10	16.8	43.020	T40	GB 18384—2020	电动汽车安全要求	GB/T 18384.1—2015；GB/T 18384.2—2015；GB/T 18384.3—2015		2020/5/12	2021/1/1
16.8-3-11	16.8	27.160	K83	GB/T 20047.1—2006	光伏（PV）组件安全鉴定　第 1 部分：结构要求			2006/1/13	2006/2/1
16.8-3-12	16.8	07.060	A47	GB/T 36742—2018	气象灾害防御重点单位气象安全保障规范			2018/9/17	2019/4/1
16.8-3-13	16.8	07.060	A47	GB/T 36745—2018	台风涡旋测风数据判别规范			2018/9/17	2019/4/1
16.8-4-14	16.8	29.260.20	K35	AQ 3009—2007	危险场所电气防爆安全规范			2007/10/22	2008/1/1

17 技术监督

17.1 技术监督-基础综合

序号	GW 分类	ICS 分类	GB 分类	标准号	中 文 名 称	代替标准	采用关系	发布日期	实施日期
17.1-3-1	17.1	03.120.10	A00	GB/T 19000—2016	质量管理体系基础和术语	GB/T 19000—2008		2016/12/30	2017/7/1
17.1-3-2	17.1	03.120.10	A00	GB/T 19001—2016	质量管理体系要求	GB/T 19001—2008	ISO 9001：2015	2016/12/30	2017/7/1
17.1-3-3	17.1	03.120.10	A00	GB/T 19002—2018	质量管理体系　GB/T 19001—2016 应用指南	GB/T 19002—1994	ISO/TS 9002：2016	2018/12/28	2019/7/1
17.1-3-4	17.1	03.120.10	A00	GB/T 19028—2018	质量管理　人员参与和能力指南		ISO 10018：2012	2018/12/28	2019/7/1
17.1-3-5	17.1	29.020	K04	GB/T 1980—2005	标准频率	GB/T 1980—1996		2005/7/29	2006/4/1
17.1-3-6	17.1	27.010	F01	GB/T 24489—2009	用能产品能效指标编制通则			2009/10/30	2010/5/1
17.1-3-7	17.1	03.120.20	A00	GB/T 27020—2016	合格评定各类检验机构的运作要求	GB/T 18346-2001	ISO/IEC 17020：2012IDT	2016/4/25	2016/8/1
17.1-3-8	17.1	35.040	L80	GB/T 27422—2019	合格评定　业务连续性管理体系审核和认证机构要求			2019/12/10	2020/7/1
17.1-3-9	17.1	03.120.99	A00	GB/Z 36046—2018	电力监管指标评价规范			2018/3/15	2018/10/1
17.1-3-10	17.1	35.110	L79	GB/T 38322—2019	信息技术　信息设备互连　第三方智能家用电子系统与终端统一接入服务平台接口要求			2019/12/10	2020/7/1
17.1-4-11	17.1			DL/T 1051—2019	电力技术监督导则	DL/T 1051—2007		2019/6/4	2019/10/1
17.1-4-12	17.1			DL/T 1563—2016	中压配电网可靠性评估导则			2016/1/7	2016/6/1
17.1-4-13	17.1			JGJ 340—2015	建筑地基检测技术规范			2015/3/30	2015/12/1
17.1-4-14	17.1	33.020	M40	YD/T 991—2012	通信仪表的电磁兼容性限值及测量方法	YD/T 991—1998		2012/12/28	2013/3/1
17.1-5-15	17.1	03.120.01；03.120，30；21.020		IEC 60812：2018	失效模式和效应分析（FMEA 和 FMECA）	IEC 60812：2006		2018/8/1	2018/8/1

17.2 技术监督-电能质量

序号	GW 分类	ICS 分类	GB 分类	标准号	中 文 名 称	代替标准	采用关系	发布日期	实施日期
17.2-2-1	17.2			Q/GDW 10650.2—2017	电能质量监测技术规范　第 2 部分：电能质量监测装置	Q/GDW 1650.2—2014		2018/3/10	2018/3/10
17.2-2-2	17.2			Q/GDW 10650.6—2019	电能质量监测技术规范　第 6 部分：变电站电能质量在线监测			2020/10/23	2021/2/1
17.2-2-3	17.2	29.240		Q/GDW 10651—2015	电能质量评估技术导则	Q/GDW 651—2011		2016/12/8	2016/12/8
17.2-2-4	17.2			Q/GDW 11938—2018	电能质量　谐波限值与评价			2020/4/17	2020/4/17

续表

序号	GW 分类	ICS 分类	GB 分类	标准号	中 文 名 称	代替标准	采用关系	发布日期	实施日期
17.2-2-5	17.2	29.240		Q/GDW 1650.1—2014	电能质量监测技术规范 第 1 部分：电能质量监测主站	Q/GDW 650—2011		2015/2/26	a2015/2/26
17.2-2-6	17.2	29.240		Q/GDW 1650.3—2014	电能质量监测技术规范 第 3 部分：监测终端与主站间通信协议	Q/GDW 650—2011		2015/2/26	2015/2/26
17.2-2-7	17.2			Q/GDW 1818—2013	电压暂降与短时中断评价方法			2013/3/14	2013/3/14
17.2-2-8	17.2	29.020		Q/GDW 649—2011	电能质量监测系统技术规范			2011/11/8	2011/11/8
17.2-3-9	17.2	27.100	K04	GB/T 12325—2008	电能质量供电电压偏差	GB/T 12325—2003		2008/6/18	2009/5/1
17.2-3-10	17.2	27.100	F020	GB/T 12326—2008	电能质量电压波动和闪变	GB/T 12326—2000		2008/6/18	2009/5/1
17.2-3-11	17.2	27.010	F20	GB/T 14549—1993	电能质量公用电网谐波			1993/7/31	1994/3/1
17.2-3-12	17.2	29.020	K04	GB/T 15543—2008	电能质量三相电压不平衡	GB/T 15543—1995		2008/6/18	2009/5/1
17.2-3-13	17.2	27.010	F20	GB/T 15945—2008	电能质量电力系统频率偏差	GB/T 15945—1995		2008/6/18	2009/5/1
17.2-3-14	17.2			GB/Z 17625.14—2017	电磁兼容 限值 骚扰装置接入低压电力系统的谐波、间谐波、电压波动和不平衡的发射限值评估			2017/11/1	2018/5/1
17.2-3-15	17.2	33.100.10		GB/Z 17625.15—2017	电磁兼容 限值 低压电网中分布式发电系统低频电磁抗扰度和发射要求的评估	GB/T 17625.15—2011		2017/11/1	2018/5/1
17.2-3-16	17.2	27.100	F20	GB/T 18481—2001	电能质量暂时过电压和瞬态过电压			2001/1/1	2002/4/1
17.2-3-17	17.2	29.020	K04	GB/T 24337—2009	电能质量公用电网间谐波			2009/9/30	2010/6/1
17.2-3-18	17.2	31.060.70	K42	GB/T 26870—2011	滤波器和并联电容器在受谐波影响的工业交流电网中的应用			2011/7/29	2011/12/1
17.2-3-19	17.2	29.020	K04	GB/T 30137—2013	电能质量电压暂降与短时中断			2013/12/17	2014/5/10
17.2-3-20	17.2	29.020	K04	GB/Z 32880.1—2016	电能质量经济性评估 第 1 部分：电力用户的经济性评估方法			2016/12/13	2017/7/1
17.2-3-21	17.2	29.020	K04	GB/Z 32880.2—2016	电能质量经济性评估 第 2 部分：公用配电网的经济性评估方法			2016/12/13	2017/7/1
17.2-3-22	17.2	29.020	K04	GB/T 32880.3—2016	电能质量经济性评估 第 3 部分：数据收集方法			2016/8/29	2017/3/1
17.2-4-23	17.2	29.240.01	F23	DL/T 1053—2017	电能质量技术监督规程	DL/T 1053—2007		2017/3/28	2017/8/1
17.2-4-24	17.2	29.020	K01	DL/T 1198—2013	电力系统电能质量技术管理规定			2013/3/7	2013/8/1

序号	GW 分类	ICS 分类	GB 分类	标准号	中　文　名　称	代替标准	采用关系	发布日期	实施日期
17.2-4-25	17.2	29.020	K01	DL/T 1208—2013	电能质量评估技术导则供电电压偏差			2013/3/7	2013/8/1
17.2-4-26	17.2	29.240.01	F24	DL/T 1227—2013	电能质量监测装置技术规范			2013/3/7	2013/8/1
17.2-4-27	17.2		F23	DL/T 1228—2013	电能质量监测装置运行规程			2013/3/7	2013/8/1
17.2-4-28	17.2	27.100	F29	DL/T 1297—2013	电能质量监测系统技术规范			2013/11/28	2014/4/1
17.2-4-29	17.2	27.100	F20	DL/T 1375—2014	电能质量评估技术导则三相电压不平衡			2014/10/15	2015/3/1
17.2-4-30	17.2	29.240.01	F20	DL/T 1724—2017	电能质量评估技术导则电压波动和闪变			2017/8/2	2017/12/1
17.2-4-31	17.2	29.240.01	F23	DL/T 836.1—2016	供电系统供电可靠性评价规程　第 1 部分：通用要求	DL/T 836—2012		2016/1/7	2016/6/1
17.2-4-32	17.2			DL/T 836.2—2016	供电系统供电可靠性评价规程　第 2 部分：高中压用户			2016/1/7	2016/6/1
17.2-4-33	17.2			DL/T 836.3—2016	供电系统供电可靠性评价规程　第 3 部分：低压用户			2016/1/7	2016/6/1
17.2-4-34	17.2	27.180	F11	NB/T 31132—2018	风力发电场电能质量技术监督规程			2018/4/3	2018/7/1
17.2-4-35	17.2	029.020	K04	NB/T 41004—2014	电能质量现象分类			2014/3/18	2014/8/1
17.2-4-36	17.2	29.020	K04	NB/T 41005—2014	电能质量控制设备通用技术要求			2014/3/18	2014/8/1
17.2-5-37	17.2	33.100.10		IEC 61000-3-2：2018	电磁兼容性（EMC）第 3-2 部分：极限值　谐波电流辐射的极限值（设备输入电流不大于 16A/相）	IEC 61000-3-2：2014		2018/1/1	2018/1/1
17.2-5-38	17.2			IEC 62586-2 CORR 1：2018	电能质量监测电源系统　第 2 部分：功能测试和不确定性的要求　1.0 版（通信）	IEC 62586-2 CORRI 1：2014		2018/6/1	2018/6/1
17.2-5-39	17.2	17.220.20		IEC 62586-2：2017	供电系统中的电能质量测量　第 2 部分：功能试验和不确定性要求	IEC 62586-2 CORRI 1：2014		2017/3/1	2017/3/1
17.2-5-40	17.2	29.240.01	F21	IEEE 1159—2009	电能质量数据传送用实施规程	IEEE 1159—1995		2009/6/26	2009/6/26
17.2-5-41	17.2			IEEE 519—2014	电气动力系统谐波控制推荐规程和要求	IEEE 519 ERTA—2004		2014/3/27	2014/3/27
17.2-5-42	17.2	29.240.01		IEEE Std 1250—2018	对瞬时电压干扰敏感设备的维护指南	IEEE 1250—2011		2018/11/16	2018/11/16

17.3　技术监督-电气设备性能

序号	GW 分类	ICS 分类	GB 分类	标准号	中　文　名　称	代替标准	采用关系	发布日期	实施日期
17.3-2-1	17.3	29.240		Q/GDW 10660—2015	串联电容器补偿装置技术监督导则	Q/GDW 660—2011		2016/12/8	2016/12/8
17.3-2-2	17.3	29.240		Q/GDW 11074—2013	交流高压开关设备技术监督导则			2014/7/1	2014/7/1

续表

序号	GW 分类	ICS 分类	GB 分类	标准号	中 文 名 称	代替标准	采用关系	发布日期	实施日期
17.3-2-3	17.3	29.240		Q/GDW 11075—2013	电流互感器技术监督导则			2014/7/1	2014/7/1
17.3-2-4	17.3	29.240		Q/GDW 11076—2013	消弧线圈技术监督导则			2014/7/1	2014/7/1
17.3-2-5	17.3	29.240		Q/GDW 11077—2013	干式电抗器技术监督导则			2014/7/1	2014/7/1
17.3-2-6	17.3	29.240		Q/GDW 11079—2013	交流金属氧化物避雷器技术监督导则			2014/7/1	2014/7/1
17.3-2-7	17.3	29.240		Q/GDW 11080—2013	架空输电线路技术监督导则			2014/7/1	2014/7/1
17.3-2-8	17.3	29.240		Q/GDW 11081—2013	电压互感器技术监督导则			2014/7/1	2014/7/1
17.3-2-9	17.3	29.240		Q/GDW 11082—2013	高压并联电容器装置技术监督导则			2014/7/1	2014/7/1
17.3-2-10	17.3	29.240		Q/GDW 11083—2013	支柱瓷绝缘子技术监督导则			2014/7/1	2014/7/1
17.3-2-11	17.3	29.240		Q/GDW 11085—2013	油浸式电力变压器（电抗器）技术监督导则			2014/7/1	2014/7/1
17.3-2-12	17.3	29.240		Q/GDW 11300—2014	水电站绝缘技术监督导则			2015/3/12	2015/3/12
17.3-2-13	17.3	29.240		Q/GDW 11301—2014	水机技术监督导则			2015/3/12	2015/3/12
17.3-2-14	17.3	29.240		Q/GDW 11401—2015	输变电设备不良工况分类分级及处理规范			2015/11/7	2015/11/7
17.3-2-15	17.3	29.240		Q/GDW 1177—2015	高压静止无功补偿装置及静止同步补偿装置技术监督导则	Q/GDW 177—2008		2016/9/30	2016/9/30
17.3-2-16	17.3	29.240		Q/GDW 11915—2018	变压器类设备质量评级技术导则			2020/4/3	2020/4/3
17.3-2-17	17.3	29.120.40		Q/GDW 11916—2018	高压开关类设备质量评级技术导则			2020/4/3	2020/4/3
17.3-2-18	17.3	29.240		Q/GDW 11917—2018	输电线路类设备质量评级技术导则			2020/4/3	2020/4/3
17.3-2-19	17.3	29.240		Q/GDW 11918—2018	无功补偿类设备质量评级技术导则			2020/4/3	2020/4/3
17.3-2-20	17.3	29.240		Q/GDW 11919—2018	高压电缆及附件类设备质量评级技术导则			2020/4/3	2020/4/3
17.3-2-21	17.3	29.240		Q/GDW 320—2009	1000kV 交流电气设备监造导则			2009/5/25	2009/5/25
17.3-2-22	17.3	29.020		Q/GDW 471—2010	运行电气设备中六氟化硫气体质量监督与管理规定			2010/6/2	2010/6/2
17.3-3-23	17.3	29.080.030		GB/T 20111.1—2015	电气绝缘系统热评定规程　第 1 部分：通用要求低压		IEC 61857-1：2008，IDT	2015/7/3	2016/2/1
17.3-3-24	17.3	29.080.30	K15	GB/T 20111.2—2016	电气绝缘系统热评定规程　第 2 部分：通用模型的特殊要求散绕绕组应用	GB/T 20111.2—2008	IEC 61857-21：2009	2016/8/29	2017/3/1
17.3-3-25	17.3	29.080.30	K15	GB/T 20111.3—2016	电气绝缘系统热评定规程　第 3 部分：包封线圈模型的特殊要求散绕绕组电气绝缘系统（EIS）	GB/T 20111.3—2008	IEC 61857-22：2008	2016/8/29	2017/3/1

续表

序号	GW 分类	ICS 分类	GB 分类	标准号	中　文　名　称	代替标准	采用关系	发布日期	实施日期
17.3-3-26	17.3	29.080.30	K15	GB/T 20111.5—2020	电气绝缘系统　热评定规程　第 5 部分：设计寿命 5000h 及以下的应用		IEC 61857-31：2017	2020/6/2	2020/12/1
17.3-3-27	17.3	29.020	K60	GB/T 20138—2006	电器设备外壳对外界机械碰撞的防护等级（IK代码）			2006/3/6	2006/8/1
17.3-3-28	17.3	29.080.30	K15	GB/T 20139.1—2016	电气绝缘系统已确定等级的电气绝缘系统（EIS）组分调整的热评定　第 1 部分：散绕绕组 EIS	GB/T 20139—2006	IEC61858-1：2014	2016/8/29	2017/3/1
17.3-3-29	17.3	29.080.30	K15	GB/T 22566—2017	电气绝缘材料和系统　重复电压冲击下电气耐久性评定的通用方法	GB/T 22566.1—2008	IEC 62068：2013	2017/12/29	2018/7/1
17.3-3-30	17.3	29.080.30	K15	GB/T 22578.1—2017	电气绝缘系统（EIS）液体和固体组件的热评定　第 1 部分：通用要求	GB/T 22578.1—2008	IEC/TS 62332-1：2011	2017/12/29	2018/7/1
17.3-3-31	17.3	29.080.30	K15	GB/T 22578.2—2017	电气绝缘系统（EIS）液体和固体组件的热评定　第 2 部分：简化试验		IEC/TS 62332-2：2014	2017/12/29	2018/7/1
17.3-3-32	17.3	29.020	K09	GB/T 22696.4—2011	电气设备的安全风险评估和风险降低　第 4 部分：风险降低			2011/7/29	2011/12/1
17.3-3-33	17.3	29.020	K09	GB/T 22696.5—2011	电气设备的安全风险评估和风险降低　第 5 部分：风险评估和降低风险的方法示例			2011/7/29	2011/12/1
17.3-3-34	17.3	29.160.01	K20	GB/T 22720.2—2019	旋转电机　电压型变频器供电的旋转电机耐局部放电电气绝缘结构（Ⅱ型）的鉴定试验	GB/Z 22720.2—2013	IEC 60034-18-42：2017 IDT	2019/6/4	2020/1/1
17.3-3-35	17.3	29.080.30	K15	GB/T 26170—2010	电气绝缘系统热、电综合应力快速评定			2011/1/14	2011/7/1
17.3-3-36	17.3	17.220.99	K15	GB/T 29311—2020	电气绝缘材料和系统　交流电压耐久性评定	GB/T 29311—2012	IEC 61251：2015	2020/6/2	2020/12/1
17.3-4-37	17.3	29.160.20	K21	DL/T 1049—2007	发电机励磁系统技术监督规程			2007/7/20	2007/12/1
17.3-4-38	17.3	27.100	F20	DL/T 1054—2007	高压电气设备绝缘技术监督规程			2007/7/20	2007/12/1
17.3-4-39	17.3	27.100	F20	DL/T 1090—2008	串联补偿系统可靠性统计评价规程			2008/6/4	2008/11/1
17.3-4-40	17.3	77.040.20	H26	DL/T 1611—2016	输电线路铁塔钢管对接焊缝超声波检测与质量评定			2016/8/16	2016/12/1
17.3-4-41	17.3	29.240.01	F20	DL/T 1793—2017	柔性直流输电设备监造技术导则			2017/12/27	2018/6/1
17.3-4-42	17.3			DL/T 2030—2019	输变电回路可靠性评价规程			2019/6/4	2019/10/1
17.3-4-43	17.3	29.020	K01	DL/T 278—2012	直流电子式电流互感器技术监督导则			2012/1/4	2012/3/1
17.3-4-44	17.3	29.100.01	F01	DL/T 586—2008	电力设备监造技术导则	DL 586—1995		2008/6/4	2008/11/1

续表

序号	GW 分类	ICS 分类	GB 分类	标准号	中　文　名　称	代替标准	采用关系	发布日期	实施日期
17.3-4-45	17.3			DL/T 793.1—2017	发电设备可靠性评价规程　第 1 部分：通则	DL/T 793—2012		2017/8/2	2017/12/1
17.3-4-46	17.3			DL/T 793.2—2017	发电设备可靠性评价规程　第 2 部分：燃煤机组			2017/8/2	2017/12/1
17.3-4-47	17.3			DL/T 793.4—2019	发电设备可靠性评价规程　第 4 部分：抽水蓄能机组			2019/6/4	2019/10/1
17.3-4-48	17.3	29.200	L23	YD/T 1541—2006	绝缘转换连接器的过电压和过电流技术要求和测试方法			2006/12/11	2007/1/1
17.3-5-49	17.3	29.080.30	K15	IEC 60505：2011	电气绝缘系统的评定和鉴定	IEC 60505：2004；IEC 112/174/FDIS：2011		2011/7/11	2011/7/11
17.3-5-50	17.3	17.240；29.035.01		IEC 60544-5：2011	电绝缘材料　确定电离辐射的影响　第 5 部分：在使用过程中的老化评定方法	IEC 60544-5：2003；IEC 112/171/CDV：2011		2011/12/14	2011/12/14
17.3-5-51	17.3	17.220.99；29.035.01		IEC 61251：2015	电气绝缘材料　交流电压耐久性评定　一般评价	IEC 61251：2008		2015/11/18	2015/11/18
17.3-5-52	17.3	29.080.30		IEC 61858-2：2014	电气绝缘系统　对现有电气绝缘系统改造的热评估　第 2 部分：模绕电气绝缘系统			2014/2/12	2014/2/12
17.3-5-53	17.3	29.080.30	K04	IEC/TS 62332-1：2011	电气绝缘系统（EIS）液态和固态联合部件的热评定　第 1 部分：一般要求	IEC TS 62332-1：2005；IEC 112/160/DTS：2010		2011/3/14	2011/3/14

17.4　技术监督-电测技术

序号	GW 分类	ICS 分类	GB 分类	标准号	中　文　名　称	代替标准	采用关系	发布日期	实施日期
17.4-3-1	17.4	27.010	F01	GB 17167—2006	用能单位能源计量器具配备和管理通则	GB/T 17167—1997		2006/6/2	2007/1/1
17.4-3-2	17.4			GB/T 50063—2017	电力装置电测量仪表装置设计规范	GB/T 50063—2008		2017/1/21	2017/7/1
17.4-4-3	17.4	29.020	K01	DL/T 1199—2013	电测技术监督规程			2013/3/7	2013/8/1

17.5　技术监督-热工技术

序号	GW 分类	ICS 分类	GB 分类	标准号	中　文　名　称	代替标准	采用关系	发布日期	实施日期
17.5-3-1	17.5	25.180.10	K60	GB/T 13324—2006	热处理设备术语	GB/T 13324—1991		2006/11/8	2007/4/1
17.5-4-2	17.5			DL/T 939—2016	火力发电厂锅炉受热面管监督技术导则	DL/T 939—2005		2016/8/16	2016/12/1

17.6　技术监督-金属技术

序号	GW 分类	ICS 分类	GB 分类	标准号	中　文　名　称	代替标准	采用关系	发布日期	实施日期
17.6-2-1	17.6	29.240		Q/GDW 11299—2014	水电站金属技术监督导则			2015/3/12	2015/3/12
17.6-2-2	17.6	29.240		Q/GDW 11717—2017	电网设备金属技术监督导则			2018/4/13	2018/4/13

序号	GW 分类	ICS 分类	GB 分类	标准号	中　文　名　称	代替标准	采用关系	发布日期	实施日期
17.6-2-3	17.6	29.240		Q/GDW 11718.1—2017	电网设备金属质量检测导则　第 1 部分：导体镀银部分			2018/4/13	2018/4/13
17.6-2-4	17.6	29.240		Q/GDW 1292—2014	特高压输电线路铁塔、导线、金具和 OPGW 监造导则	Q/GDW 292—2009		2014/12/31	2014/12/31
17.6-3-5	17.6			GB/T 1591—2018	低合金高强度结构钢	GB/T 1591—2008		2018/5/14	2019/2/1
17.6-3-6	17.6	25.160.10	J33	GB/T 19805—2005	焊接操作工技能评定			2005/6/8	2005/12/1
17.6-3-7	17.6	25.160.10	J33	GB/T 19866—2005	焊接工艺规程及评定的一般原则			2005/8/10	2006/4/1
17.6-3-8	17.6	77.040.99	H21	GB/T 351—2019	金属材料　电阻率测量方法	GB/T 351—1995		2019/3/25	2020/2/1
17.6-3-9	17.6	03.100.99	A01	GB/T 37190—2018	管道腐蚀控制工程全生命周期　通用要求			2018/12/28	2019/11/1
17.6-3-10	17.6	77.040.10	H22	GB/T 37306.1—2019	金属材料　疲劳试验　变幅疲劳试验　第 1 部分：总则、试验方法和报告要求		ISO 12110-1：2013	2019/3/25	2020/2/1
17.6-3-11	17.6	77.040.10	H22	GB/T 37306.2—2019	金属材料　疲劳试验　变幅疲劳试验　第 2 部分：循环计数和相关数据缩减方法		ISO 12110-2：2013	2019/3/25	2020/2/1
17.6-3-12	17.6		P94	GB 50683—2011	现场设备、工业管道焊接工程施工质量验收规范			2011/2/18	2012/5/1
17.6-3-13	17.6	77.060	H25	GB/T 8650—2015	管线钢和压力容器钢抗氢致开裂评定方法	GB/T 8650—2006		2015/12/10	2016/11/1
17.6-3-14	17.6	21.060.20	J13	GB/T 90.3—2010	紧固件质量保证体系			2011/1/10	2011/10/1
17.6-3-15	17.6	19.100；77.140.80	J31	GB/T 9444—2007	铸钢件磁粉检测	GB/T 9444—1988		2007/12/18	2008/1/1
17.6-4-16	17.6	27.040	K59	DL/T 1055—2007	发电厂汽轮机、水轮机技术监督导则			2007/7/20	2007/12/1
17.6-4-17	17.6	27.100	F29	DL/T 1265—2013	电力行业焊工培训机构基本能力要求			2013/11/28	2014/4/1
17.6-4-18	17.6	27.100	F24	DL/T 1318—2014	水电厂金属技术监督规程			2014/3/18	2014/8/1
17.6-4-19	17.6			DL/T 1424—2015	电网金属技术监督规程			2015/4/2	2015/9/1
17.6-4-20	17.6	27.100	F20	DL/T 675—2014	电力行业无损检测人员资格考核规则			2014/10/15	2015/3/1
17.6-4-21	17.6	29.240.20	K47	DL/T 768.1—2017	电力金具制造质量　第 1 部分：可锻铸铁件	DL/T 768.1—2002		2017/3/28	2017/8/1
17.6-4-22	17.6	29.240.20	K27	DL/T 768.2—2017	电力金具制造质量　第 2 部分：黑色金属锻制件	DL/T 768.2—2002		2017/8/2	2017/12/1
17.6-4-23	17.6			DL/T 768.3—2017	电力金具制造质量　第 3 部分：冲压件	DL/T 768.3—2002		2017/8/2	2017/12/1
17.6-4-24	17.6			DL/T 768.4—2017	电力金具制造质量　第 4 部分：球墨铸铁件	DL/T 768.4—2002		2017/8/2	2017/12/1

续表

序号	GW 分类	ICS 分类	GB 分类	标准号	中 文 名 称	代替标准	采用关系	发布日期	实施日期
17.6-4-25	17.6			DL/T 768.5—2017	电力金具制造质量　第 5 部分：铝制件	DL/T 768.5—2002		2017/8/2	2017/12/1
17.6-4-26	17.6	27.100	K47	DL/T 768.6—2002	电力金具制造质量　第 6 部分：焊接件	SD 218.2—1987		2002/4/27	2002/9/1
17.6-4-27	17.6	27.100	K47	DL/T 768.7—2012	电力金具制造质量　第 7 部分：钢铁件热镀锌层	DL/T 768.7—2002		2012/8/23	2012/12/1
17.6-4-28	17.6	25.200	J36	JB/T 5072—2007	热处理保护涂料一般技术要求	JB 5072—1991		2007/3/6	2007/9/1
17.6-4-29	17.6	23.080	J71	JB/T 6883—2006	大、中型立式轴流泵型式与基本参数	JB 6883—1993		2006/9/14	2007/3/1

17.7　技术监督-化学技术

序号	GW 分类	ICS 分类	GB 分类	标准号	中 文 名 称	代替标准	采用关系	发布日期	实施日期
17.7-2-1	17.7	27.140		Q/GDW 11574—2016	水电站化学技术监督导则			2017/5/18	2017/5/18
17.7-3-2	17.7	71.100.80	G76	GB/T 20778—2006	水处理剂可生物降解性能评价方法—CO_2 生成量法			2006/12/29	2007/6/1
17.7-4-3	17.7	27.100	F24	DL/T 1002—2006	微量溶解氧仪标定方法标准气体标定法			2006/5/6	2006/10/1
17.7-4-4	17.7	27.100	F24	DL/T 1360—2014	大豆植物变压器油质量标准			2014/10/15	2015/3/1
17.7-4-5	17.7	71.040.40	E38	DL/T 1463—2015	变压器油中溶解气体组分含量分析用工作标准油的配制			2015/7/1	2015/12/1
17.7-4-6	17.7			DL/T 1717—2017	燃气-蒸汽联合循环发电厂化学监督技术导则			2017/8/2	2017/12/1
17.7-4-7	17.7			DL/T 1815—2018	电化学储能电站设备可靠性评价规程			2018/4/3	2018/7/1
17.7-4-8	17.7			DL/T 2121—2020	高压直流输电换流阀冷却系统化学监督导则			2020/10/23	2021/2/1
17.7-4-9	17.7	71.010	F01	DL/T 246—2015	化学监督导则	DL/T 246—2006		2015/4/2	2015/9/1
17.7-4-10	17.7			DL/T 595—2016	六氟化硫电气设备气体监督导则	DL/T 595—1996		2016/1/7	2016/6/1
17.7-4-11	17.7	27.100	E36；E34	DL/T 705—1999	运行中氢冷发电机用密封油质量标准			2000/2/24	2000/7/1
17.7-4-12	17.7	27.100	F24	DL/T 805.2—2016	火电厂汽水化学导则　第 2 部分：锅炉炉水磷酸盐处理	DL/T 805.2—2004		2016/1/7	2016/6/1
17.7-4-13	17.7			DL/T 805.4—2016	火电厂汽水化学导则　第 4 部分：锅炉给水处理	DL/T 805.4—2004		2016/2/5	2016/7/1
17.7-4-14	17.7	27.100	F23	DL/T 889—2015	电力基本建设热力设备化学监督导则			2015/7/1	2015/12/1
17.7-4-15	17.7			DL/T 931—2017	电力行业理化检验人员考核规程	DL/T 931—2005		2017/3/28	2017/8/1
17.7-4-16	17.7	27.100	F23；F24	DL/T 941—2005	运行中变压器用六氟化硫质量标准			2005/2/14	2005/6/1

17

序号	GW 分类	ICS 分类	GB 分类	标准号	中 文 名 称	代替标准	采用关系	发布日期	实施日期
17.7-4-17	17.7	27.100	F20	DL/T 977—2013	发电厂热力设备化学清洗单位管理规定			2013/11/28	2014/4/1
17.7-4-18	17.7			DL/T 986—2016	湿法烟气脱硫工艺性能检测技术规范	DL/T 986—2005		2016/1/7	2016/6/1
17.7-4-19	17.7	25.200	J36	JB/T 7530—2007	热处理用氩气、氮气、氢气一般技术条件	JB 7530—1994		2007/3/6	2007/9/1
17.7-4-20	17.7	93.160	P59	SL 396—2011	水利水电工程水质分析规程			2011/2/21	2011/5/21

17.8 技术监督-节能与环保技术

序号	GW 分类	ICS 分类	GB 分类	标准号	中 文 名 称	代替标准	采用关系	发布日期	实施日期
17.8-2-1	17.8	29.240		Q/GDW 11668—2017	±1100kV 直流架空输电线路电磁环境控制值			2018/1/18	2018/1/18
17.8-2-2	17.8			Q/GDW 145—2006	±800kV 直流架空输电线路电磁环境控制值			2006/9/26	2006/9/26
17.8-3-3	17.8			GB 13015—2017	含多氯联苯废物污染控制标准	GB 13015—1991		2017/9/29	2017/10/1
17.8-3-4	17.8	27.010	F01	GB 18613—2020	电动机能效限定值及能效等级	GB 18613—2012；GB 25958—2010		2020/5/29	2021/6/1
17.8-3-5	17.8	27.010	F01	GB 19761—2020	通风机能效限定值及能效等级	GB 19761—2009		2020/5/29	2021/6/1
17.8-3-6	17.8	27.010	F01	GB 20052—2020	电力变压器能效限定值及能效等级	GB 20052—2013；GB 24790—2009		2020/5/29	2021/6/1
17.8-3-7	17.8	19.040	A21	GB/T 20644.1—2006	特殊环境条件 选用导则 第 1 部分：金属表面防护			2006/11/8	2007/4/1
17.8-3-8	17.8	19.040	A21	GB/T 20644.2—2006	特殊环境条件 选用导则 第 2 部分：高分子材料			2006/11/8	2007/4/1
17.8-3-9	17.8	29.260.20	K35	GB 20800.1—2006	爆炸性环境 用往复式内燃机防爆技术通则 第 1 部分：可燃性气体和蒸汽环境用Ⅱ类内燃机			2006/12/1	2007/6/1
17.8-3-10	17.8	29.260.20	K35	GB 20800.2—2006	爆炸性环境 用往复式内燃机防爆技术通则 第 2 部分：可燃性粉尘环境用Ⅱ类内燃机			2006/12/1	2007/6/1
17.8-3-11	17.8	27.010	F01	GB 24500—2020	工业锅炉能效限定值及能效等级	GB 24500—2009		2020/5/29	2021/6/1
17.8-3-12	17.8	27.010	F01	GB/T 2589—2008	综合能耗计算通则	GB/T 2589—1990		2008/2/3	2008/6/1
17.8-3-13	17.8	27.010	F01	GB 30253—2013	永磁同步电动机能效限定值及能效等级			2013/12/18	2014/9/1
17.8-3-14	17.8	29.260.20	K35	GB 3836.1—2010	爆炸性环境 第 1 部分：设备通用要求	GB 3836.1—2000		2010/8/9	2011/8/1

续表

序号	GW 分类	ICS 分类	GB 分类	标准号	中 文 名 称	代替标准	采用关系	发布日期	实施日期
17.8-3-15	17.8	29.260.20	K35	GB 3836.2—2010	爆炸性环境　第 2 部分：由隔爆外壳“d”保护的设备	GB 3836.2—2000；GB 3836.2 E—2000		2010/8/9	2011/8/1
17.8-3-16	17.8	29.260.20	K35	GB 3836.3—2010	爆炸性环境　第 3 部分：由增安型“e”保护的设备	GB 3836.3—2000		2010/8/9	2011/8/1
17.8-3-17	17.8	29.260.20	K35	GB/T 3836.5—2017	爆炸性环境　第 5 部分：由正压外壳“p”保护的设备	GB 3836.5—2004	IEC 60079-2:2007 MOD	2017/7/31	2018/2/1
17.8-3-18	17.8	29.260.20	K35	GB 3836.8—2014	爆炸性环境　第 8 部分：由“n”型保护的设备		IEC 60079-15：2010	2014/12/5	2015/10/16
17.8-3-19	17.8	29.260.20	35	GB 3836.9—2014	爆炸性环境　第 9 部分：由浇封型“m”保护的设备		IEC 60079-18：2009 MOD	2014/12/5	2015/10/16
17.8-3-20	17.8	29.260.20	K35	GB 3836.17—2007	爆炸性气体　环境用电气设备　第 17 部分：正压房间或建筑物的结构和使用			2007/4/30	2008/4/1
17.8-3-21	17.8			GB/T 51350—2019	近零能耗建筑技术标准			2019/1/24	2019/9/1
17.8-4-22	17.8			DL/T 1050—2016	电力环境保护技术监督导则	DL/T 1050—2007		2016/1/7	2016/6/1
17.8-4-23	17.8			DL/T 1052—2016	电力节能技术监督导则	DL/T 1052—2007		2016/12/5	2017/5/1
17.8-4-24	17.8			HJ 193—2013	环境空气气态污染物（SO_2、NO_2、O_3、CO）连续自动监测系统安装验收技术规范	HJ/T 193 部分—2005；HJ/T 193—2005		2013/7/30	2013/8/1
17.8-4-25	17.8			HJ 2543—2016	环境标志产品技术要求　干式电力变压器	HJ/T 224—2005		2016/10/17	2017/1/1
17.8-4-26	17.8			HJ 298—2019	危险废物鉴别技术规范			2019/11/12	2020/1/1
17.8-4-27	17.8	23.100.60；13.020.01	J77；Z04	HJ 335—2006	环境保护产品技术要求	HBC 27—2004		2006/12/15	2007/4/1
17.8-6-28	17.8			T/CEC 291.6—2020	天然酯绝缘油电力变压器　第 6 部分：技术经济性评价导则			2020/6/30	2020/10/1

17.9　技术监督-保护与控制系统

序号	GW 分类	ICS 分类	GB 分类	标准号	中 文 名 称	代替标准	采用关系	发布日期	实施日期
17.9-2-1	17.9	29.240		Q/GDW 11078—2013	直流电源系统技术监督导则			2014/7/1	2014/7/1
17.9-2-2	17.9	29.240		Q/GDW 11297—2014	水电站继电保护及安全自动装置技术监督导则			2015/3/12	2015/3/12

17

序号	GW 分类	ICS 分类	GB 分类	标准号	中 文 名 称	代替标准	采用关系	发布日期	实施日期
17.9-2-3	17.9	29.240		Q/GDW 11578—2016	水电站热工仪表及控制系统技术监督导则			2017/5/18	2017/5/18
17.9-2-4	17.9	29.020		Q/GDW 395—2009	电力系统继电保护及安全自动装置评价规范			2010/2/10	2010/2/10

17.10 技术监督-信息通信及自动化

序号	GW 分类	ICS 分类	GB 分类	标准号	中 文 名 称	代替标准	采用关系	发布日期	实施日期
17.10-2-1	17.10	29.240		Q/GDW 11298—2014	水电站监控与自动化技术监督导则			2015/3/12	2015/3/12
17.10-2-2	17.10	29.240		Q/GDW 11371—2014	配电自动化建设效果评价指导原则			2015/5/22	2015/5/22
17.10-2-3	17.10			Q/GDW 11979—2019	信息设备腾退鉴定规范			2020/9/28	2020/9/28
17.10-2-4	17.10	29.240		Q/GDW 1803—2012	电力通信工程后评估评价方法			2014/2/10	2014/2/10
17.10-3-5	17.10	33.040.20	M19	GB/T 15837—2008	数字同步网接口要求	GB/T 15837—1995		2008/10/29	2009/5/1
17.10-3-6	17.10	27.010	F07	GB/T 36047—2018	电力信息系统安全检查规范			2018/3/15	2018/10/1
17.10-3-7	17.10	35.040	L80	GB/T 36466—2018	信息安全技术　工业控制系统风险评估实施指南			2018/6/7	2019/1/1
17.10-4-8	17.10			DL/T 860.905—2019	电力自动化通信网络和系统　第 90-5 部分：使用 IEC 61850 传输符合 IEEE C37.118 的同步相量信息		IEC/TR 61850-90-5：2012	2019/11/4	2020/5/1
17.10-4-9	17.10	33.100	M04	YD/T 1644.2—2011	手持和身体佩戴使用的无线通信设备对人体的电磁照射人体模型、仪器和规程　第 2 部分：靠近身体使用的无线通信设备的比吸收率（SAR）评估规程（频率范围 30MHz～6GHz）			2011/5/18	2012/2/1

17.11 技术监督-其他

序号	GW 分类	ICS 分类	GB 分类	标准号	中 文 名 称	代替标准	采用关系	发布日期	实施日期
17.11-2-1	17.11	29.240		Q/GDW 11464—2015	水电站水工技术监督导则			2016/11/1	2016/11/1
17.11-2-2	17.11	27.140		Q/GDW 11577—2016	水电站电测技术监督导则			2017/5/18	2017/5/18
17.11-2-3	17.11	27.100		Q/GDW 11579—2016	水轮发电机技术监督导则			2017/5/18	2017/5/18
17.11-2-4	17.11	27.140		Q/GDW 11580—2016	水电站节能技术监督导则			2017/5/18	2017/5/18
17.11-2-5	17.11	27.140		Q/GDW 11581—2016	水电站励磁技术监督导则			2017/5/18	2017/5/18
17.11-2-6	17.11	29.240		Q/GDW 11591—2016	输电线路施工机具现场监督检验规范			2017/5/25	2017/5/25

续表

序号	GW 分类	ICS 分类	GB 分类	标准号	中 文 名 称	代替标准	采用关系	发布日期	实施日期
17.11-2-7	17.11	01.140.20		Q/GDW 11968—2019	科技查新技术规范			2020/8/24	2020/8/24
17.11-2-8	17.11	29.240.01		Q/GDW 11989—2019	国家电网有限公司电网发展诊断分析内容深度规定			2020/8/24	2020/8/24
17.11-2-9	17.11	29.240.01		Q/GDW 11997—2019	大规模电采暖系统接入配电网评价导则			2020/8/24	2020/8/24
17.11-3-10	17.11	33.100.20	L06	GB/T 38326—2019	工业、科学和医疗机器人 电磁兼容 抗扰度试验			2019/12/10	2020/7/1
17.11-3-11	17.11	33.100	L06	GB/T 38336—2019	工业、科学和医疗机器人 电磁兼容 发射测试方法和限值			2019/12/10	2020/7/1
17.11-4-12	17.11			DL/T 1455—2015	电力系统控制类软件安全性及其测评技术要求			2015/7/1	2015/12/1
17.11-4-13	17.11	27.140	P59	DL/T 1559—2016	水电站水工技术监督导则			2016/1/7	2016/6/1
17.11-4-14	17.11	29.240.99	K47	DL/T 1781—2017	电力器材质量监督检验技术规程			2017/12/27	2018/6/1
17.11-4-15	17.11	27.140	P59	DL/T 5313—2014	水电站大坝运行安全评价导则			2014/3/18	2014/8/1
17.11-4-16	17.11	27.140	P59	NB/T 35064—2015	水电工程安全鉴定规程			2015/10/27	2016/3/1

18 互联网技术

18.1 互联网技术-基础综合

序号	GW 分类	ICS 分类	GB 分类	标准号	中 文 名 称	代替标准	采用关系	发布日期	实施日期
18.1-2-1	18.1	35.240		Q/GDW 10845—2018	信息运行支撑平台功能规范	Q/GDW/Z 1845—2013		2020/3/20	2020/3/20
18.1-2-2	18.1	29.240		Q/GDW/Z 11214—2014	电力物联网传感器信息模型规范			2014/12/31	2014/12/31
18.1-2-3	18.1	35.240.99		Q/GDW 11531—2016	国家电网公司横纵向数据交互规范			2016/12/22	2016/12/22
18.1-2-4	18.1	29.240		Q/GDW 11636—2016	电网地理信息服务平台（GIS）数据模型			2017/7/12	2017/7/12
18.1-2-5	18.1	29.240		Q/GDW 11822.1—2018	一体化“国网云” 第 1 部分：术语			2019/7/26	2019/7/26
18.1-2-6	18.1	35.240		Q/GDW 11829—2018	信息化项目成本度量规范			2019/7/16	2019/7/16
18.1-2-7	18.1	03.100.01		Q/GDW 11831—2018	信息化项目概要设计内容深度规定			2019/7/16	2019/7/16
18.1-2-8	18.1	29.240		Q/GDW 11834—2018	国家电网有限公司实物档案数字化规范			2019/7/18	2019/7/18
18.1-2-9	18.1	29.240		Q/GDW 11843—2018	电网小型基建项目初步设计内容深度规定			2019/8/26	2019/8/26
18.1-2-10	18.1			Q/GDW 1943—2013	国家电网公司统一应用平台模块技术规范			2014/5/1	2014/5/1
18.1-2-11	18.1	29.240		Q/GDW 622—2011	电力系统简单服务接口规范			2011/7/27	2011/7/27
18.1-2-12	18.1	29.240		Q/GDW 623—2011	电力系统动态消息描述规范			2011/7/27	2011/7/27
18.1-3-13	18.1			GB/T 17173.3—2014	信息技术 开放系统互连分布式事务处理 第 3 部分：协议规范	GB/T 17173.3—1997		2014/7/8	2014/12/1
18.1-3-14	18.1	33.100.20	L06	GB/T 17618—2015	信息技术 设备抗扰度限值和测量方法			2015/2/4	2015/9/1
18.1-3-15	18.1	35.040	L71	GB 18030—2005	信息技术 中文编码字符集	GB 18030—2000		2005/11/8	2006/5/1
18.1-3-16	18.1	35.200	L65	GB/T 18233.5—2018	信息技术 用户建筑群通用布缆 第 5 部分：数据中心			2018/12/28	2018/12/28
18.1-3-17	18.1	29.240.10	K30	GB/T 19663—2005	信息系统 雷电防护术语			2005/1/27	2005/6/1
18.1-3-18	18.1	07.040	A75	GB/T 20258.1—2019	基础地理信息要素数据字典 第 1 部分：1∶500 1∶1000 1∶2000 比例尺	GB/T 20258.1—2007		2019/3/25	2019/10/1
18.1-3-19	18.1	07.040	A75	GB/T 20258.2—2019	基础地理信息要素数据字典 第 2 部分：1∶5000 1∶10000 比例尺	GB/T 20258.2—2006		2019/3/25	2019/10/1
18.1-3-20	18.1	07.040	A75	GB/T 20258.3—2019	基础地理信息要素数据字典 第 3 部分：1∶25000 1∶50000 1∶100000 比例尺	GB/T 20258.3—2006		2019/3/25	2019/10/1
18.1-3-21	18.1	07.040	A75	GB/T 20258.4—2019	基础地理信息要素数据字典 第 4 部分：1∶250000 1∶500000 1∶1000000 比例尺	GB/T 20258.4—2007		2019/3/25	2019/10/1

续表

序号	GW 分类	ICS 分类	GB 分类	标准号	中 文 名 称	代替标准	采用关系	发布日期	实施日期
18.1-3-22	18.1	37.080	A14	GB/Z 23283—2009	基于文件的电子信息的长期保存			2009/3/13	2009/9/1
18.1-3-23	18.1	35.080	L77	GB/T 25000.21—2019	系统与软件工程　系统与软件质量要求和评价（SQuaRE）　第 21 部分：质量测度元素		ISO/IEC 25021：2012	2019/8/30	2020/3/1
18.1-3-24	18.1	35.080	L77	GB/T 25000.22—2019	系统与软件工程　系统与软件质量要求和评价（SQuaRE）　第 22 部分：使用质量测量	GB/T 16260.4—2006	ISO/IEC 25022：2016	2019/8/30	2020/3/1
18.1-3-25	18.1	35.080	L77	GB/T 25000.23—2019	系统与软件工程　系统与软件质量要求与评价（SQuaRE）　第 23 部分：系统与软件产品质量测量	GB/T 16260.2—2006；GB/T 16260.3—2006	ISO/IEC 25023：2016	2019/8/30	2020/3/1
18.1-3-26	18.1	35.240.50	L67	GB/T 25109.1—2010	企业资源计划　第 1 部分：ERP 术语			2010/9/2	2010/12/1
18.1-3-27	18.1	35.080	L77	GB/T 26236.1—2010	信息技术　软件资产管理　第 1 部分：过程		ISO/IEC19770-1：2006，IDT	2011/1/14	2011/5/1
18.1-3-28	18.1	35.080	L77	GB/T 26239—2010	软件工程开发方法元模型		IDT IEC 24744：2007	2011/1/14	2011/5/1
18.1-3-29	18.1	35.080	L77	GB/T 26240—2010	系统工程系统工程过程的应用和管理			2011/1/14	2011/5/1
18.1-3-30	18.1	35.080	L76	GB/Z 26248.1—2010	信息技术文档描述和处理语言用于 XML 的规则语言描述（RELAX）　第 1 部分：RELAX 核心			2011/1/14	2011/5/1
18.1-3-31	18.1	25.040.40	N18	GB/T 26806.1—2011	工业控制计算机系统工业控制计算机基本平台　第 1 部分：通用技术条件			2011/7/29	2011/12/1
18.1-3-32	18.1	25.040.40	N18	GB/T 26806.2—2011	工业控制计算机系统工业控制计算机基本平台　第 2 部分：性能评定方法			2011/7/29	2011/12/1
18.1-3-33	18.1	37.080	A14	GB/Z 26822—2011	文档管理电子信息存储真实性可靠性建议		ISO/TR 15801:2009 IDT	2011/7/29	2011/12/1
18.1-3-34	18.1	91.040.20	P34	GB/T 2887—2011	计算机场地通用规范	GB/T 2887—2000		2011/7/29	2011/11/1
18.1-3-35	18.1			GB/T 29261.5—2014	信息技术　自动识别和数据采集技术词汇　第 5 部分：定位系统		ISO/IEC 19762-5：2008	2014/9/3	2015/2/1
18.1-3-36	18.1	35.100.05	L79	GB/T 29263—2012	信息技术　面向服务的体系结构（SOA）应用的总体技术要求			2012/12/31	2013/6/1
18.1-3-37	18.1	35.200	L65	GB/T 29265.201—2017	信息技术　信息设备资源共享协同服务　第 201 部分：基础协议			2017/5/12	2017/12/1
18.1-3-38	18.1	35.200	L65	GB/T 29265.202—2012	信息技术　信息设备资源共享协同服务　第 202 部分：通用控制基础协议			2012/12/31	2013/7/1
18.1-3-39	18.1	35.200	L65	GB/T 29265.303—2012	信息技术　信息设备资源共享协同服务　第 303 部分：通用控制设备描述			2012/12/31	2013/7/1

序号	GW 分类	ICS 分类	GB 分类	标准号	中文名称	代替标准	采用关系	发布日期	实施日期
18.1-3-40	18.1	35.200	L65	GB/T 29265.404—2018	信息技术　信息设备资源共享协同服务　第404部分：远程访问管理应用框架			2018/6/7	2019/1/1
18.1-3-41	18.1	35.240	L64	GB/T 29266—2012	射频识别 13.56MHz 标签基本电特性			2012/12/31	2013/6/1
18.1-3-42	18.1	35.080	L77	GB/T 30847.1—2014	系统与软件工程可信计算平台可信性度量　第1部分：概述与词汇			2014/6/24	2015/2/1
18.1-3-43	18.1	35.080	L77	GB/T 30847.2—2014	系统与软件工程可信计算平台可信性度量　第2部分：信任链			2014/6/24	2015/2/1
18.1-3-44	18.1	35.080	L77	GB/T 30882.1—2014	信息技术　应用软件系统技术要求　第1部分：基于B/S体系结构的应用软件系统基本要求			2014/9/3	2015/2/1
18.1-3-45	18.1	35.060	L74	GB/T 30883—2014	信息技术　数据集成中间件			2014/9/3	2015/2/1
18.1-3-46	18.1	35.240	L70	GB/T 30996.1—2014	信息技术　实时定位系统　第1部分：应用程序接口		ISO/IEC 24730-1：2006	2014/9/3	2015/2/1
18.1-3-47	18.1	35.040	L70	GB/T 31101—2014	信息技术　自动识别和数据采集技术实时定位系统性能测试方法			2014/9/3	2015/2/1
18.1-3-48	18.1	35.100.05	L79	GB/T 32419.4—2016	信息技术　SOA 技术实现规范　第4部分：基于发布/订阅的数据服务接口			2016/10/13	2016/10/13
18.1-3-49	18.1	35.100.05	L79	GB/T 32419.5—2017	信息技术　SOA 技术实现规范　第5部分：服务集成开发			2017/9/7	2018/4/1
18.1-3-50	18.1	35.100.05		GB/T 32419.6—2017	信息技术　SOA 技术实现规范　第6部分：身份管理服务			2017/11/1	2018/5/1
18.1-3-51	18.1	35.080	L77	GB/T 33770.2—2019	信息技术服务　外包　第2部分：数据保护要求			2019/8/30	2020/3/1
18.1-3-52	18.1	35.100.05	L79	GB/T 33846.1—2017	信息技术　SOA 支撑功能单元互操作　第1部分：总体框架			2017/5/31	2017/12/1
18.1-3-53	18.1	35.100.05		GB/T 33846.2—2017	信息技术　SOA 支撑功能单元互操作　第2部分：技术要求			2017/5/31	2017/12/1
18.1-3-54	18.1	35.100.05	L79	GB/T 33846.3—2017	信息技术　SOA 支撑功能单元互操作　第3部分：服务交互通信			2017/5/31	2017/12/1
18.1-3-55	18.1	35.100.05		GB/T 33846.4—2017	信息技术　SOA 支撑功能单元互操作　第4部分：服务编制			2017/11/1	2018/5/1
18.1-3-56	18.1	35.060	L74	GB/T 33847—2017	信息技术　中间件术语			2017/5/31	2017/12/1

续表

序号	GW 分类	ICS 分类	GB 分类	标准号	中　文　名　称	代替标准	采用关系	发布日期	实施日期
18.1-3-57	18.1	35.080	L77	GB/T 33850—2017	信息技术服务　质量评价指标体系			2017/5/31	2017/12/1
18.1-3-58	18.1	33.040.50	M04	GB/T 3454—2011	数据终端设备（DTE）和数据电路终接设备（DCE）之间的接口电路定义表	GB/T 3454—1982	ITU-T V.24：2000 IDT	2011/7/29	2011/11/1
18.1-3-59	18.1	35.100.70		GB/T 35589—2017	信息技术　大数据　技术参考模型			2017/12/29	2018/7/1
18.1-3-60	18.1	07.040	A77	GB/T 35653.1—2017	地理信息　影像与格网数据的内容模型及编码规则　第1部分：内容模型		ISO/TS 19163-1：2016	2017/12/29	2018/7/1
18.1-3-61	18.1	35.240.70	L67	GB/T 36073—2018	数据管理能力成熟度评估模型			2018/3/15	2018/10/1
18.1-3-62	18.1	35.080	L77	GB/T 36074.2—2018	信息技术服务　服务管理　第2部分：实施指南			2018/3/15	2018/10/1
18.1-3-63	18.1	35.080	L77	GB/T 36074.3—2019	信息技术服务　服务管理　第3部分：技术要求			2019/8/30	2020/3/1
18.1-3-64	18.1	35.080	L77	GB/T 36328—2018	信息技术　软件资产管理　标识规范			2018/6/7	2019/1/1
18.1-3-65	18.1	35.080	L77	GB/T 36329—2018	信息技术　软件资产管理　授权管理			2018/6/7	2019/1/1
18.1-3-66	18.1	35.140	L81	GB/T 36341.1—2018	信息技术　形状建模信息表示　第1部分：框架和基本组件			2018/6/7	2019/1/1
18.1-3-67	18.1	35.140	L81	GB/T 36341.2—2018	信息技术　形状建模信息表示　第2部分：特征约束			2018/6/7	2019/1/1
18.1-3-68	18.1	35.140	L81	GB/T 36341.3—2018	信息技术　形状建模信息表示　第3部分：流式传输			2018/6/7	2019/1/1
18.1-3-69	18.1	35.140	L81	GB/T 36341.4—2018	信息技术　形状建模信息表示　第4部分：存储格式			2018/6/7	2019/1/1
18.1-3-70	18.1	35.240.01	L70	GB/T 36344—2018	信息技术　数据质量评价指标			2018/6/7	2019/1/1
18.1-3-71	18.1	35.020	L72	GB/T 36345—2018	信息技术　通用数据导入接口			2018/6/7	2019/1/1
18.1-3-72	18.1	35.240.15	L70	GB/T 36364—2018	信息技术　射频识别2.45GHz标签通用规范			2018/6/7	2019/1/1
18.1-3-73	18.1	35.240.15	L70	GB/T 36365—2018	信息技术　射频识别800/900MHz无源标签通用规范			2018/6/7	2019/1/1
18.1-3-74	18.1	35.060	L73	GB/T 36441—2018	硬件产品与操作系统兼容性规范			2018/6/7	2019/1/1
18.1-3-75	18.1	35.020	L60	GB/T 36448—2018	集装箱式数据中心机房通用规范			2018/6/7	2019/1/1
18.1-3-76	18.1	35.220	L65	GB/T 36450.1—2018	信息技术　存储管理　第1部分：概述			2018/6/7	2019/1/1

续表

序号	GW 分类	ICS 分类	GB 分类	标准号	中文名称	代替标准	采用关系	发布日期	实施日期
18.1-3-77	18.1	35.240.50	L67	GB/T 36456.1—2018	面向工程领域的共享信息模型　第 1 部分：领域信息模型框架			2018/6/7	2019/1/1
18.1-3-78	18.1	35.240.50	L67	GB/T 36456.2—2018	面向工程领域的共享信息模型　第 2 部分：领域信息服务接口			2018/6/7	2019/1/1
18.1-3-79	18.1	35.240.50	L67	GB/T 36456.3—2018	面向工程领域的共享信息模型　第 3 部分：测试方法			2018/6/7	2019/1/1
18.1-3-80	18.1	35.080	L77	GB/T 36463.2—2019	信息技术服务　咨询设计　第 2 部分：规划设计指南			2019/8/30	2020/3/1
18.1-3-81	18.1	35.040	A24	GB/T 36604—2018	物联网标识体系　Ecode 平台接入规范			2018/9/17	2019/4/1
18.1-3-82	18.1	35.040	A24	GB/T 36605—2018	物联网标识体系　Ecode 解析规范			2018/9/17	2019/4/1
18.1-3-83	18.1	35.110	L79	GB/T 36620—2018	面向智慧城市的物联网技术应用指南			2018/10/10	2019/5/1
18.1-3-84	18.1	35.040	A24	GB/T 37032—2018	物联网标识体系　总则			2018/12/28	2019/7/1
18.1-3-85	18.1	35.240	L07	GB/T 37550—2019	电子商务数据资产评价指标体系			2019/6/4	2020/1/1
18.1-3-86	18.1	35.080	L77	GB/T 37696—2019	信息技术服务　从业人员能力评价要求			2019/8/30	2020/3/1
18.1-3-87	18.1	35.060	L74	GB/T 37730—2019	Linux 服务器操作系统测试方法			2019/8/30	2020/3/1
18.1-3-88	18.1	35.060	L74	GB/T 37731—2019	Linux 桌面操作系统测试方法			2019/8/30	2020/3/1
18.1-3-89	18.1	27.010	F01	GB/T 37779—2019	数据中心能源管理体系实施指南			2019/8/30	2020/3/1
18.1-3-90	18.1	35.040	A24	GB/T 37936—2019	军民通用资源　信息分类与编码编制要求			2019/8/30	2020/3/1
18.1-3-91	18.1	35.040	A24	GB/T 37944—2019	军民通用资源　数据模型编制要求			2019/8/30	2020/3/1
18.1-3-92	18.1	35.040	A24	GB/T 37948—2019	军民通用资源　数据元编制要求			2019/8/30	2020/3/1
18.1-3-93	18.1	35.240	L60	GB/T 38247—2019	信息技术　增强现实　术语			2019/10/18	2020/5/1
18.1-3-94	18.1	35.110	L78	GB/T 38619—2020	工业物联网　数据采集结构化描述规范			2020/4/28	2020/11/1
18.1-3-95	18.1	35.110	L78	GB/T 38630—2020	信息技术　实时定位　多源融合定位数据接口			2020/4/28	2020/11/1
18.1-3-96	18.1	35.080	L77	GB/T 38634.1—2020	系统与软件工程　软件测试　第 1 部分：概念和定义		ISO/IEC/IEEE 29119-1：2013 MOD	2020/4/28	2020/11/1
18.1-3-97	18.1	35.080	L77	GB/T 38634.2—2020	系统与软件工程　软件测试　第 2 部分：测试过程			2020/4/28	2020/11/1
18.1-3-98	18.1	35.080	L77	GB/T 38634.3—2020	系统与软件工程　软件测试　第 3 部分：测试文档			2020/4/28	2020/11/1

续表

序号	GW 分类	ICS 分类	GB 分类	标准号	中 文 名 称	代替标准	采用关系	发布日期	实施日期
18.1-3-99	18.1	35.080	L77	GB/T 38634.4—2020	系统与软件工程 软件测试 第 4 部分：测试技术			2020/4/28	2020/11/1
18.1-3-100	18.1	35.110	L79	GB/T 38637.1—2020	物联网 感知控制设备接入 第 1 部分：总体要求			2020/4/28	2020/11/1
18.1-3-101	18.1	35.110	L79	GB/T 38637.2—2020	物联网 感知控制设备接入 第 2 部分：数据管理要求			2020/7/21	2021/2/1
18.1-3-102	18.1	35.080	L77	GB/T 38639—2020	系统与软件工程 软件组合测试方法			2020/4/28	2020/11/1
18.1-3-103	18.1	35.240.50	L67	GB/T 38666—2020	信息技术 大数据 工业应用参考架构			2020/4/28	2020/11/1
18.1-3-104	18.1	35.240.50	L64	GB/T 38668—2020	智能制造 射频识别系统 通用技术要求			2020/4/28	2020/11/1
18.1-3-105	18.1	35.240.50	L64	GB/T 38670—2020	智能制造 射频识别系统 标签数据格式			2020/4/28	2020/11/1
18.1-3-106	18.1	35.240	L67	GB/T 38672—2020	信息技术 大数据 接口基本要求			2020/4/28	2020/11/1
18.1-3-107	18.1	35.240	L67	GB/T 38673—2020	信息技术 大数据 大数据系统基本要求			2020/4/28	2020/11/1
18.1-3-108	18.1	35.240	L67	GB/T 38675—2020	信息技术 大数据 计算系统通用要求			2020/4/28	2020/11/1
18.1-3-109	18.1	35.240	L67	GB/T 38676—2020	信息技术 大数据 存储与处理系统功能测试要求			2020/4/28	2020/11/1
18.1-3-110	18.1	33.160.60	M32	GB/T 38801—2020	内容分发网络技术要求 互联应用场景			2020/6/2	2020/12/1
18.1-3-111	18.1	17.220.20	N22	GB/T 38853—2020	用于数据采集和分析的监测和测量系统的性能要求			2020/6/2	2020/12/1
18.1-3-112	18.1	35.240.60	A10	GB/T 39065—2020	电子商务质量信息共享规范			2020/7/21	2021/2/1
18.1-3-113	18.1	01.040.35；35.020	L70	GB/T 5271.1—2000	信息技术词汇 第 1 部分：基本术语	GB 5271.1—1985	ISO/IEC 2382-1：1993 EQV	2000/7/14	2001/3/1
18.1-3-114	18.1	35.240.20	L60	GB/T 5271.3—2008	信息技术词汇 第 3 部分：设备技术	GB/T 5271.3—1987		2008/7/18	2008/12/1
18.1-3-115	18.1	01.040.35；35.020	L70	GB/T 5271.4—2000	信息技术词汇 第 4 部分：数据的组织	GB 5271.4—1985	ISO/IEC 2382-4：1987 EQV	2000/7/14	2001/3/1
18.1-3-116	18.1	35.240.20	L60	GB/T 5271.5—2008	信息技术词汇 第 5 部分：数据表示	GB/T 5271.5—1987		2008/7/18	2008/12/1
18.1-3-117	18.1	01.040.35；35.020	L70	GB/T 5271.6—2000	信息技术词汇 第 6 部分：数据的准备和处理	GB 5271.6—1985	ISO/IEC 2382-6：1987 EQV	2000/7/14	2001/3/1
18.1-3-118	18.1	35.020	L70	GB/T 5271.7—2008	信息技术词汇 第 7 部分：计算机编程	GB/T 5271.7—1986		2008/7/18	2008/12/1
18.1-3-119	18.1	35.020	L70	GB/T 5271.8—2001	信息技术词汇 第 8 部分：安全	GB/T 5271.8—1993		2001/7/16	2002/3/1

续表

序号	GW 分类	ICS 分类	GB 分类	标准号	中 文 名 称	代替标准	采用关系	发布日期	实施日期
18.1-3-120	18.1	35.020	L70	GB/T 5271.9—2001	信息技术词汇　第 9 部分：数据通信	GB/T 5271.9—1986		2001/7/16	2002/3/1
18.1-3-121	18.1	01.040.35；35.160	L70	GB/T 5271.11—2000	信息技术词汇　第 11 部分：处理器	GB 5271.11—1985	ISO/IEC 2382-11：1987 EQV	2000/7/14	2001/3/1
18.1-3-122	18.1	01.040.35；35.180	L70	GB/T 5271.12—2000	信息技术词汇　第 12 部分：外围设备	GB 5271.12—1985	ISO/IEC 2382-12：1988 EQV	2000/7/14	2001/3/1
18.1-3-123	18.1	35.140	L70	GB/T 5271.13—2008	信息技术词汇　第 13 部分：计算机图形	GB/T 5271.13—1988		2008/7/18	2008/12/1
18.1-3-124	18.1	35.020	L70	GB/T 5271.14—2008	信息技术词汇　第 14 部分：可靠性、可维护性与可用性	GB/T 5271.14—1985		2008/7/18	2008/12/1
18.1-3-125	18.1	35.060	L70	GB/T 5271.15—2008	信息技术词汇　第 15 部分：编程语言	GB/T 5271.15—1986		2008/7/18	2008/12/1
18.1-3-126	18.1	35.020	L70	GB/T 5271.16—2008	信息技术词汇　第 16 部分：信息论	GB/T 5271.16—1986		2008/7/18	2008/12/1
18.1-3-127	18.1	01.040.35；35.240.20	L60	GB/T 5271.17—2010	信息技术词汇　第 17 部分：数据库		ISO/IEC 2382-17：1999 IDT	2010/12/1	2011/5/1
18.1-3-128	18.1	35.020	L70	GB/T 5271.18—2008	信息技术词汇　第 18 部分：分布式数据处理	GB/T 5271.18—1993		2008/7/18	2008/12/1
18.1-3-129	18.1	35.240.20	L60	GB/T 5271.19—2008	信息技术词汇　第 19 部分：模拟计算	GB/T 5271.19—1986		2008/7/18	2008/12/1
18.1-3-130	18.1	35.020	L70	GB/T 5271.20—1994	信息技术词汇　第 20 部分：系统开发			1994/12/7	1995/8/1
18.1-3-131	18.1	01.040.35；25.240.20	L70	GB/T 5271.23—2000	信息技术词汇　第 23 部分：文本处理		ISO/IEC 2382-23：1994 EQV	2000/7/14	2001/3/1
18.1-3-132	18.1	01.040.35；35.240.50	L70	GB/T 5271.24—2000	信息技术词汇　第 24 部分：计算机集成制造		ISO/IEC 2382-24：1995 EQV	2000/7/14	2001/3/1
18.1-3-133	18.1	01.040.35；35.110	L70	GB/T 5271.25—2000	信息技术词汇　第 25 部分：局域网		ISO/IEC 2382-25：1992 EQV	2000/7/14	2001/3/1
18.1-3-134	18.1	01.040.35；35.240.20	L60	GB/T 5271.26—2010	信息技术词汇　第 26 部分：开放系统互连		ISO/IEC 2382-26：1993 IDT	2010/12/1	2011/5/1
18.1-3-135	18.1	35.020	L70	GB/T 5271.27—2001	信息技术词汇　第 27 部分：办公自动化			2001/7/16	2002/3/1
18.1-3-136	18.1	35.020	L70	GB/T 5271.28—2001	信息技术词汇　第 28 部分：人工智能基本概念与专家系统			2001/7/16	2002/3/1
18.1-3-137	18.1	35.240.20	L60	GB/T 5271.29—2006	信息技术词汇　第 29 部分：人工智能语音识别与合成		ISO/IEC 2382-29：1999 IDT	2006/3/14	2006/7/1
18.1-3-138	18.1	35.240.20	L60	GB/T 5271.31—2006	信息技术词汇　第 31 部分：人工智能机器学习			2006/3/14	2006/7/1
18.1-3-139	18.1	35.240.20	L60	GB/T 5271.32—2006	信息技术词汇　第 32 部分：电子邮件			2006/3/14	2006/7/1

续表

序号	GW 分类	ICS 分类	GB 分类	标准号	中文名称	代替标准	采用关系	发布日期	实施日期
18.1-3-140	18.1	35.240.20	L60	GB/T 5271.34—2006	信息技术词汇　第 34 部分：人工智能神经网络			2006/3/14	2006/7/1
18.1-3-141	18.1	01.140.30	A13	GB/T 7408—2005	数据元和交换格式信息交换日期和时间表示法	GB/T 7408—1994		2005/3/28	2005/10/1
18.1-3-142	18.1	29.160.20	K21	GB/T 7409.2—2020	同步电机励磁系统　第 2 部分：电力系统研究用模型	GB/T 7409.2—2008		2020/6/2	2020/12/1
18.1-4-143	18.1		K10	DL/T 1233—2013	电力系统简单服务接口规范			2013/3/7	2013/8/1
18.1-4-144	18.1			DL/T 1731—2017	电力信息系统非功能性需求规范			2017/8/2	2017/12/1
18.1-4-145	18.1			DL/T 1732—2017	电力物联网传感器信息模型规范			2017/8/2	2017/12/1
18.1-4-146	18.1			DL/T 1991—2019	电力行业公共信息模型			2019/6/4	2019/10/1
18.1-4-147	18.1			DL/T 1992—2019	电力企业 SOA　应用技术标准			2019/6/4	2019/10/1
18.1-4-148	18.1			DL/T 2075—2019	电力企业信息化架构			2019/11/4	2020/5/1
18.1-4-149	18.1	27.010	F00	DL/Z 398—2010	电力行业信息化标准体系			2010/5/24	2010/10/1
18.1-4-150	18.1			SJ/T 11435—2015	信息技术服务服务管理技术要求			2015/10/10	2016/4/1
18.1-4-151	18.1			SJ/T 11565.1—2015	信息技术服务咨询设计　第 1 部分：通用要求			2015/10/10	2016/4/1
18.1-4-152	18.1	33.030	M21	YD/T 1921.1—2009	IP 业务详细记录技术要求　第 1 部分：总则			2009/6/15	2009/9/1
18.1-4-153	18.1	33.030	M21	YD/T 2423—2012	基于表述性状态转移（REST）的业务能力开放中间件技术要求			2012/12/28	2013/3/1
18.1-4-154	18.1	33.030	M21	YD/T 2424—2012	基于 IP 的融合消息业务技术要求			2012/12/28	2013/3/1
18.1-4-155	18.1			YD/T 2960—2015	移动互联网术语			2015/10/10	2016/1/1
18.1-4-156	18.1	33.040.40	M32	YD/T 3290—2017	一体化微型模块化数据中心技术要求			2017/11/7	2018/1/1
18.1-4-157	18.1	33.040.40	M32	YD/T 3291—2017	数据中心预制模块总体技术要求			2017/11/7	2018/1/1
18.1-4-158	18.1			YD/T 3476—2019	移动互联网应用程序开发者数字证书管理平台技术要求			2019/8/28	2019/10/1
18.1-4-159	18.1			YD/T 3549.1—2019	信息通信行业质量管理体系要求　第 1 部分：生产与服务组织质量管理体系要求			2019/11/11	2020/1/1
18.1-4-160	18.1			YD/T 5227—2015	云计算资源池系统设备安装工程设计规范			2015/10/10	2016/1/1
18.1-5-161	18.1	35.020		ANSI INCITS-495—2012	信息技术　平台管理			2012/1/1	2012/1/1

续表

序号	GW 分类	ICS 分类	GB 分类	标准号	中 文 名 称	代替标准	采用关系	发布日期	实施日期
18.1-5-162	18.1	35.240.99		IEC 61968-1：2012	电气设备的应用集成分布式管理用系统接口 第 1 部分：接口体系架构和一般推荐性规程	IEC 61968-1：2003；IEC 57/1272/FDIS：2012		2012/10/1	2012/10/1
18.1-5-163	18.1	27.100	K04	IEC 61968-3：2004	电气设备的应用集成分布式管理用系统接口 第 3 部分：网络操作用接口	IEC 57/694/FDIS：2003		2004/3/1	2004/3/1
18.1-5-164	18.1	35.110		ISO 13560：2009	信息技术 系统间通信和信息交换 ISO/IEC 26907 和 ISO/IEC 26908 指定号码的注册程序（通信）			2009/12/1	2009/12/1
18.1-5-165	18.1	35.240.30		ISO 13673：2000	信息技术 文件处理和相关通信 标准通用置标语言（SGML）系统的一致性测试（通信）			2000/5/1	2000/5/1
18.1-5-166	18.1	35.080		ISO 14102：2008	信息技术 CASE 工具的评估和选择指南（通信）			2008/11/1	2008/11/1
18.1-5-167	18.1	35.240.60		ISO 14662：2010	信息技术 开放 EDI 参考模型（通信）			2010/2/15	2010/2/15
18.1-5-168	18.1	35.100.01		ISO 14752：2000	信息技术 开放分布式处理 对计算交互用的协议支持（通信）			2000/4/15	2000/4/15
18.1-5-169	18.1	35.060		ISO 14882：2011	信息技术 编程语言 C++（通信）			2011/9/1	2011/9/1
18.1-5-170	18.1	35.040		ISO 14957：2010	信息技术 数据元值表示法 格式表示法（通信）			2010/12/15	2010/12/15
18.1-5-171	18.1	35.030；01.040.35；35.240.40；35.240.99		ISO 22739：2020	区块链和分布式账本技术 术语			2020/7/13	2020/7/13
18.1-5-172	18.1	01.080.50	L70	ISO/IEC 15424：2008	信息技术自动识别和数据捕获技术数据载体标识符（包括符号标识符）	ISO IEC 15424：2000		2008/7/7	2008/7/7
18.1-5-173	18.1	35.080		ISO/IEC 15504-7：2008	信息技术过程评定 第 7 部分：组织完备性评定			2008/12/15	2008/12/15
18.1-5-174	18.1	01.040.35；35.040；35.240.60	L81	ISO/IEC 19762-2：2008	信息技术自动识别和数据采集（AIDC）技术协调词汇 第 2 部分：光学可读介质（ORM）	ISO IEC 19762-2：2005；ISO IEC FDIS 19762-2：2008		2008/6/1	2008/6/15
18.1-5-175	18.1	01.040.35；35.040；35.240.60	L81	ISO/IEC 19762-3：2008	信息技术自动识别和数据采集（AIDC）技术校准词汇 第 3 部分：无线电频率识别（RFID）	ISO IEC 19762-3：2005；ISO IEC FDIS 19762-3：2008		2008/6/1	2008/6/1
18.1-5-176	18.1	01.040.35；35.040	L81	ISO/IEC 19762-4：2008	信息技术自动识别和数据采集（AIDC）技术协调词汇 第 4 部分：与无线电通信相关的通用术语			2008/6/15	2008/6/15

序号	GW 分类	ICS 分类	GB 分类	标准号	中　文　名　称	代替标准	采用关系	发布日期	实施日期
18.1-5-177	18.1	01.040.35；35.040	L81	ISO/IEC 19762-5：2008	信息技术自动识别和数据采集（AIDC）技术协调词汇　第 5 部分：定位设备			2008/6/15	2008/6/15
18.1-5-178	18.1	35.240.20		ISO/IEC 24756：2009	信息技术用户需求和能力、系统及其环境的通用访问轮廓（CAP）的详细说明框架			2009/4/1	2009/4/1
18.1-5-179	18.1	35.080		ISO/IEC/TR 15504-7：2008	信息技术过程评估　第 7 部分：组织成熟度评估	ISO IEC TR 15504-7：1998		2008/12/1	2008/12/1
18.1-5-180	18.1	35.040	L71	ISO/IEC/TR 24720：2008	信息技术自动识别和数据采集技术直接部分标记（DPM）用指南			2008/6/1	2008/6/1
18.1-5-181	18.1	35.040.50		ISO/IEC/TR 24729-1：2008	信息技术项目管理的射频识别（RFID）执行指南　第 1 部分：RFID 激活的标签和包装支持 ISO/IEC18000—6C			2008/4/1	2008/4/1
18.1-5-182	18.1	35.040；35.240.60	L71	ISO/IEC/TR 24729-2：2008	信息技术项目管理的射频识别（RFID）执行指南　第 2 部分：再循环和 RFID 标签			2008/4/15	2008/4/15
18.1-5-183	18.1	35.040；35.240.60	L71	ISO/IEC/TR 24729-4：2009	信息技术项目管理的射频识别（RFID）执行指南　第 4 部分：标签数据安全			2009/3/15	2009/3/15
18.1-5-184	18.1	35.100.70		ISO TR 10032：2003	信息技术　数据管理的参考模型			2003/11/1	2003/11/1
18.1-5-185	18.1	35.060；35.240.30		ISO TS 13249-7：2013	信息技术　数据库语言　SQL 多媒体和应用程序包　第 7 部分：历史记录			2013/2/15	2013/2/15
18.1-5-186	18.1			ITU-T H 248.65—2009	网关控制协议资源预留协议的支持			2009/3/1	2009/3/1
18.1-5-187	18.1			ITU-T H 248.70—2009	网关控制协议拨号方法信息包			2009/3/1	2009/3/1
18.1-5-188	18.1			ITU-T L 80—2008	支持使用 ID 技术的基础设施和网络元件管理的系统要求的运转			2008/5/1	2008/5/1

18.2　互联网技术-网络

序号	GW 分类	ICS 分类	GB 分类	标准号	中　文　名　称	代替标准	采用关系	发布日期	实施日期
18.2-2-1	18.2			Q/GDW 10668—2018	IPv4 网络向 IPv6 网络过渡技术导则	Q/GDW 668—2011		2019/7/26	2019/7/26
18.2-2-2	18.2	29.240		Q/GDW 1133—2014	国家电网公司统一域名体系建设规范	Q/GDW/Z 133—2005		2015/5/29	2015/5/29
18.2-2-3	18.2	29.240		Q/GDW 11342—2014	数据业务接入网络技术要求			2015/5/29	2015/5/29
18.2-2-4	18.2	29.240		Q/GDW 11350.1—2014	IPv6 网络设备测试规范　第 1 部分：路由器和交换机			2015/5/29	2015/5/29

续表

序号	GW 分类	ICS 分类	GB 分类	标准号	中 文 名 称	代替标准	采用关系	发布日期	实施日期
18.2-2-5	18.2			Q/GDW 134—2005	国家电网公司信息网络 IP 地址编码规范			2005/11/29	2005/11/29
18.2-3-6	18.2	35.100.10	L78	GB/T 15127—2008	信息技术　系统间远程通信和信息交换双扭线多点互连	GB/T 15127—1994	ISO/IEC 8482：1993 IDT	2008/9/1	2009/2/1
18.2-3-7	18.2	35.200	L65	GB/T 18233—2008	信息技术　用户建筑群的通用布缆	GB/T 18233—2000	ISO/IEC 11801：2002 IDT	2008/8/19	2009/1/1
18.2-3-8	18.2	25.040	J07	GB/T 18729—2011	基于网络的企业信息集成规范	GB/Z 18729—2002		2011/12/30	2012/5/1
18.2-3-9	18.2	35.240.60	L70	GB/T 19254—2003	电子数据交换报文实施指南			2003/7/25	2005/11/1
18.2-3-10	18.2	25.040	L78	GB/T 25931—2010	网络测量和控制系统的精确时钟同步协议		IEC 61588：2009 IDT	2011/1/14	2011/5/1
18.2-3-11	18.2	25.040	N10	GB/Z 26157.8—2010	测量和控制数字数据通信工业控制系统用现场总线类型 2：ControlNet 和 EtherNet/IP 规范　第 8 部分：电子数据表		IEC 61158：2003 MOD	2011/1/14	2011/6/1
18.2-3-12	18.2	25.040	N10	GB/Z 26157.9—2010	测量和控制数字数据通信工业控制系统用现场总线类型 2：ControlNet 和 EtherNet/IP 规范　第 9 部分：站管理		IEC 61158：2003 MOD	2011/1/14	2011/6/1
18.2-3-13	18.2	25.040	N10	GB/Z 26157.10—2010	测量和控制数字数据通信工业控制系统用现场总线类型 2：ControlNet 和 EtherNet/IP 规范　第 10 部分：对象库		IEC 61158：2003 MOD	2010/12/23	2011/6/1
18.2-3-14	18.2	33.040.40	M32	GB/T 28512—2012	用于 IP 网络的 Diameter 基础协议		IETF RFC 3588：2003 MOD	2012/6/29	2012/10/1
18.2-3-15	18.2	33.180	M33	GB/T 28514.3—2012	支持 IPv6 的路由协议技术要求　第 3 部分：中间系统到中间系统域内路由信息交换协议（IS-ISv6）			2012/6/29	2012/10/1
18.2-3-16	18.2	29.240.01	F21	GB/T 31994—2015	智能远动网关技术规范			2015/9/11	2016/4/1
18.2-3-17	18.2	36.100.01	L79	GB/T 36461—2018	物联网标识体系　OID 应用指南			2018/6/7	2019/1/1
18.2-3-18	18.2	35.060	L76	GB/T 36465—2018	网络终端操作系统总体技术要求			2018/6/7	2019/1/1
18.2-3-19	18.2	35.110	L79	GB/T 36478.1—2018	物联网　信息交换和共享　第 1 部分：总体架构			2018/6/7	2019/1/1
18.2-3-20	18.2	35.110	L79	GB/T 36478.2—2018	物联网　信息交换和共享　第 2 部分：通用技术要求			2018/6/7	2019/1/1
18.2-3-21	18.2	35.110	L79	GB/T 36478.3—2019	物联网　信息交换和共享　第 3 部分：元数据			2019/8/30	2020/3/1

续表

序号	GW 分类	ICS 分类	GB 分类	标准号	中　文　名　称	代替标准	采用关系	发布日期	实施日期
18.2-3-22	18.2	35.110	L79	GB/T 36478.4—2019	物联网　信息交换和共享　第 4 部分：数据接口			2019/8/30	2020/3/1
18.2-3-23	18.2	35.110	L79	GB/T 37684—2019	物联网　协同信息处理参考模型			2019/8/30	2020/3/1
18.2-3-24	18.2	35.110	L79	GB/T 37685—2019	物联网　应用信息服务分类			2019/8/30	2020/3/1
18.2-3-25	18.2	35.110	L79	GB/T 37686—2019	物联网　感知对象信息融合模型			2019/8/30	2020/3/1
18.2-4-26	18.2			DL/T 1912—2018	智能变电站以太网交换机技术规范			2018/12/25	2019/5/1
18.2-4-27	18.2	35.160	L62	YD /T 1148—2005	网络接入服务器技术要求—宽带网络接入服务器	YD 1148—2001		2005/5/11	2005/11/1
18.2-4-28	18.2		L79	YD/T 1161—2001	IP 网络呼叫中心技术要求—基于 IPEnable 技术部分			2001/10/1	2001/11/1
18.2-4-29	18.2		M13	YD/T 1190—2002	基于网络的虚拟 IP 专用网（IP-VPN）框架			2002/4/1	2002/4/1
18.2-4-30	18.2		L79	YD/T 1194—2002	流控制传送协议（SCTP）			2002/6/1	2002/6/1
18.2-4-31	18.2			YD/T 1251.1—2013	路由协议一致性测试方法中间系统到中间系统路由交换协议（IS-IS）	YD/T 1251.1—2003		2013/10/17	2014/1/1
18.2-4-32	18.2	33.040.40	M32	YD/T 1251.2—2013	路由协议一致性测试方法开放最短路径优先协议（OSPF）	YD/T 1251.2—2003		2013/10/17	2014/1/1
18.2-4-33	18.2			YD/T 1251.3—2013	路由协议一致性测试方法边界网关协议（BGP4）	YD/T 1251.3—2003		2013/10/17	2014/1/1
18.2-4-34	18.2	33.040.40	M33	YD/T 1341—2005	IPv6 基本协议——IPv6 协议			2005/5/11	2005/11/1
18.2-4-35	18.2	33.040	M10	YD/T 1381—2005	IP 网络技术要求——网络性能测量方法		IETF RFC2330 MOD	2005/9/1	2005/12/1
18.2-4-36	18.2	33.040.40	M42	YD/T 1442—2006	IPv6 网络技术要求——地址、过渡及服务质量		RFC 2460 NEQ%RFC 2463 NEQ%RFC 2473 NEQ	2006/6/8	2006/10/1
18.2-4-37	18.2	33.040.40	L79	YD/T 1477—2006	基于边界网关协议/多协议标记交换的虚拟专用网（BGP/MPLSVPN）组网要求			2006/6/8	2006/10/1
18.2-4-38	18.2	33.040.40	M32	YD/T 2371—2011	轻型双栈（DS-Lite）技术要求			2011/12/20	2012/2/1
18.2-4-39	18.2			YD/T 2431—2019	互联网内容提供商（ICP）/IP 地址/域名信息备案系统信息交换接口技术要求	YD/T 2431—2012		2019/11/11	2020/1/1
18.2-4-40	18.2	33.040	M30	YD/T 2437—2012	物联网总体框架与技术要求		3GPP TS 22.368(b01)、3GPP TR 23.888(100)、ETSI TS 102 690	2012/12/28	2013/3/1

续表

序号	GW 分类	ICS 分类	GB 分类	标准号	中 文 名 称	代替标准	采用关系	发布日期	实施日期
18.2-4-41	18.2	33.040.01	M10/29	YD/T 2449—2013	宽带网络接入服务器（BNAS）业务备份技术要求			2013/4/25	2013/6/1
18.2-4-42	18.2	01.040.35	M32	YD/T 2643—2013	域名注册协议可扩展供应协议技术要求			2013/10/17	2014/1/1
18.2-4-43	18.2	01.040.35	M32	YD/T 2644—2013	域名注册协议的传输技术要求			2013/10/17	2014/1/1
18.2-4-44	18.2	01.040.35	L78	YD/T 2785—2014	双栈宽带接入服务器技术要求			2014/12/24	2014/12/24
18.2-4-45	18.2	33.040.30	M12	YD/T 2943—2015	面向即时通信互通的扩展消息与表示协议（XMPP）技术要求			2015/7/14	2015/10/1
18.2-4-46	18.2	33.030	M21	YD/T 3016—2016	面向移动互联网的业务托管和运行平台技术要求			2016/1/15	2016/4/1
18.2-4-47	18.2			YD/T 3027—2016	基于公用电信网的宽带客户网络防雷技术要求及保护方法			2016/1/15	2016/4/1
18.2-4-48	18.2			YDB 075—2012	IP 网络流量采集设备技术要求			2012/3/25	2012/3/25
18.2-5-49	18.2	35.100.50		ISO 8327-1：1996	信息技术　开放系统互连　面向连接的会话协议：协议规范			1996/9/15	1996/9/15
18.2-5-50	18.2	35.100.50		ISO 8327-2：1996	信息技术　开放系统互连　面向连接的会话协议：协议实现一致性声明形式表			1996/1/1	1996/1/1

18.3　互联网技术-计算机

序号	GW 分类	ICS 分类	GB 分类	标准号	中 文 名 称	代替标准	采用关系	发布日期	实施日期
18.3-3-1	18.3	33.040.40	M32	GB/T 28516—2012	反垃圾电子邮件网关技术要求			2012/6/29	2012/10/1
18.3-3-2	18.3	35.060	L74	GB/T 32394—2015	信息技术　中文 Linux 操作系统运行环境扩充要求			2015/12/31	2016/7/1
18.3-3-3	18.3	35.060	L74	GB/T 32395—2015	信息技术　中文 Linux 操作系统应用编程接口（API）扩充要求			2015/12/31	2016/7/1
18.3-3-4	18.3	35.100.05	L79	GB/T 32399—2015	信息技术　云计算参考架构		ISO/IEC 17789：2014 MOD	2015/12/31	2017/1/1
18.3-3-5	18.3	91.040.20		GB/T 34982—2017	云计算数据中心基本要求			2017/11/1	2018/5/1
18.3-3-6	18.3	35.1000	L62	GB/T 9813.1—2016	计算机通用规范　第 1 部分：台式微型计算机	GB/T 9813—2000		2016/8/29	2017/3/1
18.3-4-7	18.3			YD/T 2745—2014	移动终端设备能力管理功能测试方法			2014/10/14	2014/10/14
18.3-4-8	18.3			YD/T 2746—2014	移动终端软件组件管理功能测试方法			2014/10/14	2014/10/14

续表

序号	GW 分类	ICS 分类	GB 分类	标准号	中 文 名 称	代替标准	采用关系	发布日期	实施日期
18.3-4-9	18.3			YD/T 2806—2015	云计算基础设施即服务（IaaS）功能要求与架构			2015/4/30	2015/7/1
18.3-4-10	18.3			YD/T 2807.1—2015	云资源管理技术要求　第 1 部分：总体要求			2015/4/30	2015/7/1
18.3-4-11	18.3			YD/T 2807.2—2015	云资源管理技术要求　第 2 部分：综合管理平台			2015/4/30	2015/7/1
18.3-4-12	18.3			YD/T 2807.3—2015	云资源管理技术要求　第 3 部分：分平台			2015/4/30	2015/7/1
18.3-4-13	18.3	33.030	M21	YD/T 2807.4—2015	云资源管理技术要求　第 4 部分：接口			2015/4/30	2015/7/1
18.3-4-14	18.3	33.030	M21	YD/T 2807.5—2015	云资源管理技术要求　第 5 部分：存储系统			2015/4/30	2015/7/1
18.3-4-15	18.3			YDB 144—2014	云计算服务协议参考框架			2014/7/25	2014/7/25

18.3.1　互联网技术-计算机-软件

序号	GW 分类	ICS 分类	GB 分类	标准号	中 文 名 称	代替标准	采用关系	发布日期	实施日期
18.3.1-2-1	18.3.1	29.240		Q/GDW 11210—2014	国家电网公司统一应用平台界面交互技术规范			2014/12/31	2014/12/31
18.3.1-3-2	18.3.1	35.060	L74	GB/T 12991.1—2008	信息技术　数据库语言 SQL　第 1 部分：框架	GB/T 12991—1991	IDT ISO/IEC 9075-1：2003	2008/7/16	2008/12/1
18.3.1-3-3	18.3.1	07.020	A41	GB/T 13400.2—2009	网络计划技术　第 2 部分：网络图画法的一般规定	GB/T 13400.2—1992		2009/5/6	2009/11/1
18.3.1-3-4	18.3.1	07.020	A41	GB/T 13400.3—2009	网络计划技术　第 3 部分：在项目管理中应用的一般程序	GB/T 13400.3—1992		2009/5/6	2009/11/1
18.3.1-3-5	18.3.1	35.080	L77	GB/T 14394—2008	计算机软件可靠性和可维护性管理	GB/T 14394—1993		2008/7/18	2008/12/1
18.3.1-3-6	18.3.1	35.080	L77	GB/T 16680—2015	系统与软件工程用户文档的管理者要求	GB/T 16680—1996	ISO/IEC 26511：2011 IDT	2015/12/31	2016/7/1
18.3.1-3-7	18.3.1	35.080	L77	GB/T 18234—2000	信息技术　CASE 工具的评价与选择指南		idt ISO/IEC 14102：1995	2000/10/17	2001/8/1
18.3.1-3-8	18.3.1	35.080	L77	GB/T 18491.1—2001	信息技术　软件测量　功能规模测量　第 1 部分：概念定义		idt ISO/IEC 14143-1：1998	2001/11/2	2002/6/1
18.3.1-3-9	18.3.1	35.080	L77	GB/T 18491.4—2010	信息技术　软件测量　功能规模测量　第 4 部分：基准模型		ISO/IEC TR 14143-4：2002，IDT	2010/12/1	2011/4/1
18.3.1-3-10	18.3.1	35.080	L77	GB/Z 18493—2001	信息技术软件生存周期过程指南		idt ISO/IEC TR 15271：1998	2001/11/2	2002/6/1
18.3.1-3-11	18.3.1	35.240.30	L74	GB/T 18792—2002	信息技术　文件描述和处理语言超文本置标语言（HTML）		idt ISO/IEC 15445：2000	2002/7/18	2002/12/1

续表

序号	GW 分类	ICS 分类	GB 分类	标准号	中 文 名 称	代替标准	采用关系	发布日期	实施日期
18.3.1-3-12	18.3.1	35.240.30	L74	GB/T 18793—2002	信息技术　可扩展置标语言（XML）1.0		W3C RFC-xml-1998	2002/7/18	2002/12/1
18.3.1-3-13	18.3.1	35.080	L77	GB/T 18905.6—2002	软件工程产品评价　第 6 部分：评价模块的文档编制		ISO/IEC 14598-6：2001	2002/12/4	2003/5/1
18.3.1-3-14	18.3.1	35.240.01	L67	GB/T 19256.1—2003	基于 XML 的电子商务　第 1 部分：技术体系结构		UN/CEFACT OASIS：ebXML，MOD	2003/7/25	2003/12/1
18.3.1-3-15	18.3.1	35.080	L77	GB/T 20157—2006	信息技术　软件维护			2006/3/14	2006/7/1
18.3.1-3-16	18.3.1	35.080	L77	GB/T 20158—2006	信息技术　软件生存周期过程配置管理			2006/3/14	2006/7/1
18.3.1-3-17	18.3.1	35.080	L77	GB/T 20918—2007	信息技术　软件生存周期过程风险管理			2007/4/30	2007/7/1
18.3.1-3-18	18.3.1	03.100.01；35.080	A00	GB/T 23703.8—2014	知识管理　第 8 部分：知识管理系统功能构件			2014/9/3	2015/2/1
18.3.1-3-19	18.3.1	35.080	L77	GB/T 25000.1—2010	软件工程软件产品质量要求和评价（SQuaRE）商业现货（COTS）软件产品的质量要求和测试细则	GB/T 17544—1998	ISO/IEC 25000：2005	2010/9/2	2011/2/1
18.3.1-3-20	18.3.1	35.080		GB/T 25000.10—2016	系统与软件工程系统与软件质量要求和评价（SQuaRE）　第 10 部分：系统与软件质量模型	GB/T 16260.1—2006	ISO/IEC 25010：2011	2016/10/13	2017/5/1
18.3.1-3-21	18.3.1	35.080	L77	GB/T 25000.51—2016	系统与软件工程系统与软件质量要求和评价（SQuaRE）　第 51 部分：就绪可用软件产品（RUSP）的质量要求和测试细则	GB/T 25000.51—2010	ISO/IEC 25051：2014	2016/10/13	2017/5/1
18.3.1-3-22	18.3.1	35.080	L77	GB/T 25000.62—2014	软件工程软件产品质量要求与评价（SQuaRE）易用性测试报告行业通用格式（CIF）		ISO/IEC 25062：2006	2014/9/3	2015/2/1
18.3.1-3-23	18.3.1	35.240.50	L67	GB/T 25109.2—2010	企业资源计划　第 2 部分：ERP 基础数据			2010/9/2	2010/12/1
18.3.1-3-24	18.3.1	35.240.50	L67	GB/T 25109.3—2010	企业资源计划　第 3 部分：ERP 功能构件规范			2010/9/2	2010/12/1
18.3.1-3-25	18.3.1	35.080	L77	GB/T 26223—2010	信息技术　软件重用　重用库互操作性的数据模型基本互操作性数据模型			2011/1/14	2011/5/1
18.3.1-3-26	18.3.1	35.080	L77	GB/T 26224—2010	信息技术　软件生存周期过程重用过程			2011/1/14	2011/5/1
18.3.1-3-27	18.3.1	35.060	L60	GB/T 26232—2010	基于 J2EE 的应用服务器技术规范			2011/1/14	2011/5/1
18.3.1-3-28	18.3.1		L77	GB/Z 26247—2010	信息技术软件重用互操作重用库的操作概念			2011/1/14	2011/5/1
18.3.1-3-29	18.3.1	33.040.40	M32	GB/T 26265—2010	反垃圾信息技术要求		MOD ITU-T X.1231：2008	2011/1/14	2011/6/1

续表

序号	GW 分类	ICS 分类	GB 分类	标准号	中文名称	代替标准	采用关系	发布日期	实施日期
18.3.1-3-30	18.3.1	35.240.20	L76	GB/T 26856—2011	中文办公软件基本要求及符合性测试规范			2011/7/29	2011/11/1
18.3.1-3-31	18.3.1	35.060	L74	GB/T 28168—2011	信息技术　中间件消息中间件技术规范			2011/12/30	2012/6/1
18.3.1-3-32	18.3.1	35.080	L77	GB/T 28174.1—2011	统一建模语言（UML）　第 1 部分：基础结构			2011/12/30	2012/6/1
18.3.1-3-33	18.3.1	35.080	L77	GB/T 28174.2—2011	统一建模语言（UML）　第 2 部分：上层结构			2011/12/30	2012/6/1
18.3.1-3-34	18.3.1	35.080	L77	GB/T 28174.3—2011	统一建模语言（UML）　第 3 部分：对象约束语言（OCL）			2011/12/30	2012/6/1
18.3.1-3-35	18.3.1	35.240.70	L67	GB/T 28821—2012	关系数据管理系统技术要求			2012/11/5	2013/2/1
18.3.1-3-36	18.3.1	35.040	L70	GB/T 29194—2012	电子文件管理系统通用功能要求			2012/12/31	2013/6/1
18.3.1-3-37	18.3.1	35.080	L77	GB/T 30971—2014	软件工程用于互联网的推荐实践网站工程、网站管理和网站生存周期		ISO/IEC 23026：2006	2014/9/3	2015/2/1
18.3.1-3-38	18.3.1	35.080	L77	GB/T 30972—2014	系统与软件工程软件工程环境服务		ISO/IEC 15940：2013	2014/9/3	2015/2/1
18.3.1-3-39	18.3.1	35.080	L77	GB/T 30975—2014	信息技术　基于计算机的软件系统的性能测量与评级		ISO/IEC 14756：1999	2014/9/3	2015/2/1
18.3.1-3-40	18.3.1	35.080	L77	GB/T 30999—2014	系统和软件工程生存周期管理过程描述指南			2014/9/3	2015/2/1
18.3.1-3-41	18.3.1	35.080	L77	GB/Z 31102—2014	软件工程软件工程知识体系指南		ISO/IEC TR 19759:2005	2014/9/3	2015/2/1
18.3.1-3-42	18.3.1	35.100.05	L79	GB/T 31916.1—2015	信息技术　云数据存储和管理　第 1 部分：总则			2015/9/11	2016/5/1
18.3.1-3-43	18.3.1	35.100.05	L79	GB/T 31916.2—2015	信息技术　云数据存储和管理　第 2 部分：基于对象的云存储应用接口			2015/9/11	2016/5/1
18.3.1-3-44	18.3.1	35.080	L77	GB/T 32421—2015	软件工程软件评审与审核			2015/12/31	2016/8/1
18.3.1-3-45	18.3.1	35.080	L77	GB/T 32422—2015	软件工程软件异常分类指南			2015/12/31	2016/7/1
18.3.1-3-46	18.3.1	35.080	L77	GB/T 32423—2015	系统与软件工程验证与确认			2015/12/31	2016/7/1
18.3.1-3-47	18.3.1	35.080	L77	GB/T 32424—2015	系统与软件工程用户文档的设计者和开发者要求		ISO/IEC 26514：2008 MOD	2015/12/31	2016/7/1
18.3.1-3-48	18.3.1	35.040	L70	GB/T 32629—2016	信息技术　生物特征识别　应用程序接口的互通协议		ISO/IEC 24708：2008	2016/4/25	2016/11/1
18.3.1-3-49	18.3.1			GB/T 32633—2016	分布式关系数据库服务接口规范			2016/4/25	2016/11/1
18.3.1-3-50	18.3.1	35.080	L77	GB/T 32904—2016	软件质量量化评价规范			2016/8/29	2017/3/1

序号	GW 分类	ICS 分类	GB 分类	标准号	中 文 名 称	代替标准	采用关系	发布日期	实施日期
18.3.1-3-51	18.3.1	35.080	L77	GB/T 32911—2016	软件测试成本度量规范			2016/8/29	2017/3/1
18.3.1-3-52	18.3.1	03.120.30	L70	GB/Z 34052.2—2017	统计数据与元数据交换（SDMX） 第 2 部分：信息模型 统一建模语言（UML）概念设计			2017/7/31	2018/2/1
18.3.1-3-53	18.3.1	35.100.05	L79	GB/T 35301—2017	信息技术 云计算 平台即服务（PaaS）参考架构			2017/12/29	2017/12/29
18.3.1-3-54	18.3.1	35.080	L77	GB/T 8566—2007	信息技术 软件生存周期过程	GB/T 8566—2001	MOD ISO/IEC 12207：1995；ISO/IEC 12207：1995/Amd.1：2002；ISO/IEC 12207：1995/Amd.2：2004	2007/4/30	2007/7/1
18.3.1-3-55	18.3.1	35.080	L77	GB/T 8567—2006	计算机软件文档编制规范	GB/T 8567—1988	ISO/IEC JTC1/SC7 N2106-1999 NEQ	2006/3/14	2006/7/1
18.3.1-3-56	18.3.1	35.080	L77	GB/T 9385—2008	计算机软件需求规格说明规范	GB/T 9385—1988		2008/4/11	2008/9/1
18.3.1-3-57	18.3.1	35.080	L77	GB/T 9386—2008	计算机软件测试文档编制规范	GB/T 9386—1988		2008/4/11	2008/9/1
18.3.1-4-58	18.3.1			CJJ/T 100—2017	城市基础地理信息系统技术标准	CJJ 100—2004		2017/10/30	2018/6/1
18.3.1-4-59	18.3.1			DL/T 1839.1—2018	电力可靠性管理信息系统数据接口规范 第 1 部分：通用要求			2018/4/3	2018/7/1
18.3.1-4-60	18.3.1			DL/T 1839.2—2018	电力可靠性管理信息系统数据接口规范 第 2 部分：输变电设施			2018/4/3	2018/7/1
18.3.1-4-61	18.3.1			DL/T 1839.4—2018	电力可靠性管理信息系统数据接口规范 第 4 部分：供电系统用户供电			2018/4/3	2018/7/1
18.3.1-4-62	18.3.1			DL/T 2015—2019	电力信息化软件工程度量规范			2019/6/4	2019/10/1
18.3.1-4-63	18.3.1	35.080	L77	SJ/T 11234—2001	软件过程能力评估模型			2001/4/13	2001/5/1
18.3.1-4-64	18.3.1	25.080	L77	SJ/T 11235—2001	软件能力成熟度模型			2001/4/13	2001/5/1
18.3.1-4-65	18.3.1	35.080	L77	SJ/T 11374—2007	软件构件产品质量 第 1 部分：质量模型			2007/11/9	2008/1/20
18.3.1-4-66	18.3.1	35.080	L77	SJ/T 11375—2007	软件构件产品质量 第 2 部分：质量度量			2007/11/9	2008/1/20
18.3.1-5-67	18.3.1	35.080		IEEE 24748-2—2012	IEEE 指南 采用 ISO/IEC TR 24748-2：2011 标准、系统与软件工程 生命周期管理 第 2 部分：采用 ISO/IEC 15288 标准（系统生命周期过程）应用指南			2012/3/29	2012/3/29

续表

序号	GW 分类	ICS 分类	GB 分类	标准号	中　文　名　称	代替标准	采用关系	发布日期	实施日期
18.3.1-5-68	18.3.1	35.080		IEEE 24748-3—2012	IEEE 指南　采用 ISO/IEC TR 24748-3：2011 标准、系统与软件工程　生命周期管理　第 3 部分：采用 ISO/IEC 12207 标准（软件生命周期过程）应用指南		ISO / IEC TR 24748-3：2011	2012/3/29	2012/3/29
18.3.1-5-69	18.3.1	35.060		ISO 13816：2007	信息技术　程序设计语言、其环境和系统软件接口　程序设计语言 ISLISP（通信）			2007/10/1	2007/10/1
18.3.1-5-70	18.3.1	35.080		ISO 14143 1 CORR 1：2011	信息技术　软件测量　功能规模测量　第 1 部分：概念定义技术勘误表 1			2011/12/1	2011/12/1
18.3.1-5-71	18.3.1	35.080		ISO/IEC 14143 2：2011	信息技术　软件测量　功能规模测量　第 2 部分：软件规模测量方法与 ISO/IEC 14143-1 的符合性评价			2011/9/1	2011/9/1
18.3.1-5-72	18.3.1	35.080	L77	ISO/IEC 14143 6：2012	信息技术　软件度量　功能大小度量　第 6 部分：ISO/IEC 14143 系列标准及其相关国际标准的使用指南			2012/11/1	2012/11/1
18.3.1-5-73	18.3.1	35.080		ISO 14598-2：2000	软件工程　产品评价　第 2 部分：计划和管理（通信）			2000/2/1	2000/2/1
18.3.1-5-74	18.3.1	35.080		ISO 14598-3：2000	软件工程　产品评价　第 3 部分：开发者过程（通信）			2000/2/1	2000/2/1
18.3.1-5-75	18.3.1	35.080		ISO 14598-6：2001	软件工程　产品评价　第 6 部分：评估模块的文档　第一个版本（通信）			2001/6/1	2001/6/1
18.3.1-5-76	18.3.1	35.080	L77	ISO IEC 15504-2 CORRI 1：2004	软件工程　过程评定　第 2 部分：执行评定技术勘误 1			2004/2/1	2004/2/1
18.3.1-5-77	18.3.1	35.060	L79	ISO/IEC 19501：2005	信息技术开放式分布处理通用建模语言（UML）版本 1.4.2	ISO IEC DIS 19501-1：2000		2005/4/1	2005/4/1
18.3.1-5-78	18.3.1	35.080		ISO/IEC 19793：2015	信息技术　开放式分布式处理　使用 UML 进行 ODP 系统规范	ISO/IEC 19793：2008		2015/4/1	2015/4/1
18.3.1-5-79	18.3.1	35.040	L70	ISO/IEC 23004-7：2008	信息技术多媒体中间设备　第 7 部分：系统完整性管理	ISO IEC FDIS 23004-7：2007		2008/2/1	2008/2/1
18.3.1-5-80	18.3.1	35.040	M70	ISO/IEC 23004-8：2009	信息技术多媒体中间设备　第 8 部分：参考软件			2009/4/1	2009/4/1
18.3.1-5-81	18.3.1	35.240.30	L70	ISO/IEC 24754：2008	信息技术文件描述和处理语言规定文件描述体系的最低要求			2008/5/8	2008/5/8

18

序号	GW 分类	ICS 分类	GB 分类	标准号	中 文 名 称	代替标准	采用关系	发布日期	实施日期
18.3.1-5-82	18.3.1	35.080	L77	ISO/IEC 26514：2008	系统和软件工程用户文件的设计者和开发者用要求			2008/6/15	2008/6/15
18.3.1-5-83	18.3.1	35.060	L74	ISO/IEC 9075-10：2008	信息技术数据库语言 SQL 第 10 部分：对象语言捆绑（SQL/OLB）	ISO IEC 9075-10：2003；ISO IEC 9075-10 CORRI 1：2003；ISO IEC 9075-10 CORRI 2：2007		2008/7/8	2008/7/8
18.3.1-5-84	18.3.1	35.060	L74	ISO IEC 9075-11：2011	信息技术 数据库语言 结构化查询语言（SQL）第 11 部分：信息和定义方案	ISO IEC 9075-11：2008；ISO IEC FDIS 9075-11：2011		2011/12/1	2011/12/1
18.3.1-5-85	18.3.1	35.060	L74	ISO IEC 9075-1：2011	信息技术 数据库语言 结构化查询语言（SQL）第 01 部分：框架（SQL/Framework）	ISO IEC 9075-1：2008；ISO IEC 9075-1 CORRI 1：2010；ISO IEC 9075-1 CORRI 1：2010；ISO IEC FDIS 9075-1：2011		2011/12/1	2011/12/1
18.3.1-5-86	18.3.1	35.060	L74	ISO/IEC 9075-13：2008	信息技术数据库语言 SQL 第 13 部分：使用 JavaTM 程序语言（SQL/JRT）的 SQL 程序和类型	ISO IEC 9075-13：2003；ISO IEC 9075-13 CORRI 1：2005		2008/7/8	2008/7/8
18.3.1-5-87	18.3.1	35.060	L74	ISO IEC 9075-14：2011	信息技术 数据库语言 结构化查询语言（SQL） 第 14 部分：可扩展标记语言（XML）相关规范（SQL/XML）	ISO IEC 9075-14：2008；ISO IEC 9075-14 CORRI 1：2010；ISO IEC 9075-14 CORRI 1：2010；ISO IEC FDIS 9075-14：2011		2011/12/1	2011/12/1
18.3.1-5-88	18.3.1	35.060	L74	ISO IEC 9075-2：2011	信息技术 数据库语言 结构化查询语言（SQL） 第 02 部分：基础（SQL/Foundation）	ISO IEC 9075-2：2008；ISO IEC 9075-2 CORRI 1：2010；ISO IEC 9075-2 CORRI 1：2010；ISO IEC FDIS 9075-2：2011		2011/12/1	2011/12/1
18.3.1-5-89	18.3.1	35.060	L74	ISO/IEC 9075-3：2008	信息技术数据库语言 SQL 第 3 部分：调用级接口（SQL/CLI）	ISO IEC 9075-3：2003；ISO IEC 9075-3 CORRI 2：2003；ISO IEC 9075-3 CORRI 1：2005		2008/7/8	2008/7/8
18.3.1-5-90	18.3.1	35.060	L74	ISO IEC 9075-4：2011	信息技术 数据库语言 结构化查询语言（SQL） 第 4 部分：永久性存储模块（SQL/PSM）	ISO IEC 9075-4：2008；ISO IEC 9075-4 CORRI 1：2010；ISO IEC 9075-4 CORRI 1：2010；ISO IEC FDIS 9075-4：2011		2011/12/1	2011/12/1

序号	GW 分类	ICS 分类	GB 分类	标准号	中　文　名　称	代替标准	采用关系	发布日期	实施日期
18.3.1-5-91	18.3.1	35.06	L74	ISO IEC 9075-9：2008	信息技术数据库语言 SQL　第 9 部分：外部数据管理（SQL/MED）	ISO IEC 9075-9：2003；ISO IEC 9075-9 CORRI 1：2005		2008/7/8	2008/7/8
18.3.1-5-92	18.3.1	35.080		ISO/IEC/IEEE 24748-1：2018	系统和软件工程　生命周期管理　第 1 部分：生命周期管理指南			2018/11/1	2018/11/1
18.3.1-5-93	18.3.1	35.080		ISO TR 14143-3：2003	信息技术　软件测量　功能尺寸测量　第 3 部分：功能尺寸测量方法的鉴定			2003/4/15	2003/4/15
18.3.1-5-94	18.3.1	35.080		ISO TR 14143-4：2002	信息技术　软件测量　功能尺寸测量　第 4 部分：参考模型			2002/8/15	2002/8/15
18.3.1-5-95	18.3.1	35.080		ISO TR 14143-5：2004	信息技术　软件测量　功能尺寸测量　第 5 部分：与功能尺寸测量一起使用的功能域测定			2004/4/1	2004/4/1
18.3.1-5-96	18.3.1	35.080		ISO TR 24748-2：2011	系统和软件工程.生命周期管理　第 2 部分：ISO/IEC 15288（系统生命周期过程）标准的应用指南			2011/9/1	2011/9/1
18.3.1-5-97	18.3.1	35.080		ISO TR 24748-3：2011	系统和软件工程.生命周期管理　第 3 部分：ISO/IEC 12207（软件生命周期过程）的应用指南			2011/9/1	2011/9/1
18.3.1-5-98	18.3.1	35.080		ISO TR 9126-2：2003	软件工程　产品质量　第 2 部分：外部度量标准			2003/7/1	2003/7/1
18.3.1-5-99	18.3.1	35.080		ISO TR 9126-3：2003	软件工程　产品质量　第 3 部分：内部度量			2003/7/1	2003/7/1
18.3.1-5-100	18.3.1	35.080		ISO TR 9126-4：2004	软件工程　产品质量　第 4 部分：使用质量的度量			2004/4/1	2004/4/1

18.3.2　互联网技术-计算机-硬件

序号	GW 分类	ICS 分类	GB 分类	标准号	中　文　名　称	代替标准	采用关系	发布日期	实施日期
18.3.2-2-1	18.3.2	29.240		Q/GDW 11353—2014	国家电网公司云安全终端系统技术要求			2015/5/29	2015/5/29
18.3.2-2-2	18.3.2	35.160		Q/GDW 11532—2016	定制化 x86 服务器设计与检测规范			2016/12/22	2016/12/22
18.3.2-3-3	18.3.2	35.080	L77	GB/Z 18914—2014	信息技术软件工程 CASE 工具的采用指南	GB/Z 18914—2002	ISO/IEC TR 14471：2007	2014/9/3	2015/2/1
18.3.2-3-4	18.3.2		M30	GB/T 26267—2010	反垃圾电子邮件设备技术要求			2011/1/14	2011/6/1
18.3.2-3-5	18.3.2	35.180	L63	GB/T 35297—2017	信息技术　盘阵列通用规范			2017/12/29	2018/7/1
18.3.2-3-6	18.3.2	35.220	L66	GB/T 35313—2017	模块化存储系统通用规范			2017/12/29	2018/7/1
18.3.2-3-7	18.3.2	35.180	L63	GB/T 35590—2017	信息技术　便携式数字设备用移动电源通用规范			2017/12/29	2018/7/1

续表

序号	GW 分类	ICS 分类	GB 分类	标准号	中 文 名 称	代替标准	采用关系	发布日期	实施日期
18.3.2-3-8	18.3.2	33.100	L06	GB/T 9254—2008	信息技术　设备的无线电骚扰限值和测量方法	GB 9254—1998； GB 9254 CORRI 1—1998； GB 9254 XGD 1—1998		2008/8/6	2009/9/1
18.3.2-4-9	18.3.2		L65	SJ/T 11310.2—2015	信息设备资源共享协同服务　第 2 部分：应用框架			2015/4/30	2015/10/1
18.3.2-4-10	18.3.2			SJ/T 11310.3—2015	信息设备资源共享协同服务　第 3 部分：基础应用			2015/4/30	2015/10/1
18.3.2-4-11	18.3.2			SJ/T 11310.5—2015	信息设备资源共享协同服务　第 5 部分：设备类型			2015/4/30	2015/10/1
18.3.2-4-12	18.3.2			SJ/T 11310.6—2015	信息设备资源共享协同服务　第 6 部分：服务类型			2015/4/30	2015/10/1
18.3.2-4-13	18.3.2			SJ/T 11536.1—2015	高性能计算机刀片服务器　第 1 部分：管理模块技术要求			2015/10/10	2016/4/1
18.3.2-4-14	18.3.2		L62	SJ/T 11537—2015	高性能计算机机群监控系统技术要求			2015/10/10	2016/4/1

18.4　互联网技术-信息通信安全

序号	GW 分类	ICS 分类	GB 分类	标准号	中 文 名 称	代替标准	采用关系	发布日期	实施日期
18.4-2-1	18.4	29.240		Q/GDW 10929.5—2018	信息系统应用安全　第 5 部分：代码安全检测	Q/GDW 1929.5—2013		2020/3/20	2020/3/20
18.4-2-2	18.4	35.040		Q/GDW 10940—2018	防火墙测试要求	Q/GDW 1940—2013		2019/7/26	2019/7/26
18.4-2-3	18.4	35.040		Q/GDW 10941—2018	入侵检测系统测试要求			2019/7/26	2019/7/26
18.4-2-4	18.4	29.240		Q/GDW 10942—2018	应用软件系统安全性测试方法	Q/GDW/Z 1942—2013		2019/7/26	2019/7/26
18.4-2-5	18.4	29.240		Q/GDW 11118—2013	基于无线 APN 虚拟专网的电压监测装置信息安全接入规范			2014/5/15	2014/5/15
18.4-2-6	18.4	35.240.50	L80	Q/GDW 11120—2018	防火墙安全配置及监测基本技术要求	Q/GDW 11120—2013		2019/7/26	2019/7/26
18.4-2-7	18.4	29.240		Q/GDW 11161—2013	国家电网公司统一密钥管理系统功能与接口及安全策略规范			2014/5/1	2014/5/1
18.4-2-8	18.4	29.240		Q/GDW 11347—2014	国家电网公司信息系统安全设计框架技术规范			2015/5/29	2015/5/29
18.4-2-9	18.4	29.240		Q/GDW 11416—2015	国家电网公司商业秘密安全保密技术规范			2015/9/14	2015/9/14
18.4-2-10	18.4	29.240		Q/GDW 11445—2015	国家电网公司管理信息系统安全基线要求			2016/11/9	2016/11/9

续表

序号	GW 分类	ICS 分类	GB 分类	标准号	中文名称	代替标准	采用关系	发布日期	实施日期
18.4-2-11	18.4	29.240		Q/GDW 11802—2018	网络与信息安全风险监控预警平台数据接入规范			2019/7/26	2019/7/26
18.4-2-12	18.4	29.240		Q/GDW 11823—2018	国家电网有限公司网络安全监督检查规范			2019/7/26	2019/7/26
18.4-2-13	18.4	29.240		Q/GDW 11940—2018	数据脱敏导则			2020/3/20	2020/3/20
18.4-2-14	18.4	29.240		Q/GDW/Z 11976—2019	电动汽车充电设备可信计算技术规范			2020/9/28	2020/9/28
18.4-2-15	18.4	35.040		Q/GDW 11982—2019	网络与信息安全风险监控预警平台告警规范			2020/9/28	2020/9/28
18.4-2-16	18.4	29.240		Q/GDW 11984—2019	管理信息大区网络边界终端准入管控系统技术规范			2020/9/28	2020/9/28
18.4-2-17	18.4	29.240		Q/GDW 1594—2014	国家电网公司管理信息系统安全防护技术要求	Q/GDW 594—2011		2015/5/29	2015/5/29
18.4-2-18	18.4	29.240		Q/GDW 1595—2014	国家电网公司管理信息系统安全等级保护技术验收规范	Q/GDW 595—2011		2015/5/29	2015/5/29
18.4-2-19	18.4	29.240		Q/GDW 1596—2015	国家电网公司信息安全风险评估实施细则	Q/GDW 596—2011		2016/11/9	2016/11/9
18.4-2-20	18.4	29.240		Q/GDW 1597—2015	国家电网公司应用软件系统通用安全要求	Q/GDW 597—2011		2016/11/9	2016/11/9
18.4-2-21	18.4			Q/GDW 1775—2012	互联网环境下的数据安全传输技术规范			2013/11/6	2013/11/6
18.4-2-22	18.4			Q/GDW 1776—2012	智能电网业务系统终端安全防护技术规范			2013/11/6	2013/11/6
18.4-2-23	18.4			Q/GDW 1927—2013	智能电网移动作业 PDA 终端安全防护规范			2014/5/1	2014/5/1
18.4-2-24	18.4			Q/GDW 1928—2013	输电线路状态监测代理安全接入技术规范			2013/11/6	2013/11/6
18.4-2-25	18.4			Q/GDW 1929.1—2013	信息系统应用安全　第 1 部分：开发指南			2014/5/1	2014/5/1
18.4-2-26	18.4			Q/GDW 1929.2—2013	信息系统应用安全　第 2 部分：安全设计			2014/5/1	2014/5/1
18.4-2-27	18.4			Q/GDW 1929.3—2013	信息系统应用安全　第 3 部分：安全编码			2014/5/1	2014/5/1
18.4-2-28	18.4	29.240		Q/GDW 1929.4—2013	信息系统应用安全　第 4 部分：安全需求分析			2014/5/1	2014/5/1
18.4-2-29	18.4	29.240		Q/GDW 1937—2013	国家电网公司非国家秘密电子数据销毁、清除和恢复技术要求			2014/2/10	2014/2/10
18.4-2-30	18.4	29.240		Q/GDW/Z 1938—2013	嵌入式电力测控终端设备的信息安全测评技术指标框架			2014/1/15	2014/1/15
18.4-2-31	18.4	29.240		Q/GDW/Z 1939—2013	电力无线传感器网络信息安全指南			2014/1/15	2014/1/15

序号	GW 分类	ICS 分类	GB 分类	标准号	中 文 名 称	代替标准	采用关系	发布日期	实施日期
18.4-2-32	18.4	29.240		Q/GDW 1942—2013	国家电网公司应用系统安全性测试方法			2014/5/1	2014/5/1
18.4-2-33	18.4	29.020		Q/GDW 377—2009	电力用户用电信息采集系统安全防护技术规范			2009/12/7	2009/12/7
18.4-2-34	18.4	01.040.35	L70/84	Q/GDW/Z 11801—2018	网络与信息安全风险监控预警平台安全监测数据规范			2019/7/26	2019/7/26
18.4-3-35	18.4	35.040	L80	GB/T 15843.1—2017	信息技术　安全技术　实体鉴别　第 1 部分：总则	GB/T 15843.1—2008	ISO/IEC 9798-1：2010	2017/12/29	2018/7/1
18.4-3-36	18.4	35.040	L80	GB/T 15843.2—2017	信息技术　安全技术　实体鉴别　第 2 部分：采用对称加密算法的机制	GB/T 15843.2—2008	ISO/IEC 9798-2：2008 IDT	2017/12/29	2018/7/1
18.4-3-37	18.4			GB/T 15843.3—2016	信息技术　安全技术　实体鉴别　第 3 部分：采用数字签名技术的机制	GB/T 15843.3—2008		2016/4/25	2016/11/1
18.4-3-38	18.4	35.040	L80	GB/T 15843.4—2008	信息技术　安全技术　实体鉴别　第 4 部分：采用密码校验函数的机制	GB/T 15843.4—1999	IDT ISO/IEC 9798-4：1999	2008/6/19	2008/11/1
18.4-3-39	18.4	35.040	L80	GB/T 15843.5—2005	信息技术　安全技术　实体鉴别　第 5 部分：使用零知识技术的机制		IDT ISO/IEC 9798-5：1999	2005/4/19	2005/10/1
18.4-3-40	18.4	35.040	L80	GB/T 15851.3—2018	信息技术　安全技术　带消息恢复的数字签名方案　第 3 部分：基于离散对数的机制	GB/T 15851—1995	ISO/IEC 9796-3：2006	2018/12/28	2019/7/1
18.4-3-41	18.4	35.040	L80	GB/T 15852.1—2008	信息技术　安全技术　消息鉴别码　第 1 部分：采用分组密码的机制	GB 15852—1995	IDT ISO/IEC 9797-1：1999	2008/7/2	2008/12/1
18.4-3-42	18.4	35.040	L40	GB/T 15852.2—2012	信息技术　安全技术　消息鉴别码　第 2 部分：采用专用杂凑函数的机制			2012/12/31	2013/6/1
18.4-3-43	18.4	35.100.60	L79	GB/T 16263.4—2015	信息技术　ASN 1 编码规则　第 4 部分：XML 编码规则（XER）		ISO/IEC 8825-4：2008	2015/12/10	2016/8/1
18.4-3-44	18.4			GB/T 16263.5—2015	信息技术　ASN 1 编码规则　第 5 部分：W3CXML 模式定义到 ASN.1 的映射			2015/12/10	2016/8/1
18.4-3-45	18.4	35.100.70	L79	GB/T 17143.7—1997	信息技术　开放系统互连系统管理　第 7 部分：安全告警报告功能		idt ISO/IEC 10164-7：1992	1997/12/15	1998/8/1
18.4-3-46	18.4	35.020	L09	GB 17859—1999	计算机信息系统安全保护等级划分准则		≈DoD 5200.28-STD ≈NCSC-TG-005	1999/9/13	2001/1/1
18.4-3-47	18.4	35.020	L80	GB/T 17900—1999	网络代理服务器的安全技术要求			1999/11/11	2000/5/1

续表

序号	GW 分类	ICS 分类	GB 分类	标准号	中 文 名 称	代替标准	采用关系	发布日期	实施日期
18.4-3-48	18.4	35.040	L80	GB/T 17902.2—2005	信息技术 安全技术 带附录的数字签名 第 2 部分：基于身份的机制		IDT ISO/IEC 14888-2：1999	2005/4/19	2005/10/1
18.4-3-49	18.4	35.040	L80	GB/T 17902.3—2005	信息技术 安全技术 带附录的数字签名 第 3 部分：基于证书的机制		IDT ISO/IEC 14888-3：1998	2005/4/19	2005/10/1
18.4-3-50	18.4	35.040	L80	GB/T 17903.1—2008	信息技术 安全技术 抗抵赖 第 1 部分：概述	GB/T 17903.1—1999	IDT ISO/IEC 13888-1：2004	2008/6/26	2008/11/1
18.4-3-51	18.4	35.040	L80	GB/T 17903.2—2008	信息技术 安全技术 抗抵赖 第 2 部分：采用对称技术的机制	GB/T 17903.2—1999	IDT ISO/IEC 13888-2：1998	2008/6/26	2008/11/1
18.4-3-52	18.4	35.040	L80	GB/T 17903.3—2008	信息技术 安全技术 抗抵赖 第 3 部分：采用非对称技术的机制	GB/T 17903.3—1999	IDT ISO/IEC 13888-3：1997	2008/7/2	2008/12/1
18.4-3-53	18.4	35.040	L80	GB/T 17964—2008	信息安全技术 分组密码算法的工作模式	GB/T 17964—2000		2008/6/26	2008/11/1
18.4-3-54	18.4	35.040	L80	GB/T 18018—2019	信息安全技术 路由器安全技术要求	GB/T 18018—2007		2019/8/30	2020/3/1
18.4-3-55	18.4	35.020	L80	GB/T 18019—1999	信息技术 包过滤防火墙安全技术要求	GB/T 20281—2006		1999/11/11	2000/5/1
18.4-3-56	18.4	35.040	L80	GB/T 18020—1999	信息技术 应用级防火墙安全技术要求			1999/11/11	2000/5/1
18.4-3-57	18.4	35.040	L80	GB/T 18336.1—2015	信息技术 安全技术 信息技术安全评估准则 第 1 部分：简介和一般模型		ISO/IEC 15408-1：2009	2015/5/15	2016/1/1
18.4-3-58	18.4	35.040	L80	GB/T 18336.2—2015	信息技术 安全技术 信息技术安全评估准则 第 2 部分：安全功能组件		ISO/IEC 15408-2：2008	2015/5/15	2016/1/1
18.4-3-59	18.4	35.040	L80	GB/T 18336.3—2015	信息技术 安全技术 信息技术安全评估准则 第 3 部分：安全保障组件		ISO/IEC 15408-3：2008 IDT	2015/5/15	2016/1/1
18.4-3-60	18.4	35.040	L80	GB/T 19715.1—2005	信息技术 信息技术安全管理指南 第 1 部分：信息技术安全概念和模型			2005/4/19	2005/10/1
18.4-3-61	18.4	35.040	L80	GB/T 19715.2—2005	信息技术 安全管理指南 第 2 部分：管理和规划信息技术安全			2005/4/19	2005/10/1
18.4-3-62	18.4	35.100.70	L79	GB/T 19771—2005	信息技术 安全技术 公钥基础设施 PKI 组件最小互操作规范			2005/5/25	2005/12/1
18.4-3-63	18.4	35.020	L09	GB/T 20008—2005	信息安全技术 操作系统安全评估准则			2005/11/11	2006/5/1
18.4-3-64	18.4	35.040	L80	GB/T 20009—2019	信息安全技术 数据库管理系统安全评估准则	GB/T 20009—2005		2019/8/30	2020/3/1
18.4-3-65	18.4	35.020	L09	GB/T 20011—2005	信息安全技术 路由器安全评估准则			2005/11/11	2006/5/1

续表

序号	GW 分类	ICS 分类	GB 分类	标准号	中文名称	代替标准	采用关系	发布日期	实施日期
18.4-3-66	18.4	35.040	L80	GB/T 20261—2006	信息技术　系统安全工程能力成熟度模型		ISO/IEC 21827：2002，MOD	2006/3/14	2006/7/1
18.4-3-67	18.4	35.040	L80	GB/T 20269—2006	信息安全技术　信息系统安全管理要求			2006/5/31	2006/12/1
18.4-3-68	18.4	35.040	L80	GB/T 20270—2006	信息安全技术　网络基础安全技术要求			2006/5/31	2006/12/1
18.4-3-69	18.4	35.060	L80	GB/T 20271—2006	信息安全技术　信息系统通用安全技术要求			2006/5/31	2006/12/1
18.4-3-70	18.4	35.040	L80	GB/T 20272—2019	信息安全技术　操作系统安全技术要求	GB/T 20272—2006		2019/8/30	2020/3/1
18.4-3-71	18.4	35.040	L80	GB/T 20273—2019	信息安全技术　数据库管理系统安全技术要求	GB/T 20273—2006		2019/8/30	2020/3/1
18.4-3-72	18.4	35.040	L80	GB/T 20274.1—2006	信息安全技术　信息系统安全保障评估框架　第1部分：简介和一般模型			2006/5/31	2006/12/1
18.4-3-73	18.4	35.040	L80	GB/T 20274.2—2008	信息安全技术　信息系统安全保障评估框架　第2部分：技术保障			2008/7/18	2008/12/1
18.4-3-74	18.4	35.040	L80	GB/T 20274.3—2008	信息安全技术　信息系统安全保障评估框架　第3部分：管理保障			2008/7/18	2008/12/1
18.4-3-75	18.4	35.040	L80	GB/T 20274.4—2008	信息安全技术　信息系统安全保障评估框架　第4部分：工程保障			2008/7/18	2008/12/1
18.4-3-76	18.4	35.040	L80	GB/T 20275—2013	信息安全技术　网络入侵检测系统技术要求和测试评价方法	GB/T 20275—2006		2013/12/31	2014/7/15
18.4-3-77	18.4	35.040	L80	GB/T 20276—2016	信息安全技术　具有中央处理器的 IC 卡嵌入式软件安全技术要求	GB/T 20276—2006		2016/8/29	2017/3/1
18.4-3-78	18.4	35.040	L80	GB/T 20277—2015	信息安全技术　网络和终端隔离产品测试评价方法			2015/5/15	2016/1/1
18.4-3-79	18.4	35.040	L80	GB/T 20278—2013	信息安全技术　网络脆弱性扫描产品安全技术要求	GB/T 20278—2006		2013/12/31	2014/7/15
18.4-3-80	18.4	35.040	L80	GB/T 20279—2015	信息安全技术　网络和终端隔离产品安全技术要求	GB/T 20279—2006		2015/5/15	2016/1/1
18.4-3-81	18.4	35.040	L80	GB/T 20280—2006	信息安全技术　网络脆弱性扫描产品测试评价方法			2006/5/31	2006/12/1
18.4-3-82	18.4	35.040	L80	GB/T 20281—2020	信息安全技术　防火墙安全技术要求和测试评价方法	GB/T 20010—2005；GB/T 20281—2015；GB/T 31505—2015；GB/T 32917—2016		2020/4/28	2020/11/1

续表

序号	GW 分类	ICS 分类	GB 分类	标准号	中 文 名 称	代替标准	采用关系	发布日期	实施日期
18.4-3-83	18.4	35.020	L09	GB/T 20282—2006	信息安全技术　信息系统安全工程管理要求			2006/5/31	2006/12/1
18.4-3-84	18.4	35.040	L80	GB/Z 20283—2006	信息安全技术保护轮廓和安全目标的产生指南			2006/5/31	2006/12/1
18.4-3-85	18.4	25.040	N10	GB/T 20438.1—2017	电气/电子/可编程电子安全相关系统的功能安全　第 1 部分：一般要求	GB/T 20438.1—2006	IEC 61508-1：2010	2017/12/29	2018/7/1
18.4-3-86	18.4	25.040	N10	GB/T 20438.2—2017	电气/电子/可编程电子安全相关系统的功能安全　第 2 部分：电气/电子/可编程电子安全相关系统的要求	GB/T 20438.2—2006	IEC 61508-2：2010 IDT	2017/12/29	2018/7/1
18.4-3-87	18.4	25.040	N10	GB/T 20438.3—2017	电气/电子/可编程电子安全相关系统的功能安全　第 3 部分：软件要求	GB/T 20438.3—2006	IEC 61508-3：2010 IDT	2017/12/29	2018/7/1
18.4-3-88	18.4	25.040	N10	GB/T 20438.4—2017	电气/电子/可编程电子安全相关系统的功能安全　第 4 部分：定义和缩略语	GB/T 20438.4—2006	IEC 61508-4：2010	2017/12/29	2018/7/1
18.4-3-89	18.4	25.040	N10	GB/T 20438.5—2017	电气/电子/可编程电子安全相关系统的功能安全　第 5 部分：确定安全完整性等级的方法示例	GB/T 20438.5—2006	IEC 61508-5：2010	2017/12/29	2018/7/1
18.4-3-90	18.4	25.040	N10	GB/T 20438.6—2017	电气/电子/可编程电子安全相关系统的功能安全　第 6 部分：GB/T 20438.2 和 GB/T 20438.3 的应用指南	GB/T 20438.6—2006	IEC 61508-6：2010 IDT	2017/12/29	2018/7/1
18.4-3-91	18.4	25.040	N10	GB/T 20438.7—2017	电气/电子/可编程电子安全相关系统的功能安全　第 7 部分：技术和措施概述	GB/T 20438.7—2006	IEC 61508-7：2010 IDT	2017/12/29	2018/7/1
18.4-3-92	18.4	35.040	L80	GB/T 20518—2018	信息安全技术　公钥基础设施　数字证书格式	GB/T 20518—2006		2018/6/7	2019/1/1
18.4-3-93	18.4	35.040	L80	GB/T 20519—2006	信息安全技术　公钥基础设施特定权限管理中心技术规范			2006/8/30	2007/2/1
18.4-3-94	18.4	35.040	L80	GB/T 20520—2006	信息安全技术　公钥基础设施时间戳规范			2006/8/30	2007/2/1
18.4-3-95	18.4	35.040	L80	GB/T 20945—2013	信息安全技术　信息系统安全审计产品技术要求和测试评价方法	GB/T 20945—2007		2013/12/31	2014/7/15
18.4-3-96	18.4	35.040	L80	GB/T 20979—2019	信息安全技术　虹膜识别系统技术要求	GB/T 20979—2007		2019/8/30	2020/3/1
18.4-3-97	18.4	35.040	L80	GB/T 20985.1—2017	信息技术　安全技术　信息安全事件管理　第 1 部分：事件管理原理	GB/Z 20985—2007	ISO/IEC 27035-1：2016	2017/12/29	2018/7/1
18.4-3-98	18.4	35.040	L80	GB/T 21050—2019	信息安全技术　网络交换机安全技术要求	GB/T 21050—2007		2019/8/30	2020/3/1
18.4-3-99	18.4	35.020	L80	GB/T 21052—2007	信息安全技术　信息系统物理安全技术要求			2007/8/23	2008/1/1

续表

序号	GW 分类	ICS 分类	GB 分类	标准号	中 文 名 称	代替标准	采用关系	发布日期	实施日期
18.4-3-100	18.4	35.040	L80	GB/T 22080—2016	信息技术 安全技术 信息安全管理体系要求	GB/T 22080—2008	ISO/IEC 27001：2013 IDT	2016/8/29	2017/3/1
18.4-3-101	18.4	35.040	L80	GB/T 22081—2016	信息技术 安全技术 信息安全控制实践指南	GB/T 22081—2008	ISO/IEC 27002：2013；ISO/IEC 27002：2013/CORRI 1：2014	2016/8/29	2017/3/1
18.4-3-102	18.4	35.040	L80	GB/T 22186—2016	信息安全技术 具有中央处理器的 IC 卡芯片安全技术要求	GB/T 22186—2008		2016/8/29	2017/3/1
18.4-3-103	18.4	35.040	L80	GB/T 22239—2019	信息安全技术 网络安全等级保护基本要求	GB/T 22239—2008		2019/5/10	2019/12/1
18.4-3-104	18.4	35.040	L80	GB/Z 24294.1—2018	信息安全技术 基于互联网电子政务信息安全实施指南 第 1 部分：总则	GB/Z 24294—2009		2018/3/15	2018/10/1
18.4-3-105	18.4	35.040	L80	GB/T 24363—2009	信息安全技术 信息安全应急响应计划规范			2009/9/30	2009/12/1
18.4-3-106	18.4	35.040	L80	GB/Z 24364—2009	信息安全技术 信息安全风险管理指南			2009/9/30	2009/12/1
18.4-3-107	18.4	35.040	L80	GB/T 25056—2018	信息安全技术 证书认证系统密码及其相关安全技术规范	GB/T 25056—2010		2018/6/7	2019/1/1
18.4-3-108	18.4	35.040	L80	GB/T 25058—2019	信息安全技术 网络安全等级保护实施指南	GB/T 25058—2010		2019/8/30	2020/3/1
18.4-3-109	18.4	35.040	L80	GB/T 25061—2010	信息安全技术 公钥基础设施 XML 数字签名语法与处理规范			2010/9/2	2011/2/1
18.4-3-110	18.4	35.040	L80	GB/T 25062—2010	信息安全技术 鉴别与授权基于角色的访问控制模型与管理规范			2010/9/2	2011/2/1
18.4-3-111	18.4	35.020	L80	GB/T 25063—2010	信息安全技术 服务器安全测评要求			2010/9/2	2011/2/1
18.4-3-112	18.4	35.040	L80	GB/T 25064—2010	信息安全技术 公钥基础设施电子签名格式规范			2010/9/2	2011/2/1
18.4-3-113	18.4	35.240.40	L80	GB/T 25065—2010	信息安全技术 公钥基础设施签名生成应用程序的安全要求			2010/9/2	2011/2/1
18.4-3-114	18.4	35.040	L80	GB/T 25066—2020	信息安全技术 信息安全产品类别与代码			2020/4/28	2020/11/1
18.4-3-115	18.4	35.040	L80	GB/T 25067—2020	信息技术 安全技术 信息安全管理体系审核和认证机构要求	GB/T 25067—2016	ISO/IEC 27006：2015	2020/4/28	2020/11/1
18.4-3-116	18.4	35.040	L80	GB/T 25068.1—2012	信息技术 安全技术 IT 网络安全 第 1 部分：网络安全管理		ISO/IEC 18028-1：2006 IDT	2012/6/29	2012/10/1
18.4-3-117	18.4	35.040	L80	GB/T 25068.2—2012	信息技术 安全技术 IT 网络安全 第 2 部分：网络安全体系结构		ISO/IEC 18028-2：2006 IDT	2012/6/29	2012/10/1

续表

序号	GW 分类	ICS 分类	GB 分类	标准号	中文名称	代替标准	采用关系	发布日期	实施日期
18.4-3-118	18.4	35.020	L80	GB/T 25068.3—2010	信息技术 安全技术 IT 网络安全 第 3 部分：使用安全网关的网间通信安全保护		ISO/IEC 18028-3：2005	2010/9/2	2011/2/1
18.4-3-119	18.4	35.020	L80	GB/T 25068.4—2010	信息技术 安全技术 IT 网络安全 第 4 部分：远程接入的安全保护		ISO/IEC 18028-4：2005	2010/9/2	2011/2/1
18.4-3-120	18.4	35.020	L80	GB/T 25068.5—2010	信息技术 安全技术 IT 网络安全 第 5 部分：使用虚拟专用网的跨网通信安全保护		ISO/IEC 18028-5：2006	2010/9/2	2011/2/1
18.4-3-121	18.4	35.040	A90	GB/T 25069—2010	信息安全技术 术语			2010/9/2	2011/2/1
18.4-3-122	18.4	35.040	L80	GB/T 25070—2019	信息安全技术 网络安全等级保护安全设计技术要求	GB/T 25070—2010		2019/5/10	2019/12/1
18.4-3-123	18.4	29.240.30	F21	GB/Z 25320.1—2010	电力系统管理及其信息交换数据和通信安全 第 1 部分：通信网络和系统安全安全问题介绍		IEC TS 62351-1：2007，IDT	2010/11/10	2011/5/1
18.4-3-124	18.4	29.240.01	F21	GB/Z 25320.2—2013	电力系统管理及其信息交换数据和通信安全 第 2 部分：术语		IEC/TS 62351-2 Ed1.0：2008 IDT	2013/2/7	2013/7/1
18.4-3-125	18.4	29.240.30	F21	GB/Z 25320.3—2010	电力系统管理及其信息交换数据和通信安全 第 3 部分：通信网络和系统安全包含 TCP/IP 的协议集		IEC TS 62351-3：2007，IDT	2010/11/10	2011/5/1
18.4-3-126	18.4	29.240.30	F21	GB/Z 25320.4—2010	电力系统管理及其信息交换数据和通信安全 第 4 部分：包含 MMS 的协议集		IEC TS 62351-4：2007，IDT	2010/11/10	2011/5/1
18.4-3-127	18.4	29.240.01	F21	GB/Z 25320.5—2013	电力系统管理及其信息交换数据和通信安全 第 5 部分：GB/T 18657 等及其衍生标准的安全		IEC/TS 62351-5：2009 IDT	2013/2/7	2013/7/1
18.4-3-128	18.4	29.240.30	F21	GB/Z 25320.6—2011	电力系统管理及其信息交换数据和通信安全 第 6 部分：IEC 61850 的安全		IEC TS 62351-6：2007 IDT	2010/12/23	2012/5/1
18.4-3-129	18.4	29.240.01	F21	GB/Z 25320.7—2015	电力系统管理及其信息交换数据和通信安全 第 7 部分：网络和系统管理（NSM）的数据对象模型		IEC/TS 62351-7：2010	2015/5/15	2015/12/1
18.4-3-130	18.4	35.040	L71	GB/T 26237.7—2013	信息技术 生物特征识别 数据交换格式 第 7 部分：签名/签字时间序列数据			2013/12/31	2014/7/15
18.4-3-131	18.4	35.020	L70	GB/T 26237.10—2014	信息技术 生物特征识别 数据交换格式 第 10 部分：手型轮廓数据			2014/7/8	2014/12/1
18.4-3-132	18.4		A90	GB/T 26269—2010	网络入侵检测系统技术要求			2011/1/14	2011/6/1
18.4-3-133	18.4		M10	GB/T 26333—2010	工业控制网络安全风险评估规范			2011/1/14	2011/6/1

续表

序号	GW 分类	ICS 分类	GB 分类	标准号	中 文 名 称	代替标准	采用关系	发布日期	实施日期
18.4-3-134	18.4	35.020	L80	GB/T 26855—2011	信息安全技术　公钥基础设施证书策略与认证业务声明框架			2011/7/29	2011/11/1
18.4-3-135	18.4	35.020	L80	GB/T 28447—2012	信息安全技术　电子认证服务机构运营管理规范			2012/6/29	2012/10/1
18.4-3-136	18.4	35.040	L80	GB/T 28448—2019	信息安全技术　网络安全等级保护测评要求	GB/T 28448—2012		2019/5/10	2019/12/1
18.4-3-137	18.4	35.040	L80	GB/T 28449—2018	信息安全技术　网络安全等级保护测评过程指南	GB/T 28449—2012		2018/12/28	2019/7/1
18.4-3-138	18.4	35.040	L80	GB/T 28450—2012	信息安全技术　信息安全管理体系审核指南			2012/6/29	2012/10/1
18.4-3-139	18.4	35.020	L80	GB/T 28451—2012	信息安全技术　网络型入侵防御产品技术要求和测试评价方法			2012/6/29	2012/10/1
18.4-3-140	18.4	35.020	L80	GB/T 28452—2012	信息安全技术　应用软件系统通用安全技术要求			2012/6/29	2012/10/1
18.4-3-141	18.4	35.040	L80	GB/T 28453—2012	信息安全技术　信息系统安全管理评估要求			2012/6/29	2012/10/1
18.4-3-142	18.4	35.040	L80	GB/T 28454—2020	信息技术　安全技术　入侵检测和防御系统（IDPS）的选择、部署和操作	GB/T 28454—2012		2020/4/28	2020/11/1
18.4-3-143	18.4	35.020	L80	GB/T 28455—2012	信息安全技术　引入可信第三方的实体鉴别及接入架构规范			2012/6/29	2012/10/1
18.4-3-144	18.4	35.020	L80	GB/T 28457—2012	SSL 协议应用测试规范			2012/6/29	2012/10/1
18.4-3-145	18.4	35.040	L80	GB/T 28458—2012	信息安全技术　安全漏洞标识与描述规范			2012/6/29	2012/10/1
18.4-3-146	18.4	35.040; 35.240	L80	GB/Z 28828—2012	信息安全技术公共及商用服务信息系统个人信息保护指南			2012/11/5	2013/2/1
18.4-3-147	18.4	33.040.99	M19	GB/T 29234—2012	基于公用电信网的宽带客户网络安全技术要求			2012/12/31	2013/6/1
18.4-3-148	18.4	35.040	L80	GB/T 29240—2012	信息安全技术　终端计算机通用安全技术要求与测试评价方法			2012/12/31	2013/6/1
18.4-3-149	18.4	35.040	L80	GB/T 29241—2012	信息安全技术　公钥基础设施 PKI 互操作性评估准则			2012/12/31	2013/6/1
18.4-3-150	18.4	35.040	L80	GB/T 29242—2012	信息安全技术　鉴别与授权安全断言标记语言			2012/12/31	2013/6/1
18.4-3-151	18.4	35.040	L80	GB/T 29243—2012	信息安全技术　数字证书代理认证路径构造和代理验证规范			2012/12/31	2013/6/1
18.4-3-152	18.4	35.040	L80	GB/T 29244—2012	信息安全技术　办公设备基本安全要求			2012/12/31	2013/6/1

续表

序号	GW 分类	ICS 分类	GB 分类	标准号	中 文 名 称	代替标准	采用关系	发布日期	实施日期
18.4-3-153	18.4	35.040	L80	GB/T 29246—2017	信息技术　安全技术　信息安全管理体系概述和词汇	GB/T 29246—2012		2017/12/29	2018/7/1
18.4-3-154	18.4	35.040	L71	GB/T 29268.1—2012	信息技术　生物特征识别　性能测试和报告　第 1 部分：原则与框架			2012/12/31	2013/6/1
18.4-3-155	18.4	35.040	L71	GB/T 29268.2—2012	信息技术　生物特征识别　性能测试和报告　第 2 部分：技术与场景评价的测试方法			2012/12/31	2013/6/1
18.4-3-156	18.4	35.040	L71	GB/T 29268.3—2012	信息技术　生物特征识别　性能测试和报告　第 3 部分：模态特定性测试			2012/12/31	2013/6/1
18.4-3-157	18.4	35.040	L71	GB/T 29268.4—2012	信息技术　生物特征识别　性能测试和报告　第 4 部分：互操作性性能测试			2012/12/31	2013/6/1
18.4-3-158	18.4	35.040	L80	GB/T 29765—2013	信息安全技术　数据备份与恢复产品技术要求与测试评价方法			2013/9/18	2014/5/1
18.4-3-159	18.4	35.040	L80	GB/T 29766—2013	信息安全技术　网站数据恢复产品技术要求与测试评价方法			2013/9/18	2014/5/1
18.4-3-160	18.4	35.040	L80	GB/T 29767—2013	信息安全技术　公钥基础设施桥 CA 体系证书分级规范			2013/9/18	2014/5/1
18.4-3-161	18.4	35.080	L40	GB/T 29827—2013	信息安全技术　可信计算规范可信平台主板功能接口			2013/11/12	2014/2/1
18.4-3-162	18.4	35.040	L80	GB/T 29828—2013	信息安全技术　可信计算规范可信连接架构			2013/11/12	2014/2/1
18.4-3-163	18.4	35.040	L80	GB/T 29829—2013	信息安全技术　可信计算密码支撑平台功能与接口规范			2013/11/12	2014/2/1
18.4-3-164	18.4	35.040	L80	GB/Z 29830.1—2013	信息技术安全技术信息技术安全保障框架　第 1 部分：综述和框架			2013/11/12	2014/2/1
18.4-3-165	18.4	35.040	L80	GB/Z 29830.2—2013	信息技术安全技术信息技术安全保障框架　第 2 部分：保障方法			2013/11/12	2014/2/1
18.4-3-166	18.4	35.040	L80	GB/Z 29830.3—2013	信息技术安全技术信息技术安全保障框架　第 3 部分：保障方法分析			2013/11/12	2014/2/1
18.4-3-167	18.4	35.240.15	L64	GB/T 30001.1—2013	信息技术　基于射频的移动支付　第 1 部分：射频接口			2013/10/10	2014/5/1
18.4-3-168	18.4	35.240.15	L64	GB/T 30001.2—2013	信息技术　基于射频的移动支付　第 2 部分：卡技术要求			2013/10/10	2014/5/1

续表

序号	GW 分类	ICS 分类	GB 分类	标准号	中 文 名 称	代替标准	采用关系	发布日期	实施日期
18.4-3-169	18.4	35.240.15	L64	GB/T 30001.3—2013	信息技术 基于射频的移动支付 第 3 部分：设备技术要求			2013/10/10	2014/5/1
18.4-3-170	18.4	35.240.15	L64	GB/T 30001.4—2013	信息技术 基于射频的移动支付 第 4 部分：卡应用管理和安全			2013/10/10	2014/5/1
18.4-3-171	18.4	35.240.15	L64	GB/T 30001.5—2013	信息技术 基于射频的移动支付 第 5 部分：射频接口测试方法			2013/10/10	2014/5/1
18.4-3-172	18.4	35.240.15	L64	GB/T 30266—2013	信息技术 识别卡卡内生物特征比对			2013/12/31	2014/7/15
18.4-3-173	18.4	35.040	L71	GB/T 30267.1—2013	信息技术 生物特征识别 应用程序接口 第 1 部分：BioAPI 规范			2013/12/31	2014/7/15
18.4-3-174	18.4	35.040	L71	GB/T 30268.1—2013	信息技术 生物特征识别 应用程序接口（BioAPI）的符合性测试 第 1 部分：方法和规程			2013/12/31	2014/7/15
18.4-3-175	18.4	35.040	L71	GB/T 30268.2—2013	信息技术 生物特征识别 应用程序接口（BioAPI）的符合性测试 第 2 部分：生物特征识别服务供方的测试断言			2013/12/31	2014/7/15
18.4-3-176	18.4	35.110	L79	GB/T 30269.1—2015	信息技术 传感器网络 第 1 部分：参考体系结构和通用技术要求			2015/12/10	2016/8/1
18.4-3-177	18.4	35.110	L79	GB/T 30269.302—2015	信息技术 传感器网络 第 302 部分：通信与信息交换：高可靠性无线传感器网络媒体访问控制和物理层规范			2015/12/31	2017/1/1
18.4-3-178	18.4	35.110	L79	GB/T 30269.401—2015	信息技术 传感器网络 第 401 部分：协同信息处理：支撑协同信息处理的服务及接口			2015/12/10	2016/8/1
18.4-3-179	18.4	35.040	L80	GB/T 30269.601—2016	信息技术 传感器网络 第 601 部分：信息安全：通用技术规范			2016/4/25	2016/8/1
18.4-3-180	18.4	35.110	L79	GB/T 30269.702—2016	信息技术 传感器网络 第 702 部分：传感器接口：数据接口			2016/4/25	2016/11/1
18.4-3-181	18.4	35.040	L80	GB/T 30270—2013	信息技术 安全技术 信息技术安全性评估方法			2013/12/31	2014/7/15
18.4-3-182	18.4	35.040	L80	GB/T 30271—2013	信息安全技术 信息安全服务能力评估准则			2013/12/31	2014/7/15
18.4-3-183	18.4	35.040	L80	GB/T 30272—2013	信息安全技术 公钥基础设施标准一致性测试评价指南			2013/12/31	2014/7/15
18.4-3-184	18.4	35.040	L80	GB/T 30273—2013	信息安全技术 信息系统安全保障通用评估指南			2013/12/31	2014/7/15

续表

序号	GW 分类	ICS 分类	GB 分类	标准号	中 文 名 称	代替标准	采用关系	发布日期	实施日期
18.4-3-185	18.4	35.040	L80	GB/T 30275—2013	信息安全技术　鉴别与授权认证中间件框架与接口规范			2013/12/31	2014/7/15
18.4-3-186	18.4	35.040	L80	GB/T 30276—2013	信息安全技术　信息安全漏洞管理规范			2013/12/31	2014/7/15
18.4-3-187	18.4	35.040	L80	GB/T 30279—2013	信息安全技术　安全漏洞等级划分指南			2013/12/31	2014/7/15
18.4-3-188	18.4	35.040	L80	GB/T 30280—2013	信息安全技术　鉴别与授权地理空间可扩展访问控制置标语言			2013/12/31	2014/7/15
18.4-3-189	18.4	35.040	L80	GB/T 30281—2013	信息安全技术　鉴别与授权可扩展访问控制标记语言			2013/12/31	2014/7/15
18.4-3-190	18.4	35.040	L80	GB/T 30282—2013	信息安全技术　反垃圾邮件产品技术要求和测试评价方法			2013/12/31	2014/7/15
18.4-3-191	18.4	35.040	L80	GB/T 30283—2013	信息安全技术　信息安全服务分类			2013/12/31	2014/7/15
18.4-3-192	18.4	35.040	L80	GB/T 30284—2020	信息安全技术　移动通信智能终端操作系统安全技术要求	GB/T 30284—2013		2020/4/28	2020/11/1
18.4-3-193	18.4	35.040	L80	GB/T 30285—2013	信息安全技术　灾难恢复中心建设与运维管理规范			2013/12/31	2014/7/15
18.4-3-194	18.4	35.040	L80	GB/Z 30286—2013	信息安全技术信息系统保护轮廓和信息系统安全目标产生指南			2013/12/31	2014/7/15
18.4-3-195	18.4	35.080	L77	GB/T 30998—2014	信息技术　软件安全保障规范			2014/9/3	2015/2/1
18.4-3-196	18.4	35.040	L80	GB/T 31167—2014	信息安全技术　云计算服务安全指南			2014/9/3	2015/4/1
18.4-3-197	18.4	35.040	L80	GB/T 31168—2014	信息安全技术　云计算服务安全能力要求			2014/9/3	2015/4/1
18.4-3-198	18.4	35.040	L80	GB/T 31495.1—2015	信息安全技术　信息安全保障指标体系及评价方法　第 1 部分：概念和模型			2015/5/15	2016/1/1
18.4-3-199	18.4	35.040	L80	GB/T 31495.2—2015	信息安全技术　信息安全保障指标体系及评价方法　第 2 部分：指标体系			2015/5/15	2016/1/1
18.4-3-200	18.4	35.040	L80	GB/T 31495.3—2015	信息安全技术　信息安全保障指标体系及评价方法　第 3 部分：实施指南			2015/5/15	2016/1/1
18.4-3-201	18.4	35.040	L80	GB/T 31496—2015	信息技术　安全技术　信息安全管理体系实施指南			2015/5/15	2016/1/1
18.4-3-202	18.4	35.040	L80	GB/T 31497—2015	信息技术　安全技术　信息安全管理测量			2015/5/15	2016/1/1
18.4-3-203	18.4	35.040	L80	GB/T 31499—2015	信息安全技术　统一威胁管理产品技术要求和测试评价方法			2015/5/15	2016/1/1

续表

序号	GW 分类	ICS 分类	GB 分类	标准号	中 文 名 称	代替标准	采用关系	发布日期	实施日期
18.4-3-204	18.4	35.040	L80	GB/T 31500—2015	信息安全技术　存储介质数据恢复服务要求			2015/5/15	2016/1/1
18.4-3-205	18.4	35.040	L80	GB/T 31501—2015	信息安全技术　鉴别与授权　授权应用程序判定接口规范			2015/5/15	2016/1/1
18.4-3-206	18.4	35.040	L80	GB/T 31502—2015	信息安全技术　电子支付系统安全保护框架			2015/5/15	2016/1/1
18.4-3-207	18.4	35.040	L80	GB/T 31503—2015	信息安全技术　电子文档加密与签名消息语法			2015/5/15	2016/1/1
18.4-3-208	18.4	35.040	L80	GB/T 31504—2015	信息安全技术　鉴别与授权　数字身份信息服务框架规范			2015/5/15	2016/1/1
18.4-3-209	18.4	35.040	L80	GB/T 31507—2015	信息安全技术　智能卡通用安全检测指南			2015/5/15	2016/1/1
18.4-3-210	18.4	35.040	L80	GB/T 31508—2015	信息安全技术　公钥基础设施　数字证书策略分类分级规范			2015/5/15	2016/1/1
18.4-3-211	18.4	35.040	L80	GB/T 31509—2015	信息安全技术　信息安全风险评估实施指南			2015/5/15	2016/1/1
18.4-3-212	18.4	35.040	L80	GB/T 31722—2015	信息技术　安全技术　信息安全风险管理			2015/6/2	2016/2/1
18.4-3-213	18.4	35.100.05	L79	GB/T 31915—2015	信息技术　弹性计算应用接口			2015/9/11	2016/5/1
18.4-3-214	18.4	35.040	L80	GB/T 32213—2015	信息安全技术　公钥基础设施远程口令鉴别与密钥建立规范			2015/12/10	2016/8/1
18.4-3-215	18.4	35.100.60	L79	GB/T 32214.2—2015	信息技术　ASN.1 的一般应用　第 2 部分：快速 Web 服务			2015/12/10	2016/8/1
18.4-3-216	18.4	29.020	F25	GB/T 32351—2015	电力信息安全水平评价指标			2015/12/31	2016/7/1
18.4-3-217	18.4	35.100.05	L79	GB/T 32416—2015	信息技术　Web 服务可靠传输消息			2015/12/31	2017/1/1
18.4-3-218	18.4	35.100.05	L79	GB/T 32419.1—2015	信息技术　SOA 技术实现规范　第 1 部分：服务描述			2015/12/31	2017/1/1
18.4-3-219	18.4	35.100.05	L79	GB/T 32419.2—2016	信息技术　SOA 技术实现规范　第 2 部分：服务注册与发现			2016/8/29	2017/3/1
18.4-3-220	18.4	35.100.05	L79	GB/T 32419.3—2016	信息技术　SOA 技术实现规范　第 3 部分：服务管理			2016/8/29	2017/3/1
18.4-3-221	18.4	35.100.05	L79	GB/T 32427—2015	信息技术　SOA 成熟度模型及评估方法			2015/12/31	2017/1/1
18.4-3-222	18.4	35.100.05	L79	GB/T 32428—2015	信息技术　SOA 服务质量模型及测评规范			2015/12/31	2017/1/1
18.4-3-223	18.4	35.100.05	L79	GB/T 32429—2015	信息技术　SOA 应用的生存周期过程			2015/12/31	2017/1/1
18.4-3-224	18.4	35.100.05	L79	GB/T 32430—2015	信息技术　SOA 应用的服务分析与设计			2015/12/31	2017/1/1

续表

序号	GW 分类	ICS 分类	GB 分类	标准号	中文名称	代替标准	采用关系	发布日期	实施日期
18.4-3-225	18.4	35.100.05	L79	GB/T 32431—2015	信息技术　SOA 服务交付保障规范			2015/12/31	2017/1/1
18.4-3-226	18.4	35.100.05	L80	GB/T 32905—2016	信息安全技术　SM3 密码杂凑算法			2016/8/29	2017/3/1
18.4-3-227	18.4	35.040	L80	GB/T 32907—2016	信息安全技术　SM4 分组密码算法			2016/8/29	2017/3/1
18.4-3-228	18.4	35.040	L80	GB/T 32914—2016	信息安全技术　信息安全服务提供方管理要求			2016/8/29	2017/3/1
18.4-3-229	18.4	35.040	L80	GB/T 32915—2016	信息安全技术　二元序列随机性检测方法			2016/8/29	2017/3/1
18.4-3-230	18.4	35.040	L80	GB/Z 32916—2016	信息技术安全技术信息安全控制措施审核员指南			2016/8/29	2017/3/1
18.4-3-231	18.4	35.040	L80	GB/T 32918.1—2016	信息安全技术　SM2 椭圆曲线公钥密码算法　第 1 部分：总则			2016/8/29	2017/3/1
18.4-3-232	18.4	35.040	L80	GB/T 32918.2—2016	信息安全技术　SM2 椭圆曲线公钥密码算法　第 2 部分：数字签名算法			2016/8/29	2017/3/1
18.4-3-233	18.4	35.040	L80	GB/T 32918.3—2016	信息安全技术　SM2 椭圆曲线公钥密码算法　第 3 部分：密钥交换协议			2016/8/29	2017/3/1
18.4-3-234	18.4	35.040	L80	GB/T 32918.4—2016	信息安全技术　SM2 椭圆曲线公钥密码算法　第 4 部分：公钥加密算法			2016/8/29	2017/3/1
18.4-3-235	18.4	35.040	L80	GB/T 32919—2016	信息安全技术　工业控制系统安全控制应用指南			2016/8/29	2017/3/1
18.4-3-236	18.4	35.040	L80	GB/T 32920—2016	信息技术　安全技术　行业间和组织间通信的信息安全管理			2016/8/29	2017/3/1
18.4-3-237	18.4	35.040	L80	GB/T 32921—2016	信息安全技术　信息技术产品供应方行为安全准则			2016/8/29	2017/3/1
18.4-3-238	18.4	35.040	L80	GB/T 32922—2016	信息安全技术　IPSecVPN 安全接入基本要求与实施指南			2016/8/29	2017/3/1
18.4-3-239	18.4	35.040	L80	GB/T 32923—2016	信息技术　安全技术　信息安全治理			2016/8/29	2017/3/1
18.4-3-240	18.4	35.040	L80	GB/T 32924—2016	信息安全技术　网络安全预警指南			2016/8/29	2017/3/1
18.4-3-241	18.4	35.040	L80	GB/T 32927—2016	信息安全技术　移动智能终端安全架构			2016/8/29	2017/3/1
18.4-3-242	18.4	35.040	L80	GB/T 33131—2016	信息安全技术　基于 IPSec 的 IP 存储网络安全技术要求			2016/10/13	2017/5/1
18.4-3-243	18.4	35.040	L80	GB/T 33132—2016	信息安全技术　信息安全风险处理实施指南			2016/10/13	2017/5/1

续表

序号	GW 分类	ICS 分类	GB 分类	标准号	中 文 名 称	代替标准	采用关系	发布日期	实施日期
18.4-3-244	18.4	35.040	L80	GB/T 33133.1—2016	信息安全技术　祖冲之序列密码算法　第 1 部分：算法描述			2016/10/13	2017/5/1
18.4-3-245	18.4	35.040	L80	GB/T 33560—2017	信息安全技术　密码应用标识规范			2017/5/12	2017/12/1
18.4-3-246	18.4	35.020	L80	GB/T 33561—2017	信息安全技术　安全漏洞分类			2017/5/12	2017/12/1
18.4-3-247	18.4	35.040	L80	GB/T 33562—2017	信息安全技术　安全域名系统实施指南			2017/5/12	2017/12/1
18.4-3-248	18.4	35.040	L80	GB/T 33563—2017	信息安全技术　无线局域网客户端安全技术要求（评估保障级 2 级增强）			2017/5/12	2017/12/1
18.4-3-249	18.4	35.040	L80	GB/T 33565—2017	信息安全技术　无线局域网接入系统安全技术要求（评估保障级 2 级增强）			2017/5/12	2017/12/1
18.4-3-250	18.4	35.020	L09	GB/T 34835—2017	电气安全　与信息技术和通信技术网络连接设备的接口分类			2017/12/29	2018/4/1
18.4-3-251	18.4	35.040	L80	GB/T 34975—2017	信息安全技术　移动智能终端应用软件安全技术要求和测试评价方法			2017/11/1	2018/5/1
18.4-3-252	18.4	35.040	L80	GB/T 34976—2017	信息安全技术　移动智能终端操作系统安全技术要求和测试评价方法			2017/11/1	2018/5/1
18.4-3-253	18.4	35.040	L80	GB/T 34977—2017	信息安全技术　移动智能终端数据存储安全技术要求与测试评价方法			2017/11/1	2018/5/1
18.4-3-254	18.4	35.040	L80	GB/T 34978—2017	信息安全技术　移动智能终端个人信息保护技术要求			2017/11/1	2018/5/1
18.4-3-255	18.4	35.040	L80	GB/T 34990—2017	信息安全技术　信息系统安全管理平台技术要求和测试评价方法			2017/11/1	2018/5/1
18.4-3-256	18.4	35.040	L80	GB/T 35273—2017	信息安全技术　个人信息安全规范			2017/12/29	2018/5/1
18.4-3-257	18.4	35.040	L80	GB/T 35274—2017	信息安全技术　大数据服务安全能力要求			2017/12/29	2018/7/1
18.4-3-258	18.4	35.040	L80	GB/T 35275—2017	信息安全技术　SM2 密码算法加密签名消息语法规范			2017/12/29	2018/7/1
18.4-3-259	18.4	35.040	L80	GB/T 35276—2017	信息安全技术　SM2 密码算法使用规范			2017/12/29	2018/7/1
18.4-3-260	18.4	35.040	L80	GB/T 35277—2017	信息安全技术　防病毒网关安全技术要求和测试评价方法			2017/12/29	2018/7/1
18.4-3-261	18.4	35.040	L80	GB/T 35278—2017	信息安全技术　移动终端安全保护技术要求			2017/12/29	2018/7/1

续表

序号	GW 分类	ICS 分类	GB 分类	标准号	中 文 名 称	代替标准	采用关系	发布日期	实施日期
18.4-3-262	18.4	35.040	L80	GB/T 35279—2017	信息安全技术　云计算安全参考架构			2017/12/29	2018/7/1
18.4-3-263	18.4	35.040	L80	GB/T 35280—2017	信息安全技术　信息技术产品安全检测机构条件和行为准则			2017/12/29	2018/7/1
18.4-3-264	18.4	35.040	L80	GB/T 35281—2017	信息安全技术　移动互联网应用服务器安全技术要求			2017/12/29	2018/7/1
18.4-3-265	18.4	35.040	L80	GB/T 35282—2017	信息安全技术　电子政务移动办公系统安全技术规范			2017/12/29	2018/7/1
18.4-3-266	18.4	35.040	L80	GB/T 35283—2017	信息安全技术　计算机终端核心配置基线结构规范			2017/12/29	2018/7/1
18.4-3-267	18.4	35.040	L80	GB/T 35284—2017	信息安全技术　网站身份和系统安全要求与评估方法			2017/12/29	2018/7/1
18.4-3-268	18.4	35.040	L80	GB/T 35285—2017	信息安全技术　公钥基础设施　基于数字证书的可靠电子签名生成及验证技术要求			2017/12/29	2018/7/1
18.4-3-269	18.4	35.040	L80	GB/T 35286—2017	信息安全技术　低速无线个域网空口安全测试规范			2017/12/29	2018/7/1
18.4-3-270	18.4	35.040	L80	GB/T 35287—2017	信息安全技术　网站可信标识技术指南			2017/12/29	2018/7/1
18.4-3-271	18.4	35.040	L80	GB/T 35288—2017	信息安全技术　电子认证服务机构从业人员岗位技能规范			2017/12/29	2018/7/1
18.4-3-272	18.4	35.040	L80	GB/T 35289—2017	信息安全技术　电子认证服务机构服务质量规范			2017/12/29	2018/7/1
18.4-3-273	18.4	35.040	L80	GB/T 35290—2017	信息安全技术　射频识别（RFID）系统通用安全技术要求			2017/12/29	2018/7/1
18.4-3-274	18.4	35.040	L80	GB/T 35291—2017	信息安全技术　智能密码钥匙应用接口规范			2017/12/29	2018/7/1
18.4-3-275	18.4	35.100.70	L78	GB/T 35294—2017	信息技术　科学数据引用			2017/12/29	2018/7/1
18.4-3-276	18.4	35.240	L70	GB/T 35295—2017	信息技术　大数据　术语			2017/12/29	2018/7/1
18.4-3-277	18.4	35.100.01	L79	GB/T 35299—2017	信息技术　开放系统互连　对象标识符解析系统			2017/12/29	2017/12/29
18.4-3-278	18.4	35.100	L66	GB/T 35300—2017	信息技术　开放系统互连　用于对象标识符解析系统运营机构的规程			2017/12/29	2017/12/29
18.4-3-279	18.4	25.040	N10	GB/T 35673—2017	工业通信网络　网络和系统安全　系统安全要求和安全等级			2017/12/29	2018/7/1

续表

序号	GW 分类	ICS 分类	GB 分类	标准号	中 文 名 称	代替标准	采用关系	发布日期	实施日期
18.4-3-280	18.4	13.310	A91	GB/T 35735—2017	公共安全　指纹识别应用　采集设备通用技术要求			2017/12/29	2018/7/1
18.4-3-281	18.4	13.310	A91	GB/T 35736—2017	公共安全指纹识别应用图像技术要求			2017/12/29	2018/7/1
18.4-3-282	18.4	35.240.15	L63	GB/T 35783—2017	信息技术　虹膜识别设备通用规范			2017/12/29	2018/7/1
18.4-3-283	18.4	35.040	L80	GB/T 36322—2018	信息安全技术　密码设备应用接口规范			2018/6/7	2019/1/1
18.4-3-284	18.4	35.040	L80	GB/T 36323—2018	信息安全技术　工业控制系统安全管理基本要求			2018/6/7	2019/1/1
18.4-3-285	18.4	35.040	L80	GB/T 36324—2018	信息安全技术　工业控制系统信息安全分级规范			2018/6/7	2019/1/1
18.4-3-286	18.4	35.040	L80	GB/T 36470—2018	信息安全技术　工业控制系统现场测控设备通用安全功能要求			2018/6/7	2019/1/1
18.4-3-287	18.4	29.240.01	F21	GB/T 36572—2018	电力监控系统网络安全防护导则			2018/9/17	2019/4/1
18.4-3-288	18.4	35.040	L80	GB/T 36624—2018	信息技术　安全技术　可鉴别的加密机制			2018/9/17	2019/4/1
18.4-3-289	18.4	35.040	L80	GB/T 36626—2018	信息安全技术　信息系统安全运维管理指南			2018/9/17	2019/4/1
18.4-3-290	18.4	35.040	L80	GB/T 36627—2018	信息安全技术　网络安全等级保护测试评估技术指南			2018/9/17	2019/4/1
18.4-3-291	18.4	35.040	L80	GB/T 36629.1—2018	信息安全技术　公民网络电子身份标识安全技术要求　第 1 部分：读写机具安全技术要求			2018/10/10	2019/5/1
18.4-3-292	18.4	35.040	L80	GB/T 36629.2—2018	信息安全技术　公民网络电子身份标识安全技术要求　第 2 部分：载体安全技术要求			2018/10/10	2019/5/1
18.4-3-293	18.4	35.040	L80	GB/T 36629.3—2018	信息安全技术　公民网络电子身份标识安全技术要求　第 3 部分：验证服务消息及其处理规则			2018/12/28	2019/7/1
18.4-3-294	18.4	35.040	L80	GB/T 36630.1—2018	信息安全技术　信息技术产品安全可控评价指标　第 1 部分：总则			2018/9/17	2019/4/1
18.4-3-295	18.4	35.040	L80	GB/T 36630.2—2018	信息安全技术　信息技术产品安全可控评价指标　第 2 部分：中央处理器			2018/9/17	2019/4/1
18.4-3-296	18.4	35.040	L80	GB/T 36630.3—2018	信息安全技术　信息技术产品安全可控评价指标　第 3 部分：操作系统			2018/9/17	2019/4/1
18.4-3-297	18.4	35.040	L80	GB/T 36630.4—2018	信息安全技术　信息技术产品安全可控评价指标　第 4 部分：办公套件			2018/9/17	2019/4/1

续表

序号	GW 分类	ICS 分类	GB 分类	标准号	中 文 名 称	代替标准	采用关系	发布日期	实施日期
18.4-3-298	18.4	35.040	L80	GB/T 36630.5—2018	信息安全技术　信息技术产品安全可控评价指标　第 5 部分：通用计算机			2018/9/17	2019/4/1
18.4-3-299	18.4	35.040	L80	GB/T 36631—2018	信息安全技术　时间戳策略和时间戳业务操作规则			2018/9/17	2019/4/1
18.4-3-300	18.4	35.040	L80	GB/T 36632—2018	信息安全技术　公民网络电子身份标识格式规范			2018/10/10	2019/5/1
18.4-3-301	18.4	35.040	L80	GB/T 36633—2018	信息安全技术　网络用户身份鉴别技术指南			2018/9/17	2019/4/1
18.4-3-302	18.4	35.040	L80	GB/T 36635—2018	信息安全技术　网络安全监测基本要求与实施指南			2018/9/17	2019/4/1
18.4-3-303	18.4	35.040	L80	GB/T 36637—2018	信息安全技术　ICT 供应链安全风险管理指南			2018/10/10	2019/5/1
18.4-3-304	18.4	35.040	L80	GB/T 36639—2018	信息安全技术　可信计算规范　服务器可信支撑平台			2018/9/17	2019/4/1
18.4-3-305	18.4	35.040	L80	GB/T 36643—2018	信息安全技术　网络安全威胁信息格式规范			2018/10/10	2019/5/1
18.4-3-306	18.4	35.040	L80	GB/T 36644—2018	信息安全技术　数字签名应用安全证明获取方法			2018/9/17	2019/4/1
18.4-3-307	18.4	35.040	L71	GB/T 36645—2018	信息技术　满文名义字符、变形显现字符和控制字符使用规则			2018/9/17	2019/4/1
18.4-3-308	18.4	35.040	L80	GB/T 36950—2018	信息安全技术　智能卡安全技术要求（EAL4+）			2018/12/28	2019/7/1
18.4-3-309	18.4	35.040	L80	GB/T 36951—2018	信息安全技术　物联网感知终端应用安全技术要求			2018/12/28	2019/7/1
18.4-3-310	18.4	35.040	L80	GB/T 36957—2018	信息安全技术　灾难恢复服务要求			2018/12/28	2019/7/1
18.4-3-311	18.4	35.040	L80	GB/T 36958—2018	信息安全技术　网络安全等级保护安全管理中心技术要求			2018/12/28	2019/7/1
18.4-3-312	18.4	35.040	L80	GB/T 36959—2018	信息安全技术　网络安全等级保护测评机构能力要求和评估规范			2018/12/28	2019/7/1
18.4-3-313	18.4	35.040	L80	GB/T 36960—2018	信息安全技术　鉴别与授权　访问控制中间件框架与接口			2018/12/28	2019/7/1
18.4-3-314	18.4	35.040	L80	GB/T 37002—2018	信息安全技术　电子邮件系统安全技术要求			2018/12/28	2019/7/1
18.4-3-315	18.4	35.040	L80	GB/T 37024—2018	信息安全技术　物联网感知层网关安全技术要求			2018/12/28	2019/7/1

续表

序号	GW 分类	ICS 分类	GB 分类	标准号	中 文 名 称	代替标准	采用关系	发布日期	实施日期
18.4-3-316	18.4	35.040	L80	GB/T 37025—2018	信息安全技术　物联网数据传输安全技术要求			2018/12/28	2019/7/1
18.4-3-317	18.4	35.040	L80	GB/T 37027—2018	信息安全技术　网络攻击定义及描述规范			2018/12/28	2019/7/1
18.4-3-318	18.4	35.040	L80	GB/T 37033.1—2018	信息安全技术　射频识别系统密码应用技术要求　第 1 部分：密码安全保护框架及安全级别			2018/12/28	2019/7/1
18.4-3-319	18.4	35.040	L80	GB/T 37033.2—2018	信息安全技术　射频识别系统密码应用技术要求　第 2 部分：电子标签与读写器及其通信密码应用技术要求			2018/12/28	2019/7/1
18.4-3-320	18.4	35.040	L80	GB/T 37033.3—2018	信息安全技术　射频识别系统密码应用技术要求　第 3 部分：密钥管理技术要求			2018/12/28	2019/7/1
18.4-3-321	18.4	35.040	L80	GB/T 37044—2018	信息安全技术　物联网安全参考模型及通用要求			2018/12/28	2019/7/1
18.4-3-322	18.4	35.040	L80	GB/T 37076—2018	信息安全技术　指纹识别系统技术要求			2018/12/28	2019/7/1
18.4-3-323	18.4	35.040	L80	GB/T 37090—2018	信息安全技术　病毒防治产品安全技术要求和测试评价方法			2018/12/28	2019/7/1
18.4-3-324	18.4	35.040	L80	GB/T 37091—2018	信息安全技术　安全办公 U 盘安全技术要求			2018/12/28	2019/7/1
18.4-3-325	18.4	35.040	L80	GB/T 37092—2018	信息安全技术　密码模块安全要求			2018/12/28	2019/7/1
18.4-3-326	18.4	35.040	L80	GB/T 37093—2018	信息安全技术　物联网感知层接入通信网的安全要求			2018/12/28	2019/7/1
18.4-3-327	18.4	35.040	L80	GB/T 37094—2018	信息安全技术　办公信息系统安全管理要求			2018/12/28	2019/7/1
18.4-3-328	18.4	35.040	L80	GB/T 37095—2018	信息安全技术　办公信息系统安全基本技术要求			2018/12/28	2019/7/1
18.4-3-329	18.4	35.040	L80	GB/T 37096—2018	信息安全技术　办公信息系统安全测试规范			2018/12/28	2019/7/1
18.4-3-330	18.4	35.240.50	F07	GB/T 37138—2018	电力信息系统安全等级保护实施指南			2018/12/28	2019/7/1
18.4-3-331	18.4	35.080	L77	GB/T 37691—2019	可编程逻辑器件软件安全性设计指南			2019/8/30	2020/3/1
18.4-3-332	18.4	35.040	L80	GB/T 37931—2019	信息安全技术　Web 应用安全检测系统安全技术要求和测试评价方法			2019/8/30	2020/3/1
18.4-3-333	18.4	35.040	L80	GB/T 37932—2019	信息安全技术　数据交易服务安全要求			2019/8/30	2020/3/1
18.4-3-334	18.4	35.040	L80	GB/T 37933—2019	信息安全技术　工业控制系统专用防火墙技术要求			2019/8/30	2020/3/1

续表

序号	GW 分类	ICS 分类	GB 分类	标准号	中 文 名 称	代替标准	采用关系	发布日期	实施日期
18.4-3-335	18.4	35.040	L80	GB/T 37934—2019	信息安全技术 工业控制网络安全隔离与信息交换系统安全技术要求			2019/8/30	2020/3/1
18.4-3-336	18.4	35.040	L80	GB/T 37935—2019	信息安全技术 可信计算规范 可信软件基			2019/8/30	2020/3/1
18.4-3-337	18.4	35.040	L80	GB/T 37939—2019	信息安全技术 网络存储安全技术要求			2019/8/30	2020/3/1
18.4-3-338	18.4	35.040	L80	GB/T 37941—2019	信息安全技术 工业控制系统网络审计产品安全技术要求			2019/8/30	2020/3/1
18.4-3-339	18.4	35.040	L80	GB/T 37950—2019	信息安全技术 桌面云安全技术要求			2019/8/30	2020/3/1
18.4-3-340	18.4	35.040	L80	GB/T 37952—2019	信息安全技术 移动终端安全管理平台技术要求			2019/8/30	2020/3/1
18.4-3-341	18.4	35.040	L80	GB/T 37953—2019	信息安全技术 工业控制网络监测安全技术要求及测试评价方法			2019/8/30	2020/3/1
18.4-3-342	18.4	35.040	L80	GB/T 37954—2019	信息安全技术 工业控制系统漏洞检测产品技术要求及测试评价方法			2019/8/30	2020/3/1
18.4-3-343	18.4	35.040	L80	GB/T 37955—2019	信息安全技术 数控网络安全技术要求			2019/8/30	2020/3/1
18.4-3-344	18.4	35.040	L80	GB/T 37956—2019	信息安全技术 网站安全云防护平台技术要求			2019/8/30	2020/3/1
18.4-3-345	18.4	35.040	L80	GB/T 37962—2019	信息安全技术 工业控制系统产品信息安全通用评估准则			2019/8/30	2020/3/1
18.4-3-346	18.4	35.040	L80	GB/T 37964—2019	信息安全技术 个人信息去标识化指南			2019/8/30	2020/3/1
18.4-3-347	18.4	35.040	L80	GB/T 37972—2019	信息安全技术 云计算服务运行监管框架			2019/8/30	2020/3/1
18.4-3-348	18.4	35.040	L80	GB/T 37973—2019	信息安全技术 大数据安全管理指南			2019/8/30	2020/3/1
18.4-3-349	18.4	35.040	L80	GB/T 37980—2019	信息安全技术 工业控制系统安全检查指南			2019/8/30	2020/3/1
18.4-3-350	18.4	35.040	L80	GB/T 37988—2019	信息安全技术 数据安全能力成熟度模型			2019/8/30	2020/3/1
18.4-3-351	18.4	35.020	L09	GB 38189—2019	与通信网络电气连接的电子设备的安全			2019/10/14	2020/11/1
18.4-3-352	18.4	25.040.30	J28	GB/T 38244—2019	机器人安全总则			2019/10/18	2020/5/1
18.4-3-353	18.4	29.240.01	F21	GB/T 38318—2019	电力监控系统网络安全评估指南			2019/12/10	2020/7/1
18.4-3-354	18.4	35.040	L80	GB/T 38625—2020	信息安全技术 密码模块安全检测要求			2020/4/28	2020/11/1
18.4-3-355	18.4	35.040	L80	GB/T 38626—2020	信息安全技术 智能联网设备口令保护指南			2020/4/28	2020/11/1
18.4-3-356	18.4	35.040	L80	GB/T 38629—2020	信息安全技术 签名验签服务器技术规范			2020/4/28	2020/11/1

序号	GW 分类	ICS 分类	GB 分类	标准号	中 文 名 称	代替标准	采用关系	发布日期	实施日期
18.4-3-357	18.4	35.040	L80	GB/T 38631—2020	信息技术　安全技术　GB/T 22080 具体行业应用　要求			2020/4/28	2020/11/1
18.4-3-358	18.4	35.040	L80	GB/T 38632—2020	信息安全技术　智能音视频采集设备应用安全要求			2020/4/28	2020/11/1
18.4-3-359	18.4	35.040	L80	GB/T 38635.1—2020	信息安全技术　SM9 标识密码算法　第 1 部分：总则			2020/4/28	2020/11/1
18.4-3-360	18.4	35.040	L80	GB/T 38635.2—2020	信息安全技术　SM9 标识密码算法　第 2 部分：算法			2020/4/28	2020/11/1
18.4-3-361	18.4	35.040	L80	GB/T 38636—2020	信息安全技术　传输层密码协议（TLCP）			2020/4/28	2020/11/1
18.4-3-362	18.4	35.040	L80	GB/T 38638—2020	信息安全技术　可信计算　可信计算体系结构			2020/4/28	2020/11/1
18.4-3-363	18.4	35.040	L80	GB/T 38644—2020	信息安全技术　可信计算　可信连接测试方法			2020/4/28	2020/11/1
18.4-3-364	18.4	35.040	L80	GB/T 38645—2020	信息安全技术　网络安全事件应急演练指南			2020/4/28	2020/11/1
18.4-3-365	18.4	35.040	L80	GB/T 38646—2020	信息安全技术　移动签名服务技术要求			2020/4/28	2020/11/1
18.4-3-366	18.4	35.040	L80	GB/T 38647.1—2020	信息技术　安全技术　匿名数字签名　第 1 部分：总则			2020/4/28	2020/11/1
18.4-3-367	18.4	35.040	L80	GB/T 38647.2—2020	信息技术　安全技术　匿名数字签名　第 2 部分：采用群组公钥的机制			2020/4/28	2020/11/1
18.4-3-368	18.4	35.040	L80	GB/T 38671—2020	信息安全技术　远程人脸识别系统技术要求			2020/4/28	2020/11/1
18.4-3-369	18.4	35.040	L80	GB/T 38674—2020	信息安全技术　应用软件安全编程指南			2020/4/28	2020/11/1
18.4-3-370	18.4	35.240.15	L64	GB/T 38851—2020	信息技术　识别卡　集成指纹的身份识别卡通用技术要求			2020/7/21	2021/2/1
18.4-3-371	18.4	35.020	L09	GB 4943.1—2011	信息技术　设备安全　第 01 部分：通用要求	GB 4943—2001		2011/12/30	2012/12/1
18.4-3-372	18.4	35.020	L09	GB 4943.23—2012	信息技术　设备安全　第 23 部分：大型数据存储设备			2012/12/31	2013/12/1
18.4-3-373	18.4	35.020	L09	GB/T 9361—2011	计算机场地安全要求	GB/T 9361—1988		2011/12/30	2012/5/1
18.4-3-374	18.4	35.100.01	L79	GB/T 9387.2—1995	信息处理系统开放系统互连基本参考模型第 2 部分：安全体系结构			1995/6/21	1996/2/1
18.4-4-375	18.4	29.240.30	F21	DL/T 1511—2016	电力系统移动作业 PDA 终端安全防护技术规范			2016/1/7	2016/6/1
18.4-4-376	18.4	29.020	K07	DL/T 1527—2016	用电信息安全防护技术规范			2016/1/7	2016/6/1

续表

序号	GW 分类	ICS 分类	GB 分类	标准号	中　文　名　称	代替标准	采用关系	发布日期	实施日期
18.4-4-377	18.4			DL/T 2192—2020	并网发电厂变电站电力监控系统安全防护验收规范			2020/10/23	2021/2/1
18.4-4-378	18.4	35.240	A90	GA 1277.1—2020	互联网交互式服务安全管理要求　第 1 部分：基础要求	GA 1277—2015		2020/1/16	2020/3/1
18.4-4-379	18.4	35.040	A90	GA 1278—2015	信息安全技术互联网服务安全评估基本程序及要求			2015/10/26	2016/1/1
18.4-4-380	18.4	35.020	L70	GA 371—2001	计算机信息系统实体安全技术要求　第 1 部分：局域计算环境			2001/12/24	2002/5/1
18.4-4-381	18.4	35.020	L09	GA 387—2002	计算机信息系统安全等级保护网技术要求			2002/7/15	2002/7/15
18.4-4-382	18.4	35.020	L09	GA/T 388—2002	计算机信息系统安全等级保护操作系统技术要求			2002/7/15	2002/7/15
18.4-4-383	18.4	35.020	L09	GA/T 389—2002	计算机信息系统安全等级保护数据库管理系统技术要求			2002/7/15	2002/7/15
18.4-4-384	18.4	35.020	L09	GA/T 390—2002	计算机信息系统安全等级保护通用技术要求			2002/7/15	2002/7/15
18.4-4-385	18.4	35.020	L09	GA/T 391—2002	计算机信息系统安全等级保护管理要求			2002/7/15	2002/7/15
18.4-4-386	18.4	13.310	A90	GA/T 551—2005	安全技术防范管理信息基本数据结构			2005/9/8	2005/10/1
18.4-4-387	18.4	35.040	A90	GA/T 681—2007	信息安全技术　网关安全技术要求			2007/3/20	2007/5/1
18.4-4-388	18.4	35.040	A90	GA/T 683—2007	信息安全技术　防火墙安全技术要求			2007/3/20	2007/5/1
18.4-4-389	18.4	35.040	A90	GA/T 684—2007	信息安全技术　交换机安全技术要求			2007/3/20	2007/5/1
18.4-4-390	18.4	35.040	A90	GA/T 685—2007	信息安全技术　交换机安全评估准则			2007/3/20	2007/5/1
18.4-4-391	18.4	35.040	A90	GA/T 686—2007	信息安全技术　虚拟专用网安全技术要求			2007/3/20	2007/5/1
18.4-4-392	18.4	35.040	A90	GA/T 687—2007	信息安全技术　公钥基础设施安全技术要求			2007/3/20	2007/5/1
18.4-4-393	18.4	35.240	A90	GA/T 696—2007	信息安全技术　单机防入侵产品安全功能要求			2007/5/14	2007/7/1
18.4-4-394	18.4	35.240	A90	GA/T 697—2007	信息安全技术　静态网页恢复产品安全功能要求			2007/5/14	2007/7/1
18.4-4-395	18.4			GA/T 698—2014	信息安全技术　信息过滤产品技术要求	GA/T 698—2007		2014/3/24	2014/3/24
18.4-4-396	18.4	35.240	A90	GA/T 699—2007	信息安全技术　计算机网络入侵报警通信交换技术要求			2007/5/14	2007/7/1

续表

序号	GW 分类	ICS 分类	GB 分类	标准号	中 文 名 称	代替标准	采用关系	发布日期	实施日期
18.4-4-397	18.4	35.240	A90	GA/T 700—2007	信息安全技术 计算机网络入侵分级要求			2007/5/14	2007/7/1
18.4-4-398	18.4	35.240	A90	GA/T 910—2020	信息安全技术 内网主机监测产品安全技术要求			2020/3/3	2020/5/1
18.4-4-399	18.4	35.240	A90	GA/T 911—2019	信息安全技术 日志分析产品安全技术要求			2019/3/19	2019/3/19
18.4-4-400	18.4	35.240	A90	GA/T 912—2018	信息安全技术 数据泄露防护产品安全技术要求			2018/1/26	2018/1/26
18.4-4-401	18.4	35.240	A90	GA/T 913—2019	信息安全技术 数据库安全审计产品安全技术要求			2019/1/13	2019/1/13
18.4-4-402	18.4	25.040	N10	JB/T 11960—2014	工业过程测量和控制安全网络和系统安全			2014/5/6	2014/10/1
18.4-4-403	18.4			JB/T 11962—2014	工业通信网络网络和系统安全工业自动化和控制系统信息安全技术			2014/5/6	2014/10/1
18.4-4-404	18.4	35.080	L77	SJ/T 11373—2007	软件构件管理 第1部分：管理信息模型			2007/11/9	2008/1/20
18.4-4-405	18.4		M10	YD/T 1163—2001	IP 网络安全技术要求—安全框架			2001/10/1	2001/11/1
18.4-4-406	18.4	35.110	M11	YD/T 1736—2009	互联网安全防护要求	YD 1736—2008		2009/12/11	2010/1/1
18.4-4-407	18.4	35.110	M11	YD/T 1737—2009	互联网安全防护检测要求	YD 1737—2008		2009/12/11	2010/1/1
18.4-4-408	18.4	33.180.99	M33	YD/T 1886—2015	移动终端芯片安全技术要求和测试方法	YD/T 1886—2009		2015/10/10	2016/4/1
18.4-4-409	18.4	33.06	M60	YD/T 2053—2016	域名系统安全防护检测要求	YD/T 2053—2009		2016/7/11	2016/10/1
18.4-4-410	18.4	33.040	M16	YD/T 2251—2011	国家网络安全应急处理平台安全信息获取接口要求			2011/5/18	2011/6/1
18.4-4-411	18.4	35.020	L04	YD/T 2325—2011	与信息和通信技术网络连接设备的安全接口分类			2011/5/18	2011/6/1
18.4-4-412	18.4	35.240	L67	YD/T 2384—2011	Web 应用防火墙技术要求			2011/12/20	2012/2/1
18.4-4-413	18.4	35.020	L70	YD/T 2387—2011	网络安全监控系统技术要求			2011/12/20	2012/2/1
18.4-4-414	18.4	35.110	M11	YD/T 2391—2011	IP 存储网络安全技术要求			2011/12/20	2012/2/1
18.4-4-415	18.4	01.040.35	L04	YD/T 2592—2013	身份管理（IdM）术语			2013/7/22	2013/10/1
18.4-4-416	18.4	35.220	L64	YD/T 2665—2013	通信存储介质（SSD）加密安全测试方法			2013/10/17	2014/1/1
18.4-4-417	18.4	33.040	M16	YD/T 2666—2013	双栈防火墙设备技术要求			2013/10/17	2014/1/1
18.4-4-418	18.4	01.040.35	L04	YD/T 2667—2013	基于 Web 方式的以太网接入身份认证技术要求			2013/10/17	2014/1/1

续表

序号	GW 分类	ICS 分类	GB 分类	标准号	中 文 名 称	代替标准	采用关系	发布日期	实施日期
18.4-4-419	18.4	33.050.01	M30	YD/T 2674—2013	移动智能终端信息安全设计导则			2013/10/17	2014/1/1
18.4-4-420	18.4	35.220.20	M16	YD/T 2705—2014	持续数据保护（CDP）灾备技术要求			2014/10/14	2014/10/14
18.4-4-421	18.4	33.040	M21	YD/T 2707—2014	互联网主机网络安全属性描述格式			2014/10/14	2014/10/14
18.4-4-422	18.4	33.050.01	M30	YD/T 2844.6—2018	移动终端可信环境技术要求　第 6 部分：与安全模块（SE）的安全交互			2019/8/28	2019/10/1
18.4-4-423	18.4	33.06	M36	YD/T 3039—2015	移动智能终端应用软件安全技术要求			2016/4/5	2016/7/1
18.4-4-424	18.4	33.05	M30	YD/T 3082—2016	移动智能终端上的个人信息保护技术要求			2016/4/5	2016/7/1
18.4-4-425	18.4	33.06	M60	YD/T 3148—2016	云计算安全框架			2016/7/11	2016/10/1
18.4-4-426	18.4	33.060.99	M42	YD/T 3157—2016	公有云服务安全防护要求			2016/7/11	2016/10/1
18.4-4-427	18.4	33.060.99	M42	YD/T 3158—2016	公有云服务安全防护检测要求			2016/7/11	2016/10/1
18.4-4-428	18.4	33.040.20	M33	YD/T 3161—2016	邮件系统安全防护要求			2016/7/11	2016/10/1
18.4-4-429	18.4	33.040.20	M33	YD/T 3162—2016	邮件系统安全防护检测要求			2016/7/11	2016/10/1
18.4-4-430	18.4	33.040.20	M33	YD/T 3163—2016	网络交易系统安全防护要求			2016/7/11	2016/10/1
18.4-4-431	18.4	33.040.20	M33	YD/T 3205—2016	网络电子身份标识 eID 的审计追溯技术框架			2016/10/22	2017/1/1
18.4-4-432	18.4	33.040.20	M33	YD/T 3206—2016	网络电子身份标识 eID 的审计追溯接口技术要求			2016/10/22	2017/1/1
18.4-4-433	18.4	33.060.01	M04	YD/T 3214—2017	互联网资源协作服务信息安全管理系统接口规范			2017/1/9	2017/1/9
18.4-4-434	18.4	33.060.01	M04	YD/T 3215—2017	互联网资源协作服务信息安全管理系统及接口测试方法			2017/1/9	2017/1/9
18.4-4-435	18.4	33.04	M21	YD/T 3437—2019	移动智能终端恶意推送信息判定技术要求			2019/8/28	2019/10/1
18.4-4-436	18.4	33.04	M21	YD/T 3438—2019	移动智能终端隐私窃取恶意行为判定技术要求			2019/8/28	2019/10/1
18.4-4-437	18.4	33.04	M16	YD/T 3445—2019	互联网接入服务信息安全管理系统操作指南			2019/8/28	2019/10/1
18.4-4-438	18.4	33.04	M10	YD/T 3446—2019	信息即时交互服务信息安全技术要求			2019/8/28	2019/10/1
18.4-4-439	18.4	35.24	L67	YD/T 3447—2019	联网软件源代码安全审计规范			2019/8/28	2019/10/1
18.4-4-440	18.4	35.24	L67	YD/T 3448—2019	联网软件源代码漏洞分类及等级划分规范			2019/8/28	2019/10/1
18.4-4-441	18.4	33.04	M21	YD/T 3449—2019	木马和僵尸网络监测与处置系统企业侧平台检测要求			2019/8/28	2019/10/1

序号	GW 分类	ICS 分类	GB 分类	标准号	中 文 名 称	代替标准	采用关系	发布日期	实施日期
18.4-4-442	18.4	33.06	M21	YD/T 3450—2019	木马和僵尸网络监测与处置系统企业侧平台能力要求			2019/8/28	2019/10/1
18.4-4-443	18.4	35.24	L80	YD/T 3452—2019	互联网用户账户管理系统安全技术要求			2019/8/28	2019/10/1
18.4-4-444	18.4	35.100.05	L79	YD/T 3458—2019	互联网码号资源公钥基础设施（RPKI）安全运行技术要求　数据安全威胁模型			2019/8/28	2019/10/1
18.4-4-445	18.4	35.100.05	L79	YD/T 3459—2019	互联网码号资源公钥基础设施（RPKI）安全运行技术要求　密钥更替			2019/8/28	2019/10/1
18.4-4-446	18.4	35.11	M11	YD/T 3460—2019	互联网码号资源公钥基础设施（RPKI）联系人信息记录			2019/8/28	2019/10/1
18.4-4-447	18.4	33.04	M10	YD/T 3461—2019	Web 日志分析系统技术要求			2019/8/28	2019/10/1
18.4-4-448	18.4	33.04	M10	YD/T 3462—2019	网页防篡改系统技术要求			2019/8/28	2019/10/1
18.4-4-449	18.4	33.04	M10	YD/T 3463—2019	漏洞扫描系统通用技术要求			2019/8/28	2019/10/1
18.4-4-450	18.4	35.24	L67	YD/T 3464—2019	联网软件安全编程规范			2019/8/28	2019/10/1
18.4-4-451	18.4	33.04	M16	YD/T 3465—2019	应用防护增强型防火墙技术要求			2019/8/28	2019/10/1
18.4-4-452	18.4	35.11	M11	YD/T 3474—2019	移动互联网应用程序安全加固能力评估要求与测试方法			2019/8/28	2019/10/1
18.4-4-453	18.4	33.04	M21	YD/T 3477—2019	移动互联网恶意程序监测与处置系统企业侧平台检测要求			2019/8/28	2019/10/1
18.4-4-454	18.4	33.04	M21	YD/T 3478—2019	移动互联网恶意程序监测与处置系统企业侧平台能力要求			2019/8/28	2019/10/1
18.4-4-455	18.4	35.03	L70	YD/T 3479—2019	移动智能终端在线软件应用商店信息安全管理要求			2019/8/28	2019/10/1
18.4-4-456	18.4	35.03	L70	YD/T 3480—2019	移动智能终端在线软件应用商店信息安全技术要求			2019/8/28	2019/10/1
18.4-4-457	18.4	35.08	L67	YD/T 3481—2019	移动终端应用开发安全能力评估方法			2019/8/28	2019/10/1
18.4-4-458	18.4	35.03	L70	YD/T 3482—2019	基于移动网络流量的应用安全审计技术要求			2019/8/28	2019/10/1
18.4-4-459	18.4	35.22	L64	YD/T 3483—2019	移动智能终端恶意代码处理指南			2019/8/28	2019/10/1
18.4-4-460	18.4	35.22	L64	YD/T 3485—2019	信息系统灾难恢复能力要求			2019/8/28	2019/10/1
18.4-4-461	18.4	35.22	L64	YD/T 3486—2019	灾难备份与恢复专业服务能力要求及评估方法			2019/8/28	2019/10/1

序号	GW 分类	ICS 分类	GB 分类	标准号	中　文　名　称	代替标准	采用关系	发布日期	实施日期
18.4-4-462	18.4	33.03	M21	YD/T 3640—2020	个人移动智能终端在企业应用中的安全策略			2020/4/24	2020/7/1
18.4-4-463	18.4	35.24	L67	YD/T 3644—2020	面向互联网的数据安全能力技术框架			2020/4/24	2020/7/1
18.4-4-464	18.4	35.24	L80	YD/T 3656—2020	基于互联网的实人认证系统技术要求			2020/4/24	2020/7/1
18.4-4-465	18.4	33.06	M36	YD/T 3663—2020	移动通信智能终端安全风险评估要求			2020/4/24	2020/7/1
18.4-4-466	18.4	33.03	M21	YD/T 3664—2020	移动通信智能终端卡接口安全技术要求			2020/4/24	2020/7/1
18.4-4-467	18.4	33.03	M21	YD/T 3665—2020	移动通信智能终端卡接口安全测试方法			2020/4/24	2020/7/1
18.4-4-468	18.4	33.06	M36	YD/T 3666—2020	移动通信智能终端漏洞修复技术要求			2020/4/24	2020/7/1
18.4-4-469	18.4	33.06	M36	YD/T 3667—2020	移动通信智能终端漏洞标识格式要求			2020/4/24	2020/7/1
18.4-4-470	18.4	35.24	L67	YD/T 3668—2020	移动终端应用开发安全能力技术要求			2020/4/24	2020/7/1
18.4-4-471	18.4	35.11	M11	YD/T 3671—2020	公有云服务平台安全运维管理要求			2020/4/24	2020/7/1
18.4-4-472	18.4			YD/T 3697—2020	基于 LTE 的邻近通信安全技术要求			2020/4/24	2020/7/1
18.4-4-473	18.4			YDB 066—2011	有线局域网媒体访问控制安全技术要求			2011/8/5	2011/8/23
18.4-5-474	18.4	35.020	L65	ANSI INCITS_359：2012	信息技术　角色访问控制	ANSI INCITS 359：2004		2012/1/1	2012/1/1
18.4-5-475	18.4	35.040		ANSI INCITS ISO IEC 29192-2：2012	信息技术　保密技术　轻量级密码　第 2 部分：分组密码			2012/1/1	2012/1/1
18.4-5-476	18.4	33.200		BSI DD IEC/TS 62351-2：2009	电力系统管理和相关信息交换　数据和通讯安全　第 2 部分：术语的词汇表			2009/5/31	2009/5/31
18.4-5-477	18.4	33.200；35.040		BSI DD IEC/TS 62351-3：2007	电力系统管理和相关信息交换　数据和通讯安全　第 3 部分：通信网络和系统安全性　包括 TCP/IP 的剖面			2007/7/31	2007/7/31
18.4-5-478	18.4	33.200		BSI DD IEC/TS 62351-4：2007	电力系统管理和相关信息交换　数据和通讯安全　第 4 部分：包括公里的侧面			2007/7/31	2007/7/31
18.4-5-479	18.4	33.200		BSI DD IEC/TS 62351-6：2007	电力系统管理和相关信息交换　数据和通讯安全　第 6 部分：为　IEC 61850　的安全			2007/7/31	2007/7/31
18.4-5-480	18.4	33.200；35.040		BSI DD IEC/TS 62351-8：2011	电力系统管理和相关信息交换　数据和通讯安全　第 8 部分：基于角色的访问控制			2011/10/31	2011/10/31
18.4-5-481	18.4	35.020；35.260	L60	IEC 60950-1 AMD 2：2013	信息技术设备　安全性　第 1 部分：通用要求	IEC 108/507/FDIS：2013		2013/5/1	2013/5/1
18.4-5-482	18.4	35.040	L63	IEC 60950-1 CORRI 2：2013	信息技术设备　安全性　第 1 部分：通用要求勘误表 2			2013/8/1	2013/8/1

续表

序号	GW 分类	ICS 分类	GB 分类	标准号	中　文　名　称	代替标准	采用关系	发布日期	实施日期
18.4-5-483	18.4	35.020；35.040；35.260	L09	IEC 60950-1 Edition 2.2：2013	信息技术设备　安全性　第 1 部分：通用要求	IEC 60950-1：2012		2013/5/1	2013/5/1
18.4-5-484	18.4	35.040	L63	IEC 60950-1：2005	信息技术设备　安全性　第 1 部分：一般要求	IEC 60950-1：2001；IEC 60950-1 CORRI 1：2002；IEC 60950-1 CORRI 1：2002；IEC 108/135 A/FDIS：2005		2005/12/1	2005/12/1
18.4-5-485	18.4	33.200.		IEC 62351-2：2008	功率系统管理和联合信息交换数据和通信安全性　第 2 部分：术语表			2008/8/19	2008/8/19
18.4-5-486	18.4	33.200；35.040		IEC/TS 62351-5：2013	动力系统管理和相关信息的交换.数据和通信安全　第 5 部分：IEC 60870-5 及其派生标准用安全设置	IEC TS 62351-5：2009；IEC 57/1204/DTS：2012		2013/4/1	2013/4/1
18.4-5-487	18.4	33.200		IEC 62351-7：2017	电源系统管理和相关信息交换.数据和通信安全　第 7 部分：网络和系统管理（NSM）数据对象模型			2017/7/18	2017/7/18
18.4-5-488	18.4		M11	IEC/TS 62443-1-1：2009	工业通信网络网络和系统安全　第 1 部分：术语、概念和模型	IEC 65/423/DTS：2008		2009/7/1	2009/7/1
18.4-5-489	18.4			IEC 62443-3-3 CORRI 1：2014	工业通信网络　网络和系统安全　第 3-3 部分：系统安全要求和安全级别；勘误表 1			2014/4/1	2014/4/1
18.4-5-490	18.4	25.040.40；35.040；35.110；35.240.50	N18	IEC 62443-3-3：2013	工业通讯网络　网络和系统安全性　第 3-3 部分：安全级和系统安全性要求	IEC 65/531/FDIS：2013		2013/8/1	2013/8/1
18.4-5-491	18.4	25.040.40；35.040；35.110；35.240.50	N10	IEC/PAS 62443-3：2008	工业过程测量和控制安全网络和系统安全			2008/1/22	2008/1/22
18.4-5-492	18.4			IEC TS 62351-5：2013	动力系统管理和相关信息的交换.数据和通信安全　第 5 部分：IEC 60870-5 及其派生标准用安全设置			2013/4/1	2013/4/1
18.4-5-493	18.4	35.040		ISO 11770-1：2010	信息技术　安全技术　密匙管理　第 1 部分：框架（通信）			2010/12/1	2010/12/1
18.4-5-494	18.4	35.040		ISO 11770-5：2011	信息技术　安全技术　密匙管理　第 5 部分：组密钥管理（通信）			2011/12/15	2011/12/15

续表

序号	GW 分类	ICS 分类	GB 分类	标准号	中文名称	代替标准	采用关系	发布日期	实施日期
18.4-5-495	18.4	35.040		ISO 13888-1：2009	信息技术　安全技术　不可否认性　第 1 部分：总论（通信）			2009/7/15	2009/7/15
18.4-5-496	18.4			ISO 13888-2 CORR 1：2012	信息技术　安全技术　不可否认性　第 2 部分：对称技术使用机制　技术勘误表 1			2012/12/15	2012/12/15
18.4-5-497	18.4	35.040		ISO 13888-2：2010	信息技术　安全技术　不可否认性　第 2 部分：对称技术使用机制			2010/12/15	2010/12/15
18.4-5-498	18.4	35.040		ISO 14888-3 AMD 2：2012	信息技术　安全技术　带附件的数字签名　第 3 部分：基于离散对数的机制　第二次修订：优化散列输入（通信）			2012/7/1	2012/7/1
18.4-5-499	18.4	35.040		ISO 15408-1：2009	信息技术　安全技术　IT 安全的评价标准　第 1 部分：介绍和一般模型（通信）			2009/12/15	2009/12/15
18.4-5-500	18.4	35.040		ISO 15408-2：2008	信息技术　安全技术　IT 安全的评价标准　第 2 部分：安全功能组件（通信）			2008/8/15	2008/8/15
18.4-5-501	18.4	35.030		ISO 15408-3：2008	信息技术　安全技术　IT 安全的评价标准　第 3 部分：安全保证组件			2008/8/15	2008/8/15
18.4-5-502	18.4	35.030；35.240.40；35.240.99		ISO/TR 23244：2020	区块链和分布式账本技术　隐私和个人身份信息保护注意事项			2020/5/7	2020/5/7
18.4-5-503	18.4	35.030；35.240.40；35.240.99		ISO/TR 23576：2020	区块链和分布式账本技术　数字资产保管人的安全管理			2020/12/10	2020/12/10
18.4-5-504	18.4	35.030		ISO/IEC 11770-2：2018	IT 安全技术　密钥管理　第 2 部分：使用对称技术的机制			2018/10/1	2018/10/1
18.4-5-505	18.4	35.030		ISO/IEC 11770-2：2008	信息技术　安全技术　关键管理　第 2 部分：对称技术机制	ISO IEC 11770-2：1996；ISO IEC 11770-2 CORRI 1：2005		2008/6/3	2008/6/3
18.4-5-506	18.4	35.030		ISO/IEC 11770-3：2015	信息技术　安全技术　关键管理　第 3 部分：使用非对称技术的机制			2012/8/1	2012/8/1
18.4-5-507	18.4	35.030	L04	ISO/IEC 11770-3：2008	信息技术　安全技术　关键管理　第 3 部分：非对称技术机制			2008/7/2	2008/7/2
18.4-5-508	18.4			ISO/IEC 11770-3：2015/Cor 1：2016	信息技术　安全技术　密钥管理　第 3 部分：非对称技术机制　技术勘误表 1			2016/5/9	2016/5/15

续表

序号	GW 分类	ICS 分类	GB 分类	标准号	中 文 名 称	代替标准	采用关系	发布日期	实施日期
18.4-5-509	18.4			ISO/IEC 11770-4：2017/Amd 1：2019	信息技术　安全技术　密钥管理　第 4 部分：基于弱机密的机制　修正案　1：与基于身份的加密系统（UPAKA-IBC）的不平衡密码验证密钥协议			2019/9/1	2019/9/1
18.4-5-510	18.4	35.040	L70	ISO/IEC 11889-1：2009	信息技术　可信平台模块　第 1 部分：概述	ISO IEC DIS 11889-1：2008		2009/5/1	2009/5/1
18.4-5-511	18.4	35.040	L70	ISO/IEC 11889-2：2009	信息技术　可信平台模块　第 2 部分：设计原则			2009/5/15	2009/5/15
18.4-5-512	18.4	35.040	L70	ISO/IEC 11889-3：2009	信息技术　可信平台模块　第 3 部分：结构			2009/5/15	2009/5/15
18.4-5-513	18.4	35.040	L70	ISO/IEC 11889-4：2009	信息技术　可信平台模块　第 4 部分：命令			2009/5/15	2009/5/15
18.4-5-514	18.4	35.110		ISO/IEC 13157-1：2014	信息技术　系统之间的电信和信息交流　NFC 安全　第 1 部分：NFC-SEC NFCIP-1　安全服务和协议			2014/11/1	2014/11/1
18.4-5-515	18.4	35.110		ISO/IEC 13157-2：2016	信息技术　系统之间的电信和信息交流　NFC 安全　第 2 部分：使用 ECDH 和 AES 的 NFC-SEC 加密标准			2016/4/1	2016/4/1
18.4-5-516	18.4			ISO/IEC 13888-3：2020	信息安全　不可否认　第 3 部分：使用非对称技术的机制			2020/9/1	2020/9/1
18.4-5-517	18.4			ISO/IEC 14888-3：2018	IT 安全技术　带附录的数字签名　第 3 部分：基于离散对数机制			2018/11/1	2018/11/1
18.4-5-518	18.4	35.040	L70；A90	ISO/IEC 15408-3：2008	信息技术安全技术 IT 安全的评价标准　第 3 部分：安全保证元件	ISO IEC 15408-3：2005		2008/8/15	2008/8/15
18.4-5-519	18.4	35.040	L70	ISO/IEC 17799：2005	信息技术安全技术信息安全管理实施规范	ISO IEC 17799：2000；ISO IEC FDIS 17799：2005		2005/6/1	2005/6/1
18.4-5-520	18.4	35.040	L80	ISO/IEC 19772：2009	信息技术安全技术验证加密术			2009/2/17	2009/2/17
18.4-5-521	18.4	35.040		ISO/IEC 21827：2008	信息技术安全技术系统安全工程能力成熟模型（SSE—CMM）	ISO IEC 21827：2002		2008/10/15	2008/10/16
18.4-5-522	18.4	35.040	L80	ISO IEC 24759：2014	信息技术.安全技术.密码模块的试验要求	ISO IEC 24759：2008；ISO IEC DIS 24759：2013		2014/2/1	2014/2/1

续表

序号	GW 分类	ICS 分类	GB 分类	标准号	中 文 名 称	代替标准	采用关系	发布日期	实施日期
18.4-5-523	18.4	35.040	L70	ISO/IEC 24762：2008	信息技术安全技术信息和通信技术故障恢复服务指南	ISO IEC FDIS 24762：2007		2008/2/1	2008/2/1
18.4-5-524	18.4	35.100.60	L79	ISO/IEC 24824-3：2008	信息技术 ASN.1 的一般应用：快速信息设备安全			2008/5/1	2008/5/1
18.4-5-525	18.4			ISO/IEC 27005：2011	信息技术安全技术信息安全风险管理	ISO IEC 27005：2008		2011/6/1	2011/6/1
18.4-5-526	18.4	35.040		ISO/IEC 27011：2008	信息技术安全技术基于 ISO/IEC27002 的通信组织用信息安全管理指南	ISO IEC FDIS 27011：2008		2008/12/1	2008/12/1
18.4-5-527	18.4	35.040		ISO TR 14516：2002	信息技术 安全技术 委托第三方服务的管理和使用导则			2002/6/15	2002/6/15
18.4-5-528	18.4	35.040		ISO TR 15443-1：2005	信息技术 安全技术.IT 安全保障框架 第 1 部分：总揽和框架			2005/2/1	2005/2/1
18.4-5-529	18.4	35.040		ISO TR 15443-2：2005	信息技术 安全技术.IT 安全保障框架 第 2 部分：保障方法			2005/9/1	2005/9/1
18.4-5-530	18.4			ITU-T X 1034—2011	数据通信网络中基于扩展认证协议的鉴别和密钥管理指南	ITU-T X 1034—2008		2011/2/1	2011/2/1
18.4-5-531	18.4			ITU-T X 1051—2008	基于 ISO/IEC 27002 的通信信息安全管理指南	ITU-T X 1051—2004		2008/2/1	2008/2/1
18.4-5-532	18.4			ITU-T X 1205—2008	信息安全综述			2008/4/1	2008/4/1

18.5 互联网技术-信息通信资源

序号	GW 分类	ICS 分类	GB 分类	标准号	中 文 名 称	代替标准	采用关系	发布日期	实施日期
18.5-2-1	18.5	29.240		Q/GDW 10701—2016	电网地理信息服务平台（GIS）电网图形共享交换规范	Q/GDW 701—2012		2017/7/12	2017/7/12
18.5-2-2	18.5	29.240		Q/GDW 10702—2016	电网地理信息服务平台（GIS）电网图元规范	Q/GDW 702—2012		2017/7/12	2017/7/12
18.5-2-3	18.5	29.240		Q/GDW 10703—2018	国家电网有限公司公共信息模型（SG-CIM）	Q/GDW 703—2012		2019/7/26	2019/7/26
18.5-2-4	18.5	29.240		Q/GDW 10936—2018	物料主数据分类与编码规范	Q/GDW 1936—2013		2020/3/20	2020/3/20
18.5-2-5	18.5	29.240		Q/GDW 11183—2018	物资分类与物料编码（制造业）规范	Q/GDW 11183—2014		2020/3/20	2020/3/20
18.5-2-6	18.5	29.240		Q/GDW 11418—2015	信息系统软硬件资源池硬件资源准入规范			2016/3/31	2016/3/31
18.5-2-7	18.5	29.240		Q/GDW 11712—2017	电网资产统一身份编码技术规范			2018/4/12	2018/4/12
18.5-2-8	18.5	29.240		Q/GDW 11977—2019	电动汽车充电设施网络安全防护技术规范			2020/9/28	2020/9/28

续表

序号	GW 分类	ICS 分类	GB 分类	标准号	中文名称	代替标准	采用关系	发布日期	实施日期
18.5-2-9	18.5	29.240		Q/GDW 1348.1—2014	信息分类与代码—安全监察管理类 第 1 部分：综合类代码	Q/GDW 348—2009		2015/5/29	2015/5/29
18.5-2-10	18.5	29.240		Q/GDW 1348.2—2014	信息分类与代码—安全监察管理类 第 2 部分：人身事故类代码	Q/GDW 349—2009		2015/5/29	2015/5/29
18.5-2-11	18.5	29.240		Q/GDW 1348.3—2014	信息分类与代码—安全监察管理类 第 3 部分：设备电网信息事故类代码	Q/GDW 350—2009		2015/5/29	2015/5/29
18.5-2-12	18.5	29.020		Q/GDW 442—2010	财务专用代码			2010/5/20	2010/5/20
18.5-2-13	18.5	29.020		Q/GDW 443—2010	SAP 专用财务代码			2010/5/20	2010/5/20
18.5-2-14	18.5	29.020		Q/GDW 444—2010	预算科目代码			2010/5/20	2010/5/20
18.5-2-15	18.5	29.020		Q/GDW 719—2012	审计综合管理系统编码规范			2012/2/28	2012/2/28
18.5-3-16	18.5	35.100.60	L79	GB/T 16263.1—2006	信息技术 ASN.1 编码规则 第 1 部分：基本编码规则（BER）、正则编码规则（CER）和非典型编码规则（DER）规范	GB/T 16263—1996		2006/3/14	2006/7/1
18.5-3-17	18.5	35.100.60	L79	GB/T 16263.2—2006	信息技术 ASN.1 编码规则 第 2 部分：紧缩编码规则（PER）规范			2006/3/14	2006/7/1
18.5-3-18	18.5	35.240.20		GB/T 16284.8—2016	信息技术 信报处理系统（MHS） 第 8 部分：电子数据交换信报处理服务			2016/4/25	2016/11/1
18.5-3-19	18.5	35.240.20		GB/T 16284.9—2016	信息技术 信报处理系统（MHS） 第 9 部分：电子数据交换信报处理系统			2016/4/25	2016/11/1
18.5-3-20	18.5	35.240.20		GB/T 16284.10—2016	信息技术 信报处理系统（MHS） 第 10 部分：MHS 路由选择			2016/4/25	2016/11/1
18.5-3-21	18.5	29.020	K04	GB/T 17564.1—2011	电气项目的标准数据元素类型和相关分类模式 第 1 部分：定义原则和方法	GB/T 17564.1—2005		2011/7/29	2011/12/1
18.5-3-22	18.5	35.040	L71	GB/T 17710—2008	信息技术 安全技术 校验字符系统	GB/T 17710—1999		2008/7/16	2008/12/1
18.5-3-23	18.5	35.100.70	L73	GB/Z 18219—2008	信息技术数据管理参考模型	GB/T 18219—2000		2008/6/17	2008/11/1
18.5-3-24	18.5	35.240.30	A14	GB/T 19688.5—2009	信息与文献 书目数据元目录 第 5 部分：编目和元数据交换用数据元			2009/3/13	2009/9/1
18.5-3-25	18.5	07.040；35.240.70		GB/T 19710.2—2016	地理信息元数据 第 2 部分：影像和格网数据扩展			2016/10/13	2017/2/1
18.5-3-26	18.5	01.040.35；07.040	A76	GB/T 19710—2005	地理信息元数据			2005/4/15	2005/10/1

序号	GW 分类	ICS 分类	GB 分类	标准号	中 文 名 称	代替标准	采用关系	发布日期	实施日期
18.5-3-27	18.5	35.040		GB/T 20090.2—2013	信息技术　先进音视频编码　第 2 部分：视频	GB/T 20090.2—2006		2013/12/31	2014/7/15
18.5-3-28	18.5	35.040		GB/T 20090.11—2015	信息技术　先进音视频编码　第 11 部分：同步文本			2015/12/10	2016/8/1
18.5-3-29	18.5	35.040		GB/T 20090.12—2015	信息技术　先进音视频编码　第 12 部分：综合场景			2015/12/10	2016/8/1
18.5-3-30	18.5	35.040		GB/T 20090.16—2016	信息技术　先进音视频编码　第 16 部分：广播电视视频			2016/4/25	2016/11/1
18.5-3-31	18.5	35.040	A24	GB/T 20529.1—2006	企业信息分类编码导则　第 1 部分：原则与方法			2006/10/9	2007/3/1
18.5-3-32	18.5	35.040	A24	GB/T 20529.2—2010	企业信息分类编码导则　第 2 部分：分类编码体系			2010/12/1	2011/5/1
18.5-3-33	18.5	03.080.99	A20	GB/T 22118—2008	企业信用信息采集、处理和提供规范			2008/6/30	2008/11/1
18.5-3-34	18.5	07.040	A75	GB/T 23705—2009	数字城市地理信息公共平台地名/地址编码规则	CH 9002—2007		2009/5/6	2009/10/1
18.5-3-35	18.5	07.040；35.240.70	A75	GB/T 23706—2009	地理信息核心空间模式			2009/5/6	2009/10/1
18.5-3-36	18.5	07.040；35.240.70	A75	GB/T 23707—2009	地理信息空间模式			2009/5/6	2009/10/1
18.5-3-37	18.5	07.040；35.240.70	A75	GB/T 23708—2009	地理信息地理标记语言（GML）			2009/5/6	2009/10/1
18.5-3-38	18.5	07.040；01.080.30	A79	GB/T 24354—2009	公共地理信息通用地图符号			2009/9/30	2009/12/1
18.5-3-39	18.5	07.040；35.240.70	A75	GB/T 24355—2009	地理信息图示表达			2009/9/30	2009/12/1
18.5-3-40	18.5	03.080.99		GB/T 26841—2011	基于电子商务活动的交易主体企业信用档案规范			2011/7/29	2011/12/1
18.5-3-41	18.5	03.080.99	A02	GB/T 26842—2011	基于电子商务活动的交易主体企业信用评价指标与等级表示规范			2011/7/29	2011/12/1
18.5-3-42	18.5	35.040	A24	GB/T 29264—2012	信息技术服务　分类与代码			2012/12/31	2013/6/1
18.5-3-43	18.5	35.200	L65	GB/T 29265.304—2016	信息技术　信息设备资源共享协同服务　第 304 部分：数字媒体内容保护			2016/4/25	2016/11/1
18.5-3-44	18.5	35.240.70；07.040	A76	GB/T 30168—2013	地理信息大地测量代码与参数			2013/12/17	2014/4/1

续表

序号	GW 分类	ICS 分类	GB 分类	标准号	中 文 名 称	代替标准	采用关系	发布日期	实施日期
18.5-3-45	18.5	35.100	L78	GB/T 32396—2015	信息技术　系统间远程通信和信息交换基于单载波无线高速率超宽带（SC-UWB）物理层规范			2015/12/31	2017/1/1
18.5-3-46	18.5	35.240.60	A10	GB/T 32702—2016	电子商务交易产品信息描述图书			2016/6/14	2017/7/1
18.5-3-47	18.5	35.240.60	Z04	GB/T 32866—2016	电子商务产品质量信息规范通则			2016/8/29	2016/12/1
18.5-3-48	18.5	35.240.60	A10	GB/T 32873—2016	电子商务主体基本信息规范			2016/8/29	2017/3/1
18.5-3-49	18.5	35.040	A24	GB/T 32875—2016	电子商务参与方分类与编码			2016/8/29	2017/3/1
18.5-3-50	18.5	35.240.70	L67	GB/T 32909—2016	非结构化数据表示规范			2016/8/29	2017/3/1
18.5-3-51	18.5	35.240.60	A10	GB/T 32928—2016	电子商务交易产品信息描述家用电器			2016/8/29	2017/3/1
18.5-3-52	18.5	35.240.60	A10	GB/T 32929—2016	电子商务交易产品信息描述数码产品			2016/8/29	2017/3/1
18.5-3-53	18.5	35.080	L77	GB/T 33136—2016	信息技术服务　数据中心服务能力成熟度模型			2016/10/13	2017/5/1
18.5-3-54	18.5	07.040；35.240.70	A75	GB/T 33188.1—2016	地理信息参考模型　第 1 部分：基础			2016/10/13	2017/2/1
18.5-3-55	18.5	35.240.60	A10	GB/T 33245—2016	电子商务交易产品信息描述汽车配件			2016/12/13	2017/7/1
18.5-3-56	18.5	07.040；35.240.70	A75	GB/Z 34429—2017	地理信息　影像和格网数据			2017/9/29	2018/4/1
18.5-3-57	18.5	35.240.30	L67	GB/T 35311—2017	中文新闻图片内容描述元数据规范			2017/12/29	2018/4/1
18.5-3-58	18.5	01.140.20	A14	GB/T 35397—2017	科技人才元数据元素集			2017/12/29	2018/4/1
18.5-3-59	18.5	35.040	A24	GB/T 35403.1—2017	国家物品编码与基础信息通用规范　第 1 部分：总体框架			2017/12/29	2018/7/1
18.5-3-60	18.5	35.040	A24	GB/T 35403.3—2018	国家物品编码与基础信息通用规范　第 3 部分：生产资料			2018/3/15	2018/10/1
18.5-3-61	18.5	07.040	A77	GB/T 35643—2017	光学遥感测绘卫星影像产品元数据			2017/12/29	2018/7/1
18.5-3-62	18.5	29.130.20	K30	GB/T 35743—2017	低压开关设备和控制设备　用于信息交换的产品数据与特性			2017/12/29	2018/7/1
18.5-3-63	18.5	35.100.05	L79	GB/T 36623—2018	信息技术　云计算　文件服务应用接口			2018/9/17	2019/4/1
18.5-3-64	18.5	35.240.15	L71	GB/T 37045—2018	信息技术　生物特征识别　指纹处理芯片技术要求			2018/12/28	2019/4/1
18.5-3-65	18.5	35.240.15	L71	GB/T 38667—2020	信息技术　大数据　数据分类指南			2020/4/28	2020/11/1

续表

序号	GW 分类	ICS 分类	GB 分类	标准号	中文名称	代替标准	采用关系	发布日期	实施日期
18.5-3-66	18.5	35.040	A24	GB/T 4761—2008	家庭关系代码	GB 4761—1984		2008/8/6	2009/1/1
18.5-3-67	18.5	35.040	A24	GB/T 6512—2012	运输方式代码	GB/T 6512—1998		2012/12/31	2013/6/1
18.5-3-68	18.5	01.120	A00	GB/T 7027—2002	信息分类和编码的基本原则与方法	GB/T 7027—1986		2002/7/18	2002/12/1
18.5-4-69	18.5	03.120.30	F04	DL/T 1449—2015	电力行业统计编码规范			2015/4/2	2015/9/1
18.5-4-70	18.5	29.240.02	F29	DL/T 1608—2016	电能质量数据交换格式规范			2016/8/16	2016/12/1
18.5-4-71	18.5	27.100		DL/T 291—2012	营销业务信息分类与代码编制导则			2012/1/4	2012/3/1
18.5-4-72	18.5	29.020	F01	DL/T 517—2012	电力科技成果分类与代码	DL 517—1993		2012/1/4	2012/3/1
18.5-4-73	18.5	13.100	F09	DL/T 518—2012	电力生产人身事故伤害分类与代码	DL 518-1—1993		2012/1/4	2012/3/1
18.5-4-74	18.5	35.02	L70	SJ/T 11439—2015	信息技术面阵式二维码识读引擎通用规范			2015/10/10	2016/4/1
18.5-4-75	18.5	35.020	L70	SJ/T 11601—2016	信息技术非接触式二维码扫描枪通用规范			2016/1/15	2016/6/1
18.5-4-76	18.5	35.020	L70	SJ/T 11602—2016	信息技术非接触式一维码扫描枪通用规范			2016/1/15	2016/6/1
18.5-5-77	18.5			IEEE 2418.2—2020	区块链系统的数据格式标准			2020/12/23	2020/12/23
18.5-5-78	18.5	35.100.60	L71	ISO IEC 8825-2 Technical Corrigendum 1：2012	信息技术　ASN.1 编码规则：包编码规则规范（PER）　技术勘误表 1	ISO IEC 8825-2 CORRI 1：2006		2012/12/1	2012/12/1
18.5-5-79	18.5	35.100.60	L71	ISO IEC 8825-2 Technical Corrigendum 2：2012	信息技术　ASN.1 编码规则：包编码规则（PER）规范　技术勘误表 2	ISO IEC 8825-2 CORRI 2：2006		2012/9/1	2012/9/1
18.5-5-80	18.5	35.100.60	L71	ISO IEC 8825-4 Technical Corrigendum 1：2012	信息技术　ASN.1 编码规则：XML 编码规则（XER）　技术勘误表 1			2012/12/1	2012/12/1
18.5-5-81	18.5	35.100.60	L79	ISO IEC 8825-5 Technical Corrigendum 1：2012	信息技术　ASN.1 编码规则：将 W3CXML 模式定义映射到 ASN.1　技术勘误表 1	ISO IEC 8825-5 CORRI 1：2006		2012/12/1	2012/12/1
18.5-5-82	18.5			ITU-T X 693—2008	信息技术　ASN.1 编码规则：XML 编码规则（XER）	ITU-T X 693—2001；ITU-T X 693 AMD 1—2003；ITU-T X 693 AMD 2—2006；ITU-T X 693 AMD 3—2007		2008/11/1	2008/11/1
18.5-5-83	18.5			ITU-T X 694—2008	信息技术　ASN.1 编码规则：W3CXML 图解定义到 ASN.1 的映射	ITU-T X 694—2004；ITU-T X 694 AMD 1—2007		2008/11/1	2008/11/1

序号	GW 分类	ICS 分类	GB 分类	标准号	中 文 名 称	代替标准	采用关系	发布日期	实施日期
18.5-6-84	18.5			T/CEC 261—2019	电力大数据资源数据质量评价方法			2019/11/21	2020/1/1
18.5-6-85	18.5			T/CEC 383.2—2020	电网地理信息服务 第 2 部分：矢量地图产品规范			2020/10/28	2021/2/1

18.6 互联网技术-信息通信应用技术

序号	GW 分类	ICS 分类	GB 分类	标准号	中 文 名 称	代替标准	采用关系	发布日期	实施日期
18.6-2-1	18.6	29.240		Q/GDW 10517.1—2019	电网视频监控系统及接口 第 1 部分：技术要求	Q/GDW 1517.1—2014		2020/9/28	2020/9/28
18.6-2-2	18.6	29.024		Q/GDW 10935—2018	企业门户总体架构与技术要求	Q/GDW 1935—2013		2020/3/20	2020/3/20
18.6-2-3	18.6	29.240		Q/GDW 11181.1—2014	电网三维模型 第 1 部分：模型分类与编码			2014/9/1	2014/9/1
18.6-2-4	18.6	29.240		Q/GDW 11181.2—2014	电网三维模型 第 2 部分：数据采集与处理			2014/9/1	2014/9/1
18.6-2-5	18.6	29.240		Q/GDW 11181.3—2014	电网三维模型 第 3 部分：输电线路建模			2014/9/1	2014/9/1
18.6-2-6	18.6	29.240		Q/GDW 11181.4—2015	电网三维模型 第 4 部分：变电站（换流站）建模			2016/11/9	2016/11/9
18.6-2-7	18.6	29.240		Q/GDW 11181.5—2015	电网三维模型 第 5 部分：监测装置建模			2015/8/5	2015/8/5
18.6-2-8	18.6	29.240		Q/GDW 11181.6—2015	电网三维模型 第 6 部分：通信设备建模			2016/11/9	2016/11/9
18.6-2-9	18.6	29.240		Q/GDW 11181.7—2015	电网三维模型 第 7 部分：电网公共设施建模			2016/11/9	2016/11/9
18.6-2-10	18.6	29.240		Q/GDW 11181.8—2014	电网三维模型 第 8 部分：输电线路模型检测			2014/9/1	2014/9/1
18.6-2-11	18.6	29.240		Q/GDW 11181.12—2014	电网三维模型 第 12 部分：模型建库			2014/9/1	2014/9/1
18.6-2-12	18.6	29.240		Q/GDW 11208—2014	电力系统远程浏览技术规范			2014/11/15	2014/11/15
18.6-2-13	18.6	29.240		Q/GDW 11209—2018	国家电网有限公司信息化架构（SG-EA）	Q/GDW 11209—2014		2020/3/20	2020/3/20
18.6-2-14	18.6	29.240		Q/GDW 11212—2018	信息系统非功能性需求规范	Q/GDW/Z 11212—2014		2020/3/20	2020/3/20
18.6-2-15	18.6	29.240		Q/GDW 11417—2019	统一权限平台接口规范	Q/GDW 11417—2015		2020/9/28	2020/9/28
18.6-2-16	18.6	29.240		Q/GDW 11419—2015	信息系统软硬件资源池资源调度接口规范			2016/3/31	2016/3/31
18.6-2-17	18.6	35.240.01		Q/GDW 11570—2016	电网运营数据质量评估通用准则			2017/4/24	2017/4/24
18.6-2-18	18.6	35.080		Q/GDW 11699—2017	信息系统用户体验设计规范			2018/3/5	2018/3/5
18.6-2-19	18.6			Q/GDW 11778—2017	面向对象的用电信息数据交换协议			2018/9/7	2018/9/7

续表

序号	GW 分类	ICS 分类	GB 分类	标准号	中 文 名 称	代替标准	采用关系	发布日期	实施日期
18.6-2-20	18.6	35.080		Q/GDW 11800—2018	信息系统功能及非功能性测试导则			2019/7/26	2019/7/26
18.6-2-21	18.6	29.240		Q/GDW 11816—2018	全业务统一数据中心总体架构和技术要求			2019/7/26	2019/7/26
18.6-2-22	18.6	29.240		Q/GDW 11817—2018	应用集成接口技术规范			2019/7/26	2019/7/26
18.6-2-23	18.6	29.240		Q/GDW 11818—2018	电力交易平台交易管理数据编码规范			2019/7/26	2019/7/26
18.6-2-24	18.6	29.240		Q/GDW 11819—2018	电力交易平台公共信息接口规范			2019/7/26	2019/7/26
18.6-2-25	18.6	29.240		Q/GDW 11820—2018	电力交易平台核心业务数据交互规范			2019/7/26	2019/7/26
18.6-2-26	18.6	29.240		Q/GDW 11822.3—2018	一体化“国网云” 第 3 部分：硬件准入			2019/7/26	2019/7/26
18.6-2-27	18.6	29.240		Q/GDW 11822.6—2018	一体化“国网云” 第 6 部分：服务和应用设计与技术要求			2019/7/16	2019/7/16
18.6-2-28	18.6	01.040.35		Q/GDW 11939—2018	电力 RFID 标签应用接口技术规范			2020/3/20	2020/3/20
18.6-2-29	18.6	35.240.01		Q/GDW 11941—2018	电网大数据分析模型评价准则			2020/3/20	2020/3/20
18.6-2-30	18.6	29.240		Q/GDW 1517.2—2014	电网视频监控系统及接口 第 2 部分：测试方法	Q/GDW 517.2—2011		2015/5/29	2015/5/29
18.6-2-31	18.6	29.240		Q/GDW 1517.3—2014	电网视频监控系统及接口 第 3 部分：工程验收	Q/GDW 517.3—2012		2015/5/29	2015/5/29
18.6-2-32	18.6			Q/GDW 1795—2013	电网设备三维建模通用规则			2013/4/12	2013/4/12
18.6-2-33	18.6	29.240		Q/GDW/Z 1855—2013	集中式灾备系统基于存储控制器复制技术的存储复制设计原则与实施			2014/1/15	2014/1/15
18.6-2-34	18.6	29.240		Q/GDW 1930—2013	海量历史/准实时数据管理平台功能规范			2014/1/15	2014/1/15
18.6-2-35	18.6	29.240		Q/GDW 1931—2013	海量历史/准实时数据管理平台实时数据库通用接口规范			2014/2/10	2014/2/10
18.6-2-36	18.6	29.240		Q/GDW 1932—2013	基于云计算的资源描述和交换管理规范			2014/2/10	2014/2/10
18.6-2-37	18.6	29.240		Q/GDW 1933—2013	国家电网公司主数据管理系统技术规范			2014/2/10	2014/2/10
18.6-3-38	18.6			GB/T 18894—2016	电子文件归档与电子档案管理规范	GB/T 18894—2002		2016/8/29	2017/3/1
18.6-3-39	18.6	35.040	L71	GB 21023—2007	中文语音识别系统通用技术规范			2007/6/29	2007/11/1
18.6-3-40	18.6	35.240.50	N18	GB/T 26335—2010	工业企业信息化集成系统规范			2011/1/14	2011/6/1
18.6-3-41	18.6	27.010	F01	GB/T 29871—2013	能源计量仪表通用数据接口技术协议			2013/11/12	2014/4/15
18.6-3-42	18.6	27.010	F01	GB/T 29873—2013	能源计量数据公共平台数据传输协议			2013/11/12	2014/4/15

续表

序号	GW 分类	ICS 分类	GB 分类	标准号	中 文 名 称	代替标准	采用关系	发布日期	实施日期
18.6-3-43	18.6	07.040	A75	GB/T 30317—2013	地理空间框架基本规定			2013/12/31	2014/6/1
18.6-3-44	18.6	07.040	A75	GB/T 30318—2013	地理信息公共平台基本规定			2013/12/31	2014/6/1
18.6-3-45	18.6	07.040	A75	GB/T 30319—2013	基础地理信息数据库基本规定			2013/12/31	2014/6/1
18.6-3-46	18.6	07.040	A75	GB/T 30320—2013	地理空间数据库访问接口			2013/12/31	2014/6/1
18.6-3-47	18.6	35.240.60	A10	GB/T 31782—2015	电子商务可信交易要求			2015/7/3	2016/2/1
18.6-3-48	18.6	35.240.01	L73	GB/T 31914—2015	电子文件管理系统建设指南			2015/9/11	2016/5/1
18.6-3-49	18.6	35.240.01	L73	GB/T 31916.5—2015	信息技术　云数据存储和管理　第 5 部分：基于键值（Key-Value）的云数据管理应用接口			2015/9/11	2016/5/1
18.6-3-50	18.6	35.240.70	L67	GB/T 32630—2016	非结构化数据管理系统技术要求			2016/4/25	2016/11/1
18.6-3-51	18.6	35.240.70	L67	GB/T 32908—2016	非结构化数据访问接口规范			2016/8/29	2017/3/1
18.6-3-52	18.6	35.240.20	L67	GB/T 33189—2016	电子文件管理装备规范			2016/10/13	2017/5/1
18.6-3-53	18.6	35.240.30	L76	GB/T 33190—2016	电子文件存储与交换格式版式文档			2016/10/13	2017/5/1
18.6-3-54	18.6	03.120.30	L70	GB/T 34052.1—2017	统计数据与元数据交换（SDMX）第 1 部分：框架			2017/7/31	2018/2/1
18.6-3-55	18.6	35.080	L77	GB/T 34145—2017	中文语音合成互联网服务接口规范			2017/7/31	2018/2/1
18.6-3-56	18.6	35.240.50	J07	GB/T 35121—2017	全程供应链管理服务平台参考功能框架			2017/12/29	2018/7/1
18.6-3-57	18.6	35.240.50	J07	GB/T 35123—2017	自动识别技术和 ERP、MES、CRM 等系统的接口			2017/12/29	2018/7/1
18.6-3-58	18.6	35.240.99	L67	GB/T 35298—2017	信息技术　学习、教育和培训　教育管理基础信息			2017/12/29	2018/7/1
18.6-3-59	18.6	01.040.01	A22	GB/T 35408—2017	电子商务质量管理　术语			2017/12/29	2018/4/1
18.6-3-60	18.6	03.120.10	A10	GB/T 35409—2017	电子商务平台商家入驻审核规范			2017/12/29	2018/7/1
18.6-3-61	18.6	03.120.99	A10	GB/T 35411—2017	电子商务平台产品信息展示要求			2017/12/29	2018/7/1
18.6-3-62	18.6	07.040	A75	GB/T 35628—2017	实景地图数据产品			2017/12/29	2018/7/1
18.6-3-63	18.6	07.040	A79	GB/T 35630—2017	手机地图数据规范			2017/12/29	2018/7/1
18.6-3-64	18.6	13.310	A91	GB/T 35678—2017	公共安全　人脸识别应用图像技术要求			2017/12/29	2018/7/1
18.6-3-65	18.6	35.220.01	L63	GB/T 36092—2018	信息技术　备份存储　备份技术应用要求			2018/3/15	2018/10/1

续表

序号	GW 分类	ICS 分类	GB 分类	标准号	中 文 名 称	代替标准	采用关系	发布日期	实施日期
18.6-3-66	18.6	35.220.01	L63	GB/T 36093—2018	信息技术　网际互联协议的存储区域网络（IP-SAN）应用规范			2018/3/15	2018/10/1
18.6-3-67	18.6	35.240.15	L70	GB/T 36094—2018	信息技术　生物特征识别　嵌入式 BioAPI			2018/3/15	2018/10/1
18.6-3-68	18.6	35.100.05	L79	GB/T 36325—2018	信息技术　云计算　云服务级别协议基本要求			2018/6/7	2019/1/1
18.6-3-69	18.6	35.100.05	L79	GB/T 36326—2018	信息技术　云计算　云服务运营通用要求			2018/6/7	2019/1/1
18.6-3-70	18.6	35.100.05	L79	GB/T 36327—2018	信息技术　云计算　平台即服务（PaaS）应用程序管理要求			2018/6/7	2019/1/1
18.6-3-71	18.6	35.240	L77	GB/T 36339—2018	智能客服语义库技术要求			2018/6/7	2019/1/1
18.6-3-72	18.6	35.040	L64	GB/Z 36442.3—2018	信息技术　用于物品管理的射频识别　实现指南　第 3 部分：超高频 RFID 读写器系统在物流应用中的实现和操作			2018/6/7	2019/1/1
18.6-3-73	18.6	35.240.01	L77	GB/T 36464.1—2020	信息技术　智能语音交互系统　第 1 部分：通用规范			2020/4/28	2020/11/1
18.6-3-74	18.6	35.040	L80	GB/T 37046—2018	信息安全技术　灾难恢复服务能力评估准则			2018/12/28	2019/7/1
18.6-3-75	18.6	35.240	L67	GB/T 37721—2019	信息技术　大数据分析系统功能要求			2019/8/30	2020/3/1
18.6-3-76	18.6	35.240	L67	GB/T 37722—2019	信息技术　大数据存储与处理系统功能要求			2019/8/30	2020/3/1
18.6-3-77	18.6	35.080	L77	GB/T 37726—2019	信息技术　数据中心精益六西格玛应用评价准则			2019/8/30	2020/3/1
18.6-3-78	18.6	35.110	L79	GB/T 37727—2019	信息技术　面向需求侧变电站应用的传感器网络系统总体技术要求			2019/8/30	2020/3/1
18.6-3-79	18.6	35.240.70	L67	GB/T 37728—2019	信息技术　数据交易服务平台　通用功能要求			2019/8/30	2020/3/1
18.6-3-80	18.6	35.240	L77	GB/T 37729—2019	信息技术　智能移动终端应用软件（APP）技术要求			2019/8/30	2020/3/1
18.6-3-81	18.6	35.240.01	L70	GB/T 37734—2019	信息技术　云计算　云服务采购指南			2019/8/30	2020/3/1
18.6-3-82	18.6	35.240.01	L70	GB/T 37735—2019	信息技术　云计算　云服务计量指标			2019/8/30	2020/3/1
18.6-3-83	18.6	35.240.01	L70	GB/T 37736—2019	信息技术　云计算　云资源监控通用要求			2019/8/30	2020/3/1
18.6-3-84	18.6	35.240.01	L70	GB/T 37737—2019	信息技术　云计算　分布式块存储系统总体技术要求			2019/8/30	2020/3/1
18.6-3-85	18.6	35.240.01	L70	GB/T 37738—2019	信息技术　云计算　云服务质量评价指标			2019/8/30	2020/3/1

续表

序号	GW 分类	ICS 分类	GB 分类	标准号	中 文 名 称	代替标准	采用关系	发布日期	实施日期
18.6-3-86	18.6	35.240.01	L70	GB/T 37739—2019	信息技术　云计算　平台即服务部署要求			2019/8/30	2020/3/1
18.6-3-87	18.6	35.240.01	L70	GB/T 37740—2019	信息技术　云计算　云平台间应用和数据迁移指南			2019/8/30	2020/3/1
18.6-3-88	18.6	35.240.01	L70	GB/T 37741—2019	信息技术　云计算　云服务交付要求			2019/8/30	2020/3/1
18.6-3-89	18.6	35.240.15	L71	GB/T 37742—2019	信息技术　生物特征识别　指纹识别设备通用规范			2019/8/30	2020/3/1
18.6-3-90	18.6	35.200	L62	GB/T 37743—2019	信息技术　智能设备操作系统身份识别服务接口			2019/8/30	2020/3/1
18.6-3-91	18.6	35.240.01	L70	GB/T 37938—2019	信息技术　云资源监控指标体系			2019/8/30	2020/3/1
18.6-3-92	18.6	49.020	V09	GB/T 38026—2019	遥感卫星多光谱数据产品分级			2019/8/30	2020/3/1
18.6-3-93	18.6	49.020	V09	GB/T 38028—2019	遥感卫星全色数据产品分级			2019/8/30	2020/3/1
18.6-3-94	18.6	35.240	L67	GB/T 38643—2020	信息技术　大数据　分析系统功能测试要求			2020/4/28	2020/11/1
18.6-4-95	18.6		A75	CH/T 9015—2012	三维地理信息模型数据产品规范			2012/10/26	2013/1/1
18.6-4-96	18.6		A75	CH/T 9016—2012	三维地理信息模型生产规范			2012/10/26	2013/1/1
18.6-4-97	18.6		A75	CH/T 9017—2012	三维地理信息模型数据库规范			2012/10/26	2013/1/1
18.6-4-98	18.6	29.240.01	F21	DL/T 1080.13—2012	电力企业应用集成配电管理的系统接口　第13 部分：配电 CIMRDF 模型交换格式			2012/1/4	2012/3/1
18.6-4-99	18.6			DL/T 1338—2014	发电企业生产实时监管信息系统技术条件			2014/3/18	2014/8/1
18.6-4-100	18.6	29.240.30	K07	DL/T 1456—2015	电力系统数据库通用访问接口规范			2015/7/1	2015/12/1
18.6-4-101	18.6	13.100	F09	DL/T 1597—2016	电力行业数据灾备系统存储监控技术规范			2016/8/16	2016/12/1
18.6-4-102	18.6	29.02	F21	DL/T 1872—2018	电力系统即时消息传输规范			2018/6/6	2018/10/1
18.6-4-103	18.6	29.240.01	F21	DL/T 283.1—2018	电力视频监控系统及接口　第 1 部分：技术要求	DL/T 283.1—2012		2018/12/25	2019/5/1
18.6-4-104	18.6	29.240.01	F21	DL/T 283.2—2018	电力视频监控系统及接口　第 2 部分：测试方法	DL/T 283.2—2012		2018/12/25	2019/5/1
18.6-4-105	18.6	29.240.01	F21	DL/T 283.3—2018	电力视频监控系统及接口　第 3 部分：工程验收			2018/12/25	2019/5/1
18.6-4-106	18.6	27.140	P59	DL/T 324—2010	大坝安全监测自动化系统通信规约			2011/1/9	2011/5/1
18.6-4-107	18.6	33.100	M04	YD/T 2380—2011	人体暴露于 RFID 设备电磁场的评估方法			2011/12/20	2012/2/1
18.6-4-108	18.6	33.04	M32	YD/T 2880—2015	域名服务业务连续性管理要求			2015/7/14	2015/10/1

序号	GW 分类	ICS 分类	GB 分类	标准号	中 文 名 称	代替标准	采用关系	发布日期	实施日期
18.6-4-109	18.6	33.160.60	M32	YD/T 2901—2015	跨机框信息同步通信协议（ICCP）技术要求			2015/7/14	2015/10/1
18.6-4-110	18.6	33.100.70	L79	YD/T 2907—2015	基于域名系统（DNS）的网站可信标识服务应用技术要求			2015/7/14	2015/10/1
18.6-4-111	18.6	35.100.05	L79	YD/T 2908—2015	基于域名系统（DNS）的 IP 安全协议（IPSec）认证密钥存储技术要求			2015/10/10	2016/1/1
18.6-4-112	18.6	33.060.99	M36	YD/T 2912—2015	移动互联网应用编程接口的授权技术要求			2015/7/14	2015/10/1
18.6-4-113	18.6	33.060.99	M36	YD/T 2999—2016	移动终端设备管理网关管理对象功能技术要求			2016/1/15	2016/4/1
18.6-4-114	18.6	33.040.99	M40	YD/T 3005—2016	基站供电变压器系统的防雷与接地技术要求			2016/1/15	2016/4/1
18.6-4-115	18.6	33.04	M21	YD/T 3081—2016	基于表述性状态转移（REST）技术的业务能力开放应用程序接口（API）图片共享			2016/4/5	2016/7/1
18.6-4-116	18.6	33.060.99	M37	YD/T 3096—2016	数据中心接入以太网交换机设备技术要求			2016/7/11	2016/10/1
18.6-4-117	18.6	33.060.99	M37	YD/T 3103—2016	基于表述性状态转移（REST）技术的业务能力开放应用程序接口（API）终端能力信息业务			2016/7/11	2016/10/1
18.6-4-118	18.6	33.06	M60	YD/T 3150—2016	网络电子身份标识 eID 验证服务接口技术要求			2016/7/11	2016/10/1
18.6-4-119	18.6	33.06	M60	YD/T 3151—2016	网络电子身份标识 eID 桌面应用接口技术要求			2016/7/11	2016/10/1
18.6-4-120	18.6	33.06	M60	YD/T 3152—2016	网络电子身份标识 eID 移动应用接口技术要求			2016/7/11	2016/10/1
18.6-4-121	18.6	33.040.40	L78	YD/T 3188—2016	基于表述性状态转移（REST）技术的业务能力开放应用程序接口（API）文件传输业务			2016/10/22	2017/1/1
18.6-4-122	18.6	33.040.40	L78	YD/T 3189—2016	基于表述性状态转移（REST）技术的业务能力开放应用程序接口（API）状态呈现业务			2016/10/22	2017/1/1
18.6-4-123	18.6	33.040.20	M33	YD/T 3202—2016	移动通信终端访问电信智能卡安全技术要求			2016/10/22	2017/1/1
18.6-4-124	18.6	33.040.20	M33	YD/T 3203—2016	网络电子身份标识 eID 术语和定义			2016/10/22	2017/1/1
18.6-4-125	18.6	33.040.20	M33	YD/T 3204—2016	网络电子身份标识 eID 体系架构			2016/10/22	2017/1/1
18.6-4-126	18.6	33.040.20	M33	YD/T 3208—2016	网络虚拟身份描述方法			2016/10/22	2017/1/1
18.6-4-127	18.6	33.040.20	M33	YD/T 3209—2016	网络虚拟身份数据存储与交换技术要求			2016/10/22	2017/1/1
18.6-4-128	18.6	33.040.20	M33	YD/T 3210—2016	网络虚拟资产描述方法			2016/10/22	2017/1/1
18.6-4-129	18.6	33.040.20	M33	YD/T 3211—2016	网络虚拟资产数据存储与交换技术要求			2016/10/22	2017/1/1
18.6-4-130	18.6			YDB 124—2013	车联网总体技术要求			2013/3/6	2013/3/6

续表

序号	GW 分类	ICS 分类	GB 分类	标准号	中 文 名 称	代替标准	采用关系	发布日期	实施日期
18.6-5-131	18.6	01.040.35；25.040.01；35.240.50		IEC 62264-1：2013	企业系统集成　第 1 部分：模型和术语	IEC 62264-1：2003；IEC 65 E/285/FDIS：2013		2013/5/1	2013/5/1
18.6-5-132	18.6	27.010；33.200；35.240.99；	F07	IEC 62325-450—2013	能源市场通信用框架　第 450 部分：配置文件和语境建模规则	IEC 57/1324/FDIS：2013		2013/4/1	2013/4/1
18.6-5-133	18.6			IEC/TS 62325-503—2014	能源市场通信框架　第 503 部分：IEC62325-351 配置文件用市场数据交换导则			2014/1/1	2014/1/1
18.6-5-134	18.6	35.030；35.240.40；35.240.99		ISO/TR 23455：2019	区块链和分布式账本技术　区块链和分布式账本技术系统中的智能合约交互及其概述			2019/9/30	2019/9/30
18.6-6-135	18.6			T/CEC 236—2019	电力移动应用软件测试规范			2019/11/21	2020/1/1

18.7　互联网技术-信息通信运行

序号	GW 分类	ICS 分类	GB 分类	标准号	中 文 名 称	代替标准	采用关系	发布日期	实施日期
18.7-2-1	18.7	29.240		Q/GDW 10343—2018	信息机房设计及建设规范	Q/GDW 1343—2014		2020/3/20	2020/3/20
18.7-2-2	18.7	29.240		Q/GDW 10345—2018	信息机房评价规范	Q/GDW 1345—2014		2020/3/20	2020/3/20
18.7-2-3	18.7	29.240		Q/GDW 10704—2018	信息运行支撑平台技术要求	Q/GDW 704—2012		2020/3/20	2020/3/20
18.7-2-4	18.7	29.240		Q/GDW 11159—2018	信息系统基础设施改造技术规范	Q/GDW 11159—2013		2019/7/26	2019/7/26
18.7-2-5	18.7	29.240		Q/GDW 11414—2015	国家电网公司信息系统调度运行规程			2016/3/31	2016/3/31
18.7-2-6	18.7	29.240		Q/GDW/Z 11415—2015	国家电网公司信息设备状态检修导则			2016/3/31	2016/3/31
18.7-2-7	18.7	29.240		Q/GDW 11545—2016	信息系统检修作业规程			2017/7/12	2017/7/12
18.7-2-8	18.7	35.240		Q/GDW 11830—2018	信息化后评估规范			2019/7/16	2019/7/16
18.7-2-9	18.7	29.240		Q/GDW 11981—2019	应用商店接入技术要求			2020/9/28	2020/9/28
18.7-2-10	18.7	29.240		Q/GDW 11983—2019	高效能数据中心能耗管理技术导则			2020/9/28	2020/9/28
18.7-2-11	18.7	29.240		Q/GDW 11985—2019	信息系统自动化运维导则			2020/9/28	2020/9/28
18.7-2-12	18.7			Q/GDW 1845—2013	信息运维综合监管系统一单两票服务管理模块功能规范			2014/5/1	2014/5/1

续表

序号	GW 分类	ICS 分类	GB 分类	标准号	中 文 名 称	代替标准	采用关系	发布日期	实施日期
18.7-2-13	18.7	29.020		Q/GDW 344—2009	国家电网公司信息机房管理规范			2009/11/10	2009/11/10
18.7-2-14	18.7	29.240		Q/GDW/Z 11799—2018	数据中心信息系统灾备存储复制设计原则			2019/7/26	2019/7/26
18.7-3-15	18.7	35.160	L85	GB/T 14715—2017	信息技术设备用不间断电源通用规范	GB/T 14715—1993		2017/12/29	2018/7/1
18.7-3-16	18.7	35.040	L71	GB/T 20090.13—2017	信息技术　先进音视频编码　第 13 部分：视频工具集			2017/12/29	2018/7/1
18.7-3-17	18.7	35.080	L77	GB/T 28827.1—2012	信息技术服务　运行维护　第 1 部分：通用要求			2012/11/5	2013/2/1
18.7-3-18	18.7	35.080	L77	GB/T 28827.2—2012	信息技术服务　运行维护　第 2 部分：交付规范			2012/11/5	2013/2/1
18.7-3-19	18.7	35.080	L77	GB/T 28827.3—2012	信息技术服务　运行维护　第 3 部分：应急响应规范			2012/11/5	2013/2/1
18.7-3-20	18.7	35.080	L77	GB/T 28827.4—2019	信息技术服务　运行维护　第 4 部分：数据中心服务要求			2019/8/30	2020/3/1
18.7-3-21	18.7	35.080	L77	GB/T 28827.6—2019	信息技术服务　运行维护　第 6 部分：应用系统服务要求			2019/8/30	2020/3/1
18.7-3-22	18.7	35.240.60	A10	GB/T 31524—2015	电子商务平台运营与技术规范			2015/5/15	2015/12/1
18.7-3-23	18.7	35.240.60	A10	GB/T 31526—2015	电子商务平台服务质量评价与等级划分			2015/5/15	2015/12/1
18.7-3-24	18.7	35.100.05	L79	GB/T 35292—2017	信息技术　开放虚拟化格式（OVF）规范			2017/12/29	2018/7/1
18.7-3-25	18.7	35.100.05	L79	GB/T 35293—2017	信息技术　云计算　虚拟机管理通用要求			2017/12/29	2018/7/1
18.7-3-26	18.7	35.240.60	A10	GB/T 37401—2019	电子商务平台服务保障技术要求			2019/5/10	2019/12/1
18.7-3-27	18.7	35.240	L67	GB/T 38633—2020	信息技术　大数据　系统运维和管理功能要求			2020/4/28	2020/11/1
18.7-4-28	18.7	35.020	F20	DL/T 1598—2016	信息机房（A 级）综合监控技术规范			2016/8/16	2016/12/1
18.7-4-29	18.7	33.030	M21	YD/T 1926.1—2009	IT 运维服务管理技术要求　第 1 部分：体系架构			2009/6/15	2009/9/1
18.7-4-30	18.7	35.100.70	L79	YD/T 2135—2010	域名系统运行总体技术要求			2010/12/29	2011/1/1
18.7-4-31	18.7	33.020	M04	YD/T 2717—2014	云运维管理接口技术要求			2014/10/14	2014/10/14

序号	GW 分类	ICS 分类	GB 分类	标准号	中 文 名 称	代替标准	采用关系	发布日期	实施日期
18.7-4-32	18.7	35.04	L80	YD/T 2914—2015	信息系统灾难恢复能力评估指标体系			2015/7/14	2015/10/1
18.7-4-33	18.7	35.22	L64	YD/T 2916—2015	基于存储复制技术的数据灾备技术要求			2015/7/14	2015/10/1
18.7-4-34	18.7	33.040.50	M42	YD/T 2958—2015	虚拟桌面服务运维管理技术要求			2015/10/10	2016/1/1
18.7-4-35	18.7	35.02	L70	YD/T 3054—2016	云资源运维管理功能技术要求			2016/4/5	2016/7/1
18.7-4-36	18.7	33.06	M60	YD/T 3154—2016	网络电子身份标识 eID 验证服务接口测试方法			2016/7/11	2016/10/1
18.7-4-37	18.7	33.06	M60	YD/T 3155—2016	网络电子身份标识 eID 移动应用接口测试方法			2016/7/11	2016/10/1
18.7-4-38	18.7	33.06	M60	YD/T 3156—2016	网络电子身份标识 eID 桌面应用接口测试方法			2016/7/11	2016/10/1
18.7-4-39	18.7	33.03	M36	YD/T 3646—2020	移动应用程序代码签名技术要求			2020/4/24	2020/7/1
18.7-4-40	18.7	33.03	M36	YD/T 3647—2020	移动应用程序代码签名测试方法			2020/4/24	2020/7/1
18.7-4-41	18.7	33.04	M16	YD/T 3651—2020	IPv6 地址实名制管理 总体要求			2020/4/24	2020/7/1
18.7-5-42	18.7	29.160.40；29.200	K85	IEC 62040-1 AMD 1：2013	不间断电源系统（UPS） 第 1 部分：UPS 用通用要求和安全性要求 第一次修订	IEC 22 H/151/FDIS：2012		2013/1/1	2013/1/1
18.7-5-43	18.7	29.160.40；29.200	K85	IEC 62040-1 Edition 1.1：2013	不间断电源系统（UPS） 第 1 部分：UPS 的通用和安全性要求			2013/1/1	2013/1/1
18.7-5-44	18.7	29.160.40；33.100.01	K85	IEC 62040-2 Corrigendum 1：2011	不间断电源系统（UPS） 第 2 部分：电子兼容性（EMC）要求 勘误表 1			2011/11/1	2011/11/1
18.7-5-45	18.7	29.160.40	K85	IEC 62040-3 Corrigendum 1：2011	不间断电源（UPS） 第 3 部分：说明性能和测试要求的方法：技术勘误表 1	IEC 62040-3 CORRI 1：2003		2011/9/1	2011/9/1
18.7-5-46	18.7	29.160.40	K85	IEC 62040-3：2011	不间断电源系统（UPS） 第 3 部分：规定性能的方法和试验要求	IEC 62040-3：1999；IEC 62040-3 CORRI 1：2003；IEC 62040-3 CORRI 1：2003；IEC 22 H/129/FDIS：2010		2011/3/1	2011/3/1

18.8 互联网技术-其他

序号	GW 分类	ICS 分类	GB 分类	标准号	中 文 名 称	代替标准	采用关系	发布日期	实施日期
18.8-2-1	18.8	35.100.01		Q/GDW 11702—2017	大数据平台总体架构和技术要求			2018/3/5	2018/3/5
18.8-2-2	18.8	29.240		Q/GDW 11704—2017	大数据平台数据采集接入规范			2018/3/5	2018/3/5
18.8-2-3	18.8			Q/GDW 135—2006	国家电网公司纸质档案数字化技术规范			2006/3/31	2006/3/31

续表

序号	GW 分类	ICS 分类	GB 分类	标准号	中文名称	代替标准	采用关系	发布日期	实施日期
18.8-3-4	18.8	35.110	L79	GB/T 30269.503—2017	信息技术　传感器网络　第 503 部分：标识：传感节点标识符注册规程			2017/11/1	2018/5/1
18.8-3-5	18.8	35.110	L79	GB/T 30269.1001—2017	信息技术　传感器网络　第 1001 部分：中间件：传感器网络节点接口			2017/5/31	2017/12/1
18.8-3-6	18.8	31.200	L55	GB/T 35086—2018	MEMS 电场传感器通用技术条件			2018/5/14	2018/12/1
18.8-3-7	18.8	35.080	L77	GB/T 35312—2017	中文语音识别终端服务接口规范			2017/12/29	2018/7/1
18.8-3-8	18.8	35.110	L79	GB/T 35319—2017	物联网　系统接口要求			2017/12/29	2017/12/29
18.8-3-9	18.8	35.040	A24	GB/T 35419—2017	物联网标识体系　Ecode 在一维条码中的存储			2017/12/29	2018/4/1
18.8-3-10	18.8	35.040	A24	GB/T 35420—2017	物联网标识体系　Ecode 在二维码中的存储			2017/12/29	2018/4/1
18.8-3-11	18.8	35.040	A24	GB/T 35421—2017	物联网标识体系　Ecode 在射频标签中的存储			2017/12/29	2018/4/1
18.8-3-12	18.8	35.040	A24	GB/T 35422—2017	物联网标识体系　Ecode 的注册与管理			2017/12/29	2018/4/1
18.8-3-13	18.8	35.040	A24	GB/T 35423—2017	物联网标识体系　Ecode 在 NFC 标签中的存储			2017/12/29	2018/4/1
18.8-3-14	18.8	35.240	L60	GB/T 38258—2019	信息技术　虚拟现实应用软件基本要求和测试方法			2019/12/10	2020/7/1
18.8-3-15	18.8	35.240	L60	GB/T 38259—2019	信息技术　虚拟现实头戴式显示设备通用规范			2019/12/10	2020/7/1
18.8-3-16	18.8	35.110	L79	GB/T 38320—2019	信息技术　信息设备互连　智能家用电子系统终端设备与终端统一接入服务平台接口要求			2019/12/10	2020/7/1
18.8-4-17	18.8	33.04	M11	YD/T 2786.5—2019	支持多业务承载的 IP/MPLS 网络管理技术要求　第 5 部分：基于 IDL/IIOP 技术的 EMS-NMS 接口信息模型			2019/11/11	2020/1/1
18.8-4-18	18.8	33.04	M11	YD/T 2786.7—2019	支持多业务承载的 IP/MPLS 网络管理技术要求　第 7 部分：EMS 系统功能			2019/11/11	2020/1/1

19 售电市场与营销

19.1 售电市场与营销-基础综合

序号	GW 分类	ICS 分类	GB 分类	标准号	中 文 名 称	代替标准	采用关系	发布日期	实施日期
19.1-2-1	19.1	29.240		Q/GDW 11167—2014	电动汽车充换电设施术语			2014/8/1	2014/8/1
19.1-2-2	19.1	29.240		Q/GDW 11319.1—2014	国家电网营销基础数据平台　第 1 部分：数据模型			2015/6/3	2015/6/3
19.1-2-3	19.1	29.240		Q/GDW 11319.2—2014	国家电网营销基础数据平台　第 2 部分：通用数据访问接口			2015/6/3	2015/6/3
19.1-2-4	19.1	29.240		Q/GDW/Z 11324—2014	营销业务应用系统运行管理规范			2015/6/3	2015/6/3
19.1-2-5	19.1	29.240		Q/GDW 1252—2014	营销业务应用信息分类与代码	Q/GDW 252：2009		2015/6/3	2015/6/3
19.1-2-6	19.1	29.240		Q/GDW 1518—2015	智能用电服务系统技术导则	Q/GDW/Z 518：2010		2015/9/30	2015/9/30
19.1-3-7	19.1	43.040.99	T35	GB/T 29317—2012	电动汽车充换电设施术语			2012/12/31	2013/6/1

19.2 售电市场与营销-电能计量

序号	GW 分类	ICS 分类	GB 分类	标准号	中 文 名 称	代替标准	采用关系	发布日期	实施日期
19.2-2-1	19.2	29.240		Q/GDW 10347—2016	电能计量装置通用设计规范	Q/GDW 347：2009		2017/6/16	2017/6/16
19.2-2-2	19.2	29.240		Q/GDW 10373—2019	用电信息采集系统功能规范			2020/10/30	2020/10/30
19.2-2-3	19.2	29.240		Q/GDW 10374.1—2019	用电信息采集系统技术规范　第 1 部分：专变采集终端			2020/10/30	2020/10/30
19.2-2-4	19.2	29.240		Q/GDW 10374.2—2019	用电信息采集系统技术规范　第 2 部分：集中抄表终端			2020/10/30	2020/10/30
19.2-2-5	19.2	29.240		Q/GDW 10374.3—2019	用电信息采集系统技术规范　第 3 部分：通信单元			2020/10/30	2020/10/30
19.2-2-6	19.2	29.240		Q/GDW 10375.1—2019	用电信息采集系统型式规范　第 1 部分：专变采集终端			2020/10/30	2020/10/30
19.2-2-7	19.2	29.240		Q/GDW 10375.2—2019	用电信息采集系统型式规范　第 2 部分：集中器			2020/10/30	2020/10/30
19.2-2-8	19.2	29.240		Q/GDW 10375.3—2019	用电信息采集系统型式规范　第 3 部分：采集器			2020/10/30	2020/10/30
19.2-2-9	19.2	29.240		Q/GDW 10376.1—2019	用电信息采集系统通信协议　第 1 部分：主站与采集终端			2020/10/30	2020/10/30

续表

序号	GW 分类	ICS 分类	GB 分类	标准号	中 文 名 称	代替标准	采用关系	发布日期	实施日期
19.2-2-10	19.2	29.240		Q/GDW 10376.2—2019	用电信息采集系统通信协议　第 2 部分：集中器本地通信模块接口			2020/10/30	2020/10/30
19.2-2-11	19.2	29.240		Q/GDW 10376.3—2019	用电信息采集系统通信协议　第 3 部分：采集终端远程通信模块接口			2020/10/30	2020/10/30
19.2-2-12	19.2	29.240		Q/GDW 10379.1—2019	用电信息采集系统检验规范　第 1 部分：系统			2020/10/30	2020/10/30
19.2-2-13	19.2	29.240		Q/GDW 10379.2—2019	用电信息采集系统检验规范　第 2 部分：专变采集终端			2020/10/30	2020/10/30
19.2-2-14	19.2	29.240		Q/GDW 10379.3—2019	用电信息采集系统检验规范　第 3 部分：集中抄表终端			2020/10/30	2020/10/30
19.2-2-15	19.2	29.240		Q/GDW 10379.4—2019	用电信息采集系统检验规范　第 4 部分：通信单元			2020/10/30	2020/10/30
19.2-2-16	19.2	29.240		Q/GDW 10647—2016	居民智能交互终端技术规范	Q/GDW/Z 647—2011		2017/3/24	2017/3/24
19.2-2-17	19.2	29.240		Q/GDW 10648—2016	家用智能网关技术规范	Q/GDW/Z 648—2011		2017/3/24	2017/3/24
19.2-2-18	19.2	29.240		Q/GDW 10825—2019	直流电能表技术规范			2020/12/31	2020/12/31
19.2-2-19	19.2	29.240		Q/GDW 10893—2018	计量用电子标签技术规范	Q/GDW 10893—2017		2019/10/10	2019/10/10
19.2-2-20	19.2	29.240		Q/GDW 11008—2013	低压计量箱技术规范			2014/1/16	2014/1/16
19.2-2-21	19.2	29.240		Q/GDW 11009—2013	电能计量封印技术规范			2014/1/26	2014/1/26
19.2-2-22	19.2			Q/GDW 11016—2013	电力用户用电信息采集系统通信协议　第 4 部分：基于微功率无线通信的数据传输协议			2013/11/6	2013/11/6
19.2-2-23	19.2	29.240		Q/GDW 11018.9—2018	数字化计量系统技术条件　第 9 部分：多功能测控装置			2019/10/10	2019/10/10
19.2-2-24	19.2	29.240		Q/GDW 11018.21—2018	数字化计量系统技术条件　第 21 部分　数字化电能表型式规范			2019/10/10	2019/10/10
19.2-2-25	19.2			Q/GDW 11018—2017	数字化计量系统技术条件　第 10 部分：数字化电能表	Q/GDW 11018—2013		2018/9/7	2018/9/7
19.2-2-26	19.2	29.240		Q/GDW 11027—2013	计量配送车专用技术规范			2014/4/1	2014/4/1
19.2-2-27	19.2	29.240		Q/GDW 11028—2013	电力互感器现场计量车			2014/4/1	2014/4/1
19.2-2-28	19.2	29.240		Q/GDW 11111—2013	数字化电能表校准规范			2014/4/1	2014/4/1
19.2-2-29	19.2			Q/GDW 11116—2013	智能电能表监测装置软件设计技术规范			2014/4/1	2014/4/1

序号	GW 分类	ICS 分类	GB 分类	标准号	中 文 名 称	代替标准	采用关系	发布日期	实施日期
19.2-2-30	19.2			Q/GDW 11117—2017	计量现场作业终端技术规范	Q/GDW 11117—2013		2018/9/7	2018/9/7
19.2-2-31	19.2	29.240		Q/GDW 11163—2014	电动汽车交流充电桩计量技术要求			2014/8/1	2014/8/1
19.2-2-32	19.2	29.240		Q/GDW 11165—2014	电动汽车非车载充电机直流计量技术要求			2014/8/1	2014/8/1
19.2-2-33	19.2	29.240		Q/GDW 11179.1—2014	电能表用元器件技术规范　第 1 部分：电解电容器			2014/5/15	2014/5/15
19.2-2-34	19.2	29.240		Q/GDW 11179.2—2014	电能表用元器件技术规范　第 2 部分：电阻器			2014/5/15	2014/5/15
19.2-2-35	19.2	29.020		Q/GDW 11179.3—2014	电能表用元器件技术规范　第 3 部分：压敏电阻器			2014/5/15	2014/5/15
19.2-2-36	19.2	29.020		Q/GDW 11179.4—2014	电能表用元器件技术规范　第 4 部分：光电耦合器			2014/5/15	2014/5/15
19.2-2-37	19.2	29.240		Q/GDW 11179.5—2014	电能表用元器件技术规范　第 5 部分：晶体谐振器			2015/2/18	2015/2/18
19.2-2-38	19.2	29.240		Q/GDW 11179.6—2014	电能表用元器件技术规范　第 6 部分：瞬变二极管			2015/2/18	2015/2/18
19.2-2-39	19.2	29.240		Q/GDW 11179.7—2014	电能表用元器件技术规范　第 7 部分：电池			2015/2/18	2015/2/18
19.2-2-40	19.2	29.240		Q/GDW 11179.8—2015	电能表用元器件技术规范　第 8 部分：负荷开关			2016/1/5	2016/1/5
19.2-2-41	19.2	29.240		Q/GDW 11179.9—2015	电能表用元器件技术规范　第 9 部分：片式电容器			2016/1/5	2016/1/5
19.2-2-42	19.2	29.240		Q/GDW 11179.10—2015	电能表用元器件技术规范　第 10 部分：液晶显示器			2016/1/5	2016/1/5
19.2-2-43	19.2	29.240		Q/GDW 11179.11—2015	电能表用元器件技术规范　第 11 部分：串口通信协议 RS-485 芯片			2016/1/5	2016/1/5
19.2-2-44	19.2	29.240		Q/GDW 11179.12—2015	电能表用元器件技术规范　第 12 部分：时钟芯片			2016/1/5	2016/1/5
19.2-2-45	19.2	29.240		Q/GDW 11179.13—2015	电能表用元器件技术规范　第 13 部分：微控制器			2016/1/5	2016/1/5
19.2-2-46	19.2	29.240		Q/GDW 11179.14—2015	电能表用元器件技术规范　第 14 部分：计量芯片			2016/1/5	2016/1/5
19.2-2-47	19.2	29.240		Q/GDW 11179.15—2015	电能表用元器件技术规范　第 15 部分：电流互感器			2016/1/5	2016/1/5

序号	GW 分类	ICS 分类	GB 分类	标准号	中 文 名 称	代替标准	采用关系	发布日期	实施日期
19.2-2-48	19.2	29.240		Q/GDW 11191—2014	省级计量中心生产调度平台功能规范			2014/10/15	2014/10/15
19.2-2-49	19.2	29.240		Q/GDW 11192—2014	省级计量中心生产调度平台验收规范			2014/10/15	2014/10/15
19.2-2-50	19.2	29.240		Q/GDW 11193—2014	省级计量中心生产调度平台运维导则			2014/10/15	2014/10/15
19.2-2-51	19.2	29.240		Q/GDW 11194—2014	省级计量中心生产调度平台与四线一库系统接口技术规范			2014/10/15	2014/10/15
19.2-2-52	19.2	29.240		Q/GDW 11195—2014	省级计量中心生产调度平台与营销业务应用系统接口规范			2014/10/15	2014/10/15
19.2-2-53	19.2	29.240		Q/GDW 11197—2014	用电信息采集终端检测装置技术规范			2014/10/15	2014/10/15
19.2-2-54	19.2	29.240		Q/GDW 11279—2014	抢修计量周转箱技术规范			2015/2/18	2015/2/18
19.2-2-55	19.2	29.240		Q/GDW 11280—2014	计量周转柜技术规范			2015/2/18	2015/2/18
19.2-2-56	19.2			Q/GDW 11363—2019	计量自动化生产系统智能运维平台功能规范	Q/GDW 11363—2014		2020/12/31	2020/12/31
19.2-2-57	19.2	29.240		Q/GDW 11421—2015	电能表外置断路器技术规范			2016/1/5	2016/1/5
19.2-2-58	19.2	29.240		Q/GDW 11422—2015	电能表监造技术规范			2016/1/5	2016/1/5
19.2-2-59	19.2	19.080		Q/GDW 11525—2016	智能电能表软件备案与比对技术规范			2016/12/28	2016/12/28
19.2-2-60	19.2	29.240		Q/GDW 11611—2016	“多表合一”信息采集建设施工工艺规范			2017/6/16	2017/6/16
19.2-2-61	19.2	29.240		Q/GDW 11612.1—2018	低压电力线高速载波通信互联互通技术规范　第 1 部分：总则	Q/GDW 11612.1—2016		2019/10/10	2019/10/10
19.2-2-62	19.2	29.240		Q/GDW 11612.2—2018	低压电力线高速载波通信互联互通技术规范　第 2 部分：技术要求	Q/GDW 11612.2—2016		2019/10/10	2019/10/10
19.2-2-63	19.2	29.240		Q/GDW 11612.3—2018	低压电力线高速载波通信互联互通技术规范　第 3 部分：检验方法	Q/GDW 11612.3—2016		2019/10/10	2019/10/10
19.2-2-64	19.2	29.240		Q/GDW 11612.41—2018	低压电力线高速载波通信互联互通技术规范　第 4-1 部分：物理层通信协议	Q/GDW 11612.41—2016		2019/10/10	2019/10/10
19.2-2-65	19.2	29.240		Q/GDW 11612.42—2018	低压电力线高速载波通信互联互通技术规范　第 4-2 部分：数据链路层通信协议	Q/GDW 11612.42—2016		2019/10/10	2019/10/10
19.2-2-66	19.2	29.240		Q/GDW 11612.43—2018	低压电力线高速载波通信互联互通技术规范　第 4-3 部分：应用层通信协议	Q/GDW 11612.43—2016		2019/10/10	2019/10/10
19.2-2-67	19.2	29.240		Q/GDW 11680—2017	智能电能表软件可靠性技术规范			2018/1/18	2018/1/18
19.2-2-68	19.2	29.240		Q/GDW 11681—2017	10kV～35kV 计量用电流互感器技术规范			2018/1/18	2018/1/18

续表

序号	GW 分类	ICS 分类	GB 分类	标准号	中　文　名　称	代替标准	采用关系	发布日期	实施日期
19.2-2-69	19.2	29.240		Q/GDW 11682—2017	10kV～35kV 计量用电压互感器技术规范			2018/1/18	2018/1/18
19.2-2-70	19.2			Q/GDW 11776—2017	拆回电能表分拣装置技术规范			2018/9/7	2018/9/7
19.2-2-71	19.2			Q/GDW 11779—2017	电能表用变压器　技术规范			2018/9/7	2018/9/7
19.2-2-72	19.2			Q/GDW 11780—2017	智能周转柜统一接入接口技术规范			2018/9/7	2018/9/7
19.2-2-73	19.2			Q/GDW 11781—2017	二级智能计量表库统一接入接口技术规范			2018/9/7	2018/9/7
19.2-2-74	19.2	29.240		Q/GDW 11844—2018	电力用户用电信息采集系统通信接口转换器技术规范			2019/10/10	2019/10/10
19.2-2-75	19.2	29.240		Q/GDW 11845—2018	电能计量设备用超级电容器技术规范			2019/10/10	2019/10/10
19.2-2-76	19.2	29.240		Q/GDW 11846—2018	数字化计量系统一般技术要求			2019/10/10	2019/10/10
19.2-2-77	19.2	29.240.99		Q/GDW 11847.1—2018	数字化计量系统　设备检测规范　第 1 部分：互感器合并单元			2019/10/10	2019/10/10
19.2-2-78	19.2	29.240		Q/GDW 11849—2018	10kV～35kV 计量用互感器自动化检定系统技术规范			2019/10/10	2019/10/10
19.2-2-79	19.2	29.240		Q/GDW 11850—2018	直流电能表外附分流器技术规范			2019/10/10	2019/10/10
19.2-2-80	19.2	29.240		Q/GDW 11851—2018	三相谐波智能电能表技术规范			2019/10/10	2019/10/10
19.2-2-81	19.2	29.240		Q/GDW 11854—2018	电能表自动化检定系统校准规范			2019/10/10	2019/10/10
19.2-2-82	19.2	29.240		Q/GDW 12003—2019	数字化计量系统　安装调试验收运维规范			2020/10/30	2020/10/30
19.2-2-83	19.2	29.240		Q/GDW 12004—2019	数字化电能表现场校验仪技术规范			2020/10/30	2020/10/30
19.2-2-84	19.2	29.240		Q/GDW 12005—2019	数字化计量系统　通用技术导则			2020/10/30	2020/10/30
19.2-2-85	19.2	29.240		Q/GDW 12006—2019	电压互感器误差特性在线检测仪技术条件			2020/10/30	2020/10/30
19.2-2-86	19.2	29.240		Q/GDW 12007—2019	计量现场作业低压防护手套技术规范			2020/10/30	2020/10/30
19.2-2-87	19.2	29.240		Q/GDW 12008—2019	数字化电能表检验装置校准规范			2020/10/30	2020/10/30
19.2-2-88	19.2	29.240		Q/GDW 12009—2019	直流电能表外附分流器检测装置技术规范			2020/10/30	2020/10/30
19.2-2-89	19.2	29.240		Q/GDW 12010—2019	智能电能表运行可靠性评价技术规范			2020/10/30	2020/10/30
19.2-2-90	19.2	29.240		Q/GDW 12011—2019	静止式电能表动态误差测试方法			2020/10/30	2020/10/30
19.2-2-91	19.2			Q/GDW 1205—2013	电能计量器具条码	Q/GDW 205—2008		2013/11/6	2013/11/6
19.2-2-92	19.2	29.240		Q/GDW 1206—2013	电能表抽样技术规范	Q/GDW 206—2008		2014/1/26	2014/1/26

序号	GW 分类	ICS 分类	GB 分类	标准号	中 文 名 称	代替标准	采用关系	发布日期	实施日期
19.2-2-93	19.2	29.020		Q/GDW 1354—2013	智能电能表功能规范	Q/GDW 354—2009		2013/3/21	2013/3/21
19.2-2-94	19.2	29.020		Q/GDW 1355—2013	单相智能电能表型式规范	Q/GDW 355—2009		2013/3/21	2013/3/21
19.2-2-95	19.2	29.020		Q/GDW 1356—2013	三相智能电能表型式规范	Q/GDW 356—2009		2013/3/21	2013/3/21
19.2-2-96	19.2	29.020		Q/GDW 1364—2013	单相智能电能表技术规范	Q/GDW 364—2009		2013/3/21	2013/3/21
19.2-2-97	19.2	29.020		Q/GDW 1365—2013	智能电能表信息交换安全认证技术规范	Q/GDW 365—2009		2013/3/21	2013/3/21
19.2-2-98	19.2	29.020		Q/GDW 1373—2013	电力用户用电信息采集系统功能规范	Q/GDW 373—2009		2013/3/21	2013/3/21
19.2-2-99	19.2	29.240		Q/GDW 1572—2014	计量用低压电流互感器技术规范	Q/GDW 572—2010		2015/2/18	2015/2/18
19.2-2-100	19.2	29.240		Q/GDW 1573—2014	计量用低压电流互感器自动化检定系统技术规范	Q/GDW 573—2010		2015/2/18	2015/2/18
19.2-2-101	19.2	29.240		Q/GDW 1574—2014	电能表自动化检定系统技术规范	Q/GDW 574—2010		2015/3/12	2015/3/12
19.2-2-102	19.2	29.240		Q/GDW 1575—2014	用电信息采集终端自动化检测系统技术规范	Q/GDW 575—2010		2014/10/15	2014/10/15
19.2-2-103	19.2	29.240		Q/GDW 1763.3—2012	电力自助缴费终端通用规范 第 3 部分：检验技术规范			2014/1/17	2014/1/17
19.2-2-104	19.2			Q/GDW 1826—2013	直流电能表检定装置技术规范			2013/3/21	2013/3/21
19.2-2-105	19.2			Q/GDW 1827—2013	三相智能电能表技术规范	Q/GDW 357—2009；Q/GDW 358—2009；Q/GDW 359—2009		2013/3/21	2013/3/21
19.2-2-106	19.2			Q/GDW 1828—2013	单相静止式多费率电能表技术规范			2013/3/21	2013/3/21
19.2-2-107	19.2			Q/GDW 1890—2013	计量用智能化仓储系统技术规范			2013/11/6	2013/11/6
19.2-2-108	19.2	29.240		Q/GDW 1891—2013	省级计量中心生产调度平台软件设计导则			2013/11/26	2013/11/26
19.2-2-109	19.2			Q/GDW 1892—2013	计量配送设备技术管理规范			2013/11/6	2013/11/6
19.2-2-110	19.2			Q/GDW 1923—2013	农网智能型低压配电箱检验技术规范			2014/5/1	2014/5/1
19.2-2-111	19.2	29.020		Q/GDW 380.1—2009	电力用户用电信息采集系统管理规范 第 1 部分：主站建设规范			2009/12/7	2009/12/7
19.2-2-112	19.2	29.020		Q/GDW 380.2—2009	电力用户用电信息采集系统管理规范 第 2 部分：通信信道建设管理规范			2009/12/7	2009/12/7
19.2-2-113	19.2	29.020		Q/GDW 380.3—2009	电力用户用电信息采集系统管理规范 第 3 部分：采集终端建设管理规范			2009/12/7	2009/12/7

续表

序号	GW 分类	ICS 分类	GB 分类	标准号	中 文 名 称	代替标准	采用关系	发布日期	实施日期
19.2-2-114	19.2	29.020		Q/GDW 380.4—2009	电力用户用电信息采集系统管理规范　第 4 部分：主站运行管理规范			2009/12/7	2009/12/7
19.2-2-115	19.2	29.020		Q/GDW 380.5—2009	电力用户用电信息采集系统管理规范　第 5 部分：通信信道运行管理规范			2009/12/7	2009/12/7
19.2-2-116	19.2	29.020		Q/GDW 380.6—2009	电力用户用电信息采集系统管理规范　第 6 部分：采集终端运行管理规范			2009/12/7	2009/12/7
19.2-2-117	19.2	29.020		Q/GDW 380.7—2009	电力用户用电信息采集系统管理规范　第 7 部分：验收管理规范			2009/12/7	2009/12/7
19.2-3-118	19.2	17.220.20	N22	GB/T 15282—1994	无功电度表	GB 3924—1983		1994/12/7	1995/5/1
19.2-3-119	19.2	17.220.20	N22	GB/T 15284—2002	多费率电能表特殊要求	GB/T 15284—1994		2002/8/5	2003/1/1
19.2-3-120	19.2	91.140.50	P63	GB/T 16934—2013	电能计量柜	GB/T 16934—1997		2013/10/10	2014/2/1
19.2-3-121	19.2	17.220.20	N22	GB/T 17215.302—2013	交流电测量设备特殊要求　第 2 部分：静止式谐波有功电能表			2013/10/10	2014/4/15
19.2-3-122	19.2	17.220.20	N22	GB/T 17215.303—2013	交流电测量设备特殊要求　第 3 部分：数字化电能表			2013/12/17	2014/7/15
19.2-3-123	19.2	17.220.20	N22	GB/T 17215.311—2008	交流电测量设备特殊要求　第 11 部分：机电式有功电能表（0 5、1 和 2 级）	GB/T 15283—1994		2008/6/30	2009/1/1
19.2-3-124	19.2	17.220.20	N22	GB/T 17215.321—2008	交流电测量设备特殊要求　第 21 部分：静止式有功电能表（1 级和 2 级）	GB/T 17215—2002		2008/6/30	2009/1/1
19.2-3-125	19.2	17.220.20	N22	GB/T 17215.322—2008	交流电测量设备特殊要求　第 22 部分：静止式有功电能表（0 2S 级和 0.5S 级）	GB/T 17883—1999		2008/6/30	2009/1/1
19.2-3-126	19.2	17.220.20	N22	GB/T 17215.323—2008	交流电测量设备特殊要求　第 23 部分：静止式无功电能表（2 级和 3 级）	GB/T 17882—1999		2008/6/30	2009/1/1
19.2-3-127	19.2	17.220.20	N22	GB/T 17215.352—2009	交流电测量设备特殊要求　第 52 部分：符号	GB/T 17441—1998		2009/11/15	2010/2/1
19.2-3-128	19.2	17.220.20	N22	GB/T 17215.610—2018	电测量数据交换　DLMS/COSEM 组件　第 10 部分：智能测量标准化框架		IEC 62056-1-0：2014 IDT	2018/12/28	2019/7/1
19.2-3-129	19.2	17.220.20	N22	GB/T 17215.631—2018	电测量数据交换　DLMS/COSEM 组件　第 31 部分：基于双绞线载波信号的局域网使用	GB/T 19897.2—2005	IEC 62056-3-1：2013 IDT	2018/12/28	2019/7/1
19.2-3-130	19.2	17.220.20	N22	GB/T 17215.646—2018	电测量数据交换　DLMS/COSEM 组件　第 46 部分：使用 HDLC 协议的数据链路层	GB/T 19897.4—2005	IEC 62056-46：2002 IDT	2018/12/28	2019/7/1

序号	GW 分类	ICS 分类	GB 分类	标准号	中文名称	代替标准	采用关系	发布日期	实施日期
19.2-3-131	19.2	17.220.20	N22	GB/T 17215.653—2018	电测量数据交换　DLMS/COSEM 组件　第 53 部分：DLMS/COSEM　应用层	GB/T 19882.33—2007	IEC 62056-5-3：2017 IDT	2018/12/28	2019/7/1
19.2-3-132	19.2	17.220.20	N22	GB/T 17215.661—2018	电测量数据交换　DLMS/COSEM 组件　第 61 部分：对象标识系统（OBIS）	GB/T 19882.31—2007	IEC 62056-6-1：2017 IDT	2018/12/28	2019/7/1
19.2-3-133	19.2	17.220.20	N22	GB/T 17215.662—2018	电测量数据交换　DLMS/COSEM 组件　第 62 部分：COSEM　接口类	GB/T 19882.32—2007	IEC 62056-6-2：2017 IDT	2018/12/28	2019/7/1
19.2-3-134	19.2	17.220.20	N22	GB/T 17215.676—2018	电测量数据交换　DLMS/COSEM 组件　第 76 部分：基于 HDLC 的面向连接的三层通信配置		IEC 62056-7-6：2013 IDT	2018/12/28	2019/7/1
19.2-3-135	19.2	17.220.20	N22	GB/T 17215.697—2018	电测量数据交换　DLMS/COSEM 组件　第 97 部分：基于 TCP-UDP/IP 网络的通信配置		IEC 62056-9-7：2013 IDT	2018/12/28	2019/7/1
19.2-3-136	19.2	17.220.20	N22	GB/T 17215.701—2011	标准电能表			2011/7/29	2011/12/1
19.2-3-137	19.2	17.220.20	N22	GB/T 19882.211—2010	自动抄表系统　第 211 部分：低压电力线载波抄表系统　系统要求			2011/1/14	2011/6/1
19.2-3-138	19.2	17.220.20	N22	GB/T 19882.212—2012	自动抄表系统　第 212 部分：低压电力线载波抄表系统载波集中器			2012/12/31	2013/6/1
19.2-3-139	19.2	17.220.20	N22	GB/T 19882.213—2012	自动抄表系统　第 213 部分：低压电力线载波抄表系统载波采集器			2012/12/31	2013/6/1
19.2-3-140	19.2	17.220.20	N22	GB/T 19882.214—2012	自动抄表系统　第 214 部分：低压电力线载波抄表系统静止式载波电能表特殊要求			2012/12/31	2013/6/1
19.2-3-141	19.2	17.220.20	N22	GB/T 26831.1—2011	社区能源计量抄收系统规范　第 1 部分：数据交换			2011/7/29	2011/12/1
19.2-3-142	19.2	17.220.20	N22	GB/T 26831.2—2012	社区能源计量抄收系统规范　第 2 部分：物理层与链路层		EN 13757-2：2004 IDT	2012/11/5	2013/2/15
19.2-3-143	19.2	17.220.20	N22	GB/T 26831.3—2012	社区能源计量抄收系统规范　第 3 部分：专用应用层		EN 13757-3：2004 IDT	2012/11/5	2013/2/15
19.2-3-144	19.2	17.220.20	N22	GB/T 26831.4—2017	社区能源计量抄收系统规范　第 4 部分：仪表的无线抄读			2017/7/12	2018/2/1
19.2-3-145	19.2	17.220.20	N22	GB/T 26831.5—2017	社区能源计量抄收系统规范　第 5 部分：无线中继			2017/7/12	2018/2/1
19.2-3-146	19.2	17.220.20	N22	GB/T 26831.6—2015	社区能源计量抄收系统规范　第 6 部分：本地总线			2015/9/11	2016/4/1

序号	GW 分类	ICS 分类	GB 分类	标准号	中 文 名 称	代替标准	采用关系	发布日期	实施日期
19.2-3-147	19.2	17.220.20	N22	GB/T 32856—2016	高压电能表通用技术要求			2016/8/29	2017/3/1
19.2-3-148	19.2	17.220.20	N22	GB/T 33708—2017	静止式直流电能表			2017/5/12	2017/12/1
19.2-3-149	19.2	17.220.20	N29	GB/T 37968—2019	高压电能计量设备检验装置			2019/8/30	2020/3/1
19.2-3-150	19.2	17.220.20	N22	GB/T 38317.11—2019	智能电能表外形结构和安装尺寸　第 11 部分：通用要求			2019/12/10	2020/7/1
19.2-3-151	19.2	17.220.20	N22	GB/T 38317.21—2019	智能电能表外形结构和安装尺寸　第 21 部分：结构 A 型			2019/12/10	2020/7/1
19.2-3-152	19.2	17.220.20	N22	GB/T 38317.22—2019	智能电能表外形结构和安装尺寸　第 22 部分：结构 B 型			2019/12/10	2020/7/1
19.2-3-153	19.2	17.220.20	N22	GB/T 38317.31—2019	智能电能表外形结构和安装尺寸　第 31 部分：电气接口			2019/12/10	2020/7/1
19.2-4-154	19.2	29.240.01	F21	DL/T 1080.9—2013	供电企业应用集成配电管理的系统接口　第 9 部分：抄表与表计控制的接口		IEC61968-9：2009 IDT	2013/11/28	2014/4/1
19.2-4-155	19.2	29.020	K93	DL/T 1369—2014	标准谐波有功电能表			2014/10/15	2015/3/1
19.2-4-156	19.2	17.040.30	F22	DL/T 1484—2015	直流电能表技术规范			2015/7/1	2015/10/1
19.2-4-157	19.2	27.100	F22	DL/T 1485—2015	三相智能电能表技术规范			2015/7/1	2015/10/1
19.2-4-158	19.2	27.100	F22	DL/T 1486—2015	单相静止式多费率电能表技术规范			2015/7/1	2015/10/1
19.2-4-159	19.2	27.100	F22	DL/T 1487—2015	单相智能电能表技术规范			2015/7/1	2015/10/1
19.2-4-160	19.2	27.100	F22	DL/T 1488—2015	单相智能电能表型式规范			2015/7/1	2015/10/1
19.2-4-161	19.2	27.100	F22	DL/T 1489—2015	三相智能电能表型式规范			2015/7/1	2015/10/1
19.2-4-162	19.2	27.100	F22	DL/T 1490—2015	智能电能表功能规范			2015/7/1	2015/7/1
19.2-4-163	19.2	27.100	P62	DL/T 1496—2016	电能计量封印技术规范			2016/1/7	2016/6/1
19.2-4-164	19.2	27.100	P62	DL/T 1497—2016	电能计量用电子标签技术规范			2016/1/7	2016/6/1
19.2-4-165	19.2	17.220.20	N20	DL/T 1507—2016	数字化电能表校准规范			2016/1/7	2016/6/1
19.2-4-166	19.2	29.020	K40	DL/T 1517—2016	二次压降及二次负荷现场测试技术规范			2016/1/7	2016/6/1
19.2-4-167	19.2	29.020	K60	DL/T 1528—2016	电能计量现场手持设备技术规范			2016/1/7	2016/6/1
19.2-4-168	19.2	17.220	N22	DL/T 1592—2016	电能信息采集终端检测装置技术规范			2016/8/16	2016/12/1
19.2-4-169	19.2	17.220	N22	DL/T 1593—2016	电能信息采集终端可靠性验证方法			2016/8/16	2016/12/1

续表

序号	GW 分类	ICS 分类	GB 分类	标准号	中文名称	代替标准	采用关系	发布日期	实施日期
19.2-4-170	19.2	29.240.99	F29	DL/T 1652—2016	电能计量设备用超级电容器技术规范			2016/12/5	2017/5/1
19.2-4-171	19.2	29.240	F29	DL/T 1664—2016	电能计量装置现场检验规程	SD 109—1983		2016/12/5	2017/5/1
19.2-4-172	19.2	29.240.99	F29	DL/T 1665—2016	数字化电能计量装置现场检测规范			2016/12/5	2017/5/1
19.2-4-173	19.2	29.24	F20	DL/T 1745—2017	低压电能计量箱技术条件			2017/11/15	2018/3/1
19.2-4-174	19.2	29.02	K60	DL/T 1763—2017	电能表检测抽样要求			2017/11/15	2018/3/1
19.2-4-175	19.2	29.240.01	F20	DL/T 1783—2017	IEC 61850 工程电能计量应用模型			2017/12/27	2018/6/1
19.2-4-176	19.2	29.240.99	F29	DL/T 448—2016	电能计量装置技术管理规程	DL/T 448—2000		2016/12/5	2017/5/1
19.2-4-177	19.2	29.020	K01	DL/T 460—2016	智能电能表检验装置检定规程	DL/T 460—2005		2016/12/5	2017/5/1
19.2-4-178	19.2	27.100	P62	DL/T 5202—2004	电能量计量系统设计技术规程			2004/12/14	2005/6/1
19.2-4-179	19.2	07.040.31	N22	DL/T 585—1995	电子式标准电能表技术条件			1996/1/22	1996/5/1
19.2-4-180	19.2	17.020	N22	DL/T 614—2007	多功能电能表	DL 614—1997		2007/12/3	2008/6/1
19.2-4-181	19.2	17.020	N22	DL/T 645—2007	多功能电能表通信协议	DL 645—1997		2007/12/3	2008/6/1
19.2-4-182	19.2	29.240	N22	DL/T 698.1—2009	电能信息采集与管理系统　第 1 部分：总则	DL 698—1999		2009/7/22	2009/12/1
19.2-4-183	19.2	17.220	N22	DL/T 698.2—2010	电能信息采集与管理系统　第 2 部分：主站技术规范	DL 698—1999		2010/5/1	2010/10/1
19.2-4-184	19.2	17.220	N22	DL/T 698.31—2010	电能信息采集与管理系统　第 3-1 部分：电能信息采集终端技术规范通用要求	DL 698—1999		2010/5/1	2010/10/1
19.2-4-185	19.2	17.220	N22	DL/T 698.32—2010	电能信息采集与管理系统　第 3-2 部分：电能信息采集终端技术规范厂站采集终端特殊要求	DL 698—1999		2010/5/1	2010/10/1
19.2-4-186	19.2	17.220	N22	DL/T 698.33—2010	电能信息采集与管理系统　第 3-3 部分：电能信息采集终端技术规范专变采集终端特殊要求	DL 698—1999		2010/5/1	2010/10/1
19.2-4-187	19.2	17.220	N22	DL/T 698.34—2010	电能信息采集与管理系统　第 3-4 部分：电能信息采集终端技术规范公变采集终端特殊要求	DL 698—1999		2010/5/1	2010/10/1
19.2-4-188	19.2	17.220	N22	DL/T 698.35—2010	电能信息采集与管理系统　第 3-5 部分：电能信息采集终端技术规范低压集中抄表终端特殊要求	DL 698—1999		2010/5/1	2010/10/1
19.2-4-189	19.2		N22	DL/T 698.36—2013	电能信息采集与管理系统　第 3-6 部分：电能信息采集终端技术规范-通信单元要求			2013/3/7	2013/8/1
19.2-4-190	19.2	17.220	N22	DL/T 698.41—2010	电能信息采集与管理系统　第 4-1 部分：通信协议-主站与电能信息采集终端通信	DL 698—1999		2010/5/1	2010/10/1

序号	GW 分类	ICS 分类	GB 分类	标准号	中 文 名 称	代替标准	采用关系	发布日期	实施日期
19.2-4-191	19.2		N22	DL/T 698.42—2013	电能信息采集与管理系统　第 4-2 部分：通信协议-集中器下行通信			2013/3/7	2013/8/1
19.2-4-192	19.2	17.220	N22	DL/T 698.44—2016	电能信息采集与管理系统　第 4-4 部分：通信协议—微功率无线通信协议	DL/T 698—1999		2016/8/16	2016/12/1
19.2-4-193	19.2	29.24	F20	DL/T 698.45—2017	电能信息采集与管理系统　第 4-5 部分：通信协议—面向对象的数据交换协议			2017/11/15	2018/3/1
19.2-4-194	19.2	17.220	N22	DL/T 698.46—2016	电能信息采集与管理系统　第 4-6 部分：通信协议—采集终端远程通信模块接口协议	DL/T 698—1999		2016/8/16	2016/12/1
19.2-4-195	19.2	17.220	N22	DL/T 698.51—2016	电能信息采集与管理系统　第 5-1 部分：测试技术规范—功能测试	DL/T 698—1999		2016/8/16	2016/12/1
19.2-4-196	19.2	29.020	K07	DL/T 698.52—2016	电能信息采集与管理系统　第 5-2 部分：远程通信协议一致性测试	DL/T 698—1999		2016/1/7	2016/6/1
19.2-4-197	19.2	17.220.20	N22	DL/T 731—2000	电能表测量用误差计算器			2000/11/3	2001/1/1
19.2-4-198	19.2	17.220.20	N22	DL/T 732—2000	电能表测量用光电采样器			2000/11/3	2001/1/1
19.2-4-199	19.2	29.240.01	K51	DL/T 743—2001	电能量远方终端			2001/2/12	2001/7/1
19.2-4-200	19.2	27.100	F24；F22	DL/T 826—2002	交流电能表现场测试仪			2002/12/1	2002/12/1
19.2-4-201	19.2	27.100	F22；S21	DL/T 828—2002	单相交流感应式长寿命技术电能表使用导则			2002/9/16	2002/12/1
19.2-4-202	19.2	27.100	F22；F21	DL/T 829—2002	单相交流感应式有功电能表使用导则			2002/9/16	2002/12/1
19.2-4-203	19.2	27.100	F22	DL/T 830—2002	静止式单相交流有功电能表使用导则			2002/9/16	2002/12/1
19.2-4-204	19.2			DLGJ 166—2004	电能量计量系统设计内容深度规定			2004/10/19	2004/12/31
19.2-4-205	19.2			JB/T 10923—2020	电能表用磁保持继电器	JB/T 10923—2010		2020/4/24	2021/1/1
19.2-4-206	19.2			JJF 1245.1—2010	安装式电能表型式评价大纲—通用要求			2010/3/2	2010/6/2
19.2-4-207	19.2			JJF 1245.2—2010	安装式电能表型式评价大纲—特殊要求—机电式有功电能表（0.5、1 和 2 级）			2010/3/2	2010/6/2
19.2-4-208	19.2			JJF 1245.3—2010	安装式电能表型式评价大纲—特殊要求—静止式有功电能表（0.2S、0.5S、1 和 2 级）			2010/3/2	2010/6/2
19.2-4-209	19.2			JJF 1245.4—2010	安装式电能表型式评价大纲—特殊要求—机电式无功电能表（2 和 3 级）			2010/3/2	2010/6/2
19.2-4-210	19.2			JJF 1245.5—2010	安装式电能表型式评价大纲—特殊要求—静止式无功电能表（2 和 3 级）			2010/3/2	2010/6/2

续表

序号	GW 分类	ICS 分类	GB 分类	标准号	中 文 名 称	代替标准	采用关系	发布日期	实施日期
19.2-4-211	19.2			JJF 1245.6—2010	安装式电能表型式评价大纲—特殊要求—功能类电能表			2010/3/2	2010/6/2
19.2-4-212	19.2			JJG 1085—2013	标准电能表检定规程			2013/6/27	2013/8/27
19.2-4-213	19.2			JJG 596—2012	电子式交流电能表	JJG 596—1999		2012/10/16	2013/4/8
19.2-5-214	19.2	19.080；91.140.50		IEC 62052-31：2015	电力计量设备（AC） 一般要求，试验和试验条件 第 31 部分：产品安全要求和试验 1.0 版			2015/9/1	2015/9/1
19.2-5-215	19.2	17.220.20；35.110；91.140.50		IEC 62056-1-0：2014	电能计量数据交换 DLM/SCOSEM 套件 第 1-0 部分 智能电表标准化框架			2014/6/1	2014/6/1
19.2-5-216	19.2	17.220.20；35.110；91.140.50		IEC 62056-4-7：2015	电力计量数据交换 DLMS/COSEM 套件 第 4-7 部分：DLMS/COSEM 传输层为 IP 网络 1.0 版			2015/5/1	2015/5/1
19.2-5-217	19.2	17.220；35.110；91.140.50		IEC 62056-6-1：2015	电能计量数据交换 DLM/SCOSEM 套件 第 6-1 部分：目标识别系统（OBIS） 第 2 版	IEC 62056-6-1：2013		2015/11/1	2015/11/1
19.2-6-218	19.2	29.020	K93	T/CEC 116：2016	数字化电能表技术规范			2016/10/21	2017/1/1
19.2-6-219	19.2	29.020	K93	T/CEC 122.1：2016	电、水、气、热能源计量管理系统 第 1 部分：总则			2016/10/21	2017/1/1
19.2-6-220	19.2			T/CEC 122.2：2016	电、水、气、热能源计量管理系统 第 2 部分：系统功能规范			2016/10/21	2017/1/1
19.2-6-221	19.2	29.020	K93	T/CEC 122.31：2016	电、水、气、热能源计量管理系统 第 3-1 部分：集中器技术规范			2016/10/21	2017/1/1
19.2-6-222	19.2	29.020	K93	T/CEC 122.32：2016	电、水、气、热能源计量管理系统 第 3-2 部分：采集器技术规范			2016/10/21	2017/1/1
19.2-6-223	19.2	29.020	K93	T/CEC 122.41：2016	电、水、气、热能源计量管理系统 第 4-1 部分：主站远程通信协议			2016/10/21	2017/1/1
19.2-6-224	19.2	29.020	K93	T/CEC 122.42：2016	电、水、气、热能源计量管理系统 第 4-2 部分：低功耗微功率无线通信协议			2016/10/21	2017/1/1
19.2-6-225	19.2			T/CEC 262：2019	电能表安装接插件技术条件			2019/11/21	2020/1/1
19.2-6-226	19.2			T/CEC 263：2019	抢修计量周转箱技术条件			2019/11/21	2020/1/1

19.3 售电市场与营销-营业管理

序号	GW 分类	ICS 分类	GB 分类	标准号	中 文 名 称	代替标准	采用关系	发布日期	实施日期
19.3-2-1	19.3	29.240		Q/GDW 10479—2016	95598 呼叫平台省级接入技术规范	Q/GDW/Z 479—2010		2017/6/16	2017/6/16

续表

序号	GW 分类	ICS 分类	GB 分类	标准号	中 文 名 称	代替标准	采用关系	发布日期	实施日期
19.3-2-2	19.3	29.240		Q/GDW 11318—2014	95598 互动服务网站接口规范			2015/6/3	2015/6/3
19.3-2-3	19.3	29.240		Q/GDW 11321.1—2018	一体化交费管理平台　第 1 部分：功能规范	Q/GDW 11321.1—2014		2020/3/20	2020/3/20
19.3-2-4	19.3	29.240		Q/GDW 11321.2—2018	一体化交费管理平台　第 2 部分：技术规范	Q/GDW 11321.2—2014		2020/3/20	2020/3/20
19.3-2-5	19.3	29.240		Q/GDW 11321.3—2018	一体化交费管理平台　第 3 部分：建设规范	Q/GDW 11321.3—2014		2020/3/20	2020/3/20
19.3-2-6	19.3	29.240		Q/GDW 11321.4—2018	一体化交费管理平台　第 4 部分：验收规范	Q/GDW 11321.4—2014		2020/3/20	2020/3/20
19.3-2-7	19.3	29.240		Q/GDW 11321.5—2018	一体化交费管理平台　第 5 部分：运行管理规范	Q/GDW 11321.5—2014		2020/3/20	2020/3/20
19.3-2-8	19.3	29.240		Q/GDW 11322.1—2014	智能用电营销费控业务管理规范　第 1 部分：功能规范			2015/6/3	2015/6/3
19.3-2-9	19.3	29.240		Q/GDW 11322.2—2014	智能用电营销费控业务管理规范　第 2 部分：技术规范			2015/6/3	2015/6/3
19.3-2-10	19.3	29.240		Q/GDW 11322.3—2014	智能用电营销费控业务管理规范　第 3 部分：建设规范			2015/6/3	2015/6/3
19.3-2-11	19.3	29.240		Q/GDW 11322.4—2014	智能用电营销费控业务管理规范　第 4 部分：验收规范			2015/6/3	2015/6/3
19.3-2-12	19.3	29.240		Q/GDW 11322.5—2014	智能用电营销费控业务管理规范　第 5 部分：运行管理规范			2015/6/3	2015/6/3
19.3-2-13	19.3			Q/GDW 11773—2017	低压台区营配数据普查移动终端技术条件			2018/9/7	2018/9/7
19.3-2-14	19.3	29.240		Q/GDW 11848.1—2018	电力客户标签库建设规范　第 1 部分：业务规范			2019/10/10	2019/10/10
19.3-2-15	19.3	29.240		Q/GDW 11848.2—2018	电力客户标签库建设规范　第 2 部分：技术规范			2019/10/10	2019/10/10
19.3-2-16	19.3	29.240		Q/GDW 11947—2018	互动化供电营业厅建设规范			2020/3/20	2020/3/20
19.3-2-17	19.3	29.240		Q/GDW 1403—2014	国家电网公司供电服务质量标准	Q/GDW 403—2009		2014/12/15	2014/12/15
19.3-2-18	19.3	29.240		Q/GDW 1581—2014	国家电网公司供电客户服务提供标准	Q/GDW 581—2011		2014/12/15	2014/12/15
19.3-2-19	19.3	29.240		Q/GDW 1763.1—2012	电力自助缴费终端通用规范　第 1 部分：技术规范			2014/1/17	2014/1/17
19.3-2-20	19.3	29.240		Q/GDW 1763.2—2012	电力自助缴费终端通用规范　第 2 部分：型式规范			2014/1/17	2014/1/17
19.3-2-21	19.3	29.240		Q/GDW 1763.4—2012	电力自助缴费终端通用规范　第 4 部分：建设管理规范			2014/1/17	2014/1/17
19.3-2-22	19.3	29.240		Q/GDW 1763.5—2012	电力自助缴费终端通用规范　第 5 部分：运行管理规范			2014/1/17	2014/1/17

续表

序号	GW 分类	ICS 分类	GB 分类	标准号	中 文 名 称	代替标准	采用关系	发布日期	实施日期
19.3-2-23	19.3	29.240		Q/GDW 1764.1—2012	电力缴费 POS 终端通用规范　第 1 部分：技术规范			2014/1/17	2014/1/17
19.3-2-24	19.3	29.240		Q/GDW 1764.2—2012	电力缴费 POS 终端通用规范　第 2 部分：型式规范			2014/1/17	2014/1/17
19.3-2-25	19.3	29.240		Q/GDW 1764.3—2012	电力缴费 POS 终端通用规范　第 3 部分：检验技术规范			2014/1/17	2014/1/17
19.3-2-26	19.3	29.240		Q/GDW 1764.4—2012	电力缴费 POS 终端通用规范　第 4 部分：建设管理规范			2014/1/17	2014/1/17
19.3-2-27	19.3	29.240		Q/GDW 1764.5—2012	电力缴费 POS 终端通用规范　第 5 部分：运行管理规范			2014/1/17	2014/1/17
19.3-3-28	19.3	29.020	F20	GB/T 28583—2012	供电服务规范			2012/6/29	2012/10/1
19.3-4-29	19.3	29.020	K08	DL/T 1747—2017	电力营销现场移动作业终端技术规范			2017/11/15	2018/3/1
19.3-4-30	19.3	29.240	F20	DL/T 1917—2018	电力用户业扩报装技术规范			2018/12/25	2019/5/1
19.3-4-31	19.3	03.080.20	F20/29	DL/T 2046—2019	供电服务热线客户服务规范			2019/6/4	2019/10/1

19.4　售电市场与营销-节能

序号	GW 分类	ICS 分类	GB 分类	标准号	中 文 名 称	代替标准	采用关系	发布日期	实施日期
19.4-2-1	19.4	29.240		Q/GDW 11030—2013	电力能效信息集中与交互终端检验标准			2014/4/1	2014/4/1
19.4-2-2	19.4	29.240		Q/GDW 11031—2013	电力能效监测终端功能和检验规范			2014/4/1	2014/4/1
19.4-2-3	19.4	29.240		Q/GDW 11034—2013	电蓄热（冷）项目节约电力测量与验证规范			2014/4/1	2014/4/1
19.4-2-4	19.4	29.240		Q/GDW 11035—2013	变压器更换节约电力电量测量与验证规范			2014/4/1	2014/4/1
19.4-2-5	19.4	29.240		Q/GDW 11036—2013	并联无功补偿装置节约电力电量测量与验证规范			2014/4/1	2014/4/1
19.4-2-6	19.4	29.240		Q/GDW 11037—2013	蒸汽压缩循环热泵项目节约电力电量测量与验证规范			2014/4/1	2014/4/1
19.4-2-7	19.4	29.240		Q/GDW 11038—2013	电机系统节约电力电量测量与验证规范			2014/4/1	2014/4/1
19.4-2-8	19.4	29.240		Q/GDW 11039—2013	电力线路增容改造节约电力电量测量与验证规范			2014/4/1	2014/4/1
19.4-2-9	19.4	29.240		Q/GDW 11040—2013	电力需求侧管理项目节约电力电量测量与验证通则			2014/4/1	2014/4/1

序号	GW 分类	ICS 分类	GB 分类	标准号	中　文　名　称	代替标准	采用关系	发布日期	实施日期
19.4-2-10	19.4	29.240		Q/GDW 11041—2013	电力用户需求响应节约电力测量与验证规范			2014/4/1	2014/4/1
19.4-2-11	19.4	29.240		Q/GDW 11042—2013	电网运行优化节约电力电量测量与验证规范			2014/4/1	2014/4/1
19.4-2-12	19.4	29.240		Q/GDW 11043—2013	集中式空气调节系统节约电力电量测量与验证规范			2014/4/1	2014/4/1
19.4-2-13	19.4	29.240		Q/GDW 11044—2013	线路升压改造节约电力电量测量与验证规范			2014/4/1	2014/4/1
19.4-2-14	19.4	29.240		Q/GDW 11045—2013	余热余压发电项目节约电力电量测量与验证规范			2014/4/1	2014/4/1
19.4-2-15	19.4	29.240		Q/GDW 11046—2013	照明系统节电改造项目节约电力电量测量与验证规范			2014/4/1	2014/4/1
19.4-2-16	19.4			Q/GDW 11775—2017	配电网节能潜力评价技术通则.			2018/9/7	2018/9/7
19.4-2-17	19.4			Q/GDW 1800—2012	电力能效监测系统子站（企业主站）设计规范			2014/1/17	2014/1/17
19.4-2-18	19.4			Q/GDW 1801—2012	电力能效监测系统通信协议　第 1 部分　主站与能效数据集中器通信协议			2014/1/17	2014/1/17
19.4-3-19	19.4	27.100	F20	GB/T 28557—2012	电力企业节能降耗主要指标的监管评价			2012/6/29	2012/11/1
19.4-3-20	19.4	27.010	F01	GB/T 28750—2012	节能量测量和验证技术通则			2012/11/5	2013/1/1
19.4-3-21	19.4	29.160.30	K22	GB/T 29314—2012	电动机系统节能改造规范			2012/12/31	2013/6/1
19.4-3-22	19.4	27.010	F01	GB/T 30716—2014	能量系统绩效评价通则			2014/6/9	2014/10/1
19.4-3-23	19.4	29.120.30	K30	GB/T 30845.1—2014	高压岸电连接系统（HVSC 系统）用插头、插座和船用耦合器　第 1 部分：通用要求		IEC 62613-1: 2011 MOD	2014/6/24	2015/1/22
19.4-3-24	19.4	29.120.30	K30	GB/T 30845.2—2014	高压岸电连接系统（HVSC 系统）用插头、插座和船用耦合器　第 2 部分：不同类型的船舶用附件的尺寸兼容性和互换性要求			2014/7/24	2015/1/22
19.4-3-25	19.4	29.240	F20	GB/T 31367—2015	中低压配电网能效评估导则			2015/2/4	2015/9/1
19.4-3-26	19.4	27.010	F20	GB/T 31960.1—2015	电力能效监测系统技术规范　第 1 部分：总则			2015/9/11	2016/4/1
19.4-3-27	19.4	27.010	F20	GB/T 31960.2—2015	电力能效监测系统技术规范　第 2 部分：主站功能规范			2015/9/11	2016/4/1
19.4-3-28	19.4	27.010	F20	GB/T 31960.3—2015	电力能效监测系统技术规范　第 3 部分：通信协议			2015/9/11	2016/4/1

续表

序号	GW 分类	ICS 分类	GB 分类	标准号	中 文 名 称	代替标准	采用关系	发布日期	实施日期
19.4-3-29	19.4	27.010	F20	GB/T 31960.4—2015	电力能效监测系统技术规范　第 4 部分：子站功能设计规范			2015/9/11	2016/4/1
19.4-3-30	19.4	27.010	F20	GB/T 31960.5—2015	电力能效监测系统技术规范　第 5 部分：主站设计导则			2015/9/11	2016/4/1
19.4-3-31	19.4	27.010	F20	GB/T 31960.6—2015	电力能效监测系统技术规范　第 6 部分：电力能效信息集中与交互终端技术条件			2015/9/11	2016/4/1
19.4-3-32	19.4	29.240.01	F21	GB/T 31960.7—2015	电力能效监测系统技术规范　第 7 部分：电力能效监测终端技术条件			2015/9/11	2016/4/1
19.4-3-33	19.4	27.010	F20	GB/T 31960.8—2015	电力能效监测系统技术规范　第 8 部分：安全防护规范			2015/9/11	2016/4/1
19.4-3-34	19.4	29.240.01	F29	GB/T 31960.9—2016	电力能效监测系统技术规范　第 9 部分：系统检验规范			2016/4/25	2016/11/1
19.4-3-35	19.4	29.240.01	F29	GB/T 31960.10—2016	电力能效监测系统技术规范　第 10 部分：电力能效监测终端检验规范			2016/4/25	2016/11/1
19.4-3-36	19.4	27.010	F20	GB/T 31960.11—2016	电力能效监测系统技术规范　第 11 部分：电力能效信息集中与交互终端检验规范			2016/4/25	2016/11/1
19.4-3-37	19.4	27.010	F01	GB/T 32038—2015	照明工程节能监测方法			2015/9/11	2016/4/1
19.4-3-38	19.4	29.240	F20	GB/T 32823—2016	电网节能项目节约电力电量测量和验证技术导则			2016/8/29	2017/3/1
19.4-3-39	19.4	27.010	F01	GB/T 33857—2017	节能评估技术导则　热电联产项目			2017/5/31	2017/12/1
19.4-3-40	19.4	29.160.30	K22	GB/T 34867.1—2017	电动机系统节能量测量和验证方法　第 1 部分：电动机现场能效测试方法			2017/11/1	2018/5/1
19.4-3-41	19.4	27.010	F01	GB/T 36674—2018	公共机构能耗监控系统通用技术要求			2018/9/17	2019/4/1
19.4-3-42	19.4	27.010	F01	GB/T 36675—2018	节能评估技术导则　公共建筑项目			2018/9/17	2019/4/1
19.4-3-43	19.4	27.010	F01	GB/T 36714—2018	用能单位能效对标指南			2018/9/17	2019/4/1
19.4-3-44	19.4	27.010	F01	GB/T 37227.1—2018	制冷系统绩效评价与计算测试方法　第 1 部分：蓄能空调系统			2018/12/28	2019/7/1
19.4-3-45	19.4	29.200	K46	GB/T 37319—2019	电梯节能逆变电源装置			2019/3/25	2019/10/1
19.4-3-46	19.4	43.020	T47	GB/T 37340—2019	电动汽车能耗折算方法			2019/3/25	2019/10/1

续表

序号	GW 分类	ICS 分类	GB 分类	标准号	中 文 名 称	代替标准	采用关系	发布日期	实施日期
19.4-3-47	19.4	77.010	H04	GB/T 37429—2019	电弧炉工序能效评估导则			2019/5/10	2020/4/1
19.4-4-48	19.4		P63；P47	CJJ 145—2010	燃气冷热电三联供工程技术规程			2010/8/18	2011/3/1
19.4-4-49	19.4	27.100	F29	DL/T 1288—2013	电力金具能耗测试与节能技术评价要求			2013/11/28	2014/4/1
19.4-4-50	19.4	27.1	F23	DL/T 1752—2017	热电联产机组设计能效指标计算方法			2017/11/15	2018/3/1
19.4-4-51	19.4	29.02	K01	DL/T 1756—2017	高载能负荷参与电网互动节能技术条件			2017/11/15	2018/3/1
19.4-4-52	19.4	27.010	F20	DL/T 1758—2017	移动式电力能效检测系统技术规范			2017/11/15	2018/3/1
19.4-4-53	19.4	27.010	F20	DL/T 2034.1—2019	电能替代设备接入电网技术条件　第 1 部分：通则			2019/6/4	2019/10/1
19.4-4-54	19.4	27.010	F20	DL/T 2034.2—2019	电能替代设备接入电网技术条件　第 2 部分：电锅炉			2019/6/4	2019/10/1
19.4-4-55	19.4	27.010	F20	DL/T 2034.3—2019	电能替代设备接入电网技术条件　第 3 部分：分散电采暖设备			2019/6/4	2019/10/1
19.4-4-56	19.4	27.010	F 20	DL/T 2035—2019	集中式空调能效在线监测系统技术要求			2019/6/4	2019/10/1
19.4-4-57	19.4	29.240.99	F22	DL/T 359—2010	电蓄冷（热）和热泵系统现场测试规范			2010/5/1	2010/10/1
19.4-6-58	19.4	29.240.01	F20	T/CEC 134—2017	电能替代项目减排量核定方法			2017/5/15	2017/8/1
19.4-6-59	19.4	29.240.01	F20	T/CEC 135—2017	余热余压发电项目节约电力电量测量与验证导则			2017/5/15	2017/8/1
19.4-6-60	19.4			T/CEC 165.1—2018	电供暖系统技术规范　第 1 部分：总则			2018/1/24	2018/4/1
19.4-6-61	19.4			T/CEC 165.2—2018	电供暖系统技术规范　第 2 部分：设备			2018/1/24	2018/4/1
19.4-6-62	19.4			T/CEC 165.3—2018	电供暖系统技术规范　第 3 部分：系统设计			2018/1/24	2018/4/1
19.4-6-63	19.4			T/CEC 165.4—2018	电供暖系统技术规范　第 4 部分：施工和安装			2018/1/24	2018/4/1
19.4-6-64	19.4			T/CEC 165.5—2018	电供暖系统技术规范　第 5 部分：验收			2018/1/24	2018/4/1
19.4-6-65	19.4			T/CEC 165.6—2018	电供暖系统技术规范　第 6 部分：监控系统			2018/1/24	2018/4/1
19.4-6-66	19.4			T/CEC 165.7—2018	电供暖系统技术规范　第 7 部分：运营服务平台			2018/1/24	2018/4/1
19.4-6-67	19.4			T/CEC 165.8—2018	电供暖系统技术规范　第 8 部分：通信规约			2018/1/24	2018/4/1
19.4-6-68	19.4			T/CEC 165.9—2018	电供暖系统技术规范　第 9 部分：运行维护			2018/1/24	2018/4/1

续表

序号	GW 分类	ICS 分类	GB 分类	标准号	中文名称	代替标准	采用关系	发布日期	实施日期
19.4-6-69	19.4			T/CEC 165.10—2018	电供暖系统技术规范　第 10 部分：接口			2018/1/24	2018/4/1
19.4-6-70	19.4			T/CEC 165.11—2018	电供暖系统技术规范　第 11 部分：计量			2018/1/24	2018/4/1
19.4-6-71	19.4			T/CEC 165.12—2018	电供暖系统技术规范　第 12 部分：检测			2018/1/24	2018/4/1

19.5　售电市场与营销-售电市场

序号	GW 分类	ICS 分类	GB 分类	标准号	中文名称	代替标准	采用关系	发布日期	实施日期
19.5-2-1	19.5	29.240		Q/GDW 10233—2018	电动汽车非车载充电机通用要求	Q/GDW 1233—2014		2020/3/20	2020/3/20
19.5-2-2	19.5	29.240		Q/GDW 10235—2019	电动汽车传导式非车载充电机与车辆通信控制器之间的通信协议	Q/GDW 1235—2014		2020/9/17	2020/9/17
19.5-2-3	19.5	29.240		Q/GDW 10236—2016	电动汽车充电站通用技术要求	Q/GDW 236—2008		2017/8/4	2017/8/4
19.5-2-4	19.5	29.240		Q/GDW 10237—2016	电动汽车充电站布置设计导则	Q/GDW 237—2009		2017/8/4	2017/8/4
19.5-2-5	19.5	29.240		Q/GDW 10238—2016	电动汽车充换电站供电系统规范	Q/GDW 238—2009		2017/8/4	2017/8/4
19.5-2-6	19.5	29.240		Q/GDW 10399—2016	电动汽车交流充放电装置电气接口规范	Q/GDW 399—2009		2017/8/4	2017/8/4
19.5-2-7	19.5	43.120		Q/GDW 10423.1—2016	电动汽车充换电设施典型设计　第 1 部分：分散充电桩（机）	Q/GDW/Z 423—2010		2016/12/8	2016/12/8
19.5-2-8	19.5	43.120		Q/GDW 10423.2—2016	电动汽车充换电设施典型设计　第 2 部分：充电站	Q/GDW/Z 423—2010		2016/12/8	2016/12/8
19.5-2-9	19.5	43.120		Q/GDW 10423.3—2016	电动汽车充换电设施典型设计　第 3 部分：高速公路城际快充站	Q/GDW/Z 423—2010		2016/12/8	2016/12/8
19.5-2-10	19.5	43.120		Q/GDW 10423.4—2016	电动汽车充换电设施典型设计　第 4 部分：电动公交车换电站	Q/GDW/Z 423—2010		2016/12/8	2016/12/8
19.5-2-11	19.5	43.120		Q/GDW 10423.5—2016	电动汽车充换电设施典型设计　第 5 部分：电动公交车预装式模块化换电站	Q/GDW/Z 423—2010		2016/12/8	2016/12/8
19.5-2-12	19.5	43.120		Q/GDW 10423.6—2016	电动汽车充换电设施典型设计　第 6 部分：电动乘用车立体充电站	Q/GDW/Z 423—2010		2016/12/8	2016/12/8
19.5-2-13	19.5	29.240		Q/GDW 10485—2018	电动汽车交流充电桩技术条件	Q/GDW 1485—2014		2020/3/20	2020/3/20
19.5-2-14	19.5	29.240		Q/GDW 10590—2016	电动汽车传导式充电接口检验技术规范	Q/GDW 590—2011		2017/8/4	2017/8/4
19.5-2-15	19.5	29.240		Q/GDW 10591—2018	电动汽车非车载充电机检验技术规范	Q/GDW 1591—2014		2020/3/20	2020/3/20
19.5-2-16	19.5	29.240		Q/GDW 10592—2018	电动汽车交流充电桩检验技术规范	Q/GDW 1592—2014		2020/3/20	2020/3/20

序号	GW 分类	ICS 分类	GB 分类	标准号	中　文　名　称	代替标准	采用关系	发布日期	实施日期
19.5-2-17	19.5	29.240		Q/GDW 11164—2014	电动汽车充换电设施工程施工和竣工验收规范			2014/8/1	2014/8/1
19.5-2-18	19.5	29.240		Q/GDW 11166—2014	电动汽车智能充换电服务网络运营监控系统技术规范			2014/8/1	2014/8/1
19.5-2-19	19.5	29.240		Q/GDW 11168—2018	电动汽车充换电设施规划导则	Q/GDW 11168—2014		2020/3/20	2020/3/20
19.5-2-20	19.5	29.240		Q/GDW 11169—2014	电动汽车电池箱更换设备通用技术要求			2014/8/1	2014/8/1
19.5-2-21	19.5	29.240		Q/GDW 11172.1—2018	电动汽车充换电服务网络运行管理规范　第 1 部分：运营管理	Q/GDW 11172.1—2014		2020/3/20	2020/3/20
19.5-2-22	19.5	29.240		Q/GDW 11172.2—2018	电动汽车充换电服务网络运行管理规范　第 2 部分：运行维护	Q/GDW 11172.2—2014		2020/3/20	2020/3/20
19.5-2-23	19.5	29.240		Q/GDW 11172—2014	电动汽车充换电设施运行管理规范			2014/8/1	2014/8/1
19.5-2-24	19.5	29.240		Q/GDW 11174—2014	电动汽车快换电池箱通信协议			2014/8/1	2014/8/1
19.5-2-25	19.5	29.240		Q/GDW 11176—2014	电动汽车车载终端通用技术条件			2014/8/1	2014/8/1
19.5-2-26	19.5	29.240		Q/GDW 11177.1—2018	电动汽车充换电服务网络运营监控系统　通信规约　第 1 部分：系统与站级监控系统	Q/GDW 11177.1—2014		2020/3/20	2020/3/20
19.5-2-27	19.5	29.240		Q/GDW 11177.2—2018	电动汽车充换电服务网络运营监控系统　通信规约　第 2 部分：系统与离散充电桩	Q/GDW 11177.2—2014		2020/3/20	2020/3/20
19.5-2-28	19.5	29.240		Q/GDW 11182—2014	电动汽车智能充换电设备分类及编码			2014/9/1	2014/9/1
19.5-2-29	19.5	29.240		Q/GDW 11215—2014	电动汽车电池更换站用电池箱连接器技术规范			2014/10/15	2014/10/15
19.5-2-30	19.5	91.140.50		Q/GDW 11466—2016	港口岸电技术相关术语			2016/12/8	2016/12/8
19.5-2-31	19.5	91.140.50		Q/GDW 11467.1—2016	港口岸电系统建设规范　第 1 部分：设计导则			2016/12/8	2016/12/8
19.5-2-32	19.5	91.140.50		Q/GDW 11467.2—2016	港口岸电系统建设规范　第 2 部分：电能计量			2016/12/8	2016/12/8
19.5-2-33	19.5	91.140.50		Q/GDW 11467.3—2016	港口岸电系统建设规范　第 3 部分：验收			2016/12/8	2016/12/8
19.5-2-34	19.5	91.140.50		Q/GDW 11468.1—2016	港口岸电设备技术规范　第 1 部分：高压电源			2016/12/8	2016/12/8
19.5-2-35	19.5	91.140.50		Q/GDW 11468.2—2016	港口岸电设备技术规范　第 2 部分：低压大容量电源			2016/12/8	2016/12/8
19.5-2-36	19.5	91.140.50		Q/GDW 11468.3—2016	港口岸电设备技术规范　第 3 部分：低压小容量电源			2016/12/8	2016/12/8
19.5-2-37	19.5	91.140.50		Q/GDW 11468.4—2016	港口岸电设备技术规范　第 4 部分：船岸连接和接口设备			2016/12/8	2016/12/8

续表

序号	GW 分类	ICS 分类	GB 分类	标准号	中　文　名　称	代替标准	采用关系	发布日期	实施日期
19.5-2-38	19.5	91.140.50		Q/GDW 11469.1—2016	港口岸电系统运行与维护技术规范　第 1 部分：运行维护			2016/12/8	2016/12/8
19.5-2-39	19.5	91.140.50		Q/GDW 11469.2—2016	港口岸电系统运行与维护技术规范　第 2 部分：检测			2016/12/8	2016/12/8
19.5-2-40	19.5	91.140.50		Q/GDW 11469.3—2016	港口岸电系统运行与维护技术规范　第 3 部分：运营服务平台			2016/12/8	2016/12/8
19.5-2-41	19.5	91.140.50		Q/GDW 11469.4—2016	港口岸电系统运行与维护技术规范　第 4 部分：监控系统			2016/12/8	2016/12/8
19.5-2-42	19.5	91.140.50		Q/GDW 11469.5—2016	港口岸电系统运行与维护技术规范　第 5 部分：平台与监控系统通信规约			2016/12/8	2016/12/8
19.5-2-43	19.5	91.140.50		Q/GDW 11469.6—2016	港口岸电系统运行与维护技术规范　第 6 部分：监控系统与岸基设备通信规约			2016/12/8	2016/12/8
19.5-2-44	19.5	29.020		Q/GDW 11470.1—2016	电能替代评价技术规范　第 1 部分：电量统计认定技术规范			2016/12/8	2016/12/8
19.5-2-45	19.5	29.020		Q/GDW 11470.2—2016	电能替代评价技术规范　第 2 部分：经济性评价导则			2016/12/8	2016/12/8
19.5-2-46	19.5	29.240		Q/GDW 11634—2016	电动汽车交直流一体化充电设备通用要求			2017/8/4	2017/8/4
19.5-2-47	19.5	29.240		Q/GDW 11706—2017	电能服务管理平台信息交互技术规范			2018/3/6	2018/3/6
19.5-2-48	19.5	29.240		Q/GDW 11709.1—2017	电动汽车充电计费控制单元　第 1 部分：技术条件			2018/3/6	2018/3/6
19.5-2-49	19.5	29.240		Q/GDW 11709.2—2017	电动汽车充电计费控制单元　第 2 部分：与充电桩通信协议			2018/3/6	2018/3/6
19.5-2-50	19.5	29.240		Q/GDW 11709.3—2017	电动汽车充电计费控制单元　第 3 部分：与车联网平台通信协议			2018/3/6	2018/3/6
19.5-2-51	19.5	29.240		Q/GDW 11709.4—2017	电动汽车充电计费控制单元　第 4 部分：检验技术规范			2018/3/6	2018/3/6
19.5-2-52	19.5	29.240		Q/GDW 11946.1—2018	蓄热式电供暖系统（10kV 及以下）技术规范　第 1 部分：总则			2020/3/20	2020/3/20
19.5-2-53	19.5	29.240		Q/GDW 11946.2—2018	蓄热式电供暖系统（10kV 及以下）技术规范　第 2 部分：接入电网要求			2020/3/20	2020/3/20

序号	GW 分类	ICS 分类	GB 分类	标准号	中　文　名　称	代替标准	采用关系	发布日期	实施日期
19.5-2-54	19.5	29.240		Q/GDW 11946.3—2018	蓄热式电供暖系统（10kV 及以下）技术规范　第 3 部分：系统设计			2020/3/20	2020/3/20
19.5-2-55	19.5	29.240		Q/GDW 11946.4—2018	蓄热式电供暖系统（10kV 及以下）技术规范　第 4 部分：施工和安装			2020/3/20	2020/3/20
19.5-2-56	19.5	29.240		Q/GDW 11946.5—2018	蓄热式电供暖系统（10kV 及以下）技术规范　第 5 部分：运行维护			2020/3/20	2020/3/20
19.5-2-57	19.5	29.240		Q/GDW 11946.6—2018	蓄热式电供暖系统（10kV 及以下）技术规范　第 6 部分：监控要求			2020/3/20	2020/3/20
19.5-2-58	19.5	29.240		Q/GDW 11946.7—2018	蓄热式电供暖系统（10kV 及以下）技术规范　第 7 部分：运营服务要求			2020/3/20	2020/3/20
19.5-2-59	19.5	29.240		Q/GDW 11946.8—2018	蓄热式电供暖系统（10kV 及以下）技术规范　第 8 部分：信息交互协议			2020/3/20	2020/3/20
19.5-2-60	19.5	29.240		Q/GDW 11946.9—2018	蓄热式电供暖系统（10kV 及以下）技术规范　第 9 部分：接口			2020/3/20	2020/3/20
19.5-2-61	19.5	29.240		Q/GDW 11946.10—2018	蓄热式电供暖系统（10kV 及以下）技术规范　第 10 部分：验收			2020/3/20	2020/3/20
19.5-2-62	19.5	29.240		Q/GDW 11946.11—2018	蓄热式电供暖系统（10kV 及以下）技术规范　第 11 部分：检测			2020/3/20	2020/3/20
19.5-2-63	19.5	29.240		Q/GDW 1234.1—2014	电动汽车充电接口规范　第 1 部分：通用要求	Q/GDW 234—2009		2014/10/15	2014/10/15
19.5-3-64	19.5	29.240		Q/GDW 1234.2—2014	电动汽车充电接口规范　第 2 部分：交流充电接口	Q/GDW 234—2009		2014/10/15	2014/10/15
19.5-3-65	19.5	29.240		Q/GDW 1234.3—2014	电动汽车充电接口规范　第 3 部分：直流充电接口	Q/GDW 234—2009		2014/10/15	2014/10/15
19.5-3-66	19.5	29.240		Q/GDW 1880—2013	电动汽车车载充电机检验技术规范			2014/1/29	2014/1/29
19.5-3-67	19.5	29.020		Q/GDW 397—2009	电动汽车非车载充放电装置通用技术要求			2010/2/10	2010/2/10
19.5-3-68	19.5	29.020		Q/GDW 398—2009	电动汽车非车载充放电装置电气接口规范			2010/2/10	2010/2/10
19.5-3-69	19.5	29.020		Q/GDW 400—2009	电动汽车充放电计费装置技术规范			2010/2/10	2010/2/10
19.5-3-70	19.5	29.020		Q/GDW 478—2010	电动汽车充电设施建设技术导则			2010/7/8	2010/7/8
19.5-3-71	19.5	29.020		Q/GDW 486—2010	电动汽车电池更换站技术导则			2010/8/30	2010/8/30

续表

序号	GW 分类	ICS 分类	GB 分类	标准号	中　文　名　称	代替标准	采用关系	发布日期	实施日期
19.5-3-72	19.5	29.020		Q/GDW 487—2010	电动汽车电池更换站设计规范			2010/8/30	2010/8/30
19.5-3-73	19.5	29.020		Q/GDW 488—2010	电动汽车充电站及电池更换站监控系统技术规范			2010/8/30	2010/8/30
19.5-3-74	19.5	29.240		Q/GDW 685—2011	纯电动乘用车快换电池箱通用技术要求			2011/12/26	2011/12/26
19.5-3-75	19.5	43.040.99	T35	GB/T 18487.1—2015	电动汽车传导充电系统　第 1 部分：通用要求	GB/T 18487.1—2001		2015/12/28	2016/1/1
19.5-3-76	19.5	33.100	L06	GB/T 18487.2—2017	电动汽车传导充电系统　第 2 部分：非车载传导供电设备电磁兼容要求	GB/T 18487.2—2001		2017/12/29	2018/7/1
19.5-3-77	19.5	29.060.10	T36	GB/T 18487.3—2001	电动车辆传导充电系统电动车辆交流/直流充电机（站）			2001/11/12	2002/5/1
19.5-3-78	19.5	43.040	T35	GB/T 18488.1—2015	电动汽车用驱动电机系统　第 1 部分：技术条件	GB/T 18488.1—2006		2015/2/4	2015/9/1
19.5-3-79	19.5	43.040.99	T35	GB/T 20234.1—2015	电动汽车传导充电用连接装置　第 1 部分：通用要求	GB/T 20234.1—2011		2015/12/28	2016/1/1
19.5-3-80	19.5	43.040.99	T35	GB/T 20234.2—2015	电动汽车传导充电用连接装置　第 2 部分：交流充电接口	GB/T 20234.2—2011		2015/12/28	2016/1/1
19.5-3-81	19.5	43.040.99	T35	GB/T 20234.3—2015	电动汽车传导充电用连接装置　第 3 部分：直流充电接口	GB/T 20234.3—2011		2015/12/28	2016/1/1
19.5-3-82	19.5	29.200	K81	GB/T 27930—2015	电动汽车非车载传导式充电机与电池管理系统之间的通信协议	GB/T 27930—2011		2015/12/28	2016/1/1
19.5-3-83	19.5	29.200	K81	GB/T 28569—2012	电动汽车交流充电桩电能计量			2012/6/29	2012/11/1
19.5-3-84	19.5	43.040.99	T35	GB/T 29316—2012	电动汽车充换电设施电能质量技术要求			2012/12/31	2013/6/1
19.5-3-85	19.5	43.040.99	T35	GB/T 29318—2012	电动汽车非车载充电机电能计量			2012/12/31	2013/6/1
19.5-3-86	19.5	43.040.99	T35	GB/T 29772—2013	电动汽车电池更换站通用技术要求			2013/10/10	2014/2/1
19.5-3-87	19.5	43.020	T47	GB/T 29781—2013	电动汽车充电站通用要求			2013/10/10	2014/2/1
19.5-3-88	19.5	43.080	T47	GB/T 31466—2015	电动汽车高压系统电压等级			2015/5/15	2015/12/1
19.5-3-89	19.5	43.080	T 47	GB/T 31467.1—2015	电动汽车用锂离子动力蓄电池包和系统　第 1 部分：高功率应用测试规程			2015/5/15	2015/5/15
19.5-3-90	19.5	43.080	T 47	GB/T 31467.2—2015	电动汽车用锂离子动力蓄电池包和系统　第 2 部分：高能量应用测试规程			2015/5/15	2015/5/15

序号	GW 分类	ICS 分类	GB 分类	标准号	中文名称	代替标准	采用关系	发布日期	实施日期
19.5-3-91	19.5	43.120	T 47	GB/T 31484—2015	电动汽车用动力蓄电池循环寿命要求及试验方法			2015/5/15	2015/5/15
19.5-3-92	19.5	43.120	T 47	GB/T 31486—2015	电动汽车用动力蓄电池电性能要求及试验方法			2015/5/15	2015/5/15
19.5-3-93	19.5	43.040.99	T35	GB/T 32879—2016	电动汽车更换用电池箱连接器通用技术要求			2016/8/29	2017/3/1
19.5-3-94	19.5	290.200	K81	GB/T 32895—2016	电动汽车快换电池箱通信协议			2016/8/29	2017/3/1
19.5-3-95	19.5	290.200	K81	GB/T 32896—2016	电动汽车动力仓总成通信协议			2016/8/29	2017/3/1
19.5-3-96	19.5	43.040.99	T35	GB/T 32960.1—2016	电动汽车远程服务与管理系统技术规范　第 1 部分：总则			2016/8/29	2016/10/1
19.5-3-97	19.5	43.040.99	T35	GB/T 32960.2—2016	电动汽车远程服务与管理系统技术规范　第 2 部分：车载终端			2016/8/29	2016/10/1
19.5-3-98	19.5	290.200	K81	GB/T 33341—2016	电动汽车快换电池箱架通用技术要求			2016/12/13	2017/7/1
19.5-3-99	19.5	43.080	T 47	GB/T 34013—2017	电动汽车用动力蓄电池产品规格尺寸			2017/7/12	2018/2/1
19.5-3-100	19.5	43.040.99	T35	GB/T 34657.1—2017	电动汽车传导充电互操作性测试规范　第 1 部分：供电设备			2017/10/14	2018/5/1
19.5-3-101	19.5	43.040.99	T35	GB/T 34657.2—2017	电动汽车传导充电互操作性测试规范　第 2 部分：车辆			2017/10/14	2018/5/1
19.5-3-102	19.5	290.200	K81	GB/T 34658—2017	电动汽车非车载传导式充电机与电池管理系统之间的通信协议一致性测试			2017/10/14	2018/5/1
19.5-3-103	19.5	03.220.40	R45	GB/T 36028.1—2018	靠港船舶岸电系统技术条件　第 1 部分：高压供电			2018/3/15	2018/10/1
19.5-3-104	19.5	03.220.40	R45	GB/T 36028.2—2018	靠港船舶岸电系统技术条件　第 2 部分：低压供电			2018/3/15	2018/10/1
19.5-3-105	19.5	47.020.60	U60	GB/T 37399—2019	高压岸电试验方法			2019/5/10	2019/12/1
19.5-3-106	19.5	43.080	T47	GB 38031—2020	电动汽车用动力蓄电池安全要求	GB/T 31485—2015；GB/T 31467.3—2015		2020/5/12	2021/1/1
19.5-3-107	19.5	47.020.60	U62	GB/T 38329.1—2019	港口船岸连接　第 1 部分：高压岸电连接（HVSC）系统　一般要求			2019/12/10	2020/7/1
19.5-3-108	19.5		P33	GB/T 51077—2015	电动汽车电池更换站设计规范			2014/12/31	2015/9/1

序号	GW 分类	ICS 分类	GB 分类	标准号	中 文 名 称	代替标准	采用关系	发布日期	实施日期
19.5-3-109	19.5			GB/T 51313—2018	电动汽车分散充电设施工程技术标准			2018/9/11	2019/3/1
19.5-4-110	19.5			DL/T 1644—2016	电力企业合同能源管理技术导则			2016/12/5	2017/5/1
19.5-4-111	19.5			DL/T 2039—2019	地方电网售电控制中心基本配置技术条件			2019/6/4	2019/10/1
19.5-4-112	19.5	29.200	K46；K85	JB/T 10095—2010	工业电池用充电设备	JB 10095—1999		2010/2/21	2010/7/1
19.5-4-113	19.5	290.200	K81	NB/T 33001—2018	电动汽车非车载传导式充电机技术条件	NB/T 33001—2010		2018/4/3	2018/7/1
19.5-4-114	19.5	29.200	K81	NB/T 33002—2018	电动汽车交流充电桩技术条件	NB/T 33002—2010		2018/12/25	2019/5/1
19.5-4-115	19.5	29.200	K81	NB/T 33003—2010	电动汽车非车载充电机监控单元与电池管理系统通信协议			2010/5/1	2010/10/1
19.5-4-116	19.5	29.200	K81	NB/T 33004—2013	电动汽车充换电设施工程施工和竣工验收规范			2013/11/28	2014/4/1
19.5-4-117	19.5	29.200	K81	NB/T 33005—2013	电动汽车充电站及电池更换站监控系统技术规范			2013/11/28	2014/4/1
19.5-4-118	19.5	29.200	k81	NB/T 33009—2013	电动汽车充换电设施建设技术导则			2013/11/28	2014/4/1
19.5-4-119	19.5			NB/T 33025—2020	电动汽车快速更换电池箱通用要求			2020/10/23	2021/2/1
19.5-4-120	19.5	43.080	T47	QC/T 839—2010	超级电容电动城市客车供电系统			2010/11/22	2011/3/1
19.5-4-121	19.5	43.080	T47	QC/T 840—2010	电动汽车用动力蓄电池产品规格尺寸			2010/11/10	2011/3/1
19.5-4-122	19.5	43.080	T47	QC/T 989—2014	电动汽车用动力蓄电池箱通用要求			2014/10/14	2015/4/1
19.5-5-123	19.5	43.120		ANSI/UL 2202-2012（R2018）	电动车辆（EV）充电系统设备的安全标准	ANSI UL 2202-2009		2018/2/9	2018/2/9
19.5-5-124	19.5	43.120	T36	IEC 61851-1-2010	电动车辆感应放电系统 第 1 部分：一般要求	IEC 61851-1-2001；IEC 69/173/FDIS-2010		2010/11/1	2010/11/1
19.5-5-125	19.5	43.120	T90	IEC 61851-22-2001	电动车辆感应充电系统 第 22 部分：交流电动车辆的充电站	IEC 60718-1997；IEC 69/129/FDIS-2000		2001/5/1	2001/5/1
19.5-5-126	19.5	43.120	T35	IEC 61851-23-2014	电动车辆传导式充电系统 第 23 部分：直流电动车辆充电站			2014/3/1	2014/3/1
19.5-5-127	19.5	43.120	T90	IEC 61851-24-2014	电动车辆传导式充电系统 第 24 部分：用于控制直流充电的直流电动车辆充电站和电动车辆之间的数字通信			2014/3/1	2014/3/1
19.5-5-128	19.5			IEC 62196-1-2014	插头、电气插座、车辆连接器和车辆引入线 电动车导电充电 第 1 部分：一般要求			2014/6/1	2014/6/1

19

序号	GW 分类	ICS 分类	GB 分类	标准号	中 文 名 称	代替标准	采用关系	发布日期	实施日期
19.5-6-129	19.5	35.240.60	L73	T/CEC 102.1—2016	电动汽车充换电服务信息交换　第 1 部分：总则			2016/10/21	2017/1/1
19.5-6-130	19.5	35.240.60	L73	T/CEC 102.2—2016	电动汽车充换电服务信息交换　第 2 部分：公共信息交换规范			2016/10/21	2017/1/1
19.5-6-131	19.5	35.240.60	L73	T/CEC 102.3—2016	电动汽车充换电服务信息交换　第 13 部分：业务信息交换规范			2016/10/21	2017/1/1
19.5-6-132	19.5	35.240.60	L73	T/CEC 102.4—2016	电动汽车充换电服务信息交换　第 4 部分：数据传输及安全			2016/10/21	2017/1/1
19.5-6-133	19.5	29.020	K93	T/CEC 212—2019	电动汽车交直流充电桩低压元件技术要求			2019/4/24	2019/7/1
19.5-6-134	19.5	29.200	K81	T/CEC 213—2019	电动汽车交流充电桩　高温沿海地区特殊要求			2019/4/24	2019/7/1
19.5-6-135	19.5	29.200	K81	T/CEC 214—2019	电动汽车非车载充电机　高温沿海地区特殊要求			2019/4/24	2019/7/1
19.5-6-136	19.5			T/CEC 215—2019	电动汽车非车载充电机检验试验技术规范　高温沿海地区特殊要求			2019/4/24	2019/7/1
19.5-6-137	19.5			T/CEC 216—2019	电动汽车交流充电桩检验试验技术规范　高温沿海地区特殊要求			2019/4/24	2019/7/1
19.5-6-138	19.5	31.260	L52	T/CEC 113—2016	电力检测型红外成像仪校准规范			2016/10/21	2017/1/1
19.5-6-139	19.5			T/CEC 197.7—2019	岸基供电系统　第 7 部分：岸电电源检验试验规范			2019/4/24	2019/7/1
19.5-6-140	19.5			T/CEC 197.8—2019	岸基供电系统　第 8 部分：船岸柔性并网技术规范			2019/4/24	2019/7/1
19.5-6-141	19.5			T/CEC 198—2019	低压岸电连接系统（LVSC 系统）用插头插座和船用耦合器			2019/4/24	2019/7/1
19.5-6-142	19.5			T/CEC 199—2019	船岸连接电缆管理系统技术条件			2019/4/24	2019/7/1
19.5-6-143	19.5			T/CEC 200—2019	低压船岸连接系统接电箱技术条件			2019/4/24	2019/7/1
19.5-6-144	19.5			T/CEC 208—2019	电动汽车充电设施信息安全技术规范			2019/4/24	2019/7/1
19.5-6-145	19.5			T/CEC 358—2020	试验仪器数据传输规约			2020/6/30	2020/10/1
19.5-6-146	19.5			T/CEC 365—2020	电动汽车柔性充电堆			2020/6/30	2020/10/1
19.5-6-147	19.5			T/CEC 366—2020	电动汽车 63A 交流充电系统特殊要求			2020/6/30	2020/10/1

续表

序号	GW 分类	ICS 分类	GB 分类	标准号	中 文 名 称	代替标准	采用关系	发布日期	实施日期
19.5-6-148	19.5			T/CEC 367—2020	电动汽车充换电设施运维人员培训考核规范			2020/6/30	2020/10/1
19.5-6-149	19.5			T/CEC 368—2020	电动汽车非车载传导式充电模块技术条件			2020/6/30	2020/10/1
19.5-6-150	19.5			T/CEC 413—2020	同期线损用高压电能测量装置校准规范			2020/10/28	2021/2/1

19.6 售电市场与营销-需求侧管理

序号	GW 分类	ICS 分类	GB 分类	标准号	中 文 名 称	代替标准	采用关系	发布日期	实施日期
19.6-2-1	19.6	29.240		Q/GDW 10542—2016	电力光纤到户运行管理规范	Q/GDW 542—2010		2017/3/24	2017/3/24
19.6-2-2	19.6	29.240		Q/GDW 10620—2016	智能小区功能规范	Q/GDW/Z 620—2011		2017/3/24	2017/3/24
19.6-2-3	19.6	29.240		Q/GDW 10646—2016	智能插座技术规范	Q/GDW/Z 646—2011		2017/3/24	2017/3/24
19.6-2-4	19.6	29.240		Q/GDW 11567—2016	电能服务管理平台企业子站接入技术规范			2017/3/24	2017/3/24
19.6-2-5	19.6			Q/GDW 10675—2017	电力需求侧管理示范项目评价规范	Q/GDW/Z 675—2011		2018/9/7	2018/9/7
19.6-2-6	19.6	29.240		Q/GDW 11029—2013	电力需求侧管理城市综合试点建设技术导则			2014/4/1	2014/4/1
19.6-2-7	19.6	29.240		Q/GDW 11032—2013	电能服务管理平台建设规范			2014/4/1	2014/4/1
19.6-2-8	19.6	29.240		Q/GDW 11033—2013	电能服务管理平台通用要求			2014/4/1	2014/4/1
19.6-2-9	19.6	29.240		Q/GDW 11325—2014	电能服务管理平台接口规范			2015/6/3	2015/6/3
19.6-2-10	19.6	29.240		Q/GDW/Z 11565—2016	智慧园区建设导则			2017/3/24	2017/3/24
19.6-2-11	19.6	29.240		Q/GDW 11568—2016	电力需求响应系统技术导则			2017/3/24	2017/3/24
19.6-2-12	19.6	29.240		Q/GDW 11569—2016	电力需求响应终端技术条件			2017/3/24	2017/3/24
19.6-2-13	19.6	29.240		Q/GDW 11707—2017	电能服务管理平台移动终端软件功能规范			2018/3/6	2018/3/6
19.6-2-14	19.6	29.240		Q/GDW 11708—2017	电能服务管理平台运行管理规范			2018/3/6	2018/3/6
19.6-2-15	19.6			Q/GDW 11774.1—2017	电力负荷快速响应系统　第 1 部分：主站技术规范			2018/9/7	2018/9/7
19.6-2-16	19.6			Q/GDW 11774.2—2017	电力负荷快速响应系统　第 2 部分：终端技术规范			2018/9/7	2018/9/7
19.6-2-17	19.6			Q/GDW 11774.3—2017	电力负荷快速响应系统　第 3 部分：现场成套设备技术规范			2018/9/7	2018/9/7
19.6-2-18	19.6			Q/GDW 11785—2017	智能用电服务系统　居民用户负荷接入及互动规范			2018/9/7	2018/9/7

续表

序号	GW 分类	ICS 分类	GB 分类	标准号	中　文　名　称	代替标准	采用关系	发布日期	实施日期
19.6-2-19	19.6	29.240		Q/GDW 11852—2018	电力需求响应负荷监测与效果评估技术要求			2019/10/10	2019/10/10
19.6-2-20	19.6	29.240.99	F20	Q/GDW 11853.2—2018	电力需求响应系统　第 2 部分：系统功能规范			2019/10/10	2019/10/10
19.6-2-21	19.6	29.240		Q/GDW 11942—2018	电动汽车群控充电系统通用要求			2020/3/20	2020/3/20
19.6-2-22	19.6	29.240		Q/GDW 11943—2018	客户侧储能即插即用装置技术条件			2020/3/20	2020/3/20
19.6-2-23	19.6	29.240		Q/GDW 11944—2018	客户侧储能装置运行监控及互动功能规范			2020/3/20	2020/3/20
19.6-2-24	19.6	29.240		Q/GDW 1883—2013	智能园区工程验收规范			2014/1/29	2014/1/29
19.6-2-25	19.6	29.240		Q/GDW 1888—2013	智能楼宇建设导则			2014/1/29	2014/1/29
19.6-2-26	19.6	29.020		Q/GDW 543—2010	电力光纤到户施工及验收规范			2011/3/2	2011/3/2
19.6-2-27	19.6	29.240		Q/GDW/Z 621—2011	智能小区工程验收规范			2011/8/24	2011/8/24
19.6-2-28	19.6	29.240		Q/GDW/Z 631—2011	智能楼宇工程验收规范			2011/8/1	2011/8/1
19.6-2-29	19.6	29.020		Q/GDW 722—2012	智能家居设备与电网间的信息交互接口规范			2012/5/4	2012/5/4
19.6-2-30	19.6	29.020		Q/GDW 723—2012	智能家居设备通信协议			2012/5/4	2012/5/4
19.6-2-31	19.6	29.240		Q/GDW/Z 724—2012	大用户智能交互终端技术规范			2012/4/20	2012/4/20
19.6-2-32	19.6	29.240		Q/GDW/Z 725—2012	智能小区建设导则			2012/5/4	2012/5/4
19.6-3-33	19.6	27.010	F04	GB/T 13234—2018	用能单位节能量计算方法	GB/T 13234—2009		2018/9/17	2019/4/1
19.6-3-34	19.6	27.240.01	F21	GB/T 15148—2008	电力负荷管理系统技术规范	GB/T 15148—1994		2008/9/24	2009/8/1
19.6-3-35	19.6	97.030	Y63	GB/T 28219—2018	智能家用电器通用技术要求	GB/T 28219—2011		2018/6/7	2019/1/1
19.6-3-36	19.6	29.020	K07	GB/T 31991.1—2015	电能服务管理平台技术规范　第 1 部分：总则			2015/9/11	2016/4/1
19.6-3-37	19.6	29.020	K07	GB/T 31991.2—2015	电能服务管理平台技术规范　第 2 部分：功能规范			2015/9/11	2016/4/1
19.6-3-38	19.6	29.020	K07	GB/T 31991.3—2015	电能服务管理平台技术规范　第 3 部分：接口规范			2015/9/11	2016/4/1
19.6-3-39	19.6	29.020	K07	GB/T 31991.4—2015	电能服务管理平台技术规范　第 4 部分：设计规范			2015/9/11	2016/4/1
19.6-3-40	19.6	29.020	K07	GB/T 31991.5—2015	电能服务管理平台技术规范　第 5 部分：安全防护规范			2015/9/11	2016/4/1

续表

序号	GW 分类	ICS 分类	GB 分类	标准号	中　文　名　称	代替标准	采用关系	发布日期	实施日期
19.6-3-41	19.6	29.020	K07	GB/T 31993—2015	电能服务管理平台管理规范			2015/9/11	2016/4/1
19.6-3-42	19.6	29.020	K00	GB/Z 32500—2016	智能电网用户端系统数据接口一般要求			2016/2/24	2016/9/1
19.6-3-43	19.6	29.020	K00	GB/Z 32501—2016	智能电网用户端通信系统一般要求			2016/2/24	2016/9/1
19.6-3-44	19.6	29.020	K07	GB/T 32672—2016	电力需求响应系统通用技术规范			2016/4/25	2016/11/1
19.6-3-45	19.6	17.220.20	N22	GB/T 34067.1—2017	户内智能用电显示终端　第 1 部分：通用技术要求			2017/7/31	2018/2/1
19.6-3-46	19.6	35.200	F20	GB/T 34116—2017	智能电网用户自动需求响应　分散式空调系统终端技术条件			2017/7/31	2018/2/1
19.6-3-47	19.6	29.020	K00	GB/T 35031.1—2018	用户端能源管理系统　第 1 部分：导则			2018/5/14	2018/12/1
19.6-3-48	19.6	29.020	K00	GB/T 35031.2—2018	用户端能源管理系统　第 2 部分：主站功能规范			2018/5/14	2018/12/1
19.6-3-49	19.6	29.020	K00	GB/T 35031.6—2019	用户端能源管理系统　第 6 部分：管理指标体系			2019/6/4	2020/1/1
19.6-3-50	19.6	29.020	K00	GB/T 35031.7—2019	用户端能源管理系统　第 7 部分：功能分类和系统分级			2019/6/4	2020/1/1
19.6-3-51	19.6	29.020	K00	GB/T 35031.301—2018	用户端能源管理系统　第 3-1 部分：子系统接口网关一般要求			2018/5/14	2018/12/1
19.6-3-52	19.6	27.010	F01	GB/T 36160.1—2018	分布式冷热电能源系统技术条件　第 1 部分：制冷和供热单元			2018/5/14	2018/12/1
19.6-3-53	19.6	27.010	F01	GB/T 36160.2—2018	分布式冷热电能源系统技术条件　第 2 部分：动力单元			2018/5/14	2018/12/1
19.6-3-54	19.6	27.010	F01	GB/T 36713—2018	能源管理体系　能源基准和能源绩效参数			2018/9/17	2019/4/1
19.6-3-55	19.6	29.020	F20	GB/T 37016—2018	电力用户需求响应节约电力测量与验证技术要求			2018/12/28	2019/7/1
19.6-3-56	19.6	35.200	F20	GB/T 38332—2019	智能电网用户自动需求响应　集中式空调系统终端技术条件			2019/12/10	2020/7/1
19.6-4-57	19.6	29.020	K02	DL/T 1330—2014	电力需求侧管理项目效果评估导则			2014/3/18	2014/8/1
19.6-4-58	19.6	27.100	F20	DL/T 1398.1—2014	智能家居系统　第 1 部分：总则			2014/10/15	2015/3/1

续表

序号	GW 分类	ICS 分类	GB 分类	标准号	中 文 名 称	代替标准	采用关系	发布日期	实施日期
19.6-4-59	19.6	27.100	F20	DL/T 1398.2—2014	智能家居系统　第 2 部分：功能规范			2014/10/15	2015/3/1
19.6-4-60	19.6	27.100	F20	DL/T 1398.31—2014	智能家居系统　第 3-1 部分：家庭能源网关技术规范			2014/10/15	2015/3/1
19.6-4-61	19.6	27.100	F20	DL/T 1398.32—2014	智能家居系统　第 3-2 部分：智能交互终端技术规范			2014/10/15	2015/3/1
19.6-4-62	19.6	27.100	F20	DL/T 1398.33—2014	智能家居系统　第 3-3 部分：智能插座技术规范			2014/10/15	2015/3/1
19.6-4-63	19.6	27.100	F20	DL/T 1398.34—2014	智能家居系统　第 3-4 部分：家电监控模块技术规范			2014/10/15	2015/3/1
19.6-4-64	19.6	27.100	F20	DL/T 1398.41—2014	智能家居系统　第 4-1 部分：通信协议-服务中心主站与家庭能源网关通信			2014/10/15	2015/3/1
19.6-4-65	19.6	27.100	F20	DL/T 1398.42—2014	智能家居系统　第 4-2 部分：通信协议-家庭能源网关下行通信			2014/10/15	2015/3/1
19.6-4-66	19.6	29.020	K01	DL/T 1759—2017	电力负荷聚合服务商需求响应系统技术规范			2017/11/15	2018/3/1
19.6-4-67	19.6			DL/T 1764—2017	电力用户有序用电价值评估技术导则			2017/11/15	2018/3/1
19.6-4-68	19.6			DL/T 1765—2017	非生产性空调负荷柔性调控技术导则			2017/11/15	2018/3/1
19.6-4-69	19.6	29.020	F20	DL/T 1867—2018	电力需求响应信息交换规范			2018/6/6	2018/10/1
19.6-4-70	19.6	29.240.30	F21	DL/T 533—2007	电力负荷管理终端	DL 533—1993		2007/7/20	2007/12/1
19.6-4-71	19.6	29.240	F21	DL/T 535—2009	电力负荷管理系统数据传输规约	DL 535—1993		2009/7/22	2009/12/1
19.6-4-72	19.6	29.130.01	K30	NB/T 42058—2015	智能电网用户端系统通用技术要求			2015/7/1	2015/12/1
19.6-4-73	19.6	29.020	K00	NB/T 42119.1—2017	智能电网用户端能源管理系统　第 1 部分：技术导则			2017/8/2	2017/12/1
19.6-4-74	19.6	07.060	A47	QX/T 97—2008	用电需求气象条件等级			2008/3/22	2008/8/1
19.6-4-75	19.6	33.180.20	M33	YD/T 1636—2007	光纤到户（FTTH）体系结构和总体要求			2007/4/16	2007/10/1
19.6-5-76	19.6			IEC/TR 62939-1：2014	智能电网用户界面　第 1 部分：界面概述和国家观点			2014/11/1	2014/11/1
19.6-5-77	19.6			IEC PAS 62746-10-1：2014	客户能源管理系统与动力管理系统之间的系统接口　第 10-1 部分：开放自动化需求响应（OpenADR2.0b 配置文件规范）			2014/2/1	2014/2/1

序号	GW 分类	ICS 分类	GB 分类	标准号	中　文　名　称	代替标准	采用关系	发布日期	实施日期
19.6-6-78	19.6	29.020	F20	T/CEC 133—2017	工业园区电力需求响应系统技术规范			2017/5/15	2017/8/1
19.6-6-79	19.6	29.20	F12	T/CEC 174—2018	分布式储能系统远程集中监控技术规范			2018/1/24	2018/4/1
19.6-6-80	19.6			T/CEC 238—2019	电力需求响应系统与智能家电云平台接口规范			2019/11/21	2020/1/1
19.6-6-81	19.6			T/CEC 239.1—2019	电力需求响应信息模型　第 1 部分：集中式空调系统			2019/11/21	2020/1/1
19.6-6-82	19.6			T/CEC 239.2—2019	电力需求响应信息模型　第 2 部分：分散式空调系统			2019/11/21	2020/1/1
19.6-6-83	19.6			T/CEC 239.3—2019	电力需求响应信息模型　第 3 部分：电热水器			2019/11/21	2020/1/1
19.6-6-84	19.6			T/CEC 239.4—2019	电力需求响应信息模型　第 4 部分：电热锅炉			2019/11/21	2020/1/1
19.6-6-85	19.6			T/CEC 239.5—2019	电力需求响应信息模型　第 5 部分：电冰箱			2019/11/21	2020/1/1
19.6-6-86	19.6			T/CEC 239.6—2019	电力需求响应信息模型　第 6 部分：用户侧分布式电源			2019/11/21	2020/1/1
19.6-6-87	19.6			T/CEC 239.7—2019	电力需求响应信息模型　第 7 部分：电动汽车			2019/11/21	2020/1/1
19.6-6-88	19.6			T/CEC 276—2019	电力需求侧管理项目节约电力测量技术规范			2019/11/21	2020/1/1
19.6-6-89	19.6	29.020	F20	T/CEC 5009.1—2018	工业园区电力需求侧管理系统建设　第 1 部分：总则			2018/7/3	2018/9/1
19.6-6-90	19.6	29.020	F20	T/CEC 5009.2—2018	工业园区电力需求侧管理系统建设　第 2 部分：设计要求			2018/7/3	2018/9/1
19.6-6-91	19.6	29.020	F20	T/CEC 5009.3—2019	工业园区电力需求侧管理系统建设　第 3 部分：实施和验收规范			2019/11/21	2020/1/1
19.6-6-92	19.6	29.020	F20	T/CEC 5009.4—2019	工业园区电力需求侧管理系统建设　第 4 部分：运维规范			2019/11/21	2020/1/1
19.6-6-93	19.6	29.020	F20	T/CEC 5009.5—2019	工业园区电力需求侧管理系统建设　第 5 部分：评价规范			2019/11/21	2020/1/1

19.7　售电市场与营销-用电安全

序号	GW 分类	ICS 分类	GB 分类	标准号	中　文　名　称	代替标准	采用关系	发布日期	实施日期
19.7-2-1	19.7	29.240		Q/GDW 11320—2014	多渠道售电缴费安全防护技术规范			2015/6/3	2015/6/3
19.7-3-2	19.7	13.200	K09	GB/T 13870.4—2017	电流对人和家畜的效应　第 4 部分：雷击效应			2017/11/1	2018/5/1

序号	GW 分类	ICS 分类	GB 分类	标准号	中　文　名　称	代替标准	采用关系	发布日期	实施日期
19.7-3-3	19.7	29.240.01	F20	GB/T 29328—2018	重要电力用户供电电源及自备应急电源配置技术规范	GB/Z 29328—2012		2018/12/28	2019/7/1
19.7-3-4	19.7	29.020	C65	GB/T 31989—2015	高压电力用户用电安全			2015/9/11	2016/4/1
19.7-3-5	19.7	29.240.01	F20	GB/T 37136—2018	电力用户供配电设施运行维护规范			2018/12/28	2019/7/1
19.7-3-6	19.7	29. 200	K81	GB/T 37295—2019	城市公共设施　电动汽车充换电设施安全技术防范系统要求			2019/3/25	2019/10/1
19.7-4-7	19.7	17.22	N22	DL/T 2047—2019	基于一次侧电流监测反窃电设备技术规范			2019/6/4	2019/10/1
19.7-4-8	19.7	29.120.30	K30	NB/T 10202—2019	用于电动汽车模式 2 充电的具有温度保护的插头			2019/6/4	2019/10/1

19.8　售电市场与营销-其他

序号	GW 分类	ICS 分类	GB 分类	标准号	中　文　名　称	代替标准	采用关系	发布日期	实施日期
19.8-3-1	19.8	17.220.20	N22	GB/T 34067.2—2019	户内智能用电显示终端　第 2 部分：数据交换			2019/5/10	2019/12/1
19.8-3-2	19.8	29.140.99	K73	GB/T 34923.1—2017	路灯控制管理系统　第 1 部分：总则			2017/11/1	2018/5/1
19.8-3-3	19.8	29.140.99	K73	GB/T 34923.2—2017	路灯控制管理系统　第 2 部分：主站技术规范			2017/11/1	2018/5/1
19.8-3-4	19.8	29.140.99	K73	GB/T 34923.3—2017	路灯控制管理系统　第 3 部分：路灯控制管理终端技术规范			2017/11/1	2018/5/1
19.8-3-5	19.8	29.140.99	K73	GB/T 34923.4—2017	路灯控制管理系统　第 4 部分：路灯控制器技术规范			2017/11/1	2018/5/1
19.8-3-6	19.8	29.140.99	K73	GB/T 34923.5—2017	路灯控制管理系统　第 5 部分：安全防护技术规范			2017/11/1	2018/5/1
19.8-3-7	19.8	29.140.99	K73	GB/T 34923.6—2017	路灯控制管理系统　第 6 部分：通信协议技术规范			2017/11/1	2018/5/1
19.8-3-8	19.8	35.060	L72	GB/T 35134—2017	物联网智能家居　设备描述方法			2017/12/29	2018/7/1
19.8-3-9	19.8	91.140.01	K60	GB/T 35136—2017	智能家居自动控制设备通用技术要求			2017/12/29	2018/7/1
19.8-3-10	19.8	35.040	L71	GB/T 35143—2017	物联网智能家居　数据和设备编码			2017/12/29	2018/7/1
19.8-3-11	19.8	33.060.20	M36	GB/T 36654—2018	76GHz 车辆无线电设备射频指标技术要求及测试方法			2018/9/17	2019/1/1
19.8-3-12	19.8	97.030	Y60	GB/T 38052.1—2019	智能家用电器系统互操作　第 1 部分：术语			2019/10/18	2020/5/1
19.8-3-13	19.8	97.030	Y60	GB/T 38052.2—2019	智能家用电器系统互操作　第 2 部分：通用要求			2019/10/18	2020/5/1

续表

序号	GW 分类	ICS 分类	GB 分类	标准号	中 文 名 称	代替标准	采用关系	发布日期	实施日期
19.8-3-14	19.8	97.030	Y60	GB/T 38052.3—2019	智能家用电器系统互操作　第 3 部分：服务平台间接口规范			2019/10/18	2020/5/1
19.8-3-15	19.8	97.030	Y60	GB/T 38052.4—2019	智能家用电器系统互操作　第 4 部分：控制终端接口规范			2019/10/18	2020/5/1
19.8-3-16	19.8			GB/T 51341—2018	微电网工程设计标准			2018/12/26	2019/6/1
19.8-4-17	19.8			CJJ/T 198—2013	城市轨道交通接触轨供电系统技术规范			2013/9/25	2014/3/1
19.8-4-18	19.8	29.020		DL/T 1491—2015	智能电能表信息交换安全认证技术规范			2015/7/1	2015/10/1
19.8-5-19	19.8	43.120		BSI BS EN 61851-1—2011	电动车辆充电系统　第 1 部分：通用要求			2011/8/31	2011/8/31

20 新能源

20.1 新能源-并网设计

序号	GW 分类	ICS 分类	GB 分类	标准号	中 文 名 称	代替标准	采用关系	发布日期	实施日期
20.1-2-1	20.1	29.240		Q/GDW 10769—2017	电化学储能电站技术导则	Q/GDW/Z 1769—2012		2018/1/2	2018/1/2
20.1-2-2	20.1	29.240		Q/GDW 11265—2014	电池储能电站设计技术规程			2014/12/31	2014/12/31
20.1-2-3	20.1	29.240		Q/GDW 11376—2015	储能系统接入配电网设计规范			2016/3/31	2016/3/31
20.1-2-4	20.1	27.180		Q/GDW 11410—2015	海上风电场接入电网技术规定			2016/12/14	2016/12/14
20.1-2-5	20.1	27.180		Q/GDW 11411—2015	海上风电场接入系统设计技术规范			2016/12/14	2016/12/14
20.1-2-6	20.1	29.240		Q/GDW 1166.14—2014	国家电网公司输变电工程初步设计内容深度规定 第 14 部分：风电场升压站	Q/GDW 166.14—2011		2015/2/6	2015/2/6
20.1-2-7	20.1	29.240		Q/GDW 1392—2015	风电场接入电网技术规定	Q/GDW 392—2009		2016/12/14	2016/12/14
20.1-2-8	20.1	29.240		Q/GDW 1480—2015	分布式电源接入电网技术规定	Q/GDW 480—2010		2016/3/31	2016/3/31
20.1-2-9	20.1	27.160		Q/GDW 1617—2015	光伏发电站接入电网技术规定	Q/GDW 617—2011		2016/12/14	2016/12/14
20.1-2-10	20.1	29.240		Q/GDW 1868—2012	风电场接入系统设计内容深度规定			2014/2/25	2014/2/25
20.1-2-11	20.1	29.240		Q/GDW 1886—2013	电池储能系统集成典型设计规范			2014/1/29	2014/1/29
20.1-2-12	20.1	29.240		Q/GDW 1968—2013	分布式光伏发电并网接口装置技术要求			2014/5/1	2014/5/1
20.1-2-13	20.1	29.020		Q/GDW 381.10—2011	国家电网公司输变电工程施工图设计内容深度规定 第 10 部分：风电场升压站			2012/7/25	2012/7/25
20.1-3-14	20.1	27.180	F11	GB/T 18451.1—2012	风力发电机组设计要求	GB 18451.1—2001		2012/6/29	2012/10/1
20.1-3-15	20.1	27.010	F01	GB/T 19939—2005	光伏系统并网技术要求			2005/9/19	2006/4/1
20.1-3-16	20.1	27.180	F11	GB/T 19963—2011	风电场接入电力系统技术规定	GB/Z 19963—2005		2011/12/30	2012/6/1
20.1-3-17	20.1	27.160	F12	GB/T 19964—2012	光伏发电站接入电力系统技术规定	GB/Z 19964—2005		2012/12/31	2013/6/1
20.1-3-18	20.1	27.160	F12	GB/T 29319—2012	光伏发电系统接入配电网技术规定			2012/12/31	2013/6/1
20.1-3-19	20.1	29.020	K04	GB/T 31140—2014	高原用风力发电设备环境技术要求			2014/9/3	2015/4/1
20.1-3-20	20.1	27.160	F12	GB/T 32512—2016	光伏发电站防雷技术要求			2016/2/24	2016/9/1
20.1-3-21	20.1	27.160	F12	GB/T 36117—2018	村镇光伏发电站集群接入电网规划设计导则			2018/3/15	2018/10/1
20.1-3-22	20.1	27.180	F19	GB/T 36547—2018	电化学储能系统接入电网技术规定			2018/7/13	2019/2/1
20.1-3-23	20.1	27.180	F11	GB/T 36569—2018	海上风电场风力发电机组基础技术要求			2018/9/17	2019/4/1

续表

序号	GW 分类	ICS 分类	GB 分类	标准号	中 文 名 称	代替标准	采用关系	发布日期	实施日期
20.1-3-24	20.1	27.160	F12	GB/T 37408—2019	光伏发电并网逆变器技术要求			2019/5/10	2019/12/1
20.1-3-25	20.1	07.060	A47	GB/T 37523—2019	风电场气象观测资料审核、插补与订正技术规范			2019/6/4	2020/1/1
20.1-3-26	20.1	07.060	A47	GB/T 37525—2019	太阳直接辐射计算导则			2019/6/4	2020/1/1
20.1-3-27	20.1	07.060	A47	GB/T 37526—2019	太阳能资源评估方法			2019/6/4	2020/1/1
20.1-3-28	20.1	27.180	F11	GB/T 38174—2019	风能发电系统　风力发电场可利用率			2019/10/18	2020/5/1
20.1-3-29	20.1			GB 50797—2012	光伏发电站设计规范			2012/6/28	2012/11/1
20.1-3-30	20.1			GB/T 50865—2013	光伏发电接入配电网设计规范			2013/9/6	2014/5/1
20.1-3-31	20.1			GB/T 50866—2013	光伏发电站接入电力系统设计规范			2013/1/28	2013/9/1
20.1-3-32	20.1			GB 51048—2014	电化学储能电站设计规范			2014/12/2	2015/8/1
20.1-3-33	20.1			GB 51096—2015	风力发电场设计规范			2015/3/8	2015/11/1
20.1-4-34	20.1			DL/T 2041—2019	分布式电源接入电网承载力评估导则			2019/6/4	2019/10/1
20.1-4-35	20.1	27.180	P61	NB/T 10103—2018	风电场工程微观选址技术规范			2018/12/25	2019/5/1
20.1-4-36	20.1	27.180	P61	NB/T 10104—2018	海上风电场工程测量规程			2018/12/25	2019/5/1
20.1-4-37	20.1	27.180	P61	NB/T 10105—2018	海上风电场工程风电机组基础设计规范			2018/12/25	2019/5/1
20.1-4-38	20.1	27.180	P61	NB/T 10106—2018	海上风电场工程钻探规程			2018/12/25	2019/5/1
20.1-4-39	20.1	27.180	P61	NB/T 10107—2018	海上风电场工程岩土试验规程			2018/12/25	2019/5/1
20.1-4-40	20.1	27.100	P60	NB/T 10115—2018	光伏支架结构设计规程			2018/12/25	2019/5/1
20.1-4-41	20.1	27.160	P61	NB/T 10230—2019	太阳能热发电工程规划报告编制规程			2019/11/4	2020/5/1
20.1-4-42	20.1	27.180	F11	NB/T 10313—2019	风电场接入电力系统设计内容深度规定			2019/11/4	2020/5/1
20.1-4-43	20.1	27.180	F11	NB/T 10319—2019	风力发电机组安全系统设计技术规范			2019/11/4	2020/5/1
20.1-4-44	20.1	27.180	F11	NB/T 31003—2011	大型风电场并网设计技术规范			2011/7/28	2011/11/1
20.1-4-45	20.1	27.180	P00	NB/T 31031—2019	海上风电场工程预可行性研究报告编制规程	NB/T 31031—2012		2019/11/4	2020/5/1
20.1-4-46	20.1	27.180	F11	NB/T 31056—2014	风力发电机组接地技术规范			2014/10/15	2015/3/1
20.1-4-47	20.1	27.180	F11	NB/T 31077—2016	风电场低电压穿越建模及评价方法			2016/1/7	2016/6/1
20.1-4-48	20.1	27.180	F11	NB/T 31078—2016	风电场并网性能评价方法			2016/1/7	2016/6/1

序号	GW 分类	ICS 分类	GB 分类	标准号	中 文 名 称	代替标准	采用关系	发布日期	实施日期
20.1-4-49	20.1	27.180	P61	NB/T 31088—2016	风电场安全标识设置设计规范			2016/1/7	2016/6/1
20.1-4-50	20.1	29.240		NB/T 31099—2016	风力发电场无功配置及电压控制技术规定			2016/8/16	2016/12/1
20.1-4-51	20.1	27.180	F11	NB/T 31140—2018	高原风力发电机组主控制系统技术规范			2018/4/3	2018/7/1
20.1-4-52	20.1	27.180	P61	NB/T 31147—2018	风电场工程风能资源测量与评估技术规范			2018/6/6	2018/10/1
20.1-4-53	20.1	27.160	P02	NB/T 32027—2016	光伏发电工程设计概算编制规定及费用标准			2016/1/7	2016/6/1
20.1-4-54	20.1	27.160	P02	NB/T 32030—2016	光伏发电工程勘察设计费计算标准			2016/1/7	2016/6/1
20.1-4-55	20.1	27.120.20	F65	NB/T 32035—2016	光伏发电工程概算定额			2016/8/16	2016/12/1

20.2 新能源-工程建设

序号	GW 分类	ICS 分类	GB 分类	标准号	中 文 名 称	代替标准	采用关系	发布日期	实施日期
20.2-2-1	20.2	29.240		Q/GDW 10981—2016	风光储联合发电系统验收导则	Q/GDW 1981—2013		2016/12/28	2016/12/28
20.2-2-2	20.2			Q/GDW 11782—2017	离网光伏发电系统建设及运维技术规范			2018/9/7	2018/9/7
20.2-2-3	20.2			Q/GDW 1805—2012	通信站用太阳能供电系统技术要求			2014/5/1	2014/5/1
20.2-2-4	20.2			Q/GDW 1999—2013	光伏发电站并网验收规范			2014/5/1	2014/5/1
20.2-3-5	20.2	27.180	F11	GB/T 19568—2017	风力发电机组　装配和安装规范	GB/T 19568—2004		2017/12/29	2018/7/1
20.2-3-6	20.2	27.180	F11	GB/T 20319—2017	风力发电机组　验收规范	GB/T 20319—2006		2017/7/12	2018/2/1
20.2-3-7	20.2	27.180	F11	GB/T 25382—2010	离网型风光互补发电系统运行验收规范			2010/11/10	2011/3/1
20.2-3-8	20.2	29.220	M41	GB/T 26264—2010	通信用太阳能电源系统			2011/1/14	2011/6/1
20.2-3-9	20.2	27.180	F11	GB/T 31997—2015	风力发电场项目建设工程验收规程			2015/9/11	2016/4/1
20.2-3-10	20.2	27.160	F12	GB/T 32892—2016	光伏发电系统模型及参数测试规程			2016/8/29	2017/3/1
20.2-3-11	20.2	27.160	F12	GB/T 33764—2017	独立光伏系统验收规范			2017/5/31	2017/12/1
20.2-3-12	20.2	07.060; 27.180	F14	GB/T 36999—2018	海洋波浪能电站环境条件要求			2018/12/28	2019/7/1
20.2-3-13	20.2			GB/T 50571—2010	海上风力发电工程施工规范			2010/5/31	2010/12/1
20.2-3-14	20.2			GB 50794—2012	光伏发电站施工规范			2012/6/28	2012/11/1

续表

序号	GW 分类	ICS 分类	GB 分类	标准号	中 文 名 称	代替标准	采用关系	发布日期	实施日期
20.2-3-15	20.2			GB/T 50795—2012	光伏发电工程施工组织设计规范			2012/6/28	2012/11/1
20.2-3-16	20.2			GB/T 50796—2012	光伏发电工程验收规范			2012/6/28	2012/11/1
20.2-4-17	20.2			DL/T 1364—2014	光伏发电站防雷技术规程			2014/10/15	2015/3/1
20.2-4-18	20.2	27.180	F22	DL/T 5191—2004	风力发电场项目建设工程验收规程			2004/3/9	2004/6/1
20.2-4-19	20.2		P61	FD 008—2011	海上风电场工程施工组织设计技术规定（试行）			2011/5/1	2011/5/1
20.2-4-20	20.2	27.160	P61	NB/T 10100—2018	光伏发电工程地质勘察规范			2018/12/25	2019/5/1
20.2-4-21	20.2	27.160	P61	NB/T 10128—2019	光伏发电工程电气设计规范			2019/6/4	2019/10/1
20.2-4-22	20.2	27.160	P61	NB/T 10207—2019	风电场工程竣工图文件编制规程			2019/6/4	2019/10/1
20.2-4-23	20.2	27.160	P61	NB/T 10208—2019	陆上风电场工程施工安全技术规范			2019/6/4	2019/10/1
20.2-4-24	20.2	27.180	F11	NB/T 31022—2012	风力发电工程达标投产验收规程			2012/4/6	2012/7/1
20.2-4-25	20.2	27.180	F11	NB/T 31076—2016	风力发电场并网验收规范			2016/1/7	2016/6/1
20.2-4-26	20.2	27.180	F11	NB/T 31080—2016	海上风力发电机组钢制基桩及承台制作技术规范			2016/1/7	2016/6/1
20.2-4-27	20.2	27.180	P61	NB/T 31104—2016	陆上风电场工程预可行性研究报告编制规程			2016/12/5	2017/5/1
20.2-4-28	20.2	27.180	P61	NB/T 31105—2016	陆上风电场工程可行性研究报告编制规程			2016/12/5	2017/5/1
20.2-4-29	20.2	27.180	P61	NB/T 31106—2016	陆上风电场工程安全文明施工规范			2016/12/5	2017/5/1
20.2-4-30	20.2	27.180	P61	NB/T 31108—2017	海上风电场工程规划报告编制规程			2017/3/28	2017/8/1
20.2-4-31	20.2			NB/T 31112—2017	风电场工程招标设计技术规定			2017/11/15	2018/3/1
20.2-4-32	20.2	27.180	P61	NB/T 31113—2017	陆上风电场工程施工组织设计规范			2017/11/15	2018/3/1
20.2-4-33	20.2			NB/T 31114—2017	风电清洁供热可行性研究专篇编制规程			2017/11/15	2018/3/1
20.2-4-34	20.2	27.180	P61	NB/T 31115—2017	风电场工程 110kV～220kV 海上升压变电站设计规范			2017/11/15	2018/3/1
20.2-4-35	20.2	27.180	P61	NB/T 31116—2017	风电场工程社会稳定风险分析技术规范			2017/11/15	2018/3/1
20.2-4-36	20.2	27.180	P61	NB/T 31117—2017	海上风电场交流海底电缆选型敷设技术导则			2017/11/15	2018/3/1

序号	GW 分类	ICS 分类	GB 分类	标准号	中 文 名 称	代替标准	采用关系	发布日期	实施日期
20.2-4-37	20.2	27.180	P61	NB/T 31118—2017	风电场工程档案验收规程			2017/11/15	2018/3/1
20.2-4-38	20.2	27.180	P61	NB/T 32028—2016	光热发电工程安全验收评价规程			2016/1/7	2016/6/1
20.2-4-39	20.2	27.180	P61	NB/T 32029—2016	光热发电工程安全预评价规程			2016/1/7	2016/6/1
20.2-4-40	20.2	93.160	P57	SL 343—2006	风力提水工程技术规程			2006/9/9	2006/10/1

20.3 新能源-新能源设备

序号	GW 分类	ICS 分类	GB 分类	标准号	中 文 名 称	代替标准	采用关系	发布日期	实施日期
20.3-2-1	20.3	29.240		Q/GDW 11064—2013	风电场无功补偿装置技术性能和测试规范			2014/4/1	2014/4/1
20.3-2-2	20.3	29.240		Q/GDW 11093—2013	架空输电线路状态监测装置用太阳能电源技术规范			2014/9/1	2014/9/1
20.3-2-3	20.3	29.240		Q/GDW 1972—2013	分布式光伏并网专用低压断路器技术规范			2014/3/13	2014/3/13
20.3-2-4	20.3	29.240		Q/GDW 1974—2013	分布式光伏专用低压反孤岛装置技术规范			2014/3/13	2014/3/13
20.3-2-5	20.3			Q/GDW 1988—2013	风电场综合监控系统技术条件			2014/5/1	2014/5/1
20.3-2-6	20.3			Q/GDW 1989—2013	光伏发电站监控系统技术要求			2014/5/1	2014/5/1
20.3-2-7	20.3			Q/GDW 1995—2013	光伏发电功率预测系统功能规范			2014/5/1	2014/5/1
20.3-2-8	20.3	29.020		Q/GDW 697—2011	储能系统接入配电网监控系统功能规范			2012/2/20	2012/2/20
20.3-3-9	20.3	29.120.50	K31	GB/T 13539.6—2013	低压熔断器 第 6 部分：太阳能光伏系统保护用熔断体的补充要求	GB/T 13539.6—2002		2013/2/7	2013/7/1
20.3-3-10	20.3	27.180	F11	GB/T 19115.1—2018	风光互补发电系统 第 1 部分：技术条件	GB/T 19115.1—2003		2018/12/28	2019/7/1
20.3-3-11	20.3	27.160	K83	GB/T 20046—2006	光伏（PV）系统电网接口特性			2006/1/13	2006/2/1
20.3-3-12	20.3	27.180	F11	GB/Z 25427—2010	风力发电机组雷电防护			2010/11/10	2011/1/1
20.3-3-13	20.3	27.160	K83	GB/T 28866—2012	独立光伏（PV）系统的特性参数			2012/11/5	2013/2/15
20.3-3-14	20.3	27.160	F12	GB/T 29320—2012	光伏电站太阳跟踪系统技术要求			2012/12/31	2013/6/1
20.3-3-15	20.3	27.160	F12	GB/T 29321—2012	光伏发电站无功补偿技术规范			2012/12/31	2013/6/1
20.3-3-16	20.3	27.180	F11	GB/T 29543—2013	低温型风力发电机组			2013/6/9	2014/1/1
20.3-3-17	20.3	29.060.20	K13	GB/T 29631—2013	额定电压 1.8/3kV 及以下风力发电用耐扭曲软电缆			2013/7/19	2013/12/2
20.3-3-18	20.3	27.160	F12	GB/T 30427—2013	并网光伏发电专用逆变器技术要求和试验方法			2013/12/31	2014/8/15

序号	GW 分类	ICS 分类	GB 分类	标准号	中 文 名 称	代替标准	采用关系	发布日期	实施日期
20.3-3-19	20.3	27.160	F12	GB/T 31366—2015	光伏发电站监控系统技术要求			2015/2/4	2015/9/1
20.3-3-20	20.3	29.240	K45	GB/T 32900—2016	光伏发电站继电保护技术规范			2016/8/29	2017/3/1
20.3-3-21	20.3	27.160	F12	GB/T 33765—2017	地面光伏系统用直流连接器			2017/5/31	2017/12/1
20.3-3-22	20.3	27.160	F12	GB/T 33766—2017	独立太阳能光伏电源系统技术要求			2017/5/31	2017/12/1
20.3-3-23	20.3	27.180	F11	GB/T 35204—2017	风力发电机组　安全手册			2017/12/29	2018/7/1
20.3-3-24	20.3	27.180	F11	GB/T 35207—2017	电励磁直驱风力发电机组			2017/12/29	2018/7/1
20.3-3-25	20.3	27.180	F19	GB/T 36276—2018	电力储能用锂离子电池			2018/6/7	2019/1/1
20.3-3-26	20.3	27.180	F19	GB/T 36280—2018	电力储能用铅炭电池			2018/6/7	2019/1/1
20.3-3-27	20.3	27.180	F19	GB/T 36545—2018	移动式电化学储能系统技术要求			2018/7/13	2019/2/1
20.3-4-28	20.3			DL/T 793.6—2019	发电设备可靠性评价规程　第 6 部分：风力发电机组			2019/11/4	2020/5/1
20.3-4-29	20.3	29.120.01	K46	NB/T 10088—2018	户外型光伏逆变成套装置技术规范			2018/10/29	2019/3/1
20.3-4-30	20.3	29.120.01	K46	NB/T 10186—2019	光储系统用功率转换设备技术规范			2019/6/4	2019/10/1
20.3-4-31	20.3	29.240	K45	NB/T 10204—2019	分布式光伏发电低压并网接口装置技术要求			2019/6/4	2019/10/1
20.3-4-32	20.3	27.180	F11	NB/T 10321—2019	风电场监控系统技术规范			2019/11/4	2020/5/1
20.3-4-33	20.3	29.120.01	K45	NB/T 31017—2018	风力发电机组主控制系统技术规范	NB/T 31017—2011		2018/6/6	2018/10/1
20.3-4-34	20.3	27.180	F11	NB/T 31039—2012	风力发电机组雷电防护系统技术规范			2012/10/29	2013/3/1
20.3-4-35	20.3	29.080	K15	NB/T 31049—2014	风力发电机绝缘规范			2014/6/29	2014/11/1
20.3-4-36	20.3	29.160.40	K52	NB/T 31058—2014	风力发电机组电气系统匹配及能效			2014/10/15	2015/3/1
20.3-4-37	20.3			NB/T 31083—2016	风电场控制系统功能规范			2016/1/7	2016/6/1
20.3-4-38	20.3	29.120.01	K46	NB/T 31092—2016	微电网用风力发电机组性能与安全技术要求			2016/1/7	2016/6/1
20.3-4-39	20.3	29.120.01	K46	NB/T 31093—2016	微电网用风力发电机组主控制器技术规范			2016/1/7	2016/6/1
20.3-4-40	20.3	29.120.01	K46	NB/T 32004—2018	光伏并网逆变器技术规范	NB/T 32004—2013		2018/4/3	2018/7/1
20.3-4-41	20.3	29.240.01	K45	NB/T 32016—2013	并网光伏发电监控系统技术规范			2013/11/28	2014/4/1
20.3-4-42	20.3			NB/T 32031—2016	光伏发电功率预测系统功能规范			2016/1/7	2016/6/1
20.3-4-43	20.3	29.220.01	K82	NB/T 42040—2014	全钒液流电池通用技术条件			2014/6/29	2014/11/1

序号	GW 分类	ICS 分类	GB 分类	标准号	中 文 名 称	代替标准	采用关系	发布日期	实施日期
20.3-4-44	20.3	27.180	F19	NB/T 42090—2016	电化学储能电站监控系统技术规范			2016/8/16	2016/12/1
20.3-4-45	20.3	27.180	F19	NB/T 42091—2016	电化学储能电站用锂离子电池技术规范			2016/8/16	2016/12/1
20.3-4-46	20.3	29.120.01	K46	NB/T 42142—2018	光伏并网微型逆变器技术规范			2018/4/3	2018/7/1
20.3-5-47	20.3	27.180		ANSI UL 6142—2012	小型风力发电机系统的安全性标准			2012/1/1	2012/1/1

20.4 新能源-运行控制

序号	GW 分类	ICS 分类	GB 分类	标准号	中 文 名 称	代替标准	采用关系	发布日期	实施日期
20.4-2-1	20.4	29.240		Q/GDW 10696—2016	电化学储能系统接入配电网运行控制规范	Q/GDW 696—2011		2017/8/4	2017/8/4
20.4-2-2	20.4	29.240		Q/GDW 11273—2014	风电有功功率自动控制技术规范			2014/12/20	2014/12/20
20.4-2-3	20.4	29.240		Q/GDW 11274—2014	风电无功电压自动控制技术规范			2014/12/20	2014/12/20
20.4-2-4	20.4			Q/GDW 11762—2017	光伏发电站功率控制技术规定			2018/9/26	2018/9/26
20.4-2-5	20.4	29.240		Q/GDW 1878—2013	风电场无功配置及电压控制技术规定			2013/11/12	2013/11/12
20.4-2-6	20.4			Q/GDW 1990—2013	风电机组低电压穿越测试规范			2014/5/1	2014/5/1
20.4-2-7	20.4			Q/GDW 1996—2013	光伏发电功率预测气象要素监测技术规范			2014/5/1	2014/5/1
20.4-2-8	20.4			Q/GDW 1997—2013	光伏发电调度运行管理规范			2014/5/1	2014/5/1
20.4-2-9	20.4			Q/GDW 1998—2013	光伏发电站功率预测技术要求			2014/5/1	2014/5/1
20.4-3-10	20.4	27.180	F11	GB/T 25385—2019	风力发电机组　运行及维护要求	GB/T 25385—2010		2019/10/18	2020/5/1
20.4-3-11	20.4	27.160	F12	GB/T 30153—2013	光伏发电站太阳能资源实时监测技术要求			2013/12/17	2014/8/1
20.4-3-12	20.4	27.160	F12	GB/T 31999—2015	光伏发电系统接入配电网特性评价技术规范			2015/9/11	2016/4/1
20.4-3-13	20.4	27.180	F11	GB/T 32128—2015	海上风电场运行维护规程			2015/10/9	2016/5/1
20.4-3-14	20.4	07.060	A47	GB/T 33703—2017	自动气象站观测规范			2017/5/12	2017/12/1
20.4-3-15	20.4	27.160		GB/T 34932—2017	分布式光伏发电系统远程监控技术规范			2017/11/1	2018/5/1
20.4-3-16	20.4	27.180	F11	GB/Z 35482—2017	风力发电机组　时间可利用率			2017/12/29	2018/7/1
20.4-3-17	20.4	27.180	F11	GB/Z 35483—2017	风力发电机组　发电量可利用率			2017/12/29	2018/7/1
20.4-3-18	20.4	27.160	F04	GB/T 35691—2017	光伏发电站标识系统编码导则			2017/12/29	2018/7/1
20.4-3-19	20.4	27.160	F12	GB/T 35694—2017	光伏发电站安全规程			2017/12/29	2018/7/1
20.4-3-20	20.4	27.160	F12	GB/T 36116—2018	村镇光伏发电站集群控制系统功能要求			2018/3/15	2018/10/1

续表

序号	GW 分类	ICS 分类	GB 分类	标准号	中文名称	代替标准	采用关系	发布日期	实施日期
20.4-3-21	20.4	27.180	F19	GB/T 36270—2018	微电网监控系统技术规范			2018/6/7	2019/1/1
20.4-3-22	20.4	27.180	F19	GB/T 36274—2018	微电网能量管理系统技术规范			2018/6/7	2019/1/1
20.4-3-23	20.4	27.180	F19	GB/T 36549—2018	电化学储能电站运行指标及评价			2018/7/13	2019/2/1
20.4-3-24	20.4	27.180	F11	GB/T 37424—2019	海上风力发电机组　运行及维护要求			2019/5/10	2019/12/1
20.4-3-25	20.4	27.180	F12	GB/T 38330—2019	光伏发电站逆变器检修维护规程			2019/12/10	2020/7/1
20.4-3-26	20.4	27.160	F12	GB/T 38335—2019	光伏发电站运行规程			2019/12/10	2020/7/1
20.4-3-27	20.4	27.160	F12	GB/T 38993—2020	光伏电站有功及无功控制系统的控制策略导则			2020/7/21	2021/2/1
20.4-4-28	20.4	27.160	F12	DL/T 1941—2018	可再生能源发电站电力监控系统网络安全防护技术规范			2018/12/25	2019/5/1
20.4-4-29	20.4			DL/T 2204—2020	水电站大坝安全现场检查技术规程			2020/10/23	2021/2/1
20.4-4-30	20.4	27.180	F11	DL/T 666—2012	风力发电场运行规程	DL/T 666—1999		2012/8/23	2012/12/1
20.4-4-31	20.4	27.180	F25	DL/T 796—2012	风力发电场安全规程	DL/T 796—2001		2012/8/23	2012/12/1
20.4-4-32	20.4	27.180	F11	NB/T 10322—2019	海上风电场升压站运行规程			2019/11/4	2020/5/1
20.4-4-33	20.4	27.180	F11	NB/T 31004—2011	风力发电机组振动状态监测导则			2011/8/6	2011/11/1
20.4-4-34	20.4	27.180	F11	NB 31067—2015	风力发电场监控系统通信　信息模型			2015/4/2	2015/9/1
20.4-4-35	20.4			NB 31070—2015	风力发电场监控系统通信　一致性测试			2015/4/2	2015/9/1
20.4-4-36	20.4			NB/T 31075—2016	风电场电气仿真模型建模及验证规程			2016/1/7	2016/6/1
20.4-4-37	20.4			NB/T 31079—2016	风电功率预测系统测风塔数据测量技术要求			2016/1/7	2016/6/1
20.4-4-38	20.4			NB/T 31110—2017	风电场有功功率调节与控制技术规定			2017/8/2	2017/12/1
20.4-4-39	20.4			NB/T 31111—2017	风电机组高电压穿越测试规程			2017/8/2	2017/12/1
20.4-4-40	20.4	27.100	F12	NB/T 32011—2013	光伏发电站功率预测系统技术要求			2013/11/28	2014/4/1
20.4-4-41	20.4	27.160	F12	NB/T 32012—2013	光伏发电站太阳能资源实时监测技术规范			2013/11/28	2014/4/1
20.4-4-42	20.4			NB/T 33011—2014	分布式电源接入电网测试技术规范			2014/10/15	2015/3/1
20.4-4-43	20.4	07.060	A47	QX/T 74—2007	风电场气象观测及资料审核、订正技术规范			2007/6/22	2007/10/1

20.5　新能源-试验检测

序号	GW 分类	ICS 分类	GB 分类	标准号	中文名称	代替标准	采用关系	发布日期	实施日期
20.5-2-1	20.5			Q/GDW 10618—2017	光伏发电站接入电力系统测试规程	Q/GDW 618—2011		2018/9/26	2018/9/26
20.5-2-2	20.5	27.180		Q/GDW 10676—2016	电化学储能系统接入配电网测试规范	Q/GDW 676—2011		2017/8/4	2017/8/4

续表

序号	GW 分类	ICS 分类	GB 分类	标准号	中 文 名 称	代替标准	采用关系	发布日期	实施日期
20.5-2-3	20.5	29.240		Q/GDW 10984—2016	风光储联合发电系统检修导则	Q/GDW 1984—2013		2016/12/28	2016/12/28
20.5-2-4	20.5	29.240		Q/GDW 10985—2016	风光储联合发电系统技术监督导则	Q/GDW 1985—2013		2016/12/28	2016/12/28
20.5-2-5	20.5			Q/GDW 10993—2017	光伏发电站建模及参数测试规程	Q/GDW 1993—2013；Q/GDW 1994—2013		2018/9/26	2018/9/26
20.5-2-6	20.5	29.240		Q/GDW 11491—2015	风电机组建模验证与参数校验导则			2016/11/15	2016/11/15
20.5-2-7	20.5	29.240		Q/GDW 1924—2013	光伏发电站电能质量检测技术规程			2013/12/18	2013/12/18
20.5-2-8	20.5	29.240		Q/GDW 1925—2013	光伏发电站功率控制能力检测技术规程			2013/12/18	2013/12/18
20.5-2-9	20.5	29.240		Q/GDW 1926—2013	光伏发电站低电压穿越能力检测技术规程			2013/12/18	2013/12/18
20.5-2-10	20.5	29.240		Q/GDW 1973—2013	分布式光伏并网专用低压断路器检测规程			2014/3/13	2014/3/13
20.5-2-11	20.5			Q/GDW 1991—2013	风电机组低电压穿越建模及验证方法			2014/5/1	2014/5/1
20.5-2-12	20.5			Q/GDW 1992—2013	风电机组低电压穿越特性一致性评估技术规范			2014/5/1	2014/5/1
20.5-2-13	20.5	29.240		Q/GDW 630—2011	风电场功率调节能力和电能质量测试规程			2011/6/20	2011/6/20
20.5-3-14	20.5			GB/T 10760.2—2017	小型风力发电机组用发电机　第 2 部分：试验方法	GB/T 10760.2—2003		2017/10/14	2018/5/1
20.5-3-15	20.5	27.180	F11	GB/T 18451.2—2012	风力发电机组功率特性测试	GB/T 18451.2—2003		2012/6/29	2012/10/1
20.5-3-16	20.5	27.180	F11	GB/T 18709—2002	风电场风能资源测量方法			2002/4/28	2002/10/1
20.5-3-17	20.5	27.180	F11	GB/T 19068.2—2017	小型风力发电机组　第 2 部分：试验方法	GB/T 19068.2—2003		2017/11/1	2018/5/1
20.5-3-18	20.5	27.180	F11	GB/T 19070—2017	失速型风力发电机组　控制系统　试验方法	GB/T 19070—2003		2017/10/14	2018/5/1
20.5-3-19	20.5	27.180	F11	GB/T 19071.2—2018	风力发电机组　异步发电机　第 2 部分：试验方法	GB/T 19071.2—2003		2018/7/13	2019/2/1
20.5-3-20	20.5	27.180	F11	GB/T 19115.2—2018	风光互补发电系统　第 2 部分：试验方法	GB/T 19115.2—2003		2018/9/17	2019/4/1
20.5-3-21	20.5	27.180	F11	GB/T 19960.2—2005	风力发电机组　第 2 部分：通用试验方法			2005/12/12	2006/1/1
20.5-3-22	20.5	27.180	F11	GB/T 20320—2013	风力发电机组电能质量测量和评估方法	GB/T 20320—2006		2013/12/31	2014/10/1
20.5-3-23	20.5	27.160	K83	GB/T 20513—2006	光伏系统性能监测测量、数据交换和分析导则			2006/10/10	2007/2/1
20.5-3-24	20.5	27.160	K83	GB/T 20514—2006	光伏系统功率调节器效率测量程序			2006/10/10	2007/2/1
20.5-3-25	20.5	27.180	F11	GB/T 23479.2—2009	风力发电机组双馈异步发电机　第 2 部分：试验方法			2009/4/2	2009/11/1
20.5-3-26	20.5	27.180	F11	GB/T 25386.2—2010	风力发电机组变速恒频控制系统　第 2 部分：试验方法			2010/11/10	2011/3/1

续表

序号	GW 分类	ICS 分类	GB 分类	标准号	中文名称	代替标准	采用关系	发布日期	实施日期
20.5-3-27	20.5	27.180	F11	GB/T 25387.2—2010	风力发电机组全功率变流器　第2部分：试验方法			2010/11/10	2011/3/1
20.5-3-28	20.5	27.180	F11	GB/T 25388.2—2010	风力发电机组双馈式变流器　第2部分：试验方法			2010/11/10	2011/3/1
20.5-3-29	20.5	27.180	F11	GB/T 25389.2—2018	风力发电机组　永磁同步发电机　第2部分：试验方法	GB/T 25389.2—2010		2018/5/14	2018/12/1
20.5-3-30	20.5	27.180	F11	GB/Z 25425—2010	风力发电机组公称视在声功率级和音值			2010/11/10	2011/1/1
20.5-3-31	20.5	27.180	F11	GB/Z 25426—2010	风力发电机组机械载荷测量			2010/11/10	2011/1/1
20.5-3-32	20.5	27.180	F11	GB/Z 25458—2010	风力发电机组合格认证规则及程序			2010/11/10	2011/1/1
20.5-3-33	20.5	27.160	F12	GB/T 30152—2013	光伏发电系统接入配电网检测规程			2013/12/17	2014/8/1
20.5-3-34	20.5	77.040	H21	GB/T 30860—2014	太阳能电池用硅片表面粗糙度及切割线痕测试方法			2014/7/24	2015/4/1
20.5-3-35	20.5	27.160	F12	GB/T 31365—2015	光伏发电站接入电网检测规程			2015/2/4	2015/9/1
20.5-3-36	20.5	27.180	F11	GB/T 31518.2—2015	直驱永磁风力发电机组　第2部分：试验方法			2015/5/15	2016/2/1
20.5-3-37	20.5	29.020	K04	GB/T 32352—2015	高原用风力发电机组现场验收规范			2015/12/31	2016/7/1
20.5-3-38	20.5	27.070	K82	GB/T 33979—2017	质子交换膜燃料电池发电系统低温特性测试方法			2017/7/12	2018/2/1
20.5-3-39	20.5	27.160	F12	GB/T 34160—2017	地面用光伏组件光电转换效率检测方法			2017/9/7	2018/4/1
20.5-3-40	20.5	81.040.30	Q34	GB/T 34561—2017	光伏玻璃　湿热大气环境自然曝露试验方法及性能评价			2017/10/14	2018/9/1
20.5-3-41	20.5	27.160	F12	GB/T 34931—2017	光伏发电站无功补偿装置检测技术规程			2017/11/1	2018/5/1
20.5-3-42	20.5	27.160	F12	GB/T 34933—2017	光伏发电站汇流箱检测技术规程			2017/11/1	2018/5/1
20.5-3-43	20.5	27.180	F11	GB/T 36490—2018	风力发电机组　防雷装置检测技术规范			2018/7/13	2019/2/1
20.5-3-44	20.5	27.180	F19	GB/T 36548—2018	电化学储能系统接入电网测试规范			2018/7/13	2019/2/1
20.5-3-45	20.5	27.180	F11	GB/T 36994—2018	风力发电机组　电网适应性测试规程			2018/12/28	2019/7/1
20.5-3-46	20.5	27.180	F11	GB/T 36995—2018	风力发电机组　故障电压穿越能力测试规程			2018/12/28	2019/7/1
20.5-3-47	20.5	33.100	LO6	GB/T 37132—2018	无线充电设备的电磁兼容性通用要求和测试方法			2018/12/28	2019/7/1

续表

序号	GW 分类	ICS 分类	GB 分类	标准号	中 文 名 称	代替标准	采用关系	发布日期	实施日期
20.5-3-48	20.5	27.160	F12	GB/T 37409—2019	光伏发电并网逆变器检测技术规范			2019/5/10	2019/12/1
20.5-3-49	20.5	27.160	F12	GB/T 37655—2019	光伏与建筑一体化发电系统验收规范			2019/6/4	2020/1/1
20.5-3-50	20.5	27.160	F12	GB/T 37658—2019	并网光伏电站启动验收技术规范			2019/6/4	2020/1/1
20.5-3-51	20.5	27.160	K04	GB/T 37663.1—2019	湿热带分布式光伏户外实证试验要求　第 1 部分：光伏组件			2019/6/4	2020/1/1
20.5-4-52	20.5	27.180	F23	DL/T 797—2012	风力发电场检修规程	DL/T 797—2001		2012/8/23	2012/12/1
20.5-4-53	20.5	27.160	F11	JB/T 12238—2015	聚光光伏太阳能发电模组的测试方法			2015/4/30	2015/10/1
20.5-4-54	20.5	27.160	F19	NB/T 10185—2019	并网光伏电站用关键设备性能检测与质量评估技术规范			2019/6/4	2019/10/1
20.5-4-55	20.5	29.120.01	K46	NB/T 10298—2019	光伏电站适应性移动检测装置技术规范			2019/11/4	2020/5/1
20.5-4-56	20.5	27.180	F11	NB/T 10312—2019	风力发电机组主控系统测试规程			2019/11/4	2020/5/1
20.5-4-57	20.5			NB/T 10314—2019	风电机组无功调压技术要求与测试规程			2019/11/4	2020/5/1
20.5-4-58	20.5	27.180	F19	NB/T 10315—2019	风电机组一次调频技术要求与测试规程			2019/11/4	2020/5/1
20.5-4-59	20.5	27.180	F19	NB/T 10316—2019	风电场动态无功补偿装置并网性能测试规范			2019/11/4	2020/5/1
20.5-4-60	20.5			NB/T 10317—2019	风电场功率控制系统技术要求及测试方法			2019/11/4	2020/5/1
20.5-4-61	20.5	29.240.30	F11	NB/T 10318—2019	风力发电机组电控成套设备型式试验大纲			2019/11/4	2020/5/1
20.5-4-62	20.5	27.180	F12	NB/T 10323—2019	分布式光伏发电并网接口装置测试规程			2019/11/4	2020/5/1
20.5-4-63	20.5	27.180	F12	NB/T 10324—2019	光伏发电站高电压穿越检测技术规程			2019/11/4	2020/5/1
20.5-4-64	20.5	27.160	F12	NB/T 10325—2019	光伏组件移动测试平台技术规范			2019/11/4	2020/5/1
20.5-4-65	20.5	27.180	F11	NB/T 31005—2011	风电场电能质量测试方法			2011/8/6	2011/11/1
20.5-4-66	20.5	27.180	F11	NB/T 31045—2013	风电场运行指标与评价导则			2013/11/28	2014/4/1
20.5-4-67	20.5	29.080.30	K15	NB/T 31050—2014	风力发电机绝缘系统的评定方法			2014/6/29	2014/11/1
20.5-4-68	20.5	27.160	F11	NB/T 31051—2014	风电机组低电压穿越能力测试规程			2014/10/15	2015/3/1
20.5-4-69	20.5	27.180	F11	NB/T 31053—2014	风电机组低电压穿越建模及验证方法			2014/10/15	2015/3/1
20.5-4-70	20.5	27.180	F11	NB/T 31055—2014	风电场理论发电量与弃风电量评估导则			2014/10/15	2015/3/1

续表

序号	GW 分类	ICS 分类	GB 分类	标准号	中 文 名 称	代替标准	采用关系	发布日期	实施日期
20.5-4-71	20.5	27.180	F11	NB/T 31123—2017	高原风力发电机组用全功率变流器试验方法			2017/11/15	2018/3/1
20.5-4-72	20.5	27.160	F12	NB/T 32005—2013	光伏发电站低电压穿越检测技术规程			2013/11/28	2014/4/1
20.5-4-73	20.5	27.160	F12	NB/T 32006—2013	光伏发电站电能质量检测技术规程			2013/11/28	2014/4/1
20.5-4-74	20.5	27.160	F12	NB/T 32007—2013	光伏发电站功率控制能力检测技术规程			2013/11/28	2014/4/1
20.5-4-75	20.5	27.160	F12	NB/T 32008—2013	光伏发电站逆变器电能质量检测技术规程			2013/11/28	2014/4/1
20.5-4-76	20.5	27.160	F12	NB/T 32009—2013	光伏发电站逆变器电压与频率响应检测技术规程			2013/11/28	2014/4/1
20.5-4-77	20.5	27.160	F12	NB/T 32010—2013	光伏发电站逆变器防孤岛效应检测技术规程			2013/11/28	2014/4/1
20.5-4-78	20.5	27.160	F12	NB/T 32013—2013	光伏发电站电压与频率响应检测规程			2013/11/28	2014/4/1
20.5-4-79	20.5	27.160	F12	NB/T 32014—2013	光伏发电站防孤岛效应检测技术规程			2013/11/28	2014/4/1
20.5-4-80	20.5			NB/T 32032—2016	光伏发电站逆变器效率检测技术要求			2016/1/7	2016/6/1
20.5-4-81	20.5			NB/T 32033—2016	光伏发电站逆变器电磁兼容性检测技术要求			2016/1/7	2016/6/1
20.5-4-82	20.5			NB/T 32034—2016	光伏发电站现场组件检测规程			2016/1/7	2016/6/1
20.5-4-83	20.5	07.060	A47	QX/T 73—2007	风电场风测量仪器检测规范			2007/6/22	2007/10/1
20.5-5-84	20.5	27.160	F12	IEC 60904-1：2006	光伏器件 第 1 部分：光伏电流—电压特性的测量	IEC 60904-1：1987； IEC 82/433/FDIS：2006		2006/9/1	2006/9/1
20.5-5-85	20.5	27.160	F12	IEC 60904-5：2011	光伏器件 第 5 部分：用开路电压法测定光伏（PV）器件的等效电池温度（ECT）	IEC 60904-5：1993； IEC 82/595/CDV：2010		2011/2/1	2011/2/1
20.5-5-86	20.5	17.220.20； 27.180	F11	IEC 61400-21：2008	风力涡轮机 第 21 部分：连接风轮机栅格的功率质量特性测量和评定	IEC 61400-21：2001； IEC 88/317/FDIS：2008		2008/8/13	2008/8/13
20.5-5-87	20.5	27.180	F11	IEC 61400-22：2010	风力涡轮机 第 22 部分：合格试验和认证	IEC 88/365/FDIS：2010		2010/5/1	2010/5/1
20.5-5-88	20.5	27.160； 29.220.20		IEC 61427-1：2013	太阳光伏能系统用蓄电池和蓄电池组 一般要求和试验方法 第 1 部分：光伏离网应用	IEC 61427：2005； IEC 21/793/FDIS：2013		2013/4/1	2013/4/1
20.5-5-89	20.5	29.220.20		IEC 61427-2：2015	二次电池和蓄电池的可再生能源储存 一般要求和试验方法 第 2 部分：网应用 1.0 版			2015/8/1	2015/8/1
20.5-5-90	20.5	27.160		IEC 61701：2011	光伏组件盐雾腐蚀试验	IEC 61701：1995； IEC 82/667/FDIS：2011		2011/12/1	2011/12/1

续表

序号	GW 分类	ICS 分类	GB 分类	标准号	中 文 名 称	代替标准	采用关系	发布日期	实施日期
20.5-5-91	20.5	27.160		IEC 61829：2015	光伏（PV）阵列　电流电压特性的现场测量	IEC 61829：1995		2015/10/1	2015/10/1
20.5-5-92	20.5	27.160	F12	IEC 61853-1：2011	光电（PV）模块性能试验和额定功率　第 1 部分：辐照度、温度性能测量和额定功率	IEC 82/613/FDIS：2010		2011/1/1	2011/1/1

20.6　新能源-其他

序号	GW 分类	ICS 分类	GB 分类	标准号	中 文 名 称	代替标准	采用关系	发布日期	实施日期
20.6-2-1	20.6			Q/GDW 11761—2017	光伏发电站理论发电量与弃光电量评估　导则			2018/9/26	2018/9/26
20.6-2-2	20.6			Q/GDW 1980—2013	风光储联合发电系统调试导则			2013/12/18	2013/12/18
20.6-2-3	20.6			Q/GDW 1982—2013	风光储联合发电系统运行导则			2013/12/18	2013/12/18
20.6-2-4	20.6			Q/GDW 1983—2013	风光储联合发电系统状态评估导则			2013/12/18	2013/12/18
20.6-3-5	20.6	27.070	K82	GB/T 27748.1—2017	固定式燃料电池发电系统　第 1 部分：安全	GB/T 27748.1—2011		2017/7/31	2018/2/1
20.6-3-6	20.6	27.180	F11	GB/T 30966.1—2014	风力发电机组风力发电场监控系统通信　第 1 部分：原则与模型			2014/7/24	2015/1/1
20.6-3-7	20.6	27.180	F11	GB/T 30966.2—2014	风力发电机组风力发电场监控系统通信　第 2 部分：信息模型			2014/7/24	2015/1/1
20.6-3-8	20.6	27.180	F11	GB/T 30966.3—2014	风力发电机组风力发电场监控系统通信　第 3 部分：信息交换模型			2014/7/24	2015/1/1
20.6-3-9	20.6	27.180	F11	GB/T 30966.4—2014	风力发电机组风力发电场监控系统通信　第 4 部分：映射到通信规约			2014/7/24	2015/1/1
20.6-3-10	20.6	27.180	F11	GB/T 30966.5—2015	风力发电机组风力发电场监控系统通信　第 5 部分：一致性测试			2015/5/15	2016/2/1
20.6-3-11	20.6	27.180	F11	GB/T 30966.6—2015	风力发电机组风力发电场监控系统通信　第 6 部分：状态监测的逻辑节点类和数据类			2015/5/15	2016/2/1
20.6-3-12	20.6	87.040	G51	GB/T 31817—2015	风力发电设施防护涂装技术规范			2015/7/3	2016/2/1
20.6-3-13	20.6	03.100	A00	GB/Z 35043—2018	光伏产业项目运营管理规范			2018/5/18	2018/5/18
20.6-3-14	20.6	27.160	F12	GB/T 36115—2018	精准扶贫　村级光伏电站技术导则			2018/3/15	2018/10/1
20.6-3-15	20.6	27.160	F12	GB/T 36119—2018	精准扶贫　村级光伏电站管理与评价导则			2018/3/15	2018/10/1
20.6-3-16	20.6	27.180	F11	GB/T 36237—2018	风力发电机组　电气仿真模型			2018/5/14	2018/12/1
20.6-3-17	20.6	27.160	F12	GB/T 36567—2018	光伏组件检修规程			2018/9/17	2019/4/1

续表

序号	GW 分类	ICS 分类	GB 分类	标准号	中　文　名　称	代替标准	采用关系	发布日期	实施日期
20.6-3-18	20.6	27.160	F12	GB/T 36568—2018	光伏方阵检修规程			2018/9/17	2019/4/1
20.6-4-19	20.6			NB/T 10086—2018	风电场工程节能报告编制标准			2018/10/29	2019/3/1
20.6-4-20	20.6	27.160	P61	NB/T 10109—2018	风电场工程后评价规程			2018/12/25	2019/5/1
20.6-4-21	20.6	27.180	F11	NB/T 10110—2018	风力发电场技术监督导则			2018/12/25	2019/5/1
20.6-4-22	20.6	27.180	F11	NB/T 10111—2018	风力发电机组润滑剂运行检测规程			2018/12/25	2019/5/1
20.6-4-23	20.6	27.180	F11	NB/T 10112—2018	风力发电机组设备监造导则			2018/12/25	2019/5/1
20.6-4-24	20.6			NB/T 10113—2018	光伏发电站技术监督导则			2018/12/25	2019/5/1
20.6-4-25	20.6	27.160	F12	NB/T 10114—2018	光伏发电站绝缘技术监督规程			2018/12/25	2019/5/1
20.6-4-26	20.6	27.180	F11	NB/T 31002.1—2010	风力发电场监控系统通信-原则与模式			2010/5/1	2010/10/1
20.6-4-27	20.6	27.180	F11	NB/T 31006—2011	海上风电场钢结构防腐蚀技术标准			2011/8/6	2011/11/1
20.6-4-28	20.6	27.180	F11	NB/T 31021—2012	风力发电企业科技文件归档与整理规范			2012/4/6	2012/7/1
20.6-4-29	20.6	29.150.50	K45	NB/T 31057—2014	风力发电场集电系统过电压保护技术规范			2014/10/15	2015/3/1
20.6-5-30	20.6	29.240.99	F21	IEC/IEEE/PAS 63547：2011	发电系统的分布式电源相连			2011/9/1	2011/9/1